U0133863

化工标准法兰手册与三维图库

曹岩　白瑀　主编　　　　杜江　副主编

化学工业出版社
·北京·

本书介绍的软件以最新化工标准为依据，采用手册与三维图库相结合的形式，手册和图库可以独立使用，提高了使用的灵活性和方便性。书中主要内容包括化工标准法兰（欧洲体系）、化工标准法兰（美洲体系）、编制说明以及软件的安装、卸载与使用等。基于三维 CAD/CAM 软件 UG 建立的化工标准法兰三维标准件库，内容包括各类化工标准法兰的标准数据和相应的三维模型。使用手册和三维图库进行设计和制造方面的工作，一方面可以避免设计者繁琐的标准件绘图工作，提高设计效率；另一方面也可以提高设计的标准化程度，降低错误发生率。

本书内容实用、使用简捷方便，可供化工、石化、机械等领域的工程技术人员和 CAD/CAM 研究与应用人员使用，也可供高校相关专业的师生学习和参考。

图书在版编目（CIP）数据

化工标准法兰手册与三维图库（UG NX 版）/ 曹岩，白瑀主编．—北京：化学工业出版社，2010.5

ISBN 978-7-122-07939-8

ISBN 978-7-89472-256-0（光盘）

Ⅰ．化… Ⅱ．①曹… ②白… Ⅲ．化工设备-管道-法兰-计算机辅助设计-应用软件，UG NX Ⅳ．TQ055.8-39

中国版本图书馆 CIP 数据核字（2010）第 051287 号

策划编辑：王思慧　瞿　微　　　装帧设计：王晓宇
责任编辑：瞿　微　李　萃　　　责任校对：郑　捷

出版发行：化学工业出版社（北京市东城区青年湖南街 13 号　邮政编码 100011）
印　　装：北京市彩桥印刷有限责任公司
787mm×1092mm　1/16　印张 $37^3/_4$　字数 948 千字　2010 年 5 月北京第 1 版第 1 次印刷

购书咨询：010-64518888（传真：010-64519686）　售后服务：010-64518899
网　　址：http://www.cip.com.cn
凡购买本书，如有缺损质量问题，本社销售中心负责调换。

定　价：198.00 元（含 1DVD-ROM）

前　言

法兰是一种盘状零件，成对使用。法兰连接作为管道施工的重要连接方式，广泛应用于工业管道工程中的管道连接。法兰连接是一种可拆连接，它把两个管道、管件或器材连接在一起，使用方便，能够承受较大的压力。有些管件和器材自带法兰盘。法兰的主要作用是连接管路并保持管路密封性能、便于某段管路的更换、便于拆开检查管路情况、便于某段管路的封闭等。

法兰分类方式有多种：按所连接的部件可分为容器法兰和管法兰；按结构型式有整体法兰、松套法兰和螺纹法兰；按材质有碳钢、铸钢、合金钢、不锈钢、铜、铝合金、塑料法兰等；按制作方法有压制、锻制、铸造法兰等。法兰密封面的型式有突面、凹凸面、榫槽面、全平面和环连接面。不同压力法兰盘的厚度和连接螺栓直径及数量是不同的。法兰垫采用的材料有低压石棉垫、高压石棉垫、金属垫等。

国际上常用的标准体系有：德国标准（DIN）、前苏联标准（ГОСТ）、美国标准（ANSI）、日本标准（JIS）、国际标准化组织标准（ISO）、英国标准（BS）、法国标准（NF）等。国内常用的标准体系主要有国家标准（GB）、机械行业标准（JB）、石化行业标准（SH）和化工行业标准（HG）等。这些标准均有各自的温度-压力表、密封面尺寸、接管尺寸等。

CAD/CAM 广泛应用于产品的设计、分析、加工仿真与制造等过程，并取得了显著效果。但是在设计过程中，有许多绘图工作量涉及标准件。生产实践证明，标准件具有优良的性能，采用标准件能够保证产品的质量，同时也能降低企业的生产成本。由于这些零部件的数量大、结构形式多，不仅绘图过程非常繁琐，而且还要反复查阅手册，寻找数据。因而，很需要一种直观方便、快捷准确地绘制标准件的方法，使用户能灵活地调用标准件，生成所需的模型。

现有的 CAD/CAM 系统均不提供化工法兰技术资料和三维图库软件系统，工程人员仍然需要使用传统的纸质工具书、手册、相关书籍进行资料查询及三维标准件建模，为此迫切需要建立一个标准件库，以有效地积累设计成果，实现在设计过程中对已有设计资源及成果最大限度的使用，避免重复劳动，从而提高设计质量与效率。标准件库是将各种标准件或零部件的信息存放在一起，并配有管理系统和相应 CAD/CAM 标准接口的软件系统。用户可以通过标准件库进行查询、检索、访问和提取所需的零件信息，供设计、制造等工序使用。

本书所配的三维图库是基于 Unigraphics（简称 UG）软件开发的。UG 是当今世界上先进的、紧密集成的产品全生命周期管理（PLM）软件，它为整个制造行业提供了全面的产品生命周期解决方案。UG 一直为全球领先的企业提供最全面的、经过验证的解决方案，其中包括通用汽车、波音飞机、通用电气、爱立信、松下等多家世界前 500 强企业。UGS 是 PLM 领域的市场领导者，它所提供的解决方案可以帮助制造企业优化产品全生命周期的全过程。作为 PLM 软件与服务的单一供应商，UGS 能够将产品全生命周期的各个过程转化成真正的竞争优势，并在产品的创新、质量、上市时间以及最终价值等方面为客户带来显著的效益。

我国化工、石化行业的管法兰标准比较多，我国化工部门目前使用两套配管的钢管尺寸系列，一套是国际上通用的配管系列，也是国内石油化工引进装置中广泛使用的钢管尺寸系列，俗称“英制管”。各国的“英制管”外径尺寸略有差异，但是大致相同。另一套钢管尺寸系列是数十年来国内化工部门及其他工业部门广泛使用的钢管外径尺寸系列，俗称“公制管”。

本书采用手册与三维图库相结合的形式，其手册和三维图库可以独立使用，提高了使用的灵活性和方便性。在分析和总结化工法兰资料的基础上，本书以最新的化工行业标准为依据，分为化工标准法兰欧洲体系和化工标准法兰美洲体系两篇，并在附录中对编制说明以及软件的安装、卸载与使用等进行了介绍。第一篇化工标准法兰欧洲体系（PN 系列）主要内容包括：钢制管法兰基础数据，各种法兰（板式平焊钢制管法兰、带颈平焊钢制管法兰、带颈对焊钢制管法兰、整体钢制法兰、承插焊钢制管法兰等）及法兰盖尺寸，钢制管法兰用垫片及紧固件等。第二篇化工标准法兰美洲体系（Class 系列）主要内容包括：钢制管法兰基础数据，各种法兰（带颈平焊钢制管法兰、带颈对焊钢制管法兰、整体钢制管法兰、承插焊钢制管法兰、大直径钢制管法兰等）及法兰盖尺寸，钢制管法兰用垫片及紧固件等。

配套光盘中的三维图库是针对化工法兰结构参数的不同将其详细分类，并分析其结构特征而建立的三维标准件库。三维图库具有良好的人机交互界面、易学易用、方便快捷，能够实现对标准件的查询、检索及调用，自动生成用户所需的标准件三维模型，供用户进行设计或制造等工作。

使用《化工标准法兰手册与三维图库（UG NX 版）》进行设计和制造方面的工作，一方面可以避免设计者繁琐的标准件绘图工作，提高设计效率；另一方面也可以提高设计的标准化程度，降低错误发生率。另外，本书还具有如下突出特点。

（1）采用手册和图库相结合的形式，改变传统化工法兰纸质手册工具书的不足，提高了使用的灵活性和效率。

（2）手册编写过程中所有图片采用矢量化二维图与三维模型渲染图相结合的形式，清晰直观，便于使用。

（3）三维图库软件系统根据工程人员的使用习惯和最新标准分类，条理清晰，系统性强，使用快捷，资料先进、实用、全面。

（4）提供目录树与查询相结合的方法，便于用户查找相关数据；提供二维矢量图和三维模型渲染图的正常视图和放大视图，其正常视图便于用户快速浏览化工法兰结构，放大视图便于准确、详细地了解其结构。

（5）三维图库软件系统能够独立于各 CAD/CAM 系统运行，即使用户的计算机没有安装相应的 CAD/CAM 系统，也可作为化工法兰数据库正常运行，提供对各种标准数据的检索。

全书由曹岩、白瑀担任主编，杜江担任副主编。其中，曹岩、白瑀负责全书内容组织与统稿、图库构架设计与系统开发，杜江负责数据校核、软件封装等。本书第 1 章由曹岩编写，第 2 章由白瑀编写，第 3 章由杜江编写，第 4 章由方舟编写，第 5 章由范庆明编写，第 6 章由姚慧编写，第 7 章由程文东编写。主要编写人员还有万宏强、张小粉、杨丽娜、杨红梅、曹森、谭毅、王文娟、赵家胜、王艳、吴浩等。

由于编者水平所限，疏漏和不足之处在所难免，望读者不吝指教，编者在此表示衷心的感谢！

编　者

2010 年 3 月

目　录

第一篇　化工标准法兰（欧洲体系）

第二篇　化工标准法兰（美洲体系）

第一篇

化工标准法兰（欧洲体系）

第 1 章　钢制管法兰基础数据（HG 20592—2009）

本标准规定了钢制管法兰（PN 系列）的基本技术要求，包括公称尺寸、公称压力、材料、压力-温度额定值，法兰类型和尺寸、密封面、公差和标记。

本标准适用于公称压力 PN2.5～PN160 的钢制管法兰和法兰盖。法兰公称压力等级采用 PN 表示，包括下列 9 个等级：PN2.5、PN6、PN10、PN16、PN25、PN40、PN63、PN100 和 PN160。

1.1　法兰类型

1.1.1　公称尺寸和钢管外径

HG 20592—2009 标准适用的钢管外径包括 A、B 两个系列，A 系列为国际通用系列（俗称“英制管”）、B 系列为国内沿用系列（俗称“公制管”）。公称尺寸 DN 与钢管外径的对照关系如表 1-1 所示。

注意：采用 B 系列钢管的法兰，应在公称尺寸 DN 的数值后标记“B”以示区别。但采用 A 系列钢管的法兰，不必在公称尺寸 DN 的数值后标记“A”。

表 1-1　公称尺寸和钢管外径　　单位：mm

公称尺寸 DN		10	15	20	25	32	40	50
钢管外径	A	17.2	21.3	26.9	33.7	42.4	48.3	60.3
	B	14	18	25	32	38	45	57
公称尺寸 DN		65	80	100	125	150	200	250
钢管外径	A	76.1	88.9	114.3	139.7	168.3	219.1	273
	B	76	89	108	133	159	219	273
公称尺寸 DN		300	350	400	450	500	600	700
钢管外径	A	323.9	355.6	406.4	457	508	610	711
	B	325	377	426	480	530	630	720

公称尺寸 DN		800	900	1000	1200	1400	1600	1800	2000
钢管外径	A	813	914	1016	1219	1422	1626	1829	2032
	B	820	920	1020	1220	1420	1620	1820	2020

1.1.2 法兰类型及其代号

HG 20592—2009 中规定的法兰类型及代号如表 1-2 所示。法兰类型包括：板式平焊法兰、带颈平焊法兰、带颈对焊法兰、整体法兰、承插焊法兰、螺纹法兰、对焊环松套法兰、平焊环松套法兰、法兰盖和衬里法兰盖。

表 1-2 法兰类型及代号

法兰类型	法兰类型代号	法兰类型	法兰类型代号
板式平焊法兰	PL	螺纹法兰	Th
带颈平焊法兰	SO	对焊环松套法兰	PJ/SE
带颈对焊法兰	WN	平焊环松套法兰	PL/RJ
整体法兰	IF	法兰盖	BL
承插焊法兰	SW	衬里法兰盖	BL(S)

1.1.3 管法兰类型和适用范围

HG 20592—2009 中规定了各种类型法兰适用的公称尺寸和公称压力如表 1-3～表 1-12 所示。

表 1-3 板式平焊法兰（PL）适用范围

法兰类型	板式平焊法兰（PL）						法兰类型	板式平焊法兰（PL）					
适用钢管外径系列	A 和 B						适用钢管外径系列	A 和 B					
公称尺寸	公称压力 PN（MPa）						公称尺寸	公称压力 PN（MPa）					
DN（mm）	2.5	6	10	16	25	40	DN（mm）	2.5	6	10	16	25	40
10	×	×	×	×	×	×	200	×	×	×	×	×	×
15	×	×	×	×	×	×	250	×	×	×	×	×	×
20	×	×	×	×	×	×	300	×	×	×	×	×	×
25	×	×	×	×	×	×	350	×	×	×	×	×	×
32	×	×	×	×	×	×	400	×	×	×	×	×	×
40	×	×	×	×	×	×	450	×	×	×	×	×	×
50	×	×	×	×	×	×	500	×	×	×	×	×	×
65	×	×	×	×	×	×	600	×	×	×	×	×	×
80	×	×	×	×	×	×	700	×					
100	×	×	×	×	×	×	800	×					
125	×	×	×	×	×	×	900	×					
150	×	×	×	×	×	×	1000	×					

续表

法兰类型	板式平焊法兰（PL）						法兰类型	板式平焊法兰（PL）					
适用钢管外径系列	A 和 B						适用钢管外径系列	A 和 B					
公称尺寸 DN（mm）	公称压力 PN（MPa）						公称尺寸 DN（mm）	公称压力 PN（MPa）					
	2.5	6	10	16	25	40		2.5	6	10	16	25	40
1200	×						1800	×					
1400	×						2000	×					
1600	×												

注：×表示该公称尺寸在对应的公称压力下适用。

表 1-4 带颈平焊法兰（SO）适用范围

法兰类型	带颈平焊法兰（SO）					法兰类型	带颈平焊法兰（SO）				
适用钢管外径系列	A 和 B					适用钢管外径系列	A 和 B				
公称尺寸	公称压力 PN（MPa）					公称尺寸	公称压力 PN（MPa）				
DN（mm）	6	10	16	25	40	DN（mm）	6	10	16	25	40
10	×	×	×	×	×	350		×	×	×	×
15	×	×	×	×	×	400		×	×	×	×
20	×	×	×	×	×	450		×	×	×	×
25	×	×	×	×	×	500		×	×	×	×
32	×	×	×	×	×	600		×	×	×	×
40	×	×	×	×	×	700					
50	×	×	×	×	×	800					
65	×	×	×	×	×	900					
80	×	×	×	×	×	1000					
100	×	×	×	×	×	1200					
125	×	×	×	×	×	1400					
150	×	×	×	×	×	1600					
200	×	×	×	×	×	1800					
250	×	×	×	×	×	2000					
300	×	×	×	×	×						

表 1-5 带颈对焊法兰（WN）适用范围

法兰类型	带颈对焊法兰（WN）							法兰类型	带颈对焊法兰（WN）						
适用钢管外径系列	A 和 B							适用钢管外径系列	A 和 B						
公称尺寸	公称压力 PN（MPa）							公称尺寸	公称压力 PN（MPa）						
DN（mm）	10	16	25	40	63	100	160	DN（mm）	10	16	25	40	63	100	160
10	×	×	×	×	×	×	×	15	×	×	×	×	×	×	×

续表

法兰类型	带颈对焊法兰（WN）						
适用钢管外径系列	A 和 B						
公称尺寸	公称压力 PN（MPa）						
DN（mm）	10	16	25	40	63	100	160
20	×	×	×	×	×	×	×
25	×	×	×	×	×	×	×
32	×	×	×	×	×	×	×
40	×	×	×	×	×	×	×
50	×	×	×	×	×	×	×
65	×	×	×	×	×	×	×
80	×	×	×	×	×	×	×
100	×	×	×	×	×	×	×
125	×	×	×	×	×	×	×
150	×	×	×	×	×	×	×
200	×	×	×	×	×	×	×
250	×	×	×	×	×	×	×
300	×	×	×	×	×	×	×
350	×	×	×	×	×	×	

法兰类型	带颈对焊法兰（WN）						
适用钢管外径系列	A 和 B						
公称尺寸	公称压力 PN（MPa）						
DN（mm）	10	16	25	40	63	100	160
400	×	×	×	×	×	×	
450	×	×	×	×			
500	×	×	×	×			
600	×	×	×	×			
700	×	×	×				
800	×	×	×				
900	×	×	×				
1000	×	×	×				
1200	×	×					
1400	×	×					
1600	×	×					
1800	×	×					
2000	×	×					

表 1-6 整体法兰（IF）适用范围

法兰类型	整体法兰（IF）							
适用钢管外径系列	A 和 B							
公称尺寸	公称压力 PN（MPa）							
DN（mm）	6	10	16	25	40	63	100	160
10	×	×	×	×	×	×	×	×
15	×	×	×	×	×	×	×	×
20	×	×	×	×	×	×	×	×
25	×	×	×	×	×	×	×	×
32	×	×	×	×	×	×	×	×
40	×	×	×	×	×	×	×	×
50	×	×	×	×	×	×	×	×
65	×	×	×	×	×	×	×	×
80	×	×	×	×	×	×	×	×
100	×	×	×	×	×	×	×	×
125	×	×	×	×	×	×	×	×
150	×	×	×	×	×	×	×	×
200	×	×	×	×	×	×	×	×

法兰类型	整体法兰（IF）							
适用钢管外径系列	A 和 B							
公称尺寸	公称压力 PN（MPa）							
DN（mm）	6	10	16	25	40	63	100	160
250	×	×	×	×	×	×	×	×
300	×	×	×	×	×	×	×	×
350	×	×	×	×	×	×	×	
400	×	×	×	×	×	×	×	
450	×	×	×	×	×			
500	×	×	×	×	×			
600	×	×	×	×	×			
700	×	×	×	×				
800	×	×	×	×				
900	×	×	×	×				
1000	×	×	×	×				
1200	×	×	×	×				
1400	×	×	×					

续表

法兰类型	整体法兰（IF）							
适用钢管外径系列	A 和 B							
公称尺寸	公称压力 PN（MPa）							
DN（mm）	6	10	16	25	40	63	100	160
1600	×	×	×					
1800	×	×	×					
2000	×	×	×					

表 1-7　承插焊法兰（SW）适用范围

法兰类型	承插焊法兰（SW）					
适用钢管外径系列	A 和 B					
公称尺寸	公称压力 PN（MPa）					
DN（mm）	10	16	25	40	63	100
10	×	×	×	×	×	×
15	×	×	×	×	×	×
20	×	×	×	×	×	×
25	×	×	×	×	×	×
32	×	×	×	×	×	×
40	×	×	×	×	×	×
50	×	×	×	×	×	×
65						
80						
100						
125						
150						
200						
250						
300						
350						
400						
450						
500						
600						
700						
800						
900						
1000						
1200						
1400						
1600						
1800						
2000						

表 1-8　螺纹法兰（Th）适用范围

法兰类型	螺纹法兰（Th）				
适用钢管外径系列	A				
公称尺寸	公称压力 PN（MPa）				
DN（mm）	6	10	16	25	40
10	×	×	×	×	×
15	×	×	×	×	×
20	×	×	×	×	×
25	×	×	×	×	×
32	×	×	×	×	×
40	×	×	×	×	×
50	×	×	×	×	×
65	×	×	×	×	×

续表

法兰类型	螺纹法兰（Th）				
适用钢管外径系列	A				
公称尺寸	公称压力 PN（MPa）				
DN（mm）	6	10	16	25	40
80	×	×	×	×	×
100	×	×	×	×	×
125	×	×	×	×	×
150	×	×	×	×	×
200					
250					
300					
350					
400					
450					
500					

法兰类型	螺纹法兰（Th）				
适用钢管外径系列	A				
公称尺寸	公称压力 PN（MPa）				
DN（mm）	6	10	16	25	40
600					
700					
800					
900					
1000					
1200					
1400					
1600					
1800					
2000					

表 1-9 对焊环松套法兰（PJ/SE）适用范围

法兰类型	对焊环松套法兰（PJ/SE）				
适用钢管外径系列	A 和 B				
公称尺寸	公称压力 PN（MPa）				
DN（mm）	6	10	16	25	40
10	×	×	×	×	×
15	×	×	×	×	×
20	×	×	×	×	×
25	×	×	×	×	×
32	×	×	×	×	×
40	×	×	×	×	×
50	×	×	×	×	×
65	×	×	×	×	×
80	×	×	×	×	×
100	×	×	×	×	×
125	×	×	×	×	×
150	×	×	×	×	×
200	×	×	×	×	×
250	×	×	×	×	×
300	×	×	×	×	×

法兰类型	对焊环松套法兰（PJ/SE）				
适用钢管外径系列	A 和 B				
公称尺寸	公称压力 PN（MPa）				
DN（mm）	6	10	16	25	40
350	×	×	×	×	×
400	×	×	×	×	×
450	×	×	×	×	×
500	×	×	×	×	×
600	×	×	×	×	×
700					
800					
900					
1000					
1200					
1400					
1600					
1800					
2000					

表 1-10　平焊环松套法兰（PL/RJ）适用范围

法兰类型	平焊环松套法兰（PL/RJ）			法兰类型	平焊环松套法兰（PL/RJ）		
适用钢管外径系列	A 和 B			适用钢管外径系列	A 和 B		
公称尺寸	公称压力 PN（MPa）			公称尺寸	公称压力 PN（MPa）		
DN（mm）	6	10	16	DN（mm）	6	10	16
10	×	×	×	350	×	×	×
15	×	×	×	400	×	×	×
20	×	×	×	450	×	×	×
25	×	×	×	500	×	×	×
32	×	×	×	600	×	×	×
40	×	×	×	700			
50	×	×	×	800			
65	×	×	×	900			
80	×	×	×	1000			
100	×	×	×	1200			
125	×	×	×	1400			
150	×	×	×	1600			
200	×	×	×	1800			
250	×	×	×	2000			
300	×	×	×				

表 1-11　法兰盖（BL）适用范围

法兰类型	法兰盖（BL）								
适用钢管外径系列	A 和 B								
公称尺寸	公称压力 PN（MPa）								
DN（mm）	2.5	6	10	16	25	40	63	100	160
10	×	×	×	×	×	×	×	×	×
15	×	×	×	×	×	×	×	×	×
20	×	×	×	×	×	×	×	×	×
25	×	×	×	×	×	×	×	×	×
32	×	×	×	×	×	×	×	×	×
40	×	×	×	×	×	×	×	×	×
50	×	×	×	×	×	×	×	×	×
65	×	×	×	×	×	×	×	×	×
80	×	×	×	×	×	×	×	×	×
100	×	×	×	×	×	×	×	×	×
125	×	×	×	×	×	×	×	×	×

续表

法兰类型	法兰盖（BL）								
适用钢管外径系列	A 和 B								
公称尺寸	公称压力 PN（MPa）								
DN（mm）	2.5	6	10	16	25	40	63	100	160
150	×	×	×	×	×	×	×	×	×
200	×	×	×	×	×	×	×	×	×
250	×	×	×	×	×	×	×	×	×
300	×	×	×	×	×	×	×	×	×
350	×	×	×	×	×	×	×	×	
400	×	×	×	×	×	×	×	×	
450	×	×	×	×	×	×			
500	×	×	×	×	×	×			
600	×	×	×	×	×	×			
700	×	×	×	×					
800	×	×	×	×					
900	×	×	×	×					
1000	×	×	×	×					
1200	×	×	×	×					
1400	×	×							
1600	×	×							
1800	×	×							
2000	×	×							

表 1-12　衬里法兰盖（BL(S)）适用范围

法兰类型	衬里法兰盖（BL(S)）					法兰类型	衬里法兰盖（BL(S)）				
适用钢管外径系列	A 和 B					适用钢管外径系列	A 和 B				
公称尺寸	公称压力 PN（MPa）					公称尺寸	公称压力 PN（MPa）				
DN（mm）	6	10	16	25	40	DN（mm）	6	10	16	25	40
10	×	×	×	×	×	80	×	×	×	×	×
15	×	×	×	×	×	100	×	×	×	×	×
20	×	×	×	×	×	125	×	×	×	×	×
25	×	×	×	×	×	150	×	×	×	×	×
32	×	×	×	×	×	200	×	×	×	×	×
40	×	×	×	×	×	250	×	×	×	×	×
50	×	×	×	×	×	300	×	×	×	×	×
65	×	×	×	×	×	350	×	×	×	×	×

续表

法兰类型	衬里法兰盖（BL(S)）					法兰类型	衬里法兰盖（BL(S)）				
适用钢管外径系列	A 和 B					适用钢管外径系列	A 和 B				
公称尺寸	公称压力 PN（MPa）					公称尺寸	公称压力 PN（MPa）				
DN（mm）	6	10	16	25	40	DN（mm）	6	10	16	25	40
400	×	×	×	×	×	1000					
450	×	×	×	×	×	1200					
500	×	×	×	×	×	1400					
600	×	×	×	×	×	1600					
700						1800					
800						2000					
900											

1.2 法兰密封面

1.2.1 密封面型式及其代号

HG 20592—2009 标准包括的法兰密封面型式有突面、凹面/凸面、榫面/槽面、全平面和环连接面，各密封面型式及代号如表 1-13 所示。

表 1-13 密封面型式及代号

密封面型式	突面	凹面	凸面	榫面	槽面	全平面	环连接面
代号	RF	FM	M	T	G	FF	RJ

1.2.2 各种类型法兰的密封面型式及其适用范围

HG 20592—2009 中规定了密封面的适用公称压力和公称尺寸，如表 1-14 所示。

表 1-14 法兰密封面型式、公称压力和公称尺寸

法兰类型	密封面型式	公称压力 PN（MPa）								
		2.5	6	10	16	25	40	63	100	160
板式平焊法兰（PL）	突面（RF）	DN10～DN2000	DN10～DN600					—		
	全平面（FF）	DN10～DN2000	DN10～DN600			—				

续表

<table>
<tr><th rowspan="2">法兰类型</th><th>密封面</th><th colspan="9">公称压力 PN（MPa）</th></tr>
<tr><th>型式</th><th>2.5</th><th>6</th><th>10</th><th>16</th><th>25</th><th>40</th><th>63</th><th>100</th><th>160</th></tr>
<tr><td rowspan="4">带颈平焊法兰(SO)</td><td>突面（RF）</td><td>—</td><td>DN10～DN300</td><td colspan="4">DN10～DN600</td><td colspan="3">—</td></tr>
<tr><td>凹面（FM）
凸面（M）</td><td colspan="2">—</td><td colspan="4">DN10～DN600</td><td colspan="3">—</td></tr>
<tr><td>榫面（T）
槽面（G）</td><td colspan="2">—</td><td colspan="4">DN10～DN600</td><td colspan="3">—</td></tr>
<tr><td>全平面（FF）</td><td>—</td><td>DN10～DN300</td><td colspan="2">DN10～DN600</td><td colspan="5">—</td></tr>
<tr><td rowspan="5">带颈对焊法兰（WN）</td><td>突面（RF）</td><td colspan="2">—</td><td colspan="2">DN10～DN2000</td><td colspan="2">DN10～DN600</td><td>DN10～DN400</td><td>DN10～DN350</td><td>DN10～DN300</td></tr>
<tr><td>凹面（FM）
凸面（M）</td><td colspan="2">—</td><td colspan="4">DN10～DN600</td><td>DN10～DN400</td><td>DN10～DN350</td><td>DN10～DN300</td></tr>
<tr><td>榫面（T）
槽面（G）</td><td colspan="2">—</td><td colspan="4">DN10～DN600</td><td>DN10～DN400</td><td>DN10～DN350</td><td>DN10～DN300</td></tr>
<tr><td>全平面（FF）</td><td colspan="2">—</td><td colspan="2">DN10～DN2000</td><td colspan="5">—</td></tr>
<tr><td>环连接面(RJ)</td><td colspan="6">—</td><td colspan="2">DN10～DN400</td><td>DN15～DN300</td></tr>
<tr><td rowspan="5">整体法兰（IF）</td><td>突面（RF）</td><td>—</td><td colspan="3">DN10～DN2000</td><td>DN10～DN1200</td><td>DN10～DN600</td><td colspan="2">DN10～DN400</td><td>DN10～DN300</td></tr>
<tr><td>凹面（FM）
凸面（M）</td><td colspan="2">—</td><td colspan="4">DN10～DN600</td><td colspan="2">DN10～DN400</td><td>DN10～DN300</td></tr>
<tr><td>榫面（T）
槽面（G）</td><td colspan="2">—</td><td colspan="4">DN10～DN600</td><td colspan="2">DN10～DN400</td><td>DN10～DN300</td></tr>
<tr><td>全平面（FF）</td><td>—</td><td colspan="3">DN10～DN2000</td><td colspan="5">—</td></tr>
<tr><td>环连接面(RJ)</td><td colspan="6">—</td><td colspan="2">DN10～DN400</td><td>DN10～DN300</td></tr>
<tr><td rowspan="3">承插焊法兰（SW）</td><td>突面（RF）</td><td colspan="2">—</td><td colspan="6">DN10～DN50</td><td>—</td></tr>
<tr><td>凹面（FM）
凸面（M）</td><td colspan="2">—</td><td colspan="6">DN10～DN50</td><td>—</td></tr>
<tr><td>榫面（T）
槽面（G）</td><td colspan="2">—</td><td colspan="6">DN10～DN50</td><td>—</td></tr>
<tr><td rowspan="2">螺纹法兰（Th）</td><td>突面（RF）</td><td>—</td><td colspan="5">DN10～DN150</td><td colspan="3"></td></tr>
<tr><td>全平面（FF）</td><td>—</td><td colspan="3">DN10～DN150</td><td colspan="5">—</td></tr>
<tr><td>对焊环松套法兰（PJ/SE）</td><td>突面（RF）</td><td>—</td><td colspan="5">DN10～DN600</td><td colspan="3">—</td></tr>
</table>

续表

法兰类型	密封面型式	公称压力PN（MPa）								
		2.5	6	10	16	25	40	63	100	160
平焊环松套法兰（PJ/RJ）	突面（RF）	—	DN10～DN600			—				
	凹面（FM） 凸面（M）	—		DN10～DN600		—				
	榫面（T） 槽面（G）	—		DN10～DN600		—				
法兰盖（BL）	突面（RF）	DN10～DN2000		DN10～DN1200		DN10～DN600		DN10～DN400		DN10～DN300
	凹面（FM） 凸面（M）	—		DN40～DN600				DN10～DN400		DN10～DN300
	榫面（T） 槽面（G）	—		DN40～DN600				DN10～DN400		DN10～DN300
	全平面（FF）	DN40～DN2000		DN40～DN1200		—				
	环连接面（RJ）	—						DN10～DN400		DN10～DN300
衬里法兰盖[BL(S)]	突面（RF）	—	DN40～DN600					—		
	凸面（M）	—		DN40～DN600				—		
	榫面（T）	—		DN40～DN600				—		

1.2.3 密封面的表面粗糙度

法兰的密封面应进行机加工，表面粗糙度按表1-15的规定。用户有特殊要求时应在订货时注明。

表1-15 密封面的表面粗糙度

密封面型式	密封面代号	R_a（μm）	
		最小	最大
全平面	FF	3.2	6.3
凹面/凸面	FM/M		
突面	RF		
榫面/槽面	T/G	0.8	3.2
环连接面	RJ	0.4	1.6

注：突面、凹面/凸面及全平面密封面是采用刀具加工时自然形成的一种锯齿形同心圆或螺旋齿槽。加工刀具的圆角半径应不小于1.5mm，形成的锯齿形同心圆或螺旋齿槽深度约为0.05mm，节距为0.45～0.55mm。

1.2.4 密封面缺陷允许尺寸（突面、凹面/凸面、全平面）

法兰密封面缺陷不得超过如表1-16所示的规定范围，任意两相邻缺陷之间的距离应大于或等于4倍缺陷最大径向尺寸，不允许有突出法兰密封面的缺陷。

表1-16 密封面缺陷允许尺寸（突面、凹面/凸面、全平面） 单位：mm

公称尺寸DN	缺陷的最大径向投影尺寸（缺陷深度≤h）	缺陷的最大深度和径向投影尺寸（缺陷深度＞h）	公称尺寸DN	缺陷的最大径向投影尺寸（缺陷深度≤h）	缺陷的最大深度和径向投影尺寸（缺陷深度＞h）
15	3.0	1.5	200	8.0	4.5
20	3.0	1.5	250	8.0	4.5
25	3.0	1.5	300	8.0	4.5
32	3.0	1.5	350	8.0	4.5
40	3.0	1.5	400	10.0	4.5
50	3.0	1.5	450	12.0	6.0
65	3.0	1.5	500	12.0	6.0
80	4.5	3.0	600	12.0	6.0
100	6.0	3.0	700～900	12.5	6.0
125	6.0	3.0	1000～1400	14.0	7.0
150	6.0	3.0	1600～2000	15.5	7.5

注：1. 缺陷的径向投影尺寸为缺陷离开法兰孔中心最大半径和最小半径之差。

2. h为法兰密封面的锯齿形同心圆或螺旋齿槽深。

1.2.5 螺栓锪孔

采用B系列钢管外径的法兰，应在法兰的螺栓支承面，以螺栓孔为中心，锪出如表1-17所列直径的平面，以适用于紧固件的装配。锪平面应与法兰的螺栓支承面齐平，允许与法兰颈部大端直径N或转角R相交。

（1）DN350～DN600带颈平焊对焊钢制管法兰。

（2）DN350～DN900带颈对焊对焊钢制管法兰。

表1-17 螺栓锪孔 单位：mm

螺栓尺寸	螺栓孔直径L	锪平面直径	螺栓尺寸	螺栓孔直径L	锪平面直径
M20	22	40	M33	36	66
M24	26	48	M36	39	71
M27	30	53	M39	42	76
M30	33	61	M45	48	89

1.2.6 密封面尺寸

突面、凹面或凸面、榫面或槽面法兰的密封面尺寸按表 1-18 的规定，环连接面法兰的密封面尺寸按表 1-19 的规定。

注：突面、凹面或凸面、榫面或槽面法兰的密封面尺寸 f_1、f_2 包括在法兰厚度 C 内。

表 1-18　突面、凹面或凸面、榫面或槽面法兰的密封面尺寸　　单位：mm

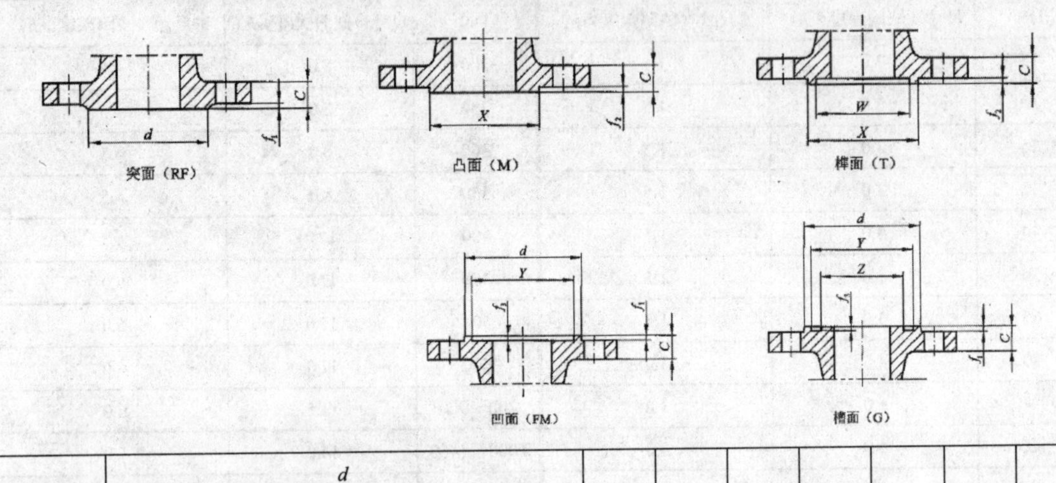

公称尺寸 DN	d						f_1	f_2	f_3	W	X	Y	Z
	公称压力 PN（MPa）												
	2.5	6	10	16	25	≥40							
10	35	35	40	40	40	40	2	4.5	4.0	24	34	35	23
15	40	40	45	45	45	45	2	4.5	4.0	29	39	40	28
20	50	50	58	58	58	58	2	4.5	4.0	36	50	51	35
25	60	60	68	68	68	68	2	4.5	4.0	43	57	58	42
32	70	70	78	78	78	78	2	4.5	4.0	51	65	66	50
40	80	80	88	88	88	88	2	4.5	4.0	61	75	76	60
50	90	90	102	102	102	102	2	4.5	4.0	73	87	88	72
65	110	110	122	122	122	122	2	4.5	4.0	95	109	110	94
80	128	128	138	138	138	138	2	4.5	4.0	106	120	121	105
100	148	148	158	158	162	162	2	5.0	4.5	129	149	150	128
125	178	178	188	188	188	188	2	5.0	4.5	155	175	176	154
150	202	202	212	212	218	218	2	5.0	4.5	183	203	204	182
200	258	258	268	268	278	285	2	5.0	4.5	239	259	260	238
250	312	312	320	320	335	345	2	5.0	4.5	292	312	313	291
300	365	365	370	378	395	410	2	5.0	4.5	343	363	364	342
350	415	415	430	428	450	465	2	5.5	5.0	395	421	422	394

续表

公称尺寸 DN	d						f_1	f_2	f_3	W	X	Y	Z
	公称压力 PN（MPa）												
	2.5	6	10	16	25	≥40							
400	465	465	482	490	505	535	2	5.5	5.0	447	473	474	446
450	520	520	532	550	555	560	2	5.5	5.0	497	523	524	496
500	570	570	585	610	615	615	2	5.5	5.0	549	575	576	548
600	670	670	685	725	720	735	2	5.5	5.0	649	675	676	648
700	775	775	800	795	820		2						
800	880	880	905	900	930		2						
900	980	980	1005	1000	1030		2						
1000	1080	1080	1110	1115	1140		2						
1200	1280	1295	1330	1330	1350		2						
1400	1480	1510	1535	1530			2						
1600	1690	1710	1760	1750			2						
1800	1890	1920	1960	1950			2						
2000	2090	2125	2170	2150			2						

表 1-19　环连接面法兰的密封面尺寸　　单位：mm

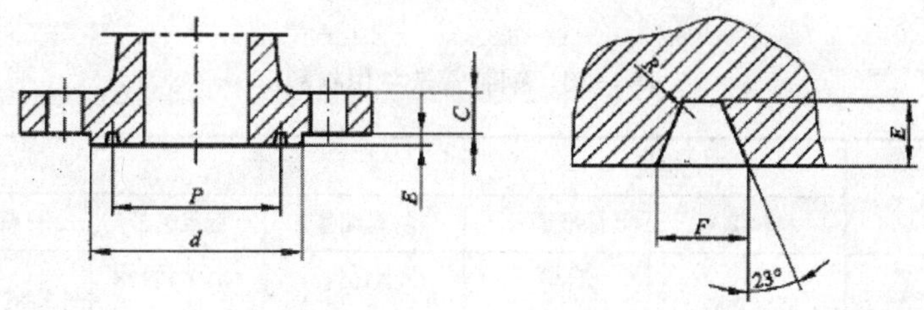

公称尺寸 DN	公称压力 PN（MPa）														
	PN63					PN100					PN160				
	d	P	E	F	R_{max}	d	P	E	F	R_{max}	d	P	E	F	R_{max}
15	55	35				55	35				58	35			
20	68	45				68	45				70	45			
25	78	50	6.5	9		78	50	6.5	9		80	50	6.5	9	
32	86	65				86	65				86	65			
40	102	75			0.8	102	75			0.8	102	75			0.8
50	112	85				116	85				118	95			
65	136	110				140	110				142	110			
80	146	115	8	12		150	115	8	12		152	130	8	12	
100	172	145				176	145				178	160			

续表

<table>
<tr><td rowspan="3">公称尺寸 DN</td><td colspan="15">公称压力 PN（MPa）</td></tr>
<tr><td colspan="5">PN63</td><td colspan="5">PN100</td><td colspan="5">PN160</td></tr>
<tr><td>d</td><td>P</td><td>E</td><td>F</td><td>R_{max}</td><td>d</td><td>P</td><td>E</td><td>F</td><td>R_{max}</td><td>d</td><td>P</td><td>E</td><td>F</td><td>R_{max}</td></tr>
<tr><td>125</td><td>208</td><td>175</td><td rowspan="7">8</td><td rowspan="7">12</td><td rowspan="7">0.8</td><td>212</td><td>175</td><td rowspan="5">8</td><td rowspan="5">12</td><td rowspan="7">0.8</td><td>215</td><td>190</td><td></td><td></td><td rowspan="5">0.8</td></tr>
<tr><td>150</td><td>245</td><td>205</td><td>250</td><td>205</td><td>255</td><td>205</td><td>10</td><td>14</td></tr>
<tr><td>200</td><td>306</td><td>265</td><td>312</td><td>265</td><td>322</td><td>275</td><td rowspan="2">11</td><td rowspan="2">17</td></tr>
<tr><td>250</td><td>362</td><td>320</td><td>376</td><td>320</td><td>388</td><td>330</td></tr>
<tr><td>300</td><td>422</td><td>375</td><td>448</td><td>375</td><td>456</td><td>380</td><td>14</td><td>23</td></tr>
<tr><td>350</td><td>475</td><td>420</td><td>505</td><td>420</td><td rowspan="2">11</td><td rowspan="2">17</td><td rowspan="2" colspan="5">—</td></tr>
<tr><td>400</td><td>540</td><td>480</td><td>565</td><td>480</td></tr>
</table>

1.3 材料

1.3.1 钢制管法兰用材料

钢制管法兰用材料按表 1-20 的规定，其化学成分、机械性能和其他技术要求应符合表所列标准的规定。

表 1-20 钢制管法兰用材料

类别号	类别	钢板		锻件		铸件	
		材料编号	标准编号	材料编号	标准编号	材料编号	标准编号
1C1	碳素钢	—	—	A105 16Mn 16MnD	GB/T 12228 JB/T 4726 GB/T 4727	WCB	GB/T 12229
1C2	碳素钢	Q345R	GB/T 713	—	—	WCC LC3，LCC	GB/T 12229 JB/T 7248
1C3	碳素钢	16MnDR	GB/T 3531	08Ni3D 25	JB/T 4727 GB/T 12228	LCB	JB/T 7248
1C4	碳素钢	Q235A，Q235B 20 Q245R 09MnNiDR	GB/T 3274 （GB/T 700） GB/T 711 GB/T 713 GB/T 3531	20 09MoNiD	JB/T 4726 JB/T 4727	WCA	GB/T 12229
1C9	铬钼钢 （1～1.25Cr-0.5Mo）	14Cr1MoR 15CrMoR	GB/T 713 GB/T 713	14Cr1Mo 15CrMo	JB/T 4726 GB/T 4726	WC6	JB/T 5263

续表

类别号	类别	钢板		锻件		铸件	
		材料编号	标准编号	材料编号	标准编号	材料编号	标准编号
1C10	铬钼钢（2.25Cr-1Mo）	12Cr2Mo1R	GB/T 713	12Cr2Mo1	JB/T 4726	WC9	JB/T 5263
1C13	铬钼钢（5Cr-0.5Mo）	—	—	1Cr5Mo	JB/T 4726	ZG16Cr5MoG	GB/T 16253
1C14	铬钼钢（9Cr-1Mo-V）	—	—	—	—	C12A	JB/T 5263
2C1	304	0Cr18Ni9	GB/T 4237	0Cr18Ni9	JB/T 4728	CF3 CF8	GB/T 12230 GB/T12230
2C2	316	0Cr17Ni12Mo2	GB/T 4273	0Cr17Ni12Mo2	JB/T 4278	CF3M CF8M	GB/T 12230 GB/T 12230
2C3	304L 316L	00Cr19Ni10 00Cr17Ni14Mo2	GB/T 4237 GB/T 4237	00Cr19Ni10 00Cr17Ni14Mo2	GB/T 4237 GB/T 4237	—	—
2C4	321	0Cr18Ni10Ti	GB/T 4237	0Cr18Ni10Ti	GB/T 4237	—	—
2C5	347	0Cr18Ni11Nb	GB/T 4237	—	—	—	—
12E0	CF8C	—	—	—	—	CF8C	GB/T 12230

注：1. 管法兰材料一般采用锻件或铸件，不推荐用钢板制造。钢板仅可用于法兰盖、衬里法兰盖、板式平焊法兰、对焊环松套法兰、平焊环松套法兰。

2. 表中所列铸件仅适用于整体法兰。

3. 管法兰用对焊环可采用锻件或钢管制造（包括焊接）。

1.3.2 塞焊要求

衬里层与法兰盖应紧密贴合，并按表 1-21 的规定施焊。添角焊和塞焊孔底层焊接材料按过渡层焊条选用，面层焊接材料按盖面层焊条选用。

表 1-21 塞焊要求

焊接材料	低碳不锈钢衬里	超低碳不锈钢衬里	焊接材料	低碳不锈钢衬里	超低碳不锈钢衬里
过渡层焊条	填角焊和塞焊孔底层焊接	母材塞焊孔焊接	盖面层焊条	塞焊孔面层焊接	衬里层塞焊孔焊接

1.4 压力-温度额定值

公称压力等级为 PN2.5～PN160 的钢制管法兰和法兰盖，在工作温度下的最高工作压力按表 1-22～表 1-30 的规定，中间温度可按内插法确定。

衬里法兰盖的公称压力和不同温度下的最高允许工作压力根据法兰盖材料类别确定。不锈钢衬里法兰盖的使用温度上限不大于350℃。

工作温度系指压力作用下法兰金属的温度。工作温度低于20℃时，法兰的最高允许工作压力值与20℃时相同。工作温度高于表列温度上限时，最高允许工作压力可根据经验值或通过计算，由设计者自行确定。

如果一个法兰接头上的两个法兰具有不同的压力额定值，该连接接头的最高允许工作压力值按较低值，并应控制安装时螺柱扭矩，防止过紧。

确定法兰接头的压力-温度额定值时，应考虑高温或者低温下管道系统中外力和外来扭矩对法兰接头密封能力的影响。

高温蠕变范围或者承受较大温度梯度的法兰接头应采取措施防止螺栓松弛，如定期上紧等。在低温操作条件下，应保证材料有足够的韧性。

采用本标准以外的材料时，法兰的最高允许工作压力可根据材料的机械强度相当的原则，参照表中的材料予以确定，但不大于表中对应材料的数值。

表1-22　PN2.5钢制管法兰用材料最大允许工作压力（表压）　　单位：MPa

法兰材料	工作温度（℃）																				
类别号	20	50	100	150	200	250	300	350	375	400	425	450	475	500	510	520	530	540	550	575	600
1C1	2.5	2.5	2.5	2.4	2.3	2.2	2	2	1.9	1.6	1.4	0.9	0.6	0.4							
1C2	2.5	2.5	2.5	2.5	2.5	2.5	2.3	2.2	2.1	1.6	1.4	0.9	0.6	0.4							
1C3	2.5	2.5	2.4	2.3	2.3	2.1	2	1.9	1.8	1.5	1.3	0.9	0.6	0.4							
1C4	2.3	2.2	2	2	1.9	1.8	1.7	1.6	1.6	1.4	1.2	0.9	0.6	0.4							
1C9	2.5	2.5	2.5	2.5	2.5	2.5	2.4	2.3	2.3	2.2	2.2	2.1	1.7	1.2	1	0.9	0.8	0.7	0.6	0.4	0.2
1C10	2.5	2.5	2.5	2.5	2.5	2.5	2.5	2.5	2.5	2.4	2.4	2.3	1.8	1.4	1.2	1.1	0.9	0.8	0.7	0.5	0.3
1C13	2.5	2.5	2.5	2.5	2.5	2.5	2.5	2.5	2.4	2.4	2.3	2.2	1.5	1.0	0.9	0.8	0.7	0.6	0.5	0.4	0.3
1C14	2.5	2.5	2.5	2.5	2.5	2.5	2.5	2.5	2.5	2.5	2.5	2.5	2.1	1.4	1.2	1.1	0.9	0.8	0.7	0.5	0.3
2C1	2.3	2.2	1.8	1.7	1.6	1.5	1.4	1.3	1.3	1.3	1.2	1.2	1.2	1.2	1.2	1.2	1.2	1.1	1.1	1.0	0.8
2C2	2.3	2.2	1.9	1.7	1.6	1.5	1.4	1.4	1.3	1.3	1.3	1.3	1.3	1.3	1.3	1.3	1.3	1.3	1.2	1.2	0.9
2C3	1.9	1.8	1.6	1.4	1.3	1.2	1.1	1.1	1.0	1.0	1.0	1.0									
2D4	2.3	2.2	2.0	1.9	1.7	1.6	1.5	1.5	1.4	1.4	1.4	1.4	1.4	1.4	1.3	1.3	1.3	1.3	1.3	1.2	0.9
2C5	2.3	2.2	2.0	1.9	1.8	1.7	1.6	1.6	1.5	1.5	1.5	1.5	1.5	1.5	1.5	1.5	1.5	1.5	1.4	1.2	0.9
12E0	2.2	2.1	2.0	1.8	1.7	1.6	1.5	1.4		1.4		1.4		1.3					1.3		1.0

表1-23　PN6钢制管法兰用材料最大允许工作压力（表压）　　单位：MPa

法兰材料	工作温度（℃）																				
类别号	20	50	100	150	200	250	300	350	375	400	425	450	475	500	510	520	530	540	550	575	600
1C1	6.0	6.0	6.0	5.8	5.6	5.4	5.0	4.7	4.6	4.0	3.3	2.3	1.5	1.0							
1C2	6.0	6.0	6.0	6.0	6.0	6.0	5.5	5.3	5.1	4.0	3.3	2.3	1.5	1.0							
1C3	6.0	6.0	5.8	5.7	5.5	5.2	4.8	4.6	4.5	3.8	3.1	2.3	1.5	1.0							

续表

法兰材料	工作温度（℃）																				
类别号	20	50	100	150	200	250	300	350	375	400	425	450	475	500	510	520	530	540	550	575	600
1C4	5.5	5.4	5.0	4.8	4.7	4.5	4.1	4.0	3.9	3.5	3.0	2.2	1.5	1.0							
1C9	6.0	6.0	6.0	6.0	6.0	6.0	5.8	5.6	5.5	5.4	5.3	5.1	4.1	2.9	2.5	2.2	1.9	1.6	1.4	1.0	0.7
1C10	6.0	6.0	6.0	6.0	6.0	6.0	6.0	6.0	6.0	5.9	5.8	5.7	4.3	3.3	3.0	2.7	2.3	2.0	1.7	1.2	0.8
1C13	6.0	6.0	6.0	6.0	6.0	6.0	6.0	6.0	5.9	5.8	5.6	5.4	3.6	2.4	2.2	1.9	1.7	1.5	1.4	1.0	0.7
1C14	6.0	6.0	6.0	6.0	6.0	6.0	6.0	6.0	6.0	6.0	6.0	6.0	5.2	3.5	3.0	2.6	2.3	1.9	1.7	1.2	0.8
2C1	5.5	5.3	4.5	4.1	3.8	3.6	3.4	3.2	3.2	3.1	3.0	3.0	2.9	2.9	2.9	2.9	2.8	2.8	2.7	2.4	1.9
2C2	5.5	5.3	4.6	4.2	3.9	3.7	3.5	3.3	3.3	3.2	3.2	3.2	3.1	3.1	3.1	3.1	3.1	3.1	3.1	2.8	2.3
2C3	4.6	4.4	3.8	3.4	3.1	2.9	2.8	2.6	2.6	2.5	2.5	2.4									
2D4	5.5	5.3	4.9	4.5	4.2	4.0	3.7	3.6	3.6	3.6	3.4	3.4	3.3	3.3	3.3	3.3	3.3	3.3	3.2	2.9	2.3
2C5	5.5	5.4	5.0	4.7	4.4	4.1	3.9	3.8	3.7	3.7	3.7	3.7	3.7	3.7	3.7	3.6	3.6	3.6	3.5	3.0	2.3
12E0	5.3	5.1	4.7	4.4	4.1	3.9	3.6	3.5		3.3		3.3		3.2					3.1		2.3

表 1-24　PN10 钢制管法兰用材料最大允许工作压力（表压）　　单位：MPa

法兰材料	工作温度（℃）																				
类别号	20	50	100	150	200	250	300	350	375	400	425	450	475	500	510	520	530	540	550	575	600
1C1	10.0	10.0	10.0	9.7	9.4	9.0	8.3	7.9	7.7	6.7	5.5	3.8	2.6	1.7							
1C2	10.0	10.0	10.0	10.0	10.0	10.0	9.3	8.8	8.5	6.7	5.5	3.8	2.6	1.7							
1C3	10.0	10.0	9.7	9.4	9.2	8.7	8.1	7.7	7.5	6.3	5.3	3.8	2.6	1.7							
1C4	9.1	9.0	8.3	8.1	7.9	7.5	6.9	6.6	6.5	5.9	5.0	3.8	2.6	1.7							
1C9	10.0	10.0	10.0	10.0	10.0	10.0	9.72	9.4	9.2	9.0	8.8	8.6	6.8	4.9	4.2	3.7	3.2	2.8	2.4	1.7	1.1
1C10	10.0	10.0	10.0	10.0	10.0	10.0	10.0	10.0	10.0	9.9	9.7	9.5	7.3	5.5	5.0	4.4	3.9	3.4	2.9	2.0	1.3
1C13	10.0	10.0	10.0	10.0	10.0	10.0	10.0	10.0	9.9	9.7	9.4	9.1	6.0	4.1	3.6	3.3	2.9	2.6	2.3	1.7	1.2
1C14	10.0	10.0	10.0	10.0	10.0	10.0	10.0	10.0	10.0	10.0	10.0	10.0	8.7	5.9	5.0	4.4	3.8	3.3	2.9	2.0	1.4
2C1	9.1	8.8	7.5	6.8	6.3	6.0	5.6	5.4	5.4	5.2	5.1	5.0	4.9	4.9	4.8	4.8	4.8	4.7	4.6	4.0	3.2
2C2	9.1	8.9	7.8	7.1	6.6	6.1	5.8	5.6	5.5	5.4	5.4	5.3	5.3	5.2	5.2	5.2	5.2	5.1	5.1	4.7	3.8
2C3	7.6	7.4	6.3	5.7	5.3	4.9	4.6	4.4	4.3	4.2	4.2	4.1									
2D4	9.1	8.9	8.1	7.5	7.0	6.6	6.3	6.0	5.9	5.9	5.7	5.7	5.6	5.6	5.5	5.5	5.5	5.5	5.4	4.9	3.9
2C5	9.1	9.0	8.3	7.8	7.3	6.9	6.6	6.4	6.3	6.2	6.2	6.2	6.1	6.1	6.1	6.1	6.1	6.0	5.8	5.0	3.8
12E0	8.9	8.4	7.8	7.3	6.9	6.4	6.0	5.8		5.6		5.4		5.3					5.1		3.8

表 1-25　PN16 钢制管法兰用材料最大允许工作压力（表压）　　单位：MPa

法兰材料	工作温度（℃）																				
类别号	20	50	100	150	200	250	300	350	375	400	425	450	475	500	510	520	530	540	550	575	600
1C1	16.0	16.0	16.0	15.6	15.1	14.4	13.4	12.8	12.4	10.8	8.9	6.2	4.2	2.7							

续表

法兰材料	工作温度（℃）																				
类别号	20	50	100	150	200	250	300	350	375	400	425	450	475	500	510	520	530	540	550	575	600
1C2	16.0	16.0	16.0	16.0	16.0	16.0	14.9	14.2	13.7	10.8	8.9	6.2	4.2	2.7							
1C3	16.0	16.0	15.6	15.2	14.7	14.0	13.0	12.4	12.1	10.1	8.4	6.1	4.2	2.7							
1C4	14.7	14.4	13.4	13.0	12.6	12.0	11.2	10.7	10.5	9.4	8.0	6.0	4.2	2.7							
1C9	16.0	16.0	16.0	16.0	16.0	16.0	15.5	15.0	14.8	14.5	14.1	13.8	11.0	7.9	6.8	6.0	5.2	4.5	3.9	2.7	1.8
1C10	16.0	16.0	16.0	16.0	16.0	16.0	16.0	16.0	16.0	15.9	15.6	15.3	11.7	8.9	8.0	7.1	6.2	5.4	4.7	3.2	2.1
1C13	16.0	16.0	16.0	16.0	16.0	16.0	16.0	16.0	15.9	15.6	15.1	14.6	9.6	6.6	5.8	5.3	4.7	4.1	3.7	2.7	1.9
1C14	16.0	16.0	16.0	16.0	16.0	16.0	16.0	16.0	16.0	16.0	16.0	16.0	14.0	9.4	8.0	7.1	6.1	5.3	4.6	3.2	2.2
2C1	14.7	14.2	12.1	11.0	10.2	9.6	9.0	8.7	8.6	8.4	8.2	8.1	7.9	7.8	7.7	7.7	7.6	7.5	7.3	6.4	5.2
2C2	14.7	14.3	12.5	11.4	10.6	9.8	9.3	9.0	8.8	8.7	8.6	8.5	8.5	8.4	8.3	8.3	8.3	8.3	8.2	7.6	6.1
2C3	12.3	11.8	10.2	9.2	8.5	7.9	7.4	7.1	6.9	6.8	6.7	6.5									
2D4	14.7	14.4	13.1	12.1	11.3	10.7	10.1	9.7	9.4	9.3	9.2	9.1	9.0	8.9	8.9	8.8	8.8	8.8	8.7	7.9	6.3
2C5	14.7	14.4	13.4	12.5	11.8	11.2	10.6	10.2	10.1	10.0	9.9	9.9	9.8	9.8	9.8	9.8	9.8	9.7	9.4	8.1	6.1
12E0	14.2	13.5	12.5	11.7	11.0	10.3	9.7	9.2		8.9		8.7		8.5					8.2		6.1

表 1-26 PN25 钢制管法兰用材料最大允许工作压力（表压） 单位：MPa

法兰材料	工作温度（℃）																				
类别号	20	50	100	150	200	250	300	350	375	400	425	450	475	500	510	520	530	540	550	575	600
1C1	25.0	25.0	25.0	24.4	23.7	22.5	20.9	20.0	19.4	16.9	14.0	9.7	6.5	4.2							
1C2	25.0	25.0	25.0	25.0	25.0	25.0	23.3	22.2	21.4	16.9	14.0	9.7	6.5	4.2							
1C3	25.0	25.0	24.4	23.7	23.0	21.9	20.4	19.4	18.8	15.9	13.3	9.6	6.5	4.2							
1C4	23.0	22.5	20.9	20.4	19.7	18.8	17.5	16.7	16.5	14.8	12.9	9.5	6.5	4.2							
1C9	25.0	25.0	25.0	25.0	25.0	25.0	24.3	23.5	23.1	22.7	22.1	21.5	17.1	12.5	10.7	9.4	8.2	70.	6.1	4.2	2.9
1C10	25.0	25.0	25.0	25.0	25.0	25.0	25.0	25.0	25.0	24.8	24.4	23.9	18.3	14.0	12.6	11.2	9.8	8.5	7.4	5.1	3.3
1C13	25.0	25.0	25.0	25.0	25.0	25.0	25.0	25.0	24.9	24.3	23.6	22.8	15.1	10.4	9.1	8.2	7.3	6.5	5.8	4.3	3.0
1C14	25.0	25.0	25.0	25.0	25.0	25.0	25.0	25.0	25.0	25.0	25.0	25.0	21.9	14.8	12.6	11.2	9.6	8.2	7.2	5.0	3.4
2C1	23.1	22.1	18.9	17.2	16.0	15.0	14.2	13.7	13.5	13.2	12.9	12.7	12.5	12.3	12.2	12.1	12.0	11.9	11.5	10.1	8.2
2C2	23.0	22.3	19.5	17.8	16.5	16.5	14.6	14.1	13.8	13.6	13.5	13.4	13.6	13.5	13.1	13.1	13.0	13.0	12.9	12.0	9.6
2C3	19.2	18.5	16.0	14.5	13.3	12.4	11.7	11.1	10.9	10.7	10.5	10.3									
2D4	23.0	22.5	20.4	19.0	17.7	16.7	15.8	15.2	14.8	14.6	14.4	14.3	14.1	14.0	13.9	13.9	13.8	13.8	13.6	12.4	9.8
2C5	23.0	22.6	20.9	19.6	18.4	17.4	16.6	16.0	15.8	15.7	15.6	15.5	15.4	15.4	15.4	15.4	15.3	15.2	14.7	12.7	9.6
12E0	22.2	21.1	19.6	18.3	17.2	16.1	15.1	14.4		13.9		13.6		13.2					12.8		9.6

表 1-27　PN40 钢制管法兰用材料最大允许工作压力（表压）　单位：MPa

法兰材料类别号	工作温度（℃）																				
	20	50	100	150	200	250	300	350	375	400	425	450	475	500	510	520	530	540	550	575	600
1C1	40.0	40.0	40.0	39.1	37.9	36.0	33.5	31.9	31.1	27.0	22.4	15.6	10.5	6.8							
1C2	40.0	40.0	40.0	40.0	40.0	40.0	37.2	35.6	34.2	27.0	22.4	15.6	10.5	6.8							
1C3	40.0	40.0	39.0	38.0	36.9	35.1	32.6	31.1	30.1	25.4	21.2	15.4	10.5	6.8							
1C4	36.8	36.1	33.5	32.6	31.6	30.1	27.9	26.7	26.3	23.7	20.1	15.2	10.5	6.8							
1C9	40.0	40.0	40.0	40.0	40.0	40.0	38.9	37.6	36.9	36.2	35.4	34.5	27.4	19.9	17.7	15.1	13.1	11.3	9.8	6.8	4.7
1C10	40.0	40.0	40.0	40.0	40.0	40.0	40.0	40.0	40.0	39.7	39	38.3	29.2	22.3	20.2	18.0	15.7	13.6	12.0	8.1	5.3
1C13	40.0	40.0	40.0	40.0	40.0	40.0	40.0	40.0	39.8	38.9	37.8	36.4	24.1	16.6	14.7	13.3	11.8	10.4	9.3	6.9	4.8
1C14	40.0	40.0	40.0	40.0	40.0	40.0	40.0	40.0	40.0	40.0	40.0	40.0	35.0	23.7	20.2	17.8	15.5	13.3	11.7	8.1	5.5
2C1	36.8	35.4	30.3	27.5	25.5	24.1	22.7	21.9	21.6	21.2	20.6	20.3	19.9	19.6	19.5	19.4	19.2	19.0	18.4	16.2	13.1
2C2	36.8	35.6	31.3	28.5	26.4	24.7	23.4	22.6	22.1	21.8	21.6	21.4	21.2	21.0	21.0	20.9	20.8	20.8	20.7	19.1	15.5
2C3	30.6	29.6	25.5	23.1	21.2	19.8	18.7	17.8	17.5	17.1	16.8	16.5									
2D4	36.8	35.9	32.7	30.3	28.4	26.7	25.3	24.2	23.7	23.4	23.1	22.8	22.6	22.4	22.3	22.2	22.1	22.0	21.8	19.9	15.8
2C5	36.8	36.1	33.4	31.3	29.5	27.9	26.6	25.6	25.2	25.1	24.9	24.9	24.7	24.6	24.6	24.6	24.6	24.3	23.5	20.4	15.4
12E0	35.6	33.8	31.3	29.3	27.6	25.8	24.2	23.1		22.2		21.7		21.2					20.4		15.3

表 1-28　PN63 钢制管法兰用材料最大允许工作压力（表压）　单位：MPa

法兰材料类别号	工作温度（℃）																				
	20	50	100	150	200	250	300	350	375	400	425	450	475	500	510	520	530	540	550	575	600
1C1	63.0	63.0	63.0	61.5	59.6	56.8	52.7	50.3	49.0	42.5	35.2	24.5	16.6	10.8							
1C2	63.0	63.0	63.0	63.0	63.0	63.0	58.7	56.0	53.8	42.5	35.2	24.5	16.6	10.8							
1C3	63.0	63.0	61.4	59.8	58.1	55.2	21.3	48.9	47.5	40.0	33.4	24.3	16.6	10.8							
1C4	57.9	56.8	52.7	51.3	49.8	47.4	44.0	42.1	41.5	37.4	31.7	24.0	16.6	10.8							
1C9	63.0	63.0	63.0	63.0	63.0	63.0	61.2	59.2	58.1	57.1	55.7	54.3	43.2	31.4	26.9	23.8	20.7	17.8	15.6	10.8	7.4
1C10	63.0	63.0	63.0	63.0	63.0	63.0	63.0	63.0	63.0	62.5	62	60.3	46.0	35.2	31.9	28.3	24.8	21.4	18.8	12.9	8.4
1C13	63.0	63.0	63.0	63.0	63.0	63.0	63.0	63.0	62.7	61.3	59.6	57.3	37.9	26.1	23.2	20.9	18.6	16.4	14.8	10.9	7.6
1C14	63.0	63.0	63.0	63.0	63.0	63.0	63.0	63.0	63.0	63.0	63.0	63.0	55.1	37.3	31.9	28.1	24.3	20.9	18.4	12.8	8.7
2C1	57.9	55.8	47.7	43.4	40.2	37.9	35.8	34.5	34.0	33.3	32.5	31.9	31.4	30.9	30.7	30.5	30.3	29.9	29.0	25.5	20.7
2C2	57.9	56.1	49.2	44.9	41.6	38.9	36.9	35.5	34.9	34.4	34.0	33.7	33.5	33.2	33.0	32.9	32.8	32.7	32.6	30.2	24.4
2C3	48.3	46.6	40.2	36.4	33.5	31.1	29.5	28.1	27.5	27.0	26.5	26.0									
2D4	57.9	56.6	51.4	47.8	44.7	42.0	39.8	38.2	37.5	36.8	36.3	36.0	35.6	35.3	35.1	35.0	34.9	34.7	34.4	31.3	24.8
2C5	57.9	56.8	52.6	49.4	46.4	43.9	41.9	40.3	39.7	39.6	39.2	39.0	38.9	38.8	38.8	38.7	38.7	38.3	37.0	32.1	24.3
12E0	56.0	53.2	49.3	46.2	43.4	40.6	39.1	36.4		35.0		34.2		33.3					32.2		24.1

表 1-29　PN100 钢制管法兰用材料最大允许工作压力（表压）　　单位：MPa

法兰材料类别号	工作温度（℃）																			
	20	50	100	150	200	250	300	350	375	400	425	450	475	500	510	520	530	540	550	575	600
1C1	100.0	100.0	100.0	97.7	94.7	90.1	83.6	79.8	77.8	67.5	55.9	38.9	26.3	17.1							
1C2	100.0	100.0	100.0	100.0	100.0	100.0	93.1	88.9	85.4	67.5	55.9	38.9	26.3	17.1							
1C3	100.0	100.0	97.5	94.9	92.2	87.6	81.4	77.7	75.3	63.4	53.1	38.5	26.3	17.1							
1C4	91.9	90.2	83.7	81.5	79.0	75.2	69.8	66.8	65.8	59.3	50.3	38.1	26.3	17.1							
1C9	100.0	100.0	100.0	100.0	100.0	100.0	97.2	94.0	92.3	90.6	88.4	86.2	68.6	49.9	42.7	37.8	32.8	28.2	24.7	17.1	11.8
1C10	100.0	100.0	100.0	100.0	100.0	100.0	100.0	100.0	100.0	99.2	97.6	95.6	73.1	55.9	50.6	44.9	39.3	34.0	29.9	20.5	13.4
1C13	100.0	100.0	100.0	100.0	100.0	100.0	100.0	100.0	99.6	97.3	94.6	91.0	60.2	41.4	36.8	33.1	29.5	26.1	23.4	17.3	12.1
1C14	100.0	100.0	100.0	100.0	100.0	100.0	100.0	100.0	100.0	100.0	100.0	100.0	87.5	59.2	50.6	44.6	38.6	33.1	29.2	20.3	14.0
2C1	91.9	88.6	75.7	68.8	63.9	60.2	56.8	54.7	54.0	52.9	51.6	50.7	49.9	49.1	48.7	48.4	48.0	47.5	46.0	40.5	32.8
2C2	91.9	89.1	78.1	71.3	66.0	61.8	58.5	56.4	55.3	54.5	54.0	53.4	53.1	52.6	52.4	52.2	52.1	51.9	51.7	47.9	38.7
2C3	76.6	74.0	63.9	57.8	53.1	49.4	46.8	44.5	43.7	42.9	42.0	41.2									
2D4	91.9	89.8	81.6	75.9	70.9	66.7	63.2	60.3	59.3	58.5	57.6	57.1	56.5	56.0	55.8	55.6	55.3	55.1	54.5	49.7	39.4
2C5	91.9	90.2	83.6	78.4	73.6	69.7	66.5	64.0	63.1	62.8	62.2	62.0	61.7	61.6	61.6	61.5	61.4	60.8	58.8	50.9	38.5
12E0	88.9	84.4	78.2	73.3	68.9	64.4	60.4	57.8		55.6		54.2		52.9					51.1		38.2

表 1-30　PN160 钢制管法兰用材料最大允许工作压力（表压）　　单位：MPa

法兰材料类别号	工作温度（℃）																			
	20	50	100	150	200	250	300	350	375	400	425	450	475	500	510	520	530	540	550	575	600
1C1	160.0	160.0	160.0	156.3	151.4	144.1	133.8	127.7	124.4	108.0	89.4	62.2	42.0	27.3							
1C2	160.0	160.0	160.0	160.0	160.0	160.0	148.9	142.2	136.6	108.0	89.4	62.2	42.0	27.3							
1C3	160.0	160.0	155.8	151.8	147.4	140.2	130.2	124.3	120.5	101.4	84.9	61.5	42.0	27.3							
1C4	147.0	144.2	133.9	130.3	126.3	120.3	111.7	106.8	105.3	94.9	80.4	60.8	42.0	27.3							
1C9	160.0	160.0	160.0	160.0	160.0	160.0	155.4	150.3	147.6	144.9	141.4	137.8	109.7	79.7	68.3	60.4	52.4	45.0	39.5	27.3	18.7
1C10	160.0	160.0	160.0	160.0	160.0	160.0	160.0	160.0	160.0	158.7	156.0	153.0	116.9	89.3	80.9	71.8	62.8	54.4	47.7	32.7	21.4
1C13	160.0	160.0	160.0	160.0	160.0	160.0	160.0	160.0	159.2	155.7	151.3	145.6	96.3	66.2	58.8	52.9	47.1	41.6	37.4	27.5	19.3
1C14	160.0	160.0	160.0	160.0	160.0	160.0	160.0	160.0	160.0	160.0	160.0	160.0	140.0	94.7	81.0	71.4	61.8	53.0	46.7	32.5	22.4
2C1	147.0	141.7	121.1	110.1	102.1	96.2	90.8	87.5	86.4	84.6	82.4	81.1	79.7	78.5	77.9	77.4	76.8	75.9	73.6	64.8	52.4
2C2	147.0	142.5	125.0	114.0	105.6	95.2	93.6	90.2	88.5	87.2	86.3	85.4	84.9	84.1	83.8	83.5	83.3	83.0	82.7	76.5	61.9
2C3	122.5	118.4	102.1	92.5	84.9	79.0	74.8	71.2	69.9	68.5	67.2	65.9									
2D4	147.0	143.7	130.6	121.3	113.4	106.7	101.1	96.9	94.9	93.5	92.2	91.3	90.4	89.6	89.2	88.8	88.5	88.1	87.2	79.5	63.0
2C5	147.0	144.3	133.6	125.3	117.8	111.5	106.4	102.4	100.9	100.4	99.5	99.1	98.7	98.5	98.5	98.3	98.2	97.3	94.0	81.4	61.5
12E0	142.2	135.0	125.0	117.3	110.0	103.0	96.6	92.48		89.0		86.7		84.6					81.8		61.1

1.5 焊接接头和坡口尺寸

1.5.1 板式平焊法兰和平焊环松套法兰

如表 1-31 所示范围的板式平焊法兰和平焊环松套法兰与钢管连接的焊接接头应符合图 3-1 的要求。

表 1-31 板式平焊法兰、平焊环松套法兰的公称压力和公称尺寸 1

法兰类型	公称压力 PN（MPa）	公称尺寸 DN（mm）
板式平焊法兰	2.5	10～2000
	6	10～1600
	10	10～600
平焊环松套法兰	6	10～600
	10	10～600

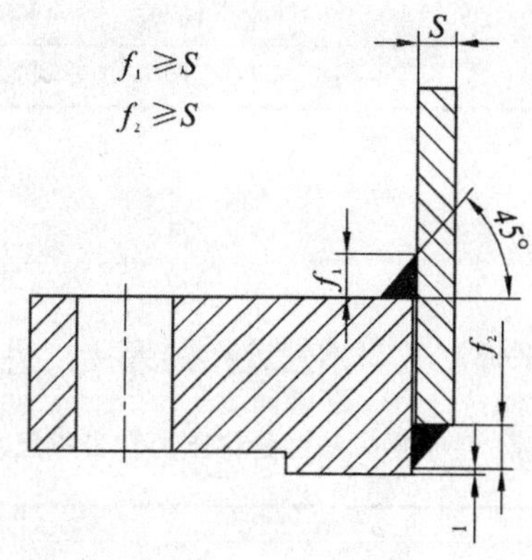

图 3-1 板式平焊法兰或平焊环松套法兰与钢管连接的焊接接头 1

如表 1-32 所示范围的板式平焊法兰、平焊环松套法兰与钢管连接的焊接接头和坡口尺寸应符合图 3-2 和表 1-33 的要求。

表 1-32 板式平焊法兰、平焊环松套法兰公称压力和公称尺寸 2

法兰类型	公称压力 PN（MPa）	公称尺寸 DN（mm）
板式平焊法兰	6	1800～2000
	16	10～600
	25	10～600
	40	10～600
平焊环松套法兰	16	10～600

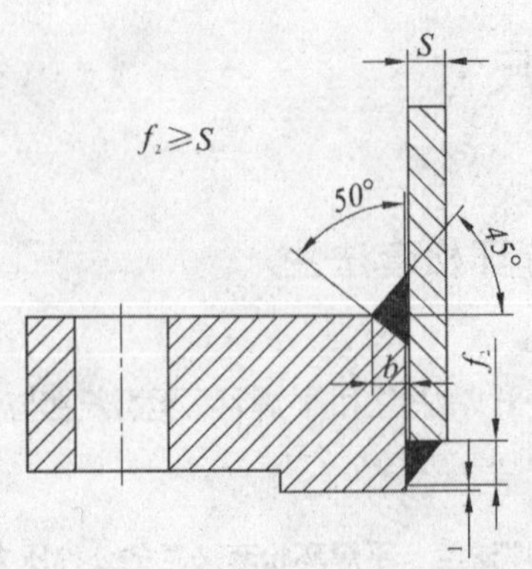

图 3-2　板式平焊法兰或平焊环松套法兰与钢管连接的焊接接头 2

表 1-33　板式平焊法兰、平焊环松套法兰与钢管连接的坡口尺寸　　单位：mm

公称尺寸 DN	10	15	20	25	32	40	50	65	80
坡口宽度 b	4	4	4	5	5	5	5	6	6
公称尺寸 DN	100	125	150	200	250	300	350	400	450
坡口宽度 b	6	6	6	8	10	11	12	12	13
公称尺寸 DN	500	600	1200	1400	1600	1800	2000	—	—
坡口宽度 b	12	12	13	14	16	17	18	—	—

1.5.2　带颈平焊法兰

如表 1-34 所示范围的带颈平焊法兰与钢管连接的焊接接头应符合图 3-3 的要求。

表 1-34　带颈平焊法兰公称压力和公称尺寸 1

法兰类型	公称压力 PN（MPa）	公称尺寸 DN（mm）
带颈平焊法兰	6	10～300
	10	10～400

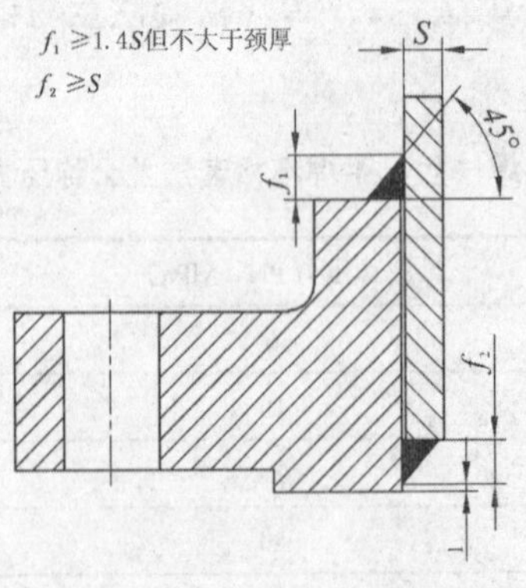

图 3-3　带颈平焊法兰与钢管连接的焊接接头 1

如表 1-35 所示范围的带颈平焊法兰与钢管连接的焊接接头和坡口尺寸应符合图 3-4 和表 1-36 的要求。

表 1-35　带颈平焊法兰公称压力和公称尺寸 2

法兰类型	公称压力 PN（MPa）	公称尺寸 DN（mm）
带颈平焊法兰	10	450～600
	16	10～600
	25	10～600
	40	10～600

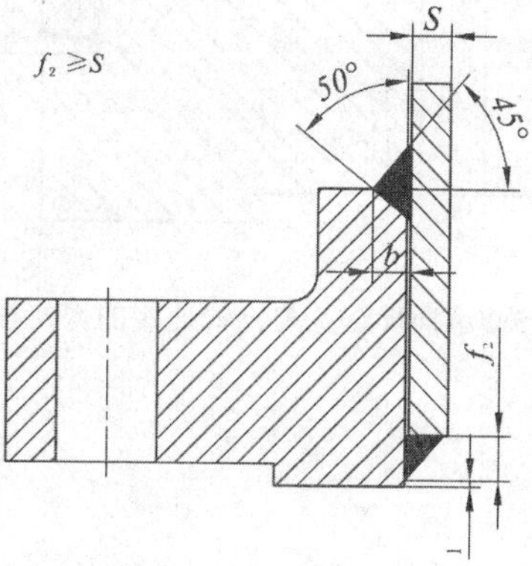

图 3-4　带颈平焊法兰与钢管连接的焊接接头 2

表 1-36　带颈平焊环与钢管连接的焊接接头坡口宽度　　单位：mm

公称尺寸 DN	坡口宽度 b		公称尺寸 DN	坡口宽度 b	
	≤PN25	PN40		≤PN25	PN40
10	4	4	125	6	7
15	4	4	150	6	8
20	4	4	200	8	10
25	5	5	250	10	11
32	5	5	300	11	12
40	5	5	350	12	13
50	5	5	400	12	14
65	6	6	450	12	16
80	6	6	500	12	17
100	6	6	600	12	18

1.5.3 承插焊法兰

承插焊法兰与钢管连接的焊接接头应符合图 3-5 的要求。

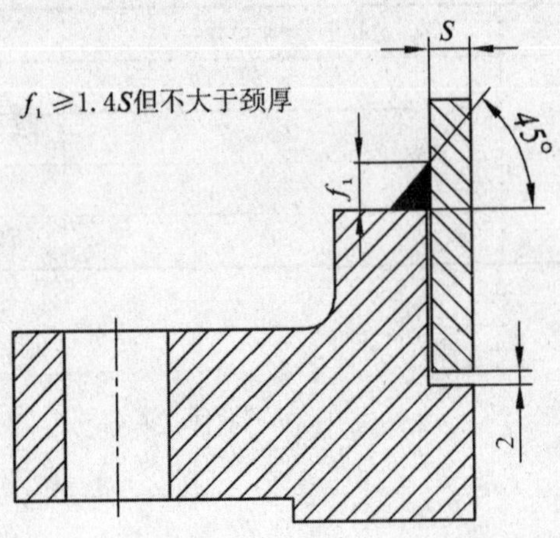

图 3-5 承插焊法兰与钢管连接的焊接接头

1.5.4 带颈对焊法兰

带颈对焊法兰与钢管连接的焊接接头和坡口尺寸应符合图 3-6 的要求。如果带颈对焊法兰的直边段超过与其对接的钢管壁厚 1mm 以上时，法兰的直边段应在直径处削薄，削薄段的斜度应小于等于 1∶3。

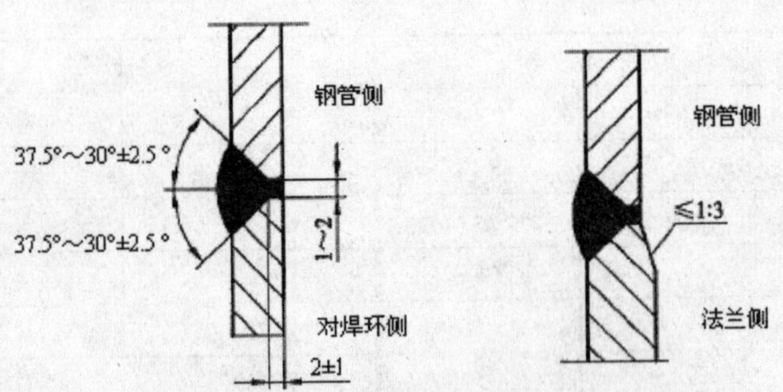

图 3-6 带颈对焊法兰与钢管连接的焊接接头

注：当法兰与公称壁厚≤4.8mm 的铁素体钢管或≤3.2mm 的奥氏体钢管连接时，钝边可取消。

1.5.5 对焊环

对焊环松套法兰的对焊环与钢管连接的焊接接头和坡口尺寸应符合图 3-7 的要求。

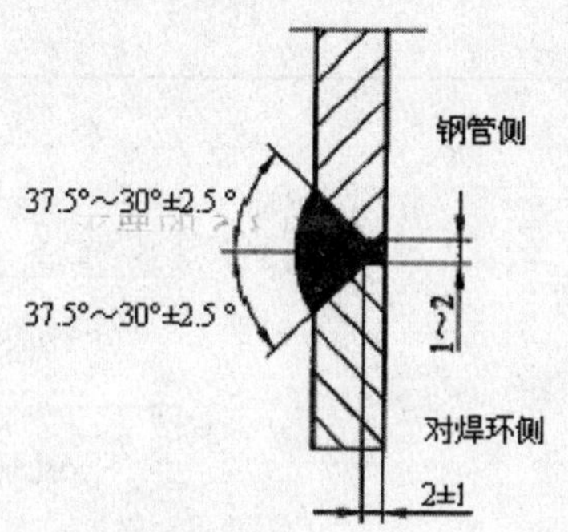

图 3-7 对焊环与钢管连接的焊接接头和坡口尺寸

注：当对焊环与工程壁厚≤3.2mm 的奥氏体钢管连接时，钝边可取消。

1.6 尺寸公差

1.6.1 法兰的尺寸公差

法兰的尺寸公差按表 1-37 的规定。

表 1-37 法兰的尺寸公差　　单位：mm

项　目	法兰型式	尺寸范围	极限偏差
法兰厚度 C	双面加工的所有型式法兰（包括锪孔）	C≤18	±1.0
		18＜C≤50	±1.5
		C＞50	±2.0
法兰高度 H	带颈法兰对焊环	≤DN80	±1.5
		DN100～DN250	±2.0
		≥DN300	±3.0
法兰颈部大端直径 N	带颈对焊法兰 整体法兰	≤DN50	0 −2
		DN65～DN150	0 −4
		DN200～DN300	0 −6
		DN350～DN600	0 −8
		≥DN700	0 −10

续表

项　目	法兰型式	尺寸范围	极限偏差
法兰颈部大端直径 N	带颈平焊法兰 承插焊法兰 螺纹法兰	≤DN50	+1.0 0
		DN65～DN150	+2.0 0
		DN200～DN300	+4.0 0
		DN350～DN600	+8.0 0
对焊法兰或对焊环端外径 A 或 A_1	带颈对焊法兰 对焊环	≤DN125	+3.0 0
		DN150～DN1200	+4.5 0
		≥DN1300	+6.0 0
法兰内径 B 和承插孔内径 B_1、B_2	所有型式	≤DN100	+0.5 0
		DN125～DN400	+1.0 0
法兰内径 B 和承插孔内径 B_1、B_2	所有型式	DN450～DN600	+1.5 0
		≥700	+3.0 0
法兰外径 D	整体法兰	≤DN250	±4.0
		DN300～DN500	±5.0
		DN600～DN800	±6.0
		DN900～DN1200	±7.0
		DN1400～DN1600	±8.0
		>DN1600	±10.0
	所有型式	≤DN150	±2.0
		DN200～DN500	±3.0
		DN600～DN1200	±5.0
		DN1400～DN1800	±7.0
		>DN1800	±10.0
法兰凸台外径 d （环连接面除外）	所有型式	≤DN250	+2.0 −1.0
		>DN250	+3.0 −1.0

续表

项　目		法兰型式	尺寸范围	极限偏差
法兰突台高度 f_1（环连接面除外）		所有型式	2	0 -1.0
环连接面法兰突台高度 E		所有型式	—	±1.0
凹面/凸面和榫面/槽面高度 f_1、f_2		所有型式	—	+0.5 0
凹凸面和榫槽面直径	X、Z	所有型式		0 -0.5
	W、Y			+0.5 0
螺栓孔中心圆直径 K		所有型式	≤M24	±1.0
			＞M24	±1.5
相邻两螺栓孔间距		所有型式	≤M24	±1.0
			＞M24	±1.5
螺栓孔直径 L		所有型式		±0.5
螺栓孔中心圆与加工密封面的同轴度偏差		所有型式	≤DN100	1.0
			≥DN125	2.0
密封面与螺栓支承面的平行度		所有型式		1°
颈部厚度 S		带颈对焊法兰 整体法兰	≤DN80	+1.0 0
			DN100～DN400	+1.5 0
			DN450～DN600	+2.0 0
			DN700～DN1000	+3.0 0
			≥DN1200	+4.0 0
对焊环焊接以及翻边壁厚		对焊环		+1.6 -12.5%钢管名义厚度

1.6.2　环连接面的尺寸公差

环连接面的密封面尺寸公差按表 1-38 的规定。法兰环槽密封面的硬度应高于所配合的金属环形垫的硬度。

表 1-38　环连接面的尺寸公差　　单位：mm

项　　目		尺寸公差
环槽深度 *E*		+0.4 0
环槽顶宽度 *F*		±0.2
环槽中心圆直径 *P*		±0.13
环槽角度 23°		±0.5°
环槽圆角 R_{max}	≤2	+0.8 0
	>2	±0.8
密封面外径 *d*		±0.5

1.7　材料代号

法兰材料代号按表 1-39 的规定。

表 1-39　材料代号

钢　　号	代　　号	钢　　号	代　　号
Q235A，Q235B	Q	12Cr2Mol，12Cr2MolR	C2M
20，Q245R	20	1Cr5Mo	C5M
25	25	9Cr-1Mo-V	C9MV
A105	A105	08Ni8D	3.5Ni
09Mn2VR	09MnD	0Cr18Ni9	304
09MnNiD	09NiD	00Cr19Ni10	304L
16Mn，Q345R	16Mn	0Cr18Ni10Ti	321
16MnD，16MnDR	16MnD	0Cr17Ni12Mo2	316
09MnNiD，09MnNiDR	09MnNiD	00Cr17Ni14Mo2	316L
14Cr1Mo，14Cr1MoR	14CM	0Cr18Ni11Nb	347
15CrMo，15CrMoR	15CM		

第2章 法 兰 尺 寸

2.1 法兰的连接尺寸

HG 20592—2009 中规定了法兰的连接尺寸，如表 2-1～表 2-9 所示，螺栓孔应等间距均布。

表 2-1 PN2.5 连接尺寸 单位：mm

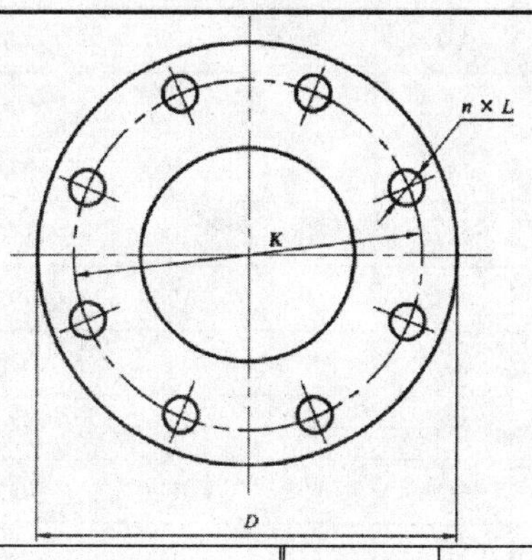

公称	PN2.5					公称	PN2.5				
尺寸 DN	*D*	*K*	*L*	螺栓 Th	*n*（个）	尺寸 DN	*D*	*K*	*L*	螺栓 Th	*n*（个）
10	75	50	11	M10	4	350	490	445	22	M20	12
15	80	55	11	M10	4	400	540	495	22	M20	16
20	90	65	11	M10	4	450	595	550	22	M20	16
25	100	75	11	M10	4	500	645	600	22	M20	20
32	120	90	14	M12	4	600	755	705	26	M24	20
40	130	100	14	M12	4	700	860	810	26	M24	24
50	140	110	14	M12	4	800	975	920	30	M27	24
65	160	130	14	M12	4	900	1075	1020	30	M27	24
80	190	150	18	M16	4	1000	1175	1120	30	M27	28
100	210	170	18	M16	4	1200	1375	1320	30	M27	32
125	240	200	18	M16	8	1400	1575	1520	30	M27	36
150	265	225	18	M16	8	1600	1970	1730	30	M27	40
200	320	280	18	M16	8	1800	1990	1930	30	M27	44
250	375	335	18	M16	12	2000	2190	2130	30	M27	48
300	440	395	22	M20	12						

表 2-2　PN6 连接尺寸　　单位：mm

公称尺寸 DN	PN6					公称尺寸 DN	PN6				
	D	*K*	*L*	螺栓 Th	*n*（个）		*D*	*K*	*L*	螺栓 Th	*n*（个）
10	75	50	11	M10	4	350	490	445	22	M20	12
15	80	55	11	M10	4	400	540	495	22	M20	16
20	90	65	11	M10	4	450	595	550	22	M20	16
25	100	75	11	M10	4	500	645	600	22	M20	20
32	120	90	14	M12	4	600	755	705	26	M24	20
40	130	100	14	M12	4	700	860	810	26	M24	24
50	140	110	14	M12	4	800	975	920	30	M27	24
65	160	130	14	M12	4	900	1075	1020	30	M27	24
80	190	150	18	M16	4	1000	1175	1120	30	M27	28
100	210	170	18	M16	4	1200	1405	1340	33	M30	32
125	240	200	18	M16	8	1400	1630	1560	36	M33	36
150	265	225	18	M16	8	1600	1830	1760	36	M33	40
200	320	280	18	M16	8	1800	2045	1970	39	M36	44
250	375	335	18	M16	12	2000	2265	2180	42	M39	48
300	440	395	22	M20	12						

表 2-3　PN10 连接尺寸　　单位：mm

公称尺寸 DN	PN1.0MPa（10bar）					公称尺寸 DN	PN1.0MPa（10bar）				
	D	*K*	*L*	螺栓 Th	*n*（个）		*D*	*K*	*L*	螺栓 Th	*n*（个）
10	90	60	14	M12	4	200	340	295	22	M20	8
15	95	65	14	M12	4	250	395	350	22	M20	12
20	105	75	14	M12	4	300	445	400	22	M20	12
25	115	85	14	M12	4	350	505	460	22	M20	16
32	140	100	18	M16	4	400	565	515	26	M24	16
40	150	110	18	M16	4	450	615	565	26	M24	20
50	165	125	18	M16	4	500	670	620	26	M24	20
65	185	145	18	M16	8(4)[a]	600	780	725	30	M27	20
80	200	160	18	M16	8	700	895	840	30	M27	24
100	220	180	18	M16	8	800	1015	950	33	M30	24
125	250	210	18	M16	8	900	1115	1050	33	M30	28
150	285	240	22	M20	8	1000	1230	1160	36	M33	28

续表

公称尺寸 DN	PN1.0MPa（10bar）					公称尺寸 DN	PN1.0MPa（10bar）				
	D	*K*	*L*	螺栓 Th	*n*（个）		*D*	*K*	*L*	螺栓 Th	*n*（个）
1200	1455	1380	39	M36	32	1800	2115	2020	48	M45	44
1400	1675	1590	42	M39	36	2000	2325	2230	48	M45	48
1600	1915	1820	48	M45	40						

注：a 也可以采用 8 个螺栓孔。

表 2-4　PN16 连接尺寸

单位：mm

公称尺寸 DN	PN1.6MPa（16bar）					公称尺寸 DN	PN1.6MPa（16bar）				
	D	*K*	*L*	螺栓 Th	*n*（个）		*D*	*K*	*L*	螺栓 Th	*n*（个）
10	90	60	14	M12	4	350	520	470	26	M24	16
15	95	65	14	M12	4	400	580	525	30	M27	16
20	105	75	14	M12	4	450	640	585	30	M27	20
25	115	85	14	M12	4	500	715	650	33	M30	20
32	140	100	18	M16	4	600	840	770	36	M33	20
40	150	110	18	M16	4	700	910	840	36	M33	24
50	165	125	18	M16	4	800	1025	950	39	M36	24
65	185	145	18	M16	8(4)[a]	900	1125	1050	39	M36	28
80	200	160	18	M16	8	1000	1255	1170	42	M39	28
100	220	180	18	M16	8	1200	1485	1390	48	M45	32
125	250	210	18	M16	8	1400	1685	1590	48	M45	36
150	285	240	22	M20	8	1600	1930	1820	56	M52	40
200	340	295	22	M20	12	1800	2130	2020	56	M42	44
250	405	355	26	M24	12	2000	2345	2230	62	M56	48
300	460	410	26	M24	12						

注：a 也可以采用 8 个螺栓孔。

表 2-5　PN25 连接尺寸

单位：mm

公称尺寸 DN	PN2.5MPa（25bar）					公称尺寸 DN	PN2.5MPa（25bar）				
	D	*K*	*L*	螺栓 Th	*n*（个）		*D*	*K*	*L*	螺栓 Th	*n*（个）
10	90	60	14	M12	4	40	150	110	18	M16	4
15	95	65	14	M12	4	50	165	125	18	M16	4
20	105	75	14	M12	4	65	185	145	18	M16	8
25	115	85	14	M12	4	80	200	160	18	M16	8
32	140	100	18	M16	4	100	235	190	22	M20	8

续表

公称尺寸 DN	PN2.5MPa（25bar）					公称尺寸 DN	PN2.5MPa（25bar）				
	D	*K*	*L*	螺栓 Th	*n*（个）		*D*	*K*	*L*	螺栓 Th	*n*（个）
125	270	220	26	M24	8	500	730	660	36	M33	20
150	300	250	26	M24	8	600	845	770	39	M36	20
200	360	310	26	M24	12	700	960	875	42	M39	24
250	425	370	30	M27	12	800	1085	990	48	M45	24
300	485	430	30	M27	16	900	1185	1090	48	M45	28
350	555	490	33	M30	16	1000	1320	1210	55	M52	28
400	620	550	36	M33	16	1200	1530	1420	55	M52	32
450	670	600	36	M33	20						

表 2-6　PN40 连接尺寸　　单位：mm

公称尺寸 DN	PN4.0MPa（40bar）					公称尺寸 DN	PN4.0MPa（40bar）				
	D	*K*	*L*	螺栓 Th	*n*（个）		*D*	*K*	*L*	螺栓 Th	*n*（个）
10	90	60	14	M12	4	125	270	220	26	M24	8
15	95	65	14	M12	4	150	300	250	26	M24	8
20	105	75	14	M12	4	200	375	320	30	M27	12
25	115	85	14	M12	4	250	450	385	33	M30	12
32	140	100	18	M16	4	300	515	450	33	M30	16
40	150	110	18	M16	4	350	580	510	36	M33	16
50	165	125	18	M16	4	400	660	585	39	M36	16
65	185	145	18	M16	8	450	685	610	39	M36	20
80	200	160	18	M16	8	500	755	670	42	M39	20
100	235	190	22	M20	8	600	890	795	48	M45	20

表 2-7　PN63 连接尺寸　　单位：mm

公称尺寸 DN	PN6.3MPa（63bar）					公称尺寸 DN	PN6.3MPa（63bar）				
	D	*K*	*L*	螺栓 Th	*n*		*D*	*K*	*L*	螺栓 Th	*n*
10	100	70	14	M12	4	50	180	135	22	M20	4
15	105	75	14	M12	4	65	205	160	22	M20	8
20	130	90	18	M16	4	80	215	170	22	M20	8
25	140	100	18	M16	4	100	250	200	26	M24	8
32	155	110	22	M20	4	125	295	240	30	M27	8
40	170	125	22	M20	4	150	345	280	33	M30	8

续表

公称尺寸 DN	PN6.3MPa（63bar）					公称尺寸 DN	PN6.3MPa（63bar）				
	D	*K*	*L*	螺栓 Th	*n*		*D*	*K*	*L*	螺栓 Th	*n*
200	415	345	36	M33	12	350	600	525	39	M36	16
250	470	400	36	M33	12	400	670	585	42	M39	16
300	530	460	36	M33	16						

表 2-8　PN100 连接尺寸　　单位：mm

公称尺寸 DN	PN10.0MPa（100bar）					公称尺寸 DN	PN10.0MPa（100bar）				
	D	*K*	*L*	螺栓 Th	*n*（个）		*D*	*K*	*L*	螺栓 Th	*n*（个）
10	100	70	14	M12	4	65	220	170	26	M24	8
15	105	75	14	M12	4	80	230	180	26	M24	8
20	130	90	18	M16	4	100	265	210	30	M27	8
25	140	100	18	M16	4	125	315	250	33	M30	8
32	155	110	22	M20	4	150	355	290	33	M30	12
40	170	125	22	M20	4	200	430	360	36	M33	12
50	195	145	26	M24	4	250	505	430	39	M36	12
300	585	500	42	M39	16	400	715	620	48	M45	16
350	655	560	48	M45	16						

表 2-9　PN160 连接尺寸　　单位：mm

公称尺寸 DN	PN16.0MPa（160bar）					公称尺寸 DN	PN16.0MPa（160bar）				
	D	*K*	*L*	螺栓 Th	*n*（个）		*D*	*K*	*L*	螺栓 Th	*n*（个）
10	100	70	14	M12	4	80	230	180	26	M24	8
15	105	75	14	M12	4	100	265	210	30	M27	8
20	130	90	18	M16	4	125	315	250	33	M30	8
25	140	100	18	M16	4	150	355	290	33	M30	12
32	155	110	22	M20	4	200	430	360	36	M33	12
40	170	125	22	M20	4	250	515	430	42	M39	12
50	195	145	26	M24	4	300	585	500	42	M39	16
65	220	170	26	M24	8						

2.2 法兰的结构尺寸

2.2.1 板式平焊法兰（PL）

本标准规定了板式平焊法兰（PL）（欧洲体系）的型式和尺寸。

本标准适用于公称压力 PN2.5～PN40 的板式平焊钢制管法兰。

板式平焊法兰的二维图形和三维图形如 2-10 表所示。

表 2-10 板式平焊法兰

二维图形	三维图形

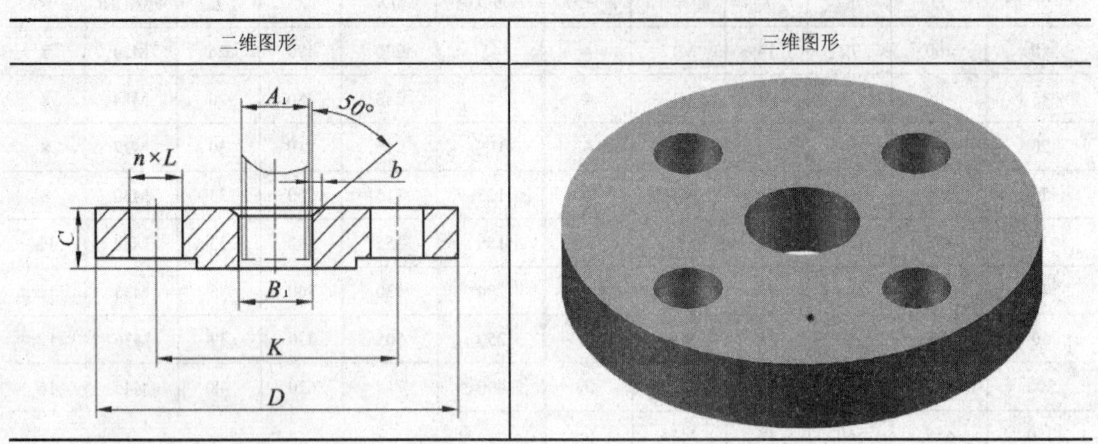

1. 突面（RF）板式平焊法兰

突面（RF）板式平焊钢制管法兰根据接口管可分为 A 系列（英制管）和 B 系列（公制管）。根据公称压力二者均可分为 PN2.5、PN6、PN10、PN16、PN25 和 PN40。A 系列（英制管）和 B 系列（公制管）法兰尺寸如表 2-11～表 2-22 所示。

表 2-11 PN2.5 A 系列突面（RF）板式平焊法兰尺寸　　单位：mm

标准件编号	DN	A_1	D	K	L	n（个）	螺栓 Th	C	B_1	密封面 d	密封面 f_1
HG20592-2009PLRFA-2_5_1	10	17.2	75	50	11	4	M10	12	18	35	2
HG20592-2009PLRFA-2_5_2	15	21.3	80	55	11	4	M10	12	22.5	40	2
HG20592-2009PLRFA-2_5_3	20	26.9	90	65	11	4	M10	14	27.5	50	2
HG20592-2009PLRFA-2_5_4	25	33.7	100	75	11	4	M10	14	34.5	60	2
HG20592-2009PLRFA-2_5_5	32	42.4	120	90	14	4	M12	16	43.5	70	2
HG20592-2009PLRFA-2_5_6	40	48.3	130	100	14	4	M12	16	49.5	80	2
HG20592-2009PLRFA-2_5_7	50	60.3	140	110	14	4	M12	16	61.5	90	2
HG20592-2009PLRFA-2_5_8	65	76.1	160	130	14	4	M12	16	77.5	110	2
HG20592-2009PLRFA-2_5_9	80	88.9	190	150	18	4	M16	18	90.5	128	2

续表

标准件编号	DN	A_1	D	K	L	n（个）	螺栓 Th	C	B_1	密封面 d	密封面 f_1
HG20592-2009PLRFA-2_5_10	100	114.3	210	170	18	4	M16	18	116	148	2
HG20592-2009PLRFA-2_5_11	125	139.7	240	200	18	8	M16	20	143.5	178	2
HG20592-2009PLRFA-2_5_12	150	168.3	265	225	18	8	M16	20	170.5	202	2
HG20592-2009PLRFA-2_5_13	200	219.1	320	280	18	8	M16	22	221.5	258	2
HG20592-2009PLRFA-2_5_14	250	273	375	335	18	12	M16	24	276.5	312	2
HG20592-2009PLRFA-2_5_15	300	323.9	440	395	22	12	M20	24	328	365	2
HG20592-2009PLRFA-2_5_16	350	355.6	490	445	22	12	M20	26	360	415	2
HG20592-2009PLRFA-2_5_17	400	406.4	540	495	22	16	M20	28	411	465	2
HG20592-2009PLRFA-2_5_18	450	457	595	550	22	16	M20	30	462	520	2
HG20592-2009PLRFA-2_5_19	500	508	645	600	22	20	M20	32	513.5	570	2
HG20592-2009PLRFA-2_5_20	600	610	755	705	26	20	M24	36	616.5	670	2
HG20592-2009PLRFA-2_5_21	700	711	860	810	26	24	M24	36	715	775	2
HG20592-2009PLRFA-2_5_22	800	813	975	920	30	24	M27	38	817	880	2
HG20592-2009PLRFA-2_5_23	900	914	1075	1020	30	24	M27	40	918	980	2
HG20592-2009PLRFA-2_5_24	1000	1016	1175	1120	30	28	M27	42	1020	1080	2
HG20592-2009PLRFA-2_5_25	1200	1219	1375	1320	30	32	M27	44	1223	1280	2
HG20592-2009PLRFA-2_5_26	1400	1422	1575	1520	30	36	M27	48	1426	1480	2
HG20592-2009PLRFA-2_5_27	1600	1626	1790	1730	30	40	M27	51	1630	1690	2
HG20592-2009PLRFA-2_5_28	1800	1829	1990	1930	30	44	M27	54	1833	1890	2
HG20592-2009PLRFA-2_5_29	2000	2032	2190	2130	30	48	M27	58	2036	2090	2

表 2-12　PN2.5 B 系列突面（RF）板式平焊法兰尺寸　　单位：mm

标准件编号	DN	A_1	D	K	L	n（个）	螺栓 Th	C	B_1	密封面 d	密封面 f_1
HG20592-2009PLRFB-2_5_1	10	14	75	50	11	4	M10	12	15	35	2
HG20592-2009PLRFB-2_5_2	15	18	80	55	11	4	M10	12	19	40	2
HG20592-2009PLRFB-2_5_3	20	25	90	65	11	4	M10	14	26	50	2
HG20592-2009PLRFB-2_5_4	25	32	100	75	11	4	M10	14	33	60	2
HG20592-2009PLRFB-2_5_5	32	38	120	90	14	4	M12	16	39	70	2
HG20592-2009PLRFB-2_5_6	40	45	130	100	14	4	M12	16	46	80	2
HG20592-2009PLRFB-2_5_7	50	57	140	110	14	4	M12	16	59	90	2
HG20592-2009PLRFB-2_5_8	65	76	160	130	14	4	M12	16	78	110	2
HG20592-2009PLRFB-2_5_9	80	89	190	150	18	4	M16	18	91	128	2
HG20592-2009PLRFB-2_5_10	100	108	210	170	18	4	M16	18	110	148	2
HG20592-2009PLRFB-2_5_11	125	133	240	200	18	8	M16	20	135	178	2
HG20592-2009PLRFB-2_5_12	150	159	265	225	18	8	M16	20	161	202	2

续表

标准件编号	DN	A_1	D	K	L	n（个）	螺栓 Th	C	B_1	密封面 d	密封面 f_1
HG20592-2009PLRFB-2_5_13	200	219	320	280	18	8	M16	22	222	258	2
HG20592-2009PLRFB-2_5_14	250	273	375	335	18	12	M16	24	276	312	2
HG20592-2009PLRFB-2_5_15	300	325	440	395	22	12	M20	24	328	365	2
HG20592-2009PLRFB-2_5_16	350	377	490	445	22	12	M20	26	381	415	2
HG20592-2009PLRFB-2_5_17	400	426	540	495	22	16	M20	28	430	465	2
HG20592-2009PLRFB-2_5_18	450	480	595	550	22	16	M20	30	485	520	2
HG20592-2009PLRFB-2_5_19	500	530	645	600	22	20	M20	32	535	570	2
HG20592-2009PLRFB-2_5_20	600	630	755	705	26	20	M24	36	636	670	2
HG20592-2009PLRFB-2_5_21	700	720	860	810	26	24	M24	36	724	775	2
HG20592-2009PLRFB-2_5_22	800	820	975	920	30	24	M27	38	824	880	2
HG20592-2009PLRFB-2_5_23	900	920	1075	1020	30	24	M27	40	924	980	2
HG20592-2009PLRFB-2_5_24	1000	1020	1175	1120	30	28	M27	42	1024	1080	2
HG20592-2009PLRFB-2_5_25	1200	1220	1375	1320	30	32	M27	44	1224	1280	2
HG20592-2009PLRFB-2_5_26	1400	1420	1575	1520	30	36	M27	48	1424	1480	2
HG20592-2009PLRFB-2_5_27	1600	1620	1790	1730	30	40	M27	51	1624	1690	2
HG20592-2009PLRFB-2_5_28	1800	1820	1990	1930	30	44	M27	54	1824	1890	2
HG20592-2009PLRFB-2_5_29	2000	2020	2190	2130	30	48	M27	58	2024	2090	2

表 2-13 PN6 A 系列突面（RF）板式平焊法兰尺寸

单位：mm

标准件编号	DN	A_1	D	K	L	n（个）	螺栓 Th	C	B_1	密封面 d	密封面 f_1
HG20592-2009PLRFA-6_1	10	17.2	75	50	11	4	M10	12	18	35	2
HG20592-2009PLRFA-6_2	15	21.3	80	55	11	4	M10	12	22.5	40	2
HG20592-2009PLRFA-6_3	20	26.9	90	65	11	4	M10	14	27.5	50	2
HG20592-2009PLRFA-6_4	25	33.7	100	75	11	4	M10	14	34.5	60	2
HG20592-2009PLRFA-6_5	32	42.4	120	90	14	4	M12	16	43.5	70	2
HG20592-2009PLRFA-6_6	40	48.3	130	100	14	4	M12	16	49.5	80	2
HG20592-2009PLRFA-6_7	50	60.3	140	110	14	4	M12	16	61.5	90	2
HG20592-2009PLRFA-6_8	65	76.1	160	130	14	4	M12	16	77.5	110	2
HG20592-2009PLRFA-6_9	80	88.9	190	150	18	4	M16	18	90.5	128	2
HG20592-2009PLRFA-6_10	100	114.3	210	170	18	4	M16	18	116	148	2
HG20592-2009PLRFA-6_11	125	139.7	240	200	18	8	M16	20	143.5	178	2
HG20592-2009PLRFA-6_12	150	168.3	265	225	18	8	M16	20	170.5	202	2
HG20592-2009PLRFA-6_13	200	219.1	320	280	18	8	M16	22	221.5	258	2
HG20592-2009PLRFA-6_14	250	273	375	335	18	12	M16	24	276.5	312	2
HG20592-2009PLRFA-6_15	300	323.9	440	395	22	12	M20	24	328	365	2

续表

标准件编号	DN	A_1	D	K	L	n（个）	螺栓 Th	C	B_1	密封面 d	密封面 f_1
HG20592-2009PLRFA-6_16	350	355.6	490	445	22	12	M20	26	360	415	2
HG20592-2009PLRFA-6_17	400	406.4	540	495	22	16	M20	28	411	465	2
HG20592-2009PLRFA-6_18	450	457	595	550	22	16	M20	30	462	520	2
HG20592-2009PLRFA-6_19	500	508	645	600	22	20	M20	32	513.5	570	2
HG20592-2009PLRFA-6_20	600	610	755	705	26	20	M24	36	616.5	670	2

表 2-14 PN6 B 系列突面（RF）板式平焊法兰尺寸　　单位：mm

标准件编号	DN	A_1	D	K	L	n（个）	螺栓 Th	C	B_1	密封面 d	密封面 f_1
HG20592-2009PLRFB-6_1	10	14	75	50	11	4	M10	12	15	35	2
HG20592-2009PLRFB-6_2	15	18	80	55	11	4	M10	12	19	40	2
HG20592-2009PLRFB-6_3	20	25	90	65	11	4	M10	14	26	50	2
HG20592-2009PLRFB-6_4	25	32	100	75	11	4	M10	14	33	60	2
HG20592-2009PLRFB-6_5	32	38	120	90	14	4	M12	16	39	70	2
HG20592-2009PLRFB-6_6	40	45	130	100	14	4	M12	16	46	80	2
HG20592-2009PLRFB-6_7	50	57	140	110	14	4	M12	16	59	90	2
HG20592-2009PLRFB-6_8	65	76	160	130	14	4	M12	16	78	110	2
HG20592-2009PLRFB-6_9	80	89	190	150	18	4	M16	18	91	128	2
HG20592-2009PLRFB-6_10	100	108	210	170	18	4	M16	18	110	148	2
HG20592-2009PLRFB-6_11	125	133	240	200	18	8	M16	20	135	178	2
HG20592-2009PLRFB-6_12	150	159	265	225	18	8	M16	20	161	202	2
HG20592-2009PLRFB-6_13	200	219	320	280	18	8	M16	22	222	258	2
HG20592-2009PLRFB-6_14	250	273	375	335	18	12	M16	24	276	312	2
HG20592-2009PLRFB-6_15	300	325	440	395	22	12	M20	24	328	365	2
HG20592-2009PLRFB-6_16	350	377	490	445	22	12	M20	26	381	415	2
HG20592-2009PLRFB-6_17	400	426	540	495	22	16	M20	28	430	465	2
HG20592-2009PLRFB-6_18	450	480	595	550	22	16	M20	30	485	520	2
HG20592-2009PLRFB-6_19	500	530	645	600	22	20	M20	32	535	570	2
HG20592-2009PLRFB-6_20	600	630	755	705	26	20	M24	36	636	670	2

表 2-15 PN10 A 系列突面（RF）板式平焊法兰尺寸　　单位：mm

标准件编号	DN	A_1	D	K	L	n（个）	螺栓 Th	C	B_1	密封面 d	密封面 f_1
HG20592-2009PLRFA-10_1	10	17.2	90	60	14	4	M12	14	18	40	2
HG20592-2009PLRFA-10_2	15	21.3	95	65	14	4	M12	14	22.5	45	2
HG20592-2009PLRFA-10_3	20	26.9	105	75	14	4	M12	16	27.5	58	2
HG20592-2009PLRFA-10_4	25	33.7	115	85	14	4	M12	16	34.5	68	2

续表

标准件编号	DN	A_1	D	K	L	n（个）	螺栓 Th	C	B_1	密封面 d	密封面 f_1
HG20592-2009PLRFA-10_5	32	42.4	140	100	18	4	M16	18	43.5	78	2
HG20592-2009PLRFA-10_6	40	48.3	150	110	18	4	M16	18	49.5	88	2
HG20592-2009PLRFA-10_7	50	60.3	165	125	18	4	M16	19	61.5	102	2
HG20592-2009PLRFA-10_8	65	76.1	185	145	18	4	M16	20	77.5	122	2
HG20592-2009PLRFA-10_9	80	88.9	200	160	18	8	M16	20	90.5	138	2
HG20592-2009PLRFA-10_10	100	114.3	220	180	18	8	M16	22	116	158	2
HG20592-2009PLRFA-10_11	125	139.7	250	210	18	8	M16	22	143.5	188	2
HG20592-2009PLRFA-10_12	150	168.3	285	240	22	8	M20	24	170.5	212	2
HG20592-2009PLRFA-10_13	200	219.1	340	295	22	8	M20	24	221.5	268	2
HG20592-2009PLRFA-10_14	250	273	395	235	22	12	M20	26	276.5	320	2
HG20592-2009PLRFA-10_15	300	323.9	445	400	22	12	M20	26	328	370	2
HG20592-2009PLRFA-10_16	350	355.6	505	460	22	16	M20	28	360	430	2
HG20592-2009PLRFA-10_17	400	406.4	565	515	26	16	M24	32	411	482	2
HG20592-2009PLRFA-10_18	450	457	615	565	26	20	M24	36	462	532	2
HG20592-2009PLRFA-10_19	500	508	670	620	26	20	M24	38	513.5	585	2
HG20592-2009PLRFA-10_20	600	610	780	725	30	20	M27	42	616.5	685	2

表 2-16　PN10 B 系列突面（RF）板式平焊法兰尺寸　　单位：mm

标准件编号	DN	A_1	D	K	L	n（个）	螺栓 Th	C	B_1	密封面 d	密封面 f_1
HG20592-2009PLRFB-10_1	10	14	90	60	14	4	M12	14	15	40	2
HG20592-2009PLRFB-10_2	15	18	95	65	14	4	M12	14	19	45	2
HG20592-2009PLRFB-10_3	20	25	105	75	14	4	M12	16	26	58	2
HG20592-2009PLRFB-10_4	25	32	115	85	14	4	M12	16	33	68	2
HG20592-2009PLRFB-10_5	32	38	140	100	18	4	M16	18	39	78	2
HG20592-2009PLRFB-10_6	40	45	150	110	18	4	M16	18	46	88	2
HG20592-2009PLRFB-10_7	50	57	165	125	18	4	M16	20	59	102	2
HG20592-2009PLRFB-10_8	65	76	185	145	18	4	M16	20	78	122	2
HG20592-2009PLRFB-10_9	80	89	200	160	18	8	M16	20	91	138	2
HG20592-2009PLRFB-10_10	100	108	220	180	18	8	M16	22	110	158	2
HG20592-2009PLRFB-10_11	125	133	250	210	18	8	M16	22	135	188	2
HG20592-2009PLRFB-10_12	150	159	285	240	22	8	M20	24	161	212	2
HG20592-2009PLRFB-10_13	200	219	340	295	22	8	M20	24	222	268	2
HG20592-2009PLRFB-10_14	250	273	395	350	22	12	M20	26	276	320	2
HG20592-2009PLRFB-10_15	300	325	445	400	22	12	M20	26	328	370	2
HG20592-2009PLRFB-10_16	350	377	505	460	22	16	M20	28	381	430	2

续表

标准件编号	DN	A_1	D	K	L	n（个）	螺栓 Th	C	B_1	密封面 d	密封面 f_1
HG20592-2009PLRFB-10_17	400	426	565	515	26	16	M24	32	430	482	2
HG20592-2009PLRFB-10_18	450	480	615	565	26	20	M24	36	485	532	2
HG20592-2009PLRFB-10_19	500	530	670	620	26	20	M24	38	535	585	2
HG20592-2009PLRFB-10_20	600	630	780	725	30	20	M27	42	636	685	2

表 2-17 PN16 A 系列突面（RF）板式平焊法兰尺寸 单位：mm

标准件编号	DN	A_1	D	K	L	n（个）	螺栓 Th	C	B_1	b	密封面 d	密封面 f_1
HG20592-2009PLRFA-16_1	10	17.2	90	60	14	4	M12	14	18	4	40	2
HG20592-2009PLRFA-16_2	15	21.3	95	65	14	4	M12	14	22.5	4	45	2
HG20592-2009PLRFA-16_3	20	26.9	105	75	14	4	M12	16	27.5	4	58	2
HG20592-2009PLRFA-16_4	25	33.7	115	85	14	4	M12	16	34.5	5	68	2
HG20592-2009PLRFA-16_5	32	42.4	140	100	18	4	M16	18	43.5	5	78	2
HG20592-2009PLRFA-16_6	40	48.3	150	110	18	4	M16	18	49.5	5	88	2
HG20592-2009PLRFA-16_7	50	60.3	165	125	18	4	M16	19	61.5	5	102	2
HG20592-2009PLRFA-16_8	65	76.1	185	145	18	8	M16	20	77.5	6	122	2
HG20592-2009PLRFA-16_9	80	88.9	200	160	18	8	M16	20	90.5	6	138	2
HG20592-2009PLRFA-16_10	100	114.3	220	180	18	8	M16	22	116	6	158	2
HG20592-2009PLRFA-16_11	125	139.7	250	210	18	8	M16	22	143.5	6	188	2
HG20592-2009PLRFA-16_12	150	168.3	285	240	22	8	M20	24	170.5	6	212	2
HG20592-2009PLRFA-16_13	200	219.1	340	295	22	12	M20	26	221.5	8	268	2
HG20592-2009PLRFA-16_14	250	273	405	355	26	12	M24	29	276.5	10	320	2
HG20592-2009PLRFA-16_15	300	323.9	460	410	26	12	M24	32	328	11	378	2
HG20592-2009PLRFA-16_16	350	355.6	520	470	26	16	M24	35	360	12	428	2
HG20592-2009PLRFA-16_17	400	406.4	580	525	30	16	M27	38	411	12	490	2
HG20592-2009PLRFA-16_18	450	457	640	585	30	20	M27	42	462	12	550	2
HG20592-2009PLRFA-16_19	500	508	715	650	33	20	M30	46	513.5	12	610	2
HG20592-2009PLRFA-16_20	600	610	840	770	33	20	M30	52	616.5	12	725	2

表 2-18 PN16 B 系列突面（RF）板式平焊法兰尺寸 单位：mm

标准件编号	DN	A_1	D	K	L	n（个）	螺栓 Th	C	B_1	b	密封面 d	密封面 f_1
HG20592-2009PLRFB-16_1	10	14	90	60	14	4	M12	14	15	4	40	2
HG20592-2009PLRFB-16_2	15	18	95	65	14	4	M12	14	19	4	45	2
HG20592-2009PLRFB-16_3	20	25	105	75	14	4	M12	16	26	4	58	2
HG20592-2009PLRFB-16_4	25	32	115	85	14	4	M12	16	33	5	68	2
HG20592-2009PLRFB-16_5	32	38	140	100	18	4	M16	18	39	5	78	2

续表

标准件编号	DN	A_1	D	K	L	n（个）	螺栓 Th	C	B_1	b	密封面 d	密封面 f_1
HG20592-2009PLRFB-16_6	40	45	150	110	18	4	M16	18	46	5	88	2
HG20592-2009PLRFB-16_7	50	57	165	125	18	4	M16	19	59	5	102	2
HG20592-2009PLRFB-16_8	65	76	185	145	18	8	M16	20	78	6	122	2
HG20592-2009PLRFB-16_9	80	89	200	160	18	8	M16	20	91	6	138	2
HG20592-2009PLRFB-16_10	100	108	220	180	18	8	M16	22	110	6	158	2
HG20592-2009PLRFB-16_11	125	133	250	210	18	8	M16	22	135	6	188	2
HG20592-2009PLRFB-16_12	150	159	285	240	22	8	M20	24	161	6	212	2
HG20592-2009PLRFB-16_13	200	219	340	295	22	12	M20	26	222	8	268	2
HG20592-2009PLRFB-16_14	250	273	405	355	26	12	M24	29	276	10	320	2
HG20592-2009PLRFB-16_15	300	325	460	410	26	12	M24	32	328	11	378	2
HG20592-2009PLRFB-16_16	350	377	520	470	26	16	M24	35	381	12	428	2
HG20592-2009PLRFB-16_17	400	426	580	525	30	16	M27	38	430	12	490	2
HG20592-2009PLRFB-16_18	450	480	640	585	30	20	M27	42	485	12	550	2
HG20592-2009PLRFB-16_19	500	530	715	650	33	20	M30	46	535	12	610	2
HG20592-2009PLRFB-16_20	600	630	840	770	33	20	M30	52	636	12	725	2

表 2-19　PN25 A 系列突面（RF）板式平焊法兰尺寸　　单位：mm

标准件编号	DN	A_1	D	K	L	n（个）	螺栓 Th	C	B_1	b	密封面 d	密封面 f_1
HG20592-2009PLRFA-25_1	10	17.2	90	60	14	4	M12	14	18	4	40	2
HG20592-2009PLRFA-25_2	15	21.3	95	65	14	4	M12	14	22.5	4	45	2
HG20592-2009PLRFA-25_3	20	26.9	105	75	14	4	M12	16	27.5	4	58	2
HG20592-2009PLRFA-25_4	25	33.7	115	85	14	4	M12	16	34.5	5	68	2
HG20592-2009PLRFA-25_5	32	42.4	140	100	18	4	M16	18	43.5	5	78	2
HG20592-2009PLRFA-25_6	40	48.3	150	110	18	4	M16	18	49.5	5	88	2
HG20592-2009PLRFA-25_7	50	60.3	165	125	18	4	M16	20	61.5	5	102	2
HG20592-2009PLRFA-25_8	65	76.1	185	145	18	8	M16	22	77.5	6	122	2
HG20592-2009PLRFA-25_9	80	88.9	200	160	18	8	M16	24	90.5	6	138	2
HG20592-2009PLRFA-25_10	100	114.3	235	190	22	8	M20	26	116	6	162	2
HG20592-2009PLRFA-25_11	125	139.7	270	220	26	8	M24	28	143.5	6	188	2
HG20592-2009PLRFA-25_12	150	168.3	300	250	26	8	M24	30	170.5	6	218	2
HG20592-2009PLRFA-25_13	200	219.1	360	310	26	12	M24	32	221.5	8	278	2
HG20592-2009PLRFA-25_14	250	273	425	370	30	12	M27	35	276.5	10	335	2
HG20592-2009PLRFA-25_15	300	323.9	485	430	30	16	M27	38	328	11	395	2
HG20592-2009PLRFA-25_16	350	355.6	555	490	33	16	M30	42	360	12	450	2
HG20592-2009PLRFA-25_17	400	406.4	620	550	36	16	M33	46	411	12	505	2

续表

标准件编号	DN	A_1	D	K	L	n（个）	螺栓 Th	C	B_1	b	密封面 d	密封面 f_1
HG20592-2009PLRFA-25_18	450	457	670	600	36	20	M33	50	462	12	555	2
HG20592-2009PLRFA-25_19	500	508	730	660	36	20	M33	56	513.5	12	615	2
HG20592-2009PLRFA-25_20	600	610	845	770	39	20	M36×2	68	616.5	12	720	2

表 2-20 PN25 B 系列突面（RF）板式平焊法兰尺寸

单位：mm

标准件编号	DN	A_1	D	K	L	n（个）	螺栓 Th	C	B_1	b	密封面 d	密封面 f_1
HG20592-2009PLRFB-25_1	10	14	90	60	14	4	M12	14	15	4	40	2
HG20592-2009PLRFB-25_2	15	18	95	65	14	4	M12	14	19	4	45	2
HG20592-2009PLRFB-25_3	20	25	105	75	14	4	M12	16	26	4	58	2
HG20592-2009PLRFB-25_4	25	32	115	85	14	4	M12	16	33	5	68	2
HG20592-2009PLRFB-25_5	32	38	140	100	18	4	M16	18	39	5	78	2
HG20592-2009PLRFB-25_6	40	45	150	110	18	4	M16	18	46	5	88	2
HG20592-2009PLRFB-25_7	50	57	165	125	18	4	M16	20	59	5	102	2
HG20592-2009PLRFB-25_8	65	76	185	145	18	8	M16	22	78	6	122	2
HG20592-2009PLRFB-25_9	80	89	200	160	18	8	M16	24	91	6	138	2
HG20592-2009PLRFB-25_10	100	108	235	190	22	8	M20	26	110	6	162	2
HG20592-2009PLRFB-25_11	125	133	270	220	26	8	M24	28	135	6	188	2
HG20592-2009PLRFB-25_12	150	159	300	250	26	8	M24	30	161	6	218	2
HG20592-2009PLRFB-25_13	200	219	360	310	26	12	M24	32	222	8	278	2
HG20592-2009PLRFB-25_14	250	273	425	370	30	12	M27	35	276	10	335	2
HG20592-2009PLRFB-25_15	300	325	485	430	30	16	M27	38	328	11	395	2
HG20592-2009PLRFB-25_16	350	377	555	490	33	16	M30	42	381	12	450	2
HG20592-2009PLRFB-25_17	400	426	620	550	36	16	M33	46	430	12	505	2
HG20592-2009PLRFB-25_18	450	480	670	600	36	20	M33	50	485	12	555	2
HG20592-2009PLRFB-25_19	500	530	730	660	36	20	M33	56	535	12	615	2
HG20592-2009PLRFB-25_20	600	630	845	770	39	20	M36×2	68	636	12	720	2

表 2-21 PN40 A 系列突面（RF）板式平焊法兰尺寸

单位：mm

标准件编号	DN	A_1	D	K	L	n（个）	螺栓 Th	C	B_1	b	密封面 d	密封面 f_1
HG20592-2009PLRFA-40_1	10	17.2	90	60	14	4	M12	14	18	4	40	2
HG20592-2009PLRFA-40_2	15	21.3	95	65	14	4	M12	14	22.5	4	45	2
HG20592-2009PLRFA-40_3	20	26.9	105	75	14	4	M12	16	27.5	4	58	2
HG20592-2009PLRFA-40_4	25	33.7	115	85	14	4	M12	16	34.5	5	68	2
HG20592-2009PLRFA-40_5	32	42.4	140	100	18	4	M16	18	43.5	5	78	2
HG20592-2009PLRFA-40_6	40	48.3	150	110	18	4	M16	18	49.5	5	88	2

续表

标准件编号	DN	A_1	D	K	L	n（个）	螺栓 Th	C	B_1	b	密封面 d	密封面 f_1
HG20592-2009PLRFA-40_7	50	60.3	165	125	18	4	M16	20	61.5	5	102	2
HG20592-2009PLRFA-40_8	65	76.1	185	145	18	8	M16	22	77.5	6	122	2
HG20592-2009PLRFA-40_9	80	88.9	200	160	18	8	M16	24	90.5	6	138	2
HG20592-2009PLRFA-40_10	100	114.3	235	190	22	8	M20	26	116	6	162	2
HG20592-2009PLRFA-40_11	125	139.7	270	220	26	8	M24	28	143.5	6	188	2
HG20592-2009PLRFA-40_12	150	168.3	300	250	26	8	M24	30	170.5	6	218	2
HG20592-2009PLRFA-40_13	200	219.1	375	320	30	12	M27	36	221.5	8	285	2
HG20592-2009PLRFA-40_14	250	273	450	385	33	12	M30	42	276.5	10	345	2
HG20592-2009PLRFA-40_15	300	323.9	515	450	33	16	M30	48	328	11	410	2
HG20592-2009PLRFA-40_16	350	355.6	580	510	36	16	M33	54	360	12	465	2
HG20592-2009PLRFA-40_17	400	406.4	660	585	39	16	M36×3	60	411	12	535	2
HG20592-2009PLRFA-40_18	450	457	685	610	39	20	M36×3	66	462	12	560	2
HG20592-2009PLRFA-40_19	500	508	755	670	42	20	M39×3	72	513.5	12	615	2
HG20592-2009PLRFA-40_20	600	610	890	795	48	20	M45×3	84	616.5	12	735	2

表 2-22　PN40 B 系列突面（RF）板式平焊法兰尺寸　　单位：mm

标准件编号	DN	A_1	D	K	L	n（个）	螺栓 Th	C	B_1	b	密封面 d	密封面 f_1
HG20592-2009PLRFB-40_1	10	14	90	60	14	4	M12	14	15	4	40	2
HG20592-2009PLRFB-40_2	15	18	95	65	14	4	M12	14	19	4	45	2
HG20592-2009PLRFB-40_3	20	25	105	75	14	4	M12	16	26	4	58	2
HG20592-2009PLRFB-40_4	25	32	115	85	14	4	M12	16	33	5	68	2
HG20592-2009PLRFB-40_5	32	38	140	100	18	4	M16	18	39	5	78	2
HG20592-2009PLRFB-40_6	40	45	150	110	18	4	M16	18	46	5	88	2
HG20592-2009PLRFB-40_7	50	57	165	125	18	4	M16	20	59	5	102	2
HG20592-2009PLRFB-40_8	65	76	185	145	18	8	M16	22	78	6	122	2
HG20592-2009PLRFB-40_9	80	89	200	160	18	8	M16	24	91	6	138	2
HG20592-2009PLRFB-40_10	100	108	235	190	22	8	M20	26	110	6	162	2
HG20592-2009PLRFB-40_11	125	133	270	220	26	8	M24	28	135	6	188	2
HG20592-2009PLRFB-40_12	150	159	300	250	26	8	M24	30	161	6	218	2
HG20592-2009PLRFB-40_13	200	219	375	320	30	12	M27	36	222	8	285	2
HG20592-2009PLRFB-40_14	250	273	450	385	33	12	M30	42	276	10	345	2
HG20592-2009PLRFB-40_15	300	325	515	450	33	16	M30	48	328	11	410	2
HG20592-2009PLRFB-40_16	350	377	580	510	36	16	M33	54	381	12	465	2
HG20592-2009PLRFB-40_17	400	426	660	585	39	16	M36×3	60	430	12	535	2
HG20592-2009PLRFB-40_18	450	480	685	610	39	20	M36×3	66	485	12	560	2

续表

标准件编号	DN	A_1	D	K	L	n（个）	螺栓 Th	C	B_1	b	密封面 d	密封面 f_1
HG20592-2009PLRFB-40_19	500	530	755	670	42	20	M39×3	72	535	12	615	2
HG20592-2009PLRFB-40_20	600	630	890	795	48	20	M45×3	84	636	12	735	2

2. 全平面（FF）板式平焊法兰

全平面（FF）板式平焊钢制管法兰根据接口管可分为 A 系列（英制管）和 B 系列（公制管）。根据公称压力二者均可分为 PN2.5、PN6、PN10 和 PN16。A 系列（英制管）和 B 系列（公制管）法兰尺寸如表 2-23～表 2-30 所示。

表 2-23　PN2.5 A 系列全平面（FF）板式平焊法兰尺寸　　单位：mm

标准件编号	DN	A_1	D	K	L	n(个)	螺栓 Th	C	B_1
HG20592-2009PLFFA-2_5_1	10	17.2	75	50	11	4	M10	12	18
HG20592-2009PLFFA-2_5_2	15	21.3	80	55	11	4	M10	12	22.5
HG20592-2009PLFFA-2_5_3	20	26.9	90	65	11	4	M10	14	27.5
HG20592-2009PLFFA-2_5_4	25	33.7	100	75	11	4	M10	14	34.5
HG20592-2009PLFFA-2_5_5	32	42.4	120	90	14	4	M12	16	43.5
HG20592-2009PLFFA-2_5_6	40	48.3	130	100	14	4	M12	16	49.5
HG20592-2009PLFFA-2_5_7	50	60.3	140	110	14	4	M12	16	61.5
HG20592-2009PLFFA-2_5_8	65	76.1	160	130	14	4	M12	16	77.5
HG20592-2009PLFFA-2_5_9	80	88.9	190	150	18	4	M16	18	90.5
HG20592-2009PLFFA-2_5_10	100	114.3	210	170	18	4	M16	18	116
HG20592-2009PLFFA-2_5_11	125	139.7	240	200	18	8	M16	20	143.5
HG20592-2009PLFFA-2_5_12	150	168.3	265	225	18	8	M16	20	170.5
HG20592-2009PLFFA-2_5_13	200	219.1	320	280	18	8	M16	22	221.5
HG20592-2009PLFFA-2_5_14	250	273	375	335	18	12	M16	24	276.5
HG20592-2009PLFFA-2_5_15	300	323.9	440	395	22	12	M20	24	328
HG20592-2009PLFFA-2_5_16	350	355.6	490	445	22	12	M20	26	360
HG20592-2009PLFFA-2_5_17	400	406.4	540	495	22	16	M20	28	411
HG20592-2009PLFFA-2_5_18	450	457	595	550	22	16	M20	30	462
HG20592-2009PLFFA-2_5_19	500	508	645	600	22	20	M20	30	513.5
HG20592-2009PLFFA-2_5_20	600	610	755	705	26	20	M24	32	616.5
HG20592-2009PLFFA-2_5_21	700	711	860	810	26	24	M24	36	715
HG20592-2009PLFFA-2_5_22	800	813	975	920	30	24	M27	38	817
HG20592-2009PLFFA-2_5_23	900	914	1075	1020	30	24	M27	40	918
HG20592-2009PLFFA-2_5_24	1000	1016	1175	1120	30	28	M27	42	1020
HG20592-2009PLFFA-2_5_25	1200	1219	1375	1320	30	32	M27	44	1223

续表

标准件编号	DN	A_1	D	K	L	n(个)	螺栓 Th	C	B_1
HG20592-2009PLFFA-2_5_26	1400	1422	1575	1520	30	36	M27	48	1426
HG20592-2009PLFFA-2_5_27	1600	1626	1790	1730	30	40	M27	51	1630
HG20592-2009PLFFA-2_5_28	1800	1829	1990	1930	30	44	M27	54	1833
HG20592-2009PLFFA-2_5_29	2000	2032	2190	2130	30	48	M27	59	2036

表 2-24　PN2.5 B 系列全平面（FF）板式平焊法兰尺寸　单位：mm

标准件编号	DN	A_1	D	K	L	n（个）	螺栓 Th	C	B_1
HG20592-2009PLFFB-2_5_1	10	14	75	50	11	4	M10	12	15
HG20592-2009PLFFB-2_5_2	15	18	80	55	11	4	M10	12	19
HG20592-2009PLFFB-2_5_3	20	25	90	65	11	4	M10	14	26
HG20592-2009PLFFB-2_5_4	25	32	100	75	11	4	M10	14	33
HG20592-2009PLFFB-2_5_5	32	38	120	90	14	4	M12	16	39
HG20592-2009PLFFB-2_5_6	40	45	130	100	14	4	M12	16	46
HG20592-2009PLFFB-2_5_7	50	57	140	110	14	4	M12	16	59
HG20592-2009PLFFB-2_5_8	65	76	160	130	14	4	M12	16	78
HG20592-2009PLFFB-2_5_9	80	89	190	150	18	4	M16	18	91
HG20592-2009PLFFB-2_5_10	100	108	210	170	18	4	M16	18	110
HG20592-2009PLFFB-2_5_11	125	133	240	200	18	8	M16	20	135
HG20592-2009PLFFB-2_5_12	150	159	265	225	18	8	M16	20	161
HG20592-2009PLFFB-2_5_13	200	219	320	280	18	8	M16	22	222
HG20592-2009PLFFB-2_5_14	250	273	375	335	18	12	M16	24	276
HG20592-2009PLFFB-2_5_15	300	325	440	395	22	12	M20	24	328
HG20592-2009PLFFB-2_5_16	350	377	490	445	22	12	M20	26	381
HG20592-2009PLFFB-2_5_17	400	426	540	495	22	16	M20	28	430
HG20592-2009PLFFB-2_5_18	450	480	595	550	22	16	M20	30	485
HG20592-2009PLFFB-2_5_19	500	530	645	600	22	20	M20	30	535
HG20592-2009PLFFB-2_5_20	600	630	755	705	26	20	M24	32	636
HG20592-2009PLFFB-2_5_21	700	720	860	810	26	24	M24	36	724
HG20592-2009PLFFB-2_5_22	800	820	975	920	30	24	M27	38	824
HG20592-2009PLFFB-2_5_23	900	920	1075	1020	30	24	M27	40	924
HG20592-2009PLFFB-2_5_24	1000	1020	1175	1120	30	28	M27	42	1024
HG20592-2009PLFFB-2_5_25	1200	1220	1375	1320	30	32	M27	44	1224
HG20592-2009PLFFB-2_5_26	1400	1420	1575	1520	30	36	M27	48	1424
HG20592-2009PLFFB-2_5_27	1600	1620	1790	1730	30	40	M27	51	1624
HG20592-2009PLFFB-2_5_28	1800	1820	1990	1930	30	44	M27	54	1824

续表

标准件编号	DN	A_1	D	K	L	n（个）	螺栓 Th	C	B_1
HG20592-2009PLFFB-2_5_29	2000	2020	2190	2130	30	48	M27	58	2024

表 2-25　PN6 A 系列全平面（FF）板式平焊法兰尺寸　　单位：mm

标准件编号	DN	A_1	D	K	L	n（个）	螺栓 Th	C	B_1
HG20592-2009PLFFA-6_1	10	17.2	75	50	11	4	M10	12	18
HG20592-2009PLFFA-6_2	15	21.3	80	55	11	4	M10	12	22.5
HG20592-2009PLFFA-6_3	20	26.9	90	65	11	4	M10	14	27.5
HG20592-2009PLFFA-6_4	25	33.7	100	75	11	4	M10	14	34.5
HG20592-2009PLFFA-6_5	32	42.4	120	90	14	4	M12	16	43.5
HG20592-2009PLFFA-6_6	40	48.3	130	100	14	4	M12	16	49.5
HG20592-2009PLFFA-6_7	50	60.3	140	110	14	4	M12	16	61.5
HG20592-2009PLFFA-6_8	65	76.1	160	130	14	4	M12	16	77.5
HG20592-2009PLFFA-6_9	80	88.9	190	150	18	4	M16	18	90.5
HG20592-2009PLFFA-6_10	100	114.3	210	170	18	4	M16	18	116
HG20592-2009PLFFA-6_11	125	139.7	240	200	18	8	M16	20	143.5
HG20592-2009PLFFA-6_12	150	168.3	265	225	18	8	M16	20	170.5
HG20592-2009PLFFA-6_13	200	219.1	320	280	18	8	M16	22	221.5
HG20592-2009PLFFA-6_14	250	273	375	335	18	12	M16	24	276.5
HG20592-2009PLFFA-6_15	300	323.9	440	395	22	12	M20	24	328
HG20592-2009PLFFA-6_16	350	355.6	490	445	22	12	M20	26	360
HG20592-2009PLFFA-6_17	400	406.4	540	495	22	16	M20	28	411
HG20592-2009PLFFA-6_18	450	457	595	550	22	16	M20	30	462
HG20592-2009PLFFA-6_19	500	508	645	600	22	20	M20	30	513.5
HG20592-2009PLFFA-6_20	600	610	755	705	26	20	M24	32	616.5

表 2-26　PN6 B 系列全平面（FF）板式平焊法兰尺寸　　单位：mm

标准件编号	DN	A_1	D	K	L	n（个）	螺栓 Th	C	B_1
HG20592-2009PLFFB-6_1	10	14	75	50	11	4	M10	12	15
HG20592-2009PLFFB-6_2	15	18	80	55	11	4	M10	12	19
HG20592-2009PLFFB-6_3	20	25	90	65	11	4	M10	14	26
HG20592-2009PLFFB-6_4	25	32	100	75	11	4	M10	14	33
HG20592-2009PLFFB-6_5	32	38	120	90	14	4	M12	16	39
HG20592-2009PLFFB-6_6	40	45	130	100	14	4	M12	16	46
HG20592-2009PLFFB-6_7	50	57	140	110	14	4	M12	16	59
HG20592-2009PLFFB-6_8	65	76	160	130	14	4	M12	16	78

续表

标准件编号	DN	A_1	D	K	L	n（个）	螺栓 Th	C	B_1
HG20592-2009PLFFB-6_9	80	89	190	150	18	4	M16	18	91
HG20592-2009PLFFB-6_10	100	108	210	170	18	4	M16	18	110
HG20592-2009PLFFB-6_11	125	133	240	200	18	8	M16	20	135
HG20592-2009PLFFB-6_12	150	159	265	225	18	8	M16	20	161
HG20592-2009PLFFB-6_13	200	219	320	280	18	8	M16	22	222
HG20592-2009PLFFB-6_14	250	273	375	335	18	12	M16	24	276
HG20592-2009PLFFB-6_15	300	325	440	395	22	12	M20	24	328
HG20592-2009PLFFB-6_16	350	377	490	445	22	12	M20	26	381
HG20592-2009PLFFB-6_17	400	426	540	495	22	16	M20	28	430
HG20592-2009PLFFB-6_18	450	480	595	550	22	16	M20	30	485
HG20592-2009PLFFB-6_19	500	530	645	600	22	20	M20	30	535
HG20592-2009PLFFB-6_20	600	630	755	705	26	20	M24	32	636

表 2-27 PN10 A 系列全平面（FF）板式平焊法兰尺寸 单位：mm

标准件编号	DN	A_1	D	K	L	n（个）	螺栓 Th	C	B_1
HG20592-2009PLFFA-10_1	10	17.2	90	60	14	4	M12	14	18
HG20592-2009PLFFA-10_2	15	21.3	95	65	14	4	M12	14	22.5
HG20592-2009PLFFA-10_3	20	26.9	105	75	14	4	M12	16	27.5
HG20592-2009PLFFA-10_4	25	33.7	115	85	14	4	M12	16	34.5
HG20592-2009PLFFA-10_5	32	42.4	140	100	18	4	M16	18	43.5
HG20592-2009PLFFA-10_6	40	48.3	150	110	18	4	M16	18	49.5
HG20592-2009PLFFA-10_7	50	60.3	165	125	18	4	M16	20	61.5
HG20592-2009PLFFA-10_8	65	76.1	185	145	18	8	M16	20	77.5
HG20592-2009PLFFA-10_9	80	88.9	200	160	18	8	M16	20	90.5
HG20592-2009PLFFA-10_10	100	114.3	220	180	18	8	M16	22	116
HG20592-2009PLFFA-10_11	125	139.7	250	210	18	8	M16	22	143.5
HG20592-2009PLFFA-10_12	150	168.3	285	240	22	8	M20	24	170.5
HG20592-2009PLFFA-10_13	200	219.1	340	295	22	8	M20	24	221.5
HG20592-2009PLFFA-10_14	250	273	395	350	22	12	M20	26	276.5
HG20592-2009PLFFA-10_15	300	323.9	445	400	22	12	M20	26	328
HG20592-2009PLFFA-10_16	350	355.6	505	460	22	16	M20	28	360
HG20592-2009PLFFA-10_17	400	406.4	565	515	26	16	M24	32	411
HG20592-2009PLFFA-10_18	450	457	615	565	26	20	M24	36	462
HG20592-2009PLFFA-10_19	500	508	670	620	26	20	M24	38	513.5
HG20592-2009PLFFA-10_20	600	610	780	725	30	20	M27	42	616.5

表 2-28　PN10 B 系列全平面（FF）板式平焊法兰尺寸　　单位：mm

标准件编号	DN	A_1	D	K	L	n（个）	螺栓 Th	C	B_1
HG20592-2009PLFFB-10_1	10	14	90	60	14	4	M12	14	15
HG20592-2009PLFFB-10_2	15	18	95	65	14	4	M12	14	19
HG20592-2009PLFFB-10_3	20	25	105	75	14	4	M12	16	26
HG20592-2009PLFFB-10_4	25	32	115	85	14	4	M12	16	33
HG20592-2009PLFFB-10_5	32	38	140	100	18	4	M16	18	39
HG20592-2009PLFFB-10_6	40	45	150	110	18	4	M16	18	46
HG20592-2009PLFFB-10_7	50	57	165	125	18	4	M16	19	59
HG20592-2009PLFFB-10_8	65	76	185	145	18	4	M16	20	78
HG20592-2009PLFFB-10_9	80	89	200	160	18	8	M16	20	91
HG20592-2009PLFFB-10_10	100	108	220	180	18	8	M16	22	110
HG20592-2009PLFFB-10_11	125	133	250	210	18	8	M16	22	135
HG20592-2009PLFFB-10_12	150	159	285	240	22	8	M20	24	161
HG20592-2009PLFFB-10_13	200	219	340	295	22	8	M20	24	222
HG20592-2009PLFFB-10_14	250	273	395	350	22	12	M20	26	276
HG20592-2009PLFFB-10_15	300	325	445	400	22	12	M20	26	328
HG20592-2009PLFFB-10_16	350	377	505	460	22	16	M20	28	381
HG20592-2009PLFFB-10_17	400	426	565	515	26	16	M24	32	430
HG20592-2009PLFFB-10_18	450	480	615	565	26	20	M24	36	485
HG20592-2009PLFFB-10_19	500	530	670	620	26	20	M24	38	535
HG20592-2009PLFFB-10_20	600	630	780	725	30	20	M27	42	636

表 2-29　PN16 A 系列全平面（FF）板式平焊法兰尺寸　　单位：mm

标准件编号	DN	A_1	D	K	L	n（个）	螺栓 Th	C	B_1	b
HG20592-2009PLFFA-16_1	10	17.2	90	60	14	4	M12	14	18	4
HG20592-2009PLFFA-16_2	15	21.3	95	65	14	4	M12	14	22.5	4
HG20592-2009PLFFA-16_3	20	26.9	105	75	14	4	M12	16	27.5	4
HG20592-2009PLFFA-16_4	25	33.7	115	85	14	4	M12	16	34.5	5
HG20592-2009PLFFA-16_5	32	42.4	140	100	18	4	M16	18	43.5	5
HG20592-2009PLFFA-16_6	40	48.3	150	110	18	4	M16	18	49.5	5
HG20592-2009PLFFA-16_7	50	60.3	165	125	18	4	M16	20	61.5	5
HG20592-2009PLFFA-16_8	65	76.1	185	145	18	8	M16	20	77.5	6
HG20592-2009PLFFA-16_9	80	88.9	200	160	18	8	M16	20	90.5	6
HG20592-2009PLFFA-16_10	100	114.3	220	180	18	8	M16	22	116	6
HG20592-2009PLFFA-16_11	125	139.7	250	210	18	8	M16	22	143.5	6
HG20592-2009PLFFA-16_12	150	168.3	285	240	22	8	M20	24	170.5	6

续表

标准件编号	DN	A_1	D	K	L	n（个）	螺栓 Th	C	B_1	b
HG20592-2009PLFFA-16_13	200	219.1	340	295	22	12	M20	26	221.5	8
HG20592-2009PLFFA-16_14	250	273	405	355	26	12	M24	29	276.5	10
HG20592-2009PLFFA-16_15	300	323.9	460	410	26	12	M24	32	328	11
HG20592-2009PLFFA-16_16	350	355.6	520	470	26	16	M24	35	360	12
HG20592-2009PLFFA-16_17	400	406.4	580	525	30	16	M27	38	411	12
HG20592-2009PLFFA-16_18	450	457	640	585	30	20	M27	42	462	12
HG20592-2009PLFFA-16_19	500	508	715	650	33	20	M30	46	513.5	12
HG20592-2009PLFFA-16_20	600	610	840	770	33	20	M30	52	616.5	12

表 2-30　PN16 B 系列全平面（FF）板式平焊法兰尺寸　　单位：mm

标准件编号	DN	A_1	D	K	L	n（个）	螺栓 Th	C	B_1	b
HG20592-2009PLFFB-16_1	10	14	90	60	14	4	M12	14	15	4
HG20592-2009PLFFB-16_2	15	18	95	65	14	4	M12	14	19	4
HG20592-2009PLFFB-16_3	20	25	105	75	14	4	M12	16	26	4
HG20592-2009PLFFB-16_4	25	32	115	85	14	4	M12	16	33	5
HG20592-2009PLFFB-16_5	32	38	140	100	18	4	M16	18	39	5
HG20592-2009PLFFB-16_6	40	45	150	110	18	4	M16	18	46	5
HG20592-2009PLFFB-16_7	50	57	165	125	18	4	M16	19	59	5
HG20592-2009PLFFB-16_8	65	76	185	145	18	8	M16	20	78	6
HG20592-2009PLFFB-16_9	80	89	200	160	18	8	M16	20	91	6
HG20592-2009PLFFB-16_10	100	108	220	180	18	8	M16	22	110	6
HG20592-2009PLFFB-16_11	125	133	250	210	18	8	M16	22	135	6
HG20592-2009PLFFB-16_12	150	159	285	240	22	8	M20	24	161	6
HG20592-2009PLFFB-16_13	200	219	340	295	22	12	M20	26	222	8
HG20592-2009PLFFB-16_14	250	273	405	355	26	12	M24	29	276	10
HG20592-2009PLFFB-16_15	300	325	460	410	26	12	M24	32	328	11
HG20592-2009PLFFB-16_16	350	377	520	470	26	16	M24	35	381	12
HG20592-2009PLFFB-16_17	400	426	580	525	30	16	M27	38	430	12
HG20592-2009PLFFB-16_18	450	480	640	585	30	20	M27	42	485	12
HG20592-2009PLFFB-16_19	500	530	715	650	33	20	M30	46	535	12
HG20592-2009PLFFB-16_20	600	630	840	770	33	20	M30	52	636	12

2.2.2　带颈平焊法兰（SO）

本标准规定了带颈平焊法兰（SO）（欧洲体系）的型式和尺寸。

本标准适用于公称压力 PN6～PN40 的带颈平焊法兰。

带颈平焊法兰的二维图形和三维图形如表 2-31 所示。

表 2-31　带颈平焊法兰

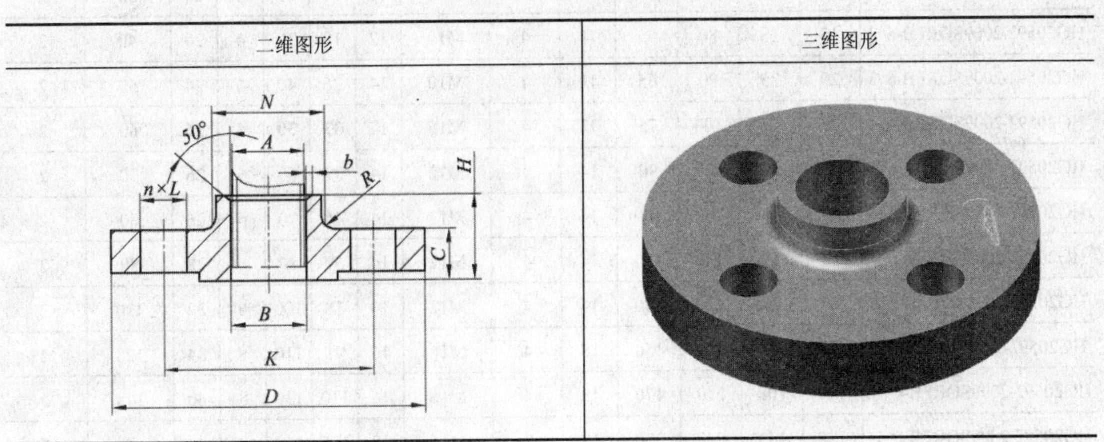

1．突面（RF）带颈平焊法兰

突面（RF）带颈平焊法兰根据接口管可分为 A 系列（英制管）和 B 系列（公制管）。根据公称压力二者均可分为 PN6、PN10、PN16、PN25 和 PN40。A 系列（英制管）和 B 系列（公制管）法兰尺寸如表 2-32～表 2-41 所示。

表 2-32　PN6 A 系列突面（RF）带颈平焊法兰尺寸　　单位：mm

标准件编号	DN	*A*	*D*	*K*	*L*	*n*（个）	螺栓 Th	*C*	*B*	*N*	*R*	*H*	密封面 *d*	密封面 f_1
HG20592-2009SORFA-6_1	10	17.2	75	50	11	4	M10	12	18	25	4	20	35	2
HG20592-2009SORFA-6_2	15	21.3	80	55	11	4	M10	12	22.5	30	4	20	40	2
HG20592-2009SORFA-6_3	20	26.9	90	65	11	4	M10	14	27.5	40	4	24	50	2
HG20592-2009SORFA-6_4	25	33.7	100	75	11	4	M10	14	34.5	50	4	24	60	2
HG20592-2009SORFA-6_5	32	42.4	120	90	14	4	M12	14	43.5	60	6	26	70	2
HG20592-2009SORFA-6_6	40	48.3	130	100	14	4	M12	14	49.5	70	6	26	80	2
HG20592-2009SORFA-6_7	50	60.3	140	110	14	4	M12	14	61.5	80	6	28	90	2
HG20592-2009SORFA-6_8	65	76.1	160	130	14	4	M12	14	77.5	100	6	32	110	2
HG20592-2009SORFA-6_9	80	88.9	190	150	18	4	M16	16	90.5	110	8	34	128	2
HG20592-2009SORFA-6_10	100	114.3	210	170	18	4	M16	18	116	130	8	40	148	2
HG20592-2009SORFA-6_11	125	139.7	240	200	18	8	M16	18	143.5	160	8	44	178	2
HG20592-2009SORFA-6_12	150	168.3	265	225	18	8	M16	18	170.5	185	10	44	202	2
HG20592-2009SORFA-6_13	200	219.1	320	280	18	8	M16	20	221.5	240	10	44	258	2
HG20592-2009SORFA-6_14	250	273	375	335	18	12	M16	22	276.5	295	12	44	312	2
HG20592-2009SORFA-6_15	300	323.9	440	395	22	12	M20	22	328	355	12	44	365	2

表 2-33 PN6 B 系列突面（RF）带颈平焊法兰尺寸 单位：mm

标准件编号	DN	A	D	K	L	n（个）	螺栓 Th	C	B	N	R	H	密封面 d	密封面 f_1
HG20592-2009SORFB-6_1	10	14	75	50	11	4	M10	12	15	25	4	20	35	2
HG20592-2009SORFB-6_2	15	18	80	55	11	4	M10	12	19	30	4	20	40	2
HG20592-2009SORFB-6_3	20	25	90	65	11	4	M10	14	26	40	4	24	50	2
HG20592-2009SORFB-6_4	25	32	100	75	11	4	M10	14	33	50	4	24	60	2
HG20592-2009SORFB-6_5	32	38	120	90	14	4	M12	14	39	60	6	26	70	2
HG20592-2009SORFB-6_6	40	45	130	100	14	4	M12	14	46	70	6	26	80	2
HG20592-2009SORFB-6_7	50	57	140	110	14	4	M12	14	59	80	6	28	90	2
HG20592-2009SORFB-6_8	65	76	160	130	14	4	M12	14	78	100	6	32	110	2
HG20592-2009SORFB-6_9	80	89	190	150	18	4	M16	16	91	110	8	34	128	2
HG20592-2009SORFB-6_10	100	108	210	170	18	4	M16	16	110	130	8	40	148	2
HG20592-2009SORFB-6_11	125	133	240	200	18	8	M16	18	135	160	8	44	178	2
HG20592-2009SORFB-6_12	150	159	265	225	18	8	M16	18	161	185	10	44	202	2
HG20592-2009SORFB-6_13	200	219	320	280	18	8	M16	20	222	240	10	44	258	2
HG20592-2009SORFB-6_14	250	273	375	335	18	12	M16	22	276	295	12	44	312	2
HG20592-2009SORFB-6_15	300	325	440	395	22	12	M20	22	328	355	12	44	365	2

表 2-34 PN10 A 系列突面（RF）带颈平焊法兰尺寸 单位：mm

标准件编号	DN	A	D	K	L	n（个）	螺栓 Th	C	B	N	R	H	b	密封面 d	密封面 f_1
HG20592-2009SORFA-10_1	10	17.2	90	60	14	4	M12	16	18	30	4	22	—	40	2
HG20592-2009SORFA-10_2	15	21.3	95	65	14	4	M12	16	22.5	35	4	22	—	45	2
HG20592-2009SORFA-10_3	20	26.9	105	75	14	4	M12	18	27.5	45	4	26	—	58	2
HG20592-2009SORFA-10_4	25	33.7	115	85	14	4	M12	18	34.5	52	4	28	—	68	2
HG20592-2009SORFA-10_5	32	42.4	140	100	18	4	M16	18	43.5	60	6	30	—	78	2
HG20592-2009SORFA-10_6	40	48.3	150	110	18	4	M16	18	49.5	70	6	32	—	88	2
HG20592-2009SORFA-10_7	50	60.3	165	125	18	4	M16	18	61.5	84	5	28	—	102	2
HG20592-2009SORFA-10_8	65	76.1	185	145	18	4	M16	18	77.5	104	6	32	—	122	2
HG20592-2009SORFA-10_9	80	88.9	200	160	18	8	M16	20	90.5	118	6	34	—	138	2
HG20592-2009SORFA-10_10	100	114.3	220	180	18	8	M16	20	116	140	6	40	—	158	2
HG20592-2009SORFA-10_11	125	139.7	250	210	18	8	M16	22	143.5	168	8	44	—	188	2
HG20592-2009SORFA-10_12	150	168.3	285	240	22	8	M20	22	170.5	195	10	44	—	212	2
HG20592-2009SORFA-10_13	200	219.1	340	295	22	8	M20	24	221.5	246	10	44	—	268	2
HG20592-2009SORFA-10_14	250	273	395	350	22	12	M20	26	276.5	298	12	46	—	320	2
HG20592-2009SORFA-10_15	300	323.9	445	400	22	12	M20	26	328	350	12	46	—	370	2

续表

标准件编号	DN	A	D	K	L	n（个）	螺栓 Th	C	B	N	R	H	b	密封面 d	密封面 f_1
HG20592-2009SORFA-10_16	350	355.6	505	460	22	16	M20	26	360	400	12	53	—	430	2
HG20592-2009SORFA-10_17	400	406.4	565	515	26	16	M24	26	411	456	10	57	—	482	2
HG20592-2009SORFA-10_18	450	457	615	565	26	20	M24	28	462	502	12	63	12	532	2
HG20592-2009SORFA-10_19	500	508	670	620	26	20	M24	28	513.5	559	12	67	12	585	2
HG20592-2009SORFA-10_20	600	610	780	725	30	20	M27	28	616.5	658	12	75	12	685	2

表 2-35　PN10 B 系列突面（RF）带颈平焊法兰尺寸

单位：mm

标准件编号	DN	A	D	K	L	n（个）	螺栓 Th	C	B	N	R	H	b	密封面 d	密封面 f_1
HG20592-2009SORFB-10_1	10	14	90	60	14	4	M12	16	15	30	4	22	—	40	2
HG20592-2009SORFB-10_2	15	18	95	65	14	4	M12	16	19	35	4	22	—	45	2
HG20592-2009SORFB-10_3	20	25	105	75	14	4	M12	18	26	45	4	26	—	58	2
HG20592-2009SORFB-10_4	25	32	115	85	14	4	M12	18	33	52	4	28	—	68	2
HG20592-2009SORFB-10_5	32	38	140	100	18	4	M16	18	39	60	6	30	—	78	2
HG20592-2009SORFB-10_6	40	45	150	110	18	4	M16	18	46	70	6	32	—	88	2
HG20592-2009SORFB-10_7	50	57	165	125	18	4	M16	18	59	84	5	28	—	102	2
HG20592-2009SORFB-10_8	65	76	185	145	18	8	M16	18	78	104	6	32	—	122	2
HG20592-2009SORFB-10_9	80	89	200	160	18	8	M16	20	91	118	6	34	—	138	2
HG20592-2009SORFB-10_10	100	108	220	180	18	8	M16	20	110	140	8	40	—	158	2
HG20592-2009SORFB-10_11	125	133	250	210	18	8	M16	22	135	168	8	44	—	188	2
HG20592-2009SORFB-10_12	150	159	285	240	22	8	M20	22	161	195	10	44	—	212	2
HG20592-2009SORFB-10_13	200	219	340	295	22	8	M20	24	222	246	10	44	—	268	2
HG20592-2009SORFB-10_14	250	273	395	350	22	12	M20	26	276	298	12	46	—	320	2
HG20592-2009SORFB-10_15	300	325	445	400	22	12	M20	26	328	350	12	46	—	370	2
HG20592-2009SORFB-10_16	350	377	505	460	22	16	M20	26	381	412	12	53	—	430	2
HG20592-2009SORFB-10_17	400	426	565	515	26	16	M24	26	430	475	12	57	—	482	2
HG20592-2009SORFB-10_18	450	480	615	565	26	20	M24	28	485	525	12	63	12	532	2
HG20592-2009SORFB-10_19	500	530	670	620	26	20	M24	28	535	581	12	67	12	585	2
HG20592-2009SORFB-10_20	600	630	780	725	30	20	M27	28	636	678	12	75	12	685	2

表 2-36　PN16 A 系列突面（RF）带颈平焊法兰尺寸

单位：mm

标准件编号	DN	A	D	K	L	n（个）	螺栓 Th	C	B	N	R	H	b	密封面 d	密封面 f_1
HG20592-2009SORFA-16_1	10	17.2	90	60	14	4	M12	16	18	30	4	22	4	40	2
HG20592-2009SORFA-16_2	15	21.3	95	65	14	4	M12	16	22.5	35	4	22	4	45	2
HG20592-2009SORFA-16_3	20	26.9	105	75	14	4	M12	18	27.5	45	4	26	4	58	2
HG20592-2009SORFA-16_4	25	33.7	115	85	14	4	M12	18	34.5	52	4	28	5	68	2

续表

标准件编号	DN	*A*	*D*	*K*	*L*	*n*（个）	螺栓 Th	*C*	*B*	*N*	*R*	*H*	*b*	密封面 *d*	密封面 f_1
HG20592-2009SORFA-16_5	32	42.4	140	100	18	4	M16	18	43.5	60	6	30	5	78	2
HG20592-2009SORFA-16_6	40	48.3	150	110	18	4	M16	18	49.5	70	6	32	5	88	2
HG20592-2009SORFA-16_7	50	60.3	165	125	18	4	M16	18	61.5	84	5	28	5	102	2
HG20592-2009SORFA-16_8	65	76.1	185	145	18	8	M16	18	77.5	104	6	32	6	122	2
HG20592-2009SORFA-16_9	80	88.9	200	160	18	8	M16	20	90.5	118	6	34	6	138	2
HG20592-2009SORFA-16_10	100	114.3	220	180	18	8	M16	20	116	140	8	40	6	158	2
HG20592-2009SORFA-16_11	125	139.7	250	210	18	8	M16	22	143.5	168	8	44	6	188	2
HG20592-2009SORFA-16_12	150	168.3	285	240	22	8	M20	22	170.5	195	10	44	6	212	2
HG20592-2009SORFA-16_13	200	219.1	340	295	22	12	M20	24	221.5	246	10	44	8	268	2
HG20592-2009SORFA-16_14	250	273	405	355	26	12	M24	26	276.5	298	12	46	10	320	2
HG20592-2009SORFA-16_15	300	323.9	460	410	26	12	M24	28	328	350	12	46	11	378	2
HG20592-2009SORFA-16_16	350	355.6	520	470	26	16	M24	30	360	400	12	57	12	428	2
HG20592-2009SORFA-16_17	400	406.4	580	525	30	16	M27	32	411	456	12	63	12	490	2
HG20592-2009SORFA-16_18	450	457	640	585	30	20	M27	40	462	502	12	68	12	550	2
HG20592-2009SORFA-16_19	500	508	715	650	33	20	M30	44	513.5	559	12	73	12	610	2
HG20592-2009SORFA-16_20	600	610	840	770	36	20	M33	54	616.5	658	12	83	12	725	2

表 2-37　PN16 B 系列突面（RF）带颈平焊法兰尺寸　　单位：mm

标准件编号	DN	*A*	*D*	*K*	*L*	*n*（个）	螺栓Th	*C*	*B*	*N*	*R*	*H*	*b*	密封面*d*	密封面f_1
HG20592-2009SORFB-16_1	10	14	90	60	14	4	M12	16	15	30	4	22	4	40	2
HG20592-2009SORFB-16_2	15	18	95	65	14	4	M12	16	19	35	4	22	4	45	2
HG20592-2009SORFB-16_3	20	25	105	75	14	4	M12	18	26	45	4	26	4	58	2
HG20592-2009SORFB-16_4	25	32	115	85	14	4	M12	18	33	52	4	28	5	68	2
HG20592-2009SORFB-16_5	32	38	140	100	18	4	M16	18	39	60	6	30	5	78	2
HG20592-2009SORFB-16_6	40	45	150	110	18	4	M16	18	46	70	6	32	5	88	2
HG20592-2009SORFB-16_7	50	57	165	125	18	4	M16	18	59	84	5	28	5	102	2
HG20592-2009SORFB-16_8	65	76	185	145	18	8	M16	18	78	104	6	32	6	122	2
HG20592-2009SORFB-16_9	80	89	200	160	18	8	M16	20	91	118	6	34	6	138	2
HG20592-2009SORFB-16_10	100	108	220	180	18	8	M16	20	110	140	8	40	6	158	2
HG20592-2009SORFB-16_11	125	133	250	210	18	8	M16	22	135	168	8	44	6	188	2
HG20592-2009SORFB-16_12	150	159	285	240	22	8	M20	22	161	195	10	44	6	212	2
HG20592-2009SORFB-16_13	200	219	340	295	22	12	M20	24	222	246	10	44	8	268	2
HG20592-2009SORFB-16_14	250	273	405	355	26	12	M24	26	276	298	12	46	10	320	2
HG20592-2009SORFB-16_15	300	325	460	410	26	12	M24	28	328	350	12	46	11	378	2
HG20592-2009SORFB-16_16	350	377	520	470	26	16	M24	30	381	412	12	57	12	428	2

续表

标准件编号	DN	*A*	*D*	*K*	*L*	*n*（个）	螺栓Th	*C*	*B*	*N*	*R*	*H*	*b*	密封面*d*	密封面f_1
HG20592-2009SORFB-16_17	400	426	580	525	30	16	M27	32	430	475	12	63	12	490	2
HG20592-2009SORFB-16_18	450	480	640	585	30	20	M27	40	485	525	12	68	12	550	2
HG20592-2009SORFB-16_19	500	530	715	650	33	20	M30	44	535	581	12	73	12	610	2
HG20592-2009SORFB-16_20	600	630	840	770	36	20	M33	54	636	678	12	83	12	725	2

表 2-38　PN25 A 系列突面（RF）带颈平焊法兰尺寸　单位：mm

标准件编号	DN	*A*	*D*	*K*	*L*	*n*（个）	螺栓 Th	*C*	*B*	*N*	*R*	*H*	*b*	密封面 *d*	密封面 f_1
HG20592-2009SORFA-25_1	10	17.2	90	60	14	4	M12	16	18	30	4	22	4	40	2
HG20592-2009SORFA-25_2	15	21.3	95	65	14	4	M12	16	22.5	35	4	22	4	45	2
HG20592-2009SORFA-25_3	20	26.9	105	75	14	4	M12	18	27.5	45	4	26	4	58	2
HG20592-2009SORFA-25_4	25	33.7	115	85	14	4	M12	18	34.5	52	4	28	5	68	2
HG20592-2009SORFA-25_5	32	42.4	140	100	18	4	M16	18	43.5	60	6	30	5	78	2
HG20592-2009SORFA-25_6	40	48.3	150	110	18	4	M16	18	49.5	70	6	32	5	88	2
HG20592-2009SORFA-25_7	50	60.3	165	125	18	4	M16	20	61.5	84	6	34	5	102	2
HG20592-2009SORFA-25_8	65	76.1	185	145	18	8	M16	22	77.5	104	6	38	6	122	2
HG20592-2009SORFA-25_9	80	88.9	200	160	18	8	M16	24	90.5	118	8	40	6	138	2
HG20592-2009SORFA-25_10	100	114.3	235	190	22	8	M20	24	116	145	8	44	6	162	2
HG20592-2009SORFA-25_11	125	139.7	270	220	26	8	M24	26	143.5	170	8	48	6	188	2
HG20592-2009SORFA-25_12	150	168.3	300	250	26	8	M24	28	170.5	200	10	52	6	218	2
HG20592-2009SORFA-25_13	200	219.1	360	310	26	12	M24	30	221.5	256	10	52	8	278	2
HG20592-2009SORFA-25_14	250	273	425	370	30	12	M27	32	276.5	310	12	60	10	335	2
HG20592-2009SORFA-25_15	300	323.9	485	430	30	16	M27	34	328	364	12	67	11	395	2
HG20592-2009SORFA-25_16	350	355.6	555	490	33	16	M30	38	360	418	12	72	12	450	2
HG20592-2009SORFA-25_17	400	406.4	620	550	36	16	M33	40	411	472	12	78	12	505	2
HG20592-2009SORFA-25_18	450	457	670	600	36	20	M33	46	462	520	12	84	12	555	2
HG20592-2009SORFA-25_19	500	508	730	660	36	20	M33	48	513.5	580	12	90	12	615	2
HG20592-2009SORFA-25_20	600	610	845	770	39	20	M36×3	58	616.5	684	12	100	12	720	2

表 2-39　PN25 B 系列突面（RF）带颈平焊法兰尺寸　单位：mm

标准件编号	DN	*A*	*D*	*K*	*L*	*n*（个）	螺栓Th	*C*	*B*	*N*	*R*	*H*	*b*	密封面*d*	密封面f_1
HG20592-2009SORFB-25_1	10	14	90	60	14	4	M12	16	15	30	4	22	4	40	2
HG20592-2009SORFB-25_2	15	18	95	65	14	4	M12	16	19	35	4	22	4	45	2
HG20592-2009SORFB-25_3	20	25	105	75	14	4	M12	18	26	45	4	26	4	58	2
HG20592-2009SORFB-25_4	25	32	115	85	14	4	M12	18	33	52	4	28	5	68	2
HG20592-2009SORFB-25_5	32	38	140	100	18	4	M16	18	39	60	6	30	5	78	2

续表

标准件编号	DN	A	D	K	L	n（个）	螺栓Th	C	B	N	R	H	b	密封面d	密封面f_1
HG20592-2009SORFB-25_6	40	45	150	110	18	4	M16	18	46	70	6	32	5	88	2
HG20592-2009SORFB-25_7	50	57	165	125	18	4	M16	20	59	84	6	34	5	102	2
HG20592-2009SORFB-25_8	65	76	185	145	18	8	M16	22	78	104	6	38	6	122	2
HG20592-2009SORFB-25_9	80	89	200	160	18	8	M16	24	91	118	8	40	6	138	2
HG20592-2009SORFB-25_10	100	108	235	190	22	8	M20	24	110	145	8	44	6	162	2
HG20592-2009SORFB-25_11	125	133	270	220	26	8	M24	26	135	170	8	48	6	188	2
HG20592-2009SORFB-25_12	150	159	300	250	26	8	M24	28	161	200	10	52	6	218	2
HG20592-2009SORFB-25_13	200	219	360	310	26	12	M24	30	222	256	10	52	8	278	2
HG20592-2009SORFB-25_14	250	273	425	370	30	12	M27	32	276	310	12	60	10	335	2
HG20592-2009SORFB-25_15	300	325	485	430	30	16	M27	34	328	364	12	67	11	395	2
HG20592-2009SORFB-25_16	350	377	555	490	33	16	M30	38	381	430	12	72	12	450	2
HG20592-2009SORFB-25_17	400	426	620	550	36	16	M33	40	430	492	12	78	12	505	2
HG20592-2009SORFB-25_18	450	480	670	600	36	20	M33	46	485	542	12	84	12	555	2
HG20592-2009SORFB-25_19	500	530	730	660	36	20	M33	48	535	602	12	90	12	615	2
HG20592-2009SORFB-25_20	600	630	845	770	39	20	M36×3	58	636	704	12	100	12	720	2

表 2-40　PN40 A 系列突面（RF）带颈平焊法兰尺寸　　单位：mm

标准件编号	DN	A	D	K	L	n（个）	螺栓 Th	C	B	N	R	H	b	密封面 d	密封面 f_1
HG20592-2009SORFA-40_1	10	17.2	90	60	14	4	M12	16	18	30	4	22	4	40	2
HG20592-2009SORFA-40_2	15	21.3	95	65	14	4	M12	16	22.5	35	4	22	4	45	2
HG20592-2009SORFA-40_3	20	26.9	105	75	14	4	M12	18	27.5	45	4	26	4	58	2
HG20592-2009SORFA-40_4	25	33.7	115	85	14	4	M12	18	34.5	52	4	28	5	68	2
HG20592-2009SORFA-40_5	32	42.4	140	100	18	4	M16	18	43.5	60	6	30	5	78	2
HG20592-2009SORFA-40_6	40	48.4	150	110	18	4	M16	18	49.5	70	6	32	5	88	2
HG20592-2009SORFA-40_7	50	60.3	165	125	18	4	M16	20	61.5	84	6	34	5	102	2
HG20592-2009SORFA-40_8	65	76.1	185	145	18	8	M16	22	77.5	104	6	38	6	122	2
HG20592-2009SORFA-40_9	80	88.9	200	160	18	8	M16	24	90.5	118	8	40	6	138	2
HG20592-2009SORFA-40_10	100	114.3	235	190	22	8	M20	24	116	145	8	44	6	162	2
HG20592-2009SORFA-40_11	125	139.7	270	220	26	8	M24	26	143.5	170	6	48	7	188	2
HG20592-2009SORFA-40_12	150	168.3	300	250	26	8	M24	28	170.5	200	10	52	8	218	2
HG20592-2009SORFA-40_13	200	219.1	375	320	30	12	M27	34	221.5	260	10	52	10	285	2
HG20592-2009SORFA-40_14	250	273	450	385	33	12	M30	38	276.5	312	12	60	11	345	2
HG20592-2009SORFA-40_15	300	323.9	515	450	33	16	M30	42	328	380	12	67	12	410	2
HG20592-2009SORFA-40_16	350	355.6	580	510	36	16	M33	46	360	424	12	72	13	465	2
HG20592-2009SORFA-40_17	400	406.4	660	585	39	16	M36	50	411	478	12	78	14	535	2

续表

标准件编号	DN	A	D	K	L	n（个）	螺栓 Th	C	B	N	R	H	b	密封面 d	密封面 f_1
HG20592-2009SORFA-40_18	450	457	685	610	39	20	M36×3	57	462	522	12	84	16	560	2
HG20592-2009SORFA-40_19	500	508	755	670	42	20	M39×3	57	513.5	576	12	90	17	615	2
HG20592-2009SORFA-40_20	600	610	890	795	48	20	M45×3	72	616.5	686	12	100	18	735	2

表 2-41　PN40 B 系列突面（RF）带颈平焊法兰尺寸　　单位：mm

标准件编号	DN	A	D	K	L	n（个）	螺栓Th	C	B	N	R	H	b	密封面d	密封面f_1
HG20592-2009SORFB-40_1	10	14	90	60	14	4	M12	16	15	30	4	22	4	40	2
HG20592-2009SORFB-40_2	15	18	95	65	14	4	M12	16	19	35	4	22	4	45	2
HG20592-2009SORFB-40_3	20	25	105	75	14	4	M12	18	26	45	4	26	4	58	2
HG20592-2009SORFB-40_4	25	32	115	85	14	4	M12	18	33	52	4	28	5	68	2
HG20592-2009SORFB-40_5	32	38	140	100	18	4	M16	18	39	60	6	30	5	78	2
HG20592-2009SORFB-40_6	40	45	150	110	18	4	M16	18	46	70	6	32	5	88	2
HG20592-2009SORFB-40_7	50	57	165	125	18	4	M16	20	59	84	6	34	5	102	2
HG20592-2009SORFB-40_8	65	76	185	145	18	8	M16	22	78	104	6	38	6	122	2
HG20592-2009SORFB-40_9	80	89	200	160	18	8	M16	24	91	118	8	40	6	138	2
HG20592-2009SORFB-40_10	100	108	235	190	22	8	M20	24	110	145	8	44	6	162	2
HG20592-2009SORFB-40_11	125	133	270	220	26	8	M24	26	135	170	8	48	7	188	2
HG20592-2009SORFB-40_12	150	159	300	250	26	8	M24	28	161	200	10	52	8	218	2
HG20592-2009SORFB-40_13	200	219	375	320	30	12	M27	34	222	260	10	52	10	285	2
HG20592-2009SORFB-40_14	250	273	450	385	33	12	M30	38	276	318	12	60	11	345	2
HG20592-2009SORFB-40_15	300	325	515	450	33	16	M30	42	328	380	12	67	12	410	2
HG20592-2009SORFB-40_16	350	377	580	510	36	16	M33	46	381	444	12	72	13	465	2
HG20592-2009SORFB-40_17	400	426	660	585	39	16	M36×3	50	430	518	12	78	14	535	2
HG20592-2009SORFB-40_18	450	480	685	610	39	20	M36×3	57	485	545	12	84	16	560	2
HG20592-2009SORFB-40_19	500	530	755	670	42	20	M39×3	57	535	598	12	90	17	615	2
HG20592-2009SORFB-40_20	600	630	890	795	48	20	M45×3	72	636	706	12	100	18	735	2

2．凹面（FM）带颈平焊法兰

凹面（FM）带颈平焊法兰根据接口管可分为 A 系列（英制管）和 B 系列（公制管）。根据公称压力二者均可分为 PN10、PN16、PN25 和 PN40。A 系列（英制管）和 B 系列（公制管）法兰尺寸如表 2-42～表 2-49 所示。

表 2-42　PN10 A 系列凹面（FM）带颈平焊法兰尺寸　　单位：mm

标准件编号	DN	A	D	K	L	n（个）	螺栓 Th	C	B	N	R	H	b	密封面			
														d	f_1	f_3	Y
HG20592-2009SOFMA-10_1	10	17.2	90	60	14	4	M12	16	18	30	4	22	—	40	2	4.0	35

续表

标准件编号	DN	*A*	*D*	*K*	*L*	*n*（个）	螺栓 Th	*C*	*B*	*N*	*R*	*H*	*b*	密封面			
														d	f_1	f_3	*Y*
HG20592-2009SOFMA-10_2	15	21.3	95	65	14	4	M12	16	22.5	35	4	22	—	45	2	4.0	40
HG20592-2009SOFMA-10_3	20	26.9	105	75	14	4	M12	18	27.5	45	4	26	—	58	2	4.0	51
HG20592-2009SOFMA-10_4	25	33.7	115	85	14	4	M12	18	34.5	52	4	28	—	68	2	4.0	58
HG20592-2009SOFMA-10_5	32	42.4	140	100	18	4	M16	18	43.5	60	6	30	—	78	2	4.0	66
HG20592-2009SOFMA-10_6	40	48.3	150	110	18	4	M16	18	49.5	70	6	32	—	88	2	4.0	76
HG20592-2009SOFMA-10_7	50	60.3	165	125	18	4	M16	18	61.5	84	5	28	—	102	2	4.0	88
HG20592-2009SOFMA-10_8	65	76.1	185	145	18	8	M16	18	77.5	104	6	32	—	122	2	4.0	110
HG20592-2009SOFMA-10_9	80	88.9	200	160	18	8	M16	20	90.5	118	6	34	—	138	2	4.0	121
HG20592-2009SOFMA-10_10	100	114.3	220	180	18	8	M16	20	116	140	8	40	—	158	2	4.5	150
HG20592-2009SOFMA-10_11	125	139.7	250	210	18	8	M16	22	143.5	168	8	44	—	188	2	4.5	176
HG20592-2009SOFMA-10_12	150	168.3	285	240	22	8	M20	22	170.5	195	10	44	—	212	2	4.5	204
HG20592-2009SOFMA-10_13	200	219.1	340	295	22	8	M20	24	221.5	246	10	44	—	268	2	4.5	260
HG20592-2009SOFMA-10_14	250	273	395	350	22	12	M20	26	276.5	298	12	46	—	320	2	4.5	313
HG20592-2009SOFMA-10_15	300	323.9	445	400	22	12	M20	26	328	350	12	46	—	370	2	4.5	364
HG20592-2009SOFMA-10_16	350	355.6	505	460	22	16	M20	26	360	400	12	53	—	430	2	5.0	422
HG20592-2009SOFMA-10_17	400	406.4	565	515	26	16	M24	26	411	456	12	57	—	482	2	5.0	474
HG20592-2009SOFMA-10_18	450	457	615	565	26	20	M24	28	462	502	12	63	12	532	2	5.0	524
HG20592-2009SOFMA-10_19	500	508	670	620	26	20	M24	28	513.5	559	12	67	12	585	2	5.0	576
HG20592-2009SOFMA-10_20	600	610	780	725	30	20	M27	28	616.5	658	12	75	12	685	2	5.0	676

表 2-43 PN10 B 系列凹面（FM）带颈平焊法兰尺寸 单位：mm

标准件编号	DN	*A*	*D*	*K*	*L*	*n*（个）	螺栓 Th	*C*	*B*	*N*	*R*	*H*	*b*	密封面			
														d	f_1	f_3	*Y*
HG20592-2009SOFMB-10_1	10	14	90	60	14	4	M12	16	15	30	4	22	—	40	2	4.0	35
HG20592-2009SOFMB-10_2	15	18	95	65	14	4	M12	16	19	35	4	22	—	45	2	4.0	40
HG20592-2009SOFMB-10_3	20	25	105	75	14	4	M12	18	26	45	4	26	—	58	2	4.0	51
HG20592-2009SOFMB-10_4	25	32	115	85	14	4	M12	18	33	52	4	28	—	68	2	4.0	58
HG20592-2009SOFMB-10_5	32	38	140	100	18	4	M16	18	39	60	6	30	—	78	2	4.0	66
HG20592-2009SOFMB-10_6	40	45	150	110	18	4	M16	18	46	70	6	32	—	88	2	4.0	76
HG20592-2009SOFMB-10_7	50	57	165	125	18	4	M16	18	59	84	5	28	—	102	2	4.0	88
HG20592-2009SOFMB-10_8	65	76	185	145	18	8	M16	18	78	104	6	32	—	122	2	4.0	110
HG20592-2009SOFMB-10_9	80	89	200	160	18	8	M16	20	91	118	6	34	—	138	2	4.0	121
HG20592-2009SOFMB-10_10	100	108	220	180	18	8	M16	20	110	140	8	40	—	158	2	4.5	150
HG20592-2009SOFMB-10_11	125	133	250	210	18	8	M16	22	135	168	8	44	—	188	2	4.5	176

续表

标准件编号	DN	*A*	*D*	*K*	*L*	*n*（个）	螺栓 Th	*C*	*B*	*N*	*R*	*H*	*b*	密封面			
														d	f_1	f_3	*Y*
HG20592-2009SOFMB-10_12	150	159	285	240	22	8	M20	22	161	195	10	44	—	212	2	4.5	204
HG20592-2009SOFMB-10_13	200	219	340	295	22	8	M20	24	222	246	10	44	—	268	2	4.5	260
HG20592-2009SOFMB-10_14	250	273	395	350	22	12	M20	26	276	298	12	46	—	320	2	4.5	313
HG20592-2009SOFMB-10_15	300	325	445	400	22	12	M20	26	328	350	12	46	—	370	2	4.5	364
HG20592-2009SOFMB-10_16	350	377	505	460	22	16	M20	26	381	412	12	53	—	430	2	5.0	422
HG20592-2009SOFMB-10_17	400	426	565	515	26	16	M24	26	430	475	12	57	—	482	2	5.0	474
HG20592-2009SOFMB-10_18	450	480	615	565	26	20	M24	28	485	525	12	63	12	532	2	5.0	524
HG20592-2009SOFMB-10_19	500	530	670	620	26	20	M24	28	535	581	12	67	12	585	2	5.0	576
HG20592-2009SOFMB-10_20	600	630	780	725	30	20	M27	28	636	678	12	75	12	685	2	5.0	676

表 2-44　PN16 A 系列凹面（FM）带颈平焊法兰尺寸　　单位：mm

标准件编号	DN	*A*	*D*	*K*	*L*	*n*（个）	螺栓 Th	*C*	*B*	*N*	*R*	*H*	*b*	密封面			
														d	f_1	f_3	*Y*
HG20592-2009SOFMA-16_1	10	17.2	90	60	14	4	M12	16	18	30	4	22	4	40	2	4.0	35
HG20592-2009SOFMA-16_2	15	21.3	95	65	14	4	M12	16	22.5	35	4	22	4	45	2	4.0	40
HG20592-2009SOFMA-16_3	20	26.9	105	75	14	4	M12	18	27.5	45	4	26	4	58	2	4.0	51
HG20592-2009SOFMA-16_4	25	33.7	115	85	14	4	M12	18	34.5	52	4	28	5	68	2	4.0	58
HG20592-2009SOFMA-16_5	32	42.4	140	100	18	4	M16	18	43.5	60	6	30	5	78	2	4.0	66
HG20592-2009SOFMA-16_6	40	48.3	150	110	18	4	M16	18	49.5	70	6	32	5	88	2	4.0	76
HG20592-2009SOFMA-16_7	50	60.3	165	125	18	4	M16	18	61.5	84	5	28	5	102	2	4.0	88
HG20592-2009SOFMA-16_8	65	76.1	185	145	18	8	M16	18	77.5	104	6	32	6	122	2	4.0	110
HG20592-2009SOFMA-16_9	80	88.9	200	160	18	8	M16	20	90.5	118	6	34	6	138	2	4.0	121
HG20592-2009SOFMA-16_10	100	114.3	220	180	18	8	M16	20	116	140	8	40	6	158	2	4.5	150
HG20592-2009SOFMA-16_11	125	139.7	250	210	18	8	M16	22	143.5	168	8	44	6	188	2	4.5	176
HG20592-2009SOFMA-16_12	150	168.3	285	240	22	8	M20	22	170.5	195	10	44	6	212	2	4.5	204
HG20592-2009SOFMA-16_13	200	219.1	340	295	22	12	M20	24	221.5	246	10	44	8	268	2	4.5	260
HG20592-2009SOFMA-16_14	250	273	405	355	26	12	M24	26	276.5	298	12	46	10	320	2	4.5	313
HG20592-2009SOFMA-16_15	300	323.9	460	410	26	12	M24	28	328	350	12	46	11	378	2	4.5	364
HG20592-2009SOFMA-16_16	350	355.6	520	470	26	16	M24	30	360	400	12	57	12	428	2	5.0	422
HG20592-2009SOFMA-16_17	400	406.4	580	525	30	16	M27	32	411	456	12	63	12	490	2	5.0	474
HG20592-2009SOFMA-16_18	450	457	640	585	30	20	M27	40	462	502	12	68	12	550	2	5.0	524
HG20592-2009SOFMA-16_19	500	508	715	650	33	20	M30	44	513.5	559	12	73	12	610	2	5.0	576
HG20592-2009SOFMA-16_20	600	610	840	770	36	20	M33	54	616.5	658	12	83	12	725	2	5.0	676

表 2-45　PN16 B 系列凹面（FM）带颈平焊法兰尺寸　　单位：mm

标准件编号	DN	A	D	K	L	n（个）	螺栓 Th	C	B	N	R	H	b	密封面			
														d	f_1	f_3	Y
HG20592-2009SOFMB-16_1	10	14	90	60	14	4	M12	16	15	30	4	22	4	40	2	4.0	35
HG20592-2009SOFMB-16_2	15	18	95	65	14	4	M12	16	19	35	4	22	4	45	2	4.0	40
HG20592-2009SOFMB-16_3	20	25	105	75	14	4	M12	18	26	45	4	26	4	58	2	4.0	51
HG20592-2009SOFMB-16_4	25	32	115	85	14	4	M12	18	33	52	4	28	5	68	2	4.0	58
HG20592-2009SOFMB-16_5	32	38	140	100	18	4	M16	18	39	60	6	30	5	78	2	4.0	66
HG20592-2009SOFMB-16_6	40	45	150	110	18	4	M16	18	46	70	6	32	5	88	2	4.0	76
HG20592-2009SOFMB-16_7	50	57	165	125	18	4	M16	18	59	84	5	28	5	102	2	4.0	88
HG20592-2009SOFMB-16_8	65	76	185	145	18	8	M16	18	78	104	6	32	6	122	2	4.0	110
HG20592-2009SOFMB-16_9	80	89	200	160	18	8	M16	20	91	118	6	34	6	138	2	4.0	121
HG20592-2009SOFMB-16_10	100	108	220	180	18	8	M16	20	110	140	8	40	6	158	2	4.5	150
HG20592-2009SOFMB-16_11	125	133	250	210	18	8	M16	22	135	168	8	44	6	188	2	4.5	176
HG20592-2009SOFMB-16_12	150	159	285	240	22	8	M20	22	161	195	10	44	6	212	2	4.5	204
HG20592-2009SOFMB-16_13	200	219	340	295	22	12	M20	24	222	246	10	44	8	268	2	4.5	260
HG20592-2009SOFMB-16_14	250	273	405	355	26	12	M24	26	276	298	12	46	10	320	2	4.5	313
HG20592-2009SOFMB-16_15	300	325	460	410	26	12	M24	28	328	350	12	46	11	378	2	4.5	364
HG20592-2009SOFMB-16_16	350	377	520	470	26	16	M24	30	381	412	12	57	12	428	2	5.0	422
HG20592-2009SOFMB-16_17	400	426	580	525	30	16	M27	32	430	475	12	63	12	490	2	5.0	474
HG20592-2009SOFMB-16_18	450	480	640	585	30	20	M27	40	485	525	12	68	12	550	2	5.0	524
HG20592-2009SOFMB-16_19	500	530	715	650	33	20	M30	44	535	581	12	73	12	610	2	5.0	576
HG20592-2009SOFMB-16_20	600	630	840	770	36	20	M33	54	636	678	12	83	12	725	2	5.0	676

表 2-46　PN25 A 系列凹面（FM）带颈平焊法兰尺寸　　单位：mm

标准件编号	DN	A	D	K	L	n（个）	螺栓 Th	C	B	N	R	H	b	密封面			
														d	f_1	f_3	Y
HG20592-2009SOFMA-25_1	10	17.2	90	60	14	4	M12	16	18	30	4	22	4	40	2	4.0	35
HG20592-2009SOFMA-25_2	15	21.3	95	65	14	4	M12	16	22.5	35	4	22	4	45	2	4.0	40
HG20592-2009SOFMA-25_3	20	26.9	105	75	14	4	M12	18	27.5	45	4	26	4	58	2	4.0	51
HG20592-2009SOFMA-25_4	25	33.7	115	85	14	4	M12	18	34.5	52	4	28	5	68	2	4.0	58
HG20592-2009SOFMA-25_5	32	42.4	140	100	18	4	M16	18	43.5	60	6	30	5	78	2	4.0	66
HG20592-2009SOFMA-25_6	40	48.3	150	110	18	4	M16	18	49.5	70	6	32	5	88	2	4.0	76
HG20592-2009SOFMA-25_7	50	60.3	165	125	18	4	M16	20	61.5	84	6	34	5	102	2	4.0	88
HG20592-2009SOFMA-25_8	65	76.1	185	145	18	8	M16	22	77.5	104	6	38	6	122	2	4.0	110
HG20592-2009SOFMA-25_9	80	88.9	200	160	18	8	M16	24	90.5	118	8	40	6	138	2	4.0	121
HG20592-2009SOFMA-25_10	100	114.3	235	190	22	8	M20	24	116	145	8	44	6	162	2	4.5	150

续表

标准件编号	DN	A	D	K	L	n（个）	螺栓 Th	C	B	N	R	H	b	密封面			
														d	f_1	f_3	Y
HG20592-2009SOFMA-25_11	125	139.7	270	220	26	8	M24	26	143.5	170	8	48	6	188	2	4.5	176
HG20592-2009SOFMA-25_12	150	168.3	300	250	26	8	M24	28	170.5	200	10	52	6	218	2	4.5	204
HG20592-2009SOFMA-25_13	200	219.1	360	310	26	12	M24	30	221.5	256	10	52	8	278	2	4.5	260
HG20592-2009SOFMA-25_14	250	273	425	370	30	12	M27	32	276.5	310	12	60	10	335	2	4.5	313
HG20592-2009SOFMA-25_15	300	323.9	485	430	30	16	M27	34	328	364	12	67	11	395	2	4.5	364
HG20592-2009SOFMA-25_16	350	355.6	555	490	33	16	M30	38	360	418	12	72	12	450	2	5.0	422
HG20592-2009SOFMA-25_17	400	406.4	620	550	36	16	M33	40	411	472	12	78	12	505	2	5.0	474
HG20592-2009SOFMA-25_18	450	457	670	600	36	20	M33	46	462	520	12	84	12	555	2	5.0	524
HG20592-2009SOFMA-25_19	500	508	730	660	36	20	M33	48	513.5	580	12	90	12	615	2	5.0	576
HG20592-2009SOFMA-25_20	600	610	845	770	39	20	M36×3	58	616.5	684	12	100	12	720	2	5.0	676

表 2-47　PN25 B 系列凹面（FM）带颈平焊法兰尺寸　　单位：mm

标准件编号	DN	A	D	K	L	n（个）	螺栓 Th	C	B	N	R	H	b	密封面			
														d	f_1	f_3	Y
HG20592-2009SOFMB-25_1	10	14	90	60	14	4	M12	16	15	30	4	22	4	40	2	4.0	35
HG20592-2009SOFMB-25_2	15	18	95	65	14	4	M12	16	19	35	4	22	4	45	2	4.0	40
HG20592-2009SOFMB-25_3	20	25	105	75	14	4	M12	18	26	45	4	26	4	58	2	4.0	51
HG20592-2009SOFMB-25_4	25	32	115	85	14	4	M12	18	33	52	4	28	5	68	2	4.0	58
HG20592-2009SOFMB-25_5	32	38	140	100	18	4	M16	18	39	60	6	30	5	78	2	4.0	66
HG20592-2009SOFMB-25_6	40	45	150	110	18	4	M16	18	46	70	6	32	5	88	2	4.0	76
HG20592-2009SOFMB-25_7	50	57	165	125	18	4	M16	20	59	84	6	34	5	102	2	4.0	88
HG20592-2009SOFMB-25_8	65	76	185	145	18	8	M16	22	78	104	6	38	6	122	2	4.0	110
HG20592-2009SOFMB-25_9	80	89	200	160	18	8	M16	24	91	118	8	40	6	138	2	4.0	121
HG20592-2009SOFMB-25_10	100	108	235	190	22	8	M20	24	110	145	8	44	6	162	2	4.5	150
HG20592-2009SOFMB-25_11	125	133	270	220	26	8	M24	26	135	170	8	48	6	188	2	4.5	176
HG20592-2009SOFMB-25_12	150	159	300	250	26	8	M24	28	161	200	10	52	6	218	2	4.5	204
HG20592-2009SOFMB-25_13	200	219	360	310	26	12	M24	30	222	256	10	52	8	278	2	4.5	260
HG20592-2009SOFMB-25_14	250	273	425	370	30	12	M27	32	276	310	12	60	10	335	2	4.5	313
HG20592-2009SOFMB-25_15	300	325	485	430	30	16	M27	34	328	364	12	67	11	395	2	4.5	364
HG20592-2009SOFMB-25_16	350	377	555	490	33	16	M30	38	381	430	12	72	12	450	2	5.0	422
HG20592-2009SOFMB-25_17	400	426	620	550	36	16	M33	40	430	492	12	78	12	505	2	5.0	474
HG20592-2009SOFMB-25_18	450	480	670	600	36	20	M33	46	485	542	12	84	12	555	2	5.0	524
HG20592-2009SOFMB-25_19	500	530	730	660	36	20	M33	48	535	602	12	90	12	615	2	5.0	576
HG20592-2009SOFMB-25_20	600	630	845	770	39	20	M36×3	58	636	704	12	100	12	720	2	5.0	676

表 2-48　PN40 A 系列凹面（FM）带颈平焊法兰尺寸　　单位：mm

标准件编号	DN	A	D	K	L	n（个）	螺栓 Th	C	B	N	R	H	b	密封面			
														d	f_1	f_3	Y
HG20592-2009SOFMA-40_1	10	17.2	90	60	14	4	M12	16	18	30	4	22	4	40	2	4.0	35
HG20592-2009SOFMA-40_2	15	21.3	95	65	14	4	M12	16	22.5	35	4	22	4	45	2	4.0	40
HG20592-2009SOFMA-40_3	20	26.9	105	75	14	4	M12	18	27.5	45	4	26	4	58	2	4.0	51
HG20592-2009SOFMA-40_4	25	33.7	115	85	14	4	M12	18	34.5	52	4	28	5	68	2	4.0	58
HG20592-2009SOFMA-40_5	32	42.4	140	100	18	4	M16	18	43.5	60	6	30	5	78	2	4.0	66
HG20592-2009SOFMA-40_6	40	48.4	150	110	18	4	M16	18	49.5	70	6	32	5	88	2	4.0	76
HG20592-2009SOFMA-40_7	50	60.3	165	125	18	4	M16	20	61.5	84	6	34	5	102	2	4.0	88
HG20592-2009SOFMA-40_8	65	76.1	185	145	18	8	M16	22	77.5	104	6	38	6	122	2	4.0	110
HG20592-2009SOFMA-40_9	80	88.9	200	160	18	8	M16	24	90.5	118	6	40	6	138	2	4.0	121
HG20592-2009SOFMA-40_10	100	114.3	235	190	22	8	M20	24	116	145	8	44	6	162	2	4.5	150
HG20592-2009SOFMA-40_11	125	139.7	270	220	26	8	M24	26	143.5	170	8	48	7	188	2	4.5	176
HG20592-2009SOFMA-40_12	150	168.3	300	250	26	8	M24	28	170.5	200	10	52	8	218	2	4.5	204
HG20592-2009SOFMA-40_13	200	219.1	375	320	30	12	M27	34	221.5	260	10	52	10	285	2	4.5	260
HG20592-2009SOFMA-40_14	250	273	450	385	33	12	M30	38	276.5	312	12	60	11	345	2	4.5	313
HG20592-2009SOFMA-40_15	300	323.9	515	450	33	16	M30	42	328	380	12	67	12	410	2	4.5	364
HG20592-2009SOFMA-40_16	350	355.6	580	510	36	16	M33	46	360	424	12	72	13	465	2	5.0	422
HG20592-2009SOFMA-40_17	400	406.4	660	585	39	16	M36×3	50	411	478	12	78	14	535	2	5.0	474
HG20592-2009SOFMA-40_18	450	457	685	610	39	20	M36×3	57	462	522	12	84	16	560	2	5.0	524
HG20592-2009SOFMA-40_19	500	508	755	670	42	20	M39×3	57	513.5	576	12	90	17	615	2	5.0	576
HG20592-2009SOFMA-40_20	600	610	890	795	48	20	M45×3	72	616.5	686	12	100	18	735	2	5.0	676

表 2-49　PN40 B 系列凹面（FM）带颈平焊法兰尺寸　　单位：mm

标准件编号	DN	A	D	K	L	n（个）	螺栓 Th	C	B	N	R	H	b	密封面			
														d	f_1	f_3	Y
HG20592-2009SOFMB-40_1	10	14	90	60	14	4	M12	16	15	30	4	22	4	40	2	4.0	35
HG20592-2009SOFMB-40_2	15	18	95	65	14	4	M12	16	19	35	4	22	4	45	2	4.0	40
HG20592-2009SOFMB-40_3	20	25	105	75	14	4	M12	18	26	45	4	26	4	58	2	4.0	51
HG20592-2009SOFMB-40_4	25	32	115	85	14	4	M12	18	33	52	4	28	5	68	2	4.0	58
HG20592-2009SOFMB-40_5	32	38	140	100	18	4	M16	18	39	60	6	30	5	78	2	4.0	66
HG20592-2009SOFMB-40_6	40	45	150	110	18	4	M16	18	46	70	6	32	5	88	2	4.0	76
HG20592-2009SOFMB-40_7	50	57	165	125	18	4	M16	20	59	84	6	34	5	102	2	4.0	88
HG20592-2009SOFMB-40_8	65	76	185	145	18	8	M16	22	78	104	6	38	6	122	2	4.0	110
HG20592-2009SOFMB-40_9	80	89	200	160	18	8	M16	24	91	118	8	40	6	138	2	4.0	121
HG20592-2009SOFMB-40_10	100	108	235	190	22	8	M20	24	110	145	8	44	6	162	2	4.5	150

续表

标准件编号	DN	A	D	K	L	n（个）	螺栓Th	C	B	N	R	H	b	密封面			
														d	f_1	f_3	Y
HG20592-2009SOFMB-40_11	125	133	270	220	26	8	M24	26	135	170	8	48	7	188	2	4.5	176
HG20592-2009SOFMB-40_12	150	159	300	250	26	8	M24	28	161	200	10	52	8	218	2	4.5	204
HG20592-2009SOFMB-40_13	200	219	375	320	30	12	M27	34	222	260	10	52	10	285	2	4.5	260
HG20592-2009SOFMB-40_14	250	273	450	385	33	12	M30	38	276	312	12	60	11	345	2	4.5	313
HG20592-2009SOFMB-40_15	300	325	515	450	33	16	M30	42	328	380	12	67	12	410	2	4.5	364
HG20592-2009SOFMB-40_16	350	377	580	510	36	16	M33	46	381	444	12	72	13	465	2	5.0	422
HG20592-2009SOFMB-40_17	400	426	660	585	39	16	M36×3	50	430	518	12	78	14	535	2	5.0	474
HG20592-2009SOFMB-40_18	450	480	685	610	39	20	M36×3	57	485	545	12	84	16	560	2	5.0	524
HG20592-2009SOFMB-40_19	500	530	755	670	42	20	M39×3	57	535	598	12	90	17	615	2	5.0	576
HG20592-2009SOFMB-40_20	600	630	890	795	48	20	M45×3	72	636	706	12	100	18	735	2	5.0	676

3. 凸面（M）带颈平焊法兰

凸面（M）带颈平焊法兰根据接口管可分为A系列（英制管）和B系列（公制管）。根据公称压力二者均可分为PN10、PN16、PN25和PN40。A系列（英制管）和B系列（公制管）法兰尺寸如表2-50～表2-57所示。

表2-50 PN10 A系列凸面（M）带颈平焊法兰尺寸　　单位：mm

标准件编号	DN	A	D	K	L	n（个）	螺栓Th	C	B	N	R	H	b	密封面f_2	密封面X
HG20592-2009SOMA-10_1	10	17.2	90	60	14	4	M12	16	18	30	4	22	—	4.5	34
HG20592-2009SOMA-10_2	15	21.3	95	65	14	4	M12	16	22.5	35	4	22	—	4.5	39
HG20592-2009SOMA-10_3	20	26.9	105	75	14	4	M12	18	27.5	45	4	26	—	4.5	50
HG20592-2009SOMA-10_4	25	33.7	115	85	14	4	M12	18	34.5	52	4	28	—	4.5	57
HG20592-2009SOMA-10_5	32	42.4	140	100	18	4	M16	18	43.5	60	6	30	—	4.5	65
HG20592-2009SOMA-10_6	40	48.3	150	110	18	4	M16	18	49.5	70	6	32	—	4.5	75
HG20592-2009SOMA-10_7	50	60.3	165	125	18	4	M16	18	61.5	84	5	28	—	4.5	87
HG20592-2009SOMA-10_8	65	76.1	185	145	18	4	M16	18	77.5	104	6	32	—	4.5	109
HG20592-2009SOMA-10_9	80	88.9	200	160	18	8	M16	20	90.5	118	6	34	—	4.5	120
HG20592-2009SOMA-10_10	100	114.3	220	180	18	8	M16	20	116	140	8	40	—	5.0	149
HG20592-2009SOMA-10_11	125	139.7	250	210	18	8	M16	22	141.5	168	8	44	—	5.0	175
HG20592-2009SOMA-10_12	150	168.3	285	240	22	8	M20	22	170.5	195	10	44	—	5.0	203
HG20592-2009SOMA-10_13	200	219.1	340	295	22	8	M20	24	221.5	246	10	44	—	5.0	259
HG20592-2009SOMA-10_14	250	273	395	350	22	12	M20	26	276.5	298	12	46	—	5.0	312
HG20592-2009SOMA-10_15	300	323.9	445	400	22	12	M20	26	328	350	12	46	—	5.0	363
HG20592-2009SOMA-10_16	350	355.6	505	460	22	16	M20	26	360	400	12	53	—	5.5	421
HG20592-2009SOMA-10_17	400	406.4	565	515	26	16	M24	26	411	456	12	57	—	5.5	473

续表

标准件编号	DN	*A*	*D*	*K*	*L*	*n*（个）	螺栓Th	*C*	*B*	*N*	*R*	*H*	*b*	密封面f_2	密封面*X*
HG20592-2009SOMA-10_18	450	457	615	565	26	20	M24	28	462	502	12	63	12	5.5	523
HG20592-2009SOMA-10_19	500	508	670	620	26	20	M24	28	513.5	559	12	67	12	5.5	575
HG20592-2009SOMA-10_20	600	610	780	725	30	20	M27	28	616.5	658	12	75	12	5.5	675

表 2-51　PN10 B系列凸面（M）带颈平焊法兰尺寸　　单位：mm

标准件编号	DN	*A*	*D*	*K*	*L*	*n*（个）	螺栓Th	*C*	*B*	*N*	*R*	*H*	*b*	密封面f_2	密封面*X*
HG20592-2009SOMB-10_1	10	14	90	60	14	4	M12	16	15	30	4	22	—	4.5	34
HG20592-2009SOMB-10_2	15	18	95	65	14	4	M12	16	19	35	4	22	—	4.5	39
HG20592-2009SOMB-10_3	20	25	105	75	14	4	M12	18	26	45	4	26	—	4.5	50
HG20592-2009SOMB-10_4	25	32	115	85	14	4	M12	18	33	52	4	28	—	4.5	57
HG20592-2009SOMB-10_5	32	38	140	100	18	4	M16	18	39	60	6	30	—	4.5	65
HG20592-2009SOMB-10_6	40	45	150	110	18	4	M16	18	46	70	6	32	—	4.5	75
HG20592-2009SOMB-10_7	50	57	165	125	18	4	M16	18	59	84	5	28	—	4.5	87
HG20592-2009SOMB-10_8	65	76	185	145	18	4	M16	18	78	104	6	32	—	4.5	109
HG20592-2009SOMB-10_9	80	89	200	160	18	8	M16	20	91	118	6	34	—	4.5	120
HG20592-2009SOMB-10_10	100	108	220	180	18	8	M16	20	110	140	8	40	—	5.0	149
HG20592-2009SOMB-10_11	125	133	250	210	18	8	M16	22	135	168	8	44	—	5.0	175
HG20592-2009SOMB-10_12	150	159	285	240	22	8	M20	22	161	195	10	44	—	5.0	203
HG20592-2009SOMB-10_13	200	219	340	295	22	8	M20	24	222	246	10	44	—	5.0	259
HG20592-2009SOMB-10_14	250	273	395	350	22	12	M20	26	276	298	12	46	—	5.0	312
HG20592-2009SOMB-10_15	300	325	445	400	22	12	M20	26	328	350	12	46	—	5.0	363
HG20592-2009SOMB-10_16	350	377	505	460	22	16	M20	26	381	412	12	53	—	5.5	421
HG20592-2009SOMB-10_17	400	426	565	515	26	16	M24	26	430	475	12	57	—	5.5	473
HG20592-2009SOMB-10_18	450	480	615	565	26	20	M24	28	485	525	12	63	12	5.5	523
HG20592-2009SOMB-10_19	500	530	670	620	26	20	M24	28	535	581	12	67	12	5.5	575
HG20592-2009SOMB-10_20	600	630	780	725	30	20	M27	28	636	678	12	75	12	5.5	675

表 2-52　PN16 A系列凸面（M）带颈平焊法兰尺寸　　单位：mm

标准件编号	DN	*A*	*D*	*K*	*L*	*n*（个）	螺栓Th	*C*	*B*	*N*	*R*	*H*	*b*	密封面f_2	密封面*X*
HG20592-2009SOMA-16_1	10	17.2	90	60	14	4	M12	16	18	30	4	22	4	4.5	34
HG20592-2009SOMA-16_2	15	21.3	95	65	14	4	M12	16	22.5	35	4	22	4	4.5	39
HG20592-2009SOMA-16_3	20	26.9	105	75	14	4	M12	18	27.5	45	4	26	4	4.5	50
HG20592-2009SOMA-16_4	25	33.7	115	85	14	4	M12	18	34.5	52	4	28	5	4.5	57
HG20592-2009SOMA-16_5	32	42.4	140	100	18	4	M16	18	43.5	60	6	30	5	4.5	65
HG20592-2009SOMA-16_6	40	48.3	150	110	18	4	M16	18	49.5	70	6	32	5	4.5	75

续表

标准件编号	DN	*A*	*D*	*K*	*L*	*n*（个）	螺栓Th	*C*	*B*	*N*	*R*	*H*	*b*	密封面f_2	密封面*X*
HG20592-2009SOMA-16_7	50	60.3	165	125	18	4	M16	18	61.5	84	5	28	5	4.5	87
HG20592-2009SOMA-16_8	65	76.1	185	145	18	8	M16	18	77.5	104	6	32	6	4.5	109
HG20592-2009SOMA-16_9	80	88.9	200	160	18	8	M16	20	90.5	118	6	34	6	4.5	120
HG20592-2009SOMA-16_10	100	114.3	220	180	18	8	M16	20	116	140	8	40	6	5.0	149
HG20592-2009SOMA-16_11	125	139.7	250	210	18	8	M16	22	143.5	168	8	44	6	5.0	175
HG20592-2009SOMA-16_12	150	168.3	285	240	22	8	M20	22	170.5	195	10	44	6	5.0	203
HG20592-2009SOMA-16_13	200	219.1	340	295	22	12	M20	24	221.5	246	10	44	8	5.0	259
HG20592-2009SOMA-16_14	250	273	405	355	26	12	M24	26	276.5	298	12	46	10	5.0	312
HG20592-2009SOMA-16_15	300	323.9	460	410	26	12	M24	28	328	350	12	46	11	5.0	363
HG20592-2009SOMA-16_16	350	355.6	520	470	26	16	M24	30	360	400	12	57	12	5.5	421
HG20592-2009SOMA-16_17	400	406.4	580	525	30	16	M27	32	411	456	12	63	12	5.5	473
HG20592-2009SOMA-16_18	450	457	640	585	30	20	M27	40	462	502	12	68	12	5.5	523
HG20592-2009SOMA-16_19	500	508	715	650	33	20	M30	44	513.5	559	12	73	12	5.5	575
HG20592-2009SOMA-16_20	600	610	840	770	36	20	M33	54	616.5	658	12	83	12	5.5	675

表 2-53　PN16 B 系列凸面（M）带颈平焊法兰尺寸　　单位：mm

标准件编号	DN	*A*	*D*	*K*	*L*	*n*（个）	螺栓Th	*C*	*B*	*N*	*R*	*H*	*b*	密封面f_2	密封面*X*
HG20592-2009SOMB-16_1	10	14	90	60	14	4	M12	16	15	30	4	22	4	4.5	34
HG20592-2009SOMB-16_2	15	18	95	65	14	4	M12	16	19	35	4	22	4	4.5	39
HG20592-2009SOMB-16_3	20	25	105	75	14	4	M12	18	26	45	4	26	4	4.5	50
HG20592-2009SOMB-16_4	25	32	115	85	14	4	M12	18	33	52	4	28	5	4.5	57
HG20592-2009SOMB-16_5	32	38	140	100	18	4	M16	18	39	60	6	30	5	4.5	65
HG20592-2009SOMB-16_6	40	45	150	110	18	4	M16	18	46	70	6	32	5	4.5	75
HG20592-2009SOMB-16_7	50	57	165	125	18	4	M16	18	59	84	5	28	5	4.5	87
HG20592-2009SOMB-16_8	65	76	185	145	18	4	M16	18	78	104	6	32	6	4.5	109
HG20592-2009SOMB-16_9	80	89	200	160	18	8	M16	20	91	118	6	34	6	4.5	120
HG20592-2009SOMB-16_10	100	108	220	180	18	8	M16	20	110	140	8	40	6	5.0	149
HG20592-2009SOMB-16_11	125	133	250	210	18	8	M16	22	135	168	6	44	6	5.0	175
HG20592-2009SOMB-16_12	150	159	285	240	22	8	M20	24	161	195	8	44	6	5.0	203
HG20592-2009SOMB-16_13	200	219	340	295	22	12	M20	24	222	246	8	44	8	5.0	259
HG20592-2009SOMB-16_14	250	273	405	355	26	12	M24	26	276	298	10	46	10	5.0	312
HG20592-2009SOMB-16_15	300	325	460	410	26	12	M24	28	328	350	10	53	11	5.0	363
HG20592-2009SOMB-16_16	350	377	520	470	26	16	M24	30	381	412	10	57	12	5.5	421
HG20592-2009SOMB-16_17	400	426	580	525	30	16	M27	32	430	475	10	63	12	5.5	473
HG20592-2009SOMB-16_18	450	480	640	585	30	20	M27	34	485	525	12	68	12	5.5	523

续表

标准件编号	DN	A	D	K	L	n（个）	螺栓Th	C	B	N	R	H	b	密封面f_2	密封面X
HG20592-2009SOMB-16_19	500	530	715	650	33	20	M30×2	34	535	581	12	73	12	5.5	575
HG20592-2009SOMB-16_20	600	630	840	770	36	20	M33×2	36	636	678	12	83	12	5.5	675

表 2-54　PN25 A 系列凸面（M）带颈平焊法兰尺寸　　单位：mm

标准件编号	DN	A	D	K	L	n（个）	螺栓Th	C	B	N	R	H	b	密封面f_2	密封面X
HG20592-2009SOMA-25_1	10	17.2	90	60	14	4	M12	16	18	30	4	22	4	4.5	34
HG20592-2009SOMA-25_2	15	21.3	95	65	14	4	M12	16	22.5	35	4	22	4	4.5	39
HG20592-2009SOMA-25_3	20	26.9	105	75	14	4	M12	18	27.5	45	4	26	4	4.5	50
HG20592-2009SOMA-25_4	25	33.7	115	85	14	4	M12	18	34.5	52	4	28	5	4.5	57
HG20592-2009SOMA-25_5	32	42.4	140	100	18	4	M16	18	43.5	60	6	30	5	4.5	65
HG20592-2009SOMA-25_6	40	48.3	150	110	18	4	M16	18	49.5	70	6	32	5	4.5	75
HG20592-2009SOMA-25_7	50	60.3	165	125	18	4	M16	20	61.5	84	6	34	5	4.5	87
HG20592-2009SOMA-25_8	65	76.1	185	145	18	8	M16	22	77.5	104	6	38	6	4.5	109
HG20592-2009SOMA-25_9	80	88.9	200	160	18	8	M16	24	90.5	118	8	40	6	4.5	120
HG20592-2009SOMA-25_10	100	114.3	235	190	22	8	M20	24	116	145	8	44	6	5.0	149
HG20592-2009SOMA-25_11	125	139.7	270	220	26	8	M24	26	141.5	170	8	48	6	5.0	175
HG20592-2009SOMA-25_12	150	168.3	300	250	26	8	M24	28	170.5	200	10	52	6	5.0	203
HG20592-2009SOMA-25_13	200	219.1	360	310	26	12	M24	30	221.5	256	10	52	8	5.0	259
HG20592-2009SOMA-25_14	250	273	425	370	30	12	M27	32	276.5	310	12	60	10	5.0	312
HG20592-2009SOMA-25_15	300	323.9	485	430	30	16	M27	34	328	364	12	67	11	5.0	363
HG20592-2009SOMA-25_16	350	355.6	555	490	33	16	M30	38	360	418	12	72	12	5.5	421
HG20592-2009SOMA-25_17	400	406.4	620	550	36	16	M33	40	411	472	12	78	12	5.5	473
HG20592-2009SOMA-25_18	450	457	670	600	36	20	M33	46	462	520	12	84	12	5.5	523
HG20592-2009SOMA-25_19	500	508	730	660	36	20	M33	48	513.5	580	12	90	12	5.5	575
HG20592-2009SOMA-25_20	600	610	845	770	39	20	M36×3	58	616.5	684	12	100	12	5.5	675

表 2-55　PN25 B 系列凸面（M）带颈平焊法兰尺寸　　单位：mm

标准件编号	DN	A	D	K	L	n（个）	螺栓Th	C	B	N	R	H	b	密封面f_2	密封面X
HG20592-2009SOMB-25_1	10	14	90	60	14	4	M12	16	15	30	4	22	4	4.5	34
HG20592-2009SOMB-25_2	15	18	95	65	14	4	M12	16	19	35	4	22	4	4.5	39
HG20592-2009SOMB-25_3	20	25	105	75	14	4	M12	18	26	45	4	26	4	4.5	50
HG20592-2009SOMB-25_4	25	32	115	85	14	4	M12	18	33	52	4	28	5	4.5	57
HG20592-2009SOMB-25_5	32	38	140	100	18	4	M16	18	39	60	6	30	5	4.5	65
HG20592-2009SOMB-25_6	40	45	150	110	18	4	M16	18	46	70	6	32	5	4.5	75
HG20592-2009SOMB-25_7	50	57	165	125	18	4	M16	20	59	84	6	34	5	4.5	87
HG20592-2009SOMB-25_8	65	76	185	145	18	8	M16	22	78	104	6	38	6	4.5	109

续表

标准件编号	DN	A	D	K	L	n（个）	螺栓Th	C	B	N	R	H	b	密封面f_2	密封面X
HG20592-2009SOMB-25_9	80	89	200	160	18	8	M16	24	91	118	8	40	6	4.5	120
HG20592-2009SOMB-25_10	100	108	235	190	22	8	M20	24	110	145	8	44	6	5.0	149
HG20592-2009SOMB-25_11	125	133	270	220	26	8	M24	26	135	170	8	48	6	5.0	175
HG20592-2009SOMB-25_12	150	159	300	250	26	8	M24	28	161	200	10	52	6	5.0	203
HG20592-2009SOMB-25_13	200	219	360	310	26	12	M24	30	222	256	10	52	8	5.0	259
HG20592-2009SOMB-25_14	250	273	425	370	30	12	M27	32	276	310	12	60	10	5.0	312
HG20592-2009SOMB-25_15	300	325	485	430	30	16	M27	34	328	364	12	67	11	5.0	363
HG20592-2009SOMB-25_16	350	377	555	490	33	16	M30	38	381	430	12	72	12	5.5	421
HG20592-2009SOMB-25_17	400	426	620	550	36	16	M33	40	430	492	12	78	12	5.5	473
HG20592-2009SOMB-25_18	450	480	670	600	36	20	M33	46	485	542	12	84	12	5.5	523
HG20592-2009SOMB-25_19	500	530	730	660	36	20	M33	48	535	602	12	90	12	5.5	575
HG20592-2009SOMB-25_20	600	630	845	770	39	20	M36×3	58	636	704	12	100	12	5.5	675

表 2-56 PN40 A 系列凸面（M）带颈平焊法兰尺寸　　单位：mm

标准件编号	DN	A	D	K	L	n（个）	螺栓Th	C	B	N	R	H	b	密封面f_2	密封面X
HG20592-2009SOMA-40_1	10	17.2	90	60	14	4	M12	16	18	30	4	22	4	4.5	34
HG20592-2009SOMA-40_2	15	21.3	95	65	14	4	M12	16	22.5	35	4	22	4	4.5	39
HG20592-2009SOMA-40_3	20	26.9	105	75	14	4	M12	18	27.5	45	4	26	4	4.5	50
HG20592-2009SOMA-40_4	25	33.7	115	85	14	4	M12	18	34.5	52	4	28	5	4.5	57
HG20592-2009SOMA-40_5	32	42.4	140	100	18	4	M16	18	43.5	60	6	30	5	4.5	65
HG20592-2009SOMA-40_6	40	48.4	150	110	18	4	M16	18	49.5	70	6	32	5	4.5	75
HG20592-2009SOMA-40_7	50	60.3	165	125	18	4	M16	20	61.5	84	6	34	5	4.5	87
HG20592-2009SOMA-40_8	65	76.1	185	145	18	8	M16	22	77.5	104	6	38	6	4.5	109
HG20592-2009SOMA-40_9	80	88.9	200	160	18	8	M16	24	90.5	118	8	40	6	4.5	120
HG20592-2009SOMA-40_10	100	114.3	235	190	22	8	M20	24	116	145	8	44	6	5.0	149
HG20592-2009SOMA-40_11	125	139.7	270	220	26	8	M24	26	143.5	170	8	48	7	5.0	175
HG20592-2009SOMA-40_12	150	168.3	300	250	26	8	M24	28	170.5	200	10	52	8	5.0	203
HG20592-2009SOMA-40_13	200	219.1	375	320	30	12	M27	34	221.5	260	10	52	10	5.0	259
HG20592-2009SOMA-40_14	250	273	450	385	33	12	M30	38	276.5	312	12	60	11	5.0	312
HG20592-2009SOMA-40_15	300	323.9	515	450	33	16	M30	42	328	380	12	67	12	5.0	363
HG20592-2009SOMA-40_16	350	355.6	580	510	36	16	M33	46	360	424	12	72	13	5.5	421
HG20592-2009SOMA-40_17	400	406.4	660	585	39	16	M36×3	50	411	478	12	78	14	5.5	473
HG20592-2009SOMA-40_18	450	457	685	610	39	20	M36×3	57	462	522	12	84	16	5.5	523
HG20592-2009SOMA-40_19	500	508	755	670	42	20	M39×3	57	513.5	576	12	90	17	5.5	575
HG20592-2009SOMA-40_20	600	610	890	795	48	20	M45×3	72	616.5	686	12	100	18	5.5	675

表 2-57 PN40 B 系列凸面（M）带颈平焊法兰尺寸 单位：mm

标准件编号	DN	A	D	K	L	n（个）	螺栓Th	C	B	N	R	H	b	密封面f_2	密封面X
HG20592-2009SOMB-40_1	10	14	90	60	14	4	M12	16	15	30	4	22	4	4.5	34
HG20592-2009SOMB-40_2	15	18	95	65	14	4	M12	16	19	35	4	22	4	4.5	39
HG20592-2009SOMB-40_3	20	25	105	75	14	4	M12	18	26	45	4	26	4	4.5	50
HG20592-2009SOMB-40_4	25	32	115	85	14	4	M12	18	33	52	4	28	5	4.5	57
HG20592-2009SOMB-40_5	32	38	140	100	18	4	M16	18	39	60	6	30	5	4.5	65
HG20592-2009SOMB-40_6	40	45	150	110	18	4	M16	18	46	70	6	32	5	4.5	75
HG20592-2009SOMB-40_7	50	57	165	125	18	4	M16	20	59	84	6	34	5	4.5	87
HG20592-2009SOMB-40_8	65	76	185	145	18	8	M16	22	78	104	6	38	6	4.5	109
HG20592-2009SOMB-40_9	80	89	200	160	18	8	M16	24	91	118	8	40	6	4.5	120
HG20592-2009SOMB-40_10	100	108	235	190	22	8	M20	24	110	145	8	44	6	5.0	149
HG20592-2009SOMB-40_11	125	133	270	220	26	8	M24	26	135	170	8	48	7	5.0	175
HG20592-2009SOMB-40_12	150	159	300	250	26	8	M24	28	161	200	10	52	8	5.0	203
HG20592-2009SOMB-40_13	200	219	375	320	30	12	M27	34	222	260	10	52	10	5.0	259
HG20592-2009SOMB-40_14	250	273	450	385	33	12	M30	38	276	312	12	60	11	5.0	312
HG20592-2009SOMB-40_15	300	325	515	450	33	16	M30	42	328	380	12	67	12	5.0	363
HG20592-2009SOMB-40_16	350	377	580	510	36	16	M33	46	381	444	12	72	13	5.5	421
HG20592-2009SOMB-40_17	400	426	660	585	39	16	M36×3	50	430	518	12	78	14	5.5	473
HG20592-2009SOMB-40_18	450	480	685	610	39	20	M36×3	57	485	545	12	84	16	5.5	523
HG20592-2009SOMB-40_19	500	530	755	670	42	20	M39×3	57	535	598	12	90	17	5.5	575
HG20592-2009SOMB-40_20	600	630	890	795	48	20	M45×3	72	636	706	12	100	18	5.5	675

4. 榫面（T）带颈平焊法兰

榫面（T）带颈平焊法兰根据接口管可分为 A 系列（英制管）和 B 系列（公制管）。根据公称压力二者均可分为 PN10、PN16、PN25 和 PN40。A 系列（英制管）和 B 系列（公制管）法兰尺寸如表 2-58～表 2-65 所示。

表 2-58 PN10 A 系列榫面（T）带颈平焊法兰尺寸 单位：mm

标准件编号	DN	A	D	K	L	n（个）	螺栓Th	C	B	N	R	H	b	密封面		
														f_2	X	W
HG20592-2009SOTA-10_1	10	17.2	90	60	14	4	M12	16	18	30	4	22	—	4.5	34	24
HG20592-2009SOTA-10_2	15	21.3	95	65	14	4	M12	16	22.5	35	4	22	—	4.5	39	29
HG20592-2009SOTA-10_3	20	26.9	105	75	14	4	M12	18	27.5	45	4	26	—	4.5	50	36
HG20592-2009SOTA-10_4	25	33.7	115	85	14	4	M12	18	34.5	52	4	28	—	4.5	57	43
HG20592-2009SOTA-10_5	32	42.4	140	100	18	4	M16	18	43.5	60	6	30	—	4.5	65	51
HG20592-2009SOTA-10_6	40	48.3	150	110	18	4	M16	18	49.5	70	6	32	—	4.5	75	61

续表

标准件编号	DN	A	D	K	L	n（个）	螺栓 Th	C	B	N	R	H	b	密封面		
														f_2	X	W
HG20592-2009SOTA-10_7	50	60.3	165	125	18	4	M16	18	61.5	84	5	28	—	4.5	87	73
HG20592-2009SOTA-10_8	65	76.1	185	145	18	4	M16	18	77.5	104	6	32	—	4.5	109	95
HG20592-2009SOTA-10_9	80	88.9	200	160	18	8	M16	20	90.5	118	6	34	—	4.5	120	106
HG20592-2009SOTA-10_10	100	114.3	220	180	18	8	M16	20	116	140	8	40	—	5.0	149	129
HG20592-2009SOTA-10_11	125	139.7	250	210	18	8	M16	22	141.5	168	8	44	—	5.0	175	155
HG20592-2009SOTA-10_12	150	168.3	285	240	22	8	M20	22	170.5	195	10	44	—	5.0	203	183
HG20592-2009SOTA-10_13	200	219.1	340	295	22	8	M20	24	221.5	246	10	44	—	5.0	259	239
HG20592-2009SOTA-10_14	250	273	395	350	22	12	M20	26	276.5	298	12	46	—	5.0	312	292
HG20592-2009SOTA-10_15	300	323.9	445	400	22	12	M20	26	328	350	12	46	—	5.0	363	343
HG20592-2009SOTA-10_16	350	355.6	505	460	22	16	M20	26	360	400	12	53	—	5.5	421	395
HG20592-2009SOTA-10_17	400	406.4	565	515	26	16	M24	26	411	456	12	57	—	5.5	473	447
HG20592-2009SOTA-10_18	450	457	615	565	26	20	M24	28	462	502	12	63	12	5.5	523	497
HG20592-2009SOTA-10_19	500	508	670	620	26	20	M24	28	513.5	559	12	67	12	5.5	575	549
HG20592-2009SOTA-10_20	600	610	780	725	30	20	M27	28	616.5	658	12	75	12	5.5	675	649

表 2-59　PN10 B 系列榫面（T）带颈平焊法兰尺寸　　单位：mm

标准件编号	DN	A	D	K	L	n（个）	螺栓 Th	C	B	N	R	H	b	密封面		
														f_2	X	W
HG20592-2009SOTB-10_1	10	14	90	60	14	4	M12	16	15	30	4	22	—	4.5	34	24
HG20592-2009SOTB-10_2	15	18	95	65	14	4	M12	16	19	35	4	22	—	4.5	39	29
HG20592-2009SOTB-10_3	20	25	105	75	14	4	M12	18	26	45	4	26	—	4.5	50	36
HG20592-2009SOTB-10_4	25	32	115	85	14	4	M12	18	33	52	4	28	—	4.5	57	43
HG20592-2009SOTB-10_5	32	38	140	100	18	4	M16	18	39	60	6	30	—	4.5	65	51
HG20592-2009SOTB-10_6	40	45	150	110	18	4	M16	18	46	70	6	32	—	4.5	75	61
HG20592-2009SOTB-10_7	50	57	165	125	18	4	M16	18	59	84	5	28	—	4.5	87	73
HG20592-2009SOTB-10_8	65	76	185	145	18	4	M16	18	78	104	6	32	—	4.5	109	95
HG20592-2009SOTB-10_9	80	89	200	160	18	8	M16	20	91	118	6	34	—	4.5	120	106
HG20592-2009SOTB-10_10	100	108	220	180	18	8	M16	20	110	140	8	40	—	5.0	149	129
HG20592-2009SOTB-10_11	125	133	250	210	18	8	M16	22	135	168	8	44	—	5.0	175	155
HG20592-2009SOTB-10_12	150	159	285	240	22	8	M20	22	161	195	10	44	—	5.0	203	183
HG20592-2009SOTB-10_13	200	219	340	295	22	8	M20	24	222	246	10	44	—	5.0	259	239
HG20592-2009SOTB-10_14	250	273	395	350	22	12	M20	26	276	298	12	46	—	5.0	312	292
HG20592-2009SOTB-10_15	300	325	445	400	22	12	M20	26	328	350	12	46	—	5.0	363	343
HG20592-2009SOTB-10_16	350	377	505	460	22	16	M20	26	381	412	12	53	—	5.5	421	395

续表

标准件编号	DN	A	D	K	L	n（个）	螺栓Th	C	B	N	R	H	b	密封面		
														f_2	X	W
HG20592-2009SOTB-10_17	400	426	565	515	26	16	M24	26	430	475	12	57	—	5.5	473	447
HG20592-2009SOTB-10_18	450	480	615	565	26	20	M24	28	485	525	12	63	12	5.5	523	497
HG20592-2009SOTB-10_19	500	530	670	620	26	20	M24	28	535	581	12	67	12	5.5	575	549
HG20592-2009SOTB-10_20	600	630	780	725	30	20	M27	28	636	678	12	75	12	5.5	675	649

表 2-60　PN16 A 系列榫面（T）带颈平焊法兰尺寸　　单位：mm

标准件编号	DN	A	D	K	L	n（个）	螺栓Th	C	B	N	R	H	b	密封面		
														f_2	X	W
HG20592-2009SOTA-16_1	10	17.2	90	60	14	4	M12	16	18	30	4	22	4	4.5	34	24
HG20592-2009SOTA-16_2	15	21.3	95	65	14	4	M12	16	22.5	35	4	22	4	4.5	39	29
HG20592-2009SOTA-16_3	20	26.9	105	75	14	4	M12	18	27.5	45	4	26	4	4.5	50	36
HG20592-2009SOTA-16_4	25	33.7	115	85	14	4	M12	18	34.5	52	4	28	5	4.5	57	43
HG20592-2009SOTA-16_5	32	42.4	140	100	18	4	M16	18	43.5	60	6	30	5	4.5	65	51
HG20592-2009SOTA-16_6	40	48.3	150	110	18	4	M16	18	49.5	70	6	32	5	4.5	75	61
HG20592-2009SOTA-16_7	50	60.3	165	125	18	4	M16	18	61.5	84	5	28	5	4.5	87	73
HG20592-2009SOTA-16_8	65	76.1	185	145	18	8	M16	18	77.5	104	6	32	6	4.5	109	95
HG20592-2009SOTA-16_9	80	88.9	200	160	18	8	M16	20	90.5	118	6	34	6	4.5	120	106
HG20592-2009SOTA-16_10	100	114.3	220	180	18	8	M16	20	116	140	8	40	6	5.0	149	129
HG20592-2009SOTA-16_11	125	139.7	250	210	18	8	M16	22	143.5	168	8	44	6	5.0	175	155
HG20592-2009SOTA-16_12	150	168.3	285	240	22	8	M20	22	170.5	195	10	44	6	5.0	203	183
HG20592-2009SOTA-16_13	200	219.1	340	295	22	12	M20	24	221.5	246	10	44	8	5.0	259	239
HG20592-2009SOTA-16_14	250	273	405	355	26	12	M24	26	276.5	298	12	46	10	5.0	312	292
HG20592-2009SOTA-16_15	300	323.9	460	410	26	12	M24	28	328	350	12	46	11	5.0	363	343
HG20592-2009SOTA-16_16	350	355.6	520	470	26	16	M24	30	360	400	12	57	12	5.5	421	395
HG20592-2009SOTA-16_17	400	406.4	580	525	30	16	M27	32	411	456	12	63	12	5.5	473	447
HG20592-2009SOTA-16_18	450	457	640	585	30	20	M27	40	462	502	12	68	12	5.5	523	497
HG20592-2009SOTA-16_19	500	508	715	650	33	20	M30	44	513.5	559	12	73	12	5.5	575	549
HG20592-2009SOTA-16_20	600	610	840	770	36	20	M33	54	616.5	658	12	83	12	5.5	675	649

表 2-61　PN16 B 系列榫面（T）带颈平焊法兰尺寸　　单位：mm

标准件编号	DN	A	D	K	L	n（个）	螺栓Th	C	B	N	R	H	b	密封面		
														f_2	X	W
HG20592-2009SOTB-16_1	10	14	90	60	14	4	M12	16	15	30	4	22	4	4.5	34	24
HG20592-2009SOTB-16_2	15	18	95	65	14	4	M12	16	19	35	4	22	4	4.5	39	29

续表

标准件编号	DN	A	D	K	L	n（个）	螺栓Th	C	B	N	R	H	b	密封面		
														f_2	X	W
HG20592-2009SOTB-16_3	20	25	105	75	14	4	M12	18	26	45	4	26	4	4.5	50	36
HG20592-2009SOTB-16_4	25	32	115	85	14	4	M12	18	33	52	4	28	5	4.5	57	43
HG20592-2009SOTB-16_5	32	38	140	100	18	4	M16	18	39	60	6	30	5	4.5	65	51
HG20592-2009SOTB-16_6	40	45	150	110	18	4	M16	18	46	70	6	32	5	4.5	75	61
HG20592-2009SOTB-16_7	50	57	165	125	18	4	M16	18	59	84	5	28	5	4.5	87	73
HG20592-2009SOTB-16_8	65	76	185	145	18	4	M16	18	78	104	6	32	6	4.5	109	95
HG20592-2009SOTB-16_9	80	89	200	160	18	8	M16	20	91	118	6	34	6	4.5	120	106
HG20592-2009SOTB-16_10	100	108	220	180	18	8	M16	20	110	140	8	40	6	5.0	149	129
HG20592-2009SOTB-16_11	125	133	250	210	18	8	M16	22	135	168	6	44	6	5.0	175	155
HG20592-2009SOTB-16_12	150	159	285	240	22	8	M20	24	161	195	8	44	6	5.0	203	183
HG20592-2009SOTB-16_13	200	219	340	295	22	12	M20	24	222	246	8	44	8	5.0	259	239
HG20592-2009SOTB-16_14	250	273	405	355	26	12	M24	26	276	298	10	46	10	5.0	312	292
HG20592-2009SOTB-16_15	300	325	460	410	26	12	M24	28	328	350	10	53	11	5.0	363	343
HG20592-2009SOTB-16_16	350	377	520	470	26	16	M24	30	381	412	10	57	12	5.5	421	395
HG20592-2009SOTB-16_17	400	426	580	525	30	16	M27	32	430	475	10	63	12	5.5	473	447
HG20592-2009SOTB-16_18	450	480	640	585	30	20	M27	34	485	525	12	68	12	5.5	523	497
HG20592-2009SOTB-16_19	500	530	715	650	33	20	M30×2	34	535	581	12	73	12	5.5	575	549
HG20592-2009SOTB-16_20	600	630	840	770	36	20	M33×2	36	636	678	12	83	12	5.5	675	649

表 2-62　PN25 A 系列榫面（T）带颈平焊法兰尺寸　　单位：mm

标准件编号	DN	A	D	K	L	n（个）	螺栓Th	C	B	N	R	H	b	密封面		
														f_2	X	W
HG20592-2009SOTA-25_1	10	17.2	90	60	14	4	M12	16	18	30	4	22	4	4.5	34	24
HG20592-2009SOTA-25_2	15	21.3	95	65	14	4	M12	16	22.5	35	4	22	4	4.5	39	29
HG20592-2009SOTA-25_3	20	26.9	105	75	14	4	M12	18	27.5	45	4	26	4	4.5	50	36
HG20592-2009SOTA-25_4	25	33.7	115	85	14	4	M12	18	34.5	52	4	28	5	4.5	57	43
HG20592-2009SOTA-25_5	32	42.4	140	100	18	4	M16	18	43.5	60	6	30	5	4.5	65	51
HG20592-2009SOTA-25_6	40	48.3	150	110	18	4	M16	18	49.5	70	6	32	5	4.5	75	61
HG20592-2009SOTA-25_7	50	60.3	165	125	18	4	M16	20	61.5	84	6	34	5	4.5	87	73
HG20592-2009SOTA-25_8	65	76.1	185	145	18	8	M16	22	77.5	104	6	38	6	4.5	109	95
HG20592-2009SOTA-25_9	80	88.9	200	160	18	8	M16	24	90.5	118	8	40	6	4.5	120	106
HG20592-2009SOTA-25_10	100	114.3	235	190	22	8	M20	24	116	145	8	44	6	5.0	149	129
HG20592-2009SOTA-25_11	125	139.7	270	220	26	8	M24	26	141.5	170	8	48	6	5.0	175	155
HG20592-2009SOTA-25_12	150	168.3	300	250	26	8	M24	28	170.5	200	10	52	6	5.0	203	183

续表

标准件编号	DN	A	D	K	L	n	螺栓Th	C	B	N	R	H	b	密封面		
														f_2	X	W
HG20592-2009SOTA-25_13	200	219.1	360	310	26	12	M24	30	221.5	256	10	52	8	5.0	259	239
HG20592-2009SOTA-25_14	250	273	425	370	30	12	M27	32	276.5	310	12	60	10	5.0	312	292
HG20592-2009SOTA-25_15	300	323.9	485	430	30	16	M27	34	328	364	12	67	11	5.0	363	343
HG20592-2009SOTA-25_16	350	355.6	555	490	33	16	M30	38	360	418	12	72	12	5.5	421	395
HG20592-2009SOTA-25_17	400	406.4	620	550	36	16	M33	40	411	472	12	78	12	5.5	473	447
HG20592-2009SOTA-25_18	450	457	670	600	36	20	M33	46	462	520	12	84	12	5.5	523	497
HG20592-2009SOTA-25_19	500	508	730	660	36	20	M33	48	513.5	580	12	90	12	5.5	575	549
HG20592-2009SOTA-25_20	600	610	845	770	39	20	M36×3	58	616.5	684	12	100	12	5.5	675	649

表 2-63 PN25 B 系列榫面（T）带颈平焊法兰尺寸

单位：mm

标准件编号	DN	A	D	K	L	n（个）	螺栓Th	C	B	N	R	H	b	密封面		
														f_2	X	W
HG20592-2009SOTB-25_1	10	14	90	60	14	4	M12	16	15	30	4	22	4	4.5	34	24
HG20592-2009SOTB-25_2	15	18	95	65	14	4	M12	16	19	35	4	22	4	4.5	39	29
HG20592-2009SOTB-25_3	20	25	105	75	14	4	M12	18	26	45	4	26	4	4.5	50	36
HG20592-2009SOTB-25_4	25	32	115	85	14	4	M12	18	33	52	4	28	5	4.5	57	43
HG20592-2009SOTB-25_5	32	38	140	100	18	4	M16	18	39	60	6	30	5	4.5	65	51
HG20592-2009SOTB-25_6	40	45	150	110	18	4	M16	18	46	70	6	32	5	4.5	75	61
HG20592-2009SOTB-25_7	50	57	165	125	18	4	M16	20	59	84	6	34	5	4.5	87	73
HG20592-2009SOTB-25_8	65	76	185	145	18	8	M16	22	78	104	6	38	6	4.5	109	95
HG20592-2009SOTB-25_9	80	89	200	160	18	8	M16	24	91	118	8	40	6	4.5	120	106
HG20592-2009SOTB-25_10	100	108	235	190	22	8	M20	24	110	145	8	44	6	5.0	149	129
HG20592-2009SOTB-25_11	125	133	270	220	26	8	M24	26	135	170	8	48	6	5.0	175	155
HG20592-2009SOTB-25_12	150	159	300	250	26	8	M24	28	161	200	10	52	6	5.0	203	183
HG20592-2009SOTB-25_13	200	219	360	310	26	12	M24	30	222	256	10	52	8	5.0	259	239
HG20592-2009SOTB-25_14	250	273	425	370	30	12	M27	32	276	310	12	60	10	5.0	312	292
HG20592-2009SOTB-25_15	300	325	485	430	30	16	M27	34	328	364	12	67	11	5.0	363	343
HG20592-2009SOTB-25_16	350	377	555	490	33	16	M30	38	381	430	12	72	12	5.5	421	395
HG20592-2009SOTB-25_17	400	426	620	550	36	16	M33	40	430	492	12	78	12	5.5	473	447
HG20592-2009SOTB-25_18	450	480	670	600	36	20	M33	46	485	542	12	84	12	5.5	523	497
HG20592-2009SOTB-25_19	500	530	730	660	36	20	M33	48	535	602	12	90	12	5.5	575	549
HG20592-2009SOTB-25_20	600	630	845	770	39	20	M36×3	58	636	704	12	100	12	5.5	675	649

表 2-64 PN40 A 系列榫面（T）带颈平焊法兰尺寸 单位：mm

标准件编号	DN	A	D	K	L	n（个）	螺栓Th	C	B	N	R	H	b	密封面		
														f_2	X	W
HG20592-2009SOTA-40_1	10	17.2	90	60	14	4	M12	16	18	30	4	22	4	4.5	34	24
HG20592-2009SOTA-40_2	15	21.3	95	65	14	4	M12	16	22.5	35	4	22	4	4.5	39	29
HG20592-2009SOTA-40_3	20	26.9	105	75	14	4	M12	18	27.5	45	4	26	4	4.5	50	36
HG20592-2009SOTA-40_4	25	33.7	115	85	14	4	M12	18	34.5	52	4	28	5	4.5	57	43
HG20592-2009SOTA-40_5	32	42.4	140	100	18	4	M16	18	43.5	60	6	30	5	4.5	65	51
HG20592-2009SOTA-40_6	40	48.4	150	110	18	4	M16	18	49.5	70	6	32	5	4.5	75	61
HG20592-2009SOTA-40_7	50	60.3	165	125	18	4	M16	20	61.5	84	6	34	5	4.5	87	73
HG20592-2009SOTA-40_8	65	76.1	185	145	18	8	M16	22	77.5	104	6	38	6	4.5	109	95
HG20592-2009SOTA-40_9	80	88.9	200	160	18	8	M16	24	90.5	118	8	40	6	4.5	120	106
HG20592-2009SOTA-40_10	100	114.3	235	190	22	8	M20	24	116	145	8	44	6	5.0	149	129
HG20592-2009SOTA-40_11	125	139.7	270	220	26	8	M24	26	143.5	170	8	48	7	5.0	175	155
HG20592-2009SOTA-40_12	150	168.3	300	250	26	8	M24	28	170.5	200	10	52	8	5.0	203	183
HG20592-2009SOTA-40_13	200	219.1	375	320	30	12	M27	34	221.5	260	10	52	10	5.0	259	239
HG20592-2009SOTA-40_14	250	273	450	385	33	12	M30	38	276.5	312	12	60	11	5.0	312	292
HG20592-2009SOTA-40_15	300	323.9	515	450	33	16	M30	42	328	380	12	67	12	5.0	363	343
HG20592-2009SOTA-40_16	350	355.6	580	510	36	16	M33	46	360	424	12	72	13	5.5	421	395
HG20592-2009SOTA-40_17	400	406.4	660	585	39	16	M36×3	50	411	478	12	78	14	5.5	473	447
HG20592-2009SOTA-40_18	450	457	685	610	39	20	M36×3	57	462	522	12	84	16	5.5	523	497
HG20592-2009SOTA-40_19	500	508	755	670	42	20	M39×3	57	513.5	576	12	90	17	5.5	575	549
HG20592-2009SOTA-40_20	600	610	890	795	48	20	M45×3	72	616.5	686	12	100	18	5.5	675	649

表 2-65 PN40 B 系列榫面（T）带颈平焊法兰尺寸 单位：mm

标准件编号	DN	A	D	K	L	n（个）	螺栓Th	C	B	N	R	H	b	密封面		
														f_2	X	W
HG20592-2009SOTB-40_1	10	14	90	60	14	4	M12	16	15	30	4	22	4	4.5	34	24
HG20592-2009SOTB-40_2	15	18	95	65	14	4	M12	16	19	35	4	22	4	4.5	39	29
HG20592-2009SOTB-40_3	20	25	105	75	14	4	M12	18	26	45	4	26	4	4.5	50	36
HG20592-2009SOTB-40_4	25	32	115	85	14	4	M12	18	33	52	4	28	5	4.5	57	43
HG20592-2009SOTB-40_5	32	38	140	100	18	4	M16	18	39	60	6	30	5	4.5	65	51
HG20592-2009SOTB-40_6	40	45	150	110	18	4	M16	18	46	70	6	32	5	4.5	75	61
HG20592-2009SOTB-40_7	50	57	165	125	18	4	M16	20	59	84	6	34	5	4.5	87	73
HG20592-2009SOTB-40_8	65	76	185	145	18	8	M16	22	78	104	6	38	6	4.5	109	95
HG20592-2009SOTB-40_9	80	89	200	160	18	8	M16	24	91	118	8	40	6	4.5	120	106
HG20592-2009SOTB-40_10	100	108	235	190	22	8	M20	24	110	145	8	44	6	5.0	149	129

续表

标准件编号	DN	A	D	K	L	n（个）	螺栓Th	C	B	N	R	H	b	密封面		
														f_2	X	W
HG20592-2009SOTB-40_11	125	133	270	220	26	8	M24	26	135	170	8	48	7	5.0	175	155
HG20592-2009SOTB-40_12	150	159	300	250	26	8	M24	28	161	200	10	52	8	5.0	203	183
HG20592-2009SOTB-40_13	200	219	375	320	30	12	M27	34	222	260	10	52	10	5.0	259	239
HG20592-2009SOTB-40_14	250	273	450	385	33	12	M30	38	276	312	12	60	11	5.0	312	292
HG20592-2009SOTB-40_15	300	325	515	450	33	16	M30	42	328	380	12	67	12	5.0	363	343
HG20592-2009SOTB-40_16	350	377	580	510	36	16	M33	46	381	444	12	72	13	5.5	421	395
HG20592-2009SOTB-40_17	400	426	660	585	39	16	M36×3	50	430	518	12	78	14	5.5	473	447
HG20592-2009SOTB-40_18	450	480	685	610	39	20	M36×3	57	485	545	12	84	16	5.5	523	497
HG20592-2009SOTB-40_19	500	530	755	670	42	20	M39×3	57	535	598	12	90	17	5.5	575	549
HG20592-2009SOTB-40_20	600	630	890	795	48	20	M45×3	72	636	706	12	100	18	5.5	675	649

5．槽面（G）带颈平焊法兰

槽面（G）带颈平焊法兰根据接口管可分为A系列（英制管）和B系列（公制管）。根据公称压力二者均可分为PN10、PN16、PN25和PN40。A系列（英制管）和B系列（公制管）法兰尺寸如表2-66～表2-73所示。

表2-66　PN10 A系列槽面（G）带颈平焊法兰尺寸　　单位：mm

标准件编号	DN	A	D	K	L	n（个）	螺栓Th	C	B	N	R	H	b	密封面				
														d	f_1	f_3	Y	Z
HG20592-2009SOGA-10_1	10	17.2	90	60	14	4	M12	16	18	30	4	22	—	40	2	4.0	35	23
HG20592-2009SOGA-10_2	15	21.3	95	65	14	4	M12	16	22.5	35	4	22	—	45	2	4.0	40	28
HG20592-2009SOGA-10_3	20	26.9	105	75	14	4	M12	18	27.5	45	4	26	—	58	2	4.0	51	35
HG20592-2009SOGA-10_4	25	33.7	115	85	14	4	M12	18	34.5	52	4	28	—	68	2	4.0	58	42
HG20592-2009SOGA-10_5	32	42.4	140	100	18	4	M16	18	43.5	60	6	30	—	78	2	4.0	66	50
HG20592-2009SOGA-10_6	40	48.3	150	110	18	4	M16	18	49.5	70	6	32	—	88	2	4.0	76	60
HG20592-2009SOGA-10_7	50	60.3	165	125	18	4	M16	18	61.5	84	5	28	—	102	2	4.0	88	72
HG20592-2009SOGA-10_8	65	76.1	185	145	18	8	M16	18	77.5	104	6	32	—	122	2	4.0	110	94
HG20592-2009SOGA-10_9	80	88.9	200	160	18	8	M16	20	90.5	118	6	34	—	138	2	4.0	121	105
HG20592-2009SOGA-10_10	100	114.3	220	180	18	8	M16	20	116	140	8	40	—	158	2	4.5	150	128
HG20592-2009SOGA-10_11	125	139.7	250	210	18	8	M16	22	143.5	168	8	44	—	188	2	4.5	176	154
HG20592-2009SOGA-10_12	150	168.3	285	240	22	8	M20	22	170.5	195	10	44	—	212	2	4.5	204	182
HG20592-2009SOGA-10_13	200	219.1	340	295	22	8	M20	24	221.5	246	10	44	—	268	2	4.5	260	238
HG20592-2009SOGA-10_14	250	273	395	350	22	12	M20	26	276.5	298	12	46	—	320	2	4.5	313	291
HG20592-2009SOGA-10_15	300	323.9	445	400	22	12	M20	26	328	350	12	46	—	370	2	4.5	364	342

续表

标准件编号	DN	A	D	K	L	n（个）	螺栓 Th	C	B	N	R	H	b	密封面				
														d	f_1	f_3	Y	Z
HG20592-2009SOGA-10_16	350	355.6	505	460	22	16	M20	26	360	400	12	53	—	430	2	5.0	422	394
HG20592-2009SOGA-10_17	400	406.4	565	515	26	16	M24	26	411	456	12	57	—	482	2	5.0	474	446
HG20592-2009SOGA-10_18	450	457	615	565	26	20	M24	28	462	502	12	63	12	532	2	5.0	524	496
HG20592-2009SOGA-10_19	500	508	670	620	26	20	M24	28	513.5	559	12	67	12	585	2	5.0	576	548
HG20592-2009SOGA-10_20	600	610	780	725	30	20	M27	28	616.5	658	12	75	12	685	2	5.0	676	648

表 2-67　PN10 B 系列槽面（G）带颈平焊法兰尺寸　　单位：mm

标准件编号	DN	A	D	K	L	n（个）	螺栓 Th	C	B	N	R	H	b	密封面				
														d	f_1	f_3	Y	Z
HG20592-2009SOGB-10_1	10	14	90	60	14	4	M12	16	15	30	4	22	—	40	2	4.0	35	23
HG20592-2009SOGB-10_2	15	18	95	65	14	4	M12	16	19	35	4	22	—	45	2	4.0	40	28
HG20592-2009SOGB-10_3	20	25	105	75	14	4	M12	18	26	45	4	26	—	58	2	4.0	51	35
HG20592-2009SOGB-10_4	25	32	115	85	14	4	M12	18	33	52	4	28	—	68	2	4.0	58	42
HG20592-2009SOGB-10_5	32	38	140	100	18	4	M16	18	39	60	6	30	—	78	2	4.0	66	50
HG20592-2009SOGB-10_6	40	45	150	110	18	4	M16	18	46	70	6	32	—	88	2	4.0	76	60
HG20592-2009SOGB-10_7	50	57	165	125	18	4	M16	18	59	84	5	28	—	102	2	4.0	88	72
HG20592-2009SOGB-10_8	65	76	185	145	18	8	M16	18	78	104	6	32	—	122	2	4.0	110	94
HG20592-2009SOGB-10_9	80	89	200	160	18	8	M16	20	91	118	6	34	—	138	2	4.0	121	105
HG20592-2009SOGB-10_10	100	108	220	180	18	8	M16	20	110	140	8	40	—	158	2	4.5	150	128
HG20592-2009SOGB-10_11	125	133	250	210	18	8	M16	22	135	168	8	44	—	188	2	4.5	176	154
HG20592-2009SOGB-10_12	150	159	285	240	22	8	M20	22	161	195	10	44	—	212	2	4.5	204	182
HG20592-2009SOGB-10_13	200	219	340	295	22	8	M20	24	222	246	10	44	—	268	2	4.5	260	238
HG20592-2009SOGB-10_14	250	273	395	350	22	12	M20	26	276	298	12	46	—	320	2	4.5	313	291
HG20592-2009SOGB-10_15	300	325	445	400	22	12	M20	26	328	350	12	46	—	370	2	4.5	364	342
HG20592-2009SOGB-10_16	350	377	505	460	22	16	M20	26	381	412	12	53	—	430	2	5.0	422	394
HG20592-2009SOGB-10_17	400	426	565	515	26	16	M24	26	430	475	12	57	—	482	2	5.0	474	446
HG20592-2009SOGB-10_18	450	480	615	565	26	20	M24	28	485	525	12	63	12	532	2	5.0	524	496
HG20592-2009SOGB-10_19	500	530	670	620	26	20	M24	28	535	581	12	67	12	585	2	5.0	576	548
HG20592-2009SOGB-10_20	600	630	780	725	30	20	M27	28	636	678	12	75	12	685	2	5.0	676	648

表 2-68　PN16 A 系列槽面（G）带颈平焊法兰尺寸　　单位：mm

标准件编号	DN	A	D	K	L	n（个）	螺栓 Th	C	B	N	R	H	b	密封面				
														d	f_1	f_3	Y	Z
HG20592-2009SOGA-16_1	10	17.2	90	60	14	4	M12	16	18	30	4	22	4	40	2	4.0	35	23

续表

标准件编号	DN	A	D	K	L	n（个）	螺栓Th	C	B	N	R	H	b	密封面				
														d	f_1	f_3	Y	Z
HG20592-2009SOGA-16_2	15	21.3	95	65	14	4	M12	16	22.5	35	4	22	4	45	2	4.0	40	28
HG20592-2009SOGA-16_3	20	26.9	105	75	14	4	M12	18	27.5	45	4	26	4	58	2	4.0	51	35
HG20592-2009SOGA-16_4	25	33.7	115	85	14	4	M12	18	34.5	52	4	28	5	68	2	4.0	58	42
HG20592-2009SOGA-16_5	32	42.4	140	100	18	4	M16	18	43.5	60	6	30	5	78	2	4.0	66	50
HG20592-2009SOGA-16_6	40	48.3	150	110	18	4	M16	18	49.5	70	6	32	5	88	2	4.0	76	60
HG20592-2009SOGA-16_7	50	60.3	165	125	18	4	M16	18	61.5	84	5	28	5	102	2	4.0	88	72
HG20592-2009SOGA-16_8	65	76.1	185	145	18	8	M16	18	77.5	104	6	32	6	122	2	4.0	110	94
HG20592-2009SOGA-16_9	80	88.9	200	160	18	8	M16	20	90.5	118	6	34	6	138	2	4.0	121	105
HG20592-2009SOGA-16_10	100	114.3	220	180	18	8	M16	20	116	140	8	40	6	158	2	4.5	150	128
HG20592-2009SOGA-16_11	125	139.7	250	210	18	8	M16	22	143.5	168	8	44	6	188	2	4.5	176	154
HG20592-2009SOGA-16_12	150	168.3	285	240	22	8	M20	22	170.5	195	10	44	6	212	2	4.5	204	182
HG20592-2009SOGA-16_13	200	219.1	340	295	22	12	M20	24	221.5	246	10	44	8	268	2	4.5	260	238
HG20592-2009SOGA-16_14	250	273	405	355	26	12	M24	26	276.5	298	12	46	10	320	2	4.5	313	291
HG20592-2009SOGA-16_15	300	323.9	460	410	26	12	M24	28	328	350	12	46	11	378	2	4.5	364	342
HG20592-2009SOGA-16_16	350	355.6	520	470	26	16	M24	30	360	400	12	57	12	428	2	5.0	422	394
HG20592-2009SOGA-16_17	400	406.4	580	525	30	16	M27	32	411	456	12	63	12	490	2	5.0	474	446
HG20592-2009SOGA-16_18	450	457	640	585	30	20	M27	40	462	502	12	68	12	550	2	5.0	524	496
HG20592-2009SOGA-16_19	500	508	715	650	33	20	M30	44	513.5	559	12	73	12	610	2	5.0	576	548
HG20592-2009SOGA-16_20	600	610	840	770	36	20	M33	54	616.5	658	12	83	12	725	2	5.0	676	648

表 2-69 PN16 B 系列槽面（G）带颈平焊法兰尺寸

单位：mm

标准件编号	DN	A	D	K	L	n（个）	螺栓Th	C	B	N	R	H	b	密封面				
														d	f_1	f_3	Y	Z
HG20592-2009SOGB-16_1	10	14	90	60	14	4	M12	16	15	30	4	22	4	40	2	4.0	35	23
HG20592-2009SOGB-16_2	15	18	95	65	14	4	M12	16	19	35	4	22	4	45	2	4.0	40	28
HG20592-2009SOGB-16_3	20	25	105	75	14	4	M12	18	26	45	4	26	4	58	2	4.0	51	35
HG20592-2009SOGB-16_4	25	32	115	85	14	4	M12	18	33	52	4	28	5	68	2	4.0	58	42
HG20592-2009SOGB-16_5	32	38	140	100	18	4	M16	18	39	60	6	30	5	78	2	4.0	66	50
HG20592-2009SOGB-16_6	40	45	150	110	18	4	M16	18	46	70	6	32	5	88	2	4.0	76	60
HG20592-2009SOGB-16_7	50	57	165	125	18	4	M16	18	59	84	5	28	5	102	2	4.0	88	72
HG20592-2009SOGB-16_8	65	76	185	145	18	8	M16	18	78	104	6	32	6	122	2	4.0	110	94
HG20592-2009SOGB-16_9	80	89	200	160	18	8	M16	20	91	118	6	34	6	138	2	4.0	121	105
HG20592-2009SOGB-16_10	100	108	220	180	18	8	M16	20	110	140	8	40	6	158	2	4.5	150	128
HG20592-2009SOGB-16_11	125	133	250	210	18	8	M16	22	135	168	8	44	6	188	2	4.5	176	154

续表

标准件编号	DN	A	D	K	L	n（个）	螺栓Th	C	B	N	R	H	b	密封面				
														d	f_1	f_3	Y	Z
HG20592-2009SOGB-16_12	150	159	285	240	22	8	M20	22	161	195	10	44	6	212	2	4.5	204	182
HG20592-2009SOGB-16_13	200	219	340	295	22	12	M20	24	222	246	10	44	8	268	2	4.5	260	238
HG20592-2009SOGB-16_14	250	273	405	355	26	12	M24	26	276	298	12	46	10	320	2	4.5	313	291
HG20592-2009SOGB-16_15	300	325	460	410	26	12	M24	28	328	350	12	46	11	378	2	4.5	364	342
HG20592-2009SOGB-16_16	350	377	520	470	26	16	M24	30	381	412	12	57	12	428	2	5.0	422	394
HG20592-2009SOGB-16_17	400	426	580	525	30	16	M27	32	430	475	12	63	12	490	2	5.0	474	446
HG20592-2009SOGB-16_18	450	480	640	585	30	20	M27	40	485	525	12	68	12	550	2	5.0	524	496
HG20592-2009SOGB-16_19	500	530	715	650	33	20	M30	44	535	581	12	73	12	610	2	5.0	576	548
HG20592-2009SOGB-16_20	600	630	840	770	36	20	M33	54	636	678	12	83	12	725	2	5.0	676	648

表 2-70 PN25 A 系列槽面（G）带颈平焊法兰尺寸

单位：mm

标准件编号	DN	A	D	K	L	n（个）	螺栓Th	C	B	N	R	H	b	密封面				
														d	f_1	f_3	Y	Z
HG20592-2009SOGA-25_1	10	17.2	90	60	14	4	M12	16	18	30	4	22	4	40	2	4.0	35	23
HG20592-2009SOGA-25_2	15	21.3	95	65	14	4	M12	16	22.5	35	4	22	4	45	2	4.0	40	28
HG20592-2009SOGA-25_3	20	26.9	105	75	14	4	M12	18	27.5	45	4	26	4	58	2	4.0	51	35
HG20592-2009SOGA-25_4	25	33.7	115	85	14	4	M12	18	34.5	52	4	28	5	68	2	4.0	58	42
HG20592-2009SOGA-25_5	32	42.4	140	100	18	4	M16	18	43.5	60	6	30	5	78	2	4.0	66	50
HG20592-2009SOGA-25_6	40	48.3	150	110	18	4	M16	18	49.5	70	6	32	5	88	2	4.0	76	60
HG20592-2009SOGA-25_7	50	60.3	165	125	18	4	M16	20	61.5	84	6	34	5	102	2	4.0	88	72
HG20592-2009SOGA-25_8	65	76.1	185	145	18	8	M16	22	77.5	104	6	38	6	122	2	4.0	110	94
HG20592-2009SOGA-25_9	80	88.9	200	160	18	8	M16	24	90.5	118	8	40	6	138	2	4.0	121	105
HG20592-2009SOGA-25_10	100	114.3	235	190	22	8	M20	24	116	145	8	44	6	162	2	4.5	150	128
HG20592-2009SOGA-25_11	125	139.7	270	220	26	8	M24	26	143.5	170	8	48	6	188	2	4.5	176	154
HG20592-2009SOGA-25_12	150	168.3	300	250	26	8	M24	28	170.5	200	10	52	6	218	2	4.5	204	182
HG20592-2009SOGA-25_13	200	219.1	360	310	26	12	M24	30	221.5	256	10	52	8	278	2	4.5	260	238
HG20592-2009SOGA-25_14	250	273	425	370	30	12	M27	32	276.5	310	12	60	10	335	2	4.5	313	291
HG20592-2009SOGA-25_15	300	323.9	485	430	30	16	M27	34	328	364	12	67	11	395	2	4.5	364	342
HG20592-2009SOGA-25_16	350	355.6	555	490	33	16	M30	38	360	418	12	72	12	450	2	5.0	422	394
HG20592-2009SOGA-25_17	400	406.4	620	550	36	16	M33	40	411	472	12	78	12	505	2	5.0	474	446
HG20592-2009SOGA-25_18	450	457	670	600	36	20	M33	46	462	520	12	84	12	555	2	5.0	524	496
HG20592-2009SOGA-25_19	500	508	730	660	36	20	M33	48	513.5	580	12	90	12	615	2	5.0	576	548
HG20592-2009SOGA-25_20	600	610	845	770	39	20	M36×3	58	616.5	684	12	100	12	720	2	5.0	676	648

表 2-71　PN25 B系列槽面（G）带颈平焊法兰尺寸

单位：mm

标准件编号	DN	A	D	K	L	n（个）	螺栓Th	C	B	N	R	H	b	密封面				
														d	f_1	f_3	Y	Z
HG20592-2009SOGB-25_1	10	14	90	60	14	4	M12	16	15	30	4	22	4	40	2	4.0	35	23
HG20592-2009SOGB-25_2	15	18	95	65	14	4	M12	16	19	35	4	22	4	45	2	4.0	40	28
HG20592-2009SOGB-25_3	20	25	105	75	14	4	M12	18	26	45	4	26	4	58	2	4.0	51	35
HG20592-2009SOGB-25_4	25	32	115	85	14	4	M12	18	33	52	4	28	5	68	2	4.0	58	42
HG20592-2009SOGB-25_5	32	38	140	100	18	4	M16	18	39	60	6	30	5	78	2	4.0	66	50
HG20592-2009SOGB-25_6	40	45	150	110	18	4	M16	18	46	70	6	32	5	88	2	4.0	76	60
HG20592-2009SOGB-25_7	50	57	165	125	18	4	M16	20	59	84	6	34	5	102	2	4.0	88	72
HG20592-2009SOGB-25_8	65	76	185	145	18	8	M16	22	78	104	6	38	6	122	2	4.0	110	94
HG20592-2009SOGB-25_9	80	89	200	160	18	8	M16	24	91	118	8	40	6	138	2	4.0	121	105
HG20592-2009SOGB-25_10	100	108	235	190	22	8	M20	24	110	145	8	44	6	162	2	4.5	150	128
HG20592-2009SOGB-25_11	125	133	270	220	26	8	M24	26	135	170	8	48	6	188	2	4.5	176	154
HG20592-2009SOGB-25_12	150	159	300	250	26	8	M24	28	161	200	10	52	6	218	2	4.5	204	182
HG20592-2009SOGB-25_13	200	219	360	310	26	12	M24	30	222	256	10	52	8	278	2	4.5	260	238
HG20592-2009SOGB-25_14	250	273	425	370	30	12	M27	32	276	310	12	60	10	335	2	4.5	313	291
HG20592-2009SOGB-25_15	300	325	485	430	30	16	M27	34	328	364	12	67	11	395	2	4.5	364	342
HG20592-2009SOGB-25_16	350	377	555	490	33	16	M30	38	381	430	12	72	12	450	2	5.0	422	394
HG20592-2009SOGB-25_17	400	426	620	550	36	16	M33	40	430	492	12	78	12	505	2	5.0	474	446
HG20592-2009SOGB-25_18	450	480	670	600	36	20	M33	46	485	542	12	84	12	555	2	5.0	524	496
HG20592-2009SOGB-25_19	500	530	730	660	36	20	M33	48	535	602	12	90	12	615	2	5.0	576	548
HG20592-2009SOGB-25_20	600	630	845	770	39	20	M36×3	58	636	704	12	100	12	720	2	5.0	676	648

表 2-72　PN40 A系列槽面（G）带颈平焊法兰尺寸

单位：mm

标准件编号	DN	A	D	K	L	n（个）	螺栓Th	C	B	N	R	H	b	密封面				
														d	f_1	f_3	Y	Z
HG20592-2009SOGA-40_1	10	17.2	90	60	14	4	M12	16	18	30	4	22	4	40	2	4.0	35	23
HG20592-2009SOGA-40_2	15	21.3	95	65	14	4	M12	16	22.5	35	4	22	4	45	2	4.0	40	28
HG20592-2009SOGA-40_3	20	26.9	105	75	14	4	M12	18	27.5	45	4	26	4	58	2	4.0	51	35
HG20592-2009SOGA-40_4	25	33.7	115	85	14	4	M12	18	34.5	52	4	28	5	68	2	4.0	58	42
HG20592-2009SOGA-40_5	32	42.4	140	100	18	4	M16	18	43.5	60	6	30	5	78	2	4.0	66	50
HG20592-2009SOGA-40_6	40	48.4	150	110	18	4	M16	18	49.5	70	6	32	5	88	2	4.0	76	60
HG20592-2009SOGA-40_7	50	60.3	165	125	18	4	M16	20	61.5	84	6	34	5	102	2	4.0	88	72
HG20592-2009SOGA-40_8	65	76.1	185	145	18	8	M16	22	77.5	104	6	38	6	122	2	4.0	110	94
HG20592-2009SOGA-40_9	80	88.9	200	160	18	8	M16	24	90.5	118	6	40	6	138	2	4.0	121	105
HG20592-2009SOGA-40_10	100	114.3	235	190	22	8	M20	24	116	145	8	44	6	162	2	4.5	150	128

续表

标准件编号	DN	A	D	K	L	n（个）	螺栓 Th	C	B	N	R	H	b	密封面				
														d	f_1	f_3	Y	Z
HG20592-2009SOGA-40_11	125	139.7	270	220	26	8	M24	26	143.5	170	8	48	7	188	2	4.5	176	154
HG20592-2009SOGA-40_12	150	168.3	300	250	26	8	M24	28	170.5	200	10	52	8	218	2	4.5	204	182
HG20592-2009SOGA-40_13	200	219.1	375	320	30	12	M27	34	221.5	260	10	52	10	285	2	4.5	260	238
HG20592-2009SOGA-40_14	250	273	450	385	33	12	M30	38	276.5	312	12	60	11	345	2	4.5	313	291
HG20592-2009SOGA-40_15	300	323.9	515	450	33	16	M30	42	328	380	12	67	12	410	2	4.5	364	342
HG20592-2009SOGA-40_16	350	355.6	580	510	36	16	M33	46	360	424	12	72	13	465	2	5.0	422	394
HG20592-2009SOGA-40_17	400	406.4	660	585	39	16	M36×3	50	411	478	12	78	14	535	2	5.0	474	446
HG20592-2009SOGA-40_18	450	457	685	610	39	20	M36×3	57	462	522	12	84	16	560	2	5.0	524	496
HG20592-2009SOGA-40_19	500	508	755	670	42	20	M39×3	57	513.5	576	12	90	17	615	2	5.0	576	548
HG20592-2009SOGA-40_20	600	610	890	795	48	20	M45×3	72	616.5	686	12	100	18	735	2	5.0	676	648

表 2-73　PN40 B 系列槽面（G）带颈平焊法兰尺寸　　单位：mm

标准件编号	DN	A	D	K	L	n（个）	螺栓 Th	C	B	N	R	H	b	密封面				
														d	f_1	f_3	Y	Z
HG20592-2009SOGB-40_1	10	14	90	60	14	4	M12	16	15	30	4	22	4	40	2	4.0	35	23
HG20592-2009SOGB-40_2	15	18	95	65	14	4	M12	16	19	35	4	22	4	45	2	4.0	40	28
HG20592-2009SOGB-40_3	20	25	105	75	14	4	M12	18	26	45	4	26	4	58	2	4.0	51	35
HG20592-2009SOGB-40_4	25	32	115	85	14	4	M12	18	33	52	4	28	5	68	2	4.0	58	42
HG20592-2009SOGB-40_5	32	38	140	100	18	4	M16	18	39	60	6	30	5	78	2	4.0	66	50
HG20592-2009SOGB-40_6	40	45	150	110	18	4	M16	18	46	70	6	32	5	88	2	4.0	76	60
HG20592-2009SOGB-40_7	50	57	165	125	18	4	M16	20	59	84	6	34	5	102	2	4.0	88	72
HG20592-2009SOGB-40_8	65	76	185	145	18	8	M16	22	78	104	6	38	6	122	2	4.0	110	94
HG20592-2009SOGB-40_9	80	89	200	160	18	8	M16	24	91	118	8	40	6	138	2	4.0	121	105
HG20592-2009SOGB-40_10	100	108	235	190	22	8	M20	24	110	145	8	44	6	162	2	4.5	150	128
HG20592-2009SOGB-40_11	125	133	270	220	26	8	M24	26	135	170	8	48	7	188	2	4.5	176	154
HG20592-2009SOGB-40_12	150	159	300	250	26	8	M24	28	161	200	10	52	8	218	2	4.5	204	182
HG20592-2009SOGB-40_13	200	219	375	320	30	12	M27	34	222	260	10	52	10	285	2	4.5	260	238
HG20592-2009SOGB-40_14	250	273	450	385	33	12	M30	38	276	312	12	60	11	345	2	4.5	313	291
HG20592-2009SOGB-40_15	300	325	515	450	33	16	M30	42	328	380	12	67	12	410	2	4.5	364	342
HG20592-2009SOGB-40_16	350	377	580	510	36	16	M33	46	381	444	12	72	13	465	2	5.0	422	394
HG20592-2009SOGB-40_17	400	426	660	585	39	16	M36×3	50	430	518	12	78	14	535	2	5.0	474	446
HG20592-2009SOGB-40_18	450	480	685	610	39	20	M36×3	57	485	545	12	84	16	560	2	5.0	524	496
HG20592-2009SOGB-40_19	500	530	755	670	42	20	M39×3	57	535	598	12	90	17	615	2	5.0	576	548
HG20592-2009SOGB-40_20	600	630	890	795	48	20	M45×3	72	636	706	12	100	18	735	2	5.0	676	648

6. 全平面（FF）带颈平焊法兰

全平面（FF）带颈平焊法兰根据接口管可分为 A 系列（英制管）和 B 系列（公制管）。根据公称压力二者均可分为 PN6、PN10 和 PN16。A 系列（英制管）和 B 系列（公制管）法兰尺寸如表 2-74～表 3-79 所示。

表 2-74　PN6 A 系列全平面（FF）带颈平焊法兰尺寸　　单位：mm

标准件编号	DN	*A*	*D*	*K*	*L*	*n*（个）	螺栓Th	*C*	*B*	*N*	*R*	*H*
HG20592-2009SOFFA-6_1	10	17.2	75	50	11	4	M10	12	18	25	4	20
HG20592-2009SOFFA-6_2	15	21.3	80	55	11	4	M10	12	22.5	30	4	20
HG20592-2009SOFFA-6_3	20	26.9	90	65	11	4	M10	14	27.5	40	4	24
HG20592-2009SOFFA-6_4	25	33.7	100	75	11	4	M10	14	34.5	50	4	24
HG20592-2009SOFFA-6_5	32	42.4	120	90	14	4	M12	14	43.5	60	6	26
HG20592-2009SOFFA-6_6	40	48.3	130	100	14	4	M12	14	49.5	70	6	26
HG20592-2009SOFFA-6_7	50	60.3	140	110	14	4	M12	14	61.5	80	6	28
HG20592-2009SOFFA-6_8	65	76.1	160	130	14	4	M12	14	77.5	100	6	32
HG20592-2009SOFFA-6_9	80	88.9	190	150	18	4	M16	16	90.5	110	8	34
HG20592-2009SOFFA-6_10	100	114.3	210	170	18	4	M16	18	116	130	8	40
HG20592-2009SOFFA-6_11	125	139.7	240	200	18	8	M16	18	143.5	160	8	44
HG20592-2009SOFFA-6_12	150	168.3	265	225	18	8	M16	18	170.5	185	10	44
HG20592-2009SOFFA-6_13	200	219.1	320	280	18	8	M16	20	221.5	240	10	44
HG20592-2009SOFFA-6_14	250	273	375	335	18	12	M16	22	276.5	295	12	44
HG20592-2009SOFFA-6_15	300	323.9	440	395	22	12	M20	22	328	355	12	44

表 2-75　PN6 B 系列全平面（FF）带颈平焊法兰尺寸　　单位：mm

标准件编号	DN	*A*	*D*	*K*	*L*	*n*（个）	螺栓Th	*C*	*B*	*N*	*R*	*H*
HG20592-2009SOFFB-6_1	10	14	75	50	11	4	M10	12	15	25	4	20
HG20592-2009SOFFB-6_2	15	18	80	55	11	4	M10	12	19	30	4	20
HG20592-2009SOFFB-6_3	20	25	90	65	11	4	M10	14	26	40	4	24
HG20592-2009SOFFB-6_4	25	32	100	75	11	4	M10	14	33	50	4	24
HG20592-2009SOFFB-6_5	32	38	120	90	14	4	M12	14	39	60	6	26
HG20592-2009SOFFB-6_6	40	45	130	100	14	4	M12	14	46	70	6	26
HG20592-2009SOFFB-6_7	50	57	140	110	14	4	M12	14	59	80	6	28
HG20592-2009SOFFB-6_8	65	76	160	130	14	4	M12	14	78	100	6	32
HG20592-2009SOFFB-6_9	80	89	190	150	18	4	M16	16	91	110	8	34
HG20592-2009SOFFB-6_10	100	108	210	170	18	4	M16	16	110	130	8	40
HG20592-2009SOFFB-6_11	125	133	240	200	18	8	M16	18	135	160	8	44

续表

标准件编号	DN	*A*	*D*	*K*	*L*	*n*（个）	螺栓Th	*C*	*B*	*N*	*R*	*H*
HG20592-2009SOFFB-6_12	150	159	265	225	18	8	M16	18	161	185	10	44
HG20592-2009SOFFB-6_13	200	219	320	280	18	8	M16	20	222	240	10	44
HG20592-2009SOFFB-6_14	250	273	375	335	18	12	M16	22	276	295	12	44
HG20592-2009SOFFB-6_15	300	325	440	395	22	12	M20	22	328	355	12	44

表 2-76　PN10 A 系列全平面（FF）带颈平焊法兰尺寸　　单位：mm

标准件编号	DN	*A*	*D*	*K*	*L*	*n*（个）	螺栓Th	*C*	*B*	*N*	*R*	*H*	*b*
HG20592-2009SOFFA-10_1	10	17.2	90	60	14	4	M12	16	18	30	4	22	—
HG20592-2009SOFFA-10_2	15	21.3	95	65	14	4	M12	16	22.5	35	4	22	—
HG20592-2009SOFFA-10_3	20	26.9	105	75	14	4	M12	18	27.5	45	4	26	—
HG20592-2009SOFFA-10_4	25	33.7	115	85	14	4	M12	18	34.5	52	4	28	—
HG20592-2009SOFFA-10_5	32	42.4	140	100	18	4	M16	18	43.5	60	5	30	—
HG20592-2009SOFFA-10_6	40	48.3	150	110	18	4	M16	18	49.5	70	6	32	—
HG20592-2009SOFFA-10_7	50	60.3	165	125	18	4	M16	18	61.5	84	5	28	—
HG20592-2009SOFFA-10_8	65	76.1	185	145	18	4	M16	18	77.5	104	6	32	—
HG20592-2009SOFFA-10_9	80	88.9	200	160	18	8	M16	20	90.5	118	6	34	—
HG20592-2009SOFFA-10_10	100	114.3	220	180	18	8	M16	20	116	140	6	40	—
HG20592-2009SOFFA-10_11	125	139.7	250	210	18	8	M16	22	143.5	168	8	44	—
HG20592-2009SOFFA-10_12	150	168.3	285	240	22	8	M20	22	170.5	195	10	44	—
HG20592-2009SOFFA-10_13	200	219.1	340	295	22	8	M20	24	221.5	246	10	44	—
HG20592-2009SOFFA-10_14	250	273	395	350	22	12	M20	26	276.5	298	12	46	—
HG20592-2009SOFFA-10_15	300	323.9	445	400	22	12	M20	26	328	350	12	46	—
HG20592-2009SOFFA-10_16	350	355.6	505	460	22	16	M20	26	360	400	12	53	—
HG20592-2009SOFFA-10_17	400	406.4	565	515	26	16	M24	26	411	456	10	57	—
HG20592-2009SOFFA-10_18	450	457	615	565	26	20	M24	28	462	502	12	63	12
HG20592-2009SOFFA-10_19	500	508	670	620	26	20	M24	28	513.5	559	12	67	12
HG20592-2009SOFFA-10_20	600	610	780	725	30	20	M27	28	616.5	658	12	75	12

表 2-77　PN10 B 系列全平面（FF）带颈平焊法兰尺寸　　单位：mm

标准件编号	DN	*A*	*D*	*K*	*L*	*n*（个）	螺栓Th	*C*	*B*	*N*	*R*	*H*	*b*
HG20592-2009SOFFB-10_1	10	14	90	60	14	4	M12	16	15	30	4	22	—
HG20592-2009SOFFB-10_2	15	18	95	65	14	4	M12	16	19	35	4	22	—
HG20592-2009SOFFB-10_3	20	25	105	75	14	4	M12	18	26	45	4	26	—
HG20592-2009SOFFB-10_4	25	32	115	85	14	4	M12	18	33	52	4	28	—
HG20592-2009SOFFB-10_5	32	38	140	100	18	4	M16	18	39	60	6	30	—

续表

标准件编号	DN	*A*	*D*	*K*	*L*	*n*（个）	螺栓Th	*C*	*B*	*N*	*R*	*H*	*b*
HG20592-2009SOFFB-10_6	40	45	150	110	18	4	M16	18	46	70	6	32	—
HG20592-2009SOFFB-10_7	50	57	165	125	18	4	M16	18	59	84	5	28	—
HG20592-2009SOFFB-10_8	65	76	185	145	18	8	M16	18	78	104	6	32	—
HG20592-2009SOFFB-10_9	80	89	200	160	18	8	M16	20	91	118	6	34	—
HG20592-2009SOFFB-10_10	100	108	220	180	18	8	M16	20	110	140	8	40	—
HG20592-2009SOFFB-10_11	125	133	250	210	18	8	M16	22	135	168	8	44	—
HG20592-2009SOFFB-10_12	150	159	285	240	22	8	M20	22	161	195	10	44	—
HG20592-2009SOFFB-10_13	200	219	340	295	22	8	M20	24	222	246	10	44	—
HG20592-2009SOFFB-10_14	250	273	395	350	22	12	M20	26	276	298	12	46	—
HG20592-2009SOFFB-10_15	300	325	445	400	22	12	M20	26	328	350	12	46	—
HG20592-2009SOFFB-10_16	350	377	505	460	22	16	M20	26	381	412	12	53	—
HG20592-2009SOFFB-10_17	400	426	565	515	26	16	M24	26	430	475	12	57	—
HG20592-2009SOFFB-10_18	450	480	615	565	26	20	M24	28	485	525	12	63	12
HG20592-2009SOFFB-10_19	500	530	670	620	26	20	M24	28	535	581	12	67	12
HG20592-2009SOFFB-10_20	600	630	780	725	30	20	M27	28	636	678	12	75	12

表 2-78 PN16 A系列全平面（FF）带颈平焊法兰尺寸 单位：mm

标准件编号	DN	*A*	*D*	*K*	*L*	*n*（个）	螺栓Th	*C*	*B*	*N*	*R*	*H*	*b*
HG20592-2009SOFFA-16_1	10	17.2	90	60	14	4	M12	16	18	30	4	22	4
HG20592-2009SOFFA-16_2	15	21.3	95	65	14	4	M12	16	22.5	35	4	22	4
HG20592-2009SOFFA-16_3	20	26.9	105	75	14	4	M12	18	27.5	45	4	26	4
HG20592-2009SOFFA-16_4	25	33.7	115	85	14	4	M12	18	34.5	52	4	28	5
HG20592-2009SOFFA-16_5	32	42.4	140	100	18	4	M16	18	43.5	60	6	30	5
HG20592-2009SOFFA-16_6	40	48.3	150	110	18	4	M16	18	49.5	70	6	32	5
HG20592-2009SOFFA-16_7	50	60.3	165	125	18	4	M16	18	61.5	84	5	28	5
HG20592-2009SOFFA-16_8	65	76.1	185	145	18	8	M16	18	77.5	104	6	32	6
HG20592-2009SOFFA-16_9	80	88.9	200	160	18	8	M16	20	90.5	118	6	34	6
HG20592-2009SOFFA-16_10	100	114.3	220	180	18	8	M16	20	116	140	8	40	6
HG20592-2009SOFFA-16_11	125	139.7	250	210	18	8	M16	22	143.5	168	8	44	6
HG20592-2009SOFFA-16_12	150	168.3	285	240	22	8	M20	22	170.5	195	10	44	6
HG20592-2009SOFFA-16_13	200	219.1	340	295	22	12	M20	24	221.5	246	10	44	8
HG20592-2009SOFFA-16_14	250	273	405	355	26	12	M24	26	276.5	298	12	46	10
HG20592-2009SOFFA-16_15	300	323.9	460	410	26	12	M24	28	328	350	12	46	11
HG20592-2009SOFFA-16_16	350	355.6	520	470	26	16	M24	30	360	400	12	57	12
HG20592-2009SOFFA-16_17	400	406.4	580	525	30	16	M27	32	411	456	12	63	12

续表

标准件编号	DN	*A*	*D*	*K*	*L*	*n*（个）	螺栓Th	*C*	*B*	*N*	*R*	*H*	*b*
HG20592-2009SOFFA-16_18	450	457	640	585	30	20	M27	40	462	502	12	68	12
HG20592-2009SOFFA-16_19	500	508	715	650	33	20	M30	44	513.5	559	12	73	12
HG20592-2009SOFFA-16_20	600	610	840	770	36	20	M33	54	616.5	658	12	83	12

表 2-79　PN16 B 系列全平面（FF）带颈平焊法兰尺寸　　单位：mm

标准件编号	DN	*A*	*D*	*K*	*L*	*n*（个）	螺栓Th	*C*	*B*	*N*	*R*	*H*	*b*
HG20592-2009SOFFB-16_1	10	14	90	60	14	4	M12	16	15	30	4	22	4
HG20592-2009SOFFB-16_2	15	18	95	65	14	4	M12	16	19	35	4	22	4
HG20592-2009SOFFB-16_3	20	25	105	75	14	4	M12	18	26	45	4	26	4
HG20592-2009SOFFB-16_4	25	32	115	85	14	4	M12	18	33	52	4	28	5
HG20592-2009SOFFB-16_5	32	38	140	100	18	4	M16	18	39	60	6	30	5
HG20592-2009SOFFB-16_6	40	45	150	110	18	4	M16	18	46	70	6	32	5
HG20592-2009SOFFB-16_7	50	57	165	125	18	4	M16	18	59	84	5	28	5
HG20592-2009SOFFB-16_8	65	76	185	145	18	8	M16	18	78	104	6	32	6
HG20592-2009SOFFB-16_9	80	89	200	160	18	8	M16	20	91	118	6	34	6
HG20592-2009SOFFB-16_10	100	108	220	180	18	8	M16	20	110	140	8	40	6
HG20592-2009SOFFB-16_11	125	133	250	210	18	8	M16	22	135	168	8	44	6
HG20592-2009SOFFB-16_12	150	159	285	240	22	8	M20	22	161	195	10	44	6
HG20592-2009SOFFB-16_13	200	219	340	295	22	12	M20	24	222	246	10	44	8
HG20592-2009SOFFB-16_14	250	273	405	355	26	12	M24	26	276	298	12	46	10
HG20592-2009SOFFB-16_15	300	325	460	410	26	12	M24	28	328	350	12	46	11
HG20592-2009SOFFB-16_16	350	377	520	470	26	16	M24	30	381	412	12	57	12
HG20592-2009SOFFB-16_17	400	426	580	525	30	16	M27	32	430	475	12	63	12
HG20592-2009SOFFB-16_18	450	480	640	585	30	20	M27	40	485	525	12	68	12
HG20592-2009SOFFB-16_19	500	530	715	650	33	20	M30	44	535	581	12	73	12
HG20592-2009SOFFB-16_20	600	630	840	770	36	20	M33	54	636	678	12	83	12

2.2.3　带颈对焊法兰（WN）

本标准规定了带颈对焊法兰（WN）（欧洲体系）的型式和尺寸。

本标准适用于公称压力 PN10～PN160 的带颈对焊法兰。

带颈对焊法兰的二维图形和三维图形如表 2-80 所示。

表 2-80 带颈对焊法兰

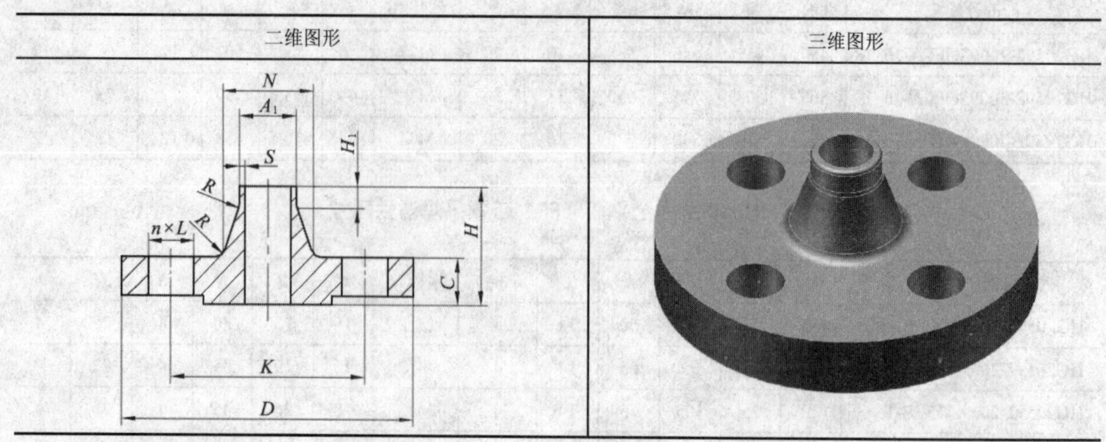

1. 突面（RF）带颈对焊法兰

突面（RF）带颈对焊法兰根据接口管可分为 A 系列（英制管）和 B 系列（公制管）。根据公称压力二者均可分为 PN10、PN16、PN25、PN40、PN63、PN100 和 PN160。A 系列（英制管）和 B 系列（公制管）法兰尺寸如表 2-81～表 2-94 所示。

表 2-81 PN10 A 系列突面（RF）带颈对焊法兰尺寸　　单位：mm

标准件编号	DN	A_1	D	K	L	n（个）	螺栓Th	C	N	S	H_1	R	H	密封面d	密封面f_1
HG20592-2009WNRFA-10_1	10	17.2	90	60	14	4	M12	16	28	1.8	6	4	35	40	2
HG20592-2009WNRFA-10_2	15	21.3	95	65	14	4	M12	16	32	2	6	4	38	45	2
HG20592-2009WNRFA-10_3	20	26.9	105	75	14	4	M12	18	40	2.3	6	4	40	58	2
HG20592-2009WNRFA-10_4	25	33.7	115	85	14	4	M12	18	46	2.6	6	4	40	68	2
HG20592-2009WNRFA-10_5	32	42.4	140	100	18	4	M16	18	56	2.6	6	6	42	78	2
HG20592-2009WNRFA-10_6	40	48.3	150	110	18	4	M16	18	64	2.6	7	6	45	88	2
HG20592-2009WNRFA-10_7	50	60.3	165	125	18	4	M16	18	74	2.9	8	5	45	102	2
HG20592-2009WNRFA-10_8	65	76.1	185	145	18	8	M16	18	92	2.9	10	6	45	122	2
HG20592-2009WNRFA-10_9	80	88.9	200	160	18	8	M16	20	105	3.2	10	6	50	138	2
HG20592-2009WNRFA-10_10	100	114.3	220	180	18	8	M16	20	131	3.6	12	8	52	158	2
HG20592-2009WNRFA-10_11	125	139.7	250	210	18	8	M16	22	156	4	12	8	55	188	2
HG20592-2009WNRFA-10_12	150	168.3	285	240	22	8	M20	22	184	4.5	12	10	55	212	2
HG20592-2009WNRFA-10_13	200	219.1	340	295	22	8	M20	24	234	6.3	16	10	62	268	2
HG20592-2009WNRFA-10_14	250	273	395	350	22	12	M20	26	292	6.3	16	12	70	320	2
HG20592-2009WNRFA-10_15	300	323.9	445	400	22	12	M20	26	342	7.1	16	12	78	370	2
HG20592-2009WNRFA-10_16	350	355.6	505	460	22	16	M20	26	385	7.1	16	12	82	430	2
HG20592-2009WNRFA-10_17	400	406.4	565	515	26	16	M24	26	440	7.1	16	12	85	482	2
HG20592-2009WNRFA-10_18	450	457	615	565	26	20	M24	28	488	7.1	16	12	87	532	2

续表

标准件编号	DN	A_1	D	K	L	n（个）	螺栓Th	C	N	S	H_1	R	H	密封面d	密封面f_1
HG20592-2009WNRFA-10_19	500	508	670	620	26	20	M24	28	542	7.1	16	12	90	585	2
HG20592-2009WNRFA-10_20	600	610	780	725	30	20	M27	28	642	7.1	18	12	95	685	2
HG20592-2009WNRFA-10_21	700	711	895	840	30	24	M27	30	746	8	18	12	100	800	2
HG20592-2009WNRFA-10_22	800	813	1015	950	33	24	M30	32	850	8	18	12	105	905	2
HG20592-2009WNRFA-10_23	900	914	1115	1050	33	28	M30	34	950	10	20	12	110	1005	2
HG20592-2009WNRFA-10_24	1000	1016	1230	1160	36	28	M33	34	1052	10	20	16	120	1110	2
HG20592-2009WNRFA-10_25	1200	1219	1455	1380	39	32	M36×3	38	1256	11	25	16	130	1330	2
HG20592-2009WNRFA-10_26	1400	1422	1675	1590	42	36	M39×3	42	1460	12	25	16	145	1535	2
HG20592-2009WNRFA-10_27	1600	1626	1915	1820	48	40	M45×3	46	1666	14	25	16	160	1760	2
HG20592-2009WNRFA-10_28	1800	1829	2115	2020	48	44	M45×3	50	1868	15	30	16	170	1960	2
HG20592-2009WNRFA-10_29	2000	2032	2325	2230	48	48	M45×3	54	2072	16	30	16	180	2170	2

表 2-82　PN10 B 系列突面（RF）带颈对焊法兰尺寸　　单位：mm

标准件编号	DN	A_1	D	K	L	n（个）	螺栓Th	C	N	S	H_1	R	H	密封面d	密封面f_1
HG20592-2009WNRFB-10_1	10	14	90	60	14	4	M12	16	28	1.8	6	4	35	40	2
HG20592-2009WNRFB-10_2	15	18	95	65	14	4	M12	16	32	2	6	4	38	45	2
HG20592-2009WNRFB-10_3	20	25	105	75	14	4	M12	18	40	2.3	6	4	40	58	2
HG20592-2009WNRFB-10_4	25	32	115	85	14	4	M12	18	46	2.6	6	4	40	68	2
HG20592-2009WNRFB-10_5	32	38	140	100	18	4	M16	18	56	2.6	6	6	42	78	2
HG20592-2009WNRFB-10_6	40	45	150	110	18	4	M16	18	64	2.6	7	6	45	88	2
HG20592-2009WNRFB-10_7	50	57	165	125	18	4	M16	18	74	2.9	8	5	45	102	2
HG20592-2009WNRFB-10_8	65	65	185	145	18	8	M16	18	92	2.9	10	6	45	122	2
HG20592-2009WNRFB-10_9	80	89	200	160	18	8	M16	20	105	3.2	10	6	50	138	2
HG20592-2009WNRFB-10_10	100	108	220	180	18	8	M16	20	131	3.6	12	8	52	158	2
HG20592-2009WNRFB-10_11	125	133	250	210	18	8	M16	22	156	4	12	8	55	188	2
HG20592-2009WNRFB-10_12	150	159	285	240	22	8	M20	22	184	4.5	12	10	55	212	2
HG20592-2009WNRFB-10_13	200	219	340	295	22	8	M20	24	234	6.3	16	10	62	268	2
HG20592-2009WNRFB-10_14	250	273	395	350	22	12	M20	26	292	6.3	16	12	70	320	2
HG20592-2009WNRFB-10_15	300	325	445	400	22	12	M20	26	342	7.1	16	12	78	370	2
HG20592-2009WNRFB-10_16	350	377	505	460	22	16	M20	26	402	7.1	16	12	82	430	2
HG20592-2009WNRFB-10_17	400	426	565	515	26	16	M24	26	458	7.1	16	12	85	482	2
HG20592-2009WNRFB-10_18	450	480	615	565	26	20	M24	28	510	7.1	16	12	87	532	2
HG20592-2009WNRFB-10_19	500	530	670	620	26	20	M24	28	562	7.1	16	12	90	585	2
HG20592-2009WNRFB-10_20	600	630	780	725	30	20	M27	28	660	7.1	18	12	95	685	2
HG20592-2009WNRFB-10_21	700	720	895	840	30	24	M27	30	755	8	18	12	100	800	2

续表

标准件编号	DN	A_1	D	K	L	n（个）	螺栓Th	C	N	S	H_1	R	H	密封面d	密封面f_1
HG20592-2009WNRFB-10_22	800	820	1015	950	33	24	M30	32	855	8	18	12	105	905	2
HG20592-2009WNRFB-10_23	900	920	1115	1050	33	28	M30	34	954	10	20	12	110	1005	2
HG20592-2009WNRFB-10_24	1000	1020	1230	1160	36	28	M33	34	1054	10	20	16	120	1110	2
HG20592-2009WNRFB-10_25	1200	1220	1455	1380	39	32	M36×3	38	1256	11	25	16	130	1330	2
HG20592-2009WNRFB-10_26	1400	1420	1675	1590	42	36	M39×3	42	1460	12	25	16	145	1535	2
HG20592-2009WNRFB-10_27	1600	1620	1915	1820	48	40	M45×3	46	1666	14	25	16	160	1760	2
HG20592-2009WNRFB-10_28	1800	1820	2115	2020	48	44	M45×3	50	1866	15	30	16	170	1960	2
HG20592-2009WNRFB-10_29	2000	2020	2325	2230	48	48	M45×3	54	2072	16	30	16	180	2170	2

表 2-83　PN16 A 系列突面（RF）带颈对焊法兰尺寸　　单位：mm

标准件编号	DN	A_1	D	K	L	n（个）	螺栓Th	C	N	S	H_1	R	H	密封面d	密封面f_1
HG20592-2009WNRFA-16_1	10	17.2	90	60	14	4	M12	16	28	1.8	6	4	35	40	2
HG20592-2009WNRFA-16_2	15	21.3	95	65	14	4	M12	16	32	2	6	4	38	45	2
HG20592-2009WNRFA-16_3	20	26.9	105	75	14	4	M12	18	40	2.3	6	4	40	58	2
HG20592-2009WNRFA-16_4	25	33.7	115	85	14	4	M12	18	46	2.6	6	4	40	68	2
HG20592-2009WNRFA-16_5	32	42.4	140	100	18	4	M16	18	56	2.6	6	6	42	78	2
HG20592-2009WNRFA-16_6	40	48.3	150	110	18	4	M16	18	64	2.6	7	6	45	88	2
HG20592-2009WNRFA-16_7	50	60.3	165	125	18	4	M16	18	74	2.9	8	5	45	102	2
HG20592-2009WNRFA-16_8	65	76.1	185	145	18	8	M16	18	92	2.9	10	6	45	122	2
HG20592-2009WNRFA-16_9	80	88.9	200	160	18	8	M16	20	105	3.2	10	6	50	138	2
HG20592-2009WNRFA-16_10	100	114.3	220	180	18	8	M16	20	131	3.6	12	8	52	158	2
HG20592-2009WNRFA-16_11	125	139.7	250	210	18	8	M16	22	156	4	12	8	55	188	2
HG20592-2009WNRFA-16_12	150	168.3	285	240	22	8	M20	22	184	4.5	12	10	55	212	2
HG20592-2009WNRFA-16_13	200	219.1	340	295	22	12	M20	24	235	6.3	16	10	62	268	2
HG20592-2009WNRFA-16_14	250	273	405	355	26	12	M24	26	292	6.3	16	12	70	320	2
HG20592-2009WNRFA-16_15	300	323.9	460	410	26	12	M24	28	344	7.1	16	12	78	378	2
HG20592-2009WNRFA-16_16	350	355.6	520	470	26	16	M24	30	390	8.0	16	12	82	428	2
HG20592-2009WNRFA-16_17	400	406.4	580	525	30	16	M27	32	445	8.0	16	12	85	490	2
HG20592-2009WNRFA-16_18	450	457	640	585	30	20	M27	40	490	8.0	16	12	87	550	2
HG20592-2009WNRFA-16_19	500	508	715	650	33	20	M30	44	548	8.0	16	12	90	610	2
HG20592-2009WNRFA-16_20	600	610	840	770	36	20	M33	54	652	8.8	18	12	95	725	2
HG20592-2009WNRFA-16_21	700	711	910	840	36	24	M33	36	755	8.8	18	12	100	795	2
HG20592-2009WNRFA-16_22	800	813	1025	950	39	24	M36×3	38	855	10.0	20	12	105	900	2
HG20592-2009WNRFA-16_23	900	914	1125	1050	39	28	M36×3	40	955	10.0	20	12	110	1000	2
HG20592-2009WNRFA-16_24	1000	1016	1255	1170	42	28	M39×3	42	1058	10.0	22	16	120	1115	2

续表

标准件编号	DN	A_1	D	K	L	n（个）	螺栓Th	C	N	S	H_1	R	H	密封面d	密封面f_1
HG20592-2009WNRFA-16_25	1200	1219	1485	1390	48	32	M45×3	48	1260	12.5	30	16	130	1330	2
HG20592-2009WNRFA-16_26	1400	1422	1685	1590	48	36	M45×3	52	1465	14.2	30	16	145	1530	2
HG20592-2009WNRFA-16_27	1600	1626	1930	1820	56	40	M52×4	58	1668	16	35	16	160	1750	2
HG20592-2009WNRFA-16_28	1800	1829	2130	2020	56	44	M52×4	62	1870	17.5	35	16	170	1950	2
HG20592-2009WNRFA-16_29	2000	2032	2345	2230	62	48	M56×4	66	2072	20	40	16	180	2150	2

表 2-84　PN16 B 系列突面（RF）带颈对焊法兰尺寸　　单位：mm

标准件编号	DN	A_1	D	K	L	n（个）	螺栓Th	C	N	S	H_1	R	H	密封面d	密封面f_1
HG20592-2009WNRFB-16_1	10	14	90	60	14	4	M12	16	28	1.8	6	4	35	40	2
HG20592-2009WNRFB-16_2	15	18	95	65	14	4	M12	16	32	2	6	4	38	45	2
HG20592-2009WNRFB-16_3	20	25	105	75	14	4	M12	18	40	2.3	6	4	40	58	2
HG20592-2009WNRFB-16_4	25	32	115	85	14	4	M12	18	46	2.6	6	4	40	68	2
HG20592-2009WNRFB-16_5	32	38	140	100	18	4	M16	18	56	2.6	6	6	42	78	2
HG20592-2009WNRFB-16_6	40	45	150	110	18	4	M16	18	64	2.6	7	6	45	88	2
HG20592-2009WNRFB-16_7	50	57	165	125	18	4	M16	18	74	2.9	8	5	45	102	2
HG20592-2009WNRFB-16_8	65	65	185	145	18	8	M16	18	92	2.9	10	6	45	122	2
HG20592-2009WNRFB-16_9	80	89	200	160	18	8	M16	20	105	3.2	10	6	50	138	2
HG20592-2009WNRFB-16_10	100	108	220	180	18	8	M16	20	131	3.6	12	8	52	158	2
HG20592-2009WNRFB-16_11	125	133	250	210	18	8	M16	22	156	4	12	8	55	188	2
HG20592-2009WNRFB-16_12	150	159	285	240	22	8	M20	22	184	4.5	12	10	55	212	2
HG20592-2009WNRFB-16_13	200	219	340	295	22	12	M20	24	235	6.3	16	10	62	268	2
HG20592-2009WNRFB-16_14	250	273	405	355	26	12	M24	26	292	6.3	16	12	70	320	2
HG20592-2009WNRFB-16_15	300	325	460	410	26	12	M24	28	344	7.1	16	12	78	378	2
HG20592-2009WNRFB-16_16	350	377	520	470	26	16	M24	30	410	8.0	16	12	82	428	2
HG20592-2009WNRFB-16_17	400	426	580	525	30	16	M27	32	464	8.0	16	12	85	490	2
HG20592-2009WNRFB-16_18	450	480	640	585	30	20	M27	40	512	8.0	16	12	87	550	2
HG20592-2009WNRFB-16_19	500	530	715	650	33	20	M30	44	578	8.0	16	12	90	610	2
HG20592-2009WNRFB-16_20	600	630	840	770	36	20	M33	54	670	8.8	18	12	95	725	2
HG20592-2009WNRFB-16_21	700	720	910	840	36	24	M33	36	759	8.8	18	12	100	795	2
HG20592-2009WNRFB-16_22	800	820	1025	950	39	24	M36×3	38	855	10.0	20	12	105	900	2
HG20592-2009WNRFB-16_23	900	920	1125	1050	39	28	M36×3	40	954	10.0	20	12	110	1000	2
HG20592-2009WNRFB-16_24	1000	1020	1255	1170	42	28	M39×3	42	1060	10.0	22	16	120	1115	2
HG20592-2009WNRFB-16_25	1200	1220	1485	1390	48	32	M45×3	48	1260	12.5	30	16	130	1330	2
HG20592-2009WNRFB-16_26	1400	1420	1685	1590	48	36	M45×3	52	1468	14.2	30	16	145	1530	2
HG20592-2009WNRFB-16_27	1600	1620	1930	1820	56	40	M52×4	58	1668	16	35	16	160	1750	2

续表

标准件编号	DN	A_1	D	K	L	n(个)	螺栓Th	C	N	S	H_1	R	H	密封面d	密封面f_1
HG20592-2009WNRFB-16_28	1800	1820	2130	2020	56	44	M52×4	62	1870	17.5	35	16	170	1950	2
HG20592-2009WNRFB-16_29	2000	2020	2345	2230	62	48	M56×4	66	2072	20	40	16	180	2150	2

表 2-85 PN25 A 系列突面（RF）带颈对焊法兰尺寸　　单位：mm

标准件编号	DN	A_1	D	K	L	n(个)	螺栓Th	C	N	S	H_1	R	H	密封面d	密封面f_1
HG20592-2009WNRFA-25_1	10	17.2	90	60	14	4	M12	16	28	1.8	6	4	35	40	2
HG20592-2009WNRFA-25_2	15	21.3	95	65	14	4	M12	16	32	2.0	6	4	38	45	2
HG20592-2009WNRFA-25_3	20	26.9	105	75	14	4	M12	18	40	2.3	6	4	40	58	2
HG20592-2009WNRFA-25_4	25	33.7	115	85	14	4	M12	16	46	2.6	6	4	40	68	2
HG20592-2009WNRFA-25_5	32	42.4	140	100	18	4	M16	18	56	2.6	6	6	42	78	2
HG20592-2009WNRFA-25_6	40	48.3	150	110	18	4	M16	18	64	2.6	7	6	45	88	2
HG20592-2009WNRFA-25_7	50	60.3	165	125	18	4	M16	20	75	2.9	8	6	48	102	2
HG20592-2009WNRFA-25_8	65	76.1	185	145	18	8	M16	22	90	2.9	10	6	52	122	2
HG20592-2009WNRFA-25_9	80	88.9	200	160	18	8	M16	24	105	3.2	12	8	58	138	2
HG20592-2009WNRFA-25_10	100	114.3	235	190	22	8	M20	24	134	3.6	12	8	65	162	2
HG20592-2009WNRFA-25_11	125	139.7	270	220	26	8	M24	26	162	4.0	12	8	68	188	2
HG20592-2009WNRFA-25_12	150	168.3	300	250	26	8	M24	28	192	4.5	12	10	75	218	2
HG20592-2009WNRFA-25_13	200	219.1	360	310	26	12	M24	30	244	6.3	16	10	80	278	2
HG20592-2009WNRFA-25_14	250	273	425	370	30	12	M27	32	298	7.1	18	12	88	335	2
HG20592-2009WNRFA-25_15	300	323.9	485	430	30	12	M27	34	352	8.0	18	12	92	395	2
HG20592-2009WNRFA-25_16	350	355.6	555	490	33	16	M30	38	398	8	20	12	100	450	2
HG20592-2009WNRFA-25_17	400	406.4	620	550	36	16	M33	40	452	8.8	20	12	110	505	2
HG20592-2009WNRFA-25_18	450	457	670	600	36	20	M33	46	500	8.8	20	12	110	555	2
HG20592-2009WNRFA-25_19	500	508	730	660	36	20	M33	48	558	10	20	12	125	615	2
HG20592-2009WNRFA-25_20	600	610	845	770	39	20	M36×3	58	660	11	20	12	125	720	2

表 2-86 PN25 B 系列突面（RF）带颈对焊法兰尺寸　　单位：mm

标准件编号	DN	A_1	D	K	L	n(个)	螺栓Th	C	N	S	H_1	R	H	密封面d	密封面f_1
HG20592-2009WNRFB-25_1	10	14	90	60	14	4	M12	16	28	1.8	6	4	35	40	2
HG20592-2009WNRFB-25_2	15	18	95	65	14	4	M12	16	32	2.0	6	4	38	45	2
HG20592-2009WNRFB-25_3	20	25	105	75	14	4	M12	18	40	2.3	6	4	40	58	2
HG20592-2009WNRFB-25_4	25	32	115	85	14	4	M12	16	46	2.6	6	4	40	68	2
HG20592-2009WNRFB-25_5	32	38	140	100	18	4	M16	18	56	2.6	6	6	42	78	2
HG20592-2009WNRFB-25_6	40	45	150	110	18	4	M16	18	64	2.6	7	6	45	88	2
HG20592-2009WNRFB-25_7	50	57	165	125	18	4	M16	20	75	2.9	8	6	48	102	2

续表

标准件编号	DN	A_1	D	K	L	n（个）	螺栓Th	C	N	S	H_1	R	H	密封面d	密封面f_1
HG20592-2009WNRFB-25_8	65	65	185	145	18	8	M16	22	90	2.9	10	6	52	122	2
HG20592-2009WNRFB-25_9	80	89	200	160	18	8	M16	24	105	3.2	12	8	58	138	2
HG20592-2009WNRFB-25_10	100	108	235	190	22	8	M20	24	134	3.6	12	8	65	162	2
HG20592-2009WNRFB-25_11	125	133	270	220	26	8	M24	26	162	4.0	12	8	68	188	2
HG20592-2009WNRFB-25_12	150	159	300	250	26	8	M24	28	190	4.5	12	10	75	218	2
HG20592-2009WNRFB-25_13	200	219	360	310	26	12	M24	30	244	6.3	16	10	80	278	2
HG20592-2009WNRFB-25_14	250	273	425	370	30	12	M27	32	298	7.1	18	12	88	335	2
HG20592-2009WNRFB-25_15	300	325	485	430	30	12	M27	34	352	8.0	18	12	92	395	2
HG20592-2009WNRFB-25_16	350	377	555	490	33	16	M30	38	420	8	20	12	100	450	2
HG20592-2009WNRFB-25_17	400	426	620	550	36	16	M33	40	472	8.8	20	12	110	505	2
HG20592-2009WNRFB-25_18	450	480	670	600	36	20	M33	46	522	8.8	20	12	110	555	2
HG20592-2009WNRFB-25_19	500	530	730	660	36	20	M33	48	580	10	20	12	125	615	2
HG20592-2009WNRFB-25_20	600	630	845	770	39	20	M36×3	58	680	11	20	12	125	720	2

表 2-87　PN40 A 系列突面（RF）带颈对焊法兰尺寸　　单位：mm

标准件编号	DN	A_1	D	K	L	n（个）	螺栓Th	C	N	S	H_1	R	H	密封面d	密封面f_1
HG20592-2009WNRFA-40_1	10	17.2	90	60	14	4	M12	16	28	1.8	6	4	35	40	2
HG20592-2009WNRFA-40_2	15	21.3	95	65	14	4	M12	16	32	2.0	6	4	38	45	2
HG20592-2009WNRFA-40_3	20	26.9	105	75	14	4	M12	18	40	2.3	6	4	40	58	2
HG20592-2009WNRFA-40_4	25	33.7	115	85	14	4	M12	18	46	2.6	6	4	40	68	2
HG20592-2009WNRFA-40_5	32	42.4	140	100	18	4	M16	18	56	2.6	6	6	42	78	2
HG20592-2009WNRFA-40_6	40	48.3	150	110	18	4	M16	18	64	2.6	7	6	45	88	2
HG20592-2009WNRFA-40_7	50	60.3	165	125	18	4	M16	20	75	2.9	8	6	48	102	2
HG20592-2009WNRFA-40_8	65	76.1	185	145	18	8	M16	22	90	2.9	10	6	52	122	2
HG20592-2009WNRFA-40_9	80	88.9	200	160	18	8	M16	24	105	3.2	12	8	58	138	2
HG20592-2009WNRFA-40_10	100	114.3	235	190	22	8	M20	24	134	3.6	12	8	65	162	2
HG20592-2009WNRFA-40_11	125	139.7	270	220	26	8	M24	26	162	4.0	12	8	68	188	2
HG20592-2009WNRFA-40_12	150	168.3	300	250	26	8	M24	28	192	4.5	12	10	75	218	2
HG20592-2009WNRFA-40_13	200	219.1	375	320	30	12	M27	34	244	6.3	16	10	88	285	2
HG20592-2009WNRFA-40_14	250	273	450	385	33	12	M30	38	306	7.1	18	12	105	345	2
HG20592-2009WNRFA-40_15	300	323.9	515	450	33	16	M30	42	362	8.0	18	12	115	410	2
HG20592-2009WNRFA-40_16	350	355.6	580	510	36	16	M33	46	408	8.8	20	12	125	465	2
HG20592-2009WNRFA-40_17	400	406.4	660	585	39	16	M36×3	50	462	11.0	20	12	135	535	2
HG20592-2009WNRFA-40_18	450	457	685	610	39	20	M36×3	57	500	12.5	20	12	135	560	2
HG20592-2009WNRFA-40_19	500	508	755	670	42	20	M39×3	57	562	14.2	20	12	140	615	2
HG20592-2009WNRFA-40_20	600	610	890	795	48	20	M45×3	72	666	16.0	20	12	150	735	2

表 2-88 PN40 B 系列突面（RF）带颈对焊法兰尺寸 单位：mm

标准件编号	DN	A_1	D	K	L	n（个）	螺栓Th	C	N	S	H_1	R	H	密封面d	密封面f_1
HG20592-2009WNRFB-40_1	10	14	90	60	14	4	M12	16	28	1.8	6	4	35	40	2
HG20592-2009WNRFB-40_2	15	18	95	65	14	4	M12	16	32	2.0	6	4	38	45	2
HG20592-2009WNRFB-40_3	20	25	105	75	14	4	M12	18	40	2.3	6	4	40	58	2
HG20592-2009WNRFB-40_4	25	32	115	85	14	4	M12	18	46	2.6	6	4	40	68	2
HG20592-2009WNRFB-40_5	32	38	140	100	18	4	M16	18	56	2.6	6	6	42	78	2
HG20592-2009WNRFB-40_6	40	45	150	110	18	4	M16	18	64	2.6	7	6	45	88	2
HG20592-2009WNRFB-40_7	50	57	165	125	18	4	M16	20	75	2.9	8	6	48	102	2
HG20592-2009WNRFB-40_8	65	65	185	145	18	8	M16	22	90	2.9	10	6	52	122	2
HG20592-2009WNRFB-40_9	80	89	200	160	18	8	M16	24	105	3.2	12	8	58	138	2
HG20592-2009WNRFB-40_10	100	108	235	190	22	8	M20	24	134	3.6	12	8	65	162	2
HG20592-2009WNRFB-40_11	125	133	270	220	26	8	M24	26	162	4.0	12	8	68	188	2
HG20592-2009WNRFB-40_12	150	159	300	250	26	8	M24	28	192	4.5	12	10	75	218	2
HG20592-2009WNRFB-40_13	200	219	375	320	30	12	M27	34	244	6.3	16	10	88	285	2
HG20592-2009WNRFB-40_14	250	273	450	385	33	12	M30	38	306	7.1	18	12	105	345	2
HG20592-2009WNRFB-40_15	300	325	515	450	33	16	M30	42	362	8.0	18	12	115	410	2
HG20592-2009WNRFB-40_16	350	377	580	510	36	16	M33	46	430	8.8	20	12	125	465	2
HG20592-2009WNRFB-40_17	400	426	660	585	39	16	M36×3	50	482	11.0	20	12	135	535	2
HG20592-2009WNRFB-40_18	450	480	685	610	39	20	M36×3	57	522	12.5	20	12	135	560	2
HG20592-2009WNRFB-40_19	500	530	755	670	42	20	M39×3	57	584	14.2	20	12	140	615	2
HG20592-2009WNRFB-40_20	600	630	890	795	48	20	M45×3	72	686	16.0	20	12	150	735	2

表 2-89 PN63 A 系列突面（RF）带颈对焊法兰尺寸 单位：mm

标准件编号	DN	A_1	D	K	L	n（个）	螺栓Th	C	N	S	H_1	R	H	密封面d	密封面f_1
HG20592-2009WNRFA-63_1	10	17.2	100	70	14	4	M12	20	32	1.8	6	4	45	40	2
HG20592-2009WNRFA-63_2	15	21.3	105	75	14	4	M12	20	34	2.0	6	4	45	45	2
HG20592-2009WNRFA-63_3	20	26.9	130	90	18	4	M16	22	42	2.6	8	4	48	58	2
HG20592-2009WNRFA-63_4	25	33.7	140	100	18	4	M16	24	52	2.6	8	4	58	68	2
HG20592-2009WNRFA-63_5	32	42.4	155	110	22	4	M20	24	62	2.9	8	6	60	78	2
HG20592-2009WNRFA-63_6	40	48.3	170	125	22	4	M20	26	70	2.9	10	6	62	88	2
HG20592-2009WNRFA-63_7	50	60.3	180	135	22	4	M20	26	82	2.9	10	6	62	102	2
HG20592-2009WNRFA-63_8	65	76.1	205	160	22	8	M20	26	98	3.2	12	6	68	122	2
HG20592-2009WNRFA-63_9	80	88.9	215	170	22	8	M20	28	112	3.6	12	8	72	138	2
HG20592-2009WNRFA-63_10	100	114.3	250	200	26	8	M24	30	138	4.0	12	8	78	162	2
HG20592-2009WNRFA-63_11	125	139.7	295	240	30	8	M27	34	168	4.5	12	8	88	188	2
HG20592-2009WNRFA-63_12	150	168.3	345	280	33	8	M30	36	202	5.6	12	10	95	218	2

续表

标准件编号	DN	A_1	D	K	L	n（个）	螺栓Th	C	N	S	H_1	R	H	密封面d	密封面f_1
HG20592-2009WNRFA-63_13	200	219.1	415	345	36	12	M33	42	256	7.1	16	10	110	285	2
HG20592-2009WNRFA-63_14	250	273	470	400	36	12	M33	46	316	8.8	18	12	125	345	2
HG20592-2009WNRFA-63_15	300	323.9	530	460	36	16	M33	52	372	11.0	18	12	140	410	2
HG20592-2009WNRFA-63_16	350	355.6	600	525	39	16	M36×3	56	420	12.5	20	12	150	465	2
HG20592-2009WNRFA-63_17	400	406.4	670	585	42	16	M39×3	60	475	14.2	20	12	160	535	2

表 2-90　PN63 B 系列突面（RF）带颈对焊法兰尺寸　单位：mm

标准件编号	DN	A_1	D	K	L	n（个）	螺栓Th	C	N	S	H_1	R	H	密封面d	密封面f_1
HG20592-2009WNRFB-63_1	10	14	100	70	14	4	M12	20	32	1.8	6	4	45	40	2
HG20592-2009WNRFB-63_2	15	18	105	75	14	4	M12	20	34	2.0	6	4	45	45	2
HG20592-2009WNRFB-63_3	20	25	130	90	18	4	M16	22	42	2.6	8	4	48	58	2
HG20592-2009WNRFB-63_4	25	32	140	100	18	4	M16	24	52	2.6	8	4	58	68	2
HG20592-2009WNRFB-63_5	32	38	155	110	22	4	M20	24	62	2.9	8	6	60	78	2
HG20592-2009WNRFB-63_6	40	45	170	125	22	4	M20	26	70	2.9	10	6	62	88	2
HG20592-2009WNRFB-63_7	50	57	180	135	22	4	M20	26	82	2.9	10	6	62	102	2
HG20592-2009WNRFB-63_8	65	65	205	160	22	8	M20	26	98	3.2	12	6	68	122	2
HG20592-2009WNRFB-63_9	80	89	215	170	22	8	M20	28	112	3.6	12	8	72	138	2
HG20592-2009WNRFB-63_10	100	108	250	200	26	8	M24	30	138	4.0	12	8	78	162	2
HG20592-2009WNRFB-63_11	125	133	295	240	30	8	M27	34	168	4.5	12	8	88	188	2
HG20592-2009WNRFB-63_12	150	159	345	280	33	8	M30	36	202	5.6	12	10	95	218	2
HG20592-2009WNRFB-63_13	200	219	415	345	36	12	M33	42	256	7.1	16	10	110	285	2
HG20592-2009WNRFB-63_14	250	273	470	400	36	12	M33	46	316	8.8	18	12	125	345	2
HG20592-2009WNRFB-63_15	300	325	530	460	36	16	M33	52	372	11.0	18	12	140	410	2
HG20592-2009WNRFB-63_16	350	377	600	525	39	16	M36×3	56	442	12.5	20	12	150	465	2
HG20592-2009WNRFB-63_17	400	426	670	585	42	16	M39×3	60	495	14.2	20	12	160	535	2

表 2-91　PN100 A 系列突面（RF）带颈对焊法兰尺寸　单位：mm

标准件编号	DN	A_1	D	K	L	n（个）	螺栓Th	C	N	S	$H_1\approx$	R	H	密封面d	密封面f_1
HG20592-2009WNRFA-100_1	10	17.2	100	70	14	4	M12	20	32	1.8	6	4	45	40	2
HG20592-2009WNRFA-100_2	15	21.3	105	75	14	4	M12	20	34	2.0	6	4	45	45	2
HG20592-2009WNRFA-100_3	20	26.9	130	90	18	4	M16	22	42	2.6	8	4	52	58	2
HG20592-2009WNRFA-100_4	25	33.7	140	100	18	4	M16	24	52	2.6	8	4	58	68	2
HG20592-2009WNRFA-100_5	32	42.4	155	110	22	4	M20	24	62	2.9	8	6	60	78	2
HG20592-2009WNRFA-100_6	40	48.3	170	125	22	4	M20	26	70	2.9	10	6	62	88	2
HG20592-2009WNRFA-100_7	50	60.3	195	145	26	4	M24	28	90	3.2	10	6	68	102	2

续表

标准件编号	DN	A_1	D	K	L	n（个）	螺栓Th	C	N	S	H_1≈	R	H	密封面d	密封面f_1
HG20592-2009WNRFA-100_8	65	76.1	220	170	26	8	M24	30	108	3.6	12	6	76	122	2
HG20592-2009WNRFA-100_9	80	88.9	230	180	26	8	M24	32	120	4.0	12	8	78	138	2
HG20592-2009WNRFA-100_10	100	114.3	265	210	30	8	M27	36	150	5.0	12	8	90	162	2
HG20592-2009WNRFA-100_11	125	139.7	315	250	33	8	M30	40	180	6.3	12	8	105	188	2
HG20592-2009WNRFA-100_12	150	168.8	355	290	33	12	M30	44	210	7.1	12	10	115	218	2
HG20592-2009WNRFA-100_13	200	219.1	430	360	36	12	M33	52	278	10.0	16	10	130	285	2
HG20592-2009WNRFA-100_14	250	273	505	430	39	12	M36×3	60	340	12.5	18	12	157	345	2
HG20592-2009WNRFA-100_15	300	323.9	585	500	42	16	M39×3	68	400	14.2	18	12	170	410	2
HG20592-2009WNRFA-100_16	350	355.6	655	560	48	16	M45×3	74	460	16.0	20	12	189	465	2

表 2-92　PN100 B 系列突面（RF）带颈对焊法兰尺寸　　单位：mm

标准件编号	DN	A_1	D	K	L	n（个）	螺栓Th	C	N	S	H_1≈	R	H	密封面d	密封面f_1
HG20592-2009WNRFB-100_1	10	14	100	70	14	4	M12	20	32	1.8	6	4	45	40	2
HG20592-2009WNRFB-100_2	15	18	105	75	14	4	M12	20	34	2.0	6	4	45	45	2
HG20592-2009WNRFB-100_3	20	25	130	90	18	4	M16	22	42	2.6	8	4	52	58	2
HG20592-2009WNRFB-100_4	25	32	140	100	18	4	M16	24	52	2.6	8	4	58	68	2
HG20592-2009WNRFB-100_5	32	38	155	110	22	4	M20	24	62	2.9	8	6	60	78	2
HG20592-2009WNRFB-100_6	40	45	170	125	22	4	M20	26	70	2.9	10	6	62	88	2
HG20592-2009WNRFB-100_7	50	57	195	145	26	4	M24	28	90	3.2	10	6	68	102	2
HG20592-2009WNRFB-100_8	65	65	220	170	26	8	M24	30	108	3.6	12	6	76	122	2
HG20592-2009WNRFB-100_9	80	89	230	180	26	8	M24	32	120	4.0	12	8	78	138	2
HG20592-2009WNRFB-100_10	100	108	265	210	30	8	M27	36	150	5.0	12	8	90	162	2
HG20592-2009WNRFB-100_11	125	133	315	250	33	8	M30	40	180	6.3	12	8	105	188	2
HG20592-2009WNRFB-100_12	150	159	355	290	33	12	M30	44	210	7.1	12	10	115	218	2
HG20592-2009WNRFB-100_13	200	219	430	360	36	12	M33	52	278	10.0	16	10	130	285	2
HG20592-2009WNRFB-100_14	250	273	505	430	39	12	M36×3	60	340	12.5	18	12	157	345	2
HG20592-2009WNRFB-100_15	300	325	585	500	42	16	M39×3	68	400	14.2	18	12	170	410	2
HG20592-2009WNRFB-100_16	350	377	655	560	48	16	M45×3	74	480	16.0	20	12	189	465	2

表 2-93　PN160 A 系列突面（RF）带颈对焊法兰尺寸　　单位：mm

标准件编号	DN	A_1	D	K	L	n（个）	螺栓Th	C	N	S	H_1≈	R	H	密封面d	密封面f_1
HG20592-2009WNRFA-160_1	10	17.2	100	70	14	4	M12	20	32	2.0	6	4	45	40	2
HG20592-2009WNRFA-160_2	15	21.3	105	75	14	4	M12	20	34	2.0	6	4	45	45	2
HG20592-2009WNRFA-160_3	20	26.9	130	90	18	4	M16	24	42	2.9	6	4	52	58	2
HG20592-2009WNRFA-160_4	25	33.7	140	100	18	4	M16	32	52	2.9	8	4	58	68	2

续表

标准件编号	DN	A_1	D	K	L	n（个）	螺栓Th	C	N	S	H_1≈	R	H	密封面d	密封面f_1
HG20592-2009WNRFA-160_5	32	42.4	155	110	22	4	M20	28	60	3.6	8	5	60	78	2
HG20592-2009WNRFA-160_6	40	48.3	170	125	22	4	M20	28	70	3.6	10	6	64	88	2
HG20592-2009WNRFA-160_7	50	60.3	195	145	26	4	M24	30	90	4	10	6	75	102	2
HG20592-2009WNRFA-160_8	65	76.1	220	170	26	8	M24	34	108	5	12	6	82	122	2
HG20592-2009WNRFA-160_9	80	88.9	230	180	26	8	M24	36	120	6.3	12	6	86	138	2
HG20592-2009WNRFA-160_10	100	114.3	265	210	30	8	M27	40	150	8	12	8	100	162	2
HG20592-2009WNRFA-160_11	125	139.7	315	250	33	8	M30	44	180	10.0	14	8	115	188	2
HG20592-2009WNRFA-160_12	150	168.3	355	290	33	12	M30	50	210	12.5	14	10	128	218	2
HG20592-2009WNRFA-160_13	200	219.1	430	360	36	12	M33	60	278	16	16	10	140	285	2
HG20592-2009WNRFA-160_14	250	273	515	430	42	12	M39×3	68	340	20	18	12	155	345	2
HG20592-2009WNRFA-160_15	300	323.9	585	500	42	16	M39×3	78	400	22.2	18	12	175	410	2

表 2-94　PN160 B 系列突面（RF）带颈对焊法兰尺寸　　单位：mm

标准件编号	DN	A_1	D	K	L	n（个）	螺栓Th	C	N	S	H_1≈	R	H	密封面d	密封面f_1
HG20592-2009WNRFB-160_1	10	14	100	70	14	4	M12	20	32	2.0	6	4	45	40	2
HG20592-2009WNRFB-160_2	15	18	105	75	14	4	M12	20	34	2.0	6	4	45	45	2
HG20592-2009WNRFB-160_3	20	25	130	90	18	4	M16	24	42	2.9	6	4	52	58	2
HG20592-2009WNRFB-160_4	25	32	140	100	18	4	M16	32	52	2.9	8	4	58	68	2
HG20592-2009WNRFB-160_5	32	38	155	110	22	4	M20	28	60	3.6	8	5	60	78	2
HG20592-2009WNRFB-160_6	40	45	170	125	22	4	M20	28	70	3.6	10	6	64	88	2
HG20592-2009WNRFB-160_7	50	57	195	145	26	4	M24	30	90	4	10	6	75	102	2
HG20592-2009WNRFB-160_8	65	65	220	170	26	8	M24	34	108	5	12	6	82	122	2
HG20592-2009WNRFB-160_9	80	89	230	180	26	8	M24	36	120	6.3	12	6	86	138	2
HG20592-2009WNRFB-160_10	100	108	265	210	30	8	M27	40	150	8	12	8	100	162	2
HG20592-2009WNRFB-160_11	125	133	315	250	33	8	M30	44	180	10.0	14	8	115	188	2
HG20592-2009WNRFB-160_12	150	159	355	290	33	12	M30	50	210	12.5	14	10	128	218	2
HG20592-2009WNRFB-160_13	200	219	430	360	36	12	M33	60	278	16	16	10	140	285	2
HG20592-2009WNRFB-160_14	250	273	515	430	42	12	M39×3	68	340	20	18	12	155	345	2
HG20592-2009WNRFB-160_15	300	325	585	500	42	16	M39×3	78	400	22.2	18	12	175	410	2

2. 凹面（FM）带颈对焊法兰

凹面（FM）带颈对焊法兰根据接口管可分为 A 系列（英制管）和 B 系列（公制管）。根据公称压力二者均可分为 PN10、PN16、PN25、PN40、PN63、PN100 和 PN160。A 系列（英制管）和 B 系列（公制管）法兰尺寸如表 2-95～表 2-108 所示。

表 2-95　PN10 A系列凹面（FM）带颈对焊法兰尺寸　　单位：mm

标准件编号	DN	A_1	D	K	L	n（个）	螺栓 Th	C	N	S	H_1	R	H	密封面			
														d	f_1	f_3	Y
HG20592-2009WNFMA-10_1	10	17.2	90	60	14	4	M12	16	28	1.8	6	4	35	40	2	4.0	35
HG20592-2009WNFMA-10_2	15	21.3	95	65	14	4	M12	16	32	2	6	4	38	45	2	4.0	40
HG20592-2009WNFMA-10_3	20	26.9	105	75	14	4	M12	18	40	2.3	6	4	40	58	2	4.0	51
HG20592-2009WNFMA-10_4	25	33.7	115	85	14	4	M12	18	46	2.6	6	4	40	68	2	4.0	58
HG20592-2009WNFMA-10_5	32	42.4	140	100	18	4	M16	18	56	2.6	6	6	42	78	2	4.0	66
HG20592-2009WNFMA-10_6	40	48.3	150	110	18	4	M16	18	64	2.6	7	6	45	88	2	4.0	76
HG20592-2009WNFMA-10_7	50	60.3	165	125	18	4	M16	18	74	2.9	8	5	45	102	2	4.0	88
HG20592-2009WNFMA-10_8	65	76.1	185	145	18	8	M16	18	92	2.9	10	6	45	122	2	4.0	110
HG20592-2009WNFMA-10_9	80	88.9	200	160	18	8	M16	20	105	3.2	10	6	50	138	2	4.0	121
HG20592-2009WNFMA-10_10	100	114.3	220	180	18	8	M16	20	131	3.6	12	8	52	158	2	4.5	150
HG20592-2009WNFMA-10_11	125	139.7	250	210	18	8	M16	22	156	4	12	8	55	188	2	4.5	176
HG20592-2009WNFMA-10_12	150	168.3	285	240	22	8	M20	22	184	4.5	12	10	55	212	2	4.5	204
HG20592-2009WNFMA-10_13	200	219.1	340	295	22	8	M20	24	234	6.3	16	10	62	268	2	4.5	260
HG20592-2009WNFMA-10_14	250	273	395	350	22	12	M20	26	292	6.3	16	12	70	320	2	4.5	313
HG20592-2009WNFMA-10_15	300	323.9	445	400	22	12	M20	26	342	7.1	16	12	78	370	2	4.5	364
HG20592-2009WNFMA-10_16	350	355.6	505	460	22	16	M20	26	385	7.1	16	12	82	430	2	5.0	422
HG20592-2009WNFMA-10_17	400	406.4	565	515	26	16	M24	26	440	7.1	16	12	85	482	2	5.0	474
HG20592-2009WNFMA-10_18	450	457	615	565	26	20	M24	28	488	7.1	16	12	87	532	2	5.0	524
HG20592-2009WNFMA-10_19	500	508	670	620	26	20	M24	28	542	7.1	16	12	90	585	2	5.0	576
HG20592-2009WNFMA-10_20	600	610	780	725	30	20	M27	28	642	7.1	18	12	95	685	2	5.0	676

表 2-96　PN10 B系列凹面（FM）带颈对焊法兰尺寸　　单位：mm

标准件编号	DN	A_1	D	K	L	n（个）	螺栓 Th	C	N	S	H_1	R	H	密封面			
														d	f_1	f_3	Y
HG20592-2009WNFMB-10_1	10	14	90	60	14	4	M12	16	28	1.8	6	4	35	40	2	4.0	35
HG20592-2009WNFMB-10_2	15	18	95	65	14	4	M12	16	32	2	6	4	38	45	2	4.0	40
HG20592-2009WNFMB-10_3	20	25	105	75	14	4	M12	18	40	2.3	6	4	40	58	2	4.0	51
HG20592-2009WNFMB-10_4	25	32	115	85	14	4	M12	18	46	2.6	6	4	40	68	2	4.0	58
HG20592-2009WNFMB-10_5	32	38	140	100	18	4	M16	18	56	2.6	6	6	42	78	2	4.0	66
HG20592-2009WNFMB-10_6	40	45	150	110	18	4	M16	18	64	2.6	7	6	45	88	2	4.0	76
HG20592-2009WNFMB-10_7	50	57	165	125	18	4	M16	18	74	2.9	8	5	45	102	2	4.0	88
HG20592-2009WNFMB-10_8	65	65	185	145	18	8	M16	18	92	2.9	10	6	45	122	2	4.0	110
HG20592-2009WNFMB-10_9	80	89	200	160	18	8	M16	20	105	3.2	10	6	50	138	2	4.0	121
HG20592-2009WNFMB-10_10	100	108	220	180	18	8	M16	20	131	3.6	12	8	52	158	2	4.5	150

续表

标准件编号	DN	A_1	D	K	L	n（个）	螺栓 Th	C	N	S	H_1	R	H	密封面			
														d	f_1	f_3	Y
HG20592-2009WNFMB-10_11	125	133	250	210	18	8	M16	22	156	4	12	8	55	188	2	4.5	176
HG20592-2009WNFMB-10_12	150	159	285	240	22	8	M20	22	184	4.5	12	10	55	212	2	4.5	204
HG20592-2009WNFMB-10_13	200	219	340	295	22	8	M20	24	234	6.3	16	10	62	268	2	4.5	260
HG20592-2009WNFMB-10_14	250	273	395	350	22	12	M20	26	292	6.3	16	12	70	320	2	4.5	313
HG20592-2009WNFMB-10_15	300	325	445	400	22	12	M20	26	342	7.1	16	12	78	370	2	4.5	364
HG20592-2009WNFMB-10_16	350	377	505	460	22	16	M20	26	402	7.1	16	12	82	430	2	5.0	422
HG20592-2009WNFMB-10_17	400	426	565	515	26	16	M24	26	458	7.1	16	12	85	482	2	5.0	474
HG20592-2009WNFMB-10_18	450	480	615	565	26	20	M24	28	510	7.1	16	12	87	532	2	5.0	524
HG20592-2009WNFMB-10_19	500	530	670	620	26	20	M24	28	562	7.1	16	12	90	585	2	5.0	576
HG20592-2009WNFMB-10_20	600	630	780	725	30	20	M27	28	660	7.1	18	12	95	685	2	5.0	676

表 2-97　PN16 A 系列凹面（FM）带颈对焊法兰尺寸　　单位：mm

标准件编号	DN	A_1	D	K	L	n（个）	螺栓 Th	C	N	S	H_1	R	H	密封面			
														d	f_1	f_3	Y
HG20592-2009WNFMA-16_1	10	17.2	90	60	14	4	M12	16	28	1.8	6	4	35	40	2	4.0	35
HG20592-2009WNFMA-16_2	15	21.3	95	65	14	4	M12	16	32	2	6	4	38	45	2	4.0	40
HG20592-2009WNFMA-16_3	20	26.9	105	75	14	4	M12	18	40	2.3	6	4	40	58	2	4.0	51
HG20592-2009WNFMA-16_4	25	33.7	115	85	14	4	M12	18	46	2.6	6	4	40	68	2	4.0	58
HG20592-2009WNFMA-16_5	32	42.4	140	100	18	4	M16	18	56	2.6	6	6	42	78	2	4.0	66
HG20592-2009WNFMA-16_6	40	48.3	150	110	18	4	M16	18	64	2.6	7	6	45	88	2	4.0	76
HG20592-2009WNFMA-16_7	50	60.3	165	125	18	4	M16	18	74	2.9	8	5	45	102	2	4.0	88
HG20592-2009WNFMA-16_8	65	76.1	185	145	18	8	M16	18	92	2.9	10	6	45	122	2	4.0	110
HG20592-2009WNFMA-16_9	80	88.9	200	160	18	8	M16	20	105	3.2	10	6	50	138	2	4.0	121
HG20592-2009WNFMA-16_10	100	114.3	220	180	18	8	M16	20	131	3.6	12	8	52	158	2	4.5	150
HG20592-2009WNFMA-16_11	125	139.7	250	210	18	8	M16	22	156	4	12	8	55	188	2	4.5	176
HG20592-2009WNFMA-16_12	150	168.3	285	240	22	8	M20	22	184	4.5	12	10	55	212	2	4.5	204
HG20592-2009WNFMA-16_13	200	219.1	340	295	22	12	M20	24	235	6.3	16	10	62	268	2	4.5	260
HG20592-2009WNFMA-16_14	250	273	405	355	26	12	M24	26	292	6.3	16	12	70	320	2	4.5	313
HG20592-2009WNFMA-16_15	300	323.9	460	410	26	12	M24	28	344	7.1	16	12	78	378	2	4.5	364
HG20592-2009WNFMA-16_16	350	355.6	520	470	26	16	M24	30	390	8.0	16	12	82	428	2	5.0	422
HG20592-2009WNFMA-16_17	400	406.4	580	525	30	16	M27	32	445	8.0	16	12	85	490	2	5.0	474
HG20592-2009WNFMA-16_18	450	457	640	585	30	20	M27	40	490	8.0	16	12	87	550	2	5.0	524
HG20592-2009WNFMA-16_19	500	508	715	650	33	20	M30	44	548	8.0	16	12	90	610	2	5.0	576
HG20592-2009WNFMA-16_20	600	610	840	770	36	20	M33	54	652	8.8	18	12	95	725	2	5.0	676

表 2-98　PN16 B 系列凹面（FM）带颈对焊法兰尺寸　　单位：mm

标准件编号	DN	A_1	D	K	L	n（个）	螺栓 Th	C	N	S	H_1	R	H	密封面			
														d	f_1	f_3	Y
HG20592-2009WNFMB-16_1	10	17.2	90	60	14	4	M12	16	28	1.8	6	4	35	40	2	4.0	35
HG20592-2009WNFMB-16_2	15	21.3	95	65	14	4	M12	16	32	2	6	4	38	45	2	4.0	40
HG20592-2009WNFMB-16_3	20	26.9	105	75	14	4	M12	18	40	2.3	6	4	40	58	2	4.0	51
HG20592-2009WNFMB-16_4	25	33.7	115	85	14	4	M12	18	46	2.6	6	4	40	68	2	4.0	58
HG20592-2009WNFMB-16_5	32	42.4	140	100	18	4	M16	18	56	2.6	6	6	42	78	2	4.0	66
HG20592-2009WNFMB-16_6	40	48.3	150	110	18	4	M16	18	64	2.6	7	6	45	88	2	4.0	76
HG20592-2009WNFMB-16_7	50	60.3	165	125	18	4	M16	18	74	2.9	8	5	45	102	2	4.0	88
HG20592-2009WNFMB-16_8	65	76.1	185	145	18	8	M16	18	92	2.9	10	6	45	122	2	4.0	110
HG20592-2009WNFMB-16_9	80	88.9	200	160	18	8	M16	20	105	3.2	10	6	50	138	2	4.0	121
HG20592-2009WNFMB-16_10	100	114.3	220	180	18	8	M16	20	131	3.6	12	8	52	158	2	4.5	150
HG20592-2009WNFMB-16_11	125	139.7	250	210	18	8	M16	22	156	4	12	8	55	188	2	4.5	176
HG20592-2009WNFMB-16_12	150	168.3	285	240	22	8	M20	22	184	4.5	12	10	55	212	2	4.5	204
HG20592-2009WNFMB-16_13	200	219.1	340	295	22	12	M20	24	235	6.3	16	10	62	268	2	4.5	260
HG20592-2009WNFMB-16_14	250	273	405	355	26	12	M24	26	292	6.3	16	12	70	320	2	4.5	313
HG20592-2009WNFMB-16_15	300	323.9	460	410	26	12	M24	28	344	7.1	16	12	78	378	2	4.5	364
HG20592-2009WNFMB-16_16	350	355.6	520	470	26	16	M24	30	390	8.0	16	12	82	428	2	5.0	422
HG20592-2009WNFMB-16_17	400	406.4	580	525	30	16	M27	32	445	8.0	16	12	85	490	2	5.0	474
HG20592-2009WNFMB-16_18	450	457	640	585	30	20	M27	40	490	8.0	16	12	87	550	2	5.0	524
HG20592-2009WNFMB-16_19	500	508	715	650	33	20	M30	44	548	8.0	16	12	90	610	2	5.0	576
HG20592-2009WNFMB-16_20	600	610	840	770	36	20	M33	54	652	8.8	18	12	95	725	2	5.0	676

表 2-99　PN25 A 系列凹面（FM）带颈对焊法兰尺寸　　单位：mm

标准件编号	DN	A_1	D	K	L	n（个）	螺栓Th	C	N	S	H_1	R	H	密封面			
														d	f_1	f_3	Y
HG20592-2009WNFMA-25_1	10	17.2	90	60	14	4	M12	16	28	1.8	6	4	35	40	2	4.0	35
HG20592-2009WNFMA-25_2	15	21.3	95	65	14	4	M12	16	32	2.0	6	4	38	45	2	4.0	40
HG20592-2009WNFMA-25_3	20	26.9	105	75	14	4	M12	18	40	2.3	6	4	40	58	2	4.0	51
HG20592-2009WNFMA-25_4	25	33.7	115	85	14	4	M12	16	46	2.6	6	4	40	68	2	4.0	58
HG20592-2009WNFMA-25_5	32	42.4	140	100	18	4	M16	18	56	2.6	6	6	42	78	2	4.0	66
HG20592-2009WNFMA-25_6	40	48.3	150	110	18	4	M16	18	64	2.6	7	6	45	88	2	4.0	76
HG20592-2009WNFMA-25_7	50	60.3	165	125	18	4	M16	20	75	2.9	8	6	48	102	2	4.0	88
HG20592-2009WNFMA-25_8	65	76.1	185	145	18	8	M16	22	90	2.9	10	6	52	122	2	4.0	110
HG20592-2009WNFMA-25_9	80	88.9	200	160	18	8	M16	24	105	3.2	12	8	58	138	2	4.0	121
HG20592-2009WNFMA-25_10	100	114.3	235	190	22	8	M20	24	134	3.6	12	8	65	162	2	4.5	150

续表

标准件编号	DN	A_1	D	K	L	n（个）	螺栓Th	C	N	S	H_1	R	H	密封面			
														d	f_1	f_3	Y
HG20592-2009WNFMA-25_11	125	139.7	270	220	26	8	M24	26	162	4.0	12	8	68	188	2	4.5	176
HG20592-2009WNFMA-25_12	150	168.3	300	250	26	8	M24	28	192	4.5	12	10	75	218	2	4.5	204
HG20592-2009WNFMA-25_13	200	219.1	360	310	26	12	M24	30	244	6.3	16	10	80	278	2	4.5	260
HG20592-2009WNFMA-25_14	250	273	425	370	30	12	M27	32	298	7.1	18	12	88	335	2	4.5	313
HG20592-2009WNFMA-25_15	300	323.9	485	430	30	12	M27	34	352	8.0	18	12	92	395	2	4.5	364
HG20592-2009WNFMA-25_16	350	355.6	555	490	33	16	M30	38	398	8	20	12	100	450	2	5.0	422
HG20592-2009WNFMA-25_17	400	406.4	620	550	36	16	M33	40	452	8.8	20	12	110	505	2	5.0	474
HG20592-2009WNFMA-25_18	450	457	670	600	36	20	M33	46	500	8.8	20	12	110	555	2	5.0	524
HG20592-2009WNFMA-25_19	500	508	730	660	36	20	M33	48	558	10	20	12	125	615	2	5.0	576
HG20592-2009WNFMA-25_20	600	610	845	770	39	20	M36×3	58	660	11	20	12	125	720	2	5.0	676

表 2-100　PN25 B 系列凹面（FM）带颈对焊法兰尺寸　单位：mm

标准件编号	DN	A_1	D	K	L	n（个）	螺栓Th	C	N	S	H_1	R	H	密封面			
														d	f_1	f_3	Y
HG20592-2009WNFMB-25_1	10	14	90	60	14	4	M12	16	28	1.8	6	4	35	40	2	4.0	35
HG20592-2009WNFMB-25_2	15	18	95	65	14	4	M12	16	32	2.0	6	4	38	45	2	4.0	40
HG20592-2009WNFMB-25_3	20	25	105	75	14	4	M12	18	40	2.3	6	4	40	58	2	4.0	51
HG20592-2009WNFMB-25_4	25	32	115	85	14	4	M12	16	46	2.6	6	4	40	68	2	4.0	58
HG20592-2009WNFMB-25_5	32	38	140	100	18	4	M16	18	56	2.6	6	6	42	78	2	4.0	66
HG20592-2009WNFMB-25_6	40	45	150	110	18	4	M16	18	64	2.6	7	6	45	88	2	4.0	76
HG20592-2009WNFMB-25_7	50	57	165	125	18	4	M16	20	75	2.9	8	6	48	102	2	4.0	88
HG20592-2009WNFMB-25_8	65	65	185	145	18	8	M16	22	90	2.9	10	6	52	122	2	4.0	110
HG20592-2009WNFMB-25_9	80	89	200	160	18	8	M16	24	105	3.2	12	8	58	138	2	4.0	121
HG20592-2009WNFMB-25_10	100	108	235	190	22	8	M20	24	134	3.6	12	8	65	162	2	4.5	150
HG20592-2009WNFMB-25_11	125	133	270	220	26	8	M24	26	162	4.0	12	8	68	188	2	4.5	176
HG20592-2009WNFMB-25_12	150	159	300	250	26	8	M24	28	190	4.5	12	10	75	218	2	4.5	204
HG20592-2009WNFMB-25_13	200	219	360	310	26	12	M24	30	244	6.3	16	10	80	278	2	4.5	260
HG20592-2009WNFMB-25_14	250	273	425	370	30	12	M27	32	298	7.1	18	12	88	335	2	4.5	313
HG20592-2009WNFMB-25_15	300	325	485	430	30	12	M27	34	352	8.0	18	12	92	395	2	4.5	364
HG20592-2009WNFMB-25_16	350	377	555	490	33	16	M30	38	420	8	20	12	100	450	2	5.0	422
HG20592-2009WNFMB-25_17	400	426	620	550	36	16	M33	40	472	8.8	20	12	110	505	2	5.0	474
HG20592-2009WNFMB-25_18	450	480	670	600	36	20	M33	46	522	8.8	20	12	110	555	2	5.0	524
HG20592-2009WNFMB-25_19	500	530	730	660	36	20	M33	48	580	10	20	12	125	615	2	5.0	576
HG20592-2009WNFMB-25_20	600	630	845	770	39	20	M36×3	58	680	11	20	12	125	720	2	5.0	676

表 2-101　PN40 A系列凹面（FM）带颈对焊法兰尺寸　　单位：mm

标准件编号	DN	A_1	D	K	L	n（个）	螺栓Th	C	N	S	H_1	R	H	密封面			
														d	f_1	f_3	Y
HG20592-2009WNFMA-40_1	10	17.2	90	60	14	4	M12	16	28	1.8	6	4	35	40	2	4.0	35
HG20592-2009WNFMA-40_2	15	21.3	95	65	14	4	M12	16	32	2.0	6	4	38	45	2	4.0	40
HG20592-2009WNFMA-40_3	20	26.9	105	75	14	4	M12	18	40	2.3	6	4	40	58	2	4.0	51
HG20592-2009WNFMA-40_4	25	33.7	115	85	14	4	M12	18	46	2.6	6	4	40	68	2	4.0	58
HG20592-2009WNFMA-40_5	32	42.4	140	100	18	4	M16	18	56	2.6	6	6	42	78	2	4.0	66
HG20592-2009WNFMA-40_6	40	48.3	150	110	18	4	M16	18	64	2.6	7	6	45	88	2	4.0	76
HG20592-2009WNFMA-40_7	50	60.3	165	125	18	4	M16	20	75	2.9	8	6	48	102	2	4.0	88
HG20592-2009WNFMA-40_8	65	76.1	185	145	18	8	M16	22	90	2.9	10	6	52	122	2	4.0	110
HG20592-2009WNFMA-40_9	80	88.9	200	160	18	8	M16	24	105	3.2	12	8	58	138	2	4.0	121
HG20592-2009WNFMA-40_10	100	114.3	235	190	22	8	M20	24	134	3.6	12	8	65	162	2	4.5	150
HG20592-2009WNFMA-40_11	125	139.7	270	220	26	8	M24	26	162	4.0	12	8	68	188	2	4.5	176
HG20592-2009WNFMA-40_12	150	168.3	300	250	26	8	M24	28	192	4.5	12	10	75	218	2	4.5	204
HG20592-2009WNFMA-40_13	200	219.1	375	320	30	12	M27	34	244	6.3	16	10	88	285	2	4.5	260
HG20592-2009WNFMA-40_14	250	273	450	385	33	12	M30	38	306	7.1	18	12	105	345	2	4.5	313
HG20592-2009WNFMA-40_15	300	323.9	515	450	33	16	M30	42	362	8.0	18	12	115	410	2	4.5	364
HG20592-2009WNFMA-40_16	350	355.6	580	510	36	16	M33	46	408	8.8	20	12	125	465	2	5.0	422
HG20592-2009WNFMA-40_17	400	406.4	660	585	39	16	M36×3	50	462	11.0	20	12	135	535	2	5.0	474
HG20592-2009WNFMA-40_18	450	457	685	610	39	20	M36×3	57	500	12.5	20	12	135	560	2	5.0	524
HG20592-2009WNFMA-40_19	500	508	755	670	42	20	M39×3	57	562	14.2	20	12	140	615	2	5.0	576
HG20592-2009WNFMA-40_20	600	610	890	795	48	20	M45×3	72	666	16.0	20	12	150	735	2	5.0	676

表 2-102　PN40 B系列凹面（FM）带颈对焊法兰尺寸　　单位：mm

标准件编号	DN	A_1	D	K	L	n（个）	螺栓Th	C	N	S	H_1	R	H	密封面			
														d	f_1	f_3	Y
HG20592-2009WNFMB-40_1	10	14	90	60	14	4	M12	16	28	1.8	6	4	35	40	2	4.0	35
HG20592-2009WNFMB-40_2	15	18	95	65	14	4	M12	16	32	2.0	6	4	38	45	2	4.0	40
HG20592-2009WNFMB-40_3	20	25	105	75	14	4	M12	18	40	2.3	6	4	40	58	2	4.0	51
HG20592-2009WNFMB-40_4	25	32	115	85	14	4	M12	18	46	2.6	6	4	40	68	2	4.0	58
HG20592-2009WNFMB-40_5	32	38	140	100	18	4	M16	18	56	2.6	6	6	42	78	2	4.0	66
HG20592-2009WNFMB-40_6	40	45	150	110	18	4	M16	18	64	2.6	7	6	45	88	2	4.0	76
HG20592-2009WNFMB-40_7	50	57	165	125	18	4	M16	20	75	2.9	8	6	48	102	2	4.0	88
HG20592-2009WNFMB-40_8	65	65	185	145	18	8	M16	22	90	2.9	10	6	52	122	2	4.0	110
HG20592-2009WNFMB-40_9	80	89	200	160	18	8	M16	24	105	3.2	12	8	58	138	2	4.0	121

续表

标准件编号	DN	A_1	D	K	L	n（个）	螺栓Th	C	N	S	H_1	R	H	密封面			
														d	f_1	f_3	Y
HG20592-2009WNFMB-40_10	100	108	235	190	22	8	M20	24	134	3.6	12	8	65	162	2	4.5	150
HG20592-2009WNFMB-40_11	125	133	270	220	26	8	M24	26	162	4.0	12	8	68	188	2	4.5	176
HG20592-2009WNFMB-40_12	150	159	300	250	26	8	M24	28	192	4.5	12	10	75	218	2	4.5	204
HG20592-2009WNFMB-40_13	200	219	375	320	30	12	M27	34	244	6.3	16	10	88	285	2	4.5	260
HG20592-2009WNFMB-40_14	250	273	450	385	33	12	M30	38	306	7.1	18	12	105	345	2	4.5	313
HG20592-2009WNFMB-40_15	300	325	515	450	33	16	M30	42	362	8.0	18	12	115	410	2	4.5	364
HG20592-2009WNFMB-40_16	350	377	580	510	36	16	M33	46	430	8.8	20	12	125	465	2	5.0	422
HG20592-2009WNFMB-40_17	400	426	660	585	39	16	M36×3	50	482	11.0	20	12	135	535	2	5.0	474
HG20592-2009WNFMB-40_18	450	480	685	610	39	20	M36×3	57	522	12.5	20	12	135	560	2	5.0	524
HG20592-2009WNFMB-40_19	500	530	755	670	42	20	M39×3	57	584	14.2	20	12	140	615	2	5.0	576
HG20592-2009WNFMB-40_20	600	630	890	795	48	20	M45×3	72	686	16.0	20	12	150	735	2	5.0	676

表 2-103　PN63 A系列凹面（FM）带颈对焊法兰尺寸　单位：mm

标准件编号	DN	A_1	D	K	L	n（个）	螺栓Th	C	N	S	H_1	R	H	密封面			
														d	f_1	f_3	Y
HG20592-2009WNFMA-63_1	10	17.2	100	70	14	4	M12	20	32	1.8	6	4	45	40	2	4.0	35
HG20592-2009WNFMA-63_2	15	21.3	105	75	14	4	M12	20	34	2.0	6	4	45	45	2	4.0	40
HG20592-2009WNFMA-63_3	20	26.9	130	90	18	4	M16	22	42	2.6	8	4	48	58	2	4.0	51
HG20592-2009WNFMA-63_4	25	33.7	140	100	18	4	M16	24	52	2.6	8	4	58	68	2	4.0	58
HG20592-2009WNFMA-63_5	32	42.4	155	110	22	4	M20	24	62	2.9	8	6	60	78	2	4.0	66
HG20592-2009WNFMA-63_6	40	48.3	170	125	22	4	M20	26	70	2.9	10	6	62	88	2	4.0	76
HG20592-2009WNFMA-63_7	50	60.3	180	135	22	4	M20	26	82	2.9	10	6	62	102	2	4.0	88
HG20592-2009WNFMA-63_8	65	76.1	205	160	22	8	M20	26	98	3.2	12	6	68	122	2	4.0	110
HG20592-2009WNFMA-63_9	80	88.9	215	170	22	8	M20	28	112	3.6	12	8	72	138	2	4.0	121
HG20592-2009WNFMA-63_10	100	114.3	250	200	26	8	M24	30	138	4.0	12	8	78	162	2	4.5	150
HG20592-2009WNFMA-63_11	125	139.7	295	240	30	8	M27	34	168	4.5	12	8	88	188	2	4.5	176
HG20592-2009WNFMA-63_12	150	168.3	345	280	33	8	M30	36	202	5.6	12	10	95	218	2	4.5	204
HG20592-2009WNFMA-63_13	200	219.1	415	345	36	12	M33	42	256	7.1	16	10	110	285	2	4.5	260
HG20592-2009WNFMA-63_14	250	273	470	400	36	12	M33	46	316	8.8	18	12	125	345	2	4.5	313
HG20592-2009WNFMA-63_15	300	323.9	530	460	36	16	M33	52	372	11.0	18	12	140	410	2	4.5	364
HG20592-2009WNFMA-63_16	350	355.6	600	525	39	16	M36×3	56	420	12.5	20	12	150	465	2	5.0	422
HG20592-2009WNFMA-63_17	400	406.4	670	585	42	16	M39×3	60	475	14.2	20	12	160	535	2	5.0	474

表 2-104　PN63 B 系列凹面（FM）带颈对焊法兰尺寸　　单位：mm

标准件编号	DN	A_1	D	K	L	n（个）	螺栓Th	C	N	S	H_1	R	H	密封面			
														d	f_1	f_3	Y
HG20592-2009WNFMB-63_1	10	14	100	70	14	4	M12	20	32	1.8	6	4	45	40	2	4.0	35
HG20592-2009WNFMB-63_2	15	18	105	75	14	4	M12	20	34	2.0	6	4	45	45	2	4.0	40
HG20592-2009WNFMB-63_3	20	25	130	90	18	4	M16	22	42	2.6	8	4	48	58	2	4.0	51
HG20592-2009WNFMB-63_4	25	32	140	100	18	4	M16	24	52	2.6	8	4	58	68	2	4.0	58
HG20592-2009WNFMB-63_5	32	38	155	110	22	4	M20	24	62	2.9	8	6	60	78	2	4.0	66
HG20592-2009WNFMB-63_6	40	45	170	125	22	4	M20	26	70	2.9	10	6	62	88	2	4.0	76
HG20592-2009WNFMB-63_7	50	57	180	135	22	4	M20	26	82	2.9	10	6	62	102	2	4.0	88
HG20592-2009WNFMB-63_8	65	65	205	160	22	8	M20	26	98	3.2	12	6	68	122	2	4.0	110
HG20592-2009WNFMB-63_9	80	89	215	170	22	8	M20	28	112	3.6	12	8	72	138	2	4.0	121
HG20592-2009WNFMB-63_10	100	108	250	200	26	8	M24	30	138	4.0	12	8	78	162	2	4.5	150
HG20592-2009WNFMB-63_11	125	133	295	240	30	8	M27	34	168	4.5	12	8	88	188	2	4.5	176
HG20592-2009WNFMB-63_12	150	159	345	280	33	8	M30	36	202	5.6	12	10	95	218	2	4.5	204
HG20592-2009WNFMB-63_13	200	219	415	345	36	12	M33	42	256	7.1	16	10	110	285	2	4.5	260
HG20592-2009WNFMB-63_14	250	273	470	400	36	12	M33	46	316	8.8	18	12	125	345	2	4.5	313
HG20592-2009WNFMB-63_15	300	325	530	460	36	16	M33	52	372	11.0	18	12	140	410	2	4.5	364
HG20592-2009WNFMB-63_16	350	377	600	525	39	16	M36×3	56	442	12.5	20	12	150	465	2	5.0	422
HG20592-2009WNFMB-63_17	400	426	670	585	42	16	M39×3	60	495	14.2	20	12	160	535	2	5.0	474

表 2-105　PN100 A 系列凹面（FM）带颈对焊法兰尺寸　　单位：mm

标准件编号	DN	A_1	D	K	L	n（个）	螺栓Th	C	N	S	H_1 ≈	R	H	密封面			
														d	f_1	f_3	Y
HG20592-2009WNFMA-100_1	10	17.2	100	70	14	4	M12	20	32	1.8	6	4	45	40	2	4.0	35
HG20592-2009WNFMA-100_2	15	21.3	105	75	14	4	M12	20	34	2.0	6	4	45	45	2	4.0	40
HG20592-2009WNFMA-100_3	20	26.9	130	90	18	4	M16	22	42	2.6	8	4	52	58	2	4.0	51
HG20592-2009WNFMA-100_4	25	33.7	140	100	18	4	M16	24	52	2.6	8	4	58	68	2	4.0	58
HG20592-2009WNFMA-100_5	32	42.4	155	110	22	4	M20	24	62	2.9	8	6	60	78	2	4.0	66
HG20592-2009WNFMA-100_6	40	48.3	170	125	22	4	M20	26	70	2.9	10	6	62	88	2	4.0	76
HG20592-2009WNFMA-100_7	50	60.3	195	145	26	4	M24	28	90	3.2	10	6	68	102	2	4.0	88
HG20592-2009WNFMA-100_8	65	76.1	220	170	26	8	M24	30	108	3.6	12	6	76	122	2	4.0	110
HG20592-2009WNFMA-100_9	80	88.9	230	180	26	8	M24	32	120	4.0	12	8	78	138	2	4.0	121
HG20592-2009WNFMA-100_10	100	114.3	265	210	30	8	M27	36	150	5.0	12	8	90	162	2	4.5	150
HG20592-2009WNFMA-100_11	125	139.7	315	250	33	8	M30	40	180	6.3	12	8	105	188	2	4.5	176
HG20592-2009WNFMA-100_12	150	168.8	355	290	33	12	M30	44	210	7.1	12	10	115	218	2	4.5	204
HG20592-2009WNFMA-100_13	200	219.1	430	360	36	12	M33	52	278	10.0	16	10	130	285	2	4.5	260

续表

标准件编号	DN	A_1	D	K	L	n（个）	螺栓Th	C	N	S	H_1 ≈	R	H	密封面			
														d	f_1	f_3	Y
HG20592-2009WNFMA-100_14	250	273	505	430	39	12	M36×3	60	340	12.5	18	12	157	345	2	4.5	313
HG20592-2009WNFMA-100_15	300	323.9	585	500	42	16	M39×3	68	400	14.2	18	12	170	410	2	4.5	364
HG20592-2009WNFMA-100_16	350	355.6	655	560	48	16	M45×3	74	460	16.0	20	12	189	465	2	5.0	422

表 2-106 PN100 B 系列凹面（FM）带颈对焊法兰尺寸 单位：mm

标准件编号	DN	A_1	D	K	L	n（个）	螺栓Th	C	N	S	H_1 ≈	R	H	密封面			
														d	f_1	f_3	Y
HG20592-2009WNFMB-100_1	10	14	100	70	14	4	M12	20	32	1.8	6	4	45	40	2	4.0	35
HG20592-2009WNFMB-100_2	15	18	105	75	14	4	M12	20	34	2.0	6	4	45	45	2	4.0	40
HG20592-2009WNFMB-100_3	20	25	130	90	18	4	M16	22	42	2.6	8	4	52	58	2	4.0	51
HG20592-2009WNFMB-100_4	25	32	140	100	18	4	M16	24	52	2.6	8	4	58	68	2	4.0	58
HG20592-2009WNFMB-100_5	32	38	155	110	22	4	M20	24	62	2.9	8	6	60	78	2	4.0	66
HG20592-2009WNFMB-100_6	40	45	170	125	22	4	M20	26	70	2.9	10	6	62	88	2	4.0	76
HG20592-2009WNFMB-100_7	50	57	195	145	26	4	M24	28	90	3.2	10	6	68	102	2	4.0	88
HG20592-2009WNFMB-100_8	65	65	220	170	26	8	M24	30	108	3.6	12	6	76	122	2	4.0	110
HG20592-2009WNFMB-100_9	80	89	230	180	26	8	M24	32	120	4.0	12	8	78	138	2	4.0	121
HG20592-2009WNFMB-100_10	100	108	265	210	30	8	M27	36	150	5.0	12	8	90	162	2	4.5	150
HG20592-2009WNFMB-100_11	125	133	315	250	33	8	M30	40	180	6.3	12	8	105	188	2	4.5	176
HG20592-2009WNFMB-100_12	150	159	355	290	33	12	M30	44	210	7.1	12	10	115	218	2	4.5	204
HG20592-2009WNFMB-100_13	200	219	430	360	36	12	M33	52	278	10.0	16	10	130	285	2	4.5	260
HG20592-2009WNFMB-100_14	250	273	505	430	39	12	M36×3	60	340	12.5	18	12	157	345	2	4.5	313
HG20592-2009WNFMB-100_15	300	325	585	500	42	16	M39×3	68	400	14.2	18	12	170	410	2	4.5	364
HG20592-2009WNFMB-100_16	350	377	655	560	48	16	M45×3	74	480	16.0	20	12	189	465	2	5.0	422

表 2-107 PN160 A 系列凹面（FM）带颈对焊法兰尺寸 单位：mm

标准件编号	DN	A_1	D	K	L	n（个）	螺栓Th	C	N	S	H_1 ≈	R	H	密封面			
														d	f_1	f_3	Y
HG20592-2009WNFMA-160_1	10	17.2	100	70	14	4	M12	20	32	2.0	6	4	45	40	2	4.0	35
HG20592-2009WNFMA-160_2	15	21.3	105	75	14	4	M12	20	34	2.0	6	4	45	45	2	4.0	40
HG20592-2009WNFMA-160_3	20	26.9	130	90	18	4	M16	24	42	2.9	6	4	52	58	2	4.0	51
HG20592-2009WNFMA-160_4	25	33.7	140	100	18	4	M16	32	52	2.9	8	4	58	68	2	4.0	58
HG20592-2009WNFMA-160_5	32	42.4	155	110	22	4	M20	28	60	3.6	8	5	60	78	2	4.0	66
HG20592-2009WNFMA-160_6	40	48.3	170	125	22	4	M20	28	70	3.6	10	6	64	88	2	4.0	76
HG20592-2009WNFMA-160_7	50	60.3	195	145	26	4	M24	30	90	4	10	6	75	102	2	4.0	88

续表

标准件编号	DN	A_1	D	K	L	n（个）	螺栓Th	C	N	S	H_1 ≈	R	H	密封面			
														d	f_1	f_3	Y
HG20592-2009WNFMA-160_8	65	76.1	220	170	26	8	M24	34	108	5	12	6	82	122	2	4.0	110
HG20592-2009WNFMA-160_9	80	88.9	230	180	26	8	M24	36	120	6.3	12	6	86	138	2	4.0	121
HG20592-2009WNFMA-160_10	100	114.3	265	210	30	8	M27	40	150	8	12	8	100	162	2	4.5	150
HG20592-2009WNFMA-160_11	125	139.7	315	250	33	8	M30	44	180	10.0	14	8	115	188	2	4.5	176
HG20592-2009WNFMA-160_12	150	168.3	355	290	33	12	M30	50	210	12.5	14	10	128	218	2	4.5	204
HG20592-2009WNFMA-160_13	200	219.1	430	360	36	12	M33	60	278	16	16	10	140	285	2	4.5	260
HG20592-2009WNFMA-160_14	250	273	515	430	42	12	M39×3	68	340	20	18	12	155	345	2	4.5	313
HG20592-2009WNFMA-160_15	300	323.9	585	500	42	16	M39×3	78	400	22.2	18	12	175	410	2	4.5	364

表 2-108　PN160 B 系列凹面（FM）带颈对焊法兰尺寸　　单位：mm

标准件编号	DN	A_1	D	K	L	n（个）	螺栓Th	C	N	S	H_1 ≈	R	H	密封面			
														d	f_1	f_3	Y
HG20592-2009WNFMB-160_1	10	14	100	70	14	4	M12	20	32	2.0	6	4	45	40	2	4.0	35
HG20592-2009WNFMB-160_2	15	18	105	75	14	4	M12	20	34	2.0	6	4	45	45	2	4.0	40
HG20592-2009WNFMB-160_3	20	25	130	90	18	4	M16	24	42	2.9	6	4	52	58	2	4.0	51
HG20592-2009WNFMB-160_4	25	32	140	100	18	4	M16	32	52	2.9	8	4	58	68	2	4.0	58
HG20592-2009WNFMB-160_5	32	38	155	110	22	4	M20	28	60	3.6	8	5	60	78	2	4.0	66
HG20592-2009WNFMB-160_6	40	45	170	125	22	4	M20	28	70	3.6	10	6	64	88	2	4.0	76
HG20592-2009WNFMB-160_7	50	57	195	145	26	4	M24	30	90	4	10	6	75	102	2	4.0	88
HG20592-2009WNFMB-160_8	65	65	220	170	26	8	M24	34	108	5	12	6	82	122	2	4.0	110
HG20592-2009WNFMB-160_9	80	89	230	180	26	8	M24	36	120	6.3	12	6	86	138	2	4.0	121
HG20592-2009WNFMB-160_10	100	108	265	210	30	8	M27	40	150	8	12	8	100	162	2	4.5	150
HG20592-2009WNFMB-160_11	125	133	315	250	33	8	M30	44	180	10.0	14	8	115	188	2	4.5	176
HG20592-2009WNFMB-160_12	150	159	355	290	33	12	M30	50	210	12.5	14	10	128	218	2	4.5	204
HG20592-2009WNFMB-160_13	200	219	430	360	36	12	M33	60	278	16	16	10	140	285	2	4.5	260
HG20592-2009WNFMB-160_14	250	273	515	430	42	12	M39×3	68	340	20	18	12	155	345	2	4.5	313
HG20592-2009WNFMB-160_15	300	325	585	500	42	16	M39×3	78	400	22.2	18	12	175	410	2	4.5	364

3．凸面（M）带颈对焊法兰

凸面（M）带颈对焊法兰根据接口管可分为 A 系列（英制管）和 B 系列（公制管）。根据公称压力二者均可分为 PN10、PN16、PN25、PN40、PN63、PN100 和 PN160。A 系列（英制管）和 B 系列（公制管）法兰尺寸如表 2-109～表 2-122 所示。

表 2-109 PN10 A 系列凸面（M）带颈对焊法兰尺寸 单位：mm

标准件编号	DN	A_1	D	K	L	n（个）	螺栓Th	C	N	S	H_1	R	H	密封面f_2	密封面X
HG20592-2009WNMA-10_1	10	17.2	90	60	14	4	M12	16	28	1.8	6	4	35	4.5	34
HG20592-2009WNMA-10_2	15	21.3	95	65	14	4	M12	16	32	2	6	4	38	4.5	39
HG20592-2009WNMA-10_3	20	26.9	105	75	14	4	M12	18	40	2.3	6	4	40	4.5	50
HG20592-2009WNMA-10_4	25	33.7	115	85	14	4	M12	18	46	2.6	6	4	40	4.5	57
HG20592-2009WNMA-10_5	32	42.4	140	100	18	4	M16	18	56	2.6	6	6	42	4.5	65
HG20592-2009WNMA-10_6	40	48.3	150	110	18	4	M16	18	64	2.6	7	6	45	4.5	75
HG20592-2009WNMA-10_7	50	60.3	165	125	18	4	M16	18	74	2.9	8	5	45	4.5	87
HG20592-2009WNMA-10_8	65	76.1	185	145	18	8	M16	18	92	2.9	10	6	45	4.5	109
HG20592-2009WNMA-10_9	80	88.9	200	160	18	8	M16	20	105	3.2	10	6	50	4.5	120
HG20592-2009WNMA-10_10	100	114.3	220	180	18	8	M16	20	131	3.6	12	8	52	5.0	149
HG20592-2009WNMA-10_11	125	139.7	250	210	18	8	M16	22	156	4	12	8	55	5.0	175
HG20592-2009WNMA-10_12	150	168.3	285	240	22	8	M20	22	184	4.5	12	10	55	5.0	203
HG20592-2009WNMA-10_13	200	219.1	340	295	22	8	M20	24	234	6.3	16	10	62	5.0	259
HG20592-2009WNMA-10_14	250	273	395	350	22	12	M20	26	292	6.3	16	12	70	5.0	312
HG20592-2009WNMA-10_15	300	323.9	445	400	22	12	M20	26	342	7.1	16	12	78	5.0	363
HG20592-2009WNMA-10_16	350	355.6	505	460	22	16	M20	26	385	7.1	16	12	82	5.5	421
HG20592-2009WNMA-10_17	400	406.4	565	515	26	16	M24	26	440	7.1	16	12	85	5.5	473
HG20592-2009WNMA-10_18	450	457	615	565	26	20	M24	28	488	7.1	16	12	87	5.5	523
HG20592-2009WNMA-10_19	500	508	670	620	26	20	M24	28	542	7.1	16	12	90	5.5	575
HG20592-2009WNMA-10_20	600	610	780	725	30	20	M27	28	642	7.1	18	12	95	5.5	675

表 2-110 PN10 B 系列凸面（M）带颈对焊法兰尺寸 单位：mm

标准件编号	DN	A_1	D	K	L	n（个）	螺栓Th	C	N	S	H_1	R	H	密封面f_2	密封面X
HG20592-2009WNMB-10_1	10	14	90	60	14	4	M12	16	28	1.8	6	4	35	4.5	34
HG20592-2009WNMB-10_2	15	18	95	65	14	4	M12	16	32	2	6	4	38	4.5	39
HG20592-2009WNMB-10_3	20	25	105	75	14	4	M12	18	40	2.3	6	4	40	4.5	50
HG20592-2009WNMB-10_4	25	32	115	85	14	4	M12	18	46	2.6	6	4	40	4.5	57
HG20592-2009WNMB-10_5	32	38	140	100	18	4	M16	18	56	2.6	6	6	42	4.5	65
HG20592-2009WNMB-10_6	40	45	150	110	18	4	M16	18	64	2.6	7	6	45	4.5	75
HG20592-2009WNMB-10_7	50	57	165	125	18	4	M16	18	74	2.9	8	5	45	4.5	87
HG20592-2009WNMB-10_8	65	65	185	145	18	8	M16	18	92	2.9	10	6	45	4.5	109
HG20592-2009WNMB-10_9	80	89	200	160	18	8	M16	20	105	3.2	10	6	50	4.5	120
HG20592-2009WNMB-10_10	100	108	220	180	18	8	M16	20	131	3.6	12	8	52	5.0	149
HG20592-2009WNMB-10_11	125	133	250	210	18	8	M16	22	156	4	12	8	55	5.0	175
HG20592-2009WNMB-10_12	150	159	285	240	22	8	M20	22	184	4.5	12	10	55	5.0	203

续表

标准件编号	DN	A_1	D	K	L	n（个）	螺栓Th	C	N	S	H_1	R	H	密封面f_2	密封面X
HG20592-2009WNMB-10_13	200	219	340	295	22	8	M20	24	234	6.3	16	10	62	5.0	259
HG20592-2009WNMB-10_14	250	273	395	350	22	12	M20	26	292	6.3	16	12	70	5.0	312
HG20592-2009WNMB-10_15	300	325	445	400	22	12	M20	26	342	7.1	16	12	78	5.0	363
HG20592-2009WNMB-10_16	350	377	505	460	22	16	M20	26	402	7.1	16	12	82	5.5	421
HG20592-2009WNMB-10_17	400	426	565	515	26	16	M24	26	458	7.1	16	12	85	5.5	473
HG20592-2009WNMB-10_18	450	480	615	565	26	20	M24	28	510	7.1	16	12	87	5.5	523
HG20592-2009WNMB-10_19	500	530	670	620	26	20	M24	28	562	7.1	16	12	90	5.5	575
HG20592-2009WNMB-10_20	600	630	780	725	30	20	M27	28	660	7.1	18	12	95	5.5	675

表 2-111　PN16 A 系列凸面（M）带颈对焊法兰尺寸　　　单位：mm

标准件编号	DN	A_1	D	K	L	n（个）	螺栓Th	C	N	S	H_1	R	H	密封面f_2	密封面X
HG20592-2009WNMA-16_1	10	17.2	90	60	14	4	M12	16	28	1.8	6	4	35	4.5	34
HG20592-2009WNMA-16_2	15	21.3	95	65	14	4	M12	16	32	2	6	4	38	4.5	39
HG20592-2009WNMA-16_3	20	26.9	105	75	14	4	M12	18	40	2.3	6	4	40	4.5	50
HG20592-2009WNMA-16_4	25	33.7	115	85	14	4	M12	18	46	2.6	6	4	40	4.5	57
HG20592-2009WNMA-16_5	32	42.4	140	100	18	4	M16	18	56	2.6	6	6	42	4.5	65
HG20592-2009WNMA-16_6	40	48.3	150	110	18	4	M16	18	64	2.6	7	6	45	4.5	75
HG20592-2009WNMA-16_7	50	60.3	165	125	18	4	M16	18	74	2.9	8	5	45	4.5	87
HG20592-2009WNMA-16_8	65	76.1	185	145	18	8	M16	18	92	2.9	10	6	45	4.5	109
HG20592-2009WNMA-16_9	80	88.9	200	160	18	8	M16	20	105	3.2	10	6	50	4.5	120
HG20592-2009WNMA-16_10	100	114.3	220	180	18	8	M16	20	131	3.6	12	8	52	5.0	149
HG20592-2009WNMA-16_11	125	139.7	250	210	18	8	M16	22	156	4	12	8	55	5.0	175
HG20592-2009WNMA-16_12	150	168.3	285	240	22	8	M20	22	184	4.5	12	10	55	5.0	203
HG20592-2009WNMA-16_13	200	219.1	340	295	22	12	M20	24	235	6.3	16	10	62	5.0	259
HG20592-2009WNMA-16_14	250	273	405	355	26	12	M24	26	292	6.3	16	12	70	5.0	312
HG20592-2009WNMA-16_15	300	323.9	460	410	26	12	M24	28	344	7.1	16	12	78	5.0	363
HG20592-2009WNMA-16_16	350	355.6	520	470	26	16	M24	30	390	8.0	16	12	82	5.5	421
HG20592-2009WNMA-16_17	400	406.4	580	525	30	16	M27	32	445	8.0	16	12	85	5.5	473
HG20592-2009WNMA-16_18	450	457	640	585	30	20	M27	40	490	8.0	16	12	87	5.5	523
HG20592-2009WNMA-16_19	500	508	715	650	33	20	M30	44	548	8.0	16	12	90	5.5	575
HG20592-2009WNMA-16_20	600	610	840	770	36	20	M33	54	652	8.8	18	12	95	5.5	675

表 2-112　PN16 B 系列凸面（M）带颈对焊法兰尺寸　　　单位：mm

标准件编号	DN	A_1	D	K	L	n（个）	螺栓Th	C	N	S	H_1	R	H	密封面f_2	密封面X
HG20592-2009WNMB-16_1	10	17.2	90	60	14	4	M12	16	28	1.8	6	4	35	4.5	34

续表

标准件编号	DN	A_1	D	K	L	n	螺栓Th	C	N	S	H_1	R	H	密封面f_2	密封面X
HG20592-2009WNMB-16_2	15	21.3	95	65	14	4	M12	16	32	2	6	4	38	4.5	39
HG20592-2009WNMB-16_3	20	26.9	105	75	14	4	M12	18	40	2.3	6	4	40	4.5	50
HG20592-2009WNMB-16_4	25	33.7	115	85	14	4	M12	18	46	2.6	6	4	40	4.5	57
HG20592-2009WNMB-16_5	32	42.4	140	100	18	4	M16	18	56	2.6	6	6	42	4.5	65
HG20592-2009WNMB-16_6	40	48.3	150	110	18	4	M16	18	64	2.6	7	6	45	4.5	75
HG20592-2009WNMB-16_7	50	60.3	165	125	18	4	M16	18	74	2.9	8	5	45	4.5	87
HG20592-2009WNMB-16_8	65	76.1	185	145	18	8	M16	18	92	2.9	10	6	45	4.5	109
HG20592-2009WNMB-16_9	80	88.9	200	160	18	8	M16	20	105	3.2	10	6	50	4.5	120
HG20592-2009WNMB-16_10	100	114.3	220	180	18	8	M16	20	131	3.6	12	8	52	5.0	149
HG20592-2009WNMB-16_11	125	139.7	250	210	18	8	M16	22	156	4	12	8	55	5.0	175
HG20592-2009WNMB-16_12	150	168.3	285	240	22	8	M20	22	184	4.5	12	10	55	5.0	203
HG20592-2009WNMB-16_13	200	219.1	340	295	22	12	M20	24	235	6.3	16	10	62	5.0	259
HG20592-2009WNMB-16_14	250	273	405	355	26	12	M24	26	292	6.3	16	12	70	5.0	312
HG20592-2009WNMB-16_15	300	323.9	460	410	26	12	M24	28	344	7.1	16	12	78	5.0	363
HG20592-2009WNMB-16_16	350	355.6	520	470	26	16	M24	30	390	8.0	16	12	82	5.5	421
HG20592-2009WNMB-16_17	400	406.4	580	525	30	16	M27	32	445	8.0	16	12	85	5.5	473
HG20592-2009WNMB-16_18	450	457	640	585	30	20	M27	40	490	8.0	16	12	87	5.5	523
HG20592-2009WNMB-16_19	500	508	715	650	33	20	M30	44	548	8.0	16	12	90	5.5	575
HG20592-2009WNMB-16_20	600	610	840	770	36	20	M33	54	652	8.8	18	12	95	5.5	675

表 2-113 PN25 A 系列凸面（M）带颈对焊法兰尺寸

单位：mm

标准件编号	DN	A_1	D	K	L	n（个）	螺栓Th	C	N	S	H_1	R	H	密封面f_2	密封面X
HG20592-2009WNMA-25_1	10	17.2	90	60	14	4	M12	16	28	1.8	6	4	35	4.5	34
HG20592-2009WNMA-25_2	15	21.3	95	65	14	4	M12	16	32	2.0	6	4	38	4.5	39
HG20592-2009WNMA-25_3	20	26.9	105	75	14	4	M12	18	40	2.3	6	4	40	4.5	50
HG20592-2009WNMA-25_4	25	33.7	115	85	14	4	M12	16	46	2.6	6	4	40	4.5	57
HG20592-2009WNMA-25_5	32	42.4	140	100	18	4	M16	18	56	2.6	6	6	42	4.5	65
HG20592-2009WNMA-25_6	40	48.3	150	110	18	4	M16	18	64	2.6	7	6	45	4.5	75
HG20592-2009WNMA-25_7	50	60.3	165	125	18	4	M16	20	75	2.9	8	6	48	4.5	87
HG20592-2009WNMA-25_8	65	76.1	185	145	18	8	M16	22	90	2.9	10	6	52	4.5	109
HG20592-2009WNMA-25_9	80	88.9	200	160	18	8	M16	24	105	3.2	12	8	58	4.5	120
HG20592-2009WNMA-25_10	100	114.3	235	190	22	8	M20	24	134	3.6	12	8	65	5.0	149
HG20592-2009WNMA-25_11	125	139.7	270	220	26	8	M24	26	162	4.0	12	8	68	5.0	175
HG20592-2009WNMA-25_12	150	168.3	300	250	26	8	M24	28	192	4.5	12	10	75	5.0	203
HG20592-2009WNMA-25_13	200	219.1	360	310	26	12	M24	30	244	6.3	16	10	80	5.0	259

续表

标准件编号	DN	A_1	D	K	L	n（个）	螺栓Th	C	N	S	H_1	R	H	密封面f_2	密封面X
HG20592-2009WNMA-25_14	250	273	425	370	30	12	M27	32	298	7.1	18	12	88	5.0	312
HG20592-2009WNMA-25_15	300	323.9	485	430	30	12	M27	34	352	8.0	18	12	92	5.0	363
HG20592-2009WNMA-25_16	350	355.6	555	490	33	16	M30	38	398	8	20	12	100	5.5	421
HG20592-2009WNMA-25_17	400	406.4	620	550	36	16	M33	40	452	8.8	20	12	110	5.5	473
HG20592-2009WNMA-25_18	450	457	670	600	36	20	M33	46	500	8.8	20	12	110	5.5	523
HG20592-2009WNMA-25_19	500	508	730	660	36	20	M33	48	558	10	20	12	125	5.5	575
HG20592-2009WNMA-25_20	600	610	845	770	39	20	M36×3	58	660	11	20	12	125	5.5	675

表 2-114　PN25 B 系列凸面（M）带颈对焊法兰尺寸　　单位：mm

标准件编号	DN	A_1	D	K	L	n（个）	螺栓Th	C	N	S	H_1	R	H	密封面f_2	密封面X
HG20592-2009WNMB-25_1	10	14	90	60	14	4	M12	16	28	1.8	6	4	35	4.5	34
HG20592-2009WNMB-25_2	15	18	95	65	14	4	M12	16	32	2.0	6	4	38	4.5	39
HG20592-2009WNMB-25_3	20	25	105	75	14	4	M12	18	40	2.3	6	4	40	4.5	50
HG20592-2009WNMB-25_4	25	32	115	85	14	4	M12	16	46	2.6	6	4	40	4.5	57
HG20592-2009WNMB-25_5	32	38	140	100	18	4	M16	18	56	2.6	6	6	42	4.5	65
HG20592-2009WNMB-25_6	40	45	150	110	18	4	M16	18	64	2.6	7	6	45	4.5	75
HG20592-2009WNMB-25_7	50	57	165	125	18	4	M16	20	75	2.9	8	6	48	4.5	87
HG20592-2009WNMB-25_8	65	65	185	145	18	8	M16	22	90	2.9	10	6	52	4.5	109
HG20592-2009WNMB-25_9	80	89	200	160	18	8	M16	24	105	3.2	12	8	58	4.5	120
HG20592-2009WNMB-25_10	100	108	235	190	22	8	M20	24	134	3.6	12	8	65	5.0	149
HG20592-2009WNMB-25_11	125	133	270	220	26	8	M24	26	162	4.0	12	8	68	5.0	175
HG20592-2009WNMB-25_12	150	159	300	250	26	8	M24	28	190	4.5	12	10	75	5.0	203
HG20592-2009WNMB-25_13	200	219	360	310	26	12	M24	30	244	6.3	16	10	80	5.0	259
HG20592-2009WNMB-25_14	250	273	425	370	30	12	M27	32	298	7.1	18	12	88	5.0	312
HG20592-2009WNMB-25_15	300	325	485	430	30	12	M27	34	352	8.0	18	12	92	5.0	363
HG20592-2009WNMB-25_16	350	377	555	490	33	16	M30	38	420	8	20	12	100	5.5	421
HG20592-2009WNMB-25_17	400	426	620	550	36	16	M33	40	472	8.8	20	12	110	5.5	473
HG20592-2009WNMB-25_18	450	480	670	600	36	20	M33	46	522	8.8	20	12	110	5.5	523
HG20592-2009WNMB-25_19	500	530	730	660	36	20	M33	48	580	10	20	12	125	5.5	575
HG20592-2009WNMB-25_20	600	630	845	770	39	20	M36×3	58	680	11	20	12	125	5.5	675

表 2-115　PN40 A 系列凸面（M）带颈对焊法兰尺寸　　单位：mm

标准件编号	DN	A_1	D	K	L	n（个）	螺栓Th	C	N	S	H_1	R	H	密封面f_2	密封面X
HG20592-2009WNMA-40_1	10	17.2	90	60	14	4	M12	16	28	1.8	6	4	35	4.5	34
HG20592-2009WNMA-40_2	15	21.3	95	65	14	4	M12	16	32	2.0	6	4	38	4.5	39

续表

标准件编号	DN	A_1	D	K	L	n（个）	螺栓Th	C	N	S	H_1	R	H	密封面f_2	密封面X
HG20592-2009WNMA-40_3	20	26.9	105	75	14	4	M12	18	40	2.3	6	4	40	4.5	50
HG20592-2009WNMA-40_4	25	33.7	115	85	14	4	M12	18	46	2.6	6	4	40	4.5	57
HG20592-2009WNMA-40_5	32	42.4	140	100	18	4	M16	18	56	2.6	6	6	42	4.5	65
HG20592-2009WNMA-40_6	40	48.3	150	110	18	4	M16	18	64	2.6	7	6	45	4.5	75
HG20592-2009WNMA-40_7	50	60.3	165	125	18	4	M16	20	75	2.9	8	6	48	4.5	87
HG20592-2009WNMA-40_8	65	76.1	185	145	18	8	M16	22	90	2.9	10	6	52	4.5	109
HG20592-2009WNMA-40_9	80	88.9	200	160	18	8	M16	24	105	3.2	12	8	58	4.5	120
HG20592-2009WNMA-40_10	100	114.3	235	190	22	8	M20	24	134	3.6	12	8	65	5.0	149
HG20592-2009WNMA-40_11	125	139.7	270	220	26	8	M24	26	162	4.0	12	8	68	5.0	175
HG20592-2009WNMA-40_12	150	168.3	300	250	26	8	M24	28	192	4.5	12	10	75	5.0	203
HG20592-2009WNMA-40_13	200	219.1	375	320	30	12	M27	34	244	6.3	16	10	88	5.0	259
HG20592-2009WNMA-40_14	250	273	450	385	33	12	M30	38	306	7.1	18	12	105	5.0	312
HG20592-2009WNMA-40_15	300	323.9	515	450	33	16	M30	42	362	8.0	18	12	115	5.0	363
HG20592-2009WNMA-40_16	350	355.6	580	510	36	16	M33	46	408	8.8	20	12	125	5.5	421
HG20592-2009WNMA-40_17	400	406.4	660	585	39	16	M36×3	50	462	11.0	20	12	135	5.5	473
HG20592-2009WNMA-40_18	450	457	685	610	39	20	M36×3	57	500	12.5	20	12	135	5.5	523
HG20592-2009WNMA-40_19	500	508	755	670	42	20	M39×3	57	562	14.2	20	12	140	5.5	575
HG20592-2009WNMA-40_20	600	610	890	795	48	20	M45×3	72	666	16.0	20	12	150	5.5	675

表 2-116　PN40 B 系列凸面（M）带颈对焊法兰尺寸　　单位：mm

标准件编号	DN	A_1	D	K	L	n（个）	螺栓Th	C	N	S	H_1	R	H	密封面f_2	密封面X
HG20592-2009WNMB-40_1	10	14	90	60	14	4	M12	16	28	1.8	6	4	35	4.5	34
HG20592-2009WNMB-40_2	15	18	95	65	14	4	M12	16	32	2.0	6	4	38	4.5	39
HG20592-2009WNMB-40_3	20	25	105	75	14	4	M12	18	40	2.3	6	4	40	4.5	50
HG20592-2009WNMB-40_4	25	32	115	85	14	4	M12	18	46	2.6	6	4	40	4.5	57
HG20592-2009WNMB-40_5	32	38	140	100	18	4	M16	18	56	2.6	6	6	42	4.5	65
HG20592-2009WNMB-40_6	40	45	150	110	18	4	M16	18	64	2.6	7	6	45	4.5	75
HG20592-2009WNMB-40_7	50	57	165	125	18	4	M16	20	75	2.9	8	6	48	4.5	87
HG20592-2009WNMB-40_8	65	65	185	145	18	8	M16	22	90	2.9	10	6	52	4.5	109
HG20592-2009WNMB-40_9	80	89	200	160	18	8	M16	24	105	3.2	12	8	58	4.5	120
HG20592-2009WNMB-40_10	100	108	235	190	22	8	M20	24	134	3.6	12	8	65	5.0	149
HG20592-2009WNMB-40_11	125	133	270	220	26	8	M24	26	162	4.0	12	8	68	5.0	175
HG20592-2009WNMB-40_12	150	159	300	250	26	8	M24	28	192	4.5	12	10	75	5.0	203
HG20592-2009WNMB-40_13	200	219	375	320	30	12	M27	34	244	6.3	16	10	88	5.0	259
HG20592-2009WNMB-40_14	250	273	450	385	33	12	M30	38	306	7.1	18	12	105	5.0	312

续表

标准件编号	DN	A_1	D	K	L	n（个）	螺栓Th	C	N	S	H_1	R	H	密封面f_2	密封面X
HG20592-2009WNMB-40_15	300	325	515	450	33	16	M30	42	362	8.0	18	12	115	5.0	363
HG20592-2009WNMB-40_16	350	377	580	510	36	16	M33	46	430	8.8	20	12	125	5.5	421
HG20592-2009WNMB-40_17	400	426	660	585	39	16	M36×3	50	482	11.0	20	12	135	5.5	473
HG20592-2009WNMB-40_18	450	480	685	610	39	20	M36×3	57	522	12.5	20	12	135	5.5	523
HG20592-2009WNMB-40_19	500	530	755	670	42	20	M39×3	57	584	14.2	20	12	140	5.5	575
HG20592-2009WNMB-40_20	600	630	890	795	48	20	M45×3	72	686	16.0	20	12	150	5.5	675

表 2-117 PN63 A 系列凸面（M）带颈对焊法兰尺寸 单位：mm

标准件编号	DN	A_1	D	K	L	n（个）	螺栓Th	C	N	S	H_1	R	H	密封面f_2	密封面X
HG20592-2009WNMA-63_1	10	17.2	100	70	14	4	M12	20	32	1.8	6	4	45	4.5	34
HG20592-2009WNMA-63_2	15	21.3	105	75	14	4	M12	20	34	2.0	6	4	45	4.5	39
HG20592-2009WNMA-63_3	20	26.9	130	90	18	4	M16	22	42	2.6	8	4	48	4.5	50
HG20592-2009WNMA-63_4	25	33.7	140	100	18	4	M16	24	52	2.6	8	4	58	4.5	57
HG20592-2009WNMA-63_5	32	42.4	155	110	22	4	M20	24	62	2.9	8	6	60	4.5	65
HG20592-2009WNMA-63_6	40	48.3	170	125	22	4	M20	26	70	2.9	10	6	62	4.5	75
HG20592-2009WNMA-63_7	50	60.3	180	135	22	4	M20	26	82	2.9	10	6	62	4.5	87
HG20592-2009WNMA-63_8	65	76.1	205	160	22	8	M20	26	98	3.2	12	6	68	4.5	109
HG20592-2009WNMA-63_9	80	88.9	215	170	22	8	M20	28	112	3.6	12	8	72	4.5	120
HG20592-2009WNMA-63_10	100	114.3	250	200	26	8	M24	30	138	4.0	12	8	78	5.0	149
HG20592-2009WNMA-63_11	125	139.7	295	240	30	8	M27	34	168	4.5	12	8	88	5.0	175
HG20592-2009WNMA-63_12	150	168.3	345	280	33	8	M30	36	202	5.6	12	10	95	5.0	203
HG20592-2009WNMA-63_13	200	219.1	415	345	36	12	M33	42	256	7.1	16	10	110	5.0	259
HG20592-2009WNMA-63_14	250	273	470	400	36	12	M33	46	316	8.8	18	12	125	5.0	312
HG20592-2009WNMA-63_15	300	323.9	530	460	36	16	M33	52	372	11.0	18	12	140	5.0	363
HG20592-2009WNMA-63_16	350	355.6	600	525	39	16	M36×3	56	420	12.5	20	12	150	5.5	421
HG20592-2009WNMA-63_17	400	406.4	670	585	42	16	M39×3	60	475	14.2	20	12	160	5.5	473

表 2-118 PN63 B 系列凸面（M）带颈对焊法兰尺寸 单位：mm

标准件编号	DN	A_1	D	K	L	n（个）	螺栓Th	C	N	S	H_1	R	H	密封面f_2	密封面X
HG20592-2009WNMB-63_1	10	14	100	70	14	4	M12	20	32	1.8	6	4	45	4.5	34
HG20592-2009WNMB-63_2	15	18	105	75	14	4	M12	20	34	2.0	6	4	45	4.5	39
HG20592-2009WNMB-63_3	20	25	130	90	18	4	M16	22	42	2.6	8	4	48	4.5	50
HG20592-2009WNMB-63_4	25	32	140	100	18	4	M16	24	52	2.6	8	4	58	4.5	57
HG20592-2009WNMB-63_5	32	38	155	110	22	4	M20	24	62	2.9	8	6	60	4.5	65
HG20592-2009WNMB-63_6	40	45	170	125	22	4	M20	26	70	2.9	10	6	62	4.5	75

续表

标准件编号	DN	A_1	D	K	L	n（个）	螺栓Th	C	N	S	H_1	R	H	密封面f_2	密封面X
HG20592-2009WNMB-63_7	50	57	180	135	22	4	M20	26	82	2.9	10	6	62	4.5	87
HG20592-2009WNMB-63_8	65	65	205	160	22	8	M20	26	98	3.2	12	6	68	4.5	109
HG20592-2009WNMB-63_9	80	89	215	170	22	8	M20	28	112	3.6	12	8	72	4.5	120
HG20592-2009WNMB-63_10	100	108	250	200	26	8	M24	30	138	4.0	12	8	78	5.0	149
HG20592-2009WNMB-63_11	125	133	295	240	30	8	M27	34	168	4.5	12	8	88	5.0	175
HG20592-2009WNMB-63_12	150	159	345	280	33	8	M30	36	202	5.6	12	10	95	5.0	203
HG20592-2009WNMB-63_13	200	219	415	345	36	12	M33	42	256	7.1	16	10	110	5.0	259
HG20592-2009WNMB-63_14	250	273	470	400	36	12	M33	46	316	8.8	18	12	125	5.0	312
HG20592-2009WNMB-63_15	300	325	530	460	36	16	M33	52	372	11.0	18	12	140	5.0	363
HG20592-2009WNMB-63_16	350	377	600	525	39	16	M36×3	56	442	12.5	20	12	150	5.5	421
HG20592-2009WNMB-63_17	400	426	670	585	42	16	M39×3	60	495	14.2	20	12	160	5.5	473

表 2-119　PN100 A系列凸面（M）带颈对焊法兰尺寸　单位：mm

标准件编号	DN	A_1	D	K	L	n（个）	螺栓Th	C	N	S	H_1≈	R	H	密封面f_2	密封面X
HG20592-2009WNMA-100_1	10	17.2	100	70	14	4	M12	20	32	1.8	6	4	45	4.5	34
HG20592-2009WNMA-100_2	15	21.3	105	75	14	4	M12	20	34	2.0	6	4	45	4.5	39
HG20592-2009WNMA-100_3	20	26.9	130	90	18	4	M16	22	42	2.6	8	4	52	4.5	50
HG20592-2009WNMA-100_4	25	33.7	140	100	18	4	M16	24	52	2.6	8	4	58	4.5	57
HG20592-2009WNMA-100_5	32	42.4	155	110	22	4	M20	24	62	2.9	8	6	60	4.5	65
HG20592-2009WNMA-100_6	40	48.3	170	125	22	4	M20	26	70	2.9	10	6	62	4.5	75
HG20592-2009WNMA-100_7	50	60.3	195	145	26	4	M24	28	90	3.2	10	6	68	4.5	87
HG20592-2009WNMA-100_8	65	76.1	220	170	26	8	M24	30	108	3.6	12	6	76	4.5	109
HG20592-2009WNMA-100_9	80	88.9	230	180	26	8	M24	32	120	4.0	12	8	78	4.5	120
HG20592-2009WNMA-100_10	100	114.3	265	210	30	8	M27	36	150	5.0	12	8	90	5.0	149
HG20592-2009WNMA-100_11	125	139.7	315	250	33	8	M30	40	180	6.3	12	8	105	5.0	175
HG20592-2009WNMA-100_12	150	168.8	355	290	33	12	M30	44	210	7.1	12	10	115	5.0	203
HG20592-2009WNMA-100_13	200	219.1	430	360	36	12	M33	52	278	10.0	16	10	130	5.0	259
HG20592-2009WNMA-100_14	250	273	505	430	39	12	M36×3	60	340	12.5	18	12	157	5.0	312
HG20592-2009WNMA-100_15	300	323.9	585	500	42	16	M39×3	68	400	14.2	18	12	170	5.0	363
HG20592-2009WNMA-100_16	350	355.6	655	560	48	16	M45×3	74	460	16.0	20	12	189	5.5	421

表 2-120　PN100 B系列凸面（M）带颈对焊法兰尺寸　单位：mm

标准件编号	DN	A_1	D	K	L	n（个）	螺栓Th	C	N	S	H_1≈	R	H	密封面f_2	密封面X
HG20592-2009WNMB-100_1	10	14	100	70	14	4	M12	20	32	1.8	6	4	45	4.5	34
HG20592-2009WNMB-100_2	15	18	105	75	14	4	M12	20	34	2.0	6	4	45	4.5	39

续表

标准件编号	DN	A_1	D	K	L	n（个）	螺栓Th	C	N	S	$H_1\approx$	R	H	密封面f_2	密封面X
HG20592-2009WNMB-100_3	20	25	130	90	18	4	M16	22	42	2.6	8	4	52	4.5	50
HG20592-2009WNMB-100_4	25	32	140	100	18	4	M16	24	52	2.6	8	4	58	4.5	57
HG20592-2009WNMB-100_5	32	38	155	110	22	4	M20	24	62	2.9	8	6	60	4.5	65
HG20592-2009WNMB-100_6	40	45	170	125	22	4	M20	26	70	2.9	10	6	62	4.5	75
HG20592-2009WNMB-100_7	50	57	195	145	26	4	M24	28	90	3.2	10	6	68	4.5	87
HG20592-2009WNMB-100_8	65	65	220	170	26	8	M24	30	108	3.6	12	6	76	4.5	109
HG20592-2009WNMB-100_9	80	89	230	180	26	8	M24	32	120	4.0	12	8	78	4.5	120
HG20592-2009WNMB-100_10	100	108	265	210	30	8	M27	36	150	5.0	12	8	90	5.0	149
HG20592-2009WNMB-100_11	125	133	315	250	33	8	M30	40	180	6.3	12	8	105	5.0	175
HG20592-2009WNMB-100_12	150	159	355	290	33	12	M30	44	210	7.1	12	10	115	5.0	203
HG20592-2009WNMB-100_13	200	219	430	360	36	12	M33	52	278	10.0	16	10	130	5.0	259
HG20592-2009WNMB-100_14	250	273	505	430	39	12	M36×3	60	340	12.5	18	12	157	5.0	312
HG20592-2009WNMB-100_15	300	325	585	500	42	16	M39×3	68	400	14.2	18	12	170	5.0	363
HG20592-2009WNMB-100_16	350	377	655	560	48	16	M45×3	74	480	16.0	20	12	189	5.5	421

表 2-121　PN160 A 系列凸面（M）带颈对焊法兰尺寸　　单位：mm

标准件编号	DN	A_1	D	K	L	n（个）	螺栓Th	C	N	S	$H_1\approx$	R	H	密封面f_2	密封面X
HG20592-2009WNMA-160_1	10	17.2	100	70	14	4	M12	20	32	2.0	6	4	45	4.5	34
HG20592-2009WNMA-160_2	15	21.3	105	75	14	4	M12	20	34	2.0	6	4	45	4.5	39
HG20592-2009WNMA-160_3	20	26.9	130	90	18	4	M16	24	42	2.9	6	4	52	4.5	50
HG20592-2009WNMA-160_4	25	33.7	140	100	18	4	M16	32	52	2.9	8	4	58	4.5	57
HG20592-2009WNMA-160_5	32	42.4	155	110	22	4	M20	28	60	3.6	8	5	60	4.5	65
HG20592-2009WNMA-160_6	40	48.3	170	125	22	4	M20	28	70	3.6	10	6	64	4.5	75
HG20592-2009WNMA-160_7	50	60.3	195	145	26	4	M24	30	90	4	10	6	75	4.5	87
HG20592-2009WNMA-160_8	65	76.1	220	170	26	8	M24	34	108	5	12	6	82	4.5	109
HG20592-2009WNMA-160_9	80	88.9	230	180	26	8	M24	36	120	6.3	12	6	86	4.5	120
HG20592-2009WNMA-160_10	100	114.3	265	210	30	8	M27	40	150	8	12	8	100	5.0	149
HG20592-2009WNMA-160_11	125	139.7	315	250	33	8	M30	44	180	10.0	14	8	115	5.0	175
HG20592-2009WNMA-160_12	150	168.3	355	290	33	12	M30	50	210	12.5	14	10	128	5.0	203
HG20592-2009WNMA-160_13	200	219.1	430	360	36	12	M33	60	278	16	16	10	140	5.0	259
HG20592-2009WNMA-160_14	250	273	515	430	42	12	M39×3	68	340	20	18	12	155	5.0	312
HG20592-2009WNMA-160_15	300	323.9	585	500	42	16	M39×3	78	400	22.2	18	12	175	5.0	363

表 2-122　PN160 B 系列凸面（M）带颈对焊法兰尺寸　　单位：mm

标准件编号	DN	A_1	D	K	L	n（个）	螺栓Th	C	N	S	H_1≈	R	H	密封面f_2	密封面X
HG20592-2009WNMB-160_1	10	14	100	70	14	4	M12	20	32	2.0	6	4	45	4.5	34
HG20592-2009WNMB-160_2	15	18	105	75	14	4	M12	20	34	2.0	6	4	45	4.5	39
HG20592-2009WNMB-160_3	20	25	130	90	18	4	M16	24	42	2.9	6	4	52	4.5	50
HG20592-2009WNMB-160_4	25	32	140	100	18	4	M16	32	52	2.9	8	4	58	4.5	57
HG20592-2009WNMB-160_5	32	38	155	110	22	4	M20	28	60	3.6	8	5	60	4.5	65
HG20592-2009WNMB-160_6	40	45	170	125	22	4	M20	28	70	3.6	10	6	64	4.5	75
HG20592-2009WNMB-160_7	50	57	195	145	26	4	M24	30	90	4	10	6	75	4.5	87
HG20592-2009WNMB-160_8	65	65	220	170	26	8	M24	34	108	5	12	6	82	4.5	109
HG20592-2009WNMB-160_9	80	89	230	180	26	8	M24	36	120	6.3	12	6	86	4.5	120
HG20592-2009WNMB-160_10	100	108	265	210	30	8	M27	40	150	8	12	8	100	5.0	149
HG20592-2009WNMB-160_11	125	133	315	250	33	8	M30	44	180	10.0	14	8	115	5.0	175
HG20592-2009WNMB-160_12	150	159	355	290	33	12	M30	50	210	12.5	14	10	128	5.0	203
HG20592-2009WNMB-160_13	200	219	430	360	36	12	M33	60	278	16	16	10	140	5.0	259
HG20592-2009WNMB-160_14	250	273	515	430	42	12	M39×3	68	340	20	18	12	155	5.0	312
HG20592-2009WNMB-160_15	300	325	585	500	42	16	M39×3	78	400	22.2	18	12	175	5.0	363

4. 榫面（T）带颈对焊法兰

榫面（T）带颈对焊法兰根据接口管可分为 A 系列（英制管）和 B 系列（公制管）。根据公称压力二者均可分为 PN10、PN16、PN25、PN40、PN63、PN100 和 PN160。A 系列（英制管）和 B 系列（公制管）法兰尺寸如表 2-123～表 2-136 所示。

表 2-123　PN10 A 系列榫面（T）带颈对焊法兰尺寸　　单位：mm

标准件编号	DN	A_1	D	K	L	n（个）	螺栓Th	C	N	S	H_1	R	H	密封面		
														f_2	X	W
HG20592-2009WNTA-10_1	10	17.2	90	60	14	4	M12	16	28	1.8	6	4	35	4.5	34	24
HG20592-2009WNTA-10_2	15	21.3	95	65	14	4	M12	16	32	2	6	4	38	4.5	39	29
HG20592-2009WNTA-10_3	20	26.9	105	75	14	4	M12	18	40	2.3	6	4	40	4.5	50	36
HG20592-2009WNTA-10_4	25	33.7	115	85	14	4	M12	18	46	2.6	6	4	40	4.5	57	43
HG20592-2009WNTA-10_5	32	42.4	140	100	18	4	M16	18	56	2.6	6	6	42	4.5	65	51
HG20592-2009WNTA-10_6	40	48.3	150	110	18	4	M16	18	64	2.6	7	6	45	4.5	75	61
HG20592-2009WNTA-10_7	50	60.3	165	125	18	4	M16	18	74	2.9	8	5	45	4.5	87	73
HG20592-2009WNTA-10_8	65	76.1	185	145	18	8	M16	18	92	2.9	10	6	45	4.5	109	95
HG20592-2009WNTA-10_9	80	88.9	200	160	18	8	M16	20	105	3.2	10	6	50	4.5	120	106
HG20592-2009WNTA-10_10	100	114.3	220	180	18	8	M16	20	131	3.6	12	8	52	5.0	149	129
HG20592-2009WNTA-10_11	125	139.7	250	210	18	8	M16	22	156	4	12	8	55	5.0	175	155

续表

标准件编号	DN	A_1	D	K	L	n（个）	螺栓Th	C	N	S	H_1	R	H	密封面		
														f_2	X	W
HG20592-2009WNTA-10_12	150	168.3	285	240	22	8	M20	22	184	4.5	12	10	55	5.0	203	183
HG20592-2009WNTA-10_13	200	219.1	340	295	22	8	M20	24	234	6.3	16	10	62	5.0	259	239
HG20592-2009WNTA-10_14	250	273	395	350	22	12	M20	26	292	6.3	16	12	70	5.0	312	292
HG20592-2009WNTA-10_15	300	323.9	445	400	22	12	M20	26	342	7.1	16	12	78	5.0	363	343
HG20592-2009WNTA-10_16	350	355.6	505	460	22	16	M20	26	385	7.1	16	12	82	5.5	421	395
HG20592-2009WNTA-10_17	400	406.4	565	515	26	16	M24	26	440	7.1	16	12	85	5.5	473	447
HG20592-2009WNTA-10_18	450	457	615	565	26	20	M24	28	488	7.1	16	12	87	5.5	523	497
HG20592-2009WNTA-10_19	500	508	670	620	26	20	M24	28	542	7.1	16	12	90	5.5	575	549
HG20592-2009WNTA-10_20	600	610	780	725	30	20	M27	28	642	7.1	18	12	95	5.5	675	649

表 2-124　PN10 B 系列榫面（T）带颈对焊法兰尺寸　　　　单位：mm

标准件编号	DN	A_1	D	K	L	n（个）	螺栓Th	C	N	S	H_1	R	H	密封面		
														f_2	X	W
HG20592-2009WNTB-10_1	10	14	90	60	14	4	M12	16	28	1.8	6	4	35	4.5	34	24
HG20592-2009WNTB-10_2	15	18	95	65	14	4	M12	16	32	2	6	4	38	4.5	39	29
HG20592-2009WNTB-10_3	20	25	105	75	14	4	M12	18	40	2.3	6	4	40	4.5	50	36
HG20592-2009WNTB-10_4	25	32	115	85	14	4	M12	18	46	2.6	6	4	40	4.5	57	43
HG20592-2009WNTB-10_5	32	38	140	100	18	4	M16	18	56	2.6	6	6	42	4.5	65	51
HG20592-2009WNTB-10_6	40	45	150	110	18	4	M16	18	64	2.6	7	6	45	4.5	75	61
HG20592-2009WNTB-10_7	50	57	165	125	18	4	M16	18	74	2.9	8	5	45	4.5	87	73
HG20592-2009WNTB-10_8	65	65	185	145	18	8	M16	18	92	2.9	10	6	45	4.5	109	95
HG20592-2009WNTB-10_9	80	89	200	160	18	8	M16	20	105	3.2	10	6	50	4.5	120	106
HG20592-2009WNTB-10_10	100	108	220	180	18	8	M16	20	131	3.6	12	8	52	5.0	149	129
HG20592-2009WNTB-10_11	125	133	250	210	18	8	M16	22	156	4	12	8	55	5.0	175	155
HG20592-2009WNTB-10_12	150	159	285	240	22	8	M20	22	184	4.5	12	10	55	5.0	203	183
HG20592-2009WNTB-10_13	200	219	340	295	22	8	M20	24	234	6.3	16	10	62	5.0	259	239
HG20592-2009WNTB-10_14	250	273	395	350	22	12	M20	26	292	6.3	16	12	70	5.0	312	292
HG20592-2009WNTB-10_15	300	325	445	400	22	12	M20	26	342	7.1	16	12	78	5.0	363	343
HG20592-2009WNTB-10_16	350	377	505	460	22	16	M20	26	402	7.1	16	12	82	5.5	421	395
HG20592-2009WNTB-10_17	400	426	565	515	26	16	M24	26	458	7.1	16	12	85	5.5	473	447
HG20592-2009WNTB-10_18	450	480	615	565	26	20	M24	28	510	7.1	16	12	87	5.5	523	497
HG20592-2009WNTB-10_19	500	530	670	620	26	20	M24	28	562	7.1	16	12	90	5.5	575	549
HG20592-2009WNTB-10_20	600	630	780	725	30	20	M27	28	660	7.1	18	12	95	5.5	675	649

表 2-125　PN16 A 系列榫面（T）带颈对焊法兰尺寸　　单位：mm

标准件编号	DN	A_1	D	K	L	n（个）	螺栓Th	C	N	S	H_1	R	H	密封面		
														f_2	X	W
HG20592-2009WNTA-16_1	10	17.2	90	60	14	4	M12	16	28	1.8	6	4	35	4.5	34	24
HG20592-2009WNTA-16_2	15	21.3	95	65	14	4	M12	16	32	2	6	4	38	4.5	39	29
HG20592-2009WNTA-16_3	20	26.9	105	75	14	4	M12	18	40	2.3	6	4	40	4.5	50	36
HG20592-2009WNTA-16_4	25	33.7	115	85	14	4	M12	18	46	2.6	6	4	40	4.5	57	43
HG20592-2009WNTA-16_5	32	42.4	140	100	18	4	M16	18	56	2.6	6	6	42	4.5	65	51
HG20592-2009WNTA-16_6	40	48.3	150	110	18	4	M16	18	64	2.6	7	6	45	4.5	75	61
HG20592-2009WNTA-16_7	50	60.3	165	125	18	4	M16	18	74	2.9	8	5	45	4.5	87	73
HG20592-2009WNTA-16_8	65	76.1	185	145	18	8	M16	18	92	2.9	10	6	45	4.5	109	95
HG20592-2009WNTA-16_9	80	88.9	200	160	18	8	M16	20	105	3.2	10	6	50	4.5	120	106
HG20592-2009WNTA-16_10	100	114.3	220	180	18	8	M16	20	131	3.6	12	8	52	5.0	149	129
HG20592-2009WNTA-16_11	125	139.7	250	210	18	8	M16	22	156	4	12	8	55	5.0	175	155
HG20592-2009WNTA-16_12	150	168.3	285	240	22	8	M20	22	184	4.5	12	10	55	5.0	203	183
HG20592-2009WNTA-16_13	200	219.1	340	295	22	12	M20	24	235	6.3	16	10	62	5.0	259	239
HG20592-2009WNTA-16_14	250	273	405	355	26	12	M24	26	292	6.3	16	12	70	5.0	312	292
HG20592-2009WNTA-16_15	300	323.9	460	410	26	12	M24	28	344	7.1	16	12	78	5.0	363	343
HG20592-2009WNTA-16_16	350	355.6	520	470	26	16	M24	30	390	8.0	16	12	82	5.5	421	395
HG20592-2009WNTA-16_17	400	406.4	580	525	30	16	M27	32	445	8.0	16	12	85	5.5	473	447
HG20592-2009WNTA-16_18	450	457	640	585	30	20	M27	40	490	8.0	16	12	87	5.5	523	497
HG20592-2009WNTA-16_19	500	508	715	650	33	20	M30	44	548	8.0	16	12	90	5.5	575	549
HG20592-2009WNTA-16_20	600	610	840	770	36	20	M33	54	652	8.8	18	12	95	5.5	675	649

表 2-126　PN16 B 系列榫面（T）带颈对焊法兰尺寸　　单位：mm

标准件编号	DN	A_1	D	K	L	n（个）	螺栓Th	C	N	S	H_1	R	H	密封面		
														f_2	X	W
HG20592-2009WNTB-16_1	10	17.2	90	60	14	4	M12	16	28	1.8	6	4	35	4.5	34	24
HG20592-2009WNTB-16_2	15	21.3	95	65	14	4	M12	16	32	2	6	4	38	4.5	39	29
HG20592-2009WNTB-16_3	20	26.9	105	75	14	4	M12	18	40	2.3	6	4	40	4.5	50	36
HG20592-2009WNTB-16_4	25	33.7	115	85	14	4	M12	18	46	2.6	6	4	40	4.5	57	43
HG20592-2009WNTB-16_5	32	42.4	140	100	18	4	M16	18	56	2.6	6	6	42	4.5	65	51
HG20592-2009WNTB-16_6	40	48.3	150	110	18	4	M16	18	64	2.6	7	6	45	4.5	75	61
HG20592-2009WNTB-16_7	50	60.3	165	125	18	4	M16	18	74	2.9	8	5	45	4.5	87	73
HG20592-2009WNTB-16_8	65	76.1	185	145	18	8	M16	18	92	2.9	10	6	45	4.5	109	95
HG20592-2009WNTB-16_9	80	88.9	200	160	18	8	M16	20	105	3.2	10	6	50	4.5	120	106
HG20592-2009WNTB-16_10	100	114.3	220	180	18	8	M16	20	131	3.6	12	8	52	5.0	149	129

续表

标准件编号	DN	A_1	D	K	L	n（个）	螺栓Th	C	N	S	H_1	R	H	密封面		
														f_2	X	W
HG20592-2009WNTB-16_11	125	139.7	250	210	18	8	M16	22	156	4	12	8	55	5.0	175	155
HG20592-2009WNTB-16_12	150	168.3	285	240	22	8	M20	22	184	4.5	12	10	55	5.0	203	183
HG20592-2009WNTB-16_13	200	219.1	340	295	22	12	M20	24	235	6.3	16	10	62	5.0	259	239
HG20592-2009WNTB-16_14	250	273	405	355	26	12	M24	26	292	6.3	16	12	70	5.0	312	292
HG20592-2009WNTB-16_15	300	323.9	460	410	26	12	M24	28	344	7.1	16	12	78	5.0	363	343
HG20592-2009WNTB-16_16	350	355.6	520	470	26	16	M24	30	390	8.0	16	12	82	5.5	421	395
HG20592-2009WNTB-16_17	400	406.4	580	525	30	16	M27	32	445	8.0	16	12	85	5.5	473	447
HG20592-2009WNTB-16_18	450	457	640	585	30	20	M27	40	490	8.0	16	12	87	5.5	523	497
HG20592-2009WNTB-16_19	500	508	715	650	33	20	M30	44	548	8.0	16	12	90	5.5	575	549
HG20592-2009WNTB-16_20	600	610	840	770	36	20	M33	54	652	8.8	18	12	95	5.5	675	649

表 2-127　PN25 A 系列榫面（T）带颈对焊法兰尺寸　　单位：mm

标准件编号	DN	A_1	D	K	L	n（个）	螺栓Th	C	N	S	H_1	R	H	密封面		
														f_2	X	W
HG20592-2009WNTA-25_1	10	17.2	90	60	14	4	M12	16	28	1.8	6	4	35	4.5	34	24
HG20592-2009WNTA-25_2	15	21.3	95	65	14	4	M12	16	32	2.0	6	4	38	4.5	39	29
HG20592-2009WNTA-25_3	20	26.9	105	75	14	4	M12	18	40	2.3	6	4	40	4.5	50	36
HG20592-2009WNTA-25_4	25	33.7	115	85	14	4	M12	16	46	2.6	6	4	40	4.5	57	43
HG20592-2009WNTA-25_5	32	42.4	140	100	18	4	M16	18	56	2.6	6	6	42	4.5	65	51
HG20592-2009WNTA-25_6	40	48.3	150	110	18	4	M16	18	64	2.6	7	6	45	4.5	75	61
HG20592-2009WNTA-25_7	50	60.3	165	125	18	4	M16	20	75	2.9	8	6	48	4.5	87	73
HG20592-2009WNTA-25_8	65	76.1	185	145	18	8	M16	22	90	2.9	10	6	52	4.5	109	95
HG20592-2009WNTA-25_9	80	88.9	200	160	18	8	M16	24	105	3.2	12	8	58	4.5	120	106
HG20592-2009WNTA-25_10	100	114.3	235	190	22	8	M20	24	134	3.6	12	8	65	5.0	149	129
HG20592-2009WNTA-25_11	125	139.7	270	220	26	8	M24	26	162	4.0	12	8	68	5.0	175	155
HG20592-2009WNTA-25_12	150	168.3	300	250	26	8	M24	28	192	4.5	12	10	75	5.0	203	183
HG20592-2009WNTA-25_13	200	219.1	360	310	26	12	M24	30	244	6.3	16	10	80	5.0	259	239
HG20592-2009WNTA-25_14	250	273	425	370	30	12	M27	32	298	7.1	18	12	88	5.0	312	292
HG20592-2009WNTA-25_15	300	323.9	485	430	30	12	M27	34	352	8.0	18	12	92	5.0	363	343
HG20592-2009WNTA-25_16	350	355.6	555	490	33	16	M30	38	398	8	20	12	100	5.5	421	395
HG20592-2009WNTA-25_17	400	406.4	620	550	36	16	M33	40	452	8.8	20	12	110	5.5	473	447
HG20592-2009WNTA-25_18	450	457	670	600	36	20	M33	46	500	8.8	20	12	110	5.5	523	497
HG20592-2009WNTA-25_19	500	508	730	660	36	20	M33	48	558	10	20	12	125	5.5	575	549
HG20592-2009WNTA-25_20	600	610	845	770	39	20	M36×3	58	660	11	20	12	125	5.5	675	649

表 2-128 PN25 B 系列榫面（T）带颈对焊法兰尺寸 单位：mm

标准件编号	DN	A_1	D	K	L	n（个）	螺栓Th	C	N	S	H_1	R	H	密封面		
														f_2	X	W
HG20592-2009WNTB-25_1	10	14	90	60	14	4	M12	16	28	1.8	6	4	35	4.5	34	24
HG20592-2009WNTB-25_2	15	18	95	65	14	4	M12	16	32	2.0	6	4	38	4.5	39	29
HG20592-2009WNTB-25_3	20	25	105	75	14	4	M12	18	40	2.3	6	4	40	4.5	50	36
HG20592-2009WNTB-25_4	25	32	115	85	14	4	M12	16	46	2.6	6	4	40	4.5	57	43
HG20592-2009WNTB-25_5	32	38	140	100	18	4	M16	18	56	2.6	6	6	42	4.5	65	51
HG20592-2009WNTB-25_6	40	45	150	110	18	4	M16	18	64	2.6	7	6	45	4.5	75	61
HG20592-2009WNTB-25_7	50	57	165	125	18	4	M16	20	75	2.9	8	6	48	4.5	87	73
HG20592-2009WNTB-25_8	65	65	185	145	18	8	M16	22	90	2.9	10	6	52	4.5	109	95
HG20592-2009WNTB-25_9	80	89	200	160	18	8	M16	24	105	3.2	12	8	58	4.5	120	106
HG20592-2009WNTB-25_10	100	108	235	190	22	8	M20	24	134	3.6	12	8	65	5.0	149	129
HG20592-2009WNTB-25_11	125	133	270	220	26	8	M24	26	162	4.0	12	8	68	5.0	175	155
HG20592-2009WNTB-25_12	150	159	300	250	26	8	M24	28	190	4.5	12	10	75	5.0	203	183
HG20592-2009WNTB-25_13	200	219	360	310	26	12	M24	30	244	6.3	16	10	80	5.0	259	239
HG20592-2009WNTB-25_14	250	273	425	370	30	12	M27	32	298	7.1	18	12	88	5.0	312	292
HG20592-2009WNTB-25_15	300	325	485	430	30	12	M27	34	352	8.0	18	12	92	5.0	363	343
HG20592-2009WNTB-25_16	350	377	555	490	33	16	M30	38	420	8	20	12	100	5.5	421	395
HG20592-2009WNTB-25_17	400	426	620	550	36	16	M33	40	472	8.8	20	12	110	5.5	473	447
HG20592-2009WNTB-25_18	450	480	670	600	36	20	M33	46	522	8.8	20	12	110	5.5	523	497
HG20592-2009WNTB-25_19	500	530	730	660	36	20	M33	48	580	10	20	12	125	5.5	575	549
HG20592-2009WNTB-25_20	600	630	845	770	39	20	M36×3	58	680	11	20	12	125	5.5	675	649

表 2-129 PN40 A 系列榫面（T）带颈对焊法兰尺寸 单位：mm

标准件编号	DN	A_1	D	K	L	n（个）	螺栓Th	C	N	S	H_1	R	H	密封面		
														f_2	X	W
HG20592-2009WNTA-40_1	10	17.2	90	60	14	4	M12	16	28	1.8	6	4	35	4.5	34	24
HG20592-2009WNTA-40_2	15	21.3	95	65	14	4	M12	16	32	2.0	6	4	38	4.5	39	29
HG20592-2009WNTA-40_3	20	26.9	105	75	14	4	M12	18	40	2.3	6	4	40	4.5	50	36
HG20592-2009WNTA-40_4	25	33.7	115	85	14	4	M12	18	46	2.6	6	4	40	4.5	57	43
HG20592-2009WNTA-40_5	32	42.4	140	100	18	4	M16	18	56	2.6	6	6	42	4.5	65	51
HG20592-2009WNTA-40_6	40	48.3	150	110	18	4	M16	18	64	2.6	7	6	45	4.5	75	61
HG20592-2009WNTA-40_7	50	60.3	165	125	18	4	M16	20	75	2.9	8	6	48	4.5	87	73
HG20592-2009WNTA-40_8	65	76.1	185	145	18	8	M16	22	90	2.9	10	6	52	4.5	109	95
HG20592-2009WNTA-40_9	80	88.9	200	160	18	8	M16	24	105	3.2	12	8	58	4.5	120	106
HG20592-2009WNTA-40_10	100	114.3	235	190	22	8	M20	24	134	3.6	12	8	65	5.0	149	129

续表

标准件编号	DN	A_1	D	K	L	n（个）	螺栓Th	C	N	S	H_1	R	H	密封面		
														f_2	X	W
HG20592-2009WNTA-40_11	125	139.7	270	220	26	8	M24	26	162	4.0	12	8	68	5.0	175	155
HG20592-2009WNTA-40_12	150	168.3	300	250	26	8	M24	28	192	4.5	12	10	75	5.0	203	183
HG20592-2009WNTA-40_13	200	219.1	375	320	30	12	M27	34	244	6.3	16	10	88	5.0	259	239
HG20592-2009WNTA-40_14	250	273	450	385	33	12	M30	38	306	7.1	18	12	105	5.0	312	292
HG20592-2009WNTA-40_15	300	323.9	515	450	33	16	M30	42	362	8.0	18	12	115	5.0	363	343
HG20592-2009WNTA-40_16	350	355.6	580	510	36	16	M33	46	408	8.8	20	12	125	5.5	421	395
HG20592-2009WNTA-40_17	400	406.4	660	585	39	16	M36×3	50	462	11.0	20	12	135	5.5	473	447
HG20592-2009WNTA-40_18	450	457	685	610	39	20	M36×3	57	500	12.5	20	12	135	5.5	523	497
HG20592-2009WNTA-40_19	500	508	755	670	42	20	M39×3	57	562	14.2	20	12	140	5.5	575	549
HG20592-2009WNTA-40_20	600	610	890	795	48	20	M45×3	72	666	16.0	20	12	150	5.5	675	649

表 2-130　PN40 B 系列榫面（T）带颈对焊法兰尺寸　　单位：mm

标准件编号	DN	A_1	D	K	L	n（个）	螺栓Th	C	N	S	H_1	R	H	密封面		
														f_2	X	W
HG20592-2009WNTB-40_1	10	14	90	60	14	4	M12	16	28	1.8	6	4	35	4.5	34	24
HG20592-2009WNTB-40_2	15	18	95	65	14	4	M12	16	32	2.0	6	4	38	4.5	39	29
HG20592-2009WNTB-40_3	20	25	105	75	14	4	M12	18	40	2.3	6	4	40	4.5	50	36
HG20592-2009WNTB-40_4	25	32	115	85	14	4	M12	18	46	2.6	6	4	40	4.5	57	43
HG20592-2009WNTB-40_5	32	38	140	100	18	4	M16	18	56	2.6	6	6	42	4.5	65	51
HG20592-2009WNTB-40_6	40	45	150	110	18	4	M16	18	64	2.6	7	6	45	4.5	75	61
HG20592-2009WNTB-40_7	50	57	165	125	18	4	M16	20	75	2.9	8	6	48	4.5	87	73
HG20592-2009WNTB-40_8	65	65	185	145	18	8	M16	22	90	2.9	10	6	52	4.5	109	95
HG20592-2009WNTB-40_9	80	89	200	160	18	8	M16	24	105	3.2	12	8	58	4.5	120	106
HG20592-2009WNTB-40_10	100	108	235	190	22	8	M20	24	134	3.6	12	8	65	5.0	149	129
HG20592-2009WNTB-40_11	125	133	270	220	26	8	M24	26	162	4.0	12	8	68	5.0	175	155
HG20592-2009WNTB-40_12	150	159	300	250	26	8	M24	28	192	4.5	12	10	75	5.0	203	183
HG20592-2009WNTB-40_13	200	219	375	320	30	12	M27	34	244	6.3	16	10	88	5.0	259	239
HG20592-2009WNTB-40_14	250	273	450	385	33	12	M30	38	306	7.1	18	12	105	5.0	312	292
HG20592-2009WNTB-40_15	300	325	515	450	33	16	M30	42	362	8.0	18	12	115	5.0	363	343
HG20592-2009WNTB-40_16	350	377	580	510	36	16	M33	46	430	8.8	20	12	125	5.5	421	395
HG20592-2009WNTB-40_17	400	426	660	585	39	16	M36×3	50	482	11.0	20	12	135	5.5	473	447
HG20592-2009WNTB-40_18	450	480	685	610	39	20	M36×3	57	522	12.5	20	12	135	5.5	523	497
HG20592-2009WNTB-40_19	500	530	755	670	42	20	M39×3	57	584	14.2	20	12	140	5.5	575	549
HG20592-2009WNTB-40_20	600	630	890	795	48	20	M45×3	72	686	16.0	20	12	150	5.5	675	649

表 2-131　PN63 A 系列榫面（T）带颈对焊法兰尺寸　　单位：mm

标准件编号	DN	A_1	D	K	L	n（个）	螺栓Th	C	N	S	H_1	R	H	密封面		
														f_2	X	W
HG20592-2009WNTA-63_1	10	17.2	100	70	14	4	M12	20	32	1.8	6	4	45	4.5	34	24
HG20592-2009WNTA-63_2	15	21.3	105	75	14	4	M12	20	34	2.0	6	4	45	4.5	39	29
HG20592-2009WNTA-63_3	20	26.9	130	90	18	4	M16	22	42	2.6	8	4	48	4.5	50	36
HG20592-2009WNTA-63_4	25	33.7	140	100	18	4	M16	24	52	2.6	8	4	58	4.5	57	43
HG20592-2009WNTA-63_5	32	42.4	155	110	22	4	M20	24	62	2.9	8	6	60	4.5	65	51
HG20592-2009WNTA-63_6	40	48.3	170	125	22	4	M20	26	70	2.9	10	6	62	4.5	75	61
HG20592-2009WNTA-63_7	50	60.3	180	135	22	4	M20	26	82	2.9	10	6	62	4.5	87	73
HG20592-2009WNTA-63_8	65	76.1	205	160	22	8	M20	26	98	3.2	12	6	68	4.5	109	95
HG20592-2009WNTA-63_9	80	88.9	215	170	22	8	M20	28	112	3.6	12	8	72	4.5	120	106
HG20592-2009WNTA-63_10	100	114.3	250	200	26	8	M24	30	138	4.0	12	8	78	5.0	149	129
HG20592-2009WNTA-63_11	125	139.7	295	240	30	8	M27	34	168	4.5	12	8	88	5.0	175	155
HG20592-2009WNTA-63_12	150	168.3	345	280	33	8	M30	36	202	5.6	12	10	95	5.0	203	183
HG20592-2009WNTA-63_13	200	219.1	415	345	36	12	M33	42	256	7.1	16	10	110	5.0	259	239
HG20592-2009WNTA-63_14	250	273	470	400	36	12	M33	46	316	8.8	18	12	125	5.0	312	292
HG20592-2009WNTA-63_15	300	323.9	530	460	36	16	M33	52	372	11.0	18	12	140	5.0	363	343
HG20592-2009WNTA-63_16	350	355.6	600	525	39	16	M36×3	56	420	12.5	20	12	150	5.5	421	395
HG20592-2009WNTA-63_17	400	406.4	670	585	42	16	M39×3	60	475	14.2	20	12	160	5.5	473	447

表 2-132　PN63 B 系列榫面（T）带颈对焊法兰尺寸　　单位：mm

标准件编号	DN	A_1	D	K	L	n（个）	螺栓Th	C	N	S	H_1	R	H	密封面		
														f_2	X	W
HG20592-2009WNTB-63_1	10	14	100	70	14	4	M12	20	32	1.8	6	4	45	4.5	34	24
HG20592-2009WNTB-63_2	15	18	105	75	14	4	M12	20	34	2.0	6	4	45	4.5	39	29
HG20592-2009WNTB-63_3	20	25	130	90	18	4	M16	22	42	2.6	8	4	48	4.5	50	36
HG20592-2009WNTB-63_4	25	32	140	100	18	4	M16	24	52	2.6	8	4	58	4.5	57	43
HG20592-2009WNTB-63_5	32	38	155	110	22	4	M20	24	62	2.9	8	6	60	4.5	65	51
HG20592-2009WNTB-63_6	40	45	170	125	22	4	M20	26	70	2.9	10	6	62	4.5	75	61
HG20592-2009WNTB-63_7	50	57	180	135	22	4	M20	26	82	2.9	10	6	62	4.5	87	73
HG20592-2009WNTB-63_8	65	65	205	160	22	8	M20	26	98	3.2	12	6	68	4.5	109	95
HG20592-2009WNTB-63_9	80	89	215	170	22	8	M20	28	112	3.6	12	8	72	4.5	120	106
HG20592-2009WNTB-63_10	100	108	250	200	26	8	M24	30	138	4.0	12	8	78	5.0	149	129
HG20592-2009WNTB-63_11	125	133	295	240	30	8	M27	34	168	4.5	12	8	88	5.0	175	155
HG20592-2009WNTB-63_12	150	159	345	280	33	8	M30	36	202	5.6	12	10	95	5.0	203	183
HG20592-2009WNTB-63_13	200	219	415	345	36	12	M33	42	256	7.1	16	10	110	5.0	259	239

续表

标准件编号	DN	A_1	D	K	L	n（个）	螺栓Th	C	N	S	H_1	R	H	密封面		
														f_2	X	W
HG20592-2009WNTB-63_14	250	273	470	400	36	12	M33	46	316	8.8	18	12	125	5.0	312	292
HG20592-2009WNTB-63_15	300	325	530	460	36	16	M33	52	372	11.0	18	12	140	5.0	363	343
HG20592-2009WNTB-63_16	350	377	600	525	39	16	M36×3	56	442	12.5	20	12	150	5.5	421	395
HG20592-2009WNTB-63_17	400	426	670	585	42	16	M39×3	60	495	14.2	20	12	160	5.5	473	447

表 2-133　PN100 A 系列榫面（T）带颈对焊法兰尺寸

单位：mm

标准件编号	DN	A_1	D	K	L	n（个）	螺栓Th	C	N	S	H_1≈	R	H	密封面		
														f_2	X	W
HG20592-2009WNTA-100_1	10	17.2	100	70	14	4	M12	20	32	1.8	6	4	45	4.5	34	24
HG20592-2009WNTA-100_2	15	21.3	105	75	14	4	M12	20	34	2.0	6	4	45	4.5	39	29
HG20592-2009WNTA-100_3	20	26.9	130	90	18	4	M16	22	42	2.6	8	4	52	4.5	50	36
HG20592-2009WNTA-100_4	25	33.7	140	100	18	4	M16	24	52	2.6	8	4	58	4.5	57	43
HG20592-2009WNTA-100_5	32	42.4	155	110	22	4	M20	24	62	2.9	8	6	60	4.5	65	51
HG20592-2009WNTA-100_6	40	48.3	170	125	22	4	M20	26	70	2.9	10	6	62	4.5	75	61
HG20592-2009WNTA-100_7	50	60.3	195	145	26	4	M24	28	90	3.2	10	6	68	4.5	87	73
HG20592-2009WNTA-100_8	65	76.1	220	170	26	8	M24	30	108	3.6	12	6	76	4.5	109	95
HG20592-2009WNTA-100_9	80	88.9	230	180	26	8	M24	32	120	4.0	12	8	78	4.5	120	106
HG20592-2009WNTA-100_10	100	114.3	265	210	30	8	M27	36	150	5.0	12	8	90	5.0	149	129
HG20592-2009WNTA-100_11	125	139.7	315	250	33	8	M30	40	180	6.3	12	8	105	5.0	175	155
HG20592-2009WNTA-100_12	150	168.8	355	290	33	12	M30	44	210	7.1	12	10	115	5.0	203	183
HG20592-2009WNTA-100_13	200	219.1	430	360	36	12	M33	52	278	10.0	16	10	130	5.0	259	239
HG20592-2009WNTA-100_14	250	273	505	430	39	12	M36×3	60	340	12.5	18	12	157	5.0	312	292
HG20592-2009WNTA-100_15	300	323.9	585	500	42	16	M39×3	68	400	14.2	18	12	170	5.0	363	343
HG20592-2009WNTA-100_16	350	355.6	655	560	48	16	M45×3	74	460	16.0	20	12	189	5.5	421	395

表 2-134　PN100 B 系列榫面（T）带颈对焊法兰尺寸

单位：mm

标准件编号	DN	A_1	D	K	L	n（个）	螺栓Th	C	N	S	H_1≈	R	H	密封面		
														f_2	X	W
HG20592-2009WNTB-100_1	10	14	100	70	14	4	M12	20	32	1.8	6	4	45	4.5	34	24
HG20592-2009WNTB-100_2	15	18	105	75	14	4	M12	20	34	2.0	6	4	45	4.5	39	29
HG20592-2009WNTB-100_3	20	25	130	90	18	4	M16	22	42	2.6	8	4	52	4.5	50	36
HG20592-2009WNTB-100_4	25	32	140	100	18	4	M16	24	52	2.6	8	4	58	4.5	57	43
HG20592-2009WNTB-100_5	32	38	155	110	22	4	M20	24	62	2.9	8	6	60	4.5	65	51
HG20592-2009WNTB-100_6	40	45	170	125	22	4	M20	26	70	2.9	10	6	62	4.5	75	61

续表

标准件编号	DN	A_1	D	K	L	n（个）	螺栓Th	C	N	S	H_1≈	R	H	密封面		
														f_2	X	W
HG20592-2009WNTB-100_7	50	57	195	145	26	4	M24	28	90	3.2	10	6	68	4.5	87	73
HG20592-2009WNTB-100_8	65	65	220	170	26	8	M24	30	108	3.6	12	6	76	4.5	109	95
HG20592-2009WNTB-100_9	80	89	230	180	26	8	M24	32	120	4.0	12	8	78	4.5	120	106
HG20592-2009WNTB-100_10	100	108	265	210	30	8	M27	36	150	5.0	12	8	90	5.0	149	129
HG20592-2009WNTB-100_11	125	133	315	250	33	8	M30	40	180	6.3	12	8	105	5.0	175	155
HG20592-2009WNTB-100_12	150	159	355	290	33	12	M30	44	210	7.1	12	10	115	5.0	203	183
HG20592-2009WNTB-100_13	200	219	430	360	36	12	M33	52	278	10.0	16	10	130	5.0	259	239
HG20592-2009WNTB-100_14	250	273	505	430	39	12	M36×3	60	340	12.5	18	12	157	5.0	312	292
HG20592-2009WNTB-100_15	300	325	585	500	42	16	M39×3	68	400	14.2	18	12	170	5.0	363	343
HG20592-2009WNTB-100_16	350	377	655	560	48	16	M45×3	74	480	16.0	20	12	189	5.5	421	395

表 2-135　PN160 A 系列榫面（T）带颈对焊法兰尺寸　　单位：mm

标准件编号	DN	A_1	D	K	L	n（个）	螺栓Th	C	N	S	H_1≈	R	H	密封面		
														f_2	X	W
HG20592-2009WNTA-160_1	10	17.2	100	70	14	4	M12	20	32	2.0	6	4	45	4.5	34	24
HG20592-2009WNTA-160_2	15	21.3	105	75	14	4	M12	20	34	2.0	6	4	45	4.5	39	29
HG20592-2009WNTA-160_3	20	26.9	130	90	18	4	M16	24	42	2.9	6	4	52	4.5	50	36
HG20592-2009WNTA-160_4	25	33.7	140	100	18	4	M16	32	52	2.9	8	4	58	4.5	57	43
HG20592-2009WNTA-160_5	32	42.4	155	110	22	4	M20	28	60	3.6	8	5	60	4.5	65	51
HG20592-2009WNTA-160_6	40	48.3	170	125	22	4	M20	28	70	3.6	10	6	64	4.5	75	61
HG20592-2009WNTA-160_7	50	60.3	195	145	26	4	M24	30	90	4	10	6	75	4.5	87	73
HG20592-2009WNTA-160_8	65	76.1	220	170	26	8	M24	34	108	5	12	6	82	4.5	109	95
HG20592-2009WNTA-160_9	80	88.9	230	180	26	8	M24	36	120	6.3	12	6	86	4.5	120	106
HG20592-2009WNTA-160_10	100	114.3	265	210	30	8	M27	40	150	8	12	8	100	5.0	149	129
HG20592-2009WNTA-160_11	125	139.7	315	250	33	8	M30	44	180	10.0	14	8	115	5.0	175	155
HG20592-2009WNTA-160_12	150	168.3	355	290	33	12	M30	50	210	12.5	14	10	128	5.0	203	183
HG20592-2009WNTA-160_13	200	219.1	430	360	36	12	M33	60	278	16	16	10	140	5.0	259	239
HG20592-2009WNTA-160_14	250	273	515	430	42	12	M39×3	68	340	20	18	12	155	5.0	312	292
HG20592-2009WNTA-160_15	300	323.9	585	500	42	16	M39×3	78	400	22.2	18	12	175	5.0	363	343

表 2-136　PN160 B 系列榫面（T）带颈对焊法兰尺寸　　单位：mm

标准件编号	DN	A_1	D	K	L	n（个）	螺栓Th	C	N	S	H_1≈	R	H	密封面		
														f_2	X	W
HG20592-2009WNTB-160_1	10	14	100	70	14	4	M12	20	32	2.0	6	4	45	4.5	34	24

续表

标准件编号	DN	A_1	D	K	L	n（个）	螺栓Th	C	N	S	H_1≈	R	H	密封面		
														f_2	X	W
HG20592-2009WNTB-160_2	15	18	105	75	14	4	M12	20	34	2.0	6	4	45	4.5	39	29
IIG20592-2009WNTB-160_3	20	25	130	90	18	4	M16	24	42	2.9	6	4	52	4.5	50	36
HG20592-2009WNTB-160_4	25	32	140	100	18	4	M16	32	52	2.9	8	4	58	4.5	57	43
HG20592-2009WNTB-160_5	32	38	155	110	22	4	M20	28	60	3.6	8	5	60	4.5	65	51
HG20592-2009WNTB-160_6	40	45	170	125	22	4	M20	28	70	3.6	10	6	64	4.5	75	61
HG20592-2009WNTB-160_7	50	57	195	145	26	4	M24	30	90	4	10	6	75	4.5	87	73
HG20592-2009WNTB-160_8	65	65	220	170	26	8	M24	34	108	5	12	6	82	4.5	109	95
HG20592-2009WNTB-160_9	80	89	230	180	26	8	M24	36	120	6.3	12	6	86	4.5	120	106
HG20592-2009WNTB-160_10	100	108	265	210	30	8	M27	40	150	8	12	8	100	5.0	149	129
HG20592-2009WNTB-160_11	125	133	315	250	33	8	M30	44	180	10.0	14	8	115	5.0	175	155
HG20592-2009WNTB-160_12	150	159	355	290	33	12	M30	50	210	12.5	14	10	128	5.0	203	183
HG20592-2009WNTB-160_13	200	219	430	360	36	12	M33	60	278	16	16	10	140	5.0	259	239
HG20592-2009WNTB-160_14	250	273	515	430	42	12	M39×3	68	340	20	18	12	155	5.0	312	292
HG20592-2009WNTB-160_15	300	325	585	500	42	16	M39×3	78	400	22.2	18	12	175	5.0	363	343

5．槽面（G）带颈对焊法兰

槽面（G）带颈对焊法兰根据接口管可分为A系列（英制管）和B系列（公制管）。根据公称压力二者均可分为PN10、PN16、PN25、PN40、PN63、PN100和PN160。A系列（英制管）和B系列（公制管）法兰尺寸如表2-137～表2-150所示。

表2-137　PN10 A系列槽面（G）带颈对焊法兰尺寸　　单位：mm

标准件编号	DN	A_1	D	K	L	n（个）	螺栓Th	C	N	S	H_1	R	H	密封面				
														d	f_1	f_3	Y	Z
HG20592-2009WNGA-10_1	10	17.2	90	60	14	4	M12	16	28	1.8	6	4	35	40	2	4.0	35	23
HG20592-2009WNGA-10_2	15	21.3	95	65	14	4	M12	16	32	2	6	4	38	45	2	4.0	40	28
HG20592-2009WNGA-10_3	20	26.9	105	75	14	4	M12	18	40	2.3	6	4	40	58	2	4.0	51	35
HG20592-2009WNGA-10_4	25	33.7	115	85	14	4	M12	18	46	2.6	6	4	40	68	2	4.0	58	42
HG20592-2009WNGA-10_5	32	42.4	140	100	18	4	M16	18	56	2.6	6	6	42	78	2	4.0	66	50
HG20592-2009WNGA-10_6	40	48.3	150	110	18	4	M16	18	64	2.6	7	6	45	88	2	4.0	76	60
HG20592-2009WNGA-10_7	50	60.3	165	125	18	4	M16	18	74	2.9	8	5	45	102	2	4.0	88	72
HG20592-2009WNGA-10_8	65	76.1	185	145	18	8	M16	18	92	2.9	10	6	45	122	2	4.0	110	94
HG20592-2009WNGA-10_9	80	88.9	200	160	18	8	M16	20	105	3.2	10	6	50	138	2	4.0	121	105
HG20592-2009WNGA-10_10	100	114.3	220	180	18	8	M16	20	131	3.6	12	8	52	158	2	4.5	150	128
HG20592-2009WNGA-10_11	125	139.7	250	210	18	8	M16	22	156	4	12	8	55	188	2	4.5	176	154

续表

标准件编号	DN	A_1	D	K	L	n（个）	螺栓 Th	C	N	S	H_1	R	H	密封面				
														d	f_1	f_3	Y	Z
HG20592-2009WNGA-10_12	150	168.3	285	240	22	8	M20	22	184	4.5	12	10	55	212	2	4.5	204	182
HG20592-2009WNGA-10_13	200	219.1	340	295	22	8	M20	24	234	6.3	16	10	62	268	2	4.5	260	238
HG20592-2009WNGA-10_14	250	273	395	350	22	12	M20	26	292	6.3	16	12	70	320	2	4.5	313	291
HG20592-2009WNGA-10_15	300	323.9	445	400	22	12	M20	26	342	7.1	16	12	78	370	2	4.5	364	342
HG20592-2009WNGA-10_16	350	355.6	505	460	22	16	M20	26	385	7.1	16	12	82	430	2	5.0	422	394
HG20592-2009WNGA-10_17	400	406.4	565	515	26	16	M24	26	440	7.1	16	12	85	482	2	5.0	474	446
HG20592-2009WNGA-10_18	450	457	615	565	26	20	M24	28	488	7.1	16	12	87	532	2	5.0	524	496
HG20592-2009WNGA-10_19	500	508	670	620	26	20	M24	28	542	7.1	16	12	90	585	2	5.0	576	548
HG20592-2009WNGA-10_20	600	610	780	725	30	20	M27	28	642	7.1	18	12	95	685	2	5.0	676	648

表 2-138　PN10 B 系列槽面（G）带颈对焊法兰尺寸　　单位：mm

标准件编号	DN	A_1	D	K	L	n（个）	螺栓 Th	C	N	S	H_1	R	H	密封面				
														d	f_1	f_3	Y	Z
HG20592-2009WNGB-10_1	10	14	90	60	14	4	M12	16	28	1.8	6	4	35	40	2	4.0	35	23
HG20592-2009WNGB-10_2	15	18	95	65	14	4	M12	16	32	2	6	4	38	45	2	4.0	40	28
HG20592-2009WNGB-10_3	20	25	105	75	14	4	M12	18	40	2.3	6	4	40	58	2	4.0	51	35
HG20592-2009WNGB-10_4	25	32	115	85	14	4	M12	18	46	2.6	6	4	40	68	2	4.0	58	42
HG20592-2009WNGB-10_5	32	38	140	100	18	4	M16	18	56	2.6	6	6	42	78	2	4.0	66	50
HG20592-2009WNGB-10_6	40	45	150	110	18	4	M16	18	64	2.6	7	6	45	88	2	4.0	76	60
HG20592-2009WNGB-10_7	50	57	165	125	18	4	M16	18	74	2.9	8	5	45	102	2	4.0	88	72
HG20592-2009WNGB-10_8	65	65	185	145	18	8	M16	18	92	2.9	10	6	45	122	2	4.0	110	94
HG20592-2009WNGB-10_9	80	89	200	160	18	8	M16	20	105	3.2	10	6	50	138	2	4.0	121	105
HG20592-2009WNGB-10_10	100	108	220	180	18	8	M16	20	131	3.6	12	8	52	158	2	4.5	150	128
HG20592-2009WNGB-10_11	125	133	250	210	18	8	M16	22	156	4	12	8	55	188	2	4.5	176	154
HG20592-2009WNGB-10_12	150	159	285	240	22	8	M20	22	184	4.5	12	10	55	212	2	4.5	204	182
HG20592-2009WNGB-10_13	200	219	340	295	22	8	M20	24	234	6.3	16	10	62	268	2	4.5	260	238
HG20592-2009WNGB-10_14	250	273	395	350	22	12	M20	26	292	6.3	16	12	70	320	2	4.5	313	291
HG20592-2009WNGB-10_15	300	325	445	400	22	12	M20	26	342	7.1	16	12	78	370	2	4.5	364	342
HG20592-2009WNGB-10_16	350	377	505	460	22	16	M20	26	402	7.1	16	12	82	430	2	5.0	422	394
HG20592-2009WNGB-10_17	400	426	565	515	26	16	M24	26	458	7.1	16	12	85	482	2	5.0	474	446
HG20592-2009WNGB-10_18	450	480	615	565	26	20	M24	28	510	7.1	16	12	87	532	2	5.0	524	496
HG20592-2009WNGB-10_19	500	530	670	620	26	20	M24	28	562	7.1	16	12	90	585	2	5.0	576	548
HG20592-2009WNGB-10_20	600	630	780	725	30	20	M27	28	660	7.1	18	12	95	685	2	5.0	676	648

表 2-139 PN16 A 系列槽面（G）带颈对焊法兰尺寸 单位：mm

标准件编号	DN	A_1	D	K	L	n（个）	螺栓 Th	C	N	S	H_1	R	H	密封面				
														d	f_1	f_3	Y	Z
HG20592-2009WNGA-16_1	10	17.2	90	60	14	4	M12	16	28	1.8	6	4	35	40	2	4.0	35	23
HG20592-2009WNGA-16_2	15	21.3	95	65	14	4	M12	16	32	2	6	4	38	45	2	4.0	40	28
HG20592-2009WNGA-16_3	20	26.9	105	75	14	4	M12	18	40	2.3	6	4	40	58	2	4.0	51	35
HG20592-2009WNGA-16_4	25	33.7	115	85	14	4	M12	18	46	2.6	6	4	40	68	2	4.0	58	42
HG20592-2009WNGA-16_5	32	42.4	140	100	18	4	M16	18	56	2.6	6	6	42	78	2	4.0	66	50
HG20592-2009WNGA-16_6	40	48.3	150	110	18	4	M16	18	64	2.6	7	6	45	88	2	4.0	76	60
HG20592-2009WNGA-16_7	50	60.3	165	125	18	4	M16	18	74	2.9	8	5	45	102	2	4.0	88	72
HG20592-2009WNGA-16_8	65	76.1	185	145	18	8	M16	18	92	2.9	10	6	45	122	2	4.0	110	94
HG20592-2009WNGA-16_9	80	88.9	200	160	18	8	M16	20	105	3.2	10	6	50	138	2	4.0	121	105
HG20592-2009WNGA-16_10	100	114.3	220	180	18	8	M16	20	131	3.6	12	8	52	158	2	4.5	150	128
HG20592-2009WNGA-16_11	125	139.7	250	210	18	8	M16	22	156	4	12	8	55	188	2	4.5	176	154
HG20592-2009WNGA-16_12	150	168.3	285	240	22	8	M20	22	184	4.5	12	10	55	212	2	4.5	204	182
HG20592-2009WNGA-16_13	200	219.1	340	295	22	12	M20	24	235	6.3	16	10	62	268	2	4.5	260	238
HG20592-2009WNGA-16_14	250	273	405	355	26	12	M24	26	292	6.3	16	12	70	320	2	4.5	313	291
HG20592-2009WNGA-16_15	300	323.9	460	410	26	12	M24	28	344	7.1	16	12	78	378	2	4.5	364	342
HG20592-2009WNGA-16_16	350	355.6	520	470	26	16	M24	30	390	8.0	16	12	82	428	2	5.0	422	394
HG20592-2009WNGA-16_17	400	406.4	580	525	30	16	M27	32	445	8.0	16	12	85	490	2	5.0	474	446
HG20592-2009WNGA-16_18	450	457	640	585	30	20	M27	40	490	8.0	16	12	87	550	2	5.0	524	496
HG20592-2009WNGA-16_19	500	508	715	650	33	20	M30	44	548	8.0	16	12	90	610	2	5.0	576	548
HG20592-2009WNGA-16_20	600	610	840	770	36	20	M33	54	652	8.8	18	12	95	725	2	5.0	676	648

表 2-140 PN16 B 系列槽面（G）带颈对焊法兰尺寸 单位：mm

标准件编号	DN	A_1	D	K	L	n（个）	螺栓Th	C	N	S	H_1	R	H	密封面				
														d	f_1	f_3	Y	Z
HG20592-2009WNGB-16_1	10	17.2	90	60	14	4	M12	16	28	1.8	6	4	35	40	2	4.0	35	23
HG20592-2009WNGB-16_2	15	21.3	95	65	14	4	M12	16	32	2	6	4	38	45	2	4.0	40	28
HG20592-2009WNGB-16_3	20	26.9	105	75	14	4	M12	18	40	2.3	6	4	40	58	2	4.0	51	35
HG20592-2009WNGB-16_4	25	33.7	115	85	14	4	M12	18	46	2.6	6	4	40	68	2	4.0	58	42
HG20592-2009WNGB-16_5	32	42.4	140	100	18	4	M16	18	56	2.6	6	6	42	78	2	4.0	66	50
HG20592-2009WNGB-16_6	40	48.3	150	110	18	4	M16	18	64	2.6	7	6	45	88	2	4.0	76	60
HG20592-2009WNGB-16_7	50	60.3	165	125	18	4	M16	18	74	2.9	8	5	45	102	2	4.0	88	72
HG20592-2009WNGB-16_8	65	76.1	185	145	18	8	M16	18	92	2.9	10	6	45	122	2	4.0	110	94
HG20592-2009WNGB-16_9	80	88.9	200	160	18	8	M16	20	105	3.2	10	6	50	138	2	4.0	121	105
HG20592-2009WNGB-16_10	100	114.3	220	180	18	8	M16	20	131	3.6	12	8	52	158	2	4.5	150	128

续表

标准件编号	DN	A_1	D	K	L	n（个）	螺栓Th	C	N	S	H_1	R	H	密封面				
														d	f_1	f_3	Y	Z
HG20592-2009WNGB-16_11	125	139.7	250	210	18	8	M16	22	156	4	12	8	55	188	2	4.5	176	154
HG20592-2009WNGB-16_12	150	168.3	285	240	22	8	M20	22	184	4.5	12	10	55	212	2	4.5	204	182
HG20592-2009WNGB-16_13	200	219.1	340	295	22	12	M20	24	235	6.3	16	10	62	268	2	4.5	260	238
HG20592-2009WNGB-16_14	250	273	405	355	26	12	M24	26	292	6.3	16	12	70	320	2	4.5	313	291
HG20592-2009WNGB-16_15	300	323.9	460	410	26	12	M24	28	344	7.1	16	12	78	378	2	4.5	364	342
HG20592-2009WNGB-16_16	350	355.6	520	470	26	16	M24	30	390	8.0	16	12	82	428	2	5.0	422	394
HG20592-2009WNGB-16_17	400	406.4	580	525	30	16	M27	32	445	8.0	16	12	85	490	2	5.0	474	446
HG20592-2009WNGB-16_18	450	457	640	585	30	20	M27	40	490	8.0	16	12	87	550	2	5.0	524	496
HG20592-2009WNGB-16_19	500	508	715	650	33	20	M30	44	548	8.0	16	12	90	610	2	5.0	576	548
HG20592-2009WNGB-16_20	600	610	840	770	36	20	M33	54	652	8.8	18	12	95	725	2	5.0	676	648

表 2-141　PN25 A 系列槽面（G）带颈对焊法兰尺寸　　单位：mm

标准件编号	DN	A_1	D	K	L	n（个）	螺栓Th	C	N	S	H_1	R	H	密封面				
														d	f_1	f_3	Y	Z
HG20592-2009WNGA-25_1	10	17.2	90	60	14	4	M12	16	28	1.8	6	4	35	40	2	4.0	35	23
HG20592-2009WNGA-25_2	15	21.3	95	65	14	4	M12	16	32	2.0	6	4	38	45	2	4.0	40	28
HG20592-2009WNGA-25_3	20	26.9	105	75	14	4	M12	18	40	2.3	6	4	40	58	2	4.0	51	35
HG20592-2009WNGA-25_4	25	33.7	115	85	14	4	M12	16	46	2.6	6	4	40	68	2	4.0	58	42
HG20592-2009WNGA-25_5	32	42.4	140	100	18	4	M16	18	56	2.6	6	6	42	78	2	4.0	66	50
HG20592-2009WNGA-25_6	40	48.3	150	110	18	4	M16	18	64	2.6	7	6	45	88	2	4.0	76	60
HG20592-2009WNGA-25_7	50	60.3	165	125	18	4	M16	20	75	2.9	8	6	48	102	2	4.0	88	72
HG20592-2009WNGA-25_8	65	76.1	185	145	18	8	M16	22	90	2.9	10	6	52	122	2	4.0	110	94
HG20592-2009WNGA-25_9	80	88.9	200	160	18	8	M16	24	105	3.2	12	8	58	138	2	4.0	121	105
HG20592-2009WNGA-25_10	100	114.3	235	190	22	8	M20	24	134	3.6	12	8	65	162	2	4.5	150	128
HG20592-2009WNGA-25_11	125	139.7	270	220	26	8	M24	26	162	4.0	12	8	68	188	2	4.5	176	154
HG20592-2009WNGA-25_12	150	168.3	300	250	26	8	M24	28	192	4.5	12	10	75	218	2	4.5	204	182
HG20592-2009WNGA-25_13	200	219.1	360	310	26	12	M24	30	244	6.3	16	10	80	278	2	4.5	260	238
HG20592-2009WNGA-25_14	250	273	425	370	30	12	M27	32	298	7.1	18	12	88	335	2	4.5	313	291
HG20592-2009WNGA-25_15	300	323.9	485	430	30	12	M27	34	352	8.0	18	12	92	395	2	4.5	364	342
HG20592-2009WNGA-25_16	350	355.6	555	490	33	16	M30	38	398	8	20	12	100	450	2	5.0	422	394
HG20592-2009WNGA-25_17	400	406.4	620	550	36	16	M33	40	452	8.8	20	12	110	505	2	5.0	474	446
HG20592-2009WNGA-25_18	450	457	670	600	36	20	M33	46	500	8.8	20	12	110	555	2	5.0	524	496
HG20592-2009WNGA-25_19	500	508	730	660	36	20	M33	48	558	10	20	12	125	615	2	5.0	576	548
HG20592-2009WNGA-25_20	600	610	845	770	39	20	M36×3	58	660	11	20	12	125	720	2	5.0	676	648

表 2-142　PN25 B 系列槽面（G）带颈对焊法兰尺寸　　单位：mm

标准件编号	DN	A_1	D	K	L	n（个）	螺栓Th	C	N	S	H_1	R	H	密封面				
														d	f_1	f_3	Y	Z
HG20592-2009WNGB-25_1	10	14	90	60	14	4	M12	16	28	1.8	6	4	35	40	2	4.0	35	23
HG20592-2009WNGB-25_2	15	18	95	65	14	4	M12	16	32	2.0	6	4	38	45	2	4.0	40	28
HG20592-2009WNGB-25_3	20	25	105	75	14	4	M12	18	40	2.3	6	4	40	58	2	4.0	51	35
HG20592-2009WNGB-25_4	25	32	115	85	14	4	M12	16	46	2.6	6	4	40	68	2	4.0	58	42
HG20592-2009WNGB-25_5	32	38	140	100	18	4	M16	18	56	2.6	6	6	42	78	2	4.0	66	50
HG20592-2009WNGB-25_6	40	45	150	110	18	4	M16	18	64	2.6	7	6	45	88	2	4.0	76	60
HG20592-2009WNGB-25_7	50	57	165	125	18	4	M16	20	75	2.9	8	6	48	102	2	4.0	88	72
HG20592-2009WNGB-25_8	65	65	185	145	18	8	M16	22	90	2.9	10	6	52	122	2	4.0	110	94
HG20592-2009WNGB-25_9	80	89	200	160	18	8	M16	24	105	3.2	12	8	58	138	2	4.0	121	105
HG20592-2009WNGB-25_10	100	108	235	190	22	8	M20	24	134	3.6	12	8	65	162	2	4.5	150	128
HG20592-2009WNGB-25_11	125	133	270	220	26	8	M24	26	162	4.0	12	8	68	188	2	4.5	176	154
HG20592-2009WNGB-25_12	150	159	300	250	26	8	M24	28	190	4.5	12	10	75	218	2	4.5	204	182
HG20592-2009WNGB-25_13	200	219	360	310	26	12	M24	30	244	6.3	16	10	80	278	2	4.5	260	238
HG20592-2009WNGB-25_14	250	273	425	370	30	12	M27	32	298	7.1	18	12	88	335	2	4.5	313	291
HG20592-2009WNGB-25_15	300	325	485	430	30	12	M27	34	352	8.0	18	12	92	395	2	4.5	364	342
HG20592-2009WNGB-25_16	350	377	555	490	33	16	M30	38	420	8	20	12	100	450	2	5.0	422	394
HG20592-2009WNGB-25_17	400	426	620	550	36	16	M33	40	472	8.8	20	12	110	505	2	5.0	474	446
HG20592-2009WNGB-25_18	450	480	670	600	36	20	M33	46	522	8.8	20	12	110	555	2	5.0	524	496
HG20592-2009WNGB-25_19	500	530	730	660	36	20	M33	48	580	10	20	12	125	615	2	5.0	576	548
HG20592-2009WNGB-25_20	600	630	845	770	39	20	M36×3	58	680	11	20	12	125	720	2	5.0	676	648

表 2-143　PN40 A 系列槽面（G）带颈对焊法兰尺寸　　单位：mm

标准件编号	DN	A_1	D	K	L	n（个）	螺栓Th	C	N	S	H_1	R	H	密封面				
														d	f_1	f_3	Y	Z
HG20592-2009WNGA-40_1	10	17.2	90	60	14	4	M12	16	28	1.8	6	4	35	40	2	4.0	35	23
HG20592-2009WNGA-40_2	15	21.3	95	65	14	4	M12	16	32	2.0	6	4	38	45	2	4.0	40	28
HG20592-2009WNGA-40_3	20	26.9	105	75	14	4	M12	18	40	2.3	6	4	40	58	2	4.0	51	35
HG20592-2009WNGA-40_4	25	33.7	115	85	14	4	M12	18	46	2.6	6	4	40	68	2	4.0	58	42
HG20592-2009WNGA-40_5	32	42.4	140	100	18	4	M16	18	56	2.6	6	6	42	78	2	4.0	66	50
HG20592-2009WNGA-40_6	40	48.3	150	110	18	4	M16	18	64	2.6	7	6	45	88	2	4.0	76	60
HG20592-2009WNGA-40_7	50	60.3	165	125	18	4	M16	20	75	2.9	8	6	48	102	2	4.0	88	72
HG20592-2009WNGA-40_8	65	76.1	185	145	18	8	M16	22	90	2.9	10	6	52	122	2	4.0	110	94
HG20592-2009WNGA-40_9	80	88.9	200	160	18	8	M16	24	105	3.2	12	8	58	138	2	4.0	121	105
HG20592-2009WNGA-40_10	100	114.3	235	190	22	8	M20	24	134	3.6	12	8	65	162	2	4.5	150	128

续表

标准件编号	DN	A_1	D	K	L	n（个）	螺栓Th	C	N	S	H_1	R	H	密封面				
														d	f_1	f_3	Y	Z
HG20592-2009WNGA-40_11	125	139.7	270	220	26	8	M24	26	162	4.0	12	8	68	188	2	4.5	176	154
HG20592-2009WNGA-40_12	150	168.3	300	250	26	8	M24	28	192	4.5	12	10	75	218	2	4.5	204	182
HG20592-2009WNGA-40_13	200	219.1	375	320	30	12	M27	34	244	6.3	16	10	88	285	2	4.5	260	238
HG20592-2009WNGA-40_14	250	273	450	385	33	12	M30	38	306	7.1	18	12	105	345	2	4.5	313	291
HG20592-2009WNGA-40_15	300	323.9	515	450	33	16	M30	42	362	8.0	18	12	115	410	2	4.5	364	342
HG20592-2009WNGA-40_16	350	355.6	580	510	36	16	M33	46	408	8.8	20	12	125	465	2	5.0	422	394
HG20592-2009WNGA-40_17	400	406.4	660	585	39	16	M36×3	50	462	11.0	20	12	135	535	2	5.0	474	446
HG20592-2009WNGA-40_18	450	457	685	610	39	20	M36×3	57	500	12.5	20	12	135	560	2	5.0	524	496
HG20592-2009WNGA-40_19	500	508	755	670	42	20	M39×3	57	562	14.2	20	12	140	615	2	5.0	576	548
HG20592-2009WNGA-40_20	600	610	890	795	48	20	M45×3	72	666	16.0	20	12	150	735	2	5.0	676	648

表 2-144　PN40 B 系列槽面（G）带颈对焊法兰尺寸　　单位：mm

标准件编号	DN	A_1	D	K	L	n（个）	螺栓Th	C	N	S	H_1	R	H	密封面				
														d	f_1	f_3	Y	Z
HG20592-2009WNGB-40_1	10	14	90	60	14	4	M12	16	28	1.8	6	4	35	40	2	4.0	35	23
HG20592-2009WNGB-40_2	15	18	95	65	14	4	M12	16	32	2.0	6	4	38	45	2	4.0	40	28
HG20592-2009WNGB-40_3	20	25	105	75	14	4	M12	18	40	2.3	6	4	40	58	2	4.0	51	35
HG20592-2009WNGB-40_4	25	32	115	85	14	4	M12	18	46	2.6	6	4	40	68	2	4.0	58	42
HG20592-2009WNGB-40_5	32	38	140	100	18	4	M16	18	56	2.6	6	6	42	78	2	4.0	66	50
HG20592-2009WNGB-40_6	40	45	150	110	18	4	M16	18	64	2.6	7	6	45	88	2	4.0	76	60
HG20592-2009WNGB-40_7	50	57	165	125	18	4	M16	20	75	2.9	8	6	48	102	2	4.0	88	72
HG20592-2009WNGB-40_8	65	65	185	145	18	8	M16	22	90	2.9	10	6	52	122	2	4.0	110	94
HG20592-2009WNGB-40_9	80	89	200	160	18	8	M16	24	105	3.2	12	8	58	138	2	4.0	121	105
HG20592-2009WNGB-40_10	100	108	235	190	22	8	M20	24	134	3.6	12	8	65	162	2	4.5	150	128
HG20592-2009WNGB-40_11	125	133	270	220	26	8	M24	26	162	4.0	12	8	68	188	2	4.5	176	154
HG20592-2009WNGB-40_12	150	159	300	250	26	8	M24	28	192	4.5	12	10	75	218	2	4.5	204	182
HG20592-2009WNGB-40_13	200	219	375	320	30	12	M27	34	244	6.3	16	10	88	285	2	4.5	260	238
HG20592-2009WNGB-40_14	250	273	450	385	33	12	M30	38	306	7.1	18	12	105	345	2	4.5	313	291
HG20592-2009WNGB-40_15	300	325	515	450	33	16	M30	42	362	8.0	18	12	115	410	2	4.5	364	342
HG20592-2009WNGB-40_16	350	377	580	510	36	16	M33	46	430	8.8	20	12	125	465	2	5.0	422	394
HG20592-2009WNGB-40_17	400	426	660	585	39	16	M36×3	50	482	11.0	20	12	135	535	2	5.0	474	446
HG20592-2009WNGB-40_18	450	480	685	610	39	20	M36×3	57	522	12.5	20	12	135	560	2	5.0	524	496
HG20592-2009WNGB-40_19	500	530	755	670	42	20	M39×3	57	584	14.2	20	12	140	615	2	5.0	576	548
HG20592-2009WNGB-40_20	600	630	890	795	48	20	M45×3	72	686	16.0	20	12	150	735	2	5.0	676	648

表 2-145　PN63 A 系列槽面（G）带颈对焊法兰尺寸　　单位：mm

标准件编号	DN	A_1	D	K	L	n（个）	螺栓Th	C	N	S	H_1	R	H	密封面				
														d	f_1	f_3	Y	Z
HG20592-2009WNGA-63_1	10	17.2	100	70	14	4	M12	20	32	1.8	6	4	45	40	2	4.0	35	23
HG20592-2009WNGA-63_2	15	21.3	105	75	14	4	M12	20	34	2.0	6	4	45	45	2	4.0	40	28
HG20592-2009WNGA-63_3	20	26.9	130	90	18	4	M16	22	42	2.6	8	4	48	58	2	4.0	51	35
HG20592-2009WNGA-63_4	25	33.7	140	100	18	4	M16	24	52	2.6	8	4	58	68	2	4.0	58	42
HG20592-2009WNGA-63_5	32	42.4	155	110	22	4	M20	24	62	2.9	8	6	60	78	2	4.0	66	50
HG20592-2009WNGA-63_6	40	48.3	170	125	22	4	M20	26	70	2.9	10	6	62	88	2	4.0	76	60
HG20592-2009WNGA-63_7	50	60.3	180	135	22	4	M20	26	82	2.9	10	6	62	102	2	4.0	88	72
HG20592-2009WNGA-63_8	65	76.1	205	160	22	8	M20	26	98	3.2	12	6	68	122	2	4.0	110	94
HG20592-2009WNGA-63_9	80	88.9	215	170	22	8	M20	28	112	3.6	12	8	72	138	2	4.0	121	105
HG20592-2009WNGA-63_10	100	114.3	250	200	26	8	M24	30	138	4.0	12	8	78	162	2	4.5	150	128
HG20592-2009WNGA-63_11	125	139.7	295	240	30	8	M27	34	168	4.5	12	8	88	188	2	4.5	176	154
HG20592-2009WNGA-63_12	150	168.3	345	280	33	8	M30	36	202	5.6	12	10	95	218	2	4.5	204	182
HG20592-2009WNGA-63_13	200	219.1	415	345	36	12	M33	42	256	7.1	16	10	110	285	2	4.5	260	238
HG20592-2009WNGA-63_14	250	273	470	400	36	12	M33	46	316	8.8	18	12	125	345	2	4.5	313	291
HG20592-2009WNGA-63_15	300	323.9	530	460	36	16	M33	52	372	11.0	18	12	140	410	2	4.5	364	342
HG20592-2009WNGA-63_16	350	355.6	600	525	39	16	M36×3	56	420	12.5	20	12	150	465	2	5.0	422	394
HG20592-2009WNGA-63_17	400	406.4	670	585	42	16	M39×3	60	475	14.2	20	12	160	535	2	5.0	474	446

表 2-146　PN63 B 系列槽面（G）带颈对焊法兰尺寸　　单位：mm

标准件编号	DN	A_1	D	K	L	n（个）	螺栓Th	C	N	S	H_1	R	H	密封面				
														d	f_1	f_3	Y	Z
HG20592-2009WNGB-63_1	10	14	100	70	14	4	M12	20	32	1.8	6	4	45	40	2	4.0	35	23
HG20592-2009WNGB-63_2	15	18	105	75	14	4	M12	20	34	2.0	6	4	45	45	2	4.0	40	28
HG20592-2009WNGB-63_3	20	25	130	90	18	4	M16	22	42	2.6	8	4	48	58	2	4.0	51	35
HG20592-2009WNGB-63_4	25	32	140	100	18	4	M16	24	52	2.6	8	4	58	68	2	4.0	58	42
HG20592-2009WNGB-63_5	32	38	155	110	22	4	M20	24	62	2.9	8	6	60	78	2	4.0	66	50
HG20592-2009WNGB-63_6	40	45	170	125	22	4	M20	26	70	2.9	10	6	62	88	2	4.0	76	60
HG20592-2009WNGB-63_7	50	57	180	135	22	4	M20	26	82	2.9	10	6	62	102	2	4.0	88	72
HG20592-2009WNGB-63_8	65	65	205	160	22	8	M20	26	98	3.2	12	6	68	122	2	4.0	110	94
HG20592-2009WNGB-63_9	80	89	215	170	22	8	M20	28	112	3.6	12	8	72	138	2	4.0	121	105
HG20592-2009WNGB-63_10	100	108	250	200	26	8	M24	30	138	4.0	12	8	78	162	2	4.5	150	128
HG20592-2009WNGB-63_11	125	133	295	240	30	8	M27	34	168	4.5	12	8	88	188	2	4.5	176	154
HG20592-2009WNGB-63_12	150	159	345	280	33	8	M30	36	202	5.6	12	10	95	218	2	4.5	204	182
HG20592-2009WNGB-63_13	200	219	415	345	36	12	M33	42	256	7.1	16	10	110	285	2	4.5	260	238

续表

标准件编号	DN	A_1	D	K	L	n（个）	螺栓Th	C	N	S	H_1	R	H	密封面				
														d	f_1	f_3	Y	Z
HG20592-2009WNGB-63_14	250	273	470	400	36	12	M33	46	316	8.8	18	12	125	345	2	4.5	313	291
HG20592-2009WNGB-63_15	300	325	530	460	36	16	M33	52	372	11.0	18	12	140	410	2	4.5	364	342
HG20592-2009WNGB-63_16	350	377	600	525	39	16	M36×3	56	442	12.5	20	12	150	465	2	5.0	422	394
HG20592-2009WNGB-63_17	400	426	670	585	42	16	M39×3	60	495	14.2	20	12	160	535	2	5.0	474	446

表 2-147　PN100 A 系列槽面（G）带颈对焊法兰尺寸　单位：mm

标准件编号	DN	A_1	D	K	L	n（个）	螺栓Th	C	N	S	H_1 ≈	R	H	密封面				
														d	f_1	f_3	Y	Z
HG20592-2009WNGA-100_1	10	17.2	100	70	14	4	M12	20	32	1.8	6	4	45	40	2	4.0	35	23
HG20592-2009WNGA-100_2	15	21.3	105	75	14	4	M12	20	34	2.0	6	4	45	45	2	4.0	40	28
HG20592-2009WNGA-100_3	20	26.9	130	90	18	4	M16	22	42	2.6	8	4	52	58	2	4.0	51	35
HG20592-2009WNGA-100_4	25	33.7	140	100	18	4	M16	24	52	2.6	8	4	58	68	2	4.0	58	42
HG20592-2009WNGA-100_5	32	42.4	155	110	22	4	M20	24	62	2.9	8	6	60	78	2	4.0	66	50
HG20592-2009WNGA-100_6	40	48.3	170	125	22	4	M20	26	70	2.9	10	6	62	88	2	4.0	76	60
HG20592-2009WNGA-100_7	50	60.3	195	145	26	4	M24	28	90	3.2	10	6	68	102	2	4.0	88	72
HG20592-2009WNGA-100_8	65	76.1	220	170	26	8	M24	30	108	3.6	12	6	76	122	2	4.0	110	94
HG20592-2009WNGA-100_9	80	88.9	230	180	26	8	M24	32	120	4.0	12	8	78	138	2	4.0	121	105
HG20592-2009WNGA-100_10	100	114.3	265	210	30	8	M27	36	150	5.0	12	8	90	162	2	4.5	150	128
HG20592-2009WNGA-100_11	125	139.7	315	250	33	8	M30	40	180	6.3	12	8	105	188	2	4.5	176	154
HG20592-2009WNGA-100_12	150	168.8	355	290	33	12	M30	44	210	7.1	12	10	115	218	2	4.5	204	182
HG20592-2009WNGA-100_13	200	219.1	430	360	36	12	M33	52	278	10.0	16	10	130	285	2	4.5	260	238
HG20592-2009WNGA-100_14	250	273	505	430	39	12	M36×3	60	340	12.5	18	12	157	345	2	4.5	313	291
HG20592-2009WNGA-100_15	300	323.9	585	500	42	16	M39×3	68	400	14.2	18	12	170	410	2	4.5	364	342
HG20592-2009WNGA-100_16	350	355.6	655	560	48	16	M45×3	74	460	16.0	20	12	189	465	2	5.0	422	394

表 2-148　PN100 B 系列槽面（G）带颈对焊法兰尺寸　单位：mm

标准件编号	DN	A_1	D	K	L	n（个）	螺栓Th	C	N	S	H_1 ≈	R	H	密封面				
														d	f_1	f_3	Y	Z
HG20592-2009WNGB-100_1	10	14	100	70	14	4	M12	20	32	1.8	6	4	45	40	2	4.0	35	23
HG20592-2009WNGB-100_2	15	18	105	75	14	4	M12	20	34	2.0	6	4	45	45	2	4.0	40	28
HG20592-2009WNGB-100_3	20	25	130	90	18	4	M16	22	42	2.6	8	4	52	58	2	4.0	51	35
HG20592-2009WNGB-100_4	25	32	140	100	18	4	M16	24	52	2.6	8	4	58	68	2	4.0	58	42
HG20592-2009WNGB-100_5	32	38	155	110	22	4	M20	24	62	2.9	8	6	60	78	2	4.0	66	50
HG20592-2009WNGB-100_6	40	45	170	125	22	4	M20	26	70	2.9	10	6	62	88	2	4.0	76	60

续表

标准件编号	DN	A_1	D	K	L	n（个）	螺栓Th	C	N	S	H_1 ≈	R	H	密封面				
														d	f_1	f_3	Y	Z
HG20592-2009WNGB-100_7	50	57	195	145	26	4	M24	28	90	3.2	10	6	68	102	2	4.0	88	72
HG20592-2009WNGB-100_8	65	65	220	170	26	8	M24	30	108	3.6	12	6	76	122	2	4.0	110	94
HG20592-2009WNGB-100_9	80	89	230	180	26	8	M24	32	120	4.0	12	8	78	138	2	4.0	121	105
HG20592-2009WNGB-100_10	100	108	265	210	30	8	M27	36	150	5.0	12	8	90	162	2	4.5	150	128
HG20592-2009WNGB-100_11	125	133	315	250	33	8	M30	40	180	6.3	12	8	105	188	2	4.5	176	154
HG20592-2009WNGB-100_12	150	159	355	290	33	12	M30	44	210	7.1	12	10	115	218	2	4.5	204	182
HG20592-2009WNGB-100_13	200	219	430	360	36	12	M33	52	278	10.0	16	10	130	285	2	4.5	260	238
HG20592-2009WNGB-100_14	250	273	505	430	39	12	M36×3	60	340	12.5	18	12	157	345	2	4.5	313	291
HG20592-2009WNGB-100_15	300	325	585	500	42	16	M39×3	68	400	14.2	18	12	170	410	2	4.5	364	342
HG20592-2009WNGB-100_16	350	377	655	560	48	16	M45×3	74	480	16.0	20	12	189	465	2	5.0	422	394

表 2-149　PN160 A 系列槽面（G）带颈对焊法兰尺寸　　单位：mm

标准件编号	DN	A_1	D	K	L	n（个）	螺栓Th	C	N	S	H_1 ≈	R	H	密封面				
														d	f_1	f_3	Y	Z
HG20592-2009WNGA-160_1	10	17.2	100	70	14	4	M12	20	32	2.0	6	4	45	40	2	4.0	35	23
HG20592-2009WNGA-160_2	15	21.3	105	75	14	4	M12	20	34	2.0	6	4	45	45	2	4.0	40	28
HG20592-2009WNGA-160_3	20	26.9	130	90	18	4	M16	24	42	2.9	6	4	52	58	2	4.0	51	35
HG20592-2009WNGA-160_4	25	33.7	140	100	18	4	M16	32	52	2.9	8	4	58	68	2	4.0	58	42
HG20592-2009WNGA-160_5	32	42.4	155	110	22	4	M20	28	60	3.6	8	5	60	78	2	4.0	66	50
HG20592-2009WNGA-160_6	40	48.3	170	125	22	4	M20	28	70	3.6	10	6	64	88	2	4.0	76	60
HG20592-2009WNGA-160_7	50	60.3	195	145	26	4	M24	30	90	4	10	6	75	102	2	4.0	88	72
HG20592-2009WNGA-160_8	65	76.1	220	170	26	8	M24	34	108	5	12	6	82	122	2	4.0	110	94
HG20592-2009WNGA-160_9	80	88.9	230	180	26	8	M24	36	120	6.3	12	6	86	138	2	4.0	121	105
HG20592-2009WNGA-160_10	100	114.3	265	210	30	8	M27	40	150	8	12	8	100	162	2	4.5	150	128
HG20592-2009WNGA-160_11	125	139.7	315	250	33	8	M30	44	180	10.0	14	8	115	188	2	4.5	176	154
HG20592-2009WNGA-160_12	150	168.3	355	290	33	12	M30	50	210	12.5	14	10	128	218	2	4.5	204	182
HG20592-2009WNGA-160_13	200	219.1	430	360	36	12	M33	60	278	16	16	10	140	285	2	4.5	260	238
HG20592-2009WNGA-160_14	250	273	515	430	42	12	M39×3	68	340	20	18	12	155	345	2	4.5	313	291
HG20592-2009WNGA-160_15	300	323.9	585	500	42	16	M39×3	78	400	22.2	18	12	175	410	2	4.5	364	342

表 2-150　PN160 B 系列槽面（G）带颈对焊法兰尺寸　　单位：mm

标准件编号	DN	A_1	D	K	L	n（个）	螺栓Th	C	N	S	H_1 ≈	R	H	密封面				
														d	f_1	f_3	Y	Z
HG20592-2009WNGB-160_1	10	14	100	70	14	4	M12	20	32	2.0	6	4	45	40	2	4.0	35	23

续表

标准件编号	DN	A_1	D	K	L	n（个）	螺栓Th	C	N	S	H_1 ≈	R	H	密封面				
														d	f_1	f_3	Y	Z
HG20592-2009WNGB-160_2	15	18	105	75	14	4	M12	20	34	2.0	6	4	45	45	2	4.0	40	28
HG20592-2009WNGB-160_3	20	25	130	90	18	4	M16	24	42	2.9	6	4	52	58	2	4.0	51	35
HG20592-2009WNGB-160_4	25	32	140	100	18	4	M16	32	52	2.9	8	4	58	68	2	4.0	58	42
HG20592-2009WNGB-160_5	32	38	155	110	22	4	M20	28	60	3.6	8	5	60	78	2	4.0	66	50
HG20592-2009WNGB-160_6	40	45	170	125	22	4	M20	28	70	3.6	10	6	64	88	2	4.0	76	60
HG20592-2009WNGB-160_7	50	57	195	145	26	4	M24	30	90	4	10	6	75	102	2	4.0	88	72
HG20592-2009WNGB-160_8	65	65	220	170	26	8	M24	34	108	5	12	6	82	122	2	4.0	110	94
HG20592-2009WNGB-160_9	80	89	230	180	26	8	M24	36	120	6.3	12	6	86	138	2	4.0	121	105
HG20592-2009WNGB-160_10	100	108	265	210	30	8	M27	40	150	8	12	8	100	162	2	4.5	150	128
HG20592-2009WNGB-160_11	125	133	315	250	33	8	M30	44	180	10.0	14	8	115	188	2	4.5	176	154
HG20592-2009WNGB-160_12	150	159	355	290	33	12	M30	50	210	12.5	14	10	128	218	2	4.5	204	182
HG20592-2009WNGB-160_13	200	219	430	360	36	12	M33	60	278	16	16	10	140	285	2	4.5	260	238
HG20592-2009WNGB-160_14	250	273	515	430	42	12	M39×3	68	340	20	18	12	155	345	2	4.5	313	291
HG20592-2009WNGB-160_15	300	325	585	500	42	16	M39×3	78	400	22.2	18	12	175	410	2	4.5	364	342

6. 全平面（FF）带颈对焊法兰

全平面（FF）带颈对焊法兰根据接口管可分为A系列（英制管）和B系列（公制管）。根据公称压力二者均可分为PN10和PN16。A系列（英制管）和B系列（公制管）法兰尺寸如表2-151～表2-154所示。

表2-151　PN10 A系列全平面（FF）带颈对焊法兰尺寸　　单位：mm

标准件编号	DN	A_1	D	K	L	n（个）	螺栓Th	C	N	S	H_1	R	H
HG20592-2009WNFFA-10_1	10	17.2	90	60	14	4	M12	16	28	1.8	6	4	35
HG20592-2009WNFFA-10_2	15	21.3	95	65	14	4	M12	16	32	2	6	4	38
HG20592-2009WNFFA-10_3	20	26.9	105	75	14	4	M12	18	40	2.3	6	4	40
HG20592-2009WNFFA-10_4	25	33.7	115	85	14	4	M12	18	46	2.6	6	4	40
HG20592-2009WNFFA-10_5	32	42.4	140	100	18	4	M16	18	56	2.6	6	6	42
HG20592-2009WNFFA-10_6	40	48.3	150	110	18	4	M16	18	64	2.6	7	6	45
HG20592-2009WNFFA-10_7	50	60.3	165	125	18	4	M16	18	74	2.9	8	5	45
HG20592-2009WNFFA-10_8	65	76.1	185	145	18	8	M16	18	92	2.9	10	6	45
HG20592-2009WNFFA-10_9	80	88.9	200	160	18	8	M16	20	105	3.2	10	6	50
HG20592-2009WNFFA-10_10	100	114.3	220	180	18	8	M16	20	131	3.6	12	8	52
HG20592-2009WNFFA-10_11	125	139.7	250	210	18	8	M16	22	156	4	12	8	55
HG20592-2009WNFFA-10_12	150	168.3	285	240	22	8	M20	22	184	4.5	12	10	55

续表

标准件编号	DN	A_1	D	K	L	n（个）	螺栓Th	C	N	S	H_1	R	H
HG20592-2009WNFFA-10_13	200	219.1	340	295	22	8	M20	24	234	6.3	16	10	62
HG20592-2009WNFFA-10_14	250	273	395	350	22	12	M20	26	292	6.3	16	12	70
HG20592-2009WNFFA-10_15	300	323.9	445	400	22	12	M20	26	342	7.1	16	12	78
HG20592-2009WNFFA-10_16	350	355.6	505	460	22	16	M20	26	385	7.1	16	12	82
HG20592-2009WNFFA-10_17	400	406.4	565	515	26	16	M24	26	440	7.1	16	12	85
HG20592-2009WNFFA-10_18	450	457	615	565	26	20	M24	28	488	7.1	16	12	87
HG20592-2009WNFFA-10_19	500	508	670	620	26	20	M24	28	542	7.1	16	12	90
HG20592-2009WNFFA-10_20	600	610	780	725	30	20	M27	28	642	7.1	18	12	95
HG20592-2009WNFFA-10_21	700	711	895	840	30	24	M27	30	746	8	18	12	100
HG20592-2009WNFFA-10_22	800	813	1015	950	33	24	M30	32	850	8	18	12	105
HG20592-2009WNFFA-10_23	900	914	1115	1050	33	28	M30	34	950	10	20	12	110
HG20592-2009WNFFA-10_24	1000	1016	1230	1160	36	28	M33	34	1052	10	20	16	120
HG20592-2009WNFFA-10_25	1200	1219	1455	1380	39	32	M36×3	38	1256	11	25	16	130
HG20592-2009WNFFA-10_26	1400	1422	1675	1590	42	36	M39×3	42	1460	12	25	16	145
HG20592-2009WNFFA-10_27	1600	1626	1915	1820	48	40	M45×3	46	1666	14	25	16	160
HG20592-2009WNFFA-10_28	1800	1829	2115	2020	48	44	M45×3	50	1868	15	30	16	170
HG20592-2009WNFFA-10_29	2000	2032	2325	2230	48	48	M45×3	54	2072	16	30	16	180

表 2-152　PN10 B 系列全平面（FF）带颈对焊法兰尺寸　　单位：mm

标准件编号	DN	A_1	D	K	L	n（个）	螺栓Th	C	N	S	H_1	R	H
HG20592-2009WNFFB-10_1	10	14	90	60	14	4	M12	16	28	1.8	6	4	35
HG20592-2009WNFFB-10_2	15	18	95	65	14	4	M12	16	32	2	6	4	38
HG20592-2009WNFFB-10_3	20	25	105	75	14	4	M12	18	40	2.3	6	4	40
HG20592-2009WNFFB-10_4	25	32	115	85	14	4	M12	18	46	2.6	6	4	40
HG20592-2009WNFFB-10_5	32	38	140	100	18	4	M16	18	56	2.6	6	6	42
HG20592-2009WNFFB-10_6	40	45	150	110	18	4	M16	18	64	2.6	7	6	45
HG20592-2009WNFFB-10_7	50	57	165	125	18	4	M16	18	74	2.9	8	5	45
HG20592-2009WNFFB-10_8	65	65	185	145	18	8	M16	18	92	2.9	10	6	45
HG20592-2009WNFFB-10_9	80	89	200	160	18	8	M16	20	105	3.2	10	6	50
HG20592-2009WNFFB-10_10	100	108	220	180	18	8	M16	20	131	3.6	12	8	52
HG20592-2009WNFFB-10_11	125	133	250	210	18	8	M16	22	156	4	12	8	55
HG20592-2009WNFFB-10_12	150	159	285	240	22	8	M20	22	184	4.5	12	10	55
HG20592-2009WNFFB-10_13	200	219	340	295	22	8	M20	24	234	6.3	16	10	62
HG20592-2009WNFFB-10_14	250	273	395	350	22	12	M20	26	292	6.3	16	12	70
HG20592-2009WNFFB-10_15	300	325	445	400	22	12	M20	26	342	7.1	16	12	78

续表

标准件编号	DN	A_1	D	K	L	n（个）	螺栓Th	C	N	S	H_1	R	H
HG20592-2009WNFFB-10_16	350	377	505	460	22	16	M20	26	402	7.1	16	12	82
HG20592-2009WNFFB-10_17	400	426	565	515	26	16	M24	26	458	7.1	16	12	85
HG20592-2009WNFFB-10_18	450	480	615	565	26	20	M24	28	510	7.1	16	12	87
HG20592-2009WNFFB-10_19	500	530	670	620	26	20	M24	28	562	7.1	16	12	90
HG20592-2009WNFFB-10_20	600	630	780	725	30	20	M27	28	660	7.1	18	12	95
HG20592-2009WNFFB-10_21	700	720	895	840	30	24	M27	30	755	8	18	12	100
HG20592-2009WNFFB-10_22	800	820	1015	950	33	24	M30	32	855	8	18	12	105
HG20592-2009WNFFB-10_23	900	920	1115	1050	33	28	M30	34	954	10	20	12	110
HG20592-2009WNFFB-10_24	1000	1020	1230	1160	36	28	M33	34	1054	10	20	16	120
HG20592-2009WNFFB-10_25	1200	1220	1455	1380	39	32	M36×3	38	1256	11	25	16	130
HG20592-2009WNFFB-10_26	1400	1420	1675	1590	42	36	M39×3	42	1460	12	25	16	145
HG20592-2009WNFFB-10_27	1600	1620	1915	1820	48	40	M45×3	46	1666	14	25	16	160
HG20592-2009WNFFB-10_28	1800	1820	2115	2020	48	44	M45×3	50	1866	15	30	16	170
HG20592-2009WNFFB-10_29	2000	2020	2325	2230	48	48	M45×3	54	2072	16	30	16	180

表 2-153　PN16 A系列全平面（FF）带颈对焊法兰尺寸　　单位：mm

标准件编号	DN	A_1	D	K	L	n（个）	螺栓Th	C	N	S	H_1	R	H
HG20592-2009WNFFA-16_1	10	17.2	90	60	14	4	M12	16	28	1.8	6	4	35
HG20592-2009WNFFA-16_2	15	21.3	95	65	14	4	M12	16	32	2	6	4	38
HG20592-2009WNFFA-16_3	20	26.9	105	75	14	4	M12	18	40	2.3	6	4	40
HG20592-2009WNFFA-16_4	25	33.7	115	85	14	4	M12	18	46	2.6	6	4	40
HG20592-2009WNFFA-16_5	32	42.4	140	100	18	4	M16	18	56	2.6	6	6	42
HG20592-2009WNFFA-16_6	40	48.3	150	110	18	4	M16	18	64	2.6	7	6	45
HG20592-2009WNFFA-16_7	50	60.3	165	125	18	4	M16	18	74	2.9	8	5	45
HG20592-2009WNFFA-16_8	65	76.1	185	145	18	8	M16	18	92	2.9	10	6	45
HG20592-2009WNFFA-16_9	80	88.9	200	160	18	8	M16	20	105	3.2	10	6	50
HG20592-2009WNFFA-16_10	100	114.3	220	180	18	8	M16	20	131	3.6	12	8	52
HG20592-2009WNFFA-16_11	125	139.7	250	210	18	8	M16	22	156	4	12	8	55
HG20592-2009WNFFA-16_12	150	168.3	285	240	22	8	M20	22	184	4.5	12	10	55
HG20592-2009WNFFA-16_13	200	219.1	340	295	22	12	M20	24	235	6.3	16	10	62
HG20592-2009WNFFA-16_14	250	273	405	355	26	12	M24	26	292	6.3	16	12	70
HG20592-2009WNFFA-16_15	300	323.9	460	410	26	12	M24	28	344	7.1	16	12	78
HG20592-2009WNFFA-16_16	350	355.6	520	470	26	16	M24	30	390	8.0	16	12	82
HG20592-2009WNFFA-16_17	400	406.4	580	525	30	16	M27	32	445	8.0	16	12	85
HG20592-2009WNFFA-16_18	450	457	640	585	30	20	M27	40	490	8.0	16	12	87

续表

标准件编号	DN	A_1	D	K	L	n（个）	螺栓Th	C	N	S	H_1	R	H
HG20592-2009WNFFA-16_19	500	508	715	650	33	20	M30	44	548	8.0	16	12	90
HG20592-2009WNFFA-16_20	600	610	840	770	36	20	M33	54	652	8.8	18	12	95
HG20592-2009WNFFA-16_21	700	711	910	840	36	24	M33	36	755	8.8	18	12	100
HG20592-2009WNFFA-16_22	800	813	1025	950	39	24	M36×3	38	855	10.0	20	12	105
HG20592-2009WNFFA-16_23	900	914	1125	1050	39	28	M36×3	40	955	10.0	20	12	110
HG20592-2009WNFFA-16_24	1000	1016	1255	1170	42	28	M39×3	42	1058	10.0	22	16	120
HG20592-2009WNFFA-16_25	1200	1219	1485	1390	48	32	M45×3	48	1260	12.5	30	16	130
HG20592-2009WNFFA-16_26	1400	1422	1685	1590	48	36	M45×3	52	1465	14.2	30	16	145
HG20592-2009WNFFA-16_27	1600	1626	1930	1820	56	40	M52×4	58	1668	16	35	16	160
HG20592-2009WNFFA-16_28	1800	1829	2130	2020	56	44	M52×4	62	1870	17.5	35	16	170
HG20592-2009WNFFA-16_29	2000	2032	2345	2230	62	48	M56×4	66	2072	20	40	16	180

表 2-154　PN16 B 系列全平面（FF）带颈对焊法兰尺寸　　单位：mm

标准件编号	DN	A_1	D	K	L	n（个）	Th	C	N	S	H_1	R	H
HG20592-2009WNFFB-16_1	10	14	90	60	14	4	M12	16	28	1.8	6	4	35
HG20592-2009WNFFB-16_2	15	18	95	65	14	4	M12	16	32	2	6	4	38
HG20592-2009WNFFB-16_3	20	25	105	75	14	4	M12	18	40	2.3	6	4	40
HG20592-2009WNFFB-16_4	25	32	115	85	14	4	M12	18	46	2.6	6	4	40
HG20592-2009WNFFB-16_5	32	38	140	100	18	4	M16	18	56	2.6	6	6	42
HG20592-2009WNFFB-16_6	40	45	150	110	18	4	M16	18	64	2.6	7	6	45
HG20592-2009WNFFB-16_7	50	57	165	125	18	4	M16	18	74	2.9	8	5	45
HG20592-2009WNFFB-16_8	65	65	185	145	18	8	M16	18	92	2.9	10	6	45
HG20592-2009WNFFB-16_9	80	89	200	160	18	8	M16	20	105	3.2	10	6	50
HG20592-2009WNFFB-16_10	100	108	220	180	18	8	M16	20	131	3.6	12	8	52
HG20592-2009WNFFB-16_11	125	133	250	210	18	8	M16	22	156	4	12	8	55
HG20592-2009WNFFB-16_12	150	159	285	240	22	8	M20	22	184	4.5	12	10	55
HG20592-2009WNFFB-16_13	200	219	340	295	22	12	M20	24	235	6.3	16	10	62
HG20592-2009WNFFB-16_14	250	273	405	355	26	12	M24	26	292	6.3	16	12	70
HG20592-2009WNFFB-16_15	300	325	460	410	26	12	M24	28	344	7.1	16	12	78
HG20592-2009WNFFB-16_16	350	377	520	470	26	16	M24	30	410	8.0	16	12	82
HG20592-2009WNFFB-16_17	400	426	580	525	30	16	M27	32	464	8.0	16	12	85
HG20592-2009WNFFB-16_18	450	480	640	585	30	20	M27	40	512	8.0	16	12	87
HG20592-2009WNFFB-16_19	500	530	715	650	33	20	M30	44	578	8.0	16	12	90
HG20592-2009WNFFB-16_20	600	630	840	770	36	20	M33	54	670	8.8	18	12	95
HG20592-2009WNFFB-16_21	700	720	910	840	36	24	M33	36	759	8.8	18	12	100

续表

标准件编号	DN	A_1	D	K	L	n（个）	Th	C	N	S	H_1	R	H
HG20592-2009WNFFB-16_22	800	820	1025	950	39	24	M36×3	38	855	10.0	20	12	105
HG20592-2009WNFFB-16_23	900	920	1125	1050	39	28	M36×3	40	954	10.0	20	12	110
HG20592-2009WNFFB-16_24	1000	1020	1255	1170	42	28	M39×3	42	1060	10.0	22	16	120
HG20592-2009WNFFB-16_25	1200	1220	1485	1390	48	32	M45×3	48	1260	12.5	30	16	130
HG20592-2009WNFFB-16_26	1400	1420	1685	1590	48	36	M45×3	52	1468	14.2	30	16	145
HG20592-2009WNFFB-16_27	1600	1620	1930	1820	56	40	M52×4	58	1668	16	35	16	160
HG20592-2009WNFFB-16_28	1800	1820	2130	2020	56	44	M52×4	62	1870	17.5	35	16	170
HG20592-2009WNFFB-16_29	2000	2020	2345	2230	62	48	M56×4	66	2072	20	40	16	180

7. 环连接面（RJ）带颈对焊法兰

环连接面（RJ）带颈对焊法兰根据接口管可分为A系列（英制管）和B系列（公制管）。根据公称压力二者均可分为PN63、PN100和PN160。A系列（英制管）和B系列（公制管）法兰尺寸如表2-155～表2-160所示。

表2-155　PN63 A系列环连接面（RJ）带颈对焊法兰尺寸　　单位：mm

标准件编号	DN	A_1	D	K	L	n（个）	螺栓Th	C	N	S	H_1	R	H	密封面				
														d	P	E	F	r
HG20592-2009WNRJA-63_1	15	21.3	105	75	14	4	M12	20	34	2.0	6	4	45	55	35	6.5	9	0.8
HG20592-2009WNRJA-63_2	20	26.9	130	90	18	4	M16	22	42	2.6	8	4	48	68	45	6.5	9	0.8
HG20592-2009WNRJA-63_3	25	33.7	140	100	18	4	M16	24	52	2.6	8	4	58	78	50	6.5	9	0.8
HG20592-2009WNRJA-63_4	32	42.4	155	110	22	4	M20	24	62	2.9	8	6	60	86	65	6.5	9	0.8
HG20592-2009WNRJA-63_5	40	48.3	170	125	22	4	M20	26	70	2.9	10	6	62	102	75	6.5	9	0.8
HG20592-2009WNRJA-63_6	50	60.3	180	135	22	4	M20	26	82	2.9	10	6	62	112	85	8	12	0.8
HG20592-2009WNRJA-63_7	65	76.1	205	160	22	8	M20	26	98	3.2	12	6	68	136	110	8	12	0.8
HG20592-2009WNRJA-63_8	80	88.9	215	170	22	8	M20	28	112	3.6	12	8	72	146	115	8	12	0.8
HG20592-2009WNRJA-63_9	100	114.3	250	200	26	8	M24	30	138	4.0	12	8	78	172	145	8	12	0.8
HG20592-2009WNRJA-63_10	125	139.7	295	240	30	8	M27	34	168	4.5	12	8	88	208	175	8	12	0.8
HG20592-2009WNRJA-63_11	150	168.3	345	280	33	8	M30	36	202	5.6	12	10	95	245	205	8	12	0.8
HG20592-2009WNRJA-63_12	200	219.1	415	345	36	12	M33	42	256	7.1	16	10	110	306	265	8	12	0.8
HG20592-2009WNRJA-63_13	250	273	470	400	36	12	M33	46	316	8.8	18	12	125	362	320	8	12	0.8
HG20592-2009WNRJA-63_14	300	323.9	530	460	36	16	M33	52	372	11.0	18	12	140	422	375	8	12	0.8
HG20592-2009WNRJA-63_15	350	355.6	600	525	39	16	M36×3	56	420	12.5	20	12	150	475	420	8	12	0.8
HG20592-2009WNRJA-63_16	400	406.4	670	585	42	16	M39×3	60	475	14.2	20	12	160	540	480	8	12	0.8

表 2-156 PN63 B 系列环连接面（RJ）带颈对焊法兰尺寸 单位：mm

标准件编号	DN	A_1	D	K	L	n（个）	螺栓Th	C	N	S	H_1	R	H	密封面				
														d	P	E	F	r
HG20592-2009WNRJB-63_1	15	18	105	75	14	4	M12	20	34	2.0	6	4	45	55	35	6.5	9	0.8
HG20592-2009WNRJB-63_2	20	25	130	90	18	4	M16	22	42	2.6	8	4	48	68	45	6.5	9	0.8
HG20592-2009WNRJB-63_3	25	32	140	100	18	4	M16	24	52	2.6	8	4	58	78	50	6.5	9	0.8
HG20592-2009WNRJB-63_4	32	38	155	110	22	4	M20	24	62	2.9	8	6	60	86	65	6.5	9	0.8
HG20592-2009WNRJB-63_5	40	45	170	125	22	4	M20	26	70	2.9	10	6	62	102	75	6.5	9	0.8
HG20592-2009WNRJB-63_6	50	57	180	135	22	4	M20	26	82	2.9	10	6	62	112	85	8	12	0.8
HG20592-2009WNRJB-63_7	65	65	205	160	22	8	M20	26	98	3.2	12	6	68	136	110	8	12	0.8
HG20592-2009WNRJB-63_8	80	89	215	170	22	8	M20	28	112	3.6	12	8	72	146	115	8	12	0.8
HG20592-2009WNRJB-63_9	100	108	250	200	26	8	M24	30	138	4.0	12	8	78	172	145	8	12	0.8
HG20592-2009WNRJB-63_10	125	133	295	240	30	8	M27	34	168	4.5	12	8	88	208	175	8	12	0.8
HG20592-2009WNRJB-63_11	150	159	345	280	33	8	M30	36	202	5.6	12	10	95	245	205	8	12	0.8
HG20592-2009WNRJB-63_12	200	219	415	345	36	12	M33	42	256	7.1	16	10	110	306	265	8	12	0.8
HG20592-2009WNRJB-63_13	250	273	470	400	36	12	M33	46	316	8.8	18	12	125	362	320	8	12	0.8
HG20592-2009WNRJB-63_14	300	325	530	460	36	16	M33	52	372	11.0	18	12	140	422	375	8	12	0.8
HG20592-2009WNRJB-63_15	350	377	600	525	39	16	M36×3	56	442	12.5	20	12	150	475	420	8	12	0.8
HG20592-2009WNRJB-63_16	400	426	670	585	42	16	M39×3	60	495	14.2	20	12	160	540	480	8	12	0.8

表 2-157 PN100 A 系列环连接面（RJ）带颈对焊法兰尺寸 单位：mm

标准件编号	DN	A_1	D	K	L	n（个）	螺栓Th	C	N	S	H_1 ≈	R	H	密封面				
														d	P	E	F	r
HG20592-2009WNRJA-100_1	15	21.3	105	75	14	4	M12	20	34	2.0	6	4	45	55	35	6.5	9	0.8
HG20592-2009WNRJA-100_2	20	26.9	130	90	18	4	M16	22	42	2.6	8	4	52	68	45	6.5	9	0.8
HG20592-2009WNRJA-100_3	25	33.7	140	100	18	4	M16	24	52	2.6	8	4	58	78	50	6.5	9	0.8
HG20592-2009WNRJA-100_4	32	42.4	155	110	22	4	M20	24	62	2.9	8	6	60	86	65	6.5	9	0.8
HG20592-2009WNRJA-100_5	40	48.3	170	125	22	4	M20	26	70	2.9	10	6	62	102	75	6.5	9	0.8
HG20592-2009WNRJA-100_6	50	60.3	195	145	26	4	M24	28	90	3.2	10	6	68	116	85	8	12	0.8
HG20592-2009WNRJA-100_7	65	76.1	220	170	26	8	M24	30	108	3.6	12	6	76	140	110	8	12	0.8
HG20592-2009WNRJA-100_8	80	88.9	230	180	26	8	M24	32	120	4.0	12	8	78	150	115	8	12	0.8
HG20592-2009WNRJA-100_9	100	114.3	265	210	30	8	M27	36	150	5.0	12	8	90	176	145	8	12	0.8
HG20592-2009WNRJA-100_10	125	139.7	315	250	33	8	M30	40	180	6.3	12	8	105	212	175	8	12	0.8
HG20592-2009WNRJA-100_11	150	168.8	355	290	33	12	M30	44	210	7.1	12	10	115	250	205	8	12	0.8
HG20592-2009WNRJA-100_12	200	219.1	430	360	36	12	M33	52	278	10.0	16	10	130	312	265	8	12	0.8
HG20592-2009WNRJA-100_13	250	273	505	430	39	12	M36×3	60	340	12.5	18	12	157	376	320	8	12	0.8
HG20592-2009WNRJA-100_14	300	323.9	585	500	42	16	M39×3	68	400	14.2	18	12	170	448	375	8	12	0.8
HG20592-2009WNRJA-100_15	350	355.6	655	560	48	16	M45×3	74	460	16.0	20	12	189	505	420	11	17	0.8

表 2-158　PN100 B系列环连接面（RJ）带颈对焊法兰尺寸　　单位：mm

标准件编号	DN	A_1	D	K	L	n（个）	螺栓Th	C	N	S	H_1 ≈	R	H	密封面				
														d	P	E	F	r
HG20592-2009WNRJB-100_1	15	18	105	75	14	4	M12	20	34	2.0	6	4	45	55	35	6.5	9	0.8
HG20592-2009WNRJB-100_2	20	25	130	90	18	4	M16	22	42	2.6	8	4	52	68	45	6.5	9	0.8
HG20592-2009WNRJB-100_3	25	32	140	100	18	4	M16	24	52	2.6	8	4	58	78	50	6.5	9	0.8
HG20592-2009WNRJB-100_4	32	38	155	110	22	4	M20	24	62	2.9	8	6	60	86	65	6.5	9	0.8
HG20592-2009WNRJB-100_5	40	45	170	125	22	4	M20	26	70	2.9	10	6	62	102	75	6.5	9	0.8
HG20592-2009WNRJB-100_6	50	57	195	145	26	4	M24	28	90	3.2	10	6	68	116	85	8	12	0.8
HG20592-2009WNRJB-100_7	65	65	220	170	26	8	M24	30	108	3.6	12	6	76	140	110	8	12	0.8
HG20592-2009WNRJB-100_8	80	89	230	180	26	8	M24	32	120	4.0	12	8	78	150	115	8	12	0.8
HG20592-2009WNRJB-100_9	100	108	265	210	30	8	M27	36	150	5.0	12	8	90	176	145	8	12	0.8
HG20592-2009WNRJB-100_10	125	133	315	250	33	8	M30	40	180	6.3	12	8	105	212	175	8	12	0.8
HG20592-2009WNRJB-100_11	150	159	355	290	33	12	M30	44	210	7.1	12	10	115	250	205	8	12	0.8
HG20592-2009WNRJB-100_12	200	219	430	360	36	12	M33	52	278	10.0	16	10	130	312	265	8	12	0.8
HG20592-2009WNRJB-100_13	250	273	505	430	39	12	M36×3	60	340	12.5	18	12	157	376	320	8	12	0.8
HG20592-2009WNRJB-100_14	300	325	585	500	42	16	M39×3	68	400	14.2	18	12	170	448	375	8	12	0.8
HG20592-2009WNRJB-100_15	350	377	655	560	48	16	M45×3	74	480	16.0	20	12	189	505	420	11	17	0.8

表 2-159　PN160 A系列环连接面（RJ）带颈对焊法兰尺寸　　单位：mm

标准件编号	DN	A_1	D	K	L	n（个）	螺栓Th	C	N	S	H_1 ≈	R	H	密封面				
														d	P	E	F	r
HG20592-2009WNRJA-160_1	15	21.3	105	75	14	4	M12	20	34	2.0	6	4	45	58	35	6.5	9	0.8
HG20592-2009WNRJA-160_2	20	26.9	130	90	18	4	M16	24	42	2.9	6	4	52	70	45	6.5	9	0.8
HG20592-2009WNRJA-160_3	25	33.7	140	100	18	4	M16	32	52	2.9	8	4	58	80	50	6.5	9	0.8
HG20592-2009WNRJA-160_4	32	42.4	155	110	22	4	M20	28	60	3.6	8	5	60	86	65	6.5	9	0.8
HG20592-2009WNRJA-160_5	40	48.3	170	125	22	4	M20	28	70	3.6	10	6	64	102	75	6.5	9	0.8
HG20592-2009WNRJA-160_6	50	60.3	195	145	26	4	M24	30	90	4	10	6	75	118	95	8	12	0.8
HG20592-2009WNRJA-160_7	65	76.1	220	170	26	8	M24	34	108	5	12	6	82	142	110	8	12	0.8
HG20592-2009WNRJA-160_8	80	88.9	230	180	26	8	M24	36	120	6.3	12	6	86	152	130	8	12	0.8
HG20592-2009WNRJA-160_9	100	114.3	265	210	30	8	M27	40	150	8	12	8	100	178	160	8	12	0.8
HG20592-2009WNRJA-160_10	125	139.7	315	250	33	8	M30	44	180	10.0	14	8	115	215	190	8	12	0.8
HG20592-2009WNRJA-160_11	150	168.3	355	290	33	12	M30	50	210	12.5	14	10	128	255	205	10	14	0.8
HG20592-2009WNRJA-160_12	200	219.1	430	360	36	12	M33	60	278	16	16	10	140	322	275	11	17	0.8
HG20592-2009WNRJA-160_13	250	273	515	430	42	12	M39×3	68	340	20	18	12	155	388	330	11	17	0.8
HG20592-2009WNRJA-160_14	300	323.9	585	500	42	16	M39×3	78	400	22.2	18	12	175	456	380	14	23	0.8

表 2-160　PN160 B 系列环连接面（RJ）带颈对焊法兰尺寸　　单位：mm

标准件编号	DN	A_1	D	K	L	n（个）	螺栓Th	C	N	S	H_1 ≈	R	H	密封面				
														d	P	E	F	r
HG20592-2009WNRJB-160_1	15	18	105	75	14	4	M12	20	34	2.0	6	4	45	58	35	6.5	9	0.8
HG20592-2009WNRJB-160_2	20	25	130	90	18	4	M16	24	42	2.9	6	4	52	70	45	6.5	9	0.8
HG20592-2009WNRJB-160_3	25	32	140	100	18	4	M16	32	52	2.9	8	4	58	80	50	6.5	9	0.8
HG20592-2009WNRJB-160_4	32	38	155	110	22	4	M20	28	60	3.6	8	5	60	86	65	6.5	9	0.8
HG20592-2009WNRJB-160_5	40	45	170	125	22	4	M20	28	70	3.6	10	6	64	102	75	6.5	9	0.8
HG20592-2009WNRJB-160_6	50	57	195	145	26	4	M24	30	90	4	10	6	75	118	95	8	12	0.8
HG20592-2009WNRJB-160_7	65	65	220	170	26	8	M24	34	108	5	12	6	82	142	110	8	12	0.8
HG20592-2009WNRJB-160_8	80	89	230	180	26	8	M24	36	120	6.3	12	6	86	152	130	8	12	0.8
HG20592-2009WNRJB-160_9	100	108	265	210	30	8	M27	40	150	8	12	8	100	178	160	8	12	0.8
HG20592-2009WNRJB-160_10	125	133	315	250	33	8	M30	44	180	10.0	14	8	115	215	190	8	12	0.8
HG20592-2009WNRJB-160_11	150	159	355	290	33	12	M30	50	210	12.5	14	10	128	255	205	10	14	0.8
HG20592-2009WNRJB-160_12	200	219	430	360	36	12	M33	60	278	16	16	10	140	322	275	11	17	0.8
HG20592-2009WNRJB-160_13	250	273	515	430	42	12	M39×3	68	340	20	18	12	155	388	330	11	17	0.8
HG20592-2009WNRJB-160_14	300	325	585	500	42	16	M39×3	78	400	22.2	18	12	175	456	380	14	23	0.8

2.2.4　整体法兰（IF）

本标准规定了整体法兰（IF）（欧洲体系）的型式和尺寸。

本标准适用于公称压力 PN6～PN160 的整体法兰。

整体法兰的二维图形和三维图形如表 2-161 所示。

表 2-161　整体法兰

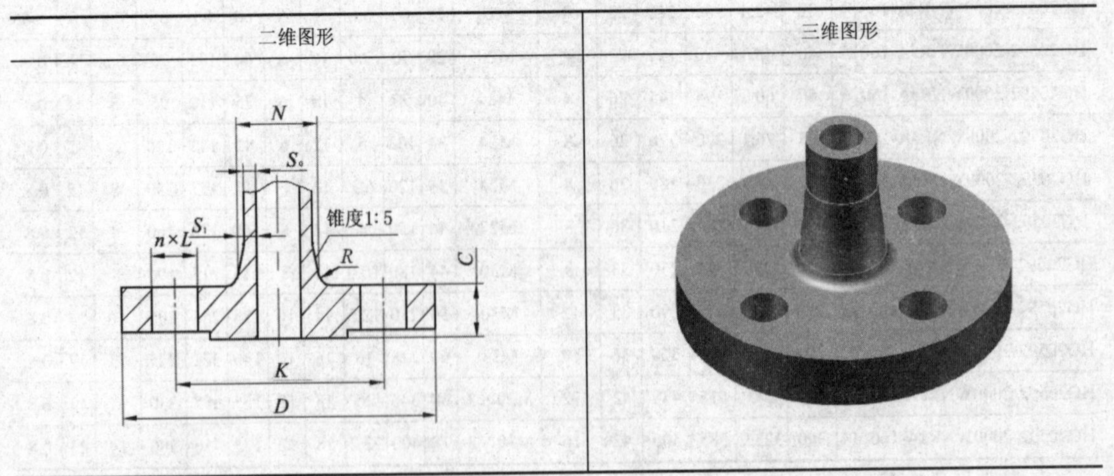

1. 突面（RF）整体法兰

突面（RF）整体法兰根据公称压力可分为 PN6、PN10、PN16、PN25、PN40、PN63、PN100 和 PN160。法兰尺寸如表 2-162～表 2-169 所示。

表 2-162 PN6 突面（RF）整体法兰尺寸 单位：mm

标准件编号	DN	D	K	L	n(个)	螺栓Th	C	N	R	S_0	S_1	密封面d	密封面f_1
HG20592-2009IFRF-6_1	10	75	50	11	4	M10	12	20	4	3	5	35	2
HG20592-2009IFRF-6_2	15	80	55	11	4	M10	12	26	4	3	5.5	40	2
HG20592-2009IFRF-6_3	20	90	65	11	4	M10	14	34	4	3.5	7	50	2
HG20592-2009IFRF-6_4	25	100	75	11	4	M10	14	44	4	4	9.5	60	2
HG20592-2009IFRF-6_5	32	120	90	14	4	M12	14	54	6	4	11	70	2
HG20592-2009IFRF-6_6	40	130	100	14	4	M12	14	64	6	4.5	12	80	2
HG20592-2009IFRF-6_7	50	140	110	14	4	M12	14	74	6	5	12	90	2
HG20592-2009IFRF-6_8	65	160	130	14	4	M12	14	94	6	6	14.5	110	2
HG20592-2009IFRF-6_9	80	190	150	18	4	M16	16	110	8	7	15	128	2
HG20592-2009IFRF-6_10	100	210	170	18	4	M16	16	130	8	8	15	148	2
HG20592-2009IFRF-6_11	125	240	200	18	8	M16	18	160	8	9	17.5	178	2
HG20592-2009IFRF-6_12	150	265	225	18	8	M16	18	182	10	10	16	202	2
HG20592-2009IFRF-6_13	200	320	280	18	8	M16	20	238	10	11	19	258	2
HG20592-2009IFRF-6_14	250	375	335	18	12	M16	22	284	12	11	17	312	2
HG20592-2009IFRF-6_15	300	440	395	22	12	M20	22	342	12	12	21	365	2
HG20592-2009IFRF-6_16	350	490	445	22	12	M20	22	392	12	14	21	415	2
HG20592-2009IFRF-6_17	400	540	495	22	16	M20	22	442	12	15	21	465	2
HG20592-2009IFRF-6_18	450	595	550	22	16	M20	22	494	12	16	22	520	2
HG20592-2009IFRF-6_19	500	645	600	22	20	M20	24	544	12	16	22	570	2
HG20592-2009IFRF-6_20	600	755	705	26	20	M24	30	642	12	17	21	670	2
HG20592-2009IFRF-6_21	700	860	810	26	24	M24	24	746	12	17	23	775	2
HG20592-2009IFRF-6_22	800	975	920	30	24	M27	24	850	12	18	25	880	2
HG20592-2009IFRF-6_23	900	1075	1020	30	24	M27	26	950	12	18	25	980	2
HG20592-2009IFRF-6_24	1000	1175	1120	30	28	M27	26	1050	16	19	25	1080	2
HG20592-2009IFRF-6_25	1200	1405	1340	33	32	M30	28	1264	16	20	32	1295	2
HG20592-2009IFRF-6_26	1400	1630	1560	36	36	M33	32	1480	16	22	40	1510	2
HG20592-2009IFRF-6_27	1600	1830	1760	36	40	M33	34	1680	16	24	40	1710	2
HG20592-2009IFRF-6_28	1800	2045	1970	39	44	M36×3	36	1878	16	26	39	1920	2
HG20592-2009IFRF-6_29	2000	2265	2180	42	48	M39×3	38	2082	16	28	41	2125	2

表 2-163 PN10 突面（RF）整体法兰尺寸 单位：mm

标准件编号	DN	D	K	L	n(个)	螺栓Th	C	N	R	S_0	S_1	密封面d	密封面f_1
HG20592-2009IFRF-10_1	10	90	60	14	4	M12	16	28	4	6	10	40	2
HG20592-2009IFRF-10_2	15	95	65	14	4	M12	16	32	4	6	11	45	2
HG20592-2009IFRF-10_3	20	105	75	14	4	M12	18	40	4	6.5	12	58	2
HG20592-2009IFRF-10_4	25	115	85	14	4	M12	18	50	4	7	14	68	2
HG20592-2009IFRF-10_5	32	140	100	18	4	M16	18	60	6	7	14	78	2
HG20592-2009IFRF-10_6	40	150	110	18	4	M16	18	70	6	7.5	14	88	2
HG20592-2009IFRF-10_7	50	165	125	18	4	M16	18	84	5	8	15	102	2
HG20592-2009IFRF-10_8	65	185	145	18	8	M16	18	104	6	8	14	122	2
HG20592-2009IFRF-10_9	80	200	160	18	8	M16	20	120	6	8.5	15	138	2
HG20592-2009IFRF-10_10	100	220	180	18	8	M16	20	140	8	9.5	15	158	2
HG20592-2009IFRF-10_11	125	250	210	18	8	M16	22	170	8	10	17	188	2
HG20592-2009IFRF-10_12	150	285	240	22	8	M20	22	190	10	11	17	212	2
HG20592-2009IFRF-10_13	200	340	295	22	8	M20	24	246	10	12	23	268	2
HG20592-2009IFRF-10_14	250	395	350	22	12	M20	26	298	12	14	24	320	2
HG20592-2009IFRF-10_15	300	445	400	22	12	M20	26	348	12	15	24	370	2
HG20592-2009IFRF-10_16	350	505	460	22	16	M20	26	408	12	16	29	430	2
HG20592-2009IFRF-10_17	400	565	515	26	16	M24	26	456	12	18	28	482	2
HG20592-2009IFRF-10_18	450	615	565	26	20	M24	28	502	12	20	26	532	2
HG20592-2009IFRF-10_19	500	670	620	26	20	M24	28	559	12	21	29.5	585	2
HG20592-2009IFRF-10_20	600	780	725	30	20	M27	34	658	12	23	29	685	2
HG20592-2009IFRF-10_21	700	895	840	30	24	M27	34	772	12	24	36	800	2
HG20592-2009IFRF-10_22	800	1015	950	33	24	M30	36	876	12	26	38	905	2
HG20592-2009IFRF-10_23	900	1115	1050	33	28	M30	38	976	12	27	38	1005	2
HG20592-2009IFRF-10_24	1000	1230	1160	36	28	M33	38	1080	16	29	40	1110	2
HG20592-2009IFRF-10_25	1200	1455	1380	39	32	M36×3	44	1292	16	32	46	1330	2
HG20592-2009IFRF-10_26	1400	1675	1590	42	36	M39×3	48	1496	16	34	48	1535	2
HG20592-2009IFRF-10_27	1600	1915	1820	48	40	M45×3	52	1712	16	36	56	1760	2
HG20592-2009IFRF-10_28	1800	2115	2020	48	44	M45×3	56	1910	16	39	55	1960	2
HG20592-2009IFRF-10_29	2000	2325	2230	48	48	M45×3	60	2120	16	41	60	2170	2

表 2-164 PN16 突面（RF）整体法兰尺寸 单位：mm

标准件编号	DN	D	K	L	n(个)	螺栓Th	C	N	R	S_0	S_1	密封面d	密封面f_1
HG20592-2009IFRF-16_1	10	90	60	14	4	M12	16	28	4	6	10	40	2
HG20592-2009IFRF-16_2	15	95	65	14	4	M12	16	32	4	6	11	45	2
HG20592-2009IFRF-16_3	20	105	75	14	4	M12	18	40	5	6.5	12	58	2

续表

标准件编号	DN	D	K	L	n(个)	螺栓Th	C	N	R	S_0	S_1	密封面d	密封面f_1
HG20592-2009IFRF-16_4	25	115	85	14	4	M12	18	50	5	7	14	68	2
HG20592-2009IFRF-16_5	32	140	100	18	4	M16	18	60	6	7	14	78	2
HG20592-2009IFRF-16_6	40	150	110	18	4	M16	18	70	6	7.5	14	88	2
HG20592-2009IFRF-16_7	50	165	125	18	4	M16	18	84	5	8	15	102	2
HG20592-2009IFRF-16_8	65	185	145	18	4	M16	18	104	6	8	14	122	2
HG20592-2009IFRF-16_9	80	200	160	18	8	M16	20	120	6	8.5	15	138	2
HG20592-2009IFRF-16_10	100	220	180	18	8	M16	20	140	8	9.5	15	158	2
HG20592-2009IFRF-16_11	125	250	210	18	8	M16	22	170	8	10	17	188	2
HG20592-2009IFRF-16_12	150	285	240	22	8	M20	22	190	10	11	17	212	2
HG20592-2009IFRF-16_13	200	340	295	22	12	M20	24	246	10	12	18	268	2
HG20592-2009IFRF-16_14	250	405	355	26	12	M24	26	296	12	14	20	320	2
HG20592-2009IFRF-16_15	300	460	410	26	12	M24	28	350	12	15	21	378	2
HG20592-2009IFRF-16_16	350	520	470	26	16	M24	30	410	12	16	23	428	2
HG20592-2009IFRF-16_17	400	580	525	30	16	M27	32	458	12	18	24	490	2
HG20592-2009IFRF-16_18	450	640	585	30	20	M27	40	516	12	20	27	550	2
HG20592-2009IFRF-16_19	500	715	650	33	20	M30	44	576	12	21	30	610	2
HG20592-2009IFRF-16_20	600	840	770	36	20	M33	54	690	12	23	30	725	2
HG20592-2009IFRF-16_21	700	910	840	36	24	M33	42	760	12	24	32	795	2
HG20592-2009IFRF-16_22	800	1025	950	39	24	M36×3	42	862	12	26	33	900	2
HG20592-2009IFRF-16_23	900	1125	1050	39	28	M36×3	44	962	12	27	35	1000	2
HG20592-2009IFRF-16_24	1000	1255	1170	42	28	M39×3	46	1076	12	29	39	1115	2
HG20592-2009IFRF-16_25	1200	1485	1390	48	32	M45×3	52	1282	16	32	44	1330	2
HG20592-2009IFRF-16_26	1400	1685	1590	48	36	M45×3	58	1482	16	34	48	1530	2
HG20592-2009IFRF-16_27	1600	1930	1820	56	40	M52×4	64	1696	16	36	51	1750	2
HG20592-2009IFRF-16_28	1800	2130	2020	56	44	M52×4	68	1896	16	39	53	1950	2
HG20592-2009IFRF-16_29	2000	2345	2230	62	48	M56×4	70	2100	16	41	56	2150	2

表 2-165 PN25 突面（RF）整体法兰尺寸

单位：mm

标准件编号	DN	D	K	L	n(个)	螺栓Th	C	N	R	S_0	S_1	密封面d	密封面f_1
HG20592-2009IFRF-25_1	10	90	60	14	4	M12	16	28	4	6	10	40	2
HG20592-2009IFRF-25_2	15	95	65	14	4	M12	16	32	4	6	11	45	2
HG20592-2009IFRF-25_3	20	105	75	14	4	M12	18	40	4	6.5	12	58	2
HG20592-2009IFRF-25_4	25	115	85	14	4	M12	16	50	4	7	14	68	2
HG20592-2009IFRF-25_5	32	140	100	18	4	M16	18	60	6	7	14	78	2
HG20592-2009IFRF-25_6	40	150	110	18	4	M16	18	70	6	7.5	14	88	2

续表

标准件编号	DN	D	K	L	n(个)	螺栓Th	C	N	R	S_0	S_1	密封面d	密封面f_1
HG20592-2009IFRF-25_7	50	165	125	18	4	M16	20	84	6	8	15	102	2
HG20592-2009IFRF-25_8	65	185	145	18	8	M16	22	104	6	8.5	17	122	2
HG20592-2009IFRF-25_9	80	200	160	18	8	M16	24	120	8	9	18	138	2
HG20592-2009IFRF-25_10	100	235	190	22	8	M20	24	142	8	10	18	162	2
HG20592-2009IFRF-25_11	125	270	220	26	8	M24	26	162	8	11	20	188	2
HG20592-2009IFRF-25_12	150	300	250	26	8	M24	28	192	10	12	21	218	2
HG20592-2009IFRF-25_13	200	360	310	26	12	M24	30	252	10	12	23	278	2
HG20592-2009IFRF-25_14	250	425	370	30	12	M27	32	304	12	14	24	335	2
HG20592-2009IFRF-25_15	300	485	430	30	16	M27	34	364	12	15	26	395	2
HG20592-2009IFRF-25_16	350	555	490	33	16	M30	38	418	12	16	29	450	2
HG20592-2009IFRF-25_17	400	620	550	36	16	M33	40	472	12	18	30	505	2
HG20592-2009IFRF-25_18	450	670	600	36	20	M33	46	520	12	19	31	555	2
HG20592-2009IFRF-25_19	500	730	660	36	20	M33	48	580	12	21	33	615	2
HG20592-2009IFRF-25_20	600	845	770	39	20	M36×3	58	684	12	23	35	720	2
HG20592-2009IFRF-25_21	700	960	875	42	24	M39×3	50	780	12	24	38	820	2
HG20592-2009IFRF-25_22	800	1085	990	48	24	M45×3	54	882	12	26	41	930	2
HG20592-2009IFRF-25_23	900	1185	1090	48	28	M45×3	58	982	12	27	44	1030	2
HG20592-2009IFRF-25_24	1000	1320	1210	55	28	M52×4	62	1086	16	29	47	1140	2
HG20592-2009IFRF-25_25	1200	1530	1420	55	32	M52×4	70	1296	18	32	53	1350	2

表 2-166 PN40 突面（RF）整体法兰尺寸 单位：mm

标准件编号	DN	D	K	L	n(个)	螺栓Th	C	N	R	S_0	S_1	密封面d	密封面f_1
HG20592-2009IFRF-40_1	10	90	60	14	4	M12	16	28	4	6	10	40	2
HG20592-2009IFRF-40_2	15	95	65	14	4	M12	16	32	4	6	11	45	2
HG20592-2009IFRF-40_3	20	105	75	14	4	M12	18	40	4	6.5	12	58	2
HG20592-2009IFRF-40_4	25	115	85	14	4	M12	18	50	4	7	14	68	2
HG20592-2009IFRF-40_5	32	140	100	18	4	M16	18	60	6	7	14	78	2
HG20592-2009IFRF-40_6	40	150	110	18	4	M16	18	70	6	7.5	14	88	2
HG20592-2009IFRF-40_7	50	165	125	18	4	M16	20	84	6	8	15	102	2
HG20592-2009IFRF-40_8	65	185	145	18	8	M16	22	104	6	8.5	17	122	2
HG20592-2009IFRF-40_9	80	200	160	18	8	M16	24	120	8	9	18	138	2
HG20592-2009IFRF-40_10	100	235	190	22	8	M20	24	142	8	10	18	162	2
HG20592-2009IFRF-40_11	125	270	220	26	8	M24	26	162	8	11	20	188	2
HG20592-2009IFRF-40_12	150	300	250	26	8	M24	28	192	10	12	21	218	2
HG20592-2009IFRF-40_13	200	375	320	30	12	M27	34	254	10	14	26	285	2

续表

标准件编号	DN	D	K	L	n(个)	螺栓Th	C	N	R	S_0	S_1	密封面d	密封面f_1
HG20592-2009IFRF-40_14	250	450	385	33	12	M30	38	312	12	16	29	345	2
HG20592-2009IFRF-40_15	300	515	450	33	16	M30	42	378	12	17	32	410	2
HG20592-2009IFRF-40_16	350	580	510	36	16	M33	46	432	12	19	35	465	2
HG20592-2009IFRF-40_17	400	660	585	39	16	M36×3	50	498	12	21	38	535	2
HG20592-2009IFRF-40_18	450	685	610	39	20	M36×3	57	522	12	21	38	560	2
HG20592-2009IFRF-40_19	500	755	670	42	20	M39×3	57	576	12	21	39	615	2
HG20592-2009IFRF-40_20	600	890	795	48	20	M45×3	72	686	12	24	45	735	2

表 2-167　PN63 突面（RF）整体法兰尺寸　　单位：mm

标准件编号	DN	D	K	L	n(个)	螺栓Th	C	N	R	S_0	S_1	密封面d	密封面f_1
HG20592-2009IFRF-63_1	10	100	70	14	4	M12	20	40	4	10	15	40	2
HG20592-2009IFRF-63_2	15	105	75	14	4	M12	20	45	4	10	15	45	2
HG20592-2009IFRF-63_3	20	130	90	18	4	M16	22	50	4	10	15	58	2
HG20592-2009IFRF-63_4	25	140	100	18	4	M16	24	61	4	10	18	68	2
HG20592-2009IFRF-63_5	32	155	110	22	4	M20	26	68	6	10	18	78	2
HG20592-2009IFRF-63_6	40	170	125	22	4	M20	28	82	6	10	21	88	2
HG20592-2009IFRF-63_7	50	180	135	22	4	M20	26	90	6	10	20	102	2
HG20592-2009IFRF-63_8	65	205	160	22	8	M20	26	105	6	10	20	122	2
HG20592-2009IFRF-63_9	80	215	170	22	8	M20	28	122	8	11	21	138	2
HG20592-2009IFRF-63_10	100	250	200	26	8	M24	30	146	8	12	23	162	2
HG20592-2009IFRF-63_11	125	295	240	30	8	M27	34	177	8	13	26	188	2
HG20592-2009IFRF-63_12	150	345	280	33	8	M30	36	204	10	14	27	218	2
HG20592-2009IFRF-63_13	200	415	345	36	12	M33	42	264	10	16	32	285	2
HG20592-2009IFRF-63_14	250	470	400	36	12	M33	46	320	12	19	35	345	2
HG20592-2009IFRF-63_15	300	530	460	36	16	M33	52	378	12	21	39	410	2
HG20592-2009IFRF-63_16	350	600	525	39	16	M36×3	56	434	12	23	42	465	2
HG20592-2009IFRF-63_17	400	670	585	42	16	M39×3	60	490	12	26	45	535	2

表 2-168　PN100 突面（RF）整体法兰尺寸　　单位：mm

标准件编号	DN	D	K	L	n(个)	螺栓Th	C	N	R	S_0	S_1	密封面d	密封面f_1
HG20592-2009IFRF-100_1	10	100	70	14	4	M12	20	40	4	10	15	40	2
HG20592-2009IFRF-100_2	15	105	75	14	4	M12	20	45	4	10	15	45	2
HG20592-2009IFRF-100_3	20	130	90	18	4	M16	22	50	4	10	15	58	2
HG20592-2009IFRF-100_4	25	140	100	18	4	M16	24	61	4	10	18	68	2
HG20592-2009IFRF-100_5	32	155	110	22	4	M20	26	68	6	10	18	78	2

续表

标准件编号	DN	D	K	L	n(个)	螺栓Th	C	N	R	S_0	S_1	密封面d	密封面f_1
HG20592-2009IFRF-100_6	40	170	125	22	4	M20	28	82	6	10	21	88	2
HG20592-2009IFRF-100_7	50	195	145	26	4	M24	30	96	6	10	23	102	2
HG20592-2009IFRF-100_8	65	220	170	26	8	M24	34	118	6	11	24	122	2
HG20592-2009IFRF-100_9	80	230	180	26	8	M24	36	128	8	12	24	138	2
HG20592-2009IFRF-100_10	100	265	210	30	8	M27	40	150	8	14	25	162	2
HG20592-2009IFRF-100_11	125	315	250	33	8	M30	40	185	8	16	30	188	2
HG20592-2009IFRF-100_12	150	355	290	33	12	M30	44	216	10	18	33	218	2
HG20592-2009IFRF-100_13	200	430	360	36	12	M33	52	278	10	21	39	285	2
HG20592-2009IFRF-100_14	250	505	430	39	12	M36×3	60	340	12	25	45	345	2
HG20592-2009IFRF-100_15	300	585	500	42	16	M39×3	68	407	12	29	51	410	2
HG20592-2009IFRF-100_16	350	655	560	48	16	M45×3	74	460	10	32	55	465	2
HG20592-2009IFRF-100_17	400	715	620	48	16	M45×3	78	518	12	36	59	535	2

表 2-169 PN160 突面（RF）整体法兰尺寸 单位：mm

标准件编号	DN	D	K	L	n(个)	螺栓Th	C	N	R	S_0	S_1	密封面d	密封面f_1
HG20592-2009IFRF-160_1	10	100	70	14	4	M12	20	40	4	10	15	40	2
HG20592-2009IFRF-160_2	15	105	75	14	4	M12	26	45	4	10	15	45	2
HG20592-2009IFRF-160_3	20	130	90	18	4	M16	24	50	4	10	15	58	2
HG20592-2009IFRF-160_4	25	140	100	18	4	M16	24	61	4	10	18	68	2
HG20592-2009IFRF-160_5	32	155	110	22	4	M20	28	68	4	10	18	78	2
HG20592-2009IFRF-160_6	40	170	125	22	4	M20	28	82	4	10	21	88	2
HG20592-2009IFRF-160_7	50	195	145	26	4	M24	30	96	4	10	23	102	2
HG20592-2009IFRF-160_8	65	220	170	26	8	M24	34	118	5	11	24	122	2
HG20592-2009IFRF-160_9	80	230	180	26	8	M24	36	128	5	12	24	138	2
HG20592-2009IFRF-160_10	100	265	210	30	8	M27	40	150	5	14	25	162	2
HG20592-2009IFRF-160_11	125	315	250	33	8	M30	44	184	6	16	29.5	188	2
HG20592-2009IFRF-160_12	150	355	290	33	12	M30	50	224	6	18	37	218	2
HG20592-2009IFRF-160_13	200	430	360	36	12	M33	60	288	8	21	44	285	2
HG20592-2009IFRF-160_14	250	515	430	42	12	M39×3	68	346	8	31	48	345	2
HG20592-2009IFRF-160_15	300	585	500	42	16	M39×3	78	414	10	46	57	410	2

2. 凹面（FM）整体法兰

凹面（FM）整体法兰根据公称压力可分为 PN10、PN16、PN25、PN40、PN63、PN100 和 PN160。法兰尺寸如表 2-170～表 2-176 所示。

表 2-170 PN10 凹面（FM）整体法兰尺寸 单位：mm

标准件编号	DN	D	K	L	n(个)	螺栓Th	C	N	R	S_0	S_1	密封面			
												d	f_1	f_3	Y
HG20592-2009IFFM-10_1	10	90	60	14	4	M12	16	28	4	6	10	40	2	4.0	35
HG20592-2009IFFM-10_2	15	95	65	14	4	M12	16	32	4	6	11	45	2	4.0	40
HG20592-2009IFFM-10_3	20	105	75	14	4	M12	18	40	4	6.5	12	58	2	4.0	51
HG20592-2009IFFM-10_4	25	115	85	14	4	M12	18	50	4	7	14	68	2	4.0	58
HG20592-2009IFFM-10_5	32	140	100	18	4	M16	18	60	6	7	14	78	2	4.0	66
HG20592-2009IFFM-10_6	40	150	110	18	4	M16	18	70	6	7.5	14	88	2	4.0	76
HG20592-2009IFFM-10_7	50	165	125	18	4	M16	18	84	5	8	15	102	2	4.0	88
HG20592-2009IFFM-10_8	65	185	145	18	8	M16	18	104	6	8	14	122	2	4.0	110
HG20592-2009IFFM-10_9	80	200	160	18	8	M16	20	120	6	8.5	15	138	2	4.0	121
HG20592-2009IFFM-10_10	100	220	180	18	8	M16	20	140	8	9.5	15	158	2	4.5	150
HG20592-2009IFFM-10_11	125	250	210	18	8	M16	22	170	8	10	17	188	2	4.5	176
HG20592-2009IFFM-10_12	150	285	240	22	8	M20	22	190	10	11	17	212	2	4.5	204
HG20592-2009IFFM-10_13	200	340	295	22	8	M20	24	246	10	12	23	268	2	4.5	260
HG20592-2009IFFM-10_14	250	395	350	22	12	M20	26	298	12	14	24	320	2	4.5	313
HG20592-2009IFFM-10_15	300	445	400	22	12	M20	26	348	12	15	24	370	2	4.5	364
HG20592-2009IFFM-10_16	350	505	460	22	16	M20	26	408	12	16	29	430	2	5.0	422
HG20592-2009IFFM-10_17	400	565	515	26	16	M24	26	456	12	18	28	482	2	5.0	474
HG20592-2009IFFM-10_18	450	615	565	26	20	M24	28	502	12	20	26	532	2	5.0	524
HG20592-2009IFFM-10_19	500	670	620	26	20	M24	28	559	12	21	29.5	585	2	5.0	576
HG20592-2009IFFM-10_20	600	780	725	30	20	M27	34	658	12	23	29	685	2	5.0	676

表 2-171 PN16 凹面（FM）整体法兰尺寸 单位：mm

标准件编号	DN	D	K	L	n(个)	螺栓Th	C	N	R	S_0	S_1	密封面			
												d	f_1	f_3	Y
HG20592-2009IFFM-16_1	10	90	60	14	4	M12	16	28	4	6	10	40	2	4.0	35
HG20592-2009IFFM-16_2	15	95	65	14	4	M12	16	32	4	6	11	45	2	4.0	40
HG20592-2009IFFM-16_3	20	105	75	14	4	M12	18	40	5	6.5	12	58	2	4.0	51
HG20592-2009IFFM-16_4	25	115	85	14	4	M12	18	50	5	7	14	68	2	4.0	58
HG20592-2009IFFM-16_5	32	140	100	18	4	M16	18	60	6	7	14	78	2	4.0	66
HG20592-2009IFFM-16_6	40	150	110	18	4	M16	18	70	6	7.5	14	88	2	4.0	76
HG20592-2009IFFM-16_7	50	165	125	18	4	M16	18	84	5	8	15	102	2	4.0	88
HG20592-2009IFFM-16_8	65	185	145	18	4	M16	18	104	6	8	14	122	2	4.0	110
HG20592-2009IFFM-16_9	80	200	160	18	8	M16	20	120	6	8.5	15	138	2	4.0	121
HG20592-2009IFFM-16_10	100	220	180	18	8	M16	20	140	8	9.5	15	158	2	4.5	150

续表

标准件编号	DN	D	K	L	n(个)	螺栓Th	C	N	R	S_0	S_1	密封面			
												d	f_1	f_3	Y
HG20592-2009IFFM-16_11	125	250	210	18	8	M16	22	170	8	10	17	188	2	4.5	176
HG20592-2009IFFM-16_12	150	285	240	22	8	M20	22	190	10	11	17	212	2	4.5	204
HG20592-2009IFFM-16_13	200	340	295	22	12	M20	24	246	10	12	18	268	2	4.5	260
HG20592-2009IFFM-16_14	250	405	355	26	12	M24	26	296	12	14	20	320	2	4.5	313
HG20592-2009IFFM-16_15	300	460	410	26	12	M24	28	350	12	15	21	378	2	4.5	364
HG20592-2009IFFM-16_16	350	520	470	26	16	M24	30	410	12	16	23	428	2	5.0	422
HG20592-2009IFFM-16_17	400	580	525	30	16	M27	32	458	12	18	24	490	2	5.0	474
HG20592-2009IFFM-16_18	450	640	585	30	20	M27	40	516	12	20	27	550	2	5.0	524
HG20592-2009IFFM-16_19	500	715	650	33	20	M30	44	576	12	21	30	610	2	5.0	576
HG20592-2009IFFM-16_20	600	840	770	36	20	M33	54	690	12	23	30	725	2	5.0	676

表 2-172　PN25 凹面（FM）整体法兰尺寸

单位：mm

标准件编号	DN	D	K	L	n(个)	螺栓Th	C	N	R	S_0	S_1	密封面			
												d	f_1	f_3	Y
HG20592-2009IFFM-25_1	10	90	60	14	4	M12	16	28	4	6	10	40	2	4.0	35
HG20592-2009IFFM-25_2	15	95	65	14	4	M12	16	32	4	6	11	45	2	4.0	40
HG20592-2009IFFM-25_3	20	105	75	14	4	M12	18	40	4	6.5	12	58	2	4.0	51
HG20592-2009IFFM-25_4	25	115	85	14	4	M12	16	50	4	7	14	68	2	4.0	58
HG20592-2009IFFM-25_5	32	140	100	18	4	M16	18	60	6	7	14	78	2	4.0	66
HG20592-2009IFFM-25_6	40	150	110	18	4	M16	18	70	6	7.5	14	88	2	4.0	76
HG20592-2009IFFM-25_7	50	165	125	18	4	M16	20	84	6	8	15	102	2	4.0	88
HG20592-2009IFFM-25_8	65	185	145	18	8	M16	22	104	6	8.5	17	122	2	4.0	110
HG20592-2009IFFM-25_9	80	200	160	18	8	M16	24	120	8	9	18	138	2	4.0	121
HG20592-2009IFFM-25_10	100	235	190	22	8	M20	24	142	8	10	18	162	2	4.5	150
HG20592-2009IFFM-25_11	125	270	220	26	8	M24	26	162	8	11	20	188	2	4.5	176
HG20592-2009IFFM-25_12	150	300	250	26	8	M24	28	192	10	12	21	218	2	4.5	204
HG20592-2009IFFM-25_13	200	360	310	26	12	M24	30	252	10	12	23	278	2	4.5	260
HG20592-2009IFFM-25_14	250	425	370	30	12	M27	32	304	12	14	24	335	2	4.5	313
HG20592-2009IFFM-25_15	300	485	430	30	16	M27	34	364	12	15	26	395	2	4.5	364
HG20592-2009IFFM-25_16	350	555	490	33	16	M30	38	418	12	16	29	450	2	5.0	422
HG20592-2009IFFM-25_17	400	620	550	36	16	M33	40	472	12	18	30	505	2	5.0	474
HG20592-2009IFFM-25_18	450	670	600	36	20	M33	46	520	12	19	31	555	2	5.0	524
HG20592-2009IFFM-25_19	500	730	660	36	20	M33	48	580	12	21	33	615	2	5.0	576
HG20592-2009IFFM-25_20	600	845	770	39	20	M36×3	58	684	12	23	35	720	2	5.0	676

表 2-173　PN40 凹面（FM）整体法兰尺寸　　单位：mm

标准件编号	DN	D	K	L	n(个)	螺栓Th	C	N	R	S_0	S_1	密封面			
												d	f_1	f_3	Y
HG20592-2009IFFM-40_1	10	90	60	14	4	M12	16	28	4	6	10	40	2	4.0	35
HG20592-2009IFFM-40_2	15	95	65	14	4	M12	16	32	4	6	11	45	2	4.0	40
HG20592-2009IFFM-40_3	20	105	75	14	4	M12	18	40	4	6.5	12	58	2	4.0	51
HG20592-2009IFFM-40_4	25	115	85	14	4	M12	18	50	4	7	14	68	2	4.0	58
HG20592-2009IFFM-40_5	32	140	100	18	4	M16	18	60	6	7	14	78	2	4.0	66
HG20592-2009IFFM-40_6	40	150	110	18	4	M16	18	70	6	7.5	14	88	2	4.0	76
HG20592-2009IFFM-40_7	50	165	125	18	4	M16	20	84	6	8	15	102	2	4.0	88
HG20592-2009IFFM-40_8	65	185	145	18	8	M16	22	104	6	8.5	17	122	2	4.0	110
HG20592-2009IFFM-40_9	80	200	160	18	8	M16	24	120	8	9	18	138	2	4.0	121
HG20592-2009IFFM-40_10	100	235	190	22	8	M20	24	142	8	10	18	162	2	4.5	150
HG20592-2009IFFM-40_11	125	270	220	26	8	M24	26	162	8	11	20	188	2	4.5	176
HG20592-2009IFFM-40_12	150	300	250	26	8	M24	28	192	10	12	21	218	2	4.5	204
HG20592-2009IFFM-40_13	200	375	320	30	12	M27	34	254	10	14	26	285	2	4.5	260
HG20592-2009IFFM-40_14	250	450	385	33	12	M30	38	312	12	16	29	345	2	4.5	313
HG20592-2009IFFM-40_15	300	515	450	33	16	M30	42	378	12	17	32	410	2	4.5	364
HG20592-2009IFFM-40_16	350	580	510	36	16	M33	46	432	12	19	35	465	2	5.0	422
HG20592-2009IFFM-40_17	400	660	585	39	16	M36×3	50	498	12	21	38	535	2	5.0	474
HG20592-2009IFFM-40_18	450	685	610	39	20	M36×3	57	522	12	21	38	560	2	5.0	524
HG20592-2009IFFM-40_19	500	755	670	42	20	M39×3	57	576	12	21	39	615	2	5.0	576
HG20592-2009IFFM-40_20	600	890	795	48	20	M45×3	72	686	12	24	45	735	2	5.0	676

表 2-174　PN63 凹面（FM）整体法兰尺寸　　单位：mm

标准件编号	DN	D	K	L	n(个)	螺栓Th	C	N	R	S_0	S_1	密封面			
												d	f_1	f_3	Y
HG20592-2009IFFM-63_1	10	100	70	14	4	M12	20	40	4	10	15	40	2	4.0	35
HG20592-2009IFFM-63_2	15	105	75	14	4	M12	20	45	4	10	15	45	2	4.0	40
HG20592-2009IFFM-63_3	20	130	90	18	4	M16	22	50	4	10	15	58	2	4.0	51
HG20592-2009IFFM-63_4	25	140	100	18	4	M16	24	61	4	10	18	68	2	4.0	58
HG20592-2009IFFM-63_5	32	155	110	22	4	M20	26	68	6	10	18	78	2	4.0	66
HG20592-2009IFFM-63_6	40	170	125	22	4	M20	28	82	6	10	21	88	2	4.0	76
HG20592-2009IFFM-63_7	50	180	135	22	4	M20	26	90	6	10	20	102	2	4.0	88
HG20592-2009IFFM-63_8	65	205	160	22	8	M20	26	105	6	10	20	122	2	4.0	110
HG20592-2009IFFM-63_9	80	215	170	22	8	M20	28	122	8	11	21	138	2	4.0	121
HG20592-2009IFFM-63_10	100	250	200	26	8	M24	30	146	8	12	23	162	2	4.5	150

续表

标准件编号	DN	D	K	L	n(个)	螺栓Th	C	N	R	S_0	S_1	密封面			
												d	f_1	f_3	Y
HG20592-2009IFFM-63_11	125	295	240	30	8	M27	34	177	8	13	26	188	2	4.5	176
HG20592-2009IFFM-63_12	150	345	280	33	8	M30	36	204	10	14	27	218	2	4.5	204
HG20592-2009IFFM-63_13	200	415	345	36	12	M33	42	264	10	16	32	285	2	4.5	260
HG20592-2009IFFM-63_14	250	470	400	36	12	M33	46	320	12	19	35	345	2	4.5	313
HG20592-2009IFFM-63_15	300	530	460	36	16	M33	52	378	12	21	39	410	2	4.5	364
HG20592-2009IFFM-63_16	350	600	525	39	16	M36×3	56	434	12	23	42	465	2	5.0	422
HG20592-2009IFFM-63_17	400	670	585	42	16	M39×3	60	490	12	26	45	535	2	5.0	474

表 2-175　PN100 凹面（FM）整体法兰尺寸　　单位：mm

标准件编号	DN	D	K	L	n(个)	螺栓Th	C	N	R	S_0	S_1	密封面			
												d	f_1	f_3	Y
HG20592-2009IFFM-100_1	10	100	70	14	4	M12	20	40	4	10	15	40	2	4.0	35
HG20592-2009IFFM-100_2	15	105	75	14	4	M12	20	45	4	10	15	45	2	4.0	40
HG20592-2009IFFM-100_3	20	130	90	18	4	M16	22	50	4	10	15	58	2	4.0	51
HG20592-2009IFFM-100_4	25	140	100	18	4	M16	24	61	4	10	18	68	2	4.0	58
HG20592-2009IFFM-100_5	32	155	110	22	4	M20	26	68	6	10	18	78	2	4.0	66
HG20592-2009IFFM-100_6	40	170	125	22	4	M20	28	82	6	10	21	88	2	4.0	76
HG20592-2009IFFM-100_7	50	195	145	26	4	M24	30	96	6	10	23	102	2	4.0	88
HG20592-2009IFFM-100_8	65	220	170	26	8	M24	34	118	6	11	24	122	2	4.0	110
HG20592-2009IFFM-100_9	80	230	180	26	8	M24	36	128	8	12	24	138	2	4.0	121
HG20592-2009IFFM-100_10	100	265	210	30	8	M27	40	150	8	14	25	162	2	4.5	150
HG20592-2009IFFM-100_11	125	315	250	33	8	M30	40	185	8	16	30	188	2	4.5	176
HG20592-2009IFFM-100_12	150	355	290	33	12	M30	44	216	10	18	33	218	2	4.5	204
HG20592-2009IFFM-100_13	200	430	360	36	12	M33	52	278	10	21	39	285	2	4.5	260
HG20592-2009IFFM-100_14	250	505	430	39	12	M36×3	60	340	12	25	45	345	2	4.5	313
HG20592-2009IFFM-100_15	300	585	500	42	16	M39×3	68	407	12	29	51	410	2	4.5	364
HG20592-2009IFFM-100_16	350	655	560	48	16	M45×3	74	460	10	32	55	465	2	5.0	422
HG20592-2009IFFM-100_17	400	715	620	48	16	M45×3	78	518	12	36	59	535	2	5.0	474

表 2-176　PN160 凹面（FM）整体法兰尺寸　　单位：mm

标准件编号	DN	D	K	L	n(个)	螺栓Th	C	N	R	S_0	S_1	密封面			
												d	f_1	f_3	Y
HG20592-2009IFFM-160_1	10	100	70	14	4	M12	20	40	4	10	15	40	2	4.0	35
HG20592-2009IFFM-160_2	15	105	75	14	4	M12	26	45	4	10	15	45	2	4.0	40

续表

标准件编号	DN	D	K	L	n(个)	螺栓Th	C	N	R	S_0	S_1	密封面			
												d	f_1	f_3	Y
HG20592-2009IFFM-160_3	20	130	90	18	4	M16	24	50	4	10	15	58	2	4.0	51
HG20592-2009IFFM-160_4	25	140	100	18	4	M16	24	61	4	10	18	68	2	4.0	58
HG20592-2009IFFM-160_5	32	155	110	22	4	M20	28	68	4	10	18	78	2	4.0	66
HG20592-2009IFFM-160_6	40	170	125	22	4	M20	28	82	4	10	21	88	2	4.0	76
HG20592-2009IFFM-160_7	50	195	145	26	4	M24	30	96	4	10	23	102	2	4.0	88
HG20592-2009IFFM-160_8	65	220	170	26	8	M24	34	118	5	11	24	122	2	4.0	110
HG20592-2009IFFM-160_9	80	230	180	26	8	M24	36	128	5	12	24	138	2	4.0	121
HG20592-2009IFFM-160_10	100	265	210	30	8	M27	40	150	5	14	25	162	2	4.5	150
HG20592-2009IFFM-160_11	125	315	250	33	8	M30	44	184	6	16	29.5	188	2	4.5	176
HG20592-2009IFFM-160_12	150	355	290	33	12	M30	50	224	6	18	37	218	2	4.5	204
HG20592-2009IFFM-160_13	200	430	360	36	12	M33	60	288	8	21	44	285	2	4.5	260
HG20592-2009IFFM-160_14	250	515	430	42	12	M39×3	68	346	8	31	48	345	2	4.5	313
HG20592-2009IFFM-160_15	300	585	500	42	16	M39×3	78	414	10	46	57	410	2	4.5	364

3. 凸面（M）整体法兰

凸面（M）整体法兰根据公称压力可分为 PN10、PN16、PN25、PN40、PN63、PN100 和 PN160。法兰尺寸如表 2-177～表 2-183 所示。

表 2-177　PN10 凸面（M）整体法兰尺寸　　单位：mm

标准件编号	DN	D	K	L	n(个)	螺栓Th	C	N	R	S_0	S_1	密封面f_2	密封面X
HG20592-2009IFM-10_1	10	90	60	14	4	M12	16	28	4	6	10	4.5	34
HG20592-2009IFM-10_2	15	95	65	14	4	M12	16	32	4	6	11	4.5	39
HG20592-2009IFM-10_3	20	105	75	14	4	M12	18	40	4	6.5	12	4.5	50
HG20592-2009IFM-10_4	25	115	85	14	4	M12	18	50	4	7	14	4.5	57
HG20592-2009IFM-10_5	32	140	100	18	4	M16	18	60	6	7	14	4.5	65
HG20592-2009IFM-10_6	40	150	110	18	4	M16	18	70	6	7.5	14	4.5	75
HG20592-2009IFM-10_7	50	165	125	18	4	M16	18	84	5	8	15	4.5	87
HG20592-2009IFM-10_8	65	185	145	18	8	M16	18	104	6	8	14	4.5	109
HG20592-2009IFM-10_9	80	200	160	18	8	M16	20	120	6	8.5	15	4.5	120
HG20592-2009IFM-10_10	100	220	180	18	8	M16	20	140	8	9.5	15	5.0	149
HG20592-2009IFM-10_11	125	250	210	18	8	M16	22	170	8	10	17	5.0	175
HG20592-2009IFM-10_12	150	285	240	22	8	M20	22	190	10	11	17	5.0	203
HG20592-2009IFM-10_13	200	340	295	22	8	M20	24	246	10	12	23	5.0	259
HG20592-2009IFM-10_14	250	395	350	22	12	M20	26	298	12	14	24	5.0	312
HG20592-2009IFM-10_15	300	445	400	22	12	M20	26	348	12	15	24	5.0	363

续表

标准件编号	DN	D	K	L	n(个)	螺栓Th	C	N	R	S_0	S_1	密封面f_2	密封面X
HG20592-2009IFM-10_16	350	505	460	22	16	M20	26	408	12	16	29	5.5	421
HG20592-2009IFM-10_17	400	565	515	26	16	M24	26	456	12	18	28	5.5	473
HG20592-2009IFM-10_18	450	615	565	26	20	M24	28	502	12	20	26	5.5	523
HG20592-2009IFM-10_19	500	670	620	26	20	M24	28	559	12	21	29.5	5.5	575
HG20592-2009IFM-10_20	600	780	725	30	20	M27	34	658	12	23	29	5.5	675

表 2-178　PN16 凸面（M）整体法兰尺寸　单位：mm

标准件编号	DN	D	K	L	n(个)	螺栓Th	C	N	R	S_0	S_1	密封面f_2	密封面X
HG20592-2009IFM-16_1	10	90	60	14	4	M12	16	28	4	6	10	4.5	34
HG20592-2009IFM-16_2	15	95	65	14	4	M12	16	32	4	6	11	4.5	39
HG20592-2009IFM-16_3	20	105	75	14	4	M12	18	40	5	6.5	12	4.5	50
HG20592-2009IFM-16_4	25	115	85	14	4	M12	18	50	5	7	14	4.5	57
HG20592-2009IFM-16_5	32	140	100	18	4	M16	18	60	6	7	14	4.5	65
HG20592-2009IFM-16_6	40	150	110	18	4	M16	18	70	6	7.5	14	4.5	75
HG20592-2009IFM-16_7	50	165	125	18	4	M16	18	84	5	8	15	4.5	87
HG20592-2009IFM-16_8	65	185	145	18	4	M16	18	104	6	8	14	4.5	109
HG20592-2009IFM-16_9	80	200	160	18	8	M16	20	120	6	8.5	15	4.5	120
HG20592-2009IFM-16_10	100	220	180	18	8	M16	20	140	8	9.5	15	5.0	149
HG20592-2009IFM-16_11	125	250	210	18	8	M16	22	170	8	10	17	5.0	175
HG20592-2009IFM-16_12	150	285	240	22	8	M20	22	190	10	11	17	5.0	203
HG20592-2009IFM-16_13	200	340	295	22	12	M20	24	246	10	12	18	5.0	259
HG20592-2009IFM-16_14	250	405	355	26	12	M24	26	296	12	14	20	5.0	312
HG20592-2009IFM-16_15	300	460	410	26	12	M24	28	350	12	15	21	5.0	363
HG20592-2009IFM-16_16	350	520	470	26	16	M24	30	410	12	16	23	5.5	421
HG20592-2009IFM-16_17	400	580	525	30	16	M27	32	458	12	18	24	5.5	473
HG20592-2009IFM-16_18	450	640	585	30	20	M27	40	516	12	20	27	5.5	523
HG20592-2009IFM-16_19	500	715	650	33	20	M30	44	576	12	21	30	5.5	575
HG20592-2009IFM-16_20	600	840	770	36	20	M33	54	690	12	23	30	5.5	675

表 2-179　PN25 凸面（M）整体法兰尺寸　单位：mm

标准件编号	DN	D	K	L	n(个)	螺栓Th	C	N	R	S_0	S_1	密封面f_2	密封面X
HG20592-2009IFM-25_1	10	90	60	14	4	M12	16	28	4	6	10	4.5	34
HG20592-2009IFM-25_2	15	95	65	14	4	M12	16	32	4	6	11	4.5	39
HG20592-2009IFM-25_3	20	105	75	14	4	M12	18	40	4	6.5	12	4.5	50
HG20592-2009IFM-25_4	25	115	85	14	4	M12	16	50	4	7	14	4.5	57

续表

标准件编号	DN	D	K	L	n(个)	螺栓Th	C	N	R	S_0	S_1	密封面f_2	密封面X
HG20592-2009IFM-25_5	32	140	100	18	4	M16	18	60	6	7	14	4.5	65
HG20592-2009IFM-25_6	40	150	110	18	4	M16	18	70	6	7.5	14	4.5	75
HG20592-2009IFM-25_7	50	165	125	18	4	M16	20	84	6	8	15	4.5	87
HG20592-2009IFM-25_8	65	185	145	18	8	M16	22	104	6	8.5	17	4.5	109
HG20592-2009IFM-25_9	80	200	160	18	8	M16	24	120	8	9	18	4.5	120
HG20592-2009IFM-25_10	100	235	190	22	8	M20	24	142	8	10	18	5.0	149
HG20592-2009IFM-25_11	125	270	220	26	8	M24	26	162	8	11	20	5.0	175
HG20592-2009IFM-25_12	150	300	250	26	8	M24	28	192	10	12	21	5.0	203
HG20592-2009IFM-25_13	200	360	310	26	12	M24	30	252	10	12	23	5.0	259
HG20592-2009IFM-25_14	250	425	370	30	12	M27	32	304	12	14	24	5.0	312
HG20592-2009IFM-25_15	300	485	430	30	16	M27	34	364	12	15	26	5.0	363
HG20592-2009IFM-25_16	350	555	490	33	16	M30	38	418	12	16	29	5.5	421
HG20592-2009IFM-25_17	400	620	550	36	16	M33	40	472	12	18	30	5.5	473
HG20592-2009IFM-25_18	450	670	600	36	20	M33	46	520	12	19	31	5.5	523
HG20592-2009IFM-25_19	500	730	660	36	20	M33	48	580	12	21	33	5.5	575
HG20592-2009IFM-25_20	600	845	770	39	20	M36×3	58	684	12	23	35	5.5	675

表 2-180　PN40 凸面（M）整体法兰尺寸　　单位：mm

标准件编号	DN	D	K	L	n(个)	螺栓Th	C	N	R	S_0	S_1	密封面f_2	密封面X
HG20592-2009IFM-40_1	10	90	60	14	4	M12	16	28	4	6	10	4.5	34
HG20592-2009IFM-40_2	15	95	65	14	4	M12	16	32	4	6	11	4.5	39
HG20592-2009IFM-40_3	20	105	75	14	4	M12	18	40	4	6.5	12	4.5	50
HG20592-2009IFM-40_4	25	115	85	14	4	M12	18	50	4	7	14	4.5	57
HG20592-2009IFM-40_5	32	140	100	18	4	M16	18	60	6	7	14	4.5	65
HG20592-2009IFM-40_6	40	150	110	18	4	M16	18	70	6	7.5	14	4.5	75
HG20592-2009IFM-40_7	50	165	125	18	4	M16	20	84	6	8	15	4.5	87
HG20592-2009IFM-40_8	65	185	145	18	8	M16	22	104	6	8.5	17	4.5	109
HG20592-2009IFM-40_9	80	200	160	18	8	M16	24	120	8	9	18	4.5	120
HG20592-2009IFM-40_10	100	235	190	22	8	M20	24	142	8	10	18	5.0	149
HG20592-2009IFM-40_11	125	270	220	26	8	M24	26	162	8	11	20	5.0	175
HG20592-2009IFM-40_12	150	300	250	26	8	M24	28	192	10	12	21	5.0	203
HG20592-2009IFM-40_13	200	375	320	30	12	M27	34	254	10	14	26	5.0	259
HG20592-2009IFM-40_14	250	450	385	33	12	M30	38	312	12	16	29	5.0	312
HG20592-2009IFM-40_15	300	515	450	33	16	M30	42	378	12	17	32	5.0	363
HG20592-2009IFM-40_16	350	580	510	36	16	M33	46	432	12	19	35	5.5	421

续表

标准件编号	DN	D	K	L	n(个)	螺栓Th	C	N	R	S_0	S_1	密封面f_2	密封面X
HG20592-2009IFM-40_17	400	660	585	39	16	M36×3	50	498	12	21	38	5.5	473
HG20592-2009IFM-40_18	450	685	610	39	20	M36×3	57	522	12	21	38	5.5	523
HG20592-2009IFM-40_19	500	755	670	42	20	M39×3	57	576	12	21	39	5.5	575
HG20592-2009IFM-40_20	600	890	795	48	20	M45×3	72	686	12	24	45	5.5	675

表 2-181　PN63 凸面（M）整体法兰尺寸　单位：mm

标准件编号	DN	D	K	L	n(个)	螺栓Th	C	N	R	S_0	S_1	密封面f_2	密封面X
HG20592-2009IFM-63_1	10	100	70	14	4	M12	20	40	4	10	15	4.5	34
HG20592-2009IFM-63_2	15	105	75	14	4	M12	20	45	4	10	15	4.5	39
HG20592-2009IFM-63_3	20	130	90	18	4	M16	22	50	4	10	15	4.5	50
HG20592-2009IFM-63_4	25	140	100	18	4	M16	24	61	4	10	18	4.5	57
HG20592-2009IFM-63_5	32	155	110	22	4	M20	26	68	6	10	18	4.5	65
HG20592-2009IFM-63_6	40	170	125	22	4	M20	28	82	6	10	21	4.5	75
HG20592-2009IFM-63_7	50	180	135	22	4	M20	26	90	6	10	20	4.5	87
HG20592-2009IFM-63_8	65	205	160	22	8	M20	26	105	6	10	20	4.5	109
HG20592-2009IFM-63_9	80	215	170	22	8	M20	28	122	8	11	21	4.5	120
HG20592-2009IFM-63_10	100	250	200	26	8	M24	30	146	8	12	23	5.0	149
HG20592-2009IFM-63_11	125	295	240	30	8	M27	34	177	8	13	26	5.0	175
HG20592-2009IFM-63_12	150	345	280	33	8	M30	36	204	10	14	27	5.0	203
HG20592-2009IFM-63_13	200	415	345	36	12	M33	42	264	10	16	32	5.0	259
HG20592-2009IFM-63_14	250	470	400	36	12	M33	46	320	12	19	35	5.0	312
HG20592-2009IFM-63_15	300	530	460	36	16	M33	52	378	12	21	39	5.0	363
HG20592-2009IFM-63_16	350	600	525	39	16	M36×3	56	434	12	23	42	5.5	421
HG20592-2009IFM-63_17	400	670	585	42	16	M39×3	60	490	12	26	45	5.5	473

表 2-182　PN100 凸面（M）整体法兰尺寸　单位：mm

标准件编号	DN	D	K	L	n(个)	螺栓Th	C	N	R	S_0	S_1	密封面f_2	密封面X
HG20592-2009IFM-100_1	10	100	70	14	4	M12	20	40	4	10	15	4.5	34
HG20592-2009IFM-100_2	15	105	75	14	4	M12	20	45	4	10	15	4.5	39
HG20592-2009IFM-100_3	20	130	90	18	4	M16	22	50	4	10	15	4.5	50
HG20592-2009IFM-100_4	25	140	100	18	4	M16	24	61	4	10	18	4.5	57
HG20592-2009IFM-100_5	32	155	110	22	4	M20	26	68	6	10	18	4.5	65
HG20592-2009IFM-100_6	40	170	125	22	4	M20	28	82	6	10	21	4.5	75
HG20592-2009IFM-100_7	50	195	145	26	4	M24	30	96	6	10	23	4.5	87
HG20592-2009IFM-100_8	65	220	170	26	8	M24	34	118	6	11	24	4.5	109

续表

标准件编号	DN	D	K	L	n(个)	螺栓Th	C	N	R	S_0	S_1	密封面f_2	密封面X
HG20592-2009IFM-100_9	80	230	180	26	8	M24	36	128	8	12	24	4.5	120
HG20592-2009IFM-100_10	100	265	210	30	8	M27	40	150	8	14	25	5.0	149
HG20592-2009IFM-100_11	125	315	250	33	8	M30	40	185	8	16	30	5.0	175
HG20592-2009IFM-100_12	150	355	290	33	12	M30	44	216	10	18	33	5.0	203
HG20592-2009IFM-100_13	200	430	360	36	12	M33	52	278	10	21	39	5.0	259
HG20592-2009IFM-100_14	250	505	430	39	12	M36×3	60	340	12	25	45	5.0	312
HG20592-2009IFM-100_15	300	585	500	42	16	M39×3	68	407	12	29	51	5.0	363
HG20592-2009IFM-100_16	350	655	560	48	16	M45×3	74	460	10	32	55	5.5	421
HG20592-2009IFM-100_17	400	715	620	48	16	M45×3	78	518	12	36	59	5.5	473

表 2-183　PN160 凸面（M）整体法兰尺寸　　单位：mm

标准件编号	DN	D	K	L	n(个)	螺栓Th	C	N	R	S_0	S_1	密封面f_2	密封面X
HG20592-2009IFM-160_1	10	100	70	14	4	M12	20	40	4	10	15	4.5	34
HG20592-2009IFM-160_2	15	105	75	14	4	M12	26	45	4	10	15	4.5	39
HG20592-2009IFM-160_3	20	130	90	18	4	M16	24	50	4	10	15	4.5	50
HG20592-2009IFM-160_4	25	140	100	18	4	M16	24	61	4	10	18	4.5	57
HG20592-2009IFM-160_5	32	155	110	22	4	M20	28	68	4	10	18	4.5	65
HG20592-2009IFM-160_6	40	170	125	22	4	M20	28	82	4	10	21	4.5	75
HG20592-2009IFM-160_7	50	195	145	26	4	M24	30	96	4	10	23	4.5	87
HG20592-2009IFM-160_8	65	220	170	26	8	M24	34	118	5	11	24	4.5	109
HG20592-2009IFM-160_9	80	230	180	26	8	M24	36	128	5	12	24	4.5	120
HG20592-2009IFM-160_10	100	265	210	30	8	M27	40	150	5	14	25	5.0	149
HG20592-2009IFM-160_11	125	315	250	33	8	M30	44	184	6	16	29.5	5.0	175
HG20592-2009IFM-160_12	150	355	290	33	12	M30	50	224	6	18	37	5.0	203
HG20592-2009IFM-160_13	200	430	360	36	12	M33	60	288	8	21	44	5.0	259
HG20592-2009IFM-160_14	250	515	430	42	12	M39×3	68	346	8	31	48	5.0	312
HG20592-2009IFM-160_15	300	585	500	42	16	M39×3	78	414	10	46	57	5.0	363

4. 榫面（T）整体法兰

榫面（T）整体法兰根据公称压力可分为 PN10、PN16、PN25、PN40、PN63、PN100 和 PN160。法兰尺寸如表 2-184～表 2-190 所示。

表 2-184　PN10 榫面（T）整体法兰尺寸　　单位：mm

标准件编号	DN	D	K	L	n(个)	螺栓Th	C	N	R	S_0	S_1	密封面		
												f_2	X	W
HG20592-2009IFT-10_1	10	90	60	14	4	M12	16	28	4	6	10	4.5	34	24

续表

标准件编号	DN	D	K	L	n(个)	螺栓Th	C	N	R	S_0	S_1	密封面		
												f_2	X	W
HG20592-2009IFT-10_2	15	95	65	14	4	M12	16	32	4	6	11	4.5	39	29
HG20592-2009IFT-10_3	20	105	75	14	4	M12	18	40	4	6.5	12	4.5	50	36
HG20592-2009IFT-10_4	25	115	85	14	4	M12	18	50	4	7	14	4.5	57	43
HG20592-2009IFT-10_5	32	140	100	18	4	M16	18	60	6	7	14	4.5	65	51
HG20592-2009IFT-10_6	40	150	110	18	4	M16	18	70	6	7.5	14	4.5	75	61
HG20592-2009IFT-10_7	50	165	125	18	4	M16	18	84	5	8	15	4.5	87	73
HG20592-2009IFT-10_8	65	185	145	18	8	M16	18	104	6	8	14	4.5	109	95
HG20592-2009IFT-10_9	80	200	160	18	8	M16	20	120	6	8.5	15	4.5	120	106
HG20592-2009IFT-10_10	100	220	180	18	8	M16	20	140	8	9.5	15	5.0	149	129
HG20592-2009IFT-10_11	125	250	210	18	8	M16	22	170	8	10	17	5.0	175	155
HG20592-2009IFT-10_12	150	285	240	22	8	M20	22	190	10	11	17	5.0	203	183
HG20592-2009IFT-10_13	200	340	295	22	8	M20	24	246	10	12	23	5.0	259	239
HG20592-2009IFT-10_14	250	395	350	22	12	M20	26	298	12	14	24	5.0	312	292
HG20592-2009IFT-10_15	300	445	400	22	12	M20	26	348	12	15	24	5.0	363	343
HG20592-2009IFT-10_16	350	505	460	22	16	M20	26	408	12	16	29	5.5	421	395
HG20592-2009IFT-10_17	400	565	515	26	16	M24	26	456	12	18	28	5.5	473	447
HG20592-2009IFT-10_18	450	615	565	26	20	M24	28	502	12	20	26	5.5	523	497
HG20592-2009IFT-10_19	500	670	620	26	20	M24	28	559	12	21	29.5	5.5	575	549
HG20592-2009IFT-10_20	600	780	725	30	20	M27	34	658	12	23	29	5.5	675	649

表 2-185　PN16 榫面（T）整体法兰尺寸　　单位：mm

标准件编号	DN	D	K	L	n(个)	螺栓Th	C	N	R	S_0	S_1	密封面		
												f_2	X	W
HG20592-2009IFT-16_1	10	90	60	14	4	M12	16	28	4	6	10	4.5	34	24
HG20592-2009IFT-16_2	15	95	65	14	4	M12	16	32	4	6	11	4.5	39	29
HG20592-2009IFT-16_3	20	105	75	14	4	M12	18	40	5	6.5	12	4.5	50	36
HG20592-2009IFT-16_4	25	115	85	14	4	M12	18	50	5	7	14	4.5	57	43
HG20592-2009IFT-16_5	32	140	100	18	4	M16	18	60	6	7	14	4.5	65	51
HG20592-2009IFT-16_6	40	150	110	18	4	M16	18	70	6	7.5	14	4.5	75	61
HG20592-2009IFT-16_7	50	165	125	18	4	M16	18	84	5	8	15	4.5	87	73
HG20592-2009IFT-16_8	65	185	145	18	4	M16	18	104	6	8	14	4.5	109	95
HG20592-2009IFT-16_9	80	200	160	18	8	M16	20	120	6	8.5	15	4.5	120	106
HG20592-2009IFT-16_10	100	220	180	18	8	M16	20	140	8	9.5	15	5.0	149	129
HG20592-2009IFT-16_11	125	250	210	18	8	M16	22	170	8	10	17	5.0	175	155

续表

标准件编号	DN	D	K	L	n(个)	螺栓Th	C	N	R	S_0	S_1	密封面		
												f_2	X	W
HG20592-2009IFT-16_12	150	285	240	22	8	M20	22	190	10	11	17	5.0	203	183
HG20592-2009IFT-16_13	200	340	295	22	12	M20	24	246	10	12	18	5.0	259	239
HG20592-2009IFT-16_14	250	405	355	26	12	M24	26	296	12	14	20	5.0	312	292
HG20592-2009IFT-16_15	300	460	410	26	12	M24	28	350	12	15	21	5.0	363	343
HG20592-2009IFT-16_16	350	520	470	26	16	M24	30	410	12	16	23	5.5	421	395
HG20592-2009IFT-16_17	400	580	525	30	16	M27	32	458	12	18	24	5.5	473	447
HG20592-2009IFT-16_18	450	640	585	30	20	M27	40	516	12	20	27	5.5	523	497
HG20592-2009IFT-16_19	500	715	650	33	20	M30	44	576	12	21	30	5.5	575	549
HG20592-2009IFT-16_20	600	840	770	36	20	M33	54	690	12	23	30	5.5	675	649

表 2-186 PN25 榫面（T）整体法兰尺寸　　　单位：mm

标准件编号	DN	D	K	L	n(个)	螺栓Th	C	N	R	S_0	S_1	密封面		
												f_2	X	W
HG20592-2009IFT-25_1	10	90	60	14	4	M12	16	28	4	6	10	4.5	34	24
HG20592-2009IFT-25_2	15	95	65	14	4	M12	16	32	4	6	11	4.5	39	29
HG20592-2009IFT-25_3	20	105	75	14	4	M12	18	40	4	6.5	12	4.5	50	36
HG20592-2009IFT-25_4	25	115	85	14	4	M12	16	50	4	7	14	4.5	57	43
HG20592-2009IFT-25_5	32	140	100	18	4	M16	18	60	6	7	14	4.5	65	51
HG20592-2009IFT-25_6	40	150	110	18	4	M16	18	70	6	7.5	14	4.5	75	61
HG20592-2009IFT-25_7	50	165	125	18	4	M16	20	84	6	8	15	4.5	87	73
HG20592-2009IFT-25_8	65	185	145	18	8	M16	22	104	6	8.5	17	4.5	109	95
HG20592-2009IFT-25_9	80	200	160	18	8	M16	24	120	8	9	18	4.5	120	106
HG20592-2009IFT-25_10	100	235	190	22	8	M20	24	142	8	10	18	5.0	149	129
HG20592-2009IFT-25_11	125	270	220	26	8	M24	26	162	8	11	20	5.0	175	155
HG20592-2009IFT-25_12	150	300	250	26	8	M24	28	192	10	12	21	5.0	203	183
HG20592-2009IFT-25_13	200	360	310	26	12	M24	30	252	10	12	23	5.0	259	239
HG20592-2009IFT-25_14	250	425	370	30	12	M27	32	304	12	14	24	5.0	312	292
HG20592-2009IFT-25_15	300	485	430	30	16	M27	34	364	12	15	26	5.0	363	343
HG20592-2009IFT-25_16	350	555	490	33	16	M30	38	418	12	16	29	5.5	421	395
HG20592-2009IFT-25_17	400	620	550	36	16	M33	40	472	12	18	30	5.5	473	447
HG20592-2009IFT-25_18	450	670	600	36	20	M33	46	520	12	19	31	5.5	523	497
HG20592-2009IFT-25_19	500	730	660	36	20	M33	48	580	12	21	33	5.5	575	549
HG20592-2009IFT-25_20	600	845	770	39	20	M36×3	58	684	12	23	35	5.5	675	649

表 2-187　PN40 榫面（T）整体法兰尺寸　　单位：mm

标准件编号	DN	D	K	L	n(个)	螺栓Th	C	N	R	S_0	S_1	密封面		
												f_2	X	W
HG20592-2009IFT-40_1	10	90	60	14	4	M12	16	28	4	6	10	4.5	34	24
HG20592-2009IFT-40_2	15	95	65	14	4	M12	16	32	4	6	11	4.5	39	29
HG20592-2009IFT-40_3	20	105	75	14	4	M12	18	40	4	6.5	12	4.5	50	36
HG20592-2009IFT-40_4	25	115	85	14	4	M12	18	50	4	7	14	4.5	57	43
HG20592-2009IFT-40_5	32	140	100	18	4	M16	18	60	6	7	14	4.5	65	51
HG20592-2009IFT-40_6	40	150	110	18	4	M16	18	70	6	7.5	14	4.5	75	61
HG20592-2009IFT-40_7	50	165	125	18	4	M16	20	84	6	8	15	4.5	87	73
HG20592-2009IFT-40_8	65	185	145	18	8	M16	22	104	6	8.5	17	4.5	109	95
HG20592-2009IFT-40_9	80	200	160	18	8	M16	24	120	8	9	18	4.5	120	106
HG20592-2009IFT-40_10	100	235	190	22	8	M20	24	142	8	10	18	5.0	149	129
HG20592-2009IFT-40_11	125	270	220	26	8	M24	26	162	8	11	20	5.0	175	155
HG20592-2009IFT-40_12	150	300	250	26	8	M24	28	192	10	12	21	5.0	203	183
HG20592-2009IFT-40_13	200	375	320	30	12	M27	34	254	10	14	26	5.0	259	239
HG20592-2009IFT-40_14	250	450	385	33	12	M30	38	312	12	16	29	5.0	312	292
HG20592-2009IFT-40_15	300	515	450	33	16	M30	42	378	12	17	32	5.0	363	343
HG20592-2009IFT-40_16	350	580	510	36	16	M33	46	432	12	19	35	5.5	421	395
HG20592-2009IFT-40_17	400	660	585	39	16	M36×3	50	498	12	21	38	5.5	473	447
HG20592-2009IFT-40_18	450	685	610	39	20	M36×3	57	522	12	21	38	5.5	523	497
HG20592-2009IFT-40_19	500	755	670	42	20	M39×3	57	576	12	21	39	5.5	575	549
HG20592-2009IFT-40_20	600	890	795	48	20	M45×3	72	686	12	24	45	5.5	675	649

表 2-188　PN63 榫面（T）整体法兰尺寸　　单位：mm

标准件编号	DN	D	K	L	n(个)	螺栓Th	C	N	R	S_0	S_1	密封面		
												f_2	X	W
HG20592-2009IFT-63_1	10	100	70	14	4	M12	20	40	4	10	15	4.5	34	24
HG20592-2009IFT-63_2	15	105	75	14	4	M12	20	45	4	10	15	4.5	39	29
HG20592-2009IFT-63_3	20	130	90	18	4	M16	22	50	4	10	15	4.5	50	36
HG20592-2009IFT-63_4	25	140	100	18	4	M16	24	61	4	10	18	4.5	57	43
HG20592-2009IFT-63_5	32	155	110	22	4	M20	26	68	6	10	18	4.5	65	51
HG20592-2009IFT-63_6	40	170	125	22	4	M20	28	82	6	10	21	4.5	75	61
HG20592-2009IFT-63_7	50	180	135	22	4	M20	26	90	6	10	20	4.5	87	73
HG20592-2009IFT-63_8	65	205	160	22	8	M20	26	105	6	10	20	4.5	109	95
HG20592-2009IFT-63_9	80	215	170	22	8	M20	28	122	8	11	21	4.5	120	106

续表

标准件编号	DN	D	K	L	n(个)	螺栓Th	C	N	R	S_0	S_1	密封面		
												f_2	X	W
HG20592-2009IFT-63_10	100	250	200	26	8	M24	30	146	8	12	23	5.0	149	129
HG20592-2009IFT-63_11	125	295	240	30	8	M27	34	177	8	13	26	5.0	175	155
HG20592-2009IFT-63_12	150	345	280	33	8	M30	36	204	10	14	27	5.0	203	183
HG20592-2009IFT-63_13	200	415	345	36	12	M33	42	264	10	16	32	5.0	259	239
HG20592-2009IFT-63_14	250	470	400	36	12	M33	46	320	12	19	35	5.0	312	292
HG20592-2009IFT-63_15	300	530	460	36	16	M33	52	378	12	21	39	5.0	363	343
HG20592-2009IFT-63_16	350	600	525	39	16	M36×3	56	434	12	23	42	5.5	421	395
HG20592-2009IFT-63_17	400	670	585	42	16	M39×3	60	490	12	26	45	5.5	473	447

表 2-189 PN100 榫面（T）整体法兰尺寸 单位：mm

标准件编号	DN	D	K	L	n(个)	螺栓Th	C	N	R	S_0	S_1	密封面		
												f_2	X	W
HG20592-2009IFT-100_1	10	100	70	14	4	M12	20	40	4	10	15	4.5	34	24
HG20592-2009IFT-100_2	15	105	75	14	4	M12	20	45	4	10	15	4.5	39	29
HG20592-2009IFT-100_3	20	130	90	18	4	M16	22	50	4	10	15	4.5	50	36
HG20592-2009IFT-100_4	25	140	100	18	4	M16	24	61	4	10	18	4.5	57	43
HG20592-2009IFT-100_5	32	155	110	22	4	M20	26	68	6	10	18	4.5	65	51
HG20592-2009IFT-100_6	40	170	125	22	4	M20	28	82	6	10	21	4.5	75	61
HG20592-2009IFT-100_7	50	195	145	26	4	M24	30	96	6	10	23	4.5	87	73
HG20592-2009IFT-100_8	65	220	170	26	8	M24	34	118	6	11	24	4.5	109	95
HG20592-2009IFT-100_9	80	230	180	26	8	M24	36	128	8	12	24	4.5	120	106
HG20592-2009IFT-100_10	100	265	210	30	8	M27	40	150	8	14	25	5.0	149	129
HG20592-2009IFT-100_11	125	315	250	33	8	M30	40	185	8	16	30	5.0	175	155
HG20592-2009IFT-100_12	150	355	290	33	12	M30	44	216	10	18	33	5.0	203	183
HG20592-2009IFT-100_13	200	430	360	36	12	M33	52	278	10	21	39	5.0	259	239
HG20592-2009IFT-100_14	250	505	430	39	12	M36×3	60	340	12	25	45	5.0	312	292
HG20592-2009IFT-100_15	300	585	500	42	16	M39×3	68	407	12	29	51	5.0	363	343
HG20592-2009IFT-100_16	350	655	560	48	16	M45×3	74	460	10	32	55	5.5	421	395
HG20592-2009IFT-100_17	400	715	620	48	16	M45×3	78	518	12	36	59	5.5	473	447

表 2-190 PN160 榫面（T）整体法兰尺寸 单位：mm

标准件编号	DN	D	K	L	n(个)	螺栓Th	C	N	R	S_0	S_1	密封面		
												f_2	X	W
HG20592-2009IFT-160_1	10	100	70	14	4	M12	20	40	4	10	15	4.5	34	24

续表

标准件编号	DN	*D*	*K*	*L*	*n*(个)	螺栓Th	*C*	*N*	*R*	S_0	S_1	密封面		
												f_2	*X*	*W*
HG20592-2009IFT-160_2	15	105	75	14	4	M12	20	45	4	10	15	4.5	39	29
HG20592-2009IFT-160_3	20	130	90	18	4	M16	24	50	4	10	15	4.5	50	36
HG20592-2009IFT-160_4	25	140	100	18	4	M16	24	61	4	10	18	4.5	57	43
HG20592-2009IFT-160_5	32	155	110	22	4	M20	28	68	4	10	18	4.5	65	51
HG20592-2009IFT-160_6	40	170	125	22	4	M20	28	82	4	10	21	4.5	75	61
HG20592-2009IFT-160_7	50	195	145	26	4	M24	30	96	4	10	23	4.5	87	73
HG20592-2009IFT-160_8	65	220	170	26	8	M24	34	118	5	11	24	4.5	109	95
HG20592-2009IFT-160_9	80	230	180	26	8	M24	36	128	5	12	24	4.5	120	106
HG20592-2009IFT-160_10	100	265	210	30	8	M27	40	150	5	14	25	5.0	149	129
HG20592-2009IFT-160_11	125	315	250	33	8	M30	44	184	6	16	29.5	5.0	175	155
HG20592-2009IFT-160_12	150	355	290	33	12	M30	50	224	6	18	37	5.0	203	183
HG20592-2009IFT-160_13	200	430	360	36	12	M33	60	288	8	21	44	5.0	259	239
HG20592-2009IFT-160_14	250	515	430	42	12	M39×3	68	346	8	31	48	5.0	312	292
HG20592-2009IFT-160_15	300	585	500	42	16	M39×3	78	414	10	46	57	5.0	363	343

5. 槽面（G）整体法兰

槽面（G）整体法兰根据公称压力可分为 PN10、PN16、PN25、PN40、PN63、PN100 和 PN160。法兰尺寸如表 2-191～表 2-197 所示。

表 2-191　PN10 槽面（G）整体法兰尺寸　　单位：mm

标准件编号	DN	*D*	*K*	*L*	*n*(个)	螺栓Th	*C*	*N*	*R*	S_0	S_1	密封面				
												d	f_1	f_3	*Y*	*Z*
HG20592-2009IFG-10_1	10	90	60	14	4	M12	16	28	4	6	10	40	2	4.0	35	23
HG20592-2009IFG-10_2	15	95	65	14	4	M12	16	32	4	6	11	45	2	4.0	40	28
HG20592-2009IFG-10_3	20	105	75	14	4	M12	18	40	4	6.5	12	58	2	4.0	51	35
HG20592-2009IFG-10_4	25	115	85	14	4	M12	18	50	4	7	14	68	2	4.0	58	42
HG20592-2009IFG-10_5	32	140	100	18	4	M16	18	60	6	7	14	78	2	4.0	66	50
HG20592-2009IFG-10_6	40	150	110	18	4	M16	18	70	6	7.5	14	88	2	4.0	76	60
HG20592-2009IFG-10_7	50	165	125	18	4	M16	18	84	5	8	15	102	2	4.0	88	72
HG20592-2009IFG-10_8	65	185	145	18	8	M16	18	104	6	8	14	122	2	4.0	110	94
HG20592-2009IFG-10_9	80	200	160	18	8	M16	20	120	6	8.5	15	138	2	4.0	121	105
HG20592-2009IFG-10_10	100	220	180	18	8	M16	20	140	8	9.5	15	158	2	4.5	150	128
HG20592-2009IFG-10_11	125	250	210	18	8	M16	22	170	8	10	17	188	2	4.5	176	154
HG20592-2009IFG-10_12	150	285	240	22	8	M20	22	190	10	11	17	212	2	4.5	204	182

续表

标准件编号	DN	D	K	L	n(个)	螺栓Th	C	N	R	S_0	S_1	密封面				
												d	f_1	f_3	Y	Z
HG20592-2009IFG-10_13	200	340	295	22	8	M20	24	246	10	12	23	268	2	4.5	260	238
HG20592-2009IFG-10_14	250	395	350	22	12	M20	26	298	12	14	24	320	2	4.5	313	291
HG20592-2009IFG-10_15	300	445	400	22	12	M20	26	348	12	15	24	370	2	4.5	364	342
HG20592-2009IFG-10_16	350	505	460	22	16	M20	26	408	12	16	29	430	2	5.0	422	394
HG20592-2009IFG-10_17	400	565	515	26	16	M24	26	456	12	18	28	482	2	5.0	474	446
HG20592-2009IFG-10_18	450	615	565	26	20	M24	28	502	12	20	26	532	2	5.0	524	496
HG20592-2009IFG-10_19	500	670	620	26	20	M24	28	559	12	21	29.5	585	2	5.0	576	548
HG20592-2009IFG-10_20	600	780	725	30	20	M27	34	658	12	23	29	685	2	5.0	676	648

表 2-192　PN16 槽面（G）整体法兰尺寸　　单位：mm

标准件编号	DN	D	K	L	n(个)	螺栓Th	C	N	R	S_0	S_1	密封面				
												d	f_1	f_3	Y	Z
HG20592-2009IFG-16_1	10	90	60	14	4	M12	16	28	4	6	10	40	2	4.0	35	23
HG20592-2009IFG-16_2	15	95	65	14	4	M12	16	32	4	6	11	45	2	4.0	40	28
HG20592-2009IFG-16_3	20	105	75	14	4	M12	18	40	5	6.5	12	58	2	4.0	51	35
HG20592-2009IFG-16_4	25	115	85	14	4	M12	18	50	5	7	14	68	2	4.0	58	42
HG20592-2009IFG-16_5	32	140	100	18	4	M16	18	60	6	7	14	78	2	4.0	66	50
HG20592-2009IFG-16_6	40	150	110	18	4	M16	18	70	6	7.5	14	88	2	4.0	76	60
HG20592-2009IFG-16_7	50	165	125	18	4	M16	18	84	5	8	15	102	2	4.0	88	72
HG20592-2009IFG-16_8	65	185	145	18	4	M16	18	104	6	8	14	122	2	4.0	110	94
HG20592-2009IFG-16_9	80	200	160	18	8	M16	20	120	6	8.5	15	138	2	4.0	121	105
HG20592-2009IFG-16_10	100	220	180	18	8	M16	20	140	8	9.5	15	158	2	4.5	150	128
HG20592-2009IFG-16_11	125	250	210	18	8	M16	22	170	8	10	17	188	2	4.5	176	154
HG20592-2009IFG-16_12	150	285	240	22	8	M20	22	190	10	11	17	212	2	4.5	204	182
HG20592-2009IFG-16_13	200	340	295	22	12	M20	24	246	10	12	18	268	2	4.5	260	238
HG20592-2009IFG-16_14	250	405	355	26	12	M24	26	296	12	14	20	320	2	4.5	313	291
HG20592-2009IFG-16_15	300	460	410	26	12	M24	28	350	12	15	21	378	2	4.5	364	342
HG20592-2009IFG-16_16	350	520	470	26	16	M24	30	410	12	16	23	428	2	5.0	422	394
HG20592-2009IFG-16_17	400	580	525	30	16	M27	32	458	12	18	24	490	2	5.0	474	446
HG20592-2009IFG-16_18	450	640	585	30	20	M27	40	516	12	20	27	550	2	5.0	524	496
HG20592-2009IFG-16_19	500	715	650	33	20	M30	44	576	12	21	30	610	2	5.0	576	548
HG20592-2009IFG-16_20	600	840	770	36	20	M33	54	690	12	23	30	725	2	5.0	676	648

表 2-193　PN25 槽面（G）整体法兰尺寸　　单位：mm

标准件编号	DN	D	K	L	n(个)	螺栓Th	C	N	R	S_0	S_1	密封面				
												d	f_1	f_3	Y	Z
HG20592-2009IFG-25_1	10	90	60	14	4	M12	16	28	4	6	10	40	2	4.0	35	23
HG20592-2009IFG-25_2	15	95	65	14	4	M12	16	32	4	6	11	45	2	4.0	40	28
HG20592-2009IFG-25_3	20	105	75	14	4	M12	18	40	4	6.5	12	58	2	4.0	51	35
HG20592-2009IFG-25_4	25	115	85	14	4	M12	16	50	4	7	14	68	2	4.0	58	42
HG20592-2009IFG-25_5	32	140	100	18	4	M16	18	60	6	7	14	78	2	4.0	66	50
HG20592-2009IFG-25_6	40	150	110	18	4	M16	18	70	6	7.5	14	88	2	4.0	76	60
HG20592-2009IFG-25_7	50	165	125	18	4	M16	20	84	6	8	15	102	2	4.0	88	72
HG20592-2009IFG-25_8	65	185	145	18	8	M16	22	104	6	8.5	17	122	2	4.0	110	94
HG20592-2009IFG-25_9	80	200	160	18	8	M16	24	120	8	9	18	138	2	4.0	121	105
HG20592-2009IFG-25_10	100	235	190	22	8	M20	24	142	8	10	18	162	2	4.5	150	128
HG20592-2009IFG-25_11	125	270	220	26	8	M24	26	162	8	11	20	188	2	4.5	176	154
HG20592-2009IFG-25_12	150	300	250	26	8	M24	28	192	10	12	21	218	2	4.5	204	182
HG20592-2009IFG-25_13	200	360	310	26	12	M24	30	252	10	12	23	278	2	4.5	260	238
HG20592-2009IFG-25_14	250	425	370	30	12	M27	32	304	12	14	24	335	2	4.5	313	291
HG20592-2009IFG-25_15	300	485	430	30	16	M27	34	364	12	15	26	395	2	4.5	364	342
HG20592-2009IFG-25_16	350	555	490	33	16	M30	38	418	12	16	29	450	2	5.0	422	394
HG20592-2009IFG-25_17	400	620	550	36	16	M33	40	472	12	18	30	505	2	5.0	474	446
HG20592-2009IFG-25_18	450	670	600	36	20	M33	46	520	12	19	31	555	2	5.0	524	496
HG20592-2009IFG-25_19	500	730	660	36	20	M33	48	580	12	21	33	615	2	5.0	576	548
HG20592-2009IFG-25_20	600	845	770	39	20	M36×3	58	684	12	23	35	720	2	5.0	676	648

表 2-194　PN40 槽面（G）整体法兰尺寸　　单位：mm

标准件编号	DN	D	K	L	n(个)	螺栓Th	C	N	R	S_0	S_1	密封面				
												d	f_1	f_3	Y	Z
HG20592-2009IFG-40_1	10	90	60	14	4	M12	16	28	4	6	10	40	2	4.0	35	23
HG20592-2009IFG-40_2	15	95	65	14	4	M12	16	32	4	6	11	45	2	4.0	40	28
HG20592-2009IFG-40_3	20	105	75	14	4	M12	18	40	4	6.5	12	58	2	4.0	51	35
HG20592-2009IFG-40_4	25	115	85	14	4	M12	18	50	4	7	14	68	2	4.0	58	42
HG20592-2009IFG-40_5	32	140	100	18	4	M16	18	60	6	7	14	78	2	4.0	66	50
HG20592-2009IFG-40_6	40	150	110	18	4	M16	18	70	6	7.5	14	88	2	4.0	76	60
HG20592-2009IFG-40_7	50	165	125	18	4	M16	20	84	6	8	15	102	2	4.0	88	72
HG20592-2009IFG-40_8	65	185	145	18	8	M16	22	104	6	8.5	17	122	2	4.0	110	94
HG20592-2009IFG-40_9	80	200	160	18	8	M16	24	120	8	9	18	138	2	4.0	121	105
HG20592-2009IFG-40_10	100	235	190	22	8	M20	24	142	8	10	18	162	2	4.5	150	128
HG20592-2009IFG-40_11	125	270	220	26	8	M24	26	162	8	11	20	188	2	4.5	176	154

续表

标准件编号	DN	D	K	L	n(个)	螺栓Th	C	N	R	S_0	S_1	密封面				
												d	f_1	f_3	Y	Z
HG20592-2009IFG-40_12	150	300	250	26	8	M24	28	192	10	12	21	218	2	4.5	204	182
HG20592-2009IFG-40_13	200	375	320	30	12	M27	34	254	10	14	26	285	2	4.5	260	238
HG20592-2009IFG-40_14	250	450	385	33	12	M30	38	312	12	16	29	345	2	4.5	313	291
HG20592-2009IFG-40_15	300	515	450	33	16	M30	42	378	12	17	32	410	2	4.5	364	342
HG20592-2009IFG-40_16	350	580	510	36	16	M33	46	432	12	19	35	465	2	5.0	422	394
HG20592-2009IFG-40_17	400	660	585	39	16	M36×3	50	498	12	21	38	535	2	5.0	474	446
HG20592-2009IFG-40_18	450	685	610	39	20	M36×3	57	522	12	21	38	560	2	5.0	524	496
HG20592-2009IFG-40_19	500	755	670	42	20	M39×3	57	576	12	21	39	615	2	5.0	576	548
HG20592-2009IFG-40_20	600	890	795	48	20	M45×3	72	686	12	24	45	735	2	5.0	676	648

表 2-195　PN63 槽面（G）整体法兰尺寸　　单位：mm

标准件编号	DN	D	K	L	n(个)	螺栓Th	C	N	R	S_0	S_1	密封面				
												d	f_1	f_3	Y	Z
HG20592-2009IFG-63_1	10	100	70	14	4	M12	20	40	4	10	15	40	2	4.0	35	23
HG20592-2009IFG-63_2	15	105	75	14	4	M12	20	45	4	10	15	45	2	4.0	40	28
HG20592-2009IFG-63_3	20	130	90	18	4	M16	22	50	4	10	15	58	2	4.0	51	35
HG20592-2009IFG-63_4	25	140	100	18	4	M16	24	61	4	10	18	68	2	4.0	58	42
HG20592-2009IFG-63_5	32	155	110	22	4	M20	26	68	6	10	18	78	2	4.0	66	50
HG20592-2009IFG-63_6	40	170	125	22	4	M20	28	82	6	10	21	88	2	4.0	76	60
HG20592-2009IFG-63_7	50	180	135	22	4	M20	26	90	6	10	20	102	2	4.0	88	72
HG20592-2009IFG-63_8	65	205	160	22	8	M20	26	105	6	10	20	122	2	4.0	110	94
HG20592-2009IFG-63_9	80	215	170	22	8	M20	28	122	8	11	21	138	2	4.0	121	105
HG20592-2009IFG-63_10	100	250	200	26	8	M24	30	146	8	12	23	162	2	4.5	150	128
HG20592-2009IFG-63_11	125	295	240	30	8	M27	34	177	8	13	26	188	2	4.5	176	154
HG20592-2009IFG-63_12	150	345	280	33	8	M30	36	204	10	14	27	218	2	4.5	204	182
HG20592-2009IFG-63_13	200	415	345	36	12	M33	42	264	10	16	32	285	2	4.5	260	238
HG20592-2009IFG-63_14	250	470	400	36	12	M33	46	320	12	19	35	345	2	4.5	313	291
HG20592-2009IFG-63_15	300	530	460	36	16	M33	52	378	12	21	39	410	2	4.5	364	342
HG20592-2009IFG-63_16	350	600	525	39	16	M36×3	56	434	12	23	42	465	2	5.0	422	394
HG20592-2009IFG-63_17	400	670	585	42	16	M39×3	60	490	12	26	45	535	2	5.0	474	446

表 2-196　PN100 槽面（G）整体法兰尺寸　　单位：mm

标准件编号	DN	D	K	L	n(个)	螺栓Th	C	N	R	S_0	S_1	密封面				
												d	f_1	f_3	Y	Z
HG20592-2009IFG-100_1	10	100	70	14	4	M12	20	40	4	10	15	40	2	4.0	35	23

续表

标准件编号	DN	D	K	L	n(个)	螺栓Th	C	N	R	S_0	S_1	密封面				
												d	f_1	f_3	Y	Z
HG20592-2009IFG-100_2	15	105	75	14	4	M12	20	45	4	10	15	45	2	4.0	40	28
HG20592-2009IFG-100_3	20	130	90	18	4	M16	22	50	4	10	15	58	2	4.0	51	35
HG20592-2009IFG-100_4	25	140	100	18	4	M16	24	61	4	10	18	68	2	4.0	58	42
HG20592-2009IFG-100_5	32	155	110	22	4	M20	26	68	6	10	18	78	2	4.0	66	50
HG20592-2009IFG-100_6	40	170	125	22	4	M20	28	82	6	10	21	88	2	4.0	76	60
HG20592-2009IFG-100_7	50	195	145	26	4	M24	30	96	6	10	23	102	2	4.0	88	72
HG20592-2009IFG-100_8	65	220	170	26	8	M24	34	118	6	11	24	122	2	4.0	110	94
HG20592-2009IFG-100_9	80	230	180	26	8	M24	36	128	8	12	24	138	2	4.0	121	105
HG20592-2009IFG-100_10	100	265	210	30	8	M27	40	150	8	14	25	162	2	4.5	150	128
HG20592-2009IFG-100_11	125	315	250	33	8	M30	40	185	8	16	30	188	2	4.5	176	154
HG20592-2009IFG-100_12	150	355	290	33	12	M30	44	216	10	18	33	218	2	4.5	204	182
HG20592-2009IFG-100_13	200	430	360	36	12	M33	52	278	10	21	39	285	2	4.5	260	238
HG20592-2009IFG-100_14	250	505	430	39	12	M36×3	60	340	12	25	45	345	2	4.5	313	291
HG20592-2009IFG-100_15	300	585	500	42	16	M39×3	68	407	12	29	51	410	2	4.5	364	342
HG20592-2009IFG-100_16	350	655	560	48	16	M45×3	74	460	10	32	55	465	2	5.0	422	394
HG20592-2009IFG-100_17	400	715	620	48	16	M45×3	78	518	12	36	59	535	2	5.0	474	446

表 2-197 PN160 槽面（G）整体法兰尺寸 单位：mm

标准件编号	DN	D	K	L	n(个)	螺栓Th	C	N	R	S_0	S_1	密封面				
												d	f_1	f_3	Y	Z
HG20592-2009IFG-160_1	10	100	70	14	4	M12	20	40	4	10	15	40	2	4.0	35	23
HG20592-2009IFG-160_2	15	105	75	14	4	M12	26	45	4	10	15	45	2	4.0	40	28
HG20592-2009IFG-160_3	20	130	90	18	4	M16	24	50	4	10	15	58	2	4.0	51	35
HG20592-2009IFG-160_4	25	140	100	18	4	M16	24	61	4	10	18	68	2	4.0	58	42
HG20592-2009IFG-160_5	32	155	110	22	4	M20	28	68	4	10	18	78	2	4.0	66	50
HG20592-2009IFG-160_6	40	170	125	22	4	M20	28	82	4	10	21	88	2	4.0	76	60
HG20592-2009IFG-160_7	50	195	145	26	4	M24	30	96	4	10	23	102	2	4.0	88	72
HG20592-2009IFG-160_8	65	220	170	26	8	M24	34	118	5	11	24	122	2	4.0	110	94
HG20592-2009IFG-160_9	80	230	180	26	8	M24	36	128	5	12	24	138	2	4.0	121	105
HG20592-2009IFG-160_10	100	265	210	30	8	M27	40	150	5	14	25	162	2	4.5	150	128
HG20592-2009IFG-160_11	125	315	250	33	8	M30	44	184	6	16	29.5	188	2	4.5	176	154
HG20592-2009IFG-160_12	150	355	290	33	12	M30	50	224	6	18	37	218	2	4.5	204	182
HG20592-2009IFG-160_13	200	430	360	36	12	M33	60	288	8	21	44	285	2	4.5	260	238
HG20592-2009IFG-160_14	250	515	430	42	12	M39×3	68	346	8	31	48	345	2	4.5	313	291
HG20592-2009IFG-160_15	300	585	500	42	16	M39×3	78	414	10	46	57	410	2	4.5	364	342

6. 全平面（FF）整体法兰

全平面（RF）整体法兰根据公称压力可分为 PN6、PN10 和 PN16。法兰尺寸如表 2-198～表 2-200 所示。

表 2-198　PN6 全平面（FF）整体法兰尺寸　　单位：mm

标准件编号	DN	D	K	L	n(个)	螺栓Th	C	N	R	S_0	S_1
HG20592-2009IFFF-6_1	10	75	50	11	4	M10	12	20	4	3	5
HG20592-2009IFFF-6_2	15	80	55	11	4	M10	12	26	4	3	5.5
HG20592-2009IFFF-6_3	20	90	65	11	4	M10	14	34	4	3.5	7
HG20592-2009IFFF-6_4	25	100	75	11	4	M10	14	44	4	4	9.5
HG20592-2009IFFF-6_5	32	120	90	14	4	M12	14	54	6	4	11
HG20592-2009IFFF-6_6	40	130	100	14	4	M12	14	64	6	4.5	12
HG20592-2009IFFF-6_7	50	140	110	14	4	M12	14	74	6	5	12
HG20592-2009IFFF-6_8	65	160	130	14	4	M12	14	94	6	6	14.5
HG20592-2009IFFF-6_9	80	190	150	18	4	M16	16	110	8	7	15
HG20592-2009IFFF-6_10	100	210	170	18	4	M16	16	130	8	8	15
HG20592-2009IFFF-6_11	125	240	200	18	8	M16	18	160	8	9	17.5
HG20592-2009IFFF-6_12	150	265	225	18	8	M16	18	182	10	10	16
HG20592-2009IFFF-6_13	200	320	280	18	8	M16	20	238	10	11	19
HG20592-2009IFFF-6_14	250	375	335	18	12	M16	22	284	12	11	17
HG20592-2009IFFF-6_15	300	440	395	22	12	M20	22	342	12	12	21
HG20592-2009IFFF-6_16	350	490	445	22	12	M20	22	392	12	14	21
HG20592-2009IFFF-6_17	400	540	495	22	16	M20	22	442	12	15	21
HG20592-2009IFFF-6_18	450	595	550	22	16	M20	22	494	12	16	22
HG20592-2009IFFF-6_19	500	645	600	22	20	M20	24	544	12	16	22
HG20592-2009IFFF-6_20	600	755	705	26	20	M24	30	642	12	17	21
HG20592-2009IFFF-6_21	700	860	810	26	24	M24	24	746	12	17	23
HG20592-2009IFFF-6_22	800	975	920	30	24	M27	24	850	12	18	25
HG20592-2009IFFF-6_23	900	1075	1020	30	24	M27	26	950	12	18	25
HG20592-2009IFFF-6_24	1000	1175	1120	30	28	M27	26	1050	16	19	25
HG20592-2009IFFF-6_25	1200	1405	1340	33	32	M30	28	1264	16	20	32
HG20592-2009IFFF-6_26	1400	1630	1560	36	36	M33	32	1480	16	22	40
HG20592-2009IFFF-6_27	1600	1830	1760	36	40	M33	34	1680	16	24	40
HG20592-2009IFFF-6_28	1800	2045	1970	39	44	M36×3	36	1878	16	26	39
HG20592-2009IFFF-6_29	2000	2265	2180	42	48	M39×3	38	2082	16	28	41

表 2-199　PN10 全平面（FF）整体法兰尺寸　　单位：mm

标准件编号	DN	D	K	L	n(个)	螺栓Th	C	N	R	S_0	S_1
HG20592-2009IFFF-10_1	10	90	60	14	4	M12	16	28	4	6	10
HG20592-2009IFFF-10_2	15	95	65	14	4	M12	16	32	4	6	11
HG20592-2009IFFF-10_3	20	105	75	14	4	M12	18	40	4	6.5	12
HG20592-2009IFFF-10_4	25	115	85	14	4	M12	18	50	4	7	14
HG20592-2009IFFF-10_5	32	140	100	18	4	M16	18	60	6	7	14
HG20592-2009IFFF-10_6	40	150	110	18	4	M16	18	70	6	7.5	14
HG20592-2009IFFF-10_7	50	165	125	18	4	M16	18	84	5	8	15
HG20592-2009IFFF-10_8	65	185	145	18	8	M16	18	104	6	8	14
HG20592-2009IFFF-10_9	80	200	160	18	8	M16	20	120	6	8.5	15
HG20592-2009IFFF-10_10	100	220	180	18	8	M16	20	140	8	9.5	15
HG20592-2009IFFF-10_11	125	250	210	18	8	M16	22	170	8	10	17
HG20592-2009IFFF-10_12	150	285	240	22	8	M20	22	190	10	11	17
HG20592-2009IFFF-10_13	200	340	295	22	8	M20	24	246	10	12	23
HG20592-2009IFFF-10_14	250	395	350	22	12	M20	26	298	12	14	24
HG20592-2009IFFF-10_15	300	445	400	22	12	M20	26	348	12	15	24
HG20592-2009IFFF-10_16	350	505	460	22	16	M20	26	408	12	16	29
HG20592-2009IFFF-10_17	400	565	515	26	16	M24	26	456	12	18	28
HG20592-2009IFFF-10_18	450	615	565	26	20	M24	28	502	12	20	26
HG20592-2009IFFF-10_19	500	670	620	26	20	M24	28	559	12	21	29.5
HG20592-2009IFFF-10_20	600	780	725	30	20	M27	34	658	12	23	29
HG20592-2009IFFF-10_21	700	895	840	30	24	M27	34	772	12	24	36
HG20592-2009IFFF-10_22	800	1015	950	33	24	M30	36	876	12	26	38
HG20592-2009IFFF-10_23	900	1115	1050	33	28	M30	38	976	12	27	38
HG20592-2009IFFF-10_24	1000	1230	1160	36	28	M33	38	1080	16	29	40
HG20592-2009IFFF-10_25	1200	1455	1380	39	32	M36×3	44	1292	16	32	46
HG20592-2009IFFF-10_26	1400	1675	1590	42	36	M39×3	48	1496	16	34	48
HG20592-2009IFFF-10_27	1600	1915	1820	48	40	M45×3	52	1712	16	36	56
HG20592-2009IFFF-10_28	1800	2115	2020	48	44	M45×3	56	1910	16	39	55
HG20592-2009IFFF-10_29	2000	2325	2230	48	48	M45×3	60	2120	16	41	60

表 2-200　PN16 全平面（FF）整体法兰尺寸　　单位：mm

标准件编号	DN	D	K	L	n(个)	螺栓Th	C	N	R	S_0	S_1
HG20592-2009IFFF-16_1	10	90	60	14	4	M12	16	28	4	6	10
HG20592-2009IFFF-16_2	15	95	65	14	4	M12	16	32	4	6	11
HG20592-2009IFFF-16_3	20	105	75	14	4	M12	18	40	4	6.5	12

续表

标准件编号	DN	D	K	L	n(个)	螺栓Th	C	N	R	S_0	S_1
HG20592-2009IFFF-16_4	25	115	85	14	4	M12	18	50	4	7	14
HG20592-2009IFFF-16_5	32	140	100	18	4	M16	18	60	6	7	14
HG20592-2009IFFF-16_6	40	150	110	18	4	M16	18	70	6	7.5	14
HG20592-2009IFFF-16_7	50	165	125	18	4	M16	18	84	5	8	15
HG20592-2009IFFF-16_8	65	185	145	18	4	M16	18	104	6	8	14
HG20592-2009IFFF-16_9	80	200	160	18	8	M16	20	120	6	8.5	15
HG20592-2009IFFF-16_10	100	220	180	18	8	M16	20	140	8	9.5	15
HG20592-2009IFFF-16_11	125	250	210	18	8	M16	22	170	8	10	17
HG20592-2009IFFF-16_12	150	285	240	22	8	M20	22	190	10	11	17
HG20592-2009IFFF-16_13	200	340	295	22	12	M20	24	246	10	12	18
HG20592-2009IFFF-16_14	250	405	355	26	12	M24	26	296	12	14	20
HG20592-2009IFFF-16_15	300	460	410	26	12	M24	28	350	12	15	21
HG20592-2009IFFF-16_16	350	520	470	26	16	M24	30	410	12	16	23
HG20592-2009IFFF-16_17	400	580	525	30	16	M27	32	458	12	18	24
HG20592-2009IFFF-16_18	450	640	585	30	20	M27	40	516	12	20	27
HG20592-2009IFFF-16_19	500	715	650	33	20	M30	44	576	12	21	30
HG20592-2009IFFF-16_20	600	840	770	36	20	M33	54	690	12	23	30
HG20592-2009IFFF-16_21	700	910	840	36	24	M33	42	760	12	24	32
HG20592-2009IFFF-16_22	800	1025	950	39	24	M36×3	42	862	12	26	33
HG20592-2009IFFF-16_23	900	1125	1050	39	28	M36×3	44	962	12	27	35
HG20592-2009IFFF-16_24	1000	1255	1170	42	28	M39×3	46	1076	12	29	39
HG20592-2009IFFF-16_25	1200	1485	1390	48	32	M45×3	52	1282	16	32	44
HG20592-2009IFFF-16_26	1400	1685	1590	48	36	M45×3	58	1482	16	34	48
HG20592-2009IFFF-16_27	1600	1930	1820	56	40	M52×4	64	1696	16	36	51
HG20592-2009IFFF-16_28	1800	2130	2020	56	44	M52×4	68	1896	16	39	53
HG20592-2009IFFF-16_29	2000	2345	2230	62	48	M56×4	70	2100	16	41	56

7. 环连接面（RJ）整体法兰

环连接面（RJ）型整体法兰根据公称压力可分为 PN63、PN100 和 PN160。法兰尺寸如表 2-201～表 2-203 所示。

表 2-201　PN63 环连接面（RJ）整体法兰尺寸　　单位：mm

标准件编号	DN	D	K	L	n(个)	螺栓Th	C	N	R	S_0	S_1	密封面				
												d	P	E	F	r_0
HG20592-2009IFRJ-63_1	15	105	75	14	4	M12	20	45	4	10	15	55	35	6.5	9	0.8
HG20592-2009IFRJ-63_2	20	130	90	18	4	M16	22	50	4	10	15	68	45	6.5	9	0.8

续表

标准件编号	DN	D	K	L	n(个)	螺栓Th	C	N	R	S_0	S_1	密封面				
												d	P	E	F	r_0
HG20592-2009IFRJ-63_3	25	140	100	18	4	M16	24	61	4	10	18	78	50	6.5	9	0.8
HG20592-2009IFRJ-63_4	32	155	110	22	4	M20	26	68	6	10	18	86	65	6.5	9	0.8
HG20592-2009IFRJ-63_5	40	170	125	22	4	M20	28	82	6	10	21	102	75	6.5	9	0.8
HG20592-2009IFRJ-63_6	50	180	135	22	4	M20	26	90	6	10	20	112	85	8	12	0.8
HG20592-2009IFRJ-63_7	65	205	160	22	8	M20	26	105	6	10	20	136	110	8	12	0.8
HG20592-2009IFRJ-63_8	80	215	170	22	8	M20	28	122	8	11	21	146	115	8	12	0.8
HG20592-2009IFRJ-63_9	100	250	200	26	8	M24	30	146	8	12	23	172	145	8	12	0.8
HG20592-2009IFRJ-63_10	125	295	240	30	8	M27	34	177	8	13	26	208	175	8	12	0.8
HG20592-2009IFRJ-63_11	150	345	280	33	8	M30	36	204	10	14	27	245	205	8	12	0.8
HG20592-2009IFRJ-63_12	200	415	345	36	12	M33	42	264	10	16	32	306	265	8	12	0.8
HG20592-2009IFRJ-63_13	250	470	400	36	12	M33	46	320	12	19	35	362	320	8	12	0.8
HG20592-2009IFRJ-63_14	300	530	460	36	16	M33	52	378	12	21	39	422	375	8	12	0.8
HG20592-2009IFRJ-63_15	350	600	525	39	16	M36×3	56	434	12	23	42	475	420	8	12	0.8
HG20592-2009IFRJ-63_16	400	670	585	42	16	M39×3	60	490	12	26	45	540	480	8	12	0.8

表 2-202 PN100 环连接面（RJ）整体法兰尺寸 单位：mm

标准件编号	DN	D	K	L	n(个)	螺栓Th	C	N	R	S_0	S_1	密封面				
												d	P	E	F	r_0
HG20592-2009IFRJ-100_1	15	105	75	14	4	M12	20	45	4	10	15	55	35	6.5	9	0.8
HG20592-2009IFRJ-100_2	20	130	90	18	4	M16	22	50	4	10	15	68	45	6.5	9	0.8
HG20592-2009IFRJ-100_3	25	140	100	18	4	M16	24	61	4	10	18	78	50	6.5	9	0.8
HG20592-2009IFRJ-100_4	32	155	110	22	4	M20	26	68	6	10	18	86	65	6.5	9	0.8
HG20592-2009IFRJ-100_5	40	170	125	22	4	M20	28	82	6	10	21	102	75	6.5	9	0.8
HG20592-2009IFRJ-100_6	50	195	145	26	4	M24	30	96	6	10	23	116	85	8	12	0.8
HG20592-2009IFRJ-100_7	65	220	170	26	8	M24	34	118	6	11	24	140	110	8	12	0.8
HG20592-2009IFRJ-100_8	80	230	180	26	8	M24	36	128	8	12	24	150	115	8	12	0.8
HG20592-2009IFRJ-100_9	100	265	210	30	8	M27	40	150	8	14	25	176	145	8	12	0.8
HG20592-2009IFRJ-100_10	125	315	250	33	8	M30	40	185	8	16	30	212	175	8	12	0.8
HG20592-2009IFRJ-100_11	150	355	290	33	12	M30	44	216	10	18	33	250	205	8	12	0.8
HG20592-2009IFRJ-100_12	200	430	360	36	12	M33	52	278	10	21	39	312	265	8	12	0.8
HG20592-2009IFRJ-100_13	250	505	430	39	12	M36×3	60	340	12	25	45	376	320	8	12	0.8
HG20592-2009IFRJ-100_14	300	585	500	42	16	M39×3	68	407	12	29	51	448	375	8	12	0.8
HG20592-2009IFRJ-100_15	350	655	560	48	16	M45×3	74	460	10	32	55	505	420	11	17	0.8
HG20592-2009IFRJ-100_16	400	715	620	48	16	M45×3	78	518	12	36	59	565	480	11	17	0.8

表 2-203　PN160 环连接面（RJ）整体法兰尺寸　　单位：mm

标准件编号	DN	D	K	L	n(个)	螺栓Th	C	N	R	S_0	S_1	密封面				
												d	P	E	F	r_0
HG20592-2009IFRJ-160_1	15	105	75	14	4	M12	26	45	4	10	15	58	35	6.5	9	0.8
HG20592-2009IFRJ-160_2	20	130	90	18	4	M16	24	50	4	10	15	70	45	6.5	9	0.8
HG20592-2009IFRJ-160_3	25	140	100	18	4	M16	24	61	4	10	18	80	50	6.5	9	0.8
HG20592-2009IFRJ-160_4	32	155	110	22	4	M20	28	68	4	10	18	86	65	6.5	9	0.8
HG20592-2009IFRJ-160_5	40	170	125	22	4	M20	28	82	4	10	21	102	75	6.5	9	0.8
HG20592-2009IFRJ-160_6	50	195	145	26	4	M24	30	96	4	10	23	118	95	8	12	0.8
HG20592-2009IFRJ-160_7	65	220	170	26	8	M24	34	118	5	11	24	142	110	8	12	0.8
HG20592-2009IFRJ-160_8	80	230	180	26	8	M24	36	128	5	12	24	152	130	8	12	0.8
HG20592-2009IFRJ-160_9	100	265	210	30	8	M27	40	150	5	14	25	178	160	8	12	0.8
HG20592-2009IFRJ-160_10	125	315	250	33	8	M30	44	184	6	16	29.5	215	190	8	12	0.8
HG20592-2009IFRJ-160_11	150	355	290	33	12	M30	50	224	6	18	37	255	205	10	14	0.8
HG20592-2009IFRJ-160_12	200	430	360	36	12	M33	60	288	8	21	44	322	275	11	17	0.8
HG20592-2009IFRJ-160_13	250	515	430	42	12	M39×3	68	346	8	31	48	388	330	11	17	0.8
HG20592-2009IFRJ-160_14	300	585	500	42	16	M39×3	78	414	10	46	57	456	380	14	23	0.8

2.2.5　承插焊法兰（SW）

本标准规定了承插焊法兰（SW）（欧洲体系）的型式和尺寸。

本标准适用于公称压力 PN10～PN100 的承插焊法兰。

承插焊法兰的二维图形和三维图形如表 2-204 所示。

表 2-204　承插焊法兰

二维图形	三维图形

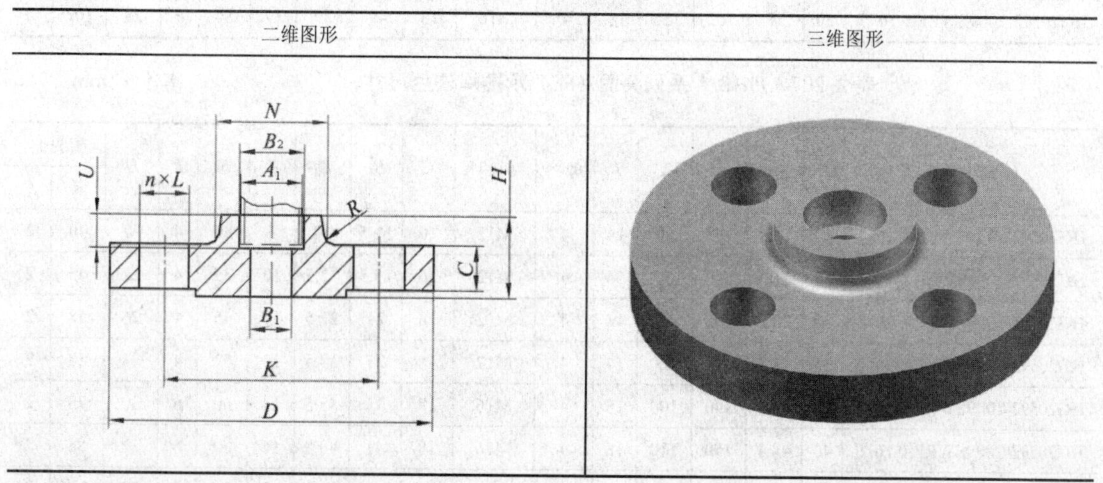

1. 突面（RF）承插焊法兰

突面（RF）承插焊法兰根据接口管可分为 A 系列（英制管）和 B 系列（公制管）。根据公称压力二者均可分为 PN10、PN16、PN25、PN40、PN63 和 PN100。A 系列（英制管）和 B 系列（公制管）法兰尺寸如表 2-205～表 2-216 所示。

表 2-205　PN10 A 系列突面（RF）承插焊法兰尺寸　单位：mm

标准件编号	DN	A_1	D	K	L	n(个)	螺栓Th	C	B_1	B_2	U	N	R	H	密封面	
															d	f_1
HG20592-2009SWRFA-10_1	10	17.2	90	60	14	4	M12	16	11.5	18	9	30	4	22	40	2
HG20592-2009SWRFA-10_2	15	21.3	95	65	14	4	M12	16	15.5	22.5	10	35	4	22	45	2
HG20592-2009SWRFA-10_3	20	26.9	105	75	14	4	M12	18	21	27.5	11	45	4	26	58	2
HG20592-2009SWRFA-10_4	25	33.7	115	85	14	4	M12	18	27	34.5	13	52	4	28	68	2
HG20592-2009SWRFA-10_5	32	42.4	140	100	18	4	M16	18	35	43.5	14	60	6	30	78	2
HG20592-2009SWRFA-10_6	40	48.3	150	110	18	4	M16	18	41	49.5	16	70	6	32	88	2
HG20592-2009SWRFA-10_7	50	60.3	165	125	18	4	M16	18	52	61.5	17	84	5	28	102	2

表 2-206　PN10 B 系列突面（RF）承插焊法兰尺寸　单位：mm

标准件编号	DN	A_1	D	K	L	n(个)	螺栓Th	C	B_1	B_2	U	N	R	H	密封面	
															d	f_1
HG20592-2009SWRFB-10_1	10	14	90	60	14	4	M12	16	9	15	9	30	4	22	40	2
HG20592-2009SWRFB-10_2	15	18	95	65	14	4	M12	16	12	19	10	35	4	22	45	2
HG20592-2009SWRFB-10_3	20	25	105	75	14	4	M12	18	19	26	11	45	4	26	58	2
HG20592-2009SWRFB-10_4	25	32	115	85	14	4	M12	18	26	33	13	52	4	28	68	2
HG20592-2009SWRFB-10_5	32	38	140	100	18	4	M16	18	30	39	14	60	6	30	78	2
HG20592-2009SWRFB-10_6	40	45	150	110	18	4	M16	18	37	46	16	70	6	32	88	2
HG20592-2009SWRFB-10_7	50	57	165	125	18	4	M16	18	49	59	17	84	5	28	102	2

表 2-207　PN16 A 系列突面（RF）承插焊法兰尺寸　单位：mm

标准件编号	DN	A_1	D	K	L	n(个)	螺栓Th	C	B_1	B_2	U	N	R	H	密封面	
															d	f_1
HG20592-2009SWRFA-16_1	10	17.2	90	60	14	4	M12	16	11.5	18	9	30	4	22	40	2
HG20592-2009SWRFA-16_2	15	21.3	95	65	14	4	M12	16	15.5	22.5	10	35	4	22	45	2
HG20592-2009SWRFA-16_3	20	26.9	105	75	14	4	M12	18	21	27.5	11	45	4	26	58	2
HG20592-2009SWRFA-16_4	25	33.7	115	85	14	4	M12	18	27	34.5	13	52	4	28	68	2
HG20592-2009SWRFA-16_5	32	42.4	140	100	18	4	M16	18	35	43.5	14	60	6	30	78	2
HG20592-2009SWRFA-16_6	40	48.3	150	110	18	4	M16	18	41	49.5	16	70	6	32	88	2
HG20592-2009SWRFA-16_7	50	60.3	165	125	18	4	M16	18	52	61.5	17	84	5	28	102	2

表 2-208　PN16 B系列突面（RF）承插焊法兰尺寸　　单位：mm

标准件编号	DN	A_1	D	K	L	n(个)	螺栓Th	C	B_1	B_2	U	N	R	H	密封面	
															d	f_1
HG20592-2009SWRFB-16_1	10	14	90	60	14	4	M12	16	9	15	9	30	4	22	40	2
HG20592-2009SWRFB-16_2	15	18	95	65	14	4	M12	16	12	19	10	35	4	22	45	2
HG20592-2009SWRFB-16_3	20	25	105	75	14	4	M12	18	19	26	11	45	4	26	58	2
HG20592-2009SWRFB-16_4	25	32	115	85	14	4	M12	18	26	33	13	52	4	28	68	2
HG20592-2009SWRFB-16_5	32	38	140	100	18	4	M16	18	30	39	14	60	6	30	78	2
HG20592-2009SWRFB-16_6	40	45	150	110	18	4	M16	18	37	46	16	70	6	32	88	2
HG20592-2009SWRFB-16_7	50	57	165	125	18	4	M16	18	49	59	17	84	5	28	102	2

表 2-209　PN25 A系列突面（RF）承插焊法兰尺寸　　单位：mm

标准件编号	DN	A_1	D	K	L	n(个)	螺栓Th	C	B_1	B_2	U	N	R	H	密封面	
															d	f_1
HG20592-2009SWRFA-25_1	10	17.2	90	60	14	4	M12	16	11.5	18	9	30	4	22	40	2
HG20592-2009SWRFA-25_2	15	21.3	95	65	14	4	M12	16	15.5	22.5	10	35	4	22	45	2
HG20592-2009SWRFA-25_3	20	26.9	105	75	14	4	M12	18	21	27.5	11	45	4	26	58	2
HG20592-2009SWRFA-25_4	25	33.7	115	85	14	4	M12	18	27	34.5	13	52	4	28	68	2
HG20592-2009SWRFA-25_5	32	42.4	140	100	18	4	M16	18	35	43.5	14	60	6	30	78	2
HG20592-2009SWRFA-25_6	40	48.3	150	110	18	4	M16	18	41	49.5	16	70	6	32	88	2
HG20592-2009SWRFA-25_7	50	60.3	165	125	18	4	M16	20	52	61.5	17	84	6	34	102	2

表 2-210　PN25 B系列突面（RF）承插焊法兰尺寸　　单位：mm

标准件编号	DN	A_1	D	K	L	n(个)	螺栓Th	C	B_1	B_2	U	N	R	H	密封面	
															d	f_1
HG20592-2009SWRFB-25_1	10	14	90	60	14	4	M12	16	9	15	9	30	4	22	40	2
HG20592-2009SWRFB-25_2	15	18	95	65	14	4	M12	16	12	19	10	35	4	22	45	2
HG20592-2009SWRFB-25_3	20	25	105	75	14	4	M12	18	19	26	11	45	4	26	58	2
HG20592-2009SWRFB-25_4	25	32	115	85	14	4	M12	18	26	33	13	52	4	28	68	2
HG20592-2009SWRFB-25_5	32	38	140	100	18	4	M16	18	30	39	14	60	6	30	78	2
HG20592-2009SWRFB-25_6	40	45	150	110	18	4	M16	18	37	46	16	70	6	32	88	2
HG20592-2009SWRFB-25_7	50	57	165	125	18	4	M16	20	49	59	17	84	6	34	102	2

表 2-211　PN40 A系列突面（RF）承插焊法兰尺寸　　单位：mm

标准件编号	DN	A_1	D	K	L	n(个)	螺栓Th	C	B_1	B_2	U	N	R	H	密封面	
															d	f_1
HG20592-2009SWRFA-40_1	10	17.2	90	60	14	4	M12	16	11.5	18	9	30	4	22	40	2

续表

标准件编号	DN	A_1	D	K	L	n(个)	螺栓Th	C	B_1	B_2	U	N	R	H	密封面	
															d	f_1
HG20592-2009SWRFA-40_2	15	21.3	95	65	14	4	M12	16	15.5	22.5	10	35	4	22	45	2
HG20592-2009SWRFA-40_3	20	26.9	105	75	14	4	M12	18	21	27.5	11	45	4	26	58	2
HG20592-2009SWRFA-40_4	25	33.7	115	85	14	4	M12	18	27	34.5	13	52	4	28	68	2
HG20592-2009SWRFA-40_5	32	42.4	140	100	18	4	M16	18	35	43.5	14	60	6	30	78	2
HG20592-2009SWRFA-40_6	40	48.3	150	110	18	4	M16	18	41	49.5	16	70	6	32	88	2
HG20592-2009SWRFA-40_7	50	60.3	165	125	18	4	M16	20	52	61.5	17	84	6	34	102	2

表 2-212　PN40 B 系列突面（RF）承插焊法兰尺寸　　单位：mm

标准件编号	DN	A_1	D	K	L	n(个)	螺栓Th	C	B_1	B_2	U	N	R	H	密封面	
															d	f_1
HG20592-2009SWRFB-40_1	10	14	90	60	14	4	M12	16	9	15	9	30	4	22	40	2
HG20592-2009SWRFB-40_2	15	18	95	65	14	4	M12	16	12	19	10	35	4	22	45	2
HG20592-2009SWRFB-40_3	20	25	105	75	14	4	M12	18	19	26	11	45	4	26	58	2
HG20592-2009SWRFB-40_4	25	32	115	85	14	4	M12	18	26	33	13	52	4	28	68	2
HG20592-2009SWRFB-40_5	32	38	140	100	18	4	M16	18	30	39	14	60	6	30	78	2
HG20592-2009SWRFB-40_6	40	45	150	110	18	4	M16	18	37	46	16	70	6	32	88	2
HG20592-2009SWRFB-40_7	50	57	165	125	18	4	M16	20	49	59	17	84	6	34	102	2

表 2-213　PN63 A 系列突面（RF）承插焊法兰尺寸　　单位：mm

标准件编号	DN	A_1	D	K	L	n(个)	螺栓Th	C	B_1	B_2	U	N	R	H	密封面	
															d	f_1
HG20592-2009SWRFA-63_1	10	17.2	100	70	14	4	M12	20	11.5	18	9	40	4	28	40	2
HG20592-2009SWRFA-63_2	15	21.3	105	75	14	4	M12	20	15.5	22.5	10	43	4	28	45	2
HG20592-2009SWRFA-63_3	20	26.9	130	90	18	4	M16	22	21	27.5	11	52	4	30	58	2
HG20592-2009SWRFA-63_4	25	33.7	140	100	18	4	M16	24	27	34.5	13	60	4	32	68	2
HG20592-2009SWRFA-63_5	32	42.4	155	110	22	4	M20	24	35	43.5	14	68	6	32	78	2
HG20592-2009SWRFA-63_6	40	48.3	170	125	22	4	M20	26	41	49.5	16	80	6	34	88	2
HG20592-2009SWRFA-63_7	50	60.3	180	135	22	4	M20	26	52	61.5	17	90	6	36	102	2

表 2-214　PN63 B 系列突面（RF）承插焊法兰尺寸　　单位：mm

标准件编号	DN	A_1	D	K	L	n(个)	螺栓Th	C	B_1	B_2	U	N	R	H	密封面	
															d	f_1
HG20592-2009SWRFB-63_1	10	14	100	70	14	4	M12	20	9	15	9	40	4	28	40	2
HG20592-2009SWRFB-63_2	15	18	105	75	14	4	M12	20	12	19	10	43	4	28	45	2

续表

标准件编号	DN	A_1	D	K	L	n(个)	螺栓Th	C	B_1	B_2	U	N	R	H	密封面	
															d	f_1
HG20592-2009SWRFB-63_3	20	25	130	90	18	4	M16	22	19	26	11	52	4	30	58	2
HG20592-2009SWRFB-63_4	25	32	140	100	18	4	M16	24	26	33	13	60	4	32	68	2
HG20592-2009SWRFB-63_5	32	38	155	110	22	4	M20	24	30	39	14	68	6	32	78	2
HG20592-2009SWRFB-63_6	40	45	170	125	22	4	M20	26	37	46	16	80	6	34	88	2
HG20592-2009SWRFB-63_7	50	57	180	135	22	4	M20	26	49	59	17	90	6	36	102	2

表 2-215 PN100 A 系列突面（RF）承插焊法兰尺寸 单位：mm

标准件编号	DN	A_1	D	K	L	n(个)	螺栓Th	C	B_1	B_2	U	N	R	H	密封面	
															d	f_1
HG20592-2009SWRFA-100_1	10	17.2	100	70	14	4	M12	20	11.5	18	9	40	4	26	40	2
HG20592-2009SWRFA-100_2	15	21.3	105	75	14	4	M12	20	15.5	22.5	10	43	4	28	45	2
HG20592-2009SWRFA-100_3	20	26.9	130	90	18	4	M16	22	21	27.5	11	52	4	30	58	2
HG20592-2009SWRFA-100_4	25	33.7	140	100	18	4	M16	24	27	34.5	13	60	4	32	68	2
HG20592-2009SWRFA-100_5	32	42.4	155	110	22	4	M20	24	35	43.5	14	68	6	32	78	2
HG20592-2009SWRFA-100_6	40	48.3	170	125	22	4	M20	26	41	49.5	16	80	6	34	88	2
HG20592-2009SWRFA-100_7	50	60.3	195	145	26	4	M24	28	52	61.5	17	95	6	36	102	2

表 2-216 PN100 B 系列突面（RF）承插焊法兰尺寸 单位：mm

标准件编号	DN	A_1	D	K	L	n(个)	螺栓Th	C	B_1	B_2	U	N	R	H	密封面	
															d	f_1
HG20592-2009SWRFB-100_1	10	14	100	70	14	4	M12	20	9	15	9	40	4	28	40	2
HG20592-2009SWRFB-100_2	15	18	105	75	14	4	M12	20	12	19	10	43	4	28	45	2
HG20592-2009SWRFB-100_3	20	25	130	90	18	4	M16	22	19	26	11	52	4	30	58	2
HG20592-2009SWRFB-100_4	25	32	140	100	18	4	M16	24	26	33	13	60	4	32	68	2
HG20592-2009SWRFB-100_5	32	38	155	110	22	4	M20	24	30	39	14	68	6	32	78	2
HG20592-2009SWRFB-100_6	40	45	170	125	22	4	M20	26	37	46	16	80	6	34	88	2
HG20592-2009SWRFB-100_7	50	57	195	145	26	4	M24	28	49	59	17	95	6	36	102	2

2. 凹面（FM）承插焊法兰

凹面（FM）承插焊法兰根据接口管可分为 A 系列（英制管）和 B 系列（公制管）。根据公称压力二者均可分为 PN10、PN16、PN25、PN40、PN63 和 PN100。A 系列（英制管）和 B 系列（公制管）法兰尺寸如表 2-217～表 2-228 所示。

表 2-217　PN10 A 系列凹面（FM）承插焊法兰尺寸　　单位：mm

标准件编号	DN	A_1	D	K	L	n(个)	螺栓 Th	C	B_1	B_2	U	N	R	H	密封面			
															d	f_1	f_3	Y
HG20592-2009SWFMA-10_1	10	17.2	90	60	14	4	M12	16	11.5	18	9	30	4	22	40	2	4.0	35
HG20592-2009SWFMA-10_2	15	21.3	95	65	14	4	M12	16	15.5	22.5	10	35	4	22	45	2	4.0	40
HG20592-2009SWFMA-10_3	20	26.9	105	75	14	4	M12	18	21	27.5	11	45	4	26	58	2	4.0	51
HG20592-2009SWFMA-10_4	25	33.7	115	85	14	4	M12	18	27	34.5	13	52	4	28	68	2	4.0	58
HG20592-2009SWFMA-10_5	32	42.4	140	100	18	4	M16	18	35	43.5	14	60	6	30	78	2	4.0	66
HG20592-2009SWFMA-10_6	40	48.3	150	110	18	4	M16	18	41	49.5	16	70	6	32	88	2	4.0	76
HG20592-2009SWFMA-10_7	50	60.3	165	125	18	4	M16	18	52	61.5	17	84	5	28	102	2	4.0	88

表 2-218　PN10 B 系列凹面（FM）承插焊法兰尺寸　　单位：mm

标准件编号	DN	A_1	D	K	L	n(个)	螺栓 Th	C	B_1	B_2	U	N	R	H	密封面			
															d	f_1	f_3	Y
HG20592-2009SWFMB-10_1	10	14	90	60	14	4	M12	16	9	15	9	30	4	22	40	2	4.0	35
HG20592-2009SWFMB-10_2	15	18	95	65	14	4	M12	16	12	19	10	35	4	22	45	2	4.0	40
HG20592-2009SWFMB-10_3	20	25	105	75	14	4	M12	18	19	26	11	45	4	26	58	2	4.0	51
HG20592-2009SWFMB-10_4	25	32	115	85	14	4	M12	18	26	33	13	52	4	28	68	2	4.0	58
HG20592-2009SWFMB-10_5	32	38	140	100	18	4	M16	18	30	39	14	60	6	30	78	2	4.0	66
HG20592-2009SWFMB-10_6	40	45	150	110	18	4	M16	18	37	46	16	70	6	32	88	2	4.0	76
HG20592-2009SWFMB-10_7	50	57	165	125	18	4	M16	18	49	59	17	84	5	28	102	2	4.0	88

表 2-219　PN16 A 系列凹面（FM）承插焊法兰尺寸　　单位：mm

标准件编号	DN	A_1	D	K	L	n(个)	螺栓 Th	C	B_1	B_2	U	N	R	H	密封面			
															d	f_1	f_3	Y
HG20592-2009SWFMA-16_1	10	17.2	90	60	14	4	M12	16	11.5	18	9	30	4	22	40	2	4.0	35
HG20592-2009SWFMA-16_2	15	21.3	95	65	14	4	M12	16	15.5	22.5	10	35	4	22	45	2	4.0	40
HG20592-2009SWFMA-16_3	20	26.9	105	75	14	4	M12	18	21	27.5	11	45	4	26	58	2	4.0	51
HG20592-2009SWFMA-16_4	25	33.7	115	85	14	4	M12	18	27	34.5	13	52	4	28	68	2	4.0	58
HG20592-2009SWFMA-16_5	32	42.4	140	100	18	4	M16	18	35	43.5	14	60	6	30	78	2	4.0	66
HG20592-2009SWFMA-16_6	40	48.3	150	110	18	4	M16	18	41	49.5	16	70	6	32	88	2	4.0	76
HG20592-2009SWFMA-16_7	50	60.3	165	125	18	4	M16	18	52	61.5	17	84	5	28	102	2	4.0	88

表 2-220　PN16 B 系列凹面（FM）承插焊法兰尺寸　　单位：mm

标准件编号	DN	A_1	D	K	L	n(个)	螺栓 Th	C	B_1	B_2	U	N	R	H	密封面			
															d	f_1	f_3	Y
HG20592-2009SWFMB-16_1	10	14	90	60	14	4	M12	16	9	15	9	30	4	22	40	2	4.0	35

续表

标准件编号	DN	A_1	D	K	L	n(个)	螺栓 Th	C	B_1	B_2	U	N	R	H	密封面			
															d	f_1	f_3	Y
HG20592-2009SWFMB-16_2	15	18	95	65	14	4	M12	16	12	19	10	35	4	22	45	2	4.0	40
HG20592-2009SWFMB-16_3	20	25	105	75	14	4	M12	18	19	26	11	45	4	26	58	2	4.0	51
HG20592-2009SWFMB-16_4	25	32	115	85	14	4	M12	18	26	33	13	52	4	28	68	2	4.0	58
HG20592-2009SWFMB-16_5	32	38	140	100	18	4	M16	18	30	39	14	60	6	30	78	2	4.0	66
HG20592-2009SWFMB-16_6	40	45	150	110	18	4	M16	18	37	46	16	70	6	32	88	2	4.0	76
HG20592-2009SWFMB-16_7	50	57	165	125	18	4	M16	18	49	59	17	84	5	28	102	2	4.0	88

表 2-221　PN25 A 系列凹面（FM）承插焊法兰尺寸　　单位：mm

标准件编号	DN	A_1	D	K	L	n(个)	螺栓 Th	C	B_1	B_2	U	N	R	H	密封面			
															d	f_1	f_3	Y
HG20592-2009SWFMA-25_1	10	17.2	90	60	14	4	M12	16	11.5	18	9	30	4	22	40	2	4.0	35
HG20592-2009SWFMA-25_2	15	21.3	95	65	14	4	M12	16	15.5	22.5	10	35	4	22	45	2	4.0	40
HG20592-2009SWFMA-25_3	20	26.9	105	75	14	4	M12	18	21	27.5	11	45	4	26	58	2	4.0	51
HG20592-2009SWFMA-25_4	25	33.7	115	85	14	4	M12	18	27	34.5	13	52	4	28	68	2	4.0	58
HG20592-2009SWFMA-25_5	32	42.4	140	100	18	4	M16	18	35	43.5	14	60	6	30	78	2	4.0	66
HG20592-2009SWFMA-25_6	40	48.3	150	110	18	4	M16	18	41	49.5	16	70	6	32	88	2	4.0	76
HG20592-2009SWFMA-25_7	50	60.3	165	125	18	4	M16	20	52	61.5	17	84	6	34	102	2	4.0	88

表 2-222　PN25 B 系列凹面（FM）承插焊法兰尺寸　　单位：mm

标准件编号	DN	A_1	D	K	L	n(个)	螺栓 Th	C	B_1	B_2	U	N	R	H	密封面			
															d	f_1	f_3	Y
HG20592-2009SWFMB-25_1	10	14	90	60	14	4	M12	16	9	15	9	30	4	22	40	2	4.0	35
HG20592-2009SWFMB-25_2	15	18	95	65	14	4	M12	16	12	19	10	35	4	22	45	2	4.0	40
HG20592-2009SWFMB-25_3	20	25	105	75	14	4	M12	18	19	26	11	45	4	26	58	2	4.0	51
HG20592-2009SWFMB-25_4	25	32	115	85	14	4	M12	18	26	33	13	52	4	28	68	2	4.0	58
HG20592-2009SWFMB-25_5	32	38	140	100	18	4	M16	18	30	39	14	60	6	30	78	2	4.0	66
HG20592-2009SWFMB-25_6	40	45	150	110	18	4	M16	18	37	46	16	70	6	32	88	2	4.0	76
HG20592-2009SWFMB-25_7	50	57	165	125	18	4	M16	20	49	59	17	84	6	34	102	2	4.0	88

表 2-223　PN40 A 系列凹面（FM）承插焊法兰尺寸　　单位：mm

标准件编号	DN	A_1	D	K	L	n(个)	螺栓 Th	C	B_1	B_2	U	N	R	H	密封面			
															d	f_1	f_3	Y
HG20592-2009SWFMA-40_1	10	17.2	90	60	14	4	M12	16	11.5	18	9	30	4	22	40	2	4.0	35
HG20592-2009SWFMA-40_2	15	21.3	95	65	14	4	M12	16	15.5	22.5	10	35	4	22	45	2	4.0	40

续表

标准件编号	DN	A_1	D	K	L	n(个)	螺栓 Th	C	B_1	B_2	U	N	R	H	密封面			
															d	f_1	f_3	Y
HG20592-2009SWFMA-40_3	20	26.9	105	75	14	4	M12	18	21	27.5	11	45	4	26	58	2	4.0	51
HG20592-2009SWFMA-40_4	25	33.7	115	85	14	4	M12	18	27	34.5	13	52	4	28	68	2	4.0	58
HG20592-2009SWFMA-40_5	32	42.4	140	100	18	4	M16	18	35	43.5	14	60	6	30	78	2	4.0	66
HG20592-2009SWFMA-40_6	40	48.3	150	110	18	4	M16	18	41	49.5	16	70	6	32	88	2	4.0	76
HG20592-2009SWFMA-40_7	50	60.3	165	125	18	4	M16	20	52	61.5	17	84	6	34	102	2	4.0	88

表 2-224 PN40 B 系列凹面（FM）承插焊法兰尺寸 单位：mm

标准件编号	DN	A_1	D	K	L	n(个)	螺栓 Th	C	B_1	B_2	U	N	R	H	密封面			
															d	f_1	f_3	Y
HG20592-2009SWFMB-40_1	10	14	90	60	14	4	M12	16	9	15	9	30	4	22	40	2	4.0	35
HG20592-2009SWFMB-40_2	15	18	95	65	14	4	M12	16	12	19	10	35	4	22	45	2	4.0	40
HG20592-2009SWFMB-40_3	20	25	105	75	14	4	M12	18	19	26	11	45	4	26	58	2	4.0	51
HG20592-2009SWFMB-40_4	25	32	115	85	14	4	M12	18	26	33	13	52	4	28	68	2	4.0	58
HG20592-2009SWFMB-40_5	32	38	140	100	18	4	M16	18	30	39	14	60	6	30	78	2	4.0	66
HG20592-2009SWFMB-40_6	40	45	150	110	18	4	M16	18	37	46	16	70	6	32	88	2	4.0	76
HG20592-2009SWFMB-40_7	50	57	165	125	18	4	M16	20	49	59	17	84	6	34	102	2	4.0	88

表 2-225 PN63 A 系列凹面（FM）承插焊法兰尺寸 单位：mm

标准件编号	DN	A_1	D	K	L	n(个)	螺栓 Th	C	B_1	B_2	U	N	R	H	密封面			
															d	f_1	f_3	Y
HG20592-2009SWFMA-63_1	10	17.2	100	70	14	4	M12	20	11.5	18	9	40	4	28	40	2	4.0	35
HG20592-2009SWFMA-63_2	15	21.3	105	75	14	4	M12	20	15.5	22.5	10	43	4	28	45	2	4.0	40
HG20592-2009SWFMA-63_3	20	26.9	130	90	18	4	M16	22	21	27.5	11	52	4	30	58	2	4.0	51
HG20592-2009SWFMA-63_4	25	33.7	140	100	18	4	M16	24	27	34.5	13	60	4	32	68	2	4.0	58
HG20592-2009SWFMA-63_5	32	42.4	155	110	22	4	M20	24	35	43.5	14	68	6	32	78	2	4.0	66
HG20592-2009SWFMA-63_6	40	48.3	170	125	22	4	M20	26	41	49.5	16	80	6	34	88	2	4.0	76
HG20592-2009SWFMA-63_7	50	60.3	180	135	22	4	M20	26	52	61.5	17	90	6	36	102	2	4.0	88

表 2-226 PN63 B 系列凹面（FM）承插焊法兰尺寸 单位：mm

标准件编号	DN	A_1	D	K	L	n(个)	螺栓 Th	C	B_1	B_2	U	N	R	H	密封面			
															d	f_1	f_3	Y
HG20592-2009SWFMB-63_1	10	14	100	70	14	4	M12	20	9	15	9	40	4	28	40	2	4.0	35
HG20592-2009SWFMB-63_2	15	18	105	75	14	4	M12	20	12	19	10	43	4	28	45	2	4.0	40
HG20592-2009SWFMB-63_3	20	25	130	90	18	4	M16	22	19	26	11	52	4	30	58	2	4.0	51

续表

标准件编号	DN	A_1	D	K	L	n(个)	螺栓 Th	C	B_1	B_2	U	N	R	H	密封面			
															d	f_1	f_3	Y
HG20592-2009SWFMB-63_4	25	32	140	100	18	4	M16	24	26	33	13	60	4	32	68	2	4.0	58
HG20592-2009SWFMB-63_5	32	38	155	110	22	4	M20	24	30	39	14	68	6	32	78	2	4.0	66
HG20592-2009SWFMB-63_6	40	45	170	125	22	4	M20	26	37	46	16	80	6	34	88	2	4.0	76
HG20592-2009SWFMB-63_7	50	57	180	135	22	4	M20	26	49	59	17	90	6	36	102	2	4.0	88

表 2-227　PN100 A 系列凹面（FM）承插焊法兰尺寸　　单位：mm

标准件编号	DN	A_1	D	K	L	n(个)	螺栓 Th	C	B_1	B_2	U	N	R	H	密封面			
															d	f_1	f_3	Y
HG20592-2009SWFMA-100_1	10	17.2	100	70	14	4	M12	20	11.5	18	9	40	4	26	40	2	4.0	35
HG20592-2009SWFMA-100_2	15	21.3	105	75	14	4	M12	20	15.5	22.5	10	43	4	28	45	2	4.0	40
HG20592-2009SWFMA-100_3	20	26.9	130	90	18	4	M16	22	21	27.5	11	52	4	30	58	2	4.0	51
HG20592-2009SWFMA-100_4	25	33.7	140	100	18	4	M16	24	27	34.5	13	60	4	32	68	2	4.0	58
HG20592-2009SWFMA-100_5	32	42.4	155	110	22	4	M20	24	35	43.5	14	68	6	32	78	2	4.0	66
HG20592-2009SWFMA-100_6	40	48.3	170	125	22	4	M20	26	41	49.5	16	80	6	34	88	2	4.0	76
HG20592-2009SWFMA-100_7	50	60.3	195	145	26	4	M24	28	52	61.5	17	95	6	36	102	2	4.0	88

表 2-228　PN100 B 系列凹面（FM）承插焊法兰尺寸　　单位：mm

标准件编号	DN	A_1	D	K	L	n(个)	螺栓 Th	C	B_1	B_2	U	N	R	H	密封面			
															d	f_1	f_3	Y
HG20592-2009SWFMB-100_1	10	14	100	70	14	4	M12	20	9	15	9	40	4	28	40	2	4.0	35
HG20592-2009SWFMB-100_2	15	18	105	75	14	4	M12	20	12	19	10	43	4	28	45	2	4.0	40
HG20592-2009SWFMB-100_3	20	25	130	90	18	4	M16	22	19	26	11	52	4	30	58	2	4.0	51
HG20592-2009SWFMB-100_4	25	32	140	100	18	4	M16	24	26	33	13	60	4	32	68	2	4.0	58
HG20592-2009SWFMB-100_5	32	38	155	110	22	4	M20	24	30	39	14	68	6	32	78	2	4.0	66
HG20592-2009SWFMB-100_6	40	45	170	125	22	4	M20	26	37	46	16	80	6	34	88	2	4.0	76
HG20592-2009SWFMB-100_7	50	57	195	145	26	4	M24	28	49	59	17	95	6	36	102	2	4.0	88

3. 凸面（M）承插焊法兰

凸面（M）承插焊法兰根据接口管可分为 A 系列（英制管）和 B 系列（公制管）。根据公称压力二者均可分为 PN10、PN16、PN25、PN40、PN63 和 PN100。A 系列（英制管）和 B 系列（公制管）法兰尺寸如表 2-229～表 2-240 所示。

表 2-229　PN10 A 系列凸面（M）承插焊法兰尺寸　　单位：mm

标准件编号	DN	A_1	D	K	L	n(个)	螺栓 Th	C	B_1	B_2	U	N	R	H	密封面	
															f_2	X
HG20592-2009SWMA-10_1	10	17.2	90	60	14	4	M12	16	11.5	18	9	30	4	22	4.5	34
HG20592-2009SWMA-10_2	15	21.3	95	65	14	4	M12	16	15.5	22.5	10	35	4	22	4.5	39
HG20592-2009SWMA-10_3	20	26.9	105	75	14	4	M12	18	21	27.5	11	45	4	26	4.5	50
HG20592-2009SWMA-10_4	25	33.7	115	85	14	4	M12	18	27	34.5	13	52	4	28	4.5	57
HG20592-2009SWMA-10_5	32	42.4	140	100	18	4	M16	18	35	43.5	14	60	6	30	4.5	65
HG20592-2009SWMA-10_6	40	48.3	150	110	18	4	M16	18	41	49.5	16	70	6	32	4.5	75
HG20592-2009SWMA-10_7	50	60.3	165	125	18	4	M16	18	52	61.5	17	84	5	28	4.5	87

表 2-230　PN10 B 系列凸面（M）承插焊法兰尺寸　　单位：mm

标准件编号	DN	A_1	D	K	L	n(个)	螺栓 Th	C	B_1	B_2	U	N	R	H	密封面	
															f_2	X
HG20592-2009SWMB-10_1	10	14	90	60	14	4	M12	16	9	15	9	30	4	22	4.5	34
HG20592-2009SWMB-10_2	15	18	95	65	14	4	M12	16	12	19	10	35	4	22	4.5	39
HG20592-2009SWMB-10_3	20	25	105	75	14	4	M12	18	19	26	11	45	4	26	4.5	50
HG20592-2009SWMB-10_4	25	32	115	85	14	4	M12	18	26	33	13	52	4	28	4.5	57
HG20592-2009SWMB-10_5	32	38	140	100	18	4	M16	18	30	39	14	60	6	30	4.5	65
HG20592-2009SWMB-10_6	40	45	150	110	18	4	M16	18	37	46	16	70	6	32	4.5	75
HG20592-2009SWMB-10_7	50	57	165	125	18	4	M16	18	49	59	17	84	5	28	4.5	87

表 2-231　PN16 A 系列凸面（M）承插焊法兰尺寸　　单位：mm

标准件编号	DN	A_1	D	K	L	n(个)	螺栓 Th	C	B_1	B_2	U	N	R	H	密封面	
															f_2	X
HG20592-2009SWMA-16_1	10	17.2	90	60	14	4	M12	16	11.5	18	9	30	4	22	4.5	34
HG20592-2009SWMA-16_2	15	21.3	95	65	14	4	M12	16	15.5	22.5	10	35	4	22	4.5	39
HG20592-2009SWMA-16_3	20	26.9	105	75	14	4	M12	18	21	27.5	11	45	4	26	4.5	50
HG20592-2009SWMA-16_4	25	33.7	115	85	14	4	M12	18	27	34.5	13	52	4	28	4.5	57
HG20592-2009SWMA-16_5	32	42.4	140	100	18	4	M16	18	35	43.5	14	60	6	30	4.5	65
HG20592-2009SWMA-16_6	40	48.3	150	110	18	4	M16	18	41	49.5	16	70	6	32	4.5	75
HG20592-2009SWMA-16_7	50	60.3	165	125	18	4	M16	18	52	61.5	17	84	5	28	4.5	87

表 2-232　PN16 B 系列凸面（M）承插焊法兰尺寸　　单位：mm

标准件编号	DN	A_1	D	K	L	n(个)	螺栓 Th	C	B_1	B_2	U	N	R	H	密封面	
															f_2	X
HG20592-2009SWMB-16_1	10	14	90	60	14	4	M12	16	9	15	9	30	4	22	4.5	34

续表

标准件编号	DN	A_1	D	K	L	n(个)	螺栓 Th	C	B_1	B_2	U	N	R	H	密封面	
															f_2	X
HG20592-2009SWMB-16_2	15	18	95	65	14	4	M12	16	12	19	10	35	4	22	4.5	39
HG20592-2009SWMB-16_3	20	25	105	75	14	4	M12	18	19	26	11	45	4	26	4.5	50
HG20592-2009SWMB-16_4	25	32	115	85	14	4	M12	18	26	33	13	52	4	28	4.5	57
HG20592-2009SWMB-16_5	32	38	140	100	18	4	M16	18	30	39	14	60	6	30	4.5	65
HG20592-2009SWMB-16_6	40	45	150	110	18	4	M16	18	37	46	16	70	6	32	4.5	75
HG20592-2009SWMB-16_7	50	57	165	125	18	4	M16	18	49	59	17	84	5	28	4.5	87

表 2-233　PN25 A 系列凸面（M）承插焊法兰尺寸　　单位：mm

标准件编号	DN	A_1	D	K	L	n(个)	螺栓 Th	C	B_1	B_2	U	N	R	H	密封面	
															f_2	X
HG20592-2009SWMA-25_1	10	17.2	90	60	14	4	M12	16	11.5	18	9	30	4	22	4.5	34
HG20592-2009SWMA-25_2	15	21.3	95	65	14	4	M12	16	15.5	22.5	10	35	4	22	4.5	39
HG20592-2009SWMA-25_3	20	26.9	105	75	14	4	M12	18	21	27.5	11	45	4	26	4.5	50
HG20592-2009SWMA-25_4	25	33.7	115	85	14	4	M12	18	27	34.5	13	52	4	28	4.5	57
HG20592-2009SWMA-25_5	32	42.4	140	100	18	4	M16	18	35	43.5	14	60	6	30	4.5	65
HG20592-2009SWMA-25_6	40	48.3	150	110	18	4	M16	18	41	49.5	16	70	6	32	4.5	75
HG20592-2009SWMA-25_7	50	60.3	165	125	18	4	M16	20	52	61.5	17	84	6	34	4.5	87

表 2-234　PN25 B 系列凸面（M）承插焊法兰尺寸　　单位：mm

标准件编号	DN	A_1	D	K	L	n(个)	螺栓 Th	C	B_1	B_2	U	N	R	H	密封面	
															f_2	X
HG20592-2009SWMB-25_1	10	14	90	60	14	4	M12	16	9	15	9	30	4	22	4.5	34
HG20592-2009SWMB-25_2	15	18	95	65	14	4	M12	16	12	19	10	35	4	22	4.5	39
HG20592-2009SWMB-25_3	20	25	105	75	14	4	M12	18	19	26	11	45	4	26	4.5	50
HG20592-2009SWMB-25_4	25	32	115	85	14	4	M12	18	26	33	13	52	4	28	4.5	57
HG20592-2009SWMB-25_5	32	38	140	100	18	4	M16	18	30	39	14	60	6	30	4.5	65
HG20592-2009SWMB-25_6	40	45	150	110	18	4	M16	18	37	46	16	70	6	32	4.5	75
HG20592-2009SWMB-25_7	50	57	165	125	18	4	M16	20	49	59	17	84	6	34	4.5	87

表 2-235　PN40 A 系列凸面（M）承插焊法兰尺寸　　单位：mm

标准件编号	DN	A_1	D	K	L	n(个)	螺栓 Th	C	B_1	B_2	U	N	R	H	密封面	
															f_2	X
HG20592-2009SWMA-40_1	10	17.2	90	60	14	4	M12	16	11.5	18	9	30	4	22	4.5	34
HG20592-2009SWMA-40_2	15	21.3	95	65	14	4	M12	16	15.5	22.5	10	35	4	22	4.5	39

续表

标准件编号	DN	A_1	D	K	L	n(个)	螺栓 Th	C	B_1	B_2	U	N	R	H	密封面	
															f_2	X
HG20592-2009SWMA-40_3	20	26.9	105	75	14	4	M12	18	21	27.5	11	45	4	26	4.5	50
HG20592-2009SWMA-40_4	25	33.7	115	85	14	4	M12	18	27	34.5	13	52	4	28	4.5	57
HG20592-2009SWMA-40_5	32	42.4	140	100	18	4	M16	18	35	43.5	14	60	6	30	4.5	65
HG20592-2009SWMA-40_6	40	48.3	150	110	18	4	M16	18	41	49.5	16	70	6	32	4.5	75
HG20592-2009SWMA-40_7	50	60.3	165	125	18	4	M16	20	52	61.5	17	84	6	34	4.5	87

表 2-236 PN40 B 系列凸面（M）承插焊法兰尺寸 单位：mm

标准件编号	DN	A_1	D	K	L	n(个)	螺栓 Th	C	B_1	B_2	U	N	R	H	密封面	
															f_2	X
HG20592-2009SWMB-40_1	10	14	90	60	14	4	M12	16	9	15	9	30	4	22	4.5	34
HG20592-2009SWMB-40_2	15	18	95	65	14	4	M12	16	12	19	10	35	4	22	4.5	39
HG20592-2009SWMB-40_3	20	25	105	75	14	4	M12	18	19	26	11	45	4	26	4.5	50
HG20592-2009SWMB-40_4	25	32	115	85	14	4	M12	18	26	33	13	52	4	28	4.5	57
HG20592-2009SWMB-40_5	32	38	140	100	18	4	M16	18	30	39	14	60	6	30	4.5	65
HG20592-2009SWMB-40_6	40	45	150	110	18	4	M16	18	37	46	16	70	6	32	4.5	75
HG20592-2009SWMB-40_7	50	57	165	125	18	4	M16	20	49	59	17	84	6	34	4.5	87

表 2-237 PN63 A 系列凸面（M）承插焊法兰尺寸 单位：mm

标准件编号	DN	A_1	D	K	L	n(个)	螺栓 Th	C	B_1	B_2	U	N	R	H	密封面	
															f_2	X
HG20592-2009SWMA-63_1	10	17.2	100	70	14	4	M12	20	11.5	18	9	40	4	28	4.5	34
HG20592-2009SWMA-63_2	15	21.3	105	75	14	4	M12	20	15.5	22.5	10	43	4	28	4.5	39
HG20592-2009SWMA-63_3	20	26.9	130	90	18	4	M16	22	21	27.5	11	52	4	30	4.5	50
HG20592-2009SWMA-63_4	25	33.7	140	100	18	4	M16	24	27	34.5	13	60	4	32	4.5	57
HG20592-2009SWMA-63_5	32	42.4	155	110	22	4	M20	24	35	43.5	14	68	6	32	4.5	65
HG20592-2009SWMA-63_6	40	48.3	170	125	22	4	M20	26	41	49.5	16	80	6	34	4.5	75
HG20592-2009SWMA-63_7	50	60.3	180	135	22	4	M20	26	52	61.5	17	90	6	36	4.5	87

表 2-238 PN63 B 系列凸面（M）承插焊法兰尺寸 单位：mm

标准件编号	DN	A_1	D	K	L	n(个)	螺栓 Th	C	B_1	B_2	U	N	R	H	密封面	
															f_2	X
HG20592-2009SWMB-63_1	10	14	100	70	14	4	M12	20	9	15	9	40	4	28	4.5	34
HG20592-2009SWMB-63_2	15	18	105	75	14	4	M12	20	12	19	10	43	4	28	4.5	39
HG20592-2009SWMB-63_3	20	25	130	90	18	4	M16	22	19	26	11	52	4	30	4.5	50
HG20592-2009SWMB-63_4	25	32	140	100	18	4	M16	24	26	33	13	60	4	32	4.5	57

续表

标准件编号	DN	A_1	D	K	L	n(个)	螺栓 Th	C	B_1	B_2	U	N	R	H	密封面	
															f_2	X
HG20592-2009SWMB-63_5	32	38	155	110	22	4	M20	24	30	39	14	68	6	32	4.5	65
HG20592-2009SWMB-63_6	40	45	170	125	22	4	M20	26	37	46	16	80	6	34	4.5	75
HG20592-2009SWMB-63_7	50	57	180	135	22	4	M20	26	49	59	17	90	6	36	4.5	87

表 2-239 PN100 A 系列凸面（M）承插焊法兰尺寸 单位：mm

标准件编号	DN	A_1	D	K	L	n(个)	螺栓 Th	C	B_1	B_2	U	N	R	H	密封面	
															f_2	X
HG20592-2009SWMA-100_1	10	17.2	100	70	14	4	M12	20	11.5	18	9	40	4	26	4.5	34
HG20592-2009SWMA-100_2	15	21.3	105	75	14	4	M12	20	15.5	22.5	10	43	4	28	4.5	39
HG20592-2009SWMA-100_3	20	26.9	130	90	18	4	M16	22	21	27.5	11	52	4	30	4.5	50
HG20592-2009SWMA-100_4	25	33.7	140	100	18	4	M16	24	27	34.5	13	60	4	32	4.5	57
HG20592-2009SWMA-100_5	32	42.4	155	110	22	4	M20	24	35	43.5	14	68	6	32	4.5	65
HG20592-2009SWMA-100_6	40	48.3	170	125	22	4	M20	26	41	49.5	16	80	6	34	4.5	75
HG20592-2009SWMA-100_7	50	60.3	195	145	26	4	M24	28	52	61.5	17	95	6	36	4.5	87

表 2-240 PN100 B 系列凸面（M）承插焊法兰尺寸 单位：mm

标准件编号	DN	A_1	D	K	L	n(个)	螺栓 Th	C	B_1	B_2	U	N	R	H	密封面	
															f_2	X
HG20592-2009SWMB-100_1	10	14	100	70	14	4	M12	20	9	15	9	40	4	28	4.5	34
HG20592-2009SWMB-100_2	15	18	105	75	14	4	M12	20	12	19	10	43	4	28	4.5	39
HG20592-2009SWMB-100_3	20	25	130	90	18	4	M16	22	19	26	11	52	4	30	4.5	50
HG20592-2009SWMB-100_4	25	32	140	100	18	4	M16	24	26	33	13	60	4	32	4.5	57
HG20592-2009SWMB-100_5	32	38	155	110	22	4	M20	24	30	39	14	68	6	32	4.5	65
HG20592-2009SWMB-100_6	40	45	170	125	22	4	M20	26	37	46	16	80	6	34	4.5	75
HG20592-2009SWMB-100_7	50	57	195	145	26	4	M24	28	49	59	17	95	6	36	4.5	87

4. 榫面（T）承插焊法兰

榫面（T）承插焊法兰根据接口管可分为 A 系列（英制管）和 B 系列（公制管）。根据公称压力二者均可分为 PN10、PN16、PN25、PN40、PN63 和 PN100。A 系列（英制管）和 B 系列（公制管）法兰尺寸如表 2-241～表 2-252 所示。

表 2-241 PN10 A 系列榫面（T）承插焊法兰尺寸 单位：mm

标准件编号	DN	A_1	D	K	L	n(个)	螺栓 Th	C	B_1	B_2	U	N	R	H	密封面		
															f_2	X	W
HG20592-2009SWTA-10_1	10	17.2	90	60	14	4	M12	16	11.5	18	9	30	4	22	4.5	34	24

续表

标准件编号	DN	A_1	D	K	L	n(个)	螺栓 Th	C	B_1	B_2	U	N	R	H	密封面		
															f_2	X	W
HG20592-2009SWTA-10_2	15	21.3	95	65	14	4	M12	16	15.5	22.5	10	35	4	22	4.5	39	29
HG20592-2009SWTA-10_3	20	26.9	105	75	14	4	M12	18	21	27.5	11	45	4	26	4.5	50	36
HG20592-2009SWTA-10_4	25	33.7	115	85	14	4	M12	18	27	34.5	13	52	4	28	4.5	57	43
HG20592-2009SWTA-10_5	32	42.4	140	100	18	4	M16	18	35	43.5	14	60	6	30	4.5	65	51
HG20592-2009SWTA-10_6	40	48.3	150	110	18	4	M16	18	41	49.5	16	70	6	32	4.5	75	61
HG20592-2009SWTA-10_7	50	60.3	165	125	18	4	M16	18	52	61.5	17	84	5	28	4.5	87	73

表 2-242　PN10 B 系列榫面（T）承插焊法兰尺寸　　单位：mm

标准件编号	DN	A_1	D	K	L	n(个)	螺栓 Th	C	B_1	B_2	U	N	R	H	密封面		
															f_2	X	W
HG20592-2009SWTB-10_1	10	14	90	60	14	4	M12	16	9	15	9	30	4	22	4.5	34	24
HG20592-2009SWTB-10_2	15	18	95	65	14	4	M12	16	12	19	10	35	4	22	4.5	39	29
HG20592-2009SWTB-10_3	20	25	105	75	14	4	M12	18	19	26	11	45	4	26	4.5	50	36
HG20592-2009SWTB-10_4	25	32	115	85	14	4	M12	18	26	33	13	52	4	28	4.5	57	43
HG20592-2009SWTB-10_5	32	38	140	100	18	4	M16	18	30	39	14	60	6	30	4.5	65	51
HG20592-2009SWTB-10_6	40	45	150	110	18	4	M16	18	37	46	16	70	6	32	4.5	75	61
HG20592-2009SWTB-10_7	50	57	165	125	18	4	M16	18	49	59	17	84	5	28	4.5	87	73

表 2-243　PN16 A 系列榫面（T）承插焊法兰尺寸　　单位：mm

标准件编号	DN	A_1	D	K	L	n(个)	螺栓 Th	C	B_1	B_2	U	N	R	H	密封面		
															f_2	X	W
HG20592-2009SWTA-16_1	10	17.2	90	60	14	4	M12	16	11.5	18	9	30	4	22	4.5	34	24
HG20592-2009SWTA-16_2	15	21.3	95	65	14	4	M12	16	15.5	22.5	10	35	4	22	4.5	39	29
HG20592-2009SWTA-16_3	20	26.9	105	75	14	4	M12	18	21	27.5	11	45	4	26	4.5	50	36
HG20592-2009SWTA-16_4	25	33.7	115	85	14	4	M12	18	27	34.5	13	52	4	28	4.5	57	43
HG20592-2009SWTA-16_5	32	42.4	140	100	18	4	M16	18	35	43.5	14	60	6	30	4.5	65	51
HG20592-2009SWTA-16_6	40	48.3	150	110	18	4	M16	18	41	49.5	16	70	6	32	4.5	75	61
HG20592-2009SWTA-16_7	50	60.3	165	125	18	4	M16	18	52	61.5	17	84	5	28	4.5	87	73

表 2-244　PN16 B 系列榫面（T）承插焊法兰尺寸　　单位：mm

标准件编号	DN	A_1	D	K	L	n(个)	螺栓 Th	C	B_1	B_2	U	N	R	H	密封面		
															f_2	X	W
HG20592-2009SWTA-16_1	10	17.2	90	60	14	4	M12	16	11.5	18	9	30	4	22	4.5	34	24
HG20592-2009SWTA-16_2	15	21.3	95	65	14	4	M12	16	15.5	22.5	10	35	4	22	4.5	39	29

续表

标准件编号	DN	A_1	D	K	L	n(个)	螺栓 Th	C	B_1	B_2	U	N	R	H	密封面		
															f_2	X	W
HG20592-2009SWTA-16_3	20	26.9	105	75	14	4	M12	18	21	27.5	11	45	4	26	4.5	50	36
HG20592-2009SWTA-16_4	25	33.7	115	85	14	4	M12	18	27	34.5	13	52	4	28	4.5	57	43
HG20592-2009SWTA-16_5	32	42.4	140	100	18	4	M16	18	35	43.5	14	60	6	30	4.5	65	51
HG20592-2009SWTA-16_6	40	48.3	150	110	18	4	M16	18	41	49.5	16	70	6	32	4.5	75	61
HG20592-2009SWTA-16_7	50	60.3	165	125	18	4	M16	18	52	61.5	17	84	5	28	4.5	87	73

表 2-245　PN25 A 系列榫面（T）承插焊法兰尺寸　　单位：mm

标准件编号	DN	A_1	D	K	L	n(个)	螺栓 Th	C	B_1	B_2	U	N	R	H	密封面		
															f_2	X	W
HG20592-2009SWTA-25_1	10	17.2	90	60	14	4	M12	16	11.5	18	9	30	4	22	4.5	34	24
HG20592-2009SWTA-25_2	15	21.3	95	65	14	4	M12	16	15.5	22.5	10	35	4	22	4.5	39	29
HG20592-2009SWTA-25_3	20	26.9	105	75	14	4	M12	18	21	27.5	11	45	4	26	4.5	50	36
HG20592-2009SWTA-25_4	25	33.7	115	85	14	4	M12	18	27	34.5	13	52	4	28	4.5	57	43
HG20592-2009SWTA-25_5	32	42.4	140	100	18	4	M16	18	35	43.5	14	60	6	30	4.5	65	51
HG20592-2009SWTA-25_6	40	48.3	150	110	18	4	M16	18	41	49.5	16	70	6	32	4.5	75	61
HG20592-2009SWTA-25_7	50	60.3	165	125	18	4	M16	20	52	61.5	17	84	6	34	4.5	87	73

表 2-246　PN25 B 系列榫面（T）承插焊法兰尺寸　　单位：mm

标准件编号	DN	A_1	D	K	L	n(个)	螺栓 Th	C	B_1	B_2	U	N	R	H	密封面		
															f_2	X	W
HG20592-2009SWTB-25_1	10	14	90	60	14	4	M12	16	9	15	9	30	4	22	4.5	34	24
HG20592-2009SWTB-25_2	15	18	95	65	14	4	M12	16	12	19	10	35	4	22	4.5	39	29
HG20592-2009SWTB-25_3	20	25	105	75	14	4	M12	18	19	26	11	45	4	26	4.5	50	36
HG20592-2009SWTB-25_4	25	32	115	85	14	4	M12	18	26	33	13	52	4	28	4.5	57	43
HG20592-2009SWTB-25_5	32	38	140	100	18	4	M16	18	30	39	14	60	6	30	4.5	65	51
HG20592-2009SWTB-25_6	40	45	150	110	18	4	M16	18	37	46	16	70	6	32	4.5	75	61
HG20592-2009SWTB-25_7	50	57	165	125	18	4	M16	20	49	59	17	84	6	34	4.5	87	73

表 2-247　PN40 A 系列榫面（T）承插焊法兰尺寸　　单位：mm

标准件编号	DN	A_1	D	K	L	n(个)	螺栓 Th	C	B_1	B_2	U	N	R	H	密封面		
															f_2	X	W
HG20592-2009SWTA-40_1	10	17.2	90	60	14	4	M12	16	11.5	18	9	30	4	22	4.5	34	24
HG20592-2009SWTA-40_2	15	21.3	95	65	14	4	M12	16	15.5	22.5	10	35	4	22	4.5	39	29
HG20592-2009SWTA-40_3	20	26.9	105	75	14	4	M12	18	21	27.5	11	45	4	26	4.5	50	36

续表

标准件编号	DN	A_1	D	K	L	n(个)	螺栓 Th	C	B_1	B_2	U	N	R	H	密封面		
															f_2	X	W
HG20592-2009SWTA-40_4	25	33.7	115	85	14	4	M12	18	27	34.5	13	52	4	28	4.5	57	43
HG20592-2009SWTA-40_5	32	42.4	140	100	18	4	M16	18	35	43.5	14	60	6	30	4.5	65	51
HG20592-2009SWTA-40_6	40	48.3	150	110	18	4	M16	18	41	49.5	16	70	6	32	4.5	75	61
HG20592-2009SWTA-40_7	50	60.3	165	125	18	4	M16	20	52	61.5	17	84	6	34	4.5	87	73

表 2-248　PN40 B 系列榫面（T）承插焊法兰尺寸　单位：mm

标准件编号	DN	A_1	D	K	L	n(个)	螺栓 Th	C	B_1	B_2	U	N	R	H	密封面		
															f_2	X	W
HG20592-2009SWTB-40_1	10	14	90	60	14	4	M12	16	9	15	9	30	4	22	4.5	34	24
HG20592-2009SWTB-40_2	15	18	95	65	14	4	M12	16	12	19	10	35	4	22	4.5	39	29
HG20592-2009SWTB-40_3	20	25	105	75	14	4	M12	18	19	26	11	45	4	26	4.5	50	36
HG20592-2009SWTB-40_4	25	32	115	85	14	4	M12	18	26	33	13	52	4	28	4.5	57	43
HG20592-2009SWTB-40_5	32	38	140	100	18	4	M16	18	30	39	14	60	6	30	4.5	65	51
HG20592-2009SWTB-40_6	40	45	150	110	18	4	M16	18	37	46	16	70	6	32	4.5	75	61
HG20592-2009SWTB-40_7	50	57	165	125	18	4	M16	20	49	59	17	84	6	34	4.5	87	73

表 2-249　PN63 A 系列榫面（T）承插焊法兰尺寸　单位：mm

标准件编号	DN	A_1	D	K	L	n(个)	螺栓 Th	C	B_1	B_2	U	N	R	H	密封面		
															f_2	X	W
HG20592-2009SWTA-63_1	10	17.2	100	70	14	4	M12	20	11.5	18	9	40	4	28	4.5	34	24
HG20592-2009SWTA-63_2	15	21.3	105	75	14	4	M12	20	15.5	22.5	10	43	4	28	4.5	39	29
HG20592-2009SWTA-63_3	20	26.9	130	90	18	4	M16	22	21	27.5	11	52	4	30	4.5	50	36
HG20592-2009SWTA-63_4	25	33.7	140	100	18	4	M16	24	27	34.5	13	60	4	32	4.5	57	43
HG20592-2009SWTA-63_5	32	42.4	155	110	22	4	M20	24	35	43.5	14	68	6	32	4.5	65	51
HG20592-2009SWTA-63_6	40	48.3	170	125	22	4	M20	26	41	49.5	16	80	6	34	4.5	75	61
HG20592-2009SWTA-63_7	50	60.3	180	135	22	4	M20	26	52	61.5	17	90	6	36	4.5	87	73

表 2-250　PN63 B 系列榫面（T）承插焊法兰尺寸　单位：mm

标准件编号	DN	A_1	D	K	L	n(个)	螺栓 Th	C	B_1	B_2	U	N	R	H	密封面		
															f_2	X	W
HG20592-2009SWTB-63_1	10	14	100	70	14	4	M12	20	9	15	9	40	4	28	4.5	34	24
HG20592-2009SWTB-63_2	15	18	105	75	14	4	M12	20	12	19	10	43	4	28	4.5	39	29
HG20592-2009SWTB-63_3	20	25	130	90	18	4	M16	22	19	26	11	52	4	30	4.5	50	36
HG20592-2009SWTB-63_4	25	32	140	100	18	4	M16	24	26	33	13	60	4	32	4.5	57	43

续表

标准件编号	DN	A_1	D	K	L	n(个)	螺栓 Th	C	B_1	B_2	U	N	R	H	密封面		
															f_2	X	W
HG20592-2009SWTB-63_5	32	38	155	110	22	4	M20	24	30	39	14	68	6	32	4.5	65	51
HG20592-2009SWTB-63_6	40	45	170	125	22	4	M20	26	37	46	16	80	6	34	4.5	75	61
HG20592-2009SWTB-63_7	50	57	180	135	22	4	M20	26	49	59	17	90	6	36	4.5	87	73

表 2-251 PN100 A 系列榫面（T）承插焊法兰尺寸 单位：mm

标准件编号	DN	A_1	D	K	L	n(个)	螺栓 Th	C	B_1	B_2	U	N	R	H	密封面		
															f_2	X	W
HG20592-2009SWTA-100_1	10	17.2	100	70	14	4	M12	20	11.5	18	9	40	4	26	4.5	34	24
HG20592-2009SWTA-100_2	15	21.3	105	75	14	4	M12	20	15.5	22.5	10	43	4	28	4.5	39	29
HG20592-2009SWTA-100_3	20	26.9	130	90	18	4	M16	22	21	27.5	11	52	4	30	4.5	50	36
HG20592-2009SWTA-100_4	25	33.7	140	100	18	4	M16	24	27	34.5	13	60	4	32	4.5	57	43
HG20592-2009SWTA-100_5	32	42.4	155	110	22	4	M20	24	35	43.5	14	68	6	32	4.5	65	51
HG20592-2009SWTA-100_6	40	48.3	170	125	22	4	M20	26	41	49.5	16	80	6	34	4.5	75	61
HG20592-2009SWTA-100_7	50	60.3	195	145	26	4	M24	28	52	61.5	17	95	6	36	4.5	87	73

表 2-252 PN100 B 系列榫面（T）承插焊法兰尺寸 单位：mm

标准件编号	DN	A_1	D	K	L	n(个)	螺栓 Th	C	B_1	B_2	U	N	R	H	密封面		
															f_2	X	W
HG20592-2009SWTB-100_1	10	14	100	70	14	4	M12	20	9	15	9	40	4	28	4.5	34	24
HG20592-2009SWTB-100_2	15	18	105	75	14	4	M12	20	12	19	10	43	4	28	4.5	39	29
HG20592-2009SWTB-100_3	20	25	130	90	18	4	M16	22	19	26	11	52	4	30	4.5	50	36
HG20592-2009SWTB-100_4	25	32	140	100	18	4	M16	24	26	33	13	60	4	32	4.5	57	43
HG20592-2009SWTB-100_5	32	38	155	110	22	4	M20	24	30	39	14	68	6	32	4.5	65	51
HG20592-2009SWTB-100_6	40	45	170	125	22	4	M20	26	37	46	16	80	6	34	4.5	75	61
HG20592-2009SWTB-100_7	50	57	195	145	26	4	M24	28	49	59	17	95	6	36	4.5	87	73

5．槽面（G）承插焊法兰

槽面（G）承插焊法兰根据接口管可分为 A 系列（英制管）和 B 系列（公制管）。根据公称压力二者均可分为 PN10、PN16、PN25、PN40、PN63 和 PN100。A 系列（英制管）和 B 系列（公制管）法兰尺寸如表 2-253～表 2-264 所示。

表 2-253 PN10 A 系列槽面（G）承插焊法兰尺寸 单位：mm

标准件编号	DN	A_1	D	K	L	n(个)	螺栓 Th	C	B_1	B_2	U	N	R	H	密封面				
															d	f_1	f_3	Y	Z
HG20592-2009SWGA-10_1	10	17.2	90	60	14	4	M12	16	11.5	18	9	30	4	22	40	2	4.0	35	23

续表

标准件编号	DN	A_1	D	K	L	n(个)	螺栓 Th	C	B_1	B_2	U	N	R	H	密封面				
															d	f_1	f_3	Y	Z
HG20592-2009SWGA-10_2	15	21.3	95	65	14	4	M12	16	15.5	22.5	10	35	4	22	45	2	4.0	40	28
HG20592-2009SWGA-10_3	20	26.9	105	75	14	4	M12	18	21	27.5	11	45	4	26	58	2	4.0	51	35
HG20592-2009SWGA-10_4	25	33.7	115	85	14	4	M12	18	27	34.5	13	52	4	28	68	2	4.0	58	42
HG20592-2009SWGA-10_5	32	42.4	140	100	18	4	M16	18	35	43.5	14	60	6	30	78	2	4.0	66	50
HG20592-2009SWGA-10_6	40	48.3	150	110	18	4	M16	18	41	49.5	16	70	6	32	88	2	4.0	76	60
HG20592-2009SWGA-10_7	50	60.3	165	125	18	4	M16	18	52	61.5	17	84	5	28	102	2	4.0	88	72

表 2-254 PN10 B 系列槽面（G）承插焊法兰尺寸 单位：mm

标准件编号	DN	A_1	D	K	L	n(个)	螺栓 Th	C	B_1	B_2	U	N	R	H	密封面				
															d	f_1	f_3	Y	Z
HG20592-2009SWGB-10_1	10	14	90	60	14	4	M12	16	9	15	9	30	4	22	40	2	4.0	35	23
HG20592-2009SWGB-10_2	15	18	95	65	14	4	M12	16	12	19	10	35	4	22	45	2	4.0	40	28
HG20592-2009SWGB-10_3	20	25	105	75	14	4	M12	18	19	26	11	45	4	26	58	2	4.0	51	35
HG20592-2009SWGB-10_4	25	32	115	85	14	4	M12	18	26	33	13	52	4	28	68	2	4.0	58	42
HG20592-2009SWGB-10_5	32	38	140	100	18	4	M16	18	30	39	14	60	6	30	78	2	4.0	66	50
HG20592-2009SWGB-10_6	40	45	150	110	18	4	M16	18	37	46	16	70	6	32	88	2	4.0	76	60
HG20592-2009SWGB-10_7	50	57	165	125	18	4	M16	18	49	59	17	84	5	28	102	2	4.0	88	72

表 2-255 PN16 A 系列槽面（G）承插焊法兰尺寸 单位：mm

标准件编号	DN	A_1	D	K	L	n(个)	螺栓 Th	C	B_1	B_2	U	N	R	H	密封面				
															d	f_1	f_3	Y	Z
HG20592-2009SWGA-16_1	10	17.2	90	60	14	4	M12	16	11.5	18	9	30	4	22	40	2	4.0	35	23
HG20592-2009SWGA-16_2	15	21.3	95	65	14	4	M12	16	15.5	22.5	10	35	4	22	45	2	4.0	40	28
HG20592-2009SWGA-16_3	20	26.9	105	75	14	4	M12	18	21	27.5	11	45	4	26	58	2	4.0	51	35
HG20592-2009SWGA-16_4	25	33.7	115	85	14	4	M12	18	27	34.5	13	52	4	28	68	2	4.0	58	42
HG20592-2009SWGA-16_5	32	42.4	140	100	18	4	M16	18	35	43.5	14	60	6	30	78	2	4.0	66	50
HG20592-2009SWGA-16_6	40	48.3	150	110	18	4	M16	18	41	49.5	16	70	6	32	88	2	4.0	76	60
HG20592-2009SWGA-16_7	50	60.3	165	125	18	4	M16	18	52	61.5	17	84	5	28	102	2	4.0	88	72

表 2-256 PN16 B 系列槽面（G）承插焊法兰尺寸 单位：mm

标准件编号	DN	A_1	D	K	L	n(个)	螺栓 Th	C	B_1	B_2	U	N	R	H	密封面				
															d	f_1	f_3	Y	Z
HG20592-2009SWGB-16_1	10	14	90	60	14	4	M12	16	9	15	9	30	4	22	40	2	4.0	35	23
HG20592-2009SWGB-16_2	15	18	95	65	14	4	M12	16	12	19	10	35	4	22	45	2	4.0	40	28

续表

标准件编号	DN	A_1	D	K	L	n(个)	螺栓Th	C	B_1	B_2	U	N	R	H	密封面				
															d	f_1	f_3	Y	Z
HG20592-2009SWGB-16_3	20	25	105	75	14	4	M12	18	19	26	11	45	4	26	58	2	4.0	51	35
HG20592-2009SWGB-16_4	25	32	115	85	14	4	M12	18	26	33	13	52	4	28	68	2	4.0	58	42
HG20592-2009SWGB-16_5	32	38	140	100	18	4	M16	18	30	39	14	60	6	30	78	2	4.0	66	50
HG20592-2009SWGB-16_6	40	45	150	110	18	4	M16	18	37	46	16	70	6	32	88	2	4.0	76	60
HG20592-2009SWGB-16_7	50	57	165	125	18	4	M16	18	49	59	17	84	5	28	102	2	4.0	88	72

表 2-257 PN25 A 系列槽面（G）承插焊法兰尺寸 单位：mm

标准件编号	DN	A_1	D	K	L	n(个)	螺栓Th	C	B_1	B_2	U	N	R	H	密封面				
															d	f_1	f_3	Y	Z
HG20592-2009SWGA-25_1	10	17.2	90	60	14	4	M12	16	11.5	18	9	30	4	22	40	2	4.0	35	23
HG20592-2009SWGA-25_2	15	21.3	95	65	14	4	M12	16	15.5	22.5	10	35	4	22	45	2	4.0	40	28
HG20592-2009SWGA-25_3	20	26.9	105	75	14	4	M12	18	21	27.5	11	45	4	26	58	2	4.0	51	35
HG20592-2009SWGA-25_4	25	33.7	115	85	14	4	M12	18	27	34.5	13	52	4	28	68	2	4.0	58	42
HG20592-2009SWGA-25_5	32	42.4	140	100	18	4	M16	18	35	43.5	14	60	6	30	78	2	4.0	66	50
HG20592-2009SWGA-25_6	40	48.3	150	110	18	4	M16	18	41	49.5	16	70	6	32	88	2	4.0	76	60
HG20592-2009SWGA-25_7	50	60.3	165	125	18	4	M16	20	52	61.5	17	84	6	34	102	2	4.0	88	72

表 2-258 PN25 B 系列槽面（G）承插焊法兰尺寸 单位：mm

标准件编号	DN	A_1	D	K	L	n(个)	螺栓Th	C	B_1	B_2	U	N	R	H	密封面				
															d	f_1	f_3	Y	Z
HG20592-2009SWGB-25_1	10	14	90	60	14	4	M12	16	9	15	9	30	4	22	40	2	4.0	35	23
HG20592-2009SWGB-25_2	15	18	95	65	14	4	M12	16	12	19	10	35	4	22	45	2	4.0	40	28
HG20592-2009SWGB-25_3	20	25	105	75	14	4	M12	18	19	26	11	45	4	26	58	2	4.0	51	35
HG20592-2009SWGB-25_4	25	32	115	85	14	4	M12	18	26	33	13	52	4	28	68	2	4.0	58	42
HG20592-2009SWGB-25_5	32	38	140	100	18	4	M16	18	30	39	14	60	6	30	78	2	4.0	66	50
HG20592-2009SWGB-25_6	40	45	150	110	18	4	M16	18	37	46	16	70	6	32	88	2	4.0	76	60
HG20592-2009SWGB-25_7	50	57	165	125	18	4	M16	20	49	59	17	84	6	34	102	2	4.0	88	72

表 2-259 PN40 A 系列槽面（G）承插焊法兰尺寸 单位：mm

标准件编号	DN	A_1	D	K	L	n(个)	螺栓Th	C	B_1	B_2	U	N	R	H	密封面				
															d	f_1	f_3	Y	Z
HG20592-2009SWGA-40_1	10	17.2	90	60	14	4	M12	16	11.5	18	9	30	4	22	40	2	4.0	35	23
HG20592-2009SWGA-40_2	15	21.3	95	65	14	4	M12	16	15.5	22.5	10	35	4	22	45	2	4.0	40	28
HG20592-2009SWGA-40_3	20	26.9	105	75	14	4	M12	18	21	27.5	11	45	4	26	58	2	4.0	51	35

续表

标准件编号	DN	A_1	D	K	L	n(个)	螺栓 Th	C	B_1	B_2	U	N	R	H	密封面				
															d	f_1	f_3	Y	Z
HG20592-2009SWGA-40_4	25	33.7	115	85	14	4	M12	18	27	34.5	13	52	4	28	68	2	4.0	58	42
HG20592-2009SWGA-40_5	32	42.4	140	100	18	4	M16	18	35	43.5	14	60	6	30	78	2	4.0	66	50
HG20592-2009SWGA-40_6	40	48.3	150	110	18	4	M16	18	41	49.5	16	70	6	32	88	2	4.0	76	60
HG20592-2009SWGA-40_7	50	60.3	165	125	18	4	M16	20	52	61.5	17	84	6	34	102	2	4.0	88	72

表 2-260 PN40 B 系列槽面（G）承插焊法兰尺寸

单位：mm

标准件编号	DN	A_1	D	K	L	n(个)	螺栓 Th	C	B_1	B_2	U	N	R	H	密封面				
															d	f_1	f_3	Y	Z
HG20592-2009SWGB-40_1	10	14	90	60	14	4	M12	16	9	15	9	30	4	22	40	2	4.0	35	23
HG20592-2009SWGB-40_2	15	18	95	65	14	4	M12	16	12	19	10	35	4	22	45	2	4.0	40	28
HG20592-2009SWGB-40_3	20	25	105	75	14	4	M12	18	19	26	11	45	4	26	58	2	4.0	51	35
HG20592-2009SWGB-40_4	25	32	115	85	14	4	M12	18	26	33	13	52	4	28	68	2	4.0	58	42
HG20592-2009SWGB-40_5	32	38	140	100	18	4	M16	18	30	39	14	60	6	30	78	2	4.0	66	50
HG20592-2009SWGB-40_6	40	45	150	110	18	4	M16	18	37	46	16	70	6	32	88	2	4.0	76	60
HG20592-2009SWGB-40_7	50	57	165	125	18	4	M16	20	49	59	17	84	6	34	102	2	4.0	88	72

表 2-261 PN63 A 系列槽面（G）承插焊法兰尺寸

单位：mm

标准件编号	DN	A_1	D	K	L	n(个)	螺栓 Th	C	B_1	B_2	U	N	R	H	密封面				
															d	f_1	f_3	Y	Z
HG20592-2009SWGA-63_1	10	17.2	100	70	14	4	M12	20	11.5	18	9	40	4	28	40	2	4.0	35	23
HG20592-2009SWGA-63_2	15	21.3	105	75	14	4	M12	20	15.5	22.5	10	43	4	28	45	2	4.0	40	28
HG20592-2009SWGA-63_3	20	26.9	130	90	18	4	M16	22	21	27.5	11	52	4	30	58	2	4.0	51	35
HG20592-2009SWGA-63_4	25	33.7	140	100	18	4	M16	24	27	34.5	13	60	4	32	68	2	4.0	58	42
HG20592-2009SWGA-63_5	32	42.4	155	110	22	4	M20	24	35	43.5	14	68	6	32	78	2	4.0	66	50
HG20592-2009SWGA-63_6	40	48.3	170	125	22	4	M20	26	41	49.5	16	80	6	34	88	2	4.0	76	60
HG20592-2009SWGA-63_7	50	60.3	180	135	22	4	M20	26	52	61.5	17	90	6	36	102	2	4.0	88	72

表 2-262 PN63 B 系列槽面（G）承插焊法兰尺寸

单位：mm

标准件编号	DN	A_1	D	K	L	n(个)	螺栓 Th	C	B_1	B_2	U	N	R	H	密封面				
															d	f_1	f_3	Y	Z
HG20592-2009SWGB-63_1	10	14	100	70	14	4	M12	20	9	15	9	40	4	28	40	2	4.0	35	23
HG20592-2009SWGB-63_2	15	18	105	75	14	4	M12	20	12	19	10	43	4	28	45	2	4.0	40	28
HG20592-2009SWGB-63_3	20	25	130	90	18	4	M16	22	19	26	11	52	4	30	58	2	4.0	51	35
HG20592-2009SWGB-63_4	25	32	140	100	18	4	M16	24	26	33	13	60	4	32	68	2	4.0	58	42

续表

标准件编号	DN	A_1	D	K	L	n(个)	螺栓 Th	C	B_1	B_2	U	N	R	H	密封面				
															d	f_1	f_3	Y	Z
HG20592-2009SWGB-63_5	32	38	155	110	22	4	M20	24	30	39	14	68	6	32	78	2	4.0	66	50
HG20592-2009SWGB-63_6	40	45	170	125	22	4	M20	26	37	46	16	80	6	34	88	2	4.0	76	60
HG20592-2009SWGB-63_7	50	57	180	135	22	4	M20	26	49	59	17	90	6	36	102	2	4.0	88	72

表 2-263 PN100 A 系列槽面（G）承插焊法兰尺寸　　单位：mm

标准件编号	DN	A_1	D	K	L	n(个)	螺栓 Th	C	B_1	B_2	U	N	R	H	密封面				
															d	f_1	f_3	Y	Z
HG20592-2009SWGA-100_1	10	17.2	100	70	14	4	M12	20	11.5	18	9	40	4	26	40	2	4.0	35	23
HG20592-2009SWGA-100_2	15	21.3	105	75	14	4	M12	20	15.5	22.5	10	43	4	28	45	2	4.0	40	28
HG20592-2009SWGA-100_3	20	26.9	130	90	18	4	M16	22	21	27.5	11	52	4	30	58	2	4.0	51	35
HG20592-2009SWGA-100_4	25	33.7	140	100	18	4	M16	24	27	34.5	13	60	4	32	68	2	4.0	58	42
HG20592-2009SWGA-100_5	32	42.4	155	110	22	4	M20	24	35	43.5	14	68	6	32	78	2	4.0	66	50
HG20592-2009SWGA-100_6	40	48.3	170	125	22	4	M20	26	41	49.5	16	80	6	34	88	2	4.0	76	60
HG20592-2009SWGA-100_7	50	60.3	195	145	26	4	M24	28	52	61.5	17	95	6	36	102	2	4.0	88	72

表 2-264 PN100 B 系列槽面（G）承插焊法兰尺寸　　单位：mm

标准件编号	DN	A_1	D	K	L	n(个)	螺栓 Th	C	B_1	B_2	U	N	R	H	密封面				
															d	f_1	f_3	Y	Z
HG20592-2009SWGB-100_1	10	14	100	70	14	4	M12	20	9	15	9	40	4	28	40	2	4.0	35	23
HG20592-2009SWGB-100_2	15	18	105	75	14	4	M12	20	12	19	10	43	4	28	45	2	4.0	40	28
HG20592-2009SWGB-100_3	20	25	130	90	18	4	M16	22	19	26	11	52	4	30	58	2	4.0	51	35
HG20592-2009SWGB-100_4	25	32	140	100	18	4	M16	24	26	33	13	60	4	32	68	2	4.0	58	42
HG20592-2009SWGB-100_5	32	38	155	110	22	4	M20	24	30	39	14	68	6	32	78	2	4.0	66	50
HG20592-2009SWGB-100_6	40	45	170	125	22	4	M20	26	37	46	16	80	6	34	88	2	4.0	76	60
HG20592-2009SWGB-100_7	50	57	195	145	26	4	M24	28	49	59	17	95	6	36	102	2	4.0	88	72

2.2.6 螺纹法兰（Th）

本标准规定了螺纹法兰（Th）（欧洲体系）的型式和尺寸。

本标准适用于公称压力 PN6～PN40 的螺纹法兰。

螺纹法兰的二维图形和三维图形如表 2-265 所示。

1. 突面（RF）螺纹法兰

突面（RF）螺纹法兰根据公称压力可分为 PN6、PN10、PN16、PN25 和 PN40。法兰尺寸如表 2-266～表 2-270 所示。

表 2-265　螺纹法兰

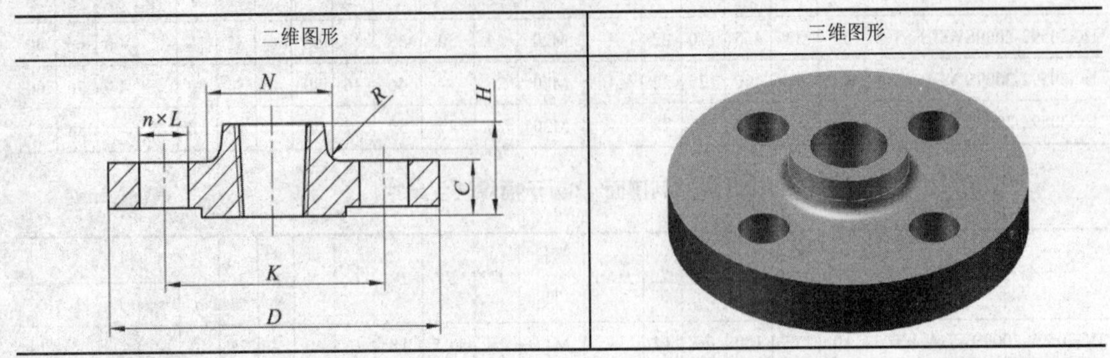

表 2-266　PN6 系列突面（RF）螺纹法兰尺寸　　单位：mm

标准件编号	DN	A	D	K	L	n(个)	螺栓 Th	C	N	R	H	管螺纹规格Rc、Rp或NPT（in）	密封面	
													d	f_1
HG20592-2009ThRF-6_1	10	17.2	75	50	11	4	M10	12	25	4	20	$^3/_8$	35	2
HG20592-2009ThRF-6_2	15	21.3	80	55	11	4	M10	12	30	4	20	$^1/_2$	40	2
HG20592-2009ThRF-6_3	20	26.9	90	65	11	4	M10	14	40	4	24	$^3/_4$	50	2
HG20592-2009ThRF-6_4	25	33.7	100	75	11	4	M10	14	50	4	24	1	60	2
HG20592-2009ThRF-6_5	32	42.4	120	90	14	4	M12	14	60	6	26	$1^1/_4$	70	2
HG20592-2009ThRF-6_6	40	48.3	130	100	14	4	M12	14	70	6	26	$1^1/_2$	80	2
HG20592-2009ThRF-6_7	50	60.3	140	110	14	4	M12	14	80	6	28	2	90	2
HG20592-2009ThRF-6_8	65	76.1	160	130	14	4	M12	14	100	6	32	$2^1/_2$	110	2
HG20592-2009ThRF-6_9	80	88.9	190	150	18	4	M16	16	110	8	34	3	128	2
HG20592-2009ThRF-6_10	100	114.3	210	170	18	4	M16	16	130	8	40	4	148	2
HG20592-2009ThRF-6_11	125	137.9	240	200	18	8	M16	18	160	8	44	5	178	2
HG20592-2009ThRF-6_12	150	168.3	265	225	18	8	M16	18	185	10	44	6	202	2

表 2-267　PN10 系列突面（RF）螺纹法兰尺寸　　单位：mm

标准件编号	DN	A	D	K	L	n(个)	螺栓 Th	C	N	R	H	管螺纹规格Rc、Rp或NPT（in）	密封面	
													d	f_1
HG20592-2009ThRF-10_1	10	17.2	90	60	14	4	M12	16	30	4	22	$^3/_8$	40	2
HG20592-2009ThRF-10_2	15	21.3	95	65	14	4	M12	16	35	4	22	$^1/_2$	45	2
HG20592-2009ThRF-10_3	20	26.9	105	75	14	4	M12	18	45	4	26	$^3/_4$	58	2
HG20592-2009ThRF-10_4	25	33.7	115	85	14	4	M12	18	52	4	28	1	68	2
HG20592-2009ThRF-10_5	32	42.4	140	100	18	4	M16	18	60	6	30	$1^1/_4$	78	2
HG20592-2009ThRF-10_6	40	48.3	150	110	18	4	M16	18	70	6	32	$1^1/_2$	88	2

续表

标准件编号	DN	*A*	*D*	*K*	*L*	*n*(个)	螺栓 Th	*C*	*N*	*R*	*H*	管螺纹规格Rc、Rp或NPT（in）	密封面	
													d	f_1
HG20592-2009ThRF-10_7	50	60.3	165	125	18	4	M16	18	84	5	28	2	102	2
HG20592-2009ThRF-10_8	65	76.1	185	145	18	8	M16	18	104	6	32	$2^1/_2$	122	2
HG20592-2009ThRF-10_9	80	88.9	200	160	18	8	M16	20	118	6	34	3	138	2
HG20592-2009ThRF-10_10	100	114.3	220	180	18	8	M16	20	140	8	40	4	158	2
HG20592-2009ThRF-10_11	125	137.9	250	210	18	8	M16	22	168	8	44	5	188	2
HG20592-2009ThRF-10_12	150	168.3	285	240	22	8	M20	22	195	10	44	6	212	2

表 2-268　PN16 系列突面（RF）螺纹法兰尺寸

单位：mm

标准件编号	DN	*A*	*D*	*K*	*L*	*n*(个)	螺栓 Th	*C*	*N*	*R*	*H*	管螺纹规格Rc、Rp或NPT（in）	密封面	
													d	f_1
HG20592-2009ThRF-16_1	10	17.2	90	60	14	4	M12	16	30	4	22	$^3/_8$	40	2
HG20592-2009ThRF-16_2	15	21.3	95	65	14	4	M12	16	35	4	22	$^1/_2$	45	2
HG20592-2009ThRF-16_3	20	26.9	105	75	14	4	M12	18	45	4	26	$^3/_4$	58	2
HG20592-2009ThRF-16_4	25	33.7	115	85	14	4	M12	18	52	4	28	1	68	2
HG20592-2009ThRF-16_5	32	42.4	140	100	18	4	M16	18	60	6	30	$1^1/_4$	78	2
HG20592-2009ThRF-16_6	40	48.3	150	110	18	4	M16	18	70	6	32	$1^1/_2$	88	2
HG20592-2009ThRF-16_7	50	60.3	165	125	18	4	M16	18	84	5	28	2	102	2
HG20592-2009ThRF-16_8	65	76.1	185	145	18	8	M16	20	104	6	32	$2^1/_2$	122	2
HG20592-2009ThRF-16_9	80	88.9	200	160	18	8	M16	20	118	6	34	3	138	2
HG20592-2009ThRF-16_10	100	114.3	220	180	18	8	M16	20	140	8	40	4	158	2
HG20592-2009ThRF-16_11	125	137.9	250	210	18	8	M16	22	168	8	44	5	188	2
HG20592-2009ThRF-16_12	150	168.3	285	240	22	8	M20	22	195	10	44	6	212	2

表 2-269　PN25 系列突面（RF）螺纹法兰尺寸

单位：mm

标准件编号	DN	*A*	*D*	*K*	*L*	*n*(个)	螺栓 Th	*C*	*N*	*R*	*H*	管螺纹规格Rc、Rp或NPT（in）	密封面	
													d	f_1
HG20592-2009ThRF-25_1	10	17.2	90	60	14	4	M12	16	30	4	22	$^3/_8$	40	2
HG20592-2009ThRF-25_2	15	21.3	95	65	14	4	M12	16	35	4	22	$^1/_2$	45	2
HG20592-2009ThRF-25_3	20	26.9	105	75	14	4	M12	18	45	4	26	$^3/_4$	58	2
HG20592-2009ThRF-25_4	25	33.7	115	85	14	4	M12	18	52	4	28	1	68	2
HG20592-2009ThRF-25_5	32	42.4	140	100	18	4	M16	18	60	6	30	$1^1/_4$	78	2
HG20592-2009ThRF-25_6	40	48.3	150	110	18	4	M16	18	70	6	32	$1^1/_2$	88	2
HG20592-2009ThRF-25_7	50	60.3	165	125	18	4	M16	20	84	6	34	2	102	2
HG20592-2009ThRF-25_8	65	76.1	185	145	18	8	M16	22	104	6	38	$2^1/_2$	122	2

续表

标准件编号	DN	*A*	*D*	*K*	*L*	*n*(个)	螺栓Th	*C*	*N*	*R*	*H*	管螺纹规格Rc、Rp或NPT（in）	密封面	
													d	f_1
HG20592-2009ThRF-25_9	80	88.9	200	160	18	8	M16	24	118	8	40	3	138	2
HG20592-2009ThRF-25_10	100	114.3	235	190	22	8	M20	24	145	8	44	4	162	2
HG20592-2009ThRF-25_11	125	137.9	270	220	26	8	M24	26	170	8	48	5	188	2
HG20592-2009ThRF-25_12	150	168.3	300	250	26	8	M24	28	200	10	52	6	218	2

表 2-270　PN40 系列突面（RF）螺纹法兰尺寸　　单位：mm

标准件编号	DN	*A*	*D*	*K*	*L*	*n*(个)	螺栓Th	*C*	*N*	*R*	*H*	管螺纹规格Rc、Rp或NPT（in）	密封面	
													d	f_1
HG20592-2009ThRF-40_1	10	17.2	90	60	14	4	M12	16	30	4	22	$^3/_8$	40	2
HG20592-2009ThRF-40_2	15	21.3	95	65	14	4	M12	16	35	4	22	$^1/_2$	45	2
HG20592-2009ThRF-40_3	20	26.9	105	75	14	4	M12	18	45	4	26	$^3/_4$	58	2
HG20592-2009ThRF-40_4	25	33.7	115	85	14	4	M12	18	52	4	28	1	68	2
HG20592-2009ThRF-40_5	32	42.4	140	100	18	4	M16	18	60	6	30	$1^1/_4$	78	2
HG20592-2009ThRF-40_6	40	48.3	150	110	18	4	M16	18	70	6	32	$1^1/_2$	88	2
HG20592-2009ThRF-40_7	50	60.3	165	125	18	4	M16	20	84	6	34	2	102	2
HG20592-2009ThRF-40_8	65	76.1	185	145	18	8	M16	22	104	6	38	$2^1/_2$	122	2
HG20592-2009ThRF-40_9	80	88.9	200	160	18	8	M16	24	118	8	40	3	138	2
HG20592-2009ThRF-40_10	100	114.3	235	190	22	8	M20	24	145	8	44	4	162	2
HG20592-2009ThRF-40_11	125	137.9	270	220	26	8	M24	26	170	8	48	5	188	2
HG20592-2009ThRF-40_12	150	168.3	300	250	26	8	M24	28	200	10	52	6	218	2

2. 全平面（FF）螺纹法兰

全平面（FF）螺纹法兰根据公称压力可分为PN6、PN10和PN16。法兰尺寸如表2-271～表2-273所示。

表 2-271　PN6 系列全平面（FF）螺纹法兰尺寸　　单位：mm

标准件编号	DN	*A*	*D*	*K*	*L*	*n*(个)	螺栓Th	*C*	*N*	*R*	*H*	管螺纹规格Rc、Rp或NPT（in）
HG20592-2009ThFF-6_1	10	17.2	75	50	11	4	M10	12	25	4	20	$^3/_8$
HG20592-2009ThFF-6_2	15	21.3	80	55	11	4	M10	12	30	4	20	$^1/_2$
HG20592-2009ThFF-6_3	20	26.9	90	65	11	4	M10	14	40	4	24	$^3/_4$
HG20592-2009ThFF-6_4	25	33.7	100	75	11	4	M10	14	50	4	24	1
HG20592-2009ThFF-6_5	32	42.4	120	90	14	4	M12	14	60	6	26	$1^1/_4$
HG20592-2009ThFF-6_6	40	48.3	130	100	14	4	M12	14	70	6	26	$1^1/_2$

续表

标准件编号	DN	*A*	*D*	*K*	*L*	*n*(个)	螺栓Th	*C*	*N*	*R*	*H*	管螺纹规格Rc、Rp或NPT（in）
HG20592-2009ThFF-6_7	50	60.3	140	110	14	4	M12	14	80	6	28	2
HG20592-2009ThFF-6_8	65	76.1	160	130	14	4	M12	14	100	6	32	$2^1/_2$
HG20592-2009ThFF-6_9	80	88.9	190	150	18	4	M16	16	110	8	34	3
HG20592-2009ThFF-6_10	100	114.3	210	170	18	4	M16	16	130	8	40	4
HG20592-2009ThFF-6_11	125	137.9	240	200	18	8	M16	18	160	8	44	5
HG20592-2009ThFF-6_12	150	168.3	265	225	18	8	M16	18	185	10	44	6

表 2-272　PN10 系列全平面（FF）螺纹法兰尺寸　　单位：mm

标准件编号	DN	*A*	*D*	*K*	*L*	*n*(个)	螺栓Th	*C*	*N*	*R*	*H*	管螺纹规格Rc、Rp或NPT（in）
HG20592-2009ThFF-10_1	10	17.2	90	60	14	4	M12	16	30	4	22	$^3/_8$
HG20592-2009ThFF-10_2	15	21.3	95	65	14	4	M12	16	35	4	22	$^1/_2$
HG20592-2009ThFF-10_3	20	26.9	105	75	14	4	M12	18	45	4	26	$^3/_4$
HG20592-2009ThFF-10_4	25	33.7	115	85	14	4	M12	18	52	4	28	1
HG20592-2009ThFF-10_5	32	42.4	140	100	18	4	M16	18	60	6	30	$1^1/_4$
HG20592-2009ThFF-10_6	40	48.3	150	110	18	4	M16	18	70	6	32	$1^1/_2$
HG20592-2009ThFF-10_7	50	60.3	165	125	18	4	M16	18	84	5	28	2
HG20592-2009ThFF-10_8	65	76.1	185	145	18	8	M16	18	104	6	32	$2^1/_2$
HG20592-2009ThFF-10_9	80	88.9	200	160	18	8	M16	20	118	6	34	3
HG20592-2009ThFF-10_10	100	114.3	220	180	18	8	M16	20	140	8	40	4
HG20592-2009ThFF-10_11	125	137.9	250	210	18	8	M16	22	168	8	44	5
HG20592-2009ThFF-10_12	150	168.3	285	240	22	8	M20	22	195	10	44	6

表 2-273　PN16 系列全平面（FF）螺纹法兰尺寸　　单位：mm

标准件编号	DN	*A*	*D*	*K*	*L*	*n*(个)	螺栓Th	*C*	*N*	*R*	*H*	管螺纹规格Rc、Rp或NPT（英寸）
HG20592-2009ThFF-16_1	10	17.2	90	60	14	4	M12	16	30	4	22	$^3/_8$
HG20592-2009ThFF-16_2	15	21.3	95	65	14	4	M12	16	35	4	22	$^1/_2$
HG20592-2009ThFF-16_3	20	26.9	105	75	14	4	M12	18	45	4	26	$^3/_4$
HG20592-2009ThFF-16_4	25	33.7	115	85	14	4	M12	18	52	4	28	1
HG20592-2009ThFF-16_5	32	42.4	140	100	18	4	M16	18	60	6	30	$1^1/_4$
HG20592-2009ThFF-16_6	40	48.3	150	110	18	4	M16	18	70	6	32	$1^1/_2$
HG20592-2009ThFF-16_7	50	60.3	165	125	18	4	M16	18	84	5	28	2
HG20592-2009ThFF-16_8	65	76.1	185	145	18	8	M16	20	104	6	32	$2^1/_2$

续表

标准件编号	DN	*A*	*D*	*K*	*L*	*n*(个)	螺栓Th	*C*	*N*	*R*	*H*	管螺纹规格Rc、Rp或NPT（in）
HG20592-2009ThFF-16_9	80	88.9	200	160	18	8	M16	20	118	6	34	3
HG20592-2009ThFF-16_10	100	114.3	220	180	18	8	M16	20	140	8	40	4
HG20592-2009ThFF-16_11	125	137.9	250	210	18	8	M16	22	168	8	44	5
HG20592-2009ThFF-16_12	150	168.3	285	240	22	8	M20	22	195	10	44	6

2.2.7 对焊环松套法兰（PJ/SE）

本标准规定了对焊环松套法兰（PJ/SE）（欧洲体系）的型式和尺寸。

本标准适用于公称压力 PN6～PN40 的对焊环松套法兰。

对焊环松套法兰的二维图形和三维图形如表 2-274 所示。

表 2-274 对焊环松套法兰

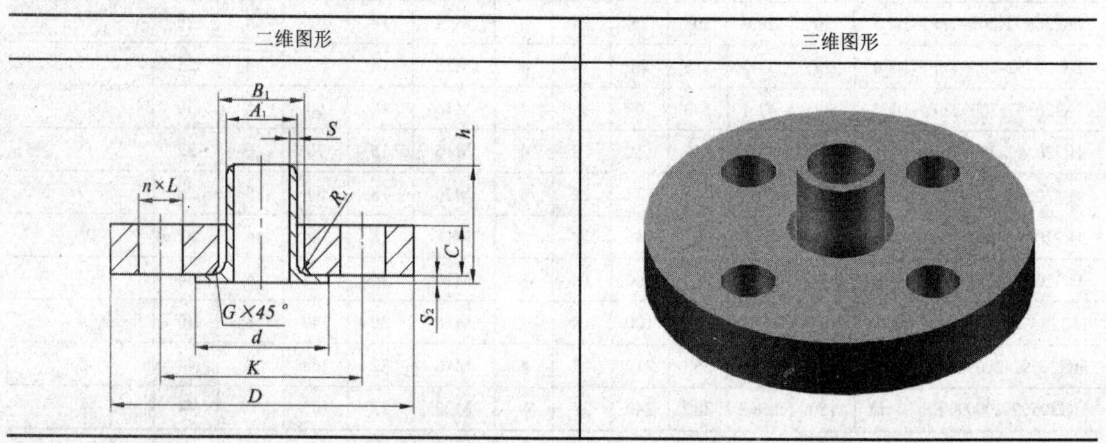

突面（RF）对焊环松套法兰根据接口管可分为 A 系列（英制管）和 B 系列（公制管）。根据公称压力二者均可分为 PN6、PN10、PN16、PN25 和 PN40。A 系列（英制管）和 B 系列（公制管）法兰尺寸如表 2-275～表 2-284 所示。

表 2-275 PN6 A 系列突面（RF）对焊环松套法兰尺寸 单位：mm

标准件编号	DN	A_1	*D*	*K*	*L*	*n*(个)	螺栓Th	*C*	B_1	R_1	*G*	*h*	*d*	*S*	S_1
HG20592-2009PJSERFA-6_1	10	17.2	75	50	11	4	M10	12	21	3	3	28	35	1.8	1.8
HG20592-2009PJSERFA-6_2	15	21.3	80	55	11	4	M10	12	25	3	3	30	40	2.0	2.0
HG20592-2009PJSERFA-6_3	20	26.9	90	65	11	4	M10	14	31	4	4	32	50	2.3	2.3
HG20592-2009PJSERFA-6_4	25	33.7	100	75	11	4	M10	14	38	4	4	35	60	2.6	2.6
HG20592-2009PJSERFA-6_5	32	42.4	120	90	14	4	M12	16	46	5	5	35	70	2.6	2.6
HG20592-2009PJSERFA-6_6	40	48.3	130	100	14	4	M12	16	53	5	5	38	80	2.6	2.6

续表

标准件编号	DN	A_1	D	K	L	n(个)	螺栓Th	C	B_1	R_1	G	h	d	S	S_1
HG20592-2009PJSERFA-6_7	50	60.3	140	110	14	4	M12	16	65	5	5	38	90	2.9	2.9
HG20592-2009PJSERFA-6_8	65	76.1	160	130	14	4	M12	16	81	6	6	38	110	2.9	2.9
HG20592-2009PJSERFA-6_9	80	88.9	190	150	18	4	M16	18	94	6	6	42	128	3.2	3.2
HG20592-2009PJSERFA-6_10	100	114.3	210	170	18	4	M16	18	120	6	6	45	148	3.6	3.6
HG20592-2009PJSERFA-6_11	125	139.7	240	200	18	8	M16	20	145	6	6	48	178	4.0	4.0
HG20592-2009PJSERFA-6_12	150	168.3	265	225	18	8	M16	20	174	6	6	48	202	4.5	4.5
HG20592-2009PJSERFA-6_13	200	219.1	320	280	18	8	M16	22	226	6	6	55	258	6.3	6.3
HG20592-2009PJSERFA-6_14	250	273	375	335	18	12	M16	24	281	8	8	60	312	6.3	6.3
HG20592-2009PJSERFA-6_15	300	323.9	440	395	22	12	M20	24	333	8	8	62	365	7.1	7.1
HG20592-2009PJSERFA-6_16	350	355.6	490	445	22	12	M20	26	365	8	8	62	415	7.1	7.1
HG20592-2009PJSERFA-6_17	400	406.4	540	495	22	16	M20	28	416	8	8	65	465	7.1	7.1
HG20592-2009PJSERFA-6_18	450	457	595	550	22	16	M20	30	467	8	8	65	520	7.1	7.1
HG20592-2009PJSERFA-6_19	500	508	645	600	22	20	M20	30	519	8	8	68	570	7.1	7.1
HG20592-2009PJSERFA-6_20	600	610	755	705	26	20	M24	32	622	8	8	70	670	7.1	7.1

表 2-276　PN6 B 系列突面（RF）对焊环松套法兰尺寸　　单位：mm

标准件编号	DN	A_1	D	K	L	n(个)	螺栓Th	C	B_1	R_1	G	h	d	S	S_1
HG20592-2009PJSERFB-6_1	10	14	75	50	11	4	M10	12	18	3	3	28	35	1.8	1.8
HG20592-2009PJSERFB-6_2	15	18	80	55	11	4	M10	12	22	3	3	30	40	2.0	2.0
HG20592-2009PJSERFB-6_3	20	25	90	65	11	4	M10	14	29	4	4	32	50	2.3	2.3
HG20592-2009PJSERFB-6_4	25	32	100	75	11	4	M10	14	36	4	4	35	60	2.6	2.6
HG20592-2009PJSERFB-6_5	32	38	120	90	14	4	M12	16	42	5	5	35	70	2.6	2.6
HG20592-2009PJSERFB-6_6	40	45	130	100	14	4	M12	16	50	5	5	38	80	2.6	2.6
HG20592-2009PJSERFB-6_7	50	57	140	110	14	4	M12	16	62	5	5	38	90	2.9	2.9
HG20592-2009PJSERFB-6_8	65	76	160	130	14	4	M12	16	81	6	6	38	110	2.9	2.9
HG20592-2009PJSERFB-6_9	80	89	190	150	18	4	M16	18	94	6	6	42	128	3.2	3.2
HG20592-2009PJSERFB-6_10	100	108	210	170	18	4	M16	18	114	6	6	45	148	3.6	3.6
HG20592-2009PJSERFB-6_11	125	133	240	200	18	8	M16	20	139	6	6	48	178	4.0	4.0
HG20592-2009PJSERFB-6_12	150	159	265	225	18	8	M16	20	165	6	6	48	202	4.5	4.5
HG20592-2009PJSERFB-6_13	200	219	320	280	18	8	M16	22	226	6	6	55	258	6.3	6.3
HG20592-2009PJSERFB-6_14	250	273	375	335	18	12	M16	24	281	8	8	60	312	6.3	6.3
HG20592-2009PJSERFB-6_15	300	325	440	395	22	12	M20	24	334	8	8	62	365	7.1	7.1
HG20592-2009PJSERFB-6_16	350	377	490	445	22	12	M20	26	386	8	8	62	415	7.1	7.1
HG20592-2009PJSERFB-6_17	400	426	540	495	22	16	M20	28	435	8	8	65	465	7.1	7.1
HG20592-2009PJSERFB-6_18	450	480	595	550	22	16	M20	30	490	8	8	65	520	7.1	7.1

续表

标准件编号	DN	A_1	D	K	L	n(个)	螺栓Th	C	B_1	R_1	G	h	d	S	S_1
HG20592-2009PJSERFB-6_19	500	530	645	600	22	20	M20	30	541	8	8	68	570	7.1	7.1
HG20592-2009PJSERFB-6_20	600	630	755	705	26	20	M24	32	642	8	8	70	670	7.1	7.1

表 2-277 PN10 A 系列突面（RF）对焊环松套法兰尺寸 单位：mm

标准件编号	DN	A_1	D	K	L	n(个)	螺栓Th	C	B_1	R_1	G	h	d	S	S_1
HG20592-2009PJSERFA-10_1	10	17.2	90	60	14	4	M12	14	21	3	3	35	40	1.8	1.8
HG20592-2009PJSERFA-10_2	15	21.3	95	65	14	4	M12	14	25	3	3	38	45	2.0	2.0
HG20592-2009PJSERFA-10_3	20	26.9	105	75	14	4	M12	16	31	4	4	40	58	2.3	2.3
HG20592-2009PJSERFA-10_4	25	33.7	115	85	14	4	M12	16	38	4	4	40	68	2.6	2.6
HG20592-2009PJSERFA-10_5	32	42.4	140	100	18	4	M16	18	47	5	5	42	78	2.6	2.6
HG20592-2009PJSERFA-10_6	40	48.3	150	110	18	4	M16	18	53	5	5	45	88	2.6	2.6
HG20592-2009PJSERFA-10_7	50	60.3	165	125	18	4	M16	19	65	5	5	48	102	2.9	2.9
HG20592-2009PJSERFA-10_8	65	76.1	185	145	18	8	M16	20	81	6	6	45	122	2.9	2.9
HG20592-2009PJSERFA-10_9	80	88.9	200	160	18	8	M16	20	94	6	6	50	138	3.2	3.2
HG20592-2009PJSERFA-10_10	100	114.3	220	180	18	8	M16	22	120	6	6	52	158	3.6	3.6
HG20592-2009PJSERFA-10_11	125	139.7	250	210	18	8	M16	22	145	6	6	55	188	4.0	4.0
HG20592-2009PJSERFA-10_12	150	168.3	285	240	22	8	M20	24	174	6	6	55	212	4.5	4.5
HG20592-2009PJSERFA-10_13	200	219.1	340	295	22	8	M20	24	226	6	6	62	268	6.3	6.3
HG20592-2009PJSERFA-10_14	250	273	395	350	22	12	M20	26	281	8	8	68	320	6.3	6.3
HG20592-2009PJSERFA-10_15	300	323.9	445	400	22	12	M20	26	333	8	8	68	370	7.1	7.1
HG20592-2009PJSERFA-10_16	350	355.6	505	460	22	16	M20	28	365	8	8	68	430	7.1	7.1
HG20592-2009PJSERFA-10_17	400	406.4	565	515	26	16	M24	32	416	8	8	72	482	7.1	7.1
HG20592-2009PJSERFA-10_18	450	457	615	565	26	20	M24	36	467	8	8	72	532	7.1	7.1
HG20592-2009PJSERFA-10_19	500	508	670	620	26	20	M24	38	519	8	8	75	585	7.1	7.1
HG20592-2009PJSERFA-10_20	600	610	780	725	30	20	M27	42	622	8	8	80	685	7.1	7.1

表 2-278 PN10 B 系列突面（RF）对焊环松套法兰尺寸 单位：mm

标准件编号	DN	A_1	D	K	L	n(个)	螺栓Th	C	B_1	R_1	G	h	d	S	S_1
HG20592-2009PJSERFB-10_1	10	14	90	60	14	4	M12	14	18	3	3	35	40	1.8	1.8
HG20592-2009PJSERFB-10_2	15	18	95	65	14	4	M12	14	22	3	3	38	45	2.0	2.0
HG20592-2009PJSERFB-10_3	20	25	105	75	14	4	M12	16	29	4	4	40	58	2.3	2.3
HG20592-2009PJSERFB-10_4	25	32	115	85	14	4	M12	16	36	4	4	40	68	2.6	2.6
HG20592-2009PJSERFB-10_5	32	38	140	100	18	4	M16	18	42	5	5	42	78	2.6	2.6
HG20592-2009PJSERFB-10_6	40	45	150	110	18	4	M16	18	50	5	5	45	88	2.6	2.6
HG20592-2009PJSERFB-10_7	50	57	165	125	18	4	M16	19	62	5	5	48	102	2.9	2.9

续表

标准件编号	DN	A_1	D	K	L	n(个)	螺栓Th	C	B_1	R_1	G	h	d	S	S_1
HG20592-2009PJSERFB-10_8	65	76	185	145	18	8	M16	20	81	6	6	45	122	2.9	2.9
HG20592-2009PJSERFB-10_9	80	89	200	160	18	8	M16	20	94	6	6	50	138	3.2	3.2
HG20592-2009PJSERFB-10_10	100	108	220	180	18	8	M16	22	114	6	6	52	158	3.6	3.6
HG20592-2009PJSERFB-10_11	125	133	250	210	18	8	M16	22	139	6	6	55	188	4.0	4.0
HG20592-2009PJSERFB-10_12	150	159	285	240	22	8	M20	24	165	6	6	55	212	4.5	4.5
HG20592-2009PJSERFB-10_13	200	219	340	295	22	8	M20	24	226	6	6	62	268	6.3	6.3
HG20592-2009PJSERFB-10_14	250	273	395	350	22	12	M20	26	281	8	8	68	320	6.3	6.3
HG20592-2009PJSERFB-10_15	300	325	445	400	22	12	M20	26	334	8	8	68	370	7.1	7.1
HG20592-2009PJSERFB-10_16	350	377	505	460	22	16	M20	28	386	8	8	68	430	7.1	7.1
HG20592-2009PJSERFB-10_17	400	426	565	515	26	16	M24	32	435	8	8	72	482	7.1	7.1
HG20592-2009PJSERFB-10_18	450	480	615	565	26	20	M24	36	490	8	8	72	532	7.1	7.1
HG20592-2009PJSERFB-10_19	500	530	670	620	26	20	M24	38	541	8	8	75	585	7.1	7.1
HG20592-2009PJSERFB-10_20	600	630	780	725	30	20	M27	42	642	8	8	80	685	7.1	7.1

表 2-279　PN16 A 系列突面（RF）对焊环松套法兰尺寸

单位：mm

标准件编号	DN	A_1	D	K	L	n(个)	螺栓Th	C	B_1	R_1	G	h	d	S	S_1
HG20592-2009PJSERFA-16_1	10	17.2	90	60	14	4	M12	14	21	3	3	35	40	1.8	1.8
HG20592-2009PJSERFA-16_2	15	21.3	95	65	14	4	M12	14	25	3	3	38	45	2.0	2.0
HG20592-2009PJSERFA-16_3	20	26.9	105	75	14	4	M12	16	31	4	4	40	58	2.3	2.3
HG20592-2009PJSERFA-16_4	25	33.7	115	85	14	4	M12	16	38	4	4	40	68	2.6	2.6
HG20592-2009PJSERFA-16_5	32	42.4	140	100	18	4	M16	18	47	5	5	42	78	2.6	2.6
HG20592-2009PJSERFA-16_6	40	48.3	150	110	18	4	M16	18	53	5	5	45	88	2.6	2.6
HG20592-2009PJSERFA-16_7	50	60.3	165	125	18	4	M16	19	65	5	5	45	102	2.9	2.9
HG20592-2009PJSERFA-16_8	65	76.1	185	145	18	8	M16	20	81	6	6	45	122	2.9	2.9
HG20592-2009PJSERFA-16_9	80	88.9	200	160	18	8	M16	20	94	6	6	50	138	3.2	3.2
HG20592-2009PJSERFA-16_10	100	114.3	220	180	18	8	M16	22	120	6	6	52	158	3.6	3.6
HG20592-2009PJSERFA-16_11	125	139.7	250	210	18	8	M16	22	145	6	6	55	188	4.0	4.0
HG20592-2009PJSERFA-16_12	150	168.3	285	240	22	8	M20	24	174	6	6	55	212	4.5	4.5
HG20592-2009PJSERFA-16_13	200	219.1	340	295	26	12	M20	26	226	6	6	62	268	6.3	6.3
HG20592-2009PJSERFA-16_14	250	273	405	355	26	12	M24	29	281	8	8	70	320	6.3	6.3
HG20592-2009PJSERFA-16_15	300	323.9	460	410	26	12	M24	32	333	8	8	78	378	7.1	7.1
HG20592-2009PJSERFA-16_16	350	355.6	520	470	30	16	M24	35	365	8	8	82	428	8.0	8.0
HG20592-2009PJSERFA-16_17	400	406.4	580	525	30	16	M27	38	416	8	8	85	490	8.0	8.0
HG20592-2009PJSERFA-16_18	450	457	640	585	30	20	M27	42	467	8	8	87	550	8.0	8.0
HG20592-2009PJSERFA-16_19	500	508	715	650	33	20	M30	46	519	8	8	90	610	8.0	8.0

续表

标准件编号	DN	A_1	D	K	L	n(个)	螺栓Th	C	B_1	R_1	G	h	d	S	S_1
HG20592-2009PJSERFA-16_20	600	610	840	770	36	20	M30	52	622	8	8	95	725	8.8	8.8

表 2-280　PN16 B 系列突面（RF）对焊环松套法兰尺寸　　单位：mm

标准件编号	DN	A_1	D	K	L	n(个)	螺栓Th	C	B_1	R_1	G	h	d	S	S_1
HG20592-2009PJSERFB-16_1	10	14	90	60	14	4	M12	14	18	3	3	35	40	1.8	1.8
HG20592-2009PJSERFB-16_2	15	18	95	65	14	4	M12	14	22	3	3	38	45	2.0	2.0
HG20592-2009PJSERFB-16_3	20	25	105	75	14	4	M12	16	29	4	4	40	58	2.3	2.3
HG20592-2009PJSERFB-16_4	25	32	115	85	14	4	M12	16	36	4	4	40	68	2.6	2.6
HG20592-2009PJSERFB-16_5	32	38	140	100	18	4	M16	18	42	5	5	42	78	2.6	2.6
HG20592-2009PJSERFB-16_6	40	45	150	110	18	4	M16	18	50	5	5	45	88	2.6	2.6
HG20592-2009PJSERFB-16_7	50	57	165	125	18	4	M16	19	62	5	5	45	102	2.9	2.9
HG20592-2009PJSERFB-16_8	65	76	185	145	18	8	M16	20	81	6	6	45	122	2.9	2.9
HG20592-2009PJSERFB-16_9	80	89	200	160	18	8	M16	20	94	6	6	50	138	3.2	3.2
HG20592-2009PJSERFB-16_10	100	108	220	180	18	8	M16	22	114	6	6	52	158	3.6	3.6
HG20592-2009PJSERFB-16_11	125	133	250	210	18	8	M16	22	139	6	6	55	188	4.0	4.0
HG20592-2009PJSERFB-16_12	150	159	285	240	22	8	M20	24	165	6	6	55	212	4.5	4.5
HG20592-2009PJSERFB-16_13	200	219	340	295	26	12	M20	26	226	6	6	62	268	6.3	6.3
HG20592-2009PJSERFB-16_14	250	273	405	355	26	12	M24	29	281	8	8	70	320	6.3	6.3
HG20592-2009PJSERFB-16_15	300	325	460	410	26	12	M24	32	334	8	8	78	378	7.1	7.1
HG20592-2009PJSERFB-16_16	350	377	520	470	30	16	M24	35	386	8	8	82	428	8.0	8.0
HG20592-2009PJSERFB-16_17	400	426	580	525	30	16	M27	38	435	8	8	85	490	8.0	8.0
HG20592-2009PJSERFB-16_18	450	480	640	585	30	20	M27	42	490	8	8	87	550	8.0	8.0
HG20592-2009PJSERFB-16_19	500	530	715	650	33	20	M30	46	541	8	8	90	610	8.0	8.0
HG20592-2009PJSERFB-16_20	600	630	840	770	36	20	M30	52	642	8	8	95	725	8.8	8.8

表 2-281　PN25 A 系列突面（RF）对焊环松套法兰尺寸　　单位：mm

标准件编号	DN	A_1	D	K	L	n(个)	螺栓Th	C	B_1	R_1	G	h	d	S	S_1
HG20592-2009PJSERFA-25_1	10	17.2	90	60	14	4	M12	14	21	3	3	35	40	1.8	1.8
HG20592-2009PJSERFA-25_2	15	21.3	95	65	14	4	M12	14	25	3	3	38	45	2.0	2.0
HG20592-2009PJSERFA-25_3	20	26.9	105	75	14	4	M12	16	31	4	4	40	58	2.3	2.3
HG20592-2009PJSERFA-25_4	25	33.7	115	85	14	4	M12	16	38	4	4	40	68	2.6	2.6
HG20592-2009PJSERFA-25_5	32	42.4	140	100	18	4	M16	18	47	5	5	42	78	2.6	2.6
HG20592-2009PJSERFA-25_6	40	48.3	150	110	18	4	M16	18	53	5	5	45	88	2.6	2.6
HG20592-2009PJSERFA-25_7	50	60.3	165	125	18	4	M16	20	65	5	5	48	102	2.9	2.9
HG20592-2009PJSERFA-25_8	65	76.1	185	145	18	8	M16	22	81	6	6	52	122	2.9	2.9

续表

标准件编号	DN	A_1	D	K	L	n(个)	螺栓Th	C	B_1	R_1	G	h	d	S	S_1
HG20592-2009PJSERFA-25_9	80	88.9	200	160	18	8	M16	24	94	6	6	58	138	3.2	3.2
HG20592-2009PJSERFA-25_10	100	114.3	235	190	22	8	M20	26	120	6	6	65	162	3.6	3.6
HG20592-2009PJSERFA-25_11	125	139.7	270	220	26	8	M24	28	145	6	6	68	188	4.0	4.0
HG20592-2009PJSERFA-25_12	150	168.3	300	250	26	8	M24	30	174	6	6	75	218	4.5	4.5
HG20592-2009PJSERFA-25_13	200	219.1	360	310	26	12	M24	32	226	6	6	80	278	6.3	6.3
HG20592-2009PJSERFA-25_14	250	273	425	370	30	12	M27	35	281	8	8	88	335	7.1	7.1
HG20592-2009PJSERFA-25_15	300	323.9	485	430	30	16	M27	38	333	8	8	92	395	8.0	8.0
HG20592-2009PJSERFA-25_16	350	355.6	555	490	33	16	M30	42	365	8	8	100	450	8.0	8.0
HG20592-2009PJSERFA-25_17	400	406.4	620	550	36	16	M33	46	416	8	8	110	505	8.8	8.8
HG20592-2009PJSERFA-25_18	450	457	670	600	36	20	M33	50	467	8	8	110	555	8.8	8.8
HG20592-2009PJSERFA-25_19	500	508	730	660	36	20	M33	56	519	8	8	125	615	10.0	10.0
HG20592-2009PJSERFA-25_20	600	610	845	770	39	20	M36×2	68	622	8	8	125	720	11.0	11.0

表 2-282 PN25 B 系列突面（RF）对焊环松套法兰尺寸 单位：mm

标准件编号	DN	A_1	D	K	L	n(个)	螺栓Th	C	B_1	R_1	G	h	d	S	S_1
HG20592-2009PJSERFB-25_1	10	14	90	60	14	4	M12	14	18	3	3	35	40	1.8	1.8
HG20592-2009PJSERFB-25_2	15	18	95	65	14	4	M12	14	22	3	3	38	45	2.0	2.0
HG20592-2009PJSERFB-25_3	20	25	105	75	14	4	M12	16	29	4	4	40	58	2.3	2.3
HG20592-2009PJSERFB-25_4	25	32	115	85	14	4	M12	16	36	4	4	40	68	2.6	2.6
HG20592-2009PJSERFB-25_5	32	38	140	100	18	4	M16	18	42	5	5	42	78	2.6	2.6
HG20592-2009PJSERFB-25_6	40	45	150	110	18	4	M16	18	50	5	5	45	88	2.6	2.6
HG20592-2009PJSERFB-25_7	50	57	165	125	18	4	M16	20	62	5	5	48	102	2.9	2.9
HG20592-2009PJSERFB-25_8	65	76	185	145	18	8	M16	22	81	6	6	52	122	2.9	2.9
HG20592-2009PJSERFB-25_9	80	89	200	160	18	8	M16	24	94	6	6	58	138	3.2	3.2
HG20592-2009PJSERFB-25_10	100	108	235	190	22	8	M20	26	114	6	6	65	162	3.6	3.6
HG20592-2009PJSERFB-25_11	125	133	270	220	26	8	M24	28	139	6	6	68	188	4.0	4.0
HG20592-2009PJSERFB-25_12	150	159	300	250	26	8	M24	30	165	6	6	75	218	4.5	4.5
HG20592-2009PJSERFB-25_13	200	219	360	310	26	12	M24	32	226	6	6	80	278	6.3	6.3
HG20592-2009PJSERFB-25_14	250	273	425	370	30	12	M27	35	281	8	8	88	335	7.1	7.1
HG20592-2009PJSERFB-25_15	300	325	485	430	30	16	M27	38	334	8	8	92	395	8.0	8.0
HG20592-2009PJSERFB-25_16	350	377	555	490	33	16	M30	42	386	8	8	100	450	8.0	8.0
HG20592-2009PJSERFB-25_17	400	426	620	550	36	16	M33	46	435	8	8	110	505	8.8	8.8
HG20592-2009PJSERFB-25_18	450	480	670	600	36	20	M33	50	490	8	8	110	555	8.8	8.8
HG20592-2009PJSERFB-25_19	500	530	730	660	36	20	M33	56	541	8	8	125	615	10.0	10.0
HG20592-2009PJSERFB-25_20	600	630	845	770	39	20	M36×2	68	642	8	8	125	720	11.0	11.0

表 2-283　PN40 A 系列突面（RF）对焊环松套法兰尺寸　　单位：mm

标准件编号	DN	A_1	D	K	L	n(个)	螺栓Th	C	B_1	R_1	G	h	d	S	S_1
HG20592-2009PJSERFA-40_1	10	17.2	90	60	14	4	M12	14	21	3	3	35	40	1.8	1.8
HG20592-2009PJSERFA-40_2	15	21.3	95	65	14	4	M12	14	25	3	3	38	45	2.0	2.0
HG20592-2009PJSERFA-40_3	20	26.9	105	75	14	4	M12	16	31	4	4	40	58	2.3	2.3
HG20592-2009PJSERFA-40_4	25	33.7	115	85	14	4	M12	16	38	4	4	40	68	2.6	2.6
HG20592-2009PJSERFA-40_5	32	42.4	140	100	18	4	M16	18	47	5	5	42	78	2.6	2.6
HG20592-2009PJSERFA-40_6	40	48.3	150	110	18	4	M16	18	53	5	5	45	88	2.6	2.6
HG20592-2009PJSERFA-40_7	50	60.3	165	125	18	4	M16	20	65	5	5	48	102	2.9	2.9
HG20592-2009PJSERFA-40_8	65	76.1	185	145	18	8	M16	22	81	6	6	52	122	2.9	2.9
HG20592-2009PJSERFA-40_9	80	88.9	200	160	18	8	M16	24	94	6	6	58	138	3.2	3.2
HG20592-2009PJSERFA-40_10	100	114.3	235	190	22	8	M20	26	120	6	6	65	162	3.6	3.6
HG20592-2009PJSERFA-40_11	125	139.7	270	220	26	8	M24	28	145	6	6	68	188	4.0	4.0
HG20592-2009PJSERFA-40_12	150	168.3	300	250	26	8	M24	30	174	6	6	75	218	4.5	4.5
HG20592-2009PJSERFA-40_13	200	219.1	375	320	30	12	M27	36	226	6	6	88	285	6.3	6.3
HG20592-2009PJSERFA-40_14	250	273	450	385	33	12	M30	42	281	8	8	105	345	7.1	7.1
HG20592-2009PJSERFA-40_15	300	323.9	515	450	33	16	M30	48	333	8	8	115	410	8.0	8.0
HG20592-2009PJSERFA-40_16	350	355.6	580	510	36	16	M33	54	365	8	8	125	465	8.8	8.8
HG20592-2009PJSERFA-40_17	400	406.4	660	585	39	16	M36×3	60	416	8	8	135	535	11.0	11.0
HG20592-2009PJSERFA-40_18	450	457	685	610	39	20	M36×3	66	467	8	8	135	560	12.5	12.5
HG20592-2009PJSERFA-40_19	500	508	755	670	42	20	M39×3	72	519	8	8	140	615	14.2	14.2
HG20592-2009PJSERFA-40_20	600	610	890	795	48	20	M45×3	84	622	8	8	150	735	16.0	16.0

表 2-284　PN40 B 系列突面（RF）对焊环松套法兰尺寸　　单位：mm

标准件编号	DN	A_1	D	K	L	n(个)	螺栓Th	C	B_1	R_1	G	h	d	S	S_1
HG20592-2009PJSERFB-40_1	10	14	90	60	14	4	M12	14	18	3	3	35	40	1.8	1.8
HG20592-2009PJSERFB-40_2	15	18	95	65	14	4	M12	14	22	3	3	38	45	2.0	2.0
HG20592-2009PJSERFB-40_3	20	25	105	75	14	4	M12	16	29	4	4	40	58	2.3	2.3
HG20592-2009PJSERFB-40_4	25	32	115	85	14	4	M12	16	36	4	4	40	68	2.6	2.6
HG20592-2009PJSERFB-40_5	32	38	140	100	18	4	M16	18	42	5	5	42	78	2.6	2.6
HG20592-2009PJSERFB-40_6	40	45	150	110	18	4	M16	18	50	5	5	45	88	2.6	2.6
HG20592-2009PJSERFB-40_7	50	57	165	125	18	4	M16	20	62	5	5	48	102	2.9	2.9
HG20592-2009PJSERFB-40_8	65	76	185	145	18	8	M16	22	81	6	6	52	122	2.9	2.9
HG20592-2009PJSERFB-40_9	80	89	200	160	18	8	M16	24	94	6	6	58	138	3.2	3.2
HG20592-2009PJSERFB-40_10	100	108	235	190	22	8	M20	26	114	6	6	65	162	3.6	3.6
HG20592-2009PJSERFB-40_11	125	133	270	220	26	8	M24	28	139	6	6	68	188	4.0	4.0
HG20592-2009PJSERFB-40_12	150	159	300	250	26	8	M24	30	165	6	6	75	218	4.5	4.5

续表

标准件编号	DN	A_1	D	K	L	n(个)	螺栓Th	C	B_1	R_1	G	h	d	S	S_1
HG20592-2009PJSERFB-40_13	200	219	375	320	30	12	M27	36	226	6	6	88	285	6.3	6.3
HG20592-2009PJSERFB-40_14	250	273	450	385	33	12	M30	42	281	8	8	105	345	7.1	7.1
HG20592-2009PJSERFB-40_15	300	325	515	450	33	16	M30	48	334	8	8	115	410	8.0	8.0
HG20592-2009PJSERFB-40_16	350	377	580	510	36	16	M33	54	386	8	8	125	465	8.8	8.8
HG20592-2009PJSERFB-40_17	400	426	660	585	39	16	M36×3	60	435	8	8	135	535	11.0	11.0
HG20592-2009PJSERFB-40_18	450	480	685	610	39	20	M36×3	66	490	8	8	135	560	12.5	12.5
HG20592-2009PJSERFB-40_19	500	530	755	670	42	20	M39×3	72	541	8	8	140	615	14.2	14.2
HG20592-2009PJSERFB-40_20	600	630	890	795	48	20	M45×3	84	642	8	8	150	735	16.0	16.0

2.2.8 平焊环松套法兰（PJ/RJ）

本标准规定了平焊环松套法兰（PJ/RJ）（欧洲体系）的型式和尺寸。

本标准适用于公称压力 PN6～PN16 的平焊环松套法兰。

平焊环松套法兰的二维图形和三维图形如表 2-285 所示。

表 2-285 平焊环松套法兰

二维图形	三维图形

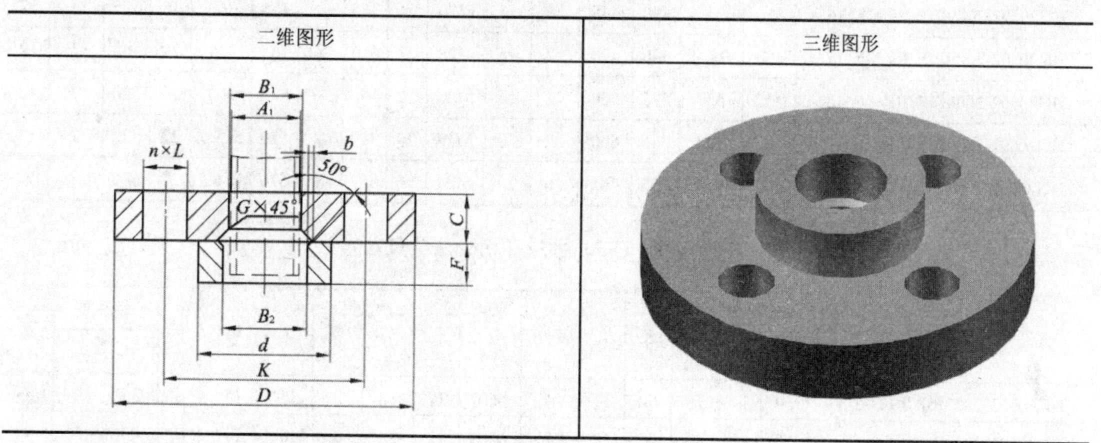

1. 突面（RF）平焊环松套法兰

突面（RF）平焊环松套法兰根据接口管可分为 A 系列（英制管）和 B 系列（公制管）。根据公称压力二者均可分为 PN6、PN10 和 PN16。A 系列（英制管）和 B 系列（公制管）法兰尺寸如表 2-286～表 2-291 所示。

表 2-286 PN6 A 系列突面（RF）平焊环松套法兰尺寸　　单位：mm

标准件编号	DN	A_1	D	K	L	n（个）	螺栓 Th	C	B_1	G	d	B_2	F	密封面 d	密封面 f_1	b
HG20592-2009PJRJRFA-6_1	10	17.2	75	50	11	4	M10	12	21	3	35	18	10	35	2	4

续表

标准件编号	DN	A_1	D	K	L	n（个）	螺栓 Th	C	B_1	G	d	B_2	F	密封面		b
														d	f_1	
HG20592-2009PJRJRFA-6_2	15	21.3	80	55	11	4	M10	12	25	3	40	22.5	10	40	2	4
HG20592-2009PJRJRFA-6_3	20	26.9	90	65	11	4	M10	14	31	4	50	27.5	10	50	2	4
HG20592-2009PJRJRFA-6_4	25	33.7	100	75	11	4	M10	14	38	4	60	34.5	10	60	2	5
HG20592-2009PJRJRFA-6_5	32	42.4	120	90	14	4	M12	16	46	5	70	43.5	10	70	2	5
HG20592-2009PJRJRFA-6_6	40	48.3	130	100	14	4	M12	16	53	5	80	49.5	10	80	2	5
HG20592-2009PJRJRFA-6_7	50	60.3	140	110	14	4	M12	16	65	5	90	61.5	12	90	2	5
HG20592-2009PJRJRFA-6_8	65	76.1	160	130	14	4	M12	16	81	6	110	77.5	12	110	2	6
HG20592-2009PJRJRFA-6_9	80	88.9	190	150	18	4	M16	18	94	6	128	90.5	12	128	2	6
HG20592-2009PJRJRFA-6_10	100	114.3	210	170	18	4	M16	18	120	6	148	116	14	148	2	6
HG20592-2009PJRJRFA-6_11	125	139.7	240	200	18	8	M16	20	145	6	178	143.5	14	178	2	6
HG20592-2009PJRJRFA-6_12	150	168.3	265	225	18	8	M16	20	174	6	202	170.5	14	202	2	6
HG20592-2009PJRJRFA-6_13	200	219.1	320	280	18	8	M16	22	226	6	258	221.5	16	258	2	8
HG20592-2009PJRJRFA-6_14	250	273	375	335	18	12	M16	24	281	8	312	276.5	18	312	2	10
HG20592-2009PJRJRFA-6_15	300	323.9	440	395	22	12	M20	24	333	8	365	328	18	365	2	11
HG20592-2009PJRJRFA-6_16	350	355.6	490	445	22	12	M20	26	365	8	415	360	18	415	2	12
HG20592-2009PJRJRFA-6_17	400	406.4	540	495	22	16	M20	28	416	8	465	411	20	465	2	12
HG20592-2009PJRJRFA-6_18	450	457	595	550	22	16	M20	30	467	8	520	462	20	520	2	12
HG20592-2009PJRJRFA-6_19	500	508	645	600	22	20	M20	30	519	8	570	513.5	22	570	2	12
HG20592-2009PJRJRFA-6_20	600	610	755	705	26	20	M24	36	622	8	670	616.5	22	670	2	12

表 2-287　PN6 B 系列突面（RF）平焊环松套法兰尺寸　　单位：mm

标准件编号	DN	A_1	D	K	L	n(个)	螺栓 Th	C	B_1	G	d	B_2	F	密封面		b
														d	f_1	
HG20592-2009PJRJRFB-6_1	10	14	75	50	11	4	M10	12	18	3	35	15	10	35	2	4
HG20592-2009PJRJRFB-6_2	15	18	80	55	11	4	M10	12	22	3	40	19	10	40	2	4
HG20592-2009PJRJRFB-6_3	20	25	90	65	11	4	M10	14	29	4	50	26	10	50	2	4
HG20592-2009PJRJRFB-6_4	25	32	100	75	11	4	M10	14	36	4	60	33	10	60	2	5
HG20592-2009PJRJRFB-6_5	32	38	120	90	14	4	M12	16	42	5	70	39	10	70	2	5
HG20592-2009PJRJRFB-6_6	40	45	130	100	14	4	M12	16	50	5	80	46	10	80	2	5
HG20592-2009PJRJRFB-6_7	50	57	140	110	14	4	M12	16	62	5	90	59	12	90	2	5
HG20592-2009PJRJRFB-6_8	65	76	160	130	14	4	M12	16	81	6	110	78	12	110	2	6
HG20592-2009PJRJRFB-6_9	80	89	190	150	18	4	M16	18	94	6	128	91	12	128	2	6
HG20592-2009PJRJRFB-6_10	100	108	210	170	18	4	M16	18	114	6	148	110	14	148	2	6
HG20592-2009PJRJRFB-6_11	125	133	240	200	18	8	M16	20	139	6	178	135	14	178	2	6
HG20592-2009PJRJRFB-6_12	150	159	265	225	18	8	M16	20	165	6	202	161	14	202	2	6
HG20592-2009PJRJRFB-6_13	200	219	320	280	18	8	M16	22	226	6	258	222	16	258	2	8

续表

标准件编号	DN	A_1	D	K	L	n(个)	螺栓 Th	C	B_1	G	d	B_2	F	密封面		b
														d	f_1	
HG20592-2009PJRJRFB-6_14	250	273	375	335	18	12	M16	24	281	8	312	276	18	312	2	10
HG20592-2009PJRJRFB-6_15	300	325	440	395	22	12	M20	24	334	8	365	328	18	365	2	11
HG20592-2009PJRJRFB-6_16	350	377	490	445	22	12	M20	26	386	8	415	381	18	415	2	12
HG20592-2009PJRJRFB-6_17	400	426	540	495	22	16	M20	28	435	8	465	430	20	465	2	12
HG20592-2009PJRJRFB-6_18	450	480	595	550	22	16	M20	30	490	8	520	485	20	520	2	12
HG20592-2009PJRJRFB-6_19	500	530	645	600	22	20	M20	30	541	8	570	535	22	570	2	12
HG20592-2009PJRJRFB-6_20	600	630	755	705	26	20	M24	36	643	8	670	636	22	670	2	12

表 2-288 PN10 A 系列突面（RF）平焊环松套法兰尺寸 单位：mm

标准件编号	DN	A_1	D	K	L	n(个)	螺栓 Th	C	B_1	G	d	B_2	F	密封面		b
														d	f_1	
HG20592-2009PJRJRFA-10_1	10	17.2	90	60	14	4	M12	14	21	3	40	18	12	40	2	4
HG20592-2009PJRJRFA-10_2	15	21.3	95	65	14	4	M12	14	25	3	45	22.5	12	45	2	4
HG20592-2009PJRJRFA-10_3	20	26.9	105	75	14	4	M12	16	31	4	58	27.5	14	58	2	4
HG20592-2009PJRJRFA-10_4	25	33.7	115	85	14	4	M12	16	38	4	68	34.5	14	68	2	5
HG20592-2009PJRJRFA-10_5	32	42.4	140	100	18	4	M16	18	47	5	78	43.5	14	78	2	5
HG20592-2009PJRJRFA-10_6	40	48.3	150	110	18	4	M16	18	53	5	88	49.5	14	88	2	5
HG20592-2009PJRJRFA-10_7	50	60.3	165	125	18	4	M16	19	65	5	102	61.5	16	102	2	5
HG20592-2009PJRJRFA-10_8	65	76.1	185	145	18	4	M16	20	81	6	122	77.5	16	122	2	6
HG20592-2009PJRJRFA-10_9	80	88.9	200	160	18	8	M16	20	94	6	138	90.5	16	138	2	6
HG20592-2009PJRJRFA-10_10	100	114.3	220	180	18	8	M16	22	120	6	158	116	18	158	2	6
HG20592-2009PJRJRFA-10_11	125	139.7	250	210	18	8	M16	22	145	6	188	143.5	18	188	2	6
HG20592-2009PJRJRFA-10_12	150	168.3	285	240	22	8	M20	24	174	6	212	170.5	20	212	2	6
HG20592-2009PJRJRFA-10_13	200	219.1	340	295	22	8	M20	24	226	6	268	221.5	20	268	2	8
HG20592-2009PJRJRFA-10_14	250	273	395	350	22	12	M20	26	281	8	320	276.5	22	320	2	10
HG20592-2009PJRJRFA-10_15	300	323.9	445	400	22	12	M20	26	333	8	370	328	22	370	2	11
HG20592-2009PJRJRFA-10_16	350	355.6	505	460	22	16	M20	28	365	8	430	360	22	430	2	12
HG20592-2009PJRJRFA-10_17	400	406.4	565	515	26	16	M24	32	416	8	482	411	24	482	2	12
HG20592-2009PJRJRFA-10_18	450	457	615	565	26	20	M24	36	467	8	532	462	24	532	2	12
HG20592-2009PJRJRFA-10_19	500	508	670	620	26	20	M24	38	519	8	582	513.5	26	585	2	12
HG20592-2009PJRJRFA-10_20	600	610	780	725	30	20	M27	42	622	8	685	616.5	26	685	2	12

表 2-289 PN10 B 系列突面（RF）平焊环松套法兰尺寸 单位：mm

标准件编号	DN	A_1	D	K	L	n(个)	螺栓 Th	C	B_1	G	d	B_2	F	密封面		b
														d	f_1	
HG20592-2009PJRJRFB-10_1	10	14	90	60	14	4	M12	14	18	3	40	15	12	40	2	4
HG20592-2009PJRJRFB-10_2	15	18	95	65	14	4	M12	14	22	3	45	19	12	45	2	4

续表

标准件编号	DN	A_1	D	K	L	n(个)	螺栓 Th	C	B_1	G	d	B_2	F	密封面		b
														d	f_1	
HG20592-2009PJRJRFB-10_3	20	25	105	75	14	4	M12	16	29	4	58	26	14	58	2	4
HG20592-2009PJRJRFB-10_4	25	32	115	85	14	4	M12	16	36	4	68	33	14	68	2	5
HG20592-2009PJRJRFB-10_5	32	38	140	100	18	4	M16	18	42	5	78	39	14	78	2	5
HG20592-2009PJRJRFB-10_6	40	45	150	110	18	4	M16	18	50	5	88	46	14	88	2	5
HG20592-2009PJRJRFB-10_7	50	57	165	125	18	4	M16	19	62	5	102	59	16	102	2	5
HG20592-2009PJRJRFB-10_8	65	76	185	145	18	4	M16	20	81	6	122	78	16	122	2	6
HG20592-2009PJRJRFB-10_9	80	89	200	160	18	8	M16	20	94	6	138	91	16	138	2	6
HG20592-2009PJRJRFB-10_10	100	108	220	180	18	8	M16	22	114	6	158	110	18	158	2	6
HG20592-2009PJRJRFB-10_11	125	133	250	210	18	8	M16	22	139	6	188	135	18	188	2	6
HG20592-2009PJRJRFB-10_12	150	159	285	240	22	8	M20	24	165	6	212	161	20	212	2	6
HG20592-2009PJRJRFB-10_13	200	219	340	295	22	8	M20	24	226	6	268	222	20	268	2	8
HG20592-2009PJRJRFB-10_14	250	273	395	350	22	12	M20	26	281	8	320	276	22	320	2	10
HG20592-2009PJRJRFB-10_15	300	325	445	400	22	12	M20	26	334	8	370	328	22	370	2	11
HG20592-2009PJRJRFB-10_16	350	377	505	460	22	16	M20	28	386	8	430	381	22	430	2	12
HG20592-2009PJRJRFB-10_17	400	426	565	515	26	16	M24	32	435	8	482	430	24	482	2	12
HG20592-2009PJRJRFB-10_18	450	480	615	565	26	20	M24	36	490	8	532	485	24	532	2	12
HG20592-2009PJRJRFB-10_19	500	530	670	620	26	20	M24	38	541	8	582	535	26	585	2	12
HG20592-2009PJRJRFB-10_20	600	630	780	725	30	20	M27	42	642	8	685	636	26	685	2	12

表 2-290　PN16 A 系列突面（RF）平焊环松套法兰尺寸　单位：mm

标准件编号	DN	A_1	D	K	L	n(个)	螺栓 Th	C	B_1	G	d	B_2	F	密封面		b
														d	f_1	
HG20592-2009PJRJRFA-16_1	10	17.2	90	60	14	4	M12	14	21	3	40	18	12	40	2	4
HG20592-2009PJRJRFA-16_2	15	21.3	95	65	14	4	M12	14	25	3	45	22	12	45	2	4
HG20592-2009PJRJRFA-16_3	20	26.9	105	75	14	4	M12	16	31	4	58	27.5	14	58	2	4
HG20592-2009PJRJRFA-16_4	25	33.7	115	85	14	4	M12	16	38	4	68	34.5	14	68	2	5
HG20592-2009PJRJRFA-16_5	32	42.4	140	100	18	4	M16	18	47	5	78	43.5	14	78	2	5
HG20592-2009PJRJRFA-16_6	40	48.3	150	110	18	4	M16	18	53	5	88	49.5	14	88	2	5
HG20592-2009PJRJRFA-16_7	50	60.3	165	125	18	4	M16	19	65	5	102	61.5	16	102	2	5
HG20592-2009PJRJRFA-16_8	65	76.1	185	145	18	8	M16	20	81	6	122	77.5	16	122	2	6
HG20592-2009PJRJRFA-16_9	80	88.9	200	160	18	8	M16	20	94	6	138	90.5	16	138	2	6
HG20592-2009PJRJRFA-16_10	100	114.3	220	180	18	8	M16	22	120	6	158	116	18	158	2	6
HG20592-2009PJRJRFA-16_11	125	139.7	250	210	22	8	M16	22	145	6	188	143.5	18	188	2	6
HG20592-2009PJRJRFA-16_12	150	168.3	285	240	22	8	M20	24	174	6	212	170.5	20	212	2	6
HG20592-2009PJRJRFA-16_13	200	219.1	340	295	22	12	M20	26	226	6	268	221.5	20	268	2	8
HG20592-2009PJRJRFA-16_14	250	273	405	355	26	12	M24	28	281	8	320	276.5	22	320	2	10

续表

标准件编号	DN	A_1	D	K	L	n(个)	螺栓 Th	C	B_1	G	d	B_2	F	密封面		b
														d	f_1	
HG20592-2009PJRJRFA-16_15	300	323.9	460	410	26	12	M24	32	333	8	378	328	24	378	2	11
HG20592-2009PJRJRFA-16_16	350	355.6	520	470	30	16	M24	35	365	8	428	360	26	428	2	12
HG20592-2009PJRJRFA-16_17	400	406.4	580	525	30	16	M27	38	416	8	490	411	28	490	2	12
HG20592-2009PJRJRFA-16_18	450	457	640	585	33	20	M27	42	467	8	550	462	30	550	2	12
HG20592-2009PJRJRFA-16_19	500	508	715	650	33	20	M30	46	519	8	610	513.5	32	610	2	12
HG20592-2009PJRJRFA-16_20	600	610	840	770	36	20	M30	52	622	8	725	616.5	32	725	2	12

表 2-291　PN16 B 系列突面（RF）平焊环松套法兰尺寸　　单位：mm

标准件编号	DN	A_1	D	K	L	n(个)	螺栓 Th	C	B_1	G	d	B_2	F	密封面		b
														d	f_1	
HG20592-2009PJRJRFB-16_1	10	14	90	60	14	4	M12	14	18	3	40	15	12	40	2	4
HG20592-2009PJRJRFB-16_2	15	18	95	65	14	4	M12	14	22	3	45	19	12	45	2	4
HG20592-2009PJRJRFB-16_3	20	25	105	75	14	4	M12	16	29	4	58	26	14	58	2	4
HG20592-2009PJRJRFB-16_4	25	32	115	85	14	4	M12	16	36	4	68	33	14	68	2	5
HG20592-2009PJRJRFB-16_5	32	38	140	100	18	4	M16	18	42	5	78	39	14	78	2	5
HG20592-2009PJRJRFB-16_6	40	45	150	110	18	4	M16	18	50	5	88	46	14	88	2	5
HG20592-2009PJRJRFB-16_7	50	57	165	125	18	4	M16	19	62	5	102	59	16	102	2	5
HG20592-2009PJRJRFB-16_8	65	76	185	145	18	8	M16	20	81	6	122	78	16	122	2	6
HG20592-2009PJRJRFB-16_9	80	89	200	160	18	8	M16	20	94	6	138	91	16	138	2	6
HG20592-2009PJRJRFB-16_10	100	108	220	180	18	8	M16	22	114	6	158	110	18	158	2	6
HG20592-2009PJRJRFB-16_11	125	133	250	210	22	8	M16	22	139	6	188	135	18	188	2	6
HG20592-2009PJRJRFB-16_12	150	159	285	240	22	8	M20	24	165	6	212	161	20	212	2	6
HG20592-2009PJRJRFB-16_13	200	219	340	295	22	12	M20	26	226	6	268	222	20	268	2	8
HG20592-2009PJRJRFB-16_14	250	273	405	355	26	12	M24	28	281	8	320	276	22	320	2	10
HG20592-2009PJRJRFB-16_15	300	325	460	410	26	12	M24	32	334	8	378	328	24	378	2	11
HG20592-2009PJRJRFB-16_16	350	377	520	470	30	16	M24	35	386	8	428	381	26	428	2	12
HG20592-2009PJRJRFB-16_17	400	426	580	525	30	16	M27	38	435	8	490	430	28	490	2	12
HG20592-2009PJRJRFB-16_18	450	480	640	585	33	20	M27	42	490	8	550	485	30	550	2	12
HG20592-2009PJRJRFB-16_19	500	530	715	650	33	20	M30	46	541	8	610	535	32	610	2	12
HG20592-2009PJRJRFB-16_20	600	630	840	770	36	20	M30	52	642	8	725	636	32	725	2	12

2. 凹面（FM）平焊环松套法兰

凹面（FM）平焊环松套法兰根据接口管可分为 A 系列（英制管）和 B 系列（公制管）。根据公称压力二者均可分为 PN10 和 PN16。A 系列（英制管）和 B 系列（公制管）法兰尺寸如表 2-292～表 2-295 所示。

表 2-292　PN10 A 系列凹面（FM）平焊环松套法兰尺寸　单位：mm

标准件编号	DN	A_1	D	K	L	n(个)	螺栓 Th	C	B_1	G	d	B_2	F	密封面			b
														f_1	f_3	Y	
HG20592-2009PJRJFMA-10_1	10	17.2	90	60	14	4	M12	14	21	3	40	18	12	2	4.0	35	4
HG20592-2009PJRJFMA-10_2	15	21.3	95	65	14	4	M12	14	25	3	45	22.5	12	2	4.0	40	4
HG20592-2009PJRJFMA-10_3	20	26.9	105	75	14	4	M12	16	31	4	58	27.5	14	2	4.0	51	4
HG20592-2009PJRJFMA-10_4	25	33.7	115	85	14	4	M12	16	38	4	68	34.5	14	2	4.0	58	5
HG20592-2009PJRJFMA-10_5	32	42.4	140	100	18	4	M16	18	47	5	78	43.5	14	2	4.0	66	5
HG20592-2009PJRJFMA-10_6	40	48.3	150	110	18	4	M16	18	53	5	88	49.5	14	2	4.0	76	5
HG20592-2009PJRJFMA-10_7	50	60.3	165	125	18	4	M16	19	65	5	102	61.5	16	2	4.0	88	5
HG20592-2009PJRJFMA-10_8	65	76.1	185	145	18	4	M16	20	81	6	122	77.5	16	2	4.0	110	6
HG20592-2009PJRJFMA-10_9	80	88.9	200	160	18	8	M16	20	94	6	138	90.5	16	2	4.0	121	6
HG20592-2009PJRJFMA-10_10	100	114.3	220	180	18	8	M16	22	120	6	158	116	18	2	4.5	150	6
HG20592-2009PJRJFMA-10_11	125	139.7	250	210	18	8	M16	22	145	6	188	143.5	18	2	4.5	176	6
HG20592-2009PJRJFMA-10_12	150	168.3	285	240	22	8	M20	24	174	6	212	170.5	20	2	4.5	204	6
HG20592-2009PJRJFMA-10_13	200	219.1	340	295	22	8	M20	24	226	6	268	221.5	20	2	4.5	260	8
HG20592-2009PJRJFMA-10_14	250	273	395	350	22	12	M20	26	281	8	320	276.5	22	2	4.5	313	10
HG20592-2009PJRJFMA-10_15	300	323.9	445	400	22	12	M20	26	333	8	370	328	22	2	4.5	364	11
HG20592-2009PJRJFMA-10_16	350	355.6	505	460	22	16	M20	28	365	8	430	360	22	2	5.0	422	12
HG20592-2009PJRJFMA-10_17	400	406.4	565	515	26	16	M24	32	416	8	482	411	24	2	5.0	474	12
HG20592-2009PJRJFMA-10_18	450	457	615	565	26	20	M24	36	467	8	532	462	24	2	5.0	524	12
HG20592-2009PJRJFMA-10_19	500	508	670	620	26	20	M24	38	519	8	582	513.5	26	2	5.0	576	12
HG20592-2009PJRJFMA-10_20	600	610	780	725	30	20	M27	42	622	8	685	616.5	26	2	5.0	676	12

表 2-293　PN10 B 系列凹面（FM）平焊环松套法兰尺寸　单位：mm

标准件编号	DN	A_1	D	K	L	n(个)	螺栓 Th	C	B_1	G	d	B_2	F	密封面			b
														f_1	f_3	Y	
HG20592-2009PJRJFMB-10_1	10	14	90	60	14	4	M12	14	18	3	40	15	12	2	4.0	35	4
HG20592-2009PJRJFMB-10_2	15	18	95	65	14	4	M12	14	22	3	45	19	12	2	4.0	40	4
HG20592-2009PJRJFMB-10_3	20	25	105	75	14	4	M12	16	29	4	58	26	14	2	4.0	51	4
HG20592-2009PJRJFMB-10_4	25	32	115	85	14	4	M12	16	36	4	68	33	14	2	4.0	58	5
HG20592-2009PJRJFMB-10_5	32	38	140	100	18	4	M16	18	42	5	78	39	14	2	4.0	66	5
HG20592-2009PJRJFMB-10_6	40	45	150	110	18	4	M16	18	50	5	88	46	14	2	4.0	76	5
HG20592-2009PJRJFMB-10_7	50	57	165	125	18	4	M16	19	62	5	102	59	16	2	4.0	88	5
HG20592-2009PJRJFMB-10_8	65	76	185	145	18	4	M16	20	81	6	122	78	16	2	4.0	110	6
HG20592-2009PJRJFMB-10_9	80	89	200	160	18	8	M16	20	94	6	138	91	16	2	4.0	121	6
HG20592-2009PJRJFMB-10_10	100	108	220	180	18	8	M16	22	114	6	158	110	18	2	4.5	150	6
HG20592-2009PJRJFMB-10_11	125	133	250	210	18	8	M16	22	139	6	188	135	18	2	4.5	176	6

续表

标准件编号	DN	A_1	D	K	L	n(个)	螺栓 Th	C	B_1	G	d	B_2	F	密封面			b
														f_1	f_3	Y	
HG20592-2009PJRJFMB-10_12	150	159	285	240	22	8	M20	24	165	6	212	161	20	2	4.5	204	6
HG20592-2009PJRJFMB-10_13	200	219	340	295	22	8	M20	24	226	6	268	222	20	2	4.5	260	8
HG20592-2009PJRJFMB-10_14	250	273	395	350	22	12	M20	26	281	8	320	276	22	2	4.5	313	10
HG20592-2009PJRJFMB-10_15	300	325	445	400	22	12	M20	26	334	8	370	328	22	2	4.5	364	11
HG20592-2009PJRJFMB-10_16	350	377	505	460	22	16	M20	28	386	8	430	381	22	2	5.0	422	12
HG20592-2009PJRJFMB-10_17	400	426	565	515	26	16	M24	32	435	8	482	430	24	2	5.0	474	12
HG20592-2009PJRJFMB-10_18	450	480	615	565	26	20	M24	36	490	8	532	485	24	2	5.0	524	12
HG20592-2009PJRJFMB-10_19	500	530	670	620	26	20	M24	38	541	8	582	535	26	2	5.0	576	12
HG20592-2009PJRJFMB-10_20	600	630	780	725	30	20	M27	42	642	8	685	636	26	2	5.0	676	12

表 2-294 PN16 A 系列凹面（FM）平焊环松套法兰尺寸 单位：mm

标准件编号	DN	A_1	D	K	L	n(个)	螺栓 Th	C	B_1	G	d	B_2	F	密封面			b
														f_1	f_3	Y	
HG20592-2009PJRJFMA-16_1	10	17.2	90	60	14	4	M12	14	21	3	40	18	12	2	4.0	35	4
HG20592-2009PJRJFMA-16_2	15	21.3	95	65	14	4	M12	14	25	3	45	22	12	2	4.0	40	4
HG20592-2009PJRJFMA-16_3	20	26.9	105	75	14	4	M12	16	31	4	58	27.5	14	2	4.0	51	4
HG20592-2009PJRJFMA-16_4	25	33.7	115	85	14	4	M12	16	38	4	68	34.5	14	2	4.0	58	5
HG20592-2009PJRJFMA-16_5	32	42.4	140	100	18	4	M16	18	47	5	78	43.5	14	2	4.0	66	5
HG20592-2009PJRJFMA-16_6	40	48.3	150	110	18	4	M16	18	53	5	88	49.5	14	2	4.0	76	5
HG20592-2009PJRJFMA-16_7	50	60.3	165	125	18	4	M16	19	65	5	102	61.5	16	2	4.0	88	5
HG20592-2009PJRJFMA-16_8	65	76.1	185	145	18	8	M16	20	81	6	122	77.5	16	2	4.0	110	6
HG20592-2009PJRJFMA-16_9	80	88.9	200	160	18	8	M16	20	94	6	138	90.5	16	2	4.0	121	6
HG20592-2009PJRJFMA-16_10	100	114.3	220	180	18	8	M16	22	120	6	158	116	18	2	4.5	150	6
HG20592-2009PJRJFMA-16_11	125	139.7	250	210	22	8	M16	22	145	6	188	143.5	18	2	4.5	176	6
HG20592-2009PJRJFMA-16_12	150	168.3	285	240	22	8	M20	24	174	6	212	170.5	20	2	4.5	204	6
HG20592-2009PJRJFMA-16_13	200	219.1	340	295	22	12	M20	26	226	6	268	221.5	20	2	4.5	260	8
HG20592-2009PJRJFMA-16_14	250	273	405	355	26	12	M24	28	281	8	320	276.5	22	2	4.5	313	10
HG20592-2009PJRJFMA-16_15	300	323.9	460	410	26	12	M24	32	333	8	378	328	24	2	4.5	364	11
HG20592-2009PJRJFMA-16_16	350	355.6	520	470	30	16	M24	35	365	8	428	360	26	2	5.0	422	12
HG20592-2009PJRJFMA-16_17	400	406.4	580	525	30	16	M27	38	416	8	490	411	28	2	5.0	474	12
HG20592-2009PJRJFMA-16_18	450	457	640	585	33	20	M27	42	467	8	550	462	30	2	5.0	524	12
HG20592-2009PJRJFMA-16_19	500	508	715	650	33	20	M30	46	519	8	610	513.5	32	2	5.0	576	12
HG20592-2009PJRJFMA-16_20	600	610	840	770	36	20	M30	52	622	8	725	616.5	32	2	5.0	676	12

表 2-295 PN16 B 系列凹面（FM）平焊环松套法兰尺寸　　单位：mm

标准件编号	DN	A_1	D	K	L	n(个)	螺栓 Th	C	B_1	G	d	B_2	F	密封面			b
														f_1	f_3	Y	
HG20592-2009PJRJFMB-16_1	10	14	90	60	14	4	M12	14	18	3	40	15	12	2	4.0	35	4
HG20592-2009PJRJFMB-16_2	15	18	95	65	14	4	M12	14	22	3	45	19	12	2	4.0	40	4
HG20592-2009PJRJFMB-16_3	20	25	105	75	14	4	M12	16	29	4	58	26	14	2	4.0	51	4
HG20592-2009PJRJFMB-16_4	25	32	115	85	14	4	M12	16	36	4	68	33	14	2	4.0	58	5
HG20592-2009PJRJFMB-16_5	32	38	140	100	18	4	M16	18	42	5	78	39	14	2	4.0	66	5
HG20592-2009PJRJFMB-16_6	40	45	150	110	18	4	M16	18	50	5	88	46	14	2	4.0	76	5
HG20592-2009PJRJFMB-16_7	50	57	165	125	18	4	M16	19	62	5	102	59	16	2	4.0	88	5
HG20592-2009PJRJFMB-16_8	65	76	185	145	18	8	M16	20	81	6	122	78	16	2	4.0	110	6
HG20592-2009PJRJFMB-16_9	80	89	200	160	18	8	M16	20	94	6	138	91	16	2	4.0	121	6
HG20592-2009PJRJFMB-16_10	100	108	220	180	18	8	M16	22	114	6	158	110	18	2	4.5	150	6
HG20592-2009PJRJFMB-16_11	125	133	250	210	22	8	M16	22	139	6	188	135	18	2	4.5	176	6
HG20592-2009PJRJFMB-16_12	150	159	285	240	22	8	M20	24	165	6	212	161	20	2	4.5	204	6
HG20592-2009PJRJFMB-16_13	200	219	340	295	22	12	M20	26	226	6	268	222	20	2	4.5	260	8
HG20592-2009PJRJFMB-16_14	250	273	405	355	26	12	M24	28	281	8	320	276	22	2	4.5	313	10
HG20592-2009PJRJFMB-16_15	300	325	460	410	26	12	M24	32	334	8	378	328	24	2	4.5	364	11
HG20592-2009PJRJFMB-16_16	350	377	520	470	30	16	M24	35	386	8	428	381	26	2	5.0	422	12
HG20592-2009PJRJFMB-16_17	400	426	580	525	30	16	M27	38	435	8	490	430	28	2	5.0	474	12
HG20592-2009PJRJFMB-16_18	450	480	640	585	33	20	M27	42	490	8	550	485	30	2	5.0	524	12
HG20592-2009PJRJFMB-16_19	500	530	715	650	33	20	M30	46	541	8	610	535	32	2	5.0	576	12
HG20592-2009PJRJFMB-16_20	600	630	840	770	36	20	M30	52	642	8	725	636	32	2	5.0	676	12

3. 凸面（M）平焊环松套法兰

凸面（M）平焊环松套法兰根据接口管可分为 A 系列（英制管）和 B 系列（公制管）。根据公称压力二者均可分为 PN10 和 PN16。A 系列（英制管）和 B 系列（公制管）法兰尺寸如表 2-296～表 2-299 所示。

表 2-296 PN10 A 系列凸面（M）平焊环松套法兰尺寸　　单位：mm

标准件编号	DN	A_1	D	K	L	n(个)	螺栓 Th	C	B_1	G	d	B_2	F	密封面		b
														f_2	X	
HG20592-2009PJRJMA-10_1	10	17.2	90	60	14	4	M12	14	21	3	40	18	12	4.5	34	4
HG20592-2009PJRJMA-10_2	15	21.3	95	65	14	4	M12	14	25	3	45	22.5	12	4.5	39	4
HG20592-2009PJRJMA-10_3	20	26.9	105	75	14	4	M12	16	31	4	58	27.5	14	4.5	50	4
HG20592-2009PJRJMA-10_4	25	33.7	115	85	14	4	M12	16	38	4	68	34.5	14	4.5	57	5
HG20592-2009PJRJMA-10_5	32	42.4	140	100	18	4	M16	18	47	5	78	43.5	14	4.5	65	5

续表

标准件编号	DN	A_1	D	K	L	n(个)	螺栓 Th	C	B_1	G	d	B_2	F	密封面		b
														f_2	X	
HG20592-2009PJRJMA-10_6	40	48.3	150	110	18	4	M16	18	53	5	88	49.5	14	4.5	75	5
HG20592-2009PJRJMA-10_7	50	60.3	165	125	18	4	M16	19	65	5	102	61.5	16	4.5	87	5
HG20592-2009PJRJMA-10_8	65	76.1	185	145	18	4	M16	20	81	6	122	77.5	16	4.5	109	6
HG20592-2009PJRJMA-10_9	80	88.9	200	160	18	8	M16	20	94	6	138	90.5	16	4.5	120	6
HG20592-2009PJRJMA-10_10	100	114.3	220	180	18	8	M16	22	120	6	158	116	18	5.0	149	6
HG20592-2009PJRJMA-10_11	125	139.7	250	210	18	8	M16	22	145	6	188	143.5	18	5.0	175	6
HG20592-2009PJRJMA-10_12	150	168.3	285	240	22	8	M20	24	174	6	212	170.5	20	5.0	203	6
HG20592-2009PJRJMA-10_13	200	219.1	340	295	22	8	M20	24	226	6	268	221.5	20	5.0	259	8
HG20592-2009PJRJMA-10_14	250	273	395	350	22	12	M20	26	281	8	320	276.5	22	5.0	312	10
HG20592-2009PJRJMA-10_15	300	323.9	445	400	22	12	M20	26	333	8	370	328	22	5.0	363	11
HG20592-2009PJRJMA-10_16	350	355.6	505	460	22	16	M20	28	365	8	430	360	22	5.5	421	12
HG20592-2009PJRJMA-10_17	400	406.4	565	515	26	16	M24	32	416	8	482	411	24	5.5	473	12
HG20592-2009PJRJMA-10_18	450	457	615	565	26	20	M24	36	467	8	532	462	24	5.5	523	12
HG20592-2009PJRJMA-10_19	500	508	670	620	26	20	M24	38	519	8	582	513.5	26	5.5	575	12
HG20592-2009PJRJMA-10_20	600	610	780	725	30	20	M27	42	622	8	685	616.5	26	5.5	675	12

表 2-297 PN10 B 系列凸面（M）平焊环松套法兰尺寸

单位：mm

标准件编号	DN	A_1	D	K	L	n(个)	螺栓 Th	C	B_1	G	d	B_2	F	密封面		b
														f_2	X	
HG20592-2009PJRJMB-10_1	10	14	90	60	14	4	M12	14	18	3	40	15	12	4.5	34	4
HG20592-2009PJRJMB-10_2	15	18	95	65	14	4	M12	14	22	3	45	19	12	4.5	39	4
HG20592-2009PJRJMB-10_3	20	25	105	75	14	4	M12	16	29	4	58	26	14	4.5	50	4
HG20592-2009PJRJMB-10_4	25	32	115	85	14	4	M12	16	36	4	68	33	14	4.5	57	5
HG20592-2009PJRJMB-10_5	32	38	140	100	18	4	M16	18	42	5	78	39	14	4.5	65	5
HG20592-2009PJRJMB-10_6	40	45	150	110	18	4	M16	18	50	5	88	46	14	4.5	75	5
HG20592-2009PJRJMB-10_7	50	57	165	125	18	4	M16	19	62	5	102	59	16	4.5	87	5
HG20592-2009PJRJMB-10_8	65	76	185	145	18	4	M16	20	81	6	122	78	16	4.5	109	6
HG20592-2009PJRJMB-10_9	80	89	200	160	18	8	M16	20	94	6	138	91	16	4.5	120	6
HG20592-2009PJRJMB-10_10	100	108	220	180	18	8	M16	22	114	6	158	110	18	5.0	149	6
HG20592-2009PJRJMB-10_11	125	133	250	210	18	8	M16	22	139	6	188	135	18	5.0	175	6
HG20592-2009PJRJMB-10_12	150	159	285	240	22	8	M20	24	165	6	212	161	20	5.0	203	6
HG20592-2009PJRJMB-10_13	200	219	340	295	22	8	M20	24	226	6	268	222	20	5.0	259	8
HG20592-2009PJRJMB-10_14	250	273	395	350	22	12	M20	26	281	8	320	276	22	5.0	312	10
HG20592-2009PJRJMB-10_15	300	325	445	400	22	12	M20	26	334	8	370	328	22	5.0	363	11

续表

标准件编号	DN	A_1	D	K	L	n(个)	螺栓 Th	C	B_1	G	d	B_2	F	密封面		b
														f_2	X	
HG20592-2009PJRJMB-10_16	350	377	505	460	22	16	M20	28	386	8	430	381	22	5.5	421	12
HG20592-2009PJRJMB-10_17	400	426	565	515	26	16	M24	32	435	8	482	430	24	5.5	473	12
HG20592-2009PJRJMB-10_18	450	480	615	565	26	20	M24	36	490	8	532	485	24	5.5	523	12
HG20592-2009PJRJMB-10_19	500	530	670	620	26	20	M24	38	541	8	582	535	26	5.5	575	12
HG20592-2009PJRJMB-10_20	600	630	780	725	30	20	M27	42	642	8	685	636	26	5.5	675	12

表 2-298　PN16 A 系列凸面（M）平焊环松套法兰尺寸　　单位：mm

标准件编号	DN	A_1	D	K	L	n(个)	螺栓 Th	C	B_1	G	d	B_2	F	密封面		b
														f_2	X	
HG20592-2009PJRJMA-16_1	10	17.2	90	60	14	4	M12	14	21	3	40	18	12	4.5	34	4
HG20592-2009PJRJMA-16_2	15	21.3	95	65	14	4	M12	14	25	3	45	22	12	4.5	39	4
HG20592-2009PJRJMA-16_3	20	26.9	105	75	14	4	M12	16	31	4	58	27.5	14	4.5	50	4
HG20592-2009PJRJMA-16_4	25	33.7	115	85	14	4	M12	16	38	4	68	34.5	14	4.5	57	5
HG20592-2009PJRJMA-16_5	32	42.4	140	100	18	4	M16	18	47	5	78	43.5	14	4.5	65	5
HG20592-2009PJRJMA-16_6	40	48.3	150	110	18	4	M16	18	53	5	88	49.5	14	4.5	75	5
HG20592-2009PJRJMA-16_7	50	60.3	165	125	18	4	M16	19	65	5	102	61.5	16	4.5	87	5
HG20592-2009PJRJMA-16_8	65	76.1	185	145	18	8	M16	20	81	6	122	77.5	16	4.5	109	6
HG20592-2009PJRJMA-16_9	80	88.9	200	160	18	8	M16	20	94	6	138	90.5	16	4.5	120	6
HG20592-2009PJRJMA-16_10	100	114.3	220	180	18	8	M16	22	120	6	158	116	18	5.0	149	6
HG20592-2009PJRJMA-16_11	125	139.7	250	210	22	8	M16	22	145	6	188	143.5	18	5.0	175	6
HG20592-2009PJRJMA-16_12	150	168.3	285	240	22	8	M20	24	174	6	212	170.5	20	5.0	203	6
HG20592-2009PJRJMA-16_13	200	219.1	340	295	22	12	M20	26	226	6	268	221.5	20	5.0	259	8
HG20592-2009PJRJMA-16_14	250	273	405	355	26	12	M24	28	281	8	320	276.5	22	5.0	312	10
HG20592-2009PJRJMA-16_15	300	323.9	460	410	26	12	M24	32	333	8	378	328	24	5.0	363	11
HG20592-2009PJRJMA-16_16	350	355.6	520	470	30	16	M24	35	365	8	428	360	26	5.5	421	12
HG20592-2009PJRJMA-16_17	400	406.4	580	525	30	16	M27	38	416	8	490	411	28	5.5	473	12
HG20592-2009PJRJMA-16_18	450	457	640	585	33	20	M27	42	467	8	550	462	30	5.5	523	12
HG20592-2009PJRJMA-16_19	500	508	715	650	33	20	M30	46	519	8	610	513.5	32	5.5	575	12
HG20592-2009PJRJMA-16_20	600	610	840	770	36	20	M30	52	622	8	725	616.5	32	5.5	675	12

表 2-299　PN16 B 系列凸面（M）平焊环松套法兰尺寸　　单位：mm

标准件编号	DN	A_1	D	K	L	n(个)	螺栓 Th	C	B_1	G	d	B_2	F	密封面		b
														f_2	X	
HG20592-2009PJRJMB-16_1	10	14	90	60	14	4	M12	14	18	3	40	15	12	4.5	34	4

续表

标准件编号	DN	A_1	D	K	L	n(个)	螺栓 Th	C	B_1	G	d	B_2	F	密封面		b
														f_2	X	
HG20592-2009PJRJMB-16_2	15	18	95	65	14	4	M12	14	22	3	45	19	12	4.5	39	4
HG20592-2009PJRJMB-16_3	20	25	105	75	14	4	M12	16	29	4	58	26	14	4.5	50	4
HG20592-2009PJRJMB-16_4	25	32	115	85	14	4	M12	16	36	4	68	33	14	4.5	57	5
HG20592-2009PJRJMB-16_5	32	38	140	100	18	4	M16	18	42	5	78	39	14	4.5	65	5
HG20592-2009PJRJMB-16_6	40	45	150	110	18	4	M16	18	50	5	88	46	14	4.5	75	5
HG20592-2009PJRJMB-16_7	50	57	165	125	18	4	M16	19	62	5	102	59	16	4.5	87	5
HG20592-2009PJRJMB-16_8	65	76	185	145	18	8	M16	20	81	6	122	78	16	4.5	109	6
HG20592-2009PJRJMB-16_9	80	89	200	160	18	8	M16	20	94	6	138	91	16	4.5	120	6
HG20592-2009PJRJMB-16_10	100	108	220	180	18	8	M16	22	114	6	158	110	18	5.0	149	6
HG20592-2009PJRJMB-16_11	125	133	250	210	22	8	M16	22	139	6	188	135	18	5.0	175	6
HG20592-2009PJRJMB-16_12	150	159	285	240	22	8	M20	24	165	6	212	161	20	5.0	203	6
HG20592-2009PJRJMB-16_13	200	219	340	295	22	12	M20	26	226	6	268	222	20	5.0	259	8
HG20592-2009PJRJMB-16_14	250	273	405	355	26	12	M24	28	281	8	320	276	22	5.0	312	10
HG20592-2009PJRJMB-16_15	300	325	460	410	26	12	M24	32	334	8	378	328	24	5.0	363	11
HG20592-2009PJRJMB-16_16	350	377	520	470	30	16	M24	35	386	8	428	381	26	5.5	421	12
HG20592-2009PJRJMB-16_17	400	426	580	525	30	16	M27	38	435	8	490	430	28	5.5	473	12
HG20592-2009PJRJMB-16_18	450	480	640	585	33	20	M27	42	490	8	550	485	30	5.5	523	12
HG20592-2009PJRJMB-16_19	500	530	715	650	33	20	M30	46	541	8	610	535	32	5.5	575	12
HG20592-2009PJRJMB-16_20	600	630	840	770	36	20	M30	52	642	8	725	636	32	5.5	675	12

4．榫面（T）平焊环松套法兰

榫面（T）平焊环松套法兰根据接口管可分为 A 系列（英制管）和 B 系列（公制管）。根据公称压力二者均可分为 PN10 和 PN16。A 系列（英制管）和 B 系列（公制管）法兰尺寸如表 2-300～表 2-303 所示。

表 2-300　PN10 A 系列榫面（T）平焊环松套法兰尺寸　　单位：mm

标准件编号	DN	A_1	D	K	L	n(个)	螺栓 Th	C	B_1	G	d	B_2	F	密封面			b
														f_2	X	W	
HG20592-2009PJRJTA-10_1	10	17.2	90	60	14	4	M12	14	21	3	40	18	12	4.5	34	24	4
HG20592-2009PJRJTA-10_2	15	21.3	95	65	14	4	M12	14	25	3	45	22.5	12	4.5	39	29	4
HG20592-2009PJRJTA-10_3	20	26.9	105	75	14	4	M12	16	31	4	58	27.5	14	4.5	50	36	4
HG20592-2009PJRJTA-10_4	25	33.7	115	85	14	4	M12	16	38	4	68	34.5	14	4.5	57	43	5
HG20592-2009PJRJTA-10_5	32	42.4	140	100	18	4	M16	18	47	5	78	43.5	14	4.5	65	51	5
HG20592-2009PJRJTA-10_6	40	48.3	150	110	18	4	M16	18	53	5	88	49.5	14	4.5	75	61	5

续表

标准件编号	DN	A_1	D	K	L	n(个)	螺栓 Th	C	B_1	G	d	B_2	F	密封面			b
														f_2	X	W	
HG20592-2009PJRJTA-10_7	50	60.3	165	125	18	4	M16	19	65	5	102	61.5	16	4.5	87	73	5
HG20592-2009PJRJTA-10_8	65	76.1	185	145	18	4	M16	20	81	6	122	77.5	16	4.5	109	95	6
HG20592-2009PJRJTA-10_9	80	88.9	200	160	18	8	M16	20	94	6	138	90.5	16	4.5	120	106	6
HG20592-2009PJRJTA-10_10	100	114.3	220	180	18	8	M16	22	120	6	158	116	18	5.0	149	129	6
HG20592-2009PJRJTA-10_11	125	139.7	250	210	18	8	M16	22	145	6	188	143.5	18	5.0	175	155	6
HG20592-2009PJRJTA-10_12	150	168.3	285	240	22	8	M20	24	174	6	212	170.5	20	5.0	203	183	6
HG20592-2009PJRJTA-10_13	200	219.1	340	295	22	8	M20	24	226	6	268	221.5	20	5.0	259	239	8
HG20592-2009PJRJTA-10_14	250	273	395	350	22	12	M20	26	281	8	320	276.5	22	5.0	312	292	10
HG20592-2009PJRJTA-10_15	300	323.9	445	400	22	12	M20	26	333	8	370	328	22	5.0	363	343	11
HG20592-2009PJRJTA-10_16	350	355.6	505	460	22	16	M20	28	365	8	430	360	22	5.5	421	395	12
HG20592-2009PJRJTA-10_17	400	406.4	565	515	26	16	M24	32	416	8	482	411	24	5.5	473	447	12
HG20592-2009PJRJTA-10_18	450	457	615	565	26	20	M24	36	467	8	532	462	24	5.5	523	497	12
HG20592-2009PJRJTA-10_19	500	508	670	620	26	20	M24	38	519	8	582	513.5	26	5.5	575	549	12
HG20592-2009PJRJTA-10_20	600	610	780	725	30	20	M27	42	622	8	685	616.5	26	5.5	675	649	12

表 2-301　PN10 B 系列榫面（T）平焊环松套法兰尺寸　　单位：mm

标准件编号	DN	A_1	D	K	L	n(个)	螺栓 Th	C	B_1	G	d	B_2	F	密封面			b
														f_2	X	W	
HG20592-2009PJRJTB-10_1	10	14	90	60	14	4	M12	14	18	3	40	15	12	4.5	34	24	4
HG20592-2009PJRJTB-10_2	15	18	95	65	14	4	M12	14	22	3	45	19	12	4.5	39	29	4
HG20592-2009PJRJTB-10_3	20	25	105	75	14	4	M12	16	29	4	58	26	14	4.5	50	36	4
HG20592-2009PJRJTB-10_4	25	32	115	85	14	4	M12	16	36	4	68	33	14	4.5	57	43	5
HG20592-2009PJRJTB-10_5	32	38	140	100	18	4	M16	18	42	5	78	39	14	4.5	65	51	5
HG20592-2009PJRJTB-10_6	40	45	150	110	18	4	M16	18	50	5	88	46	14	4.5	75	61	5
HG20592-2009PJRJTB-10_7	50	57	165	125	18	4	M16	19	62	5	102	59	16	4.5	87	73	5
HG20592-2009PJRJTB-10_8	65	76	185	145	18	4	M16	20	81	6	122	78	16	4.5	109	95	6
HG20592-2009PJRJTB-10_9	80	89	200	160	18	8	M16	20	94	6	138	91	16	4.5	120	106	6
HG20592-2009PJRJTB-10_10	100	108	220	180	18	8	M16	22	114	6	158	110	18	5.0	149	129	6
HG20592-2009PJRJTB-10_11	125	133	250	210	18	8	M16	22	139	6	188	135	18	5.0	175	155	6
HG20592-2009PJRJTB-10_12	150	159	285	240	22	8	M20	24	165	6	212	161	20	5.0	203	183	6
HG20592-2009PJRJTB-10_13	200	219	340	295	22	8	M20	24	226	6	268	222	20	5.0	259	239	8
HG20592-2009PJRJTB-10_14	250	273	395	350	22	12	M20	26	281	8	320	276	22	5.0	312	292	10
HG20592-2009PJRJTB-10_15	300	325	445	400	22	12	M20	26	334	8	370	328	22	5.0	363	343	11
HG20592-2009PJRJTB-10_16	350	377	505	460	22	16	M20	28	386	8	430	381	22	5.5	421	395	12

续表

标准件编号	DN	A_1	D	K	L	n(个)	螺栓 Th	C	B_1	G	d	B_2	F	密封面			b
														f_2	X	W	
HG20592-2009PJRJTB-10_17	400	426	565	515	26	16	M24	32	435	8	482	430	24	5.5	473	447	12
HG20592-2009PJRJTB-10_18	450	480	615	565	26	20	M24	36	490	8	532	485	24	5.5	523	497	12
HG20592-2009PJRJTB-10_19	500	530	670	620	26	20	M24	38	541	8	582	535	26	5.5	575	549	12
HG20592-2009PJRJTB-10_20	600	630	780	725	30	20	M27	42	642	8	685	636	26	5.5	675	649	12

表 2-302　PN16 A 系列榫面（T）平焊环松套法兰尺寸　　单位：mm

标准件编号	DN	A_1	D	K	L	n(个)	螺栓 Th	C	B_1	G	d	B_2	F	密封面			b
														f_2	X	W	
HG20592-2009PJRJTA-16_1	10	17.2	90	60	14	4	M12	14	21	3	40	18	12	4.5	34	24	4
HG20592-2009PJRJTA-16_2	15	21.3	95	65	14	4	M12	14	25	3	45	22	12	4.5	39	29	4
HG20592-2009PJRJTA-16_3	20	26.9	105	75	14	4	M12	16	31	4	58	27.5	14	4.5	50	36	4
HG20592-2009PJRJTA-16_4	25	33.7	115	85	14	4	M12	16	38	4	68	34.5	14	4.5	57	43	5
HG20592-2009PJRJTA-16_5	32	42.4	140	100	18	4	M16	18	47	5	78	43.5	14	4.5	65	51	5
HG20592-2009PJRJTA-16_6	40	48.3	150	110	18	4	M16	18	53	5	88	49.5	14	4.5	75	61	5
HG20592-2009PJRJTA-16_7	50	60.3	165	125	18	4	M16	19	65	5	102	61.5	16	4.5	87	73	5
HG20592-2009PJRJTA-16_8	65	76.1	185	145	18	8	M16	20	81	6	122	77.5	16	4.5	109	95	6
HG20592-2009PJRJTA-16_9	80	88.9	200	160	18	8	M16	20	94	6	138	90.5	16	4.5	120	106	6
HG20592-2009PJRJTA-16_10	100	114.3	220	180	18	8	M16	22	120	6	158	116	18	5.0	149	129	6
HG20592-2009PJRJTA-16_11	125	139.7	250	210	22	8	M16	22	145	6	188	143.5	18	5.0	175	155	6
HG20592-2009PJRJTA-16_12	150	168.3	285	240	22	8	M20	24	174	6	212	170.5	20	5.0	203	183	6
HG20592-2009PJRJTA-16_13	200	219.1	340	295	22	12	M20	26	226	6	268	221.5	20	5.0	259	239	8
HG20592-2009PJRJTA-16_14	250	273	405	355	26	12	M24	28	281	8	320	276.5	22	5.0	312	292	10
HG20592-2009PJRJTA-16_15	300	323.9	460	410	26	12	M24	32	333	8	378	328	24	5.0	363	343	11
HG20592-2009PJRJTA-16_16	350	355.6	520	470	30	16	M24	35	365	8	428	360	26	5.5	421	395	12
HG20592-2009PJRJTA-16_17	400	406.4	580	525	30	16	M27	38	416	8	490	411	28	5.5	473	447	12
HG20592-2009PJRJTA-16_18	450	457	640	585	33	20	M27	42	467	8	550	462	30	5.5	523	497	12
HG20592-2009PJRJTA-16_19	500	508	715	650	33	20	M30	46	519	8	610	513.5	32	5.5	575	549	12
HG20592-2009PJRJTA-16_20	600	610	840	770	36	20	M30	52	622	8	725	616.5	32	5.5	675	649	12

表 2-303　PN16 B 系列榫面（T）平焊环松套法兰尺寸　　单位：mm

标准件编号	DN	A_1	D	K	L	n(个)	螺栓 Th	C	B_1	G	d	B_2	F	密封面			b
														f_2	X	W	
HG20592-2009PJRJTB-16_1	10	14	90	60	14	4	M12	14	18	3	40	15	12	4.5	34	24	4
HG20592-2009PJRJTB-16_2	15	18	95	65	14	4	M12	14	22	3	45	19	12	4.5	39	29	4

续表

标准件编号	DN	A_1	D	K	L	n(个)	螺栓 Th	C	B_1	G	d	B_2	F	密封面			b
														f_2	X	W	
HG20592-2009PJRJTB-16_3	20	25	105	75	14	4	M12	16	29	4	58	26	14	4.5	50	36	4
HG20592-2009PJRJTB-16_4	25	32	115	85	14	4	M12	16	36	4	68	33	14	4.5	57	43	5
HG20592-2009PJRJTB-16_5	32	38	140	100	18	4	M16	18	42	5	78	39	14	4.5	65	51	5
HG20592-2009PJRJTB-16_6	40	45	150	110	18	4	M16	18	50	5	88	46	14	4.5	75	61	5
HG20592-2009PJRJTB-16_7	50	57	165	125	18	4	M16	19	62	5	102	59	16	4.5	87	73	5
HG20592-2009PJRJTB-16_8	65	76	185	145	18	8	M16	20	81	6	122	78	16	4.5	109	95	6
HG20592-2009PJRJTB-16_9	80	89	200	160	18	8	M16	20	94	6	138	91	16	4.5	120	106	6
HG20592-2009PJRJTB-16_10	100	108	220	180	18	8	M16	22	114	6	158	110	18	5.0	149	129	6
HG20592-2009PJRJTB-16_11	125	133	250	210	22	8	M16	22	139	6	188	135	18	5.0	175	155	6
HG20592-2009PJRJTB-16_12	150	159	285	240	22	8	M20	24	165	6	212	161	20	5.0	203	183	6
HG20592-2009PJRJTB-16_13	200	219	340	295	22	12	M20	26	226	6	268	222	20	5.0	259	239	8
HG20592-2009PJRJTB-16_14	250	273	405	355	26	12	M24	28	281	8	320	276	22	5.0	312	292	10
HG20592-2009PJRJTB-16_15	300	325	460	410	26	12	M24	32	334	8	378	328	24	5.0	363	343	11
HG20592-2009PJRJTB-16_16	350	377	520	470	30	16	M24	35	386	8	428	381	26	5.5	421	395	12
HG20592-2009PJRJTB-16_17	400	426	580	525	30	16	M27	38	435	8	490	430	28	5.5	473	447	12
HG20592-2009PJRJTB-16_18	450	480	640	585	33	20	M27	42	490	8	550	485	30	5.5	523	497	12
HG20592-2009PJRJTB-16_19	500	530	715	650	33	20	M30	46	541	8	610	535	32	5.5	575	549	12
HG20592-2009PJRJTB-16_20	600	630	840	770	36	20	M30	52	642	8	725	636	32	5.5	675	649	12

5. 槽面（G）平焊环松套法兰

槽面（G）平焊环松套法兰根据接口管可分为 A 系列（英制管）和 B 系列（公制管）。根据公称压力二者均可分为 PN10 和 PN16。A 系列（英制管）和 B 系列（公制管）法兰尺寸如表 2-304～表 2-307 所示。

表 2-304　PN10 A 系列槽面（G）平焊环松套法兰尺寸　　单位：mm

标准件编号	DN	A_1	D	K	L	n(个)	螺栓 Th	C	B_1	G	d	B_2	F	密封面				b
														f_1	f_3	Y	Z	
HG20592-2009PJRJGA-10_1	10	17.2	90	60	14	4	M12	14	21	3	40	18	12	2	4.0	35	23	4
HG20592-2009PJRJGA-10_2	15	21.3	95	65	14	4	M12	14	25	3	45	22.5	12	2	4.0	40	28	4
HG20592-2009PJRJGA-10_3	20	26.9	105	75	14	4	M12	16	31	4	58	27.5	14	2	4.0	51	35	4
HG20592-2009PJRJGA-10_4	25	33.7	115	85	14	4	M12	16	38	4	68	34.5	14	2	4.0	58	42	5
HG20592-2009PJRJGA-10_5	32	42.4	140	100	18	4	M16	18	47	5	78	43.5	14	2	4.0	66	50	5
HG20592-2009PJRJGA-10_6	40	48.3	150	110	18	4	M16	18	53	5	88	49.5	14	2	4.0	76	60	5
HG20592-2009PJRJGA-10_7	50	60.3	165	125	18	4	M16	19	65	5	102	61.5	16	2	4.0	88	72	5

续表

标准件编号	DN	A_1	D	K	L	n(个)	螺栓 Th	C	B_1	G	d	B_2	F	密封面				b
														f_1	f_3	Y	Z	
HG20592-2009PJRJGA-10_8	65	76.1	185	145	18	4	M16	20	81	6	122	77.5	16	2	4.0	110	94	6
HG20592-2009PJRJGA-10_9	80	88.9	200	160	18	8	M16	20	94	6	138	90.5	16	2	4.0	121	105	6
HG20592-2009PJRJGA-10_10	100	114.3	220	180	18	8	M16	22	120	6	158	116	18	2	4.5	150	128	6
HG20592-2009PJRJGA-10_11	125	139.7	250	210	18	8	M16	22	145	6	188	143.5	18	2	4.5	176	154	6
HG20592-2009PJRJGA-10_12	150	168.3	285	240	22	8	M20	24	174	6	212	170.5	20	2	4.5	204	182	6
HG20592-2009PJRJGA-10_13	200	219.1	340	295	22	8	M20	24	226	6	268	221.5	20	2	4.5	260	238	8
HG20592-2009PJRJGA-10_14	250	273	395	350	22	12	M20	26	281	8	320	276.5	22	2	4.5	313	291	10
HG20592-2009PJRJGA-10_15	300	323.9	445	400	22	12	M20	26	333	8	370	328	22	2	4.5	364	342	11
HG20592-2009PJRJGA-10_16	350	355.6	505	460	22	16	M20	28	365	8	430	360	22	2	5.0	422	394	12
HG20592-2009PJRJGA-10_17	400	406.4	565	515	26	16	M24	32	416	8	482	411	24	2	5.0	474	446	12
HG20592-2009PJRJGA-10_18	450	457	615	565	26	20	M24	36	467	8	532	462	24	2	5.0	524	496	12
HG20592-2009PJRJGA-10_19	500	508	670	620	26	20	M24	38	519	8	582	513.5	26	2	5.0	576	548	12
HG20592-2009PJRJGA-10_20	600	610	780	725	30	20	M27	42	622	8	685	616.5	26	2	5.0	676	648	12

表 2-305 PN10 B 系列槽面（G）平焊环松套法兰尺寸 单位：mm

标准件编号	DN	A_1	D	K	L	n(个)	螺栓 Th	C	B_1	G	d	B_2	F	密封面				b
														f_1	f_3	Y	Z	
HG20592-2009PJRJGB-10_1	10	14	90	60	14	4	M12	14	18	3	40	15	12	2	4.0	35	23	4
HG20592-2009PJRJGB-10_2	15	18	95	65	14	4	M12	14	22	3	45	19	12	2	4.0	40	28	4
HG20592-2009PJRJGB-10_3	20	25	105	75	14	4	M12	16	29	4	58	26	14	2	4.0	51	35	4
HG20592-2009PJRJGB-10_4	25	32	115	85	14	4	M12	16	36	4	68	33	14	2	4.0	58	42	5
HG20592-2009PJRJGB-10_5	32	38	140	100	18	4	M16	18	42	5	78	39	14	2	4.0	66	50	5
HG20592-2009PJRJGB-10_6	40	45	150	110	18	4	M16	18	50	5	88	46	14	2	4.0	76	60	5
HG20592-2009PJRJGB-10_7	50	57	165	125	18	4	M16	19	62	5	102	59	16	2	4.0	88	72	5
HG20592-2009PJRJGB-10_8	65	76	185	145	18	4	M16	20	81	6	122	78	16	2	4.0	110	94	6
HG20592-2009PJRJGB-10_9	80	89	200	160	18	8	M16	20	94	6	138	91	16	2	4.0	121	105	6
HG20592-2009PJRJGB-10_10	100	108	220	180	18	8	M16	22	114	6	158	110	18	2	4.5	150	128	6
HG20592-2009PJRJGB-10_11	125	133	250	210	18	8	M16	22	139	6	188	135	18	2	4.5	176	154	6
HG20592-2009PJRJGB-10_12	150	159	285	240	22	8	M20	24	165	6	212	161	20	2	4.5	204	182	6
HG20592-2009PJRJGB-10_13	200	219	340	295	22	8	M20	24	226	6	268	222	20	2	4.5	260	238	8
HG20592-2009PJRJGB-10_14	250	273	395	350	22	12	M20	26	281	8	320	276	22	2	4.5	313	291	10
HG20592-2009PJRJGB-10_15	300	325	445	400	22	12	M20	26	334	8	370	328	22	2	4.5	364	342	11
HG20592-2009PJRJGB-10_16	350	377	505	460	22	16	M20	28	386	8	430	381	22	2	5.0	422	394	12
HG20592-2009PJRJGB-10_17	400	426	565	515	26	16	M24	32	435	8	482	430	24	2	5.0	474	446	12

续表

标准件编号	DN	A_1	D	K	L	n(个)	螺栓 Th	C	B_1	G	d	B_2	F	密封面				b
														f_1	f_3	Y	Z	
HG20592-2009PJRJGB-10_18	450	480	615	565	26	20	M24	36	490	8	532	485	24	2	5.0	524	496	12
HG20592-2009PJRJGB-10_19	500	530	670	620	26	20	M24	38	541	8	582	535	26	2	5.0	576	548	12
HG20592-2009PJRJGB-10_20	600	630	780	725	30	20	M27	42	642	8	685	636	26	2	5.0	676	648	12

表 2-306 PN16 A 系列槽面（G）平焊环松套法兰尺寸 单位：mm

标准件编号	DN	A_1	D	K	L	n(个)	螺栓 Th	C	B_1	G	d	B_2	F	密封面				b
														f_1	f_3	Y	Z	
HG20592-2009PJRJGA-16_1	10	17.2	90	60	14	4	M12	14	21	3	40	18	12	2	4.0	35	23	4
HG20592-2009PJRJGA-16_2	15	21.3	95	65	14	4	M12	14	25	3	45	22	12	2	4.0	40	28	4
HG20592-2009PJRJGA-16_3	20	26.9	105	75	14	4	M12	16	31	4	58	27.5	14	2	4.0	51	35	4
HG20592-2009PJRJGA-16_4	25	33.7	115	85	14	4	M12	16	38	4	68	34.5	14	2	4.0	58	42	5
HG20592-2009PJRJGA-16_5	32	42.4	140	100	18	4	M16	18	47	5	78	43.5	14	2	4.0	66	50	5
HG20592-2009PJRJGA-16_6	40	48.3	150	110	18	4	M16	18	53	5	88	49.5	14	2	4.0	76	60	5
HG20592-2009PJRJGA-16_7	50	60.3	165	125	18	4	M16	19	65	5	102	61.5	16	2	4.0	88	72	5
HG20592-2009PJRJGA-16_8	65	76.1	185	145	18	8	M16	20	81	6	122	77.5	16	2	4.0	110	94	6
HG20592-2009PJRJGA-16_9	80	88.9	200	160	18	8	M16	20	94	6	138	90.5	16	2	4.0	121	105	6
HG20592-2009PJRJGA-16_10	100	114.3	220	180	18	8	M16	22	120	6	158	116	18	2	4.5	150	128	6
HG20592-2009PJRJGA-16_11	125	139.7	250	210	22	8	M16	22	145	6	188	143.5	18	2	4.5	176	154	6
HG20592-2009PJRJGA-16_12	150	168.3	285	240	22	8	M20	24	174	6	212	170.5	20	2	4.5	204	182	6
HG20592-2009PJRJGA-16_13	200	219.1	340	295	22	12	M20	26	226	6	268	221.5	20	2	4.5	260	238	8
HG20592-2009PJRJGA-16_14	250	273	405	355	26	12	M24	28	281	8	320	276.5	22	2	4.5	313	291	10
HG20592-2009PJRJGA-16_15	300	323.9	460	410	26	12	M24	32	333	8	378	328	24	2	4.5	364	342	11
HG20592-2009PJRJGA-16_16	350	355.6	520	470	30	16	M24	35	365	8	428	360	26	2	5.0	422	394	12
HG20592-2009PJRJGA-16_17	400	406.4	580	525	30	16	M27	38	416	8	490	411	28	2	5.0	474	446	12
HG20592-2009PJRJGA-16_18	450	457	640	585	33	20	M27	42	467	8	550	462	30	2	5.0	524	496	12
HG20592-2009PJRJGA-16_19	500	508	715	650	33	20	M30	46	519	8	610	513.5	32	2	5.0	576	548	12
HG20592-2009PJRJGA-16_20	600	610	840	770	36	20	M30	52	622	8	725	616.5	32	2	5.0	676	648	12

表 2-307 PN16 B 系列槽面（G）平焊环松套法兰尺寸 单位：mm

标准件编号	DN	A_1	D	K	L	n(个)	螺栓 Th	C	B_1	G	d	B_2	F	密封面				b
														f_1	f_3	Y	Z	
HG20592-2009PJRJGB-16_1	10	14	90	60	14	4	M12	14	18	3	40	15	12	2	4.0	35	23	4
HG20592-2009PJRJGB-16_2	15	18	95	65	14	4	M12	14	22	3	45	19	12	2	4.0	40	28	4
HG20592-2009PJRJGB-16_3	20	25	105	75	14	4	M12	16	29	4	58	26	14	2	4.0	51	35	4

续表

标准件编号	DN	A_1	D	K	L	n(个)	螺栓 Th	C	B_1	G	d	B_2	F	密封面				b
														f_1	f_3	Y	Z	
HG20592-2009PJRJGB-16_4	25	32	115	85	14	4	M12	16	36	4	68	33	14	2	4.0	58	42	5
HG20592-2009PJRJGB-16_5	32	38	140	100	18	4	M16	18	42	5	78	39	14	2	4.0	66	50	5
HG20592-2009PJRJGB-16_6	40	45	150	110	18	4	M16	18	50	5	88	46	14	2	4.0	76	60	5
HG20592-2009PJRJGB-16_7	50	57	165	125	18	4	M16	19	62	5	102	59	16	2	4.0	88	72	5
HG20592-2009PJRJGB-16_8	65	76	185	145	18	8	M16	20	81	6	122	78	16	2	4.0	110	94	6
HG20592-2009PJRJGB-16_9	80	89	200	160	18	8	M16	20	94	6	138	91	16	2	4.0	121	105	6
HG20592-2009PJRJGB-16_10	100	108	220	180	18	8	M16	22	114	6	158	110	18	2	4.5	150	128	6
HG20592-2009PJRJGB-16_11	125	133	250	210	22	8	M16	22	139	6	188	135	18	2	4.5	176	154	6
HG20592-2009PJRJGB-16_12	150	159	285	240	22	8	M20	24	165	6	212	161	20	2	4.5	204	182	6
HG20592-2009PJRJGB-16_13	200	219	340	295	22	12	M20	26	226	6	268	222	20	2	4.5	260	238	8
HG20592-2009PJRJGB-16_14	250	273	405	355	26	12	M24	28	281	8	320	276	22	2	4.5	313	291	10
HG20592-2009PJRJGB-16_15	300	325	460	410	26	12	M24	32	334	8	378	328	24	2	4.5	364	342	11
HG20592-2009PJRJGB-16_16	350	377	520	470	30	16	M24	35	386	8	428	381	26	2	5.0	422	394	12
HG20592-2009PJRJGB-16_17	400	426	580	525	30	16	M27	38	435	8	490	430	28	2	5.0	474	446	12
HG20592-2009PJRJGB-16_18	450	480	640	585	33	20	M27	42	490	8	550	485	30	2	5.0	524	496	12
HG20592-2009PJRJGB-16_19	500	530	715	650	33	20	M30	46	541	8	610	535	32	2	5.0	576	548	12
HG20592-2009PJRJGB-16_20	600	630	840	770	36	20	M30	52	642	8	725	636	32	2	5.0	676	648	12

2.2.9 法兰盖（BL）

本标准规定了法兰盖（BL）（欧洲体系）的型式和尺寸。

本标准适用于公称压力 PN2.5～PN160 的法兰盖。

法兰盖的二维图形和三维图形如表 2-308 所示。

表 2-308 法兰盖

二维图形	三维图形

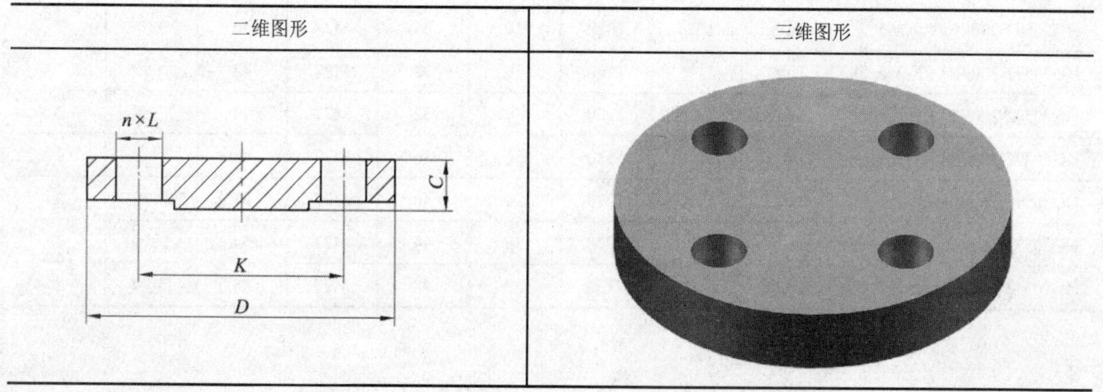

1. 突面（RF）法兰盖

突面（RF）法兰盖根据公称压力可分为 PN2.5、PN6、PN10、PN16、PN25、PN40、PN63、PN100 和 PN160。法兰盖尺寸如表 2-309～表 2-317 所示。

表 2-309 PN2.5 突面（RF）法兰盖尺寸 单位：mm

标准件编号	DN	D	K	L	n(个)	螺栓Th	C	密封面d	密封面f_1
HG20592-2009BLRF-2_5_1	10	75	50	11	4	M10	12	35	2
HG20592-2009BLRF-2_5_2	15	80	55	11	4	M10	12	40	2
HG20592-2009BLRF-2_5_3	20	90	65	11	4	M10	14	50	2
HG20592-2009BLRF-2_5_4	25	100	75	11	4	M10	14	60	2
HG20592-2009BLRF-2_5_5	32	120	90	14	4	M12	16	70	2
HG20592-2009BLRF-2_5_6	40	130	100	14	4	M12	16	80	2
HG20592-2009BLRF-2_5_7	50	140	110	14	4	M12	16	90	2
HG20592-2009BLRF-2_5_8	65	160	130	14	4	M12	16	110	2
HG20592-2009BLRF-2_5_9	80	190	150	18	4	M16	18	128	2
HG20592-2009BLRF-2_5_10	100	210	170	18	4	M16	18	148	2
HG20592-2009BLRF-2_5_11	125	240	200	18	8	M16	20	178	2
HG20592-2009BLRF-2_5_12	150	265	225	18	8	M16	20	202	2
HG20592-2009BLRF-2_5_13	200	320	280	18	8	M16	22	258	2
HG20592-2009BLRF-2_5_14	250	375	335	18	12	M16	24	312	2
HG20592-2009BLRF-2_5_15	300	440	395	22	12	M20	24	365	2
HG20592-2009BLRF-2_5_16	350	490	445	22	12	M20	26	415	2
HG20592-2009BLRF-2_5_17	400	540	495	22	16	M20	28	465	2
HG20592-2009BLRF-2_5_18	450	595	550	22	16	M20	30	520	2
HG20592-2009BLRF-2_5_19	500	645	600	22	20	M20	30	570	2
HG20592-2009BLRF-2_5_20	600	755	705	26	20	M24	32	670	2
HG20592-2009BLRF-2_5_21	700	860	810	26	24	M24	36	775	2
HG20592-2009BLRF-2_5_22	800	975	920	30	24	M27	38	880	2
HG20592-2009BLRF-2_5_23	900	1075	1020	30	24	M27	40	980	2
HG20592-2009BLRF-2_5_24	1000	1175	1120	30	28	M27	42	1080	2
HG20592-2009BLRF-2_5_25	1200	1375	1320	30	32	M27	44	1280	2
HG20592-2009BLRF-2_5_26	1400	1575	1520	30	36	M27	48	1480	2
HG20592-2009BLRF-2_5_27	1600	1790	1730	30	40	M27	51	1690	2
HG20592-2009BLRF-2_5_28	1800	1990	1930	30	44	M27	54	1890	2
HG20592-2009BLRF-2_5_29	2000	2190	2130	30	48	M27	58	2090	2

表 2-310　PN6 突面（RF）法兰盖尺寸

单位：mm

标准件编号	DN	D	K	L	n(个)	螺栓Th	C	密封面d	密封面f_1
HG20592-2009BLRF-6_1	10	75	50	11	4	M10	12	35	2
HG20592-2009BLRF-6_2	15	80	55	11	4	M10	12	40	2
HG20592-2009BLRF-6_3	20	90	65	11	4	M10	14	50	2
HG20592-2009BLRF-6_4	25	100	75	11	4	M10	14	60	2
HG20592-2009BLRF-6_5	32	120	90	14	4	M12	14	70	2
HG20592-2009BLRF-6_6	40	130	100	14	4	M12	14	80	2
HG20592-2009BLRF-6_7	50	140	110	14	4	M12	14	90	2
HG20592-2009BLRF-6_8	65	160	130	14	4	M12	14	110	2
HG20592-2009BLRF-6_9	80	190	150	18	4	M16	16	128	2
HG20592-2009BLRF-6_10	100	210	170	18	4	M16	16	148	2
HG20592-2009BLRF-6_11	125	240	200	18	8	M16	18	178	2
HG20592-2009BLRF-6_12	150	265	225	18	8	M16	18	202	2
HG20592-2009BLRF-6_13	200	320	280	18	8	M16	20	258	2
HG20592-2009BLRF-6_14	250	375	335	18	12	M16	22	312	2
HG20592-2009BLRF-6_15	300	440	395	22	12	M20	22	365	2
HG20592-2009BLRF-6_16	350	490	445	22	12	M20	22	415	2
HG20592-2009BLRF-6_17	400	540	495	22	16	M20	22	465	2
HG20592-2009BLRF-6_18	450	595	550	22	16	M20	24	520	2
HG20592-2009BLRF-6_19	500	645	600	22	20	M20	24	570	2
HG20592-2009BLRF-6_20	600	755	705	26	20	M24	30	670	2
HG20592-2009BLRF-6_21	700	860	810	26	24	M24	40	775	2
HG20592-2009BLRF-6_22	800	975	920	30	24	M27	44	880	2
HG20592-2009BLRF-6_23	900	1075	1020	30	24	M27	48	980	2
HG20592-2009BLRF-6_24	1000	1175	1120	30	28	M27	52	1080	2
HG20592-2009BLRF-6_25	1200	1405	1340	33	32	M30	60	1295	2
HG20592-2009BLRF-6_26	1400	1630	1560	36	36	M33	68	1510	2
HG20592-2009BLRF-6_27	1600	1830	1760	36	40	M33	76	1710	2
HG20592-2009BLRF-6_28	1800	2045	1970	39	44	M36	84	1920	2
HG20592-2009BLRF-6_29	2000	2265	2180	42	48	M39	92	2125	2

表 2-311　PN10 突面（RF）法兰盖尺寸

单位：mm

标准件编号	DN	D	K	L	n(个)	螺栓Th	C	密封面d	密封面f_1
HG20592-2009BLRF-10_1	10	90	60	14	4	M12	16	40	2
HG20592-2009BLRF-10_2	15	95	65	14	4	M12	16	45	2
HG20592-2009BLRF-10_3	20	105	75	14	4	M12	18	58	2

续表

标准件编号	DN	D	K	L	n(个)	螺栓Th	C	密封面d	密封面f_1
HG20592-2009BLRF-10_4	25	115	85	14	4	M12	18	68	2
HG20592-2009BLRF-10_5	32	140	100	18	4	M16	18	78	2
HG20592-2009BLRF-10_6	40	150	110	18	4	M16	18	88	2
HG20592-2009BLRF-10_7	50	165	125	18	4	M16	18	102	2
HG20592-2009BLRF-10_8	65	185	145	18	8	M16	18	122	2
HG20592-2009BLRF-10_9	80	200	160	18	8	M16	20	138	2
HG20592-2009BLRF-10_10	100	220	180	18	8	M16	20	158	2
HG20592-2009BLRF-10_11	125	250	210	18	8	M16	22	188	2
HG20592-2009BLRF-10_12	150	285	240	22	8	M20	22	212	2
HG20592-2009BLRF-10_13	200	340	295	22	8	M20	24	268	2
HG20592-2009BLRF-10_14	250	395	350	22	12	M20	26	320	2
HG20592-2009BLRF-10_15	300	445	400	22	12	M20	26	370	2
HG20592-2009BLRF-10_16	350	505	460	22	16	M20	26	430	2
HG20592-2009BLRF-10_17	400	565	515	26	16	M24	26	482	2
HG20592-2009BLRF-10_18	450	615	565	26	20	M24	28	532	2
HG20592-2009BLRF-10_19	500	670	620	26	20	M24	28	585	2
HG20592-2009BLRF-10_20	600	780	725	30	20	M27	34	685	2
HG20592-2009BLRF-10_21	700	895	840	30	24	M27	38	800	2
HG20592-2009BLRF-10_22	800	1015	950	33	24	M30	42	905	2
HG20592-2009BLRF-10_23	900	1115	1050	33	28	M30	46	1005	2
HG20592-2009BLRF-10_24	1000	1230	1160	36	28	M33	52	1110	2
HG20592-2009BLRF-10_25	1200	1455	1380	39	32	M36×3	60	1330	2

表 2-312　PN16 突面（RF）法兰盖尺寸　　单位：mm

标准件编号	DN	D	K	L	n(个)	螺栓Th	C	密封面d	密封面f_1
HG20592-2009BLRF-16_1	10	90	60	14	4	M12	16	40	2
HG20592-2009BLRF-16_2	15	95	65	14	4	M12	16	45	2
HG20592-2009BLRF-16_3	20	105	75	14	4	M12	18	58	2
HG20592-2009BLRF-16_4	25	115	85	14	4	M12	18	68	2
HG20592-2009BLRF-16_5	32	140	100	18	4	M16	18	78	2
HG20592-2009BLRF-16_6	40	150	110	18	4	M16	18	88	2
HG20592-2009BLRF-16_7	50	165	125	18	4	M16	18	102	2
HG20592-2009BLRF-16_8	65	185	145	18	4	M16	18	122	2
HG20592-2009BLRF-16_9	80	200	160	18	8	M16	20	138	2
HG20592-2009BLRF-16_10	100	220	180	18	8	M16	20	158	2

续表

标准件编号	DN	D	K	L	n(个)	螺栓Th	C	密封面d	密封面f_1
HG20592-2009BLRF-16_11	125	250	210	22	8	M16	22	188	2
HG20592-2009BLRF-16_12	150	285	240	22	8	M20	22	212	2
HG20592-2009BLRF-16_13	200	340	295	26	12	M20	24	268	2
HG20592-2009BLRF-16_14	250	405	355	26	12	M24	26	320	2
HG20592-2009BLRF-16_15	300	460	410	26	12	M24	28	370	2
HG20592-2009BLRF-16_16	350	520	470	30	16	M24	30	430	2
HG20592-2009BLRF-16_17	400	580	525	30	16	M27	32	482	2
HG20592-2009BLRF-16_18	450	640	585	33	20	M27	40	532	2
HG20592-2009BLRF-16_19	500	715	650	33	20	M30	44	585	2
HG20592-2009BLRF-16_20	600	840	770	36	20	M33	54	685	2
HG20592-2009BLRF-16_21	700	910	840	36	24	M33	48	795	2
HG20592-2009BLRF-16_22	800	1025	950	39	24	M36×3	52	900	2
HG20592-2009BLRF-16_23	900	1125	1050	39	28	M36×3	58	1000	2
HG20592-2009BLRF-16_24	1000	1255	1170	42	28	M39×3	64	1115	2
HG20592-2009BLRF-16_25	1200	1485	1390	48	32	M45×3	76	1330	2

表 2-313 PN25 突面（RF）法兰盖尺寸

单位：mm

标准件编号	DN	D	K	L	n(个)	螺栓Th	C	密封面d	密封面f_1
HG20592-2009BLRF-25_1	10	90	60	14	4	M12	16	40	2
HG20592-2009BLRF-25_2	15	95	65	14	4	M12	16	45	2
HG20592-2009BLRF-25_3	20	105	75	14	4	M12	18	58	2
HG20592-2009BLRF-25_4	25	115	85	14	4	M12	18	68	2
HG20592-2009BLRF-25_5	32	140	100	18	4	M16	18	78	2
HG20592-2009BLRF-25_6	40	150	110	18	4	M16	18	88	2
HG20592-2009BLRF-25_7	50	165	125	18	4	M16	20	102	2
HG20592-2009BLRF-25_8	65	185	145	18	8	M16	22	122	2
HG20592-2009BLRF-25_9	80	200	160	18	8	M16	24	138	2
HG20592-2009BLRF-25_10	100	235	190	22	8	M20	24	162	2
HG20592-2009BLRF-25_11	125	270	220	26	8	M24	26	188	2
HG20592-2009BLRF-25_12	150	300	250	26	8	M24	28	218	2
HG20592-2009BLRF-25_13	200	360	310	26	12	M24	30	278	2
HG20592-2009BLRF-25_14	250	425	370	30	12	M27	32	335	2
HG20592-2009BLRF-25_15	300	485	430	30	16	M27	34	395	2
HG20592-2009BLRF-25_16	350	555	490	33	16	M30	38	450	2
HG20592-2009BLRF-25_17	400	620	550	36	16	M33	40	505	2

续表

标准件编号	DN	D	K	L	n(个)	螺栓Th	C	密封面d	密封面f_1
HG20592-2009BLRF-25_18	450	670	600	36	20	M33	46	555	2
HG20592-2009BLRF-25_19	500	730	660	36	20	M33	48	615	2
HG20592-2009BLRF-25_20	600	845	770	39	20	M36	58	720	2

表 2-314　PN40 突面（RF）法兰盖尺寸　　单位：mm

标准件编号	DN	D	K	L	n(个)	螺栓Th	C	密封面d	密封面f_1
HG20592-2009BLRF-40_1	10	90	60	14	4	M12	16	40	2
HG20592-2009BLRF-40_2	15	95	65	14	4	M12	16	45	2
HG20592-2009BLRF-40_3	20	105	75	14	4	M12	18	58	2
HG20592-2009BLRF-40_4	25	115	85	14	4	M12	18	68	2
HG20592-2009BLRF-40_5	32	140	100	18	4	M16	18	78	2
HG20592-2009BLRF-40_6	40	150	110	18	4	M16	18	88	2
HG20592-2009BLRF-40_7	50	165	125	18	4	M16	20	102	2
HG20592-2009BLRF-40_8	65	185	145	18	8	M16	22	122	2
HG20592-2009BLRF-40_9	80	200	160	18	8	M16	24	138	2
HG20592-2009BLRF-40_10	100	235	190	22	8	M20	24	162	2
HG20592-2009BLRF-40_11	125	270	220	26	8	M24	26	188	2
HG20592-2009BLRF-40_12	150	300	250	26	8	M24	28	218	2
HG20592-2009BLRF-40_13	200	375	320	30	12	M27	36	285	2
HG20592-2009BLRF-40_14	250	450	385	33	12	M30	38	345	2
HG20592-2009BLRF-40_15	300	515	450	33	16	M30	42	410	2
HG20592-2009BLRF-40_16	350	580	510	36	16	M33	46	465	2
HG20592-2009BLRF-40_17	400	660	585	39	16	M36×3	50	535	2
HG20592-2009BLRF-40_18	450	685	610	39	20	M36×3	57	560	2
HG20592-2009BLRF-40_19	500	755	670	42	20	M39×3	57	615	2
HG20592-2009BLRF-40_20	600	890	795	48	20	M45×3	72	735	2

表 2-315　PN63 突面（RF）法兰盖尺寸　　单位：mm

标准件编号	DN	D	K	L	n(个)	螺栓Th	C	密封面d	密封面f_1
HG20592-2009BLRF-63_1	10	100	70	14	4	M12	20	40	2
HG20592-2009BLRF-63_2	15	105	75	14	4	M12	20	45	2
HG20592-2009BLRF-63_3	20	130	90	18	4	M16	22	58	2
HG20592-2009BLRF-63_4	25	140	100	18	4	M16	24	68	2
HG20592-2009BLRF-63_5	32	155	110	22	4	M20	24	78	2
HG20592-2009BLRF-63_6	40	170	125	22	4	M20	26	88	2
HG20592-2009BLRF-63_7	50	180	135	22	4	M20	26	102	2

续表

标准件编号	DN	D	K	L	n(个)	螺栓Th	C	密封面d	密封面f_1
HG20592-2009BLRF-63_8	65	205	160	22	8	M20	26	122	2
HG20592-2009BLRF-63_9	80	215	170	22	8	M20	28	138	2
HG20592-2009BLRF-63_10	100	250	200	26	8	M24	30	162	2
HG20592-2009BLRF-63_11	125	295	240	30	8	M27	34	188	2
HG20592-2009BLRF-63_12	150	345	280	33	8	M30	36	218	2
HG20592-2009BLRF-63_13	200	415	345	36	12	M33	42	285	2
HG20592-2009BLRF-63_14	250	470	400	36	12	M33	46	345	2
HG20592-2009BLRF-63_15	300	530	460	36	16	M33	52	410	2
HG20592-2009BLRF-63_16	350	600	525	39	16	M36×2	56	465	2
HG20592-2009BLRF-63_17	400	670	585	42	16	M39×3	60	535	2

表 2-316　PN100 突面（RF）法兰盖尺寸　　单位：mm

标准件编号	DN	D	K	L	n(个)	螺栓Th	C	密封面d	密封面f_1
HG20592-2009BLRF-100_1	10	100	70	14	4	M12	20	40	2
HG20592-2009BLRF-100_2	15	105	75	14	4	M12	20	45	2
HG20592-2009BLRF-100_3	20	130	90	18	4	M16	22	58	2
HG20592-2009BLRF-100_4	25	140	100	18	4	M16	24	68	2
HG20592-2009BLRF-100_5	32	155	110	22	4	M20	24	78	2
HG20592-2009BLRF-100_6	40	170	125	22	4	M20	26	88	2
HG20592-2009BLRF-100_7	50	195	145	26	4	M24	28	102	2
HG20592-2009BLRF-100_8	65	220	170	26	8	M24	30	122	2
HG20592-2009BLRF-100_9	80	230	180	26	8	M24	32	138	2
HG20592-2009BLRF-100_10	100	265	210	30	8	M27	36	162	2
HG20592-2009BLRF-100_11	125	315	250	33	8	M30	40	188	2
HG20592-2009BLRF-100_12	150	355	290	33	12	M30	44	218	2
HG20592-2009BLRF-100_13	200	430	360	36	12	M33	52	285	2
HG20592-2009BLRF-100_14	250	505	430	39	12	M36×3	60	345	2
HG20592-2009BLRF-100_15	300	585	500	42	16	M39×3	68	410	2
HG20592-2009BLRF-100_16	350	655	560	48	16	M45×3	74	465	2
HG20592-2009BLRF-100_17	400	715	620	48	16	M45×3	82	535	2

表 2-317　PN160 突面（RF）法兰盖尺寸　　单位：mm

标准件编号	DN	D	K	L	n(个)	螺栓Th	C	密封面d	密封面f_1
HG20592-2009BLRF-160_1	10	100	70	14	4	M12	24	40	2
HG20592-2009BLRF-160_2	15	105	75	14	4	M12	26	45	2
HG20592-2009BLRF-160_3	20	130	90	18	4	M16	30	58	2

续表

标准件编号	DN	D	K	L	n(个)	螺栓Th	C	密封面d	密封面f_1
HG20592-2009BLRF-160_4	25	140	100	18	4	M16	32	68	2
HG20592-2009BLRF-160_5	32	155	110	22	4	M20	34	78	2
HG20592-2009BLRF-160_6	40	170	125	22	4	M20	36	88	2
HG20592-2009BLRF-160_7	50	195	145	26	4	M24	38	102	2
HG20592-2009BLRF-160_8	65	220	170	26	8	M24	42	122	2
HG20592-2009BLRF-160_9	80	230	180	26	8	M24	46	138	2
HG20592-2009BLRF-160_10	100	265	210	30	8	M27	52	162	2
HG20592-2009BLRF-160_11	125	315	250	33	8	M30	56	188	2
HG20592-2009BLRF-160_12	150	355	290	33	12	M30	62	218	2
HG20592-2009BLRF-160_13	200	430	360	36	12	M33	66	285	2
HG20592-2009BLRF-160_14	250	515	430	42	12	M39×3	76	345	2
HG20592-2009BLRF-160_15	300	585	500	42	16	M39×3	88	410	2

2. 凹面（FM）法兰盖

凹面（FM）法兰盖根据公称压力可分为 PN10、PN16、PN25、PN40、PN63、PN100 和 PN160。法兰盖尺寸如表 2-318～表 2-324 所示。

表 2-318　PN10 凹面（FM）法兰盖尺寸　　单位：mm

标准件编号	DN	D	K	L	n(个)	螺栓Th	C	密封面d	密封面f_1	密封面f_3	密封面Y
HG20592-2009BLFM-10_1	10	90	60	14	4	M12	16	40	2	4.0	35
HG20592-2009BLFM-10_2	15	95	65	14	4	M12	16	45	2	4.0	40
HG20592-2009BLFM-10_3	20	105	75	14	4	M12	18	58	2	4.0	51
HG20592-2009BLFM-10_4	25	115	85	14	4	M12	18	68	2	4.0	58
HG20592-2009BLFM-10_5	32	140	100	18	4	M16	18	78	2	4.0	66
HG20592-2009BLFM-10_6	40	150	110	18	4	M16	18	88	2	4.0	76
HG20592-2009BLFM-10_7	50	165	125	18	4	M16	18	102	2	4.0	88
HG20592-2009BLFM-10_8	65	185	145	18	8	M16	18	122	2	4.0	110
HG20592-2009BLFM-10_9	80	200	160	18	8	M16	20	138	2	4.0	121
HG20592-2009BLFM-10_10	100	220	180	18	8	M16	20	158	2	4.5	150
HG20592-2009BLFM-10_11	125	250	210	18	8	M16	22	188	2	4.5	176
HG20592-2009BLFM-10_12	150	285	240	22	8	M20	22	212	2	4.5	204
HG20592-2009BLFM-10_13	200	340	295	22	8	M20	24	268	2	4.5	260
HG20592-2009BLFM-10_14	250	395	350	22	12	M20	26	320	2	4.5	313
HG20592-2009BLFM-10_15	300	445	400	22	12	M20	26	370	2	4.5	364
HG20592-2009BLFM-10_16	350	505	460	22	16	M20	26	430	2	5.0	422

续表

标准件编号	DN	D	K	L	n(个)	螺栓Th	C	密封面d	密封面f_1	密封面f_3	密封面Y
HG20592-2009BLFM-10_17	400	565	515	26	16	M24	26	482	2	5.0	474
HG20592-2009BLFM-10_18	450	615	565	26	20	M24	28	532	2	5.0	524
HG20592-2009BLFM-10_19	500	670	620	26	20	M24	28	585	2	5.0	576
HG20592-2009BLFM-10_20	600	780	725	30	20	M27	34	685	2	5.0	676

表 2-319　PN16 凹面（FM）法兰盖尺寸　　单位：mm

标准件编号	DN	D	K	L	n(个)	螺栓Th	C	密封面d	密封面f_1	密封面f_3	密封面Y
HG20592-2009BLFM-16_1	10	90	60	14	4	M12	16	40	2	4.0	35
HG20592-2009BLFM-16_2	15	95	65	14	4	M12	16	45	2	4.0	40
HG20592-2009BLFM-16_3	20	105	75	14	4	M12	18	58	2	4.0	51
HG20592-2009BLFM-16_4	25	115	85	14	4	M12	18	68	2	4.0	58
HG20592-2009BLFM-16_5	32	140	100	18	4	M16	18	78	2	4.0	66
HG20592-2009BLFM-16_6	40	150	110	18	4	M16	18	88	2	4.0	76
HG20592-2009BLFM-16_7	50	165	125	18	4	M16	18	102	2	4.0	88
HG20592-2009BLFM-16_8	65	185	145	18	4	M16	18	122	2	4.0	110
HG20592-2009BLFM-16_9	80	200	160	18	8	M16	20	138	2	4.0	121
HG20592-2009BLFM-16_10	100	220	180	18	8	M16	20	158	2	4.5	150
HG20592-2009BLFM-16_11	125	250	210	22	8	M16	22	188	2	4.5	176
HG20592-2009BLFM-16_12	150	285	240	22	8	M20	22	212	2	4.5	204
HG20592-2009BLFM-16_13	200	340	295	26	12	M20	24	268	2	4.5	260
HG20592-2009BLFM-16_14	250	405	355	26	12	M24	26	320	2	4.5	313
HG20592-2009BLFM-16_15	300	460	410	26	12	M24	28	378	2	4.5	364
HG20592-2009BLFM-16_16	350	520	470	30	16	M24	30	428	2	5.0	422
HG20592-2009BLFM-16_17	400	580	525	30	16	M27	32	490	2	5.0	474
HG20592-2009BLFM-16_18	450	640	585	33	20	M27	40	550	2	5.0	524
HG20592-2009BLFM-16_19	500	715	650	33	20	M30	44	610	2	5.0	576
HG20592-2009BLFM-16_20	600	840	770	36	20	M33	54	725	2	5.0	676

表 2-320　PN25 凹面（FM）法兰盖尺寸　　单位：mm

标准件编号	DN	D	K	L	n(个)	螺栓Th	C	密封面d	密封面f_1	密封面f_3	密封面Y
HG20592-2009BLFM-25_1	10	90	60	14	4	M12	16	40	2	4.0	35
HG20592-2009BLFM-25_2	15	95	65	14	4	M12	16	45	2	4.0	40
HG20592-2009BLFM-25_3	20	105	75	14	4	M12	18	58	2	4.0	51
HG20592-2009BLFM-25_4	25	115	85	14	4	M12	18	68	2	4.0	58
HG20592-2009BLFM-25_5	32	140	100	18	4	M16	18	78	2	4.0	66

续表

标准件编号	DN	D	K	L	n(个)	螺栓Th	C	密封面d	密封面f_1	密封面f_3	密封面Y
HG20592-2009BLFM-25_6	40	150	110	18	4	M16	18	88	2	4.0	76
HG20592-2009BLFM-25_7	50	165	125	18	4	M16	20	102	2	4.0	88
HG20592-2009BLFM-25_8	65	185	145	18	8	M16	22	122	2	4.0	110
HG20592-2009BLFM-25_9	80	200	160	18	8	M16	24	138	2	4.0	121
HG20592-2009BLFM-25_10	100	235	190	22	8	M20	24	162	2	4.5	150
HG20592-2009BLFM-25_11	125	270	220	26	8	M24	26	188	2	4.5	176
HG20592-2009BLFM-25_12	150	300	250	26	8	M24	28	218	2	4.5	204
HG20592-2009BLFM-25_13	200	360	310	26	12	M24	30	278	2	4.5	260
HG20592-2009BLFM-25_14	250	425	370	30	12	M27	32	335	2	4.5	313
HG20592-2009BLFM-25_15	300	485	430	30	16	M27	34	395	2	4.5	364
HG20592-2009BLFM-25_16	350	555	490	33	16	M30	38	450	2	5.0	422
HG20592-2009BLFM-25_17	400	620	550	36	16	M33	40	505	2	5.0	474
HG20592-2009BLFM-25_18	450	670	600	36	20	M33	46	555	2	5.0	524
HG20592-2009BLFM-25_19	500	730	660	36	20	M33	48	615	2	5.0	576
HG20592-2009BLFM-25_20	600	845	770	39	20	M36	58	720	2	5.0	676

表 2-321　PN40 凹面（FM）法兰盖尺寸　　单位：mm

标准件编号	DN	D	K	L	n(个)	螺栓Th	C	密封面d	密封面f_1	密封面f_3	密封面Y
HG20592-2009BLFM-40_1	10	90	60	14	4	M12	16	40	2	4.0	35
HG20592-2009BLFM-40_2	15	95	65	14	4	M12	16	45	2	4.0	40
HG20592-2009BLFM-40_3	20	105	75	14	4	M12	18	58	2	4.0	51
HG20592-2009BLFM-40_4	25	115	85	14	4	M12	18	68	2	4.0	58
HG20592-2009BLFM-40_5	32	140	100	18	4	M16	18	78	2	4.0	66
HG20592-2009BLFM-40_6	40	150	110	18	4	M16	18	88	2	4.0	76
HG20592-2009BLFM-40_7	50	165	125	18	4	M16	20	102	2	4.0	88
HG20592-2009BLFM-40_8	65	185	145	18	8	M16	22	122	2	4.0	110
HG20592-2009BLFM-40_9	80	200	160	18	8	M16	24	138	2	4.0	121
HG20592-2009BLFM-40_10	100	235	190	22	8	M20	24	162	2	4.5	150
HG20592-2009BLFM-40_11	125	270	220	26	8	M24	26	188	2	4.5	176
HG20592-2009BLFM-40_12	150	300	250	26	8	M24	28	218	2	4.5	204
HG20592-2009BLFM-40_13	200	375	320	30	12	M27	36	285	2	4.5	260
HG20592-2009BLFM-40_14	250	450	385	33	12	M30	38	345	2	4.5	313
HG20592-2009BLFM-40_15	300	515	450	33	16	M30	42	410	2	4.5	364
HG20592-2009BLFM-40_16	350	580	510	36	16	M33	46	465	2	5.0	422
HG20592-2009BLFM-40_17	400	660	585	39	16	M36×3	50	535	2	5.0	474

续表

标准件编号	DN	D	K	L	n(个)	螺栓Th	C	密封面d	密封面f_1	密封面f_3	密封面Y
HG20592-2009BLFM-40_18	450	685	610	39	20	M36×3	57	560	2	5.0	524
HG20592-2009BLFM-40_19	500	755	670	42	20	M39×3	57	615	2	5.0	576
HG20592-2009BLFM-40_20	600	890	795	48	20	M45×3	72	735	2	5.0	676

表 2-322　PN63 凹面（FM）法兰盖尺寸　　单位：mm

标准件编号	DN	D	K	L	n(个)	螺栓Th	C	密封面d	密封面f_1	密封面f_3	密封面Y
HG20592-2009BLFM-63_1	10	100	70	14	4	M12	20	40	2	4.0	35
HG20592-2009BLFM-63_2	15	105	75	14	4	M12	20	45	2	4.0	40
HG20592-2009BLFM-63_3	20	130	90	18	4	M16	22	58	2	4.0	51
HG20592-2009BLFM-63_4	25	140	100	18	4	M16	24	68	2	4.0	58
HG20592-2009BLFM-63_5	32	155	110	22	4	M20	24	78	2	4.0	66
HG20592-2009BLFM-63_6	40	170	125	22	4	M20	26	88	2	4.0	76
HG20592-2009BLFM-63_7	50	180	135	22	4	M20	26	102	2	4.0	88
HG20592-2009BLFM-63_8	65	205	160	22	8	M20	26	122	2	4.0	110
HG20592-2009BLFM-63_9	80	215	170	22	8	M20	28	138	2	4.0	121
HG20592-2009BLFM-63_10	100	250	200	26	8	M24	30	162	2	4.5	150
HG20592-2009BLFM-63_11	125	295	240	30	8	M27	34	188	2	4.5	176
HG20592-2009BLFM-63_12	150	345	280	33	8	M30	36	218	2	4.5	204
HG20592-2009BLFM-63_13	200	415	345	36	12	M33	42	285	2	4.5	260
HG20592-2009BLFM-63_14	250	470	400	36	12	M33	46	345	2	4.5	313
HG20592-2009BLFM-63_15	300	530	460	36	16	M33	52	410	2	4.5	364
HG20592-2009BLFM-63_16	350	600	525	39	16	M36×2	56	465	2	5.0	422
HG20592-2009BLFM-63_17	400	670	585	42	16	M39×3	60	535	2	5.0	474

表 2-323　PN100 凹面（FM）法兰盖尺寸　　单位：mm

标准件编号	DN	D	K	L	n(个)	螺栓Th	C	密封面d	密封面f_1	密封面f_3	密封面Y
HG20592-2009BLFM-100_1	10	100	70	14	4	M12	20	40	2	4.0	35
HG20592-2009BLFM-100_2	15	105	75	14	4	M12	20	45	2	4.0	40
HG20592-2009BLFM-100_3	20	130	90	18	4	M16	22	58	2	4.0	51
HG20592-2009BLFM-100_4	25	140	100	18	4	M16	24	68	2	4.0	58
HG20592-2009BLFM-100_5	32	155	110	22	4	M20	24	78	2	4.0	66
HG20592-2009BLFM-100_6	40	170	125	22	4	M20	26	88	2	4.0	76
HG20592-2009BLFM-100_7	50	195	145	26	4	M24	28	102	2	4.0	88
HG20592-2009BLFM-100_8	65	220	170	26	8	M24	30	122	2	4.0	110
HG20592-2009BLFM-100_9	80	230	180	26	8	M24	32	138	2	4.0	121

续表

标准件编号	DN	D	K	L	n(个)	螺栓Th	C	密封面d	密封面f_1	密封面f_3	密封面Y
HG20592-2009BLFM-100_10	100	265	210	30	8	M27	36	162	2	4.5	150
HG20592-2009BLFM-100_11	125	315	250	33	8	M30	40	188	2	4.5	176
HG20592-2009BLFM-100_12	150	355	290	33	12	M30	44	218	2	4.5	204
HG20592-2009BLFM-100_13	200	430	360	36	12	M33	52	285	2	4.5	260
HG20592-2009BLFM-100_14	250	505	430	39	12	M36×3	60	345	2	4.5	313
HG20592-2009BLFM-100_15	300	585	500	42	16	M39×3	68	410	2	4.5	364
HG20592-2009BLFM-100_16	350	655	560	48	16	M45×3	74	465	2	5.0	422
HG20592-2009BLFM-100_17	400	715	620	48	16	M45×3	82	535	2	5.0	474

表 2-324 PN160 凹面（FM）法兰盖尺寸 单位：mm

标准件编号	DN	D	K	L	n(个)	螺栓Th	C	密封面d	密封面f_1	密封面f_3	密封面Y
HG20592-2009BLFM-160_1	10	100	70	14	4	M12	24	40	2	4.0	35
HG20592-2009BLFM-160_2	15	105	75	14	4	M12	26	45	2	4.0	40
HG20592-2009BLFM-160_3	20	130	90	18	4	M16	30	58	2	4.0	51
HG20592-2009BLFM-160_4	25	140	100	18	4	M16	32	68	2	4.0	58
HG20592-2009BLFM-160_5	32	155	110	22	4	M20	34	78	2	4.0	66
HG20592-2009BLFM-160_6	40	170	125	22	4	M20	36	88	2	4.0	76
HG20592-2009BLFM-160_7	50	195	145	26	4	M24	38	102	2	4.0	88
HG20592-2009BLFM-160_8	65	220	170	26	8	M24	42	122	2	4.0	110
HG20592-2009BLFM-160_9	80	230	180	26	8	M24	46	138	2	4.0	121
HG20592-2009BLFM-160_10	100	265	210	30	8	M27	52	162	2	4.5	150
HG20592-2009BLFM-160_11	125	315	250	33	8	M30	56	188	2	4.5	176
HG20592-2009BLFM-160_12	150	355	290	33	12	M30	62	218	2	4.5	204
HG20592-2009BLFM-160_13	200	430	360	36	12	M33	66	285	2	4.5	260
HG20592-2009BLFM-160_14	250	515	430	42	12	M39×3	76	345	2	4.5	313
HG20592-2009BLFM-160_15	300	585	500	42	16	M39×3	88	410	2	4.5	364

3. 凸面（M）法兰盖

凸面（M）法兰盖根据公称压力可分为 PN10、PN16、PN25、PN40、PN63、PN100 和 PN160。法兰盖尺寸如表 2-325～表 2-331 所示。

表 2-325 PN10 凸面（M）法兰盖尺寸 单位：mm

标准件编号	DN	D	K	L	n(个)	螺栓Th	C	密封面f_2	密封面X
HG20592-2009BLM-10_1	10	90	60	14	4	M12	16	4.5	34
HG20592-2009BLM-10_2	15	95	65	14	4	M12	16	4.5	39

续表

标准件编号	DN	D	K	L	n(个)	螺栓Th	C	密封面f_2	密封面X
HG20592-2009BLM-10_3	20	105	75	14	4	M12	18	4.5	50
HG20592-2009BLM-10_4	25	115	85	14	4	M12	18	4.5	57
HG20592-2009BLM-10_5	32	140	100	18	4	M16	18	4.5	65
HG20592-2009BLM-10_6	40	150	110	18	4	M16	18	4.5	75
HG20592-2009BLM-10_7	50	165	125	18	4	M16	18	4.5	87
HG20592-2009BLM-10_8	65	185	145	18	8	M16	18	4.5	109
HG20592-2009BLM-10_9	80	200	160	18	8	M16	20	4.5	120
HG20592-2009BLM-10_10	100	220	180	18	8	M16	20	5.0	149
HG20592-2009BLM-10_11	125	250	210	18	8	M16	22	5.0	175
HG20592-2009BLM-10_12	150	285	240	22	8	M20	22	5.0	203
HG20592-2009BLM-10_13	200	340	295	22	8	M20	24	5.0	259
HG20592-2009BLM-10_14	250	395	350	22	12	M20	26	5.0	312
HG20592-2009BLM-10_15	300	445	400	22	12	M20	26	5.0	363
HG20592-2009BLM-10_16	350	505	460	22	16	M20	26	5.5	421
HG20592-2009BLM-10_17	400	565	515	26	16	M24	26	5.5	473
HG20592-2009BLM-10_18	450	615	565	26	20	M24	28	5.5	523
HG20592-2009BLM-10_19	500	670	620	26	20	M24	28	5.5	575
HG20592-2009BLM-10_20	600	780	725	30	20	M27	34	5.5	675

表 2-326　PN16 凸面（M）法兰盖尺寸　　单位：mm

标准件编号	DN	D	K	L	n(个)	螺栓Th	C	密封面f_2	密封面X
HG20592-2009BLM-16_1	10	90	60	14	4	M12	16	4.5	34
HG20592-2009BLM-16_2	15	95	65	14	4	M12	16	4.5	39
HG20592-2009BLM-16_3	20	105	75	14	4	M12	18	4.5	50
HG20592-2009BLM-16_4	25	115	85	14	4	M12	18	4.5	57
HG20592-2009BLM-16_5	32	140	100	18	4	M16	18	4.5	65
HG20592-2009BLM-16_6	40	150	110	18	4	M16	18	4.5	75
HG20592-2009BLM-16_7	50	165	125	18	4	M16	18	4.5	87
HG20592-2009BLM-16_8	65	185	145	18	4	M16	18	4.5	109
HG20592-2009BLM-16_9	80	200	160	18	8	M16	20	4.5	120
HG20592-2009BLM-16_10	100	220	180	18	8	M16	20	5.0	149
HG20592-2009BLM-16_11	125	250	210	22	8	M16	22	5.0	175
HG20592-2009BLM-16_12	150	285	240	22	8	M20	22	5.0	203
HG20592-2009BLM-16_13	200	340	295	26	12	M20	24	5.0	259
HG20592-2009BLM-16_14	250	405	355	26	12	M24	26	5.0	312

续表

标准件编号	DN	D	K	L	n(个)	螺栓Th	C	密封面f_2	密封面X
HG20592-2009BLM-16_15	300	460	410	26	12	M24	28	5.0	363
HG20592-2009BLM-16_16	350	520	470	30	16	M24	30	5.5	421
HG20592-2009BLM-16_17	400	580	525	30	16	M27	32	5.5	473
HG20592-2009BLM-16_18	450	640	585	33	20	M27	40	5.5	523
HG20592-2009BLM-16_19	500	715	650	33	20	M30	44	5.5	575
HG20592-2009BLM-16_20	600	840	770	36	20	M33	54	5.5	675

表 2-327　PN25 凸面（M）法兰盖尺寸　单位：mm

标准件编号	DN	D	K	L	n(个)	螺栓Th	C	密封面f_2	密封面X
HG20592-2009BLM-25_1	10	90	60	14	4	M12	16	4.5	34
HG20592-2009BLM-25_2	15	95	65	14	4	M12	16	4.5	39
HG20592-2009BLM-25_3	20	105	75	14	4	M12	18	4.5	50
HG20592-2009BLM-25_4	25	115	85	14	4	M12	18	4.5	57
HG20592-2009BLM-25_5	32	140	100	18	4	M16	18	4.5	65
HG20592-2009BLM-25_6	40	150	110	18	4	M16	18	4.5	75
HG20592-2009BLM-25_7	50	165	125	18	4	M16	20	4.5	87
HG20592-2009BLM-25_8	65	185	145	18	8	M16	22	4.5	109
HG20592-2009BLM-25_9	80	200	160	18	8	M16	24	4.5	120
HG20592-2009BLM-25_10	100	235	190	22	8	M20	24	5.0	149
HG20592-2009BLM-25_11	125	270	220	26	8	M24	26	5.0	175
HG20592-2009BLM-25_12	150	300	250	26	8	M24	28	5.0	203
HG20592-2009BLM-25_13	200	360	310	26	12	M24	30	5.0	259
HG20592-2009BLM-25_14	250	425	370	30	12	M27	32	5.0	312
HG20592-2009BLM-25_15	300	485	430	30	16	M27	34	5.0	363
HG20592-2009BLM-25_16	350	555	490	33	16	M30	38	5.5	421
HG20592-2009BLM-25_17	400	620	550	36	16	M33	40	5.5	473
HG20592-2009BLM-25_18	450	670	600	36	20	M33	46	5.5	523
HG20592-2009BLM-25_19	500	730	660	36	20	M33	48	5.5	575
HG20592-2009BLM-25_20	600	845	770	39	20	M36	58	5.5	675

表 2-328　PN40 凸面（M）法兰盖尺寸　单位：mm

标准件编号	DN	D	K	L	n(个)	螺栓Th	C	密封面f_2	密封面X
HG20592-2009BLM-40_1	10	90	60	14	4	M12	16	4.5	34
HG20592-2009BLM-40_2	15	95	65	14	4	M12	16	4.5	39
HG20592-2009BLM-40_3	20	105	75	14	4	M12	18	4.5	50

续表

标准件编号	DN	D	K	L	n(个)	螺栓Th	C	密封面f_2	密封面X
HG20592-2009BLM-40_4	25	115	85	14	4	M12	18	4.5	57
HG20592-2009BLM-40_5	32	140	100	18	4	M16	18	4.5	65
HG20592-2009BLM-40_6	40	150	110	18	4	M16	18	4.5	75
HG20592-2009BLM-40_7	50	165	125	18	4	M16	20	4.5	87
HG20592-2009BLM-40_8	65	185	145	18	8	M16	22	4.5	109
HG20592-2009BLM-40_9	80	200	160	18	8	M16	24	4.5	120
HG20592-2009BLM-40_10	100	235	190	22	8	M20	24	5.0	149
HG20592-2009BLM-40_11	125	270	220	26	8	M24	26	5.0	175
HG20592-2009BLM-40_12	150	300	250	26	8	M24	28	5.0	203
HG20592-2009BLM-40_13	200	375	320	30	12	M27	36	5.0	259
HG20592-2009BLM-40_14	250	450	385	33	12	M30	38	5.0	312
HG20592-2009BLM-40_15	300	515	450	33	16	M30	42	5.0	363
HG20592-2009BLM-40_16	350	580	510	36	16	M33	46	5.5	421
HG20592-2009BLM-40_17	400	660	585	39	16	M36×3	50	5.5	473
HG20592-2009BLM-40_18	450	685	610	39	20	M36×3	57	5.5	523
HG20592-2009BLM-40_19	500	755	670	42	20	M39×3	57	5.5	575
HG20592-2009BLM-40_20	600	890	795	48	20	M45×3	72	5.5	675

表 2-329　PN63 凸面（M）法兰盖尺寸　　单位：mm

标准件编号	DN	D	K	L	n(个)	螺栓Th	C	密封面f_2	密封面X
HG20592-2009BLM-63_1	10	100	70	14	4	M12	20	4.5	34
HG20592-2009BLM-63_2	15	105	75	14	4	M12	20	4.5	39
HG20592-2009BLM-63_3	20	130	90	18	4	M16	22	4.5	50
HG20592-2009BLM-63_4	25	140	100	18	4	M16	24	4.5	57
HG20592-2009BLM-63_5	32	155	110	22	4	M20	24	4.5	65
HG20592-2009BLM-63_6	40	170	125	22	4	M20	26	4.5	75
HG20592-2009BLM-63_7	50	180	135	22	4	M20	26	4.5	87
HG20592-2009BLM-63_8	65	205	160	22	8	M20	26	4.5	109
HG20592-2009BLM-63_9	80	215	170	22	8	M20	28	4.5	120
HG20592-2009BLM-63_10	100	250	200	26	8	M24	30	5.0	149
HG20592-2009BLM-63_11	125	295	240	30	8	M27	34	5.0	175
HG20592-2009BLM-63_12	150	345	280	33	8	M30	36	5.0	203
HG20592-2009BLM-63_13	200	415	345	36	12	M33	42	5.0	259
HG20592-2009BLM-63_14	250	470	400	36	12	M33	46	5.0	312
HG20592-2009BLM-63_15	300	530	460	36	16	M33	52	5.0	363

续表

标准件编号	DN	D	K	L	n(个)	螺栓Th	C	密封面f_2	密封面X
HG20592-2009BLM-63_16	350	600	525	39	16	M36×2	56	5.5	421
HG20592-2009BLM-63_17	400	670	585	42	16	M39×3	60	5.5	473

表 2-330　PN100 凸面（M）法兰盖尺寸　　单位：mm

标准件编号	DN	D	K	L	n(个)	螺栓Th	C	密封面f_2	密封面X
HG20592-2009BLM-100_1	10	100	70	14	4	M12	20	4.5	34
HG20592-2009BLM-100_2	15	105	75	14	4	M12	20	4.5	39
HG20592-2009BLM-100_3	20	130	90	18	4	M16	22	4.5	50
HG20592-2009BLM-100_4	25	140	100	18	4	M16	24	4.5	57
HG20592-2009BLM-100_5	32	155	110	22	4	M20	24	4.5	65
HG20592-2009BLM-100_6	40	170	125	22	4	M20	26	4.5	75
HG20592-2009BLM-100_7	50	195	145	26	4	M24	28	4.5	87
HG20592-2009BLM-100_8	65	220	170	26	8	M24	30	4.5	109
HG20592-2009BLM-100_9	80	230	180	26	8	M24	32	4.5	120
HG20592-2009BLM-100_10	100	265	210	30	8	M27	36	5.0	149
HG20592-2009BLM-100_11	125	315	250	33	8	M30	40	5.0	175
HG20592-2009BLM-100_12	150	355	290	33	12	M30	44	5.0	203
HG20592-2009BLM-100_13	200	430	360	36	12	M33	52	5.0	259
HG20592-2009BLM-100_14	250	505	430	39	12	M36×3	60	5.0	312
HG20592-2009BLM-100_15	300	585	500	42	16	M39×3	68	5.0	363
HG20592-2009BLM-100_16	350	655	560	48	16	M45×3	74	5.5	421
HG20592-2009BLM-100_17	400	715	620	48	16	M45×3	82	5.5	473

表 2-331　PN160 凸面（M）法兰盖尺寸　　单位：mm

标准件编号	DN	D	K	L	n(个)	螺栓Th	C	密封面f_2	密封面X
HG20592-2009BLM-160_1	10	100	70	14	4	M12	24	4.5	34
HG20592-2009BLM-160_2	15	105	75	14	4	M12	26	4.5	39
HG20592-2009BLM-160_3	20	130	90	18	4	M16	30	4.5	50
HG20592-2009BLM-160_4	25	140	100	18	4	M16	32	4.5	57
HG20592-2009BLM-160_5	32	155	110	22	4	M20	34	4.5	65
HG20592-2009BLM-160_6	40	170	125	22	4	M20	36	4.5	75
HG20592-2009BLM-160_7	50	195	145	26	4	M24	38	4.5	87
HG20592-2009BLM-160_8	65	220	170	26	8	M24	42	4.5	109
HG20592-2009BLM-160_9	80	230	180	26	8	M24	46	4.5	120
HG20592-2009BLM-160_10	100	265	210	30	8	M27	52	5.0	149

续表

标准件编号	DN	D	K	L	n(个)	螺栓Th	C	密封面f_2	密封面X
HG20592-2009BLM-160_11	125	315	250	33	8	M30	56	5.0	175
HG20592-2009BLM-160_12	150	355	290	33	12	M30	62	5.0	203
HG20592-2009BLM-160_13	200	430	360	36	12	M33	66	5.0	259
HG20592-2009BLM-160_14	250	515	430	42	12	M39×3	76	5.0	312
HG20592-2009BLM-160_15	300	585	500	42	16	M39×3	88	5.0	363

4. 榫面（T）法兰盖

榫面（T）法兰盖根据公称压力可分为 PN10、PN16、PN25、PN40、PN63、PN100 和 PN160。法兰盖尺寸如表 2-332～表 2-338 所示。

表 2-332 PN10 榫面（T）法兰盖尺寸　　单位：mm

标准件编号	DN	D	K	L	n(个)	螺栓Th	C	密封面f_2	密封面X	密封面W
HG20592-2009BLT-10_1	10	90	60	14	4	M12	16	4.5	34	24
HG20592-2009BLT-10_2	15	95	65	14	4	M12	16	4.5	39	29
HG20592-2009BLT-10_3	20	105	75	14	4	M12	18	4.5	50	36
HG20592-2009BLT-10_4	25	115	85	14	4	M12	18	4.5	57	43
HG20592-2009BLT-10_5	32	140	100	18	4	M16	18	4.5	65	51
HG20592-2009BLT-10_6	40	150	110	18	4	M16	18	4.5	75	61
HG20592-2009BLT-10_7	50	165	125	18	4	M16	18	4.5	87	73
HG20592-2009BLT-10_8	65	185	145	18	8	M16	18	4.5	109	95
HG20592-2009BLT-10_9	80	200	160	18	8	M16	20	4.5	120	106
HG20592-2009BLT-10_10	100	220	180	18	8	M16	20	5.0	149	129
HG20592-2009BLT-10_11	125	250	210	18	8	M16	22	5.0	175	155
HG20592-2009BLT-10_12	150	285	240	22	8	M20	22	5.0	203	183
HG20592-2009BLT-10_13	200	340	295	22	8	M20	24	5.0	259	239
HG20592-2009BLT-10_14	250	395	350	22	12	M20	26	5.0	312	292
HG20592-2009BLT-10_15	300	445	400	22	12	M20	26	5.0	363	343
HG20592-2009BLT-10_16	350	505	460	22	16	M20	26	5.5	421	395
HG20592-2009BLT-10_17	400	565	515	26	16	M24	26	5.5	473	447
HG20592-2009BLT-10_18	450	615	565	26	20	M24	28	5.5	523	497
HG20592-2009BLT-10_19	500	670	620	26	20	M24	28	5.5	575	549
HG20592-2009BLT-10_20	600	780	725	30	20	M27	34	5.5	675	649

表 2-333 PN16 榫面（T）法兰盖尺寸　　单位：mm

标准件编号	DN	D	K	L	n(个)	螺栓Th	C	密封面f_2	密封面X	密封面W
HG20592-2009BLT-16_1	10	90	60	14	4	M12	16	4.5	34	24

续表

标准件编号	DN	D	K	L	n(个)	螺栓Th	C	密封面f_2	密封面X	密封面W
HG20592-2009BLT-16_2	15	95	65	14	4	M12	16	4.5	39	29
HG20592-2009BLT-16_3	20	105	75	14	4	M12	18	4.5	50	36
HG20592-2009BLT-16_4	25	115	85	14	4	M12	18	4.5	57	43
HG20592-2009BLT-16_5	32	140	100	18	4	M16	18	4.5	65	51
HG20592-2009BLT-16_6	40	150	110	18	4	M16	18	4.5	75	61
HG20592-2009BLT-16_7	50	165	125	18	4	M16	18	4.5	87	73
HG20592-2009BLT-16_8	65	185	145	18	4	M16	18	4.5	109	95
HG20592-2009BLT-16_9	80	200	160	18	8	M16	20	4.5	120	106
HG20592-2009BLT-16_10	100	220	180	18	8	M16	20	5.0	149	129
HG20592-2009BLT-16_11	125	250	210	22	8	M16	22	5.0	175	155
HG20592-2009BLT-16_12	150	285	240	22	8	M20	22	5.0	203	183
HG20592-2009BLT-16_13	200	340	295	26	12	M20	24	5.0	259	239
HG20592-2009BLT-16_14	250	405	355	26	12	M24	26	5.0	312	292
HG20592-2009BLT-16_15	300	460	410	26	12	M24	28	5.0	363	343
HG20592-2009BLT-16_16	350	520	470	30	16	M24	30	5.5	421	395
HG20592-2009BLT-16_17	400	580	525	30	16	M27	32	5.5	473	447
HG20592-2009BLT-16_18	450	640	585	33	20	M27	40	5.5	523	497
HG20592-2009BLT-16_19	500	715	650	33	20	M30	44	5.5	575	549
HG20592-2009BLT-16_20	600	840	770	36	20	M33	54	5.5	675	649

表 2-334　PN25 榫面（T）法兰盖尺寸　　单位：mm

标准件编号	DN	D	K	L	n(个)	螺栓Th	C	密封面f_2	密封面X	密封面W
HG20592-2009BLT-25_1	10	90	60	14	4	M12	16	4.5	34	24
HG20592-2009BLT-25_2	15	95	65	14	4	M12	16	4.5	39	29
HG20592-2009BLT-25_3	20	105	75	14	4	M12	18	4.5	50	36
HG20592-2009BLT-25_4	25	115	85	14	4	M12	18	4.5	57	43
HG20592-2009BLT-25_5	32	140	100	18	4	M16	18	4.5	65	51
HG20592-2009BLT-25_6	40	150	110	18	4	M16	18	4.5	75	61
HG20592-2009BLT-25_7	50	165	125	18	4	M16	20	4.5	87	73
HG20592-2009BLT-25_8	65	185	145	18	8	M16	22	4.5	109	95
HG20592-2009BLT-25_9	80	200	160	18	8	M16	24	4.5	120	106
HG20592-2009BLT-25_10	100	235	190	22	8	M20	24	5.0	149	129
HG20592-2009BLT-25_11	125	270	220	26	8	M24	26	5.0	175	155
HG20592-2009BLT-25_12	150	300	250	26	8	M24	28	5.0	203	183
HG20592-2009BLT-25_13	200	360	310	26	12	M24	30	5.0	259	239

续表

标准件编号	DN	D	K	L	n(个)	螺栓Th	C	密封面f_2	密封面X	密封面W
HG20592-2009BLT-25_14	250	425	370	30	12	M27	32	5.0	312	292
HG20592-2009BLT-25_15	300	485	430	30	16	M27	34	5.0	363	343
HG20592-2009BLT-25_16	350	555	490	33	16	M30	38	5.5	421	395
HG20592-2009BLT-25_17	400	620	550	36	16	M33	40	5.5	473	447
HG20592-2009BLT-25_18	450	670	600	36	20	M33	46	5.5	523	497
HG20592-2009BLT-25_19	500	730	660	36	20	M33	48	5.5	575	549
HG20592-2009BLT-25_20	600	845	770	39	20	M36	58	5.5	675	649

表 2-335　PN40 榫面（T）法兰盖尺寸　　单位：mm

标准件编号	DN	D	K	L	n(个)	螺栓Th	C	密封面f_2	密封面X	密封面W
HG20592-2009BLT-40_1	10	90	60	14	4	M12	16	4.5	34	24
HG20592-2009BLT-40_2	15	95	65	14	4	M12	16	4.5	39	29
HG20592-2009BLT-40_3	20	105	75	14	4	M12	18	4.5	50	36
HG20592-2009BLT-40_4	25	115	85	14	4	M12	18	4.5	57	43
HG20592-2009BLT-40_5	32	140	100	18	4	M16	18	4.5	65	51
HG20592-2009BLT-40_6	40	150	110	18	4	M16	18	4.5	75	61
HG20592-2009BLT-40_7	50	165	125	18	4	M16	20	4.5	87	73
HG20592-2009BLT-40_8	65	185	145	18	8	M16	22	4.5	109	95
HG20592-2009BLT-40_9	80	200	160	18	8	M16	24	4.5	120	106
HG20592-2009BLT-40_10	100	235	190	22	8	M20	24	5.0	149	129
HG20592-2009BLT-40_11	125	270	220	26	8	M24	26	5.0	175	155
HG20592-2009BLT-40_12	150	300	250	26	8	M24	28	5.0	203	183
HG20592-2009BLT-40_13	200	375	320	30	12	M27	36	5.0	259	239
HG20592-2009BLT-40_14	250	450	385	33	12	M30	38	5.0	312	292
HG20592-2009BLT-40_15	300	515	450	33	16	M30	42	5.0	363	343
HG20592-2009BLT-40_16	350	580	510	36	16	M33	46	5.5	421	395
HG20592-2009BLT-40_17	400	660	585	39	16	M36×3	50	5.5	473	447
HG20592-2009BLT-40_18	450	685	610	39	20	M36×3	57	5.5	523	497
HG20592-2009BLT-40_19	500	755	670	42	20	M39×3	57	5.5	575	549
HG20592-2009BLT-40_20	600	890	795	48	20	M45×3	72	5.5	675	649

表 2-336　PN63 榫面（T）法兰盖尺寸　　单位：mm

标准件编号	DN	D	K	L	n(个)	螺栓Th	C	密封面f_2	密封面X	密封面W
HG20592-2009BLT-63_1	10	100	70	14	4	M12	20	4.5	34	24
HG20592-2009BLT-63_2	15	105	75	14	4	M12	20	4.5	39	29

续表

标准件编号	DN	D	K	L	n(个)	螺栓Th	C	密封面f_2	密封面X	密封面W
HG20592-2009BLT-63_3	20	130	90	18	4	M16	22	4.5	50	36
HG20592-2009BLT-63_4	25	140	100	18	4	M16	24	4.5	57	43
HG20592-2009BLT-63_5	32	155	110	22	4	M20	24	4.5	65	51
HG20592-2009BLT-63_6	40	170	125	22	4	M20	26	4.5	75	61
HG20592-2009BLT-63_7	50	180	135	22	4	M20	26	4.5	87	73
HG20592-2009BLT-63_8	65	205	160	22	8	M20	26	4.5	109	95
HG20592-2009BLT-63_9	80	215	170	22	8	M20	28	4.5	120	106
HG20592-2009BLT-63_10	100	250	200	26	8	M24	30	5.0	149	129
HG20592-2009BLT-63_11	125	295	240	30	8	M27	34	5.0	175	155
HG20592-2009BLT-63_12	150	345	280	33	8	M30	36	5.0	203	183
HG20592-2009BLT-63_13	200	415	345	36	12	M33	42	5.0	259	239
HG20592-2009BLT-63_14	250	470	400	36	12	M33	46	5.0	312	292
HG20592-2009BLT-63_15	300	530	460	36	16	M33	52	5.0	363	343
HG20592-2009BLT-63_16	350	600	525	39	16	M36×2	56	5.5	421	395
HG20592-2009BLT-63_17	400	670	585	42	16	M39×3	60	5.5	473	447

表 2-337 PN100 榫面（T）法兰盖尺寸 单位：mm

标准件编号	DN	D	K	L	n(个)	螺栓Th	C	密封面f_2	密封面X	密封面W
HG20592-2009BLT-100_1	10	100	70	14	4	M12	20	4.5	34	24
HG20592-2009BLT-100_2	15	105	75	14	4	M12	20	4.5	39	29
HG20592-2009BLT-100_3	20	130	90	18	4	M16	22	4.5	50	36
HG20592-2009BLT-100_4	25	140	100	18	4	M16	24	4.5	57	43
HG20592-2009BLT-100_5	32	155	110	22	4	M20	24	4.5	65	51
HG20592-2009BLT-100_6	40	170	125	22	4	M20	26	4.5	75	61
HG20592-2009BLT-100_7	50	195	145	26	4	M24	28	4.5	87	73
HG20592-2009BLT-100_8	65	220	170	26	8	M24	30	4.5	109	95
HG20592-2009BLT-100_9	80	230	180	26	8	M24	32	4.5	120	106
HG20592-2009BLT-100_10	100	265	210	30	8	M27	36	5.0	149	129
HG20592-2009BLT-100_11	125	315	250	33	8	M30	40	5.0	175	155
HG20592-2009BLT-100_12	150	355	290	33	12	M30	44	5.0	203	183
HG20592-2009BLT-100_13	200	430	360	36	12	M33	52	5.0	259	239
HG20592-2009BLT-100_14	250	505	430	39	12	M36×3	60	5.0	312	292
HG20592-2009BLT-100_15	300	585	500	42	16	M39×3	68	5.0	363	343
HG20592-2009BLT-100_16	350	655	560	48	16	M45×3	74	5.5	421	395
HG20592-2009BLT-100_17	400	715	620	48	16	M45×3	82	5.5	473	447

表 2-338 PN160 榫面（T）法兰盖尺寸 单位：mm

标准件编号	DN	D	K	L	n(个)	螺栓Th	C	密封面f_2	密封面X	密封面W
HG20592-2009BLT-160_1	10	100	70	14	4	M12	24	4.5	34	24
HG20592-2009BLT-160_2	15	105	75	14	4	M12	26	4.5	39	29
HG20592-2009BLT-160_3	20	130	90	18	4	M16	30	4.5	50	36
HG20592-2009BLT-160_4	25	140	100	18	4	M16	32	4.5	57	43
HG20592-2009BLT-160_5	32	155	110	22	4	M20	34	4.5	65	51
HG20592-2009BLT-160_6	40	170	125	22	4	M20	36	4.5	75	61
HG20592-2009BLT-160_7	50	195	145	26	4	M24	38	4.5	87	73
HG20592-2009BLT-160_8	65	220	170	26	8	M24	42	4.5	109	95
HG20592-2009BLT-160_9	80	230	180	26	8	M24	46	4.5	120	106
HG20592-2009BLT-160_10	100	265	210	30	8	M27	52	5.0	149	129
HG20592-2009BLT-160_11	125	315	250	33	8	M30	56	5.0	175	155
HG20592-2009BLT-160_12	150	355	290	33	12	M30	62	5.0	203	183
HG20592-2009BLT-160_13	200	430	360	36	12	M33	66	5.0	259	239
HG20592-2009BLT-160_14	250	515	430	42	12	M39×3	76	5.0	312	292
HG20592-2009BLT-160_15	300	585	500	42	16	M39×3	88	5.0	363	343

5. 槽面（G）法兰盖

槽面（G）法兰盖根据公称压力可分为 PN10、PN16、PN25、PN40、PN63、PN100 和 PN160。法兰盖尺寸如表 2-339～表 2-345 所示。

表 2-339 PN10 槽面（G）法兰盖尺寸 单位：mm

标准件编号	DN	D	K	L	n(个)	螺栓Th	C	密封面d	密封面f_1	密封面f_3	密封面Y	密封面Z
HG20592-2009BLG-10_1	10	90	60	14	4	M12	16	40	2	4.0	35	23
HG20592-2009BLG-10_2	15	95	65	14	4	M12	16	45	2	4.0	40	28
HG20592-2009BLG-10_3	20	105	75	14	4	M12	18	58	2	4.0	51	35
HG20592-2009BLG-10_4	25	115	85	14	4	M12	18	68	2	4.0	58	42
HG20592-2009BLG-10_5	32	140	100	18	4	M16	18	78	2	4.0	66	50
HG20592-2009BLG-10_6	40	150	110	18	4	M16	18	88	2	4.0	76	60
HG20592-2009BLG-10_7	50	165	125	18	4	M16	18	102	2	4.0	88	72
HG20592-2009BLG-10_8	65	185	145	18	8	M16	18	122	2	4.0	110	94
HG20592-2009BLG-10_9	80	200	160	18	8	M16	20	138	2	4.0	121	105
HG20592-2009BLG-10_10	100	220	180	18	8	M16	20	158	2	4.5	150	128
HG20592-2009BLG-10_11	125	250	210	18	8	M16	22	188	2	4.5	176	154
HG20592-2009BLG-10_12	150	285	240	22	8	M20	22	212	2	4.5	204	182
HG20592-2009BLG-10_13	200	340	295	22	8	M20	24	268	2	4.5	260	238

续表

标准件编号	DN	D	K	L	n(个)	螺栓Th	C	密封面d	密封面f_1	密封面f_3	密封面Y	密封面Z
HG20592-2009BLG-10_14	250	395	350	22	12	M20	26	320	2	4.5	313	291
HG20592-2009BLG-10_15	300	445	400	22	12	M20	26	370	2	4.5	364	342
HG20592-2009BLG-10_16	350	505	460	22	16	M20	26	430	2	5.0	422	394
HG20592-2009BLG-10_17	400	565	515	26	16	M24	26	482	2	5.0	474	446
HG20592-2009BLG-10_18	450	615	565	26	20	M24	28	532	2	5.0	524	496
HG20592-2009BLG-10_19	500	670	620	26	20	M24	28	585	2	5.0	576	548
HG20592-2009BLG-10_20	600	780	725	30	20	M27	34	685	2	5.0	676	648

表 2-340　PN16 槽面（G）法兰盖尺寸　　单位：mm

标准件编号	DN	D	K	L	n(个)	螺栓Th	C	密封面d	密封面f_1	密封面f_3	密封面Y	密封面Z
HG20592-2009BLG-16_1	10	90	60	14	4	M12	16	40	2	4.0	35	23
HG20592-2009BLG-16_2	15	95	65	14	4	M12	16	45	2	4.0	40	28
HG20592-2009BLG-16_3	20	105	75	14	4	M12	18	58	2	4.0	51	35
HG20592-2009BLG-16_4	25	115	85	14	4	M12	18	68	2	4.0	58	42
HG20592-2009BLG-16_5	32	140	100	18	4	M16	18	78	2	4.0	66	50
HG20592-2009BLG-16_6	40	150	110	18	4	M16	18	88	2	4.0	76	60
HG20592-2009BLG-16_7	50	165	125	18	4	M16	18	102	2	4.0	88	72
HG20592-2009BLG-16_8	65	185	145	18	4	M16	18	122	2	4.0	110	94
HG20592-2009BLG-16_9	80	200	160	18	8	M16	20	138	2	4.0	121	105
HG20592-2009BLG-16_10	100	220	180	18	8	M16	20	158	2	4.5	150	128
HG20592-2009BLG-16_11	125	250	210	22	8	M16	22	188	2	4.5	176	154
HG20592-2009BLG-16_12	150	285	240	22	8	M20	22	212	2	4.5	204	182
HG20592-2009BLG-16_13	200	340	295	26	12	M20	24	268	2	4.5	260	238
HG20592-2009BLG-16_14	250	405	355	26	12	M24	26	320	2	4.5	313	291
HG20592-2009BLG-16_15	300	460	410	26	12	M24	28	378	2	4.5	364	342
HG20592-2009BLG-16_16	350	520	470	30	16	M24	30	428	2	5.0	422	394
HG20592-2009BLG-16_17	400	580	525	30	16	M27	32	490	2	5.0	474	446
HG20592-2009BLG-16_18	450	640	585	33	20	M27	40	550	2	5.0	524	496
HG20592-2009BLG-16_19	500	715	650	33	20	M30	44	610	2	5.0	576	548
HG20592-2009BLG-16_20	600	840	770	36	20	M33	54	725	2	5.0	676	648

表 2-341　PN25 槽面（G）法兰盖尺寸　　单位：mm

标准件编号	DN	D	K	L	n(个)	螺栓Th	C	密封面d	密封面f_1	密封面f_3	密封面Y	密封面Z
HG20592-2009BLG-25_1	10	90	60	14	4	M12	16	40	2	4.0	35	23
HG20592-2009BLG-25_2	15	95	65	14	4	M12	16	45	2	4.0	40	28

续表

标准件编号	DN	D	K	L	n(个)	螺栓Th	C	密封面d	密封面f_1	密封面f_3	密封面Y	密封面Z
HG20592-2009BLG-25_3	20	105	75	14	4	M12	18	58	2	4.0	51	35
HG20592-2009BLG-25_4	25	115	85	14	4	M12	18	68	2	4.0	58	42
HG20592-2009BLG-25_5	32	140	100	18	4	M16	18	78	2	4.0	66	50
HG20592-2009BLG-25_6	40	150	110	18	4	M16	18	88	2	4.0	76	60
HG20592-2009BLG-25_7	50	165	125	18	4	M16	20	102	2	4.0	88	72
HG20592-2009BLG-25_8	65	185	145	18	8	M16	22	122	2	4.0	110	94
HG20592-2009BLG-25_9	80	200	160	18	8	M16	24	138	2	4.0	121	105
HG20592-2009BLG-25_10	100	235	190	22	8	M20	24	162	2	4.5	150	128
HG20592-2009BLG-25_11	125	270	220	26	8	M24	26	188	2	4.5	176	154
HG20592-2009BLG-25_12	150	300	250	26	8	M24	28	218	2	4.5	204	182
HG20592-2009BLG-25_13	200	360	310	26	12	M24	30	278	2	4.5	260	238
HG20592-2009BLG-25_14	250	425	370	30	12	M27	32	335	2	4.5	313	291
HG20592-2009BLG-25_15	300	485	430	30	16	M27	34	395	2	4.5	364	342
HG20592-2009BLG-25_16	350	555	490	33	16	M30	38	450	2	5.0	422	394
HG20592-2009BLG-25_17	400	620	550	36	16	M33	40	505	2	5.0	474	446
HG20592-2009BLG-25_18	450	670	600	36	20	M33	46	555	2	5.0	524	496
HG20592-2009BLG-25_19	500	730	660	36	20	M33	48	615	2	5.0	576	548
HG20592-2009BLG-25_20	600	845	770	39	20	M36	58	720	2	5.0	676	648

表 2-342　PN40 槽面（G）法兰盖尺寸　　单位：mm

标准件编号	DN	D	K	L	n(个)	螺栓Th	C	密封面d	密封面f_1	密封面f_3	密封面Y	密封面Z
HG20592-2009BLG-40_1	10	90	60	14	4	M12	16	40	2	4.0	35	23
HG20592-2009BLG-40_2	15	95	65	14	4	M12	16	45	2	4.0	40	28
HG20592-2009BLG-40_3	20	105	75	14	4	M12	18	58	2	4.0	51	35
HG20592-2009BLG-40_4	25	115	85	14	4	M12	18	68	2	4.0	58	42
HG20592-2009BLG-40_5	32	140	100	18	4	M16	18	78	2	4.0	66	50
HG20592-2009BLG-40_6	40	150	110	18	4	M16	18	88	2	4.0	76	60
HG20592-2009BLG-40_7	50	165	125	18	4	M16	20	102	2	4.0	88	72
HG20592-2009BLG-40_8	65	185	145	18	8	M16	22	122	2	4.0	110	94
HG20592-2009BLG-40_9	80	200	160	18	8	M16	24	138	2	4.0	121	105
HG20592-2009BLG-40_10	100	235	190	22	8	M20	24	162	2	4.5	150	128
HG20592-2009BLG-40_11	125	270	220	26	8	M24	26	188	2	4.5	176	154
HG20592-2009BLG-40_12	150	300	250	26	8	M24	28	218	2	4.5	204	182
HG20592-2009BLG-40_13	200	375	320	30	12	M27	36	285	2	4.5	260	238
HG20592-2009BLG-40_14	250	450	385	33	12	M30	38	345	2	4.5	313	291

续表

标准件编号	DN	D	K	L	n(个)	螺栓Th	C	密封面d	密封面f_1	密封面f_3	密封面Y	密封面Z
HG20592-2009BLG-40_15	300	515	450	33	16	M30	42	410	2	4.5	364	342
HG20592-2009BLG-40_16	350	580	510	36	16	M33	46	465	2	5.0	422	394
HG20592-2009BLG-40_17	400	660	585	39	16	M36×3	50	535	2	5.0	474	446
HG20592-2009BLG-40_18	450	685	610	39	20	M36×3	57	560	2	5.0	524	496
HG20592-2009BLG-40_19	500	755	670	42	20	M39×3	57	615	2	5.0	576	548
HG20592-2009BLG-40_20	600	890	795	48	20	M45×3	72	735	2	5.0	676	648

表 2-343　PN63 槽面（G）法兰盖尺寸　　单位：mm

标准件编号	DN	D	K	L	n(个)	螺栓Th	C	密封面d	密封面f_1	密封面f_3	密封面Y	密封面Z
HG20592-2009BLG-63_1	10	100	70	14	4	M12	20	40	2	4.0	35	23
HG20592-2009BLG-63_2	15	105	75	14	4	M12	20	45	2	4.0	40	28
HG20592-2009BLG-63_3	20	130	90	18	4	M16	22	58	2	4.0	51	35
HG20592-2009BLG-63_4	25	140	100	18	4	M16	24	68	2	4.0	58	42
HG20592-2009BLG-63_5	32	155	110	22	4	M20	24	78	2	4.0	66	50
HG20592-2009BLG-63_6	40	170	125	22	4	M20	26	88	2	4.0	76	60
HG20592-2009BLG-63_7	50	180	135	22	4	M20	26	102	2	4.0	88	72
HG20592-2009BLG-63_8	65	205	160	22	8	M20	26	122	2	4.0	110	94
HG20592-2009BLG-63_9	80	215	170	22	8	M20	28	138	2	4.0	121	105
HG20592-2009BLG-63_10	100	250	200	26	8	M24	30	162	2	4.5	150	128
HG20592-2009BLG-63_11	125	295	240	30	8	M27	34	188	2	4.5	176	154
HG20592-2009BLG-63_12	150	345	280	33	8	M30	36	218	2	4.5	204	182
HG20592-2009BLG-63_13	200	415	345	36	12	M33	42	285	2	4.5	260	238
HG20592-2009BLG-63_14	250	470	400	36	12	M33	46	345	2	4.5	313	291
HG20592-2009BLG-63_15	300	530	460	36	16	M33	52	410	2	4.5	364	342
HG20592-2009BLG-63_16	350	600	525	39	16	M36×2	56	465	2	5.0	422	394
HG20592-2009BLG-63_17	400	670	585	42	16	M39×3	60	535	2	5.0	474	446

表 2-344　PN100 槽面（G）法兰盖尺寸　　单位：mm

标准件编号	DN	D	K	L	n(个)	螺栓Th	C	密封面d	密封面f_1	密封面f_3	密封面Y	密封面Z
HG20592-2009BLG-100_1	10	100	70	14	4	M12	20	40	2	4.0	35	23
HG20592-2009BLG-100_2	15	105	75	14	4	M12	20	45	2	4.0	40	28
HG20592-2009BLG-100_3	20	130	90	18	4	M16	22	58	2	4.0	51	35
HG20592-2009BLG-100_4	25	140	100	18	4	M16	24	68	2	4.0	58	42
HG20592-2009BLG-100_5	32	155	110	22	4	M20	24	78	2	4.0	66	50
HG20592-2009BLG-100_6	40	170	125	22	4	M20	26	88	2	4.0	76	60

续表

标准件编号	DN	D	K	L	n(个)	螺栓Th	C	密封面d	密封面f_1	密封面f_3	密封面Y	密封面Z
HG20592-2009BLG-100_7	50	195	145	26	4	M24	28	102	2	4.0	88	72
HG20592-2009BLG-100_8	65	220	170	26	8	M24	30	122	2	4.0	110	94
HG20592-2009BLG-100_9	80	230	180	26	8	M24	32	138	2	4.0	121	105
HG20592-2009BLG-100_10	100	265	210	30	8	M27	36	162	2	4.5	150	128
HG20592-2009BLG-100_11	125	315	250	33	8	M30	40	188	2	4.5	176	154
HG20592-2009BLG-100_12	150	355	290	33	12	M30	44	218	2	4.5	204	182
HG20592-2009BLG-100_13	200	430	360	36	12	M33	52	285	2	4.5	260	238
HG20592-2009BLG-100_14	250	505	430	39	12	M36×3	60	345	2	4.5	313	291
HG20592-2009BLG-100_15	300	585	500	42	16	M39×3	68	410	2	4.5	364	342
HG20592-2009BLG-100_16	350	655	560	48	16	M45×3	74	465	2	5.0	422	394
HG20592-2009BLG-100_17	400	715	620	48	16	M45×3	82	535	2	5.0	474	446

表 2-345　PN160 槽面（G）法兰盖尺寸　　单位：mm

标准件编号	DN	D	K	L	n(个)	螺栓Th	C	密封面d	密封面f_1	密封面f_3	密封面Y	密封面Z
HG20592-2009BLG-160_1	10	100	70	14	4	M12	24	40	2	4.0	35	23
HG20592-2009BLG-160_2	15	105	75	14	4	M12	26	45	2	4.0	40	28
HG20592-2009BLG-160_3	20	130	90	18	4	M16	30	58	2	4.0	51	35
HG20592-2009BLG-160_4	25	140	100	18	4	M16	32	68	2	4.0	58	42
HG20592-2009BLG-160_5	32	155	110	22	4	M20	34	78	2	4.0	66	50
HG20592-2009BLG-160_6	40	170	125	22	4	M20	36	88	2	4.0	76	60
HG20592-2009BLG-160_7	50	195	145	26	4	M24	38	102	2	4.0	88	72
HG20592-2009BLG-160_8	65	220	170	26	8	M24	42	122	2	4.0	110	94
HG20592-2009BLG-160_9	80	230	180	26	8	M24	46	138	2	4.0	121	105
HG20592-2009BLG-160_10	100	265	210	30	8	M27	52	162	2	4.5	150	128
HG20592-2009BLG-160_11	125	315	250	33	8	M30	56	188	2	4.5	176	154
HG20592-2009BLG-160_12	150	355	290	33	12	M30	62	218	2	4.5	204	182
HG20592-2009BLG-160_13	200	430	360	36	12	M33	66	285	2	4.5	260	238
HG20592-2009BLG-160_14	250	515	430	42	12	M39×3	76	345	2	4.5	313	291
HG20592-2009BLG-160_15	300	585	500	42	16	M39×3	88	410	2	4.5	364	342

6．全平面（FF）法兰盖

全平面（FF）法兰盖根据公称压力可分为 PN2.5、PN6、PN10、PN16。法兰盖尺寸如表 2-346～表 2-349 所示。

表 2-346　PN2.5 全平面（FF）法兰盖尺寸　　单位：mm

标准件编号	DN	D	K	L	n（个）	螺栓 Th	C	标准件编号	DN	D	K	L	n（个）	螺栓 Th	C
HG20592-2009BLFF-2_5_1	10	75	50	11	4	M10	12	HG20592-2009BLFF-2_5_16	350	490	445	22	12	M20	26
HG20592-2009BLFF-2_5_2	15	80	55	11	4	M10	12	HG20592-2009BLFF-2_5_17	400	540	495	22	16	M20	28
HG20592-2009BLFF-2_5_3	20	90	65	11	4	M10	14	HG20592-2009BLFF-2_5_18	450	595	550	22	16	M20	30
HG20592-2009BLFF-2_5_4	25	100	75	11	4	M10	14	HG20592-2009BLFF-2_5_19	500	645	600	22	20	M20	30
HG20592-2009BLFF-2_5_5	32	120	90	14	4	M12	16	HG20592-2009BLFF-2_5_20	600	755	705	26	20	M24	32
HG20592-2009BLFF-2_5_6	40	130	100	14	4	M12	16	HG20592-2009BLFF-2_5_21	700	860	810	26	24	M24	36
HG20592-2009BLFF-2_5_7	50	140	110	14	4	M12	16	HG20592-2009BLFF-2_5_22	800	975	920	30	24	M27	38
HG20592-2009BLFF-2_5_8	65	160	130	14	4	M12	16	HG20592-2009BLFF-2_5_23	900	1075	1020	30	24	M27	40
HG20592-2009BLFF-2_5_9	80	190	150	18	4	M16	18	HG20592-2009BLFF-2_5_24	1000	1175	1120	30	28	M27	42
HG20592-2009BLFF-2_5_10	100	210	170	18	4	M16	18	HG20592-2009BLFF-2_5_25	1200	1375	1320	30	32	M27	44
HG20592-2009BLFF-2_5_11	125	240	200	18	8	M16	20	HG20592-2009BLFF-2_5_26	1400	1575	1520	30	36	M27	48
HG20592-2009BLFF-2_5_12	150	265	225	18	8	M16	20	HG20592-2009BLFF-2_5_27	1600	1790	1730	30	40	M27	51
HG20592-2009BLFF-2_5_13	200	320	280	18	8	M16	22	HG20592-2009BLFF-2_5_28	1800	1990	1930	30	44	M27	54
HG20592-2009BLFF-2_5_14	250	375	335	18	12	M16	24	HG20592-2009BLFF-2_5_29	2000	2190	2130	30	48	M27	58
HG20592-2009BLFF-2_5_15	300	440	395	22	12	M20	24								

表 2-347　PN6 全平面（FF）法兰盖尺寸　　单位：mm

标准件编号	DN	D	K	L	n（个）	螺栓 Th	C	标准件编号	DN	D	K	L	n（个）	螺栓 Th	C
HG20592-2009BLFF-6_1	10	75	50	11	4	M10	12	HG20592-2009BLFF-6_16	350	490	445	22	12	M20	22
HG20592-2009BLFF-6_2	15	80	55	11	4	M10	12	HG20592-2009BLFF-6_17	400	540	495	22	16	M20	22
HG20592-2009BLFF-6_3	20	90	65	11	4	M10	14	HG20592-2009BLFF-6_18	450	595	550	22	16	M20	24
HG20592-2009BLFF-6_4	25	100	75	11	4	M10	14	HG20592-2009BLFF-6_19	500	645	600	22	20	M20	24
HG20592-2009BLFF-6_5	32	120	90	14	4	M12	14	HG20592-2009BLFF-6_20	600	755	705	26	20	M24	30
HG20592-2009BLFF-6_6	40	130	100	14	4	M12	14	HG20592-2009BLFF-6_21	700	860	810	26	24	M24	40
HG20592-2009BLFF-6_7	50	140	110	14	4	M12	14	HG20592-2009BLFF-6_22	800	975	920	30	24	M27	44
HG20592-2009BLFF-6_8	65	160	130	14	4	M12	14	HG20592-2009BLFF-6_23	900	1075	1020	30	24	M27	48
HG20592-2009BLFF-6_9	80	190	150	18	4	M16	16	HG20592-2009BLFF-6_24	1000	1175	1120	30	28	M27	52
HG20592-2009BLFF-6_10	100	210	170	18	4	M16	16	HG20592-2009BLFF-6_25	1200	1405	1340	33	32	M30	60
HG20592-2009BLFF-6_11	125	240	200	18	8	M16	18	HG20592-2009BLFF-6_26	1400	1630	1560	36	36	M33	68
HG20592-2009BLFF-6_12	150	265	225	18	8	M16	18	HG20592-2009BLFF-6_27	1600	1830	1760	36	40	M33	76
HG20592-2009BLFF-6_13	200	320	280	18	8	M16	20	HG20592-2009BLFF-6_28	1800	2045	1970	39	44	M36	84
HG20592-2009BLFF-6_14	250	375	335	18	12	M16	22	HG20592-2009BLFF-6_29	2000	2265	2180	42	48	M39	92
HG20592-2009BLFF-6_15	300	440	395	22	12	M20	22								

表 2-348　PN10 全平面（FF）法兰盖尺寸　　单位：mm

标准件编号	DN	D	K	L	n (个)	螺栓 Th	C	标准件编号	DN	D	K	L	n (个)	螺栓 Th	C
HG20592-2009BLFF-10_1	10	90	60	14	4	M12	16	HG20592-2009BLFF-10_14	250	395	350	22	12	M20	26
HG20592-2009BLFF-10_2	15	95	65	14	4	M12	16	HG20592-2009BLFF-10_15	300	445	400	22	12	M20	26
HG20592-2009BLFF-10_3	20	105	75	14	4	M12	18	HG20592-2009BLFF-10_16	350	505	460	22	16	M20	26
HG20592-2009BLFF-10_4	25	115	85	14	4	M12	18	HG20592-2009BLFF-10_17	400	565	515	26	16	M24	26
HG20592-2009BLFF-10_5	32	140	100	18	4	M16	18	HG20592-2009BLFF-10_18	450	615	565	26	20	M24	28
HG20592-2009BLFF-10_6	40	150	110	18	4	M16	18	HG20592-2009BLFF-10_19	500	670	620	26	20	M24	28
HG20592-2009BLFF-10_7	50	165	125	18	4	M16	18	HG20592-2009BLFF-10_20	600	780	725	30	20	M27	34
HG20592-2009BLFF-10_8	65	185	145	18	8	M16	18	HG20592-2009BLFF-10_21	700	895	840	30	24	M27	38
HG20592-2009BLFF-10_9	80	200	160	18	8	M16	20	HG20592-2009BLFF-10_22	800	1015	950	33	24	M30	42
HG20592-2009BLFF-10_10	100	220	180	18	8	M16	20	HG20592-2009BLFF-10_23	900	1115	1050	33	28	M30	46
HG20592-2009BLFF-10_11	125	250	210	18	8	M16	22	HG20592-2009BLFF-10_24	1000	1230	1160	36	28	M33	52
HG20592-2009BLFF-10_12	150	285	240	22	8	M20	22	HG20592-2009BLFF-10_25	1200	1455	1380	39	32	M36×3	60
HG20592-2009BLFF-10_13	200	340	295	22	8	M20	24								

表 2-349　PN16 全平面（FF）法兰盖尺寸　　单位：mm

标准件编号	DN	D	K	L	n (个)	螺栓 Th	C	标准件编号	DN	D	K	L	N (个)	螺栓 Th	C
HG20592-2009BLFF-16_1	10	90	60	14	4	M12	16	HG20592-2009BLFF-16_14	250	405	355	26	12	M24	26
HG20592-2009BLFF-16_2	15	95	65	14	4	M12	16	HG20592-2009BLFF-16_15	300	460	410	26	12	M24	28
HG20592-2009BLFF-16_3	20	105	75	14	4	M12	18	HG20592-2009BLFF-16_16	350	520	470	30	16	M24	30
HG20592-2009BLFF-16_4	25	115	85	14	4	M12	18	HG20592-2009BLFF-16_17	400	580	525	30	16	M27	32
HG20592-2009BLFF-16_5	32	140	100	18	4	M16	18	HG20592-2009BLFF-16_18	450	640	585	33	20	M27	40
HG20592-2009BLFF-16_6	40	150	110	18	4	M16	18	HG20592-2009BLFF-16_19	500	715	650	33	20	M30	44
HG20592-2009BLFF-16_7	50	165	125	18	4	M16	18	HG20592-2009BLFF-16_20	600	840	770	36	20	M33	54
HG20592-2009BLFF-16_8	65	185	145	18	4	M16	18	HG20592-2009BLFF-16_21	700	910	840	36	24	M33	48
HG20592-2009BLFF-16_9	80	200	160	18	8	M16	20	HG20592-2009BLFF-16_22	800	1025	950	39	24	M36×3	52
HG20592-2009BLFF-16_10	100	220	180	18	8	M16	20	HG20592-2009BLFF-16_23	900	1125	1050	39	28	M36×3	58
HG20592-2009BLFF-16_11	125	250	210	22	8	M16	22	HG20592-2009BLFF-16_24	1000	1255	1170	42	28	M39×3	64
HG20592-2009BLFF-16_12	150	285	240	22	8	M20	22	HG20592-2009BLFF-16_25	1200	1485	1390	48	32	M45×3	76
HG20592-2009BLFF-16_13	200	340	295	26	12	M20	24								

7. 环连接面（RJ）法兰盖

环连接面（RJ）法兰盖根据公称压力可分为 PN63、PN100 和 PN160。法兰盖尺寸如表 2-350～表 2-352 所示。

表 2-350 PN63 环连接面（RJ）法兰盖尺寸 单位：mm

标准件编号	DN	D	K	L	n(个)	螺栓Th	C	密封面d	密封面P	密封面E	密封面F	密封面r_0
HG20592-2009BLRJ-63_1	15	105	75	14	4	M12	20	55	35	6.5	9	0.8
HG20592-2009BLRJ-63_2	20	130	90	18	4	M16	22	68	45	6.5	9	0.8
HG20592-2009BLRJ-63_3	25	140	100	18	4	M16	24	78	50	6.5	9	0.8
HG20592-2009BLRJ-63_4	32	155	110	22	4	M20	24	86	65	6.5	9	0.8
HG20592-2009BLRJ-63_5	40	170	125	22	4	M20	26	102	75	6.5	9	0.8
HG20592-2009BLRJ-63_6	50	180	135	22	4	M20	26	112	85	8	12	0.8
HG20592-2009BLRJ-63_7	65	205	160	22	8	M20	26	136	110	8	12	0.8
HG20592-2009BLRJ-63_8	80	215	170	22	8	M20	28	146	115	8	12	0.8
HG20592-2009BLRJ-63_9	100	250	200	26	8	M24	30	172	145	8	12	0.8
HG20592-2009BLRJ-63_10	125	295	240	30	8	M27	34	208	175	8	12	0.8
HG20592-2009BLRJ-63_11	150	345	280	33	8	M30	36	245	205	8	12	0.8
HG20592-2009BLRJ-63_12	200	415	345	36	12	M33	42	306	265	8	12	0.8
HG20592-2009BLRJ-63_13	250	470	400	36	12	M33	46	362	320	8	12	0.8
HG20592-2009BLRJ-63_14	300	530	460	36	16	M33	52	422	375	8	12	0.8
HG20592-2009BLRJ-63_15	350	600	525	39	16	M36×2	56	475	420	8	12	0.8
HG20592-2009BLRJ-63_16	400	670	585	42	16	M39×3	60	540	480	8	12	0.8

表 2-351 PN100 环连接面（RJ）法兰盖尺寸 单位：mm

标准件编号	DN	D	K	L	n(个)	螺栓Th	C	密封面d	密封面P	密封面E	密封面F	密封面r_0
HG20592-2009BLRJ-100_1	15	105	75	14	4	M12	20	55	35	6.5	9	0.8
HG20592-2009BLRJ-100_2	20	130	90	18	4	M16	22	68	45	6.5	9	0.8
HG20592-2009BLRJ-100_3	25	140	100	18	4	M16	24	78	50	6.5	9	0.8
HG20592-2009BLRJ-100_4	32	155	110	22	4	M20	24	86	65	6.5	9	0.8
HG20592-2009BLRJ-100_5	40	170	125	22	4	M20	26	102	75	6.5	9	0.8
HG20592-2009BLRJ-100_6	50	195	145	26	4	M24	28	116	85	8	12	0.8
HG20592-2009BLRJ-100_7	65	220	170	26	8	M24	30	140	110	8	12	0.8
HG20592-2009BLRJ-100_8	80	230	180	26	8	M24	32	150	115	8	12	0.8
HG20592-2009BLRJ-100_9	100	265	210	30	8	M27	36	176	145	8	12	0.8
HG20592-2009BLRJ-100_10	125	315	250	33	8	M30	40	212	175	8	12	0.8
HG20592-2009BLRJ-100_11	150	355	290	33	12	M30	44	250	205	8	12	0.8
HG20592-2009BLRJ-100_12	200	430	360	36	12	M33	52	312	265	8	12	0.8
HG20592-2009BLRJ-100_13	250	505	430	39	12	M36×3	60	376	320	8	12	0.8
HG20592-2009BLRJ-100_14	300	585	500	42	16	M39×3	68	448	375	8	12	0.8
HG20592-2009BLRJ-100_15	350	655	560	48	16	M45×3	74	505	420	11	17	0.8
HG20592-2009BLRJ-100_16	400	715	620	48	16	M45×3	82	565	480	11	17	0.8

表 2-352　PN160 环连接面（RJ）法兰盖尺寸　　　　单位：mm

标准件编号	DN	D	K	L	n(个)	螺栓Th	C	密封面d	密封面P	密封面E	密封面F	密封面r_0
HG20592-2009BLRJ-160_1	15	105	75	14	4	M12	26	58	35	6.5	9	0.8
HG20592-2009BLRJ-160_2	20	130	90	18	4	M16	30	70	45	6.5	9	0.8
HG20592-2009BLRJ-160_3	25	140	100	18	4	M16	32	80	50	6.5	9	0.8
HG20592-2009BLRJ-160_4	32	155	110	22	4	M20	34	86	65	6.5	9	0.8
HG20592-2009BLRJ-160_5	40	170	125	22	4	M20	36	102	75	6.5	9	0.8
HG20592-2009BLRJ-160_6	50	195	145	26	4	M24	38	118	95	8	12	0.8
HG20592-2009BLRJ-160_7	65	220	170	26	8	M24	42	142	110	8	12	0.8
HG20592-2009BLRJ-160_8	80	230	180	26	8	M24	46	152	130	8	12	0.8
HG20592-2009BLRJ-160_9	100	265	210	30	8	M27	52	178	160	8	12	0.8
HG20592-2009BLRJ-160_10	125	315	250	33	8	M30	56	215	190	8	12	0.8
HG20592-2009BLRJ-160_11	150	355	290	33	12	M30	62	255	205	10	14	0.8
HG20592-2009BLRJ-160_12	200	430	360	36	12	M33	66	322	275	11	17	0.8
HG20592-2009BLRJ-160_13	250	515	430	42	12	M39×3	76	388	330	11	17	0.8
HG20592-2009BLRJ-160_14	300	585	500	42	16	M39×3	88	456	380	14	23	0.8

2.2.10　衬里法兰盖[BL(S)]

本标准规定了衬里法兰盖[BL(S)]（欧洲体系）的型式和尺寸。

本标准适用于公称压力 PN6～PN40 的衬里法兰盖。

衬里法兰盖的二维图形和三维图形如表 2-353 所示。

表 2-353　衬里法兰盖法兰

二维图形	三维图形

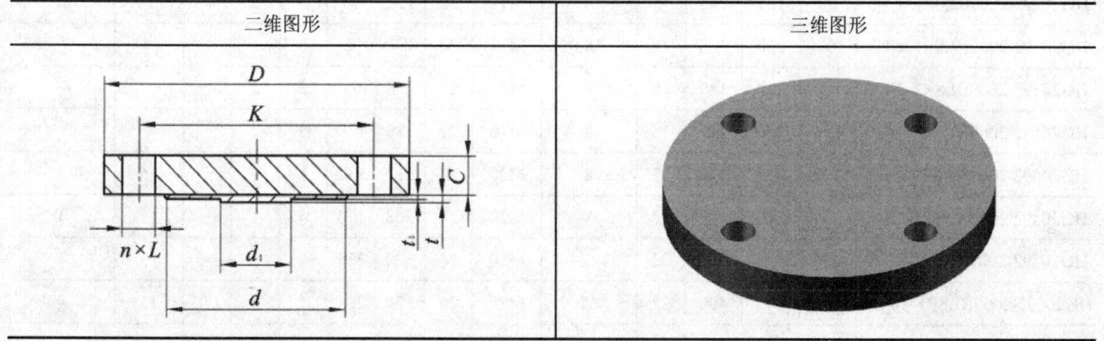

1. 突面（RF）衬里法兰盖

突面（RF）衬里法兰盖根据公称压力可分为 PN6、PN10、PN16、PN25 和 PN40。法兰盖尺寸如表 2-354～表 2-358 所示。

表 2-354　PN6 突面（RF）衬里法兰盖尺寸　　单位：mm

标准件编号	DN	D	K	L	螺栓孔数量n(个)	螺栓Th	C	d	d_1	t	t_1	p	塞焊孔孔径 ϕ	塞焊孔数量n(个)
HG20592-2009BLSRF-6_1	40	130	100	14	4	M12	14	80	30	3	2	—	—	—
HG20592-2009BLSRF-6_2	50	140	110	14	4	M12	14	90	45	3	2	—	—	—
HG20592-2009BLSRF-6_3	65	160	130	14	4	M12	14	110	60	3	2	—	—	—
HG20592-2009BLSRF-6_4	80	190	150	18	4	M16	18	128	75	3	2	—	—	—
HG20592-2009BLSRF-6_5	100	210	170	18	4	M16	18	148	95	3	2	—	—	—
HG20592-2009BLSRF-6_6	125	240	200	18	8	M16	18	178	110	3	2	—	—	—
HG20592-2009BLSRF-6_7	150	265	225	18	8	M16	20	202	130	3	2	—	15	1
HG20592-2009BLSRF-6_8	200	320	280	18	8	M16	22	258	190	4	2	—	15	1
HG20592-2009BLSRF-6_9	250	375	335	18	12	M16	22	312	235	4	2	—	15	1
HG20592-2009BLSRF-6_10	300	440	395	22	12	M20	22	365	285	5	3	170	15	4
HG20592-2009BLSRF-6_11	350	490	445	22	12	M20	24	415	330	5	3	220	15	4
HG20592-2009BLSRF-6_12	400	540	495	22	16	M20	24	465	380	5	3	230	15	4
HG20592-2009BLSRF-6_13	450	595	550	22	16	M20	24	518	430	5	3	250	15	4
HG20592-2009BLSRF-6_14	500	645	600	22	20	M20	26	570	475	6	4	260	15	7
HG20592-2009BLSRF-6_15	600	755	705	26	20	M24	30	670	570	6	4	320	15	7

表 2-355　PN10 突面（RF）衬里法兰盖尺寸　　单位：mm

标准件编号	DN	D	K	L	螺栓孔数量n(个)	螺栓Th	C	d	d_1	t	t_1	p	塞焊孔孔径 ϕ	塞焊孔数量n(个)
HG20592-2009BLSRF-10_1	40	150	110	18	4	M16	18	88	30	3	2	—	—	—
HG20592-2009BLSRF-10_2	50	165	125	18	4	M16	18	102	45	3	2	—	—	—
HG20592-2009BLSRF-10_3	65	185	145	18	8	M16	18	122	60	3	2	—	—	—
HG20592-2009BLSRF-10_4	80	200	160	18	8	M16	20	138	75	3	2	—	—	—
HG20592-2009BLSRF-10_5	100	220	180	18	8	M16	20	158	95	3	2	—	—	—
HG20592-2009BLSRF-10_6	125	250	210	18	8	M16	22	188	110	3	2	—	—	—
HG20592-2009BLSRF-10_7	150	285	240	22	8	M20	22	212	130	3	2	—	15	1
HG20592-2009BLSRF-10_8	200	340	295	22	8	M20	24	268	190	4	2	—	15	1
HG20592-2009BLSRF-10_9	250	395	350	22	12	M20	26	320	235	4	2	—	15	1
HG20592-2009BLSRF-10_10	300	445	400	22	12	M20	26	370	285	5	3	170	15	4
HG20592-2009BLSRF-10_11	350	505	460	22	16	M20	26	430	330	5	3	220	15	4
HG20592-2009BLSRF-10_12	400	565	515	26	16	M24	26	482	380	5	3	230	15	4
HG20592-2009BLSRF-10_13	450	615	565	26	20	M24	28	532	430	5	3	250	15	4
HG20592-2009BLSRF-10_14	500	670	620	26	20	M24	28	585	475	6	4	260	15	7
HG20592-2009BLSRF-10_15	600	780	725	30	20	M27	34	685	570	6	4	320	15	7

表 2-356　PN16 突面（RF）衬里法兰盖尺寸　　单位：mm

标准件编号	DN	D	K	L	螺栓孔数量n(个)	螺栓Th	C	d	d_1	t	t_1	p	塞焊孔孔径 ϕ	塞焊孔数量n(个)
HG20592-2009BLSRF-16_1	40	150	110	18	4	M16	18	88	30	3	2	—	—	—
HG20592-2009BLSRF-16_2	50	165	125	18	4	M16	18	102	45	3	2	—	—	—
HG20592-2009BLSRF-16_3	65	185	145	18	4	M16	18	122	60	3	2	—	—	—
HG20592-2009BLSRF-16_4	80	200	160	18	8	M16	20	138	75	3	2	—	—	—
HG20592-2009BLSRF-16_5	100	220	180	18	8	M16	22	158	95	3	2	—	—	—
HG20592-2009BLSRF-16_6	125	250	210	18	8	M16	22	188	110	3	2	—	—	—
HG20592-2009BLSRF-16_7	150	285	240	22	8	M20	22	212	130	3	2	—	15	1
HG20592-2009BLSRF-16_8	200	340	295	22	12	M20	24	268	190	4	2	—	15	1
HG20592-2009BLSRF-16_9	250	403	355	26	12	M24	26	320	235	4	2	—	15	1
HG20592-2009BLSRF-16_10	300	460	410	26	12	M24	28	378	285	5	3	170	15	4
HG20592-2009BLSRF-16_11	350	520	470	26	16	M24	30	428	330	5	3	220	15	4
HG20592-2009BLSRF-16_12	400	580	525	30	16	M27	32	490	380	5	3	230	15	4
HG20592-2009BLSRF-16_13	450	640	585	30	20	M27	40	550	430	5	3	250	15	4
HG20592-2009BLSRF-16_14	500	715	650	33	20	M30	44	610	475	6	4	260	15	7
HG20592-2009BLSRF-16_15	600	840	770	36	20	M33	44	725	570	6	4	320	15	7

表 2-357　PN25 突面（RF）衬里法兰盖尺寸　　单位：mm

标准件编号	DN	D	K	L	螺栓孔数量n(个)	螺栓Th	C	d	d_1	t	t_1	p	塞焊孔孔径 ϕ	塞焊孔数量n(个)
HG20592-2009BLSRF-25_1	40	150	110	18	4	M16	18	88	30	3	2	—	—	—
HG20592-2009BLSRF-25_2	50	165	125	18	4	M16	20	102	45	3	2	—	—	—
HG20592-2009BLSRF-25_3	65	185	145	18	8	M16	22	122	60	3	2	—	—	—
HG20592-2009BLSRF-25_4	80	200	160	18	8	M16	24	138	75	3	2	—	—	—
HG20592-2009BLSRF-25_5	100	235	190	22	8	M20	24	162	95	3	2	—	—	—
HG20592-2009BLSRF-25_6	125	270	220	26	8	M24	26	188	110	3	2	—	—	—
HG20592-2009BLSRF-25_7	150	300	250	26	8	M24	28	218	130	3	2	—	15	1
HG20592-2009BLSRF-25_8	200	360	310	26	12	M24	30	278	190	4	2	—	15	1
HG20592-2009BLSRF-25_9	250	425	370	30	12	M27	32	335	235	4	2	—	15	1
HG20592-2009BLSRF-25_10	300	485	430	30	16	M27	34	395	285	5	3	170	15	4
HG20592-2009BLSRF-25_11	350	555	490	33	16	M30	38	450	330	5	3	220	15	4
HG20592-2009BLSRF-25_12	400	620	550	36	16	M33	40	505	380	5	3	230	15	4
HG20592-2009BLSRF-25_13	450	670	600	36	20	M33	46	555	430	5	3	250	15	4
HG20592-2009BLSRF-25_14	500	730	660	36	20	M33	48	615	475	6	4	260	15	7
HG20592-2009BLSRF-25_15	600	845	770	39	20	M36×3	58	720	570	6	4	320	15	7

表 2-358　PN40 突面（RF）衬里法兰盖尺寸　　单位：mm

标准件编号	DN	D	K	L	螺栓孔数量n(个)	螺栓Th	C	d	d_1	t	t_1	p	塞焊孔孔径 ϕ	塞焊孔数量n(个)
HG20592-2009BLSRF-40_1	40	150	110	18	4	M16	18	88	30	3	2	—	—	—
HG20592-2009BLSRF-40_2	50	165	125	18	4	M16	20	102	45	3	2	—	—	—
HG20592-2009BLSRF-40_3	65	185	145	18	8	M16	22	122	60	3	2	—	—	—
HG20592-2009BLSRF-40_4	80	200	160	18	8	M16	24	138	75	3	2	—	—	—
HG20592-2009BLSRF-40_5	100	235	190	22	8	M20	24	162	95	3	2	—	—	—
HG20592-2009BLSRF-40_6	125	270	220	26	8	M24	26	188	110	3	2	—	—	—
HG20592-2009BLSRF-40_7	150	300	250	26	8	M24	28	218	130	3	2	—	15	1
HG20592-2009BLSRF-40_8	200	375	320	30	12	M27	36	285	190	4	2	—	15	1
HG20592-2009BLSRF-40_9	250	450	385	33	12	M30	38	345	235	4	2	—	15	1
HG20592-2009BLSRF-40_10	300	515	450	33	16	M30	42	410	285	5	3	170	15	4
HG20592-2009BLSRF-40_11	350	580	510	36	16	M33	46	465	330	5	3	220	15	4
HG20592-2009BLSRF-40_12	400	660	585	39	16	M36×3	50	535	380	5	3	230	15	4
HG20592-2009BLSRF-40_13	450	685	610	39	20	M36×3	57	560	430	5	3	250	15	4
HG20592-2009BLSRF-40_14	500	755	670	42	20	M39×3	57	615	475	6	4	260	15	7
HG20592-2009BLSRF-40_15	600	890	795	48	20	M45×3	72	735	570	6	4	320	15	7

2. 凸面（M）衬里法兰盖

凸面（M）衬里法兰盖根据公称压力可分为 PN10、PN16、PN25 和 PN40。凸面（M）衬里法兰盖的二维图形和三维图形如表 2-359 所示。法兰盖尺寸如表 2-360～表 2-363 所示。

表 2-359　凸面（M）衬里法兰盖

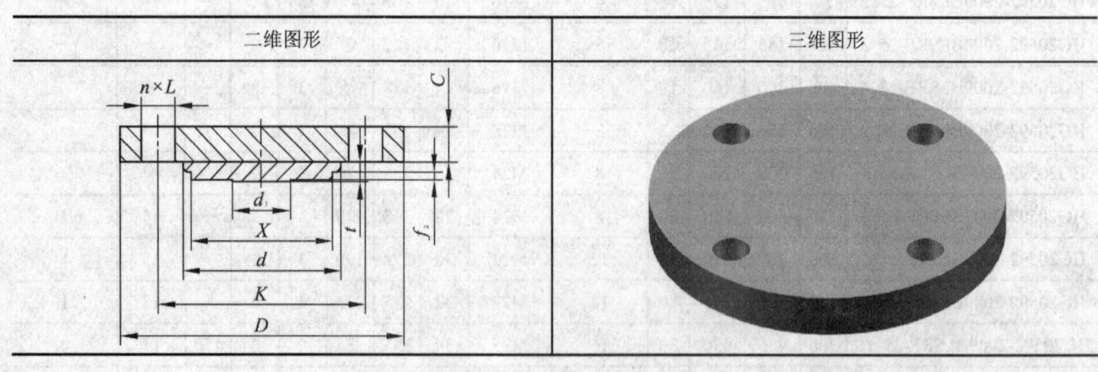

表 2-360　PN10 凸面（M）衬里法兰盖尺寸　　单位：mm

标准件编号	DN	D	K	L	螺栓孔数量n(个)	螺栓Th	C	d	d_1	t	p	塞焊孔孔径 ϕ	塞焊孔数量n(个)	密封面	
														f_2	X
HG20592-2009BLSM-10_1	40	150	110	18	4	M16	18	88	30	10	—	—	—	4.5	75

续表

标准件编号	DN	D	K	L	螺栓孔数量n(个)	螺栓Th	C	d	d_1	t	p	塞焊孔孔径 ϕ	塞焊孔数量n(个)	密封面	
														f_2	X
HG20592-2009BLSM-10_2	50	165	125	18	4	M16	18	102	45	10	—	—	—	4.5	87
HG20592-2009BLSM-10_3	65	185	145	18	8	M16	18	122	60	10	—	—	—	4.5	109
HG20592-2009BLSM-10_4	80	200	160	18	8	M16	20	138	75	10	—	—	—	4.5	120
HG20592-2009BLSM-10_5	100	220	180	18	8	M16	20	158	95	10	—	—	—	5.0	149
HG20592-2009BLSM-10_6	125	250	210	18	8	M16	22	188	110	10	—	—	—	5.0	175
HG20592-2009BLSM-10_7	150	285	240	22	8	M20	22	212	130	10	—	15	1	5.0	203
HG20592-2009BLSM-10_8	200	340	295	22	8	M20	24	268	190	10	—	15	1	5.0	259
HG20592-2009BLSM-10_9	250	395	350	22	12	M20	26	320	235	10	—	15	1	5.0	312
HG20592-2009BLSM-10_10	300	445	400	22	12	M20	26	370	285	10	170	15	4	5.0	363
HG20592-2009BLSM-10_11	350	505	460	22	16	M20	26	430	330	10	220	15	4	5.5	421
HG20592-2009BLSM-10_12	400	565	515	26	16	M24	26	482	380	10	230	15	4	5.5	473
HG20592-2009BLSM-10_13	450	615	565	26	20	M24	28	532	430	10	250	15	4	5.5	523
HG20592-2009BLSM-10_14	500	670	620	26	20	M24	28	585	475	10	260	15	7	5.5	575
HG20592-2009BLSM-10_15	600	780	725	30	20	M27	34	685	570	10	320	15	7	5.5	675

表 2-361　PN16 凸面（M）衬里法兰盖尺寸　　单位：mm

标准件编号	DN	D	K	L	螺栓孔数量n(个)	螺栓Th	C	d	d_1	t	p	塞焊孔孔径 ϕ	塞焊孔数量n(个)	密封面	
														f_2	X
HG20592-2009BLSM-16_1	40	150	110	18	4	M16	18	88	30	10	—	—	—	4.5	75
HG20592-2009BLSM-16_2	50	165	125	18	4	M16	18	102	45	10	—	—	—	4.5	87
HG20592-2009BLSM-16_3	65	185	145	18	4	M16	18	122	60	10	—	—	—	4.5	109
HG20592-2009BLSM-16_4	80	200	160	18	8	M16	20	138	75	10	—	—	—	4.5	120
HG20592-2009BLSM-16_5	100	220	180	18	8	M16	22	158	95	10	—	—	—	5.0	149
HG20592-2009BLSM-16_6	125	250	210	18	8	M16	22	188	110	10	—	—	—	5.0	175
HG20592-2009BLSM-16_7	150	285	240	22	8	M20	22	212	130	10	—	15	1	5.0	203
HG20592-2009BLSM-16_8	200	340	295	22	12	M20	24	268	190	10	—	15	1	5.0	259
HG20592-2009BLSM-16_9	250	403	355	26	12	M24	26	320	235	10	—	15	1	5.0	312
HG20592-2009BLSM-16_10	300	460	410	26	12	M24	28	378	285	10	170	15	4	5.0	363
HG20592-2009BLSM-16_11	350	520	470	26	16	M24	30	428	330	10	220	15	4	5.5	421
HG20592-2009BLSM-16_12	400	580	525	30	16	M27	32	490	380	10	230	15	4	5.5	473
HG20592-2009BLSM-16_13	450	640	585	30	20	M27	40	550	430	10	250	15	4	5.5	523
HG20592-2009BLSM-16_14	500	715	650	33	20	M30	44	610	475	10	260	15	7	5.5	575
HG20592-2009BLSM-16_15	600	840	770	36	20	M33	44	725	570	10	320	15	7	5.5	675

表 2-362　PN25 凸面（M）衬里法兰盖尺寸　　单位：mm

标准件编号	DN	D	K	L	螺栓孔数量n(个)	螺栓Th	C	d	d_1	t	p	塞焊孔孔径 ϕ	塞焊孔数量n(个)	密封面	
														f_2	X
HG20592-2009BLSM-25_1	40	150	110	18	4	M16	18	88	30	10	—	—	—	4.5	75
HG20592-2009BLSM-25_2	50	165	125	18	4	M16	20	102	45	10	—	—	—	4.5	87
HG20592-2009BLSM-25_3	65	185	145	18	8	M16	22	122	60	10	—	—	—	4.5	109
HG20592-2009BLSM-25_4	80	200	160	18	8	M16	24	138	75	10	—	—	—	4.5	120
HG20592-2009BLSM-25_5	100	235	190	22	8	M20	24	162	95	10	—	—	—	5.0	149
HG20592-2009BLSM-25_6	125	270	220	26	8	M24	26	188	110	10	—	—	—	5.0	175
HG20592-2009BLSM-25_7	150	300	250	26	8	M24	28	218	130	10	—	15	1	5.0	203
HG20592-2009BLSM-25_8	200	360	310	26	12	M24	30	278	190	10	—	15	1	5.0	259
HG20592-2009BLSM-25_9	250	425	370	30	12	M27	32	335	235	10	—	15	1	5.0	312
HG20592-2009BLSM-25_10	300	485	430	30	16	M27	34	395	285	10	170	15	4	5.0	363
HG20592-2009BLSM-25_11	350	555	490	33	16	M30	38	450	330	10	220	15	4	5.5	421
HG20592-2009BLSM-25_12	400	620	550	36	16	M33	40	505	380	10	230	15	4	5.5	473
HG20592-2009BLSM-25_13	450	670	600	36	20	M33	46	555	430	10	250	15	4	5.5	523
HG20592-2009BLSM-25_14	500	730	660	36	20	M33	48	615	475	10	260	15	7	5.5	575
HG20592-2009BLSM-25_15	600	845	770	39	20	M36×3	58	720	570	10	320	15	7	5.5	675

表 2-363　PN40 凸面（M）衬里法兰盖尺寸　　单位：mm

标准件编号	DN	D	K	L	螺栓孔数量n(个)	螺栓Th	C	d	d_1	t	p	塞焊孔孔径 ϕ	塞焊孔数量n(个)	密封面	
														f_2	X
HG20592-2009BLSM-40_1	40	150	110	18	4	M16	18	88	30	10	—	—	—	4.5	75
HG20592-2009BLSM-40_2	50	165	125	18	4	M16	20	102	45	10	—	—	—	4.5	87
HG20592-2009BLSM-40_3	65	185	145	18	8	M16	22	122	60	10	—	—	—	4.5	109
HG20592-2009BLSM-40_4	80	200	160	18	8	M16	24	138	75	10	—	—	—	4.5	120
HG20592-2009BLSM-40_5	100	235	190	22	8	M20	24	162	95	10	—	—	—	5.0	149
HG20592-2009BLSM-40_6	125	270	220	26	8	M24	26	188	110	10	—	—	—	5.0	175
HG20592-2009BLSM-40_7	150	300	250	26	8	M24	28	218	130	10	—	15	1	5.0	203
HG20592-2009BLSM-40_8	200	375	320	30	12	M27	36	285	190	10	—	15	1	5.0	259
HG20592-2009BLSM-40_9	250	450	385	33	12	M30	38	345	235	10	—	15	1	5.0	312
HG20592-2009BLSM-40_10	300	515	450	33	16	M30	42	410	285	10	170	15	4	5.0	363
HG20592-2009BLSM-40_11	350	580	510	36	16	M33	46	465	330	10	220	15	4	5.5	421
HG20592-2009BLSM-40_12	400	660	585	39	16	M36×3	50	535	380	10	230	15	4	5.5	473
HG20592-2009BLSM-40_13	450	685	610	39	20	M36×3	57	560	430	10	250	15	4	5.5	523
HG20592-2009BLSM-40_14	500	755	670	42	20	M39×3	57	615	475	10	260	15	7	5.5	575
HG20592-2009BLSM-40_15	600	890	795	48	20	M45×3	72	735	570	10	320	15	7	5.5	675

3．榫面（T）衬里法兰盖

榫面（T）衬里法兰盖根据公称压力可分为 PN10、PN16、PN25 和 PN40。榫面（T）衬里法兰盖的二维图形和三维图形如表 2-364 所示。法兰盖尺寸如表 2-365～表 2-368 所示。

表 2-364　榫面（T）衬里法兰盖尺寸

二维图形	三维图形

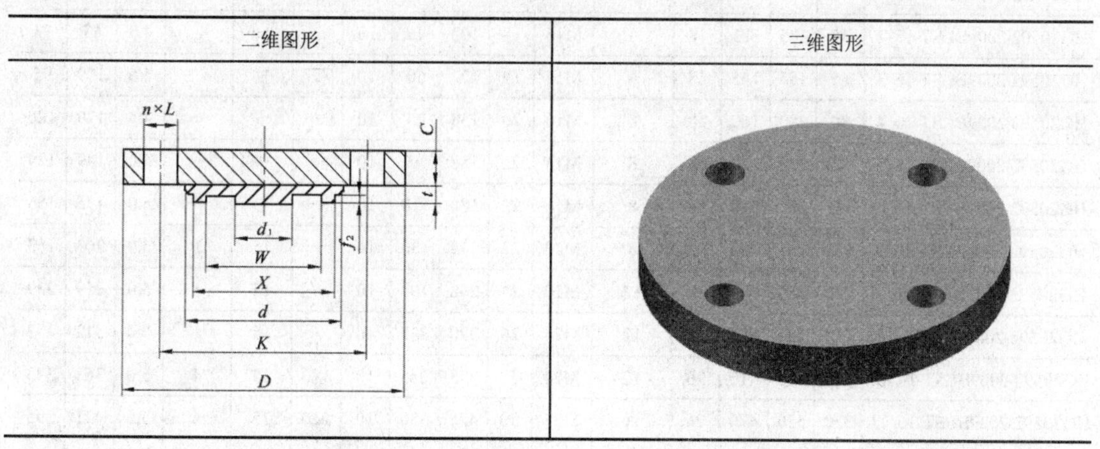

表 2-365　PN10 榫面（T）衬里法兰盖尺寸　　单位：mm

标准件编号	DN	D	K	L	螺栓孔数量 n(个)	螺栓 Th	C	d	d_1	t	p	塞焊孔孔径 ϕ	塞焊孔数量 n(个)	密封面		
														f_2	X	W
HG20592-2009BLST-10_1	40	150	110	18	4	M16	18	88	30	10	—	—	—	4.5	75	61
HG20592-2009BLST-10_2	50	165	125	18	4	M16	18	102	45	10	—	—	—	4.5	87	73
HG20592-2009BLST-10_3	65	185	145	18	8	M16	18	122	60	10	—	—	—	4.5	109	95
HG20592-2009BLST-10_4	80	200	160	18	8	M16	20	138	75	10	—	—	—	4.5	120	106
HG20592-2009BLST-10_5	100	220	180	18	8	M16	20	158	95	10	—	—	—	5.0	149	129
HG20592-2009BLST-10_6	125	250	210	18	8	M16	22	188	110	10	—	—	—	5.0	175	155
HG20592-2009BLST-10_7	150	285	240	22	8	M20	22	212	130	10	—	15	1	5.0	203	183
HG20592-2009BLST-10_8	200	340	295	22	8	M20	24	268	190	10	—	15	1	5.0	259	239
HG20592-2009BLST-10_9	250	395	350	22	12	M20	26	320	235	10	—	15	1	5.0	312	292
HG20592-2009BLST-10_10	300	445	400	22	12	M20	26	370	285	10	170	15	4	5.0	363	343
HG20592-2009BLST-10_11	350	505	460	22	16	M20	26	430	330	10	220	15	4	5.5	421	395
HG20592-2009BLST-10_12	400	565	515	26	16	M24	26	482	380	10	230	15	4	5.5	473	447
HG20592-2009BLST-10_13	450	615	565	26	20	M24	28	532	430	10	250	15	4	5.5	523	497
HG20592-2009BLST-10_14	500	670	620	26	20	M24	28	585	475	10	260	15	7	5.5	575	549
HG20592-2009BLST-10_15	600	780	725	30	20	M27	34	685	570	10	320	15	7	5.5	675	649

表 2-366　PN16 榫面（T）衬里法兰盖尺寸　　单位：mm

标准件编号	DN	D	K	L	螺栓孔数量 n(个)	螺栓 Th	C	d	d_1	t	p	塞焊孔孔径 ϕ	塞焊孔数量 n(个)	密封面		
														f_2	X	W
HG20592-2009BLST-16_1	40	150	110	18	4	M16	18	88	30	10	—	—	—	4.5	75	61
HG20592-2009BLST-16_2	50	165	125	18	4	M16	18	102	45	10	—	—	—	4.5	87	73
HG20592-2009BLST-16_3	65	185	145	18	4	M16	18	122	60	10	—	—	—	4.5	109	95
HG20592-2009BLST-16_4	80	200	160	18	8	M16	20	138	75	10	—	—	—	4.5	120	106
HG20592-2009BLST-16_5	100	220	180	18	8	M16	22	158	95	10	—	—	—	5.0	149	129
HG20592-2009BLST-16_6	125	250	210	18	8	M16	22	188	110	10	—	—	—	5.0	175	155
HG20592-2009BLST-16_7	150	285	240	22	8	M20	22	212	130	10	—	15	1	5.0	203	183
HG20592-2009BLST-16_8	200	340	295	22	12	M20	24	268	190	10	—	15	1	5.0	259	239
HG20592-2009BLST-16_9	250	403	355	26	12	M24	26	320	235	10	—	15	1	5.0	312	292
HG20592-2009BLST-16_10	300	460	410	26	12	M24	28	378	285	10	170	15	4	5.0	363	343
HG20592-2009BLST-16_11	350	520	470	26	16	M24	30	428	330	10	220	15	4	5.5	421	395
HG20592-2009BLST-16_12	400	580	525	30	16	M27	32	490	380	10	230	15	4	5.5	473	447
HG20592-2009BLST-16_13	450	640	585	30	20	M27	40	550	430	10	250	15	4	5.5	523	497
HG20592-2009BLST-16_14	500	715	650	33	20	M30	44	610	475	10	260	15	7	5.5	575	549
HG20592-2009BLST-16_15	600	840	770	36	20	M33	44	725	570	10	320	15	7	5.5	675	649

表 2-367　PN25 榫面（T）衬里法兰盖尺寸　　单位：mm

标准件编号	DN	D	K	L	螺栓孔数量 n(个)	螺栓Th	C	d	d_1	t	p	塞焊孔孔径 ϕ	塞焊孔数量 n(个)	密封面		
														f_2	X	W
HG20592-2009BLST-25_1	40	150	110	18	4	M16	18	88	30	10	—	—	—	4.5	75	61
HG20592-2009BLST-25_2	50	165	125	18	4	M16	20	102	45	10	—	—	—	4.5	87	73
HG20592-2009BLST-25_3	65	185	145	18	8	M16	22	122	60	10	—	—	—	4.5	109	95
HG20592-2009BLST-25_4	80	200	160	18	8	M16	24	138	75	10	—	—	—	4.5	120	106
HG20592-2009BLST-25_5	100	235	190	22	8	M20	24	162	95	10	—	—	—	5.0	149	129
HG20592-2009BLST-25_6	125	270	220	26	8	M24	26	188	110	10	—	—	—	5.0	175	155
HG20592-2009BLST-25_7	150	300	250	26	8	M24	28	218	130	10	—	15	1	5.0	203	183
HG20592-2009BLST-25_8	200	360	310	26	12	M24	30	278	190	10	—	15	1	5.0	259	239
HG20592-2009BLST-25_9	250	425	370	30	12	M27	32	335	235	10	—	15	1	5.0	312	292
HG20592-2009BLST-25_10	300	485	430	30	16	M27	34	395	285	10	170	15	4	5.0	363	343
HG20592-2009BLST-25_11	350	555	490	33	16	M30	38	450	330	10	220	15	4	5.5	421	395
HG20592-2009BLST-25_12	400	620	550	36	16	M33	40	505	380	10	230	15	4	5.5	473	447
HG20592-2009BLST-25_13	450	670	600	36	20	M33	46	555	430	10	250	15	4	5.5	523	497

续表

标准件编号	DN	D	K	L	螺栓孔数量 n(个)	螺栓Th	C	d	d_1	t	p	塞焊孔孔径 ϕ	塞焊孔数量 n(个)	密封面		
														f_2	X	W
HG20592-2009BLST-25_14	500	730	660	36	20	M33	48	615	475	10	260	15	7	5.5	575	549
HG20592-2009BLST-25_15	600	845	770	39	20	M36×3	58	720	570	10	320	15	7	5.5	675	649

表 2-368　PN40 榫面（T）衬里法兰盖尺寸

单位：mm

标准件编号	DN	D	K	L	螺栓孔数量 n(个)	螺栓Th	C	d	d_1	t	p	塞焊孔孔径 ϕ	塞焊孔数量 n(个)	密封面		
														f_2	X	W
HG20592-2009BLST-40_1	40	150	110	18	4	M16	18	88	30	10	—	—	—	4.5	75	61
HG20592-2009BLST-40_2	50	165	125	18	4	M16	20	102	45	10	—	—	—	4.5	87	73
HG20592-2009BLST-40_3	65	185	145	18	8	M16	22	122	60	10	—	—	—	4.5	109	95
HG20592-2009BLST-40_4	80	200	160	18	8	M16	24	138	75	10	—	—	—	4.5	120	106
HG20592-2009BLST-40_5	100	235	190	22	8	M20	24	162	95	10	—	—	—	5.0	149	129
HG20592-2009BLST-40_6	125	270	220	26	8	M24	26	188	110	10	—	—	—	5.0	175	155
HG20592-2009BLST-40_7	150	300	250	26	8	M24	28	218	130	10	—	15	1	5.0	203	183
HG20592-2009BLST-40_8	200	375	320	30	12	M27	36	285	190	10	—	15	1	5.0	259	239
HG20592-2009BLST-40_9	250	450	385	33	12	M30	38	345	235	10	—	15	1	5.0	312	292
HG20592-2009BLST-40_10	300	515	450	33	16	M30	42	410	285	10	170	15	4	5.0	363	343
HG20592-2009BLST-40_11	350	580	510	36	16	M33	46	465	330	10	220	15	4	5.5	421	395
HG20592-2009BLST-40_12	400	660	585	39	16	M36×3	50	535	380	10	230	15	4	5.5	473	447
HG20592-2009BLST-40_13	450	685	610	39	20	M36×3	57	560	430	10	250	15	4	5.5	523	497
HG20592-2009BLST-40_14	500	755	670	42	20	M39×3	57	615	475	10	260	15	7	5.5	575	549
HG20592-2009BLST-40_15	600	890	795	48	20	M45×3	72	735	570	10	320	15	7	5.5	675	649

第3章　钢制管法兰用垫片及紧固件

3.1　非金属平垫片（PN系列）（HG 20606—2009）

本标准规定了钢制管法兰（PN 系列）用非金属平垫片（具有嵌入物或无嵌入物）的型式、尺寸、技术要求和标记。

本标准适用于 HG/T 20592 所规定的公称压力 PN2.5～PN63 的钢制管法兰用非金属平垫片。

注：含石棉材料的使用应遵守相关的法律规定。当生产和使用含石棉材料垫片时，应采用防护措施，以确保不对人身健康构成危害。

橡胶板类垫片材料按表 3-1 的规定。

表 3-1　橡胶板类垫片材料

实验项目	试验方法	橡腈种类			
		氯丁橡胶（CR）	丁腈橡胶（NBR）	三元乙丙橡胶（EPDM）	氟橡胶（FKM）
硬度（邵尔 A）	GB/T 531	70±5			
拉伸强度（MPa）	GB/T 528	≥10			
扯断伸长率（%）		≥250			≥150

非金属平垫片的使用条件应符合表 3-2 的规定。

表 3-2　非金属平垫片的使用条件

类别	名称	标准	代号	适用范围		最大（$p \times T$）（MPa×℃）
				公称压力 PN	工作温度（℃）	
橡胶	天然橡胶	a	NR	≤16	-50～+80	60
	氯丁橡胶		CR	≤16	-20～+100	60
	丁腈橡胶		NBR	≤16	-20～+110	60
	丁苯橡胶		SBR	≤16	-20～+90	60
	三元乙丙橡胶		EPDM	≤16	-30～+140	90
	氟橡胶		FKM	≤16	-20～+200	90
石棉橡胶	石棉橡胶板	GB/T 3985	XB350	≤25	-40～+300	650
			XB450			
	耐油石棉橡胶板	GB/T 539	NY400			

续表

类别	名称		标准	代号	适用范围		最大（$p\times T$）（MPa×℃）
					公称压力 PN	工作温度（℃）	
非石棉纤维橡胶	非石棉纤维的橡胶压制板[a]	无机纤维	[b]	NAS	≤40	−40～+290[d]	960
		有机纤维				−40～+290[d]	
聚四氟乙烯	聚四氟乙烯板		QB/T 3625	PTFE	≤16	−50～+100	
	膨胀聚四氟乙烯板或带		[b, c]	ePTFE	≤40	−200～+200[d]	
	填充改性聚四氟乙烯板			RPTFE			
柔性石墨	增强柔性石墨板		JB/T 6628 JB/T 7758.2	RSB	10～63	−240～+650（用于氧化性介质时：−240～+450）	1200
高温云母	高温云母复合板				10～63	−196～+900	

注：1．增强柔性石墨板是由不锈钢冲齿或冲孔芯板与膨胀石墨粒子复合而成，不锈钢冲齿或冲孔芯板起增强作用。

2．高温云母复合板是由 316 不锈钢双向冲齿板和云母层复合而成，不锈钢冲齿板起增强作用。

a 除本表的规定以外，选用时还需符合 HG/T 20614 的相应规定。

b 非石棉纤维橡胶板、膨胀聚四氟乙烯板或带、填充改性聚四氟乙烯板选用时应注明公认的厂商牌号（详见 HG/T 20614 附录 A），按具体使用工况，确认具体产品的使用压力、使用温度范围及最大（$P\times T$）值。

c 膨胀聚四氟乙烯带一般用于管法兰的维护和保养，尤其是应急场合，也用于异型管法兰。

d 超过此温度范围或饱和蒸汽压大于 1.0MPa（表压）使用时，应确认具体产品的使用条件。

不同密封面法兰用垫片的公称压力范围见表 3-3 的规定。

表 3-3 不同密封面法兰用垫片的公称压力范围

密封面型式（代号）	公称压力 PN
全平面（FF）	2.5～16
突面（RF）	2.5～63
凹面/凸面（FM/M）	10～63
榫面/槽面（T/G）	10～63

3.1.1 全平面（FF型）非金属平垫片（PN系列）

全平面（FF 型）钢制管法兰用非金属平垫片（PN 系列）按照公称压力可分为 PN2.5、PN6、PN10 和 PN16，垫片二维图形及三维图形如表 3-4 所示，尺寸如表 3-5～表 3-8 所示。

表 3-4　全平面（FF 型）钢制管法兰用非金属平垫片（PN 系列）

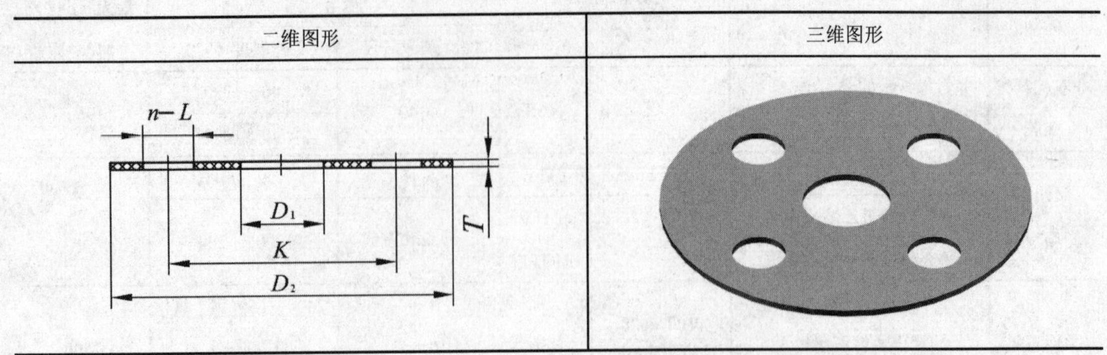

表 3-5　PN2.5 全平面（FF 型）钢制管法兰用非金属平垫片尺寸　　单位：mm

标准件编号	DN	D_1	D_2	n（个）	L	K	T	标准件编号	DN	D_1	D_2	n（个）	L	K	T
HG20606-2009FF-2_5_1	10	18	75	4	11	50	1.5	HG20606-2009FF-2_5_11	125	141	240	8	18	200	1.5
HG20606-2009FF-2_5_2	15	22	80	4	11	55	1.5	HG20606-2009FF-2_5_12	150	169	265	8	18	225	1.5
HG20606-2009FF-2_5_3	20	27	90	4	11	65	1.5	HG20606-2009FF-2_5_13	200	220	320	8	18	280	1.5
HG20606-2009FF-2_5_4	25	34	100	4	11	75	1.5	HG20606-2009FF-2_5_14	250	273	375	12	18	335	1.5
HG20606-2009FF-2_5_5	32	43	120	4	14	90	1.5	HG20606-2009FF-2_5_15	300	324	440	12	22	395	1.5
HG20606-2009FF-2_5_6	40	49	130	4	14	100	1.5	HG20606-2009FF-2_5_16	350	377	490	12	22	445	3
HG20606-2009FF-2_5_7	50	61	140	4	14	110	1.5	HG20606-2009FF-2_5_17	400	426	540	16	22	495	3
HG20606-2009FF-2_5_8	65	77	160	4	14	130	1.5	HG20606-2009FF-2_5_18	450	480	595	16	22	550	3
HG20606-2009FF-2_5_9	80	89	190	4	18	150	1.5	HG20606-2009FF-2_5_19	500	530	645	20	22	600	3
HG20606-2009FF-2_5_10	100	115	210	4	18	170	1.5	HG20606-2009FF-2_5_20	600	630	755	20	26	705	3

表 3-6　PN6 全平面（FF 型）钢制管法兰用非金属平垫片尺寸　　单位：mm

标准件编号	DN	D_1	D_2	n（个）	L	K	T	标准件编号	DN	D_1	D_2	n（个）	L	K	T
HG20606-2009FF-6_1	10	18	75	4	11	50	1.5	HG20606-2009FF-6_11	125	141	240	8	18	200	1.5
HG20606-2009FF-6_2	15	22	80	4	11	55	1.5	HG20606-2009FF-6_12	150	169	265	8	18	225	1.5
HG20606-2009FF-6_3	20	27	90	4	11	65	1.5	HG20606-2009FF-6_13	200	220	320	8	18	280	1.5
HG20606-2009FF-6_4	25	34	100	4	11	75	1.5	HG20606-2009FF-6_14	250	273	375	12	18	335	1.5
HG20606-2009FF-6_5	32	43	120	4	14	90	1.5	HG20606-2009FF-6_15	300	324	440	12	22	395	1.5
HG20606-2009FF-6_6	40	49	130	4	14	100	1.5	HG20606-2009FF-6_16	350	377	490	12	22	445	3
HG20606-2009FF-6_7	50	61	140	4	14	110	1.5	HG20606-2009FF-6_17	400	426	540	16	22	495	3
HG20606-2009FF-6_8	65	77	160	4	14	130	1.5	HG20606-2009FF-6_18	450	480	595	16	22	550	3
HG20606-2009FF-6_9	80	89	190	4	18	150	1.5	HG20606-2009FF-6_19	500	530	645	20	22	600	3
HG20606-2009FF-6_10	100	115	210	4	18	170	1.5	HG20606-2009FF-6_20	600	630	755	20	26	705	3

表 3-7　PN10 全平面（FF 型）钢制管法兰用非金属平垫片尺寸　　单位：mm

标准件编号	DN	D_1	D_2	n（个）	L	K	T	标准件编号	DN	D_1	D_2	n（个）	L	K	T
HG20606-2009FF-10_1	10	18	90	4	14	60	1.5	HG20606-2009FF-10_16	350	377	505	16	22	460	3
HG20606-2009FF-10_2	15	22	95	4	14	65	1.5	HG20606-2009FF-10_17	400	426	565	16	26	515	3
HG20606-2009FF-10_3	20	27	105	4	14	75	1.5	HG20606-2009FF-10_18	450	480	615	20	26	565	3
HG20606-2009FF-10_4	25	34	115	4	14	85	1.5	HG20606-2009FF-10_19	500	530	670	20	26	620	3
HG20606-2009FF-10_5	32	43	140	4	18	100	1.5	HG20606-2009FF-10_20	600	630	780	20	30	725	3
HG20606-2009FF-10_6	40	49	150	4	18	110	1.5	HG20606-2009FF-10_21	700	720	895	24	30	840	3
HG20606-2009FF-10_7	50	61	165	4	18	125	1.5	HG20606-2009FF-10_22	800	820	1015	24	33	950	3
HG20606-2009FF-10_8	65	77	185	8	18	145	1.5	HG20606-2009FF-10_23	900	920	1115	28	33	1050	3
HG20606-2009FF-10_9	85	89	200	8	18	160	1.5	HG20606-2009FF-10_24	1000	1020	1230	28	36	1160	3
HG20606-2009FF-10_10	100	115	220	8	18	180	1.5	HG20606-2009FF-10_25	1200	1220	1455	32	39	1380	3
HG20606-2009FF-10_11	125	141	250	8	18	210	1.5	HG20606-2009FF-10_26	1400	1422	1675	36	42	1590	3
HG20606-2009FF-10_12	150	169	285	8	22	240	1.5	HG20606-2009FF-10_27	1600	1626	1915	40	48	1820	3
HG20606-2009FF-10_13	200	220	340	8	22	295	1.5	HG20606-2009FF-10_28	1800	1829	2115	44	48	2020	3
HG20606-2009FF-10_14	250	273	395	12	22	350	1.5	HG20606-2009FF-10_29	2000	2032	2325	48	48	2230	3
HG20606-2009FF-10_15	300	324	445	12	22	400	1.5								

表 3-8　PN16 全平面（FF 型）钢制管法兰用非金属平垫片尺寸　　单位：mm

标准件编号	DN	D_1	D_2	n（个）	L	K	T	标准件编号	DN	D_1	D_2	n（个）	L	K	T
HG20606-2009FF-16_1	10	18	90	4	14	60	1.5	HG20606-2009FF-16_16	350	377	520	16	26	470	3
HG20606-2009FF-16_2	15	22	95	4	14	65	1.5	HG20606-2009FF-16_17	400	426	580	16	30	525	3
HG20606-2009FF-16_3	20	27	105	4	14	75	1.5	HG20606-2009FF-16_18	450	480	640	20	30	585	3
HG20606-2009FF-16_4	25	34	115	4	14	85	1.5	HG20606-2009FF-16_19	500	530	715	20	33	650	3
HG20606-2009FF-16_5	32	43	140	4	18	100	1.5	HG20606-2009FF-16_20	600	630	840	20	36	770	3
HG20606-2009FF-16_6	40	49	150	4	18	110	1.5	HG20606-2009FF-16_21	700	720	910	24	36	840	3
HG20606-2009FF-16_7	50	61	165	4	18	125	1.5	HG20606-2009FF-16_22	800	820	1025	24	39	950	3
HG20606-2009FF-16_8	65	77	185	8	18	145	1.5	HG20606-2009FF-16_23	900	920	1125	28	39	1050	3
HG20606-2009FF-16_9	85	89	200	8	18	160	1.5	HG20606-2009FF-16_24	1000	1020	1255	28	42	1170	3
HG20606-2009FF-16_10	100	115	220	8	18	180	1.5	HG20606-2009FF-16_25	1200	1220	1485	32	48	1390	3
HG20606-2009FF-16_11	125	141	250	8	18	210	1.5	HG20606-2009FF-16_26	1400	1422	1685	36	48	1590	3
HG20606-2009FF-16_12	150	169	285	8	22	240	1.5	HG20606-2009FF-16_27	1600	1626	1930	40	56	1820	3
HG20606-2009FF-16_13	200	220	340	12	22	295	1.5	HG20606-2009FF-16_28	1800	1829	2130	44	56	2020	3
HG20606-2009FF-16_14	250	273	405	12	26	355	1.5	HG20606-2009FF-16_29	2000	2032	2345	48	62	2230	3
HG20606-2009FF-16_15	300	324	460	12	26	410	1.5								

3.1.2 突面（RF型）非金属平垫片（PN系列）

突面（RF 型）钢制管法兰用非金属平垫片（PN 系列）按照公称压力可分为 PN2.5、PN6、PN10、PN16、PN25、PN40 和 PN63，垫片二维图形及三维图形如表 3-9 所示，尺寸如表 3-10～表 3-16 所示。

表 3-9 突面（RF 型）钢制管法兰用非金属平垫片（PN 系列）

二维图形	三维图形
T　D_1　D_2	

表 3-10 PN 2.5 突面（RF 型）钢制管法兰用非金属平垫片尺寸　　单位：mm

标准件编号	DN	D_1	D_2	T	标准件编号	DN	D_1	D_2	T
HG20606-2009RF-2_5_1	10	18	39	1.5	HG20606-2009RF-2_5_16	350	377	423	3
HG20606-2009RF-2_5_2	15	22	44	1.5	HG20606-2009RF-2_5_17	400	426	473	3
HG20606-2009RF-2_5_3	20	27	54	1.5	HG20606-2009RF-2_5_18	450	480	528	3
HG20606-2009RF-2_5_4	25	34	64	1.5	HG20606-2009RF-2_5_19	500	530	578	3
HG20606-2009RF-2_5_5	32	43	76	1.5	HG20606-2009RF-2_5_20	600	630	679	3
HG20606-2009RF-2_5_6	40	49	86	1.5	HG20606-2009RF-2_5_21	700	720	784	3
HG20606-2009RF-2_5_7	50	61	96	1.5	HG20606-2009RF-2_5_22	800	820	890	3
HG20606-2009RF-2_5_8	65	77	116	1.5	HG20606-2009RF-2_5_23	900	920	990	3
HG20606-2009RF-2_5_9	80	89	132	1.5	HG20606-2009RF-2_5_24	1000	1020	1090	3
HG20606-2009RF-2_5_10	100	115	152	1.5	HG20606-2009RF-2_5_25	1200	1220	1290	3
HG20606-2009RF-2_5_11	125	141	182	1.5	HG20606-2009RF-2_5_26	1400	1422	1490	3
HG20606-2009RF-2_5_12	150	169	207	1.5	HG20606-2009RF-2_5_27	1600	1626	1700	3
HG20606-2009RF-2_5_13	200	220	262	1.5	HG20606-2009RF-2_5_28	1800	1829	1900	3
HG20606-2009RF-2_5_14	250	273	317	1.5	HG20606-2009RF-2_5_29	2000	2032	2100	3
HG20606-2009RF-2_5_15	300	324	373	1.5					

表 3-11　PN6 突面（RF 型）钢制管法兰用非金属平垫片尺寸　　单位：mm

标准件编号	DN	D_1	D_2	T	标准件编号	DN	D_1	D_2	T
HG20606-2009RF-6_1	10	18	39	1.5	HG20606-2009RF-6_16	350	377	423	3
HG20606-2009RF-6_2	15	22	44	1.5	HG20606-2009RF-6_17	400	426	473	3
HG20606-2009RF-6_3	20	27	54	1.5	HG20606-2009RF-6_18	450	480	528	3
HG20606-2009RF-6_4	25	34	64	1.5	HG20606-2009RF-6_19	500	530	578	3
HG20606-2009RF-6_5	32	43	76	1.5	HG20606-2009RF-6_20	600	630	679	3
HG20606-2009RF-6_6	40	49	86	1.5	HG20606-2009RF-6_21	700	720	784	3
HG20606-2009RF-6_7	50	61	96	1.5	HG20606-2009RF-6_22	800	820	890	3
HG20606-2009RF-6_8	65	77	116	1.5	HG20606-2009RF-6_23	900	920	990	3
HG20606-2009RF-6_9	80	89	132	1.5	HG20606-2009RF-6_24	1000	1020	1090	3
HG20606-2009RF-6_10	100	115	152	1.5	HG20606-2009RF-6_25	1200	1220	1307	3
HG20606-2009RF-6_11	125	141	182	1.5	HG20606-2009RF-6_26	1400	1422	1524	3
HG20606-2009RF-6_12	150	169	207	1.5	HG20606-2009RF-6_27	1600	1626	1724	3
HG20606-2009RF-6_13	200	220	262	1.5	HG20606-2009RF-6_28	1800	1829	1931	3
HG20606-2009RF-6_14	250	273	317	1.5	HG20606-2009RF-6_29	2000	2032	2138	3
HG20606-2009RF-6_15	300	324	373	1.5					

表 3-12　PN10 突面（RF 型）钢制管法兰用非金属平垫片尺寸　　单位：mm

标准件编号	DN	D_1	D_2	T	标准件编号	DN	D_1	D_2	T
HG20606-2009RF-10_1	10	18	46	1.5	HG20606-2009RF-10_16	350	377	438	3
HG20606-2009RF-10_2	15	22	51	1.5	HG20606-2009RF-10_17	400	426	489	3
HG20606-2009RF-10_3	20	27	61	1.5	HG20606-2009RF-10_18	450	480	539	3
HG20606-2009RF-10_4	25	34	71	1.5	HG20606-2009RF-10_19	500	530	594	3
HG20606-2009RF-10_5	32	43	82	1.5	HG20606-2009RF-10_20	600	630	695	3
HG20606-2009RF-10_6	40	49	92	1.5	HG20606-2009RF-10_21	700	720	810	3
HG20606-2009RF-10_7	50	61	107	1.5	HG20606-2009RF-10_22	800	820	917	3
HG20606-2009RF-10_8	65	77	127	1.5	HG20606-2009RF-10_23	900	920	1017	3
HG20606-2009RF-10_9	80	89	142	1.5	HG20606-2009RF-10_24	1000	1020	1142	3
HG20606-2009RF-10_10	100	115	162	1.5	HG20606-2009RF-10_25	1200	1220	1341	3
HG20606-2009RF-10_11	125	141	192	1.5	HG20606-2009RF-10_26	1400	1422	1548	3
HG20606-2009RF-10_12	150	169	218	1.5	HG20606-2009RF-10_27	1600	1626	1772	3
HG20606-2009RF-10_13	200	220	273	1.5	HG20606-2009RF-10_28	1800	1829	1972	3
HG20606-2009RF-10_14	250	273	328	1.5	HG20606-2009RF-10_29	2000	2032	2182	3
HG20606-2009RF-10_15	300	324	378	1.5					

表 3-13　PN16 突面（RF 型）钢制管法兰用非金属平垫片尺寸　　单位：mm

标准件编号	DN	D_1	D_2	T	标准件编号	DN	D_1	D_2	T
HG20606-2009RF-16_1	10	18	46	1.5	HG20606-2009RF-16_16	350	377	444	3
HG20606-2009RF-16_2	15	22	51	1.5	HG20606-2009RF-16_17	400	426	495	3
HG20606-2009RF-16_3	20	27	61	1.5	HG20606-2009RF-16_18	450	480	555	3
HG20606-2009RF-16_4	25	34	71	1.5	HG20606-2009RF-16_19	500	530	617	3
HG20606-2009RF-16_5	32	43	82	1.5	HG20606-2009RF-16_20	600	630	734	3
HG20606-2009RF-16_6	40	49	92	1.5	HG20606-2009RF-16_21	700	720	804	3
HG20606-2009RF-16_7	50	61	107	1.5	HG20606-2009RF-16_22	800	820	911	3
HG20606-2009RF-16_8	65	77	127	1.5	HG20606-2009RF-16_23	900	920	1011	3
HG20606-2009RF-16_9	80	89	142	1.5	HG20606-2009RF-16_24	1000	1020	1128	3
HG20606-2009RF-16_10	100	115	162	1.5	HG20606-2009RF-16_25	1200	1220	1342	3
HG20606-2009RF-16_11	125	141	192	1.5	HG20606-2009RF-16_26	1400	1422	1542	3
HG20606-2009RF-16_12	150	169	218	1.5	HG20606-2009RF-16_27	1600	1626	1764	3
HG20606-2009RF-16_13	200	220	273	1.5	HG20606-2009RF-16_28	1800	1829	1964	3
HG20606-2009RF-16_14	250	273	329	1.5	HG20606-2009RF-16_29	2000	2032	2168	3
HG20606-2009RF-16_15	300	324	384	1.5					

表 3-14　PN25 突面（RF 型）钢制管法兰用非金属平垫片尺寸　　单位：mm

标准件编号	DN	D_1	D_2	T	标准件编号	DN	D_1	D_2	T
HG20606-2009RF-25_1	10	18	46	1.5	HG20606-2009RF-25_14	250	273	340	1.5
HG20606-2009RF-25_2	15	22	51	1.5	HG20606-2009RF-25_15	300	324	400	1.5
HG20606-2009RF-25_3	20	27	61	1.5	HG20606-2009RF-25_16	350	377	457	3
HG20606-2009RF-25_4	25	34	71	1.5	HG20606-2009RF-25_17	400	426	514	3
HG20606-2009RF-25_5	32	43	82	1.5	HG20606-2009RF-25_18	450	480	564	3
HG20606-2009RF-25_6	40	49	92	1.5	HG20606-2009RF-25_19	500	530	624	3
HG20606-2009RF-25_7	50	61	107	1.5	HG20606-2009RF-25_20	600	630	731	3
HG20606-2009RF-25_8	65	77	127	1.5	HG20606-2009RF-25_21	700	720	833	3
HG20606-2009RF-25_9	80	89	142	1.5	HG20606-2009RF-25_22	800	820	842	3
HG20606-2009RF-25_10	100	115	168	1.5	HG20606-2009RF-25_23	900	920	1042	3
HG20606-2009RF-25_11	125	141	194	1.5	HG20606-2009RF-25_24	1000	1020	1154	3
HG20606-2009RF-25_12	150	169	224	1.5	HG20606-2009RF-25_25	1200	1220	1364	3
HG20606-2009RF-25_13	200	220	284	1.5					

表 3-15　PN40 突面（RF 型）钢制管法兰用非金属平垫片尺寸　　单位：mm

标准件编号	DN	D_1	D_2	T	标准件编号	DN	D_1	D_2	T
HG20606-2009RF-40_1	10	18	46	1.5	HG20606-2009RF-40_2	15	22	51	1.5

续表

标准件编号	DN	D_1	D_2	T	标准件编号	DN	D_1	D_2	T
HG20606-2009RF-40_3	20	27	61	1.5	HG20606-2009RF-40_12	150	169	224	1.5
HG20606-2009RF-40_4	25	34	71	1.5	HG20606-2009RF-40_13	200	220	290	1.5
HG20606-2009RF-40_5	32	43	82	1.5	HG20606-2009RF-40_14	250	273	352	1.5
HG20606-2009RF-40_6	40	49	92	1.5	HG20606-2009RF-40_15	300	324	417	1.5
HG20606-2009RF-40_7	50	61	107	1.5	HG20606-2009RF-40_16	350	377	474	3
HG20606-2009RF-40_8	65	77	127	1.5	HG20606-2009RF-40_17	400	426	546	3
HG20606-2009RF-40_9	80	89	142	1.5	HG20606-2009RF-40_18	450	480	571	3
HG20606-2009RF-40_10	100	115	168	1.5	HG20606-2009RF-40_19	500	530	628	3
HG20606-2009RF-40_11	125	141	194	1.5	HG20606-2009RF-40_20	600	630	747	3

表 3-16 PN63 突面（RF 型）钢制管法兰用非金属平垫片尺寸 单位：mm

标准件编号	DN	D_1	D_2	T	标准件编号	DN	D_1	D_2	T
HG20606-2009RF-63_1	10	18	56	1.5	HG20606-2009RF-63_10	100	115	174	1.5
HG20606-2009RF-63_2	15	22	61	1.5	HG20606-2009RF-63_11	125	141	210	1.5
HG20606-2009RF-63_3	20	27	72	1.5	HG20606-2009RF-63_12	150	169	247	1.5
HG20606-2009RF-63_4	25	34	82	1.5	HG20606-2009RF-63_13	200	220	309	1.5
HG20606-2009RF-63_5	32	43	88	1.5	HG20606-2009RF-63_14	250	273	364	1.5
HG20606-2009RF-63_6	40	49	103	1.5	HG20606-2009RF-63_15	300	324	424	1.5
HG20606-2009RF-63_7	50	61	113	1.5	HG20606-2009RF-63_16	350	377	486	3
HG20606-2009RF-63_8	65	77	138	1.5	HG20606-2009RF-63_17	400	426	543	3
HG20606-2009RF-63_9	80	89	148	1.5					

3.1.3 凹/凸面（FM/M型）非金属平垫片（PN系列）

凹/凸面（FM/M 型）钢制管法兰用非金属平垫片（PN 系列）二维图形及三维图形如表 3-17 所示，尺寸如表 3-18 所示。

表 3-17 凹/凸面（FM/M 型）钢制管法兰用非金属平垫片尺寸

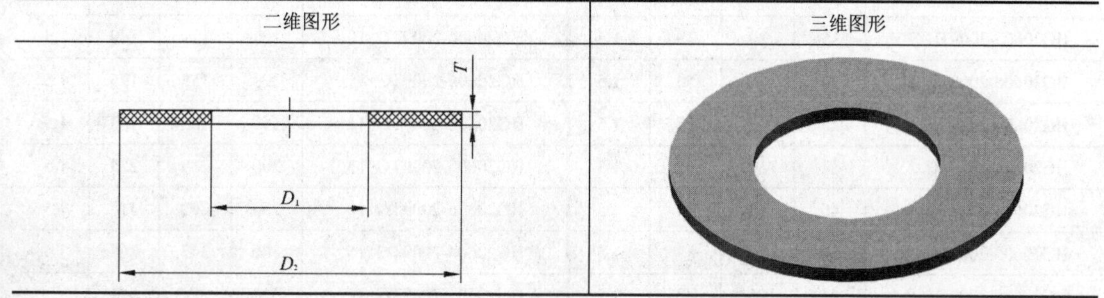

表 3-18　凹/凸面（FM/M 型）钢制管法兰用非金属平垫片（PN 系列）尺寸　　单位：mm

标准件编号	DN	D_1	D_2	T	标准件编号	DN	D_1	D_2	T
HG20606-2009MFM_1	10	18	34	1.5	HG20606-2009MFM_11	125	141	175	1.5
HG20606-2009MFM_2	15	22	39	1.5	HG20606-2009MFM_12	150	169	203	1.5
HG20606-2009MFM_3	20	27	50	1.5	HG20606-2009MFM_13	200	220	259	1.5
HG20606-2009MFM_4	25	34	57	1.5	HG20606-2009MFM_14	250	273	312	1.5
HG20606-2009MFM_5	32	43	65	1.5	HG20606-2009MFM_15	300	324	363	1.5
HG20606-2009MFM_6	40	49	75	1.5	HG20606-2009MFM_16	350	377	421	3
HG20606-2009MFM_7	50	61	87	1.5	HG20606-2009MFM_17	400	426	473	3
HG20606-2009MFM_8	65	77	109	1.5	HG20606-2009MFM_18	450	480	523	3
HG20606-2009MFM_9	80	89	120	1.5	HG20606-2009MFM_19	500	530	575	3
HG20606-2009MFM_10	100	115	149	1.5	HG20606-2009MFM_20	600	630	675	3

3.1.4　榫/槽面（T/G型）非金属平垫片（PN系列）

榫/槽面（T/G 型）钢制管法兰用非金属平垫片（PN 系列）垫片二维图形及三维图形如表 3-19 所示，尺寸如表 3-20 所示。

表 3-19　榫/槽面（T/G 型）钢制管法兰用非金属平垫片（PN 系列）

二维图形	三维图形

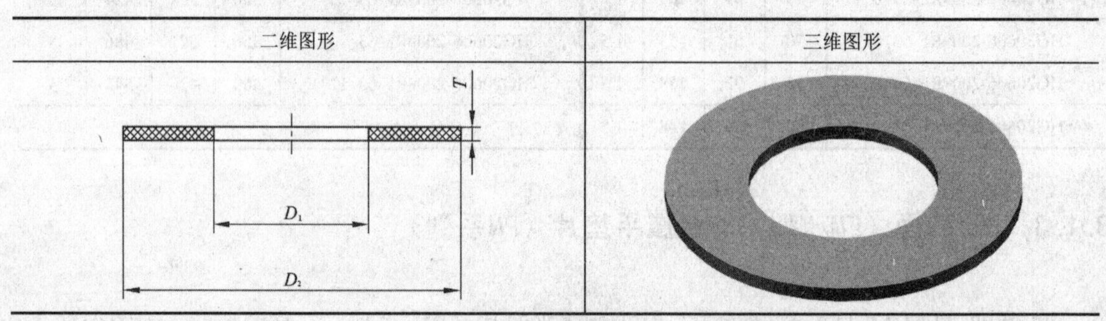

表 3-20　榫/槽面（T/G 型）钢制管法兰用非金属平垫片（PN 系列）尺寸　　单位：mm

标准件编号	DN	D_1	D_2	T	标准件编号	DN	D_1	D_2	T
HG20606-2009TG_1	10	24	34	1.5	HG20606-2009TG_9	80	106	120	1.5
HG20606-2009TG_2	15	29	39	1.5	HG20606-2009TG_10	100	129	149	1.5
HG20606-2009TG_3	20	36	50	1.5	HG20606-2009TG_11	125	155	175	1.5
HG20606-2009TG_4	25	43	57	1.5	HG20606-2009TG_12	150	183	203	1.5
HG20606-2009TG_5	32	51	65	1.5	HG20606-2009TG_13	200	239	259	1.5
HG20606-2009TG_6	40	61	75	1.5	HG20606-2009TG_14	250	292	312	1.5
HG20606-2009TG_7	50	73	87	1.5	HG20606-2009TG_15	300	343	363	1.5
HG20606-2009TG_8	65	95	109	1.5	HG20606-2009TG_16	350	395	421	3

续表

标准件编号	DN	D_1	D_2	T	标准件编号	DN	D_1	D_2	T
HG20606-2009TG_17	400	447	473	3	HG20606-2009TG_19	500	549	575	3
HG20606-2009TG_18	450	497	523	3	HG20606-2009TG_20	600	649	675	3

3.1.5 RF-E型非金属平垫片（PN系列）

RF-E 型钢制管法兰用非金属平垫片（PN 系列）按照公称压力可分为 PN2.5、PN6、PN10、PN16、PN25、PN40 和 PN63，垫片二维图形及三维图形如表 3-21 所示，尺寸如表 3-22～表 3-28 所示。

表 3-21 RF-E 型钢制管法兰用非金属平垫片（PN 系列）

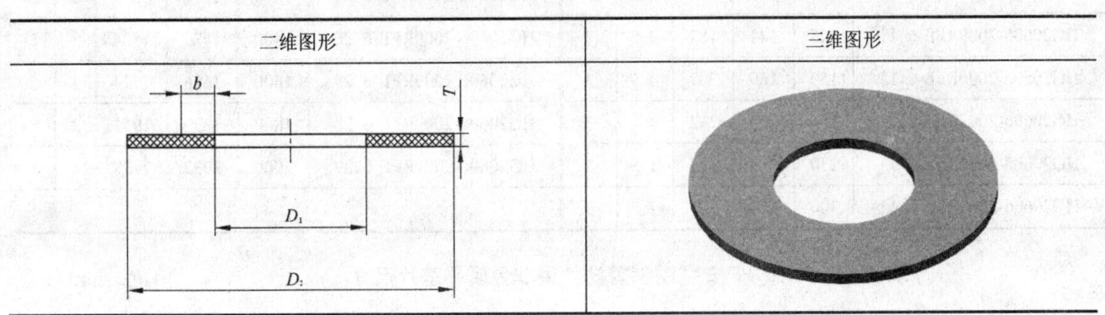

表 3-22 PN2.5 RF-E 型钢制管法兰用非金属平垫片尺寸 单位：mm

标准件编号	DN	D_1	D_2	T	b	标准件编号	DN	D_1	D_2	T	b
HG20606-2009RFE-2_5_1	10	18	39	1.5	3	HG20606-2009RFE-2_5_16	350	377	423	3	3
HG20606-2009RFE-2_5_2	15	22	44	1.5	3	HG20606-2009RFE-2_5_17	400	426	473	3	3
HG20606-2009RFE-2_5_3	20	27	54	1.5	3	HG20606-2009RFE-2_5_18	450	480	528	3	3
HG20606-2009RFE-2_5_4	25	34	64	1.5	3	HG20606-2009RFE-2_5_19	500	530	578	3	3
HG20606-2009RFE-2_5_5	32	43	76	1.5	3	HG20606-2009RFE-2_5_20	600	630	679	3	3
HG20606-2009RFE-2_5_6	40	49	86	1.5	3	HG20606-2009RFE-2_5_21	700	720	784	3	4
HG20606-2009RFE-2_5_7	50	61	96	1.5	3	HG20606-2009RFE-2_5_22	800	820	890	3	4
HG20606-2009RFE-2_5_8	65	77	116	1.5	3	HG20606-2009RFE-2_5_23	900	920	990	3	4
HG20606-2009RFE-2_5_9	80	89	132	1.5	3	HG20606-2009RFE-2_5_24	1000	1020	1090	3	4
HG20606-2009RFE-2_5_10	100	115	152	1.5	3	HG20606-2009RFE-2_5_25	1200	1220	1290	3	5
HG20606-2009RFE-2_5_11	125	141	182	1.5	3	HG20606-2009RFE-2_5_26	1400	1422	1490	3	5
HG20606-2009RFE-2_5_12	150	169	207	1.5	3	HG20606-2009RFE-2_5_27	1600	1626	1700	3	5
HG20606-2009RFE-2_5_13	200	220	262	1.5	3	HG20606-2009RFE-2_5_28	1800	1829	1900	3	5
HG20606-2009RFE-2_5_14	250	273	317	1.5	3	HG20606-2009RFE-2_5_29	2000	2032	2100	3	5
HG20606-2009RFE-2_5_15	300	324	373	1.5	3						

表 3-23 PN6 RF-E 型钢制管法兰用非金属平垫片尺寸　　单位：mm

标准件编号	DN	D_1	D_2	T	b	标准件编号	DN	D_1	D_2	T	b
HG20606-2009RFE-6_1	10	18	39	1.5	3	HG20606-2009RFE-6_16	350	377	423	3	3
HG20606-2009RFE-6_2	15	22	44	1.5	3	HG20606-2009RFE-6_17	400	426	473	3	3
HG20606-2009RFE-6_3	20	27	54	1.5	3	HG20606-2009RFE-6_18	450	480	528	3	3
HG20606-2009RFE-6_4	25	34	64	1.5	3	HG20606-2009RFE-6_19	500	530	578	3	3
HG20606-2009RFE-6_5	32	43	76	1.5	3	HG20606-2009RFE-6_20	600	630	679	3	3
HG20606-2009RFE-6_6	40	49	86	1.5	3	HG20606-2009RFE-6_21	700	720	784	3	4
HG20606-2009RFE-6_7	50	61	96	1.5	3	HG20606-2009RFE-6_22	800	820	890	3	4
HG20606-2009RFE-6_8	65	77	116	1.5	3	HG20606-2009RFE-6_23	900	920	990	3	4
HG20606-2009RFE-6_9	80	89	132	1.5	3	HG20606-2009RFE-6_24	1000	1020	1090	3	4
HG20606-2009RFE-6_10	100	115	152	1.5	3	HG20606-2009RFE-6_25	1200	1220	1307	3	5
HG20606-2009RFE-6_11	125	141	182	1.5	3	HG20606-2009RFE-6_26	1400	1422	1524	3	5
HG20606-2009RFE-6_12	150	169	207	1.5	3	HG20606-2009RFE-6_27	1600	1626	1724	3	5
HG20606-2009RFE-6_13	200	220	262	1.5	3	HG20606-2009RFE-6_28	1800	1829	1931	3	5
HG20606-2009RFE-6_14	250	273	317	1.5	3	HG20606-2009RFE-6_29	2000	2032	2138	3	5
HG20606-2009RFE-6_15	300	324	373	1.5	3						

表 3-24 PN10 RF-E 型钢制管法兰用非金属平垫片尺寸　　单位：mm

标准件编号	DN	D_1	D_2	T	b	标准件编号	DN	D_1	D_2	T	b
HG20606-2009RFE-10_1	10	18	46	1.5	3	HG20606-2009RFE-10_16	350	377	438	3	3
HG20606-2009RFE-10_2	15	22	51	1.5	3	HG20606-2009RFE-10_17	400	426	489	3	3
HG20606-2009RFE-10_3	20	27	61	1.5	3	HG20606-2009RFE-10_18	450	480	539	3	3
HG20606-2009RFE-10_4	25	34	71	1.5	3	HG20606-2009RFE-10_19	500	530	594	3	3
HG20606-2009RFE-10_5	32	43	82	1.5	3	HG20606-2009RFE-10_20	600	630	695	3	3
HG20606-2009RFE-10_6	40	49	92	1.5	3	HG20606-2009RFE-10_21	700	720	810	3	4
HG20606-2009RFE-10_7	50	61	107	1.5	3	HG20606-2009RFE-10_22	800	820	917	3	4
HG20606-2009RFE-10_8	65	77	127	1.5	3	HG20606-2009RFE-10_23	900	920	1017	3	4
HG20606-2009RFE-10_9	80	89	142	1.5	3	HG20606-2009RFE-10_24	1000	1020	1142	3	4
HG20606-2009RFE-10_10	100	115	162	1.5	3	HG20606-2009RFE-10_25	1200	1220	1341	3	5
HG20606-2009RFE-10_11	125	141	192	1.5	3	HG20606-2009RFE-10_26	1400	1422	1548	3	5
HG20606-2009RFE-10_12	150	169	218	1.5	3	HG20606-2009RFE-10_27	1600	1626	1772	3	5
HG20606-2009RFE-10_13	200	220	273	1.5	3	HG20606-2009RFE-10_28	1800	1829	1972	3	5
HG20606-2009RFE-10_14	250	273	328	1.5	3	HG20606-2009RFE-10_29	2000	2032	2182	3	5
HG20606-2009RFE-10_15	300	324	378	1.5	3						

表 3-25　PN16 RF-E 型钢制管法兰用非金属平垫片尺寸　　单位：mm

标准件编号	DN	D_1	D_2	T	b	标准件编号	DN	D_1	D_2	T	b
HG20606-2009RFE-16_1	10	18	46	1.5	3	HG20606-2009RFE-16_16	350	377	444	3	3
HG20606-2009RFE-16_2	15	22	51	1.5	3	HG20606-2009RFE-16_17	400	426	495	3	3
HG20606-2009RFE-16_3	20	27	61	1.5	3	HG20606-2009RFE-16_18	450	480	555	3	3
HG20606-2009RFE-16_4	25	34	71	1.5	3	HG20606-2009RFE-16_19	500	530	617	3	3
HG20606-2009RFE-16_5	32	43	82	1.5	3	HG20606-2009RFE-16_20	600	630	734	3	3
HG20606-2009RFE-16_6	40	49	92	1.5	3	HG20606-2009RFE-16_21	700	720	804	3	4
HG20606-2009RFE-16_7	50	61	107	1.5	3	HG20606-2009RFE-16_22	800	820	911	3	4
HG20606-2009RFE-16_8	65	77	127	1.5	3	HG20606-2009RFE-16_23	900	920	1011	3	4
HG20606-2009RFE-16_9	80	89	142	1.5	3	HG20606-2009RFE-16_24	1000	1020	1128	3	4
HG20606-2009RFE-16_10	100	115	162	1.5	3	HG20606-2009RFE-16_25	1200	1220	1342	3	5
HG20606-2009RFE-16_11	125	141	192	1.5	3	HG20606-2009RFE-16_26	1400	1422	1542	3	5
HG20606-2009RFE-16_12	150	169	218	1.5	3	HG20606-2009RFE-16_27	1600	1626	1764	3	5
HG20606-2009RFE-16_13	200	220	273	1.5	3	HG20606-2009RFE-16_28	1800	1829	1964	3	5
HG20606-2009RFE-16_14	250	273	329	1.5	3	HG20606-2009RFE-16_29	2000	2032	2168	3	5
HG20606-2009RFE-16_15	300	324	384	1.5	3						

表 3-26　PN25 RF-E 型钢制管法兰用非金属平垫片尺寸　　单位：mm

标准件编号	DN	D_1	D_2	T	b	标准件编号	DN	D_1	D_2	T	b
HG20606-2009RFE-25_1	10	18	46	1.5	3	HG20606-2009RFE-25_14	250	273	340	1.5	3
HG20606-2009RFE-25_2	15	22	51	1.5	3	HG20606-2009RFE-25_15	300	324	400	1.5	3
HG20606-2009RFE-25_3	20	27	61	1.5	3	HG20606-2009RFE-25_16	350	377	457	3	3
HG20606-2009RFE-25_4	25	34	71	1.5	3	HG20606-2009RFE-25_17	400	426	514	3	3
HG20606-2009RFE-25_5	32	43	82	1.5	3	HG20606-2009RFE-25_18	450	480	564	3	3
HG20606-2009RFE-25_6	40	49	92	1.5	3	HG20606-2009RFE-25_19	500	530	624	3	3
HG20606-2009RFE-25_7	50	61	107	1.5	3	HG20606-2009RFE-25_20	600	630	731	3	3
HG20606-2009RFE-25_8	65	77	127	1.5	3	HG20606-2009RFE-25_21	700	720	833	3	4
HG20606-2009RFE-25_9	80	89	142	1.5	3	HG20606-2009RFE-25_22	800	820	842	3	4
HG20606-2009RFE-25_10	100	115	168	1.5	3	HG20606-2009RFE-25_23	900	920	1042	3	4
HG20606-2009RFE-25_11	125	141	194	1.5	3	HG20606-2009RFE-25_24	1000	1020	1154	3	4
HG20606-2009RFE-25_12	150	169	224	1.5	3	HG20606-2009RFE-25_25	1200	1220	1364	3	5
HG20606-2009RFE-25_13	200	220	284	1.5	3						

表 3-27　PN40 RF-E 型钢制管法兰用非金属平垫片尺寸　　单位：mm

标准件编号	DN	D_1	D_2	T	b	标准件编号	DN	D_1	D_2	T	b
HG20606-2009RFE-40_1	10	18	46	1.5	3	HG20606-2009RFE-40_2	15	22	51	1.5	3

续表

标准件编号	DN	D_1	D_2	T	b	标准件编号	DN	D_1	D_2	T	b
HG20606-2009RFE-40_3	20	27	61	1.5	3	HG20606-2009RFE-40_12	150	169	224	1.5	3
HG20606-2009RFE-40_4	25	34	71	1.5	3	HG20606-2009RFE-40_13	200	220	290	1.5	3
HG20606-2009RFE-40_5	32	43	82	1.5	3	HG20606-2009RFE-40_14	250	273	352	1.5	3
HG20606-2009RFE-40_6	40	49	92	1.5	3	HG20606-2009RFE-40_15	300	324	417	1.5	3
HG20606-2009RFE-40_7	50	61	107	1.5	3	HG20606-2009RFE-40_16	350	377	474	3	3
HG20606-2009RFE-40_8	65	77	127	1.5	3	HG20606-2009RFE-40_17	400	426	546	3	3
HG20606-2009RFE-40_9	80	89	142	1.5	3	HG20606-2009RFE-40_18	450	480	571	3	3
HG20606-2009RFE-40_10	100	115	168	1.5	3	HG20606-2009RFE-40_19	500	530	628	3	3
HG20606-2009RFE-40_11	125	141	194	1.5	3	HG20606-2009RFE-40_20	600	630	747	3	3

表 3-28　PN63 RF-E 型钢制管法兰用非金属平垫片尺寸　　单位：mm

标准件编号	DN	D_1	D_2	T	b	标准件编号	DN	D_1	D_2	T	b
HG20606-2009RFE-63_1	10	18	56	1.5	3	HG20606-2009RFE-63_10	100	115	174	1.5	3
HG20606-2009RFE-63_2	15	22	61	1.5	3	HG20606-2009RFE-63_11	125	141	210	1.5	3
HG20606-2009RFE-63_3	20	27	72	1.5	3	HG20606-2009RFE-63_12	150	169	247	1.5	3
HG20606-2009RFE-63_4	25	34	82	1.5	3	HG20606-2009RFE-63_13	200	220	309	1.5	3
HG20606-2009RFE-63_5	32	43	88	1.5	3	HG20606-2009RFE-63_14	250	273	364	1.5	3
HG20606-2009RFE-63_6	40	49	103	1.5	3	HG20606-2009RFE-63_15	300	324	424	1.5	3
HG20606-2009RFE-63_7	50	61	113	1.5	3	HG20606-2009RFE-63_16	350	377	486	3	3
HG20606-2009RFE-63_8	65	77	138	1.5	3	HG20606-2009RFE-63_17	400	426	543	3	3
HG20606-2009RFE-63_9	80	89	148	1.5	3						

FF 型和 RF 型垫片的尺寸公差按表 3-29 的规定。

FM/M 型和 T/G 型垫片的尺寸公差按表 3-30 的规定。

表 3-29　FF 型和 RF 型垫片的尺寸公差　　单位：mm

公称尺寸	≤DN300	≥DN350
D_1	±1.5	±3.0
D_2	$^{+1.5}_{0}$	$^{+3.0}_{0}$
FF 型螺栓孔中心圆直径 K	±1.5	
相邻螺栓孔中心距	±0.75	

表 3-30　FM/M 型和 T/G 型垫片的尺寸公差　　单位：mm

内径 D_1	外径 D_2
$^{+1.0}_{0}$	$^{0}_{-1.0}$

3.2 聚四氟乙烯包覆垫片（PN系列）（HG 20607—2009）

本标准规定了钢制管法兰（PN 系列）用聚四氟乙烯包覆垫片的型式、尺寸、技术要求和标记。

本标准适用于 HG/T 20592 所规定的公称压力 PN6～PN40、工作温度小于或等于 150℃ 的突面钢制管法兰用聚四氟乙烯包覆垫片。

3.2.1 A型-剖切型聚四氟乙烯包覆垫片（PN系列）

A 型-剖切型钢制管法兰用聚四氟乙烯包覆垫片（PN 系列）按照公称压力可分为 PN6、PN10、PN16、PN25 和 PN40，垫片二维图形及三维图形如表 3-31 所示，尺寸如表 3-32～表 3-36 所示。

表 3-31 A 型-剖切型钢制管法兰用聚四氟乙烯包覆垫片（PN 系列）

二维图形	三维图形

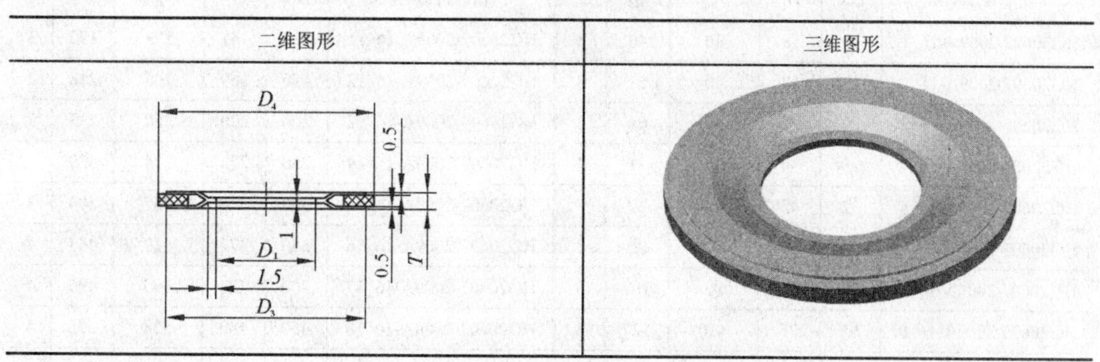

表 3-32 PN6 A 型-剖切型钢制管法兰用聚四氟乙烯包覆垫片尺寸　　单位：mm

标准件编号	DN	D_1	D_{3min}	D_4	T	标准件编号	DN	D_1	D_{3min}	D_4	T
HG20607-2009A-6_1	10	18	36	39	3	HG20607-2009A-6_11	125	141	178	182	3
HG20607-2009A-6_2	15	22	40	44	3	HG20607-2009A-6_12	150	169	206	207	3
HG20607-2009A-6_3	20	27	50	54	3	HG20607-2009A-6_13	200	220	260	262	3
HG20607-2009A-6_4	25	34	60	64	3	HG20607-2009A-6_14	250	273	314	317	3
HG20607-2009A-6_5	32	43	70	76	3	HG20607-2009A-6_15	300	324	365	373	3
HG20607-2009A-6_6	40	49	80	86	3	HG20607-2009A-6_16	350	377	412	423	4
HG20607-2009A-6_7	50	61	92	94	3	HG20607-2009A-6_17	400	426	469	473	4
HG20607-2009A-6_8	65	77	110	116	3	HG20607-2009A-6_18	450	480	528	528	4
HG20607-2009A-6_9	80	89	126	132	3	HG20607-2009A-6_19	500	530	578	578	4
HG20607-2009A-6_10	100	115	151	152	3						

表 3-33　PN10 A 型-剖切型钢制管法兰用聚四氟乙烯包覆垫片尺寸　　单位：mm

标准件编号	DN	D_1	D_{3min}	D_4	T	标准件编号	DN	D_1	D_{3min}	D_4	T
HG20607-2009A-10_1	10	18	36	46	3	HG20607-2009A-10_11	125	141	178	192	3
HG20607-2009A-10_2	15	22	40	51	3	HG20607-2009A-10_12	150	169	206	218	3
HG20607-2009A-10_3	20	27	50	61	3	HG20607-2009A-10_13	200	220	260	273	3
HG20607-2009A-10_4	25	34	60	71	3	HG20607-2009A-10_14	250	273	314	328	3
HG20607-2009A-10_5	32	43	70	82	3	HG20607-2009A-10_15	300	324	365	378	3
HG20607-2009A-10_6	40	49	80	92	3	HG20607-2009A-10_16	350	377	412	438	4
HG20607-2009A-10_7	50	61	92	107	3	HG20607-2009A-10_17	400	426	469	489	4
HG20607-2009A-10_8	65	77	110	127	3	HG20607-2009A-10_18	450	480	528	539	4
HG20607-2009A-10_9	80	89	126	142	3	HG20607-2009A-10_19	500	530	578	594	4
HG20607-2009A-10_10	100	115	151	162	3						

表 3-34　PN16 A 型-剖切型钢制管法兰用聚四氟乙烯包覆垫片尺寸　　单位：mm

标准件编号	DN	D_1	D_{3min}	D_4	T	标准件编号	DN	D_1	D_{3min}	D_4	T
HG20607-2009A-16_1	10	18	36	46	3	HG20607-2009A-16_11	125	141	178	192	3
HG20607-2009A-16_2	15	22	40	51	3	HG20607-2009A-16_12	150	169	206	218	3
HG20607-2009A-16_3	20	27	50	61	3	HG20607-2009A-16_13	200	220	260	273	3
HG20607-2009A-16_4	25	34	60	71	3	HG20607-2009A-16_14	250	273	314	329	3
HG20607-2009A-16_5	32	43	70	82	3	HG20607-2009A-16_15	300	324	365	384	3
HG20607-2009A-16_6	40	49	80	92	3	HG20607-2009A-16_16	350	377	412	444	4
HG20607-2009A-16_7	50	61	92	107	3	HG20607-2009A-16_17	400	426	469	495	4
HG20607-2009A-16_8	65	77	110	127	3	HG20607-2009A-16_18	450	480	528	555	4
HG20607-2009A-16_9	80	89	126	142	3	HG20607-2009A-16_19	500	530	578	617	4
HG20607-2009A-16_10	100	115	151	162	3						

表 3-35　PN25 A 型-剖切型钢制管法兰用聚四氟乙烯包覆垫片尺寸　　单位：mm

标准件编号	DN	D_1	D_{3min}	D_4	T	标准件编号	DN	D_1	D_{3min}	D_4	T
HG20607-2009A-25_1	10	18	36	46	3	HG20607-2009A-25_11	125	141	178	194	3
HG20607-2009A-25_2	15	22	40	51	3	HG20607-2009A-25_12	150	169	206	224	3
HG20607-2009A-25_3	20	27	50	61	3	HG20607-2009A-25_13	200	220	260	284	3
HG20607-2009A-25_4	25	34	60	71	3	HG20607-2009A-25_14	250	273	314	340	3
HG20607-2009A-25_5	32	43	70	82	3	HG20607-2009A-25_15	300	324	365	400	3
HG20607-2009A-25_6	40	49	80	92	3	HG20607-2009A-25_16	350	377	412	457	4
HG20607-2009A-25_7	50	61	92	107	3	HG20607-2009A-25_17	400	426	469	514	4
HG20607-2009A-25_8	65	77	110	127	3	HG20607-2009A-25_18	450	480	528	564	4
HG20607-2009A-25_9	80	89	126	142	3	HG20607-2009A-25_19	500	530	578	624	4
HG20607-2009A-25_10	100	115	151	168	3						

表 3-36　PN40 A 型-剖切型钢制管法兰用聚四氟乙烯包覆垫片尺寸　　单位：mm

标准件编号	DN	D_1	D_{3min}	D_4	T	标准件编号	DN	D_1	D_{3min}	D_4	T
HG20607-2009A-40_1	10	18	36	46	3	HG20607-2009A-40_11	125	141	178	194	3
HG20607-2009A-40_2	15	22	40	51	3	HG20607-2009A-40_12	150	169	206	224	3
HG20607-2009A-40_3	20	27	50	61	3	HG20607-2009A-40_13	200	220	260	290	3
HG20607-2009A-40_4	25	34	60	71	3	HG20607-2009A-40_14	250	273	314	352	3
HG20607-2009A-40_5	32	43	70	82	3	HG20607-2009A-40_15	300	324	365	417	3
HG20607-2009A-40_6	40	49	80	92	3	HG20607-2009A-40_16	350	377	412	474	4
HG20607-2009A-40_7	50	61	92	107	3	HG20607-2009A-40_17	400	426	469	546	4
HG20607-2009A-40_8	65	77	110	127	3	HG20607-2009A-40_18	450	480	528	571	4
HG20607-2009A-40_9	80	89	126	142	3	HG20607-2009A-40_19	500	530	578	628	4
HG20607-2009A-40_10	100	115	151	168	3						

3.2.2　B型-机加工型聚四氟乙烯包覆垫片（PN系列）

B 型-机加工型钢制管法兰用聚四氟乙烯包覆垫片（PN 系列）按照公称压力可分为 PN6、PN10、PN16、PN25 和 PN40，垫片二维图形及三维图形如表 3-37 所示，尺寸如表 3-38～表 3-42 所示。

表 3-37　B 型-机加工型钢制管法兰用聚四氟乙烯包覆垫片（PN 系列）

二维图形	三维图形

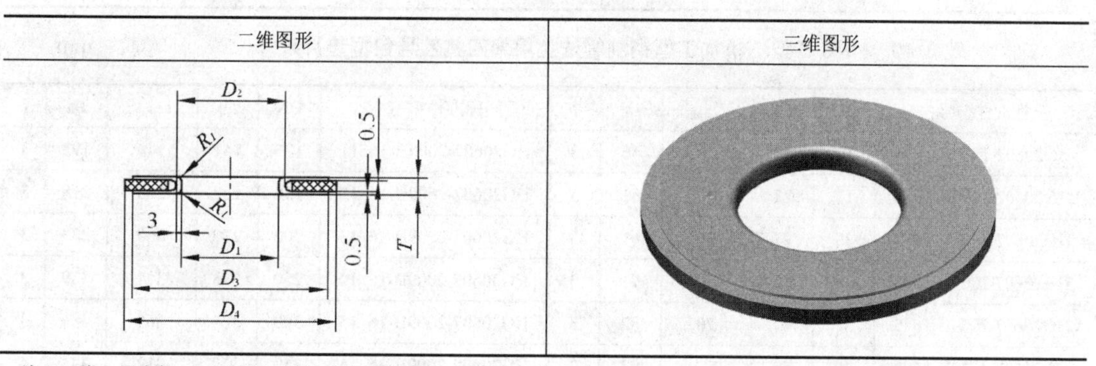

注：1. 嵌入层内径 D_2 由制造厂根据垫片型式和嵌入层材料的性能确定。

2. B 型垫片内径处的倒圆角尺寸 R_1 大于或等于 1mm。

表 3-38　PN6 B 型-机加工型钢制管法兰用聚四氟乙烯包覆垫片尺寸　　单位：mm

标准件编号	DN	D_1	D_{3min}	D_4	T	标准件编号	DN	D_1	D_{3min}	D_4	T
HG20607-2009B-6_1	10	18	36	39	3	HG20607-2009B-6_7	50	61	92	94	3
HG20607-2009B-6_2	15	22	40	44	3	HG20607-2009B-6_8	65	77	110	116	3
HG20607-2009B-6_3	20	27	50	54	3	HG20607-2009B-6_9	80	89	126	132	3
HG20607-2009B-6_4	25	34	60	64	3	HG20607-2009B-6_10	100	115	151	152	3
HG20607-2009B-6_5	32	43	70	76	3	HG20607-2009B-6_11	125	141	178	182	3
HG20607-2009B-6_6	40	49	80	86	3	HG20607-2009B-6_12	150	169	206	207	3

续表

标准件编号	DN	D_1	D_{3min}	D_4	T	标准件编号	DN	D_1	D_{3min}	D_4	T
HG20607-2009B-6_13	200	220	260	262	3	HG20607-2009B-6_17	400	426	469	473	4
HG20607-2009B-6_14	250	273	314	317	3	HG20607-2009B-6_18	450	480	528	528	4
HG20607-2009B-6_15	300	324	365	373	3	HG20607-2009B-6_19	500	530	578	578	4
HG20607-2009B-6_16	350	377	412	423	4						

表 3-38 PN10 B 型—机加工型钢制管法兰用聚四氟乙烯包覆垫片尺寸　　单位：mm

标准件编号	DN	D_1	D_{3min}	D_4	T	标准件编号	DN	D_1	D_{3min}	D_4	T
HG20607-2009B-10_1	10	18	36	46	3	HG20607-2009B-10_11	125	141	178	192	3
HG20607-2009B-10_2	15	22	40	51	3	HG20607-2009B-10_12	150	169	206	218	3
HG20607-2009B-10_3	20	27	50	61	3	HG20607-2009B-10_13	200	220	260	273	3
HG20607-2009B-10_4	25	34	60	71	3	HG20607-2009B-10_14	250	273	314	328	3
HG20607-2009B-10_5	32	43	70	82	3	HG20607-2009B-10_15	300	324	365	378	3
HG20607-2009B-10_6	40	49	80	92	3	HG20607-2009B-10_16	350	377	412	438	4
HG20607-2009B-10_7	50	61	92	107	3	HG20607-2009B-10_17	400	426	469	489	4
HG20607-2009B-10_8	65	77	110	127	3	HG20607-2009B-10_18	450	480	528	539	4
HG20607-2009B-10_9	80	89	126	142	3	HG20607-2009B-10_19	500	530	578	594	4
HG20607-2009B-10_10	100	115	151	162	3						

表 3-40 PN16 B 型—机加工型钢制管法兰用聚四氟乙烯包覆垫片尺寸　　单位：mm

标准件编号	DN	D_1	D_{3min}	D_4	T	标准件编号	DN	D_1	D_{3min}	D_4	T
HG20607-2009B-16_1	10	18	36	46	3	HG20607-2009B-16_11	125	141	178	192	3
HG20607-2009B-16_2	15	22	40	51	3	HG20607-2009B-16_12	150	169	206	218	3
HG20607-2009B-16_3	20	27	50	61	3	HG20607-2009B-16_13	200	220	260	273	3
HG20607-2009B-16_4	25	34	60	71	3	HG20607-2009B-16_14	250	273	314	329	3
HG20607-2009B-16_5	32	43	70	82	3	HG20607-2009B-16_15	300	324	365	384	3
HG20607-2009B-16_6	40	49	80	92	3	HG20607-2009B-16_16	350	377	412	444	4
HG20607-2009B-16_7	50	61	92	107	3	HG20607-2009B-16_17	400	426	469	495	4
HG20607-2009B-16_8	65	77	110	127	3	HG20607-2009B-16_18	450	480	528	555	4
HG20607-2009B-16_9	80	89	126	142	3	HG20607-2009B-16_19	500	530	578	617	4
HG20607-2009B-16_10	100	115	151	162	3						

表 3-41 PN25 B 型—机加工型钢制管法兰用聚四氟乙烯包覆垫片尺寸　　单位：mm

标准件编号	DN	D_1	D_{3min}	D_4	T	标准件编号	DN	D_1	D_{3min}	D_4	T
HG20607-2009B-25_1	10	18	36	46	3	HG20607-2009B-25_4	25	34	60	71	3
HG20607-2009B-25_2	15	22	40	51	3	HG20607-2009B-25_5	32	43	70	82	3
HG20607-2009B-25_3	20	27	50	61	3	HG20607-2009B-25_6	40	49	80	92	3

续表

标准件编号	DN	D_1	D_{3min}	D_4	T	标准件编号	DN	D_1	D_{3min}	D_4	T
HG20607-2009B-25_7	50	61	92	107	3	HG20607-2009B-25_14	250	273	314	340	3
HG20607-2009B-25_8	65	77	110	127	3	HG20607-2009B-25_15	300	324	365	400	3
HG20607-2009B-25_9	80	89	126	142	3	HG20607-2009B-25_16	350	377	412	457	4
HG20607-2009B-25_10	100	115	151	168	3	HG20607-2009B-25_17	400	426	469	514	4
HG20607-2009B-25_11	125	141	178	194	3	HG20607-2009B-25_18	450	480	528	564	4
HG20607-2009B-25_12	150	169	206	224	3	HG20607-2009B-25_19	500	530	578	624	4
HG20607-2009B-25_13	200	220	260	284	3						

表 3-42　PN40 B 型—机加工型钢制管法兰用聚四氟乙烯包覆垫片尺寸　单位：mm

标准件编号	DN	D_1	D_{3min}	D_4	T	标准件编号	DN	D_1	D_{3min}	D_4	T
HG20607-2009B-40_1	10	18	36	46	3	HG20607-2009B-40_11	125	141	178	194	3
HG20607-2009B-40_2	15	22	40	51	3	HG20607-2009B-40_12	150	169	206	224	3
HG20607-2009B-40_3	20	27	50	61	3	HG20607-2009B-40_13	200	220	260	290	3
HG20607-2009B-40_4	25	34	60	71	3	HG20607-2009B-40_14	250	273	314	352	3
HG20607-2009B-40_5	32	43	70	82	3	HG20607-2009B-40_15	300	324	365	417	3
HG20607-2009B-40_6	40	49	80	92	3	HG20607-2009B-40_16	350	377	412	474	4
HG20607-2009B-40_7	50	61	92	107	3	HG20607-2009B-40_17	400	426	469	546	4
HG20607-2009B-40_8	65	77	110	127	3	HG20607-2009B-40_18	450	480	528	571	4
HG20607-2009B-40_9	80	89	126	142	3	HG20607-2009B-40_19	500	530	578	628	4
HG20607-2009B-40_10	100	115	151	168	3						

3.2.3　C型-折包型聚四氟乙烯包覆垫片（PN系列）

C 型-折包型钢制管法兰用聚四氟乙烯包覆垫片（PN 系列）按照公称压力可分为 PN6、PN10、PN16、PN25 和 PN40，垫片二维图形及三维图形如表 3-43 所示，尺寸如表 3-44～表 3-48 所示。

表 3-43　C 型-折包型钢制管法兰用聚四氟乙烯包覆垫片（PN 系列）

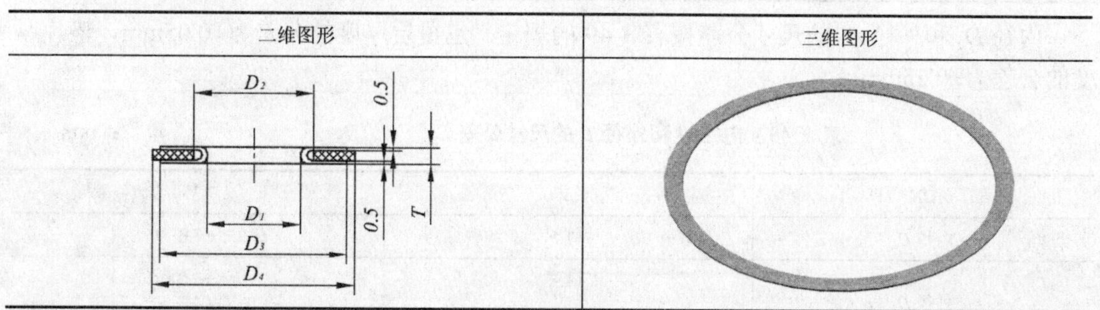

注：嵌入层内径 D_2 由制造厂根据垫片型式和嵌入层材料的性能确定。

表 3-44 PN6 C 型—折包型钢制管法兰用聚四氟乙烯包覆垫片尺寸 单位：mm

标准件编号	DN	D_1	D_{3min}	D_4	T	标准件编号	DN	D_1	D_{3min}	D_4	T
HG20607-2009C-6_1	350	377	412	423	4	HG20607-2009C-6_4	500	530	578	578	4
HG20607-2009C-6_2	400	426	469	473	4	HG20607-2009C-6_5	600	630	679	679	4
HG20607-2009C-6_3	450	480	528	528	4						

表 3-45 PN10 C 型—折包型钢制管法兰用聚四氟乙烯包覆垫片尺寸 单位：mm

标准件编号	DN	D_1	D_{3min}	D_4	T	标准件编号	DN	D_1	D_{3min}	D_4	T
HG20607-2009C-10_1	350	377	412	438	4	HG20607-2009C-10_4	500	530	578	594	4
HG20607-2009C-10_2	400	426	469	489		HG20607-2009C-10_5	600	630	679	695	4
HG20607-2009C-10_3	450	480	528	539	4						

表 3-46 PN16 C 型—折包型钢制管法兰用聚四氟乙烯包覆垫片尺寸 单位：mm

标准件编号	DN	D_1	D_{3min}	D_4	T	标准件编号	DN	D_1	D_{3min}	D_4	T
HG20607-2009C-16_1	350	377	412	444	4	HG20607-2009C-16_4	500	530	578	617	4
HG20607-2009C-16_2	400	426	469	495	4	HG20607-2009C-16_5	600	630	679	734	4
HG20607-2009C-16_3	450	480	528	555	4						

表 3-47 PN25 C 型—折包型钢制管法兰用聚四氟乙烯包覆垫片尺寸 单位：mm

标准件编号	DN	D_1	D_{3min}	D_4	T	标准件编号	DN	D_1	D_{3min}	D_4	T
HG20607-2009C-25_1	350	377	412	457	4	HG20607-2009C-25_4	500	530	578	624	4
HG20607-2009C-25_2	400	426	469	514	4	HG20607-2009C-25_5	600	630	679	731	4
HG20607-2009C-25_3	450	480	528	564	4						

表 3-48 PN40 C 型—折包型钢制管法兰用聚四氟乙烯包覆垫片尺寸 单位：mm

标准件编号	DN	D_1	D_{3min}	D_4	T	标准件编号	DN	D_1	D_{3min}	D_4	T
HG20607-2009C-40_1	350	377	412	474	4	HG20607-2009C-40_4	500	530	578	628	4
HG20607-2009C-40_2	400	426	469	546	4	HG20607-2009C-40_5	600	630	679	747	4
HG20607-2009C-40_3	450	480	528	571	4						

内径 D_1 和外径 D_4 的尺寸公差按表 3-49 的规定。包覆层厚度的公差为±0.05mm，垫片厚度的公差为±0.25mm。

表 3-49 内径 D_1 和外径 D_4 的尺寸公差 单位：mm

DN	≤300	≥350
内径 D_1	±1.5	±3.0
外径 D_4	+1.5 0	+3.0 0

3.3 金属包覆垫片（PN系列）（HG 20609—2009）

本标准规定了钢制管法兰（PN 系列）用金属包覆垫片的型式、尺寸、技术要求和标记。

本标准适用于 HG/T 20592 所规定的公称压力 PN25～PN100 的突面钢制管法兰用金属包覆垫片。

垫片的最高工作温度按表 3-50 的规定。填充材料的最高工作温度按表 3-51 的规定。

表 3-50　包覆金属材料的最高工作温度

包覆金属材料	标准	代号	最高工作温度（℃）
纯铝板 L3	GB/T 3880	L3	200
纯铜板 T3	GB/T 2040	T3	300
镀锌钢板	GB/T 2518	St(Zn)	400
08F	GB/T 710	St	
0Cr13	GB/T 3280	405	500
0Cr18Ni9		304	600
0Cr18Ni10Ti		321	
00Cr17Ni14Mo2		316L	
00Cr19Ni13Mo3		317L	

表 3-51　填充材料的最高工作温度

填充材料		代号	最高工作温度（℃）
柔性石墨板		FG	650
石棉橡胶板		AS	300
非石棉纤维橡胶板	有机纤维	NAS	200
	无机纤维		290

注：1. 填充材料也可以采用其他材料，但应在订货时注明。

2. 柔性石墨板用于氧化性介质时，最高使用温度为 450℃。

3.3.1 I型金属包覆垫片（PN系列）

I 型钢制管法兰用金属包覆垫片（PN 系列）按照公称压力可分为 PN25、PN40、PN63、和 PN100，垫片二维图形及三维图形如表 3-52 所示，尺寸如表 3-53～表 3-56 所示。

表 3-52 I 型钢制管法兰用金属包覆垫片（PN 系列）

二维图形	三维图形

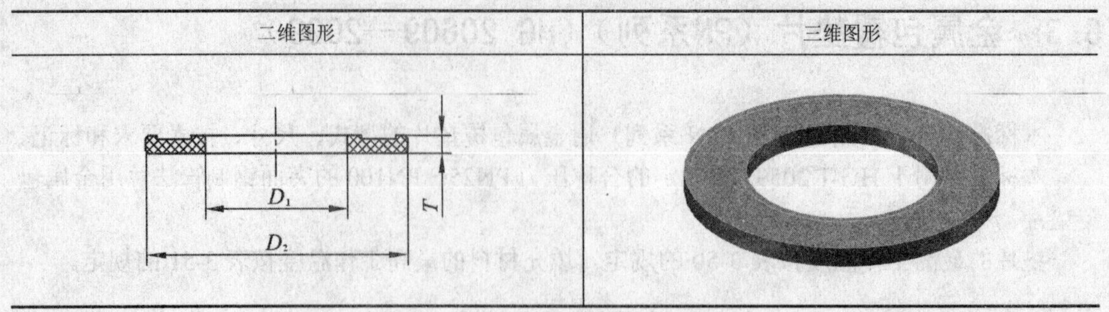

表 3-53 PN25 I 型钢制管法兰用金属包覆垫片尺寸 单位：mm

标准件编号	DN	D_1	D_2	T	标准件编号	DN	D_1	D_2	T
HG20609-2009I-25_1	10	28	46	3	HG20609-2009I-25_13	200	237.5	284	3
HG20609-2009I-25_2	15	33	51	3	HG20609-2009I-25_14	250	293.5	340	3
HG20609-2009I-25_3	20	45.5	61	3	HG20609-2009I-25_15	300	353	400	3
HG20609-2009I-25_4	25	54	71	3	HG20609-2009I-25_16	350	407	457	3
HG20609-2009I-25_5	32	61.5	82	3	HG20609-2009I-25_17	400	458.5	514	3
HG20609-2009I-25_6	40	68	92	3	HG20609-2009I-25_18	500	503	564	3
HG20609-2009I-25_7	50	77.5	107	3	HG20609-2009I-25_19	500	561	624	3
HG20609-2009I-25_8	65	97.5	127	3	HG20609-2009I-25_20	600	665.5	731	3
HG20609-2009I-25_9	80	109.5	142	3	HG20609-2009I-25_21	700	765.5	833	3
HG20609-2009I-25_10	100	131.5	168	3	HG20609-2009I-25_22	800	875.5	942	3
HG20609-2009I-25_11	125	156	194	3	HG20609-2009I-25_23	900	975.5	1042	3
HG20609-2009I-25_12	150	183.5	224	3					

表 3-54 PN40 I 型钢制管法兰用金属包覆垫片尺寸 单位：mm

标准件编号	DN	D_1	D_2	T	标准件编号	DN	D_1	D_2	T
HG20609-2009I-40_1	10	28	46	3	HG20609-2009I-40_11	125	156	194	3
HG20609-2009I-40_2	15	33	51	3	HG20609-2009I-40_12	150	183.5	224	3
HG20609-2009I-40_3	20	45.5	61	3	HG20609-2009I-40_13	200	244.5	290	3
HG20609-2009I-40_4	25	54	71	3	HG20609-2009I-40_14	250	303.5	352	3
HG20609-2009I-40_5	32	61.5	82	3	HG20609-2009I-40_15	300	368	417	3
HG20609-2009I-40_6	40	68	92	3	HG20609-2009I-40_16	350	422	474	3
HG20609-2009I-40_7	50	77.5	107	3	HG20609-2009I-40_17	400	488.5	546	3
HG20609-2009I-40_8	65	97.5	127	3	HG20609-2009I-40_18	500	508	571	3
HG20609-2009I-40_9	80	109.5	142	3	HG20609-2009I-40_19	500	561	628	3
HG20609-2009I-40_10	100	131.5	168	3	HG20609-2009I-40_20	600	680.5	747	3

表 3-55　PN63 Ⅰ型钢制管法兰用金属包覆垫片尺寸　　单位：mm

标准件编号	DN	D_1	D_2	T	标准件编号	DN	D_1	D_2	T
HG20609-2009I-63_1	10	28	56	3	HG20609-2009I-63_10	100	131.5	174	3
HG20609-2009I-63_2	15	33	61	3	HG20609-2009I-63_11	125	156	210	3
HG20609-2009I-63_3	20	43.5	72	3	HG20609-2009I-63_12	150	183.5	247	3
HG20609-2009I-63_4	25	54	82	3	HG20609-2009I-63_13	200	244.5	309	3
HG20609-2009I-63_5	32	61.5	88	3	HG20609-2009I-63_14	250	303.5	364	3
HG20609-2009I-63_6	40	68	103	3	HG20609-2009I-63_15	300	368	424	3
HG20609-2009I-63_7	50	77.5	113	3	HG20609-2009I-63_16	350	422	486	3
HG20609-2009I-63_8	65	97.5	138	3	HG20609-2009I-63_17	400	488.5	543	3
HG20609-2009I-63_9	80	109.5	148	3					

表 3-56　PN100 Ⅰ型钢制管法兰用金属包覆垫片尺寸　　单位：mm

标准件编号	DN	D_1	D_2	T	标准件编号	DN	D_1	D_2	T
HG20609-2009I-100_1	10	28	56	3	HG20609-2009I-100_10	100	131.5	180	3
HG20609-2009I-100_2	15	33	61	3	HG20609-2009I-100_11	125	156	217	3
HG20609-2009I-100_3	20	45.5	72	3	HG20609-2009I-100_12	150	183.5	257	3
HG20609-2009I-100_4	25	54	82	3	HG20609-2009I-100_13	200	244.5	324	3
HG20609-2009I-100_5	32	61.5	88	3	HG20609-2009I-100_14	250	303.5	391	3
HG20609-2009I-100_6	40	68	103	3	HG20609-2009I-100_15	300	368	458	3
HG20609-2009I-100_7	50	77.5	113	3	HG20609-2009I-100_16	350	422	512	3
HG20609-2009I-100_8	65	97.5	144	3	HG20609-2009I-100_17	400	488.5	572	3
HG20609-2009I-100_9	80	109.5	154	3					

3.3.2　Ⅱ型金属包覆垫片（PN系列）

Ⅱ型钢制管法兰用金属包覆垫片（PN 系列）按照公称压力可分为 PN25、PN40、PN63、和 PN100，垫片二维图形及三维图形如表 3-57 所示，尺寸如表 3-58～表 3-61 所示。

表 3-57　Ⅱ型钢制管法兰用金属包覆垫片（PN 系列）

二维图形	三维图形

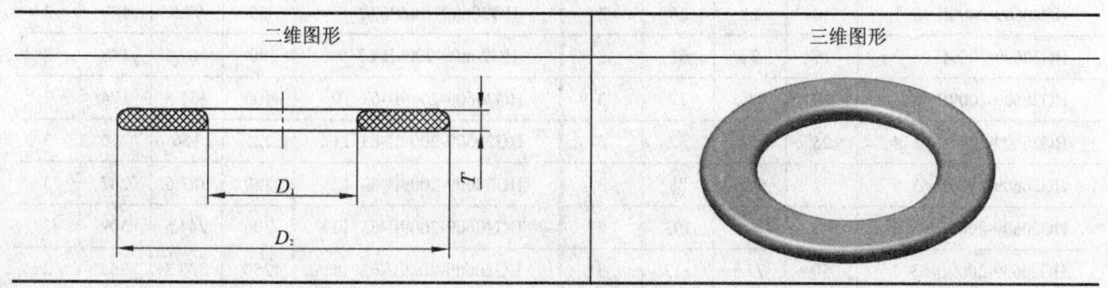

表 3-58　PN25 Ⅱ型钢制管法兰用金属包覆垫片尺寸　　单位：mm

标准件编号	DN	D_1	D_2	T	标准件编号	DN	D_1	D_2	T
HG20609-2009II-25_1	10	28	46	3	HG20609-2009II-25_13	200	237.5	284	3
HG20609-2009II-25_2	15	33	51	3	HG20609-2009II-25_14	250	293.5	340	3
HG20609-2009II-25_3	20	45.5	61	3	HG20609-2009II-25_15	300	353	400	3
HG20609-2009II-25_4	25	54	71	3	HG20609-2009II-25_16	350	407	457	3
HG20609-2009II-25_5	32	61.5	82	3	HG20609-2009II-25_17	400	458.5	514	3
HG20609-2009II-25_6	40	68	92	3	HG20609-2009II-25_18	500	503	564	3
HG20609-2009II-25_7	50	77.5	107	3	HG20609-2009II-25_19	500	561	624	3
HG20609-2009II-25_8	65	97.5	127	3	HG20609-2009II-25_20	600	665.5	731	3
HG20609-2009II-25_9	80	109.5	142	3	HG20609-2009II-25_21	700	765.5	833	3
HG20609-2009II-25_10	100	131.5	168	3	HG20609-2009II-25_22	800	875.5	942	3
HG20609-2009II-25_11	125	156	194	3	HG20609-2009II-25_23	900	975.5	1042	3
HG20609-2009II-25_12	150	183.5	224	3					

表 3-59　PN40 Ⅱ型钢制管法兰用金属包覆垫片尺寸　　单位：mm

标准件编号	DN	D_1	D_2	T	标准件编号	DN	D_1	D_2	T
HG20609-2009II-40_1	10	28	46	3	HG20609-2009II-40_11	125	156	194	3
HG20609-2009II-40_2	15	33	51	3	HG20609-2009II-40_12	150	183.5	224	3
HG20609-2009II-40_3	20	45.5	61	3	HG20609-2009II-40_13	200	244.5	290	3
HG20609-2009II-40_4	25	54	71	3	HG20609-2009II-40_14	250	303.5	352	3
HG20609-2009II-40_5	32	61.5	82	3	HG20609-2009II-40_15	300	368	417	3
HG20609-2009II-40_6	40	68	92	3	HG20609-2009II-40_16	350	422	474	3
HG20609-2009II-40_7	50	77.5	107	3	HG20609-2009II-40_17	400	488.5	546	3
HG20609-2009II-40_8	65	97.5	127	3	HG20609-2009II-40_18	500	508	571	3
HG20609-2009II-40_9	80	109.5	142	3	HG20609-2009II-40_19	500	561	628	3
HG20609-2009II-40_10	100	131.5	168	3	HG20609-2009II-40_20	600	680.5	747	3

表 3-60　PN63 Ⅱ型钢制管法兰用金属包覆垫片尺寸　　单位：mm

标准件编号	DN	D_1	D_2	T	标准件编号	DN	D_1	D_2	T
HG20609-2009II-63_1	10	28	56	3	HG20609-2009II-63_8	65	97.5	138	3
HG20609-2009II-63_2	15	33	61	3	HG20609-2009II-63_9	80	109.5	148	3
HG20609-2009II-63_3	20	43.5	72	3	HG20609-2009II-63_10	100	131.5	174	3
HG20609-2009II-63_4	25	54	82	3	HG20609-2009II-63_11	125	156	210	3
HG20609-2009II-63_5	32	61.5	88	3	HG20609-2009II-63_12	150	183.5	247	3
HG20609-2009II-63_6	40	68	103	3	HG20609-2009II-63_13	200	244.5	309	3
HG20609-2009II-63_7	50	77.5	113	3	HG20609-2009II-63_14	250	303.5	364	3

续表

标准件编号	DN	D_1	D_2	T	标准件编号	DN	D_1	D_2	T
HG20609-2009II-63_15	300	368	424	3	HG20609-2009II-63_17	400	488.5	543	3
HG20609-2009II-63_16	350	422	486	3					

表 3-61 PN100 II 型钢制管法兰用金属包覆垫片尺寸 单位：mm

标准件编号	DN	D_1	D_2	T	标准件编号	DN	D_1	D_2	T
HG20609-2009II-100_1	10	28	56	3	HG20609-2009II-100_10	100	131.5	180	3
HG20609-2009II-100_2	15	33	61	3	HG20609-2009II-100_11	125	156	217	3
HG20609-2009II-100_3	20	45.5	72	3	HG20609-2009II-100_12	150	183.5	257	3
HG20609-2009II-100_4	25	54	82	3	HG20609-2009II-100_13	200	244.5	324	3
HG20609-2009II-100_5	32	61.5	88	3	HG20609-2009II-100_14	250	303.5	391	3
HG20609-2009II-100_6	40	68	103	3	HG20609-2009II-100_15	300	368	458	3
HG20609-2009II-100_7	50	77.5	113	3	HG20609-2009II-100_16	350	422	512	3
HG20609-2009II-100_8	65	97.5	144	3	HG20609-2009II-100_17	400	488.5	572	3
HG20609-2009II-100_9	80	109.5	154	3					

包覆层金属材料应符合相应标准的规定，其硬度值按表 3-62 的规定。垫片的尺寸公差按表 3-63 的规定。

表 3-62 包覆层材料的硬度

包覆金属材料	代号	硬度（HB），最大	包覆金属材料	代号	硬度（HB），最大
纯铝板 L3	L3	40	0Cr18Ni9	304	187
纯铜板 T3	T3	60	0Cr18Ni10Ti	321	
镀锌钢板	St(Zn)	90	00Cr17Ni14Mo2	316L	
08F	St	90	00Cr19Ni13Mo3	317L	
0Cr13	405	183			

表 3-63 垫片的尺寸公差 单位：mm

DN	尺寸公差 D_1、D_2	尺寸公差 T	DN	尺寸公差 D_1、D_2	尺寸公差 T
≤600	$^{+1.5}_{0}$	$^{+0.75}_{0}$	＞600	$^{+3.0}_{0}$	$^{+0.75}_{0}$

3.4 缠绕式垫片（PN系列）（HG 20610—2009）

本标准规定了钢制管法兰（PN 系列）用缠绕式垫片的型式、尺寸、技术要求、标记和标志。

本标准适用于 HG/T20592 所规定的公称压力为 PN16～PN160 的钢制管法兰用缠绕式垫片。

垫片的使用温度范围如表 3-64 所示。垫片填充材料性能如表 3-65 所示。

表 3-64　垫片的使用温度范围

金属带材料		填充材料		使用温度范围（℃）
钢号	标准	名称	参考标准	
0Cr18Ni9(304)	GB/T 3280	温石棉带[a]	JC/T 69	-100～+300
00Cr19Ni10(304L)		柔性石墨带	JB/T 7758.2	-200～+650[b]
0Cr17Ni12Mo2(316)		聚四氟乙烯带	QB/T 3628	-200～+200
00Cr17Ni14Mo2(316L)		非石棉纤维带	—	-100～+250[c]
0Cr18Ni10Ti(321)				
0Cr18Ni11Nb(347)				
0Cr25Ni20(310)				

注：a 含石棉材料的使用应遵守相关法律的规定，使用时必须采取预防措施，以确保不对人身健康构成危害。

b 用于氧化性介质时，最高使用温度为 450℃。

c 不同种类的非石棉纤维带材料有不同的使用温度范围，按材料生产厂的规定。

表 3-65　填充材料的主要性能

项　　目	温石棉和非石棉纤维	柔性石墨	聚四氟乙烯	项　　目	温石棉和非石棉纤维	柔性石墨	聚四氟乙烯
拉伸强度（横向）（MPa）	≥2.0	—	≥2.0	氯离子含量（$\times10^{-6}$）	—	≤50	—
烧失量（%）	≤20	—	—	熔点（℃）	—	—	327±10

3.4.1　基本型（A型）缠绕式垫片（PN系列）

基本型（A 型）钢制管法兰用缠绕式垫片（PN 系列）二维图形及三维图形如表 3-66 所示，尺寸如表 3-67 所示。

表 3-66　基本型（A 型）钢制管法兰用缠绕式垫片（PN 系列）

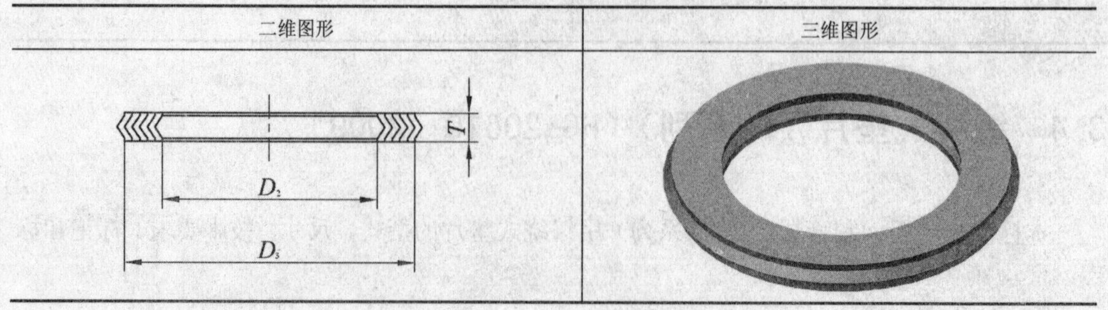

表 3-67　基本型（A 型）钢制管法兰用缠绕式垫片（PN 系列）尺寸　　单位：mm

标准件编号	DN	D_2	D_3	T	标准件编号	DN	D_2	D_3	T
HG 20610-2009A_1	10	24	34	3.2	HG 20610-2009A_11	125	155	175	3.2
HG 20610-2009A_2	15	29	39	3.2	HG 20610-2009A_12	150	183	203	3.2
HG 20610-2009A_3	20	36	50	3.2	HG 20610-2009A_13	200	239	259	3.2
HG 20610-2009A_4	25	43	57	3.2	HG 20610-2009A_14	250	292	312	3.2
HG 20610-2009A_5	32	51	65	3.2	HG 20610-2009A_15	300	343	363	3.2
HG 20610-2009A_6	40	61	75	3.2	HG 20610-2009A_16	350	395	421	3.2
HG 20610-2009A_7	50	73	87	3.2	HG 20610-2009A_17	400	447	473	3.2
HG 20610-2009A_8	65	95	109	3.2	HG 20610-2009A_18	450	523	497	3.2
HG 20610-2009A_9	80	106	120	3.2	HG 20610-2009A_19	500	549	575	3.2
HG 20610-2009A_10	100	129	149	3.2	HG 20610-2009A_20	600	649	675	3.2

3.4.2　带内环型（B型）缠绕式垫片（PN系列）

带内环型（B 型）钢制管法兰用缠绕式垫片（PN 系列）二维图形及三维图形如表 3-68 所示，尺寸如表 3-69 所示。

表 3-68　带内环型（B 型）钢制管法兰用缠绕式垫片（PN 系列）

二维图形	三维图形

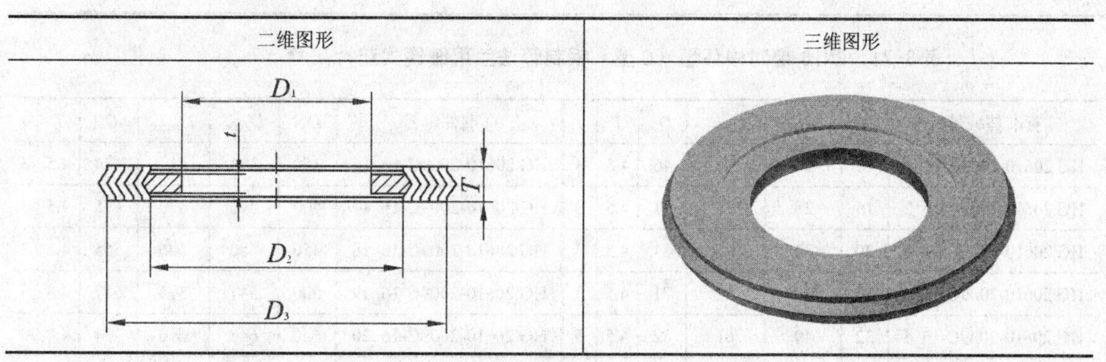

表 3-69　带内环型（B 型）钢制管法兰用缠绕式垫片尺寸　　单位：mm

标准件编号	DN	D_1	D_2	D_3	T	t	标准件编号	DN	D_1	D_2	D_3	T	t
HG 20610-2009B_1	10	18	24	34	3.2	2.0	HG 20610-2009B_8	65	77	95	109	3.2	2.0
HG 20610-2009B_2	15	22	29	39	3.2	2.0	HG 20610-2009B_9	80	90	106	120	3.2	2.0
HG 20610-2009B_3	20	27	36	50	3.2	2.0	HG 20610-2009B_10	100	116	129	149	3.2	2.0
HG 20610-2009B_4	25	34	43	57	3.2	2.0	HG 20610-2009B_11	125	143	155	175	3.2	2.0
HG 20610-2009B_5	32	43	51	65	3.2	2.0	HG 20610-2009B_12	150	170	183	203	3.2	2.0
HG 20610-2009B_6	40	49	61	75	3.2	2.0	HG 20610-2009B_13	200	222	239	259	3.2	2.0
HG 20610-2009B_7	50	61	73	87	3.2	2.0	HG 20610-2009B_14	250	276	292	312	3.2	2.0

续表

标准件编号	DN	D_1	D_2	D_3	T	t	标准件编号	DN	D_1	D_2	D_3	T	t
HG 20610-2009B_15	300	328	343	363	3.2	2.0	HG 20610-2009B_18	450	471	523	497	3.2	2.0
HG 20610-2009B_16	350	381	395	421	3.2	2.0	HG 20610-2009B_19	500	535	549	575	3.2	2.0
HG 20610-2009B_17	400	430	447	473	3.2	2.0	HG 20610-2009B_20	600	636	649	675	3.2	2.0

3.4.3 带对中环型（C型）缠绕式垫片（PN系列）

带对中环型（C 型）钢制管法兰用缠绕式垫片（PN 系列）按照公称压力可分为 PN16、PN25、PN40、PN63、PN100 和 PN160，垫片二维图形及三维图形如表 3-70 所示，尺寸如表 3-71～表 3-76 所示。

表 3-70 带对中环型（C 型）钢制管法兰用缠绕式垫片（PN 系列）

二维图形	三维图形

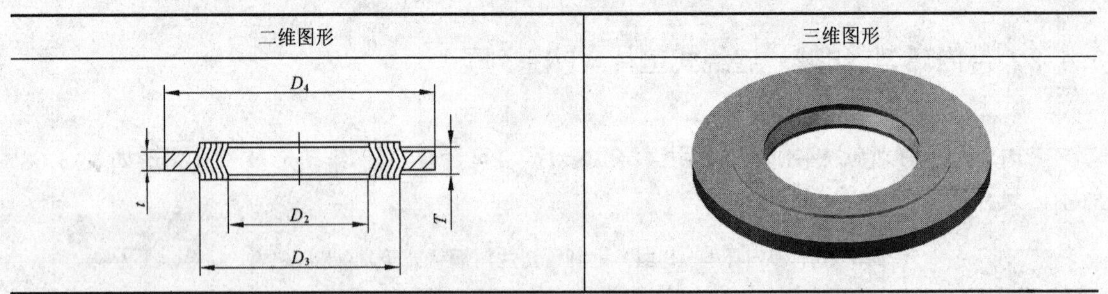

表 3-71 PN16 带对中环型（C 型）钢制管法兰用缠绕式垫片尺寸 单位：mm

标准件编号	DN	D_{2min}	D_{3max}	D_4	T	t	标准件编号	DN	D_{2min}	D_{3max}	D_4	T	t
HG 20610-2009C-16_1	10	24	34	46	4.5	3	HG 20610-2009C-16_16	350	393	417	444	4.5	3
HG 20610-2009C-16_2	15	28	38	51	4.5	3	HG 20610-2009C-16_17	400	442	470	495	4.5	3
HG 20610-2009C-16_3	20	33	45	61	4.5	3	HG 20610-2009C-16_18	450	480	506	555	4.5	3
HG 20610-2009C-16_4	25	40	52	71	4.5	3	HG 20610-2009C-16_19	500	547	575	617	4.5	3
HG 20610-2009C-16_5	32	49	61	82	4.5	3	HG 20610-2009C-16_20	600	648	676	734	4.5	3
HG 20610-2009C-16_6	40	55	67	92	4.5	3	HG 20610-2009C-16_21	700	732	766	804	4.5	3
HG 20610-2009C-16_7	50	70	86	107	4.5	3	HG 20610-2009C-16_22	800	840	874	911	4.5	3
HG 20610-2009C-16_8	65	86	102	127	4.5	3	HG 20610-2009C-16_23	900	940	974	1011	4.5	3
HG 20610-2009C-16_9	80	99	115	142	4.5	3	HG 20610-2009C-16_24	1000	1040	1084	1128	4.5	3
HG 20610-2009C-16_10	100	128	144	162	4.5	3	HG 20610-2009C-16_25	1200	1240	1290	1342	4.5	3
HG 20610-2009C-16_11	125	155	173	192	4.5	3	HG 20610-2009C-16_26	1400	1450	1510	1542	4.5	3
HG 20610-2009C-16_12	150	182	200	218	4.5	3	HG 20610-2009C-16_27	1600	1660	1720	1764	4.5	3
HG 20610-2009C-16_13	200	234	254	273	4.5	3	HG 20610-2009C-16_28	1800	1860	1920	1964	4.5	3
HG 20610-2009C-16_14	250	288	310	329	4.5	3	HG 20610-2009C-16_29	2000	2060	2130	2168	4.5	3
HG 20610-2009C-16_15	300	340	364	384	4.5	3							

表 3-72　PN25 带对中环型（C 型）钢制管法兰用缠绕式垫片尺寸　　单位：mm

标准件编号	DN	D_{2min}	D_{3max}	D_4	T	t	标准件编号	DN	D_{2min}	D_{3max}	D_4	T	t
HG 20610-2009C-25_1	10	24	34	46	4.5	3	HG 20610-2009C-25_14	250	288	310	340	4.5	3
HG 20610-2009C-25_2	15	28	38	51	4.5	3	HG 20610-2009C-25_15	300	340	364	400	4.5	3
HG 20610-2009C-25_3	20	33	45	61	4.5	3	HG 20610-2009C-25_16	350	393	417	457	4.5	3
HG 20610-2009C-25_4	25	40	52	71	4.5	3	HG 20610-2009C-25_17	400	442	470	514	4.5	3
HG 20610-2009C-25_5	32	49	61	82	4.5	3	HG 20610-2009C-25_18	450	480	506	564	4.5	3
HG 20610-2009C-25_6	40	55	67	92	4.5	3	HG 20610-2009C-25_19	500	547	575	624	4.5	3
HG 20610-2009C-25_7	50	70	86	107	4.5	3	HG 20610-2009C-25_20	600	648	676	731	4.5	3
HG 20610-2009C-25_8	65	86	102	127	4.5	3	HG 20610-2009C-25_21	700	732	766	833	4.5	3
HG 20610-2009C-25_9	80	99	115	142	4.5	3	HG 20610-2009C-25_22	800	840	874	942	4.5	3
HG 20610-2009C-25_10	100	128	144	168	4.5	3	HG 20610-2009C-25_23	900	940	974	1042	4.5	3
HG 20610-2009C-25_11	125	155	173	194	4.5	3	HG 20610-2009C-25_24	1000	1040	1084	1155	4.5	3
HG 20610-2009C-25_12	150	182	200	224	4.5	3	HG 20610-2009C-25_25	1200	1240	1290	1365	4.5	3
HG 20610-2009C-25_13	200	234	254	284	4.5	3							

表 3-73　PN40 带对中环型（C 型）钢制管法兰用缠绕式垫片尺寸　　单位：mm

标准件编号	DN	D_{2min}	D_{3max}	D_4	T	t	标准件编号	DN	D_{2min}	D_{3max}	D_4	T	t
HG 20610-2009C-40_1	10	24	34	46	4.5	3	HG 20610-2009C-40_11	125	155	173	194	4.5	3
HG 20610-2009C-40_2	15	28	38	51	4.5	3	HG 20610-2009C-40_12	150	182	200	224	4.5	3
HG 20610-2009C-40_3	20	33	45	61	4.5	3	HG 20610-2009C-40_13	200	234	254	290	4.5	3
HG 20610-2009C-40_4	25	40	52	71	4.5	3	HG 20610-2009C-40_14	250	288	310	352	4.5	3
HG 20610-2009C-40_5	32	49	61	82	4.5	3	HG 20610-2009C-40_15	300	340	364	417	4.5	3
HG 20610-2009C-40_6	40	55	67	92	4.5	3	HG 20610-2009C-40_16	350	393	417	474	4.5	3
HG 20610-2009C-40_7	50	70	86	107	4.5	3	HG 20610-2009C-40_17	400	442	470	546	4.5	3
HG 20610-2009C-40_8	65	86	102	127	4.5	3	HG 20610-2009C-40_18	450	480	506	571	4.5	3
HG 20610-2009C-40_9	80	99	115	142	4.5	3	HG 20610-2009C-40_19	500	547	575	628	4.5	3
HG 20610-2009C-40_10	100	128	144	168	4.5	3	HG 20610-2009C-40_20	600	648	676	747	4.5	3

表 3-74　PN63 带对中环型（C 型）钢制管法兰用缠绕式垫片尺寸　　单位：mm

标准件编号	DN	D_{2min}	D_{3max}	D_4	T	t	标准件编号	DN	D_{2min}	D_{3max}	D_4	T	t
HG 20610-2009C-63_1	10	24	34	56	4.5	3	HG 20610-2009C-63_6	40	55	67	103	4.5	3
HG 20610-2009C-63_2	15	28	38	61	4.5	3	HG 20610-2009C-63_7	50	70	86	113	4.5	3
HG 20610-2009C-63_3	20	33	45	72	4.5	3	HG 20610-2009C-63_8	65	86	106	138	4.5	3
HG 20610-2009C-63_4	25	40	52	82	4.5	3	HG 20610-2009C-63_9	80	99	119	148	4.5	3
HG 20610-2009C-63_5	32	49	61	88	4.5	3	HG 20610-2009C-63_10	100	128	148	174	4.5	3

续表

标准件编号	DN	D_{2min}	D_{3max}	D_4	T	t	标准件编号	DN	D_{2min}	D_{3max}	D_4	T	t
HG 20610-2009C-63_11	125	155	179	210	4.5	3	HG 20610-2009C-63_15	300	340	368	424	4.5	3
HG 20610-2009C-63_12	150	182	206	247	4.5	3	HG 20610-2009C-63_16	350	393	421	486	4.5	3
HG 20610-2009C-63_13	200	234	258	309	4.5	3	HG 20610-2009C-63_17	400	442	476	543	4.5	3
HG 20610-2009C-63_14	250	288	316	364	4.5	3							

表 3-75　PN100 带对中环型（C 型）钢制管法兰用缠绕式垫片尺寸　　单位：mm

标准件编号	DN	D_{2min}	D_{3max}	D_4	T	t	标准件编号	DN	D_{2min}	D_{3max}	D_4	T	t
HG 20610-2009C-100_1	10	24	34	56	4.5	3	HG 20610-2009C-100_10	100	128	148	180	4.5	3
HG 20610-2009C-100_2	15	28	38	61	4.5	3	HG 20610-2009C-100_11	125	155	179	217	4.5	3
HG 20610-2009C-100_3	20	33	45	72	4.5	3	HG 20610-2009C-100_12	150	182	206	257	4.5	3
HG 20610-2009C-100_4	25	40	52	82	4.5	3	HG 20610-2009C-100_13	200	234	258	324	4.5	3
HG 20610-2009C-100_5	32	49	61	88	4.5	3	HG 20610-2009C-100_14	250	288	316	391	4.5	3
HG 20610-2009C-100_6	40	55	67	103	4.5	3	HG 20610-2009C-100_15	300	340	368	458	4.5	3
HG 20610-2009C-100_7	50	70	86	119	4.5	3	HG 20610-2009C-100_16	350	393	421	512	4.5	3
HG 20610-2009C-100_8	65	86	106	144	4.5	3	HG 20610-2009C-100_17	400	442	476	572	4.5	3
HG 20610-2009C-100_9	80	99	119	154	4.5	3							

表 3-76　PN160 带对中环型（C 型）钢制管法兰用缠绕式垫片尺寸　　单位：mm

标准件编号	DN	D_{2min}	D_{3max}	D_4	T	t	标准件编号	DN	D_{2min}	D_{3max}	D_4	T	t
HG 20610-2009C-160_1	10	24	34	56	4.5	3	HG 20610-2009C-160_9	80	99	119	154	4.5	3
HG 20610-2009C-160_2	15	28	38	61	4.5	3	HG 20610-2009C-160_10	100	128	148	180	4.5	3
HG 20610-2009C-160_3	20	33	45	72	4.5	3	HG 20610-2009C-160_11	125	155	179	217	4.5	3
HG 20610-2009C-160_4	25	40	52	82	4.5	3	HG 20610-2009C-160_12	150	182	206	257	4.5	3
HG 20610-2009C-160_5	32	49	61	88	4.5	3	HG 20610-2009C-160_13	200	234	258	324	4.5	3
HG 20610-2009C-160_6	40	55	67	103	4.5	3	HG 20610-2009C-160_14	250	288	316	388	4.5	3
HG 20610-2009C-160_7	50	70	86	119	4.5	3	HG 20610-2009C-160_15	300	340	368	458	4.5	3
HG 20610-2009C-160_8	65	86	106	144	4.5	3							

3.4.4　带内环和对中环型（D型）缠绕式垫片（PN系列）

带内环和对中环型（D 型）钢制管法兰用缠绕式垫片（PN 系列）按照公称压力可分为 PN16、PN25、PN40、PN63、PN100 和 PN160，垫片二维图形及三维图形如表 3-77 所示，尺寸如表 3-78～表 3-83 所示。

表 3-77　带内环和对中环型（D 型）钢制管法兰用缠绕式垫片（PN 系列）

二维图形	三维图形

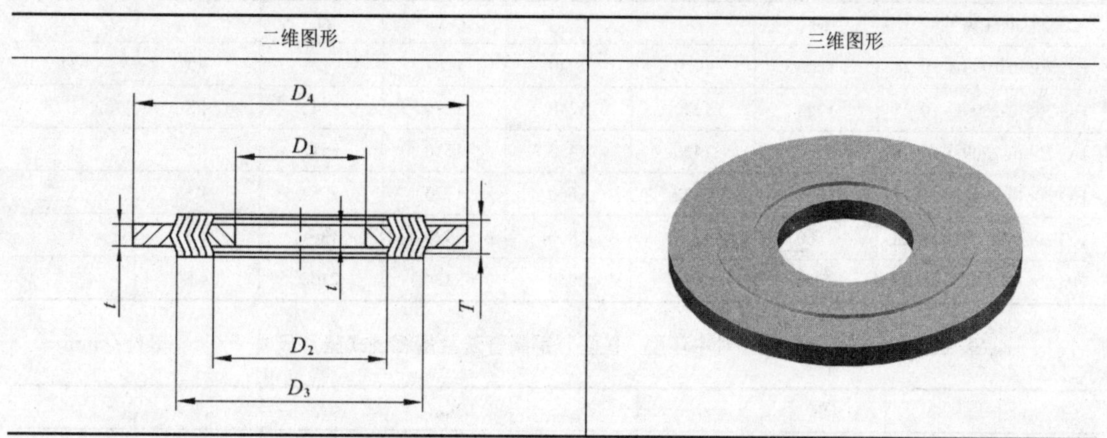

表 3-78　PN16 带内环和对中环型（D 型）钢制管法兰用缠绕式垫片尺寸　　单位：mm

标准件编号	DN	D_1	D_{2min}	D_{3max}	D_4	T	t
HG 20610-2009D-16_1	10	18	24	34	46	4.5	3
HG 20610-2009D-16_2	15	22	28	38	51	4.5	3
HG 20610-2009D-16_3	20	27	33	45	61	4.5	3
HG 20610-2009D-16_4	25	34	40	52	71	4.5	3
HG 20610-2009D-16_5	32	43	49	61	82	4.5	3
HG 20610-2009D-16_6	40	49	55	67	92	4.5	3
HG 20610-2009D-16_7	50	61	70	86	107	4.5	3
HG 20610-2009D-16_8	65	77	86	102	127	4.5	3
HG 20610-2009D-16_9	80	90	99	115	142	4.5	3
HG 20610-2009D-16_10	100	116	128	144	162	4.5	3
HG 20610-2009D-16_11	125	143	155	173	192	4.5	3
HG 20610-2009D-16_12	150	170	182	200	218	4.5	3
HG 20610-2009D-16_13	200	222	234	254	273	4.5	3
HG 20610-2009D-16_14	250	276	288	310	329	4.5	3
HG 20610-2009D-16_15	300	328	340	364	384	4.5	3
HG 20610-2009D-16_16	350	381	393	417	444	4.5	3
HG 20610-2009D-16_17	400	430	442	470	495	4.5	3
HG 20610-2009D-16_18	450	471	480	506	555	4.5	3
HG 20610-2009D-16_19	500	535	547	575	617	4.5	3
HG 20610-2009D-16_20	600	636	648	676	734	4.5	3
HG 20610-2009D-16_21	700	720	732	766	804	4.5	3
HG 20610-2009D-16_22	800	820	840	874	911	4.5	3
HG 20610-2009D-16_23	900	920	940	974	1011	4.5	3

续表

标准件编号	DN	D_1	D_{2min}	D_{3max}	D_4	T	t
HG 20610-2009D-16_24	1000	1020	1040	1084	1128	4.5	3
HG 20610-2009D-16_25	1200	1220	1240	1290	1342	4.5	3
HG 20610-2009D-16_26	1400	1420	1450	1510	1542	4.5	3
HG 20610-2009D-16_27	1600	1630	1660	1720	1764	4.5	3
HG 20610-2009D-16_28	1800	1830	1860	1920	1964	4.5	3
HG 20610-2009D-16_29	2000	2030	2060	2130	2168	4.5	3

表 3-79 PN25 带内环和对中环型（D 型）钢制管法兰用缠绕式垫片尺寸　　单位：mm

标准件编号	DN	D_1	D_{2min}	D_{3max}	D_4	T	t
HG 20610-2009D-25_1	10	18	24	34	46	4.5	3
HG 20610-2009D-25_2	15	22	28	38	51	4.5	3
HG 20610-2009D-25_3	20	27	33	45	61	4.5	3
HG 20610-2009D-25_4	25	34	40	52	71	4.5	3
HG 20610-2009D-25_5	32	43	49	61	82	4.5	3
HG 20610-2009D-25_6	40	49	55	67	92	4.5	3
HG 20610-2009D-25_7	50	61	70	86	107	4.5	3
HG 20610-2009D-25_8	65	77	86	102	127	4.5	3
HG 20610-2009D-25_9	80	90	99	115	142	4.5	3
HG 20610-2009D-25_10	100	116	128	144	168	4.5	3
HG 20610-2009D-25_11	125	143	155	173	194	4.5	3
HG 20610-2009D-25_12	150	170	182	200	224	4.5	3
HG 20610-2009D-25_13	200	222	234	254	284	4.5	3
HG 20610-2009D-25_14	250	276	288	310	340	4.5	3
HG 20610-2009D-25_15	300	328	340	364	400	4.5	3
HG 20610-2009D-25_16	350	381	393	417	457	4.5	3
HG 20610-2009D-25_17	400	430	442	470	514	4.5	3
HG 20610-2009D-25_18	450	471	480	506	564	4.5	3
HG 20610-2009D-25_19	500	535	547	575	624	4.5	3
HG 20610-2009D-25_20	600	636	648	676	731	4.5	3
HG 20610-2009D-25_21	700	720	732	766	833	4.5	3
HG 20610-2009D-25_22	800	820	840	874	942	4.5	3
HG 20610-2009D-25_23	900	920	940	974	1042	4.5	3
HG 20610-2009D-25_24	1000	1020	1040	1084	1155	4.5	3
HG 20610-2009D-25_25	1200	1220	1240	1290	1365	4.5	3

表 3-80 PN40 带内环和对中环型（D 型）钢制管法兰用缠绕式垫片尺寸 单位：mm

标准件编号	DN	D_1	D_{2min}	D_{3max}	D_4	T	t
HG 20610-2009D-40_1	10	18	24	34	46	4.5	3
HG 20610-2009D-40_2	15	22	28	38	51	4.5	3
HG 20610-2009D-40_3	20	27	33	45	61	4.5	3
HG 20610-2009D-40_4	25	34	40	52	71	4.5	3
HG 20610-2009D-40_5	32	43	49	61	82	4.5	3
HG 20610-2009D-40_6	40	49	55	67	92	4.5	3
HG 20610-2009D-40_7	50	61	70	86	107	4.5	3
HG 20610-2009D-40_8	65	77	86	102	127	4.5	3
HG 20610-2009D-40_9	80	90	99	115	142	4.5	3
HG 20610-2009D-40_10	100	116	128	144	168	4.5	3
HG 20610-2009D-40_11	125	143	155	173	194	4.5	3
HG 20610-2009D-40_12	150	170	182	200	224	4.5	3
HG 20610-2009D-40_13	200	222	234	254	290	4.5	3
HG 20610-2009D-40_14	250	276	288	310	352	4.5	3
HG 20610-2009D-40_15	300	328	340	364	417	4.5	3
HG 20610-2009D-40_16	350	381	393	417	474	4.5	3
HG 20610-2009D-40_17	400	430	442	470	546	4.5	3
HG 20610-2009D-40_18	450	471	480	506	571	4.5	3
HG 20610-2009D-40_19	500	535	547	575	628	4.5	3
HG 20610-2009D-40_20	600	636	648	676	747	4.5	3

表 3-81 PN63 带内环和对中环型（D 型）钢制管法兰用缠绕式垫片尺寸 单位：mm

标准件编号	DN	D_1	D_{2min}	D_{3max}	D_4	T	t
HG 20610-2009D-63_1	10	18	24	34	56	4.5	3
HG 20610-2009D-63_2	15	22	28	38	61	4.5	3
HG 20610-2009D-63_3	20	27	33	45	72	4.5	3
HG 20610-2009D-63_4	25	34	40	52	82	4.5	3
HG 20610-2009D-63_5	32	43	49	61	88	4.5	3
HG 20610-2009D-63_6	40	49	55	67	103	4.5	3
HG 20610-2009D-63_7	50	61	70	86	113	4.5	3
HG 20610-2009D-63_8	65	77	86	106	138	4.5	3
HG 20610-2009D-63_9	80	90	99	119	148	4.5	3
HG 20610-2009D-63_10	100	116	128	148	174	4.5	3
HG 20610-2009D-63_11	125	143	155	179	210	4.5	3
HG 20610-2009D-63_12	150	170	182	206	247	4.5	3

续表

标准件编号	DN	D_1	D_{2min}	D_{3max}	D_4	T	t
HG 20610-2009D-63_13	200	222	234	258	309	4.5	3
HG 20610-2009D-63_14	250	276	288	316	364	4.5	3
HG 20610-2009D-63_15	300	328	340	368	424	4.5	3
HG 20610-2009D-63_16	350	381	393	421	486	4.5	3
HG 20610-2009D-63_17	400	430	442	476	543	4.5	3

表 3-82 PN100 带内环和对中环型（D 型）钢制管法兰用缠绕式垫片尺寸 单位：mm

标准件编号	DN	D_1	D_{2min}	D_{3max}	D_4	T	t
HG 20610-2009D-100_1	10	18	24	34	56	4.5	3
HG 20610-2009D-100_2	15	22	28	38	61	4.5	3
HG 20610-2009D-100_3	20	27	33	45	72	4.5	3
HG 20610-2009D-100_4	25	34	40	52	82	4.5	3
HG 20610-2009D-100_5	32	43	49	61	88	4.5	3
HG 20610-2009D-100_6	40	49	55	67	103	4.5	3
HG 20610-2009D-100_7	50	61	70	86	119	4.5	3
HG 20610-2009D-100_8	65	77	86	106	144	4.5	3
HG 20610-2009D-100_9	80	90	99	119	154	4.5	3
HG 20610-2009D-100_10	100	116	128	148	180	4.5	3
HG 20610-2009D-100_11	125	143	155	179	217	4.5	3
HG 20610-2009D-100_12	150	170	182	206	257	4.5	3
HG 20610-2009D-100_13	200	222	234	258	324	4.5	3
HG 20610-2009D-100_14	250	276	288	316	391	4.5	3
HG 20610-2009D-100_15	300	328	340	368	458	4.5	3
HG 20610-2009D-100_16	350	381	393	421	512	4.5	3
HG 20610-2009D-100_17	400	430	442	476	572	4.5	3

表 3-83 PN160 带内环和对中环型（D 型）钢制管法兰用缠绕式垫片尺寸 单位：mm

标准件编号	DN	D_1	D_{2min}	D_{3max}	D_4	T	t
HG 20610-2009D-160_1	10	18	24	34	56	4.5	3
HG 20610-2009D-160_2	15	22	28	38	61	4.5	3
HG 20610-2009D-160_3	20	27	33	45	72	4.5	3
HG 20610-2009D-160_4	25	34	40	52	82	4.5	3
HG 20610-2009D-160_5	32	43	49	61	88	4.5	3
HG 20610-2009D-160_6	40	49	55	67	103	4.5	3
HG 20610-2009D-160_7	50	61	70	86	119	4.5	3

续表

标准件编号	DN	D_1	D_{2min}	D_{3max}	D_4	T	t
HG 20610-2009D-160_8	65	77	86	106	144	4.5	3
HG 20610-2009D-160_9	80	90	99	119	154	4.5	3
HG 20610-2009D-160_10	100	116	128	148	180	4.5	3
HG 20610-2009D-160_11	125	143	155	179	217	4.5	3
HG 20610-2009D-160_12	150	170	182	206	257	4.5	3
HG 20610-2009D-160_13	200	222	234	258	324	4.5	3
HG 20610-2009D-160_14	250	276	288	316	388	4.5	3
HG 20610-2009D-160_15	300	328	340	368	458	4.5	3

垫片的尺寸偏差如表 3-84 的规定。垫片的材料标记代号和标注缩写如表 3-85 的规定。

表 3-84 垫片的尺寸公差

单位：mm

项目	尺寸范围	尺寸公差	项目	尺寸公差	尺寸范围
对中环外径 D_4	DN≤600	$^{+0.76}_{0}$	缠绕部分外径 D_1	DN≤200	±0.76
	DN＞600	$^{+1.52}_{0}$		DN250～DN600	$^{+1.52}_{-0.76}$
内环 D_1	DN≤80	$^{0.76}_{0}$		DN＞600	±1.52
	DN100～DN600	$^{+1.52}_{0}$	缠绕部分厚度（不包括填料部分）T	4.5	$^{+0.3}_{0}$
	DN＞600	±3.0		3.2	$^{+0.2}_{0}$
缠绕部分 D_2	DN≤200	±0.41	内环和对中环厚度 T_1	—	±0.2
	DN250～DN850	±0.76			
	DN＞850	±1.27			

表 3-85 垫片的材料标记代号和标注缩写

材料	标记代号	标志缩写	材料	标记代号	标志缩写
金属材料			金属材料		
碳钢	1	CRS	钛	9	TI
0Cr18Ni9	2	304	Ni-Cu 合金 Monel400		MON
00Cr19Ni10	3	304L	Ni-Mo 合金 HastelloyB2		HAST B
0Cr17Ni12Mo2	4	316	Ni-Mo-Cr 合金 Hastelloy C-276		HAST C
00Cr17Ni14Mo2	5	316L	Ni-Cr-Fe 合金 Inconel 600		INC 600
0Cr18Ni10Ti	6	321	Ni-Fe-Cr 合金 InColoy 800		IN 800
0Cr18Ni11Nb	7	347	锆		ZIRC
0Cr25Ni20	8	310			

续表

材料	标记代号	标志缩写	材料	标记代号	标志缩写
填充材料			填充材料		
温石棉带	1	ASB	聚四氟乙烯带	3	PTFE
柔性石墨带	2	G.F.	非石棉纤维带	4	NA

3.5 具有覆盖层的齿形组合垫（PN系列）（HG 20611—2009）

本标准规定了钢制管法兰（PN 系列）用具有覆盖层的齿形组合垫的型式、尺寸、技术要求、标记和标志。

本标准适用于HG/T 20592所规定的公称压力为PN16～PN160的钢制管法兰用具有覆盖层的齿形组合垫。

垫片的使用温度范围如表3-86所示。垫片覆盖层材料的主要性能如表3-87所示。

表3-86 垫片的使用温度范围

齿形金属圆环材料		覆盖层材料		使用温度范围（℃）
钢号	标准	名称	参考标准	
0Cr18Ni9(304)	GB/T 4237 GB/T 3280	柔性石墨	JB/T 7758.2	-200～+650[a]
00Cr19Ni10(304L)		聚四氟乙烯	QB/T 3625	-200～+200
0Cr17Ni12Mo2(316)				
00Cr17Ni14Mo2(316L)				
0Cr18Ni10Ti(321)				
0Cr18Ni11Nb(347)				
0Cr25Ni20(310)				

注：a用于氧化性介质时，最高使用温度为450℃。

表3-87 垫片覆盖层材料的主要性能

项目	柔性石墨	聚四氟乙烯
拉伸强度（横向）（MPa）	—	≥15
氯离子含量（$\times10^{-6}$）	≤50	—
熔点（℃）	—	327±10

3.5.1 基本型（A型）具有覆盖层的齿形组合垫（PN系列）

基本型（A 型）钢制管法兰用具有覆盖层的齿形组合垫（PN 系列）适用的法兰密封面型式包括凹面/凸面、榫面/槽面两种形式，垫片二维图形及三维图形如表3-88和表3-91所示，尺寸如表 3-89 和表 3-91 所示。

表 3-88 基本型（A 型）凹面/凸面齿形组合垫（PN 系列）

二维图形	三维图形

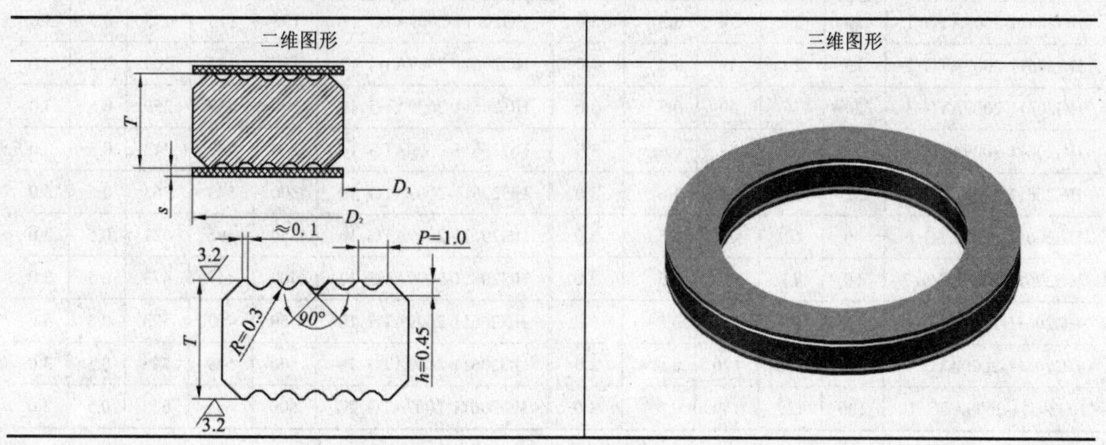

表 3-89 基本型（A 型）凹面/凸面齿形组合垫尺寸 单位：mm

标准件编号	DN	D_3	D_2	s	T	标准件编号	DN	D_3	D_2	s	T
HG20611-2009AMF_1	10	18	34	0.5	3.0	HG20611-2009AMF_11	125	141	175	0.5	3.0
HG20611-2009AMF_2	15	22	39	0.5	3.0	HG20611-2009AMF_12	150	169	203	0.5	3.0
HG20611-2009AMF_3	20	28	50	0.5	3.0	HG20611-2009AMF_13	200	220	259	0.5	3.0
HG20611-2009AMF_4	25	35	57	0.5	3.0	HG20611-2009AMF_14	250	274	312	0.5	3.0
HG20611-2009AMF_5	32	43	65	0.5	3.0	HG20611-2009AMF_15	300	325	363	0.5	3.0
HG20611-2009AMF_6	40	49	75	0.5	3.0	HG20611-2009AMF_16	350	368	421	0.5	3.0
HG20611-2009AMF_7	50	61	87	0.5	3.0	HG20611-2009AMF_17	400	420	473	0.5	3.0
HG20611-2009AMF_8	65	77	109	0.5	3.0	HG20611-2009AMF_18	450	470	523	0.5	3.0
HG20611-2009AMF_9	80	90	120	0.5	3.0	HG20611-2009AMF_19	500	520	575	0.5	3.0
HG20611-2009AMF_10	100	115	149	0.5	3.0	HG20611-2009AMF_20	600	620	675	0.5	3.0

表 3-90 基本型（A 型）榫面/槽面齿形组合垫（PN 系列）

二维图形	三维图形

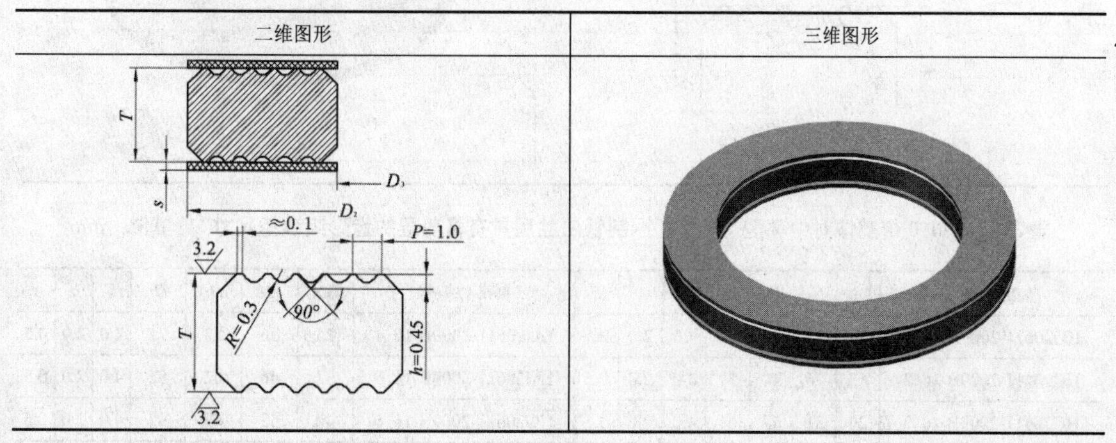

表 3-91 基本型（A 型）榫面/槽面齿形组合垫尺寸 单位：mm

标准件编号	DN	D_3	D_2	s	T	标准件编号	DN	D_3	D_2	s	T
HG20611-2009ATG_1	10	24	34	0.5	3.0	HG20611-2009ATG_11	125	155	175	0.5	3.0
HG20611-2009ATG_2	15	29	39	0.5	3.0	HG20611-2009ATG_12	150	183	203	0.5	3.0
HG20611-2009ATG_3	20	36	50	0.5	3.0	HG20611-2009ATG_13	200	239	259	0.5	3.0
HG20611-2009ATG_4	25	43	57	0.5	3.0	HG20611-2009ATG_14	250	292	312	0.5	3.0
HG20611-2009ATG_5	32	51	65	0.5	3.0	HG20611-2009ATG_15	300	343	363	0.5	3.0
HG20611-2009ATG_6	40	61	75	0.5	3.0	HG20611-2009ATG_16	350	395	421	0.5	3.0
HG20611-2009ATG_7	50	73	87	0.5	3.0	HG20611-2009ATG_17	400	447	473	0.5	3.0
HG20611-2009ATG_8	65	95	109	0.5	3.0	HG20611-2009ATG_18	450	497	523	0.5	3.0
HG20611-2009ATG_9	80	106	120	0.5	3.0	HG20611-2009ATG_19	500	549	575	0.5	3.0
HG20611-2009ATG_10	100	129	149	0.5	3.0	HG20611-2009ATG_20	600	649	675	0.5	3.0

3.5.2 带整体对中环型（B型）具有覆盖层的齿形组合垫（PN系列）

带整体对中环型（B 型）钢制管法兰用具有覆盖层的齿形组合垫（PN 系列）按照公称压力可分为 PN16、PN25、PN40、PN63、PN100 和 PN160，垫片二维图形及三维图形如表 3-92 所示，尺寸如表 3-93～表 3-98 所示。

表 3-92 带整体对中环型（B 型）钢制管法兰用具有覆盖层的齿形组合垫片（PN 系列）

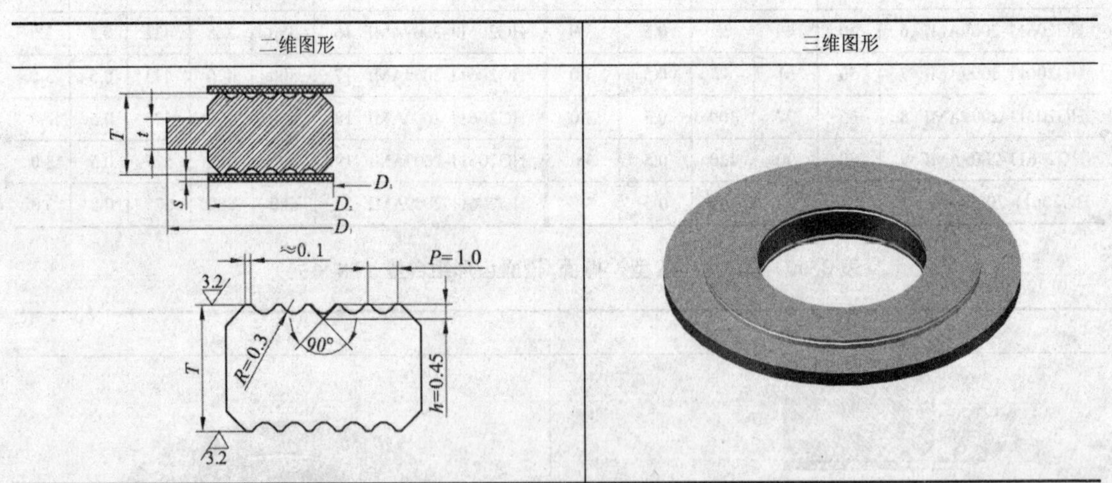

表 3-93 PN16 带整体对中环型（B 型）钢制管法兰用具有覆盖层的齿形组合垫尺寸 单位：mm

标准件编号	DN	D_3	D_2	D_1	T	t	s	标准件编号	DN	D_3	D_2	D_1	T	t	s
HG20611-2009B-16_1	10	22	36	46	4.0	2.0	0.5	HG20611-2009B-16_4	25	36	52	71	4.0	2.0	0.5
HG20611-2009B-16_2	15	26	42	51	4.0	2.0	0.5	HG20611-2009B-16_5	32	46	62	82	4.0	2.0	0.5
HG20611-2009B-16_3	20	31	47	61	4.0	2.0	0.5	HG20611-2009B-16_6	40	53	69	92	4.0	2.0	0.5

续表

标准件编号	DN	D_3	D_2	D_1	T	t	s	标准件编号	DN	D_3	D_2	D_1	T	t	s
HG20611-2009B-16_7	50	65	81	107	4.0	2.0	0.5	HG20611-2009B-16_19	500	530	560	617	4.0	2.0	0.5
HG20611-2009B-16_8	65	81	100	127	4.0	2.0	0.5	HG20611-2009B-16_20	600	630	664	724	4.0	2.0	0.5
HG20611-2009B-16_9	80	95	115	142	4.0	2.0	0.5	HG20611-2009B-16_21	700	730	770	804	4.0	2.0	0.5
HG20611-2009B-16_10	100	118	138	162	4.0	2.0	0.5	HG20611-2009B-16_22	800	830	876	911	4.0	2.0	0.5
HG20611-2009B-16_11	125	142	162	192	4.0	2.0	0.5	HG20611-2009B-16_23	900	930	982	1011	4.0	2.0	0.5
HG20611-2009B-16_12	150	170	190	218	4.0	2.0	0.5	HG20611-2009B-16_24	1000	1040	1098	1128	4.0	2.0	0.5
HG20611-2009B-16_13	200	220	240	273	4.0	2.0	0.5	HG20611-2009B-16_25	1200	1250	1320	1342	4.0	2.0	0.5
HG20611-2009B-16_14	250	270	290	329	4.0	2.0	0.5	HG20611-2009B-16_26	1400	1440	1522	1542	5.0	2.0	0.5
HG20611-2009B-16_15	300	320	340	384	4.0	2.0	0.5	HG20611-2009B-16_27	1600	1650	1742	1764	5.0	2.0	0.5
HG20611-2009B-16_16	350	375	395	444	4.0	2.0	0.5	HG20611-2009B-16_28	1800	1850	1914	1964	5.0	2.0	0.5
HG20611-2009B-16_17	400	426	450	495	4.0	2.0	0.5	HG20611-2009B-16_29	2000	2050	2120	2168	5.0	2.0	0.5
HG20611-2009B-16_18	450	480	506	555	4.0	2.0	0.5								

表 3-94 PN25 带整体对中环型（B 型）钢制管法兰用具有覆盖层的齿形组合垫尺寸 单位：mm

标准件编号	DN	D_3	D_2	D_1	T	t	s	标准件编号	DN	D_3	D_2	D_1	T	t	s
HG20611-2009B-25_1	10	22	36	46	4.0	2.0	0.5	HG20611-2009B-25_14	250	270	290	340	4.0	2.0	0.5
HG20611-2009B-25_2	15	26	42	51	4.0	2.0	0.5	HG20611-2009B-25_15	300	320	340	400	4.0	2.0	0.5
HG20611-2009B-25_3	20	31	47	61	4.0	2.0	0.5	HG20611-2009B-25_16	350	375	395	457	4.0	2.0	0.5
HG20611-2009B-25_4	25	36	52	71	4.0	2.0	0.5	HG20611-2009B-25_17	400	426	450	514	4.0	2.0	0.5
HG20611-2009B-25_5	32	46	62	82	4.0	2.0	0.5	HG20611-2009B-25_18	450	480	506	564	4.0	2.0	0.5
HG20611-2009B-25_6	40	53	69	92	4.0	2.0	0.5	HG20611-2009B-25_19	500	530	560	624	4.0	2.0	0.5
HG20611-2009B-25_7	50	65	81	107	4.0	2.0	0.5	HG20611-2009B-25_20	600	630	664	731	4.0	2.0	0.5
HG20611-2009B-25_8	65	81	100	127	4.0	2.0	0.5	HG20611-2009B-25_21	700	730	770	833	4.0	2.0	0.5
HG20611-2009B-25_9	80	95	115	142	4.0	2.0	0.5	HG20611-2009B-25_22	800	830	876	942	4.0	2.0	0.5
HG20611-2009B-25_10	100	118	138	168	4.0	2.0	0.5	HG20611-2009B-25_23	900	930	982	1042	4.0	2.0	0.5
HG20611-2009B-25_11	125	142	162	194	4.0	2.0	0.5	HG20611-2009B-25_24	1000	1040	1098	1155	4.0	2.0	0.5
HG20611-2009B-25_12	150	170	190	224	4.0	2.0	0.5	HG20611-2009B-25_25	1200	1250	1320	1365	4.0	2.0	0.5
HG20611-2009B-25_13	200	220	240	284	4.0	2.0	0.5								

表 3-95 PN40 带整体对中环型（B 型）钢制管法兰用具有覆盖层的齿形组合垫尺寸 单位：mm

标准件编号	DN	D_3	D_2	D_1	T	t	s	标准件编号	DN	D_3	D_2	D_1	T	t	s
HG20611-2009B-40_1	10	22	36	46	4.0	2.0	0.5	HG20611-2009B-40_5	32	46	62	82	4.0	2.0	0.5
HG20611-2009B-40_2	15	26	42	51	4.0	2.0	0.5	HG20611-2009B-40_6	40	53	69	92	4.0	2.0	0.5
HG20611-2009B-40_3	20	31	47	61	4.0	2.0	0.5	HG20611-2009B-40_7	50	65	81	107	4.0	2.0	0.5
HG20611-2009B-40_4	25	36	52	71	4.0	2.0	0.5	HG20611-2009B-40_8	65	81	100	127	4.0	2.0	0.5

续表

标准件编号	DN	D_3	D_2	D_1	T	t	s	标准件编号	DN	D_3	D_2	D_1	T	t	s
HG20611-2009B-40_9	80	95	115	142	4.0	2.0	0.5	HG20611-2009B-40_15	300	320	340	417	4.0	2.0	0.5
HG20611-2009B-40_10	100	118	138	168	4.0	2.0	0.5	HG20611-2009B-40_16	350	375	395	474	4.0	2.0	0.5
HG20611-2009B-40_11	125	142	162	194	4.0	2.0	0.5	HG20611-2009B-40_17	400	426	450	546	4.0	2.0	0.5
HG20611-2009B-40_12	150	170	190	224	4.0	2.0	0.5	HG20611-2009B-40_18	450	480	506	571	4.0	2.0	0.5
HG20611-2009B-40_13	200	220	240	290	4.0	2.0	0.5	HG20611-2009B-40_19	500	530	560	628	4.0	2.0	0.5
HG20611-2009B-40_14	250	270	290	352	4.0	2.0	0.5	HG20611-2009B-40_20	600	630	664	747	4.0	2.0	0.5

表 3-96　PN63 带整体对中环型（B 型）钢制管法兰用具有覆盖层的齿形组合垫尺寸　单位：mm

标准件编号	DN	D_3	D_2	D_1	T	t	s	标准件编号	DN	D_3	D_2	D_1	T	t	s
HG20611-2009B-63_1	10	22	36	56	4.0	2.0	0.5	HG20611-2009B-63_10	100	118	138	174	4.0	2.0	0.5
HG20611-2009B-63_2	15	26	42	61	4.0	2.0	0.5	HG20611-2009B-63_11	125	142	162	210	4.0	2.0	0.5
HG20611-2009B-63_3	20	31	47	72	4.0	2.0	0.5	HG20611-2009B-63_12	150	170	190	247	4.0	2.0	0.5
HG20611-2009B-63_4	25	36	52	82	4.0	2.0	0.5	HG20611-2009B-63_13	200	220	248	309	4.0	2.0	0.5
HG20611-2009B-63_5	32	46	62	88	4.0	2.0	0.5	HG20611-2009B-63_14	250	270	300	364	4.0	2.0	0.5
HG20611-2009B-63_6	40	53	69	103	4.0	2.0	0.5	HG20611-2009B-63_15	300	320	356	424	4.0	2.0	0.5
HG20611-2009B-63_7	50	65	81	113	4.0	2.0	0.5	HG20611-2009B-63_16	350	375	415	486	4.0	2.0	0.5
HG20611-2009B-63_8	65	81	100	138	4.0	2.0	0.5	HG20611-2009B-63_17	400	426	474	543	4.0	2.0	0.5
HG20611-2009B-63_9	80	95	115	148	4.0	2.0	0.5								

表 3-97　PN100 带整体对中环型（B 型）钢制管法兰用具有覆盖层的齿形组合垫尺寸　单位：mm

标准件编号	DN	D_3	D_2	D_1	T	t	s	标准件编号	DN	D_3	D_2	D_1	T	t	s
HG20611-2009B-100_1	10	22	36	56	4.0	2.0	0.5	HG20611-2009B-100_10	100	118	138	180	4.0	2.0	0.5
HG20611-2009B-100_2	15	26	42	61	4.0	2.0	0.5	HG20611-2009B-100_11	125	142	162	217	4.0	2.0	0.5
HG20611-2009B-100_3	20	31	47	72	4.0	2.0	0.5	HG20611-2009B-100_12	150	170	190	257	4.0	2.0	0.5
HG20611-2009B-100_4	25	36	52	82	4.0	2.0	0.5	HG20611-2009B-100_13	200	220	248	324	4.0	2.0	0.5
HG20611-2009B-100_5	32	46	62	88	4.0	2.0	0.5	HG20611-2009B-100_14	250	270	300	391	4.0	2.0	0.5
HG20611-2009B-100_6	40	53	69	103	4.0	2.0	0.5	HG20611-2009B-100_15	300	320	356	458	4.0	2.0	0.5
HG20611-2009B-100_7	50	65	81	119	4.0	2.0	0.5	HG20611-2009B-100_16	350	375	415	512	4.0	2.0	0.5
HG20611-2009B-100_8	65	81	100	144	4.0	2.0	0.5	HG20611-2009B-100_17	400	426	474	572	4.0	2.0	0.5
HG20611-2009B-100_9	80	95	115	154	4.0	2.0	0.5								

表 3-98　PN160 带整体对中环型（B 型）钢制管法兰用具有覆盖层的齿形组合垫尺寸　单位：mm

标准件编号	DN	D_3	D_2	D_1	T	t	s	标准件编号	DN	D_3	D_2	D_1	T	t	s
HG20611-2009B-160_1	10	22	36	56	4.0	2.0	0.5	HG20611-2009B-160_3	20	31	47	72	4.0	2.0	0.5
HG20611-2009B-160_2	15	26	42	61	4.0	2.0	0.5	HG20611-2009B-160_4	25	36	52	82	4.0	2.0	0.5

续表

标准件编号	DN	D_3	D_2	D_1	T	t	s	标准件编号	DN	D_3	D_2	D_1	T	t	s
HG20611-2009B-160_5	32	46	62	88	4.0	2.0	0.5	HG20611-2009B-160_11	125	142	162	217	4.0	2.0	0.5
HG20611-2009B-160_6	40	53	69	103	4.0	2.0	0.5	HG20611-2009B-160_12	150	170	190	257	4.0	2.0	0.5
HG20611-2009B-160_7	50	65	81	119	4.0	2.0	0.5	HG20611-2009B-160_13	200	220	248	324	4.0	2.0	0.5
HG20611-2009B-160_8	65	81	100	144	4.0	2.0	0.5	HG20611-2009B-160_14	250	270	300	388	4.0	2.0	0.5
HG20611-2009B-160_9	80	95	115	154	4.0	2.0	0.5	HG20611-2009B-160_15	300	320	356	458	4.0	2.0	0.5
HG20611-2009B-160_10	100	118	138	180	4.0	2.0	0.5								

3.5.3 带活动对中环型（C型）具有覆盖层的齿形组合垫（PN系列）

带活动对中环型（C 型）钢制管法兰用具有覆盖层的齿形组合垫（PN 系列）按照公称压力可分为 PN16、PN25、PN40、PN63、PN100 和 PN160，垫片二维图形及三维图形如表 3-99 所示，尺寸如表 3-100～表 3-105 所示。

表 3-99 带活动对中环型（C 型）钢制管法兰用具有覆盖层的齿形组合垫（PN 系列）

二维图形	三维图形
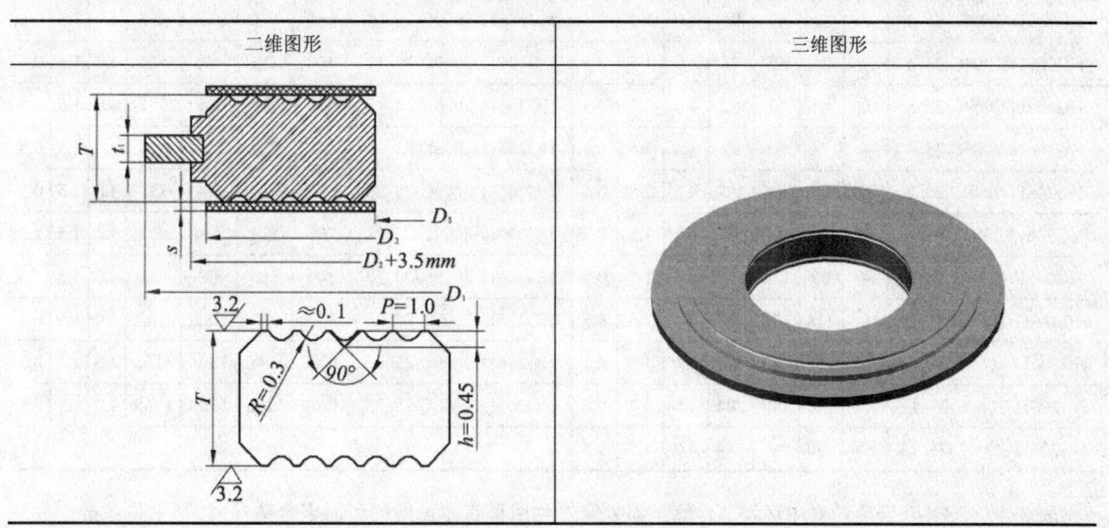	

表 3-100 PN16 带活动对中环型（C 型）钢制管法兰用具有覆盖层的齿形组合垫尺寸 单位：mm

标准件编号	DN	D_3	D_2	D_1	T	t_1	s	标准件编号	DN	D_3	D_2	D_1	T	t_1	s
HG20611-2009C-16_1	10	22	36	46	4.0	1.5	0.5	HG20611-2009C-16_7	50	65	81	107	4.0	1.5	0.5
HG20611-2009C-16_2	15	26	42	51	4.0	1.5	0.5	HG20611-2009C-16_8	65	81	100	127	4.0	1.5	0.5
HG20611-2009C-16_3	20	31	47	61	4.0	1.5	0.5	HG20611-2009C-16_9	80	95	115	142	4.0	1.5	0.5
HG20611-2009C-16_4	25	36	52	71	4.0	1.5	0.5	HG20611-2009C-16_10	100	118	138	162	4.0	1.5	0.5
HG20611-2009C-16_5	32	46	62	82	4.0	1.5	0.5	HG20611-2009C-16_11	125	142	162	192	4.0	1.5	0.5
HG20611-2009C-16_6	40	53	69	92	4.0	1.5	0.5	HG20611-2009C-16_12	150	170	190	218	4.0	1.5	0.5

续表

标准件编号	DN	D_3	D_2	D_1	T	t_1	s	标准件编号	DN	D_3	D_2	D_1	T	t_1	s
HG20611-2009C-16_13	200	220	240	273	4.0	1.5	0.5	HG20611-2009C-16_22	800	830	876	911	4.0	1.5	0.5
HG20611-2009C-16_14	250	270	290	329	4.0	1.5	0.5	HG20611-2009C-16_23	900	930	982	1011	4.0	1.5	0.5
HG20611-2009C-16_15	300	320	340	384	4.0	1.5	0.5	HG20611-2009C-16_24	1000	1040	1098	1128	4.0	1.5	0.5
HG20611-2009C-16_16	350	375	395	444	4.0	1.5	0.5	HG20611-2009C-16_25	1200	1250	1320	1342	4.0	1.5	0.5
HG20611-2009C-16_17	400	426	450	495	4.0	1.5	0.5	HG20611-2009C-16_26	1400	1440	1522	1542	5.0	1.5	0.5
HG20611-2009C-16_18	450	480	506	555	4.0	1.5	0.5	HG20611-2009C-16_27	1600	1650	1742	1764	5.0	1.5	0.5
HG20611-2009C-16_19	500	530	560	617	4.0	1.5	0.5	HG20611-2009C-16_28	1800	1850	1914	1964	5.0	1.5	0.5
HG20611-2009C-16_20	600	630	664	724	4.0	1.5	0.5	HG20611-2009C-16_29	2000	2050	2120	2168	5.0	1.5	0.5
HG20611-2009C-16_21	700	730	770	804	4.0	1.5	0.5								

表 3-101　PN25 带活动对中环型（C 型）钢制管法兰用具有覆盖层的齿形组合垫尺寸　　单位：mm

标准件编号	DN	D_3	D_2	D_1	T	t_1	s	标准件编号	DN	D_3	D_2	D_1	T	t_1	s
HG20611-2009C-25_1	10	22	36	46	4.0	1.5	0.5	HG20611-2009C-25_14	250	270	290	340	4.0	1.5	0.5
HG20611-2009C-25_2	15	26	42	51	4.0	1.5	0.5	HG20611-2009C-25_15	300	320	340	400	4.0	1.5	0.5
HG20611-2009C-25_3	20	31	47	61	4.0	1.5	0.5	HG20611-2009C-25_16	350	375	395	457	4.0	1.5	0.5
HG20611-2009C-25_4	25	36	52	71	4.0	1.5	0.5	HG20611-2009C-25_17	400	426	450	514	4.0	1.5	0.5
HG20611-2009C-25_5	32	46	62	82	4.0	1.5	0.5	HG20611-2009C-25_18	450	480	506	564	4.0	1.5	0.5
HG20611-2009C-25_6	40	53	69	92	4.0	1.5	0.5	HG20611-2009C-25_19	500	530	560	624	4.0	1.5	0.5
HG20611-2009C-25_7	50	65	81	107	4.0	1.5	0.5	HG20611-2009C-25_20	600	630	664	731	4.0	1.5	0.5
HG20611-2009C-25_8	65	81	100	127	4.0	1.5	0.5	HG20611-2009C-25_21	700	730	770	833	4.0	1.5	0.5
HG20611-2009C-25_9	80	95	115	142	4.0	1.5	0.5	HG20611-2009C-25_22	800	830	876	942	4.0	1.5	0.5
HG20611-2009C-25_10	100	118	138	168	4.0	1.5	0.5	HG20611-2009C-25_23	900	930	982	1042	4.0	1.5	0.5
HG20611-2009C-25_11	125	142	162	194	4.0	1.5	0.5	HG20611-2009C-25_24	1000	1040	1098	1155	4.0	1.5	0.5
HG20611-2009C-25_12	150	170	190	224	4.0	1.5	0.5	HG20611-2009C-25_25	1200	1250	1320	1365	4.0	1.5	0.5
HG20611-2009C-25_13	200	220	240	284	4.0	1.5	0.5								

表 3-102　PN40 带活动对中环型（C 型）钢制管法兰用具有覆盖层的齿形组合垫尺寸　　单位：mm

标准件编号	DN	D_3	D_2	D_1	T	t_1	s	标准件编号	DN	D_3	D_2	D_1	T	t_1	s
HG20611-2009C-40_1	10	22	36	46	4.0	1.5	0.5	HG20611-2009C-40_8	65	81	100	127	4.0	1.5	0.5
HG20611-2009C-40_2	15	26	42	51	4.0	1.5	0.5	HG20611-2009C-40_9	80	95	115	142	4.0	1.5	0.5
HG20611-2009C-40_3	20	31	47	61	4.0	1.5	0.5	HG20611-2009C-40_10	100	118	138	168	4.0	1.5	0.5
HG20611-2009C-40_4	25	36	52	71	4.0	1.5	0.5	HG20611-2009C-40_11	125	142	162	194	4.0	1.5	0.5
HG20611-2009C-40_5	32	46	62	82	4.0	1.5	0.5	HG20611-2009C-40_12	150	170	190	224	4.0	1.5	0.5
HG20611-2009C-40_6	40	53	69	92	4.0	1.5	0.5	HG20611-2009C-40_13	200	220	240	290	4.0	1.5	0.5
HG20611-2009C-40_7	50	65	81	107	4.0	1.5	0.5	HG20611-2009C-40_14	250	270	290	352	4.0	1.5	0.5

续表

标准件编号	DN	D_3	D_2	D_1	T	t_1	s	标准件编号	DN	D_3	D_2	D_1	T	t_1	s
HG20611-2009C-40_15	300	320	340	417	4.0	1.5	0.5	HG20611-2009C-40_18	450	480	506	571	4.0	1.5	0.5
HG20611-2009C-40_16	350	375	395	474	4.0	1.5	0.5	HG20611-2009C-40_19	500	530	560	628	4.0	1.5	0.5
HG20611-2009C-40_17	400	426	450	546	4.0	1.5	0.5	HG20611-2009C-40_20	600	630	664	747	4.0	1.5	0.5

表 3-103 PN63 带活动对中环型（C 型）钢制管法兰用具有覆盖层的齿形组合垫尺寸　单位：mm

标准件编号	DN	D_3	D_2	D_1	T	t_1	s	标准件编号	DN	D_3	D_2	D_1	T	t_1	s
HG20611-2009C-63_1	10	22	36	56	4.0	1.5	0.5	HG20611-2009C-63_10	100	118	138	174	4.0	1.5	0.5
HG20611-2009C-63_2	15	26	42	61	4.0	1.5	0.5	HG20611-2009C-63_11	125	142	162	210	4.0	1.5	0.5
HG20611-2009C-63_3	20	31	47	72	4.0	1.5	0.5	HG20611-2009C-63_12	150	170	190	247	4.0	1.5	0.5
HG20611-2009C-63_4	25	36	52	82	4.0	1.5	0.5	HG20611-2009C-63_13	200	220	248	309	4.0	1.5	0.5
HG20611-2009C-63_5	32	46	62	88	4.0	1.5	0.5	HG20611-2009C-63_14	250	270	300	364	4.0	1.5	0.5
HG20611-2009C-63_6	40	53	69	103	4.0	1.5	0.5	HG20611-2009C-63_15	300	320	356	424	4.0	1.5	0.5
HG20611-2009C-63_7	50	65	81	113	4.0	1.5	0.5	HG20611-2009C-63_16	350	375	415	486	4.0	1.5	0.5
HG20611-2009C-63_8	65	81	100	138	4.0	1.5	0.5	HG20611-2009C-63_17	400	426	474	543	4.0	1.5	0.5
HG20611-2009C-63_9	80	95	115	148	4.0	1.5	0.5								

表 3-104 PN100 带活动对中环型（C 型）钢制管法兰用具有覆盖层的齿形组合垫尺寸　单位：mm

标准件编号	DN	D_3	D_2	D_1	T	t_1	s	标准件编号	DN	D_3	D_2	D_1	T	t_1	s
HG20611-2009C-100_1	10	22	36	56	4.0	1.5	0.5	HG20611-2009C-100_10	100	118	138	180	4.0	1.5	0.5
HG20611-2009C-100_2	15	26	42	61	4.0	1.5	0.5	HG20611-2009C-100_11	125	142	162	217	4.0	1.5	0.5
HG20611-2009C-100_3	20	31	47	72	4.0	1.5	0.5	HG20611-2009C-100_12	150	170	190	257	4.0	1.5	0.5
HG20611-2009C-100_4	25	36	52	82	4.0	1.5	0.5	HG20611-2009C-100_13	200	220	248	324	4.0	1.5	0.5
HG20611-2009C-100_5	32	46	62	88	4.0	1.5	0.5	HG20611-2009C-100_14	250	270	300	391	4.0	1.5	0.5
HG20611-2009C-100_6	40	53	69	103	4.0	1.5	0.5	HG20611-2009C-100_15	300	320	356	458	4.0	1.5	0.5
HG20611-2009C-100_7	50	65	81	119	4.0	1.5	0.5	HG20611-2009C-100_16	350	375	415	512	4.0	1.5	0.5
HG20611-2009C-100_8	65	81	100	144	4.0	1.5	0.5	HG20611-2009C-100_17	400	426	474	572	4.0	1.5	0.5
HG20611-2009C-100_9	80	95	115	154	4.0	1.5	0.5								

表 3-105 PN160 带活动对中环型（C 型）钢制管法兰用具有覆盖层的齿形组合垫尺寸　单位：mm

标准件编号	DN	D_3	D_2	D_1	T	t_1	s	标准件编号	DN	D_3	D_2	D_1	T	t_1	s
HG20611-2009C-160_1	10	22	36	56	4.0	1.5	0.5	HG20611-2009C-160_6	40	53	69	103	4.0	1.5	0.5
HG20611-2009C-160_2	15	26	42	61	4.0	1.5	0.5	HG20611-2009C-160_7	50	65	81	119	4.0	1.5	0.5
HG20611-2009C-160_3	20	31	47	72	4.0	1.5	0.5	HG20611-2009C-160_8	65	81	100	144	4.0	1.5	0.5
HG20611-2009C-160_4	25	36	52	82	4.0	1.5	0.5	HG20611-2009C-160_9	80	95	115	154	4.0	1.5	0.5
HG20611-2009C-160_5	32	46	62	88	4.0	1.5	0.5	HG20611-2009C-160_10	100	118	138	180	4.0	1.5	0.5

续表

标准件编号	DN	D_3	D_2	D_1	T	t_1	s	标准件编号	DN	D_3	D_2	D_1	T	t_1	s
HG20611-2009C-160_11	125	142	162	217	4.0	1.5	0.5	HG20611-2009C-160_14	250	270	300	388	4.0	1.5	0.5
HG20611-2009C-160_12	150	170	190	257	4.0	1.5	0.5	HG20611-2009C-160_15	300	320	356	458	4.0	1.5	0.5
HG20611-2009C-160_13	200	220	248	324	4.0	1.5	0.5								

垫片的尺寸公差如表 3-106 所示。垫片的材料标识和标志缩写代号如表 3-107 的规定。

表 3-106　垫片的尺寸公差　　单位：mm

齿槽		齿形金属圆环					对中环		
节距	齿深	外径 D_2		内径 D_3		厚度	外径 D_1		厚度
P	h	≤1000	＞1000	≤1000	＞1000	T	≤1000	＞1000	t、t_1
±0.005	$^{0}_{-0.05}$	$^{0}_{-0.4}$	$^{0}_{-1.0}$	$^{+0.4}_{0}$	$^{+1.0}_{0}$	$^{0}_{-0.25}$	$^{+0.75}_{0}$	$^{+1.5}_{0}$	$^{0}_{-0.1}$

表 3-107　垫片的材料标识和标志缩写代号

材料	缩写代号	材料	缩写代号
0Cr18Ni9	304	Ni-Cu 合金　Monel 400	MON
00Cr19Ni10	304L	Ni-Mo 合金　Hastelloy B2	HAST B
0Cr17Ni12Mo2	316	Ni-Mo-Cr 合金　Hastelloy C-276	HAST C
00Cr17Ni14Mo2	316L	Ni-Cr-Fe 合金　Inconel 600	INC 600
0Cr18Ni10Ti	321	Ni-Fe-Cr 合金　Incoloy 800	IN 800
0Cr18Ni11Nb	347	锆	ZIRC
0Cr25Ni20	310	柔性石墨	FG
钛	TI	聚四氟乙烯	PTFE

3.6　金属环形垫（PN系列）（HG 20612—2009）

本标准规定了钢制管法兰（PN 系列）用金属环形垫的型式、尺寸、技术要求、标记和标志。

本标准适用于HG/T 20592 所规定的公称压力为 PN63～PN160 的钢制管法兰用金属环形垫。

垫片的材料、代号和最高使用温度如表 3-108 所示。

表 3-108　金属环形垫的材料、代号和最高使用温度

金属环形垫材料		最高硬度		代号	最高使用温度
钢号[a]	标准	HBS	HRB		(℃)
纯铁	GB/T 6983	90	56	D	540

续表

金属环形垫材料		最高硬度		代号	最高使用温度
钢号[a]	标准	HBS	HRB		(℃)
10	GB/T 699	120	68	S	540
1Cr5Mo	JB/T 4726	130	72	F5	650
0Cr13	JB/T 4728 GB/T 1220	170	86	410S	650
0Cr18Ni9		160	83	304	700[b]
00Cr19Ni10		150	80	304L	450
0Cr17Ni12Mo2		160	83	316	700[b]
00Cr17Ni14Mo2		150	80	316L	450
0Cr18Ni10Ti	JB/T 4728 GB/T 1220	160	83	321	700[b]
0Cr18Ni11Nb		160	83	347	700[b]

注：a 纯铁的化学成分为 C≤0.05%，Si≤0.40%，Mn≤0.60%，P≤0.035%，S≤0.040%。

b 温度超过 550℃的使用场合，与生产厂协调。

3.6.1 八角型（H型）金属环形垫（PN系列）

八角型（H 型）钢制管法兰用金属环形垫（PN 系列）按照公称压力可分为 PN63、PN100、PN160，垫片二维图形及三维图形如表 3-109 所示，尺寸如表 3-110～表 3-112 所示。

表 3-109 八角型（H 型）钢制管法兰用金属环形垫（PN 系列）

二维图形	三维图形

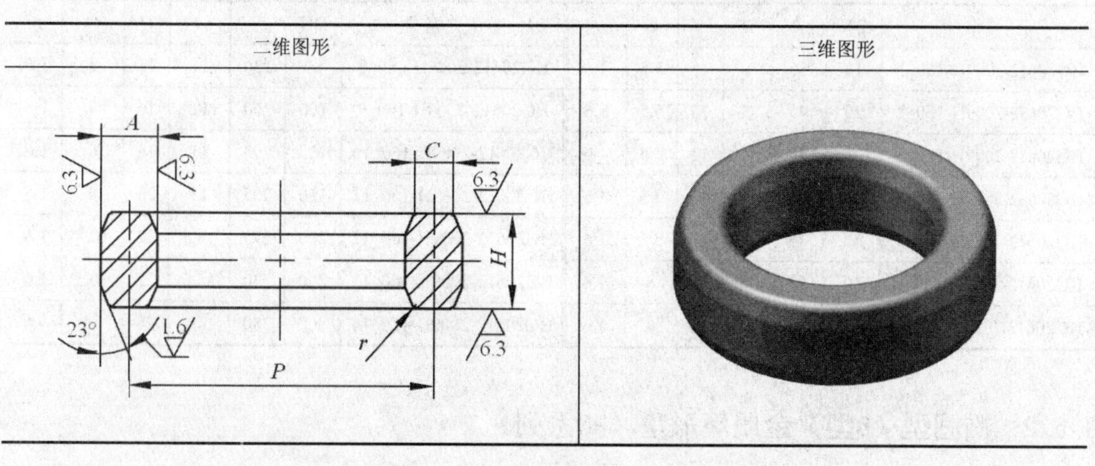

表 3-110 PN63 八角型（H 型）钢制管法兰用金属环形垫尺寸　　单位：mm

标准件编号	DN	P	A	H	C	r	标准件编号	DN	P	A	H	C	r
HG20612-2009H-63_1	15	35	8	13	5.5	1.6	HG20612-2009H-63_3	25	50	8	13	5.5	1.6
HG20612-2009H-63_2	20	45	8	13	5.5	1.6	HG20612-2009H-63_4	32	65	8	13	5.5	1.6

续表

标准件编号	DN	*P*	*A*	*H*	*C*	*r*	标准件编号	DN	*P*	*A*	*H*	*C*	*r*
HG20612-2009H-63_5	40	75	8	13	5.5	1.6	HG20612-2009H-63_11	150	205	11	16	8	1.6
HG20612-2009H-63_6	50	85	11	16	8	1.6	HG20612-2009H-63_12	200	265	11	16	8	1.6
HG20612-2009H-63_7	65	110	11	16	8	1.6	HG20612-2009H-63_13	250	320	11	16	8	1.6
HG20612-2009H-63_8	80	115	11	16	8	1.6	HG20612-2009H-63_14	300	375	11	16	8	1.6
HG20612-2009H-63_9	100	145	11	16	8	1.6	HG20612-2009H-63_15	350	420	11	16	8	1.6
HG20612-2009H-63_10	125	175	11	16	8	1.6	HG20612-2009H-63_16	400	480	11	16	8	1.6

表 3-111　PN100 八角型（H 型）钢制管法兰用金属环形垫尺寸　　单位：mm

标准件编号	DN	*P*	*A*	*H*	*C*	*r*	标准件编号	DN	*P*	*A*	*H*	*C*	*r*
HG20612-2009H-100_1	15	35	8	13	5.5	1.6	HG20612-2009H-100_9	100	145	11	16	8	1.6
HG20612-2009H-100_2	20	45	8	13	5.5	1.6	HG20612-2009H-100_10	125	175	11	16	8	1.6
HG20612-2009H-100_3	25	50	8	13	5.5	1.6	HG20612-2009H-100_11	150	205	11	16	8	1.6
HG20612-2009H-100_4	32	65	8	13	5.5	1.6	HG20612-2009H-100_12	200	265	11	16	8	1.6
HG20612-2009H-100_5	40	75	8	13	5.5	1.6	HG20612-2009H-100_13	250	320	11	16	8	1.6
HG20612-2009H-100_6	50	85	11	16	8	1.6	HG20612-2009H-100_14	300	375	11	16	8	1.6
HG20612-2009H-100_7	65	110	11	16	8	1.6	HG20612-2009H-100_15	350	420	15.5	22	10.5	1.6
HG20612-2009H-100_8	80	115	11	16	8	1.6	HG20612-2009H-100_16	400	480	15.5	22	10.5	1.6

表 3-112　PN160 八角型（H 型）钢制管法兰用金属环形垫尺寸　　单位：mm

标准件编号	DN	*P*	*A*	*H*	*C*	*r*	标准件编号	DN	*P*	*A*	*H*	*C*	*r*
HG20612-2009H-160_1	15	35	8	13	5.5	1.6	HG20612-2009H-160_8	80	130	11	16	8	1.6
HG20612-2009H-160_2	20	45	8	13	5.5	1.6	HG20612-2009H-160_9	100	160	11	16	8	1.6
HG20612-2009H-160_3	25	50	8	13	5.5	1.6	HG20612-2009H-160_10	125	190	11	16	8	1.6
HG20612-2009H-160_4	32	65	8	13	5.5	1.6	HG20612-2009H-160_11	150	205	13	20	9	1.6
HG20612-2009H-160_5	40	75	8	13	5.5	1.6	HG20612-2009H-160_12	200	275	15.5	22	10.5	1.6
HG20612-2009H-160_6	50	95	11	16	8	1.6	HG20612-2009H-160_13	250	330	15.5	22	10.5	1.6
HG20612-2009H-160_7	65	110	11	16	8	1.6	HG20612-2009H-160_14	300	380	21	28	14	1.6

3.6.2　椭圆型（B型）金属环形垫（PN系列）

椭圆型（B 型）钢制管法兰用金属环形垫（PN 系列）按照公称压力可分为 PN63、PN100、PN160，垫片二维图形及三维图形如表 3-113 所示，尺寸如表 3-114～表 3-116 所示。

垫片的尺寸公差如表 3-117 的规定。

表 3-113　椭圆型（B 型）钢制管法兰用非金属平垫片（PN 系列）

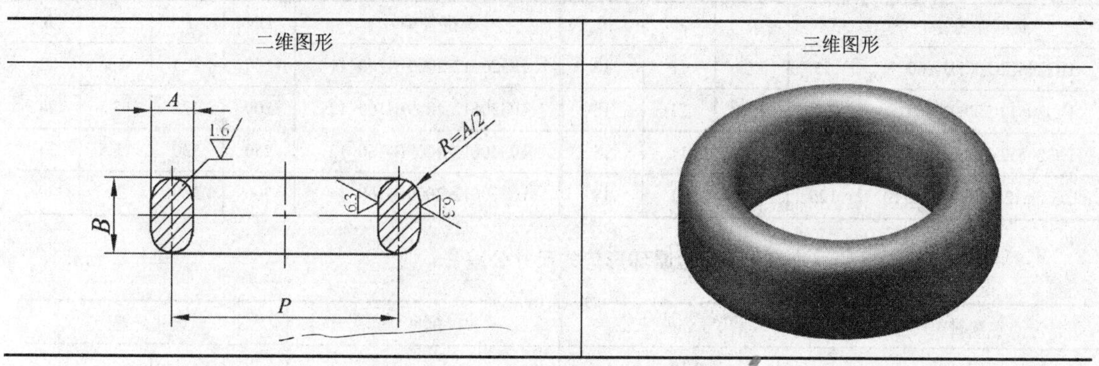

表 3-114　PN63 椭圆型（B 型）钢制管法兰用非金属平垫片尺寸　　单位：mm

标准件编号	DN	P	A	B	标准件编号	DN	P	A	B
HG20612-2009B-63_1	15	35	8	14	HG20612-2009B-63_9	100	145	11	18
HG20612-2009B-63_2	20	45	8	14	HG20612-2009B-63_10	125	175	11	18
HG20612-2009B-63_3	25	50	8	14	HG20612-2009B-63_11	150	205	11	18
HG20612-2009B-63_4	32	65	8	14	HG20612-2009B-63_12	200	265	11	18
HG20612-2009B-63_5	40	75	8	14	HG20612-2009B-63_13	250	320	11	18
HG20612-2009B-63_6	50	85	11	18	HG20612-2009B-63_14	300	375	11	18
HG20612-2009B-63_7	65	110	11	18	HG20612-2009B-63_15	350	420	11	18
HG20612-2009B-63_8	80	115	11	18	HG20612-2009B-63_16	400	480	11	18

表 3-115　PN100 椭圆型（B 型）钢制管法兰用非金属平垫片尺寸　　单位：mm

标准件编号	DN	P	A	B	标准件编号	DN	P	A	B
HG20612-2009B-100_1	15	35	8	14	HG20612-2009B-100_9	100	145	11	18
HG20612-2009B-100_2	20	45	8	14	HG20612-2009B-100_10	125	175	11	18
HG20612-2009B-100_3	25	50	8	14	HG20612-2009B-100_11	150	205	11	18
HG20612-2009B-100_4	32	65	8	14	HG20612-2009B-100_12	200	265	11	18
HG20612-2009B-100_5	40	75	8	14	HG20612-2009B-100_13	250	320	11	18
HG20612-2009B-100_6	50	85	11	18	HG20612-2009B-100_14	300	375	11	18
HG20612-2009B-100_7	65	110	11	18	HG20612-2009B-100_15	350	420	15.5	24
HG20612-2009B-100_8	80	115	11	18	HG20612-2009B-100_16	400	480	15.5	24

表 3-116　PN160 椭圆型（B 型）钢制管法兰用非金属平垫片尺寸　　单位：mm

标准件编号	DN	P	A	B	标准件编号	DN	P	A	B
HG20612-2009B-160_1	15	35	8	14	HG20612-2009B-160_4	32	65	8	14
HG20612-2009B-160_2	20	45	8	14	HG20612-2009B-160_5	40	75	8	14
HG20612-2009B-160_3	25	50	8	14	HG20612-2009B-160_6	50	95	11	18

续表

标准件编号	DN	P	A	B	标准件编号	DN	P	A	B
HG20612-2009B-160_7	65	110	11	18	HG20612-2009B-160_11	150	205	13	22
HG20612-2009B-160_8	80	130	11	18	HG20612-2009B-160_12	200	275	15.5	24
HG20612-2009B-160_9	100	160	11	18	HG20612-2009B-160_13	250	330	15.5	24
HG20612-2009B-160_10	125	190	11	18	HG20612-2009B-160_14	300	380	21	30

表 3-117 金属环形垫的尺寸公差 单位：mm

项目	尺寸公差	项目	尺寸公差
P	±0.18	C	±0.20
A	±0.20	r	±0.5
B 或 H	±0.50	23°	±0.5°

3.7 紧固件（HG 20613—2009）

本标准规定了钢制管法兰（欧洲体系）用紧固件的形式、规定、技术要求和使用规定。本标准适用于钢制管法兰用紧固件（六角头螺栓、等长双头螺柱、全螺纹螺柱和螺母）。

3.7.1 六角头螺栓的规格和性能等级

六角头螺栓的规格和性能等级如表 3-118 所示。

表 3-118 六角头螺栓的规格和性能等级

标准	规格	性能等级（商品级）
GB5728—A 级和 B 级（粗牙）	M10、M12、M16、M20、M24、M27、M30、M33	5.6 8.8 A2-50 A4-50 A2-70 A4-70
GB5785—A 级和 B 级（粗牙）	M36×3、M39×3、M45×3、M52×3、M56×3	

3.7.2 等长双头螺柱的规格和材料牌号

等长双头螺柱的规格和材料牌号如表 3-119 所示。

表 3-119 等长双头螺柱的规格和材料牌号

标准	规格	性能等级（商品级）
GB/T 901	M10、M12、M16、M20、M24、M27、M30、M33、 M36×3、M39×3、M45×3、M52×4、M56×4	8.8 A2-50 A2-70 A4-50 A4-70

3.7.3 全螺纹螺栓的规格和材料牌号

全螺纹螺栓的规格和材料牌号如表 3-120 所示。

表 3-120 全螺纹螺栓的规格和材料牌号

标准	规格	材料牌号（专用级）
HG20613 （全螺纹螺栓）	M10、M12、M16、M20、M24、M27、M30、M33、 M36×3、M39×3、M45×3、M52×4、M56×4	35CrMo 42CrMo 25Cr2MoV 0Cr18Ni9 0Cr17Ni12Mo2 A193，B8Cl.2[a] A193，B8MCl.2[a] A320，L7[b] A453，660[b]

注：a A193，B8Cl.2 和 AA193，B8MCl.2 为应变硬化不锈钢螺栓材料，按 ASTM A193《高温用合金钢和不锈钢螺栓材料》的规定使用。

b A320，L7 按 ASTM A320《低温用合金钢和不锈钢螺栓材料》的规定使用；A453，660 按 ASTM A453《膨胀系数与奥氏体不锈钢相当的高温用螺栓材料》的规定使用。

3.7.4 螺母的规格和性能等级、材料牌号

螺母的规格和性能等级、材料牌号如表 3-121 所示。

表 3-121 螺母的规格和性能等级、材料牌号

标准	规格	性能等级（商品级）	材料牌号（专用级）
GB/T 6170	M10、M12、M16、M20、M24、 M27、M30、M33	6 8	—
GB/T 6171	M36×3、M39×3、M45×3、 M52×4、M56×4	A2-50 A2-70 A4-70 A4-70	

续表

标准	规格	性能等级（商品级）	材料牌号（专用级）
GB/T 6175	M10、M12、M16、M20、M24、M27、M30、M33	—	30CrMo 35CrMo 0Cr18Ni9 0Cr17Ni12Mo2 A194，8、8M[a] A194，7[a]
GB/T 6176	M36×3、M39×3、M45×3、M52×4、M56×4		

注：专用级螺母标准号应为 HG 20613。

a 按 ASTM A194-2006a《高压或（和）高温用碳合金钢螺母》的规定。

3.7.5 钢制管法兰用紧固件材料的分类

钢制管法兰用紧固件材料按表 3-122 分为高强度、中强度和低强度材料。

表 3-122 管法兰用紧固件材料的分类

紧固件材料		
高强度	中强度	低强度
GB/T 3098.1，8.8 GB/T 3077，35CrMo 25C2MoV DL/T 439，42CrMo ASTM A320，L7	GB/T 3098.6，A2-70 A4-70 ASTM A193，B8-2 B8M-2 ASTM A453，660	GB/T 1220，0Cr17Ni12Mo2(316) 0Cr18Ni9(304) GB/T 3098.1，5.6 GB/T 3098.6，A4-50 A2-50

注：低强度紧固件材料仅适用于压力等级小于或等于 PN40 的法兰及非金属平垫片。

3.7.6 专用级紧固件材料力学性能要求

专用级紧固件材料机械性能要求如表 3-123 所示。

表 3-123 专用级紧固件材料力学性能要求

牌号	化学成分（标准编号）	热处理制度	规格	力学性能（不小于）			HB
				σ_b	σ_s	δ_s	
				MPa		%	
30CrMo	GB/T 3077	调质（回火≥550 ℃）	≤M56	—	—	—	234～285
35CrMo[a]	GB/T 3077	调质（回火≥550 ℃）	≤M22	835	735	13	269～321
			M24～M56	805	685	13	234～285

续表

牌号	化学成分（标准编号）	热处理制度	规格	力学性能（不小于）			HB
				σ_b	σ_s	δ_s	
				MPa		%	
42CrMo	DL/T 439	调质（回火≥580 ℃）	≤M56	860	720	16	255～321
25Cr2MoV[a]	GB/T 3077	调质（回火≥600 ℃）	≤M48	835	735	15	269～321
			＞M48	805	685	15	245～277
0Cr18Ni9	GB/T 1220	固溶	≤M56	515	205	40	≤187
0Cr17Ni12Mo2	GB/T 1220	固溶	≤M56	515	205	40	≤187
A193，B8-2	ASTM A193	固溶+应变硬化	≤M20	860	690	12	≤321
			＞M20～M24	795	550	15	
			＞M24～M30	725	450	20	
			＞M30～M36	690	345	28	
A193，B8M-2	ASTM A193	固溶+应变硬化	≤M20	760	665	15	≤321
			＞M20～M24	690	550	20	
			＞M24～M30	655	450	25	
			＞M30～M36	620	345	30	
A320，L7[b]	ASTM A320	调质	≤M56	860	725	16	—
		调质（回火≥620℃）		690	550	18	≤235
A453，660	ASTM A453	固溶+应变硬化	—	895	585	15	≥99

注：a 用于≤-20℃低温的 35CrMoA 应进行设计温度下的低温 V 型缺口冲击试验，其 3 个试样的冲击功 A_{KV} 平均值不低于 27J，当应在订货合同中注明。

b 用于温度不低于-100℃时，低温冲击试验的最小冲击力为 27J。

3.7.7 紧固件使用压力和温度范围

紧固件使用压力和温度范围如表 3-124 所示。

表 3-124 紧固件使用压力和温度范围

螺栓、螺柱的型式（标准号）	标准	规格	性能等级（商品级）	公称压力 PN（MPa）	使用温度（℃）
六角头螺栓 等长双头螺柱	GB/T 5782 GB/T 5785 GB/T 901	M10～M33 M36×3～M56×4	8.8 5.6	≤PN16	＞-20～+250
			A2-50 A4-50		-196～+400
			A2-70 A4-70		-196～+400

续表

螺栓、螺柱的型式（标准号）	标准	规格	性能等级（商品级）	公称压力 PN（MPa）	使用温度（℃）
等长双头螺柱	GB/T 901	M10～M33 M36×3～M56×4	8.8	≤PN40	>-20～+250
			A2-50 A4-50 A2-70 A4-70		-196～+400
全螺纹螺柱	HG/T 20613	M10～M33 M36×3～M56×4	35CrMo	≤PN160	-100～+525
			25Cr2MoV		>-20～+575
			42CrMo		-100～+525
			0Cr8Ni9		-196～+800
			0Cr17Ni12Mo2		-196～+800
			A193，B8Cl.2 A193，B8M Cl.2		-196～+525
			A320，L7		-100～+340
			A453，660		-29～+525
I 型六角螺母	GB/T 6170 GB/T 6171	M10～M33 M36×3～M56×4	6 8	≤PN16	>-20～+300
			A2-50 A4-50	≤PN40	-196～+400
			A2-70 A4-70		-196～+400
II 型六角螺母	GB/T 6175 GB/T 6176	M10～M33 M36×3～M56×4	30CrMo	≤PN160	-100～+525
			35CrMo		-100～+525
			0Cr18Ni9		>-20～+800
			0Cr17Ni12Mo2		-196～+800
			A194，8，8M		-196～+525
			A194，7		-100～+575

3.7.8 相同压力等级法兰接头用六角头螺栓或螺柱长度代号

相同压力等级法兰接头用六角头螺栓或螺柱长度代号按表 3-125 的规定。

表 3-125 相同压力等级法兰接头用六角头螺栓或螺柱长度代号

代号	突面	环连接面
六角头螺栓长度代号	L_{SR}	
螺栓长度代号	L_{ZR}	L_{ZJ}

3.7.9 六角螺栓、螺柱与螺母的配用

六角螺栓、螺柱与螺母的配用如表 3-126 所示。

表 3-126 六角螺栓、螺柱与螺母的配用

六角螺栓、螺柱		螺母	
型式（标准编号）	性能等级或材料牌号	型式（标准编号）	性能等级或材料牌号
六角头螺栓 GB/T 5782、GB/T 5785 双头螺栓 GB/T 901 B 级	5.6，8.8	Ⅰ型六角螺母 （GB/T 6170、GB/T 6171）	6，8
	A2-50，A4-50		A2-50，A4-50
	A2-70，A4-70		A2-70，A4-70
全螺纹螺柱 HG/T 20613	42CrMo	Ⅱ型六角螺母 （GB/T 6175、GB/T 6176）	35CrMo
	35CrMo		30CrMo
	25Cr2MoV		
	0Cr18Ni9		0Cr18Ni9
	0Cr17Ni12Mo2		0Cr17Ni12Mo2
	A193，B8 Cl.2		A194，8
	A193，B8M Cl.2		A194，8M
	A456，660		
	A320，L7		A194，7

3.7.10 PN2.5 法兰配用六角头螺栓和螺柱的长度和近似质量（板式平焊法兰）

PN2.5 法兰配用六角螺栓和螺柱的长度和近似质量（板式平焊法兰）如表 3-127 所示。

表 3-127 PN2.5 法兰配用六角螺栓和螺柱的长度和近似质量（板式平焊法兰）

公称尺寸 DN(mm)	螺纹	数量 n（个）	六角头螺栓和螺柱				公称尺寸 DN(mm)	螺纹	数量 n（个）	六角头螺栓和螺柱			
			L_{SR}（mm）	质量（kg）	L_{ZR}（mm）	质量（kg）				L_{SR}（mm）	质量（kg）	L_{ZR}（mm）	质量（kg）
10	M10	4	40	37	55	33	80	M16	4	60	141	85	136
15	M10	4	40	37	55	33	100	M16	4	60	141	85	136
20	M10	4	45	40	60	36	125	M16	8	65	149	90	144
25	M10	4	45	40	60	36	150	M16	8	65	149	90	144
32	M12	4	50	60	70	56	200	M16	8	70	157	95	152
40	M12	4	50	60	70	56	250	M16	12	75	165	95	152
50	M12	4	50	60	70	56	300	M20	12	80	282	105	252
65	M12	4	50	60	70	56	350	M20	12	80	282	110	264

续表

公称尺寸DN(mm)	螺纹	数量n(个)	六角头螺栓和螺柱				公称尺寸DN(mm)	螺纹	数量n(个)	六角头螺栓和螺柱			
			L_{SR}(mm)	质量(kg)	L_{ZR}(mm)	质量(kg)				L_{SR}(mm)	质量(kg)	L_{ZR}(mm)	质量(kg)
400	M20	16	85	294	115	276	1000	M27	28	120	779	160	736
450	M20	16	90	306	120	288	1200	M27	32	125	805	165	759
500	M20	20	90	306	120	288	1400	M27	36	135	848	180	782
600	M24	20	100	518	135	486	1600	M27	40	140	871	180	828
700	M24	24	105	536	140	504	1800	M27	44	145	894	185	851
800	M27	24	115	756	150	690	2000	M27	48	155	940	190	874
900	M27	24	120	779	155	713							

注：紧固件质量为每1000件的近似质量，紧固件长度未计入垫圈厚度。

3.7.11 PN6法兰配用六角头螺栓和螺柱长度和质量（板式平焊法兰）

PN6法兰配用六角头螺栓和螺柱长度和质量（板式平焊法兰）如表3-128所示。

表3-128 PN6法兰配用六角头螺栓和螺柱长度和质量（板式平焊法兰）

公称尺寸DN(mm)	螺纹	数量n(个)	六角头螺栓和螺柱				公称尺寸DN(mm)	螺纹	数量n(个)	六角头螺栓和螺柱			
			L_{SR}(mm)	质量(kg)	L_{ZR}(mm)	质量(kg)				L_{SR}(mm)	质量(kg)	L_{ZR}(mm)	质量(kg)
10	M10	4	40	37	55	33	125	M16	8	65	149	90	144
15	M10	4	40	37	55	33	150	M16	8	65	149	90	144
20	M10	4	45	40	60	36	200	M16	8	70	157	95	152
25	M10	4	45	40	60	36	250	M16	12	75	165	95	152
32	M12	4	50	60	70	56	300	M20	12	80	282	105	252
40	M12	4	50	60	70	56	350	M20	12	80	282	110	264
50	M12	4	50	60	70	56	400	M20	16	85	294	115	276
65	M12	4	50	60	70	56	450	M20	16	90	306	120	288
80	M16	4	60	141	85	136	500	M20	20	90	306	120	288
100	M16	4	60	141	85	136	600	M24	20	100	518	135	486

注：紧固件质量为每1000件的近似质量，紧固件长度未计入垫圈厚度。

3.7.12 PN10法兰配用六角头螺栓和螺柱长度和质量（板式平焊法兰）

PN10法兰配用六角头螺栓和螺柱长度和质量（板式平焊法兰）如表3-129所示。

表 3-129 PN10 法兰配用六角头螺栓和螺柱长度和质量（板式平焊法兰）

公称尺寸 DN(mm)	螺纹	数量 n（个）	六角头螺栓和螺柱				公称尺寸 DN（mm）	螺纹	数量 n（个）	六角头螺栓和螺柱			
			L_{SR}（mm）	质量（kg）	L_{ZR}（mm）	质量（kg）				L_{SR}（mm）	质量（kg）	L_{ZR}（mm）	质量（kg）
10	M12	4	50	60	65	52	125	M16	8	70	157	95	152
15	M12	4	50	60	65	52	150	M20	8	80	282	105	252
20	M12	4	50	60	70	56	200	M20	8	80	282	105	252
25	M12	4	50	60	70	56	250	M20	12	80	282	110	264
32	M16	4	60	141	85	136	300	M20	12	80	282	110	264
40	M16	4	60	141	85	136	350	M20	16	85	294	115	276
50	M16	4	65	149	85	136	400	M24	16	100	518	135	486
65	M16	8	65	149	90	144	450	M24	20	105	536	140	504
80	M16	8	65	149	90	144	500	M24	20	110	554	145	522
100	M16	8	70	157	95	152	600	M24	20	110	554	145	522

注：紧固件质量为每 1000 件的近似质量，紧固件长度未计入垫圈厚度。

3.7.13 PN16 法兰配用六角头螺栓和螺柱长度和质量（板式平焊法兰）

PN16 法兰配用六角头螺栓和螺柱长度和质量（板式平焊法兰）如表 3-130 所示。

表 3-130 PN16 法兰配用六角头螺栓和螺柱长度和质量（板式平焊法兰）

公称尺寸 DN(mm)	螺纹	数量 n（个）	六角头螺栓和螺柱				公称尺寸 DN（mm）	螺纹	数量 n（个）	六角头螺栓和螺柱			
			L_{SR}（mm）	质量（kg）	L_{ZR}（mm）	质量（kg）				L_{SR}（mm）	质量（kg）	L_{ZR}（mm）	质量（kg）
10	M12	4	50	60	65	52	125	M16	8	70	157	95	152
15	M12	4	50	60	65	52	150	M20	8	80	282	105	252
20	M12	4	50	60	70	56	200	M20	12	80	282	110	264
25	M12	4	50	60	70	56	250	M24	12	95	500	125	450
32	M16	4	60	141	85	136	300	M24	12	100	518	135	486
40	M16	4	60	141	85	136	350	M24	16	105	536	140	504
50	M16	4	65	149	85	136	400	M27	16	115	756	150	690
65	M16	4	65	149	70	112	450	M27	20	120	779	160	736
80	M16	8	65	149	70	112	500	M30	20	135	1051	175	980
100	M16	8	70	157	95	152	600	M30	20	145	1107	185	1036

注：紧固件质量为每 1000 件的近似质量，紧固件长度未计入垫圈厚度。

3.7.14 PN25 法兰配用螺柱长度和质量（板式平焊法兰）

PN25 法兰配用螺柱长度和质量（板式平焊法兰）如表 3-131 所示。

表 3-131 PN25 法兰配用螺柱长度和质量（板式平焊法兰）

公称尺寸 DN(mm)	螺纹	数量 n（个）	螺柱 L_{ZR}（mm）	螺柱 质量（kg）	公称尺寸 DN(mm)	螺纹	数量 n（个）	螺柱 L_{ZR}（mm）	螺柱 质量（kg）
10	M10	4	65	52	125	M24	8	125	450
15	M10	4	65	52	150	M24	8	130	468
20	M10	4	70	56	200	M24	12	135	486
25	M10	4	70	56	250	M27	12	145	667
32	M12	4	85	136	300	M27	16	150	690
40	M12	4	85	136	350	M30	16	165	924
50	M12	4	90	144	400	M33	16	180	1224
65	M12	8	95	152	450	M33	20	190	1292
80	M16	8	95	152	500	M33	20	200	1360
100	M20	8	110	264	600	M36×3	20	230	1840

注：紧固件质量为每 1000 件的近似质量，紧固件长度未计入垫圈厚度。

3.7.15 PN40 法兰配用螺柱长度和质量（板式平焊法兰）

PN40 法兰配用螺柱长度和质量（板式平焊法兰）如表 3-732 所示。

表 3-132 PN40 法兰配用螺柱长度和质量（板式平焊法兰）

公称尺寸 DN(mm)	螺纹	数量 n（个）	螺柱 L_{ZR}（mm）	螺柱 质量（kg）	公称尺寸 DN(mm)	螺纹	数量 n（个）	螺柱 L_{ZR}（mm）	螺柱 质量（kg）
10	M12	4	65	52	125	M24	8	125	450
15	M12	4	65	52	150	M24	8	130	468
20	M12	4	70	56	200	M27	12	145	667
25	M12	4	70	56	250	M30	12	165	924
32	M16	4	85	136	300	M30	16	175	980
40	M16	4	85	136	350	M33	16	200	1360
50	M16	4	90	144	400	M36×3	16	210	1680
65	M16	8	95	152	450	M36×3	20	225	1800
80	M16	8	95	152	500	M39×3	20	245	2303
100	M20	8	110	264	600	M45×3	20	290	3596

注：紧固件质量为每 1000 件的近似质量，紧固件长度未计入垫圈厚度。

3.7.16 PN6 法兰配用六角头螺栓和螺柱长度和质量（带颈平焊法兰、螺纹法兰）

PN6 法兰配用六角头螺栓和螺柱长度质量（带颈平焊法兰、螺纹法兰）如表 3-133 所示。

表 3-133 PN6 法兰配用六角头螺栓和螺柱长度和质量（带颈平焊法兰、螺纹法兰）

公称尺寸 DN(mm)	螺纹	数量 n（个）	六角头螺栓和螺柱				公称尺寸 DN(mm)	螺纹	数量 n（个）	六角头螺栓和螺柱			
			L_{SR} (mm)	质量 (kg)	L_{ZR} (mm)	质量 (kg)				L_{SR} (mm)	质量 (kg)	L_{ZR} (mm)	质量 (kg)
10	M10	4	40	37	55	33	80	M16	4	55	133	80	128
15	M10	4	40	37	55	33	100	M16	4	55	133	80	128
20	M10	4	45	40	60	36	125	M16	8	60	141	85	136
25	M10	4	45	40	60	36	150	M16	8	60	141	85	136
32	M12	4	50	60	65	52	200	M16	8	65	149	90	144
40	M12	4	50	60	65	52	250	M16	12	70	157	95	152
50	M12	4	50	60	65	52	300	M20	12	75	270	105	252
65	M12	4	50	60	65	52							

注：紧固件质量为每 1000 件的近似质量，紧固件长度未计入垫圈厚度。

3.7.17 PN10 法兰用六角头螺栓和螺柱长度和质量（带颈平焊法兰、带颈对焊法兰、螺纹法兰以及承插焊法兰）

PN10 法兰用六角头螺栓和螺柱长度和质量（带颈平焊法兰、带颈对焊法兰、螺纹法兰以及承插焊法兰）如表 3-134 所示。

表 3-134 PN10 法兰用六角头螺栓和螺柱长度和质量（带颈平焊法兰、带颈对焊法兰、螺纹法兰以及承插焊法兰）

公称尺寸 DN(mm)	螺纹	数量 n（个）	六角头螺栓和螺柱				公称尺寸 DN(mm)	螺纹	数量 n（个）	六角头螺栓和螺柱			
			L_{SR} (mm)	质量 (kg)	L_{ZR} (mm)	质量 (kg)				L_{SR} (mm)	质量 (kg)	L_{ZR} (mm)	质量 (kg)
10	M12	4	50	60	70	56	50	M16	4	60	141	85	136
15	M12	4	50	60	70	56	65	M16	8	60	141	85	136
20	M12	4	55	64	75	60	80	M16	8	65	149	90	144
25	M12	4	55	64	75	60	100	M16	8	65	149	90	144
32	M16	4	60	141	85	136	125	M16	8	70	157	95	152
40	M16	4	60	141	85	136	150	M20	8	75	270	105	252

续表

公称尺寸DN(mm)	螺纹	数量 n（个）	六角头螺栓和螺柱				公称尺寸DN(mm)	螺纹	数量 n（个）	六角头螺栓和螺柱			
			L_{SR}（mm）	质量（kg）	L_{ZR}（mm）	质量（kg）				L_{SR}（mm）	质量（kg）	L_{ZR}（mm）	质量（kg）
200	M20	8	80	282	105	252	800	M30	24	105	883	145	812
250	M20	12	80	282	110	264	900	M30	28	110	911	150	840
300	M20	12	80	282	110	264	1000	M33	28	115	1184	155	1054
350	M20	16	80	282	110	264	1200	M36×3	32	125	1514	165	1320
400	M24	16	85	464	120	432	1400	M39×3	36	135	1942	185	1739
450	M24	20	90	482	125	450	1600	M45×3	40	145	2665	210	2604
500	M24	20	90	482	125	450	1800	M45×3	44	155	2789	215	2666
600	M27	20	95	664	130	598	2000	M45×3	48	160	2851	225	2790
700	M27	24	100	687	135	621							

注：紧固件质量为每1000件的近似质量，紧固件长度未计入垫圈厚度。

3.7.18 PN16法兰用六角头螺栓和螺柱的长度和质量（带颈平焊法兰、带颈对焊法兰、螺纹法兰以及承插焊法兰）

PN16 法兰用六角头螺栓和螺柱的长度和质量（带颈平焊法兰、带颈对焊法兰、螺纹法兰以及承插焊法兰）如表3-135所示。

表3-135 PN16法兰用六角头螺栓和螺柱的长度和质量（带颈平焊法兰、带颈对焊法兰、螺纹法兰以及承插焊法兰）

公称尺寸DN(mm)	螺纹	数量 n（个）	六角头螺栓和螺柱				公称尺寸DN(mm)	螺纹	数量 n（个）	六角头螺栓和螺柱			
			L_{SR}（mm）	质量（kg）	L_{ZR}（mm）	质量（kg）				L_{SR}（mm）	质量（kg）	L_{ZR}（mm）	质量（kg）
10	M12	4	50	60	70	56	100	M16	8	65	149	90	144
15	M12	4	50	60	70	56	125	M16	8	70	157	95	152
20	M12	4	55	64	75	60	150	M20	8	75	270	105	252
25	M12	4	55	64	75	60	200	M20	12	80	282	105	252
32	M16	4	60	141	85	136	250	M24	12	85	464	120	432
40	M16	4	60	141	85	136	300	M24	12	90	482	125	450
50	M16	4	60	141	85	136	350	M24	16	95	500	130	468
65	M16	8	60	141	85	136	400	M27	16	100	687	140	644
80	M16	8	65	149	90	144	450	M27	20	120	779	155	713

续表

公称尺寸DN(mm)	螺纹	数量n(个)	六角头螺栓和螺柱				公称尺寸DN(mm)	螺纹	数量n(个)	六角头螺栓和螺柱			
			L_{SR}(mm)	质量(kg)	L_{ZR}(mm)	质量(kg)				L_{SR}(mm)	质量(kg)	L_{ZR}(mm)	质量(kg)
500	M30	20	130	1023	170	952	1200	M45×3	32	150	2727	215	2666
600	M33	20	155	1456	200	1360	1400	M45×3	36	160	2851	220	2728
700	M33	24	115	1184	160	1088	1600	M52×4	40	175	4190	245	4067
800	M36×3	24	125	1514	170	1360	1800	M52×4	44	185	4360	255	4233
900	M36×3	28	130	1554	170	1360	2000	M56×4	48	195	5015	270	5238
1000	M39×3	28	135	1942	185	1739							

注：紧固件质量为每1000件的近似质量，紧固件长度未计入垫圈厚度。

3.7.19 PN25法兰配用螺柱长度和质量（带颈平焊法兰、带颈对焊法兰、螺纹法兰以及承插焊法兰）

PN25 法兰配用螺柱长度和质量（带颈平焊法兰、带颈对焊法兰、螺纹法兰以及承插焊法兰）如表3-136所示。

表3-136 PN25法兰配用螺柱长度和质量
（带颈平焊法兰、带颈对焊法兰、螺纹法兰以及承插焊法兰）

公称尺寸DN(mm)	螺纹	数量n（个）	螺柱		公称尺寸DN(mm)	螺纹	数量n（个）	螺柱	
			L_{ZR}（mm）	质量（kg）				L_{ZR}（mm）	质量（kg）
10	M10	4	65	52	125	M24	8	125	450
15	M10	4	65	52	150	M24	8	130	468
20	M10	4	70	56	200	M24	12	135	486
25	M10	4	70	56	250	M27	12	145	667
32	M12	4	85	136	300	M27	16	150	690
40	M12	4	85	136	350	M30	16	165	924
50	M12	4	90	144	400	M33	16	180	1224
65	M12	8	95	152	450	M33	20	190	1292
80	M16	8	95	152	500	M33	20	200	1360
100	M20	8	110	264	600	M36×3	20	230	1840

注：紧固件质量为每1000件的近似质量，紧固件长度未计入垫圈厚度。

3.7.20 PN40 法兰用螺柱长度和质量（带颈平焊法兰、带颈对焊法兰、螺纹法兰以及承插焊法兰）

PN40 法兰用螺柱长度和质量（带颈平焊法兰、带颈对焊法兰、螺纹法兰以及承插焊法兰）如表 3-137 的规定。

表 3-137 PN40 法兰用螺柱长度和质量（带颈平焊法兰、带颈对焊法兰、螺纹法兰以及承插焊法兰）

公称尺寸 DN(mm)	螺纹	数量 n（个）	螺柱		公称尺寸 DN(mm)	螺纹	数量 n（个）	螺柱	
			L_{ZR}（mm）	质量（kg）				L_{ZR}（mm）	质量（kg）
10	M12	4	70	56	125	M24	8	120	432
15	M12	4	65	56	150	M24	8	125	450
20	M12	4	75	60	200	M27	12	145	667
25	M12	4	75	60	250	M30	12	155	868
32	M16	4	85	136	300	M30	16	165	924
40	M16	4	85	136	350	M33	16	180	1224
50	M16	4	90	144	400	M36×3	16	190	1520
65	M16	8	95	152	450	M36×3	20	205	1640
80	M16	8	95	152	500	M39×3	20	215	2021
100	M20	8	105	252	600	M45×3	20	260	3224

注：紧固件质量为每 1000 件的近似质量，紧固件长度未计入垫圈厚度。

3.7.21 PN63 法兰用六角头螺栓和螺柱的长度和质量（带颈对焊法兰、承插焊法兰）

PN63 法兰用六角头螺栓和螺柱的长度和质量（带颈对焊法兰、承插焊法兰）如表 3-138 的规定。

表 3-138 PN63 法兰用六角头螺栓和螺柱的长度和质量（带颈对焊法兰、承插焊法兰）

公称尺寸 DN(mm)	螺纹	数量 n（个）	六角头螺栓和螺柱				公称尺寸 DN(mm)	螺纹	数量 n（个）	六角头螺栓和螺柱			
			L_{SR}（mm）	质量（kg）	L_{ZR}（mm）	质量（kg）				L_{SR}（mm）	质量（kg）	L_{ZR}（mm）	质量（kg）
10	M12	4	75	60	90	72	25	M16	4	95	152	110	176
15	M12	4	75	60	90	72	32	M20	4	105	252	120	288
20	M16	4	95	152	105	168	40	M20	4	110	264	125	300

续表

公称尺寸 DN(mm)	螺纹	数量 n (个)	六角头螺栓和螺柱				公称尺寸 DN(mm)	螺纹	数量 n (个)	六角头螺栓和螺柱			
			L_{SR} (mm)	质量 (kg)	L_{ZR} (mm)	质量 (kg)				L_{SR} (mm)	质量 (kg)	L_{ZR} (mm)	质量 (kg)
50	M20	4	110	264	130	312	200	M33	12	170	1156	190	1292
65	M20	8	110	264	130	312	250	M33	12	180	1224	200	1360
80	M20	8	115	276	135	324	300	M33	16	195	1326	215	1462
100	M24	8	130	468	150	540	350	M36×3	16	205	1640	225	1800
125	M27	8	145	667	160	736	400	M39×3	16	220	2068	240	2256
150	M30	8	155	868	170	952							

注：紧固件质量为每1000件的近似质量，紧固件长度未计入垫圈厚度。

3.7.22 PN100法兰用六角头螺栓和螺柱的长度和质量（带颈对焊法兰、承插焊法兰）

PN100法兰用六角头螺栓和螺柱的长度和质量（带颈对焊法兰、承插焊法兰）如表3-139的规定。

表3-139 PN100法兰用六角头螺栓和螺柱的长度和质量（带颈对焊法兰、承插焊法兰）

公称尺寸 DN(mm)	螺纹	数量 n (个)	六角头螺栓和螺柱				公称尺寸 DN(mm)	螺纹	数量 n (个)	六角头螺栓和螺柱			
			L_{SR} (mm)	质量 (kg)	L_{ZR} (mm)	质量 (kg)				L_{SR} (mm)	质量 (kg)	L_{ZR} (mm)	质量 (kg)
10	M12	4	75	60	90	72	80	M24	8	135	486	155	558
15	M12	4	75	60	90	72	100	M24	8	145	667	165	759
20	M16	4	95	152	105	168	125	M27	8	160	896	180	1008
25	M16	4	95	152	110	176	150	M30	12	170	952	190	1064
32	M20	4	105	252	120	288	200	M33	12	195	1326	215	1462
40	M20	4	110	264	125	300	250	M36×3	12	210	1680	230	1840
50	M24	4	125	450	145	522	300	M39×3	16	240	2256	260	2444
65	M24	8	130	468	150	540	350	M45×3	16	265	3286	290	3596

注：紧固件质量为每1000件的近似质量，紧固件长度未计入垫圈厚度。

3.7.23 PN160法兰用六角头螺栓和螺柱的长度和质量（带颈对焊法兰）

PN160法兰用六角头螺栓和螺柱的长度和质量（带颈对焊法兰）如表3-140的规定。

表 3-140　PN160 法兰用六角头螺栓和螺柱的长度和质量（带颈对焊法兰）

公称尺寸 DN(mm)	螺纹	数量 n（个）	六角头螺栓和螺柱				公称尺寸 DN(mm)	螺纹	数量 n（个）	六角头螺栓和螺柱			
			L_{SR}（mm）	质量（kg）	L_{ZR}（mm）	质量（kg）				L_{SR}（mm）	质量（kg）	L_{ZR}（mm）	质量（kg）
10	M12	4	75	60	90	72	80	M24	8	140	504	160	576
15	M12	4	75	60	90	72	100	M27	8	155	713	175	805
20	M16	4	95	152	110	176	125	M30	8	170	952	190	1064
25	M16	4	95	152	110	176	150	M30	12	180	1008	205	1148
32	M20	4	115	276	130	312	200	M33	12	210	1428	235	1598
40	M20	4	115	276	130	312	250	M39×3	12	240	2256	265	2491
50	M24	4	130	468	150	540	300	M39×3	16	260	2444	290	2726
65	M24	8	135	486	155	558							

注：紧固件质量为每 1000 件的近似质量，紧固件长度未计入垫圈厚度。

3.7.24　PN6 法兰配用六角头螺栓和螺柱的长度和质量（整体法兰）

PN6 法兰配用六角头螺栓和螺柱的长度和质量（整体法兰）如表 3-141 所示。

表 3-141　PN6 法兰配用六角头螺栓和螺柱的长度和质量（整体法兰）

公称尺寸 DN(mm)	螺纹	数量 n（个）	六角头螺栓和螺柱				公称尺寸 DN(mm)	螺纹	数量 n（个）	六角头螺栓和螺柱			
			L_{SR}（mm）	质量（kg）	L_{ZR}（mm）	质量（kg）				L_{SR}（mm）	质量（kg）	L_{ZR}（mm）	质量（kg）
10	M10	4	40	37	55	33	350	M20	12	75	270	105	252
15	M10	4	40	37	55	33	400	M20	16	75	270	105	252
20	M10	4	45	40	60	36	450	M20	16	75	270	105	252
25	M10	4	45	40	60	36	500	M20	20	80	282	105	252
32	M12	4	50	60	65	52	600	M24	20	95	500	130	468
40	M12	4	50	60	65	52	700	M24	24	85	464	115	414
50	M12	4	50	60	65	52	800	M27	24	84	618	125	575
65	M12	4	50	60	65	52	900	M27	24	90	641	125	272
80	M16	4	55	133	80	128	1000	M27	28	90	641	125	575
100	M16	4	55	133	80	128	1200	M30	32	95	827	135	756
125	M16	8	60	141	85	136	1400	M33	36	110	1150	150	1020
150	M16	8	60	141	85	136	1600	M33	40	115	1184	155	1054
200	M16	8	65	149	90	144	1800	M36×3	44	120	1474	165	1320
250	M16	12	70	157	95	152	2000	M39×3	48	125	1848	175	1645
300	M20	12	75	270	105	252							

注：紧固件质量为每 1000 件的近似质量，紧固件长度未计入垫圈厚度。

3.7.25 PN10 法兰配用六角头螺栓和螺柱的长度和质量（整体法兰）

PN10 法兰配用六角头螺栓和螺柱的长度和质量（整体法兰）如表 3-142 所示。

表 3-142 PN10 法兰配用六角头螺栓和螺柱的长度和质量（整体法兰）

公称尺寸 DN(mm)	螺纹	数量 n（个）	六角头螺栓和螺柱				公称尺寸 DN(mm)	螺纹	数量 n（个）	六角头螺栓和螺柱			
			L_{SR} (mm)	质量 (kg)	L_{ZR} (mm)	质量 (kg)				L_{SR} (mm)	质量 (kg)	L_{ZR} (mm)	质量 (kg)
10	M12	4	50	60	70	56	350	M20	16	80	282	110	264
15	M12	4	50	60	70	56	400	M24	16	85	464	120	432
20	M12	4	55	64	75	60	450	M24	20	90	482	125	450
25	M12	4	55	64	75	60	500	M24	20	90	482	125	450
32	M16	4	60	141	85	136	600	M27	20	105	710	145	667
40	M16	4	60	141	85	136	700	M27	24	105	710	145	667
50	M16	4	60	141	85	136	800	M30	24	115	939	155	868
65	M16	8	60	141	85	136	900	M30	28	115	939	155	868
80	M16	8	65	149	90	144	1000	M33	28	120	1218	165	1122
100	M16	8	65	149	90	144	1200	M36×3	32	135	1594	180	1440
125	M16	8	70	157	95	152	1400	M39×3	36	145	1674	195	1833
150	M20	8	75	270	105	252	1600	M45×3	40	160	2851	220	2728
200	M20	8	80	282	105	252	1800	M45×3	44	165	2913	230	2852
250	M20	12	80	282	110	264	2000	M45×3	48	175	3037	235	2914
300	M20	12	80	282	110	264							

注：紧固件质量为每 1000 件的近似质量，紧固件长度未计入垫圈厚度。

3.7.26 PN16 法兰配用六角头螺栓和螺柱的长度和质量（整体法兰）

PN16 法兰配用六角头螺栓和螺柱的长度和质量（整体法兰）如表 3-143 所示。

表 3-143 PN16 法兰配用六角头螺栓和螺柱的长度和质量（整体法兰）

公称尺寸 DN(mm)	螺纹	数量 n（个）	六角头螺栓和螺柱				公称尺寸 DN(mm)	螺纹	数量 n（个）	六角头螺栓和螺柱			
			L_{SR} (mm)	质量 (kg)	L_{ZR} (mm)	质量 (kg)				L_{SR} (mm)	质量 (kg)	L_{ZR} (mm)	质量 (kg)
10	M12	4	50	60	70	56	40	M16	4	60	141	85	136
15	M12	4	50	60	70	56	50	M16	4	60	141	85	136
20	M12	4	55	64	75	60	65	M16	8	60	141	85	136
25	M12	4	55	64	75	60	80	M16	8	65	149	90	144
32	M16	4	60	141	85	136	100	M16	8	65	149	90	144

续表

公称尺寸 DN(mm)	螺纹	数量 n（个）	六角头螺栓和螺柱				公称尺寸 DN(mm)	螺纹	数量 n（个）	六角头螺栓和螺柱			
			L_{SR}（mm）	质量（kg）	L_{ZR}（mm）	质量（kg）				L_{SR}（mm）	质量（kg）	L_{ZR}（mm）	质量（kg）
125	M16	8	70	157	95	152	700	M33	24	130	1286	175	1190
150	M20	8	75	270	105	252	800	M36×3	24	130	1554	175	1400
200	M20	12	80	282	105	252	900	M39×3	28	140	1989	190	1786
250	M24	12	85	464	120	432	1000	M39×3	28	140	1989	195	1833
300	M24	12	90	482	125	450	1200	M45×3	32	160	2851	220	2728
350	M24	16	95	500	130	468	1400	M45×3	36	170	2975	235	2914
400	M27	16	100	687	140	644	1600	M52×4	40	190	4445	260	4316
450	M27	20	120	779	155	713	1800	M52×4	44	200	4615	265	4399
500	M30	20	130	1023	170	952	2000	M56	48	205	5500	280	5432
600	M33	20	155	1456	195	1326							

注：紧固件质量为每1000件的近似质量，紧固件长度未计入垫圈厚度。

3.7.27 PN25法兰配用螺柱的长度和质量（整体法兰）

PN25法兰配用螺柱的长度和质量（整体法兰）如表3-144所示。

表3-144 PN25法兰配用螺柱的长度和质量（整体法兰）

公称尺寸 DN(mm)	螺纹	数量 n（个）	螺柱		公称尺寸 DN(mm)	螺纹	数量 n（个）	螺柱	
			L_{ZR}（mm）	质量（kg）				L_{ZR}（mm）	质量（kg）
10	M12	4	70	56	250	M27	12	140	644
15	M12	4	70	56	300	M27	16	145	667
20	M12	4	75	60	350	M30	16	155	868
25	M12	4	75	60	400	M33	16	170	1156
32	M16	4	85	136	450	M33	20	180	1224
40	M16	4	85	136	500	M30	20	185	1258
50	M16	4	90	144	600	M36×3	20	210	1680
65	M16	8	95	152	700	M39×3	24	200	1880
80	M16	8	95	152	800	M45×3	24	225	2790
100	M20	8	105	252	900	M45×3	28	235	2914
125	M24	8	120	432	1000	M52×4	28	255	4233
150	M24	8	125	450	1200	M52×4	32	270	4482
200	M24	12	130	468					

注：紧固件质量为每1000件的近似质量，紧固件长度未计入垫圈厚度。

3.7.28 PN40 法兰配用螺柱的长度和质量（整体法兰）

PN40 法兰配用螺柱的长度和质量（整体法兰）如表 3-145 所示。

表 3-145 PN40 法兰配用螺柱的长度和质量（整体法兰）

公称尺寸 DN(mm)	螺纹	数量 n（个）	螺柱		公称尺寸 DN(mm)	螺纹	数量 n（个）	螺柱	
			L_{ZR}（mm）	质量（kg）				L_{ZR}（mm）	质量（kg）
10	M12	4	70	56	125	M24	8	120	432
15	M12	4	70	56	150	M24	8	125	450
20	M12	4	75	60	200	M27	12	145	667
25	M12	4	75	60	250	M30	12	155	868
32	M16	4	85	136	300	M30	16	165	924
40	M16	4	85	136	350	M33	16	180	1224
50	M16	4	90	144	400	M36×3	16	180	1520
65	M16	8	95	152	450	M36×3	20	205	1640
80	M16	8	95	152	500	M39×3	20	215	2021
100	M20	8	105	252	600	M45×3	20	260	3224

注：紧固件质量为每 1000 件的近似质量，紧固件长度未计入垫圈厚度。

3.7.29 PN63 法兰配用六角头螺栓和螺柱的长度和质量（整体法兰）

PN63 法兰配用六角头螺栓和螺柱的长度和质量（整体法兰）如表 3-146 所示。

表 3-146 PN63 法兰配用六角头螺栓和螺柱的长度和质量（整体法兰）

公称尺寸 DN(mm)	螺纹	数量 n（个）	六角头螺栓和螺柱				公称尺寸 DN(mm)	螺纹	数量 n（个）	六角头螺栓和螺柱			
			L_{SR}（mm）	质量（kg）	L_{ZR}（mm）	质量（kg）				L_{SR}（mm）	质量（kg）	L_{ZR}（mm）	质量（kg）
10	M12	4	75	60	90	72	100	M24	8	130	468	150	540
15	M12	4	75	60	90	72	125	M27	8	145	667	160	736
20	M16	4	95	152	105	168	150	M30	8	155	868	170	952
25	M16	4	95	152	110	176	200	M33	12	170	1156	190	1292
32	M20	4	110	264	125	300	250	M33	12	180	1224	200	1360
40	M20	4	115	276	130	312	300	M33	16	195	1326	215	1462
50	M20	4	110	264	130	312	350	M36×3	16	205	1640	225	1800
65	M20	8	110	264	130	312	400	M39×3	16	220	2068	240	2256
80	M20	8	115	276	135	324							

注：紧固件质量为每 1000 件的近似质量，紧固件长度未计入垫圈厚度。

3.7.30 PN100 法兰配用六角头螺栓和螺柱的长度和质量（整体法兰）

PN100 法兰配用六角头螺栓和螺柱的长度和质量（整体法兰）如表 3-147 所示。

表 3-147 PN100 法兰配用六角头螺栓和螺柱的长度和质量（整体法兰）

公称尺寸 DN(mm)	螺纹	数量 n（个）	六角头螺栓和螺柱				公称尺寸 DN(mm)	螺纹	数量 n（个）	六角头螺栓和螺柱			
			L_{SR}（mm）	质量（kg）	L_{ZR}（mm）	质量（kg）				L_{SR}（mm）	质量（kg）	L_{ZR}（mm）	质量（kg）
10	M12	4	75	60	90	72	100	M27	8	155	713	175	805
15	M12	4	75	60	90	72	125	M30	8	160	896	180	1008
20	M16	4	95	152	105	168	150	M30	12	160	952	190	1064
25	M16	4	95	152	110	176	200	M33	12	195	1326	215	1462
32	M20	4	110	264	125	300	250	M36×3	12	210	1680	230	1840
40	M20	4	115	276	130	312	300	M39×3	16	240	2256	260	2444
50	M24	4	130	468	150	558	350	M45×3	16	265	3286	290	3596
65	M24	8	135	486	155	558	400	M45×3	16	275	3410	900	3720
80	M24	8	140	504	160	576							

注：紧固件质量为每 1000 件的近似质量，紧固件长度未计入垫圈厚度。

3.7.31 PN160 法兰配用六角头螺栓和螺柱的长度和质量（整体法兰）

PN160 法兰配用六角头螺栓和螺柱的长度和质量（整体法兰）如表 3-148 所示。

表 3-148 PN160 法兰配用六角头螺栓和螺柱的长度和质量（整体法兰）

公称尺寸 DN(mm)	螺纹	数量 n（个）	六角头螺栓和螺柱				公称尺寸 DN(mm)	螺纹	数量 n（个）	六角头螺栓和螺柱			
			L_{SR}（mm）	质量（kg）	L_{ZR}（mm）	质量（kg）				L_{SR}（mm）	质量（kg）	L_{ZR}（mm）	质量（kg）
10	M12	4	75	60	90	72	80	M24	8	140	504	160	576
15	M12	4	75	60	90	72	100	M27	8	155	713	175	805
20	M16	4	95	152	105	176	125	M30	8	170	980	190	1064
25	M16	4	95	152	110	176	150	M30	12	180	1008	205	1148
32	M20	4	110	264	125	300	200	M33	12	210	1428	235	1598
40	M20	4	115	276	130	312	250	M39×3	12	240	2256	265	2491
50	M24	4	130	468	150	540	300	M39×3	16	260	2444	290	2726
65	M24	8	135	486	155	558							

注：紧固件质量为每 1000 件的近似质量，紧固件长度未计入垫圈厚度。

3.7.32 螺母近似质量

螺母近似质量如表 3-149 所示。

表 3-149 螺母近似质量

单位：kg

规格	M10	M12	M16	M20	M24	M27	M30	M33	M36×3	M39×3	M45×3	M48×3	M52×4	M56×4
I 型六角螺母	7.94	11.93	29	51.55	88.8	132.4	184.4	242.8	317	414.9	605.2	744.4	924.8	1091
II 型六角螺母	15	26	50	101	177	251	322	429	558	598	862	1064	1267	1530

注：紧固件质量为每 1000 件的近似质量，紧固件长度未计入垫圈厚度。

3.7.33 性能等级标志代号

性能等级标志代号如表 3-150 所示。

表 3-150 性能等级标志代号

性能等级	5.6	8.8	A2-50	A2-70	A4-50	A4-70	6	8
代号	5.6	8.8	A2-50	A2-70	A4-50	A4-70	6	8

3.7.34 材料牌号标志代号

材料牌号标志代号如表 3-151 所示。

表 3-151 材料牌号标志代号

材料牌号	30CrMo	35CrMo	42CrMo	25Cr2MoV	0Cr18Ni9	0Cr17Ni12Mo2
代号	30CM	35CM	42CM	25CMV	304	316
材料牌号	A193，B8-2	A193，B8M-2	A320，L7	A453，660	A194，8	A194，8M
代号	B8	B8M	L7	660	8	8M

3.8 钢制管法兰、垫片、紧固件选配规定（HG 20614—2009）

本标准规定了钢制管法兰、垫片和紧固件（PN 系列）配合使用时选用的一般规则。

本标准适用于 HG/T 20592～HG/T 20613 所规定的钢制管法兰、垫片和紧固件。

3.8.1 垫片类型选配表

垫片的型式和材料应根据流体、使用工况（压力、温度）以及法兰接头的密封要求选用。法兰的密封面型式和表面粗糙度应与垫片的型式和材料相适应。

垫片的密封载荷应与法兰的额定值、密封面型式、使用温度以及接头和密封要求相适应。紧固件材料、强度以及上紧要求应与垫片的型式、材料和法兰接头的密封要求相适应。

聚四氟乙烯包覆垫片不应用于真空或嵌入层材料易被介质腐蚀的场合。一般采用 PMF 型，PMS 型对减少管内液体滞留有利，PFT 型用于公称尺寸大于或等于 DN350 的场合。

石棉或柔性石墨垫片用于不锈钢和镍基合金法兰时，垫片材料中的氯离子含量不得超过 50×10^{-6}。

柔性石墨用于氧化性介质时，最高使用温度不超过 450℃。

石棉或非石棉垫片不应用于极度或高危害介质和高真空密封场合。

具有冷流倾向的聚四氟乙烯平垫片，其密封面型式宜采用全平面、凹面/凸面或榫面/槽面。

公称压力小于或等于 PN16 的法兰，采用缠绕式垫片、金属包覆垫片等半金属垫或金属环垫时，应选用带颈对焊法兰等刚性较大的法兰结构型式。

HG/T 20606 和 HG/T 20610 所列的非金属平垫片内径和缠绕垫内环内径可能大于相应法兰的内径，如使用上要求垫片（或内环）内径与法兰内径齐平时，用户应提出下列要求：

（1）采用整体法兰、对焊法兰或承插焊法兰。

（2）向垫片制造厂提供相应的法兰内径，作为垫片内径。

垫片型式的选择按表 3-152 的规定。

表 3-152 垫片类型选配表

<table>
<tr><th colspan="2">垫片型式</th><th>公称压力
PN（MPa）</th><th>公称尺寸 DN
（A、B）
（mm）</th><th>最高使用温度（℃）</th><th>密封面
型式</th><th>密封面的表面
粗糙度 Ra （μm）</th><th>法兰型式</th></tr>
<tr><td rowspan="8">非金属</td><td>橡胶垫片</td><td>≤16</td><td rowspan="7">10～2000</td><td>200[a]</td><td rowspan="5">突面
凹面/凸面
榫面/槽面
全平面</td><td rowspan="5">3.2～12.5</td><td rowspan="8">各种型式</td></tr>
<tr><td>石棉橡胶板</td><td>≤25</td><td>300</td></tr>
<tr><td>非石棉纤维橡胶板</td><td>≤40</td><td>290[b]</td></tr>
<tr><td>聚四氟乙烯板</td><td>≤16</td><td>100</td></tr>
<tr><td>膨胀或填充改性聚四氟乙烯板或带</td><td>≤40</td><td>200</td></tr>
<tr><td>增强柔性石墨板</td><td>10～63</td><td>650（450）[c]</td><td>突面
凹面/凸面
榫面/槽面</td><td rowspan="3">3.2～6.3</td></tr>
<tr><td>高温云母复合板</td><td>10～63</td><td>900</td><td>突面
凹面/凸面
榫面/槽面</td></tr>
<tr><td>聚四氟乙烯包覆垫</td><td>6～40</td><td>10～600</td><td>150</td><td>突面</td></tr>
</table>

续表

垫片型式		公称压力 PN（MPa）	公称尺寸 DN（A、B）（mm）	最高使用温度（℃）	密封面型式	密封面的表面粗糙度 *Ra*（μm）	法兰型式
半金属	缠绕垫	16～160	10～2000	[d]	突面 凹面/凸面 榫面/槽面	3.2～6.3	带颈平焊法兰 带颈对焊法兰 整体法兰 承插焊法兰 法兰盖
	齿形组合垫	16～160		[e]	突面 凹面/凸面 榫面/槽面	3.2～6.3	
半金属/金属	金属包覆垫	25～100	10～900	[f]	突面	1.6～3.2 （碳钢、有色金属） 0.8～1.6 （不锈钢、镍基合金）	带颈对焊法兰 整体法兰 法兰盖
金属	金属环垫	63～160	15～400	700	环连接面	0.8～1.6 （碳钢、铬钢） 0.4～0.8（不锈钢）	

注：a 各种天然橡胶及合成橡胶使用温度范围不同。

b 非石棉纤维橡胶板的主要原材料组成不同，使用温度范围不同。

c 增强柔性石墨板用于氧化性介质时，最高使用温度为 450℃。

d 缠绕垫根据金属带和填充材料的不同组合，使用温度范围不同。

e 齿形组合垫根据金属齿形环和覆盖层材料的不同组合，使用温度范围不同。

f 金属包覆垫根据包覆金属和填充材料的不同组合，使用温度范围不同。

3.8.2 螺栓和螺母选配

螺栓与螺母的配合按 HG/T 20613 的规定，螺栓和螺母选配使用规定按表 3-153 的规定。

表 3-153 螺栓和螺母选配和适用范围

螺栓/螺母				紧固件强度	公称压力等级	使用温度（℃）	使用限制
型式	标准	规格	材料或性能等级				
六角头螺栓 I 型六角螺母 （粗牙、细牙）	GB/T 5782 GB/T 6170 GB/T 6171	M10～M33 M36×3～M56×4	5.6/6	低	≤PN16	>-20～+300	非有毒、非可燃介质以及非剧烈循环场合；配合非金属平垫片
			8.8/8	高			
			A2-50 A4-50	低		-196～+400	
			A2-70 A4-70	中			

续表

螺栓/螺母				紧固件强度	公称压力等级	使用温度（℃）	使用限制
型式	标准	规格	材料或性能等级				
双头螺柱 I 型六角螺母 （粗牙，细牙）	GB/T 901 GB/T 6170 GB/T 6171	M10～M33 M36×3～M56×4	5.6/6	低	≤PN16	>-20～+300	
			8.8/8	高			
			A2-50	低		-196～+400	
双头螺柱 I 型六角螺母 （粗牙，细牙）	GB/T 901 GB/T 6170 GB/T 6171	M10～M33 M36×3～M56×4	A4-50	低	≤PN16	-196～+400	
			A2-70 A4-70	中			
全螺纹螺柱 II 型六角螺母 （粗牙，细牙）	HG/T 20634 GB/T 6175 GB/T 6176	M10～M33 M36×3～M56×4	35CrMo/30CrMo	高	≤ PN160	-100～+525	非有毒、非可燃介质以及非剧烈循环场合
			25Cr2MoV/30CrMo	高		>-20～+575	
			42CrMo/30CrMo	高		-100～+525	
			0Cr18Ni9	低		-196～+800	
			0Cr17Ni12Mo2	低		-196～+800	
			A193，B9 Cl.2/A194-8	中		-196～+525	
			A193，B8M Cl.2/A194-8M	中			
			A320，L7/A194，7	高		-100～+340	
			A453，660/A194-8，8M	中		-29～+525	

3.8.3 标准法兰用紧固件和垫片的选配

法兰、紧固件和垫片的选配按表 3-154 的规定。

表 3-154 标准法兰用紧固件和垫片的选配

公称压力 PN	垫片类型	螺栓强度等级
2.5～16		
2.5～16	非金属垫片 聚四氟乙烯包覆垫片	低强度、中强度、高强度[a]
	缠绕式垫片	中强度、高强度[b]
25	非金属平垫片 聚四氟乙烯包覆垫片	中强度、高强度[b]
	缠绕式垫片 具有覆盖层的齿形垫或金属平垫	中强度、高强度[b]
	金属包覆垫	高强度
40	非金属平垫片 聚四氟乙烯包覆垫	中强度、高强度[b]

续表

公称压力 PN	垫片类型	螺栓强度等级
40	缠绕式垫片 具有覆盖层的齿形垫或金属平垫	中强度、高强度
	金属包覆垫	高强度
63	增强柔性石墨板 高温蛭石复合增强版	中强度、高强度
	缠绕式垫片 具有覆盖层的齿形垫或金属平垫	中强度、高强度
	金属包覆垫 金属环垫	高强度
≥100	缠绕式垫片 具有覆盖层的齿形垫或金属平垫	中强度、高强度
	金属包覆垫 金属环垫	高强度

注：a 应采用全平面垫片或控制上紧扭矩。

b 应控制上紧扭矩。

第二篇

化工标准法兰（美洲体系）

第 4 章　钢制管法兰基础数据（HG 20615—2009）

本标准规定了钢制管法兰（Class 系列）的公称尺寸、公称压力、材料、压力-温度额定值、法兰类型和尺寸、密封面、公差及标记。

本标准适用于公称压力 PN 为 Class150（PN20）～Class2500（PN420）的钢制管法兰和法兰盖。法兰公称压力等级采用 Class 表示，包括以下 6 个等级：Class150、Class300、Class600、Class900、Class1500、Class2500。

本标准也适用于采用法兰作为连接型式的阀门、泵、化工机械、管路附件和设备零部件。

4.1　法兰的公称压力等级对照表

法兰的公称压力等级对照表如表 4-1 所示。

表 4-1　法兰的公称压力等级对照表

Class	PN	Class	PN
Class150	PN20	Class900	PN150
Class300	PN50	Class1500	PN260
Class600	PN110	Class2500	PN420

4.2　法兰类型

4.2.1　公称尺寸和钢管外径

本标准适用的钢管公称尺寸和钢管外径按表 4-2 的规定。

表 4-2　公称尺寸和钢管外径

公称尺寸	NPS(in)	1/2	3/4	1	1 1/4	1 1/2	2	2 1/2	3	4	
	DN(mm)	15	20	25	32	40	50	65	80	100	
钢管外径(mm)		21.3	26.9	33.7	42.4	48.3	60.3	76.1	88.9	114.3	
公称尺寸	NPS(in)	5	6	8	10	12	14	16	18	20	24
	DN(mm)	125	150	200	250	300	350	400	450	500	600
钢管外径(mm)		139.7	168.3	219.1	273.0	323.9	355.6	406.4	457	508	610

4.2.2 法兰类型及其代号

法兰类型及代号如表 4-3 所示。

表 4-3　法兰类型及代号

法兰类型	法兰类型代号	法兰类型	法兰类型代号
带颈平焊法兰	SO	螺纹法兰	Th
带颈对焊法兰	WN	对焊环松套法兰	LF/SE
整体法兰	IF	法兰盖	BL
承插焊法兰	SW	长高颈法兰	LWN

4.2.3 管法兰类型和适用范围

各种法兰类型适用的公称尺寸和公称压力按表 4-4～表 4-9 的规定。

表 4-4　带颈平焊法兰（SO）法兰适用范围

公称尺寸		公称压力 Class（PN）（bar）					公称尺寸		公称压力 Class（PN）（bar）				
NPS（in）	DN（mm）	150（20）	300（50）	600（110）	900（150）	1500（260）	NPS（in）	DN（mm）	150（20）	300（50）	600（110）	900（150）	1500（260）
$^{1}/_{2}$	15	×	×	×	×	×	6	150	×	×	×	×	
$^{3}/_{4}$	20	×	×	×	×	×	8	200	×	×	×	×	
1	25	×	×	×	×	×	10	250	×	×	×	×	
$1^{1}/_{4}$	32	×	×	×	×	×	12	300	×	×	×	×	
$1^{1}/_{2}$	40	×	×	×	×	×	14	350	×	×	×	×	
2	50	×	×	×	×	×	16	400	×	×	×	×	
$2^{1}/_{2}$	65	×	×	×	×	×	18	450	×	×	×	×	
3	80	×	×	×	×		20	500	×	×	×	×	
4	100	×	×	×	×		24	600	×	×	×	×	
5	125	×	×	×	×								

注：欧洲体系中公称压力单位为 MPa，美洲体系中其单位为 bar。

表 4-5　带颈对焊法兰（WN）和长高颈法兰（LWN）适用范围

公称尺寸		公称压力 Class（PN）（bar）						公称尺寸		公称压力 Class（PN）（bar）					
NPS（in）	DN（mm）	150（20）	300（50）	600（110）	900（150）	1500（260）	2500（420）	NPS（in）	DN（mm）	150（20）	300（50）	600（110）	900（150）	1500（260）	2500（420）
$^{1}/_{2}$	15	×	×	×	×	×	×	1	25	×	×	×	×	×	×
$^{3}/_{4}$	20	×	×	×	×	×	×	$1^{1}/_{4}$	32	×	×	×	×	×	×

续表

公称尺寸		公称压力 Class（PN）(bar)						公称尺寸		公称压力 Class（PN）(bar)					
NPS (in)	DN (mm)	150 (20)	300 (50)	600 (110)	900 (150)	1500 (260)	2500 (420)	NPS (in)	DN (mm)	150 (20)	300 (50)	600 (110)	900 (150)	1500 (260)	2500 (420)
$1^{1}/_{2}$	40	×	×	×	×	×	×	10	250	×	×	×	×	×	×
2	50	×	×	×	×	×	×	12	300	×	×	×	×	×	×
$2^{1}/_{2}$	65	×	×	×	×	×	×	14	350	×	×	×	×	×	
3	80	×	×	×	×	×	×	16	400	×	×	×	×	×	
4	100	×	×	×	×	×	×	18	450	×	×	×	×	×	
5	125	×	×	×	×	×	×	20	500	×	×	×	×	×	
6	150	×	×	×	×	×	×	24	600	×	×	×	×	×	
8	200	×	×	×	×	×	×								

表 4-6　整体法兰（IF）适用范围

公称尺寸		公称压力 Class（PN）(bar)						公称尺寸		公称压力 Class（PN）(bar)					
NPS (in)	DN (mm)	150 (20)	300 (50)	600 (110)	900 (150)	1500 (260)	2500 (420)	NPS (in)	DN (mm)	150 (20)	300 (50)	600 (110)	900 (150)	1500 (260)	2500 (420)
$^{1}/_{2}$	15	×	×	×	×	×	×	6	150	×	×	×	×	×	×
$^{3}/_{4}$	20	×	×	×	×	×	×	8	200	×	×	×	×	×	×
1	25	×	×	×	×	×	×	10	250	×	×	×	×	×	×
$1^{1}/_{4}$	32	×	×	×	×	×	×	12	300	×	×	×	×	×	×
$1^{1}/_{2}$	40	×	×	×	×	×	×	14	350	×	×	×	×	×	
2	50	×	×	×	×	×	×	16	400	×	×	×	×	×	
$2^{1}/_{2}$	65	×	×	×	×	×	×	18	450	×	×	×	×	×	
3	80	×	×	×	×	×	×	20	500	×	×	×	×	×	
4	100	×	×	×	×	×	×	24	600	×	×	×	×	×	
5	125	×	×	×	×	×	×								

表 4-7　承插焊法兰（SW）适用范围

公称尺寸		公称压力 Class（PN）(bar)					公称尺寸		公称压力 Class（PN）(bar)				
NPS (in)	DN (mm)	150 (20)	300 (50)	600 (110)	900 (150)	1500 (260)	NPS (in)	DN (mm)	150 (20)	300 (50)	600 (110)	900 (150)	1500 (260)
$^{1}/_{2}$	15	×	×	×	×	×	3	80	×	×	×	×	
$^{3}/_{4}$	20	×	×	×	×	×	4	100					
1	25	×	×	×	×	×	5	125					
$1^{1}/_{4}$	32	×	×	×	×	×	6	150					
$1^{1}/_{2}$	40	×	×	×	×	×	8	200					
2	50	×	×	×	×	×	10	250					
$2^{1}/_{2}$	65	×	×	×	×	×	12	300					

续表

公称尺寸		公称压力 Class（PN）（bar）					公称尺寸		公称压力 Class（PN）（bar）				
NPS（in）	DN（mm）	150（20）	300（50）	600（110）	900（150）	1500（260）	NPS（in）	DN（mm）	150（20）	300（50）	600（110）	900（150）	1500（260）
14	350						20	500					
16	400						24	600					
18	450												

表 4-8　螺纹法兰（Th）和对焊环松套法兰（LF/SE）适用范围

法兰类型		螺纹法兰（Th）		对焊环松套法兰（LF/SE）			法兰类型		螺纹法兰（Th）		对焊环松套法兰（LF/SE）		
公称尺寸		公称压力 Class（PN）（bar）					公称尺寸		公称压力 Class（PN）（bar）				
NPS（in）	DN（mm）	150（20）	300（50）	150（20）	300（50）	600（110）	NPS（in）	DN（mm）	150（20）	300（50）	150（20）	300（50）	600（110）
$^{1}/_{2}$	15	×	×	×	×	×	6	150	×	×	×	×	×
$^{3}/_{4}$	20	×	×	×	×	×	8	200			×	×	×
1	25	×	×	×	×	×	10	250			×	×	×
$1^{1}/_{4}$	32	×	×	×	×	×	12	300			×	×	×
$1^{1}/_{2}$	40	×	×	×	×	×	14	350			×	×	×
2	50	×	×	×	×	×	16	400			×	×	×
$2^{1}/_{2}$	65	×	×	×	×	×	18	450			×	×	×
3	80	×	×	×	×	×	20	500			×	×	×
4	100	×	×	×	×	×	24	600			×	×	×
5	125	×	×	×	×	×							

表 4-9　法兰盖（BL）适用范围

公称尺寸		公称压力 Class（PN）（bar）						公称尺寸		公称压力 Class（PN）（bar）					
NPS（in）	DN（mm）	150（20）	300（50）	600（110）	900（150）	1500（260）	2500（420）	NPS（in）	DN（mm）	150（20）	300（50）	600（110）	900（150）	1500（260）	2500（420）
$^{1}/_{2}$	15	×	×	×	×	×	×	6	150	×	×	×	×	×	×
$^{3}/_{4}$	20	×	×	×	×	×	×	8	200	×	×	×	×	×	×
1	25	×	×	×	×	×	×	10	250	×	×	×	×	×	×
$1^{1}/_{4}$	32	×	×	×	×	×	×	12	300	×	×	×	×	×	×
$1^{1}/_{2}$	40	×	×	×	×	×	×	14	350	×	×	×	×	×	
2	50	×	×	×	×	×	×	16	400	×	×	×	×	×	
$2^{1}/_{2}$	65	×	×	×	×	×	×	18	450	×	×	×	×	×	
3	80	×	×	×	×	×	×	20	500	×	×	×	×	×	
4	100	×	×	×	×	×	×	24	600	×	×	×	×	×	
5	125	×	×	×	×	×	×								

4.3 密封面

4.3.1 密封面型式代号

法兰的密封面型式代号如表 4-10 所示，法兰的密封面型式包括突面、凹面/凸面、榫面/槽面、全平面和环连接面。

表 4-10 密封面型式代号

密封面型式	突面	凹面	凸面	榫面	槽面	全平面	环连接面
代号	RF	FM	M	T	G	FF	RJ

4.3.2 各种类型法兰的密封面型式及其适用范围

各种类型法兰密封面型式的适用范围按表 4-11 的规定。

表 4-11 各种类型法兰的密封面型式及其适用范围

<table>
<tr><th rowspan="2">法兰类型</th><th rowspan="2">密封面型式</th><th colspan="6">公称压力 Class（PN）（bar）</th></tr>
<tr><th>150
（20）</th><th>300
（50）</th><th>600
（110）</th><th>900
（150）</th><th>1500
（260）</th><th>2500
（420）</th></tr>
<tr><td rowspan="4">带颈平焊法兰（SO）</td><td>突面（RF）</td><td colspan="4">DN15～DN600</td><td>DN15～DN65</td><td rowspan="3">—</td></tr>
<tr><td>凹面（FM）
凸面（M）</td><td>—</td><td colspan="3">DN15～DN600</td><td>DN15～DN65</td></tr>
<tr><td>榫面（T）
槽面（G）</td><td>—</td><td colspan="3">DN15～DN600</td><td>DN15～DN65</td></tr>
<tr><td>全平面（FF）</td><td>DN15～DN600</td><td colspan="5">—</td></tr>
<tr><td rowspan="2">带颈对焊法兰（WN）
长高颈法兰（LWN）</td><td>突面（RF）</td><td colspan="5">DN15～DN600</td><td>DN15～DN300</td></tr>
<tr><td>凹面（FM）
凸面（M）</td><td>—</td><td colspan="4">DN15～DN600</td><td>DN15～DN300</td></tr>
<tr><td rowspan="3">带颈对焊法兰（WN）
长高颈法兰（LWN）</td><td>榫面（T）
槽面（G）</td><td>—</td><td colspan="4">DN15～DN600</td><td>DN15～DN300</td></tr>
<tr><td>全平面（FF）</td><td>DN15～DN600</td><td colspan="5">—</td></tr>
<tr><td>环连接面（RJ）</td><td>DN15～DN300</td><td colspan="4">DN15～DN600</td><td>DN15～DN300</td></tr>
<tr><td rowspan="2">整体法兰（IF）</td><td>突面（RF）</td><td colspan="5">DN15～DN600</td><td>DN15～DN300</td></tr>
<tr><td>凹面（FM）
凸面（M）</td><td>—</td><td colspan="4">DN15～DN600</td><td>DN15～DN300</td></tr>
</table>

续表

法兰类型	密封面型式	公称压力 Class（PN）（bar）					
		150（20）	300（50）	600（110）	900（150）	1500（260）	2500（420）
整体法兰（IF）	榫面（T） 槽面（G）	—	DN15～DN600				DN15～DN300
	全平面（FF）	DN15～DN600	—				
	环连接面（RJ）	DN25～DN600	DN15～DN600				DN15～DN300
承插焊法兰（SW）	突面（RF）	DN15～DN80			DN15～DN65		—
	凹面（FM） 凸面（M）	—	DN15～DN80		DN15～DN65		
	榫面（T） 槽面（G）	—	DN15～DN80		DN15～DN65		
	环连接面（RJ）	DN25～DN80	DN15～DN80		DN15～DN65		
螺纹法兰（Th）	突面（RF）	DN15～DN150			—		
	全平面（FF）	DN15～DN150	—				
对焊环松套法兰（LF/SE）	突面（RF）	DN15～DN600			—		
法兰盖（BL）	突面（RF）	DN15～DN600					DN15～DN300
	凹面（FM） 凸面（M）	—	DN15～DN600				DN15～DN300
	榫面（T） 槽面（G）	—	DN15～DN600				DN15～DN300
	全平面（FF）	DN15～DN600	—				
	环连接面（RJ）	DN25～DN600	DN15～DN600				DN15～DN300

4.3.3 法兰密封面表面粗糙度

法兰密封面应进行机加工，表面粗糙度按表 4-12 的规定。用户有特殊要求时应在订货时注明。

表 4-12 法兰密封面表面粗糙度

密封面型式	密封面代号	*Ra*(μm)		密封面型式	密封面代号	*Ra*(μm)	
		最小	最大			最小	最大
突面	RF	3.2	6.3	榫面/槽面	T/G	0.8	3.2
凹面/凸面	FM/M			环连接面	RJ	0.4	1.6
全平面	FF						

注：突面、凹面/凸面及全平面密封面是采用刀具加工时自然形成的一种锯齿形同心圆或螺旋齿槽。加工刀具的圆角半径应不小于 1.5mm，形成的锯齿形同心圆或螺旋齿槽深度约为 0.05mm，节距为 0.45～0.55mm。

4.3.4 法兰密封面缺陷允许尺寸（突面、凹面/凸面、全平面）

法兰密封面缺陷不得超过表4-13的规定范围。任意两相邻缺陷之间的距离应大于或等于4倍缺陷最大径向投影尺寸，不允许有凸出法兰密封面的缺陷。

表4-13 法兰密封面缺陷允许尺寸　　单位：mm

公称尺寸 DN	缺陷的最大径向投影尺寸（缺陷深度≤h）	缺陷的最大深度和径向投影尺寸（缺陷深度＞h）	公称尺寸 DN	缺陷的最大径向投影尺寸（缺陷深度≤h）	缺陷的最大深度和径向投影尺寸（缺陷深度＞h）
15	3.0	1.5	150	6.0	3.0
20	3.0	1.5	200	8.0	4.5
25	3.0	1.5	250	8.0	4.5
32	3.0	1.5	300	8.0	4.5
40	3.0	1.5	350	8.0	4.5
50	3.0	1.5	400	10.0	4.5
65	3.0	1.5	450	12.0	6.0
80	4.5	3.0	500	12.0	6.0
100	6.0	3.0	600	12.0	6.0
125	6.0	3.0			

注：1．缺陷的径向投影尺寸为缺陷离开法兰孔中心最大半径和最小半径之差。

2．h为法兰密封面的锯齿形同心圆或螺旋齿槽深。

4.3.5 突面法兰的密封面尺寸

突面法兰的密封面尺寸按表4-14的规定。

突台高度f_1、f_2及E未包括在C（法兰厚度）内。

表4-14 突面法兰的密封面尺寸　　单位：mm

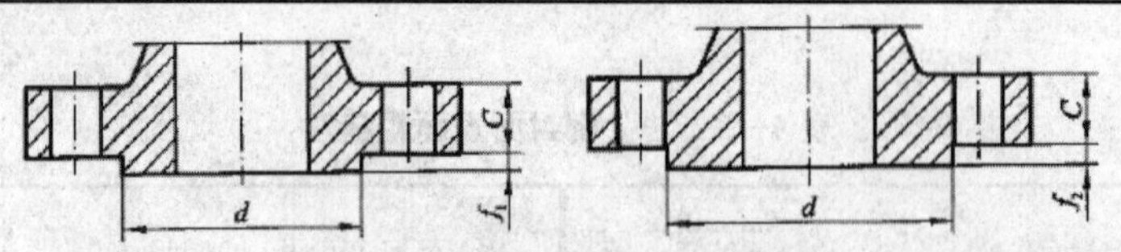

≤Class300（PN50）　　≥Class600（PN110）

公称尺寸		d	f_1	f_2	公称尺寸		d	f_1	f_2
NPS (in)	DN		PN≤Class300 (PN50)	PN≤Class300 (PN110)	NPS (in)	DN		PN≤Class300 (PN50)	PN≤Class300 (PN110)
$^{1}/_{2}$	15	34.9	2	7	1	25	50.8	2	7
$^{3}/_{4}$	20	42.9			$1^{1}/_{4}$	32	63.5		

续表

公称尺寸		d	f_1	f_2	公称尺寸		d	f_1	f_2
NPS (in)	DN		PN≤Class300（PN50）	PN≤Class300（PN110）	NPS (in)	DN		PN≤Class300（PN50）	PN≤Class300（PN110）
$1^{1}/_{2}$	40	73.0			10	250	323.8		
2	50	92.1			12	300	381.0		
$2^{1}/_{2}$	65	104.8			14	350	412.8		
3	80	127.0	2	7	16	400	469.9	2	7
4	100	157.2			18	450	533.4		
5	125	185.7			20	500	584.2		
6	150	215.9			24	600	692.2		
8	200	269.9							

4.3.6 凹/凸面（FM/M）、榫/槽面（T/G）法兰的密封面尺寸

Class300～Class2500 的凹/凸面（FM/M）、榫/槽面（T/G）法兰的密封面尺寸按表 4-15 的规定。

表 4-15 凹/凸面（FM/M）、榫/槽面（T/G）法兰的密封面尺寸　　单位：mm

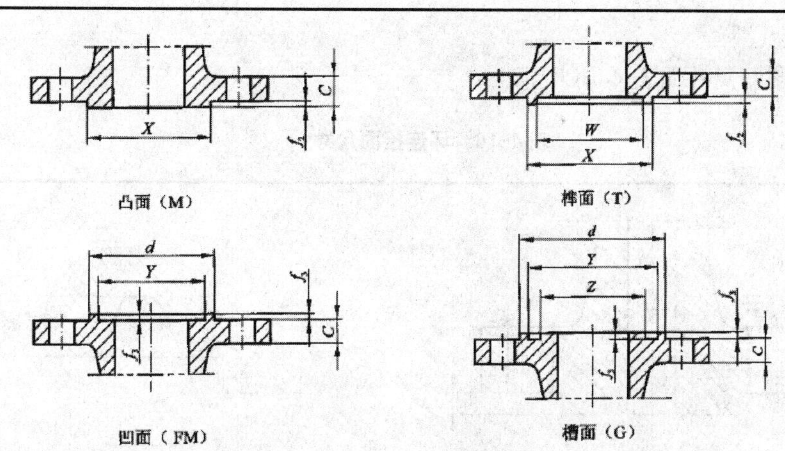

凸面（M）　榫面（T）　凹面（FM）　槽面（G）

公称尺寸		Class300（PN50）～Class2500（PN420）						
NPS（in）	DN	d	W	X	Y	Z	f_2	f_3
$^{1}/_{2}$	15	46	25.4	34.9	36.5	23.8	7	5
$^{3}/_{4}$	20	54	33.3	42.9	44.4	31.8	7	5
1	25	62	38.1	50.8	52.4	36.5	7	5
$1^{1}/_{4}$	32	75	47.6	63.5	65.1	46.0	7	5
$1^{1}/_{2}$	40	84	54.0	73.0	74.6	52.4	7	5

续表

公称尺寸		Class300（PN50）～Class2500（PN420）						
NPS（in）	DN	d	W	X	Y	Z	f_2	f_3
2	50	103	73.0	92.1	93.7	71.4	7	5
$2^1/_2$	65	116	85.7	104.8	106.4	84.1	7	5
3	80	138	108.0	127.0	128.6	106.4	7	5
4	100	168	131.8	157.2	158.8	130.2	7	5
5	125	197	160.3	185.7	187.3	158.8	7	5
6	150	227	190.5	215.9	217.5	188.9	7	5
8	200	281	238.1	269.9	271.5	236.5	7	5
10	250	335	285.8	323.8	325.4	284.2	7	5
12	300	392	342.9	381.0	382.6	341.3	7	5
14	350	424	374.6	412.8	414.3	373.1	7	5
16	400	481	425.4	469.9	471.5	423.9	7	5
18	450	544	489.0	533.4	535.0	487.4	7	5
20	500	595	533.4	584.2	585.8	531.8	7	5
24	600	703	641.4	692.2	693.7	639.8	7	5

4.3.7 环连接面尺寸

法兰环连接面尺寸如表 4-16 所示。

表 4-16 环连接面尺寸 单位：mm

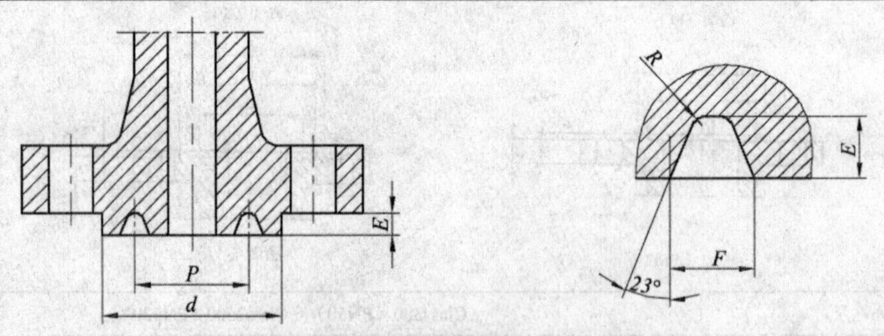

公称尺寸		Class150（PN20）						Class300（PN5.0）和 Class600（PN11.0）					
NPS（in）	DN	环号	d_{min}	P	E	F	R_{max}	环号	d_{min}	P	E	F	R_{max}
$^1/_2$	15	—						R11	51	34.14	5.56	7.14	0.8
$^3/_4$	20							R13	63.5	42.88	6.35	8.74	0.8
1	25	R15	63.5	47.62	6.35	8.74	0.8	R16	70	50.8	6.35	8.74	0.8
$1^1/_4$	32	R17	73	57.15	6.35	8.74	0.8	R18	79.5	60.32	6.35	8.74	0.8

续表

公称尺寸		Class150（PN20）						Class300（PN5.0）和 Class600（PN11.0）					
NPS（in）	DN	环号	d_{min}	P	E	F	R_{max}	环号	d_{min}	P	E	F	R_{max}
$1^1/_2$	40	R19	82.5	65.07	6.35	8.74	0.8	R20	90.5	68.27	6.35	8.74	0.8
2	50	R22	102	82.55	6.35	8.74	0.8	R23	108	82.55	7.92	11.91	0.8
$2^1/_2$	65	R25	121	101.6	6.35	8.74	0.8	R26	127	101.6	7.92	11.91	0.8
3	80	R29	133	114.3	6.35	8.74	0.8	R31	146	123.82	7.92	11.91	0.8
4	100	R36	171	149.22	6.35	8.74	0.8	R37	175	149.22	7.92	11.91	0.8
5	125	R40	194	171.45	6.35	8.74	0.8	R41	210	180.98	7.92	11.91	0.8
6	150	R43	219	193.68	6.35	8.74	0.8	R45	241	211.12	7.92	11.91	0.8
8	200	R48	273	247.65	6.35	8.74	0.8	R49	302	269.88	7.92	11.91	0.8
10	250	R52	330	304.8	6.35	8.74	0.8	R53	356	323.85	7.95	11.91	0.8
12	300	R56	406	381	6.35	8.74	0.8	R57	413	381	7.92	11.91	0.8
14	350	R59	425	396.88	6.35	8.74	0.8	R61	457	419.1	7.92	11.91	0.8
16	400	R64	483	454.03	6.35	8.74	0.8	R65	508	469.9	7.92	11.91	0.8
18	450	R68	546	517.53	6.35	8.74	0.8	R69	575	533.4	7.92	11.91	0.8
20	500	R72	597	558.8	6.35	8.74	0.8	R73	635	584.2	9.52	13.49	1.5
24	600	R76	711	673.1	6.35	8.74	0.8	R77	749	692.15	11.13	16.66	1.5

公称尺寸		Class900（PN15.0）						Class1500（PN26.0）					
NPS（in）	DN	环号	d_{min}	P	E	F	R_{max}	环号	d_{min}	P	E	F	R_{max}
$^1/_2$	15	R12	60.5	39.67	6.35	8.74	0.8	R12	60.5	39.67	6.35	8.74	0.8
$^3/_4$	20	R14	66.5	44.45	6.35	8.74	0.8	R14	66.5	44.45	6.35	8.74	0.8
1	25	R16	71.5	50.8	6.35	8.74	0.8	R16	71.5	50.8	6.35	8.74	0.8
$1^1/_4$	32	R18	81	60.32	6.35	8.74	0.8	R18	81	60.32	6.35	8.74	0.8
$1^1/_2$	40	R20	92	68.27	6.35	8.74	0.8	R20	92	68.27	6.35	8.74	0.8
2	50	R24	124	95.25	7.92	11.91	0.8	R24	124	95.25	7.92	11.91	0.8
$2^1/_2$	65	R27	137	107.95	7.92	11.91	0.8	R27	137	107.95	7.92	11.91	0.8
3	80	R31	156	123.82	7.92	11.91	0.8	R35	168	136.52	7.92	11.91	0.8
4	100	R37	181	149.22	7.92	11.91	0.8	R39	194	161.92	7.92	11.91	0.8
5	125	R41	216	180.98	7.92	11.91	0.8	R44	229	193.68	7.92	11.91	0.8
6	150	R45	241	211.12	7.92	11.91	0.8	R46	248	211.12	9.52	13.49	1.5
8	200	R49	308	269.88	7.92	11.91	0.8	R50	318	269.88	11.13	16.66	1.5
10	250	R53	362	323.85	7.92	11.91	0.8	R54	371	323.85	11.13	16.66	1.5
12	300	R57	419	381	7.92	11.91	0.8	R58	438	381	14.27	23.01	1.5
14	350	R62	467	419.1	11.13	16.66	1.5	R63	489	419.1	15.88	26.97	2.4
16	400	R66	524	469.9	11.13	16.66	1.5	R67	546	469.9	17.48	30.18	2.4
18	450	R70	594	533.4	12.7	19.84	1.5	R71	613	533.4	17.48	30.18	2.4

续表

公称尺寸		Class900（PN15.0）						Class1500（PN26.0）					
NPS（in）	DN	环号	d_{min}	P	E	F	R_{max}	环号	d_{min}	P	E	F	R_{max}
20	500	R74	648	584.2	12.7	19.84	1.5	R75	673	584.2	17.48	33.32	2.4
24	600	R78	772	692.15	15.88	26.97	2.4	R79	794	692.15	20.62	36.53	2.4

公称尺寸		Class2500（PN42.0）					
NPS（in）	DN	环号	d_{min}	P	E	F	R_{max}
$^1/_2$	15	R13	65	42.88	6.35	8.74	0.8
$^3/_4$	20	R16	73	50.8	6.35	8.74	0.8
1	25	R18	82.5	60.32	6.35	8.74	0.8
$1^1/_4$	32	R21	102	72.24	7.92	11.91	0.8
$1^1/_2$	40	R23	114	82.55	7.92	11.91	0.8
2	50	R26	133	101.6	7.92	11.91	0.8
$2^1/_2$	65	R28	149	111.12	9.52	13.49	1.5
3	80	R32	168	127	9.52	13.49	1.5
4	100	R38	203	157.18	11.13	16.66	1.5
5	125	R42	241	190.5	12.7	19.84	1.5
6	150	R47	279	228.6	12.7	19.84	1.5
8	200	R51	340	279.4	14.27	23.01	1.5
10	250	R55	425	342.9	17.48	30.18	2.4
12	300	R60	495	406.4	17.48	33.32	2.4

4.4 钢制管法兰用材料

钢制管法兰用材料按表 4-17 的规定，其化学成分、力学性能和其他技术要求应符合表所列标准的规定。

表 4-17 钢制管法兰用材料

类别号	类别	钢号		锻件		铸件	
		材料牌号	标准编号	材料牌号	标准编号	材料牌号	标准编号
1.0	碳素钢	Q235A Q235B 20 Q245R	GB/T 3274 （GB/T 700） GB/T 711 GB/T 713	20	JB/T 4726	WCA	GB/T 12229
1.1	碳素钢	—	—	A105 16Mn 16MnD	GB/T12228 JB4726 JB4727	WCB	GB/T 12229

续表

类别号	类别	钢号		锻件		铸件	
		材料牌号	标准编号	材料牌号	标准编号	材料牌号	标准编号
1.2	碳素钢	Q345R	GB/T 713	—		WCC LC3，LCC	GB 12229 JB/T 7248
1.3	碳素钢	16MnDR	GB/T 3531	08Ni3D 25	JB/T 4727 GB/T 12228	LCB	JB/T 7248
1.4	碳素钢	09MnNiDR	GB/T 3531	09MnNiD	JB4727		
1.9	铬钼钢 1.25Cr～0.5Mo	14Cr1MoR	GB/T 713	14Cr1Mo	JB/T 4726	WC6	JB/T 5263
1.10	铬钼钢 2.25Cr～1Mo	12Cr2Mo1R	GB/T 713	12Cr2Mol	JB/T 4726	WC9	JB/T 5263
1.13	铬钼钢 5Cr～0.5Mo	—	—	1Cr5Mo	JB/T 4726	ZG16Cr5MoG	GB/T 16253
1.15	铬钼钢 9Cr～1Mo-V	—	—	—	—	C12A	JB/T 5263
1.17	铬钼钢 1Cr～0.5Mo	15CrMoR	GB/T 713	15CrMo	JB/T 4726	—	
2.1	304	0Cr18Ni9	GB/T 4237	0Cr18Ni9	JB/T 4728	CF3 CF8	GB/T 12230 GB/T 12230
2.2	316	0Cr17Ni12Mo2	GB/T 4237	0Cr17Ni12Mo2	JB/T 4728	CF3M CF8M	GB/T 12230 GB/T 12230
2.3	304L 316L	00Cr19Ni10 00Cr17Ni14Mo2	GB/T 4237	00Cr19Ni10 00Cr17Ni14Mo2	JB/T 4728	—	—
2.4	321	0Cr18Ni10Ti	GB/T 4237	0Cr18Ni10Ti	JB/T 4728	—	—
2.5	347	0Cr18Ni11Nb	GB/T 4237	—	—	—	—
2.11	CF8C	—	—	—	—	CF8C	GB/T 12230

注：1．管法兰材料一般应采用锻件或铸件，带颈法兰不得使用钢板制造。钢板仅可用于法兰盖。

2．表中所列铸件仅适用于整体法兰。

3．管法兰用对焊环可采用锻件或钢管制造（包括焊接）。

管法兰用锻件（包括锻轧件）的级别及其技术要求（参照 JB4726、JB4727、JB4728）应符合以下规定。

（1）符合下列情况之一者，应符合 III 级或 III 级以上锻件的要求。

1）公称压力大于或等于 Class600 者；

2）公称压力大于或等于 Class300 的铬钼钢锻件；

3）公称压力大于或等于 Class300 且工作温度小于或等于－20° 的铁素体钢锻件。

（2）除以上规定外，公称压力小于或等于 Class300 的锻件应符合 II 级或 II 级以上锻件的要求。

（3）除法兰盖外，法兰应采用锻件（或锻轧工艺）和铸（钢）件制作，不得拼焊。法兰盖可以采用钢板制作。

（4）除本标准规定外，管法兰用材料尚应遵循相关标准、规范的要求。

4.5 压力-温度额定值

公称压力为 Class150～Class2500 的钢制管法兰和法兰盖，在工作温度下的最高允许工作压力按表 4-18～表 4-33 的规定。中间温度可以采用内插法确定。

表 4-18 材料组别为 1.0 的钢制管法兰用材料最大允许工作压力（表压）

工作温度（℃）	最大允许工作压力（bar）			工作温度（℃）	最大允许工作压力（bar）		
	Class150（PN20）	Class300（PN50）	Class600（PN110）		Class150（PN20）	Class300（PN50）	Class600（PN110）
≤38	16.0	41.8	83.6	325	9.3	32.3	64.5
50	15.4	40.1	80.3	350	8.4	31.2	62.5
100	14.8	38.7	77.4	375	7.4	30.4	60.8
150	14.4	37.6	75.3	400	6.5	29.4	58.7
200	13.8	36.4	72.8	425	5.5	25.9	51.7
250	12.1	35	69.9	450	4.6	21.5	43
300	10.2	33.1	66.2	475	3.7	15.5	31.0

表 4-19 材料组别为 1.1 的钢制管法兰用材料最大允许工作压力（表压）

工作温度（℃）	最大允许工作压力（bar）					
	Class150（PN20）	Class300（PN50）	Class600（PN110）	Class900（PN150）	Class1500（PN260）	Class2500（PN420）
≤38	19.6	51.1	102.1	153.2	255.3	425.5
50	19.2	50.1	100.2	150.4	250.6	417.7
100	17.7	46.6	93.2	139.8	233.0	388.3
150	15.8	45.1	90.2	135.2	225.4	375.6
200	13.8	43.8	87.6	131.4	219.0	365.0
250	12.1	41.9	83.9	125.8	209.7	349.5
300	10.2	39.8	79.6	119.5	199.1	331.8
325	9.3	38.7	77.4	116.1	193.6	322.6
350	8.4	37.6	75.1	112.7	187.8	313.0
375	7.4	36.4	72.7	109.1	181.8	303.1
400	6.5	34.7	69.4	104.2	173.6	289.3
425	5.5	28.8	57.5	86.3	143.6	239.7
450	4.6	23.0	46.0	69.0	115.0	191.7
475	3.7	17.4	34.9	52.3	87.2	145.3
500	2.8	11.8	23.5	35.3	58.8	97.9
538	1.4	5.9	11.8	17.7	29.5	49.2

表 4-20　材料组别为 1.2 的钢制管法兰用材料最大允许工作压力（表压）

工作温度（℃）	最大允许工作压力（bar）					
	Class150（PN20）	Class300（PN50）	Class600（PN110）	Class900（PN150）	Class1500（PN260）	Class2500（PN420）
≤38	19.8	51.7	103.4	155.1	258.6	430.9
50	19.5	51.7	103.4	155.1	258.6	430.9
100	17.7	51.5	103.0	154.6	257.6	429.4
150	15.8	50.2	103.4	155.1	250.8	418.1
200	13.8	48.6	97.2	145.8	243.2	405.4
250	12.5	46.3	92.7	139.0	231.8	386.2
300	10.2	42.9	85.7	128.6	214.4	357.1
325	9.3	41.4	82.6	124.0	206.6	344.3
350	8.4	40.0	80.0	120.1	200.1	333.5
375	7.4	37.8	75.7	113.5	189.2	315.3
400	6.5	34.7	69.4	104.2	173.6	289.3
425	5.5	28.8	57.5	86.3	143.8	239.7
450	4.6	23.0	46.0	69.0	115.0	191.7
475	3.7	17.1	34.2	51.3	85.4	142.4
500	2.8	11.6	23.2	34.7	57.9	96.5
538	1.4	5.9	11.8	17.7	29.5	49.2

表 4-21　材料组别为 1.3 的钢制管法兰用材料最大允许工作压力（表压）

工作温度（℃）	最大允许工作压力（bar）					
	Class150（PN20）	Class300（PN50）	Class600（PN110）	Class900（PN150）	Class1500（PN260）	Class2500（PN420）
≤38	18.4	48.0	96.0	144.1	240.1	400.1
50	18.2	47.5	94.9	142.4	237.3	395.6
100	17.4	45.3	90.7	136.0	226.7	377.8
150	15.8	43.9	87.9	131.8	219.7	366.1
200	13.8	42.5	85.1	127.6	212.7	354.4
250	12.1	40.8	81.6	122.3	203.9	339.8
300	10.2	38.7	77.4	116.1	193.4	322.4
325	9.3	37.6	75.2	112.7	187.9	313.1
350	8.4	36.4	72.8	109.2	182.0	303.3
375	7.4	35.0	69.9	104.9	174.9	291.4
400	6.5	32.6	65.2	97.9	163.1	271.9
425	5.5	27.3	54.6	81.9	136.5	227.5
450	4.6	21.6	43.2	64.8	107.9	179.9

续表

工作温度（℃）	最大允许工作压力（bar）					
	Class150（PN20）	Class300（PN50）	Class600（PN110）	Class900（PN150）	Class1500（PN260）	Class2500（PN420）
475	3.7	15.7	31.3	47.0	78.3	130.6
500	2.8	11.1	72.1	33.2	55.4	92.3
538	1.4	5.9	11.8	17.7	29.5	49.2

表 4-22　材料组别为 1.4 的钢制管法兰用材料最大允许工作压力（表压）

工作温度（℃）	最大允许工作压力（bar）					
	Class150（PN20）	Class300（PN50）	Class600（PN110）	Class900（PN150）	Class1500（PN260）	Class2500（PN420）
≤38	16.3	42.6	85.1	127.7	212.8	354.6
50	16.0	41.8	83.5	125.3	208.9	348.1
100	14.9	38.8	77.7	116.5	194.2	323.6
150	14.4	37.6	75.1	112.7	187.8	313.0
200	13.8	36.4	72.8	109.2	182.1	303.4
250	12.1	34.9	69.8	104.7	174.6	291.0
300	10.2	33.2	66.4	99.5	165.9	276.5
325	9.3	32.2	64.5	94.7	161.2	268.6
350	8.4	31.2	62.5	93.7	156.2	260.4
375	7.4	30.4	60.7	91.1	151.8	253.0
400	6.5	29.3	58.7	88.0	146.7	244.5
425	5.5	25.8	51.5	77.3	128.8	214.7
450	4.6	21.4	42.7	64.1	106.8	178.0
475	3.7	14.1	28.2	42.3	70.5	117.4
500	2.8	10.3	20.6	30.9	51.5	85.9
538	1.4	5.9	11.8	17.7	29.5	49.2

表 4-23　材料组别为 1.9 的钢制管法兰用材料最大允许工作压力（表压）

工作温度（℃）	最大允许工作压力（bar）					
	Class150（PN20）	Class300（PN50）	Class600（PN110）	Class900（PN150）	Class1500（PN260）	Class2500（PN420）
≤38	19.8	51.7	103.4	155.1	258.6	430.9
50	19.5	51.7	103.4	155.1	258.6	430.9
100	17.7	51.5	103.0	154.4	257.4	429.0
150	15.8	49.7	99.5	149.2	248.7	414.5
200	13.8	48.0	95.9	143.9	239.8	399.6
250	12.1	46.3	92.7	139.0	231.8	386.2

续表

工作温度（℃）	最大允许工作压力（bar）					
	Class150（PN20）	Class300（PN50）	Class600（PN110）	Class900（PN150）	Class1500（PN260）	Class2500（PN420）
300	10.2	42.9	85.7	128.6	214.4	357.1
325	9.3	41.4	82.6	124.0	206.6	344.3
350	8.4	40.3	80.4	120.7	201.1	335.3
375	7.4	38.9	77.6	116.5	194.1	323.2
400	6.5	36.5	73.3	109.8	183.1	304.9
425	5.5	35.2	70.0	105.0	175.1	291.6
450	4.6	33.7	67.7	101.4	169.0	281.8
475	3.7	31.7	63.4	95.1	158.2	263.9
500	2.8	25.7	51.5	77.2	128.6	214.4
538	1.4	14.9	29.8	44.7	74.5	124.1
550	—	12.7	25.4	38.1	63.5	105.9
575	—	8.8	17.6	26.4	44.0	73.4
600	—	6.1	12.2	18.3	30.5	50.9
625	—	4.3	8.5	12.8	21.3	35.5
650	—	2.8	5.7	8.5	14.2	23.6

表 4-24　材料组别为 1.10 的钢制管法兰用材料最大允许工作压力（表压）

工作温度（℃）	最大允许工作压力（bar）					
	Class150（PN20）	Class300（PN50）	Class600（PN110）	Class900（PN150）	Class1500（PN260）	Class2500（PN420）
≤38	19.8	51.7	103.4	155.1	258.6	430.9
50	19.5	51.7	103.4	155.1	258.6	430.9
100	17.7	51.5	103.0	154.6	257.6	429.4
150	15.8	50.3	100.3	150.6	250.8	418.2
200	13.8	48.6	97.2	145.8	243.4	405.4
250	12.1	46.3	92.7	139.0	231.8	386.2
300	10.2	42.9	85.7	128.6	214.4	357.1
325	9.3	51.7	103.4	155.1	258.6	430.9
350	8.4	40.3	80.4	120.7	201.1	335.3
375	7.4	38.9	77.6	116.5	194.1	323.2
400	6.5	36.5	73.3	109.8	183.1	304.9
425	5.5	35.2	70.0	105.1	175.1	291.6
450	4.6	33.7	67.7	101.4	169.0	281.8
475	3.7	31.7	63.4	95.1	158.2	263.9

续表

工作温度（℃）	最大允许工作压力（bar）					
	Class150（PN20）	Class300（PN50）	Class600（PN110）	Class900（PN150）	Class1500（PN260）	Class2500（PN420）
500	2.8	28.2	56.5	84.7	140.9	235.0
538	1.4	18.4	36.9	55.3	92.2	153.7
550		15.6	31.3	46.9	78.2	130.3
575		10.5	21.1	31.6	52.6	87.7
600		6.9	13.8	20.7	34.4	57.4
625		4.5	8.9	13.4	22.3	37.2
650		2.8	5.7	8.5	14.2	23.6

表 4-25　材料组别为 1.13 的钢制管法兰用材料最大允许工作压力（表压）

工作温度（℃）	最大允许工作压力（bar）					
	Class150（PN20）	Class300（PN50）	Class600（PN110）	Class900（PN150）	Class1500（PN260）	Class2500（PN420）
≤38	20.0	51.7	103.4	155.1	258.6	430.9
50	19.5	51.7	103.4	155.1	258.6	430.9
100	17.7	51.5	103.0	154.6	257.6	429.4
150	15.8	50.3	100.3	150.6	250.8	418.2
200	13.8	48.6	97.2	145.8	243.4	405.4
250	12.1	46.3	92.7	139.0	231.8	386.2
300	10.2	42.9	85.7	128.6	214.4	357.1
325	9.3	41.4	82.6	124.0	206.6	344.3
350	8.4	40.3	80.4	120.7	201.1	335.3
375	7.4	38.9	77.6	116.5	194.1	323.2
400	6.5	36.5	73.3	109.8	183.1	304.9
425	5.5	35.2	70.0	105.1	175.1	291.6
450	4.6	33.7	67.7	101.4	169.0	281.8
475	3.7	27.9	55.7	83.6	139.3	231.1
500	2.8	21.4	42.8	64.1	106.9	178.2
538	1.4	13.7	27.4	41.1	68.6	114.3
550		12.0	24.1	36.1	60.2	100.4
575		8.9	17.8	26.7	44.4	74.0
600		6.2	12.5	18.7	31.2	51.9
625		4.0	8.0	12.0	20.0	33.3
650		2.4	4.7	7.1	11.8	19.7

表 4-26　材料组别为 1.15 的钢制管法兰用材料最大允许工作压力（表压）

工作温度（℃）	最大允许工作压力（bar）					
	Class150（PN20）	Class300（PN50）	Class600（PN110）	Class900（PN150）	Class1500（PN260）	Class2500（PN420）
≤38	20.0	51.7	103.4	155.1	258.6	430.9
50	19.5	51.7	103.4	155.1	258.6	430.9
100	17.7	51.5	103.0	154.6	257.6	429.4
150	15.8	50.3	100.3	150.6	250.8	418.2
200	13.8	48.6	97.2	145.8	243.4	405.4
250	12.1	46.3	92.7	139.0	231.8	386.2
300	10.2	42.9	85.7	128.6	214.4	357.1
325	9.3	41.4	82.6	124.0	206.6	344.3
350	8.4	40.3	80.4	120.7	201.1	335.3
375	7.4	38.9	77.6	116.5	194.1	323.2
400	6.5	36.5	73.3	109.8	183.1	304.9
425	5.5	35.2	70.0	105.1	175.1	291.6
450	4.6	33.7	67.7	101.4	169.0	281.8
475	3.7	31.7	63.4	95.1	158.2	263.9
500	2.8	28.2	56.5	84.7	140.9	235.0
538	1.4	25.2	50.0	75.2	125.5	208.9
550		25.0	49.8	74.8	124.9	208.0
575		24.0	47.9	71.8	119.7	199.5
600		19.5	39.0	58.5	97.5	162.5
625		14.6	29.2	43.8	73.0	121.7
650		9.9	19.9	29.8	49.6	82.7

表 4-27　材料组别为 1.17 的钢制管法兰用材料最大允许工作压力（表压）

工作温度（℃）	最大允许工作压力（bar）					
	Class150（PN20）	Class300（PN50）	Class600（PN110）	Class900（PN150）	Class1500（PN260）	Class2500（PN420）
≤38	18.1	47.2	94.4	141.6	236	393.3
50	18.1	47.2	94.4	141.6	236	393.3
100	17.7	47.2	94.4	141.6	236	393.3
150	15.8	47.2	94.4	141.6	236	393.3
200	13.8	46.3	92.5	138.8	231.3	385.6
250	12.1	44.8	89.6	134.5	224.1	373.5
300	10.2	42.9	85.7	128.6	214.4	357.1
325	9.3	41.4	82.6	124.0	206.6	344.3

续表

工作温度（℃）	最大允许工作压力（bar）					
	Class150（PN20）	Class300（PN50）	Class600（PN110）	Class900（PN150）	Class1500（PN260）	Class2500（PN420）
350	8.4	40.3	80.4	120.7	201.1	335.3
375	7.4	38.9	77.6	116.5	194.1	323.2
400	6.5	36.5	73.3	109.8	183.1	304.9
425	5.5	35.2	70.0	105.1	175.1	291.6
450	4.6	33.7	67.7	101.4	169.0	281.8
475	3.7	27.9	55.7	83.6	139.3	232.1
500	2.8	21.4	42.8	64.1	106.9	178.2
538	1.4	13.7	27.4	41.1	68.6	114.3
550		12.0	24.1	36.1	60.2	100.4
575		8.8	17.6	26.4	44.0	73.4
600		6.1	12.1	18.2	30.3	50.4
625		4.0	8.0	12.0	20.0	33.3
650		2.4	4.7	7.1	11.8	19.7

表 4-28　材料组别为 2.1 的钢制管法兰用材料最大允许工作压力（表压）

工作温度（℃）	最大允许工作压力（bar）					
	Class150（PN20）	Class300（PN50）	Class600（PN110）	Class900（PN150）	Class1500（PN260）	Class2500（PN420）
≤38	19.0	49.6	99.3	148.9	248.2	416.7
50	18.3	47.8	95.6	143.5	239.1	398.5
100	15.7	40.9	81.7	122.6	204.3	340.4
150	14.2	37.0	74.0	111.0	185.0	308.4
200	13.2	34.5	69.0	103.4	172.4	287.3
250	12.1	32.5	65.0	97.5	162.4	270.7
300	10.2	30.9	61.8	92.7	154.6	257.6
325	9.3	30.2	60.4	90.7	151.1	251.9
350	8.4	29.6	59.3	88.9	148.1	246.9
375	7.4	29.0	58.1	87.1	145.2	241.9
400	6.5	28.4	56.9	85.3	142.2	237.0
425	5.5	28.0	56.0	84.0	140.0	233.3
450	4.6	27.4	54.8	82.2	137.0	228.4
475	3.7	26.9	63.9	80.8	134.7	224.5
500	2.8	26.5	53.0	79.5	132.4	220.7
538	1.4	24.4	48.9	73.3	122.1	203.6

续表

工作温度（℃）	最大允许工作压力（bar）					
	Class150（PN20）	Class300（PN50）	Class600（PN110）	Class900（PN150）	Class1500（PN260）	Class2500（PN420）
550	—	23.6	47.1	70.7	117.8	196.3
575	—	20.8	41.7	62.5	104.2	173.7
600	—	16.9	33.8	50.6	84.4	140.7
625	—	13.8	27.6	41.4	68.9	114.9
650	—	11.3	22.5	33.8	56.3	93.8
675	—	9.3	18.7	28.0	46.7	77.9
700	—	8.0	16.1	24.1	40.1	66.9
725	—	6.8	13.5	20.3	33.8	56.3
750	—	5.8	11.6	17.3	28.9	48.1
775	—	4.6	9.0	13.7	22.8	38.0
800	—	3.5	7.0	10.5	17.4	29.2
816	—	2.8	5.9	8.6	14.1	23.8

表 4-29　材料组别为 2.2 的钢制管法兰用材料最大允许工作压力（表压）

工作温度（℃）	最大允许工作压力（bar）					
	Class150（PN20）	Class300（PN50）	Class600（PN110）	Class900（PN150）	Class1500（PN260）	Class2500（PN420）
≤38	19.0	49.6	99.3	148.9	248.2	413.7
50	18.4	48.1	96.2	144.3	240.6	400.9
100	16.2	42.2	84.4	126.6	211.0	351.6
150	14.8	38.5	77.0	115.5	192.5	320.8
200	13.7	35.7	71.3	107.0	178.3	297.2
250	12.1	33.4	66.8	100.1	166.9	278.1
300	10.2	31.6	63.2	94.9	158.1	263.5
325	9.3	30.9	61.8	92.7	154.4	257.4
350	8.4	30.3	60.7	91.0	151.6	252.7
375	7.4	29.9	59.8	89.6	149.4	249.0
400	6.5	29.4	58.9	88.3	147.2	245.3
425	5.5	29.1	58.3	87.4	145.7	242.9
450	4.6	28.8	57.7	86.5	144.2	240.4
475	3.7	28.7	57.3	86.0	143.4	238.9
500	2.8	28.2	56.5	84.7	140.9	235.0
538	1.4	25.2	50.0	75.2	125.5	208.9
550	—	25.0	49.8	74.8	124.9	208.0

续表

工作温度（℃）	最大允许工作压力（bar）					
	Class150（PN20）	Class300（PN50）	Class600（PN110）	Class900（PN150）	Class1500（PN260）	Class2500（PN420）
575	—	24.0	47.9	71.8	119.7	199.5
600	—	19.9	39.8	59.7	99.5	165.9
625	—	15.8	31.6	47.4	79.1	131.8
650	—	12.7	25.3	38.0	63.3	105.5
675	—	10.3	20.6	31.0	51.6	86.0
700	—	8.4	16.8	25.1	41.9	69.8
725	—	7.0	14.0	21.0	34.9	58.2
750	—	5.9	11.7	17.6	29.3	48.9
775	—	4.6	9.0	13.7	22.8	38.0
800	—	3.5	7.0	10.5	17.4	29.2
816	—	2.8	5.9	8.6	14.1	23.8

表 4-30　材料组别为 2.3 的钢制管法兰用材料最大允许工作压力（表压）

工作温度（℃）	最大允许工作压力（bar）					
	Class150（PN20）	Class300（PN50）	Class600（PN110）	Class900（PN150）	Class1500（PN260）	Class2500（PN420）
≤38	15.9	41.4	82.7	124.1	206.8	344.7
50	15.3	40.0	80.0	120.1	200.1	333.5
100	13.3	34.8	69.6	104.4	173.9	289.9
150	12.0	31.4	62.8	94.2	157.0	261.6
200	11.2	29.2	58.3	87.5	145.8	243.0
250	10.5	27.5	54.9	82.4	137.3	228.9
300	10.0	26.1	52.1	78.2	130.3	217.2
325	9.3	25.5	51.0	76.4	127.4	212.3
350	8.4	25.1	50.1	75.2	125.4	208.9
375	7.4	24.8	49.5	74.3	123.8	206.3
400	6.5	24.3	48.6	72.9	121.5	202.5
425	5.5	23.9	47.7	71.6	119.3	198.8
450	4.6	23.4	46.8	70.2	117.1	195.1

表 4-31　材料组别为 2.4 的钢制管法兰用材料最大允许工作压力（表压）

工作温度（℃）	最大允许工作压力（bar）					
	Class150（PN20）	Class300（PN50）	Class600（PN110）	Class900（PN150）	Class1500（PN260）	Class2500（PN420）
≤38	19.0	49.6	99.3	148.9	248.2	413.7

续表

工作温度（℃）	最大允许工作压力（bar）					
	Class150（PN20）	Class300（PN50）	Class600（PN110）	Class900（PN150）	Class1500（PN260）	Class2500（PN420）
50	18.6	48.6	97.1	145.7	242.8	404.6
100	17.0	44.2	88.5	132.7	221.2	368.7
150	15.7	41.0	82.0	122.9	204.9	341.5
200	13.8	38.3	76.6	114.9	191.5	319.1
250	12.1	36.0	72.0	108.1	180.1	300.2
300	10.2	34.1	68.3	102.4	170.7	284.6
325	9.3	33.3	66.6	99.9	166.5	277.6
350	8.4	32.6	65.2	97.8	163.0	271.7
375	7.4	32.0	64.1	96.1	160.2	266.9
400	6.5	31.6	63.2	94.8	157.9	263.2
425	5.5	31.1	62.3	93.4	155.7	259.5
450	4.6	30.8	61.7	92.5	154.2	256.9
475	3.7	30.5	61.1	91.6	152.7	254.4
500	2.8	28.2	56.5	84.7	140.9	235.0
538	1.4	25.2	50.0	75.2	125.5	208.9
550	—	25.0	49.8	74.8	124.9	208.0
575	—	24.0	47.9	71.8	119.7	199.5
600	—	20.3	40.5	60.8	101.3	168.9
625	—	15.8	31.6	47.4	79.1	131.8
650	—	12.6	25.3	37.9	63.2	105.4
675	—	9.9	19.8	29.6	49.4	82.3
700	—	7.9	15.8	23.7	39.5	65.9
725	—	6.3	12.7	19.0	31.7	52.8
750	—	5.0	10.0	15.0	25.0	41.7
775	—	4.0	8.0	11.9	19.9	33.2
800	—	3.1	6.3	9.4	15.6	26.1
816	—	2.6	5.2	7.8	13.0	21.7

表 4-32　材料组别为 2.5 的钢制管法兰用材料最大允许工作压力（表压）

工作温度（℃）	最大允许工作压力（bar）					
	Class150（PN20）	Class300（PN50）	Class600（PN110）	Class900（PN150）	Class1500（PN260）	Class2500（PN420）
≤38	19.0	49.6	99.3	148.9	248.2	413.7
50	18.7	48.8	97.5	146.3	243.8	406.4

续表

工作温度（℃）	最大允许工作压力（bar）					
	Class150（PN20）	Class300（PN50）	Class600（PN110）	Class900（PN150）	Class1500（PN260）	Class2500（PN420）
100	17.4	45.3	90.6	135.9	226.5	377.4
150	15.8	42.5	84.9	127.4	212.4	353.9
200	13.8	39.9	79.9	119.8	199.7	332.8
250	12.1	37.8	75.6	113.4	189.1	315.1
300	10.2	36.1	72.2	108.3	180.4	300.7
325	9.3	35.4	70.7	106.1	176.8	294.6
350	8.4	34.8	69.5	104.3	173.8	289.6
375	7.4	34.2	68.4	102.6	171.0	285.1
400	6.5	33.9	67.8	101.7	169.5	282.6
425	5.5	33.6	67.2	100.8	168.1	280.1
450	4.6	33.5	66.9	100.4	167.3	278.8
475	3.7	31.7	63.4	95.1	158.2	263.9
500	2.8	28.2	56.5	84.7	140.9	235.0
538	1.4	25.2	50.0	75.2	125.5	208.9
550	—	25.0	49.8	74.8	124.9	208.0
575	—	24.0	47.9	71.8	119.7	199.5
600	—	21.6	42.9	64.2	107.0	178.5
625	—	18.3	36.6	54.9	91.2	152.0
650	—	14.1	28.1	42.5	70.7	117.7
675	—	12.4	25.2	37.6	62.7	104.5
700	—	10.1	20.0	29.8	49.7	83.0
725	—	7.9	15.4	23.2	38.6	64.4
750	—	5.9	11.7	17.6	29.6	49.1
775	—	4.6	9.0	13.7	22.8	38.0
800	—	3.5	7.0	10.5	17.4	29.2
816	—	2.8	5.9	8.6	14.1	23.8

表 4-33　材料组别为 2.11 的钢制管法兰用材料最大允许工作压力（表压）

工作温度（℃）	最大允许工作压力（bar）					
	Class150（PN20）	Class300（PN50）	Class600（PN110）	Class900（PN150）	Class1500（PN260）	Class2500（PN420）
≤38	19.0	49.6	99.3	148.9	248.2	413.7
50	18.7	48.8	97.5	146.3	243.8	406.4
100	17.4	45.3	90.6	135.9	226.5	377.4

续表

工作温度（℃）	最大允许工作压力（bar）					
	Class150（PN20）	Class300（PN50）	Class600（PN110）	Class900（PN150）	Class1500（PN260）	Class2500（PN420）
150	15.8	42.8	84.9	127.4	212.4	353.9
200	13.8	39.9	79.9	119.8	199.7	332.8
250	12.1	37.8	75.6	113.4	189.1	315.1
300	10.2	36.1	72.2	108.3	180.4	300.7
325	9.3	35.4	70.7	106.1	176.8	294.6
350	8.4	34.8	69.5	104.3	173.8	289.6
375	7.4	34.2	68.4	102.6	171.0	285.1
400	6.5	33.9	67.8	101.7	169.5	282.6
425	5.5	33.6	67.2	100.8	168.1	280.1
450	4.6	33.5	66.9	100.4	167.3	278.8
475	3.7	31.7	63.4	95.1	158.2	263.9
500	2.8	28.2	56.5	84.7	140.9	235.0
538	1.4	25.2	50.0	75.2	125.5	208.9
550	—	25.0	49.8	74.8	124.9	208.0
575	—	24	47.9	71.8	119.7	199.5
600	—	19.8	39.6	59.4	99.0	165.1
625	—	13.9	27.7	41.6	69.3	115.5
650	—	10.3	20.6	30.9	51.5	85.8
675	—	8.0	15.9	23.9	39.8	66.3
700	—	5.6	11.2	16.8	28.1	46.8
725	—	4.0	8.0	11.9	19.9	33.1
750	—	3.1	6.2	9.3	15.5	25.8
775	—	2.5	4.9	7.4	12.3	20.4
800	—	2.0	4.0	6.1	10.1	16.9
816	—	1.9	3.8	5.7	9.5	15.8

工作温度系指压力作用下法兰金属的温度。工作温度低于 20℃时，法兰的最高允许工作压力值与 20℃时相同。工作温度高于表列温度上限时，最高允许工作压力可根据经验值或通过计算，由设计者自行确定。

如果一个法兰接头上的两个法兰具有不同的压力额定值，该连接接头的最高允许工作压力值按较低值，并应控制安装时螺柱扭矩，防止过紧。

确定法兰接头的压力-温度额定值时，应考虑高温或者低温下管道系统中外力和外来扭矩对法兰接头密封能力的影响。

高温蠕变范围或者承受较大温度梯度的法兰接头应采用措施防止螺栓松弛，如定期上紧等。在低温操作条件下，应保证材料有足够的韧性。

采用本标准以外的材料时，法兰的最高允许工作压力可根据材料的机械强度相当的原则，参照表中的材料予以确定，但不大于表中对应材料的数值。

4.6 焊接接头和坡口尺寸

带颈平焊法兰与钢管连接的焊接接头应符合图 4-1 的要求。

承插焊法兰与钢管连接的焊接接头应符合图 4-2 的要求。

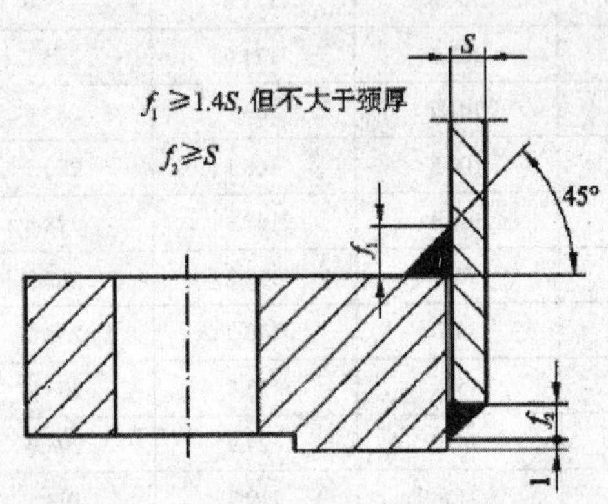

图 4-1　带颈平焊法兰与钢管焊接接头

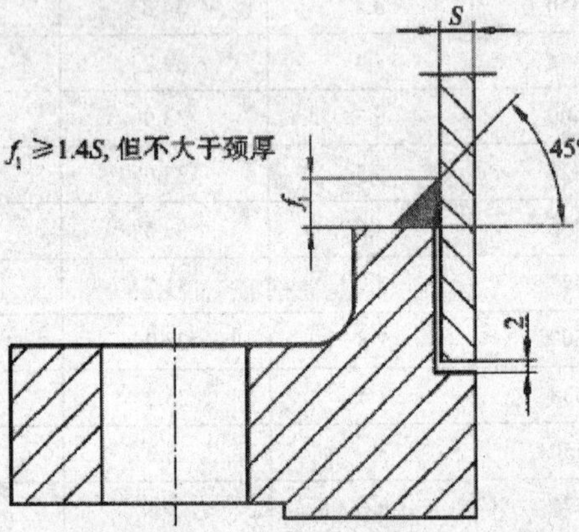

图 4-2　承插焊法兰与钢管焊接接头

带颈对焊法兰与钢管连接的焊接和坡口尺寸应符合图 4-3 的要求。如带颈对焊法兰的直边厚度段超过与其对接的钢管厚 1mm 以上时，法兰的直边段应在内径处削薄，削薄段的斜度应小于或等于 1:3，如图 4-3 所示。

对焊环（松套法兰）与钢管连接的焊接接头和坡口尺寸应符合图 4-4 的要求。

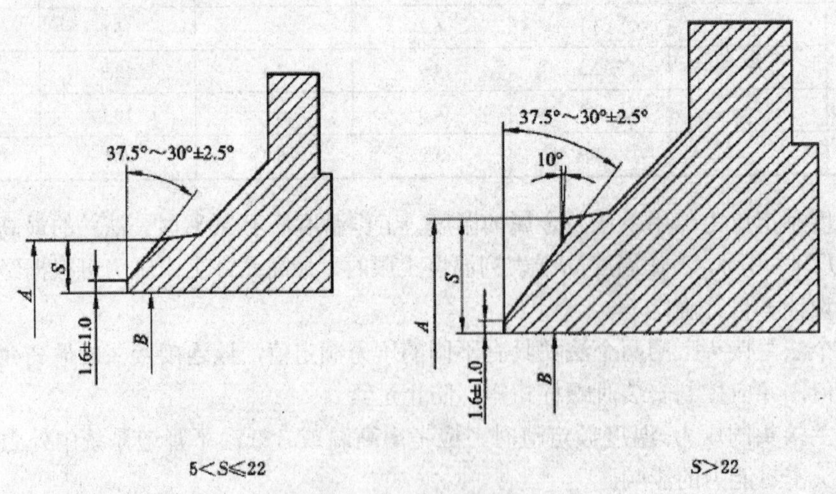

图 4-3　带颈对焊法兰与钢管连接的焊接接头和坡口尺寸

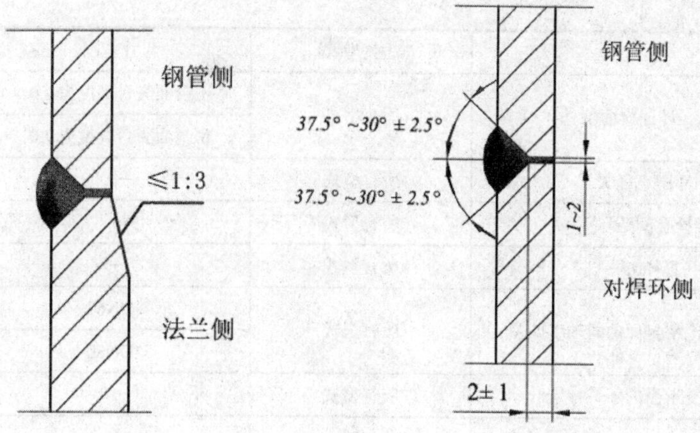

图 4-4　对焊环（松套法兰）与钢管连接的焊接接头和坡口尺寸

4.7　尺寸公差

4.7.1　法兰尺寸公差

法兰的尺寸公差按表 4-34 的规定。

表 4-34　法兰尺寸公差　　单位：mm

项　　目	法兰型式	尺寸范围	极限偏差
内径 B	对焊法兰 承插焊法兰	≤DN250	±1.0
		DN300～450	±1.5
		≥DN500	+3.0 −1.5
	带颈平焊法兰 松套法兰 承插焊法兰承插孔	≤DN250	+1.0 0
		≥DN300	+1.5 0
法兰厚度 C	双面加工的所有型式法兰（包括锪孔）	≤DN450	+3.0 0
		>DN450	+5.0 0
法兰高度 H	带颈法兰	≤DN250	±1.6
		≥DN300	±3.2
对焊法兰焊端外径 A	带颈对焊法兰	≤DN125	+2.0 −1.0
		≥DN150	+4.0 −1.0

续表

项目		法兰型式	尺寸范围	极限偏差
法兰凸台外径 d（环连接面除外）		所有型式	密封面突台高度为 2.0	±1.0
			密封面突台高度为 7.0	±0.5
螺栓孔中心圆直径 K		所有型式	—	±1.5
相邻螺栓孔间距		所有型式	—	±0.8
螺栓孔直径 L		所有型式	—	±0.5
螺栓孔中心圆与加工密封面的同轴度偏差		所有型式	≤DN65	<0.8
			≥DN80	<1.6
密封面与螺栓支承面的不平行度		所有型式	—	<1°
法兰突台高度 f_1		所有型式	2	0 -1.0
环连接面法兰突台高度 E		所有型式	—	±1.0
凹面/凸面和榫面/槽面高度 f_2、f_3		所有型式	—	+0.5 0
凹面/凸面和榫面/槽面直径	X、Z	所有型式	—	0 -0.5
	W、Y			+0.5 0

4.7.2 松套法兰用对焊环尺寸公差

松套法兰用对焊环尺寸公差按表 4-35 的规定。

表 4-35 松套法兰用对焊环尺寸公差 单位：mm

项目	尺寸范围	尺寸公差	项目	尺寸范围	尺寸公差
对焊环端部外径 A	DN15～DN65	+1.6 -0.8	对焊环长度 h	—	±2
	DN80～DN100	±1.6	对焊环密封面外径 d	DN15～DN200	0 -1
	DN125～DN200	+2.4 -1.6		≥DN250	0 -2
	≥DN250	+4.0 -3.2	圆角半径 R_2	DN15～DN80	0 -1
对焊环内径 B	DN15～DN65	±0.8		≥DN100	0 -2
	DN80～DN200	±1.6	对焊环翻边厚度 T		+1.6 -12.5%钢管名义厚度
	≥DN250	±3.2			

4.7.3 环连接面的尺寸公差

环连接面的尺寸公差按表4-36的规定。法兰环槽密封面的硬度应高于所配合的金属环型垫的硬度。

表 4-36 环连接面的尺寸公差 单位：mm

<table>
<tr><th>项　目</th><th>尺寸公差</th><th colspan="2">项　目</th><th>尺寸公差</th></tr>
<tr><td>环槽深度 E</td><td>$^{+0.4}_{0}$</td><td rowspan="2">环槽圆角 R_{max}</td><td>≤2</td><td>$^{+0.8}_{0}$</td></tr>
<tr><td>环槽顶宽度 F</td><td>±0.2</td><td>>2</td><td>±0.8</td></tr>
<tr><td>环槽中心圆直径 P</td><td>±0.13</td><td colspan="2" rowspan="2">密封面外径 d</td><td rowspan="2">±0.5</td></tr>
<tr><td>环槽角度 23°</td><td>±0.5°</td></tr>
</table>

4.8 材料代号

法兰材料代号按表4-37的规定。

表 4-37 材料代号

钢　号	代　号	钢　号	代　号
Q235A，Q235B	Q	12Cr2Mo1，12Cr2Mo1R	C2M
20，Q245R	20	1Cr5Mo	C5M
25	25	9Cr-1Mo-V	C9MV
A105	A105	08Ni3D	3.5Ni
09Mn2VR	09MnD	0Cr18Ni9	304
09MnNiD	09NiD	00Cr19Ni10	304L
16Mn，Q345R	16Mn	0Cr18Ni10Ti	321
16MnD，16MnDR	16MnD	0Cr17Ni2Mo2	316
09MnNiD，09MnNiDR	09MnNiD	00Cr17Ni14Mo2	316L
14Cr1Mo，14Cr1MoR	14CM	0Cr18Ni11Nb	347
15CrMo，15CrMoR	15CM		

第5章 法 兰 尺 寸

5.1 管法兰连接尺寸

管法兰的连接尺寸按表 5-1 的规定。螺栓孔应等间距均布。

表 5-1 管法兰连接尺寸 单位：mm

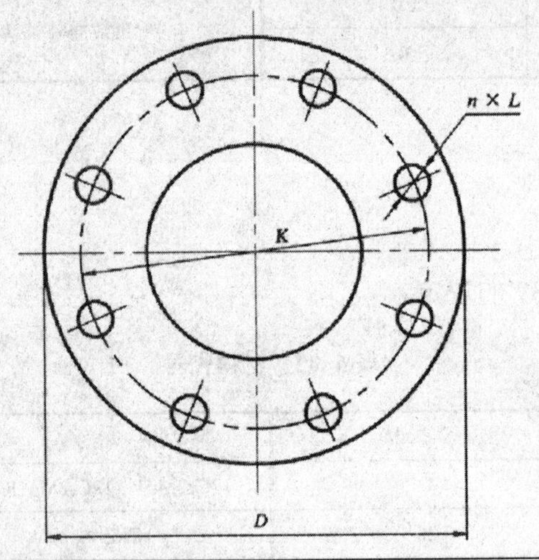

公称尺寸		Class150（PN20）					Class300（PN50）				
NPS(in)	DN	*D*	*K*	*L*	螺栓 Th	*n*（个）	*D*	*K*	*L*	螺栓 Th	*n*（个）
$^1/_2$	15	90	60.3	16	M14	4	95	66.7	16	M14	4
$^3/_4$	20	100	69.9	16	M14	4	115	82.6	18	M16	4
1	25	110	79.4	16	M14	4	125	88.9	18	M16	4
$1^1/_4$	32	115	88.9	16	M14	4	135	98.4	18	M16	4
$1^1/_2$	40	125	98.4	16	M14	4	155	114.3	22	M20	4
2	50	150	120.7	18	M16	4	165	127	18	M16	8
$2^1/_2$	65	180	139.7	18	M16	4	190	149.2	22	M20	8
3	80	190	152.4	18	M16	4	210	168.3	22	M20	8
4	100	230	190.5	18	M16	8	255	200	22	M20	8
5	125	255	215.9	22	M20	8	280	235	22	M20	8
6	150	280	241.3	22	M20	8	320	269.9	22	M20	12
8	200	345	298.5	22	M20	8	380	330.2	26	M24	12
10	250	405	362	26	M24	12	445	387.4	30	M27	16

续表

公称尺寸		Class150（PN20）					Class300（PN50）				
NPS(in)	DN	*D*	*K*	*L*	螺栓 Th	*n*（个）	*D*	*K*	*L*	螺栓 Th	*n*（个）
12	300	485	431.8	26	M24	12	520	450.8	33	M30	16
14	350	535	476.3	30	M27	12	585	514.4	33	M30	20
16	400	595	539.8	30	M27	16	650	571.5	36	M33	20
18	450	635	577.9	33	M30	16	710	628.6	36	M33	24
20	500	700	635	33	M30	20	775	685.8	36	M33	24
24	600	815	749.3	36	M33	20	915	812.8	42	M39×3	24
公称尺寸		Class600（PN110）					Class900（PN150）				
NPS(in)	DN	*D*	*K*	*L*	螺栓 Th	*n*（个）	*D*	*K*	*L*	螺栓 Th	*n*（个）
$^1/_2$	15	95	66.7	16	M14	4	120	82.5	22	M20	4
$^3/_4$	20	115	82.6	18	M16	4	130	88.9	22	M20	4
1	25	125	88.9	18	M16	4	150	101.6	26	M24	4
$1^1/_4$	32	135	98.4	18	M16	4	160	111	26	M24	4
$1^1/_2$	40	155	114.3	22	M20	4	180	123.8	30	M27	4
2	50	165	127	18	M16	8	215	165.1	26	M24	8
$2^1/_2$	65	190	149.2	22	M20	8	245	190.5	30	M27	8
3	80	210	168.3	22	M20	8	240	190.5	26	M24	8
4	100	275	215.9	26	M24	8	290	235	33	M30	8
5	125	330	266.7	30	M27	8	350	279.4	36	M33	8
6	150	355	292.1	30	M27	12	380	317.5	33	M30	12
8	200	420	349.2	33	M30	12	470	393.7	39	M36×3	12
10	250	510	431.8	36	M33	16	545	469.9	39	M36×3	16
12	300	560	489	36	M33	20	610	533.4	39	M36×3	20
14	350	605	527	39	M36×3	20	640	558.8	42	M39×3	20
16	400	685	603.2	42	M39×3	20	705	616	45	M42×3	20
18	450	745	654	45	M42×3	20	785	685.8	51	M48×3	20
20	500	815	723.9	45	M42×3	24	855	749.3	55	M52×3	20
24	600	940	838.2	51	M48×3	24	1040	901.7	68	M64×3	20
公称尺寸		Class1500（PN260）					Class2500（PN420）				
NPS(in)	DN	*D*	*K*	*L*	螺栓 Th	*n*（个）	*D*	*K*	*L*	螺栓 Th	*n*（个）
$^1/_2$	15	120	82.6	22	M20	4	135	88.9	22	M20	4
$^3/_4$	20	130	88.9	22	M20	4	140	95.2	22	M20	4
1	25	150	101.6	26	M24	4	160	108	26	M20	4
$1^1/_4$	32	160	111.1	26	M24	4	185	130.2	30	M27	4
$1^1/_2$	40	180	123.8	30	M27	4	205	146	33	M30	4

续表

公称尺寸		Class1500（PN260）					Class2500（PN420）				
NPS(in)	DN	*D*	*K*	*L*	螺栓 Th	*n*（个）	*D*	*K*	*L*	螺栓 Th	*n*（个）
2	50	215	165.1	26	M24	8	235	171.4	30	M27	8
$2^{1}/_{2}$	65	245	190.5	30	M27	8	265	196.8	33	M30	8
3	80	265	203.2	32.5	M30	8	305	228.6	36	M33	8
4	100	310	241.3	36	M33	8	355	273	42	M39×3	8
5	125	375	292.1	42	M39×3	8	420	323.8	48	M45×3	8
6	150	395	317.5	39	M36×3	12	485	368.3	55	M52×3	8
8	200	485	393.7	45	M42×3	12	550	438.2	55	M52×3	12
10	250	585	482.6	51	M48×3	12	675	539.8	68	M64×3	12
12	300	675	571.5	55	M52×3	16	760	619.1	74	M70×3	12
14	350	750	635	60	M56×3	16					
16	400	825	704.8	68	M64×3	16					
18	450	915	774.7	74	M70×3	16					
20	500	985	831.8	80	M76×3	16					
24	600	1170	990.6	94	M90×3	16					

5.2 管法兰结构尺寸

5.2.1 带颈平焊法兰（SO）

本标准规定了带颈平焊法兰（SO）（欧洲体系）的型式和尺寸。

本标准适用于公称压力 Class150（PN20）～Class1500（260）的带颈平焊法兰。

带颈平焊法兰的二维图形和三维图形如表 5-2 所示。

表 5-2 带颈平焊法兰

二维图形	三维图形

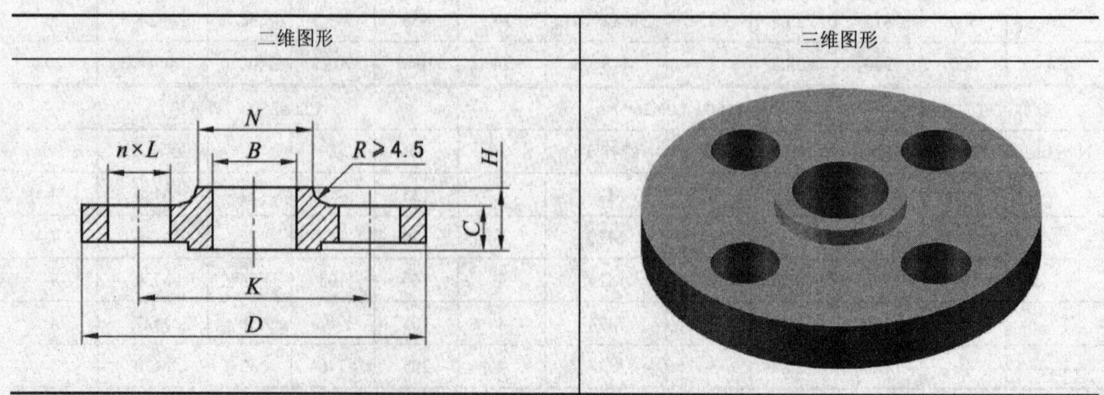

1．突面（RF）带颈平焊法兰

突面（RF）带颈平焊法兰根据公称压力可分为 Class150（PN20）、Class300（PN50）、Class600（PN110）、Class900（PN150）和 Class1500（PN260）。法兰尺寸如表 5-3～表 5-7 所示。

表 5-3　Class150（PN20）突面（RF）带颈平焊法兰尺寸　　单位：mm

标准件编号	NPS (in)	DN	*A*	*D*	*K*	*L*	*n* (个)	螺栓 Th	*C*	*B*	*N*	*H*	密封面	
													d	f_1
HG20615-2009SORF-150(20)_1	$^1/_2$	15	21.3	90	60.3	16	4	M14	9.6	22.5	30	14	34.9	2
HG20615-2009SORF-150(20)_2	$^3/_4$	20	26.9	100	69.9	16	4	M14	11.2	27.5	38	14	42.9	2
HG20615-2009SORF-150(20)_3	1	25	33.7	110	79.4	16	4	M14	12.7	34.5	49	17	50.8	2
HG20615-2009SORF-150(20)_4	$1^1/_4$	32	42.4	115	88.9	16	4	M14	14.3	43.5	59	19	63.5	2
HG20615-2009SORF-150(20)_5	$1^1/_2$	40	48.3	125	98.4	16	4	M14	15.9	49.5	65	21	73.0	2
HG20615-2009SORF-150(20)_6	2	50	60.3	150	120.7	18	4	M16	17.5	61.5	78	24	92.1	2
HG20615-2009SORF-150(20)_7	$2^1/_2$	65	76.1	180	139.7	18	4	M16	20.7	77.6	90	27	104.8	2
HG20615-2009SORF-150(20)_8	3	80	88.9	190	152.4	18	4	M16	22.3	90.5	108	29	127.0	2
HG20615-2009SORF-150(20)_9	4	100	114.3	230	190.5	18	8	M16	22.3	116	135	32	157.2	2
HG20615-2009SORF-150(20)_10	5	125	139.7	255	215.9	22	8	M20	22.3	143.5	164	35	185.7	2
HG20615-2009SORF-150(20)_11	6	150	168.3	280	241.3	22	8	M20	23.9	170.5	192	38	215.9	2
HG20615-2009SORF-150(20)_12	8	200	219.1	345	298.5	22	8	M20	27.0	221.5	246	43	269.9	2
HG20615-2009SORF-150(20)_13	10	250	273	405	362	26	12	M24	28.6	276.5	305	48	323.8	2
HG20615-2009SORF-150(20)_14	12	300	323.9	485	431.8	26	12	M24	30.2	328.0	365	54	381.0	2
HG20615-2009SORF-150(20)_15	14	350	355.6	535	476.3	30	12	M27	33.4	360.0	400	56	412.8	2
HG20615-2009SORF-150(20)_16	16	400	406.4	595	539.8	30	16	M27	35.0	411	457	62	469.9	2
HG20615-2009SORF-150(20)_17	18	450	457	635	577.9	33	16	M30	38.1	462	505	67	533.4	2
HG20615-2009SORF-150(20)_18	20	500	508	700	635	33	20	M30	41.3	513.5	559	71	584.2	2
HG20615-2009SORF-150(20)_19	24	600	610	815	749.3	36	20	M33	46.1	616.5	663	81	692.2	2

表 5-4　Class300（PN50）突面（RF）带颈平焊法兰尺寸　　单位：mm

标准件编号	NPS (in)	DN	*A*	*D*	*K*	*L*	*n* (个)	螺栓 Th	*C*	*B*	*N*	*H*	密封面	
													d	f_1
HG20615-2009SORF-300(50)_1	$^1/_2$	15	21.3	95	66.7	16	4	M14	12.7	22.5	38	21	34.9	2
HG20615-2009SORF-300(50)_2	$^3/_4$	20	26.9	115	82.6	18	4	M16	14.3	27.5	48	24	42.9	2
HG20615-2009SORF-300(50)_3	1	25	33.7	125	88.9	18	4	M16	15.9	34.5	54	25	50.8	2
HG20615-2009SORF-300(50)_4	$1^1/_4$	32	42.4	135	98.4	18	4	M16	17.5	43.5	64	25	63.5	2
HG20615-2009SORF-300(50)_5	$1^1/_2$	40	48.3	155	114.5	22	4	M20	19.1	49.5	70	29	73.0	2
HG20615-2009SORF-300(50)_6	2	50	60.3	165	127	18	8	M16	20.7	61.5	84	32	92.1	2

续表

标准件编号	NPS (in)	DN	A	D	K	L	n（个）	螺栓 Th	C	B	N	H	密封面	
													d	f_1
HG20615-2009SORF-300(50)_7	$2^1/_2$	65	76.1	190	149	22	8	M20	23.9	77.6	100	37	104.8	2
HG20615-2009SORF-300(50)_8	3	80	88.9	210	168.3	22	8	M20	27.0	90.5	117	41	127.0	2
HG20615-2009SORF-300(50)_9	4	100	114.3	255	200	22	8	M20	30.2	116	146	46	157.2	2
HG20615-2009SORF-300(50)_10	5	125	139.7	280	235	22	8	M20	33.4	143.5	178	49	185.7	2
HG20615-2009SORF-300(50)_11	6	150	168.3	320	269.9	22	12	M20	35.0	170.5	206	51	215.9	2
HG20615-2009SORF-300(50)_12	8	200	219.1	380	330.2	26	12	M24	39.7	221.5	260	60	269.9	2
HG20615-2009SORF-300(50)_13	10	250	273	445	387.5	30	16	M27	46.1	276.5	321	65	323.8	2
HG20615-2009SORF-300(50)_14	12	300	323.9	520	450.8	33	16	M30	49.3	328	375	71	381.0	2
HG20615-2009SORF-300(50)_15	14	350	355.6	585	514.5	33	20	M30	52.4	360.0	425	75	412.8	2
HG20615-2009SORF-300(50)_16	16	400	406.4	650	571.5	36	20	M33	55.6	411	483	81	469.9	2
HG20615-2009SORF-300(50)_17	18	450	457	710	628.6	36	24	M33	58.8	462	533	87	533.4	2
HG20615-2009SORF-300(50)_18	20	500	508	775	685.8	36	24	M33	62.0	513.5	587	94	584.2	2
HG20615-2009SORF-300(50)_19	24	600	610	915	812.8	42	24	M39×3	68.3	616.5	702	105	692.2	2

表 5-5 Class600（PN110）突面（RF）带颈平焊法兰尺寸　单位：mm

标准件编号	NPS (in)	DN	A	D	K	L	n（个）	螺栓 Th	C	B	N	H	密封面	
													d	f_2
HG20615-2009SORF-600(110)_1	$^1/_2$	15	21.3	95	66.7	16	4	M14	14.3	22.5	38	22	34.9	7
HG20615-2009SORF-600(110)_2	$^3/_4$	20	26.9	115	82.6	18	4	M16	15.9	27.5	48	25	42.9	7
HG20615-2009SORF-600(110)_3	1	25	33.7	125	88.9	18	4	M16	17.5	34.5	54	27	50.8	7
HG20615-2009SORF-600(110)_4	$1^1/_4$	32	42.4	135	98.4	18	4	M16	20.7	43.5	64	29	63.5	7
HG20615-2009SORF-600(110)_5	$1^1/_2$	40	48.3	155	114.3	22	4	M20	22.3	49.5	70	32	73.0	7
HG20615-2009SORF-600(110)_6	2	50	60.3	165	127	18	8	M16	25.4	61.5	84	37	92.1	7
HG20615-2009SORF-600(110)_7	$2^1/_2$	65	76.1	190	149.2	22	8	M20	28.6	77.6	100	41	104.8	7
HG20615-2009SORF-600(110)_8	3	80	88.9	210	168.3	22	8	M20	31.8	90.5	117	46	127.0	7
HG20615-2009SORF-600(110)_9	4	100	114.3	275	215.9	26	8	M24	38.1	116.0	152	54	157.2	7
HG20615-2009SORF-600(110)_10	5	125	139.7	330	266.7	30	8	M27	44.5	143.5	189	60	185.7	7
HG20615-2009SORF-600(110)_11	6	150	168.3	355	292.1	30	12	M27	47.7	170.5	222	67	215.9	7
HG20615-2009SORF-600(110)_12	8	200	219.1	420	349.2	33	12	M30	55.6	221.5	273	76	269.9	7
HG20615-2009SORF-600(110)_13	10	250	273	510	431.8	36	16	M33	63.5	276.5	343	86	323.8	7
HG20615-2009SORF-600(110)_14	12	300	323.9	560	489	36	20	M33	66.7	328.0	400	92	381.0	7
HG20615-2009SORF-600(110)_15	14	350	355.6	605	527	39	20	M36×3	69.9	360.0	432	94	412.8	7
HG20615-2009SORF-600(110)_16	16	400	406.4	685	603.2	42	20	M39×3	76.2	411	495	106	469.9	7
HG20615-2009SORF-600(110)_17	18	450	457	745	654	45	20	M42×3	82.6	462	546	117	533.4	7

续表

标准件编号	NPS (in)	DN	A	D	K	L	n (个)	螺栓 Th	C	B	N	H	密封面	
													d	f_2
HG20615-2009SORF-600(110)_18	20	500	508	815	723.9	45	24	M42×3	88.9	513.5	610	127	584.2	7
HG20615-2009SORF-600(110)_19	24	600	610	940	838.2	51	24	M48×3	101.6	616.5	718	140	692.2	7

表 5-6 Class900（PN150）突面（RF）带颈平焊法兰尺寸 单位：mm

标准件编号	NPS (in)	DN	A	D	K	L	n (个)	螺栓 Th	C	B	N	H	密封面	
													d	f_1
HG20615-2009SORF-900(150)_1	$^1/_2$	15	21.3	120	82.6	22	4	M20	22.3	22.5	38	32	34.9	7
HG20615-2009SORF-900(150)_2	$^3/_4$	20	26.9	130	88.9	22	4	M20	25.4	27.5	44	35	42.9	7
HG20615-2009SORF-900(150)_3	1	25	33.7	150	101.6	26	4	M24	28.6	34.5	52	41	50.8	7
HG20615-2009SORF-900(150)_4	$1^1/_4$	32	42.4	160	111.1	26	4	M24	28.6	43.5	64	41	63.5	7
HG20615-2009SORF-900(150)_5	$1^1/_2$	40	48.3	180	123.8	30	4	M27	31.8	49.5	70	44	73.0	7
HG20615-2009SORF-900(150)_6	2	50	60.3	215	165.1	26	8	M24	38.1	61.5	105	57	92.1	7
HG20615-2009SORF-900(150)_7	$2^1/_2$	65	76.1	245	190.5	30	8	M27	41.3	77.6	124	64	104.8	7
HG20615-2009SORF-900(150)_8	3	80	88.9	240	190.5	26	8	M24	38.1	90.5	127	54	127.0	7
HG20615-2009SORF-900(150)_9	4	100	114.3	290	235	33	8	M30	44.5	116	159	70	157.2	7
HG20615-2009SORF-900(150)_10	5	125	139.7	350	279.5	36	8	M33	50.8	143.5	190	79	185.7	7
HG20615-2009SORF-900(150)_11	6	150	168.3	380	317.5	33	12	M30	55.6	170.5	235	86	215.9	7
HG20615-2009SORF-900(150)_12	8	200	219.1	470	393.7	39	12	M36×3	63.5	221.5	298	102	269.9	7
HG20615-2009SORF-900(150)_13	10	250	273	545	469.9	39	16	M36×3	69.9	276.5	368	108	323.8	7
HG20615-2009SORF-900(150)_14	12	300	323.9	610	533.4	39	20	M36×3	79.4	328.0	419	117	381.0	7
HG20615-2009SORF-900(150)_15	14	350	355.6	640	558.8	42	20	M39×3	85.8	360.0	451	130	412.8	7
HG20615-2009SORF-900(150)_16	16	400	406.4	705	616	45	20	M42×3	88.9	411	508	133	469.9	7
HG20615-2009SORF-900(150)_17	18	450	457	785	685.8	51	20	M48×3	101.6	462	565	152	533.4	7
HG20615-2009SORF-900(150)_18	20	500	508	855	749.3	55	20	M52×3	108	513.5	622	159	584.2	7
HG20615-2009SORF-900(150)_19	24	600	610	1040	901.7	68	20	M64×3	139.7	616.5	749	203	692.2	7

表 5-7 Class1500（PN260）突面（RF）带颈平焊法兰尺寸 单位：mm

标准件编号	NPS (in)	DN	A	D	K	L	n (个)	螺栓 Th	C	B	N	H	密封面	
													d	f_1
HG20615-2009SORF-1500(260)_1	$^1/_2$	15	21.3	120	82.6	22	4	M20	22.3	22.5	38	32	34.9	7
HG20615-2009SORF-1500(260)_2	$^3/_4$	20	26.9	130	88.9	22	4	M20	25.4	27.5	44	35	42.9	7
HG20615-2009SORF-1500(260)_3	1	25	33.7	150	101.6	26	4	M24	28.6	34.5	52	41	50.8	7
HG20615-2009SORF-1500(260)_4	$1^1/_4$	32	42.4	160	111.1	26	4	M24	28.6	43.5	64	41	63.5	7
HG20615-2009SORF-1500(260)_5	$1^1/_2$	40	48.3	180	123.8	30	4	M27	31.8	49.5	70	44	73.0	7

续表

标准件编号	NPS (in)	DN	*A*	*D*	*K*	*L*	*n* (个)	螺栓 Th	*C*	*B*	*N*	*H*	密封面	
													d	f_1
HG20615-2009SORF-1500(260)_6	2	50	60.3	215	165	26	8	M24	38.1	61.5	105	57	92.1	7
HG20615-2009SORF-1500(260)_7	2$^1/_2$	65	76.1	245	190.5	30	8	M27	41.5	77.6	124	64	104.8	7

2. 凹面（FM）带颈平焊法兰

凹面（FM）带颈平焊法兰根据公称压力可分为Class300（PN50）、Class600（PN110）、Class900（PN150）和Class1500（PN260）。法兰尺寸如表5-8～表5-11所示。

表5-8 Class300（PN50）凹面（FM）带颈平焊法兰尺寸 单位：mm

标准件编号	NPS (in)	DN	*A*	*D*	*K*	*L*	*n* (个)	螺栓 Th	*C*	*B*	*N*	*H*	密封面			
													d	*Y*	f_2	f_3
HG20615-2009SOFM-300(50)_1	$^1/_2$	15	21.3	95	66.7	16	4	M14	12.7	22.5	38	21	46	36.5	7	5
HG20615-2009SOFM-300(50)_2	$^3/_4$	20	26.9	115	82.6	18	4	M16	14.3	27.5	48	24	54	44.4	7	5
HG20615-2009SOFM-300(50)_3	1	25	33.7	125	88.9	18	4	M16	15.9	34.5	54	25	62	52.4	7	5
HG20615-2009SOFM-300(50)_4	1$^1/_4$	32	42.4	135	98.4	18	4	M16	17.5	43.5	64	25	75	65.1	7	5
HG20615-2009SOFM-300(50)_5	1$^1/_2$	40	48.3	155	114.5	22	4	M20	19.1	49.5	70	29	84	74.6	7	5
HG20615-2009SOFM-300(50)_6	2	50	60.3	165	127	18	8	M16	20.7	61.5	84	32	103	93.7	7	5
HG20615-2009SOFM-300(50)_7	2$^1/_2$	65	76.1	190	149	22	8	M20	23.9	77.6	100	37	116	106.4	7	5
HG20615-2009SOFM-300(50)_8	3	80	88.9	210	168.3	22	8	M20	27.0	90.5	117	41	138	128.6	7	5
HG20615-2009SOFM-300(50)_9	4	100	114.3	255	200	22	8	M20	30.2	116	146	46	168	158.8	7	5
HG20615-2009SOFM-300(50)_10	5	125	139.7	280	235	22	8	M20	33.4	143.5	178	49	197	187.3	7	5
HG20615-2009SOFM-300(50)_11	6	150	168.3	320	269.9	22	12	M20	35.0	170.5	206	51	227	217.5	7	5
HG20615-2009SOFM-300(50)_12	8	200	219.1	380	330.2	26	12	M24	39.7	221.5	260	60	281	271.5	7	5
HG20615-2009SOFM-300(50)_13	10	250	273	445	387.5	30	16	M27	46.1	276.5	321	65	335	325.4	7	5
HG20615-2009SOFM-300(50)_14	12	300	323.9	520	450.8	33	16	M30	49.3	328	375	71	392	382.6	7	5
HG20615-2009SOFM-300(50)_15	14	350	355.6	585	514.5	33	20	M30	52.4	360.0	425	75	424	414.3	7	5
HG20615-2009SOFM-300(50)_16	16	400	406.4	650	571.5	36	20	M33	55.6	411	483	81	481	471.5	7	5
HG20615-2009SOFM-300(50)_17	18	450	457	710	628.6	36	24	M33	58.8	462	533	87	544	535.0	7	5
HG20615-2009SOFM-300(50)_18	20	500	508	775	685.8	36	24	M33	62.0	513.5	587	94	595	585.8	7	5
HG20615-2009SOFM-300(50)_19	24	600	610	915	812.8	42	24	M39×3	68.3	616.5	702	105	703	693.7	7	5

表5-9 Class600（PN110）凹面（FM）带颈平焊法兰尺寸 单位：mm

标准件编号	NPS (in)	DN	*A*	*D*	*K*	*L*	*n* (个)	螺栓 Th	*C*	*B*	*N*	*H*	密封面			
													d	*Y*	f_2	f_3
HG20615-2009SOFM-600(110)_1	$^1/_2$	15	21.3	95	66.7	16	4	M14	14.3	22.5	38	22	46	36.5	7	5

续表

标准件编号	NPS (in)	DN	A	D	K	L	n (个)	螺栓 Th	C	B	N	H	密封面			
													d	Y	f_2	f_3
HG20615-2009SOFM-600(110)_2	$^3/_4$	20	26.9	115	82.6	18	4	M16	15.9	27.5	48	25	54	44.4	7	5
HG20615-2009SOFM-600(110)_3	1	25	33.7	125	88.9	18	4	M16	17.5	34.5	54	27	62	52.4	7	5
HG20615-2009SOFM-600(110)_4	$1^1/_4$	32	42.4	135	98.4	18	4	M16	20.7	43.5	64	29	75	65.1	7	5
HG20615-2009SOFM-600(110)_5	$1^1/_2$	40	48.3	155	114.3	22	4	M20	22.3	49.5	70	32	84	74.6	7	5
HG20615-2009SOFM-600(110)_6	2	50	60.3	165	127	18	8	M16	25.4	61.5	84	37	103	93.7	7	5
HG20615-2009SOFM-600(110)_7	$2^1/_2$	65	76.1	190	149.2	22	8	M20	28.6	77.6	100	41	116	106.4	7	5
HG20615-2009SOFM-600(110)_8	3	80	88.9	210	168.3	22	8	M20	31.8	90.5	117	46	138	128.6	7	5
HG20615-2009SOFM-600(110)_9	4	100	114.3	275	215.9	26	8	M24	38.1	116.0	152	54	168	158.8	7	5
HG20615-2009SOFM-600(110)_10	5	125	139.7	330	266.7	30	8	M27	44.5	143.5	189	60	197	187.3	7	5
HG20615-2009SOFM-600(110)_11	6	150	168.3	355	292.1	30	12	M27	47.7	170.5	222	67	227	217.5	7	5
HG20615-2009SOFM-600(110)_12	8	200	219.1	420	349.2	33	12	M30	55.6	221.5	273	76	281	271.5	7	5
HG20615-2009SOFM-600(110)_13	10	250	273	510	431.8	36	16	M33	63.5	276.5	343	86	335	325.4	7	5
HG20615-2009SOFM-600(110)_14	12	300	323.9	560	489	36	20	M33	66.7	328.0	400	92	392	382.6	7	5
HG20615-2009SOFM-600(110)_15	14	350	355.6	605	527	39	20	M36×3	69.9	360.0	432	94	424	414.3	7	5
HG20615-2009SOFM-600(110)_16	16	400	406.4	685	603.2	42	20	M39×3	76.2	411	495	106	481	471.5	7	5
HG20615-2009SOFM-600(110)_17	18	450	457	745	654	45	20	M42×3	82.6	462	546	117	544	535.0	7	5
HG20615-2009SOFM-600(110)_18	20	500	508	815	723.9	45	24	M42×3	88.9	513.5	610	127	595	585.8	7	5
HG20615-2009SOFM-600(110)_19	24	600	610	940	838.2	51	24	M48×3	101.6	616.5	718	140	703	693.7	7	5

表 5-10 Class900（PN150）凹面（FM）带颈平焊法兰尺寸 单位：mm

标准件编号	NPS (in)	DN	A	D	K	L	n (个)	螺栓 Th	C	B	N	H	密封面			
													d	Y	f_2	f_3
HG20615-2009SOFM-900(150)_1	$^1/_2$	15	21.3	120	82.6	22	4	M20	22.3	22.5	38	32	46	36.5	7	5
HG20615-2009SOFM-900(150)_2	$^3/_4$	20	26.9	130	88.9	22	4	M20	25.4	27.5	44	35	54	44.4	7	5
HG20615-2009SOFM-900(150)_3	1	25	33.7	150	101.6	26	4	M24	28.6	34.5	52	41	62	52.4	7	5
HG20615-2009SOFM-900(150)_4	$1^1/_4$	32	42.4	160	111.1	26	4	M24	28.6	43.5	64	41	75	65.1	7	5
HG20615-2009SOFM-900(150)_5	$1^1/_2$	40	48.3	180	123.8	30	4	M27	31.8	49.5	70	44	84	74.6	7	5
HG20615-2009SOFM-900(150)_6	2	50	60.3	215	165.1	26	8	M24	38.1	61.5	105	57	103	93.7	7	5
HG20615-2009SOFM-900(150)_7	$2^1/_2$	65	76.1	245	190.5	30	8	M27	41.3	77.6	124	64	116	106.4	7	5
HG20615-2009SOFM-900(150)_8	3	80	88.9	240	190.5	26	8	M24	38.1	90.5	127	54	138	128.6	7	5
HG20615-2009SOFM-900(150)_9	4	100	114.3	290	235	33	8	M30	44.5	116	159	70	168	158.8	7	5
HG20615-2009SOFM-900(150)_10	5	125	139.7	350	279.5	36	8	M33	50.8	143.5	190	79	197	187.3	7	5
HG20615-2009SOFM-900(150)_11	6	150	168.3	380	317.5	33	12	M30	55.6	170.5	235	86	227	217.5	7	5
HG20615-2009SOFM-900(150)_12	8	200	219.1	470	393.7	39	12	M36×3	63.5	221.5	298	102	281	271.5	7	5

续表

标准件编号	NPS (in)	DN	A	D	K	L	n (个)	螺栓 Th	C	B	N	H	密封面			
													d	Y	f_2	f_3
HG20615-2009SOFM-900(150)_13	10	250	273	545	469.9	39	16	M36×3	69.9	276.5	368	108	335	325.4	7	5
HG20615-2009SOFM-900(150)_14	12	300	323.9	610	533.4	39	20	M36×3	79.4	328.0	419	117	392	382.6	7	5
HG20615-2009SOFM-900(150)_15	14	350	355.6	640	558.8	42	20	M39×3	85.8	360.0	451	130	424	414.3	7	5
HG20615-2009SOFM-900(150)_16	16	400	406.4	705	616	45	20	M42×3	88.9	411	508	133	481	471.5	7	5
HG20615-2009SOFM-900(150)_17	18	450	457	785	685.8	51	20	M48×3	101.6	462	565	152	544	535.0	7	5
HG20615-2009SOFM-900(150)_18	20	500	508	855	749.3	55	20	M52×3	108	513.5	622	159	595	585.8	7	5
HG20615-2009SOFM-900(150)_19	24	600	610	1040	901.7	68	20	M64×3	139.7	616.5	749	203	703	693.7	7	5

表 5-11 Class1500（PN260）凹面（FM）带颈平焊法兰尺寸 单位：mm

标准件编号	NPS (in)	DN	A	D	K	L	n (个)	螺栓 Th	C	B	N	H	密封面			
													d	Y	f_2	f_3
HG20615-2009SOFM-1500(260)_1	1/2	15	21.3	120	82.6	22	4	M20	22.3	22.5	38	32	46	36.5	7	5
HG20615-2009SOFM-1500(260)_2	3/4	20	26.9	130	88.9	22	4	M20	25.4	27.5	44	35	54	44.4	7	5
HG20615-2009SOFM-1500(260)_3	1	25	33.7	150	101.6	26	4	M24	28.6	34.5	52	41	62	52.4	7	5
HG20615-2009SOFM-1500(260)_4	1 1/4	32	42.4	160	111.1	26	4	M24	28.6	43.5	64	41	75	65.1	7	5
HG20615-2009SOFM-1500(260)_5	1 1/2	40	48.3	180	123.8	30	4	M27	31.8	49.5	70	44	84	74.6	7	5
HG20615-2009SOFM-1500(260)_6	2	50	60.3	215	165	26	8	M24	38.1	61.5	105	57	103	93.7	7	5
HG20615-2009SOFM-1500(260)_7	2 1/2	65	76.1	245	190.5	30	8	M27	41.5	77.6	124	64	116	106.4	7	5

3. 凸面（M）带颈平焊法兰

凸面（M）带颈平焊法兰根据公称压力可分为 Class300（PN50）、Class600（PN110）、Class900（PN150）和 Class1500（PN260）。法兰尺寸如表 5-12～表 5-15 所示。

表 5-12 Class300（PN50）凸面（M）带颈平焊法兰尺寸 单位：mm

标准件编号	NPS (in)	DN	A	D	K	L	n（个）	螺栓 Th	C	B	N	H	密封面	
													X	f_2
HG20615-2009SOM-300(50)_1	1/2	15	21.3	95	66.7	16	4	M14	12.7	22.5	38	21	34.9	7
HG20615-2009SOM-300(50)_2	3/4	20	26.9	115	82.6	18	4	M16	14.3	27.5	48	24	42.9	7
HG20615-2009SOM-300(50)_3	1	25	33.7	125	88.9	18	4	M16	15.9	34.5	54	25	50.8	7
HG20615-2009SOM-300(50)_4	1 1/4	32	42.4	135	98.4	18	4	M16	17.5	43.5	64	25	63.5	7
HG20615-2009SOM-300(50)_5	1 1/2	40	48.3	155	114.5	22	4	M20	19.1	49.5	70	29	73.0	7
HG20615-2009SOM-300(50)_6	2	50	60.3	165	127	18	8	M16	20.7	61.5	84	32	92.1	7
HG20615-2009SOM-300(50)_7	2 1/2	65	76.1	190	149	22	8	M20	23.9	77.6	100	37	104.8	7
HG20615-2009SOM-300(50)_8	3	80	88.9	210	168.3	22	8	M20	27.0	90.5	117	41	127.0	7

续表

标准件编号	NPS (in)	DN	*A*	*D*	*K*	*L*	*n*（个）	螺栓 Th	*C*	*B*	*N*	*H*	密封面	
													X	f_2
HG20615-2009SOM-300(50)_9	4	100	114.3	255	200	22	8	M20	30.2	116	146	46	157.2	7
HG20615-2009SOM-300(50)_10	5	125	139.7	280	235	22	8	M20	33.4	143.5	178	49	185.7	7
HG20615-2009SOM-300(50)_11	6	150	168.3	320	269.9	22	12	M20	35.0	170.5	206	51	215.9	7
HG20615-2009SOM-300(50)_12	8	200	219.1	380	330.2	26	12	M24	39.7	221.5	260	60	269.9	7
HG20615-2009SOM-300(50)_13	10	250	273	445	387.5	30	16	M27	46.1	276.5	321	65	323.8	7
HG20615-2009SOM-300(50)_14	12	300	323.9	520	450.8	33	16	M30	49.3	328	375	71	381.0	7
HG20615-2009SOM-300(50)_15	14	350	355.6	585	514.5	33	20	M30	52.4	360.0	425	75	412.8	7
HG20615-2009SOM-300(50)_16	16	400	406.4	650	571.5	36	20	M33	55.6	411	483	81	469.9	7
HG20615-2009SOM-300(50)_17	18	450	457	710	628.6	36	24	M33	58.8	462	533	87	533.4	7
HG20615-2009SOM-300(50)_18	20	500	508	775	685.8	36	24	M33	62.0	513.5	587	94	584.2	7
HG20615-2009SOM-300(50)_19	24	600	610	915	812.8	42	24	M39×3	68.3	616.5	702	105	692.2	7

表 5-13　Class600（PN110）凸面（M）带颈平焊法兰尺寸　单位：mm

标准件编号	NPS (in)	DN	*A*	*D*	*K*	*L*	*n*（个）	螺栓 Th	*C*	*B*	*N*	*H*	密封面	
													X	f_2
HG20615-2009SOM-600(110)_1	$^1/_2$	15	21.3	95	66.7	16	4	M14	14.3	22.5	38	22	34.9	7
HG20615-2009SOM-600(110)_2	$^3/_4$	20	26.9	115	82.6	18	4	M16	15.9	27.5	48	25	42.9	7
HG20615-2009SOM-600(110)_3	1	25	33.7	125	88.9	18	4	M16	17.5	34.5	54	27	50.8	7
HG20615-2009SOM-600(110)_4	$1^1/_4$	32	42.4	135	98.4	18	4	M16	20.7	43.5	64	29	63.5	7
HG20615-2009SOM-600(110)_5	$1^1/_2$	40	48.3	155	114.3	22	4	M20	22.3	49.5	70	32	73.0	7
HG20615-2009SOM-600(110)_6	2	50	60.3	165	127	18	8	M16	25.4	61.5	84	37	92.1	7
HG20615-2009SOM-600(110)_7	$2^1/_2$	65	76.1	190	149.2	22	8	M20	28.6	77.6	100	41	104.8	7
HG20615-2009SOM-600(110)_8	3	80	88.9	210	168.3	22	8	M20	31.8	90.5	117	46	127.0	7
HG20615-2009SOM-600(110)_9	4	100	114.3	275	215.9	26	8	M24	38.1	116.0	152	54	157.2	7
HG20615-2009SOM-600(110)_10	5	125	139.7	330	266.7	30	8	M27	44.5	143.5	189	60	185.7	7
HG20615-2009SOM-600(110)_11	6	150	168.3	355	292.1	30	12	M27	47.7	170.5	222	67	215.9	7
HG20615-2009SOM-600(110)_12	8	200	219.1	420	349.2	33	12	M30	55.6	221.5	273	76	269.9	7
HG20615-2009SOM-600(110)_13	10	250	273	510	431.8	36	16	M33	63.5	276.5	343	86	323.8	7
HG20615-2009SOM-600(110)_14	12	300	323.9	560	489	36	20	M33	66.7	328.0	400	92	381.0	7
HG20615-2009SOM-600(110)_15	14	350	355.6	605	527	39	20	M36×3	69.9	360.0	432	94	412.8	7
HG20615-2009SOM-600(110)_16	16	400	406.4	685	603.2	42	20	M39×3	76.2	411	495	106	469.9	7
HG20615-2009SOM-600(110)_17	18	450	457	745	654	45	20	M42×3	82.6	462	546	117	533.4	7
HG20615-2009SOM-600(110)_18	20	500	508	815	723.9	45	24	M42×3	88.9	513.5	610	127	584.2	7
HG20615-2009SOM-600(110)_19	24	600	610	940	838.2	51	24	M48×3	101.6	616.5	718	140	692.2	7

表 5-14　Class900（PN150）凸面（M）带颈平焊法兰尺寸　　　　单位：mm

标准件编号	NPS (in)	DN	*A*	*D*	*K*	*L*	*n*（个）	螺栓 Th	*C*	*B*	*N*	*H*	密封面	
													X	f_2
HG20615-2009SOM-900(150)_1	$^1/_2$	15	21.3	120	82.6	22	4	M20	22.3	22.5	38	32	34.9	7
HG20615-2009SOM-900(150)_2	$^3/_4$	20	26.9	130	88.9	22	4	M20	25.4	27.5	44	35	42.9	7
HG20615-2009SOM-900(150)_3	1	25	33.7	150	101.6	26	4	M24	28.6	34.5	52	41	50.8	7
HG20615-2009SOM-900(150)_4	$1^1/_4$	32	42.4	160	111.1	26	4	M24	28.6	43.5	64	41	63.5	7
HG20615-2009SOM-900(150)_5	$1^1/_2$	40	48.3	180	123.8	30	4	M27	31.8	49.5	70	44	73.0	7
HG20615-2009SOM-900(150)_6	2	50	60.3	215	165.1	26	8	M24	38.1	61.5	105	57	92.1	7
HG20615-2009SOM-900(150)_7	$2^1/_2$	65	76.1	245	190.5	30	8	M27	41.3	77.6	124	64	104.8	7
HG20615-2009SOM-900(150)_8	3	80	88.9	240	190.5	26	8	M24	38.1	90.5	127	54	127.0	7
HG20615-2009SOM-900(150)_9	4	100	114.3	290	235	33	8	M30	44.5	116	159	70	157.2	7
HG20615-2009SOM-900(150)_10	5	125	139.7	350	279.5	36	8	M33	50.8	143.5	190	79	185.7	7
HG20615-2009SOM-900(150)_11	6	150	168.3	380	317.5	33	12	M30	55.6	170.5	235	86	215.9	7
HG20615-2009SOM-900(150)_12	8	200	219.1	470	393.7	39	12	M36×3	63.5	221.5	298	102	269.9	7
HG20615-2009SOM-900(150)_13	10	250	273	545	469.9	39	16	M36×3	69.9	276.5	368	108	323.8	7
HG20615-2009SOM-900(150)_14	12	300	323.9	610	533.4	39	20	M36×3	79.4	328.0	419	117	381.0	7
HG20615-2009SOM-900(150)_15	14	350	355.6	640	558.8	42	20	M39×3	85.8	360.0	451	130	412.8	7
HG20615-2009SOM-900(150)_16	16	400	406.4	705	616	45	20	M42×3	88.9	411	508	133	469.9	7
HG20615-2009SOM-900(150)_17	18	450	457	785	685.8	51	20	M48×3	101.6	462	565	152	533.4	7
HG20615-2009SOM-900(150)_18	20	500	508	855	749.3	55	20	M52×3	108	513.5	622	159	584.2	7
HG20615-2009SOM-900(150)_19	24	600	610	1040	901.7	68	20	M64×3	139.7	616.5	749	203	692.2	7

表 5-15　Class1500（PN260）凸面（M）带颈平焊法兰尺寸　　　　单位：mm

标准件编号	NPS (in)	DN	*A*	*D*	*K*	*L*	*n*（个）	螺栓 Th	*C*	*B*	*N*	*H*	密封面	
													X	f_2
HG20615-2009SOM-1500(260)_1	$^1/_2$	15	21.3	120	82.6	22	4	M20	22.3	22.5	38	32	34.9	7
HG20615-2009SOM-1500(260)_2	$^3/_4$	20	26.9	130	88.9	22	4	M20	25.4	27.5	44	35	42.9	7
HG20615-2009SOM-1500(260)_3	1	25	33.7	150	101.6	26	4	M24	28.6	34.5	52	41	50.8	7
HG20615-2009SOM-1500(260)_4	$1^1/_4$	32	42.4	160	111.1	26	4	M24	28.6	43.5	64	41	63.5	7
HG20615-2009SOM-1500(260)_5	$1^1/_2$	40	48.3	180	123.8	30	4	M27	31.8	49.5	70	44	73.0	7
HG20615-2009SOM-1500(260)_6	2	50	60.3	215	165	26	8	M24	38.1	61.5	105	57	92.1	7
HG20615-2009SOM-1500(260)_7	$2^1/_2$	65	76.1	245	190.5	30	8	M27	41.5	77.6	124	64	104.8	7

4. 榫面（T）带颈平焊法兰

榫面(T)带颈平焊法兰根据公称压力可分为Class300(PN50)、Class600(PN110)、Class900

（PN150）和 Class1500（PN260）。法兰尺寸如表 5-16～表 5-19 所示。

表 5-16　Class300（PN50）榫面（T）带颈平焊法兰尺寸　　单位：mm

标准件编号	NPS (in)	DN	A	D	K	L	n（个）	螺栓 Th	C	B	N	H	密封面		
													W	X	f_2
HG20615-2009SOT-300(50)_1	$^1/_2$	15	21.3	95	66.7	16	4	M14	12.7	22.5	38	21	25.4	34.9	7
HG20615-2009SOT-300(50)_2	$^3/_4$	20	26.9	115	82.6	18	4	M16	14.3	27.5	48	24	33.3	42.9	7
HG20615-2009SOT-300(50)_3	1	25	33.7	125	88.9	18	4	M16	15.9	34.5	54	25	38.1	50.8	7
HG20615-2009SOT-300(50)_4	$1^1/_4$	32	42.4	135	98.4	18	4	M16	17.5	43.5	64	25	47.6	63.5	7
HG20615-2009SOT-300(50)_5	$1^1/_2$	40	48.3	155	114.5	22	4	M20	19.1	49.5	70	29	54.0	73.0	7
HG20615-2009SOT-300(50)_6	2	50	60.3	165	127	18	8	M16	20.7	61.5	84	32	73.0	92.1	7
HG20615-2009SOT-300(50)_7	$2^1/_2$	65	76.1	190	149	22	8	M20	23.9	77.6	100	37	85.7	104.8	7
HG20615-2009SOT-300(50)_8	3	80	88.9	210	168.3	22	8	M20	27.0	90.5	117	41	108.0	127.0	7
HG20615-2009SOT-300(50)_9	4	100	114.3	255	200	22	8	M20	30.2	116	146	46	131.8	157.2	7
HG20615-2009SOT-300(50)_10	5	125	139.7	280	235	22	8	M20	33.4	143.5	178	49	160.3	185.7	7
HG20615-2009SOT-300(50)_11	6	150	168.3	320	269.9	22	12	M20	35.0	170.5	206	51	190.5	215.9	7
HG20615-2009SOT-300(50)_12	8	200	219.1	380	330.2	26	12	M24	39.7	221.5	260	60	238.1	269.9	7
HG20615-2009SOT-300(50)_13	10	250	273	445	387.5	30	16	M27	46.1	276.5	321	65	285.8	323.8	7
HG20615-2009SOT-300(50)_14	12	300	323.9	520	450.8	33	16	M30	49.3	328	375	71	342.9	381.0	7
HG20615-2009SOT-300(50)_15	14	350	355.6	585	514.5	33	20	M30	52.4	360.0	425	75	374.6	412.8	7
HG20615-2009SOT-300(50)_16	16	400	406.4	650	571.5	36	20	M33	55.6	411	483	81	425.4	469.9	7
HG20615-2009SOT-300(50)_17	18	450	457	710	628.6	36	24	M33	58.8	462	533	87	489.0	533.4	7
HG20615-2009SOT-300(50)_18	20	500	508	775	685.8	36	24	M33	62.0	513.5	587	94	533.4	584.2	7
HG20615-2009SOT-300(50)_19	24	600	610	915	812.8	42	24	M39×3	68.3	616.5	702	105	641.4	692.2	7

表 5-17　Class600（PN110）榫面（T）带颈平焊法兰尺寸　　单位：mm

标准件编号	NPS (in)	DN	A	D	K	L	n（个）	螺栓 Th	C	B	N	H	密封面		
													W	X	f_2
HG20615-2009SOT-600(110)_1	$^1/_2$	15	21.3	95	66.7	16	4	M14	14.3	22.5	38	22	25.4	34.9	7
HG20615-2009SOT-600(110)_2	$^3/_4$	20	26.9	115	82.6	18	4	M16	15.9	27.5	48	25	33.3	42.9	7
HG20615-2009SOT-600(110)_3	1	25	33.7	125	88.9	18	4	M16	17.5	34.5	54	27	38.1	50.8	7
HG20615-2009SOT-600(110)_4	$1^1/_4$	32	42.4	135	98.4	18	4	M16	20.7	43.5	64	29	47.6	63.5	7
HG20615-2009SOT-600(110)_5	$1^1/_2$	40	48.3	155	114.3	22	4	M20	22.3	49.5	70	32	54.0	73.0	7
HG20615-2009SOT-600(110)_6	2	50	60.3	165	127	18	8	M16	25.4	61.5	84	37	73.0	92.1	7
HG20615-2009SOT-600(110)_7	$2^1/_2$	65	76.1	190	149.2	22	8	M20	28.6	77.6	100	41	85.7	104.8	7
HG20615-2009SOT-600(110)_8	3	80	88.9	210	168.3	22	8	M20	31.8	90.5	117	46	108.0	127.0	7
HG20615-2009SOT-600(110)_9	4	100	114.3	275	215.9	26	8	M24	38.1	116.0	152	54	131.8	157.2	7

续表

标准件编号	NPS (in)	DN	*A*	*D*	*K*	*L*	*n* (个)	螺栓 Th	*C*	*B*	*N*	*H*	密封面		
													W	*X*	f_2
HG20615-2009SOT-600(110)_10	5	125	139.7	330	266.7	30	8	M27	44.5	143.5	189	60	160.3	185.7	7
HG20615-2009SOT-600(110)_11	6	150	168.3	355	292.1	30	12	M27	47.7	170.5	222	67	190.5	215.9	7
HG20615-2009SOT-600(110)_12	8	200	219.1	420	349.2	33	12	M30	55.6	221.5	273	76	238.1	269.9	7
HG20615-2009SOT-600(110)_13	10	250	273	510	431.8	36	16	M33	63.5	276.5	343	86	285.8	323.8	7
HG20615-2009SOT-600(110)_14	12	300	323.9	560	489	36	20	M33	66.7	328.0	400	92	342.9	381.0	7
HG20615-2009SOT-600(110)_15	14	350	355.6	605	527	39	20	M36×3	69.9	360.0	432	94	374.6	412.8	7
HG20615-2009SOT-600(110)_16	16	400	406.4	685	603.2	42	20	M39×3	76.2	411	495	106	425.4	469.9	7
HG20615-2009SOT-600(110)_17	18	450	457	745	654	45	20	M42×3	82.6	462	546	117	489.0	533.4	7
HG20615-2009SOT-600(110)_18	20	500	508	815	723.9	45	24	M42×3	88.9	513.5	610	127	533.4	584.2	7
HG20615-2009SOT-600(110)_19	24	600	610	940	838.2	51	24	M48×3	101.6	616.5	718	140	641.4	692.2	7

表 5-18　Class900（PN150）榫面（T）带颈平焊法兰尺寸　　单位：mm

标准件编号	NPS (in)	DN	*A*	*D*	*K*	*L*	*n* (个)	螺栓 Th	*C*	*B*	*N*	*H*	密封面		
													W	*X*	f_2
HG20615-2009SOT-900(150)_1	$^1/_2$	15	21.3	120	82.6	22	4	M20	22.3	22.5	38	32	25.4	34.9	7
HG20615-2009SOT-900(150)_2	$^3/_4$	20	26.9	130	88.9	22	4	M20	25.4	27.5	44	35	33.3	42.9	7
HG20615-2009SOT-900(150)_3	1	25	33.7	150	101.6	26	4	M24	28.6	34.5	52	41	38.1	50.8	7
HG20615-2009SOT-900(150)_4	$1^1/_4$	32	42.4	160	111.1	26	4	M24	28.6	43.5	64	41	47.6	63.5	7
HG20615-2009SOT-900(150)_5	$1^1/_2$	40	48.3	180	123.8	30	4	M27	31.8	49.5	70	44	54.0	73.0	7
HG20615-2009SOT-900(150)_6	2	50	60.3	215	165.1	26	8	M24	38.1	61.5	105	57	73.0	92.1	7
HG20615-2009SOT-900(150)_7	$2^1/_2$	65	76.1	245	190.5	30	8	M27	41.3	77.6	124	64	85.7	104.8	7
HG20615-2009SOT-900(150)_8	3	80	88.9	240	190.5	26	8	M24	38.1	90.5	127	54	108.0	127.0	7
HG20615-2009SOT-900(150)_9	4	100	114.3	290	235	33	8	M30	44.5	116	159	70	131.8	157.2	7
HG20615-2009SOT-900(150)_10	5	125	139.7	350	279.5	36	8	M33	50.8	143.5	190	79	160.3	185.7	7
HG20615-2009SOT-900(150)_11	6	150	168.3	380	317.5	33	12	M30	55.6	170.5	235	86	190.5	215.9	7
HG20615-2009SOT-900(150)_12	8	200	219.1	470	393.7	39	12	M36×3	63.5	221.5	298	102	238.1	269.9	7
HG20615-2009SOT-900(150)_13	10	250	273	545	469.9	39	16	M36×3	69.9	276.5	368	108	285.8	323.8	7
HG20615-2009SOT-900(150)_14	12	300	323.9	610	533.4	39	20	M36×3	79.4	328.0	419	117	342.9	381.0	7
HG20615-2009SOT-900(150)_15	14	350	355.6	640	558.8	42	20	M39×3	85.8	360.0	451	130	374.6	412.8	7
HG20615-2009SOT-900(150)_16	16	400	406.4	705	616	45	20	M42×3	88.9	411	508	133	425.4	469.9	7
HG20615-2009SOT-900(150)_17	18	450	457	785	685.8	51	20	M48×3	101.6	462	565	152	489.0	533.4	7
HG20615-2009SOT-900(150)_18	20	500	508	855	749.3	55	20	M52×3	108	513.5	622	159	533.4	584.2	7
HG20615-2009SOT-900(150)_19	24	600	610	1040	901.7	68	20	M64×3	139.7	616.5	749	203	641.4	692.2	7

表 5-19 Class1500（PN260）榫面（T）带颈平焊法兰尺寸 单位：mm

标准件编号	NPS (in)	DN	A	D	K	L	n (个)	螺栓 Th	C	B	N	H	密封面		
													W	X	f_2
HG20615-2009SOT-1500(260)_1	$^1/_2$	15	21.3	120	82.6	22	4	M20	22.3	22.5	38	32	25.4	34.9	7
HG20615-2009SOT-1500(260)_2	$^3/_4$	20	26.9	130	88.9	22	4	M20	25.4	27.5	44	35	33.3	42.9	7
HG20615-2009SOT-1500(260)_3	1	25	33.7	150	101.6	26	4	M24	28.6	34.5	52	41	38.1	50.8	7
HG20615-2009SOT-1500(260)_4	$1^1/_4$	32	42.4	160	111.1	26	4	M24	28.6	43.5	64	41	47.6	63.5	7
HG20615-2009SOT-1500(260)_5	$1^1/_2$	40	48.3	180	123.8	30	4	M27	31.8	49.5	70	44	54.0	73.0	7
HG20615-2009SOT-1500(260)_6	2	50	60.3	215	165	26	8	M24	38.1	61.5	105	57	73.0	92.1	7
HG20615-2009SOT-1500(260)_7	$2^1/_2$	65	76.1	245	190.5	30	8	M27	41.5	77.6	124	64	85.7	104.8	7

5. 槽面（G）带颈平焊法兰

槽面(G)带颈平焊法兰根据公称压力可分为 Class300(PN50)、Class600(PN110)、Class900（PN150）和 Class1500（PN260）。法兰尺寸如表 5-20～表 5-23 所示。

表 5-20 Class300（PN50）槽面（G）带颈平焊法兰尺寸 单位：mm

标准件编号	NPS (in)	DN	A	D	K	L	n (个)	螺栓 Th	C	B	N	H	密封面				
													d	Y	Z	f_2	f_3
HG20615-2009SOG-300(50)_1	$^1/_2$	15	21.3	95	66.7	16	4	M14	12.7	22.5	38	21	46	36.5	23.8	7	5
HG20615-2009SOG-300(50)_2	$^3/_4$	20	26.9	115	82.6	18	4	M16	14.3	27.5	48	24	54	44.4	31.8	7	5
HG20615-2009SOG-300(50)_3	1	25	33.7	125	88.9	18	4	M16	15.9	34.5	54	25	62	52.4	36.5	7	5
HG20615-2009SOG-300(50)_4	$1^1/_4$	32	42.4	135	98.4	18	4	M16	17.5	43.5	64	25	75	65.1	46.0	7	5
HG20615-2009SOG-300(50)_5	$1^1/_2$	40	48.3	155	114.5	22	4	M20	19.1	49.5	70	29	84	74.6	52.4	7	5
HG20615-2009SOG-300(50)_6	2	50	60.3	165	127	18	8	M16	20.7	61.5	84	32	103	93.7	71.4	7	5
HG20615-2009SOG-300(50)_7	$2^1/_2$	65	76.1	190	149	22	8	M20	23.9	77.6	100	37	116	106.4	84.1	7	5
HG20615-2009SOG-300(50)_8	3	80	88.9	210	168.3	22	8	M20	27.0	90.5	117	41	138	128.6	106.4	7	5
HG20615-2009SOG-300(50)_9	4	100	114.3	255	200	22	8	M20	30.2	116	146	46	168	158.8	130.2	7	5
HG20615-2009SOG-300(50)_10	5	125	139.7	280	235	22	8	M20	33.4	143.5	178	49	197	187.3	158.8	7	5
HG20615-2009SOG-300(50)_11	6	150	168.3	320	269.9	22	12	M20	35.0	170.5	206	51	227	217.5	188.9	7	5
HG20615-2009SOG-300(50)_12	8	200	219.1	380	330.2	26	12	M24	39.7	221.5	260	60	281	271.5	236.5	7	5
HG20615-2009SOG-300(50)_13	10	250	273	445	387.5	30	16	M27	46.1	276.5	321	65	335	325.4	284.2	7	5
HG20615-2009SOG-300(50)_14	12	300	323.9	520	450.8	33	16	M30	49.3	328	375	71	392	382.6	341.3	7	5
HG20615-2009SOG-300(50)_15	14	350	355.6	585	514.5	33	20	M30	52.4	360.0	425	75	424	414.3	373.1	7	5
HG20615-2009SOG-300(50)_16	16	400	406.4	650	571.5	36	20	M33	55.6	411	483	81	481	471.5	423.9	7	5
HG20615-2009SOG-300(50)_17	18	450	457	710	628.6	36	24	M33	58.8	462	533	87	544	535.0	487.4	7	5
HG20615-2009SOG-300(50)_18	20	500	508	775	685.8	36	24	M33	62.0	513.5	587	94	595	585.8	531.8	7	5
HG20615-2009SOG-300(50)_19	24	600	610	915	812.8	42	24	M39×3	68.3	616.5	702	105	703	693.7	639.8	7	5

表 5-21　Class600（PN110）槽面（G）带颈平焊法兰尺寸　　单位：mm

标准件编号	NPS (in)	DN	A	D	K	L	n (个)	螺栓 Th	C	B	N	H	密封面				
													d	Y	Z	f_2	f_3
HG20615-2009SOG-600(110)_1	1/2	15	21.3	95	66.7	16	4	M14	14.3	22.5	38	22	46	36.5	23.8	7	5
HG20615-2009SOG-600(110)_2	3/4	20	26.9	115	82.6	18	4	M16	15.9	27.5	48	25	54	44.4	31.8	7	5
HG20615-2009SOG-600(110)_3	1	25	33.7	125	88.9	18	4	M16	17.5	34.5	54	27	62	52.4	36.5	7	5
HG20615-2009SOG-600(110)_4	1 1/4	32	42.4	135	98.4	18	4	M16	20.7	43.5	64	29	75	65.1	46.0	7	5
HG20615-2009SOG-600(110)_5	1 1/2	40	48.3	155	114.3	22	4	M20	22.3	49.5	70	32	84	74.6	52.4	7	5
HG20615-2009SOG-600(110)_6	2	50	60.3	165	127	18	8	M16	25.4	61.5	84	37	103	93.7	71.4	7	5
HG20615-2009SOG-600(110)_7	2 1/2	65	76.1	190	149.2	22	8	M20	28.6	77.6	100	41	116	106.4	84.1	7	5
HG20615-2009SOG-600(110)_8	3	80	88.9	210	168.3	22	8	M20	31.8	90.5	117	46	138	128.6	106.4	7	5
HG20615-2009SOG-600(110)_9	4	100	114.3	275	215.9	26	8	M24	38.1	116.0	152	54	168	158.8	130.2	7	5
HG20615-2009SOG-600(110)_10	5	125	139.7	330	266.7	30	8	M27	44.5	143.5	189	60	197	187.3	158.8	7	5
HG20615-2009SOG-600(110)_11	6	150	168.3	355	292.1	30	12	M27	47.7	170.5	222	67	227	217.5	188.9	7	5
HG20615-2009SOG-600(110)_12	8	200	219.1	420	349.2	33	12	M30	55.6	221.5	273	76	281	271.5	236.5	7	5
HG20615-2009SOG-600(110)_13	10	250	273	510	431.8	36	16	M33	63.5	276.5	343	86	335	325.4	284.2	7	5
HG20615-2009SOG-600(110)_14	12	300	323.9	560	489	36	20	M33	66.7	328.0	400	92	392	382.6	341.3	7	5
HG20615-2009SOG-600(110)_15	14	350	355.6	605	527	39	20	M36×3	69.9	360.0	432	94	424	414.3	373.1	7	5
HG20615-2009SOG-600(110)_16	16	400	406.4	685	603.2	42	20	M39×3	76.2	411	495	106	481	471.5	423.9	7	5
HG20615-2009SOG-600(110)_17	18	450	457	745	654	45	20	M42×3	82.6	462	546	117	544	535.0	487.4	7	5
HG20615-2009SOG-600(110)_18	20	500	508	815	723.9	45	24	M42×3	88.9	513.5	610	127	595	585.8	531.8	7	5
HG20615-2009SOG-600(110)_19	24	600	610	940	838.2	51	24	M48×3	101.6	616.5	718	140	703	693.7	639.8	7	5

表 5-22　Class900（PN150）槽面（G）带颈平焊法兰尺寸　　单位：mm

标准件编号	NPS (in)	DN	A	D	K	L	n (个)	螺栓 Th	C	B	N	H	密封面				
													d	Y	Z	f_2	f_3
HG20615-2009SOG-900(150)_1	1/2	15	21.3	120	82.6	22	4	M20	22.3	22.5	38	32	46	36.5	23.8	7	5
HG20615-2009SOG-900(150)_2	3/4	20	26.9	130	88.9	22	4	M20	25.4	27.5	44	35	54	44.4	31.8	7	5
HG20615-2009SOG-900(150)_3	1	25	33.7	150	101.6	26	4	M24	28.6	34.5	52	41	62	52.4	36.5	7	5
HG20615-2009SOG-900(150)_4	1 1/4	32	42.4	160	111.1	26	4	M24	28.6	43.5	64	41	75	65.1	46.0	7	5
HG20615-2009SOG-900(150)_5	1 1/2	40	48.3	180	123.8	30	4	M27	31.8	49.5	70	44	84	74.6	52.4	7	5
HG20615-2009SOG-900(150)_6	2	50	60.3	215	165.1	26	8	M24	38.1	61.5	105	57	103	93.7	71.4	7	5
HG20615-2009SOG-900(150)_7	2 1/2	65	76.1	245	190.5	30	8	M27	41.3	77.6	124	64	116	106.4	84.1	7	5
HG20615-2009SOG-900(150)_8	3	80	88.9	240	190.5	26	8	M24	38.1	90.5	127	54	138	128.6	106.4	7	5
HG20615-2009SOG-900(150)_9	4	100	114.3	290	235	33	8	M30	44.5	116	159	70	168	158.8	130.2	7	5
HG20615-2009SOG-900(150)_10	5	125	139.7	350	279.5	36	8	M33	50.8	143.5	190	79	197	187.3	158.8	7	5
HG20615-2009SOG-900(150)_11	6	150	168.3	380	317.5	33	12	M30	55.6	170.5	235	86	227	217.5	188.9	7	5

续表

标准件编号	NPS (in)	DN	*A*	*D*	*K*	*L*	*n* (个)	螺栓 Th	*C*	*B*	*N*	*H*	密封面				
													d	*Y*	*Z*	f_2	f_3
HG20615-2009SOG-900(150)_12	8	200	219.1	470	393.7	39	12	M36×3	63.5	221.5	298	102	281	271.5	236.5	7	5
HG20615-2009SOG-900(150)_13	10	250	273	545	469.9	39	16	M36×3	69.9	276.5	368	108	335	325.4	284.2	7	5
HG20615-2009SOG-900(150)_14	12	300	323.9	610	533.4	39	20	M36×3	79.4	328.0	419	117	392	382.6	341.3	7	5
HG20615-2009SOG-900(150)_15	14	350	355.6	640	558.8	42	20	M39×3	85.8	360.0	451	130	424	414.3	373.1	7	5
HG20615-2009SOG-900(150)_16	16	400	406.4	705	616	45	20	M42×3	88.9	411	508	133	481	471.5	423.9	7	5
HG20615-2009SOG-900(150)_17	18	450	457	785	685.8	51	20	M48×3	101.6	462	565	152	544	535.0	487.4	7	5
HG20615-2009SOG-900(150)_18	20	500	508	855	749.3	55	20	M52×3	108	513.5	622	159	595	585.8	531.8	7	5
HG20615-2009SOG-900(150)_19	24	600	610	1040	901.7	68	20	M64×3	139.7	616.5	749	203	703	693.7	639.8	7	5

表 5-23 Class1500（PN260）槽面（G）带颈平焊法兰尺寸 单位：mm

标准件编号	NPS (in)	DN	*A*	*D*	*K*	*L*	*n* (个)	螺栓 Th	*C*	*B*	*N*	*H*	密封面				
													d	*Y*	*Z*	f_2	f_3
HG20615-2009SOG-1500(260)_1	$^1/_2$	15	21.3	120	82.6	22	4	M20	22.3	22.5	38	32	46	36.5	23.8	7	5
HG20615-2009SOG-1500(260)_2	$^3/_4$	20	26.9	130	88.9	22	4	M20	25.4	27.5	44	35	54	44.4	31.8	7	5
HG20615-2009SOG-1500(260)_3	1	25	33.7	150	101.6	26	4	M24	28.6	34.5	52	41	62	52.4	36.5	7	5
HG20615-2009SOG-1500(260)_4	$1^1/_4$	32	42.4	160	111.1	26	4	M24	28.6	43.5	64	41	75	65.1	46.0	7	5
HG20615-2009SOG-1500(260)_5	$1^1/_2$	40	48.3	180	123.8	30	4	M27	31.8	49.5	70	44	84	74.6	52.4	7	5
HG20615-2009SOG-1500(260)_6	2	50	60.3	215	165	26	8	M24	38.1	61.5	105	57	103	93.7	71.4	7	5
HG20615-2009SOG-1500(260)_7	$2^1/_2$	65	76.1	245	190.5	30	8	M27	41.5	77.6	124	64	116	106.4	84.1	7	5

6. 全平面（FF）带颈平焊法兰

全平面（FF）带颈平焊法兰根据公称压力可分为 Class300（PN50）。法兰尺寸如表 5-24 所示。

表 5-24 Class300（PN50）全平面（FF）带颈平焊法兰尺寸 单位：mm

标准件编号	NPS (in)	DN	*A*	*D*	*K*	*L*	*n* (个)	螺栓 Th	*C*	*B*	*N*	*H*
HG20615-2009SOFF-150(20)_1	$^1/_2$	15	21.3	90	60.3	16	4	M14	9.6	22.5	30	14
HG20615-2009SOFF-150(20)_2	$^3/_4$	20	26.9	100	69.9	16	4	M14	11.2	27.5	38	14
HG20615-2009SOFF-150(20)_3	1	25	33.7	110	79.4	16	4	M14	12.7	34.5	49	17
HG20615-2009SOFF-150(20)_4	$1^1/_4$	32	42.4	115	88.9	16	4	M14	14.3	43.5	59	19
HG20615-2009SOFF-150(20)_5	$1^1/_2$	40	48.3	125	98.4	16	4	M14	15.9	49.5	65	21
HG20615-2009SOFF-150(20)_6	2	50	60.3	150	120.7	18	4	M16	17.5	61.5	78	24
HG20615-2009SOFF-150(20)_7	$2^1/_2$	65	76.1	180	139.7	18	4	M16	20.7	77.6	90	27
HG20615-2009SOFF-150(20)_8	3	80	88.9	190	152.4	18	4	M16	22.3	90.5	108	29

续表

标准件编号	NPS(in)	DN	*A*	*D*	*K*	*L*	*n*(个)	螺栓 Th	*C*	*B*	*N*	*H*
HG20615-2009SOFF-150(20)_9	4	100	114.3	230	190.5	18	8	M16	22.3	116	135	32
HG20615-2009SOFF-150(20)_10	5	125	139.7	255	215.9	22	8	M20	22.3	143.5	164	35
HG20615-2009SOFF-150(20)_11	6	150	168.3	280	241.3	22	8	M20	23.9	170.5	192	38
HG20615-2009SOFF-150(20)_12	8	200	219.1	345	298.5	22	8	M20	27.0	221.5	246	43
HG20615-2009SOFF-150(20)_13	10	250	273	405	362	26	12	M24	28.6	276.5	305	48
HG20615-2009SOFF-150(20)_14	12	300	323.9	485	431.8	26	12	M24	30.2	328.0	365	54
HG20615-2009SOFF-150(20)_15	14	350	355.6	535	476.3	30	12	M27	33.4	360.0	400	56
HG20615-2009SOFF-150(20)_16	16	400	406.4	595	539.8	30	16	M27	35.0	411	457	62
HG20615-2009SOFF-150(20)_17	18	450	457	635	577.9	33	16	M30	38.1	462	505	67
HG20615-2009SOFF-150(20)_18	20	500	508	700	635	33	20	M30	41.3	513.5	559	71
HG20615-2009SOFF-150(20)_19	24	600	610	815	749.3	36	20	M33	46.1	616.5	663	81

5.2.2 带颈对焊法兰（WN）

本标准规定了带颈对焊法兰（WN）（欧洲体系）的型式和尺寸。

本标准适用于公称压力 Class150（PN20）～Class2500（420）的带颈对焊法兰。

带颈对焊法兰的二维图形和三维图形如表 5-25 所示。

表 5-25 带颈对焊法兰

二维图形	三维图形

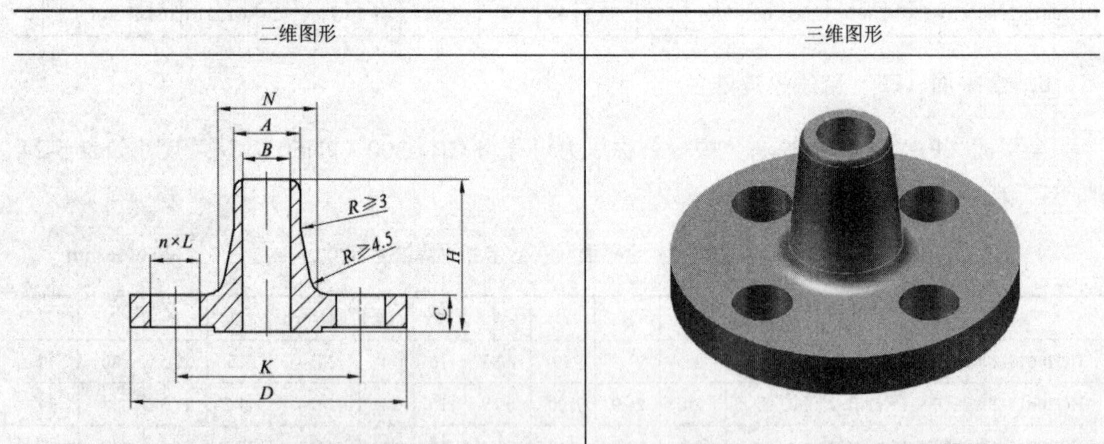

1. 突面（RF）带颈平焊法兰

突面（RF）带颈对焊法兰根据公称压力可分为 Class150（PN20）、Class300（PN50）、Class600（PN110）、Class900（PN150）、Class1500（PN260）和 Class2500（PN420）。法兰尺寸如表 5-26～表 5-31 所示。

表 5-26　Class150（PN20）突面（RF）带颈对焊法兰尺寸　　单位：mm

标准件编号	NPS (in)	DN	*A*	*D*	*K*	*L*	*n*（个）	螺栓 Th	*C*	*N*	*B*	*H*	密封面	
													d	f_1
HG20615-2009WNRF-150(20)_1	1/2	15	21.3	90	60.5	16	4	M14	9.6	30	15.5	46	34.9	2
HG20615-2009WNRF-150(20)_2	3/4	20	26.9	100	69.9	16	4	M14	11.2	38	21	51	42.9	2
HG20615-2009WNRF-150(20)_3	1	25	33.7	110	79.4	16	4	M14	12.7	49	27	54	50.8	2
HG20615-2009WNRF-150(20)_4	1 1/4	32	42.4	115	88.9	16	4	M14	14.3	59	35	56	63.5	2
HG20615-2009WNRF-150(20)_5	1 1/2	40	48.3	125	98.4	16	4	M14	15.9	65	41	60	73.0	2
HG20615-2009WNRF-150(20)_6	2	50	60.3	150	120.7	18	4	M16	17.5	78	52	62	92.1	2
HG20615-2009WNRF-150(20)_7	2 1/2	65	76.1	180	139.5	18	4	M16	20.7	90	66	68	104.8	2
HG20615-2009WNRF-150(20)_8	3	80	88.9	190	152.4	18	4	M16	22.3	108	77.5	68	127.0	2
HG20615-2009WNRF-150(20)_9	4	100	114.3	230	190.5	18	8	M16	22.3	135	101.5	75	157.2	2
HG20615-2009WNRF-150(20)_10	5	125	139.7	255	215.9	22	8	M20	22.3	164	127	87	185.7	2
HG20615-2009WNRF-150(20)_11	6	150	168.3	280	241.3	22	8	M20	23.9	192	154	87	215.9	2
HG20615-2009WNRF-150(20)_12	8	200	219.1	345	298.5	22	8	M20	27.0	246	203	100	269.9	2
HG20615-2009WNRF-150(20)_13	10	250	273	405	362	26	12	M24	28.6	305	255	100	323.8	2
HG20615-2009WNRF-150(20)_14	12	300	323.9	485	431.8	26	12	M24	30.2	365	303.5	113	381.0	2
HG20615-2009WNRF-150(20)_15	14	350	355.6	535	476.3	30	12	M27	33.4	400	—	125	412.8	2
HG20615-2009WNRF-150(20)_16	16	400	406.4	595	539.8	30	16	M27	35.0	457	—	125	469.9	2
HG20615-2009WNRF-150(20)_17	18	450	457	635	577.9	33	16	M30	38.1	505	—	138	533.4	2
HG20615-2009WNRF-150(20)_18	20	500	508	700	635	33	20	M30	41.3	559	—	143	584.2	2
HG20615-2009WNRF-150(20)_19	24	600	610	815	749.3	36	20	M33	46.1	663	—	151	692.2	2

注：更多数据见《化工标准法兰三维图库》软件。

表 5-27　Class300（PN50）突面（RF）带颈对焊法兰尺寸　　单位：mm

标准件编号	NPS (in)	DN	*A*	*D*	*K*	*L*	*n*（个）	螺栓 Th	*C*	*N*	*B*	*H*	密封面	
													d	f_1
HG20615-2009WNRF-300(50)_1	1/2	15	21.3	95	66.7	16	4	M14	12.7	38	15.5	51	34.9	2
HG20615-2009WNRF-300(50)_2	3/4	20	26.9	115	82.6	18	4	M16	14.3	48	21	56	42.9	2
HG20615-2009WNRF-300(50)_3	1	25	33.7	125	88.9	18	4	M16	15.9	54	27	60	50.8	2
HG20615-2009WNRF-300(50)_4	1 1/4	32	42.4	135	98.4	18	4	M16	17.5	64	35	64	63.5	2
HG20615-2009WNRF-300(50)_5	1 1/2	40	48.3	155	114.3	22	4	M20	19.1	70	41	67	73.0	2
HG20615-2009WNRF-300(50)_6	2	50	60.3	165	127	18	8	M16	20.7	84	52	68	92.1	2
HG20615-2009WNRF-300(50)_7	2 1/2	65	76.1	190	149.2	22	8	M20	23.9	100	66	75	104.8	2
HG20615-2009WNRF-300(50)_8	3	80	88.9	210	168.3	22	8	M20	27.0	117	77.5	78	127.0	2
HG20615-2009WNRF-300(50)_9	4	100	114.3	255	200	22	8	M20	30.2	146	101.5	84	157.2	2
HG20615-2009WNRF-300(50)_10	5	125	139.7	280	235	22	8	M20	33.4	178	127	97	185.7	2

续表

标准件编号	NPS (in)	DN	*A*	*D*	*K*	*L*	*n*（个）	螺栓 Th	*C*	*N*	*B*	*H*	密封面	
													d	f_1
HG20615-2009WNRF-300(50)_11	6	150	168.3	320	269.9	22	12	M20	35.0	206	154	97	215.9	2
HG20615-2009WNRF-300(50)_12	8	200	219.1	380	330.2	26	12	M24	39.7	260	203	110	269.9	2
HG20615-2009WNRF-300(50)_13	10	250	273	445	387.4	30	16	M27	46.1	321	255	116	323.8	2
HG20615-2009WNRF-300(50)_14	12	300	323.9	520	450.8	33	16	M30	49.3	375	303.5	129	381.0	2
HG20615-2009WNRF-300(50)_15	14	350	355.6	585	514.4	33	20	M30	52.4	425	—	141	412.8	2
HG20615-2009WNRF-300(50)_16	16	400	406.4	650	571.5	36	20	M33	55.6	483	—	144	469.9	2
HG20615-2009WNRF-300(50)_17	18	450	457	710	628.6	36	24	M33	58.8	533	—	157	533.4	2
HG20615-2009WNRF-300(50)_18	20	500	508	775	685.8	36	24	M33	62.0	587	—	160	584.2	2
HG20615-2009WNRF-300(50)_19	24	600	610	915	812.8	42	24	M39×3	68.3	702	—	167	692.2	2

注：更多数据见《化工标准法兰三维图库》软件。

表 5-28　Class600（PN110）突面（RF）带颈对焊法兰尺寸　单位：mm

标准件编号	NPS (in)	DN	*A*	*D*	*K*	*L*	*n*（个）	螺栓 Th	*C*	*N*	*B*	*H*	密封面	
													d	f_1
HG20615-2009WNRF-600(110)_1	$^1/_2$	15	21.3	95	66.7	16	4	M14	14.3	38	—	52	34.9	7
HG20615-2009WNRF-600(110)_2	$^3/_4$	20	26.9	115	82.6	18	4	M16	15.9	48	—	57	42.9	7
HG20615-2009WNRF-600(110)_3	1	25	33.7	125	88.9	18	4	M16	17.5	54	—	62	50.8	7
HG20615-2009WNRF-600(110)_4	$1^1/_4$	32	42.4	135	98.4	18	4	M16	20.7	64	—	67	63.5	7
HG20615-2009WNRF-600(110)_5	$1^1/_2$	40	48.3	155	114.3	22	4	M20	22.3	70	—	70	73.0	7
HG20615-2009WNRF-600(110)_6	2	50	60.3	165	127	18	8	M16	25.4	84	—	73	92.1	7
HG20615-2009WNRF-600(110)_7	$2^1/_2$	65	76.1	190	149.2	22	8	M20	28.6	100	—	79	104.8	7
HG20615-2009WNRF-600(110)_8	3	80	88.9	210	168.3	22	8	M20	31.8	117	—	83	127.0	7
HG20615-2009WNRF-600(110)_9	4	100	114.3	275	215.9	26	8	M24	38.1	152	—	102	157.2	7
HG20615-2009WNRF-600(110)_10	5	125	139.7	330	266.7	30	8	M27	44.5	189	—	114	185.7	7
HG20615-2009WNRF-600(110)_11	6	150	168.3	355	292.1	30	12	M27	47.7	222	—	117	215.9	7
HG20615-2009WNRF-600(110)_12	8	200	219.1	420	349.1	33	12	M30	55.6	273	—	133	269.9	7
HG20615-2009WNRF-600(110)_13	10	250	273	510	431.8	36	16	M33	63.5	343	—	152	323.8	7
HG20615-2009WNRF-600(110)_14	12	300	323.9	560	489	35.5	20	M33	66.7	400	—	156	381.0	7
HG20615-2009WNRF-600(110)_15	14	350	355.6	605	527	39	20	M36×3	69.9	432	—	165	412.8	7
HG20615-2009WNRF-600(110)_16	16	400	406.4	685	603.2	42	20	M39×3	76.2	495	—	178	469.9	7
HG20615-2009WNRF-600(110)_17	18	450	457	745	654	45	20	M42×3	82.6	546	—	184	533.4	7
HG20615-2009WNRF-600(110)_18	20	500	508	815	723.9	45	24	M42×3	88.9	610	—	190	584.2	7
HG20615-2009WNRF-600(110)_20	24	600	640	940	838.2	51	24	M48×3	101.6	718	—	203	692.2	7

注：更多数据见《化工标准法兰三维图库》软件。

表 5-29 Class900（PN150）突面（RF）带颈对焊法兰尺寸　　单位：mm

标准件编号	NPS (in)	DN	A	D	K	L	n（个）	螺栓 Th	C	N	B	H	密封面	
													d	f_1
HG20615-2009WNRF-900(150)_1	$^{1}/_{2}$	15	21.3	120	82.6	22	4	M20	22.3	38	—	60	34.9	7
HG20615-2009WNRF-900(150)_2	$^{3}/_{4}$	20	26.9	130	88.9	22	4	M20	25.4	44	—	70	42.9	7
HG20615-2009WNRF-900(150)_3	1	25	33.7	150	101.6	26	4	M24	28.6	52	—	73	50.8	7
HG20615-2009WNRF-900(150)_4	$1^{1}/_{4}$	32	42.4	160	111.1	26	4	M24	28.6	64	—	73	63.5	7
HG20615-2009WNRF-900(150)_5	$1^{1}/_{2}$	40	48.3	180	123.8	30	4	M27	31.8	70	—	83	73.0	7
HG20615-2009WNRF-900(150)_6	2	50	60.3	215	165.1	26	8	M24	38.1	105	—	102	92.1	7
HG20615-2009WNRF-900(150)_7	$2^{1}/_{2}$	65	76.1	245	190.5	30	8	M27	41.3	124	—	105	104.8	7
HG20615-2009WNRF-900(150)_8	3	80	88.9	240	190.5	26	8	M24	38.1	127	—	102	127.0	7
HG20615-2009WNRF-900(150)_9	4	100	114.3	290	235	33	8	M30	44.5	159	—	114	157.2	7
HG20615-2009WNRF-900(150)_10	5	125	139.7	350	279.4	36	8	M33	50.8	190	—	127	185.7	7
HG20615-2009WNRF-900(150)_11	6	150	168.3	380	317.5	32.5	12	M30	55.6	235	—	140	215.9	7
HG20615-2009WNRF-900(150)_12	8	200	219.1	470	393.5	39	12	M36×3	63.5	298	—	162	269.9	7
HG20615-2009WNRF-900(150)_13	10	250	273	545	469.9	39	16	M36×3	69.9	368	—	184	323.8	7
HG20615-2009WNRF-900(150)_14	12	300	323.9	610	533.4	39	20	M36×3	79.4	419	—	200	381.0	7
HG20615-2009WNRF-900(150)_15	14	350	355.6	640	558.8	42	20	M39×3	85.8	451	—	213	412.8	7
HG20615-2009WNRF-900(150)_16	16	400	406.4	705	616	45	20	M42×3	88.9	508	—	216	469.9	7
HG20615-2009WNRF-900(150)_17	18	450	457	785	685.8	51	20	M48×3	101.6	565	—	229	533.4	7
HG20615-2009WNRF-900(150)_18	20	500	508	855	749.3	55	20	M52×3	108	622	—	248	584.2	7
HG20615-2009WNRF-900(150)_19	24	600	610	1040	901.7	68	20	M64×3	139.7	749	—	292	692.2	7

注：更多数据见《化工标准法兰三维图库》软件。

表 5-30 Class1500（PN260）突面（RF）带颈对焊法兰尺寸　　单位：mm

标准件编号	NPS (in)	DN	A	D	K	L	n（个）	螺栓 Th	C	N	B	H	密封面	
													d	f_1
HG20615-2009WNRF-1500(260)_1	$^{1}/_{2}$	15	21.3	120	82.5	22	4	M20	22.3	38	—	60	34.9	7
HG20615-2009WNRF-1500(260)_2	$^{3}/_{4}$	20	26.9	130	88.9	22	4	M20	25.4	44	—	70	42.9	7
HG20615-2009WNRF-1500(260)_3	1	25	33.7	150	101.6	26	4	M24	28.6	52	—	73	50.8	7
HG20615-2009WNRF-1500(260)_4	$1^{1}/_{4}$	32	42.4	160	111.1	26	4	M24	28.6	64	—	73	63.5	7
HG20615-2009WNRF-1500(260)_5	$1^{1}/_{2}$	40	48.3	180	123.8	30	4	M27	31.8	70	—	83	73.0	7
HG20615-2009WNRF-1500(260)_6	2	50	60.3	215	165.1	26	8	M24	38.1	105	—	102	92.1	7
HG20615-2009WNRF-1500(260)_7	$2^{1}/_{2}$	65	76.1	245	190.5	30	8	M27	41.3	124	—	105	104.8	7
HG20615-2009WNRF-1500(260)_8	3	80	88.9	265	203.2	33	8	M30	47.7	133	—	117	127.0	7
HG20615-2009WNRF-1500(260)_9	4	100	114.3	310	241.3	36	8	M33	54	162	—	124	157.2	7
HG20615-2009WNRF-1500(260)_10	5	125	139.7	375	292.1	42	8	M39×3	73.1	197	—	155	185.7	7

续表

标准件编号	NPS (in)	DN	*A*	*D*	*K*	*L*	*n*（个）	螺栓 Th	*C*	*N*	*B*	*H*	密封面	
													d	f_1
HG20615-2009WNRF-1500(260)_11	6	150	168.3	395	317.5	39	12	M36×3	82.6	229	—	171	215.9	7
HG20615-2009WNRF-1500(260)_12	8	200	219.1	485	393.7	45	12	M42×3	92.1	292	—	213	269.9	7
HG20615-2009WNRF-1500(260)_13	10	250	273	585	482.6	51	12	M48×3	108	368	—	254	323.8	7
HG20615-2009WNRF-1500(260)_14	12	300	323.9	675	571.5	55	16	M52×3	123.9	451	—	283	381.0	7
HG20615-2009WNRF-1500(260)_15	14	350	355.6	750	635	60	16	M56×3	133.4	495	—	298	412.8	7
HG20615-2009WNRF-1500(260)_16	16	400	406.4	825	704.8	68	16	M64×3	146.1	552	—	311	469.9	7
HG20615-2009WNRF-1500(260)_17	18	450	457	915	774.7	74	16	M70×3	162	597	—	327	533.4	7
HG20615-2009WNRF-1500(260)_18	20	500	508	985	831.8	80	16	M76×3	177.8	641	—	356	584.2	7
HG20615-2009WNRF-1500(260)_19	24	600	610	1170	990.6	94	16	M90×3	203.2	762	—	406	692.2	7

注：更多数据见《化工标准法兰三维图库》软件。

表 5-31　Class2500（PN420）突面（RF）带颈对焊法兰尺寸　　单位：mm

标准件编号	NPS (in)	DN	*A*	*D*	*K*	*L*	*n*（个）	螺栓 Th	*C*	*N*	*B*	*H*	密封面	
													d	f_1
HG20615-2009WNRF-2500(420)_1	1/2	15	21.3	135	88.9	22	4	M20	30.2	43	—	73	34.9	7
HG20615-2009WNRF-2500(420)_2	3/4	20	26.9	140	95.2	22	4	M20	31.8	51	—	79	42.9	7
HG20615-2009WNRF-2500(420)_3	1	25	33.7	160	108	26	4	M24	35	57	—	89	50.8	7
HG20615-2009WNRF-2500(420)_4	1 1/4	32	42.4	185	130.2	30	4	M27	38.1	73	—	95	63.5	7
HG20615-2009WNRF-2500(420)_5	1 1/2	40	48.3	205	146	33	4	M30	44.5	79	—	111	73.0	7
HG20615-2009WNRF-2500(420)_6	2	50	60.3	235	171.4	30	8	M27	50.9	95	—	127	92.1	7
HG20615-2009WNRF-2500(420)_7	2 1/2	65	76.1	265	196.8	33	8	M30	57.2	114	—	143	104.8	7
HG20615-2009WNRF-2500(420)_8	3	80	88.9	305	228.6	36	8	M33	66.7	133	—	168	127.0	7
HG20615-2009WNRF-2500(420)_9	4	100	114.3	355	273	42	8	M39×3	76.2	165	—	190	157.2	7
HG20615-2009WNRF-2500(420)_10	5	125	139.7	420	323.8	48	8	M45×3	92.1	203	—	229	185.7	7
HG20615-2009WNRF-2500(420)_11	6	150	168.3	485	368.3	55	8	M52×3	108	235	—	273	215.9	7
HG20615-2009WNRF-2500(420)_12	8	200	219.1	550	438.2	55	12	M52×3	127	305	—	318	269.9	7
HG20615-2009WNRF-2500(420)_13	10	250	273	675	539.8	68	12	M64×3	165.1	375	—	419	323.8	7
HG20615-2009WNRF-2500(420)_14	12	300	323.9	760	619.1	74	12	M70×3	184.2	441	—	464	381.0	7

注：更多数据见《化工标准法兰三维图库》软件。

2. 凹面（FM）带颈平焊法兰

凹面（FM）带颈对焊法兰根据公称压力可分为 Class300（PN50）、Class600（PN110）、Class900（PN150）、Class1500（PN260）和 Class2500（PN420）。法兰尺寸如表 5-32～表 5-36 所示。

表 5-32　Class300（PN50）凹面（FM）带颈对焊法兰尺寸　　单位：mm

标准件编号	NPS (in)	DN	A	D	K	L	n (个)	螺栓Th	C	N	B	H	密封面			
													d	Y	f_2	f_3
HG20615-2009WNFM-300(50)_1	$^1/_2$	15	21.3	95	66.7	16	4	M14	12.7	38	15.5	51	46	36.5	7	5
HG20615-2009WNFM-300(50)_2	$^3/_4$	20	26.9	115	82.6	18	4	M16	14.3	48	21	56	54	44.4	7	5
HG20615-2009WNFM-300(50)_3	1	25	33.7	125	88.9	18	4	M16	15.9	54	27	60	62	52.4	7	5
HG20615-2009WNFM-300(50)_4	$1^1/_4$	32	42.4	135	98.4	18	4	M16	17.5	64	35	64	75	65.1	7	5
HG20615-2009WNFM-300(50)_5	$1^1/_2$	40	48.3	155	114.3	22	4	M20	19.1	70	41	67	84	74.6	7	5
HG20615-2009WNFM-300(50)_6	2	50	60.3	165	127	18	8	M16	20.7	84	52	68	103	93.7	7	5
HG20615-2009WNFM-300(50)_7	$2^1/_2$	65	76.1	190	149.2	22	8	M20	23.9	100	66	75	116	106.4	7	5
HG20615-2009WNFM-300(50)_8	3	80	88.9	210	168.3	22	8	M20	27.0	117	77.5	78	138	128.6	7	5
HG20615-2009WNFM-300(50)_9	4	100	114.3	255	200	22	8	M20	30.2	146	101.5	84	168	158.8	7	5
HG20615-2009WNFM-300(50)_10	5	125	139.7	280	235	22	8	M20	33.4	178	127	97	197	187.3	7	5
HG20615-2009WNFM-300(50)_11	6	150	168.3	320	269.9	22	12	M20	35.0	206	154	97	227	217.5	7	5
HG20615-2009WNFM-300(50)_12	8	200	219.1	380	330.2	26	12	M24	39.7	260	203	110	281	271.5	7	5
HG20615-2009WNFM-300(50)_13	10	250	273	445	387.4	30	16	M27	46.1	321	255	116	335	325.4	7	5
HG20615-2009WNFM-300(50)_14	12	300	323.9	520	450.8	33	16	M30	49.3	375	303.5	129	392	382.6	7	5
HG20615-2009WNFM-300(50)_15	14	350	355.6	585	514.4	33	20	M30	52.4	425	—	141	424	414.3	7	5
HG20615-2009WNFM-300(50)_16	16	400	406.4	650	571.5	36	20	M33	55.6	483	—	144	481	471.5	7	5
HG20615-2009WNFM-300(50)_17	18	450	457	710	628.6	36	24	M33	58.8	533	—	157	544	535.0	7	5
HG20615-2009WNFM-300(50)_18	20	500	508	775	685.8	36	24	M33	62.0	587	—	160	595	585.8	7	5
HG20615-2009WNFM-300(50)_19	24	600	610	915	812.8	42	24	M39×3	68.3	702	—	167	703	693.7	7	5

注：更多数据见《化工标准法兰三维图库》软件。

表 5-33　Class600（PN110）凹面（FM）带颈对焊法兰尺寸　　单位：mm

标准件编号	NPS (in)	DN	A	D	K	L	n (个)	螺栓Th	C	N	B	H	密封面			
													d	Y	f_2	f_3
HG20615-2009WNFM-600(110)_1	$^1/_2$	15	21.3	95	66.7	16	4	M14	14.3	38	—	52	46	36.5	7	5
HG20615-2009WNFM-600(110)_2	$^3/_4$	20	26.9	115	82.6	18	4	M16	15.9	48	—	57	54	44.4	7	5
HG20615-2009WNFM-600(110)_3	1	25	33.7	125	88.9	18	4	M16	17.5	54	—	62	62	52.4	7	5
HG20615-2009WNFM-600(110)_4	$1^1/_4$	32	42.4	135	98.4	18	4	M16	20.7	64	—	67	75	65.1	7	5
HG20615-2009WNFM-600(110)_5	$1^1/_2$	40	48.3	155	114.3	22	4	M20	22.3	70	—	70	84	74.6	7	5
HG20615-2009WNFM-600(110)_6	2	50	60.3	165	127	18	8	M16	25.4	84	—	73	103	93.7	7	5
HG20615-2009WNFM-600(110)_7	$2^1/_2$	65	76.1	190	149.2	22	8	M20	28.6	100	—	79	116	106.4	7	5
HG20615-2009WNFM-600(110)_8	3	80	88.9	210	168.3	22	8	M20	31.8	117	—	83	138	128.6	7	5
HG20615-2009WNFM-600(110)_9	4	100	114.3	275	215.9	26	8	M24	38.1	152	—	102	168	158.8	7	5
HG20615-2009WNFM-600(110)_10	5	125	139.7	330	266.7	30	8	M27	44.5	189	—	114	197	187.3	7	5

续表

标准件编号	NPS (in)	DN	*A*	*D*	*K*	*L*	*n* (个)	螺栓Th	*C*	*N*	*B*	*H*	密封面			
													d	*Y*	f_2	f_3
HG20615-2009WNFM-600(110)_11	6	150	168.3	355	292.1	30	12	M27	47.7	222	—	117	227	217.5	7	5
HG20615-2009WNFM-600(110)_12	8	200	219.1	420	349.1	33	12	M30	55.6	273	—	133	281	271.5	7	5
HG20615-2009WNFM-600(110)_13	10	250	273	510	431.8	36	16	M33	63.5	343	—	152	335	325.4	7	5
HG20615-2009WNFM-600(110)_14	12	300	323.9	560	489	35.5	20	M33	66.7	400	—	156	392	382.6	7	5
HG20615-2009WNFM-600(110)_15	14	350	355.6	605	527	39	20	M36×3	69.9	432	—	165	424	414.3	7	5
HG20615-2009WNFM-600(110)_16	16	400	406.4	685	603.2	42	20	M39×3	76.2	495	—	178	481	471.5	7	5
HG20615-2009WNFM-600(110)_17	18	450	457	745	654	45	20	M42×3	82.6	546	—	184	544	535.0	7	5
HG20615-2009WNFM-600(110)_18	20	500	508	815	723.9	45	24	M42×3	88.9	610	—	190	595	585.8	7	5
HG20615-2009WNFM-600(110)_19	24	600	640	940	838.2	51	24	M48×3	101.6	718	—	203	703	693.7	7	5

注：更多数据见《化工标准法兰三维图库》软件。

表 5-34 Class900（PN150）凹面（FM）带颈对焊法兰尺寸 单位：mm

标准件编号	NPS (in)	DN	*A*	*D*	*K*	*L*	*n* (个)	螺栓Th	*C*	*N*	*B*	*H*	密封面			
													d	*Y*	f_2	f_3
HG20615-2009WNFM-900(150)_1	1/2	15	21.3	120	82.6	22	4	M20	22.3	38	—	60	46	36.5	7	5
HG20615-2009WNFM-900(150)_2	3/4	20	26.9	130	88.9	22	4	M20	25.4	44	—	70	54	44.4	7	5
HG20615-2009WNFM-900(150)_3	1	25	33.7	150	101.6	26	4	M24	28.6	52	—	73	62	52.4	7	5
HG20615-2009WNFM-900(150)_4	1 1/4	32	42.4	160	111.1	26	4	M24	28.6	64	—	73	75	65.1	7	5
HG20615-2009WNFM-900(150)_5	1 1/2	40	48.3	180	123.8	30	4	M27	31.8	70	—	83	84	74.6	7	5
HG20615-2009WNFM-900(150)_6	2	50	60.3	215	165.1	26	8	M24	38.1	105	—	102	103	93.7	7	5
HG20615-2009WNFM-900(150)_7	2 1/2	65	76.1	245	190.5	30	8	M27	41.3	124	—	105	116	106.4	7	5
HG20615-2009WNFM-900(150)_8	3	80	88.9	240	190.5	26	8	M24	38.1	127	—	102	138	128.6	7	5
HG20615-2009WNFM-900(150)_9	4	100	114.3	290	235	33	8	M30	44.5	159	—	114	168	158.8	7	5
HG20615-2009WNFM-900(150)_10	5	125	139.7	350	279.4	36	8	M33	50.8	190	—	127	197	187.3	7	5
HG20615-2009WNFM-900(150)_11	6	150	168.3	380	317.5	32.5	12	M30	55.6	235	—	140	227	217.5	7	5
HG20615-2009WNFM-900(150)_12	8	200	219.1	470	393.5	39	12	M36×3	63.5	298	—	162	281	271.5	7	5
HG20615-2009WNFM-900(150)_13	10	250	273	545	469.9	39	16	M36×3	69.9	368	—	184	335	325.4	7	5
HG20615-2009WNFM-900(150)_14	12	300	323.9	610	533.4	39	20	M36×3	79.4	419	—	200	392	382.6	7	5
HG20615-2009WNFM-900(150)_15	14	350	355.6	640	558.8	42	20	M39×3	85.8	451	—	213	424	414.3	7	5
HG20615-2009WNFM-900(150)_16	16	400	406.4	705	616	45	20	M42×3	88.9	508	—	216	481	471.5	7	5
HG20615-2009WNFM-900(150)_17	18	450	457	785	685.8	51	20	M48×3	101.6	565	—	229	544	535.0	7	5
HG20615-2009WNFM-900(150)_18	20	500	508	855	749.3	55	20	M52×3	108	622	—	248	595	585.8	7	5
HG20615-2009WNFM-900(150)_19	24	600	610	1040	901.7	68	20	M64×3	139.7	749	—	292	703	693.7	7	5

注：更多数据见《化工标准法兰三维图库》软件。

表 5-35 Class1500（PN260）凹面（FM）带颈对焊法兰尺寸　　单位：mm

标准件编号	NPS (in)	DN	*A*	*D*	*K*	*L*	*n* (个)	螺栓Th	*C*	*N*	*B*	*H*	密封面			
													d	*Y*	f_2	f_3
HG20615-2009WNFM-1500(260)_1	1/2	15	21.3	120	82.5	22	4	M20	22.3	38	—	60	46	36.5	7	5
HG20615-2009WNFM-1500(260)_2	3/4	20	26.9	130	88.9	22	4	M20	25.4	44	—	70	54	44.4	7	5
HG20615-2009WNFM-1500(260)_3	1	25	33.7	150	101.6	26	4	M24	28.6	52	—	73	62	52.4	7	5
HG20615-2009WNFM-1500(260)_4	1 1/4	32	42.4	160	111.1	26	4	M24	28.6	64	—	73	75	65.1	7	5
HG20615-2009WNFM-1500(260)_5	1 1/2	40	48.3	180	123.8	30	4	M27	31.8	70	—	83	84	74.6	7	5
HG20615-2009WNFM-1500(260)_6	2	50	60.3	215	165.1	26	8	M24	38.1	105	—	102	103	93.7	7	5
HG20615-2009WNFM-1500(260)_7	2 1/2	65	76.1	245	190.5	30	8	M27	41.3	124	—	105	116	106.4	7	5
HG20615-2009WNFM-1500(260)_8	3	80	88.9	265	203.2	33	8	M30	47.7	133	—	117	138	128.6	7	5
HG20615-2009WNFM-1500(260)_9	4	100	114.3	310	241.3	36	8	M33	54	162	—	124	168	158.8	7	5
HG20615-2009WNFM-1500(260)_10	5	125	139.7	375	292.1	42	8	M39×3	73.1	197	—	155	197	187.3	7	5
HG20615-2009WNFM-1500(260)_11	6	150	168.3	395	317.5	39	12	M36×3	82.6	229	—	171	227	217.5	7	5
HG20615-2009WNFM-1500(260)_12	8	200	219.1	485	393.7	45	12	M42×3	92.1	292	—	213	281	271.5	7	5
HG20615-2009WNFM-1500(260)_13	10	250	273	585	482.6	51	12	M48×3	108	368	—	254	335	325.4	7	5
HG20615-2009WNFM-1500(260)_14	12	300	323.9	675	571.5	55	16	M52×3	123.9	451	—	283	392	382.6	7	5
HG20615-2009WNFM-1500(260)_15	14	350	355.6	750	635	60	16	M56×3	133.4	495	—	298	424	414.3	7	5
HG20615-2009WNFM-1500(260)_16	16	400	406.4	825	704.8	68	16	M64×3	146.1	552	—	311	481	471.5	7	5
HG20615-2009WNFM-1500(260)_17	18	450	457	915	774.7	74	16	M70×3	162	597	—	327	544	535.0	7	5
HG20615-2009WNFM-1500(260)_18	20	500	508	985	831.8	80	16	M76×3	177.8	641	—	356	595	585.8	7	5
HG20615-2009WNFM-1500(260)_19	24	600	610	1170	990.6	94	16	M90×3	203.2	762	—	406	703	693.7	7	5

注：更多数据见《化工标准法兰三维图库》软件。

表 5-36 Class2500（PN420）凹面（FM）带颈对焊法兰尺寸　　单位：mm

标准件编号	NPS (in)	DN	*A*	*D*	*K*	*L*	*n* (个)	螺栓Th	*C*	*N*	*B*	*H*	密封面			
													d	*Y*	f_2	f_3
HG20615-2009WNFM-2500(420)_1	1/2	15	21.3	135	88.9	22	4	M20	30.2	43	—	73	46	36.5	7	5
HG20615-2009WNFM-2500(420)_2	3/4	20	26.9	140	95.2	22	4	M20	31.8	51	—	79	54	44.4	7	5
HG20615-2009WNFM-2500(420)_3	1	25	33.7	160	108	26	4	M24	35	57	—	89	62	52.4	7	5
HG20615-2009WNFM-2500(420)_4	1 1/4	32	42.4	185	130.2	30	4	M27	38.1	73	—	95	75	65.1	7	5
HG20615-2009WNFM-2500(420)_5	1 1/2	40	48.3	205	146	33	4	M30	44.5	79	—	111	84	74.6	7	5
HG20615-2009WNFM-2500(420)_6	2	50	60.3	235	171.4	30	8	M27	50.9	95	—	127	103	93.7	7	5
HG20615-2009WNFM-2500(420)_7	2 1/2	65	76.1	265	196.8	33	8	M30	57.2	114	—	143	116	106.4	7	5
HG20615-2009WNFM-2500(420)_8	3	80	88.9	305	228.6	36	8	M33	66.7	133	—	168	138	128.6	7	5
HG20615-2009WNFM-2500(420)_9	4	100	114.3	355	273	42	8	M39×3	76.2	165	—	190	168	158.8	7	5
HG20615-2009WNFM-2500(420)_10	5	125	139.7	420	323.8	48	8	M45×3	92.1	203	—	229	197	187.3	7	5

续表

标准件编号	NPS (in)	DN	A	D	K	L	n (个)	螺栓Th	C	N	B	H	密封面			
													d	Y	f_2	f_3
HG20615-2009WNFM-2500(420)_11	6	150	168.3	485	368.3	55	8	M52×3	108	235	—	273	227	217.5	7	5
HG20615-2009WNFM-2500(420)_12	8	200	219.1	550	438.2	55	12	M52×3	127	305	—	318	281	271.5	7	5
HG20615-2009WNFM-2500(420)_13	10	250	273	675	539.8	68	12	M64×3	165.1	375	—	419	335	325.4	7	5
HG20615-2009WNFM-2500(420)_14	12	300	323.9	760	619.1	74	12	M70×3	184.2	441	—	464	392	382.6	7	5

注：更多数据见《化工标准法兰三维图库》软件。

3. 凸面（M）带颈平焊法兰

凸面（M）带颈对焊法兰根据公称压力可分为 Class300（PN50）、Class600（PN110）、Class900（PN150）、Class1500（PN260）和 Class2500（PN420）。法兰尺寸如表 5-37～表 5-41 所示。

表 5-37 Class300（PN50）凸面（M）带颈对焊法兰尺寸 单位：mm

标准件编号	NPS (in)	DN	A	D	K	L	n (个)	螺栓Th	C	N	B	H	密封面	
													X	f_2
HG20615-2009WNM-300(50)_1	$^1/_2$	15	21.3	95	66.7	16	4	M14	12.7	38	15.5	51	34.9	7
HG20615-2009WNM-300(50)_2	$^3/_4$	20	26.9	115	82.6	18	4	M16	14.3	48	21	56	42.9	7
HG20615-2009WNM-300(50)_3	1	25	33.7	125	88.9	18	4	M16	15.9	54	27	60	50.8	7
HG20615-2009WNM-300(50)_4	$1^1/_4$	32	42.4	135	98.4	18	4	M16	17.5	64	35	64	63.5	7
HG20615-2009WNM-300(50)_5	$1^1/_2$	40	48.3	155	114.3	22	4	M20	19.1	70	41	67	73.0	7
HG20615-2009WNM-300(50)_6	2	50	60.3	165	127	18	8	M16	20.7	84	52	68	92.1	7
HG20615-2009WNM-300(50)_7	$2^1/_2$	65	76.1	190	149.2	22	8	M20	23.9	100	66	75	104.8	7
HG20615-2009WNM-300(50)_8	3	80	88.9	210	168.3	22	8	M20	27.0	117	77.5	78	127.0	7
HG20615-2009WNM-300(50)_9	4	100	114.3	255	200	22	8	M20	30.2	146	101.5	84	157.2	7
HG20615-2009WNM-300(50)_10	5	125	139.7	280	235	22	8	M20	33.4	178	127	97	185.7	7
HG20615-2009WNM-300(50)_11	6	150	168.3	320	269.9	22	12	M20	35.0	206	154	97	215.9	7
HG20615-2009WNM-300(50)_12	8	200	219.1	380	330.2	26	12	M24	39.7	260	203	110	269.9	7
HG20615-2009WNM-300(50)_13	10	250	273	445	387.4	30	16	M27	46.1	321	255	116	323.8	7
HG20615-2009WNM-300(50)_14	12	300	323.9	520	450.8	33	16	M30	49.3	375	303.5	129	381.0	7
HG20615-2009WNM-300(50)_15	14	350	355.6	585	514.4	33	20	M30	52.4	425	—	141	412.8	7
HG20615-2009WNM-300(50)_16	16	400	406.4	650	571.5	36	20	M33	55.6	483	—	144	469.9	7
HG20615-2009WNM-300(50)_17	18	450	457	710	628.6	36	24	M33	58.8	533	—	157	533.4	7
HG20615-2009WNM-300(50)_18	20	500	508	775	685.8	36	24	M33	62.0	587	—	160	584.2	7
HG20615-2009WNM-300(50)_19	24	600	610	915	812.8	42	24	M39×3	68.3	702	—	167	692.2	7

注：更多数据见《化工标准法兰三维图库》软件。

表 5-38　Class600（PN110）凸面（M）带颈对焊法兰尺寸　　　　单位：mm

标准件编号	NPS (in)	DN	A	D	K	L	n (个)	螺栓Th	C	N	B	H	密封面	
													X	f_2
HG20615-2009WNM-600(110)_1	$^1/_2$	15	21.3	95	66.7	16	4	M14	14.3	38	—	52	34.9	7
HG20615-2009WNM-600(110)_2	$^3/_4$	20	26.9	115	82.6	18	4	M16	15.9	48	—	57	42.9	7
HG20615-2009WNM-600(110)_3	1	25	33.7	125	88.9	18	4	M16	17.5	54	—	62	50.8	7
HG20615-2009WNM-600(110)_4	$1^1/_4$	32	42.4	135	98.4	18	4	M16	20.7	64	—	67	63.5	7
HG20615-2009WNM-600(110)_5	$1^1/_2$	40	48.3	155	114.3	22	4	M20	22.3	70	—	70	73.0	7
HG20615-2009WNM-600(110)_6	2	50	60.3	165	127	18	8	M16	25.4	84	—	73	92.1	7
HG20615-2009WNM-600(110)_7	$2^1/_2$	65	76.1	190	149.2	22	8	M20	28.6	100	—	79	104.8	7
HG20615-2009WNM-600(110)_8	3	80	88.9	210	168.3	22	8	M20	31.8	117	—	83	127.0	7
HG20615-2009WNM-600(110)_9	4	100	114.3	275	215.9	26	8	M24	38.1	152	—	102	157.2	7
HG20615-2009WNM-600(110)_10	5	125	139.7	330	266.7	30	8	M27	44.5	189	—	114	185.7	7
HG20615-2009WNM-600(110)_11	6	150	168.3	355	292.1	30	12	M27	47.7	222	—	117	215.9	7
HG20615-2009WNM-600(110)_12	8	200	219.1	420	349.1	33	12	M30	55.6	273	—	133	269.9	7
HG20615-2009WNM-600(110)_13	10	250	273	510	431.8	36	16	M33	63.5	343	—	152	323.8	7
HG20615-2009WNM-600(110)_14	12	300	323.9	560	489	35.5	20	M33	66.7	400	—	156	381.0	7
HG20615-2009WNM-600(110)_15	14	350	355.6	605	527	39	20	M36×3	69.9	432	—	165	412.8	7
HG20615-2009WNM-600(110)_16	16	400	406.4	685	603.2	42	20	M39×3	76.2	495	—	178	469.9	7
HG20615-2009WNM-600(110)_17	18	450	457	745	654	45	20	M42×3	82.6	546	—	184	533.4	7
HG20615-2009WNM-600(110)_18	20	500	508	815	723.9	45	24	M42×3	88.9	610	—	190	584.2	7
HG20615-2009WNM-600(110)_19	24	600	640	940	838.2	51	24	M48×3	101.6	718	—	203	692.2	7

注：更多数据见《化工标准法兰三维图库》软件。

表 5-39　Class900（PN150）凸面（M）带颈对焊法兰尺寸　　　　单位：mm

标准件编号	NPS (in)	DN	A	D	K	L	n (个)	螺栓Th	C	N	B	H	密封面	
													X	f_2
HG20615-2009WNM-900(150)_1	$^1/_2$	15	21.3	120	82.6	22	4	M20	22.3	38	—	60	34.9	7
HG20615-2009WNM-900(150)_2	$^3/_4$	20	26.9	130	88.9	22	4	M20	25.4	44	—	70	42.9	7
HG20615-2009WNM-900(150)_3	1	25	33.7	150	101.6	26	4	M24	28.6	52	—	73	50.8	7
HG20615-2009WNM-900(150)_4	$1^1/_4$	32	42.4	160	111.1	26	4	M24	28.6	64	—	73	63.5	7
HG20615-2009WNM-900(150)_5	$1^1/_2$	40	48.3	180	123.8	30	4	M27	31.8	70	—	83	73.0	7
HG20615-2009WNM-900(150)_6	2	50	60.3	215	165.1	26	8	M24	38.1	105	—	102	92.1	7
HG20615-2009WNM-900(150)_7	$2^1/_2$	65	76.1	245	190.5	30	8	M27	41.3	124	—	105	104.8	7
HG20615-2009WNM-900(150)_8	3	80	88.9	240	190.5	26	8	M24	38.1	127	—	102	127.0	7
HG20615-2009WNM-900(150)_9	4	100	114.3	290	235	33	8	M30	44.5	159	—	114	157.2	7
HG20615-2009WNM-900(150)_10	5	125	139.7	350	279.4	36	8	M33	50.8	190	—	127	185.7	7

续表

标准件编号	NPS (in)	DN	A	D	K	L	n (个)	螺栓Th	C	N	B	H	密封面	
													X	f_2
HG20615-2009WNM-900(150)_11	6	150	168.3	380	317.5	32.5	12	M30	55.6	235	—	140	215.9	7
HG20615-2009WNM-900(150)_12	8	200	219.1	470	393.5	39	12	M36×3	63.5	298	—	162	269.9	7
HG20615-2009WNM-900(150)_13	10	250	273	545	469.9	39	16	M36×3	69.9	368	—	184	323.8	7
HG20615-2009WNM-900(150)_14	12	300	323.9	610	533.4	39	20	M36×3	79.4	419	—	200	381.0	7
HG20615-2009WNM-900(150)_15	14	350	355.6	640	558.8	42	20	M39×3	85.8	451	—	213	412.8	7
HG20615-2009WNM-900(150)_16	16	400	406.4	705	616	45	20	M42×3	88.9	508	—	216	469.9	7
HG20615-2009WNM-900(150)_17	18	450	457	785	685.8	51	20	M48×3	101.6	565	—	229	533.4	7
HG20615-2009WNM-900(150)_18	20	500	508	855	749.3	55	20	M52×3	108	622	—	248	584.2	7
HG20615-2009WNM-900(150)_19	24	600	610	1040	901.7	68	20	M64×3	139.7	749	—	292	692.2	7

注：更多数据见《化工标准法兰三维图库》软件。

表 5-40 Class1500（PN260）凸面（M）带颈对焊法兰尺寸

单位：mm

标准件编号	NPS (in)	DN	A	D	K	L	n (个)	螺栓Th	C	N	B	H	密封面	
													X	f_2
HG20615-2009WNM-1500(260)_1	$^1/_2$	15	21.3	120	82.5	22	4	M20	22.3	38	—	60	34.9	7
HG20615-2009WNM-1500(260)_2	$^3/_4$	20	26.9	130	88.9	22	4	M20	25.4	44	—	70	42.9	7
HG20615-2009WNM-1500(260)_3	1	25	33.7	150	101.6	26	4	M24	28.6	52	—	73	50.8	7
HG20615-2009WNM-1500(260)_4	$1^1/_4$	32	42.4	160	111.1	26	4	M24	28.6	64	—	73	63.5	7
HG20615-2009WNM-1500(260)_5	$1^1/_2$	40	48.3	180	123.8	30	4	M27	31.8	70	—	83	73.0	7
HG20615-2009WNM-1500(260)_6	2	50	60.3	215	165.1	26	8	M24	38.1	105	—	102	92.1	7
HG20615-2009WNM-1500(260)_7	$2^1/_2$	65	76.1	245	190.5	30	8	M27	41.3	124	—	105	104.8	7
HG20615-2009WNM-1500(260)_8	3	80	88.9	265	203.2	33	8	M30	47.7	133	—	117	127.0	7
HG20615-2009WNM-1500(260)_9	4	100	114.3	310	241.3	36	8	M33	54	162	—	124	157.2	7
HG20615-2009WNM-1500(260)_10	5	125	139.7	375	292.1	42	8	M39×3	73.1	197	—	155	185.7	7
HG20615-2009WNM-1500(260)_11	6	150	168.3	395	317.5	39	12	M36×3	82.6	229	—	171	215.9	7
HG20615-2009WNM-1500(260)_12	8	200	219.1	485	393.7	45	12	M42×3	92.1	292	—	213	269.9	7
HG20615-2009WNM-1500(260)_13	10	250	273	585	482.6	51	12	M48×3	108	368	—	254	323.8	7
HG20615-2009WNM-1500(260)_14	12	300	323.9	675	571.5	55	16	M52×3	123.9	451	—	283	381.0	7
HG20615-2009WNM-1500(260)_15	14	350	355.6	750	635	60	16	M56×3	133.4	495	—	298	412.8	7
HG20615-2009WNM-1500(260)_16	16	400	406.4	825	704.8	68	16	M64×3	146.1	552	—	311	469.9	7
HG20615-2009WNM-1500(260)_17	18	450	457	915	774.7	74	16	M70×3	162	597	—	327	533.4	7
HG20615-2009WNM-1500(260)_18	20	500	508	985	831.8	80	16	M76×3	177.8	641	—	356	584.2	7
HG20615-2009WNM-1500(260)_19	24	600	610	1170	990.6	94	16	M90×3	203.2	762	—	406	692.2	7

注：更多数据见《化工标准法兰三维图库》软件。

表 5-41 Class2500（PN420）凸面（M）带颈对焊法兰尺寸　　　　单位：mm

标准件编号	NPS (in)	DN	A	D	K	L	n (个)	螺栓Th	C	N	B	H	密封面	
													X	f_2
HG20615-2009WNM-2500(420)_1	$^{1}/_{2}$	15	21.3	135	88.9	22	4	M20	30.2	43	—	73	34.9	7
HG20615-2009WNM-2500(420)_2	$^{3}/_{4}$	20	26.9	140	95.2	22	4	M20	31.8	51	—	79	42.9	7
HG20615-2009WNM-2500(420)_3	1	25	33.7	160	108	26	4	M24	35	57	—	89	50.8	7
HG20615-2009WNM-2500(420)_4	$1^{1}/_{4}$	32	42.4	185	130.2	30	4	M27	38.1	73	—	95	63.5	7
HG20615-2009WNM-2500(420)_5	$1^{1}/_{2}$	40	48.3	205	146	33	4	M30	44.5	79	—	111	73.0	7
HG20615-2009WNM-2500(420)_6	2	50	60.3	235	171.4	30	8	M27	50.9	95	—	127	92.1	7
HG20615-2009WNM-2500(420)_7	$2^{1}/_{2}$	65	76.1	265	196.8	33	8	M30	57.2	114	—	143	104.8	7
HG20615-2009WNM-2500(420)_8	3	80	88.9	305	228.6	36	8	M33	66.7	133	—	168	127.0	7
HG20615-2009WNM-2500(420)_9	4	100	114.3	355	273	42	8	M39×3	76.2	165	—	190	157.2	7
HG20615-2009WNM-2500(420)_10	5	125	139.7	420	323.8	48	8	M45×3	92.1	203	—	229	185.7	7
HG20615-2009WNM-2500(420)_11	6	150	168.3	485	368.3	55	8	M52×3	108	235	—	273	215.9	7
HG20615-2009WNM-2500(420)_12	8	200	219.1	550	438.2	55	12	M52×3	127	305	—	318	269.9	7
HG20615-2009WNM-2500(420)_13	10	250	273	675	539.8	68	12	M64×3	165.1	375	—	419	323.8	7
HG20615-2009WNM-2500(420)_14	12	300	323.9	760	619.1	74	12	M70×3	184.2	441	—	464	381.0	7

注：更多数据见《化工标准法兰三维图库》软件。

4．榫面（T）带颈平焊法兰

榫面(T)带颈对焊法兰根据公称压力可分为 Class300(PN50)、Class600(PN110)、Class900(PN150)、Class1500（PN260）和 Class2500（PN420）。法兰尺寸如表 5-42～表 5-46 所示。

表 5-42 Class300（PN50）榫面（T）带颈对焊法兰尺寸　　　　单位：mm

标准件编号	NPS (in)	DN	A	D	K	L	n (个)	螺栓Th	C	N	B	H	密封面		
													W	X	f_2
HG20615-2009WNT-300(50)_1	$^{1}/_{2}$	15	21.3	95	66.7	16	4	M14	12.7	38	15.5	51	25.4	34.9	7
HG20615-2009WNT-300(50)_2	$^{3}/_{4}$	20	26.9	115	82.6	18	4	M16	14.3	48	21	56	33.3	42.9	7
HG20615-2009WNT-300(50)_3	1	25	33.7	125	88.9	18	4	M16	15.9	54	27	60	38.1	50.8	7
HG20615-2009WNT-300(50)_4	$1^{1}/_{4}$	32	42.4	135	98.4	18	4	M16	17.5	64	35	64	47.6	63.5	7
HG20615-2009WNT-300(50)_5	$1^{1}/_{2}$	40	48.3	155	114.3	22	4	M20	19.1	70	41	67	54.0	73.0	7
HG20615-2009WNT-300(50)_6	2	50	60.3	165	127	18	8	M16	20.7	84	52	68	73.0	92.1	7
HG20615-2009WNT-300(50)_7	$2^{1}/_{2}$	65	76.1	190	149.2	22	8	M20	23.9	100	66	75	85.7	104.8	7
HG20615-2009WNT-300(50)_8	3	80	88.9	210	168.3	22	8	M20	27.0	117	77.5	78	108.0	127.0	7
HG20615-2009WNT-300(50)_9	4	100	114.3	255	200	22	8	M20	30.2	146	101.5	84	131.8	157.2	7
HG20615-2009WNT-300(50)_10	5	125	139.7	280	235	22	8	M20	33.4	178	127	97	160.3	185.7	7
HG20615-2009WNT-300(50)_11	6	150	168.3	320	269.9	22	12	M20	35.0	206	154	97	190.5	215.9	7
HG20615-2009WNT-300(50)_12	8	200	219.1	380	330.2	26	12	M24	39.7	260	203	110	238.1	269.9	7

续表

标准件编号	NPS (in)	DN	A	D	K	L	n (个)	螺栓Th	C	N	B	H	密封面		
													W	X	f_2
HG20615-2009WNT-300(50)_13	10	250	273	445	387.4	30	16	M27	46.1	321	255	116	285.8	323.8	7
HG20615-2009WNT-300(50)_14	12	300	323.9	520	450.8	33	16	M30	49.3	375	303.5	129	342.9	381.0	7
HG20615-2009WNT-300(50)_15	14	350	355.6	585	514.4	33	20	M30	52.4	425	—	141	374.6	412.8	7
HG20615-2009WNT-300(50)_16	16	400	406.4	650	571.5	36	20	M33	55.6	483	—	144	425.4	469.9	7
HG20615-2009WNT-300(50)_17	18	450	457	710	628.6	36	24	M33	58.8	533	—	157	489.0	533.4	7
HG20615-2009WNT-300(50)_18	20	500	508	775	685.8	36	24	M33	62.0	587	—	160	533.4	584.2	7
HG20615-2009WNT-300(50)_19	24	600	610	915	812.8	42	24	M39×3	68.3	702	—	167	641.4	692.2	7

注：更多数据见《化工标准法兰三维图库》软件。

表 5-43 Class600（PN110）榫面（T）带颈对焊法兰尺寸 单位：mm

标准件编号	NPS (in)	DN	A	D	K	L	n (个)	螺栓Th	C	N	B	H	密封面		
													W	X	f_2
HG20615-2009WNT-600(110)_1	$^1/_2$	15	21.3	95	66.7	16	4	M14	14.3	38	—	52	25.4	34.9	7
HG20615-2009WNT-600(110)_2	$^3/_4$	20	26.9	115	82.6	18	4	M16	15.9	48	—	57	33.3	42.9	7
HG20615-2009WNT-600(110)_3	1	25	33.7	125	88.9	18	4	M16	17.5	54	—	62	38.1	50.8	7
HG20615-2009WNT-600(110)_4	$1^1/_4$	32	42.4	135	98.4	18	4	M16	20.7	64	—	67	47.6	63.5	7
HG20615-2009WNT-600(110)_5	$1^1/_2$	40	48.3	155	114.3	22	4	M20	22.3	70	—	70	54.0	73.0	7
HG20615-2009WNT-600(110)_6	2	50	60.3	165	127	18	8	M16	25.4	84	—	73	73.0	92.1	7
HG20615-2009WNT-600(110)_7	$2^1/_2$	65	76.1	190	149.2	22	8	M20	28.6	100	—	79	85.7	104.8	7
HG20615-2009WNT-600(110)_8	3	80	88.9	210	168.3	22	8	M20	31.8	117	—	83	108.0	127.0	7
HG20615-2009WNT-600(110)_9	4	100	114.3	275	215.9	26	8	M24	38.1	152	—	102	131.8	157.2	7
HG20615-2009WNT-600(110)_10	5	125	139.7	330	266.7	30	8	M27	44.5	189	—	114	160.3	185.7	7
HG20615-2009WNT-600(110)_11	6	150	168.3	355	292.1	30	12	M27	47.7	222	—	117	190.5	215.9	7
HG20615-2009WNT-600(110)_12	8	200	219.1	420	349.1	33	12	M30	55.6	273	—	133	238.1	269.9	7
HG20615-2009WNT-600(110)_13	10	250	273	510	431.8	36	16	M33	63.5	343	—	152	285.8	323.8	7
HG20615-2009WNT-600(110)_14	12	300	323.9	560	489	35.5	20	M33	66.7	400	—	156	342.9	381.0	7
HG20615-2009WNT-600(110)_15	14	350	355.6	605	527	39	20	M36×3	69.9	432	—	165	374.6	412.8	7
HG20615-2009WNT-600(110)_16	16	400	406.4	685	603.2	42	20	M39×3	76.2	495	—	178	425.4	469.9	7
HG20615-2009WNT-600(110)_17	18	450	457	745	654	45	20	M42×3	82.6	546	—	184	489.0	533.4	7
HG20615-2009WNT-600(110)_18	20	500	508	815	723.9	45	24	M42×3	88.9	610	—	190	533.4	584.2	7
HG20615-2009WNT-600(110)_19	24	600	640	940	838.2	51	24	M48×3	101.6	718	—	203	641.4	692.2	7

注：更多数据见《化工标准法兰三维图库》软件。

表 5-44　Class900（PN150）榫面（T）带颈对焊法兰尺寸　　单位：mm

标准件编号	NPS (in)	DN	A	D	K	L	n (个)	螺栓Th	C	N	B	H	密封面		
													W	X	f_2
HG20615-2009WNT-900(150)_1	$^1/_2$	15	21.3	120	82.6	22	4	M20	22.3	38	—	60	25.4	34.9	7
HG20615-2009WNT-900(150)_2	$^3/_4$	20	26.9	130	88.9	22	4	M20	25.4	44	—	70	33.3	42.9	7
HG20615-2009WNT-900(150)_3	1	25	33.7	150	101.6	26	4	M24	28.6	52	—	73	38.1	50.8	7
HG20615-2009WNT-900(150)_4	$1^1/_4$	32	42.4	160	111.1	26	4	M24	28.6	64	—	73	47.6	63.5	7
HG20615-2009WNT-900(150)_5	$1^1/_2$	40	48.3	180	123.8	30	4	M27	31.8	70	—	83	54.0	73.0	7
HG20615-2009WNT-900(150)_6	2	50	60.3	215	165.1	26	8	M24	38.1	105	—	102	73.0	92.1	7
HG20615-2009WNT-900(150)_7	$2^1/_2$	65	76.1	245	190.5	30	8	M27	41.3	124	—	105	85.7	104.8	7
HG20615-2009WNT-900(150)_8	3	80	88.9	240	190.5	26	8	M24	38.1	127	—	102	108.0	127.0	7
HG20615-2009WNT-900(150)_9	4	100	114.3	290	235	33	8	M30	44.5	159	—	114	131.8	157.2	7
HG20615-2009WNT-900(150)_10	5	125	139.7	350	279.4	36	8	M33	50.8	190	—	127	160.3	185.7	7
HG20615-2009WNT-900(150)_11	6	150	168.3	380	317.5	32.5	12	M30	55.6	235	—	140	190.5	215.9	7
HG20615-2009WNT-900(150)_12	8	200	219.1	470	393.5	39	12	M36×3	63.5	298	—	162	238.1	269.9	7
HG20615-2009WNT-900(150)_13	10	250	273	545	469.9	39	16	M36×3	69.9	368	—	184	285.8	323.8	7
HG20615-2009WNT-900(150)_14	12	300	323.9	610	533.4	39	20	M36×3	79.4	419	—	200	342.9	381.0	7
HG20615-2009WNT-900(150)_15	14	350	355.6	640	558.8	42	20	M39×3	85.8	451	—	213	374.6	412.8	7
HG20615-2009WNT-900(150)_16	16	400	406.4	705	616	45	20	M42×3	88.9	508	—	216	425.4	469.9	7
HG20615-2009WNT-900(150)_17	18	450	457	785	685.8	51	20	M48×3	101.6	565	—	229	489.0	533.4	7
HG20615-2009WNT-900(150)_18	20	500	508	855	749.3	55	20	M52×3	108	622	—	248	533.4	584.2	7
HG20615-2009WNT-900(150)_19	24	600	610	1040	901.7	68	20	M64×3	139.7	749	—	292	641.4	692.2	7

注：更多数据见《化工标准法兰三维图库》软件。

表 5-45　Class1500（PN260）榫面（T）带颈对焊法兰尺寸　　单位：mm

标准件编号	NPS (in)	DN	A	D	K	L	n (个)	螺栓Th	C	N	B	H	密封面		
													W	X	f_2
HG20615-2009WNT-1500(260)_1	$^1/_2$	15	21.3	120	82.5	22	4	M20	22.3	38	—	60	25.4	34.9	7
HG20615-2009WNT-1500(260)_2	$^3/_4$	20	26.9	130	88.9	22	4	M20	25.4	44	—	70	33.3	42.9	7
HG20615-2009WNT-1500(260)_3	1	25	33.7	150	101.6	26	4	M24	28.6	52	—	73	38.1	50.8	7
HG20615-2009WNT-1500(260)_4	$1^1/_4$	32	42.4	160	111.1	26	4	M24	28.6	64	—	73	47.6	63.5	7
HG20615-2009WNT-1500(260)_5	$1^1/_2$	40	48.3	180	123.8	30	4	M27	31.8	70	—	83	54.0	73.0	7
HG20615-2009WNT-1500(260)_6	2	50	60.3	215	165.1	26	8	M24	38.1	105	—	102	73.0	92.1	7
HG20615-2009WNT-1500(260)_7	$2^1/_2$	65	76.1	245	190.5	30	8	M27	41.3	124	—	105	85.7	104.8	7
HG20615-2009WNT-1500(260)_8	3	80	88.9	265	203.2	33	8	M30	47.7	133	—	117	108.0	127.0	7
HG20615-2009WNT-1500(260)_9	4	100	114.3	310	241.3	36	8	M33	54	162	—	124	131.8	157.2	7
HG20615-2009WNT-1500(260)_10	5	125	139.7	375	292.1	42	8	M39×3	73.1	197	—	155	160.3	185.7	7
HG20615-2009WNT-1500(260)_11	6	150	168.3	395	317.5	39	12	M36×3	82.6	229	—	171	190.5	215.9	7
HG20615-2009WNT-1500(260)_12	8	200	219.1	485	393.7	45	12	M42×3	92.1	292	—	213	238.1	269.9	7

续表

标准件编号	NPS (in)	DN	*A*	*D*	*K*	*L*	*n* (个)	螺栓Th	*C*	*N*	*B*	*H*	密封面		
													W	*X*	f_2
HG20615-2009WNT-1500(260)_13	10	250	273	585	482.6	51	12	M48×3	108	368	—	254	285.8	323.8	7
HG20615-2009WNT-1500(260)_14	12	300	323.9	675	571.5	55	16	M52×3	123.9	451	—	283	342.9	381.0	7
HG20615-2009WNT-1500(260)_15	14	350	355.6	750	635	60	16	M56×3	133.4	495	—	298	374.6	412.8	7
HG20615-2009WNT-1500(260)_16	16	400	406.4	825	704.8	68	16	M64×3	146.1	552	—	311	425.4	469.9	7
HG20615-2009WNT-1500(260)_17	18	450	457	915	774.7	74	16	M70×3	162	597	—	327	489.0	533.4	7
HG20615-2009WNT-1500(260)_18	20	500	508	985	831.8	80	16	M76×3	177.8	641	—	356	533.4	584.2	7
HG20615-2009WNT-1500(260)_19	24	600	610	1170	990.6	94	16	M90×3	203.2	762	—	406	641.4	692.2	7

注：更多数据见《化工标准法兰三维图库》软件。

表 5-46 Class2500（PN420）榫面（T）带颈对焊法兰尺寸 单位：mm

标准件编号	NPS (in)	DN	*A*	*D*	*K*	*L*	*n* (个)	螺栓Th	*C*	*N*	*B*	*H*	密封面		
													W	*X*	f_2
HG20615-2009WNT-2500(420)_1	1/2	15	21.3	135	88.9	22	4	M20	30.2	43	—	73	25.4	34.9	7
HG20615-2009WNT-2500(420)_2	3/4	20	26.9	140	95.2	22	4	M20	31.8	51	—	79	33.3	42.9	7
HG20615-2009WNT-2500(420)_3	1	25	33.7	160	108	26	4	M24	35	57	—	89	38.1	50.8	7
HG20615-2009WNT-2500(420)_4	1 1/4	32	42.4	185	130.2	30	4	M27	38.1	73	—	95	47.6	63.5	7
HG20615-2009WNT-2500(420)_5	1 1/2	40	48.3	205	146	33	4	M30	44.5	79	—	111	54.0	73.0	7
HG20615-2009WNT-2500(420)_6	2	50	60.3	235	171.4	30	8	M27	50.9	95	—	127	73.0	92.1	7
HG20615-2009WNT-2500(420)_7	2 1/2	65	76.1	265	196.8	33	8	M30	57.2	114	—	143	85.7	104.8	7
HG20615-2009WNT-2500(420)_8	3	80	88.9	305	228.6	36	8	M33	66.7	133	—	168	108.0	127.0	7
HG20615-2009WNT-2500(420)_9	4	100	114.3	355	273	42	8	M39×3	76.2	165	—	190	131.8	157.2	7
HG20615-2009WNT-2500(420)_10	5	125	139.7	420	323.8	48	8	M45×3	92.1	203	—	229	160.3	185.7	7
HG20615-2009WNT-2500(420)_11	6	150	168.3	485	368.3	55	8	M52×3	108	235	—	273	190.5	215.9	7
HG20615-2009WNT-2500(420)_12	8	200	219.1	550	438.2	55	12	M52×3	127	305	—	318	238.1	269.9	7
HG20615-2009WNT-2500(420)_13	10	250	273	675	539.8	68	12	M64×3	165.1	375	—	419	285.8	323.8	7
HG20615-2009WNT-2500(420)_14	12	300	323.9	760	619.1	74	12	M70×3	184.2	441	—	464	342.9	381.0	7

注：更多数据见《化工标准法兰三维图库》软件。

5. 槽面（G）带颈平焊法兰

槽面(G)带颈对焊法兰根据公称压力可分为 Class300（PN50）、Class600（PN110）、Class900（PN150）、Class1500（PN260）和 Class2500（PN420）。法兰尺寸如表 5-47～表 5-51 所示。

表 5-47 Class300（PN50）槽面（G）带颈对焊法兰尺寸 单位：mm

标准件编号	NPS (in)	DN	*A*	*D*	*K*	*L*	*n* (个)	螺栓Th	*C*	*N*	*B*	*H*	密封面				
													d	*Y*	*Z*	f_2	f_3
HG20615-2009WNG-300(50)_1	1/2	15	21.3	95	66.7	16	4	M14	12.7	38	15.5	51	46	36.5	23.8	7	5
HG20615-2009WNG-300(50)_2	3/4	20	26.9	115	82.6	18	4	M16	14.3	48	21	56	54	44.4	31.8	7	5

标准件编号	NPS (in)	DN	A	D	K	L	n (个)	螺栓Th	C	N	B	H	密封面				
													d	Y	Z	f_2	f_3
HG20615-2009WNG-300(50)_3	1	25	33.7	125	88.9	18	4	M16	15.9	54	27	60	62	52.4	36.5	7	5
HG20615-2009WNG-300(50)_4	$1^{1}/_{4}$	32	42.4	135	98.4	18	4	M16	17.5	64	35	64	75	65.1	46.0	7	5
HG20615-2009WNG-300(50)_5	$1^{1}/_{2}$	40	48.3	155	114.3	22	4	M20	19.1	70	41	67	84	74.6	52.4	7	5
HG20615-2009WNG-300(50)_6	2	50	60.3	165	127	18	8	M16	20.7	84	52	68	103	93.7	71.4	7	5
HG20615-2009WNG-300(50)_7	$2^{1}/_{2}$	65	76.1	190	149.2	22	8	M20	23.9	100	66	75	116	106.4	84.1	7	5
HG20615-2009WNG-300(50)_8	3	80	88.9	210	168.3	22	8	M20	27.0	117	77.5	78	138	128.6	106.4	7	5
HG20615-2009WNG-300(50)_9	4	100	114.3	255	200	22	8	M20	30.2	146	101.5	84	168	158.8	130.2	7	5
HG20615-2009WNG-300(50)_10	5	125	139.7	280	235	22	8	M20	33.4	178	127	97	197	187.3	158.8	7	5
HG20615-2009WNG-300(50)_11	6	150	168.3	320	269.9	22	12	M20	35.0	206	154	97	227	217.5	188.9	7	5
HG20615-2009WNG-300(50)_12	8	200	219.1	380	330.2	26	12	M24	39.7	260	203	110	281	271.5	236.5	7	5
HG20615-2009WNG-300(50)_13	10	250	273	445	387.4	30	16	M27	46.1	321	255	116	335	325.4	284.2	7	5
HG20615-2009WNG-300(50)_14	12	300	323.9	520	450.8	33	16	M30	49.3	375	303.5	129	392	382.6	341.3	7	5
HG20615-2009WNG-300(50)_15	14	350	355.6	585	514.4	33	20	M30	52.4	425	—	141	424	414.3	373.1	7	5
HG20615-2009WNG-300(50)_16	16	400	406.4	650	571.5	36	20	M33	55.6	483	—	144	481	471.5	423.9	7	5
HG20615-2009WNG-300(50)_17	18	450	457	710	628.6	36	24	M33	58.8	533	—	157	544	535.0	487.4	7	5
HG20615-2009WNG-300(50)_18	20	500	508	775	685.8	36	24	M33	62.0	587	—	160	595	585.8	531.8	7	5
HG20615-2009WNG-300(50)_19	24	600	610	915	812.8	42	24	M39×3	68.3	702	—	167	703	693.7	639.8	7	5

注：更多数据见《化工标准法兰三维图库》软件。

表 5-48　Class600（PN110）槽面（G）带颈对焊法兰尺寸　　单位：mm

标准件编号	NPS (in)	DN	A	D	K	L	n (个)	螺栓Th	C	N	B	H	密封面				
													d	Y	Z	f_2	f_3
HG20615-2009WNG-600(110)_1	$^{1}/_{2}$	15	21.3	95	66.7	16	4	M14	14.3	38	—	52	46	36.5	23.8	7	5
HG20615-2009WNG-600(110)_2	$^{3}/_{4}$	20	26.9	115	82.6	18	4	M16	15.9	48	—	57	54	44.4	31.8	7	5
HG20615-2009WNG-600(110)_3	1	25	33.7	125	88.9	18	4	M16	17.5	54	—	62	62	52.4	36.5	7	5
HG20615-2009WNG-600(110)_4	$1^{1}/_{4}$	32	42.4	135	98.4	18	4	M16	20.7	64	—	67	75	65.1	46.0	7	5
HG20615-2009WNG-600(110)_5	$1^{1}/_{2}$	40	48.3	155	114.3	22	4	M20	22.3	70	—	70	84	74.6	52.4	7	5
HG20615-2009WNG-600(110)_6	2	50	60.3	165	127	18	8	M16	25.4	84	—	73	103	93.7	71.4	7	5
HG20615-2009WNG-600(110)_7	$2^{1}/_{2}$	65	76.1	190	149.2	22	8	M20	28.6	100	—	79	116	106.4	84.1	7	5
HG20615-2009WNG-600(110)_8	3	80	88.9	210	168.3	22	8	M20	31.8	117	—	83	138	128.6	106.4	7	5
HG20615-2009WNG-600(110)_9	4	100	114.3	275	215.9	26	8	M24	38.1	152	—	102	168	158.8	130.2	7	5
HG20615-2009WNG-600(110)_10	5	125	139.7	330	266.7	30	8	M27	44.5	189	—	114	197	187.3	158.8	7	5
HG20615-2009WNG-600(110)_11	6	150	168.3	355	292.1	30	12	M27	47.7	222	—	117	227	217.5	188.9	7	5
HG20615-2009WNG-600(110)_12	8	200	219.1	420	349.1	33	12	M30	55.6	273	—	133	281	271.5	236.5	7	5
HG20615-2009WNG-600(110)_13	10	250	273	510	431.8	36	16	M33	63.5	343	—	152	335	325.4	284.2	7	5

续表

标准件编号	NPS (in)	DN	A	D	K	L	n (个)	螺栓Th	C	N	B	H	密封面				
													d	Y	Z	f_2	f_3
HG20615-2009WNG-600(110)_14	12	300	323.9	560	489	35.5	20	M33	66.7	400	—	156	392	382.6	341.3	7	5
HG20615-2009WNG-600(110)_15	14	350	355.6	605	527	39	20	M36×3	69.9	432	—	165	424	414.3	373.1	7	5
HG20615-2009WNG-600(110)_16	16	400	406.4	685	603.2	42	20	M39×3	76.2	495	—	178	481	471.5	423.9	7	5
HG20615-2009WNG-600(110)_17	18	450	457	745	654	45	20	M42×3	82.6	546	—	184	544	535.0	487.4	7	5
HG20615-2009WNG-600(110)_18	20	500	508	815	723.9	45	24	M42×3	88.9	610	—	190	595	585.8	531.8	7	5
HG20615-2009WNG-600(110)_19	24	600	640	940	838.2	51	24	M48×3	101.6	718	—	203	703	693.7	639.8	7	5

注：更多数据见《化工标准法兰三维图库》软件。

表 5-49 Class900（PN150）槽面（G）带颈对焊法兰尺寸 单位：mm

标准件编号	NPS (in)	DN	A	D	K	L	n (个)	螺栓Th	C	N	B	H	密封面				
													d	Y	Z	f_2	f_3
HG20615-2009WNG-900(150)_1	$^1/_2$	15	21.3	120	82.6	22	4	M20	22.3	38	—	60	46	36.5	23.8	7	5
HG20615-2009WNG-900(150)_2	$^3/_4$	20	26.9	130	88.9	22	4	M20	25.4	44	—	70	54	44.4	31.8	7	5
HG20615-2009WNG-900(150)_3	1	25	33.7	150	101.6	26	4	M24	28.6	52	—	73	62	52.4	36.5	7	5
HG20615-2009WNG-900(150)_4	$1^1/_4$	32	42.4	160	111.1	26	4	M24	28.6	64	—	73	75	65.1	46.0	7	5
HG20615-2009WNG-900(150)_5	$1^1/_2$	40	48.3	180	123.8	30	4	M27	31.8	70	—	83	84	74.6	52.4	7	5
HG20615-2009WNG-900(150)_6	2	50	60.3	215	165.1	26	8	M24	38.1	105	—	102	103	93.7	71.4	7	5
HG20615-2009WNG-900(150)_7	$2^1/_2$	65	76.1	245	190.5	30	8	M27	41.3	124	—	105	116	106.4	84.1	7	5
HG20615-2009WNG-900(150)_8	3	80	88.9	240	190.5	26	8	M24	38.1	127	—	102	138	128.6	106.4	7	5
HG20615-2009WNG-900(150)_9	4	100	114.3	290	235	33	8	M30	44.5	159	—	114	168	158.8	130.2	7	5
HG20615-2009WNG-900(150)_10	5	125	139.7	350	279.4	36	8	M33	50.8	190	—	127	197	187.3	158.8	7	5
HG20615-2009WNG-900(150)_11	6	150	168.3	380	317.5	32.5	12	M30	55.6	235	—	140	227	217.5	188.9	7	5
HG20615-2009WNG-900(150)_12	8	200	219.1	470	393.5	39	12	M36×3	63.5	298	—	162	281	271.5	236.5	7	5
HG20615-2009WNG-900(150)_13	10	250	273	545	469.9	39	16	M36×3	69.9	368	—	184	335	325.4	284.2	7	5
HG20615-2009WNG-900(150)_14	12	300	323.9	610	533.4	39	20	M36×3	79.4	419	—	200	392	382.6	341.3	7	5
HG20615-2009WNG-900(150)_15	14	350	355.6	640	558.8	42	20	M39×3	85.8	451	—	213	424	414.3	373.1	7	5
HG20615-2009WNG-900(150)_16	16	400	406.4	705	616	45	20	M42×3	88.9	508	—	216	481	471.5	423.9	7	5
HG20615-2009WNG-900(150)_17	18	450	457	785	685.8	51	20	M48×3	101.6	565	—	229	544	535.0	487.4	7	5
HG20615-2009WNG-900(150)_18	20	500	508	855	749.3	55	20	M52×3	108	622	—	248	595	585.8	531.8	7	5
HG20615-2009WNG-900(150)_19	24	15	21.3	120	82.6	22	4	M20	22.3	38	—	60	46	36.5	23.8	7	5

注：更多数据见《化工标准法兰三维图库》软件。

表 5-50 Class1500（PN260）槽面（G）带颈对焊法兰尺寸 单位：mm

标准件编号	NPS (in)	DN	A	D	K	L	n (个)	螺栓Th	C	N	B	H	密封面				
													d	Y	Z	f_2	f_3
HG20615-2009WNG-1500(260)_1	$^1/_2$	15	21.3	120	82.5	22	4	M20	22.3	38	—	60	46	36.5	23.8	7	5

续表

标准件编号	NPS (in)	DN	A	D	K	L	n (个)	螺栓Th	C	N	B	H	密封面				
													d	Y	Z	f_2	f_3
HG20615-2009WNG-1500(260)_2	$^3/_4$	20	26.9	130	88.9	22	4	M20	25.4	44	—	70	54	44.4	31.8	7	5
HG20615-2009WNG-1500(260)_3	1	25	33.7	150	101.6	26	4	M24	28.6	52	—	73	62	52.4	36.5	7	5
HG20615-2009WNG-1500(260)_4	$1^1/_4$	32	42.4	160	111.1	26	4	M24	28.6	64	—	73	75	65.1	46.0	7	5
HG20615-2009WNG-1500(260)_5	$1^1/_2$	40	48.3	180	123.8	30	4	M27	31.8	70	—	83	84	74.6	52.4	7	5
HG20615-2009WNG-1500(260)_6	2	50	60.3	215	165.1	26	8	M24	38.1	105	—	102	103	93.7	71.4	7	5
HG20615-2009WNG-1500(260)_7	$2^1/_2$	65	76.1	245	190.5	30	8	M27	41.3	124	—	105	116	106.4	84.1	7	5
HG20615-2009WNG-1500(260)_8	3	80	88.9	265	203.2	33	8	M30	47.7	133	—	117	138	128.6	106.4	7	5
HG20615-2009WNG-1500(260)_9	4	100	114.3	310	241.3	36	8	M33	54	162	—	124	168	158.8	130.2	7	5
HG20615-2009WNG-1500(260)_10	5	125	139.7	375	292.1	42	8	M39×3	73.1	197	—	155	197	187.3	158.8	7	5
HG20615-2009WNG-1500(260)_11	6	150	168.3	395	317.5	39	12	M36×3	82.6	229	—	171	227	217.5	188.9	7	5
HG20615-2009WNG-1500(260)_12	8	200	219.1	485	393.7	45	12	M42×3	92.1	292	—	213	281	271.5	236.5	7	5
HG20615-2009WNG-1500(260)_13	10	250	273	585	482.6	51	12	M48×3	108	368	—	254	335	325.4	284.2	7	5
HG20615-2009WNG-1500(260)_14	12	300	323.9	675	571.5	55	16	M52×3	123.9	451	—	283	392	382.6	341.3	7	5
HG20615-2009WNG-1500(260)_15	14	350	355.6	750	635	60	16	M56×3	133.4	495	—	298	424	414.3	373.1	7	5
HG20615-2009WNG-1500(260)_16	16	400	406.4	825	704.8	68	16	M64×3	146.1	552	—	311	481	471.5	423.9	7	5
HG20615-2009WNG-1500(260)_17	18	450	457	915	774.7	74	16	M70×3	162	597	—	327	544	535.0	487.4	7	5
HG20615-2009WNG-1500(260)_18	20	500	508	985	831.8	80	16	M76×3	177.8	641	—	356	595	585.8	531.8	7	5
HG20615-2009WNG-1500(260)_19	24	600	610	1170	990.6	94	16	M90×3	203.2	762	—	406	703	693.7	639.8	7	5

注：更多数据见《化工标准法兰三维图库》软件。

表 5-51　Class2500（PN420）槽面（G）带颈对焊法兰尺寸　单位：mm

标准件编号	NPS (in)	DN	A	D	K	L	n (个)	螺栓Th	C	N	B	H	密封面				
													d	Y	Z	f_2	f_3
HG20615-2009WNG-2500(420)_1	$^1/_2$	15	21.3	135	88.9	22	4	M20	30.2	43	—	73	46	36.5	23.8	7	5
HG20615-2009WNG-2500(420)_2	$^3/_4$	20	26.9	140	95.2	22	4	M20	31.8	51	—	79	54	44.4	31.8	7	5
HG20615-2009WNG-2500(420)_3	1	25	33.7	160	108	26	4	M24	35	57	—	89	62	52.4	36.5	7	5
HG20615-2009WNG-2500(420)_4	$1^1/_4$	32	42.4	185	130.2	30	4	M27	38.1	73	—	95	75	65.1	46.0	7	5
HG20615-2009WNG-2500(420)_5	$1^1/_2$	40	48.3	205	146	33	4	M30	44.5	79	—	111	84	74.6	52.4	7	5
HG20615-2009WNG-2500(420)_6	2	50	60.3	235	171.4	30	8	M27	50.9	95	—	127	103	93.7	71.4	7	5
HG20615-2009WNG-2500(420)_7	$2^1/_2$	65	76.1	265	196.8	33	8	M30	57.2	114	—	143	116	106.4	84.1	7	5
HG20615-2009WNG-2500(420)_8	3	80	88.9	305	228.6	36	8	M33	66.7	133	—	168	138	128.6	106.4	7	5
HG20615-2009WNG-2500(420)_9	4	100	114.3	355	273	42	8	M39×3	76.2	165	—	190	168	158.8	130.2	7	5
HG20615-2009WNG-2500(420)_10	5	125	139.7	420	323.8	48	8	M45×3	92.1	203	—	229	197	187.3	158.8	7	5
HG20615-2009WNG-2500(420)_11	6	150	168.3	485	368.3	55	8	M52×3	108	235	—	273	227	217.5	188.9	7	5
HG20615-2009WNG-2500(420)_12	8	200	219.1	550	438.2	55	12	M52×3	127	305	—	318	281	271.5	236.5	7	5

续表

标准件编号	NPS (in)	DN	*A*	*D*	*K*	*L*	*n* (个)	螺栓Th	*C*	*N*	*B*	*H*	密封面				
													d	*Y*	*Z*	f_2	f_3
HG20615-2009WNG-2500(420)_13	10	250	273	675	539.8	68	12	M64×3	165.1	375	—	419	335	325.4	284.2	7	5
HG20615-2009WNG-2500(420)_14	12	300	323.9	760	619.1	74	12	M70×3	184.2	441	—	464	392	382.6	341.3	7	5

注：更多数据见《化工标准法兰三维图库》软件。

6. 全平面（FF）带颈平焊法兰

全平面（FF）带颈对焊法兰根据公称压力可分为 Class150（PN20）。法兰尺寸如表 5-52 所示。

表 5-52 Class150（PN20）全平面（FF）带颈对焊法兰尺寸 单位：mm

标准件编号	NPS (in)	DN	*A*	*D*	*K*	*L*	*n* (个)	螺栓Th	*C*	*N*	*B*	*H*
HG20615-2009WNFF-150(20)_1	1/2	15	21.3	90	60.5	16	4	M14	9.6	30	15.5	46
HG20615-2009WNFF-150(20)_2	3/4	20	26.9	100	69.9	16	4	M14	11.2	38	21	51
HG20615-2009WNFF-150(20)_3	1	25	33.7	110	79.4	16	4	M14	12.7	49	27	54
HG20615-2009WNFF-150(20)_4	1 1/4	32	42.4	115	88.9	16	4	M14	14.3	59	35	56
HG20615-2009WNFF-150(20)_5	1 1/2	40	48.3	125	98.4	16	4	M14	15.9	65	41	60
HG20615-2009WNFF-150(20)_6	2	50	60.3	150	120.7	18	4	M16	17.5	78	52	62
HG20615-2009WNFF-150(20)_7	2 1/2	65	76.1	180	139.5	18	4	M16	20.7	90	66	68
HG20615-2009WNFF-150(20)_8	3	80	88.9	190	152.4	18	4	M16	22.3	108	77.5	68
HG20615-2009WNFF-150(20)_9	4	100	114.3	230	190.5	18	8	M16	22.3	135	101.5	75
HG20615-2009WNFF-150(20)_10	5	125	139.7	255	215.9	22	8	M20	22.3	164	127	87
HG20615-2009WNFF-150(20)_11	6	150	168.3	280	241.3	22	8	M20	23.9	192	154	87
HG20615-2009WNFF-150(20)_12	8	200	219.1	345	298.5	22	8	M20	27.0	246	203	100
HG20615-2009WNFF-150(20)_13	10	250	273	405	362	26	12	M24	28.6	305	255	100
HG20615-2009WNFF-150(20)_14	12	300	323.9	485	431.8	26	12	M24	30.2	365	303.5	113
HG20615-2009WNFF-150(20)_15	14	350	355.6	535	476.3	30	12	M27	33.4	400	—	125
HG20615-2009WNFF-150(20)_16	16	400	406.4	595	539.8	30	16	M27	35.0	457	—	125
HG20615-2009WNFF-150(20)_17	18	450	457	635	577.9	33	16	M30	38.1	505	—	138
HG20615-2009WNFF-150(20)_18	20	500	508	700	635	33	20	M30	41.3	559	—	143
HG20615-2009WNFF-150(20)_19	24	600	610	815	749.3	36	20	M33	46.1	663	—	151
HG20615-2009WNFF-150(20)_20	24	600	610	815	749.5	35.5	20	M33	48	664	—	152

注：更多数据见《化工标准法兰三维图库》软件。

7. 环连接面（RJ）带颈平焊法兰

环连接面（RJ）带颈对焊法兰根据公称压力可分为 Class150（PN20）、Class300（PN50）、Class600（PN110）、Class900（PN150）、Class1500（PN260）和 Class2500（PN420）。法兰尺寸如表 5-53～表 5-58 所示。

表 5-53 Class150（PN20）环连接面（RJ）带颈对焊法兰尺寸 单位：mm

标准件编号	NPS (in)	DN	*A*	*D*	*K*	*L*	*n*（个）	螺栓Th	*C*	*N*	*B*	*H*	密封面				
													d	*P*	*E*	*F*	R_{max}
HG20615-2009WNRJ-150(20)_1	1	25	33.7	110	79.4	16	4	M14	12.7	49	27	54	63.5	47.63	6.35	8.74	0.8
HG20615-2009WNRJ-150(20)_2	$1\frac{1}{4}$	32	42.4	115	88.9	16	4	M14	14.3	59	35	56	73	57.15	6.35	8.74	0.8
HG20615-2009WNRJ-150(20)_3	$1\frac{1}{2}$	40	48.3	125	98.4	16	4	M14	15.9	65	41	60	82.5	65.07	6.35	8.74	0.8
HG20615-2009WNRJ-150(20)_4	2	50	60.3	150	120.7	18	4	M16	17.5	78	52	62	102	82.55	6.35	8.74	0.8
HG20615-2009WNRJ-150(20)_5	$2\frac{1}{2}$	65	76.1	180	139.5	18	4	M16	20.7	90	66	68	121	101.6	6.35	8.74	0.8
HG20615-2009WNRJ-150(20)_6	3	80	88.9	190	152.4	18	4	M16	22.3	108	77.5	68	133	114.3	6.35	8.74	0.8
HG20615-2009WNRJ-150(20)_7	4	100	114.3	230	190.5	18	8	M16	22.3	135	101.5	75	171	149.23	6.35	8.74	0.8
HG20615-2009WNRJ-150(20)_8	5	125	139.7	255	215.9	22	8	M20	22.3	164	127	87	194	171.45	6.35	8.74	0.8
HG20615-2009WNRJ-150(20)_9	6	150	168.3	280	241.3	22	8	M20	23.9	192	154	87	219	193.68	6.35	8.74	0.8
HG20615-2009WNRJ-150(20)_10	8	200	219.1	345	298.5	22	8	M20	27.0	246	203	100	273	247.65	6.35	8.74	0.8
HG20615-2009WNRJ-150(20)_11	10	250	273	405	362	26	12	M24	28.6	305	255	100	330	304.8	6.35	8.74	0.8
HG20615-2009WNRJ-150(20)_12	12	300	323.9	485	431.8	26	12	M24	30.2	365	303.5	113	406	381.00	6.35	8.74	0.8
HG20615-2009WNRJ-150(20)_13	14	350	355.6	535	476.3	30	12	M27	33.4	400	—	125	425	396.88	6.35	8.74	0.8
HG20615-2009WNRJ-150(20)_14	16	400	406.4	595	539.8	30	16	M27	35.0	457	—	125	483	454.03	6.35	8.74	0.8
HG20615-2009WNRJ-150(20)_15	18	450	457	635	577.9	33	16	M30	38.1	505	—	138	546	517.53	6.35	8.74	0.8
HG20615-2009WNRJ-150(20)_16	20	500	508	700	635	33	20	M30	41.3	559	—	143	597	558.8	6.35	8.74	0.8
HG20615-2009WNRJ-150(20)_17	24	600	610	815	749.3	36	20	M33	46.1	663	—	151	711	673.1	6.35	8.74	0.8

注：更多数据见《化工标准法兰三维图库》软件。

表 5-54 Class300（PN50）环连接面（RJ）带颈对焊法兰尺寸 单位：mm

标准件编号	NPS (in)	DN	*A*	*D*	*K*	*L*	*n*（个）	螺栓Th	*C*	*N*	*B*	*H*	密封面				
													d	*P*	*E*	*F*	R_{max}
HG20615-2009WNRJ-300(50)_1	$\frac{1}{2}$	15	21.3	95	66.7	16	4	M14	12.7	38	15.5	51	51	34.14	5.56	7.14	0.8
HG20615-2009WNRJ-300(50)_2	$\frac{3}{4}$	20	26.9	115	82.6	18	4	M16	14.3	48	21	56	63.5	42.88	6.35	8.74	0.8
HG20615-2009WNRJ-300(50)_3	1	25	33.7	125	88.9	18	4	M16	15.9	54	27	60	70	50.8	6.35	8.74	0.8
HG20615-2009WNRJ-300(50)_4	$1\frac{1}{4}$	32	42.4	135	98.4	18	4	M16	17.5	64	35	64	79.5	60.33	6.35	8.74	0.8
HG20615-2009WNRJ-300(50)_5	$1\frac{1}{2}$	40	48.3	155	114.3	22	4	M20	19.1	70	41	67	90.5	68.27	6.35	8.74	0.8
HG20615-2009WNRJ-300(50)_6	2	50	60.3	165	127	18	8	M16	20.7	84	52	68	108	82.55	7.92	11.91	0.8
HG20615-2009WNRJ-300(50)_7	$2\frac{1}{2}$	65	76.1	190	149.2	22	8	M20	23.9	100	66	75	127	101.6	7.92	11.91	0.8
HG20615-2009WNRJ-300(50)_8	3	80	88.9	210	168.3	22	8	M20	27.0	117	77.5	78	146	123.83	7.92	11.91	0.8
HG20615-2009WNRJ-300(50)_9	4	100	114.3	255	200	22	8	M20	30.2	146	101.5	84	175	149.23	7.92	11.91	0.8
HG20615-2009WNRJ-300(50)_10	5	125	139.7	280	235	22	8	M20	33.4	178	127	97	210	180.98	7.92	11.91	0.8
HG20615-2009WNRJ-300(50)_11	6	150	168.3	320	269.9	22	12	M20	35.0	206	154	97	241	211.12	7.92	11.91	0.8
HG20615-2009WNRJ-300(50)_12	8	200	219.1	380	330.2	26	12	M24	39.7	260	203	110	302	269.88	7.92	11.91	0.8
HG20615-2009WNRJ-300(50)_13	10	250	273	445	387.4	30	16	M27	46.1	321	255	116	356	323.85	7.92	11.91	0.8

续表

标准件编号	NPS (in)	DN	A	D	K	L	n (个)	螺栓Th	C	N	B	H	密封面				
													d	P	E	F	R_{max}
HG20615-2009WNRJ-300(50)_14	12	300	323.9	520	450.8	33	16	M30	49.3	375	303.5	129	413	381.00	7.92	11.91	0.8
HG20615-2009WNRJ-300(50)_15	14	350	355.6	585	514.4	33	20	M30	52.4	425	—	141	457	419.1	7.92	11.91	0.8
HG20615-2009WNRJ-300(50)_16	16	400	406.4	650	571.5	36	20	M33	55.6	483	—	144	508	469.9	7.92	11.91	0.8
HG20615-2009WNRJ-300(50)_17	18	450	457	710	628.6	36	24	M33	58.8	533	—	157	575	533.4	7.92	11.91	0.8
HG20615-2009WNRJ-300(50)_18	20	500	508	775	685.8	36	24	M33	62.0	587	—	160	635	584.2	9.52	13.49	0.8
HG20615-2009WNRJ-300(50)_20	24	600	610	915	812.8	42	24	M39×3	68.3	702	—	167	749	692.15	11.13	16.66	0.8

注：更多数据见《化工标准法兰三维图库》软件。

表 5-55 Class600（PN110）环连接面（RJ）带颈对焊法兰尺寸

单位：mm

标准件编号	NPS (in)	DN	A	D	K	L	n (个)	螺栓Th	C	N	B	H	密封面				
													d	P	E	F	R_{max}
HG20615-2009WNRJ-600(110)_1	$^1/_2$	15	21.3	95	66.7	16	4	M14	14.3	38	—	52	51	34.14	5.56	7.14	0.8
HG20615-2009WNRJ-600(110)_2	$^3/_4$	20	26.9	115	82.6	18	4	M16	15.9	48	—	57	63.5	42.88	6.35	8.74	0.8
HG20615-2009WNRJ-600(110)_3	1	25	33.7	125	88.9	18	4	M16	17.5	54	—	62	70	50.8	6.35	8.74	0.8
HG20615-2009WNRJ-600(110)_4	$1^1/_4$	32	42.4	135	98.4	18	4	M16	20.7	64	—	67	79.5	60.33	6.35	8.74	0.8
HG20615-2009WNRJ-600(110)_5	$1^1/_2$	40	48.3	155	114.3	22	4	M20	22.3	70	—	70	90.5	68.27	6.35	8.74	0.8
HG20615-2009WNRJ-600(110)_6	2	50	60.3	165	127	18	8	M16	25.4	84	—	73	108	82.55	7.92	11.91	0.8
HG20615-2009WNRJ-600(110)_7	$2^1/_2$	65	76.1	190	149.2	22	8	M20	28.6	100	—	79	127	101.6	7.92	11.91	0.8
HG20615-2009WNRJ-600(110)_8	3	80	88.9	210	168.3	22	8	M20	31.8	117	—	83	146	123.83	7.92	11.91	0.8
HG20615-2009WNRJ-600(110)_9	4	100	114.3	275	215.9	26	8	M24	38.1	152	—	102	175	149.23	7.92	11.91	0.8
HG20615-2009WNRJ-600(110)_10	5	125	139.7	330	266.7	30	8	M27	44.5	189	—	114	210	180.98	7.92	11.91	0.8
HG20615-2009WNRJ-600(110)_11	6	150	168.3	355	292.1	30	12	M27	47.7	222	—	117	241	211.12	7.92	11.91	0.8
HG20615-2009WNRJ-600(110)_12	8	200	219.1	420	349.1	33	12	M30	55.6	273	—	133	302	269.88	7.92	11.91	0.8
HG20615-2009WNRJ-600(110)_13	10	250	273	510	431.8	36	16	M33	63.5	343	—	152	356	323.85	7.92	11.91	0.8
HG20615-2009WNRJ-600(110)_14	12	300	323.9	560	489	35.5	20	M33	66.7	400	—	156	413	381.00	7.92	11.91	0.8
HG20615-2009WNRJ-600(110)_15	14	350	355.6	605	527	39	20	M36×3	69.9	432	—	165	457	419.1	7.92	11.91	0.8
HG20615-2009WNRJ-600(110)_16	16	400	406.4	685	603.2	42	20	M39×3	76.2	495	—	178	508	469.9	7.92	11.91	0.8
HG20615-2009WNRJ-600(110)_17	18	450	457	745	654	45	20	M42×3	82.6	546	—	184	575	533.4	7.92	11.91	0.8
HG20615-2009WNRJ-600(110)_18	20	500	508	815	723.9	45	24	M42×3	88.9	610	—	190	635	584.2	9.52	13.49	0.8
HG20615-2009WNRJ-600(110)_20	24	600	640	940	838.2	51	24	M48×3	101.6	718	—	203	749	692.15	11.13	16.66	0.8

注：更多数据见《化工标准法兰三维图库》软件。

表 5-56 Class900（PN150）环连接面（RJ）带颈对焊法兰尺寸

单位：mm

标准件编号	NPS (in)	DN	A	D	K	L	n (个)	螺栓Th	C	N	B	H	密封面				
													d	P	E	F	R_{max}
HG20615-2009WNRJ-900(150)_1	$^1/_2$	15	21.3	120	82.6	22	4	M20	22.3	38	—	60	60.5	39.67	6.35	8.74	0.8

续表

标准件编号	NPS (in)	DN	A	D	K	L	n (个)	螺栓Th	C	N	B	H	密封面				
													d	P	E	F	R_{max}
HG20615-2009WNRJ-900(150)_2	$^3/_4$	20	26.9	130	88.9	22	4	M20	25.4	44	—	70	66.5	44.45	6.35	8.74	0.8
HG20615-2009WNRJ-900(150)_3	1	25	33.7	150	101.6	26	4	M24	28.6	52	—	73	71.5	50.8	6.35	8.74	0.8
HG20615-2009WNRJ-900(150)_4	$1^1/_4$	32	42.4	160	111.1	26	4	M24	28.6	64	—	73	81	60.33	6.35	8.74	0.8
HG20615-2009WNRJ-900(150)_5	$1^1/_2$	40	48.3	180	123.8	30	4	M27	31.8	70	—	83	92	68.27	6.35	8.74	0.8
HG20615-2009WNRJ-900(150)_6	2	50	60.3	215	165.1	26	8	M24	38.1	105	—	102	124	95.25	7.92	11.91	0.8
HG20615-2009WNRJ-900(150)_7	$2^1/_2$	65	76.1	245	190.5	30	8	M27	41.3	124	—	105	137	107.95	7.92	11.91	0.8
HG20615-2009WNRJ-900(150)_8	3	80	88.9	240	190.5	26	8	M24	38.1	127	—	102	156	123.83	7.92	11.91	0.8
HG20615-2009WNRJ-900(150)_9	4	100	114.3	290	235	33	8	M30	44.5	159	—	114	181	149.23	7.92	11.91	0.8
HG20615-2009WNRJ-900(150)_10	5	125	139.7	350	279.4	36	8	M33	50.8	190	—	127	216	180.98	7.92	11.91	0.8
HG20615-2009WNRJ-900(150)_11	6	150	168.3	380	317.5	32.5	12	M30	55.6	235	—	140	241	211.12	7.92	11.91	0.8
HG20615-2009WNRJ-900(150)_12	8	200	219.1	470	393.5	39	12	M36×3	63.5	298	—	162	308	269.88	7.92	11.91	0.8
HG20615-2009WNRJ-900(150)_13	10	250	273	545	469.9	39	16	M36×3	69.9	368	—	184	362	323.85	7.92	11.91	0.8
HG20615-2009WNRJ-900(150)_14	12	300	323.9	610	533.4	39	20	M36×3	79.4	419	—	200	419	381	7.92	11.91	0.8
HG20615-2009WNRJ-900(150)_15	14	350	355.6	640	558.8	42	20	M39×3	85.8	451	—	213	467	419.1	11.13	16.66	1.5
HG20615-2009WNRJ-900(150)_16	16	400	406.4	705	616	45	20	M42×3	88.9	508	—	216	524	469.9	11.13	16.66	1.5
HG20615-2009WNRJ-900(150)_17	18	450	457	785	685.8	51	20	M48×3	101.6	565	—	229	594	533.4	12.7	19.84	1.5
HG20615-2009WNRJ-900(150)_18	20	500	508	855	749.3	55	20	M52×3	108	622	—	248	648	584.2	12.7	19.84	1.5
HG20615-2009WNRJ-900(150)_19	24	600	610	1040	901.7	68	20	M64×3	139.7	749	—	292	772	692.15	15.88	26.97	2.4

注：更多数据见《化工标准法兰三维图库》软件。

表 5-57　Class1500（PN260）环连接面（RJ）带颈对焊法兰尺寸　　单位：mm

标准件编号	NPS (in)	DN	A	D	K	L	n (个)	螺栓 Th	C	N	B	H	密封面				
													d	P	E	F	R_{max}
HG20615-2009WNRJ-1500(260)_1	$^1/_2$	15	21.3	120	82.5	22	4	M20	22.3	38	—	60	60.5	39.67	6.35	8.74	0.8
HG20615-2009WNRJ-1500(260)_2	$^3/_4$	20	26.9	130	88.9	22	4	M20	25.4	44	—	70	66.5	44.45	6.35	8.74	0.8
HG20615-2009WNRJ-1500(260)_3	1	25	33.7	150	101.6	26	4	M24	28.6	52	—	73	71.5	50.8	6.35	8.74	0.8
HG20615-2009WNRJ-1500(260)_4	$1^1/_4$	32	42.4	160	111.1	26	4	M24	28.6	64	—	73	81	60.33	6.35	8.74	0.8
HG20615-2009WNRJ-1500(260)_5	$1^1/_2$	40	48.3	180	123.8	30	4	M27	31.8	70	—	83	92	68.27	6.35	8.74	0.8
HG20615-2009WNRJ-1500(260)_6	2	50	60.3	215	165.1	26	8	M24	38.1	105	—	102	124	95.25	7.92	11.91	0.8
HG20615-2009WNRJ-1500(260)_7	$2^1/_2$	65	76.1	245	190.5	30	8	M27	41.3	124	—	105	137	107.95	7.92	11.91	0.8
HG20615-2009WNRJ-1500(260)_8	3	80	88.9	265	203.2	33	8	M30	47.7	133	—	117	168	136.53	7.92	11.91	0.8
HG20615-2009WNRJ-1500(260)_9	4	100	114.3	310	241.3	36	8	M33	54	162	—	124	194	161.93	7.92	11.91	0.8
HG20615-2009WNRJ-1500(260)_10	5	125	139.7	375	292.1	42	8	M39×3	73.1	197	—	155	229	193.68	7.92	11.91	0.8
HG20615-2009WNRJ-1500(260)_11	6	150	168.3	395	317.5	39	12	M36×3	82.6	229	—	171	248	211.14	9.52	13.49	1.5

续表

标准件编号	NPS (in)	DN	A	D	K	L	n (个)	螺栓 Th	C	N	B	H	密封面				
													d	P	E	F	R_{max}
HG20615-2009WNRJ-1500(260)_12	8	200	219.1	485	393.7	45	12	M42×3	92.1	292	—	213	318	269.88	11.13	16.66	1.5
HG20615-2009WNRJ-1500(260)_13	10	250	273	585	482.6	51	12	M48×3	108	368	—	254	371	323.85	11.13	16.66	1.5
HG20615-2009WNRJ-1500(260)_14	12	300	323.9	675	571.5	55	16	M52×3	123.9	451	—	283	438	381	14.27	23.01	1.5
HG20615-2009WNRJ-1500(260)_15	14	350	355.6	750	635	60	16	M56×3	133.4	495	—	298	489	419.1	15.88	26.97	2.4
HG20615-2009WNRJ-1500(260)_16	16	400	406.4	825	704.8	68	16	M64×3	146.1	552	—	311	546	469.9	17.48	30.18	2.4
HG20615-2009WNRJ-1500(260)_17	18	450	457	915	774.7	74	16	M70×3	162	597	—	327	613	533.4	17.48	30.18	2.4
HG20615-2009WNRJ-1500(260)_18	20	500	508	985	831.8	80	16	M76×3	177.8	641	—	356	673	584.2	17.48	33.32	2.4
HG20615-2009WNRJ-1500(260)_19	24	600	610	1170	990.6	94	16	M90×3	203.2	762	—	406	794	692.15	20.62	36.53	2.4

注：更多数据见《化工标准法兰三维图库》软件。

表 5-58 Class2500（PN420）环连接面（RJ）带颈对焊法兰尺寸　　单位：mm

标准件编号	NPS (in)	DN	A	D	K	L	n (个)	螺栓Th	C	N	B	H	密封面				
													d	P	E	F	R_{max}
HG20615-2009WNRJ-2500(420)_1	$^{1}/_{2}$	15	21.3	135	88.9	22	4	M20	30.2	43	—	73	65	42.88	6.35	8.74	0.8
HG20615-2009WNRJ-2500(420)_2	$^{3}/_{4}$	20	26.9	140	95.2	22	4	M20	31.8	51	—	79	73	50.8	6.35	8.74	0.8
HG20615-2009WNRJ-2500(420)_3	1	25	33.7	160	108	26	4	M24	35	57	—	89	82.5	60.33	6.35	8.74	0.8
HG20615-2009WNRJ-2500(420)_4	$1^{1}/_{4}$	32	42.4	185	130.2	30	4	M27	38.1	73	—	95	102	72.23	7.92	11.91	0.8
HG20615-2009WNRJ-2500(420)_5	$1^{1}/_{2}$	40	48.3	205	146	33	4	M30	44.5	79	—	111	114	82.55	7.92	11.91	0.8
HG20615-2009WNRJ-2500(420)_6	2	50	60.3	235	171.4	30	8	M27	50.9	95	—	127	133	101.6	7.92	11.91	0.8
HG20615-2009WNRJ-2500(420)_7	$2^{1}/_{2}$	65	76.1	265	196.8	33	8	M30	57.2	114	—	143	149	111.13	9.52	13.49	1.5
HG20615-2009WNRJ-2500(420)_8	3	80	88.9	305	228.6	36	8	M33	66.7	133	—	168	168	127.00	9.52	13.49	1.5
HG20615-2009WNRJ-2500(420)_9	4	100	114.3	355	273	42	8	M39×3	76.2	165	—	190	203	157.18	11.13	16.66	1.5
HG20615-2009WNRJ-2500(420)_10	5	125	139.7	420	323.8	48	8	M45×3	92.1	203	—	229	241	190.5	12.7	19.84	1.5
HG20615-2009WNRJ-2500(420)_11	6	150	168.3	485	368.3	55	8	M52×3	108	235	—	273	279	228.6	12.7	19.84	1.5
HG20615-2009WNRJ-2500(420)_12	8	200	219.1	550	438.2	55	12	M52×3	127	305	—	318	340	279.4	14.27	23.01	1.5
HG20615-2009WNRJ-2500(420)_13	10	250	273	675	539.8	68	12	M64×3	165.1	375	—	419	425	342.9	17.48	30.18	2.4
HG20615-2009WNRJ-2500(420)_14	12	300	323.9	760	619.1	74	12	M70×3	184.2	441	—	464	495	406.4	17.48	33.32	2.4

注：更多数据见《化工标准法兰三维图库》软件。

5.2.3 整体法兰（IF）

本标准规定了整体法兰（IF）（欧洲体系）的型式和尺寸。

本标准适用于公称压力 Class150（PN20）～Class2500（420）的整体法兰。

整体法兰的二维图形和三维图形如表 5-59 所示。

表 5-59　整体法兰

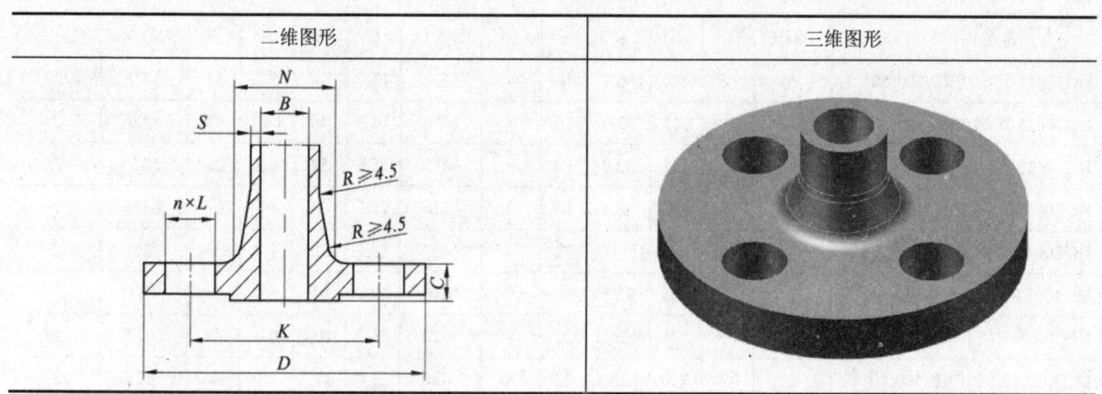

1. 突面（RF）整体法兰

突面（RF）整体法兰根据公称压力可分为 Class150（PN20）、Class300（PN50）、Class600（PN110）、Class900（PN150）、Class1500（PN260）和 Class2500（PN420）。法兰尺寸如表 5-60～表 5-65 所示。

表 5-60　Class150（PN20）突面（RF）整体法兰尺寸　　　　单位：mm

标准件编号	NPS(in)	DN	*D*	*K*	*L*	*n*（个）	螺栓Th	*C*	*N*	*S*	*B*	密封面*d*	密封面f_1
HG20615-2009IFRF-150(20)_1	$\frac{1}{2}$	15	90	60.3	16	4	M14	9.8(8.0)	30	2.8	13	34.9	2
HG20615-2009IFRF-150(20)_2	$\frac{3}{4}$	20	100	69.9	16	4	M14	11.2(8.9)	38	3.2	19	42.9	2
HG20615-2009IFRF-150(20)_3	1	25	110	79.4	16	4	M14	12.7(9.6)	49	4	25	50.8	2
HG20615-2009IFRF-150(20)_4	$1\frac{1}{4}$	32	115	88.9	16	4	M14	14.3(11.2)	59	4.8	32	63.5	2
HG20615-2009IFRF-150(20)_5	$1\frac{1}{2}$	40	125	98.4	16	4	M14	15.9(12.7)	65	4.8	38	73.0	2
HG20615-2009IFRF-150(20)_6	2	50	150	120.7	18	4	M16	17.5(14.3)	78	5.6	51	92.1	2
HG20615-2009IFRF-150(20)_7	$2\frac{1}{2}$	65	180	139.7	18	4	M16	20.7(15.9)	90	5.6	64	104.8	2
HG20615-2009IFRF-150(20)_8	3	80	190	152.4	18	4	M16	22.3	108	5.6	76	127.0	2
HG20615-2009IFRF-150(20)_9	4	100	230	190.5	18	8	M16	22.3	135	6.4	102	157.2	2
HG20615-2009IFRF-150(20)_10	5	125	255	215.9	22	8	M20	22.3	164	7.1	127	185.7	2
HG20615-2009IFRF-150(20)_11	6	150	280	241.3	22	8	M20	23.9	192	7.1	152	215.9	2
HG20615-2009IFRF-150(20)_12	8	200	345	298.5	22	8	M20	27.0	246	7.9	203	269.9	2
HG20615-2009IFRF-150(20)_13	10	250	405	362	26	12	M24	28.6	305	8.7	254	323.8	2
HG20615-2009IFRF-150(20)_14	12	300	485	431.8	26	12	M24	30.2	365	9.5	305	381.0	2
HG20615-2009IFRF-150(20)_15	14	350	535	476.3	30	12	M27	33.4	400	10.3	337	412.8	2
HG20615-2009IFRF-150(20)_16	16	400	595	539.8	30	16	M27	35.0	457	11.1	387	469.9	2
HG20615-2009IFRF-150(20)_17	18	450	635	577.9	33	16	M30	38.1	505	11.9	438	533.4	2
HG20615-2009IFRF-150(20)_18	20	500	700	635	33	20	M30	41.3	559	12.7	489	584.2	2
HG20615-2009IFRF-150(20)_19	24	600	815	749.3	36	20	M33	46.1	663	14.5	591	692.2	2

表 5-61　Class300（PN50）突面（RF）整体法兰尺寸　　单位：mm

标准件编号	NPS (in)	DN	D	K	L	n（个）	螺栓Th	C	N	S	B	密封面d	密封面f_1
HG20615-2009IFRF-300(50)_1	$^1/_2$	15	95	66.7	16	4	M14	12.7	38	3.2	13	34.9	2
HG20615-2009IFRF-300(50)_2	$^3/_4$	20	115	82.6	18	4	M16	14.3	48	4	19	42.9	2
HG20615-2009IFRF-300(50)_3	1	25	125	88.9	18	4	M16	15.9	54	4.8	25	50.8	2
HG20615-2009IFRF-300(50)_4	$1^1/_4$	32	135	98.4	18	4	M16	17.5	64	4.8	32	63.5	2
HG20615-2009IFRF-300(50)_5	$1^1/_2$	40	155	114.3	22	4	M20	19.1	70	4.8	38	73.0	2
HG20615-2009IFRF-300(50)_6	2	50	165	127	18	8	M16	20.7	84	6.4	51	92.1	2
HG20615-2009IFRF-300(50)_7	$2^1/_2$	65	190	149.2	22	8	M20	23.9	100	6.4	64	104.8	2
HG20615-2009IFRF-300(50)_8	3	80	210	168.3	22	8	M20	27.0	117	7.1	76	127.0	2
HG20615-2009IFRF-300(50)_9	4	100	255	200	22	8	M20	30.2	146	7.9	102	157.2	2
HG20615-2009IFRF-300(50)_10	5	125	280	235	22	8	M20	33.4	178	9.5	127	185.7	2
HG20615-2009IFRF-300(50)_11	6	150	320	269.9	22	12	M20	35.0	206	9.5	152	215.9	2
HG20615-2009IFRF-300(50)_12	8	200	380	330.2	26	12	M24	39.7	260	11.1	203	269.9	2
HG20615-2009IFRF-300(50)_13	10	250	445	387.4	30	16	M27	46.1	321	12.7	254	323.8	2
HG20615-2009IFRF-300(50)_14	12	300	520	450.8	33	16	M30	49.3	375	14.3	305	381.0	2
HG20615-2009IFRF-300(50)_15	14	350	585	514.4	33	20	M30	52.4	425	15.9	337	412.8	2
HG20615-2009IFRF-300(50)_16	16	400	650	571.5	36	20	M33	55.6	483	17.5	387	469.9	2
HG20615-2009IFRF-300(50)_17	18	450	710	628.6	36	24	M33	58.8	533	19.0	432	533.4	2
HG20615-2009IFRF-300(50)_18	20	500	775	685.8	36	24	M33	62.0	587	20.6	483	584.2	2
HG20615-2009IFRF-300(50)_19	24	600	915	812.8	42	24	M39×3	68.3	702	23.8	584	692.2	2

表 5-62　Class600（PN110）突面（RF）整体法兰尺寸　　单位：mm

标准件编号	NPS (in)	DN	D	K	L	n（个）	螺栓Th	C	N	S	B	密封面d	密封面f_2
HG20615-2009IFRF-600(110)_1	$^1/_2$	15	95	66.7	16	4	M14	14.3	38	4.1	13	34.9	7
HG20615-2009IFRF-600(110)_2	$^3/_4$	20	115	82.6	18	4	M16	15.9	48	4.1	19	42.9	7
HG20615-2009IFRF-600(110)_3	1	25	125	88.9	18	4	M16	17.5	54	4.8	25	50.8	7
HG20615-2009IFRF-600(110)_4	$1^1/_4$	32	135	98.4	18	4	M16	20.7	64	4.8	32	63.5	7
HG20615-2009IFRF-600(110)_5	$1^1/_2$	40	155	114.3	22	4	M20	22.3	70	5.6	38	73.0	7
HG20615-2009IFRF-600(110)_6	2	50	165	127	18	8	M16	25.4	84	6.4	51	92.1	7
HG20615-2009IFRF-600(110)_7	$2^1/_2$	65	190	149.2	22	8	M20	28.6	100	7.1	64	104.8	7
HG20615-2009IFRF-600(110)_8	3	80	210	168.3	22	8	M20	31.8	117	7.9	76	127.0	7
HG20615-2009IFRF-600(110)_9	4	100	275	215.9	26	8	M24	38.1	152	9.7	102	157.2	7
HG20615-2009IFRF-600(110)_10	5	125	330	266.7	30	8	M27	44.5	189	11.2	127	185.7	7
HG20615-2009IFRF-600(110)_11	6	150	355	292.1	30	12	M27	47.7	222	12.7	152	215.9	7
HG20615-2009IFRF-600(110)_12	8	200	420	349.2	33	12	M30	55.6	273	15.7	200	269.9	7
HG20615-2009IFRF-600(110)_13	10	250	510	431.8	36	16	M33	63.5	343	19.1	248	323.8	7

续表

标准件编号	NPS(in)	DN	*D*	*K*	*L*	*n*（个）	螺栓Th	*C*	*N*	*S*	*B*	密封面*d*	密封面f_2
HG20615-2009IFRF-600(110)_14	12	300	560	489	36	20	M33	66.7	400	23.1	298	381.0	7
HG20615-2009IFRF-600(110)_15	14	350	605	527	39	20	M36×3	69.9	432	24.6	327	412.8	7
HG20615-2009IFRF-600(110)_16	16	400	685	603.2	42	20	M39×3	76.2	495	27.7	375	469.9	7
HG20615-2009IFRF-600(110)_17	18	450	745	654	45	20	M42×3	82.6	546	31	419	533.4	7
HG20615-2009IFRF-600(110)_18	20	500	815	723.9	45	24	M42×3	88.9	610	34.0	464	584.2	7
HG20615-2009IFRF-600(110)_19	24	600	940	838	51	24	M48×3	102	718	40.5	569	692.2	7

表 5-63　Class900（PN150）突面（RF）整体法兰尺寸　　单位：mm

标准件编号	NPS(in)	DN	*D*	*K*	*L*	*n*（个）	螺栓Th	*C*	*N*	*S*	*B*	密封面*d*	密封面f_2
HG20615-2009IFRF-900(150)_1	$^1/_2$	15	120	82.6	22	4	M20	22.3	38	4.1	13	34.9	7
HG20615-2009IFRF-900(150)_2	$^3/_4$	20	130	88.9	22	4	M20	25.4	44	4.8	17	42.9	7
HG20615-2009IFRF-900(150)_3	1	25	150	101.6	26	4	M24	28.6	52	5.6	22	50.8	7
HG20615-2009IFRF-900(150)_4	$1^1/_4$	32	160	111.1	26	4	M24	28.6	64	6.4	28	63.5	7
HG20615-2009IFRF-900(150)_5	$1^1/_2$	40	180	123.8	30	4	M27	31.8	70	7.1	35	73.0	7
HG20615-2009IFRF-900(150)_6	2	50	215	165.1	26	8	M24	38.1	105	7.9	48	92.1	7
HG20615-2009IFRF-900(150)_7	$2^1/_2$	65	245	190.5	30	8	M27	41.3	124	8.6	57	104.8	7
HG20615-2009IFRF-900(150)_8	3	80	240	190.5	26	8	M24	38.1	127	10.4	73	127.0	7
HG20615-2009IFRF-900(150)_9	4	100	290	235	33	8	M30	44.5	159	12.7	98	157.2	7
HG20615-2009IFRF-900(150)_10	5	125	350	279.5	36	8	M33	50.8	190	15.0	121	185.7	7
HG20615-2009IFRF-900(150)_11	6	150	380	317.5	33	12	M30	55.6	235	18.3	146	215.9	7
HG20615-2009IFRF-900(150)_12	8	200	470	393.7	39	12	M36×3	63.5	298	22.4	191	269.9	7
HG20615-2009IFRF-900(150)_13	10	250	545	469.9	39	16	M36×3	69.9	368	26.9	238	323.8	7
HG20615-2009IFRF-900(150)_14	12	300	610	533.4	39	20	M36×3	79.4	419	31.8	282	381.0	7
HG20615-2009IFRF-900(150)_15	14	350	640	558.8	42	20	M39×3	85.8	451	35.1	311	412.8	7
HG20615-2009IFRF-900(150)_16	16	400	705	616	45	20	M42×3	88.9	508	39.6	356	469.9	7
HG20615-2009IFRF-900(150)_17	18	450	785	685.8	51	20	M48×3	101.6	565	44.5	400	533.4	7
HG20615-2009IFRF-900(150)_18	20	500	855	749.3	55	20	M52×3	108	622	48.5	445	584.2	7
HG20615-2009IFRF-900(150)_19	24	600	1040	901.7	68	20	M64×3	139.7	749	57.9	533	692.2	7

表 5-64　Class1500（PN260）突面（RF）整体法兰尺寸　　单位：mm

标准件编号	NPS(in)	DN	*D*	*K*	*L*	*n*（个）	螺栓Th	*C*	*N*	*S*	*B*	密封面*d*	密封面f_2
HG20615-2009IFRF-1500(260)_1	$^1/_2$	15	120	82.6	22	4	M20	22.3	38	4.8	13	34.9	7
HG20615-2009IFRF-1500(260)_2	$^3/_4$	20	130	88.9	22	4	M20	25.4	44	5.8	17	42.9	7
HG20615-2009IFRF-1500(260)_3	1	25	150	101.6	26	4	M24	28.6	52	6.6	22	50.8	7
HG20615-2009IFRF-1500(260)_4	$1^1/_4$	32	160	111.1	26	4	M24	28.6	64	7.9	28	63.5	7

续表

标准件编号	NPS(in)	DN	D	K	L	n（个）	螺栓Th	C	N	S	B	密封面d	密封面f_2
HG20615-2009IFRF-1500(260)_5	$1^1/_2$	40	180	123.8	30	4	M27	31.8	70	9.7	35	73.0	7
HG20615-2009IFRF-1500(260)_6	2	50	215	165.1	26	8	M24	38.1	105	11.2	48	92.1	7
HG20615-2009IFRF-1500(260)_7	$2^1/_2$	65	245	190.5	30	8	M27	41.3	124	12.7	57	104.8	7
HG20615-2009IFRF-1500(260)_8	3	80	265	203.2	33	8	M30	47.7	133	15.7	70	127.0	7
HG20615-2009IFRF-1500(260)_9	4	100	310	241.3	36	8	M33	54	162	19.1	92	157.2	7
HG20615-2009IFRF-1500(260)_10	5	125	375	292.1	42	8	M39×3	73.1	197	23.1	111	185.7	7
HG20615-2009IFRF-1500(260)_11	6	150	395	317.5	39	12	M36×3	82.6	229	27.7	136	215.9	7
HG20615-2009IFRF-1500(260)_12	8	200	485	393.7	45	12	M42×3	92.1	292	35.8	178	269.9	7
HG20615-2009IFRF-1500(260)_13	10	250	585	482.6	51	12	M48×3	108.0	368	43.7	222	323.8	7
HG20615-2009IFRF-1500(260)_14	12	300	675	571.5	55	16	M52×3	123.9	451	50.8	264	381.0	7
HG20615-2009IFRF-1500(260)_15	14	350	750	635	60	16	M56×3	133.4	495	55.6	289	412.8	7
HG20615-2009IFRF-1500(260)_16	16	400	825	704.8	68	16	M64×3	146.1	552	63.5	330	469.9	7
HG20615-2009IFRF-1500(260)_17	18	450	915	774.7	74	16	M70×3	162.0	597	71.4	371	533.4	7
HG20615-2009IFRF-1500(260)_18	20	500	985	831.8	80	16	M76×3	177.8	641	79.2	416	584.2	7
HG20615-2009IFRF-1500(260)_19	24	600	1170	990.6	94	16	M90×3	203.2	762	94.5	485	692.2	7

表 5-65　Class2500（PN420）突面（RF）整体法兰尺寸　　单位：mm

标准件编号	NPS(in)	DN	D	K	L	n（个）	螺栓Th	C	N	S	B	密封面d	密封面f_2
HG20615-2009IFRF-2500(420)_1	$^1/_2$	15	135	88.9	22	4	M20	30.2	43	6.4	11	34.9	7
HG20615-2009IFRF-2500(420)_2	$^3/_4$	20	140	95.2	22	4	M20	31.8	51	7.1	14	42.9	7
HG20615-2009IFRF-2500(420)_3	1	25	160	108	26	4	M24	35	57	8.6	19	50.8	7
HG20615-2009IFRF-2500(420)_4	$1^1/_4$	32	185	130.2	30	4	M27	38.1	73	11.2	25	63.5	7
HG20615-2009IFRF-2500(420)_5	$1^1/_2$	40	205	146	33	4	M30	44.5	79	12.7	28	73.0	7
HG20615-2009IFRF-2500(420)_6	2	50	235	171.4	30	8	M27	50.9	95	15.7	38	92.1	7
HG20615-2009IFRF-2500(420)_7	$2^1/_2$	65	265	196.8	33	8	M30	57.2	114	19.1	47	104.8	7
HG20615-2009IFRF-2500(420)_8	3	80	305	228.6	36	8	M33	66.7	133	22.4	57	127.0	7
HG20615-2009IFRF-2500(420)_9	4	100	355	273	42	8	M39×3	76.2	165	27.7	73	157.2	7
HG20615-2009IFRF-2500(420)_10	5	125	420	323.8	48	8	M45×3	92.1	203	34.0	92	185.7	7
HG20615-2009IFRF-2500(420)_11	6	150	485	368.5	55	8	M52×3	108	235	40.4	111	215.9	7
HG20615-2009IFRF-2500(420)_12	8	200	550	438.2	55	12	M52×3	127	305	52.3	146	269.9	7
HG20615-2009IFRF-2500(420)_13	10	250	675	539.8	68	12	M64×3	165.1	375	65.8	184	323.8	7
HG20615-2009IFRF-2500(420)_14	12	300	760	619.1	74	12	M70×3	184.2	441	77.0	219	381.0	7

2. 凹面（FM）整体法兰

凹面（FM）整体法兰根据公称压力可分为Class300（PN50）、Class600（PN110）、Class900

（PN150）、Class1500（PN260）和 Class2500（PN420）。法兰尺寸如表 5-66～表 5-70 所示。

表 5-66　Class300（PN50）凹面（FM）整体法兰尺寸　　单位：mm

标准件编号	NPS (in)	DN	*D*	*K*	*L*	*n*(个)	螺栓Th	*C*	*N*	*S*	*B*	密封面			
												d	*Y*	f_2	f_3
HG20615-2009IFFM-300(50)_1	1/2	15	95	66.7	16	4	M14	12.7	38	3.2	13	46	36.5	7	5
HG20615-2009IFFM-300(50)_2	3/4	20	115	82.6	18	4	M16	14.3	48	4	19	54	44.4	7	5
HG20615-2009IFFM-300(50)_3	1	25	125	88.9	18	4	M16	15.9	54	4.8	25	62	52.4	7	5
HG20615-2009IFFM-300(50)_4	1 1/4	32	135	98.4	18	4	M16	17.5	64	4.8	32	75	65.1	7	5
HG20615-2009IFFM-300(50)_5	1 1/2	40	155	114.3	22	4	M20	19.1	70	4.8	38	84	74.6	7	5
HG20615-2009IFFM-300(50)_6	2	50	165	127	18	8	M16	20.7	84	6.4	51	103	93.7	7	5
HG20615-2009IFFM-300(50)_7	2 1/2	65	190	149.2	22	8	M20	23.9	100	6.4	64	116	106.4	7	5
HG20615-2009IFFM-300(50)_8	3	80	210	168.3	22	8	M20	27.0	117	7.1	76	138	128.6	7	5
HG20615-2009IFFM-300(50)_9	4	100	255	200	22	8	M20	30.2	146	7.9	102	168	158.8	7	5
HG20615-2009IFFM-300(50)_10	5	125	280	235	22	8	M20	33.4	178	9.5	127	197	187.3	7	5
HG20615-2009IFFM-300(50)_11	6	150	320	269.9	22	12	M20	35.0	206	9.5	152	227	217.5	7	5
HG20615-2009IFFM-300(50)_12	8	200	380	330.2	26	12	M24	39.7	260	11.1	203	281	271.5	7	5
HG20615-2009IFFM-300(50)_13	10	250	445	387.4	30	16	M27	46.1	321	12.7	254	335	325.4	7	5
HG20615-2009IFFM-300(50)_14	12	300	520	450.8	33	16	M30	49.3	375	14.3	305	392	382.6	7	5
HG20615-2009IFFM-300(50)_15	14	350	585	514.4	33	20	M30	52.4	425	15.9	337	424	414.3	7	5
HG20615-2009IFFM-300(50)_16	16	400	650	571.5	36	20	M33	55.6	483	17.5	387	481	471.5	7	5
HG20615-2009IFFM-300(50)_17	18	450	710	628.6	36	24	M33	58.8	533	19.0	432	544	535.0	7	5
HG20615-2009IFFM-300(50)_18	20	500	775	685.8	36	24	M33	62.0	587	20.6	483	595	585.8	7	5
HG20615-2009IFFM-300(50)_19	24	600	915	812.8	42	24	M39×3	68.3	702	23.8	584	703	693.7	7	5

表 5-67　Class600（PN110）凹面（FM）整体法兰尺寸　　单位：mm

标准件编号	NPS (in)	DN	*D*	*K*	*L*	*n*(个)	螺栓Th	*C*	*N*	*S*	*B*	密封面			
												d	*Y*	f_2	f_3
HG20615-2009IFFM-600(110)_1	1/2	15	95	66.7	16	4	M14	14.3	38	4.1	13	46	36.5	7	5
HG20615-2009IFFM-600(110)_2	3/4	20	115	82.6	18	4	M16	15.9	48	4.1	19	54	44.4	7	5
HG20615-2009IFFM-600(110)_3	1	25	125	88.9	18	4	M16	17.5	54	4.8	25	62	52.4	7	5
HG20615-2009IFFM-600(110)_4	1 1/4	32	135	98.4	18	4	M16	20.7	64	4.8	32	75	65.1	7	5
HG20615-2009IFFM-600(110)_5	1 1/2	40	155	114.3	22	4	M20	22.3	70	5.6	38	84	74.6	7	5
HG20615-2009IFFM-600(110)_6	2	50	165	127	18	8	M16	25.4	84	6.4	51	103	93.7	7	5
HG20615-2009IFFM-600(110)_7	2 1/2	65	190	149.2	22	8	M20	28.6	100	7.1	64	116	106.4	7	5
HG20615-2009IFFM-600(110)_8	3	80	210	168.3	22	8	M20	31.8	117	7.9	76	138	128.6	7	5
HG20615-2009IFFM-600(110)_9	4	100	275	215.9	26	8	M24	38.1	152	9.7	102	168	158.8	7	5

续表

标准件编号	NPS (in)	DN	D	K	L	n（个）	螺栓Th	C	N	S	B	密封面			
												d	Y	f_2	f_3
HG20615-2009IFFM-600(110)_10	5	125	330	266.7	30	8	M27	44.5	189	11.2	127	197	187.3	7	5
HG20615-2009IFFM-600(110)_11	6	150	355	292.1	30	12	M27	47.7	222	12.7	152	227	217.5	7	5
HG20615-2009IFFM-600(110)_12	8	200	420	349.2	33	12	M30	55.6	273	15.7	200	281	271.5	7	5
HG20615-2009IFFM-600(110)_13	10	250	510	431.8	36	16	M33	63.5	343	19.1	248	335	325.4	7	5
HG20615-2009IFFM-600(110)_14	12	300	560	489	36	20	M33	66.7	400	23.1	298	392	382.6	7	5
HG20615-2009IFFM-600(110)_15	14	350	605	527	39	20	M36×3	69.9	432	24.6	327	424	414.3	7	5
HG20615-2009IFFM-600(110)_16	16	400	685	603.2	42	20	M39×3	76.2	495	27.7	375	481	471.5	7	5
HG20615-2009IFFM-600(110)_17	18	450	745	654	45	20	M42×3	82.6	546	31	419	544	535.0	7	5
HG20615-2009IFFM-600(110)_18	20	500	815	723.9	45	24	M42×3	88.9	610	34.0	464	595	585.8	7	5
HG20615-2009IFFM-600(110)_19	24	600	940	838	51	24	M48×3	102	718	40.5	569	703	693.7	7	5

表 5-68　Class900（PN150）凹面（FM）整体法兰尺寸　单位：mm

标准件编号	NPS (in)	DN	D	K	L	n（个）	螺栓Th	C	N	S	B	密封面			
												d	Y	f_2	f_3
HG20615-2009IFFM-900(150)_1	$^1/_2$	15	120	82.6	22	4	M20	22.3	38	4.1	13	46	36.5	7	5
HG20615-2009IFFM-900(150)_2	$^3/_4$	20	130	88.9	22	4	M20	25.4	44	4.8	17	54	44.4	7	5
HG20615-2009IFFM-900(150)_3	1	25	150	101.6	26	4	M24	28.6	52	5.6	22	62	52.4	7	5
HG20615-2009IFFM-900(150)_4	$1^1/_4$	32	160	111.1	26	4	M24	28.6	64	6.4	28	75	65.1	7	5
HG20615-2009IFFM-900(150)_5	$1^1/_2$	40	180	123.8	30	4	M27	31.8	70	7.1	35	84	74.6	7	5
HG20615-2009IFFM-900(150)_6	2	50	215	165.1	26	8	M24	38.1	105	7.9	48	103	93.7	7	5
HG20615-2009IFFM-900(150)_7	$2^1/_2$	65	245	190.5	30	8	M27	41.3	124	8.6	57	116	106.4	7	5
HG20615-2009IFFM-900(150)_8	3	80	240	190.5	26	8	M24	38.1	127	10.4	73	138	128.6	7	5
HG20615-2009IFFM-900(150)_9	4	100	290	235	33	8	M30	44.5	159	12.7	98	168	158.8	7	5
HG20615-2009IFFM-900(150)_10	5	125	350	279.5	36	8	M33	50.8	190	15.0	121	197	187.3	7	5
HG20615-2009IFFM-900(150)_11	6	150	380	317.5	33	12	M30	55.6	235	18.3	146	227	217.5	7	5
HG20615-2009IFFM-900(150)_12	8	200	470	393.7	39	12	M36×3	63.5	298	22.4	191	281	271.5	7	5
HG20615-2009IFFM-900(150)_13	10	250	545	469.9	39	16	M36×3	69.9	368	26.9	238	335	325.4	7	5
HG20615-2009IFFM-900(150)_14	12	300	610	533.4	39	20	M36×3	79.4	419	31.8	282	392	382.6	7	5
HG20615-2009IFFM-900(150)_15	14	350	640	558.8	42	20	M39×3	85.8	451	35.1	311	424	414.3	7	5
HG20615-2009IFFM-900(150)_16	16	400	705	616	45	20	M42×3	88.9	508	39.6	356	481	471.5	7	5
HG20615-2009IFFM-900(150)_17	18	450	785	685.8	51	20	M48×3	101.6	565	44.5	400	544	535.0	7	5
HG20615-2009IFFM-900(150)_18	20	500	855	749.3	55	20	M52×3	108	622	48.5	445	595	585.8	7	5
HG20615-2009IFFM-900(150)_19	24	600	1040	901.7	68	20	M64×3	139.7	749	57.9	533	703	693.7	7	5

表 5-69 Class1500（PN260）凹面（FM）整体法兰尺寸　　单位：mm

标准件编号	NPS (in)	DN	*D*	*K*	*L*	*n*（个）	螺栓Th	*C*	*N*	*S*	*B*	密封面			
												d	*Y*	f_2	f_3
HG20615-2009IFFM-1500(260)_1	1/2	15	120	82.6	22	4	M20	22.3	38	4.8	13	46	36.5	7	5
HG20615-2009IFFM-1500(260)_2	3/4	20	130	88.9	22	4	M20	25.4	44	5.8	17	54	44.4	7	5
HG20615-2009IFFM-1500(260)_3	1	25	150	101.6	26	4	M24	28.6	52	6.6	22	62	52.4	7	5
HG20615-2009IFFM-1500(260)_4	1 1/4	32	160	111.1	26	4	M24	28.6	64	7.9	28	75	65.1	7	5
HG20615-2009IFFM-1500(260)_5	1 1/2	40	180	123.8	30	4	M27	31.8	70	9.7	35	84	74.6	7	5
HG20615-2009IFFM-1500(260)_6	2	50	215	165.1	26	8	M24	38.1	105	11.2	48	103	93.7	7	5
HG20615-2009IFFM-1500(260)_7	2 1/2	65	245	190.5	30	8	M27	41.3	124	12.7	57	116	106.4	7	5
HG20615-2009IFFM-1500(260)_8	3	80	265	203.2	33	8	M30	47.7	133	15.7	70	138	128.6	7	5
HG20615-2009IFFM-1500(260)_9	4	100	310	241.3	36	8	M33	54	162	19.1	92	168	158.8	7	5
HG20615-2009IFFM-1500(260)_10	5	125	375	292.1	42	8	M39×3	73.1	197	23.1	111	197	187.3	7	5
HG20615-2009IFFM-1500(260)_11	6	150	395	317.5	39	12	M36×3	82.6	229	27.7	136	227	217.5	7	5
HG20615-2009IFFM-1500(260)_12	8	200	485	393.7	45	12	M42×3	92.1	292	35.8	178	281	271.5	7	5
HG20615-2009IFFM-1500(260)_13	10	250	585	482.6	51	12	M48×3	108.0	368	43.7	222	335	325.4	7	5
HG20615-2009IFFM-1500(260)_14	12	300	675	571.5	55	16	M52×3	123.9	451	50.8	264	392	382.6	7	5
HG20615-2009IFFM-1500(260)_15	14	350	750	635	60	16	M56×3	133.4	495	55.6	289	424	414.3	7	5
HG20615-2009IFFM-1500(260)_16	16	400	825	704.8	68	16	M64×3	146.1	552	63.5	330	481	471.5	7	5
HG20615-2009IFFM-1500(260)_17	18	450	915	774.7	74	16	M70×3	162.0	597	71.4	371	544	535.0	7	5
HG20615-2009IFFM-1500(260)_18	20	500	985	831.8	80	16	M76×3	177.8	641	79.2	416	595	585.8	7	5
HG20615-2009IFFM-1500(260)_19	24	600	1170	990.6	94	16	M90×3	203.2	762	94.5	485	703	693.7	7	5

表 5-70 Class2500（PN420）凹面（FM）整体法兰尺寸　　单位：mm

标准件编号	NPS (in)	DN	*D*	*K*	*L*	*n*（个）	螺栓Th	*C*	*N*	*S*	*B*	密封面			
												d	*Y*	f_2	f_3
HG20615-2009IFFM-2500(420)_1	1/2	15	135	88.9	22	4	M20	30.2	43	6.4	11	46	36.5	7	5
HG20615-2009IFFM-2500(420)_2	3/4	20	140	95.2	22	4	M20	31.8	51	7.1	14	54	44.4	7	5
HG20615-2009IFFM-2500(420)_3	1	25	160	108	26	4	M24	35	57	8.6	19	62	52.4	7	5
HG20615-2009IFFM-2500(420)_4	1 1/4	32	185	130.2	30	4	M27	38.1	73	11.2	25	75	65.1	7	5
HG20615-2009IFFM-2500(420)_5	1 1/2	40	205	146	33	4	M30	44.5	79	12.7	28	84	74.6	7	5
HG20615-2009IFFM-2500(420)_6	2	50	235	171.4	30	8	M27	50.9	95	15.7	38	103	93.7	7	5
HG20615-2009IFFM-2500(420)_7	2 1/2	65	265	196.8	33	8	M30	57.2	114	19.1	47	116	106.4	7	5
HG20615-2009IFFM-2500(420)_8	3	80	305	228.6	36	8	M33	66.7	133	22.4	57	138	128.6	7	5
HG20615-2009IFFM-2500(420)_9	4	100	355	273	42	8	M39×3	76.2	165	27.7	73	168	158.8	7	5
HG20615-2009IFFM-2500(420)_10	5	125	420	323.8	48	8	M45×3	92.1	203	34.0	92	197	187.3	7	5
HG20615-2009IFFM-2500(420)_11	6	150	485	368.5	55	8	M52×3	108	235	40.4	111	227	217.5	7	5

续表

标准件编号	NPS (in)	DN	*D*	*K*	*L*	*n*（个）	螺栓Th	*C*	*N*	*S*	*B*	密封面			
												d	*Y*	f_2	f_3
HG20615-2009IFFM-2500(420)_12	8	200	550	438.2	55	12	M52×3	127	305	52.3	146	281	271.5	7	5
HG20615-2009IFFM-2500(420)_13	10	250	675	539.8	68	12	M64×3	165.1	375	65.8	184	335	325.4	7	5
HG20615-2009IFFM-2500(420)_14	12	300	760	619.1	74	12	M70×3	184.2	441	77.0	219	392	382.6	7	5

3．凸面（M）整体法兰

凸面（M）整体法兰根据公称压力可分为Class300（PN50）、Class600（PN110）、Class900（PN150）、Class1500（PN260）和Class2500（PN420）。法兰尺寸如表5-71～表5-75所示。

表5-71　Class300（PN50）凸面（M）整体法兰尺寸　　单位：mm

标准件编号	NPS(in)	DN	*D*	*K*	*L*	*n*（个）	螺栓Th	*C*	*N*	*S*	*B*	密封面*X*	密封面f_2
HG20615-2009IFM-300(50)_1	$^1/_2$	15	95	66.7	16	4	M14	12.7	38	3.2	13	34.9	7
HG20615-2009IFM-300(50)_2	$^3/_4$	20	115	82.6	18	4	M16	14.3	48	4	19	42.9	7
HG20615-2009IFM-300(50)_3	1	25	125	88.9	18	4	M16	15.9	54	4.8	25	50.8	7
HG20615-2009IFM-300(50)_4	$1^1/_4$	32	135	98.4	18	4	M16	17.5	64	4.8	32	63.5	7
HG20615-2009IFM-300(50)_5	$1^1/_2$	40	155	114.3	22	4	M20	19.1	70	4.8	38	73.0	7
HG20615-2009IFM-300(50)_6	2	50	165	127	18	8	M16	20.7	84	6.4	51	92.1	7
HG20615-2009IFM-300(50)_7	$2^1/_2$	65	190	149.2	22	8	M20	23.9	100	6.4	64	104.8	7
HG20615-2009IFM-300(50)_8	3	80	210	168.3	22	8	M20	27.0	117	7.1	76	127.0	7
HG20615-2009IFM-300(50)_9	4	100	255	200	22	8	M20	30.2	146	7.9	102	157.2	7
HG20615-2009IFM-300(50)_10	5	125	280	235	22	8	M20	33.4	178	9.5	127	185.7	7
HG20615-2009IFM-300(50)_11	6	150	320	269.9	22	12	M20	35.0	206	9.5	152	215.9	7
HG20615-2009IFM-300(50)_12	8	200	380	330.2	26	12	M24	39.7	260	11.1	203	269.9	7
HG20615-2009IFM-300(50)_13	10	250	445	387.4	30	16	M27	46.1	321	12.7	254	323.8	7
HG20615-2009IFM-300(50)_14	12	300	520	450.8	33	16	M30	49.3	375	14.3	305	381.0	7
HG20615-2009IFM-300(50)_15	14	350	585	514.4	33	20	M30	52.4	425	15.9	337	412.8	7
HG20615-2009IFM-300(50)_16	16	400	650	571.5	36	20	M33	55.6	483	17.5	387	469.9	7
HG20615-2009IFM-300(50)_17	18	450	710	628.6	36	24	M33	58.8	533	19.0	432	533.4	7
HG20615-2009IFM-300(50)_18	20	500	775	685.8	36	24	M33	62.0	587	20.6	483	584.2	7
HG20615-2009IFM-300(50)_19	24	600	915	812.8	42	24	M39×3	68.3	702	23.8	584	692.2	7

表5-72　Class600（PN110）凸面（M）整体法兰尺寸　　单位：mm

标准件编号	NPS(in)	DN	*D*	*K*	*L*	*n*（个）	螺栓Th	*C*	*N*	*S*	*B*	密封面*X*	密封面f_2
HG20615-2009IFM-600(110)_1	$^1/_2$	15	95	66.7	16	4	M14	14.3	38	4.1	13	34.9	7
HG20615-2009IFM-600(110)_2	$^3/_4$	20	115	82.6	18	4	M16	15.9	48	4.1	19	42.9	7

续表

标准件编号	NPS(in)	DN	D	K	L	n（个）	螺栓Th	C	N	S	B	密封面X	密封面f_2
HG20615-2009IFM-600(110)_3	1	25	125	88.9	18	4	M16	17.5	54	4.8	25	50.8	7
HG20615-2009IFM-600(110)_4	$1^1/_4$	32	135	98.4	18	4	M16	20.7	64	4.8	32	63.5	7
HG20615-2009IFM-600(110)_5	$1^1/_2$	40	155	114.3	22	4	M20	22.3	70	5.6	38	73.0	7
HG20615-2009IFM-600(110)_6	2	50	165	127	18	8	M16	25.4	84	6.4	51	92.1	7
HG20615-2009IFM-600(110)_7	$2^1/_2$	65	190	149.2	22	8	M20	28.6	100	7.1	64	104.8	7
HG20615-2009IFM-600(110)_8	3	80	210	168.3	22	8	M20	31.8	117	7.9	76	127.0	7
HG20615-2009IFM-600(110)_9	4	100	275	215.9	26	8	M24	38.1	152	9.7	102	157.2	7
HG20615-2009IFM-600(110)_10	5	125	330	266.7	30	8	M27	44.5	189	11.2	127	185.7	7
HG20615-2009IFM-600(110)_11	6	150	355	292.1	30	12	M27	47.7	222	12.7	152	215.9	7
HG20615-2009IFM-600(110)_12	8	200	420	349.2	33	12	M30	55.6	273	15.7	200	269.9	7
HG20615-2009IFM-600(110)_13	10	250	510	431.8	36	16	M33	63.5	343	19.1	248	323.8	7
HG20615-2009IFM-600(110)_14	12	300	560	489	36	20	M33	66.7	400	23.1	298	381.0	7
HG20615-2009IFM-600(110)_15	14	350	605	527	39	20	M36×3	69.9	432	24.6	327	412.8	7
HG20615-2009IFM-600(110)_16	16	400	685	603.2	42	20	M39×3	76.2	495	27.7	375	469.9	7
HG20615-2009IFM-600(110)_17	18	450	745	654	45	20	M42×3	82.6	546	31	419	533.4	7
HG20615-2009IFM-600(110)_18	20	500	815	723.9	45	24	M42×3	88.9	610	34.0	464	584.2	7
HG20615-2009IFM-600(110)_19	24	600	940	838	51	24	M48×3	102	718	40.5	569	692.2	7

表 5-73 Class900（PN150）凸面（M）整体法兰尺寸 单位：mm

标准件编号	NPS(in)	DN	D	K	L	n（个）	螺栓Th	C	N	S	B	密封面X	密封面f_2
HG20615-2009IFM-900(150)_1	$^1/_2$	15	120	82.6	22	4	M20	22.3	38	4.1	13	34.9	7
HG20615-2009IFM-900(150)_2	$^3/_4$	20	130	88.9	22	4	M20	25.4	44	4.8	17	42.9	7
HG20615-2009IFM-900(150)_3	1	25	150	101.6	26	4	M24	28.6	52	5.6	22	50.8	7
HG20615-2009IFM-900(150)_4	$1^1/_4$	32	160	111.1	26	4	M24	28.6	64	6.4	28	63.5	7
HG20615-2009IFM-900(150)_5	$1^1/_2$	40	180	123.8	30	4	M27	31.8	70	7.1	35	73.0	7
HG20615-2009IFM-900(150)_6	2	50	215	165.1	26	8	M24	38.1	105	7.9	48	92.1	7
HG20615-2009IFM-900(150)_7	$2^1/_2$	65	245	190.5	30	8	M27	41.3	124	8.6	57	104.8	7
HG20615-2009IFM-900(150)_8	3	80	240	190.5	26	8	M24	38.1	127	10.4	73	127.0	7
HG20615-2009IFM-900(150)_9	4	100	290	235	33	8	M30	44.5	159	12.7	98	157.2	7
HG20615-2009IFM-900(150)_10	5	125	350	279.5	36	8	M33	50.8	190	15.0	121	185.7	7
HG20615-2009IFM-900(150)_11	6	150	380	317.5	33	12	M30	55.6	235	18.3	146	215.9	7
HG20615-2009IFM-900(150)_12	8	200	470	393.7	39	12	M36×3	63.5	298	22.4	191	269.9	7
HG20615-2009IFM-900(150)_13	10	250	545	469.9	39	16	M36×3	69.9	368	26.9	238	323.8	7
HG20615-2009IFM-900(150)_14	12	300	610	533.4	39	20	M36×3	79.4	419	31.8	282	381.0	7
HG20615-2009IFM-900(150)_15	14	350	640	558.8	42	20	M39×3	85.8	451	35.1	311	412.8	7

续表

标准件编号	NPS(in)	DN	D	K	L	n（个）	螺栓Th	C	N	S	B	密封面X	密封面f_2
HG20615-2009IFM-900(150)_16	16	400	705	616	45	20	M42×3	88.9	508	39.6	356	469.9	7
HG20615-2009IFM-900(150)_17	18	450	785	685.8	51	20	M48×3	101.6	565	44.5	400	533.4	7
HG20615-2009IFM-900(150)_18	20	500	855	749.3	55	20	M52×3	108	622	48.5	445	584.2	7
HG20615-2009IFM-900(150)_19	24	600	1040	901.7	68	20	M64×3	139.7	749	57.9	533	692.2	7

表 5-74　Class1500（PN260）凸面（M）整体法兰尺寸　　单位：mm

标准件编号	NPS(in)	DN	D	K	L	n（个）	螺栓Th	C	N	S	B	密封面X	密封面f_2
HG20615-2009IFM-1500(260)_1	$^{1}/_{2}$	15	120	82.6	22	4	M20	22.3	38	4.8	13	34.9	7
HG20615-2009IFM-1500(260)_2	$^{3}/_{4}$	20	130	88.9	22	4	M20	25.4	44	5.8	17	42.9	7
HG20615-2009IFM-1500(260)_3	1	25	150	101.6	26	4	M24	28.6	52	6.6	22	50.8	7
HG20615-2009IFM-1500(260)_4	$1^{1}/_{4}$	32	160	111.1	26	4	M24	28.6	64	7.9	28	63.5	7
HG20615-2009IFM-1500(260)_5	$1^{1}/_{2}$	40	180	123.8	30	4	M27	31.8	70	9.7	35	73.0	7
HG20615-2009IFM-1500(260)_6	2	50	215	165.1	26	8	M24	38.1	105	11.2	48	92.1	7
HG20615-2009IFM-1500(260)_7	$2^{1}/_{2}$	65	245	190.5	30	8	M27	41.3	124	12.7	57	104.8	7
HG20615-2009IFM-1500(260)_8	3	80	265	203.2	33	8	M30	47.7	133	15.7	70	127.0	7
HG20615-2009IFM-1500(260)_9	4	100	310	241.3	36	8	M33	54	162	19.1	92	157.2	7
HG20615-2009IFM-1500(260)_10	5	125	375	292.1	42	8	M39×3	73.1	197	23.1	111	185.7	7
HG20615-2009IFM-1500(260)_11	6	150	395	317.5	39	12	M36×3	82.6	229	27.7	136	215.9	7
HG20615-2009IFM-1500(260)_12	8	200	485	393.7	45	12	M42×3	92.1	292	35.8	178	269.9	7
HG20615-2009IFM-1500(260)_13	10	250	585	482.6	51	12	M48×3	108.0	368	43.7	222	323.8	7
HG20615-2009IFM-1500(260)_14	12	300	675	571.5	55	16	M52×3	123.9	451	50.8	264	381.0	7
HG20615-2009IFM-1500(260)_15	14	350	750	635	60	16	M56×3	133.4	495	55.6	289	412.8	7
HG20615-2009IFM-1500(260)_16	16	400	825	704.8	68	16	M64×3	146.1	552	63.5	330	469.9	7
HG20615-2009IFM-1500(260)_17	18	450	915	774.7	74	16	M70×3	162.0	597	71.4	371	533.4	7
HG20615-2009IFM-1500(260)_18	20	500	985	831.8	80	16	M76×3	177.8	641	79.2	416	584.2	7
HG20615-2009IFM-1500(260)_19	24	600	1170	990.6	94	16	M90×3	203.2	762	94.5	485	692.2	7

表 5-75　Class2500（PN420）凸面（M）整体法兰尺寸　　单位：mm

标准件编号	NPS(in)	DN	D	K	L	n（个）	螺栓Th	C	N	S	B	密封面X	密封面f_2
HG20615-2009IFM-2500(420)_1	$^{1}/_{2}$	15	135	88.9	22	4	M20	30.2	43	6.4	11	34.9	7
HG20615-2009IFM-2500(420)_2	$^{3}/_{4}$	20	140	95.2	22	4	M20	31.8	51	7.1	14	42.9	7
HG20615-2009IFM-2500(420)_3	1	25	160	108	26	4	M24	35	57	8.6	19	50.8	7
HG20615-2009IFM-2500(420)_4	$1^{1}/_{4}$	32	185	130.2	30	4	M27	38.1	73	11.2	25	63.5	7
HG20615-2009IFM-2500(420)_5	$1^{1}/_{2}$	40	205	146	33	4	M30	44.5	79	12.7	28	73.0	7
HG20615-2009IFM-2500(420)_6	2	50	235	171.4	30	8	M27	50.9	95	15.7	38	92.1	7

续表

标准件编号	NPS(in)	DN	D	K	L	n（个）	螺栓Th	C	N	S	B	密封面X	密封面f_2
HG20615-2009IFM-2500(420)_7	$2^1/_2$	65	265	196.8	33	8	M30	57.2	114	19.1	47	104.8	7
HG20615-2009IFM-2500(420)_8	3	80	305	228.6	36	8	M33	66.7	133	22.4	57	127.0	7
HG20615-2009IFM-2500(420)_9	4	100	355	273	42	8	M39×3	76.2	165	27.7	73	157.2	7
HG20615-2009IFM-2500(420)_10	5	125	420	323.8	48	8	M45×3	92.1	203	34.0	92	185.7	7
HG20615-2009IFM-2500(420)_11	6	150	485	368.5	55	8	M52×3	108	235	40.4	111	215.9	7
HG20615-2009IFM-2500(420)_12	8	200	550	438.2	55	12	M52×3	127	305	52.3	146	269.9	7
HG20615-2009IFM-2500(420)_13	10	250	675	539.8	68	12	M64×3	165.1	375	65.8	184	323.8	7
HG20615-2009IFM-2500(420)_14	12	300	760	619.1	74	12	M70×3	184.2	441	77.0	219	381.0	7

4．榫面（T）整体法兰

榫面（T）整体法兰根据公称压力可分为Class300（PN50）、Class600（PN110）、Class900（PN150）、Class1500（PN260）和Class2500（PN420）。法兰尺寸如表5-76～表5-80所示。

表5-76 Class300（PN50）榫面（T）整体法兰尺寸　　单位：mm

标准件编号	NPS (in)	DN	D	K	L	n（个）	螺栓Th	C	N	S	B	密封面		
												W	X	f_2
HG20615-2009IFT-300(50)_1	$^1/_2$	15	95	66.7	16	4	M14	12.7	38	3.2	13	25.4	34.9	7
HG20615-2009IFT-300(50)_2	$^3/_4$	20	115	82.6	18	4	M16	14.3	48	4	19	33.3	42.9	7
HG20615-2009IFT-300(50)_3	1	25	125	88.9	18	4	M16	15.9	54	4.8	25	38.1	50.8	7
HG20615-2009IFT-300(50)_4	$1^1/_4$	32	135	98.4	18	4	M16	17.5	64	4.8	32	47.6	63.5	7
HG20615-2009IFT-300(50)_5	$1^1/_2$	40	155	114.3	22	4	M20	19.1	70	4.8	38	54.0	73.0	7
HG20615-2009IFT-300(50)_6	2	50	165	127	18	8	M16	20.7	84	6.4	51	73.0	92.1	7
HG20615-2009IFT-300(50)_7	$2^1/_2$	65	190	149.2	22	8	M20	23.9	100	6.4	64	85.7	104.8	7
HG20615-2009IFT-300(50)_8	3	80	210	168.3	22	8	M20	27.0	117	7.1	76	108.0	127.0	7
HG20615-2009IFT-300(50)_9	4	100	255	200	22	8	M20	30.2	146	7.9	102	131.8	157.2	7
HG20615-2009IFT-300(50)_10	5	125	280	235	22	8	M20	33.4	178	9.5	127	160.3	185.7	7
HG20615-2009IFT-300(50)_11	6	150	320	269.9	22	12	M20	35.0	206	9.5	152	190.5	215.9	7
HG20615-2009IFT-300(50)_12	8	200	380	330.2	26	12	M24	39.7	260	11.1	203	238.1	269.9	7
HG20615-2009IFT-300(50)_13	10	250	445	387.4	30	16	M27	46.1	321	12.7	254	285.8	323.8	7
HG20615-2009IFT-300(50)_14	12	300	520	450.8	33	16	M30	49.3	375	14.3	305	342.9	381.0	7
HG20615-2009IFT-300(50)_15	14	350	585	514.4	33	20	M30	52.4	425	15.9	337	374.6	412.8	7
HG20615-2009IFT-300(50)_16	16	400	650	571.5	36	20	M33	55.6	483	17.5	387	425.4	469.9	7
HG20615-2009IFT-300(50)_17	18	450	710	628.6	36	24	M33	58.8	533	19.0	432	489.0	533.4	7
HG20615-2009IFT-300(50)_18	20	500	775	685.8	36	24	M33	62.0	587	20.6	483	533.4	584.2	7
HG20615-2009IFT-300(50)_19	24	600	915	812.8	42	24	M39×3	68.3	702	23.8	584	641.4	692.2	7

表 5-77 Class600（PN110）榫面（T）整体法兰尺寸 单位：mm

标准件编号	NPS (in)	DN	*D*	*K*	*L*	*n*（个）	螺栓Th	*C*	*N*	*S*	*B*	密封面		
												W	*X*	f_2
HG20615-2009IFT-600(110)_1	$^1/_2$	15	95	66.7	16	4	M14	14.3	38	4.1	13	25.4	34.9	7
HG20615-2009IFT-600(110)_2	$^3/_4$	20	115	82.6	18	4	M16	15.9	48	4.1	19	33.3	42.9	7
HG20615-2009IFT-600(110)_3	1	25	125	88.9	18	4	M16	17.5	54	4.8	25	38.1	50.8	7
HG20615-2009IFT-600(110)_4	$1^1/_4$	32	135	98.4	18	4	M16	20.7	64	4.8	32	47.6	63.5	7
HG20615-2009IFT-600(110)_5	$1^1/_2$	40	155	114.3	22	4	M20	22.3	70	5.6	38	54.0	73.0	7
HG20615-2009IFT-600(110)_6	2	50	165	127	18	8	M16	25.4	84	6.4	51	73.0	92.1	7
HG20615-2009IFT-600(110)_7	$2^1/_2$	65	190	149.2	22	8	M20	28.6	100	7.1	64	85.7	104.8	7
HG20615-2009IFT-600(110)_8	3	80	210	168.3	22	8	M20	31.8	117	7.9	76	108.0	127.0	7
HG20615-2009IFT-600(110)_9	4	100	275	215.9	26	8	M24	38.1	152	9.7	102	131.8	157.2	7
HG20615-2009IFT-600(110)_10	5	125	330	266.7	30	8	M27	44.5	189	11.2	127	160.3	185.7	7
HG20615-2009IFT-600(110)_11	6	150	355	292.1	30	12	M27	47.7	222	12.7	152	190.5	215.9	7
HG20615-2009IFT-600(110)_12	8	200	420	349.2	33	12	M30	55.6	273	15.7	200	238.1	269.9	7
HG20615-2009IFT-600(110)_13	10	250	510	431.8	36	16	M33	63.5	343	19.1	248	285.8	323.8	7
HG20615-2009IFT-600(110)_14	12	300	560	489	36	20	M33	66.7	400	23.1	298	342.9	381.0	7
HG20615-2009IFT-600(110)_15	14	350	605	527	39	20	M36×3	69.9	432	24.6	327	374.6	412.8	7
HG20615-2009IFT-600(110)_16	16	400	685	603.2	42	20	M39×3	76.2	495	27.7	375	425.4	469.9	7
HG20615-2009IFT-600(110)_17	18	450	745	654	45	20	M42×3	82.6	546	31	419	489.0	533.4	7
HG20615-2009IFT-600(110)_18	20	500	815	723.9	45	24	M42×3	88.9	610	34.0	464	533.4	584.2	7
HG20615-2009IFT-600(110)_19	24	600	940	838	51	24	M48×3	102	718	40.5	569	641.4	692.2	7

表 5-78 Class900（PN150）榫面（T）整体法兰尺寸 单位：mm

标准件编号	NPS (in)	DN	*D*	*K*	*L*	*n*（个）	螺栓Th	*C*	*N*	*S*	*B*	密封面		
												W	*X*	f_2
HG20615-2009IFT-900(150)_1	$^1/_2$	15	120	82.6	22	4	M20	22.3	38	4.1	13	25.4	34.9	7
HG20615-2009IFT-900(150)_2	$^3/_4$	20	130	88.9	22	4	M20	25.4	44	4.8	17	33.3	42.9	7
HG20615-2009IFT-900(150)_3	1	25	150	101.6	26	4	M24	28.6	52	5.6	22	38.1	50.8	7
HG20615-2009IFT-900(150)_4	$1^1/_4$	32	160	111.1	26	4	M24	28.6	64	6.4	28	47.6	63.5	7
HG20615-2009IFT-900(150)_5	$1^1/_2$	40	180	123.8	30	4	M27	31.8	70	7.1	35	54.0	73.0	7
HG20615-2009IFT-900(150)_6	2	50	215	165.1	26	8	M24	38.1	105	7.9	48	73.0	92.1	7
HG20615-2009IFT-900(150)_7	$2^1/_2$	65	245	190.5	30	8	M27	41.3	124	8.6	57	85.7	104.8	7
HG20615-2009IFT-900(150)_8	3	80	240	190.5	26	8	M24	38.1	127	10.4	73	108.0	127.0	7
HG20615-2009IFT-900(150)_9	4	100	290	235	33	8	M30	44.5	159	12.7	98	131.8	157.2	7
HG20615-2009IFT-900(150)_10	5	125	350	279.5	36	8	M33	50.8	190	15.0	121	160.3	185.7	7

续表

标准件编号	NPS (in)	DN	*D*	*K*	*L*	*n*（个）	螺栓Th	*C*	*N*	*S*	*B*	密封面		
												W	*X*	f_2
HG20615-2009IFT-900(150)_11	6	150	380	317.5	33	12	M30	55.6	235	18.3	146	190.5	215.9	7
HG20615-2009IFT-900(150)_12	8	200	470	393.7	39	12	M36×3	63.5	298	22.4	191	238.1	269.9	7
HG20615-2009IFT-900(150)_13	10	250	545	469.9	39	16	M36×3	69.9	368	26.9	238	285.8	323.8	7
HG20615-2009IFT-900(150)_14	12	300	610	533.4	39	20	M36×3	79.4	419	31.8	282	342.9	381.0	7
HG20615-2009IFT-900(150)_15	14	350	640	558.8	42	20	M39×3	85.8	451	35.1	311	374.6	412.8	7
HG20615-2009IFT-900(150)_16	16	400	705	616	45	20	M42×3	88.9	508	39.6	356	425.4	469.9	7
HG20615-2009IFT-900(150)_17	18	450	785	685.8	51	20	M48×3	101.6	565	44.5	400	489.0	533.4	7
HG20615-2009IFT-900(150)_18	20	500	855	749.3	55	20	M52×3	108	622	48.5	445	533.4	584.2	7
HG20615-2009IFT-900(150)_19	24	600	1040	901.7	68	20	M64×3	139.7	749	57.9	533	641.4	692.2	7

表 5-79 Class1500（PN260）榫面（T）整体法兰尺寸 单位：mm

标准件编号	NPS (in)	DN	*D*	*K*	*L*	*n*（个）	螺栓Th	*C*	*N*	*S*	*B*	密封面		
												W	*X*	f_2
HG20615-2009IFT-1500(260)_1	$^1/_2$	15	120	82.6	22	4	M20	22.3	38	4.8	13	25.4	34.9	7
HG20615-2009IFT-1500(260)_2	$^3/_4$	20	130	88.9	22	4	M20	25.4	44	5.8	17	33.3	42.9	7
HG20615-2009IFT-1500(260)_3	1	25	150	101.6	26	4	M24	28.6	52	6.6	22	38.1	50.8	7
HG20615-2009IFT-1500(260)_4	$1^1/_4$	32	160	111.1	26	4	M24	28.6	64	7.9	28	47.6	63.5	7
HG20615-2009IFT-1500(260)_5	$1^1/_2$	40	180	123.8	30	4	M27	31.8	70	9.7	35	54.0	73.0	7
HG20615-2009IFT-1500(260)_6	2	50	215	165.1	26	8	M24	38.1	105	11.2	48	73.0	92.1	7
HG20615-2009IFT-1500(260)_7	$2^1/_2$	65	245	190.5	30	8	M27	41.3	124	12.7	57	85.7	104.8	7
HG20615-2009IFT-1500(260)_8	3	80	265	203.2	33	8	M30	47.7	133	15.7	70	108.0	127.0	7
HG20615-2009IFT-1500(260)_9	4	100	310	241.3	36	8	M33	54	162	19.1	92	131.8	157.2	7
HG20615-2009IFT-1500(260)_10	5	125	375	292.1	42	8	M39×3	73.1	197	23.1	111	160.3	185.7	7
HG20615-2009IFT-1500(260)_11	6	150	395	317.5	39	12	M36×3	82.6	229	27.7	136	190.5	215.9	7
HG20615-2009IFT-1500(260)_12	8	200	485	393.7	45	12	M42×3	92.1	292	35.8	178	238.1	269.9	7
HG20615-2009IFT-1500(260)_13	10	250	585	482.6	51	12	M48×3	108.0	368	43.7	222	285.8	323.8	7
HG20615-2009IFT-1500(260)_14	12	300	675	571.5	55	16	M52×3	123.9	451	50.8	264	342.9	381.0	7
HG20615-2009IFT-1500(260)_15	14	350	750	635	60	16	M56×3	133.4	495	55.6	289	374.6	412.8	7
HG20615-2009IFT-1500(260)_16	16	400	825	704.8	68	16	M64×3	146.1	552	63.5	330	425.4	469.9	7
HG20615-2009IFT-1500(260)_17	18	450	915	774.7	74	16	M70×3	162.0	597	71.4	371	489.0	533.4	7
HG20615-2009IFT-1500(260)_18	20	500	985	831.8	80	16	M76×3	177.8	641	79.2	416	533.4	584.2	7
HG20615-2009IFT-1500(260)_19	24	600	1170	990.6	94	16	M90×3	203.2	762	94.5	485	641.4	692.2	7

表 5-80 Class2500（PN420）榫面（T）整体法兰尺寸 单位：mm

标准件编号	NPS (in)	DN	*D*	*K*	*L*	*n*（个）	螺栓Th	*C*	*N*	*S*	*B*	密封面		
												W	*X*	f_2
HG20615-2009IFT-2500(420)_1	$^1/_2$	15	135	88.9	22	4	M20	30.2	43	6.4	11	25.4	34.9	7
HG20615-2009IFT-2500(420)_2	$^3/_4$	20	140	95.2	22	4	M20	31.8	51	7.1	14	33.3	42.9	7
HG20615-2009IFT-2500(420)_3	1	25	160	108	26	4	M24	35	57	8.6	19	38.1	50.8	7
HG20615-2009IFT-2500(420)_4	$1^1/_4$	32	185	130.2	30	4	M27	38.1	73	11.2	25	47.6	63.5	7
HG20615-2009IFT-2500(420)_5	$1^1/_2$	40	205	146	33	4	M30	44.5	79	12.7	28	54.0	73.0	7
HG20615-2009IFT-2500(420)_6	2	50	235	171.4	30	8	M27	50.9	95	15.7	38	73.0	92.1	7
HG20615-2009IFT-2500(420)_7	$2^1/_2$	65	265	196.8	33	8	M30	57.2	114	19.1	47	85.7	104.8	7
HG20615-2009IFT-2500(420)_8	3	80	305	228.6	36	8	M33	66.7	133	22.4	57	108.0	127.0	7
HG20615-2009IFT-2500(420)_9	4	100	355	273	42	8	M39×3	76.2	165	27.7	73	131.8	157.2	7
HG20615-2009IFT-2500(420)_10	5	125	420	323.8	48	8	M45×3	92.1	203	34.0	92	160.3	185.7	7
HG20615-2009IFT-2500(420)_11	6	150	485	368.5	55	8	M52×3	108	235	40.4	111	190.5	215.9	7
HG20615-2009IFT-2500(420)_12	8	200	550	438.2	55	12	M52×3	127	305	52.3	146	238.1	269.9	7
HG20615-2009IFT-2500(420)_13	10	250	675	539.8	68	12	M64×3	165.1	375	65.8	184	285.8	323.8	7
HG20615-2009IFT-2500(420)_14	12	300	760	619.1	74	12	M70×3	184.2	441	77.0	219	342.9	381.0	7

5. 槽面（G）整体法兰

槽面（G）整体法兰根据公称压力可分为 Class300（PN50）、Class600（PN110）、Class900（PN150）、Class1500（PN260）和 Class2500（PN420）。法兰尺寸如表 5-81～表 5-85 所示。

表 5-81 Class300（PN50）槽面（G）整体法兰尺寸 单位：mm

标准件编号	NPS (in)	DN	*D*	*K*	*L*	*n*（个）	螺栓Th	*C*	*N*	S	*B*	密封面				
												d	*Y*	*Z*	f_2	f_3
HG20615-2009IFG-300(50)_1	$^1/_2$	15	95	66.7	16	4	M14	12.7	38	3.2	13	46	36.5	23.8	7	5
HG20615-2009IFG-300(50)_2	$^3/_4$	20	115	82.6	18	4	M16	14.3	48	4	19	54	44.4	31.8	7	5
HG20615-2009IFG-300(50)_3	1	25	125	88.9	18	4	M16	15.9	54	4.8	25	62	52.4	36.5	7	5
HG20615-2009IFG-300(50)_4	$1^1/_4$	32	135	98.4	18	4	M16	17.5	64	4.8	32	75	65.1	46.0	7	5
HG20615-2009IFG-300(50)_5	$1^1/_2$	40	155	114.3	22	4	M20	19.1	70	4.8	38	84	74.6	52.4	7	5
HG20615-2009IFG-300(50)_6	2	50	165	127	18	8	M16	20.7	84	6.4	51	103	93.7	71.4	7	5
HG20615-2009IFG-300(50)_7	$2^1/_2$	65	190	149.2	22	8	M20	23.9	100	6.4	64	116	106.4	84.1	7	5
HG20615-2009IFG-300(50)_8	3	80	210	168.3	22	8	M20	27.0	117	7.1	76	138	128.6	106.4	7	5
HG20615-2009IFG-300(50)_9	4	100	255	200	22	8	M20	30.2	146	7.9	102	168	158.8	130.2	7	5
HG20615-2009IFG-300(50)_10	5	125	280	235	22	8	M20	33.4	178	9.5	127	197	187.3	158.8	7	5
HG20615-2009IFG-300(50)_11	6	150	320	269.9	22	12	M20	35.0	206	9.5	152	227	217.5	188.9	7	5
HG20615-2009IFG-300(50)_12	8	200	380	330.2	26	12	M24	39.7	260	11.1	203	281	271.5	236.5	7	5

续表

标准件编号	NPS (in)	DN	D	K	L	n（个）	螺栓Th	C	N	S	B	密封面				
												d	Y	Z	f_2	f_3
HG20615-2009IFG-300(50)_13	10	250	445	387.4	30	16	M27	46.1	321	12.7	254	335	325.4	284.2	7	5
HG20615-2009IFG-300(50)_14	12	300	520	450.8	33	16	M30	49.3	375	14.3	305	392	382.6	341.3	7	5
HG20615-2009IFG-300(50)_15	14	350	585	514.4	33	20	M30	52.4	425	15.9	337	424	414.3	373.1	7	5
HG20615-2009IFG-300(50)_16	16	400	650	571.5	36	20	M33	55.6	483	17.5	387	481	471.5	423.9	7	5
HG20615-2009IFG-300(50)_17	18	450	710	628.6	36	24	M33	58.8	533	19.0	432	544	535.0	487.4	7	5
HG20615-2009IFG-300(50)_18	20	500	775	685.8	36	24	M33	62.0	587	20.6	483	595	585.8	531.8	7	5
HG20615-2009IFG-300(50)_19	24	600	915	812.8	42	24	M39×3	68.3	702	23.8	584	703	693.7	639.8	7	5

表 5-82　Class600（PN110）槽面（G）整体法兰尺寸　　单位：mm

标准件编号	NPS (in)	DN	D	K	L	n（个）	螺栓Th	C	N	S	B	密封面				
												d	Y	Z	f_2	f_3
HG20615-2009IFG-600(110)_1	$^1/_2$	15	95	66.7	16	4	M14	14.3	38	4.1	13	46	36.5	23.8	7	5
HG20615-2009IFG-600(110)_2	$^3/_4$	20	115	82.6	18	4	M16	15.9	48	4.1	19	54	44.4	31.8	7	5
HG20615-2009IFG-600(110)_3	1	25	125	88.9	18	4	M16	17.5	54	4.8	25	62	52.4	36.5	7	5
HG20615-2009IFG-600(110)_4	$1^1/_4$	32	135	98.4	18	4	M16	20.7	64	4.8	32	75	65.1	46.0	7	5
HG20615-2009IFG-600(110)_5	$1^1/_2$	40	155	114.3	22	4	M20	22.3	70	5.6	38	84	74.6	52.4	7	5
HG20615-2009IFG-600(110)_6	2	50	165	127	18	8	M16	25.4	84	6.4	51	103	93.7	71.4	7	5
HG20615-2009IFG-600(110)_7	$2^1/_2$	65	190	149.2	22	8	M20	28.6	100	7.1	64	116	106.4	84.1	7	5
HG20615-2009IFG-600(110)_8	3	80	210	168.3	22	8	M20	31.8	117	7.9	76	138	128.6	106.4	7	5
HG20615-2009IFG-600(110)_9	4	100	275	215.9	26	8	M24	38.1	152	9.7	102	168	158.8	130.2	7	5
HG20615-2009IFG-600(110)_10	5	125	330	266.7	30	8	M27	44.5	189	11.2	127	197	187.3	158.8	7	5
HG20615-2009IFG-600(110)_11	6	150	355	292.1	30	12	M27	47.7	222	12.7	152	227	217.5	188.9	7	5
HG20615-2009IFG-600(110)_12	8	200	420	349.2	33	12	M30	55.6	273	15.7	200	281	271.5	236.5	7	5
HG20615-2009IFG-600(110)_13	10	250	510	431.8	36	16	M33	63.5	343	19.1	248	335	325.4	284.2	7	5
HG20615-2009IFG-600(110)_14	12	300	560	489	36	20	M33	66.7	400	23.1	298	392	382.6	341.3	7	5
HG20615-2009IFG-600(110)_15	14	350	605	527	39	20	M36×3	69.9	432	24.6	327	424	414.3	373.1	7	5
HG20615-2009IFG-600(110)_16	16	400	685	603.2	42	20	M39×3	76.2	495	27.7	375	481	471.5	423.9	7	5
HG20615-2009IFG-600(110)_17	18	450	745	654	45	20	M42×3	82.6	546	31	419	544	535.0	487.4	7	5
HG20615-2009IFG-600(110)_18	20	500	815	723.9	45	24	M42×3	88.9	610	34.0	464	595	585.8	531.8	7	5
HG20615-2009IFG-600(110)_19	24	600	940	838	51	24	M48×3	102	718	40.5	569	703	693.7	639.8	7	5

表 5-83　Class900（PN150）槽面（G）整体法兰尺寸　　单位：mm

标准件编号	NPS (in)	DN	D	K	L	n（个）	螺栓Th	C	N	S	B	密封面				
												d	Y	Z	f_2	f_3
HG20615-2009IFG-900(150)_1	$^1/_2$	15	120	82.6	22	4	M20	22.3	38	4.1	13	46	36.5	23.8	7	5

续表

标准件编号	NPS (in)	DN	D	K	L	n（个）	螺栓Th	C	N	S	B	密封面				
												d	Y	Z	f_2	f_3
HG20615-2009IFG-900(150)_2	$^{3}/_{4}$	20	130	88.9	22	4	M20	25.4	44	4.8	17	54	44.4	31.8	7	5
HG20615-2009IFG-900(150)_3	1	25	150	101.6	26	4	M24	28.6	52	5.6	22	62	52.4	36.5	7	5
HG20615-2009IFG-900(150)_4	$1^{1}/_{4}$	32	160	111.1	26	4	M24	28.6	64	6.4	28	75	65.1	46.0	7	5
HG20615-2009IFG-900(150)_5	$1^{1}/_{2}$	40	180	123.8	30	4	M27	31.8	70	7.1	35	84	74.6	52.4	7	5
HG20615-2009IFG-900(150)_6	2	50	215	165.1	26	8	M24	38.1	105	7.9	48	103	93.7	71.4	7	5
HG20615-2009IFG-900(150)_7	$2^{1}/_{2}$	65	245	190.5	30	8	M27	41.3	124	8.6	57	116	106.4	84.1	7	5
HG20615-2009IFG-900(150)_8	3	80	240	190.5	26	8	M24	38.1	127	10.4	73	138	128.6	106.4	7	5
HG20615-2009IFG-900(150)_9	4	100	290	235	33	8	M30	44.5	159	12.7	98	168	158.8	130.2	7	5
HG20615-2009IFG-900(150)_10	5	125	350	279.5	36	8	M33	50.8	190	15.0	121	197	187.3	158.8	7	5
HG20615-2009IFG-900(150)_11	6	150	380	317.5	33	12	M30	55.6	235	18.3	146	227	217.5	188.9	7	5
HG20615-2009IFG-900(150)_12	8	200	470	393.7	39	12	M36×3	63.5	298	22.4	191	281	271.5	236.5	7	5
HG20615-2009IFG-900(150)_13	10	250	545	469.9	39	16	M36×3	69.9	368	26.9	238	335	325.4	284.2	7	5
HG20615-2009IFG-900(150)_14	12	300	610	533.4	39	20	M36×3	79.4	419	31.8	282	392	382.6	341.3	7	5
HG20615-2009IFG-900(150)_15	14	350	640	558.8	42	20	M39×3	85.8	451	35.1	311	424	414.3	373.1	7	5
HG20615-2009IFG-900(150)_16	16	400	705	616	45	20	M42×3	88.9	508	39.6	356	481	471.5	423.9	7	5
HG20615-2009IFG-900(150)_17	18	450	785	685.8	51	20	M48×3	101.6	565	44.5	400	544	535.0	487.4	7	5
HG20615-2009IFG-900(150)_18	20	500	855	749.3	55	20	M52×3	108	622	48.5	445	595	585.8	531.8	7	5
HG20615-2009IFG-900(150)_19	24	600	1040	901.7	68	20	M64×3	139.7	749	57.9	533	703	693.7	639.8	7	5

表 5-84 Class1500（PN260）槽面（G）整体法兰尺寸　　单位：mm

标准件编号	NPS (in)	DN	D	K	L	n（个）	螺栓Th	C	N	S	B	密封面				
												d	Y	Z	f_2	f_3
HG20615-2009IFG-1500(260)_1	$^{1}/_{2}$	15	120	82.6	22	4	M20	22.3	38	4.8	13	46	36.5	23.8	7	5
HG20615-2009IFG-1500(260)_2	$^{3}/_{4}$	20	130	88.9	22	4	M20	25.4	44	5.8	17	54	44.4	31.8	7	5
HG20615-2009IFG-1500(260)_3	1	25	150	101.6	26	4	M24	28.6	52	6.6	22	62	52.4	36.5	7	5
HG20615-2009IFG-1500(260)_4	$1^{1}/_{4}$	32	160	111.1	26	4	M24	28.6	64	7.9	28	75	65.1	46.0	7	5
HG20615-2009IFG-1500(260)_5	$1^{1}/_{2}$	40	180	123.8	30	4	M27	31.8	70	9.7	35	84	74.6	52.4	7	5
HG20615-2009IFG-1500(260)_6	2	50	215	165.1	26	8	M24	38.1	105	11.2	48	103	93.7	71.4	7	5
HG20615-2009IFG-1500(260)_7	$2^{1}/_{2}$	65	245	190.5	30	8	M27	41.3	124	12.7	57	116	106.4	84.1	7	5
HG20615-2009IFG-1500(260)_8	3	80	265	203.2	33	8	M30	47.7	133	15.7	70	138	128.6	106.4	7	5
HG20615-2009IFG-1500(260)_9	4	100	310	241.3	36	8	M33	54	162	19.1	92	168	158.8	130.2	7	5
HG20615-2009IFG-1500(260)_10	5	125	375	292.1	42	8	M39×3	73.1	197	23.1	111	197	187.3	158.8	7	5
HG20615-2009IFG-1500(260)_11	6	150	395	317.5	39	12	M36×3	82.6	229	27.7	136	227	217.5	188.9	7	5
HG20615-2009IFG-1500(260)_12	8	200	485	393.7	45	12	M42×3	92.1	292	35.8	178	281	271.5	236.5	7	5
HG20615-2009IFG-1500(260)_13	10	250	585	482.6	51	12	M48×3	108.0	368	43.7	222	335	325.4	284.2	7	5

续表

标准件编号	NPS (in)	DN	*D*	*K*	*L*	*n*（个）	螺栓Th	*C*	*N*	*S*	*B*	密封面				
												d	*Y*	*Z*	f_2	f_3
HG20615-2009IFG-1500(260)_14	12	300	675	571.5	55	16	M52×3	123.9	451	50.8	264	392	382.6	341.3	7	5
HG20615-2009IFG-1500(260)_15	14	350	750	635	60	16	M56×3	133.4	495	55.6	289	424	414.3	373.1	7	5
HG20615-2009IFG-1500(260)_16	16	400	825	704.8	68	16	M64×3	146.1	552	63.5	330	481	471.5	423.9	7	5
HG20615-2009IFG-1500(260)_17	18	450	915	774.7	74	16	M70×3	162.0	597	71.4	371	544	535.0	487.4	7	5
HG20615-2009IFG-1500(260)_18	20	500	985	831.8	80	16	M76×3	177.8	641	79.2	416	595	585.8	531.8	7	5
HG20615-2009IFG-1500(260)_19	24	600	1170	990.6	94	16	M90×3	203.2	762	94.5	485	703	693.7	639.8	7	5

表 5-85 Class2500（PN420）槽面（G）整体法兰尺寸　　单位：mm

标准件编号	NPS (in)	DN	*D*	*K*	*L*	*n*（个）	螺栓Th	*C*	*N*	*S*		密封面				
												d	*Y*	*Z*	f_2	f_3
HG20615-2009IFG-2500(420)_1	$^1/_2$	15	135	88.9	22	4	M20	30.2	43	6.4	11	46	36.5	23.8	7	5
HG20615-2009IFG-2500(420)_2	$^3/_4$	20	140	95.2	22	4	M20	31.8	51	7.1	14	54	44.4	31.8	7	5
HG20615-2009IFG-2500(420)_3	1	25	160	108	26	4	M24	35	57	8.6	19	62	52.4	36.5	7	5
HG20615-2009IFG-2500(420)_4	$1^1/_4$	32	185	130.2	30	4	M27	38.1	73	11.2	25	75	65.1	46.0	7	5
HG20615-2009IFG-2500(420)_5	$1^1/_2$	40	205	146	33	4	M30	44.5	79	12.7	28	84	74.6	52.4	7	5
HG20615-2009IFG-2500(420)_6	2	50	235	171.4	30	8	M27	50.9	95	15.7	38	103	93.7	71.4	7	5
HG20615-2009IFG-2500(420)_7	$2^1/_2$	65	265	196.8	33	8	M30	57.2	114	19.1	47	116	106.4	84.1	7	5
HG20615-2009IFG-2500(420)_8	3	80	305	228.6	36	8	M33	66.7	133	22.4	57	138	128.6	106.4	7	5
HG20615-2009IFG-2500(420)_9	4	100	355	273	42	8	M39×3	76.2	165	27.7	73	168	158.8	130.2	7	5
HG20615-2009IFG-2500(420)_10	5	125	420	323.8	48	8	M45×3	92.1	203	34.0	92	197	187.3	158.8	7	5
HG20615-2009IFG-2500(420)_11	6	150	485	368.5	55	8	M52×3	108	235	40.4	111	227	217.5	188.9	7	5
HG20615-2009IFG-2500(420)_12	8	200	550	438.2	55	12	M52×3	127	305	52.3	146	281	271.5	236.5	7	5
HG20615-2009IFG-2500(420)_13	10	250	675	539.8	68	12	M64×3	165.1	375	65.8	184	335	325.4	284.2	7	5
HG20615-2009IFG-2500(420)_14	12	300	760	619.1	74	12	M70×3	184.2	441	77.0	219	392	382.6	341.3	7	5

6. 全平面（FF）整体法兰

全平面（FF）整体法兰根据公称压力可分为 Class150（PN20）。法兰尺寸如表 5-86 所示。

表 5-86 Class150（PN20）全平面（FF）整体法兰尺寸　　单位：mm

标准件编号	NPS (in)	DN	*D*	*K*	*L*	*n*（个）	螺栓Th	*C*	*N*	*S*	*B*
HG20615-2009IFFF-150(20)_1	$^1/_2$	15	90	60.3	16	4	M14	9.8(8.0)	30	2.8	13
HG20615-2009IFFF-150(20)_2	$^3/_4$	20	100	69.9	16	4	M14	11.2(8.9)	38	3.2	19
HG20615-2009IFFF-150(20)_3	1	25	110	79.4	16	4	M14	12.7(9.6)	49	4	25
HG20615-2009IFFF-150(20)_4	$1^1/_4$	32	115	88.9	16	4	M14	14.3(11.2)	59	4.8	32

续表

标准件编号	NPS (in)	DN	*D*	*K*	*L*	*n*（个）	螺栓Th	*C*	*N*	*S*	*B*
HG20615-2009IFFF-150(20)_5	$1^1/_2$	40	125	98.4	16	4	M14	15.9(12.7)	65	4.8	38
HG20615-2009IFFF-150(20)_6	2	50	150	120.7	18	4	M16	17.5(14.3)	78	5.6	51
HG20615-2009IFFF-150(20)_7	$2^1/_2$	65	180	139.7	18	4	M16	20.7(15.9)	90	5.6	64
HG20615-2009IFFF-150(20)_8	3	80	190	152.4	18	4	M16	22.3	108	5.6	76
HG20615-2009IFFF-150(20)_9	4	100	230	190.5	18	8	M16	22.3	135	6.4	102
HG20615-2009IFFF-150(20)_10	5	125	255	215.9	22	8	M20	22.3	164	7.1	127
HG20615-2009IFFF-150(20)_11	6	150	280	241.3	22	8	M20	23.9	192	7.1	152
HG20615-2009IFFF-150(20)_12	8	200	345	298.5	22	8	M20	27.0	246	7.9	203
HG20615-2009IFFF-150(20)_13	10	250	405	362	26	12	M24	28.6	305	8.7	254
HG20615-2009IFFF-150(20)_14	12	300	485	431.8	26	12	M24	30.2	365	9.5	305
HG20615-2009IFFF-150(20)_15	14	350	535	476.3	30	12	M27	33.4	400	10.3	337
HG20615-2009IFFF-150(20)_16	16	400	595	539.8	30	16	M27	35.0	457	11.1	387
HG20615-2009IFFF-150(20)_17	18	450	635	577.9	33	16	M30	38.1	505	11.9	438
HG20615-2009IFFF-150(20)_18	20	500	700	635	33	20	M30	41.3	559	12.7	489
HG20615-2009IFFF-150(20)_19	24	600	815	749.3	36	20	M33	46.1	663	14.5	591

7. 环连接面（RJ）整体法兰

环连接面(RJ)整体法兰根据公称压力可分为Class150(PN20)、Class300(PN50)、Class600（PN110）、Class900（PN150）、Class1500（PN260）和Class2500（PN420）。法兰尺寸如表5-87～表5-92所示。

表5-87 Class150（PN20）环连接面（RJ）整体法兰尺寸 单位：mm

标准件编号	NPS (in)	DN	*D*	*K*	*L*	*n* (个)	螺栓 Th	*C*	*N*	*S*	*B*	密封面				
												d	*P*	*E*	*F*	R_{max}
HG20615-2009IFRJ-150(20)_1	1	25	110	79.4	16	4	M14	12.7(9.6)	49	4	25	63.5	47.63	6.35	8.74	0.8
HG20615-2009IFRJ-150(20)_2	$1^1/_4$	32	115	88.9	16	4	M14	14.3(11.2)	59	4.8	32	73	57.15	6.35	8.74	0.8
HG20615-2009IFRJ-150(20)_3	$1^1/_2$	40	125	98.4	16	4	M14	15.9(12.7)	65	4.8	38	82.5	65.07	6.35	8.74	0.8
HG20615-2009IFRJ-150(20)_4	2	50	150	120.7	18	4	M16	17.5(14.3)	78	5.6	51	102	82.55	6.35	8.74	0.8
HG20615-2009IFRJ-150(20)_5	$2^1/_2$	65	180	139.7	18	4	M16	20.7(15.9)	90	5.6	64	121	101.6	6.35	8.74	0.8
HG20615-2009IFRJ-150(20)_6	3	80	190	152.4	18	4	M16	22.3	108	5.6	76	133	114.3	6.35	8.74	0.8
HG20615-2009IFRJ-150(20)_7	4	100	230	190.5	18	8	M16	22.3	135	6.4	102	171	149.23	6.35	8.74	0.8
HG20615-2009IFRJ-150(20)_8	5	125	255	215.9	22	8	M20	22.3	164	7.1	127	194	171.45	6.35	8.74	0.8
HG20615-2009IFRJ-150(20)_9	6	150	280	241.3	22	8	M20	23.9	192	7.1	152	219	193.68	6.35	8.74	0.8
HG20615-2009IFRJ-150(20)_10	8	200	345	298.5	22	8	M20	27.0	246	7.9	203	273	247.65	6.35	8.74	0.8
HG20615-2009IFRJ-150(20)_11	10	250	405	362	26	12	M24	28.6	305	8.7	254	330	304.8	6.35	8.74	0.8
HG20615-2009IFRJ-150(20)_12	12	300	485	431.8	26	12	M24	30.2	365	9.5	305	406	381.00	6.35	8.74	0.8

续表

标准件编号	NPS (in)	DN	D	K	L	n（个）	螺栓Th	C	N	S	B	密封面				
												d	P	E	F	R_{max}
HG20615-2009IFRJ-150(20)_13	14	350	535	476.3	30	12	M27	33.4	400	10.3	337	425	396.88	6.35	8.74	0.8
HG20615-2009IFRJ-150(20)_14	16	400	595	539.8	30	16	M27	35.0	457	11.1	387	483	454.03	6.35	8.74	0.8
HG20615-2009IFRJ-150(20)_15	18	450	635	577.9	33	16	M30	38.1	505	11.9	438	546	517.53	6.35	8.74	0.8
HG20615-2009IFRJ-150(20)_16	20	500	700	635	33	20	M30	41.3	559	12.7	489	597	558.8	6.35	8.74	0.8
HG20615-2009IFRJ-150(20)_17	24	600	815	749.3	36	20	M33	46.1	663	14.5	591	711	673.1	6.35	8.74	0.8

表 5-88　Class300（PN50）环连接面（RJ）整体法兰尺寸　　单位：mm

标准件编号	NPS (in)	DN	D	K	L	n（个）	螺栓Th	C	N	S	B	密封面				
												d	P	E	F	R_{max}
HG20615-2009IFRJ-300(50)_1	$\frac{1}{2}$	15	95	66.7	16	4	M14	12.7	38	3.2	13	51	34.14	5.56	7.14	0.8
HG20615-2009IFRJ-300(50)_2	$\frac{3}{4}$	20	115	82.6	18	4	M16	14.3	48	4	19	63.5	42.88	6.35	8.74	0.8
HG20615-2009IFRJ-300(50)_3	1	25	125	88.9	18	4	M16	15.9	54	4.8	25	70	50.8	6.35	8.74	0.8
HG20615-2009IFRJ-300(50)_4	$1\frac{1}{4}$	32	135	98.4	18	4	M16	17.5	64	4.8	32	79.5	60.33	6.35	8.74	0.8
HG20615-2009IFRJ-300(50)_5	$1\frac{1}{2}$	40	155	114.3	22	4	M20	19.1	70	4.8	38	90.5	68.27	6.35	8.74	0.8
HG20615-2009IFRJ-300(50)_6	2	50	165	127	18	8	M16	20.7	84	6.4	51	108	82.55	7.92	11.91	0.8
HG20615-2009IFRJ-300(50)_7	$2\frac{1}{2}$	65	190	149.2	22	8	M20	23.9	100	6.4	64	127	101.6	7.92	11.91	0.8
HG20615-2009IFRJ-300(50)_8	3	80	210	168.3	22	8	M20	27.0	117	7.1	76	146	123.83	7.92	11.91	0.8
HG20615-2009IFRJ-300(50)_9	4	100	255	200	22	8	M20	30.2	146	7.9	102	175	149.23	7.92	11.91	0.8
HG20615-2009IFRJ-300(50)_10	5	125	280	235	22	8	M20	33.4	178	9.5	127	210	180.98	7.92	11.91	0.8
HG20615-2009IFRJ-300(50)_11	6	150	320	269.9	22	12	M20	35.0	206	9.5	152	241	211.12	7.92	11.91	0.8
HG20615-2009IFRJ-300(50)_12	8	200	380	330.2	26	12	M24	39.7	260	11.1	203	302	269.88	7.92	11.91	0.8
HG20615-2009IFRJ-300(50)_13	10	250	445	387.4	30	16	M27	46.1	321	12.7	254	356	323.85	7.92	11.91	0.8
HG20615-2009IFRJ-300(50)_14	12	300	520	450.8	33	16	M30	49.3	375	14.3	305	413	381.00	7.92	11.91	0.8
HG20615-2009IFRJ-300(50)_15	14	350	585	514.4	33	20	M30	52.4	425	15.9	337	457	419.1	7.92	11.91	0.8
HG20615-2009IFRJ-300(50)_16	16	400	650	571.5	36	20	M33	55.6	483	17.5	387	508	469.9	7.92	11.91	0.8
HG20615-2009IFRJ-300(50)_17	18	450	710	628.6	36	24	M33	58.8	533	19.0	432	575	533.4	7.92	11.91	0.8
HG20615-2009IFRJ-300(50)_18	20	500	775	685.8	36	24	M33	62.0	587	20.6	483	635	584.2	9.52	13.49	0.8
HG20615-2009IFRJ-300(50)_19	24	600	915	812.8	42	24	M39×3	68.3	702	23.8	584	749	692.15	11.13	16.66	0.8

表 5-89　Class600（PN110）环连接面（RJ）整体法兰尺寸　　单位：mm

标准件编号	NPS (in)	DN	D	K	L	n（个）	螺栓Th	C	N	S	B	密封面				
												d	P	E	F	R_{max}
HG20615-2009IFRJ-600(110)_1	$\frac{1}{2}$	15	95	66.7	16	4	M14	14.3	38	4.1	13	51	34.14	5.56	7.14	0.8
HG20615-2009IFRJ-600(110)_2	$\frac{3}{4}$	20	115	82.6	18	4	M16	15.9	48	4.1	19	63.5	42.88	6.35	8.74	0.8

续表

标准件编号	NPS (in)	DN	D	K	L	n（个）	螺栓Th	C	N	S	B	密封面				
												d	P	E	F	R_{max}
HG20615-2009IFRJ-600(110)_3	1	25	125	88.9	18	4	M16	17.5	54	4.8	25	70	50.8	6.35	8.74	0.8
HG20615-2009IFRJ-600(110)_4	$1^1/_4$	32	135	98.4	18	4	M16	20.7	64	4.8	32	79.5	60.33	6.35	8.74	0.8
HG20615-2009IFRJ-600(110)_5	$1^1/_2$	40	155	114.3	22	4	M20	22.3	70	5.6	38	90.5	68.27	6.35	8.74	0.8
HG20615-2009IFRJ-600(110)_6	2	50	165	127	18	8	M16	25.4	84	6.4	51	108	82.55	7.92	11.91	0.8
HG20615-2009IFRJ-600(110)_7	$2^1/_2$	65	190	149.2	22	8	M20	28.6	100	7.1	64	127	101.6	7.92	11.91	0.8
HG20615-2009IFRJ-600(110)_8	3	80	210	168.3	22	8	M20	31.8	117	7.9	76	146	123.83	7.92	11.91	0.8
HG20615-2009IFRJ-600(110)_9	4	100	275	215.9	26	8	M24	38.1	152	9.7	102	175	149.23	7.92	11.91	0.8
HG20615-2009IFRJ-600(110)_10	5	125	330	266.7	30	8	M27	44.5	189	11.2	127	210	180.98	7.92	11.91	0.8
HG20615-2009IFRJ-600(110)_11	6	150	355	292.1	30	12	M27	47.7	222	12.7	152	241	211.12	7.92	11.91	0.8
HG20615-2009IFRJ-600(110)_12	8	200	420	349.2	33	12	M30	55.6	273	15.7	200	302	269.88	7.92	11.91	0.8
HG20615-2009IFRJ-600(110)_13	10	250	510	431.8	36	16	M33	63.5	343	19.1	248	356	323.85	7.92	11.91	0.8
HG20615-2009IFRJ-600(110)_14	12	300	560	489	36	20	M33	66.7	400	23.1	298	413	381.00	7.92	11.91	0.8
HG20615-2009IFRJ-600(110)_15	14	350	605	527	39	20	M36×3	69.9	432	24.6	327	457	419.1	7.92	11.91	0.8
HG20615-2009IFRJ-600(110)_16	16	400	685	603.2	42	20	M39×3	76.2	495	27.7	375	508	469.9	7.92	11.91	0.8
HG20615-2009IFRJ-600(110)_17	18	450	745	654	45	20	M42×3	82.6	546	31	419	575	533.4	7.92	11.91	0.8
HG20615-2009IFRJ-600(110)_18	20	500	815	723.9	45	24	M42×3	88.9	610	34.0	464	635	584.2	9.52	13.49	0.8
HG20615-2009IFRJ-600(110)_19	24	600	940	838	51	24	M48×3	102	718	40.5	569	749	692.15	11.13	16.66	0.8

表 5-90　Class900（PN150）环连接面（RJ）整体法兰尺寸　　单位：mm

标准件编号	NPS (in)	DN	D	K	L	n （个）	螺栓Th	C	N	S	B	密封面				
												d	P	E	F	R_{max}
HG20615-2009IFRJ-900(150)_1	$^1/_2$	15	120	82.6	22	4	M20	22.3	38	4.1	13	60.5	39.67	6.35	8.74	0.8
HG20615-2009IFRJ-900(150)_2	$^3/_4$	20	130	88.9	22	4	M20	25.4	44	4.8	17	66.5	44.45	6.35	8.74	0.8
HG20615-2009IFRJ-900(150)_3	1	25	150	101.6	26	4	M24	28.6	52	5.6	22	71.5	50.8	6.35	8.74	0.8
HG20615-2009IFRJ-900(150)_4	$1^1/_4$	32	160	111.1	26	4	M24	28.6	64	6.4	28	81	60.33	6.35	8.74	0.8
HG20615-2009IFRJ-900(150)_5	$1^1/_2$	40	180	123.8	30	4	M27	31.8	70	7.1	35	92	68.27	6.35	8.74	0.8
HG20615-2009IFRJ-900(150)_6	2	50	215	165.1	26	8	M24	38.1	105	7.9	48	124	95.25	7.92	11.91	0.8
HG20615-2009IFRJ-900(150)_7	$2^1/_2$	65	245	190.5	30	8	M27	41.3	124	8.6	57	137	107.95	7.92	11.91	0.8
HG20615-2009IFRJ-900(150)_8	3	80	240	190.5	26	8	M24	38.1	127	10.4	73	156	123.83	7.92	11.91	0.8
HG20615-2009IFRJ-900(150)_9	4	100	290	235	33	8	M30	44.5	159	12.7	98	181	149.23	7.92	11.91	0.8
HG20615-2009IFRJ-900(150)_10	5	125	350	279.5	36	8	M33	50.8	190	15.0	121	216	180.98	7.92	11.91	0.8
HG20615-2009IFRJ-900(150)_11	6	150	380	317.5	33	12	M30	55.6	235	18.3	146	241	211.12	7.92	11.91	0.8
HG20615-2009IFRJ-900(150)_12	8	200	470	393.7	39	12	M36×3	63.5	298	22.4	191	308	269.88	7.92	11.91	0.8
HG20615-2009IFRJ-900(150)_13	10	250	545	469.9	39	16	M36×3	69.9	368	26.9	238	362	323.85	7.92	11.91	0.8

续表

标准件编号	NPS (in)	DN	D	K	L	n (个)	螺栓Th	C	N	S	B	密封面				
												d	P	E	F	R_{max}
HG20615-2009IFRJ-900(150)_14	12	300	610	533.4	39	20	M36×3	79.4	419	31.8	282	419	381	7.92	11.91	0.8
HG20615-2009IFRJ-900(150)_15	14	350	640	558.8	42	20	M39×3	85.8	451	35.1	311	467	419.1	11.13	16.66	1.5
HG20615-2009IFRJ-900(150)_16	16	400	705	616	45	20	M42×3	88.9	508	39.6	356	524	469.9	11.13	16.66	1.5
HG20615-2009IFRJ-900(150)_17	18	450	785	685.8	51	20	M48×3	101.6	565	44.5	400	594	533.4	12.7	19.84	1.5
HG20615-2009IFRJ-900(150)_18	20	500	855	749.3	55	20	M52×3	108	622	48.5	445	648	584.2	12.7	19.84	1.5
HG20615-2009IFRJ-900(150)_19	24	600	1040	901.7	68	20	M64×3	139.7	749	57.9	533	772	692.15	15.88	26.97	2.4

表 5-91 Class1500（PN260）环连接面（RJ）整体法兰尺寸 单位：mm

标准件编号	NPS (in)	DN	D	K	L	n (个)	螺栓Th	C	N	S	B	密封面				
												d	P	E	F	R_{max}
HG20615-2009IFRJ-1500(260)_1	$^1/_2$	15	120	82.6	22	4	M20	22.3	38	4.8	13	60.5	39.67	6.35	8.74	0.8
HG20615-2009IFRJ-1500(260)_2	$^3/_4$	20	130	88.9	22	4	M20	25.4	44	5.8	17	66.5	44.45	6.35	8.74	0.8
HG20615-2009IFRJ-1500(260)_3	1	25	150	101.6	26	4	M24	28.6	52	6.6	22	71.5	50.8	6.35	8.74	0.8
HG20615-2009IFRJ-1500(260)_4	$1^1/_4$	32	160	111.1	26	4	M24	28.6	64	7.9	28	81	60.33	6.35	8.74	0.8
HG20615-2009IFRJ-1500(260)_5	$1^1/_2$	40	180	123.8	30	4	M27	31.8	70	9.7	35	92	68.27	6.35	8.74	0.8
HG20615-2009IFRJ-1500(260)_6	2	50	215	165.1	26	8	M24	38.1	105	11.2	48	124	95.25	7.92	11.91	0.8
HG20615-2009IFRJ-1500(260)_7	$2^1/_2$	65	245	190.5	30	8	M27	41.3	124	12.7	57	137	107.95	7.92	11.91	0.8
HG20615-2009IFRJ-1500(260)_8	3	80	265	203.2	33	8	M30	47.7	133	15.7	70	168	136.53	7.92	11.91	0.8
HG20615-2009IFRJ-1500(260)_9	4	100	310	241.3	36	8	M33	54	162	19.1	92	194	161.93	7.92	11.91	0.8
HG20615-2009IFRJ-1500(260)_10	5	125	375	292.1	42	8	M39×3	73.1	197	23.1	111	229	193.68	7.92	11.91	0.8
HG20615-2009IFRJ-1500(260)_11	6	150	395	317.5	39	12	M36×3	82.6	229	27.7	136	248	211.14	9.52	13.49	1.5
HG20615-2009IFRJ-1500(260)_12	8	200	485	393.7	45	12	M42×3	92.1	292	35.8	178	318	269.88	11.13	16.66	1.5
HG20615-2009IFRJ-1500(260)_13	10	250	585	482.6	51	12	M48×3	108.0	368	43.7	222	371	323.85	11.13	16.66	1.5
HG20615-2009IFRJ-1500(260)_14	12	300	675	571.5	55	16	M52×3	123.9	451	50.8	264	438	381	14.27	23.01	1.5
HG20615-2009IFRJ-1500(260)_15	14	350	750	635	60	16	M56×3	133.4	495	55.6	289	489	419.1	15.88	26.97	2.4
HG20615-2009IFRJ-1500(260)_16	16	400	825	704.8	68	16	M64×3	146.1	552	63.5	330	546	469.9	17.48	30.18	2.4
HG20615-2009IFRJ-1500(260)_17	18	450	915	774.7	74	16	M70×3	162.0	597	71.4	371	613	533.4	17.48	30.18	2.4
HG20615-2009IFRJ-1500(260)_18	20	500	985	831.8	80	16	M76×3	177.8	641	79.2	416	673	584.2	17.48	33.32	2.4
HG20615-2009IFRJ-1500(260)_19	24	600	1170	990.6	94	16	M90×3	203.2	762	94.5	485	794	692.15	20.62	36.53	2.4

表 5-92 Class2500（PN420）环连接面（RJ）整体法兰尺寸 单位：mm

标准件编号	NPS (in)	DN	D	K	L	n (个)	螺栓Th	C	N	S	B	密封面				
												d	P	E	F	R_{max}
HG20615-2009IFRJ-2500(420)_1	$^1/_2$	15	135	88.9	22	4	M20	30.2	43	6.4	11	65	42.88	6.35	8.74	0.8

续表

标准件编号	NPS (in)	DN	D	K	L	n (个)	螺栓Th	C	N	S	B	密封面				
												d	P	E	F	R_{max}
HG20615-2009IFRJ-2500(420)_2	3/4	20	140	95.2	22	4	M20	31.8	51	7.1	14	73	50.8	6.35	8.74	0.8
HG20615-2009IFRJ-2500(420)_3	1	25	160	108	26	4	M24	35	57	8.6	19	82.5	60.33	6.35	8.74	0.8
HG20615-2009IFRJ-2500(420)_4	1 1/4	32	185	130.2	30	4	M27	38.1	73	11.2	25	102	72.23	7.92	11.91	0.8
HG20615-2009IFRJ-2500(420)_5	1 1/2	40	205	146	33	4	M30	44.5	79	12.7	28	114	82.55	7.92	11.91	0.8
HG20615-2009IFRJ-2500(420)_6	2	50	235	171.4	30	8	M27	50.9	95	15.7	38	133	101.6	7.92	11.91	0.8
HG20615-2009IFRJ-2500(420)_7	2 1/2	65	265	196.8	33	8	M30	57.2	114	19.1	47	149	111.13	9.52	13.49	1.5
HG20615-2009IFRJ-2500(420)_8	3	80	305	228.6	36	8	M33	66.7	133	22.4	57	168	127.00	9.52	13.49	1.5
HG20615-2009IFRJ-2500(420)_9	4	100	355	273	42	8	M39×3	76.2	165	27.7	73	203	157.18	11.13	16.66	1.5
HG20615-2009IFRJ-2500(420)_10	5	125	420	323.8	48	8	M45×3	92.1	203	34.0	92	241	190.5	12.7	19.84	1.5
HG20615-2009IFRJ-2500(420)_11	6	150	485	368.5	55	8	M52×3	108	235	40.4	111	279	228.6	12.7	19.84	1.5
HG20615-2009IFRJ-2500(420)_12	8	200	550	438.2	55	12	M52×3	127	305	52.3	146	340	279.4	14.27	23.01	1.5
HG20615-2009IFRJ-2500(420)_13	10	250	675	539.8	68	12	M64×3	165.1	375	65.8	184	425	342.9	17.48	30.18	2.4
HG20615-2009IFRJ-2500(420)_14	12	300	760	619.1	74	12	M70×3	184.2	441	77.0	219	495	406.4	17.48	33.32	2.4

5.2.4 承插焊法兰（SW）

本标准规定了 SW（承插焊法兰）（欧洲体系）的型式和尺寸。

本标准适用于公称压力 Class150（PN20）～Class2500（420）的承插焊法兰。

承插焊法兰的二维图形和三维图形如表 5-93 所示。

表 5-93 承插焊法兰

二维图形 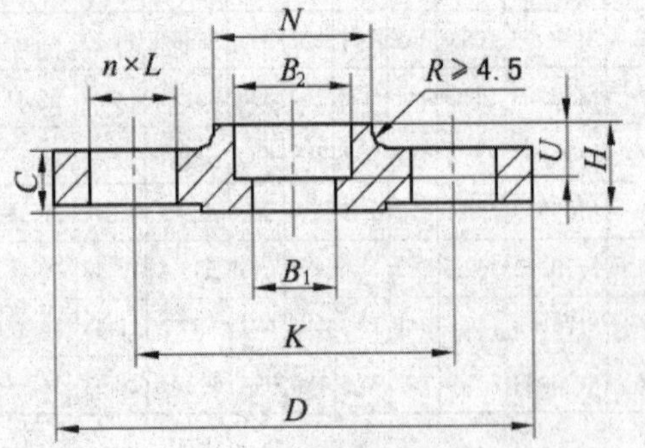	三维图形 

1. 突面（RF）承插焊法兰

突面（RF）承插焊法兰根据公称压力可分为 Class150（PN20）、Class300（PN50）、Class600（PN110）、Class900（PN150）和 Class1500（PN260）。法兰尺寸如表 5-94～表 5-98 所示。

表 5-94　Class150（PN20）突面（RF）承插焊法兰尺寸　　　　单位：mm

标准件编号	NPS (in)	DN	A	D	K	L	n (个)	螺栓 Th	C	B_1	B_2	U	N	H	密封面	
															d	f_1
HG20615-2009SWRF-150(20)_1	$^{1}/_{2}$	15	21.3	90	60.3	16	4	M14	9.6	15.5	22.5	10	30	14	34.9	2
HG20615-2009SWRF-150(20)_2	$^{3}/_{4}$	20	26.9	100	69.9	16	4	M14	11.2	21	27.5	11	38	14	42.9	2
HG20615-2009SWRF-150(20)_3	1	25	33.7	110	79.4	16	4	M14	12.7	27	34.5	13	49	16	50.8	2
HG20615-2009SWRF-150(20)_4	$1^{1}/_{4}$	32	42.4	115	88.9	16	4	M14	14.3	35	43.5	14	59	19	63.5	2
HG20615-2009SWRF-150(20)_5	$1^{1}/_{2}$	40	48.3	130	98.4	16	4	M14	15.9	41	49.5	16	65	21	73.0	2
HG20615-2009SWRF-150(20)_6	2	50	60.3	150	120.7	18	4	M16	17.5	52	61.5	17	78	24	92.1	2
HG20615-2009SWRF-150(20)_7	$2^{1}/_{2}$	65	76.1	180	139.7	18	4	M16	20.7	66	77.6	19	90	27	104.8	2
HG20615-2009SWRF-150(20)_8	3	80	88.9	190	152.4	18	4	M16	22.3	77.5	90.5	21	108	29	127.0	2

注：更多数据见《化工标准法兰三维图库》软件。

表 5-95　Class300（PN50）突面（RF）承插焊法兰尺寸　　　　单位：mm

标准件编号	NPS (in)	DN	A	D	K	L	n (个)	螺栓 Th	C	B_1	B_2	U	N	H	密封面	
															d	f_1
HG20615-2009SWRF-300(50)_1	$^{1}/_{2}$	15	21.3	95	66.7	16	4	M14	12.7	15.5	22.5	10	38	21	34.9	2
HG20615-2009SWRF-300(50)_2	$^{3}/_{4}$	20	26.9	115	82.6	18	4	M16	14.3	21	27.5	11	48	24	42.9	2
HG20615-2009SWRF-300(50)_3	1	25	33.7	125	88.9	18	4	M16	15.9	27	34.5	13	54	25	50.8	2
HG20615-2009SWRF-300(50)_4	$1^{1}/_{4}$	32	42.4	135	98.4	18	4	M16	17.5	35	43.5	14	64	25	63.5	2
HG20615-2009SWRF-300(50)_5	$1^{1}/_{2}$	40	48.3	155	114.3	22	4	M20	19.1	41	49.5	16	70	29	73.0	2
HG20615-2009SWRF-300(50)_6	2	50	60.3	165	127	18	8	M16	20.7	52	61.5	17	84	32	92.1	2
HG20615-2009SWRF-300(50)_7	$2^{1}/_{2}$	65	76.1	190	149.2	22	8	M20	23.9	66	77.6	19	100	37	104.8	2
HG20615-2009SWRF-300(50)_8	3	80	88.9	210	168.3	22	8	M20	27.0	77.5	90.5	21	117	41	127.0	2

注：更多数据见《化工标准法兰三维图库》软件。

表 5-96　Class600（PN110）突面（RF）承插焊法兰尺寸　　　　单位：mm

标准件编号	NPS (in)	DN	A	D	K	L	n (个)	螺栓 Th	C	B_1	B_2	U	N	H	密封面	
															d	f_1
HG20615-2009SWRF-600(110)_1	$^{1}/_{2}$	15	21.3	95	66.7	16	4	M14	14.3	—	22.5	10	38	22	34.9	7
HG20615-2009SWRF-600(110)_2	$^{3}/_{4}$	20	26.9	115	82.6	18	4	M16	15.9	—	27.5	11	48	25	42.9	7
HG20615-2009SWRF-600(110)_3	1	25	33.7	125	88.9	18	4	M16	17.5	—	34.5	13	54	27	50.8	7
HG20615-2009SWRF-600(110)_4	$1^{1}/_{4}$	32	42.4	135	98.4	18	4	M16	20.7	—	43.5	14	64	29	63.5	7
HG20615-2009SWRF-600(110)_5	$1^{1}/_{2}$	40	48.3	155	114.3	22	4	M20	22.3	—	49.5	16	70	32	73.0	7
HG20615-2009SWRF-600(110)_6	2	50	60.3	165	127	18	8	M16	25.4	—	61.5	17	84	37	92.1	7
HG20615-2009SWRF-600(110)_7	$2^{1}/_{2}$	65	76.1	190	149.2	22	8	M20	28.6	—	77.6	19	100	41	104.8	7
HG20615-2009SWRF-600(110)_8	3	80	88.9	210	168.3	22	8	M20	31.8	—	90.5	21	117	46	127.0	7

注：更多数据见《化工标准法兰三维图库》软件。

表 5-97 Class900（PN150）突面（RF）承插焊法兰尺寸　　单位：mm

标准件编号	NPS (in)	DN	A	D	K	L	n (个)	螺栓 Th	C	B_1	B_2	U	N	H	密封面	
															d	f_1
HG20615-2009SWRF-900(150)_1	$^1/_2$	15	21.3	120	82.6	22	4	M20	22.3	—	22.5	10	38	32	34.9	7
HG20615-2009SWRF-900(150)_2	$^3/_4$	20	26.9	130	88.9	22	4	M20	25.4	—	27.5	11	44	35	42.9	7
HG20615-2009SWRF-900(150)_3	1	25	33.7	150	101.6	26	4	M24	28.6	—	34.5	13	52	41	50.8	7
HG20615-2009SWRF-900(150)_4	$1^1/_4$	32	42.4	160	111	26	4	M24	28.6	—	43.5	14	64	41	63.5	7
HG20615-2009SWRF-900(150)_5	$1^1/_2$	40	48.3	180	124	30	4	M27	31.8	—	49.5	16	70	44	73.0	7
HG20615-2009SWRF-900(150)_6	2	50	60.3	215	165.1	26	8	M24	38.1	—	61.5	17	105	57	92.1	7
HG20615-2009SWRF-900(150)_7	$2^1/_2$	65	76.1	245	190.5	30	8	M27	41.3	—	77.6	19	124	64	104.8	7

注：更多数据见《化工标准法兰三维图库》软件。

表 5-98 Class1500（PN260）突面（RF）承插焊法兰尺寸　　单位：mm

标准件编号	NPS (in)	DN	A	D	K	L	n (个)	螺栓 Th	C	B_1	B_2	U	N	H	密封面	
															d	f_1
HG20615-2009SWRF-1500(260)_1	$^1/_2$	15	21.3	120	82.6	22	4	M20	22.3	—	22.5	10	38	32	34.9	7
HG20615-2009SWRF-1500(260)_2	$^3/_4$	20	26.9	130	88.9	22	4	M20	25.4	—	27.5	11	44	35	42.9	7
HG20615-2009SWRF-1500(260)_3	1	25	33.7	150	101.6	26	4	M24	28.6	—	34.5	13	52	41	50.8	7
HG20615-2009SWRF-1500(260)_4	$1^1/_4$	32	42.4	160	111.1	26	4	M24	28.6	—	43.5	14	64	41	63.5	7
HG20615-2009SWRF-1500(260)_5	$1^1/_2$	40	48.3	180	123.8	30	4	M27	31.8	—	49.5	16	70	44	73.0	7
HG20615-2009SWRF-1500(260)_6	2	50	60.3	215	165.1	26	8	M24	38.1	—	61.5	17	105	57	92.1	7
HG20615-2009SWRF-1500(260)_7	$2^1/_2$	65	76.1	245	190.5	30	8	M27	41.3	—	77.6	19	124	64	104.8	7

注：更多数据见《化工标准法兰三维图库》软件。

2. 凹面（FM）承插焊法兰

凹面(FM)承插焊法兰根据公称压力可分为Class300(PN50)、Class600(PN110)、Class900(PN150）和 Class1500（PN260）。法兰尺寸如表 5-99～表 5-102 所示。

表 5-99 Class300（PN50）凹面（FM）承插焊法兰尺寸　　单位：mm

标准件编号	NPS (in)	DN	A	D	K	L	n (个)	螺栓 Th	C	B_1	B_2	U	N	H	密封面			
															d	Y	f_2	f_3
HG20615-2009SWFM-300(50)_1	$^1/_2$	15	21.3	95	66.7	16	4	M14	12.7	15.5	22.5	10	38	21	46	36.5	7	5
HG20615-2009SWFM-300(50)_2	$^3/_4$	20	26.9	115	82.6	18	4	M16	14.3	21	27.5	11	48	24	54	44.4	7	5
HG20615-2009SWFM-300(50)_3	1	25	33.7	125	88.9	18	4	M16	15.9	27	34.5	13	54	25	62	52.4	7	5
HG20615-2009SWFM-300(50)_4	$1^1/_4$	32	42.4	135	98.4	18	4	M16	17.5	35	43.5	14	64	25	75	65.1	7	5
HG20615-2009SWFM-300(50)_5	$1^1/_2$	40	48.3	155	114.3	22	4	M20	19.1	41	49.5	16	70	29	84	74.6	7	5
HG20615-2009SWFM-300(50)_6	2	50	60.3	165	127	18	8	M16	20.7	52	61.5	17	84	32	103	93.7	7	5
HG20615-2009SWFM-300(50)_7	$2^1/_2$	65	76.1	190	149.2	22	8	M20	23.9	66	77.6	19	100	37	116	106.4	7	5
HG20615-2009SWFM-300(50)_8	3	80	88.9	210	168.3	22	8	M20	27.0	77.5	90.5	21	117	41	138	128.6	7	5

注：更多数据见《化工标准法兰三维图库》软件。

表 5-100　Class600（PN110）凹面（FM）承插焊法兰尺寸　　单位：mm

标准件编号	NPS (in)	DN	A	D	K	L	n (个)	螺栓 Th	C	B_1	B_2	U	N	H	密封面			
															d	Y	f_2	f_3
HG20615-2009SWFM-600(110)_1	$\frac{1}{2}$	15	21.3	95	66.7	16	4	M14	14.3	—	22.5	10	38	22	46	36.5	7	5
HG20615-2009SWFM-600(110)_2	$\frac{3}{4}$	20	26.9	115	82.6	18	4	M16	15.9	—	27.5	11	48	25	54	44.4	7	5
HG20615-2009SWFM-600(110)_3	1	25	33.7	125	88.9	18	4	M16	17.5	—	34.5	13	54	27	62	52.4	7	5
HG20615-2009SWFM-600(110)_4	$1\frac{1}{4}$	32	42.4	135	98.4	18	4	M16	20.7	—	43.5	14	64	29	75	65.1	7	5
HG20615-2009SWFM-600(110)_5	$1\frac{1}{2}$	40	48.3	155	114.3	22	4	M20	22.3	—	49.5	16	70	32	84	74.6	7	5
HG20615-2009SWFM-600(110)_6	2	50	60.3	165	127	18	8	M16	25.4	—	61.5	17	84	37	103	93.7	7	5
HG20615-2009SWFM-600(110)_7	$2\frac{1}{2}$	65	76.1	190	149.2	22	8	M20	28.6	—	77.6	19	100	41	116	106.4	7	5
HG20615-2009SWFM-600(110)_8	3	80	88.9	210	168.3	22	8	M20	31.8	—	90.5	21	117	46	138	128.6	7	5

注：更多数据见《化工标准法兰三维图库》软件。

表 5-101 Class900（PN150）凹面（FM）承插焊法兰尺寸　　单位：mm

标准件编号	NPS (in)	DN	A	D	K	L	n (个)	螺栓 Th	C	B_1	B_2	U	N	H	密封面			
															d	Y	f_2	f_3
HG20615-2009SWFM-900(150)_1	$\frac{1}{2}$	15	21.3	120	82.6	22	4	M20	22.3	—	22.5	10	38	32	46	36.5	7	5
HG20615-2009SWFM-900(150)_2	$\frac{3}{4}$	20	26.9	130	88.9	22	4	M20	25.4	—	27.5	11	44	35	54	44.4	7	5
HG20615-2009SWFM-900(150)_3	1	25	33.7	150	101.6	26	4	M24	28.6	—	34.5	13	52	41	62	52.4	7	5
HG20615-2009SWFM-900(150)_4	$1\frac{1}{4}$	32	42.4	160	111	26	4	M24	28.6	—	43.5	14	64	41	75	65.1	7	5
HG20615-2009SWFM-900(150)_5	$1\frac{1}{2}$	40	48.3	180	124	30	4	M27	31.8	—	49.5	16	70	44	84	74.6	7	5
HG20615-2009SWFM-900(150)_6	2	50	60.3	215	165.1	26	8	M24	38.1	—	61.5	17	105	57	103	93.7	7	5
HG20615-2009SWFM-900(150)_7	$2\frac{1}{2}$	65	76.1	245	190.5	30	8	M27	41.3	—	77.6	19	124	64	116	106.4	7	5

注：更多数据见《化工标准法兰三维图库》软件。

表 5-102　Class1500（PN260）凹面（FM）承插焊法兰尺寸　　单位：mm

标准件编号	NPS (in)	DN	A	D	K	L	n (个)	螺栓 Th	C	B_1	B_2	U	N	H	密封面			
															d	Y	f_2	f_3
HG20615-2009SWFM-1500(260)_1	$\frac{1}{2}$	15	21.3	120	82.6	22	4	M20	22.3	—	22.5	10	38	32	46	36.5	7	5
HG20615-2009SWFM-1500(260)_2	$\frac{3}{4}$	20	26.9	130	88.9	22	4	M20	25.4	—	27.5	11	44	35	54	44.4	7	5
HG20615-2009SWFM-1500(260)_3	1	25	33.7	150	101.6	26	4	M24	28.6	—	34.5	13	52	41	62	52.4	7	5
HG20615-2009SWFM-1500(260)_4	$1\frac{1}{4}$	32	42.4	160	111.1	26	4	M24	28.6	—	43.5	14	64	41	75	65.1	7	5
HG20615-2009SWFM-1500(260)_5	$1\frac{1}{2}$	40	48.3	180	123.8	30	4	M27	31.8	—	49.5	16	70	44	84	74.6	7	5
HG20615-2009SWFM-1500(260)_6	2	50	60.3	215	165.1	26	8	M24	38.1	—	61.5	17	105	57	103	93.7	7	5
HG20615-2009SWFM-1500(260)_7	$2\frac{1}{2}$	65	76.1	245	190.5	30	8	M27	41.3	—	77.6	19	124	64	116	106.4	7	5

注：更多数据见《化工标准法兰三维图库》软件。

3. 凸面（M）承插焊法兰

凸面（M）承插焊法兰根据公称压力可分为 Class300（PN50）、Class600（PN110）、Class900（PN150）和 Class1500（PN260）。法兰尺寸如表 5-103～表 5-106 所示。

表 5-103 Class300（PN50）凸面（M）承插焊法兰尺寸　　单位：mm

标准件编号	NPS (in)	DN	A	D	K	L	n（个）	螺栓 Th	C	B_1	B_2	U	N	H	密封面 d	密封面 f_1
HG20615-2009SWM-300(50)_1	1/2	15	21.3	95	66.7	16	4	M14	12.7	15.5	22.5	10	38	21	34.9	7
HG20615-2009SWM-300(50)_2	3/4	20	26.9	115	82.6	18	4	M16	14.3	21	27.5	11	48	24	42.9	7
HG20615-2009SWM-300(50)_3	1	25	33.7	125	88.9	18	4	M16	15.9	27	34.5	13	54	25	50.8	7
HG20615-2009SWM-300(50)_4	1 1/4	32	42.4	135	98.4	18	4	M16	17.5	35	43.5	14	64	25	63.5	7
HG20615-2009SWM-300(50)_5	1 1/2	40	48.3	155	114.3	22	4	M20	19.1	41	49.5	16	70	29	73.0	7
HG20615-2009SWM-300(50)_6	2	50	60.3	165	127	18	8	M16	20.7	52	61.5	17	84	32	92.1	7
HG20615-2009SWM-300(50)_7	2 1/2	65	76.1	190	149.2	22	8	M20	23.9	66	77.6	19	100	37	104.8	7
HG20615-2009SWM-300(50)_8	3	80	88.9	210	168.3	22	8	M20	27.0	77.5	90.5	21	117	41	127.0	7

注：更多数据见《化工标准法兰三维图库》软件。

表 5-104 Class600（PN110）凸面（M）承插焊法兰尺寸　　单位：mm

标准件编号	NPS (in)	DN	A	D	K	L	n（个）	螺栓 Th	C	B_1	B_2	U	N	H	密封面 d	密封面 f_1
HG20615-2009SWM-600(110)_1	1/2	15	21.3	95	66.7	16	4	M14	14.3	—	22.5	10	38	22	34.9	7
HG20615-2009SWM-600(110)_2	3/4	20	26.9	115	82.6	18	4	M16	15.9	—	27.5	11	48	25	42.9	7
HG20615-2009SWM-600(110)_3	1	25	33.7	125	88.9	18	4	M16	17.5	—	34.5	13	54	27	50.8	7
HG20615-2009SWM-600(110)_4	1 1/4	32	42.4	135	98.4	18	4	M16	20.7	—	43.5	14	64	29	63.5	7
HG20615-2009SWM-600(110)_5	1 1/2	40	48.3	155	114.3	22	4	M20	22.3	—	49.5	16	70	32	73.0	7
HG20615-2009SWM-600(110)_6	2	50	60.3	165	127	18	8	M16	25.4	—	61.5	17	84	37	92.1	7
HG20615-2009SWM-600(110)_7	2 1/2	65	76.1	190	149.2	22	8	M20	28.6	—	77.6	19	100	41	104.8	7
HG20615-2009SWM-600(110)_8	3	80	88.9	210	168.3	22	8	M20	31.8	—	90.5	21	117	46	127.0	7

注：更多数据见《化工标准法兰三维图库》软件。

表 5-105 Class900（PN150）凸面（M）承插焊法兰尺寸　　单位：mm

标准件编号	NPS (in)	DN	A	D	K	L	n（个）	螺栓 Th	C	B_1	B_2	U	N	H	密封面 d	密封面 f_1
HG20615-2009SWM-900(150)_1	1/2	15	21.3	120	82.6	22	4	M20	22.3	—	22.5	10	38	32	34.9	7
HG20615-2009SWM-900(150)_2	3/4	20	26.9	130	88.9	22	4	M20	25.4	—	27.5	11	44	35	42.9	7
HG20615-2009SWM-900(150)_3	1	25	33.7	150	101.6	26	4	M24	28.6	—	34.5	13	52	41	50.8	7
HG20615-2009SWM-900(150)_4	1 1/4	32	42.4	160	111	26	4	M24	28.6	—	43.5	14	64	41	63.5	7
HG20615-2009SWM-900(150)_5	1 1/2	40	48.3	180	124	30	4	M27	31.8	—	49.5	16	70	44	73.0	7
HG20615-2009SWM-900(150)_6	2	50	60.3	215	165.1	26	8	M24	38.1	—	61.5	17	105	57	92.1	7
HG20615-2009SWM-900(150)_7	2 1/2	65	76.1	245	190.5	30	8	M27	41.3	—	77.6	19	124	64	104.8	7

注：更多数据见《化工标准法兰三维图库》软件。

表 5-106　Class1500（PN260）凸面（M）承插焊法兰尺寸　　单位：mm

标准件编号	NPS (in)	DN	A	D	K	L	n (个)	螺栓 Th	C	B_1	B_2	U	N	H	密封面	
															d	f_1
HG20615-2009SWM-1500(260)_1	$^1/_2$	15	21.3	120	82.6	22	4	M20	22.3	—	22.5	10	38	32	34.9	7
HG20615-2009SWM-1500(260)_2	$^3/_4$	20	26.9	130	88.9	22	4	M20	25.4	—	27.5	11	44	35	42.9	7
HG20615-2009SWM-1500(260)_3	1	25	33.7	150	101.6	26	4	M24	28.6	—	34.5	13	52	41	50.8	7
HG20615-2009SWM-1500(260)_4	$1^1/_4$	32	42.4	160	111.1	26	4	M24	28.6	—	43.5	14	64	41	63.5	7
HG20615-2009SWM-1500(260)_5	$1^1/_2$	40	48.3	180	123.8	30	4	M27	31.8	—	49.5	16	70	44	73.0	7
HG20615-2009SWM-1500(260)_6	2	50	60.3	215	165.1	26	8	M24	38.1	—	61.5	17	105	57	92.1	7
HG20615-2009SWM-1500(260)_7	$2^1/_2$	65	76.1	245	190.5	30	8	M27	41.3	—	77.6	19	124	64	104.8	7

注：更多数据见《化工标准法兰三维图库》软件。

4. 榫面（T）承插焊法兰

榫面（T）承插焊法兰根据公称压力可分为Class300（PN50）、Class600（PN110）、Class900（PN150）和Class1500（PN260）。法兰尺寸如表5-107～表5-110所示。

表 5-107　Class300（PN50）榫面（T）承插焊法兰尺寸　　单位：mm

标准件编号	NPS (in)	DN	A	D	K	L	n (个)	螺栓 Th	C	B_1	B_2	U	N	H	密封面		
															W	X	f_2
HG20615-2009SWT-300(50)_1	$^1/_2$	15	21.3	95	66.7	16	4	M14	12.7	15.5	22.5	10	38	21	25.4	34.9	7
HG20615-2009SWT-300(50)_2	$^3/_4$	20	26.9	115	82.6	18	4	M16	14.3	21	27.5	11	48	24	33.3	42.9	7
HG20615-2009SWT-300(50)_3	1	25	33.7	125	88.9	18	4	M16	15.9	27	34.5	13	54	25	38.1	50.8	7
HG20615-2009SWT-300(50)_4	$1^1/_4$	32	42.4	135	98.4	18	4	M16	17.5	35	43.5	14	64	25	47.6	63.5	7
HG20615-2009SWT-300(50)_5	$1^1/_2$	40	48.3	155	114.3	22	4	M20	19.1	41	49.5	16	70	29	54.0	73.0	7
HG20615-2009SWT-300(50)_6	2	50	60.3	165	127	18	8	M16	20.7	52	61.5	17	84	32	73.0	92.1	7
HG20615-2009SWT-300(50)_7	$2^1/_2$	65	76.1	190	149.2	22	8	M20	23.9	66	77.6	19	100	37	85.7	104.8	7
HG20615-2009SWT-300(50)_8	3	80	88.9	210	168.3	22	8	M20	27.0	77.5	90.5	21	117	41	108.0	127.0	7

注：更多数据见《化工标准法兰三维图库》软件。

表 5-108　Class600（PN110）榫面（T）承插焊法兰尺寸　　单位：mm

标准件编号	NPS (in)	DN	A	D	K	L	n (个)	螺栓 Th	C	B_1	B_2	U	N	H	密封面		
															W	X	f_2
HG20615-2009SWT-600(110)_1	$^1/_2$	15	21.3	95	66.7	16	4	M14	14.3	—	22.5	10	38	22	25.4	34.9	7
HG20615-2009SWT-600(110)_2	$^3/_4$	20	26.9	115	82.6	18	4	M16	15.9	—	27.5	11	48	25	33.3	42.9	7
HG20615-2009SWT-600(110)_3	1	25	33.7	125	88.9	18	4	M16	17.5	—	34.5	13	54	27	38.1	50.8	7
HG20615-2009SWT-600(110)_4	$1^1/_4$	32	42.4	135	98.4	18	4	M16	20.7	—	43.5	14	64	29	47.6	63.5	7
HG20615-2009SWT-600(110)_5	$1^1/_2$	40	48.3	155	114.3	22	4	M20	22.3	—	49.5	16	70	32	54.0	73.0	7
HG20615-2009SWT-600(110)_6	2	50	60.3	165	127	18	8	M16	25.4	—	61.5	17	84	37	73.0	92.1	7
HG20615-2009SWT-600(110)_7	$2^1/_2$	65	76.1	190	149.2	22	8	M20	28.6	—	77.6	19	100	41	85.7	104.8	7

续表

标准件编号	NPS (in)	DN	A	D	K	L	n (个)	螺栓 Th	C	B_1	B_2	U	N	H	密封面		
															W	X	f_2
HG20615-2009SWT-600(110)_8	3	80	88.9	210	168.3	22	8	M20	31.8	—	90.5	21	117	46	108.0	127.0	7

注：更多数据见《化工标准法兰三维图库》软件。

表 5-109　Class900（PN150）榫面（T）承插焊法兰尺寸　　单位：mm

标准件编号	NPS (in)	DN	A	D	K	L	n (个)	螺栓 Th	C	B_1	B_2	U	N	H	密封面		
															W	X	f_2
HG20615-2009SWT-900(150)_1	$^{1}/_{2}$	15	21.3	120	82.6	22	4	M20	22.3	—	22.5	10	38	32	25.4	34.9	7
HG20615-2009SWT-900(150)_2	$^{3}/_{4}$	20	26.9	130	88.9	22	4	M20	25.4	—	27.5	11	44	35	33.3	42.9	7
HG20615-2009SWT-900(150)_3	1	25	33.7	150	101.6	26	4	M24	28.6	—	34.5	13	52	41	38.1	50.8	7
HG20615-2009SWT-900(150)_4	$1^{1}/_{4}$	32	42.4	160	111	26	4	M24	28.6	—	43.5	14	64	41	47.6	63.5	7
HG20615-2009SWT-900(150)_5	$1^{1}/_{2}$	40	48.3	180	124	30	4	M27	31.8	—	49.5	16	70	44	54.0	73.0	7
HG20615-2009SWT-900(150)_6	2	50	60.3	215	165.1	26	8	M24	38.1	—	61.5	17	105	57	73.0	92.1	7
HG20615-2009SWT-900(150)_7	$2^{1}/_{2}$	65	76.1	245	190.5	30	8	M27	41.3	—	77.6	19	124	64	85.7	104.8	7

注：更多数据见《化工标准法兰三维图库》软件。

表 5-110　Class1500（PN260）榫面（T）承插焊法兰尺寸　　单位：mm

标准件编号	NPS (in)	DN	A	D	K	L	n (个)	螺栓 Th	C	B_1	B_2	U	N	H	密封面		
															W	X	f_2
HG20615-2009SWT-1500(260)_1	$^{1}/_{2}$	15	21.3	120	82.6	22	4	M20	22.3	—	22.5	10	38	32	25.4	34.9	7
HG20615-2009SWT-1500(260)_2	$^{3}/_{4}$	20	26.9	130	88.9	22	4	M20	25.4	—	27.5	11	44	35	33.3	42.9	7
HG20615-2009SWT-1500(260)_3	1	25	33.7	150	101.6	26	4	M24	28.6	—	34.5	13	52	41	38.1	50.8	7
HG20615-2009SWT-1500(260)_4	$1^{1}/_{4}$	32	42.4	160	111.1	26	4	M24	28.6	—	43.5	14	64	41	47.6	63.5	7
HG20615-2009SWT-1500(260)_5	$1^{1}/_{2}$	40	48.3	180	123.8	30	4	M27	31.8	—	49.5	16	70	44	54.0	73.0	7
HG20615-2009SWT-1500(260)_6	2	50	60.3	215	165.1	26	8	M24	38.1	—	61.5	17	105	57	73.0	92.1	7
HG20615-2009SWT-1500(260)_7	$2^{1}/_{2}$	65	76.1	245	190.5	30	8	M27	41.3	—	77.6	19	124	64	85.7	104.8	7

注：更多数据见《化工标准法兰三维图库》软件。

5. 槽面（G）承插焊法兰

槽面（G）承插焊法兰根据公称压力可分为 Class300（PN50）、Class600（PN110）、Class900（PN150）和 Class1500（PN260）。法兰尺寸如表 5-111～表 5-114 所示。

表 5-111　Class300（PN50）槽面（G）承插焊法兰尺寸　　单位：mm

标准件编号	NPS (in)	DN	A	D	K	L	n (个)	螺栓 Th	C	B_1	B_2	U	N	H	密封面				
															d	Y	Z	f_2	f_3
HG20615-2009SWG-300(50)_1	$^{1}/_{2}$	15	21.3	95	66.7	16	4	M14	12.7	15.5	22.5	10	38	21	46	36.5	23.8	7	5
HG20615-2009SWG-300(50)_2	$^{3}/_{4}$	20	26.9	115	82.6	18	4	M16	14.3	21	27.5	11	48	24	54	44.4	31.8	7	5
HG20615-2009SWG-300(50)_3	1	25	33.7	125	88.9	18	4	M16	15.9	27	34.5	13	54	25	62	52.4	36.5	7	5

续表

标准件编号	NPS (in)	DN	A	D	K	L	n (个)	螺栓 Th	C	B_1	B_2	U	N	H	密封面				
															d	Y	Z	f_2	f_3
HG20615-2009SWG-300(50)_4	$1\frac{1}{4}$	32	42.4	135	98.4	18	4	M16	17.5	35	43.5	14	64	25	75	65.1	46.0	7	5
HG20615-2009SWG-300(50)_5	$1\frac{1}{2}$	40	48.3	155	114.3	22	4	M20	19.1	41	49.5	16	70	29	84	74.6	52.4	7	5
HG20615-2009SWG-300(50)_6	2	50	60.3	165	127	18	8	M16	20.7	52	61.5	17	84	32	103	93.7	71.4	7	5
HG20615-2009SWG-300(50)_7	$2\frac{1}{2}$	65	76.1	190	149.2	22	8	M20	23.9	66	77.6	19	100	37	116	106.4	84.1	7	5
HG20615-2009SWG-300(50)_8	3	80	88.9	210	168.3	22	8	M20	27.0	77.5	90.5	21	117	41	138	128.6	106.4	7	5

注：更多数据见《化工标准法兰三维图库》软件。

表 5-112 Class600（PN110）槽面（G）承插焊法兰尺寸 单位：mm

标准件编号	NPS (in)	DN	A	D	K	L	n (个)	螺栓 Th	C	B_1	B_2	U	N	H	密封面				
															d	Y	Z	f_2	f_3
HG20615-2009SWG-600(110)_1	$\frac{1}{2}$	15	21.3	95	66.7	16	4	M14	14.3	—	22.5	10	38	22	46	36.5	23.8	7	5
HG20615-2009SWG-600(110)_2	$\frac{3}{4}$	20	26.9	115	82.6	18	4	M16	15.9	—	27.5	11	48	25	54	44.4	31.8	7	5
HG20615-2009SWG-600(110)_3	1	25	33.7	125	88.9	18	4	M16	17.5	—	34.5	13	54	27	62	52.4	36.5	7	5
HG20615-2009SWG-600(110)_4	$1\frac{1}{4}$	32	42.4	135	98.4	18	4	M16	20.7	—	43.5	14	64	29	75	65.1	46.0	7	5
HG20615-2009SWG-600(110)_5	$1\frac{1}{2}$	40	48.3	155	114.3	22	4	M20	22.3	—	49.5	16	70	32	84	74.6	52.4	7	5
HG20615-2009SWG-600(110)_6	2	50	60.3	165	127	18	8	M16	25.4	—	61.5	17	84	37	103	93.7	71.4	7	5
HG20615-2009SWG-600(110)_7	$2\frac{1}{2}$	65	76.1	190	149.2	22	8	M20	28.6	—	77.6	19	100	41	116	106.4	84.1	7	5
HG20615-2009SWG-600(110)_8	3	80	88.9	210	168.3	22	8	M20	31.8	—	90.5	21	117	46	138	128.6	106.4	7	5

注：更多数据见《化工标准法兰三维图库》软件。

表 5-113 Class900（PN150）槽面（G）承插焊法兰尺寸 单位：mm

标准件编号	NPS (in)	DN	A	D	K	L	n (个)	螺栓 Th	C	B_1	B_2	U	N	H	密封面				
															d	Y	Z	f_2	f_3
HG20615-2009SWG-900(150)_1	$\frac{1}{2}$	15	21.3	120	82.6	22	4	M20	22.3	—	22.5	10	38	32	46	36.5	23.8	7	5
HG20615-2009SWG-900(150)_2	$\frac{3}{4}$	20	26.9	130	88.9	22	4	M20	25.4	—	27.5	11	44	35	54	44.4	31.8	7	5
HG20615-2009SWG-900(150)_3	1	25	33.7	150	101.6	26	4	M24	28.6	—	34.5	13	52	41	62	52.4	36.5	7	5
HG20615-2009SWG-900(150)_4	$1\frac{1}{4}$	32	42.4	160	111	26	4	M24	28.6	—	43.5	14	64	41	75	65.1	46.0	7	5
HG20615-2009SWG-900(150)_5	$1\frac{1}{2}$	40	48.3	180	124	30	4	M27	31.8	—	49.5	16	70	44	84	74.6	52.4	7	5
HG20615-2009SWG-900(150)_6	2	50	60.3	215	165.1	26	8	M24	38.1	—	61.5	17	105	57	103	93.7	71.4	7	5
HG20615-2009SWG-900(150)_7	$2\frac{1}{2}$	65	76.1	245	190.5	30	8	M27	41.3	—	77.6	19	124	64	116	106.4	84.1	7	5

注：更多数据见《化工标准法兰三维图库》软件。

表 5-114 Class1500（PN260）槽面（G）承插焊法兰尺寸 单位：mm

标准件编号	NPS (in)	DN	A	D	K	L	n (个)	螺栓 Th	C	B_1	B_2	U	N	H	密封面				
															d	Y	Z	f_2	f_3
HG20615-2009SWG-1500(260)_1	$\frac{1}{2}$	15	21.3	120	82.6	22	4	M20	22.3	—	22.5	10	38	32	46	36.5	23.8	7	5
HG20615-2009SWG-1500(260)_2	$\frac{3}{4}$	20	26.9	130	88.9	22	4	M20	25.4	—	27.5	11	44	35	54	44.4	31.8	7	5

续表

标准件编号	NPS (in)	DN	A	D	K	L	n (个)	螺栓 Th	C	B_1	B_2	U	N	H	密封面				
															d	Y	Z	f_2	f_3
HG20615-2009SWG-1500(260)_3	1	25	33.7	150	101.6	26	4	M24	28.6	—	34.5	13	52	41	62	52.4	36.5	7	5
HG20615-2009SWG-1500(260)_4	$1^1/_4$	32	42.4	160	111.1	26	4	M24	28.6	—	43.5	14	64	41	75	65.1	46.0	7	5
HG20615-2009SWG-1500(260)_5	$1^1/_2$	40	48.3	180	123.8	30	4	M27	31.8	—	49.5	16	70	44	84	74.6	52.4	7	5
HG20615-2009SWG-1500(260)_6	2	50	60.3	215	165.1	26	8	M24	38.1	—	61.5	17	105	57	103	93.7	71.4	7	5
HG20615-2009SWG-1500(260)_7	$2^1/_2$	65	76.1	245	190.5	30	8	M27	41.3	—	77.6	19	124	64	116	106.4	84.1	7	5

注：更多数据见《化工标准法兰三维图库》软件。

6. 环连接面（RJ）承插焊法兰

环连接面（RJ）承插焊法兰根据公称压力可分为 Class150（PN20）、Class300（PN50）、Class600（PN110）、Class900（PN150）和 Class1500（PN260）。法兰尺寸如表 5-115～表 5-119 所示。

表 5-115　Class150（PN20）环连接面（RJ）承插焊法兰尺寸　　单位：mm

标准件编号	NPS (in)	DN	A	D	K	L	n (个)	螺栓 Th	C	B_1	B_2	U	N	H	密封面				
															d	P	E	F	R_{max}
HG20615-2009SWRJ-150(20)_1	1	25	33.7	110	79.4	16	4	M14	12.7	27	34.5	13	49	16	63.5	47.63	6.35	8.74	0.8
HG20615-2009SWRJ-150(20)_2	1.25	32	42.4	115	88.9	16	4	M14	14.3	35	43.5	14	59	19	73	57.15	6.35	8.74	0.8
HG20615-2009SWRJ-150(20)_3	1.5	40	48.3	130	98.4	16	4	M14	15.9	41	49.5	16	65	21	82.5	65.07	6.35	8.74	0.8
HG20615-2009SWRJ-150(20)_4	2	50	60.3	150	120.7	18	4	M16	17.5	52	61.5	17	78	24	102	82.55	6.35	8.74	0.8
HG20615-2009SWRJ-150(20)_5	2.5	65	76.1	180	139.7	18	4	M16	20.7	66	77.6	19	90	27	121	101.6	6.35	8.74	0.8
HG20615-2009SWRJ-150(20)_6	3	80	88.9	190	152.4	18	4	M16	22.3	77.5	90.5	21	108	29	133	114.3	6.35	8.74	0.8

注：更多数据见《化工标准法兰三维图库》软件。

表 5-116　Class300（PN50）环连接面（RJ）承插焊法兰　　单位：mm

标准件编号	NPS (in)	DN	A	D	K	L	n (个)	螺栓 Th	C	B_1	B_2	U	N	H	密封面				
															d	P	E	F	R_{max}
HG20615-2009SWRJ-300(50)_1	$^1/_2$	15	21.3	95	66.7	16	4	M14	12.7	15.5	22.5	10	38	21	51	34.14	5.56	7.14	0.8
HG20615-2009SWRJ-300(50)_2	$^3/_4$	20	26.9	115	82.6	18	4	M16	14.3	21	27.5	11	48	24	63.5	42.88	6.35	8.74	0.8
HG20615-2009SWRJ-300(50)_3	1	25	33.7	125	88.9	18	4	M16	15.9	27	34.5	13	54	25	70	50.8	6.35	8.74	0.8
HG20615-2009SWRJ-300(50)_4	$1^1/_4$	32	42.4	135	98.4	18	4	M16	17.5	35	43.5	14	64	25	79.5	60.33	6.35	8.74	0.8
HG20615-2009SWRJ-300(50)_5	$1^1/_2$	40	48.3	155	114.3	22	4	M20	19.1	41	49.5	16	70	29	90.5	68.27	6.35	8.74	0.8
HG20615-2009SWRJ-300(50)_6	2	50	60.3	165	127	18	8	M16	20.7	52	61.5	17	84	32	108	82.55	7.92	11.91	0.8
HG20615-2009SWRJ-300(50)_7	$2^1/_2$	65	76.1	190	149.2	22	8	M20	23.9	66	77.6	19	100	37	127	101.6	7.92	11.91	0.8
HG20615-2009SWRJ-300(50)_8	3	80	88.9	210	168.3	22	8	M20	27.0	77.5	90.5	21	117	41	146	123.83	7.92	11.91	0.8

注：更多数据见《化工标准法兰三维图库》软件。

表 5-117　Class600（PN110）环连接面（RJ）承插焊法兰　　单位：mm

标准件编号	NPS (in)	DN	A	D	K	L	n (个)	螺栓 Th	C	B_1	B_2	U	N	H	密封面				
															d	P	E	F	R_{max}
HG20615-2009SWRJ-600(110)_1	$^{1}/_{2}$	15	21.3	95	66.7	16	4	M14	14.3	—	22.5	10	38	22	51	34.14	5.56	7.14	0.8
HG20615-2009SWRJ-600(110)_2	$^{3}/_{4}$	20	26.9	115	82.6	18	4	M16	15.9	—	27.5	11	48	25	63.5	42.88	6.35	8.74	0.8
HG20615-2009SWRJ-600(110)_3	1	25	33.7	125	88.9	18	4	M16	17.5	—	34.5	13	54	27	70	50.8	6.35	8.74	0.8
HG20615-2009SWRJ-600(110)_4	$1^{1}/_{4}$	32	42.4	135	98.4	18	4	M16	20.7	—	43.5	14	64	29	79.5	60.33	6.35	8.74	0.8
HG20615-2009SWRJ-600(110)_5	$1^{1}/_{2}$	40	48.3	155	114.3	22	4	M20	22.3	—	49.5	16	70	32	90.5	68.27	6.35	8.74	0.8
HG20615-2009SWRJ-600(110)_6	2	50	60.3	165	127	18	8	M16	25.4	—	61.5	17	84	37	108	82.55	7.92	11.91	0.8
HG20615-2009SWRJ-600(110)_7	$2^{1}/_{2}$	65	76.1	190	149.2	22	8	M20	28.6	—	77.6	19	100	41	127	101.6	7.92	11.91	0.8
HG20615-2009SWRJ-600(110)_8	3	80	88.9	210	168.3	22	8	M20	31.8	—	90.5	21	117	46	146	123.83	7.92	11.91	0.8

注：更多数据见《化工标准法兰三维图库》软件。

表 5-118　Class900（PN150）环连接面（RJ）承插焊法兰　　单位：mm

标准件编号	NPS (in)	DN	A	D	K	L	n (个)	螺栓 Th	C	B_1	B_2	U	N	H	密封面				
															d	P	E	F	R_{max}
HG20615-2009SWRJ-900(150)_1	0.5	15	21.3	120	82.6	22	4	M20	22.3	—	22.5	10	38	32	60.5	39.67	6.35	8.74	0.8
HG20615-2009SWRJ-900(150)_2	0.75	20	26.9	130	88.9	22	4	M20	25.4	—	27.5	11	44	35	66.5	44.45	6.35	8.74	0.8
HG20615-2009SWRJ-900(150)_3	1	25	33.7	150	101.6	26	4	M24	28.6	—	34.5	13	52	41	71.5	50.8	6.35	8.74	0.8
HG20615-2009SWRJ-900(150)_4	1.25	32	42.4	160	111	26	4	M24	28.6	—	43.5	14	64	41	81	60.33	6.35	8.74	0.8
HG20615-2009SWRJ-900(150)_5	1.5	40	48.3	180	124	30	4	M27	31.8	—	49.5	16	70	44	92	68.27	6.35	8.74	0.8
HG20615-2009SWRJ-900(150)_6	2	50	60.3	215	165.1	26	8	M24	38.1	—	61.5	17	105	57	124	95.25	7.92	11.91	0.8
HG20615-2009SWRJ-900(150)_7	2.5	65	76.1	245	190.5	30	8	M27	41.3	—	77.6	19	124	64	137	107.95	7.92	11.91	0.8

注：更多数据见《化工标准法兰三维图库》软件。

表 5-119　Class1500（PN260）环连接面（RJ）承插焊法兰　　单位：mm

标准件编号	NPS (in)	DN	A	D	K	L	n (个)	螺栓 Th	C	B_1	B_2	U	N	H	密封面				
															d	P	E	F	R_{max}
HG20615-2009SWRJ-1500(260)_1	$^{1}/_{2}$	15	21.3	120	82.6	22	4	M20	22.3	—	22.5	10	38	32	60.5	39.67	6.35	8.74	0.8
HG20615-2009SWRJ-1500(260)_2	$^{3}/_{4}$	20	26.9	130	88.9	22	4	M20	25.4	—	27.5	11	44	35	66.5	44.45	6.35	8.74	0.8
HG20615-2009SWRJ-1500(260)_3	1	25	33.7	150	101.6	26	4	M24	28.6	—	34.5	13	52	41	71.5	50.8	6.35	8.74	0.8
HG20615-2009SWRJ-1500(260)_4	$1^{1}/_{4}$	32	42.4	160	111.1	26	4	M24	28.6	—	43.5	14	64	41	81	60.33	6.35	8.74	0.8
HG20615-2009SWRJ-1500(260)_5	$1^{1}/_{2}$	40	48.3	180	123.8	30	4	M27	31.8	—	49.5	16	70	44	92	68.27	6.35	8.74	0.8
HG20615-2009SWRJ-1500(260)_6	2	50	60.3	215	165.1	26	8	M24	38.1	—	61.5	17	105	57	124	95.25	7.92	11.91	0.8
HG20615-2009SWRJ-1500(260)_7	$2^{1}/_{2}$	65	76.1	245	190.5	30	8	M27	41.3	—	77.6	19	124	64	137	107.95	7.92	11.91	0.8

注：更多数据见《化工标准法兰三维图库》软件。

5.2.5　螺纹法兰（Th）

本标准规定了螺纹法兰（Th）（欧洲体系）的型式和尺寸。

本标准适用于公称压力 Class150（PN20）～Class2500（420）的螺纹法兰。

螺纹法兰的二维图形和三维图形如表 5-120 所示。

表 5-120　螺纹法兰

二维图形	三维图形

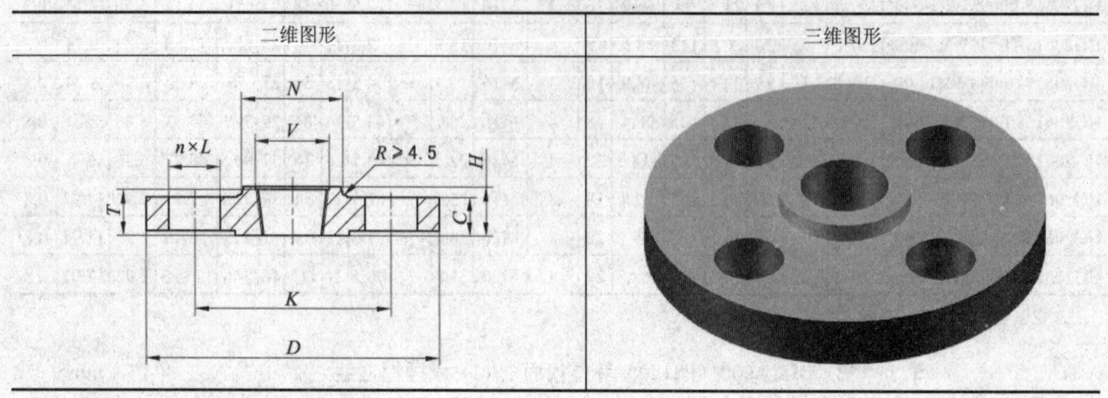

1. 突面（RF）螺纹法兰

突面（RF）螺纹法兰根据公称压力可分为 Class150（PN20）和 Class300（PN50）。法兰尺寸如表 5-121 和表 5-122 所示。

表 5-121　Class150（PN20）突面（RF）螺纹法兰尺寸　　单位：mm

标准件编号	NPS (in)	DN	*A*	*D*	*K*	*L*	*n*（个）	螺栓 Th	*C*	*N*	*H*	管螺纹规格Rc或NPT（in）	密封面	
													d	f_1
HG20615-2009ThRF-150(20)_1	$^1/_2$	15	21.3	90	60.3	16	4	M14	9.6	30	14	$^1/_2$	34.9	2
HG20615-2009ThRF-150(20)_2	$^3/_4$	20	26.9	100	69.9	16	4	M14	11.2	38	14	$^3/_4$	42.9	2
HG20615-2009ThRF-150(20)_3	1	25	33.7	110	79.4	16	4	M14	12.7	49	16	1	50.8	2
HG20615-2009ThRF-150(20)_4	$1^1/_4$	32	42.4	115	88.9	16	4	M14	14.3	59	19	$1^1/_4$	63.5	2
HG20615-2009ThRF-150(20)_5	$1^1/_2$	40	48.3	125	98.4	16	4	M14	15.9	65	21	$1^1/_2$	73.0	2
HG20615-2009ThRF-150(20)_6	2	50	60.3	150	120.7	18	4	M16	17.5	78	24	2	92.1	2
HG20615-2009ThRF-150(20)_7	$2^1/_2$	65	76.1	180	139.7	18	4	M16	20.7	90	27	$2^1/_2$	104.8	2
HG20615-2009ThRF-150(20)_8	3	80	88.9	190	152.4	18	4	M16	22.3	108	29	3	127.0	2
HG20615-2009ThRF-150(20)_9	4	100	114.3	230	190.5	18	8	M16	22.3	135	32	4	157.2	2
HG20615-2009ThRF-150(20)_10	5	125	139.7	255	215.9	22	8	M20	22.3	164	36	5	185.7	2
HG20615-2009ThRF-150(20)_11	6	150	168.3	280	241.3	22	8	M20	23.9	192	38	6	215.9	2

表 5-122　Class300（PN50）突面（RF）螺纹法兰尺寸　　单位：mm

标准件编号	NPS (in)	DN	*A*	*D*	*K*	*L*	*n*（个）	螺栓 Th	*C*	*N*	*H*	*T*	*V*	管螺纹规格Rc或NPT（in）	密封面	
															d	f_1
HG20615-2009ThRF-300(50)_1	$^1/_2$	15	21.3	95	66.7	16	4	M14	12.7	38	22	16	23.6	$^1/_2$	34.9	2
HG20615-2009ThRF-300(50)_2	$^3/_4$	20	26.9	120	82.6	18	4	M16	14.3	48	24	16	29	$^3/_4$	42.9	2

续表

标准件编号	NPS (in)	DN	*A*	*D*	*K*	*L*	*n* （个）	螺栓 Th	*C*	*N*	*H*	*T*	*V*	管螺纹规格Rc 或NPT（in）	密封面	
															d	f_1
HG20615-2009ThRF-300(50)_3	1	25	33.7	125	88.9	18	4	M16	15.9	54	25	18	35.8	1	50.8	2
HG20615-2009ThRF-300(50)_4	$1^1/_4$	32	42.4	135	98.4	18	4	M16	17.5	64	25	21	44.4	$1^1/_4$	63.5	2
HG20615-2009ThRF-300(50)_5	$1^1/_2$	40	48.3	155	114.3	22	4	M20	19.1	70	29	23	50.3	$1^1/_2$	73.0	2
HG20615-2009ThRF-300(50)_6	2	50	60.3	165	127	18	8	M16	20.7	84	32	29	63.5	2	92.1	2
HG20615-2009ThRF-300(50)_7	$2^1/_2$	65	76.1	190	149.2	22	8	M20	23.9	100	37	32	76.2	$2^1/_2$	104.8	2
HG20615-2009ThRF-300(50)_8	3	80	88.9	210	168.3	22	8	M20	27.0	117	41	32	92.2	3	127.0	2
HG20615-2009ThRF-300(50)_9	4	100	114.3	255	200	22	8	M20	30.2	146	46	37	117.6	4	157.2	2
HG20615-2009ThRF-300(50)_10	5	125	139.7	280	235.0	22	8	M20	33.4	178	49	43	144.4	5	185.7	2
HG20615-2009ThRF-300(50)_11	6	150	168.3	320	269.9	22	12	M20	35.0	206	51	47	171.5	6	215.9	2

2．全平面（FF）螺纹法兰

全平面（FF）螺纹法兰根据公称压力可分为 Class150（PN20）。法兰尺寸如表 5-123 所示。

表 5-123　Class150（PN20）全平面（FF）螺纹法兰尺寸　　单位：mm

标准件编号	NPS (in)	DN	*A*	*D*	*K*	*L*	*n*（个）	螺栓Th	*C*	*N*	*H*	管螺纹规格Rc 或NPT（in）
HG20615-2009ThFF-150(20)_1	$^1/_2$	15	21.3	90	60.3	16	4	M14	9.6	30	14	$^1/_2$
HG20615-2009ThFF-150(20)_2	$^3/_4$	20	26.9	100	69.9	16	4	M14	11.2	38	14	$^3/_4$
HG20615-2009ThFF-150(20)_3	1	25	33.7	110	79.4	16	4	M14	12.7	49	16	1
HG20615-2009ThFF-150(20)_4	$1^1/_4$	32	42.4	115	88.9	16	4	M14	14.3	59	19	$1^1/_4$
HG20615-2009ThFF-150(20)_5	$1^1/_2$	40	48.3	125	98.4	16	4	M14	15.9	65	21	$1^1/_2$
HG20615-2009ThFF-150(20)_6	2	50	60.3	150	120.7	18	4	M16	17.5	78	24	2
HG20615-2009ThFF-150(20)_7	$2^1/_2$	65	76.1	180	139.7	18	4	M16	20.7	90	27	$2^1/_2$
HG20615-2009ThFF-150(20)_8	3	80	88.9	190	152.4	18	4	M16	22.3	108	29	3
HG20615-2009ThFF-150(20)_9	4	100	114.3	230	190.5	18	8	M16	22.3	135	32	4
HG20615-2009ThFF-150(20)_10	5	125	139.7	255	215.9	22	8	M20	22.3	164	36	5
HG20615-2009ThFF-150(20)_11	6	150	168.3	280	241.3	22	8	M20	23.9	192	38	6

5.2.6　对焊环松套法兰（LF/SE）

本标准规定了对焊环松套法兰（LF/SE）（欧洲体系）的型式和尺寸。

本标准适用于公称压力 Class150（PN20）～Class600（110）的对焊环松套法兰。

对焊环松套法兰的二维图形和三维图形如表 5-124 所示。

表 5-124　对焊环松套法兰

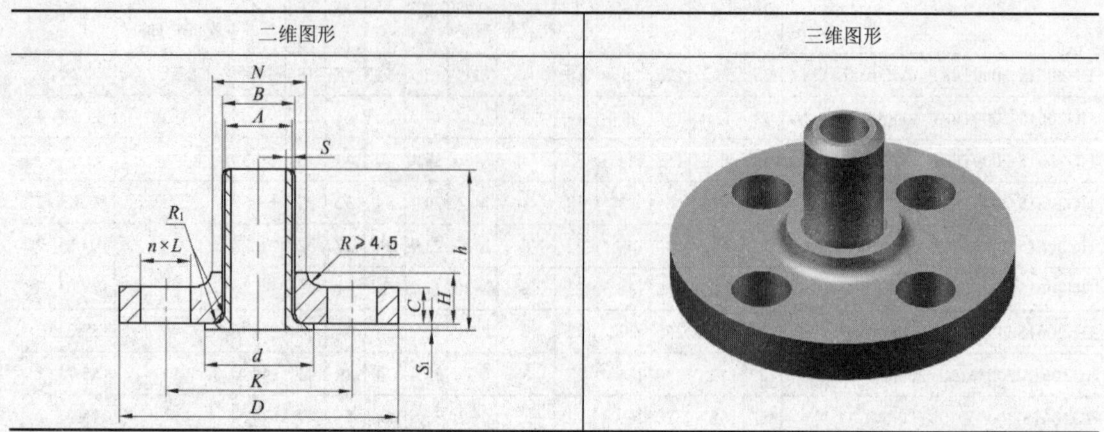

突面（RF）对焊环松套法兰根据公称压力可分为 Class150（PN20）、Class300（PN50）和 Class600（110）。法兰尺寸如表 5-125～表 5-127 所示。

表 5-125　Class150（PN20）突面（RF）对焊环松套法兰尺寸　　单位：mm

标准件编号	NPS (in)	DN	A	D	K	L	n(个)	螺栓 Th	C	B	N	H	R_1	h	d	密封面	
																d	f_1
HG20615-2009LFSERF-150(20)_1	$^1/_2$	15	21.3	90	60.3	16	4	M14	11.2	22.9	30	16	3	51	35	34.9	2
HG20615-2009LFSERF-150(20)_2	$^3/_4$	20	26.9	100	69.9	16	4	M14	12.7	28.2	38	16	3	51	43	42.9	2
HG20615-2009LFSERF-150(20)_3	1	25	33.7	110	79.4	16	4	M14	14.3	34.9	49	17	3	51	51	50.8	2
HG20615-2009LFSERF-150(20)_4	$1^1/_4$	32	42.4	115	88.9	16	4	M14	15.9	43.7	59	21	5	51	63.5	63.5	2
HG20615-2009LFSERF-150(20)_5	$1^1/_2$	40	48.3	125	98.4	16	4	M14	17.5	50	65	22	6	51	73	73.0	2
HG20615-2009LFSERF-150(20)_6	2	50	60.3	150	120.7	18	4	M16	19.1	62.5	78	25	8	64	92.1	92.1	2
HG20615-2009LFSERF-150(20)_7	$2^1/_2$	65	76.1	180	139.7	18	4	M16	22.3	78.5	90	29	8	64	104.8	104.8	2
HG20615-2009LFSERF-150(20)_8	3	80	88.9	190	152.4	18	4	M16	23.9	91.4	108	30	10	64	127	127.0	2
HG20615-2009LFSERF-150(20)_9	4	100	114.3	230	190.5	18	8	M16	23.9	116.8	135	33	11	76	157.2	157.2	2
HG20615-2009LFSERF-150(20)_10	5	125	139.7	255	215.9	22	8	M20	23.9	144.4	164	36	11	76	185.7	185.7	2
HG20615-2009LFSERF-150(20)_11	6	150	168.3	280	241.3	22	8	M20	25.4	171.4	192	40	13	89	215.9	215.9	2
HG20615-2009LFSERF-150(20)_12	8	200	219.1	345	298.58	22	8	M20	28.6	222.2	246	45	13	102	269.9	269.9	2
HG20615-2009LFSERF-150(20)_13	10	250	273	405	362	26	12	M24	30.2	277.4	305	49	13	127	323.8	323.8	2
HG20615-2009LFSERF-150(20)_14	12	300	323.9	485	431.8	26	12	M24	31.8	328.2	365	56	13	152	381	381.0	2
HG20615-2009LFSERF-150(20)_15	14	350	355.6	535	476.3	30	12	M27	35	360.2	400	79	13	152	412.8	412.8	2
HG20615-2009LFSERF-150(20)_16	16	400	406.4	595	539.8	30	16	M27	36.6	411.2	457	87	13	152	469.9	469.9	2
HG20615-2009LFSERF-150(20)_17	18	450	457	635	577.9	33	16	M30	39.7	462.3	505	97	13	152	533.4	533.4	2
HG20615-2009LFSERF-150(20)_18	20	500	508	700	635	33	20	M30	42.9	514.4	559	103	13	152	584.2	584.2	2
HG20615-2009LFSERF-150(20)_19	24	600	610	815	749.3	36	20	M33	47.7	616	663	111	13	152	692.2	692.2	2

注：更多数据见《化工标准法兰三维图库》软件。

表 5-126　Class300（PN50）突面（RF）对焊环松套法兰尺寸　　单位：mm

标准件编号	NPS (in)	DN	A	D	K	L	n (个)	螺栓 Th	C	B	N	H	R_1	h	d	密封面	
																d	f_1
HG20615-2009LFSERF-300(50)_1	$^1/_2$	15	21.3	95	66.7	16	4	M14	14.3	22.9	38	22	3	51	34.9	34.9	2
HG20615-2009LFSERF-300(50)_2	$^3/_4$	20	26.9	115	82.6	18	4	M16	15.9	28.2	48	25	3	51	42.9	42.9	2
HG20615-2009LFSERF-300(50)_3	1	25	33.7	125	88.9	18	4	M16	17.5	34.9	54	27	3	51	50.8	50.8	2
HG20615-2009LFSERF-300(50)_4	$1^1/_4$	32	42.4	135	98.4	18	4	M16	19.1	43.7	64	27	5	51	63.5	63.5	2
HG20615-2009LFSERF-300(50)_5	$1^1/_2$	40	48.3	155	114.3	22	4	M20	20.7	50	70	30	6	51	73	73.0	2
HG20615-2009LFSERF-300(50)_6	2	50	60.3	165	127	18	8	M16	22.3	62.5	84	33	8	64	92.1	92.1	2
HG20615-2009LFSERF-300(50)_7	$2^1/_2$	65	76.1	190	149.2	22	8	M20	25.4	78.5	100	38	8	65	104.8	104.8	2
HG20615-2009LFSERF-300(50)_8	3	80	88.9	210	168.3	22	8	M20	28.6	91.4	117	43	10	64	127	127.0	2
HG20615-2009LFSERF-300(50)_9	4	100	114.3	255	200	22	8	M20	31.8	116.8	146	48	11	76	157.2	157.2	2
HG20615-2009LFSERF-300(50)_10	5	125	139.7	280	235	22	8	M20	35	144.4	178	51	11	75	185.7	185.7	2
HG20615-2009LFSERF-300(50)_11	6	150	168.3	320	269.9	22	12	M20	36.6	171.4	206	52	13	89	215.9	215.9	2
HG20615-2009LFSERF-300(50)_12	8	200	219.1	380	330.2	26	12	M24	41.3	222.2	260	62	13	102	269.9	269.9	2
HG20615-2009LFSERF-300(50)_13	10	250	273	445	387.4	30	16	M27	47.7	277.4	321	95	13	254	323.8	323.8	2
HG20615-2009LFSERF-300(50)_14	12	300	323.9	520	450.8	33	16	M30	50.8	328.2	375	102	13	254	381	381.0	2
HG20615-2009LFSERF-300(50)_15	14	350	355.6	585	514.4	33	20	M30	54	360.2	425	111	13	305	412.8	412.8	2
HG20615-2009LFSERF-300(50)_16	16	400	406.4	650	571.5	36	20	M33	57.2	411.2	483	121	13	305	469.9	469.9	2
HG20615-2009LFSERF-300(50)_17	18	450	457	710	628.6	36	24	M33	60.4	462.3	533	130	13	305	533.4	533.4	2
HG20615-2009LFSERF-300(50)_18	20	500	508	775	685.8	36	24	M33	63.5	514.4	587	140	13	305	584.2	584.2	2
HG20615-2009LFSERF-300(50)_19	24	600	610	915	812.8	42	24	M39×3	69.9	616	702	152	13	305	692.2	692.2	2

注：更多数据见《化工标准法兰三维图库》软件。

表 5-127　Class600（PN110）突面（RF）对焊环松套法兰尺寸　　单位：mm

标准件编号	NPS (in)	DN	A	D	K	L	n (个)	螺栓 Th	C	B	N	H	R_1	h	d	密封面	
																d	f_1
HG20615-2009LFSERF-600(110)_1	$^1/_2$	15	21.3	95	66.7	16	4	M14	14.3	22.9	38	22	3	76	34.9	34.9	7
HG20615-2009LFSERF-600(110)_2	$^3/_4$	20	26.9	115	82.6	18	4	M16	15.9	28.2	48	25	3	76	42.9	42.9	7
HG20615-2009LFSERF-600(110)_3	1	25	33.7	125	88.9	18	4	M16	17.5	34.9	54	27	3	102	50.8	50.8	7
HG20615-2009LFSERF-600(110)_4	$1^1/_4$	32	42.4	135	98.4	18	4	M16	20.7	43.7	64	29	5	102	63.5	63.5	7
HG20615-2009LFSERF-600(110)_5	$1^1/_2$	40	48.3	155	114.3	22	4	M20	22.3	50	70	32	6	102	73	73.0	7
HG20615-2009LFSERF-600(110)_6	2	50	60.3	165	127	18	8	M16	25.4	62.5	84	37	8	152	92.1	92.1	7
HG20615-2009LFSERF-600(110)_7	$2^1/_2$	65	76.1	190	149.2	22	8	M20	28.6	78.5	100	41	8	152	104.8	104.8	7
HG20615-2009LFSERF-600(110)_8	3	80	88.9	210	168.3	22	8	M20	31.8	91.4	117	46	10	152	127	127.0	7
HG20615-2009LFSERF-600(110)_9	4	100	114.3	275	215.9	26	8	M24	38.1	116.8	152	54	11	152	157.2	157.2	7
HG20615-2009LFSERF-600(110)_10	5	125	139.7	330	266.7	30	8	M27	44.5	144.4	189	60	11	203	185.7	185.7	7
HG20615-2009LFSERF-600(110)_11	6	150	168.3	355	292.1	30	12	M27	47.7	171.4	222	67	13	203	215.9	215.9	7

续表

标准件编号	NPS (in)	DN	A	D	K	L	n (个)	螺栓 Th	C	B	N	H	R_1	h	d	密封面	
																d	f_1
HG20615-2009LFSERF-600(110)_12	8	200	219.1	420	349.2	33	12	M30	55.6	222.2	273	76	13	203	269.9	269.9	7
HG20615-2009LFSERF-600(110)_13	10	250	273	510	431.8	36	16	M33	63.5	277.4	343	111	13	254	323.8	323.8	7
HG20615-2009LFSERF-600(110)_14	12	300	323.9	560	489	36	20	M33	66.7	328.2	400	117	13	254	381	381.0	7
HG20615-2009LFSERF-600(110)_15	14	350	355.6	605	527	39	20	M36×3	69.9	360.2	432	127	13	305	412.8	412.8	7
HG20615-2009LFSERF-600(110)_16	16	400	406.4	685	603.2	42	20	M39×3	76.2	411.2	495	140	13	305	469.9	469.9	7
HG20615-2009LFSERF-600(110)_17	18	450	457	745	654	45	24	M42×3	82.6	462.3	546	152	13	305	533.4	533.4	7
HG20615-2009LFSERF-600(110)_18	20	500	508	815	723.9	45	24	M42×3	88.9	514.4	610	165	13	305	584.2	584.2	7
HG20615-2009LFSERF-600(110)_19	24	600	610	940	838.2	51	24	M48×3	101.6	616	718	184	13	305	692.2	692.2	7

注：更多数据见《化工标准法兰三维图库》软件。

5.2.7 长高颈法兰（LWN）

本标准规定了长高颈法兰（LWN）（欧洲体系）的型式和尺寸。

本标准适用于公称压力 Class150（PN20）～Class2500（420）的长高颈法兰。

长高颈法兰的二维图形和三维图形如表 5-128 所示。

表 5-128 长高颈法兰

二维图形	三维图形

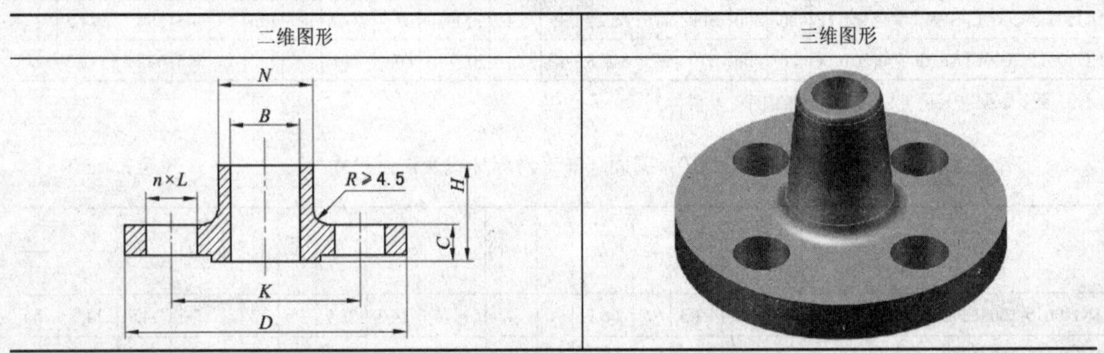

1. 突面（RF）长高颈法兰

突面（RF）长高颈法兰根据公称压力可分为 Class150（PN20）、Class300（PN50）、Class600（PN110）、Class900（PN150）、Class1500（PN260）和 Class2500（PN420）。法兰尺寸如表 5-129～表 5-134 所示。

表 5-129 Class150（PN20）突面（RF）长高颈法兰尺寸 单位：mm

标准件编号	NPS (in)	DN	A	D	K	L	n (个)	螺栓 Th	C	N	B	H	密封面	
													d	f_1
HG20615-2009LWNRF-150(20)_1	1/2	15	21.3	90	60.3	16	4	M14	9.6	30	15.5	229	34.9	2

续表

标准件编号	NPS (in)	DN	*A*	*D*	*K*	*L*	*n* (个)	螺栓 Th	*C*	*N*	*B*	*H*	密封面	
													d	f_1
HG20615-2009LWNRF-150(20)_2	$^3/_4$	20	26.9	100	69.9	16	4	M14	11.2	38	21	229	42.9	2
HG20615-2009LWNRF-150(20)_3	1	25	33.7	110	79.4	16	4	M14	12.7	49	27	229	50.8	2
HG20615-2009LWNRF-150(20)_4	$1^1/_4$	32	42.4	115	88.9	16	4	M14	14.3	59	35	229	63.5	2
HG20615-2009LWNRF-150(20)_5	$1^1/_2$	40	48.3	125	98.4	16	4	M14	15.9	65	41	229	73.0	2
HG20615-2009LWNRF-150(20)_6	2	50	60.3	150	120.7	18	4	M16	17.5	78	52	229	92.1	2
HG20615-2009LWNRF-150(20)_7	$2^1/_2$	65	76.1	180	139.7	18	4	M16	20.7	90	66	229	104.8	2
HG20615-2009LWNRF-150(20)_8	3	80	88.9	190	152.4	18	4	M16	22.3	108	77.5	229	127.0	2
HG20615-2009LWNRF-150(20)_9	4	100	114.3	230	190.5	18	8	M16	22.3	135	101.5	229	157.2	2
HG20615-2009LWNRF-150(20)_10	5	125	139.7	255	215.9	22	8	M20	22.3	164	127	305	185.7	2
HG20615-2009LWNRF-150(20)_11	6	150	168.3	280	241.3	22	8	M20	23.9	192	154	305	215.9	2
HG20615-2009LWNRF-150(20)_12	8	200	219.1	345	298.5	22	8	M20	27.0	246	203	305	269.9	2
HG20615-2009LWNRF-150(20)_13	10	250	273	405	362.0	26	12	M24	28.6	305	255	305	323.8	2
HG20615-2009LWNRF-150(20)_14	12	300	323.9	485	431.8	26	12	M24	30.2	365	303.5	305	381.0	2
HG20615-2009LWNRF-150(20)_15	14	350	355.6	535	476.3	30	12	M27	33.4	400	—	305	412.8	2
HG20615-2009LWNRF-150(20)_16	16	400	406.4	595	539.8	30	16	M27	35.0	457	—	305	469.9	2
HG20615-2009LWNRF-150(20)_17	18	405	457	635	577.9	33	16	M30	38.1	505	—	305	533.4	2
HG20615-2009LWNRF-150(20)_18	20	500	508	700	635.0	33	20	M30	41.3	559	—	305	584.2	2
HG20615-2009LWNRF-150(20)_19	24	600	610	815	749.3	36	20	M33	46.1	663	—	305	692.2	2

注：更多数据见《化工标准法兰三维图库》软件。

表 5-130 Class300（PN50）突面（RF）长高颈法兰尺寸　　单位：mm

标准件编号	NPS (in)	DN	*A*	*D*	*K*	*L*	*n* (个)	螺栓 Th	*C*	*N*	*B*	*H*	密封面	
													d	f_1
HG20615-2009LWNRF-300(50)_1	$^1/_2$	15	21.3	95	66.7	16	4	M14	12.7	38	15.5	229	34.9	2
HG20615-2009LWNRF-300(50)_2	$^3/_4$	20	26.9	115	82.6	18	4	M16	14.3	48	21	229	42.9	2
HG20615-2009LWNRF-300(50)_3	1	25	33.7	125	88.9	18	4	M16	15.9	54	27	229	50.8	2
HG20615-2009LWNRF-300(50)_4	$1\frac{1}{4}$	32	42.4	135	98.4	18	4	M16	17.5	64	35	229	63.5	2
HG20615-2009LWNRF-300(50)_5	$1\frac{1}{2}$	40	48.3	155	114.3	22	4	M20	19.1	70	41	229	73.0	2
HG20615-2009LWNRF-300(50)_6	2	50	60.3	165	127.0	18	8	M16	20.7	84	52	229	92.1	2
HG20615-2009LWNRF-300(50)_7	$2\frac{1}{2}$	65	76.1	190	149.2	22	8	M16	23.9	100	66	229	104.8	2
HG20615-2009LWNRF-300(50)_8	3	80	88.9	210	168.3	22	8	M16	27.0	117	77.5	229	127.0	2
HG20615-2009LWNRF-300(50)_9	4	100	114.3	255	200	22	8	M16	30.2	146	101.5	229	157.2	2
HG20615-2009LWNRF-300(50)_10	5	125	139.7	280	235.0	22	8	M20	33.4	178	127	305	185.7	2
HG20615-2009LWNRF-300(50)_11	6	150	168.3	320	269.9	22	12	M20	35.0	206	154	305	215.9	2
HG20615-2009LWNRF-300(50)_12	8	200	219.1	380	330.2	26	12	M24	39.7	260	203	305	269.9	2

续表

标准件编号	NPS (in)	DN	*A*	*D*	*K*	*L*	*n* (个)	螺栓 Th	*C*	*N*	*B*	*H*	密封面	
													d	f_1
HG20615-2009LWNRF-300(50)_13	10	250	273	445	387.4	30	16	M27	46.1	321	255	305	323.8	2
HG20615-2009LWNRF-300(50)_14	12	300	323.9	520	450.8	33	16	M30	49.3	375	303.5	305	381.0	2
HG20615-2009LWNRF-300(50)_15	14	350	355.6	585	514.4	33	20	M27	52.4	425	—	305	412.8	2
HG20615-2009LWNRF-300(50)_16	16	400	406.4	650	571.5	36	20	M33	55.6	483	—	305	469.9	2
HG20615-2009LWNRF-300(50)_17	18	405	457	710	628.6	36	24	M33	58.8	533	—	305	533.4	2
HG20615-2009LWNRF-300(50)_18	20	500	508	775	685.8	36	24	M33	62.0	587	—	305	584.2	2
HG20615-2009LWNRF-300(50)_19	24	600	610	915	812.8	42	24	M39×3	68.3	702	—	305	692.2	2

注：更多数据见《化工标准法兰三维图库》软件。

表 5-131 Class600（PN110）突面（RF）长高颈法兰尺寸 单位：mm

标准件编号	NPS (in)	DN	*A*	*D*	*K*	*L*	*n* (个)	螺栓Th	*C*	*N*	*B*	*H*	密封面	
													d	f_1
HG20615-2009LWNRF-600(110)_1	1/2	15	21.3	95	66.7	16	4	M14	14.3	38	—	229	34.9	7
HG20615-2009LWNRF-600(110)_2	3/4	20	26.9	115	82.6	18	4	M16	15.9	48	—	229	42.9	7
HG20615-2009LWNRF-600(110)_3	1	25	33.7	125	88.9	18	4	M16	17.5	54	—	229	50.8	7
HG20615-2009LWNRF-600(110)_4	1 1/4	32	42.4	135	98.4	18	4	M16	20.7	64	—	229	63.5	7
HG20615-2009LWNRF-600(110)_5	1 1/2	40	48.3	155	114.3	22	4	M20	22.3	70	—	229	73.0	7
HG20615-2009LWNRF-600(110)_6	2	50	60.3	165	127.0	18	8	M16	25.4	84	—	229	92.1	7
HG20615-2009LWNRF-600(110)_7	2 1/2	65	76.1	190	149.2	22	8	M20	28.6	100	—	229	104.8	7
HG20615-2009LWNRF-600(110)_8	3	80	88.9	210	168.3	22	8	M20	31.8	117	—	229	127.0	7
HG20615-2009LWNRF-600(110)_9	4	100	114.3	275	215.9	26	8	M24	38.1	152	—	229	157.2	7
HG20615-2009LWNRF-600(110)_10	5	125	139.7	330	266.7	30	8	M27	44.5	189	—	305	185.7	7
HG20615-2009LWNRF-600(110)_11	6	150	168.3	355	292.1	30	12	M27	47.7	222	—	305	215.9	7
HG20615-2009LWNRF-600(110)_12	8	200	219.1	420	349.2	33	12	M30	55.6	273	—	305	269.9	7
HG20615-2009LWNRF-600(110)_13	10	250	273	510	431.8	36	16	M33	63.5	343	—	305	323.8	7
HG20615-2009LWNRF-600(110)_14	12	300	323.9	560	489.0	36	20	M33	66.7	400	—	305	381.0	7
HG20615-2009LWNRF-600(110)_15	14	350	355.6	605	527.0	33	20	M36×3	69.9	432	—	305	412.8	7
HG20615-2009LWNRF-600(110)_16	16	400	406.4	685	603.2	42	20	M39×3	76.2	495	—	305	469.9	7
HG20615-2009LWNRF-600(110)_17	18	405	457	745	654.0	45	20	M42×3	82.6	546	—	305	533.4	7
HG20615-2009LWNRF-600(110)_18	20	500	508	815	723.9	45	24	M42×3	88.9	610	—	305	584.2	7
HG20615-2009LWNRF-600(110)_19	24	600	640	940	838.2	51	24	M48×3	101.6	718	—	305	692.2	7

注：更多数据见《化工标准法兰三维图库》软件。

表 5-132 Class900（PN150）突面（RF）长高颈法兰尺寸 单位：mm

标准件编号	NPS (in)	DN	*A*	*D*	*K*	*L*	*n* (个)	螺栓Th	*C*	*N*	*B*	*H*	密封面	
													d	f_1
HG20615-2009LWNRF-900(150)_1	1/2	15	21.3	120	82.6	22	4	M20	22.3	38	—	229	34.9	7

续表

标准件编号	NPS (in)	DN	A	D	K	L	n (个)	螺栓Th	C	N	B	H	密封面	
													d	f_1
HG20615-2009LWNRF-900(150)_2	$^{3}/_{4}$	20	26.9	130	88.9	22	4	M20	25.4	44	—	229	42.9	7
HG20615-2009LWNRF-900(150)_3	1	25	33.7	150	101.6	26	4	M24	28.6	52	—	229	50.8	7
HG20615-2009LWNRF-900(150)_4	$1^{1}/_{4}$	32	42.4	160	111.1	26	4	M24	28.6	64	—	229	63.5	7
HG20615-2009LWNRF-900(150)_5	$1^{1}/_{2}$	40	48.3	180	123.8	30	4	M27	31.8	70	—	229	73.0	7
HG20615-2009LWNRF-900(150)_6	2	50	60.3	215	165.1	26	8	M24	38.1	105	—	229	92.1	7
HG20615-2009LWNRF-900(150)_7	$2^{1}/_{2}$	65	76.1	245	190.5	30	8	M27	41.3	124	—	229	104.8	7
HG20615-2009LWNRF-900(150)_8	3	80	88.9	240	190.5	26	8	M24	38.1	127	—	229	127.0	7
HG20615-2009LWNRF-900(150)_9	4	100	114.3	290	235.0	33	8	M30	44.5	159	—	229	157.2	7
HG20615-2009LWNRF-900(150)_10	5	125	139.7	350	279.4	36	8	M33	50.8	190	—	305	185.7	7
HG20615-2009LWNRF-900(150)_11	6	150	168.3	380	317.5	33	12	M30	55.6	235	—	305	215.9	7
HG20615-2009LWNRF-900(150)_12	8	200	219.1	470	393.7	39	12	M36×3	63.5	298	—	305	269.9	7
HG20615-2009LWNRF-900(150)_13	10	250	273	545	469.9	39	16	M36×3	69.9	368	—	305	323.8	7
HG20615-2009LWNRF-900(150)_14	12	300	323.9	640	533.4	39	20	M36×3	79.4	419	—	305	381.0	7
HG20615-2009LWNRF-900(150)_15	14	350	355.6	640	558.8	42	20	M39×3	85.8	451	—	305	412.8	7
HG20615-2009LWNRF-900(150)_16	16	400	406.4	705	616.0	45	20	M42×3	88.9	508	—	305	469.9	7
HG20615-2009LWNRF-900(150)_17	18	405	457	785	685.8	51	20	M48×3	101.6	565	—	305	533.4	7
HG20615-2009LWNRF-900(150)_18	20	500	508	855	749.3	55	20	M52×3	108.0	622	—	305	584.2	7
HG20615-2009LWNRF-900(150)_19	24	600	610	1040	901.7	68	20	M64×3	139.7	749	—	305	692.2	7

注：更多数据见《化工标准法兰三维图库》软件。

表 5-133 Class1500（PN260）突面（RF）长高颈法兰尺寸 单位：mm

标准件编号	NPS (in)	DN	A	D	K	L	n (个)	螺栓Th	C	N	B	H	密封面	
													d	f_1
HG20615-2009LWNRF-1500(260)_1	$^{1}/_{2}$	15	21.3	120	82.6	22	4	M20	22.3	38	—	229	34.9	7
HG20615-2009LWNRF-1500(260)_2	$^{3}/_{4}$	20	26.9	130	88.9	22	4	M20	25.4	44	—	229	42.9	7
HG20615-2009LWNRF-1500(260)_3	1	25	33.7	150	101.6	26	4	M24	28.6	52	—	229	50.8	7
HG20615-2009LWNRF-1500(260)_4	$1^{1}/_{4}$	32	42.4	160	111.1	26	4	M24	28.6	64	—	229	63.5	7
HG20615-2009LWNRF-1500(260)_5	$1^{1}/_{2}$	40	48.3	180	123.8	30	4	M27	31.8	70	—	229	73.0	7
HG20615-2009LWNRF-1500(260)_6	2	50	60.3	215	165.1	26	8	M24	38.1	105	—	229	92.1	7
HG20615-2009LWNRF-1500(260)_7	$2^{1}/_{2}$	65	76.1	245	190.5	30	8	M27	41.3	124	—	229	104.8	7
HG20615-2009LWNRF-1500(260)_8	3	80	88.9	265	203.2	33	8	M30	47.7	133	—	229	127.0	7
HG20615-2009LWNRF-1500(260)_9	4	100	114.3	310	241.3	36	8	M33	54.0	162	—	229	157.2	7
HG20615-2009LWNRF-1500(260)_10	5	125	139.7	375	292.1	42	8	M39×3	73.1	197	—	305	185.7	7
HG20615-2009LWNRF-1500(260)_11	6	150	168.3	395	317.5	39	12	M36×3	82.6	229	—	305	215.9	7
HG20615-2009LWNRF-1500(260)_12	8	200	219.1	485	393.7	45	12	M42×3	92.1	292	—	305	269.9	7

续表

标准件编号	NPS (in)	DN	A	D	K	L	n (个)	螺栓Th	C	N	B	H	密封面	
													d	f_1
HG20615-2009LWNRF-1500(260)_13	10	250	273	585	482.6	51	12	M48×3	108.0	368	—	305	323.8	7
HG20615-2009LWNRF-1500(260)_14	12	300	323.9	675	571.4	55	16	M52×3	123.9	451	—	305	381.0	7
HG20615-2009LWNRF-1500(260)_15	14	350	355.6	750	635.0	60	16	M56×3	133.4	495	—	305	412.8	7
HG20615-2009LWNRF-1500(260)_16	16	400	406.4	825	704.8	68	16	M64×3	146.1	552	—	305	469.9	7
HG20615-2009LWNRF-1500(260)_17	18	405	457	915	774.7	74	16	M70×3	162.0	597	—	305	533.4	7
HG20615-2009LWNRF-1500(260)_18	20	500	508	985	831.8	80	16	M76×3	177.8	641	—	305	584.2	7
HG20615-2009LWNRF-1500(260)_19	24	600	610	1170	990.6	94	16	M90×3	203.2	762	—	305	692.2	7

注：更多数据见《化工标准法兰三维图库》软件。

表 5-134　Class2500（PN420）突面（RF）长高颈法兰尺寸　　单位：mm

标准件编号	NPS (in)	DN	A	D	K	L	n (个)	螺栓Th	C	N	B	H	密封面	
													d	f_1
HG20615-2009LWNRF-2500(420)_1	$^1/_2$	15	21.3	135	88.9	22	4	M20	30.2	42	—	229	34.9	7
HG20615-2009LWNRF-2500(420)_2	$^3/_4$	20	26.9	140	95.2	22	4	M20	31.8	51	—	229	42.9	7
HG20615-2009LWNRF-2500(420)_3	1	25	33.7	160	108.0	26	4	M24	35.0	57	—	229	50.8	7
HG20615-2009LWNRF-2500(420)_4	$1^1/_4$	32	42.4	185	130.2	30	4	M27	38.1	73	—	229	63.5	7
HG20615-2009LWNRF-2500(420)_5	$1^1/_2$	40	48.3	205	146.0	33	4	M30	44.5	79	—	229	73.0	7
HG20615-2009LWNRF-2500(420)_6	2	50	60.3	235	171.4	30	8	M27	50.9	95	—	229	92.1	7
HG20615-2009LWNRF-2500(420)_7	$2^1/_2$	65	76.1	265	196.8	33	8	M30	57.2	114	—	229	104.8	7
HG20615-2009LWNRF-2500(420)_8	3	80	88.9	305	228.6	36	8	M33	66.7	133	—	229	127.0	7
HG20615-2009LWNRF-2500(420)_9	4	100	114.3	355	273.0	42	8	M39×3	76.2	165	—	229	157.2	7
HG20615-2009LWNRF-2500(420)_10	5	125	139.7	420	323.8	48	8	M45×3	92.1	203	—	305	185.7	7
HG20615-2009LWNRF-2500(420)_11	6	150	168.3	485	368.3	55	8	M52×3	108.0	235	—	305	215.9	7
HG20615-2009LWNRF-2500(420)_12	8	200	219.1	550	438.2	55	12	M52×3	127.0	305	—	305	269.9	7
HG20615-2009LWNRF-2500(420)_13	10	250	273	678	539.8	68	12	M64×3	165.1	375	—	305	323.8	7
HG20615-2009LWNRF-2500(420)_14	12	300	323.9	760	619.1	74	12	M70×3	184.2	441	—	305	381.0	7

注：更多数据见《化工标准法兰三维图库》软件。

2. 凹面（FM）长高颈法兰

凹面（FM）长高颈法兰根据公称压力可分为 Class300（PN50）、Class600（PN110）、Class900（PN150）、Class1500（PN260）和 Class2500（PN420）。法兰尺寸如表 5-135～表 5-139 所示。

表 5-135　Class300（PN50）凹面（FM）长高颈法兰尺寸　　单位：mm

标准件编号	NPS (in)	DN	A	D	K	L	n (个)	螺栓Th	C	N	B	H	密封面			
													d	Y	f_2	f_3
HG20615-2009LWNFM-300(50)_1	$^1/_2$	15	21.3	95	66.7	16	4	M14	12.7	38	15.5	229	46	36.5	7	5
HG20615-2009LWNFM-300(50)_2	$^3/_4$	20	26.9	115	82.6	18	4	M16	14.3	48	21	229	54	44.4	7	5

续表

标准件编号	NPS (in)	DN	A	D	K	L	n (个)	螺栓Th	C	N	B	H	密封面			
													d	Y	f_2	f_3
HG20615-2009LWNFM-300(50)_3	1	25	33.7	125	88.9	18	4	M16	15.9	54	27	229	62	52.4	7	5
HG20615-2009LWNFM-300(50)_4	$1^1/_4$	32	42.4	135	98.4	18	4	M16	17.5	64	35	229	75	65.1	7	5
HG20615-2009LWNFM-300(50)_5	$1^1/_2$	40	48.3	155	114.3	22	4	M20	19.1	70	41	229	84	74.6	7	5
HG20615-2009LWNFM-300(50)_6	2	50	60.3	165	127.0	18	8	M16	20.7	84	52	229	103	93.7	7	5
HG20615-2009LWNFM-300(50)_7	$2^1/_2$	65	76.1	190	149.2	22	8	M16	23.9	100	66	229	116	106.4	7	5
HG20615-2009LWNFM-300(50)_8	3	80	88.9	210	168.3	22	8	M16	27.0	117	77.5	229	138	128.6	7	5
HG20615-2009LWNFM-300(50)_9	4	100	114.3	255	200	22	8	M16	30.2	146	101.5	229	168	158.8	7	5
HG20615-2009LWNFM-300(50)_10	5	125	139.7	280	235.0	22	8	M20	33.4	178	127	305	197	187.3	7	5
HG20615-2009LWNFM-300(50)_11	6	150	168.3	320	269.9	22	12	M20	35.0	206	154	305	227	217.5	7	5
HG20615-2009LWNFM-300(50)_12	8	200	219.1	380	330.2	26	12	M24	39.7	260	203	305	281	271.5	7	5
HG20615-2009LWNFM-300(50)_13	10	250	273	445	387.4	30	16	M27	46.1	321	255	305	335	325.4	7	5
HG20615-2009LWNFM-300(50)_14	12	300	323.9	520	450.8	33	16	M30	49.3	375	303.5	305	392	382.6	7	5
HG20615-2009LWNFM-300(50)_15	14	350	355.6	585	514.4	33	20	M27	52.4	425	—	305	424	414.3	7	5
HG20615-2009LWNFM-300(50)_16	16	400	406.4	650	571.5	36	20	M33	55.6	483	—	305	481	471.5	7	5
HG20615-2009LWNFM-300(50)_17	18	405	457	710	628.6	36	24	M33	58.8	533	—	305	544	535.0	7	5
HG20615-2009LWNFM-300(50)_18	20	500	508	775	685.8	36	24	M33	62.0	587	—	305	595	585.8	7	5
HG20615-2009LWNFM-300(50)_19	24	600	610	915	812.8	42	24	M39×3	68.3	702	—	305	703	693.7	7	5

注：更多数据见《化工标准法兰三维图库》软件。

表 5-136 Class600（PN110）凹面（FM）长高颈法兰尺寸

单位：mm

标准件编号	NPS (in)	DN	A	D	K	L	n (个)	螺栓Th	C	N	B	H	密封面			
													d	Y	f_2	f_3
HG20615-2009LWNFM-600(110)_1	$^1/_2$	15	21.3	95	66.7	16	4	M14	14.3	38	—	229	46	36.5	7	5
HG20615-2009LWNFM-600(110)_2	$^3/_4$	20	26.9	115	82.6	18	4	M16	15.9	48	—	229	54	44.4	7	5
HG20615-2009LWNFM-600(110)_3	1	25	33.7	125	88.9	18	4	M16	17.5	54	—	229	62	52.4	7	5
HG20615-2009LWNFM-600(110)_4	$1^1/_4$	32	42.4	135	98.4	18	4	M16	20.7	64	—	229	75	65.1	7	5
HG20615-2009LWNFM-600(110)_5	$1^1/_2$	40	48.3	155	114.3	22	4	M20	22.3	70	—	229	84	74.6	7	5
HG20615-2009LWNFM-600(110)_6	2	50	60.3	165	127.0	18	8	M16	25.4	84	—	229	103	93.7	7	5
HG20615-2009LWNFM-600(110)_7	$2^1/_2$	65	76.1	190	149.2	22	8	M20	28.6	100	—	229	116	106.4	7	5
HG20615-2009LWNFM-600(110)_8	3	80	88.9	210	168.3	22	8	M20	31.8	117	—	229	138	128.6	7	5
HG20615-2009LWNFM-600(110)_9	4	100	114.3	275	215.9	26	8	M24	38.1	152	—	229	168	158.8	7	5
HG20615-2009LWNFM-600(110)_10	5	125	139.7	330	266.7	30	8	M27	44.5	189	—	305	197	187.3	7	5
HG20615-2009LWNFM-600(110)_11	6	150	168.3	355	292.1	30	12	M27	47.7	222	—	305	227	217.5	7	5
HG20615-2009LWNFM-600(110)_12	8	200	219.1	420	349.2	33	12	M30	55.6	273	—	305	281	271.5	7	5
HG20615-2009LWNFM-600(110)_13	10	250	273	510	431.8	36	16	M33	63.5	343	—	305	335	325.4	7	5

续表

标准件编号	NPS (in)	DN	A	D	K	L	n (个)	螺栓Th	C	N	B	H	密封面			
													d	Y	f_2	f_3
HG20615-2009LWNFM-600(110)_14	12	300	323.9	560	489.0	36	20	M33	66.7	400	—	305	392	382.6	7	5
HG20615-2009LWNFM-600(110)_15	14	350	355.6	605	527.0	33	20	M36×3	69.9	432	—	305	424	414.3	7	5
HG20615-2009LWNFM-600(110)_16	16	400	406.4	685	603.2	42	20	M39×3	76.2	495	—	305	481	471.5	7	5
HG20615-2009LWNFM-600(110)_17	18	405	457	745	654.0	45	20	M42×3	82.6	546	—	305	544	535.0	7	5
HG20615-2009LWNFM-600(110)_18	20	500	508	815	723.9	45	24	M42×3	88.9	610	—	305	595	585.8	7	5
HG20615-2009LWNFM-600(110)_19	24	600	640	940	838.2	51	24	M48×3	101.6	718	—	305	703	693.7	7	5

注：更多数据见《化工标准法兰三维图库》软件。

表 5-137　Class900（PN150）凹面（FM）长高颈法兰尺寸

单位：mm

标准件编号	NPS (in)	DN	A	D	K	L	n (个)	螺栓Th	C	N	B	H	密封面			
													d	Y	f_2	f_3
HG20615-2009LWNFM-900(150)_1	$^1/_2$	15	21.3	120	82.6	22	4	M20	22.3	38	—	229	46	36.5	7	5
HG20615-2009LWNFM-900(150)_2	$^3/_4$	20	26.9	130	88.9	22	4	M20	25.4	44	—	229	54	44.4	7	5
HG20615-2009LWNFM-900(150)_3	1	25	33.7	150	101.6	26	4	M24	28.6	52	—	229	62	52.4	7	5
HG20615-2009LWNFM-900(150)_4	$1^1/_4$	32	42.4	160	111.1	26	4	M24	28.6	64	—	229	75	65.1	7	5
HG20615-2009LWNFM-900(150)_5	$1^1/_2$	40	48.3	180	123.8	30	4	M27	31.8	70	—	229	84	74.6	7	5
HG20615-2009LWNFM-900(150)_6	2	50	60.3	215	165.1	26	8	M24	38.1	105	—	229	103	93.7	7	5
HG20615-2009LWNFM-900(150)_7	$2^1/_2$	65	76.1	245	190.5	30	8	M27	41.3	124	—	229	116	106.4	7	5
HG20615-2009LWNFM-900(150)_8	3	80	88.9	240	190.5	26	8	M24	38.1	127	—	229	138	128.6	7	5
HG20615-2009LWNFM-900(150)_9	4	100	114.3	290	235.0	33	8	M30	44.5	159	—	229	168	158.8	7	5
HG20615-2009LWNFM-900(150)_10	5	125	139.7	350	279.4	36	8	M33	50.8	190	—	305	197	187.3	7	5
HG20615-2009LWNFM-900(150)_11	6	150	168.3	380	317.5	33	12	M30	55.6	235	—	305	227	217.5	7	5
HG20615-2009LWNFM-900(150)_12	8	200	219.1	470	393.7	39	12	M36×3	63.5	298	—	305	281	271.5	7	5
HG20615-2009LWNFM-900(150)_13	10	250	273	545	469.9	39	16	M36×3	69.9	368	—	305	335	325.4	7	5
HG20615-2009LWNFM-900(150)_14	12	300	323.9	640	533.4	39	20	M36×3	79.4	419	—	305	392	382.6	7	5
HG20615-2009LWNFM-900(150)_15	14	350	355.6	640	558.8	42	20	M39×3	85.8	451	—	305	424	414.3	7	5
HG20615-2009LWNFM-900(150)_16	16	400	406.4	705	616.0	45	20	M42×3	88.9	508	—	305	481	471.5	7	5
HG20615-2009LWNFM-900(150)_17	18	405	457	785	685.8	51	20	M48×3	101.6	565	—	305	544	535.0	7	5
HG20615-2009LWNFM-900(150)_18	20	500	508	855	749.3	55	20	M52×3	108.0	622	—	305	595	585.8	7	5
HG20615-2009LWNFM-900(150)_19	24	600	610	1040	901.7	68	20	M64×3	139.7	749	—	305	703	693.7	7	5

注：更多数据见《化工标准法兰三维图库》软件。

表 5-138　Class1500（PN260）凹面（FM）长高颈法兰尺寸

单位：mm

标准件编号	NPS (in)	DN	A	D	K	L	n (个)	螺栓Th	C	N	B	H	密封面			
													d	Y	f_2	f_3
HG20615-2009LWNFM-1500(260)_1	$^1/_2$	15	21.3	120	82.6	22	4	M20	22.3	38	—	229	46	36.5	7	5

续表

标准件编号	NPS (in)	DN	*A*	*D*	*K*	*L*	*n*(个)	螺栓Th	*C*	*N*	*B*	*H*	密封面			
													d	*Y*	f_2	f_3
HG20615-2009LWNFM-1500(260)_2	$^3/_4$	20	26.9	130	88.9	22	4	M20	25.4	44	—	229	54	44.4	7	5
HG20615-2009LWNFM-1500(260)_3	1	25	33.7	150	101.6	26	4	M24	28.6	52	—	229	62	52.4	7	5
HG20615-2009LWNFM-1500(260)_4	$1^1/_4$	32	42.4	160	111.1	26	4	M24	28.6	64	—	229	75	65.1	7	5
HG20615-2009LWNFM-1500(260)_5	$1^1/_2$	40	48.3	180	123.8	30	4	M27	31.8	70	—	229	84	74.6	7	5
HG20615-2009LWNFM-1500(260)_6	2	50	60.3	215	165.1	26	8	M24	38.1	105	—	229	103	93.7	7	5
HG20615-2009LWNFM-1500(260)_7	$2^1/_2$	65	76.1	245	190.5	30	8	M27	41.3	124	—	229	116	106.4	7	5
HG20615-2009LWNFM-1500(260)_8	3	80	88.9	265	203.2	33	8	M30	47.7	133	—	229	138	128.6	7	5
HG20615-2009LWNFM-1500(260)_9	4	100	114.3	310	241.3	36	8	M33	54.0	162	—	229	168	158.8	7	5
HG20615-2009LWNFM-1500(260)_10	5	125	139.7	375	292.1	42	8	M39×3	73.1	197	—	305	197	187.3	7	5
HG20615-2009LWNFM-1500(260)_11	6	150	168.3	395	317.5	39	12	M36×3	82.6	229	—	305	227	217.5	7	5
HG20615-2009LWNFM-1500(260)_12	8	200	219.1	485	393.7	45	12	M42×3	92.1	292	—	305	281	271.5	7	5
HG20615-2009LWNFM-1500(260)_13	10	250	273	585	482.6	51	12	M48×3	108.0	368	—	305	335	325.4	7	5
HG20615-2009LWNFM-1500(260)_14	12	300	323.9	675	571.4	55	16	M52×3	123.9	451	—	305	392	382.6	7	5
HG20615-2009LWNFM-1500(260)_15	14	350	355.6	750	635.0	60	16	M56×3	133.4	495	—	305	424	414.3	7	5
HG20615-2009LWNFM-1500(260)_16	16	400	406.4	825	704.8	68	16	M64×3	146.1	552	—	305	481	471.5	7	5
HG20615-2009LWNFM-1500(260)_17	18	405	457	915	774.7	74	16	M70×3	162.0	597	—	305	544	535.0	7	5
HG20615-2009LWNFM-1500(260)_18	20	500	508	985	831.8	80	16	M76×3	177.8	641	—	305	595	585.8	7	5
HG20615-2009LWNFM-1500(260)_19	24	600	610	1170	990.6	94	16	M90×3	203.2	762	—	305	703	693.7	7	5

注：更多数据见《化工标准法兰三维图库》软件。

表 5-139　Class2500（PN420）凹面（FM）长高颈法兰尺寸　　单位：mm

标准件编号	NPS (in)	DN	*A*	*D*	*K*	*L*	*n*(个)	螺栓Th	*C*	*N*	*B*	*H*	密封面			
													d	*Y*	f_2	f_3
HG20615-2009LWNFM-2500(420)_1	$^1/_2$	15	21.3	135	88.9	22	4	M20	30.2	42	—	229	46	36.5	7	5
HG20615-2009LWNFM-2500(420)_2	$^3/_4$	20	26.9	140	95.2	22	4	M20	31.8	51	—	229	54	44.4	7	5
HG20615-2009LWNFM-2500(420)_3	1	25	33.7	160	108.0	26	4	M24	35.0	57	—	229	62	52.4	7	5
HG20615-2009LWNFM-2500(420)_4	$1^1/_4$	32	42.4	185	130.2	30	4	M27	38.1	73	—	229	75	65.1	7	5
HG20615-2009LWNFM-2500(420)_5	$1^1/_2$	40	48.3	205	146.0	33	4	M30	44.5	79	—	229	84	74.6	7	5
HG20615-2009LWNFM-2500(420)_6	2	50	60.3	235	171.4	30	8	M27	50.9	95	—	229	103	93.7	7	5
HG20615-2009LWNFM-2500(420)_7	$2^1/_2$	65	76.1	265	196.8	33	8	M30	57.2	114	—	229	116	106.4	7	5
HG20615-2009LWNFM-2500(420)_8	3	80	88.9	305	228.6	36	8	M33	66.7	133	—	229	138	128.6	7	5
HG20615-2009LWNFM-2500(420)_9	4	100	114.3	355	273.0	42	8	M39×3	76.2	165	—	229	168	158.8	7	5
HG20615-2009LWNFM-2500(420)_10	5	125	139.7	420	323.8	48	8	M45×3	92.1	203	—	305	197	187.3	7	5
HG20615-2009LWNFM-2500(420)_11	6	150	168.3	485	368.3	55	8	M52×3	108.0	235	—	305	227	217.5	7	5
HG20615-2009LWNFM-2500(420)_12	8	200	219.1	550	438.2	55	12	M52×3	127.0	305	—	305	281	271.5	7	5

续表

标准件编号	NPS (in)	DN	*A*	*D*	*K*	*L*	*n* (个)	螺栓Th	*C*	*N*	*B*	*H*	密封面			
													d	*Y*	f_2	f_3
HG20615-2009LWNFM-2500(420)_13	10	250	273	678	539.8	68	12	M64×3	165.1	375	—	305	335	325.4	7	5
HG20615-2009LWNFM-2500(420)_14	12	300	323.9	760	619.1	74	12	M70×3	184.2	441	—	305	392	382.6	7	5

注：更多数据见《化工标准法兰三维图库》软件。

3．凸面（M）长高颈法兰

凸面（M）长高颈法兰根据公称压力可分为Class300（PN50）、Class600（PN110）、Class900（PN150）、Class1500（PN260）和Class2500（PN420）。法兰尺寸如表5-140～表5-144所示。

表5-140　Class300（PN50）凸面（M）长高颈法兰尺寸　单位：mm

标准件编号	NPS (in)	DN	*A*	*D*	*K*	*L*	*n* (个)	螺栓Th	*C*	*N*	*B*	*H*	密封面	
													d	f_2
HG20615-2009LWNM-300(50)_1	1/2	15	21.3	95	66.7	16	4	M14	12.7	38	15.5	229	34.9	7
HG20615-2009LWNM-300(50)_2	3/4	20	26.9	115	82.6	18	4	M16	14.3	48	21	229	42.9	7
HG20615-2009LWNM-300(50)_3	1	25	33.7	125	88.9	18	4	M16	15.9	54	27	229	50.8	7
HG20615-2009LWNM-300(50)_4	1 1/4	32	42.4	135	98.4	18	4	M16	17.5	64	35	229	63.5	7
HG20615-2009LWNM-300(50)_5	1 1/2	40	48.3	155	114.3	22	4	M20	19.1	70	41	229	73.0	7
HG20615-2009LWNM-300(50)_6	2	50	60.3	165	127.0	18	8	M16	20.7	84	52	229	92.1	7
HG20615-2009LWNM-300(50)_7	2 1/2	65	76.1	190	149.2	22	8	M16	23.9	100	66	229	104.8	7
HG20615-2009LWNM-300(50)_8	3	80	88.9	210	168.3	22	8	M16	27.0	117	77.5	229	127.0	7
HG20615-2009LWNM-300(50)_9	4	100	114.3	255	200	22	8	M16	30.2	146	101.5	229	157.2	7
HG20615-2009LWNM-300(50)_10	5	125	139.7	280	235.0	22	8	M20	33.4	178	127	305	185.7	7
HG20615-2009LWNM-300(50)_11	6	150	168.3	320	269.9	22	12	M20	35.0	206	154	305	215.9	7
HG20615-2009LWNM-300(50)_12	8	200	219.1	380	330.2	26	12	M24	39.7	260	203	305	269.9	7
HG20615-2009LWNM-300(50)_13	10	250	273	445	387.4	30	16	M27	46.1	321	255	305	323.8	7
HG20615-2009LWNM-300(50)_14	12	300	323.9	520	450.8	33	16	M30	49.3	375	303.5	305	381.0	7
HG20615-2009LWNM-300(50)_15	14	350	355.6	585	514.4	33	20	M27	52.4	425	—	305	412.8	7
HG20615-2009LWNM-300(50)_16	16	400	406.4	650	571.5	36	20	M33	55.6	483	—	305	469.9	7
HG20615-2009LWNM-300(50)_17	18	405	457	710	628.6	36	24	M33	58.8	533	—	305	533.4	7
HG20615-2009LWNM-300(50)_18	20	500	508	775	685.8	36	24	M33	62.0	587	—	305	584.2	7
HG20615-2009LWNM-300(50)_19	24	600	610	915	812.8	42	24	M39×3	68.3	702	—	305	692.2	7

注：更多数据见《化工标准法兰三维图库》软件。

表5-141　Class600（PN110）凸面（M）长高颈法兰尺寸　单位：mm

标准件编号	NPS (in)	DN	*A*	*D*	*K*	*L*	*n* (个)	螺栓Th	*C*	*N*	*B*	*H*	密封面	
													d	f_2
HG20615-2009LWNM-600(110)_1	1/2	15	21.3	95	66.7	16	4	M14	14.3	38	—	229	34.9	7
HG20615-2009LWNM-600(110)_2	3/4	20	26.9	115	82.6	18	4	M16	15.9	48	—	229	42.9	7

续表

标准件编号	NPS (in)	DN	A	D	K	L	n（个）	螺栓Th	C	N	B	H	密封面	
													d	f_2
HG20615-2009LWNM-600(110)_3	1	25	33.7	125	88.9	18	4	M16	17.5	54	—	229	50.8	7
HG20615-2009LWNM-600(110)_4	$1^1/_4$	32	42.4	135	98.4	18	4	M16	20.7	64	—	229	63.5	7
HG20615-2009LWNM-600(110)_5	$1^1/_2$	40	48.3	155	114.3	22	4	M20	22.3	70	—	229	73.0	7
HG20615-2009LWNM-600(110)_6	2	50	60.3	165	127.0	18	8	M16	25.4	84	—	229	92.1	7
HG20615-2009LWNM-600(110)_7	$2^1/_2$	65	76.1	190	149.2	22	8	M20	28.6	100	—	229	104.8	7
HG20615-2009LWNM-600(110)_8	3	80	88.9	210	168.3	22	8	M20	31.8	117	—	229	127.0	7
HG20615-2009LWNM-600(110)_9	4	100	114.3	275	215.9	26	8	M24	38.1	152	—	229	157.2	7
HG20615-2009LWNM-600(110)_10	5	125	139.7	330	266.7	30	8	M27	44.5	189	—	305	185.7	7
HG20615-2009LWNM-600(110)_11	6	150	168.3	355	292.1	30	12	M27	47.7	222	—	305	215.9	7
HG20615-2009LWNM-600(110)_12	8	200	219.1	420	349.2	33	12	M30	55.6	273	—	305	269.9	7
HG20615-2009LWNM-600(110)_13	10	250	273	510	431.8	36	16	M33	63.5	343	—	305	323.8	7
HG20615-2009LWNM-600(110)_14	12	300	323.9	560	489.0	36	20	M33	66.7	400	—	305	381.0	7
HG20615-2009LWNM-600(110)_15	14	350	355.6	605	527.0	33	20	M36×3	69.9	432	—	305	412.8	7
HG20615-2009LWNM-600(110)_16	16	400	406.4	685	603.2	42	20	M39×3	76.2	495	—	305	469.9	7
HG20615-2009LWNM-600(110)_17	18	405	457	745	654.0	45	20	M42×3	82.6	546	—	305	533.4	7
HG20615-2009LWNM-600(110)_18	20	500	508	815	723.9	45	24	M42×3	88.9	610	—	305	584.2	7
HG20615-2009LWNM-600(110)_19	24	600	640	940	838.2	51	24	M48×3	101.6	718	—	305	692.2	7

注：更多数据见《化工标准法兰三维图库》软件。

表 5-142 Class900（PN150）凸面（M）长高颈法兰尺寸

单位：mm

标准件编号	NPS (in)	DN	A	D	K	L	n（个）	螺栓Th	C	N	B	H	密封面	
													d	f_2
HG20615-2009LWNM-900(150)_1	$^1/_2$	15	21.3	120	82.6	22	4	M20	22.3	38	—	229	34.9	7
HG20615-2009LWNM-900(150)_2	$^3/_4$	20	26.9	130	88.9	22	4	M20	25.4	44	—	229	42.9	7
HG20615-2009LWNM-900(150)_3	1	25	33.7	150	101.6	26	4	M24	28.6	52	—	229	50.8	7
HG20615-2009LWNM-900(150)_4	$1^1/_4$	32	42.4	160	111.1	26	4	M24	28.6	64	—	229	63.5	7
HG20615-2009LWNM-900(150)_5	$1^1/_2$	40	48.3	180	123.8	30	4	M27	31.8	70	—	229	73.0	7
HG20615-2009LWNM-900(150)_6	2	50	60.3	215	165.1	26	8	M24	38.1	105	—	229	92.1	7
HG20615-2009LWNM-900(150)_7	$2^1/_2$	65	76.1	245	190.5	30	8	M27	41.3	124	—	229	104.8	7
HG20615-2009LWNM-900(150)_8	3	80	88.9	240	190.5	26	8	M24	38.1	127	—	229	127.0	7
HG20615-2009LWNM-900(150)_9	4	100	114.3	290	235.0	33	8	M30	44.5	159	—	229	157.2	7
HG20615-2009LWNM-900(150)_10	5	125	139.7	350	279.4	36	8	M33	50.8	190	—	305	185.7	7
HG20615-2009LWNM-900(150)_11	6	150	168.3	380	317.5	33	12	M30	55.6	235	—	305	215.9	7
HG20615-2009LWNM-900(150)_12	8	200	219.1	470	393.7	39	12	M36×3	63.5	298	—	305	269.9	7
HG20615-2009LWNM-900(150)_13	10	250	273	545	469.9	39	16	M36×3	69.9	368	—	305	323.8	7

续表

标准件编号	NPS (in)	DN	A	D	K	L	n(个)	螺栓Th	C	N	B	H	密封面	
													d	f_2
HG20615-2009LWNM-900(150)_14	12	300	323.9	640	533.4	39	20	M36×3	79.4	419	—	305	381.0	7
HG20615-2009LWNM-900(150)_15	14	350	355.6	640	558.8	42	20	M39×3	85.8	451	—	305	412.8	7
HG20615-2009LWNM-900(150)_16	16	400	406.4	705	616.0	45	20	M42×3	88.9	508	—	305	469.9	7
HG20615-2009LWNM-900(150)_17	18	405	457	785	685.8	51	20	M48×3	101.6	565	—	305	533.4	7
HG20615-2009LWNM-900(150)_18	20	500	508	855	749.3	55	20	M52×3	108.0	622	—	305	584.2	7
HG20615-2009LWNM-900(150)_19	24	600	610	1040	901.7	68	20	M64×3	139.7	749	—	305	692.2	7

注：更多数据见《化工标准法兰三维图库》软件。

表 5-143　Class1500（PN260）凸面（M）长高颈法兰尺寸　　　　单位：mm

标准件编号	NPS (in)	DN	A	D	K	L	n(个)	螺栓Th	C	N	B	H	密封面	
													d	f_2
HG20615-2009LWNM-1500(260)_1	$^1/_2$	15	21.3	120	82.6	22	4	M20	22.3	38	—	229	34.9	7
HG20615-2009LWNM-1500(260)_2	$^3/_4$	20	26.9	130	88.9	22	4	M20	25.4	44	—	229	42.9	7
HG20615-2009LWNM-1500(260)_3	1	25	33.7	150	101.6	26	4	M24	28.6	52	—	229	50.8	7
HG20615-2009LWNM-1500(260)_4	$1^1/_4$	32	42.4	160	111.1	26	4	M24	28.6	64	—	229	63.5	7
HG20615-2009LWNM-1500(260)_5	$1^1/_2$	40	48.3	180	123.8	30	4	M27	31.8	70	—	229	73.0	7
HG20615-2009LWNM-1500(260)_6	2	50	60.3	215	165.1	26	8	M24	38.1	105	—	229	92.1	7
HG20615-2009LWNM-1500(260)_7	$2^1/_2$	65	76.1	245	190.5	30	8	M27	41.3	124	—	229	104.8	7
HG20615-2009LWNM-1500(260)_8	3	80	88.9	265	203.2	33	8	M30	47.7	133	—	229	127.0	7
HG20615-2009LWNM-1500(260)_9	4	100	114.3	310	241.3	36	8	M33	54.0	162	—	229	157.2	7
HG20615-2009LWNM-1500(260)_10	5	125	139.7	375	292.1	42	8	M39×3	73.1	197	—	305	185.7	7
HG20615-2009LWNM-1500(260)_11	6	150	168.3	395	317.5	39	12	M36×3	82.6	229	—	305	215.9	7
HG20615-2009LWNM-1500(260)_12	8	200	219.1	485	393.7	45	12	M42×3	92.1	292	—	305	269.9	7
HG20615-2009LWNM-1500(260)_13	10	250	273	585	482.6	51	12	M48×3	108.0	368	—	305	323.8	7
HG20615-2009LWNM-1500(260)_14	12	300	323.9	675	571.4	55	16	M52×3	123.9	451	—	305	381.0	7
HG20615-2009LWNM-1500(260)_15	14	350	355.6	750	635.0	60	16	M56×3	133.4	495	—	305	412.8	7
HG20615-2009LWNM-1500(260)_16	16	400	406.4	825	704.8	68	16	M64×3	146.1	552	—	305	469.9	7
HG20615-2009LWNM-1500(260)_17	18	405	457	915	774.7	74	16	M70×3	162.0	597	—	305	533.4	7
HG20615-2009LWNM-1500(260)_18	20	500	508	985	831.8	80	16	M76×3	177.8	641	—	305	584.2	7
HG20615-2009LWNM-1500(260)_19	24	600	610	1170	990.6	94	16	M90×3	203.2	762	—	305	692.2	7

注：更多数据见《化工标准法兰三维图库》软件。

表 5-144　Class2500（PN420）凸面（M）长高颈法兰尺寸　　　　单位：mm

标准件编号	NPS (in)	DN	A	D	K	L	n(个)	螺栓Th	C	N	B	H	密封面	
													d	f_2
HG20615-2009LWNM-2500(420)_1	$^1/_2$	15	21.3	135	88.9	22	4	M20	30.2	42	—	229	34.9	7
HG20615-2009LWNM-2500(420)_2	$^3/_4$	20	26.9	140	95.2	22	4	M20	31.8	51	—	229	42.9	7

续表

标准件编号	NPS (in)	DN	*A*	*D*	*K*	*L*	*n* (个)	螺栓Th	*C*	*N*	*B*	*H*	密封面	
													d	f_2
HG20615-2009LWNM-2500(420)_3	1	25	33.7	160	108.0	26	4	M24	35.0	57	—	229	50.8	7
HG20615-2009LWNM-2500(420)_4	$1^{1}/_{4}$	32	42.4	185	130.2	30	4	M27	38.1	73	—	229	63.5	7
HG20615-2009LWNM-2500(420)_5	$1^{1}/_{2}$	40	48.3	205	146.0	33	4	M30	44.5	79	—	229	73.0	7
HG20615-2009LWNM-2500(420)_6	2	50	60.3	235	171.4	30	8	M27	50.9	95	—	229	92.1	7
HG20615-2009LWNM-2500(420)_7	$2^{1}/_{2}$	65	76.1	265	196.8	33	8	M30	57.2	114	—	229	104.8	7
HG20615-2009LWNM-2500(420)_8	3	80	88.9	305	228.6	36	8	M33	66.7	133	—	229	127.0	7
HG20615-2009LWNM-2500(420)_9	4	100	114.3	355	273.0	42	8	M39×3	76.2	165	—	229	157.2	7
HG20615-2009LWNM-2500(420)_10	5	125	139.7	420	323.8	48	8	M45×3	92.1	203	—	305	185.7	7
HG20615-2009LWNM-2500(420)_11	6	150	168.3	485	368.3	55	8	M52×3	108.0	235	—	305	215.9	7
HG20615-2009LWNM-2500(420)_12	8	200	219.1	550	438.2	55	12	M52×3	127.0	305	—	305	269.9	7
HG20615-2009LWNM-2500(420)_13	10	250	273	678	539.8	68	12	M64×3	165.1	375	—	305	323.8	7
HG20615-2009LWNM-2500(420)_14	12	300	323.9	760	619.1	74	12	M70×3	184.2	441	—	305	381.0	7

注：更多数据见《化工标准法兰三维图库》软件。

4. 榫面（T）长高颈法兰

榫面(T)长高颈法兰根据公称压力可分为Class300(PN50)、Class600(PN110)、Class900（PN150）、Class1500（PN260）和Class2500（PN420）。法兰尺寸如表5-145～表5-149所示。

表5-145　Class300（PN50）榫面（T）长高颈法兰尺寸　　单位：mm

标准件编号	NPS (in)	DN	*A*	*D*	*K*	*L*	*n* (个)	螺栓Th	*C*	*N*	*B*	*H*	密封面		
													W	*X*	f_2
HG20615-2009LWNT-300(50)_1	$^{1}/_{2}$	15	21.3	95	66.7	16	4	M14	12.7	38	15.5	229	25.4	34.9	7
HG20615-2009LWNT-300(50)_2	$^{3}/_{4}$	20	26.9	115	82.6	18	4	M16	14.3	48	21	229	33.3	42.9	7
HG20615-2009LWNT-300(50)_3	1	25	33.7	125	88.9	18	4	M16	15.9	54	27	229	38.1	50.8	7
HG20615-2009LWNT-300(50)_4	$1^{1}/_{4}$	32	42.4	135	98.4	18	4	M16	17.5	64	35	229	47.6	63.5	7
HG20615-2009LWNT-300(50)_5	$1^{1}/_{2}$	40	48.3	155	114.3	22	4	M20	19.1	70	41	229	54.0	73.0	7
HG20615-2009LWNT-300(50)_6	2	50	60.3	165	127.0	18	8	M16	20.7	84	52	229	73.0	92.1	7
HG20615-2009LWNT-300(50)_7	$2^{1}/_{2}$	65	76.1	190	149.2	22	8	M16	23.9	100	66	229	85.7	104.8	7
HG20615-2009LWNT-300(50)_8	3	80	88.9	210	168.3	22	8	M16	27.0	117	77.5	229	108.0	127.0	7
HG20615-2009LWNT-300(50)_9	4	100	114.3	255	200	22	8	M16	30.2	146	101.5	229	131.8	157.2	7
HG20615-2009LWNT-300(50)_10	5	125	139.7	280	235.0	22	8	M20	33.4	178	127	305	160.3	185.7	7
HG20615-2009LWNT-300(50)_11	6	150	168.3	320	269.9	22	12	M20	35.0	206	154	305	190.5	215.9	7
HG20615-2009LWNT-300(50)_12	8	200	219.1	380	330.2	26	12	M24	39.7	260	203	305	238.1	269.9	7
HG20615-2009LWNT-300(50)_13	10	250	273	445	387.4	30	16	M27	46.1	321	255	305	285.8	323.8	7
HG20615-2009LWNT-300(50)_14	12	300	323.9	520	450.8	33	16	M30	49.3	375	303.5	305	342.9	381.0	7

续表

标准件编号	NPS (in)	DN	*A*	*D*	*K*	*L*	*n* (个)	螺栓Th	*C*	*N*	*B*	*H*	密封面		
													W	*X*	f_2
HG20615-2009LWNT-300(50)_15	14	350	355.6	585	514.4	33	20	M27	52.4	425	—	305	374.6	412.8	7
HG20615-2009LWNT-300(50)_16	16	400	406.4	650	571.5	36	20	M33	55.6	483	—	305	425.4	469.9	7
HG20615-2009LWNT-300(50)_17	18	405	457	710	628.6	36	24	M33	58.8	533	—	305	489.0	533.4	7
HG20615-2009LWNT-300(50)_18	20	500	508	775	685.8	36	24	M33	62.0	587	—	305	533.4	584.2	7
HG20615-2009LWNT-300(50)_19	24	600	610	915	812.8	42	24	M39×3	68.3	702	—	305	641.4	692.2	7

注：更多数据见《化工标准法兰三维图库》软件。

表 5-146 Class600（PN110）榫面（T）长高颈法兰尺寸 单位：mm

标准件编号	NPS (in)	DN	*A*	*D*	*K*	*L*	*n* (个)	螺栓Th	*C*	*N*	*B*	*H*	密封面		
													W	*X*	f_2
HG20615-2009LWNT-600(110)_1	$^1/_2$	15	21.3	95	66.7	16	4	M14	14.3	38	—	229	25.4	34.9	7
HG20615-2009LWNT-600(110)_2	$^3/_4$	20	26.9	115	82.6	18	4	M16	15.9	48	—	229	33.3	42.9	7
HG20615-2009LWNT-600(110)_3	1	25	33.7	125	88.9	18	4	M16	17.5	54	—	229	38.1	50.8	7
HG20615-2009LWNT-600(110)_4	$1^1/_4$	32	42.4	135	98.4	18	4	M16	20.7	64	—	229	47.6	63.5	7
HG20615-2009LWNT-600(110)_5	$1^1/_2$	40	48.3	155	114.3	22	4	M20	22.3	70	—	229	54.0	73.0	7
HG20615-2009LWNT-600(110)_6	2	50	60.3	165	127.0	18	8	M16	25.4	84	—	229	73.0	92.1	7
HG20615-2009LWNT-600(110)_7	$2^1/_2$	65	76.1	190	149.2	22	8	M20	28.6	100	—	229	85.7	104.8	7
HG20615-2009LWNT-600(110)_8	3	80	88.9	210	168.3	22	8	M20	31.8	117	—	229	108.0	127.0	7
HG20615-2009LWNT-600(110)_9	4	100	114.3	275	215.9	26	8	M24	38.1	152	—	229	131.8	157.2	7
HG20615-2009LWNT-600(110)_10	5	125	139.7	330	266.7	30	8	M27	44.5	189	—	305	160.3	185.7	7
HG20615-2009LWNT-600(110)_11	6	150	168.3	355	292.1	30	12	M27	47.7	222	—	305	190.5	215.9	7
HG20615-2009LWNT-600(110)_12	8	200	219.1	420	349.2	33	12	M30	55.6	273	—	305	238.1	269.9	7
HG20615-2009LWNT-600(110)_13	10	250	273	510	431.8	36	16	M33	63.5	343	—	305	285.8	323.8	7
HG20615-2009LWNT-600(110)_14	12	300	323.9	560	489.0	36	20	M33	66.7	400	—	305	342.9	381.0	7
HG20615-2009LWNT-600(110)_15	14	350	355.6	605	527.0	33	20	M36×3	69.9	432	—	305	374.6	412.8	7
HG20615-2009LWNT-600(110)_16	16	400	406.4	685	603.2	42	20	M39×3	76.2	495	—	305	425.4	469.9	7
HG20615-2009LWNT-600(110)_17	18	405	457	745	654.0	45	20	M42×3	82.6	546	—	305	489.0	533.4	7
HG20615-2009LWNT-600(110)_18	20	500	508	815	723.9	45	24	M42×3	88.9	610	—	305	533.4	584.2	7
HG20615-2009LWNT-600(110)_19	24	600	640	940	838.2	51	24	M48×3	101.6	718	—	305	641.4	692.2	7

注：更多数据见《化工标准法兰三维图库》软件。

表 5-147 Class900（PN150）榫面（T）长高颈法兰尺寸 单位：mm

标准件编号	NPS (in)	DN	*A*	*D*	*K*	*L*	*n* (个)	螺栓Th	*C*	*N*	*B*	*H*	密封面		
													W	*X*	f_2
HG20615-2009LWNT-900(150)_1	$^1/_2$	15	21.3	120	82.6	22	4	M20	22.3	38	—	229	25.4	34.9	7
HG20615-2009LWNT-900(150)_2	$^3/_4$	20	26.9	130	88.9	22	4	M20	25.4	44	—	229	33.3	42.9	7
HG20615-2009LWNT-900(150)_3	1	25	33.7	150	101.6	26	4	M24	28.6	52	—	229	38.1	50.8	7

续表

标准件编号	NPS (in)	DN	A	D	K	L	n (个)	螺栓Th	C	N	B	H	密封面		
													W	X	f_2
HG20615-2009LWNT-900(150)_4	$1^{1}/_{4}$	32	42.4	160	111.1	26	4	M24	28.6	64	—	229	47.6	63.5	7
HG20615-2009LWNT-900(150)_5	$1^{1}/_{2}$	40	48.3	180	123.8	30	4	M27	31.8	70	—	229	54.0	73.0	7
HG20615-2009LWNT-900(150)_6	2	50	60.3	215	165.1	26	8	M24	38.1	105	—	229	73.0	92.1	7
HG20615-2009LWNT-900(150)_7	$2^{1}/_{2}$	65	76.1	245	190.5	30	8	M27	41.3	124	—	229	85.7	104.8	7
HG20615-2009LWNT-900(150)_8	3	80	88.9	240	190.5	26	8	M24	38.1	127	—	229	108.0	127.0	7
HG20615-2009LWNT-900(150)_9	4	100	114.3	290	235.0	33	8	M30	44.5	159	—	229	131.8	157.2	7
HG20615-2009LWNT-900(150)_10	5	125	139.7	350	279.4	36	8	M33	50.8	190	—	305	160.3	185.7	7
HG20615-2009LWNT-900(150)_11	6	150	168.3	380	317.5	33	12	M30	55.6	235	—	305	190.5	215.9	7
HG20615-2009LWNT-900(150)_12	8	200	219.1	470	393.7	39	12	M36×3	63.5	298	—	305	238.1	269.9	7
HG20615-2009LWNT-900(150)_13	10	250	273	545	469.9	39	16	M36×3	69.9	368	—	305	285.8	323.8	7
HG20615-2009LWNT-900(150)_14	12	300	323.9	640	533.4	39	20	M36×3	79.4	419	—	305	342.9	381.0	7
HG20615-2009LWNT-900(150)_15	14	350	355.6	640	558.8	42	20	M39×3	85.8	451	—	305	374.6	412.8	7
HG20615-2009LWNT-900(150)_16	16	400	406.4	705	616.0	45	20	M42×3	88.9	508	—	305	425.4	469.9	7
HG20615-2009LWNT-900(150)_17	18	405	457	785	685.8	51	20	M48×3	101.6	565	—	305	489.0	533.4	7
HG20615-2009LWNT-900(150)_18	20	500	508	855	749.3	55	20	M52×3	108.0	622	—	305	533.4	584.2	7
HG20615-2009LWNT-900(150)_19	24	600	610	1040	901.7	68	20	M64×3	139.7	749	—	305	641.4	692.2	7

注：更多数据见《化工标准法兰三维图库》软件。

表 5-148 Class1500（PN260）榫面（T）长高颈法兰尺寸 单位：mm

标准件编号	NPS (in)	DN	A	D	K	L	n (个)	螺栓Th	C	N	B	H	密封面		
													W	X	f_2
HG20615-2009LWNT-1500(260)_1	$^{1}/_{2}$	15	21.3	120	82.6	22	4	M20	22.3	38	—	229	25.4	34.9	7
HG20615-2009LWNT-1500(260)_2	$^{3}/_{4}$	20	26.9	130	88.9	22	4	M20	25.4	44	—	229	33.3	42.9	7
HG20615-2009LWNT-1500(260)_3	1	25	33.7	150	101.6	26	4	M24	28.6	52	—	229	38.1	50.8	7
HG20615-2009LWNT-1500(260)_4	$1^{1}/_{4}$	32	42.4	160	111.1	26	4	M24	28.6	64	—	229	47.6	63.5	7
HG20615-2009LWNT-1500(260)_5	$1^{1}/_{2}$	40	48.3	180	123.8	30	4	M27	31.8	70	—	229	54.0	73.0	7
HG20615-2009LWNT-1500(260)_6	2	50	60.3	215	165.1	26	8	M24	38.1	105	—	229	73.0	92.1	7
HG20615-2009LWNT-1500(260)_7	$2^{1}/_{2}$	65	76.1	245	190.5	30	8	M27	41.3	124	—	229	85.7	104.8	7
HG20615-2009LWNT-1500(260)_8	3	80	88.9	265	203.2	33	8	M30	47.7	133	—	229	108.0	127.0	7
HG20615-2009LWNT-1500(260)_9	4	100	114.3	310	241.3	36	8	M33	54.0	162	—	229	131.8	157.2	7
HG20615-2009LWNT-1500(260)_10	5	125	139.7	375	292.1	42	8	M39×3	73.1	197	—	305	160.3	185.7	7
HG20615-2009LWNT-1500(260)_11	6	150	168.3	395	317.5	39	12	M36×3	82.6	229	—	305	190.5	215.9	7
HG20615-2009LWNT-1500(260)_12	8	200	219.1	485	393.7	45	12	M42×3	92.1	292	—	305	238.1	269.9	7
HG20615-2009LWNT-1500(260)_13	10	250	273	585	482.6	51	12	M48×3	108.0	368	—	305	285.8	323.8	7
HG20615-2009LWNT-1500(260)_14	12	300	323.9	675	571.4	55	16	M52×3	123.9	451	—	305	342.9	381.0	7

续表

标准件编号	NPS (in)	DN	*A*	*D*	*K*	*L*	*n* (个)	螺栓Th	*C*	*N*	*B*	*H*	密封面		
													W	*X*	f_2
HG20615-2009LWNT-1500(260)_15	14	350	355.6	750	635.0	60	16	M56×3	133.4	495	—	305	374.6	412.8	7
HG20615-2009LWNT-1500(260)_16	16	400	406.4	825	704.8	68	16	M64×3	146.1	552	—	305	425.4	469.9	7
HG20615-2009LWNT-1500(260)_17	18	405	457	915	774.7	74	16	M70×3	162.0	597	—	305	489.0	533.4	7
HG20615-2009LWNT-1500(260)_18	20	500	508	985	831.8	80	16	M76×3	177.8	641	—	305	533.4	584.2	7
HG20615-2009LWNT-1500(260)_19	24	600	610	1170	990.6	94	16	M90×3	203.2	762	—	305	641.4	692.2	7

注：更多数据见《化工标准法兰三维图库》软件。

表 5-149 Class2500（PN420）榫面（T）长高颈法兰尺寸 单位：mm

标准件编号	NPS (in)	DN	*A*	*D*	*K*	*L*	*n* (个)	螺栓Th	*C*	*N*	*B*	*H*	密封面		
													W	*X*	f_2
HG20615-2009LWNT-2500(420)_1	$^1/_2$	15	21.3	135	88.9	22	4	M20	30.2	42	—	229	25.4	34.9	7
HG20615-2009LWNT-2500(420)_2	$^3/_4$	20	26.9	140	95.2	22	4	M20	31.8	51	—	229	33.3	42.9	7
HG20615-2009LWNT-2500(420)_3	1	25	33.7	160	108.0	26	4	M24	35.0	57	—	229	38.1	50.8	7
HG20615-2009LWNT-2500(420)_4	$1^1/_4$	32	42.4	185	130.2	30	4	M27	38.1	73	—	229	47.6	63.5	7
HG20615-2009LWNT-2500(420)_5	$1^1/_2$	40	48.3	205	146.0	33	4	M30	44.5	79	—	229	54.0	73.0	7
HG20615-2009LWNT-2500(420)_6	2	50	60.3	235	171.4	30	8	M27	50.9	95	—	229	73.0	92.1	7
HG20615-2009LWNT-2500(420)_7	$2^1/_2$	65	76.1	265	196.8	33	8	M30	57.2	114	—	229	85.7	104.8	7
HG20615-2009LWNT-2500(420)_8	3	80	88.9	305	228.6	36	8	M33	66.7	133	—	229	108.0	127.0	7
HG20615-2009LWNT-2500(420)_9	4	100	114.3	355	273.0	42	8	M39×3	76.2	165	—	229	131.8	157.2	7
HG20615-2009LWNT-2500(420)_10	5	125	139.7	420	323.8	48	8	M45×3	92.1	203	—	305	160.3	185.7	7
HG20615-2009LWNT-2500(420)_11	6	150	168.3	485	368.3	55	8	M52×3	108.0	235	—	305	190.5	215.9	7
HG20615-2009LWNT-2500(420)_12	8	200	219.1	550	438.2	55	12	M52×3	127.0	305	—	305	238.1	269.9	7
HG20615-2009LWNT-2500(420)_13	10	250	273	678	539.8	68	12	M64×3	165.1	375	—	305	285.8	323.8	7
HG20615-2009LWNT-2500(420)_14	12	300	323.9	760	619.1	74	12	M70×3	184.2	441	—	305	342.9	381.0	7

注：更多数据见《化工标准法兰三维图库》软件。

5. 槽面（G）长高颈法兰

槽面（G）长高颈法兰根据公称压力可分为 Class300（PN50）、Class600（PN110）、Class900（PN150）、Class1500（PN260）和 Class2500（PN420）。法兰尺寸如表 5-150～表 5-154 所示。

表 5-150 Class300（PN50）槽面（G）长高颈法兰尺寸 单位：mm

标准件编号	NPS (in)	DN	*A*	*D*	*K*	*L*	*n* (个)	螺栓Th	*C*	*N*	*B*	*H*	密封面				
													d	*Y*	*Z*	f_2	f_3
HG20615-2009LWNG-300(50)_1	$^1/_2$	15	21.3	95	66.7	16	4	M14	12.7	38	15.5	229	46	36.5	23.8	7	5
HG20615-2009LWNG-300(50)_2	$^3/_4$	20	26.9	115	82.6	18	4	M16	14.3	48	21	229	54	44.4	31.8	7	5
HG20615-2009LWNG-300(50)_3	1	25	33.7	125	88.9	18	4	M16	15.9	54	27	229	62	52.4	36.5	7	5

续表

标准件编号	NPS (in)	DN	A	D	K	L	n（个）	螺栓Th	C	N	B	H	密封面				
													d	Y	Z	f_2	f_3
HG20615-2009LWNG-300(50)_4	$1\frac{1}{4}$	32	42.4	135	98.4	18	4	M16	17.5	64	35	229	75	65.1	46.0	7	5
HG20615-2009LWNG-300(50)_5	$1\frac{1}{2}$	40	48.3	155	114.3	22	4	M20	19.1	70	41	229	84	74.6	52.4	7	5
HG20615-2009LWNG-300(50)_6	2	50	60.3	165	127.0	18	8	M16	20.7	84	52	229	103	93.7	71.4	7	5
HG20615-2009LWNG-300(50)_7	$2\frac{1}{2}$	65	76.1	190	149.2	22	8	M16	23.9	100	66	229	116	106.4	84.1	7	5
HG20615-2009LWNG-300(50)_8	3	80	88.9	210	168.3	22	8	M16	27.0	117	77.5	229	138	128.6	106.4	7	5
HG20615-2009LWNG-300(50)_9	4	100	114.3	255	200	22	8	M16	30.2	146	101.5	229	168	158.8	130.2	7	5
HG20615-2009LWNG-300(50)_10	5	125	139.7	280	235.0	22	8	M20	33.4	178	127	305	197	187.3	158.8	7	5
HG20615-2009LWNG-300(50)_11	6	150	168.3	320	269.9	22	12	M20	35.0	206	154	305	227	217.5	188.9	7	5
HG20615-2009LWNG-300(50)_12	8	200	219.1	380	330.2	26	12	M24	39.7	260	203	305	281	271.5	236.5	7	5
HG20615-2009LWNG-300(50)_13	10	250	273	445	387.4	30	16	M27	46.1	321	255	305	335	325.4	284.2	7	5
HG20615-2009LWNG-300(50)_14	12	300	323.9	520	450.8	33	16	M30	49.3	375	303.5	305	392	382.6	341.3	7	5
HG20615-2009LWNG-300(50)_15	14	350	355.6	585	514.4	33	20	M27	52.4	425	—	305	424	414.3	373.1	7	5
HG20615-2009LWNG-300(50)_16	16	400	406.4	650	571.5	36	20	M33	55.6	483	—	305	481	471.5	423.9	7	5
HG20615-2009LWNG-300(50)_17	18	405	457	710	628.6	36	24	M33	58.8	533	—	305	544	535.0	487.4	7	5
HG20615-2009LWNG-300(50)_18	20	500	508	775	685.8	36	24	M33	62.0	587	—	305	595	585.8	531.8	7	5
HG20615-2009LWNG-300(50)_19	24	600	610	915	812.8	42	24	M39×3	68.3	702	—	305	703	693.7	639.8	7	5

注：更多数据见《化工标准法兰三维图库》软件。

表 5-151 Class600（PN110）槽面（G）长高颈法兰尺寸 单位：mm

标准件编号	NPS (in)	DN	A	D	K	L	n（个）	螺栓Th	C	N	B	H	密封面				
													d	Y	Z	f_2	f_3
HG20615-2009LWNG-600(110)_1	$\frac{1}{2}$	15	21.3	95	66.7	16	4	M14	14.3	38	—	229	46	36.5	23.8	7	5
HG20615-2009LWNG-600(110)_2	$\frac{3}{4}$	20	26.9	115	82.6	18	4	M16	15.9	48	—	229	54	44.4	31.8	7	5
HG20615-2009LWNG-600(110)_3	1	25	33.7	125	88.9	18	4	M16	17.5	54	—	229	62	52.4	36.5	7	5
HG20615-2009LWNG-600(110)_4	$1\frac{1}{4}$	32	42.4	135	98.4	18	4	M16	20.7	64	—	229	75	65.1	46.0	7	5
HG20615-2009LWNG-600(110)_5	$1\frac{1}{2}$	40	48.3	155	114.3	22	4	M20	22.3	70	—	229	84	74.6	52.4	7	5
HG20615-2009LWNG-600(110)_6	2	50	60.3	165	127.0	18	8	M16	25.4	84	—	229	103	93.7	71.4	7	5
HG20615-2009LWNG-600(110)_7	$2\frac{1}{2}$	65	76.1	190	149.2	22	8	M20	28.6	100	—	229	116	106.4	84.1	7	5
HG20615-2009LWNG-600(110)_8	3	80	88.9	210	168.3	22	8	M20	31.8	117	—	229	138	128.6	106.4	7	5
HG20615-2009LWNG-600(110)_9	4	100	114.3	275	215.9	26	8	M24	38.1	152	—	229	168	158.8	130.2	7	5
HG20615-2009LWNG-600(110)_10	5	125	139.7	330	266.7	30	8	M27	44.5	189	—	305	197	187.3	158.8	7	5
HG20615-2009LWNG-600(110)_11	6	150	168.3	355	292.1	30	12	M27	47.7	222	—	305	227	217.5	188.9	7	5
HG20615-2009LWNG-600(110)_12	8	200	219.1	420	349.2	33	12	M30	55.6	273	—	305	281	271.5	236.5	7	5
HG20615-2009LWNG-600(110)_13	10	250	273	510	431.8	36	16	M33	63.5	343	—	305	335	325.4	284.2	7	5
HG20615-2009LWNG-600(110)_14	12	300	323.9	560	489.0	36	20	M33	66.7	400	—	305	392	382.6	341.3	7	5

续表

标准件编号	NPS (in)	DN	A	D	K	L	n (个)	螺栓Th	C	N	B	H	密封面				
													d	Y	Z	f_2	f_3
HG20615-2009LWNG-600(110)_15	14	350	355.6	605	527.0	33	20	M36×3	69.9	432	—	305	424	414.3	373.1	7	5
HG20615-2009LWNG-600(110)_16	16	400	406.4	685	603.2	42	20	M39×3	76.2	495	—	305	481	471.5	423.9	7	5
HG20615-2009LWNG-600(110)_17	18	405	457	745	654.0	45	20	M42×3	82.6	546	—	305	544	535.0	487.4	7	5
HG20615-2009LWNG-600(110)_18	20	500	508	815	723.9	45	24	M42×3	88.9	610	—	305	595	585.8	531.8	7	5
HG20615-2009LWNG-600(110)_19	24	600	640	940	838.2	51	24	M48×3	101.6	718	—	305	703	693.7	639.8	7	5

注：更多数据见《化工标准法兰三维图库》软件。

表 5-152　Class900（PN150）槽面（G）长高颈法兰尺寸　　单位：mm

标准件编号	NPS (in)	DN	A	D	K	L	n (个)	螺栓Th	C	N	B	H	密封面				
													d	Y	Z	f_2	f_3
HG20615-2009LWNG-900(150)_1	1/2	15	21.3	120	82.6	22	4	M20	22.3	38	—	229	46	36.5	23.8	7	5
HG20615-2009LWNG-900(150)_2	3/4	20	26.9	130	88.9	22	4	M20	25.4	44	—	229	54	44.4	31.8	7	5
HG20615-2009LWNG-900(150)_3	1	25	33.7	150	101.6	26	4	M24	28.6	52	—	229	62	52.4	36.5	7	5
HG20615-2009LWNG-900(150)_4	1 1/4	32	42.4	160	111.1	26	4	M24	28.6	64	—	229	75	65.1	46.0	7	5
HG20615-2009LWNG-900(150)_5	1 1/2	40	48.3	180	123.8	30	4	M27	31.8	70	—	229	84	74.6	52.4	7	5
HG20615-2009LWNG-900(150)_6	2	50	60.3	215	165.1	26	8	M24	38.1	105	—	229	103	93.7	71.4	7	5
HG20615-2009LWNG-900(150)_7	2 1/2	65	76.1	245	190.5	30	8	M27	41.3	124	—	229	116	106.4	84.1	7	5
HG20615-2009LWNG-900(150)_8	3	80	88.9	240	190.5	26	8	M24	38.1	127	—	229	138	128.6	106.4	7	5
HG20615-2009LWNG-900(150)_9	4	100	114.3	290	235.0	33	8	M30	44.5	159	—	229	168	158.8	130.2	7	5
HG20615-2009LWNG-900(150)_10	5	125	139.7	350	279.4	36	8	M33	50.8	190	—	305	197	187.3	158.8	7	5
HG20615-2009LWNG-900(150)_11	6	150	168.3	380	317.5	33	12	M30	55.6	235	—	305	227	217.5	188.9	7	5
HG20615-2009LWNG-900(150)_12	8	200	219.1	470	393.7	39	12	M36×3	63.5	298	—	305	281	271.5	236.5	7	5
HG20615-2009LWNG-900(150)_13	10	250	273	545	469.9	39	16	M36×3	69.9	368	—	305	335	325.4	284.2	7	5
HG20615-2009LWNG-900(150)_14	12	300	323.9	640	533.4	39	20	M36×3	79.4	419	—	305	392	382.6	341.3	7	5
HG20615-2009LWNG-900(150)_15	14	350	355.6	640	558.8	42	20	M39×3	85.8	451	—	305	424	414.3	373.1	7	5
HG20615-2009LWNG-900(150)_16	16	400	406.4	705	616.0	45	20	M42×3	88.9	508	—	305	481	471.5	423.9	7	5
HG20615-2009LWNG-900(150)_17	18	405	457	785	685.8	51	20	M48×3	101.6	565	—	305	544	535.0	487.4	7	5
HG20615-2009LWNG-900(150)_18	20	500	508	855	749.3	55	20	M52×3	108.0	622	—	305	595	585.8	531.8	7	5
HG20615-2009LWNG-900(150)_19	24	600	610	1040	901.7	68	20	M64×3	139.7	749	—	305	703	693.7	639.8	7	5

注：更多数据见《化工标准法兰三维图库》软件。

表 5-153　Class1500（PN260）槽面（G）长高颈法兰尺寸　　单位：mm

标准件编号	NPS (in)	DN	A	D	K	L	n (个)	螺栓Th	C	N	B	H	密封面				
													d	Y	Z	f_2	f_3
HG20615-2009LWNG-1500(260)_1	1/2	15	21.3	120	82.6	22	4	M20	22.3	38	—	229	46	36.5	23.8	7	5
HG20615-2009LWNG-1500(260)_2	3/4	20	26.9	130	88.9	22	4	M20	25.4	44	—	229	54	44.4	31.8	7	5
HG20615-2009LWNG-1500(260)_3	1	25	33.7	150	101.6	26	4	M24	28.6	52	—	229	62	52.4	36.5	7	5

续表

标准件编号	NPS (in)	DN	A	D	K	L	n (个)	螺栓Th	C	N	B	H	密封面				
													d	Y	Z	f_2	f_3
HG20615-2009LWNG-1500(260)_4	$1\frac{1}{4}$	32	42.4	160	111.1	26	4	M24	28.6	64	—	229	75	65.1	46.0	7	5
HG20615-2009LWNG-1500(260)_5	$1\frac{1}{2}$	40	48.3	180	123.8	30	4	M27	31.8	70	—	229	84	74.6	52.4	7	5
HG20615-2009LWNG-1500(260)_6	2	50	60.3	215	165.1	26	8	M24	38.1	105	—	229	103	93.7	71.4	7	5
HG20615-2009LWNG-1500(260)_7	$2\frac{1}{2}$	65	76.1	245	190.5	30	8	M27	41.3	124	—	229	116	106.4	84.1	7	5
HG20615-2009LWNG-1500(260)_8	3	80	88.9	265	203.2	33	8	M30	47.7	133	—	229	138	128.6	106.4	7	5
HG20615-2009LWNG-1500(260)_9	4	100	114.3	310	241.3	36	8	M33	54.0	162	—	229	168	158.8	130.2	7	5
HG20615-2009LWNG-1500(260)_10	5	125	139.7	375	292.1	42	8	M39×3	73.1	197	—	305	197	187.3	158.8	7	5
HG20615-2009LWNG-1500(260)_11	6	150	168.3	395	317.5	39	12	M36×3	82.6	229	—	305	227	217.5	188.9	7	5
HG20615-2009LWNG-1500(260)_12	8	200	219.1	485	393.7	45	12	M42×3	92.1	292	—	305	281	271.5	236.5	7	5
HG20615-2009LWNG-1500(260)_13	10	250	273	585	482.6	51	12	M48×3	108.0	368	—	305	335	325.4	284.2	7	5
HG20615-2009LWNG-1500(260)_14	12	300	323.9	675	571.4	55	16	M52×3	123.9	451	—	305	392	382.6	341.3	7	5
HG20615-2009LWNG-1500(260)_15	14	350	355.6	750	635.0	60	16	M56×3	133.4	495	—	305	424	414.3	373.1	7	5
HG20615-2009LWNG-1500(260)_16	16	400	406.4	825	704.8	68	16	M64×3	146.1	552	—	305	481	471.5	423.9	7	5
HG20615-2009LWNG-1500(260)_17	18	405	457	915	774.7	74	16	M70×3	162.0	597	—	305	544	535.0	487.4	7	5
HG20615-2009LWNG-1500(260)_18	20	500	508	985	831.8	80	16	M76×3	177.8	641	—	305	595	585.8	531.8	7	5
HG20615-2009LWNG-1500(260)_19	24	600	610	1170	990.6	94	16	M90×3	203.2	762	—	305	703	693.7	639.8	7	5

注：更多数据见《化工标准法兰三维图库》软件。

表 5-154 Class2500（PN420）槽面（G）长高颈法兰尺寸 单位：mm

标准件编号	NPS (in)	DN	A	D	K	L	n (个)	螺栓Th	C	N	B	H	密封面				
													d	Y	Z	f_2	f_3
HG20615-2009LWNG-2500(420)_1	$\frac{1}{2}$	15	21.3	135	88.9	22	4	M20	30.2	42	—	229	46	36.5	23.8	7	5
HG20615-2009LWNG-2500(420)_2	$\frac{3}{4}$	20	26.9	140	95.2	22	4	M20	31.8	51	—	229	54	44.4	31.8	7	5
HG20615-2009LWNG-2500(420)_3	1	25	33.7	160	108.0	26	4	M24	35.0	57	—	229	62	52.4	36.5	7	5
HG20615-2009LWNG-2500(420)_4	$1\frac{1}{4}$	32	42.4	185	130.2	30	4	M27	38.1	73	—	229	75	65.1	46.0	7	5
HG20615-2009LWNG-2500(420)_5	$1\frac{1}{2}$	40	48.3	205	146.0	33	4	M30	44.5	79	—	229	84	74.6	52.4	7	5
HG20615-2009LWNG-2500(420)_6	2	50	60.3	235	171.4	30	8	M27	50.9	95	—	229	103	93.7	71.4	7	5
HG20615-2009LWNG-2500(420)_7	$2\frac{1}{2}$	65	76.1	265	196.8	33	8	M30	57.2	114	—	229	116	106.4	84.1	7	5
HG20615-2009LWNG-2500(420)_8	3	80	88.9	305	228.6	36	8	M33	66.7	133	—	229	138	128.6	106.4	7	5
HG20615-2009LWNG-2500(420)_9	4	100	114.3	355	273.0	42	8	M39×3	76.2	165	—	229	168	158.8	130.2	7	5
HG20615-2009LWNG-2500(420)_10	5	125	139.7	420	323.8	48	8	M45×3	92.1	203	—	305	197	187.3	158.8	7	5
HG20615-2009LWNG-2500(420)_11	6	150	168.3	485	368.3	55	8	M52×3	108.0	235	—	305	227	217.5	188.9	7	5
HG20615-2009LWNG-2500(420)_12	8	200	219.1	550	438.2	55	12	M52×3	127.0	305	—	305	281	271.5	236.5	7	5
HG20615-2009LWNG-2500(420)_13	10	250	273	678	539.8	68	12	M64×3	165.1	375	—	305	335	325.4	284.2	7	5
HG20615-2009LWNG-2500(420)_14	12	300	323.9	760	619.1	74	12	M70×3	184.2	441	—	305	392	382.6	341.3	7	5

注：更多数据见《化工标准法兰三维图库》软件。

6. 全平面（FF）长高颈法兰

全平面（FF）长高颈法兰根据公称压力可分为 Class150（PN20）。法兰尺寸如表 5-155 所示。

表 5-155　Class150（PN20）全平面（FF）长高颈法兰尺寸　　单位：mm

标准件编号	NPS (in)	DN	A	D	K	L	n (个)	螺栓Th	C	N	B	H
HG20615-2009LWNFF-150(20)_1	1/2	15	21.3	90	60.3	16	4	M14	9.6	30	15.5	229
HG20615-2009LWNFF-150(20)_2	3/4	20	26.9	100	69.9	16	4	M14	11.2	38	21	229
HG20615-2009LWNFF-150(20)_3	1	25	33.7	110	79.4	16	4	M14	12.7	49	27	229
HG20615-2009LWNFF-150(20)_4	1 1/4	32	42.4	115	88.9	16	4	M14	14.3	59	35	229
HG20615-2009LWNFF-150(20)_5	1 1/2	40	48.3	125	98.4	16	4	M14	15.9	65	41	229
HG20615-2009LWNFF-150(20)_6	2	50	60.3	150	120.7	18	4	M16	17.5	78	52	229
HG20615-2009LWNFF-150(20)_7	2 1/2	65	76.1	180	139.7	18	4	M16	20.7	90	66	229
HG20615-2009LWNFF-150(20)_8	3	80	88.9	190	152.4	18	4	M16	22.3	108	77.5	229
HG20615-2009LWNFF-150(20)_9	4	100	114.3	230	190.5	18	8	M16	22.3	135	101.5	229
HG20615-2009LWNFF-150(20)_10	5	125	139.7	255	215.9	22	8	M20	22.3	164	127	305
HG20615-2009LWNFF-150(20)_11	6	150	168.3	280	241.3	22	8	M20	23.9	192	154	305
HG20615-2009LWNFF-150(20)_12	8	200	219.1	345	298.5	22	8	M20	27.0	246	203	305
HG20615-2009LWNFF-150(20)_13	10	250	273	405	362.0	26	12	M24	28.6	305	255	305
HG20615-2009LWNFF-150(20)_14	12	300	323.9	485	431.8	26	12	M24	30.2	365	303.5	305
HG20615-2009LWNFF-150(20)_15	14	350	355.6	535	476.3	30	12	M27	33.4	400	—	305
HG20615-2009LWNFF-150(20)_16	16	400	406.4	595	539.8	30	16	M27	35.0	457	—	305
HG20615-2009LWNFF-150(20)_17	18	405	457	635	577.9	33	16	M30	38.1	505	—	305
HG20615-2009LWNFF-150(20)_18	20	500	508	700	635.0	33	20	M30	41.3	559	—	305
HG20615-2009LWNFF-150(20)_19	24	600	610	815	749.3	36	20	M33	46.1	663	—	305

注：更多数据见《化工标准法兰三维图库》软件。

7. 环连接面（RJ）长高颈法兰

环连接面（RJ）长高颈法兰根据公称压力可分为 Class150（PN20）、Class300（PN50）、Class600（PN110）、Class900（PN150）、Class1500（PN260）和 Class2500（PN420）。法兰尺寸如表 5-156～表 5-161 所示。

表 5-156　Class150（PN20）环连接面（RJ）长高颈法兰尺寸　　单位：mm

标准件编号	NPS (in)	DN	A	D	K	L	n (个)	螺栓Th	C	N	B	H	密封面				
													d	P	E	F	R_{max}
HG20615-2009LWNRJ-150(20)_1	1	25	33.7	110	79.4	16	4	M14	12.7	49	27	229	63.5	47.63	6.35	8.74	0.8
HG20615-2009LWNRJ-150(20)_2	1 1/4	32	42.4	115	88.9	16	4	M14	14.3	59	35	229	73	57.15	6.35	8.74	0.8

续表

标准件编号	NPS (in)	DN	A	D	K	L	n (个)	螺栓 Th	C	N	B	H	密封面				
													d	P	E	F	R_{max}
HG20615-2009LWNRJ-150(20)_3	$1^1/_2$	40	48.3	125	98.4	16	4	M14	15.9	65	41	229	82.5	65.07	6.35	8.74	0.8
HG20615-2009LWNRJ-150(20)_4	2	50	60.3	150	120.7	18	4	M16	17.5	78	52	229	102	82.55	6.35	8.74	0.8
HG20615-2009LWNRJ-150(20)_5	$2^1/_2$	65	76.1	180	139.7	18	4	M16	20.7	90	66	229	121	101.6	6.35	8.74	0.8
HG20615-2009LWNRJ-150(20)_6	3	80	88.9	190	152.4	18	4	M16	22.3	108	77.5	229	133	114.3	6.35	8.74	0.8
HG20615-2009LWNRJ-150(20)_7	4	100	114.3	230	190.5	18	8	M16	22.3	135	101.5	229	171	149.23	6.35	8.74	0.8
HG20615-2009LWNRJ-150(20)_8	5	125	139.7	255	215.9	22	8	M20	22.3	164	127	305	194	171.45	6.35	8.74	0.8
HG20615-2009LWNRJ-150(20)_9	6	150	168.3	280	241.3	22	8	M20	23.9	192	154	305	219	193.68	6.35	8.74	0.8
HG20615-2009LWNRJ-150(20)_10	8	200	219.1	345	298.5	22	8	M20	27.0	246	203	305	273	247.65	6.35	8.74	0.8
HG20615-2009LWNRJ-150(20)_11	10	250	273	405	362.0	26	12	M24	28.6	305	255	305	330	304.8	6.35	8.74	0.8
HG20615-2009LWNRJ-150(20)_12	12	300	323.9	485	431.8	26	12	M24	30.2	365	303.5	305	406	381.00	6.35	8.74	0.8

注：更多数据见《化工标准法兰三维图库》软件。

表 5-157 Class300（PN50）环连接面（RJ）长高颈法兰尺寸

单位：mm

标准件编号	NPS (in)	DN	A	D	K	L	n (个)	螺栓Th	C	N	B	H	密封面				
													d	P	E	F	R_{max}
HG20615-2009LWNRJ-300(50)_1	$^1/_2$	15	21.3	95	66.7	16	4	M14	12.7	38	15.5	229	51	34.14	5.56	7.14	0.8
HG20615-2009LWNRJ-300(50)_2	$^3/_4$	20	26.9	115	82.6	18	4	M16	14.3	48	21	229	63.5	42.88	6.35	8.74	0.8
HG20615-2009LWNRJ-300(50)_3	1	25	33.7	125	88.9	18	4	M16	15.9	54	27	229	70	50.8	6.35	8.74	0.8
HG20615-2009LWNRJ-300(50)_4	$1^1/_4$	32	42.4	135	98.4	18	4	M16	17.5	64	35	229	79.5	60.33	6.35	8.74	0.8
HG20615-2009LWNRJ-300(50)_5	$1^1/_2$	40	48.3	155	114.3	22	4	M20	19.1	70	41	229	90.5	68.27	6.35	8.74	0.8
HG20615-2009LWNRJ-300(50)_6	2	50	60.3	165	127.0	18	8	M16	20.7	84	52	229	108	82.55	7.92	11.91	0.8
HG20615-2009LWNRJ-300(50)_7	$2^1/_2$	65	76.1	190	149.2	22	8	M16	23.9	100	66	229	127	101.6	7.92	11.91	0.8
HG20615-2009LWNRJ-300(50)_8	3	80	88.9	210	168.3	22	8	M16	27.0	117	77.5	229	146	123.83	7.92	11.91	0.8
HG20615-2009LWNRJ-300(50)_9	4	100	114.3	255	200	22	8	M16	30.2	146	101.5	229	175	149.23	7.92	11.91	0.8
HG20615-2009LWNRJ-300(50)_10	5	125	139.7	280	235.0	22	8	M20	33.4	178	127	305	210	180.98	7.92	11.91	0.8
HG20615-2009LWNRJ-300(50)_11	6	150	168.3	320	269.9	22	12	M20	35.0	206	154	305	241	211.12	7.92	11.91	0.8
HG20615-2009LWNRJ-300(50)_12	8	200	219.1	380	330.2	26	12	M24	39.7	260	203	305	302	269.88	7.92	11.91	0.8
HG20615-2009LWNRJ-300(50)_13	10	250	273	445	387.4	30	16	M27	46.1	321	255	305	356	323.85	7.92	11.91	0.8
HG20615-2009LWNRJ-300(50)_14	12	300	323.9	520	450.8	33	16	M30	49.3	375	303.5	305	413	381.00	7.92	11.91	0.8
HG20615-2009LWNRJ-300(50)_15	14	350	355.6	585	514.4	33	20	M27	52.4	425	—	305	457	419.1	7.92	11.91	0.8
HG20615-2009LWNRJ-300(50)_16	16	400	406.4	650	571.5	36	20	M33	55.6	483	—	305	508	469.9	7.92	11.91	0.8
HG20615-2009LWNRJ-300(50)_17	18	405	457	710	628.6	36	24	M33	58.8	533	—	305	575	533.4	7.92	11.91	0.8
HG20615-2009LWNRJ-300(50)_18	20	500	508	775	685.8	36	24	M33	62.0	587	—	305	635	584.2	9.52	13.49	0.8
HG20615-2009LWNRJ-300(50)_19	24	600	610	915	812.8	42	24	M39×3	68.3	702	—	305	749	692.15	11.13	16.66	0.8

注：更多数据见《化工标准法兰三维图库》软件。

表 5-158　Class600（PN110）环连接面（RJ）长高颈法兰尺寸　　单位：mm

标准件编号	NPS (in)	DN	A	D	K	L	n (个)	螺栓Th	C	N	B	H	密封面				
													d	P	E	F	R_{max}
HG20615-2009LWNRJ-600(110)_1	1/2	15	21.3	95	66.7	16	4	M14	14.3	38	—	229	51	34.14	5.56	7.14	0.8
HG20615-2009LWNRJ-600(110)_2	3/4	20	26.9	115	82.6	18	4	M16	15.9	48	—	229	63.5	42.88	6.35	8.74	0.8
HG20615-2009LWNRJ-600(110)_3	1	25	33.7	125	88.9	18	4	M16	17.5	54	—	229	70	50.8	6.35	8.74	0.8
HG20615-2009LWNRJ-600(110)_4	1 1/4	32	42.4	135	98.4	18	4	M16	20.7	64	—	229	79.5	60.33	6.35	8.74	0.8
HG20615-2009LWNRJ-600(110)_5	1 1/2	40	48.3	155	114.3	22	4	M20	22.3	70	—	229	90.5	68.27	6.35	8.74	0.8
HG20615-2009LWNRJ-600(110)_6	2	50	60.3	165	127.0	18	8	M16	25.4	84	—	229	108	82.55	7.92	11.91	0.8
HG20615-2009LWNRJ-600(110)_7	2 1/2	65	76.1	190	149.2	22	8	M20	28.6	100	—	229	127	101.6	7.92	11.91	0.8
HG20615-2009LWNRJ-600(110)_8	3	80	88.9	210	168.3	22	8	M20	31.8	117	—	229	146	123.83	7.92	11.91	0.8
HG20615-2009LWNRJ-600(110)_9	4	100	114.3	275	215.9	26	8	M24	38.1	152	—	229	175	149.23	7.92	11.91	0.8
HG20615-2009LWNRJ-600(110)_10	5	125	139.7	330	266.7	30	8	M27	44.5	189	—	305	210	180.98	7.92	11.91	0.8
HG20615-2009LWNRJ-600(110)_11	6	150	168.3	355	292.1	30	12	M27	47.7	222	—	305	241	211.12	7.92	11.91	0.8
HG20615-2009LWNRJ-600(110)_12	8	200	219.1	420	349.2	33	12	M30	55.6	273	—	305	302	269.88	7.92	11.91	0.8
HG20615-2009LWNRJ-600(110)_13	10	250	273	510	431.8	36	16	M33	63.5	343	—	305	356	323.85	7.92	11.91	0.8
HG20615-2009LWNRJ-600(110)_14	12	300	323.9	560	489.0	36	20	M33	66.7	400	—	305	413	381.00	7.92	11.91	0.8
HG20615-2009LWNRJ-600(110)_15	14	350	355.6	605	527.0	33	20	M36×3	69.9	432	—	305	457	419.1	7.92	11.91	0.8
HG20615-2009LWNRJ-600(110)_16	16	400	406.4	685	603.2	42	20	M39×3	76.2	495	—	305	508	469.9	7.92	11.91	0.8
HG20615-2009LWNRJ-600(110)_17	18	405	457	745	654.0	45	20	M42×3	82.6	546	—	305	575	533.4	7.92	11.91	0.8
HG20615-2009LWNRJ-600(110)_18	20	500	508	815	723.9	45	24	M42×3	88.9	610	—	305	635	584.2	9.52	13.49	0.8
HG20615-2009LWNRJ-600(110)_19	24	600	640	940	838.2	51	24	M48×3	101.6	718	—	305	749	692.15	11.13	16.66	0.8

注：更多数据见《化工标准法兰三维图库》软件。

表 5-159　Class900（PN150）环连接面（RJ）长高颈法兰尺寸　　单位：mm

标准件编号	NPS (in)	DN	A	D	K	L	n (个)	螺栓 Th	C	N	B	H	密封面				
													d	P	E	F	R_{max}
HG20615-2009LWNRJ-900(150)_1	1/2	15	21.3	120	82.6	22	4	M20	22.3	38	—	229	60.5	39.67	6.35	8.74	0.8
HG20615-2009LWNRJ-900(150)_2	3/4	20	26.9	130	88.9	22	4	M20	25.4	44	—	229	66.5	44.45	6.35	8.74	0.8
HG20615-2009LWNRJ-900(150)_3	1	25	33.7	150	101.6	26	4	M24	28.6	52	—	229	71.5	50.8	6.35	8.74	0.8
HG20615-2009LWNRJ-900(150)_4	1 1/4	32	42.4	160	111.1	26	4	M24	28.6	64	—	229	81	60.33	6.35	8.74	0.8
HG20615-2009LWNRJ-900(150)_5	1 1/2	40	48.3	180	123.8	30	4	M27	31.8	70	—	229	92	68.27	6.35	8.74	0.8
HG20615-2009LWNRJ-900(150)_6	2	50	60.3	215	165.1	26	8	M24	38.1	105	—	229	124	95.25	7.92	11.91	0.8
HG20615-2009LWNRJ-900(150)_7	2 1/2	65	76.1	245	190.5	30	8	M27	41.3	124	—	229	137	107.95	7.92	11.91	0.8
HG20615-2009LWNRJ-900(150)_8	3	80	88.9	240	190.5	26	8	M24	38.1	127	—	229	156	123.83	7.92	11.91	0.8
HG20615-2009LWNRJ-900(150)_9	4	100	114.3	290	235.0	33	8	M30	44.5	159	—	229	181	149.23	7.92	11.91	0.8
HG20615-2009LWNRJ-900(150)_10	5	125	139.7	350	279.4	36	8	M33	50.8	190	—	305	216	180.98	7.92	11.91	0.8

续表

标准件编号	NPS (in)	DN	A	D	K	L	n（个）	螺栓 Th	C	N	B	H	密封面				
													d	P	E	F	R_{max}
HG20615-2009LWNRJ-900(150)_11	6	150	168.3	380	317.5	33	12	M30	55.6	235	—	305	241	211.12	7.92	11.91	0.8
HG20615-2009LWNRJ-900(150)_12	8	200	219.1	470	393.7	39	12	M36×3	63.5	298	—	305	308	269.88	7.92	11.91	0.8
HG20615-2009LWNRJ-900(150)_13	10	250	273	545	469.9	39	16	M36×3	69.9	368	—	305	362	323.85	7.92	11.91	0.8
HG20615-2009LWNRJ-900(150)_14	12	300	323.9	640	533.4	39	20	M36×3	79.4	419	—	305	419	381	7.92	11.91	0.8
HG20615-2009LWNRJ-900(150)_15	14	350	355.6	640	558.8	42	20	M39×3	85.8	451	—	305	467	419.1	11.13	16.66	1.5
HG20615-2009LWNRJ-900(150)_16	16	400	406.4	705	616.0	45	20	M42×3	88.9	508	—	305	524	469.9	11.13	16.66	1.5
HG20615-2009LWNRJ-900(150)_17	18	405	457	785	685.8	51	20	M48×3	101.6	565	—	305	594	533.4	12.7	19.84	1.5
HG20615-2009LWNRJ-900(150)_18	20	500	508	855	749.3	55	20	M52×3	108.0	622	—	305	648	584.2	12.7	19.84	1.5
HG20615-2009LWNRJ-900(150)_19	24	600	610	1040	901.7	68	20	M64×3	139.7	749	—	305	772	692.15	15.88	26.97	2.4

注：更多数据见《化工标准法兰三维图库》软件。

表 5-160　Class1500（PN260）环连接面（RJ）长高颈法兰尺寸　单位：mm

标准件编号	NPS (in)	DN	A	D	K	L	n（个）	螺栓 Th	C	N	B	H	密封面				
													d	P	E	F	R_{max}
HG20615-2009LWNRJ-1500(260)_1	$^1/_2$	15	21.3	120	82.6	22	4	M20	22.3	38	—	229	60.5	39.67	6.35	8.74	0.8
HG20615-2009LWNRJ-1500(260)_2	$^3/_4$	20	26.9	130	88.9	22	4	M20	25.4	44	—	229	66.5	44.45	6.35	8.74	0.8
HG20615-2009LWNRJ-1500(260)_3	1	25	33.7	150	101.6	26	4	M24	28.6	52	—	229	71.5	50.8	6.35	8.74	0.8
HG20615-2009LWNRJ-1500(260)_4	$1^1/_4$	32	42.4	160	111.1	26	4	M24	28.6	64	—	229	81	60.33	6.35	8.74	0.8
HG20615-2009LWNRJ-1500(260)_5	$1^1/_2$	40	48.3	180	123.8	30	4	M27	31.8	70	—	229	92	68.27	6.35	8.74	0.8
HG20615-2009LWNRJ-1500(260)_6	2	50	60.3	215	165.1	26	8	M24	38.1	105	—	229	124	95.25	7.92	11.91	0.8
HG20615-2009LWNRJ-1500(260)_7	$2^1/_2$	65	76.1	245	190.5	30	8	M27	41.3	124	—	229	137	107.95	7.92	11.91	0.8
HG20615-2009LWNRJ-1500(260)_8	3	80	88.9	265	203.2	33	8	M30	47.7	133	—	229	168	136.53	7.92	11.91	0.8
HG20615-2009LWNRJ-1500(260)_9	4	100	114.3	310	241.3	36	8	M33	54.0	162	—	229	194	161.93	7.92	11.91	0.8
HG20615-2009LWNRJ-1500(260)_10	5	125	139.7	375	292.1	42	8	M39×3	73.1	197	—	305	229	193.68	7.92	11.91	0.8
HG20615-2009LWNRJ-1500(260)_11	6	150	168.3	395	317.5	39	12	M36×3	82.6	229	—	305	248	211.14	9.52	13.49	1.5
HG20615-2009LWNRJ-1500(260)_12	8	200	219.1	485	393.7	45	12	M42×3	92.1	292	—	305	318	269.88	11.13	16.66	1.5
HG20615-2009LWNRJ-1500(260)_13	10	250	273	585	482.6	51	12	M48×3	108.0	368	—	305	371	323.85	11.13	16.66	1.5
HG20615-2009LWNRJ-1500(260)_14	12	300	323.9	675	571.4	55	16	M52×3	123.9	451	—	305	438	381	14.27	23.01	1.5
HG20615-2009LWNRJ-1500(260)_15	14	350	355.6	750	635.0	60	16	M56×3	133.4	495	—	305	489	419.1	15.88	26.97	2.4
HG20615-2009LWNRJ-1500(260)_16	16	400	406.4	825	704.8	68	16	M64×3	146.1	552	—	305	546	469.9	17.48	30.18	2.4
HG20615-2009LWNRJ-1500(260)_17	18	405	457	915	774.7	74	16	M70×3	162.0	597	—	305	613	533.4	17.48	30.18	2.4
HG20615-2009LWNRJ-1500(260)_18	20	500	508	985	831.8	80	16	M76×3	177.8	641	—	305	673	584.2	17.48	33.32	2.4
HG20615-2009LWNRJ-1500(260)_19	24	600	610	1170	990.6	94	16	M90×3	203.2	762	—	305	794	692.15	20.62	36.53	2.4

注：更多数据见《化工标准法兰三维图库》软件。

表 5-161　Class2500（PN420）环连接面（RJ）长高颈法兰尺寸　　　　单位：mm

标准件编号	NPS (in)	DN	A	D	K	L	n (个)	螺栓Th	C	N	B	H	密封面				
													d	P	E	F	R_{max}
HG20615-2009LWNRJ-2500(420)_1	1/2	15	21.3	135	88.9	22	4	M20	30.2	42	—	229	65	42.88	6.35	8.74	0.8
HG20615-2009LWNRJ-2500(420)_2	3/4	20	26.9	140	95.2	22	4	M20	31.8	51	—	229	73	50.8	6.35	8.74	0.8
HG20615-2009LWNRJ-2500(420)_3	1	25	33.7	160	108.0	26	4	M24	35.0	57	—	229	82.5	60.33	6.35	8.74	0.8
HG20615-2009LWNRJ-2500(420)_4	1 1/4	32	42.4	185	130.2	30	4	M27	38.1	73	—	229	102	72.23	7.92	11.91	0.8
HG20615-2009LWNRJ-2500(420)_5	1 1/2	40	48.3	205	146.0	33	4	M30	44.5	79	—	229	114	82.55	7.92	11.91	0.8
HG20615-2009LWNRJ-2500(420)_6	2	50	60.3	235	171.4	30	8	M27	50.9	95	—	229	133	101.6	7.92	11.91	0.8
HG20615-2009LWNRJ-2500(420)_7	2 1/2	65	76.1	265	196.8	33	8	M30	57.2	114	—	229	149	111.13	9.52	13.49	1.5
HG20615-2009LWNRJ-2500(420)_8	3	80	88.9	305	228.6	36	8	M33	66.7	133	—	229	168	127.00	9.52	13.49	1.5
HG20615-2009LWNRJ-2500(420)_9	4	100	114.3	355	273.0	42	8	M39×3	76.2	165	—	229	203	157.18	11.13	16.66	1.5
HG20615-2009LWNRJ-2500(420)_10	5	125	139.7	420	323.8	48	8	M45×3	92.1	203	—	305	241	190.5	12.7	19.84	1.5
HG20615-2009LWNRJ-2500(420)_11	6	150	168.3	485	368.3	55	8	M52×3	108.0	235	—	305	279	228.6	12.7	19.84	1.5
HG20615-2009LWNRJ-2500(420)_12	8	200	219.1	550	438.2	55	12	M52×3	127.0	305	—	305	340	279.4	14.27	23.01	1.5
HG20615-2009LWNRJ-2500(420)_13	10	250	273	678	539.8	68	12	M64×3	165.1	375	—	305	425	342.9	17.48	30.18	2.4
HG20615-2009LWNRJ-2500(420)_14	12	300	323.9	760	619.1	74	12	M70×3	184.2	441	—	305	495	406.4	17.48	33.32	2.4

注：更多数据见《化工标准法兰三维图库》软件。

5.2.8　法兰盖（BL）

本标准规定了法兰盖（BL）（欧洲体系）的型式和尺寸。

本标准适用于公称压力 Class150（PN20）～Class2500（420）的法兰盖。

法兰盖的二维图形和三维图形如表 5-162 所示。

表 5-162　法兰盖

二维图形	三维图形

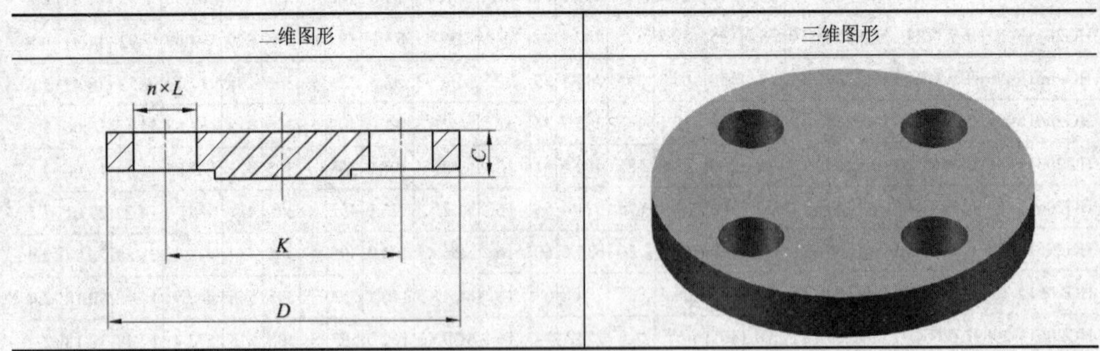

1. 突面（RF）法兰盖

突面（RF）法兰盖根据公称压力可分为 Class150（PN20）、Class300（PN50）、Class600

（PN110）、Class900（PN150）、Class1500（PN260）和 Class2500（PN420）。法兰盖尺寸如表 5-163～表 5-168 所示。

表 5-163 Class150（PN20）突面（RF）法兰盖尺寸　　单位：mm

标准件编号	NPS(in)	DN	D	K	L	n(个)	螺栓Th	C	密封面d	密封面f_1
HG20615-2009BLRF-150(20)_1	$^1/_2$	15	90	60.3	16	4	M14	9.6	34.9	2
HG20615-2009BLRF-150(20)_2	$^3/_4$	20	100	69.9	16	4	M14	11.2	42.9	2
HG20615-2009BLRF-150(20)_3	1	25	110	78.4	16	4	M14	12.7	50.8	2
HG20615-2009BLRF-150(20)_4	$1^1/_4$	32	115	88.9	16	4	M14	14.3	63.5	2
HG20615-2009BLRF-150(20)_5	$1^1/_2$	40	125	98.4	16	4	M14	15.9	73.0	2
HG20615-2009BLRF-150(20)_6	2	50	150	120.7	18	4	M16	17.5	92.1	2
HG20615-2009BLRF-150(20)_7	$2^1/_2$	65	180	139.7	18	4	M16	20.7	104.8	2
HG20615-2009BLRF-150(20)_8	3	80	190	152.4	18	4	M16	22.3	127.0	2
HG20615-2009BLRF-150(20)_9	4	100	230	190.5	18	8	M16	22.3	157.2	2
HG20615-2009BLRF-150(20)_10	5	125	255	215.9	22	8	M20	22.3	185.7	2
HG20615-2009BLRF-150(20)_11	6	150	280	241.3	22	8	M20	23.9	215.9	2
HG20615-2009BLRF-150(20)_12	8	200	345	298.58	22	8	M20	27.0	269.9	2
HG20615-2009BLRF-150(20)_13	10	250	405	362	26	12	M24	28.6	323.8	2
HG20615-2009BLRF-150(20)_14	12	300	485	431.8	26	12	M24	30.2	381.0	2
HG20615-2009BLRF-150(20)_15	14	350	535	476.3	30	12	M27	33.4	412.8	2
HG20615-2009BLRF-150(20)_16	16	400	595	539.8	30	16	M27	35.0	469.9	2
HG20615-2009BLRF-150(20)_17	18	450	635	577.9	33	16	M30	38.1	533.4	2
HG20615-2009BLRF-150(20)_18	20	500	700	635	33	20	M30	41.3	584.2	2
HG20615-2009BLRF-150(20)_20	24	600	815	749.3	36	20	M33	46.1	692.2	2

表 5-164 Class300（PN50）突面（RF）法兰盖尺寸　　单位：mm

标准件编号	NPS(in)	DN	D	K	L	n(个)	螺栓Th	C	密封面d	密封面f_1
HG20615-2009BLRF-300(50)_1	$^1/_2$	15	95	66.7	16	4	M14	12.7	34.9	2
HG20615-2009BLRF-300(50)_2	$^3/_4$	20	115	82.6	18	4	M16	14.3	42.9	2
HG20615-2009BLRF-300(50)_3	1	25	125	88.9	18	4	M16	15.9	50.8	2
HG20615-2009BLRF-300(50)_4	$1^1/_4$	32	135	98.4	18	4	M16	17.5	63.5	2
HG20615-2009BLRF-300(50)_5	$1^1/_2$	40	155	114.3	22	4	M20	19.1	73.0	2
HG20615-2009BLRF-300(50)_6	2	50	165	127	18	8	M16	20.7	92.1	2
HG20615-2009BLRF-300(50)_7	$2^1/_2$	65	190	149.2	22	8	M20	23.9	104.8	2
HG20615-2009BLRF-300(50)_8	3	80	210	168.3	22	8	M20	27.0	127.0	2
HG20615-2009BLRF-300(50)_9	4	100	255	200	22	8	M20	30.2	157.2	2
HG20615-2009BLRF-300(50)_10	5	125	280	235.0	22	8	M20	33.4	185.7	2

续表

标准件编号	NPS (in)	DN	D	K	L	n (个)	螺栓Th	C	密封面d	密封面f_1
HG20615-2009BLRF-300(50)_11	6	150	320	269.9	22	12	M20	35.0	215.9	2
HG20615-2009BLRF-300(50)_12	8	200	380	330.2	26	12	M24	39.7	269.9	2
HG20615-2009BLRF-300(50)_13	10	250	445	387.4	30	16	M27	46.1	323.8	2
HG20615-2009BLRF-300(50)_14	12	300	520	450.8	33	16	M30	49.3	381.0	2
HG20615-2009BLRF-300(50)_15	14	350	585	514.4	33	20	M30	52.4	412.8	2
HG20615-2009BLRF-300(50)_16	16	400	650	571.5	36	20	M33	55.6	469.9	2
HG20615-2009BLRF-300(50)_17	18	450	710	628.6	36	24	M33	58.8	533.4	2
HG20615-2009BLRF-300(50)_18	20	500	775	685.8	36	24	M33	62.0	584.2	2
HG20615-2009BLRF-300(50)_20	24	600	915	812.8	42	24	M39×3	68.3	692.2	2

表 5-165 Class600（PN110）突面（RF）法兰盖尺寸　　单位：mm

标准件编号	NPS (in)	DN	D	K	L	n (个)	螺栓Th	C	密封面d	密封面f_2
HG20615-2009BLRF-600(110)_1	$^1/_2$	15	95	66.7	16	4	M14	14.3	34.9	7
HG20615-2009BLRF-600(110)_2	$^3/_4$	20	115	82.6	18	4	M16	15.9	42.9	7
HG20615-2009BLRF-600(110)_3	1	25	125	88.9	18	4	M16	17.5	50.8	7
HG20615-2009BLRF-600(110)_4	$1^1/_4$	32	135	98.4	18	4	M16	20.7	63.5	7
HG20615-2009BLRF-600(110)_5	$1^1/_2$	40	155	114.3	22	4	M20	22.3	73.0	7
HG20615-2009BLRF-600(110)_6	2	50	165	127	18	8	M16	25.4	92.1	7
HG20615-2009BLRF-600(110)_7	$2^1/_2$	65	190	149.2	22	8	M20	28.6	104.8	7
HG20615-2009BLRF-600(110)_8	3	80	210	168.3	22	8	M20	31.8	127.0	7
HG20615-2009BLRF-600(110)_9	4	100	275	215.9	26	8	M24	38.1	157.2	7
HG20615-2009BLRF-600(110)_10	5	125	330	266.7	30	8	M27	44.5	185.7	7
HG20615-2009BLRF-600(110)_11	6	150	355	292.1	30	12	M27	47.7	215.9	7
HG20615-2009BLRF-600(110)_12	8	200	420	349.2	33	12	M30	55.6	269.9	7
HG20615-2009BLRF-600(110)_13	10	250	510	431.8	36	16	M33	63.5	323.8	7
HG20615-2009BLRF-600(110)_14	12	300	560	489	36	20	M33	66.7	381.0	7
HG20615-2009BLRF-600(110)_15	14	350	605	527	39	20	M36×3	69.9	412.8	7
HG20615-2009BLRF-600(110)_16	16	400	685	603.2	42	20	M39×3	76.2	469.9	7
HG20615-2009BLRF-600(110)_17	18	450	745	654	45	20	M42×3	82.6	533.4	7
HG20615-2009BLRF-600(110)_18	20	500	815	723.9	45	24	M42×3	88.9	584.2	7
HG20615-2009BLRF-600(110)_20	24	600	940	838.2	51	24	M48×3	101.6	692.2	7

表 5-166 Class900（PN150）突面（RF）法兰盖尺寸　　单位：mm

标准件编号	NPS (in)	DN	D	K	L	n (个)	螺栓Th	C	密封面d	密封面f_2
HG20615-2009BLRF-900(150)_1	$^1/_2$	15	120	82.6	22	4	M20	22.3	34.9	7

续表

标准件编号	NPS(in)	DN	D	K	L	n(个)	螺栓Th	C	密封面d	密封面f_2
HG20615-2009BLRF-900(150)_2	$^3/_4$	20	130	88.9	22	4	M20	25.4	42.9	7
HG20615-2009BLRF-900(150)_3	1	25	150	101.6	26	4	M24	28.6	50.8	7
HG20615-2009BLRF-900(150)_4	$1^1/_4$	32	160	111.1	26	4	M24	28.6	63.5	7
HG20615-2009BLRF-900(150)_5	$1^1/_2$	40	180	123.8	30	4	M27	31.8	73.0	7
HG20615-2009BLRF-900(150)_6	2	50	215	165.1	26	8	M24	38.1	92.1	7
HG20615-2009BLRF-900(150)_7	$2^1/_2$	65	245	190.5	30	8	M27	41.3	104.8	7
HG20615-2009BLRF-900(150)_8	3	80	240	190.5	26	8	M24	38.1	127.0	7
HG20615-2009BLRF-900(150)_9	4	100	290	235	33	8	M30	44.5	157.2	7
HG20615-2009BLRF-900(150)_10	5	125	350	279.5	36	8	M33	50.8	185.7	7
HG20615-2009BLRF-900(150)_11	6	150	380	317.5	32.5	12	M30	55.6	215.9	7
HG20615-2009BLRF-900(150)_12	8	200	470	393.7	39	12	M36×3	63.5	269.9	7
HG20615-2009BLRF-900(150)_13	10	250	545	469.9	39	16	M36×3	69.9	323.8	7
HG20615-2009BLRF-900(150)_14	12	300	610	533.4	39	20	M36×3	79.4	381.0	7
HG20615-2009BLRF-900(150)_15	14	350	640	558.8	42	20	M39×3	85.8	412.8	7
HG20615-2009BLRF-900(150)_16	16	400	705	616	45	20	M42×3	88.9	469.9	7
HG20615-2009BLRF-900(150)_17	18	450	785	685.8	51	20	M48×3	101.6	533.4	7
HG20615-2009BLRF-900(150)_18	20	500	855	749.3	55	20	M52×3	108	584.2	7
HG20615-2009BLRF-900(150)_19	24	600	1040	901.7	68	20	M64×3	139.7	692.2	7

表 5-167 Class1500（PN260）突面（RF）法兰盖尺寸　　单位：mm

标准件编号	NPS(in)	DN	D	K	L	n(个)	螺栓Th	C	密封面d	密封面f_2
HG20615-2009BLRF-1500(260)_1	$^1/_2$	15	120	82.6	22	4	M20	22.3	34.9	7
HG20615-2009BLRF-1500(260)_2	$^3/_4$	20	130	89	22	4	M20	25.4	42.9	7
HG20615-2009BLRF-1500(260)_3	1	25	150	101.6	26	4	M24	28.6	50.8	7
HG20615-2009BLRF-1500(260)_4	$1^1/_4$	32	160	111.1	26	4	M24	28.6	63.5	7
HG20615-2009BLRF-1500(260)_5	$1^1/_2$	40	180	123.8	30	4	M27	31.8	73.0	7
HG20615-2009BLRF-1500(260)_6	2	50	215	165.1	26	8	M24	38.1	92.1	7
HG20615-2009BLRF-1500(260)_7	$2^1/_2$	65	245	190.5	30	8	M27	41.3	104.8	7
HG20615-2009BLRF-1500(260)_8	3	80	265	203.2	33	8	M30	47.7	127.0	7
HG20615-2009BLRF-1500(260)_9	4	100	310	241.3	36	8	M33	54	157.2	7
HG20615-2009BLRF-1500(260)_10	5	125	375	292.1	42	8	M39×3	73.1	185.7	7
HG20615-2009BLRF-1500(260)_11	6	150	395	317.5	39	12	M36×3	82.6	215.9	7
HG20615-2009BLRF-1500(260)_12	8	200	485	393.7	45	12	M42×3	92.1	269.9	7
HG20615-2009BLRF-1500(260)_13	10	250	585	482.6	51	12	M48×3	108	323.8	7
HG20615-2009BLRF-1500(260)_14	12	300	675	571.5	55	16	M52×3	123.9	381.0	7

续表

标准件编号	NPS (in)	DN	D	K	L	n (个)	螺栓Th	C	密封面d	密封面f_2
HG20615-2009BLRF-1500(260)_15	14	350	750	635	60	16	M56×3	133.4	412.8	7
HG20615-2009BLRF-1500(260)_16	16	400	825	704.8	68	16	M64×3	146.1	469.9	7
HG20615-2009BLRF-1500(260)_17	18	450	915	774.7	74	16	M70×3	162	533.4	7
HG20615-2009BLRF-1500(260)_18	20	500	985	831.8	80	16	M76×3	177.8	584.2	7
HG20615-2009BLRF-1500(260)_19	24	600	1170	990.6	94	16	M90×3	203.2	692.2	7

表 5-168　Class2500（PN420）突面（RF）法兰盖尺寸　单位：mm

标准件编号	NPS (in)	DN	D	K	L	n (个)	螺栓Th	C	密封面d	密封面f_2
HG20615-2009BLRF-2500(420)_1	$^1/_2$	15	135	88.9	22	4	M20	30.2	34.9	7
HG20615-2009BLRF-2500(420)_2	$^3/_4$	20	140	95.2	22	4	M20	31.8	42.9	7
HG20615-2009BLRF-2500(420)_3	1	25	160	108	26	4	M24	35	50.8	7
HG20615-2009BLRF-2500(420)_4	$1^1/_4$	32	185	130.2	30	4	M27	38.1	63.5	7
HG20615-2009BLRF-2500(420)_5	$1^1/_2$	40	205	146	33	4	M30	44.5	73.0	7
HG20615-2009BLRF-2500(420)_6	2	50	235	171.4	30	8	M27	50.9	92.1	7
HG20615-2009BLRF-2500(420)_7	$2^1/_2$	65	265	196.8	33	8	M30	57.2	104.8	7
HG20615-2009BLRF-2500(420)_8	3	80	305	228.6	36	8	M33	66.7	127.0	7
HG20615-2009BLRF-2500(420)_9	4	100	355	273	42	8	M39×3	76.2	157.2	7
HG20615-2009BLRF-2500(420)_10	5	125	420	323.8	48	8	M45×3	92.1	185.7	7
HG20615-2009BLRF-2500(420)_11	6	150	485	368.3	55	8	M52×3	108	215.9	7
HG20615-2009BLRF-2500(420)_12	8	200	550	438.2	55	12	M52×3	127	269.9	7
HG20615-2009BLRF-2500(420)_13	10	250	675	539.8	68	12	M64×3	165.1	323.8	7
HG20615-2009BLRF-2500(420)_14	12	300	760	619.1	74	12	M70×3	184.2	381.0	7

2. 凹面（FM）法兰盖

凹面（FM）法兰盖根据公称压力可分为 Class300（PN50）、Class600（PN110）、Class900（PN150）、Class1500（PN260）和 Class2500（PN420）。法兰盖尺寸如表 5-169～表 5-173 所示。

表 5-169　Class300（PN50）凹面（FM）法兰盖尺寸　单位：mm

标准件编号	NPS (in)	DN	D	K	L	n (个)	螺栓Th	C	密封面			
									d	Y	f_2	f_3
HG20615-2009BLFM-300(50)_1	$^1/_2$	15	95	66.7	16	4	M14	12.7	46	36.5	7	5
HG20615-2009BLFM-300(50)_2	$^3/_4$	20	115	82.6	18	4	M16	14.3	54	44.4	7	5
HG20615-2009BLFM-300(50)_3	1	25	125	88.9	18	4	M16	15.9	62	52.4	7	5
HG20615-2009BLFM-300(50)_4	$1^1/_4$	32	135	98.4	18	4	M16	17.5	75	65.1	7	5

续表

标准件编号	NPS (in)	DN	*D*	*K*	*L*	*n* (个)	螺栓Th	*C*	密封面			
									d	*Y*	f_2	f_3
HG20615-2009BLFM-300(50)_5	$1^1/_2$	40	155	114.3	22	4	M20	19.1	84	74.6	7	5
HG20615-2009BLFM-300(50)_6	2	50	165	127	18	8	M16	20.7	103	93.7	7	5
HG20615-2009BLFM-300(50)_7	$2^1/_2$	65	190	149.2	22	8	M20	23.9	116	106.4	7	5
HG20615-2009BLFM-300(50)_8	3	80	210	168.3	22	8	M20	27.0	138	128.6	7	5
HG20615-2009BLFM-300(50)_9	4	100	255	200	22	8	M20	30.2	168	158.8	7	5
HG20615-2009BLFM-300(50)_10	5	125	280	235.0	22	8	M20	33.4	197	187.3	7	5
HG20615-2009BLFM-300(50)_11	6	150	320	269.9	22	12	M20	35.0	227	217.5	7	5
HG20615-2009BLFM-300(50)_12	8	200	380	330.2	26	12	M24	39.7	281	271.5	7	5
HG20615-2009BLFM-300(50)_13	10	250	445	387.4	30	16	M27	46.1	335	325.4	7	5
HG20615-2009BLFM-300(50)_14	12	300	520	450.8	33	16	M30	49.3	392	382.6	7	5
HG20615-2009BLFM-300(50)_15	14	350	585	514.4	33	20	M30	52.4	424	414.3	7	5
HG20615-2009BLFM-300(50)_16	16	400	650	571.5	36	20	M33	55.6	481	471.5	7	5
HG20615-2009BLFM-300(50)_17	18	450	710	628.6	36	24	M33	58.8	544	535.0	7	5
HG20615-2009BLFM-300(50)_18	20	500	775	685.8	36	24	M33	62.0	595	585.8	7	5
HG20615-2009BLFM-300(50)_19	24	600	915	812.8	42	24	M39×3	68.3	703	693.7	7	5

表 5-170 Class600（PN110）凹面（FM）法兰盖尺寸 单位：mm

标准件编号	NPS (in)	DN	*D*	*K*	*L*	*n* (个)	螺栓Th	*C*	密封面			
									d	*Y*	f_2	f_3
HG20615-2009BLFM-600(110)_1	$^1/_2$	15	95	66.7	16	4	M14	14.3	46	36.5	7	5
HG20615-2009BLFM-600(110)_2	$^3/_4$	20	115	82.6	18	4	M16	15.9	54	44.4	7	5
HG20615-2009BLFM-600(110)_3	1	25	125	88.9	18	4	M16	17.5	62	52.4	7	5
HG20615-2009BLFM-600(110)_4	$1^1/_4$	32	135	98.4	18	4	M16	20.7	75	65.1	7	5
HG20615-2009BLFM-600(110)_5	$1^1/_2$	40	155	114.3	22	4	M20	22.3	84	74.6	7	5
HG20615-2009BLFM-600(110)_6	2	50	165	127	18	8	M16	25.4	103	93.7	7	5
HG20615-2009BLFM-600(110)_7	$2^1/_2$	65	190	149.2	22	8	M20	28.6	116	106.4	7	5
HG20615-2009BLFM-600(110)_8	3	80	210	168.3	22	8	M20	31.8	138	128.6	7	5
HG20615-2009BLFM-600(110)_9	4	100	275	215.9	26	8	M24	38.1	168	158.8	7	5
HG20615-2009BLFM-600(110)_10	5	125	330	266.7	30	8	M27	44.5	197	187.3	7	5
HG20615-2009BLFM-600(110)_11	6	150	355	292.1	30	12	M27	47.7	227	217.5	7	5
HG20615-2009BLFM-600(110)_12	8	200	420	349.2	33	12	M30	55.6	281	271.5	7	5
HG20615-2009BLFM-600(110)_13	10	250	510	431.8	36	16	M33	63.5	335	325.4	7	5
HG20615-2009BLFM-600(110)_14	12	300	560	489	36	20	M33	66.7	392	382.6	7	5
HG20615-2009BLFM-600(110)_15	14	350	605	527	39	20	M36×3	69.9	424	414.3	7	5

续表

标准件编号	NPS (in)	DN	D	K	L	n (个)	螺栓Th	C	密封面			
									d	Y	f_2	f_3
HG20615-2009BLFM-600(110)_16	16	400	685	603.2	42	20	M39×3	76.2	481	471.5	7	5
HG20615-2009BLFM-600(110)_17	18	450	745	654	45	20	M42×3	82.6	544	535.0	7	5
HG20615-2009BLFM-600(110)_18	20	500	815	723.9	45	24	M42×3	88.9	595	585.8	7	5
HG20615-2009BLFM-600(110)_19	24	600	940	838.2	51	24	M48×3	101.6	703	693.7	7	5

表 5-171 Class900（PN150）凹面（FM）法兰盖尺寸 单位：mm

标准件编号	NPS (in)	DN	D	K	L	n (个)	螺栓Th	C	密封面			
									d	Y	f_2	f_3
HG20615-2009BLFM-900(150)_1	$^1/_2$	15	120	82.6	22	4	M20	22.3	46	36.5	7	5
HG20615-2009BLFM-900(150)_2	$^3/_4$	20	130	88.9	22	4	M20	25.4	54	44.4	7	5
HG20615-2009BLFM-900(150)_3	1	25	150	101.6	26	4	M24	28.6	62	52.4	7	5
HG20615-2009BLFM-900(150)_4	$1^1/_4$	32	160	111.1	26	4	M24	28.6	75	65.1	7	5
HG20615-2009BLFM-900(150)_5	$1^1/_2$	40	180	123.8	30	4	M27	31.8	84	74.6	7	5
HG20615-2009BLFM-900(150)_6	2	50	215	165.1	26	8	M24	38.1	103	93.7	7	5
HG20615-2009BLFM-900(150)_7	$2^1/_2$	65	245	190.5	30	8	M27	41.3	116	106.4	7	5
HG20615-2009BLFM-900(150)_8	3	80	240	190.5	26	8	M24	38.1	138	128.6	7	5
HG20615-2009BLFM-900(150)_9	4	100	290	235	33	8	M30	44.5	168	158.8	7	5
HG20615-2009BLFM-900(150)_10	5	125	350	279.5	36	8	M33	50.8	197	187.3	7	5
HG20615-2009BLFM-900(150)_11	6	150	380	317.5	32.5	12	M30	55.6	227	217.5	7	5
HG20615-2009BLFM-900(150)_12	8	200	470	393.7	39	12	M36×3	63.5	281	271.5	7	5
HG20615-2009BLFM-900(150)_13	10	250	545	469.9	39	16	M36×3	69.9	335	325.4	7	5
HG20615-2009BLFM-900(150)_14	12	300	610	533.4	39	20	M36×3	79.4	392	382.6	7	5
HG20615-2009BLFM-900(150)_15	14	350	640	558.8	42	20	M39×3	85.8	424	414.3	7	5
HG20615-2009BLFM-900(150)_16	16	400	705	616	45	20	M42×3	88.9	481	471.5	7	5
HG20615-2009BLFM-900(150)_17	18	450	785	685.8	51	20	M48×3	101.6	544	535.0	7	5
HG20615-2009BLFM-900(150)_18	20	500	855	749.3	55	20	M52×3	108	595	585.8	7	5
HG20615-2009BLFM-900(150)_19	24	600	1040	901.7	68	20	M64×3	139.7	703	693.7	7	5

表 5-172 Class1500（PN260）凹面（FM）法兰盖尺寸 单位：mm

标准件编号	NPS (in)	DN	D	K	L	n (个)	螺栓Th	C	密封面			
									d	Y	f_2	f_3
HG20615-2009BLFM-1500(260)_1	$^1/_2$	15	120	82.6	22	4	M20	22.3	46	36.5	7	5
HG20615-2009BLFM-1500(260)_2	$^3/_4$	20	130	89	22	4	M20	25.4	54	44.4	7	5
HG20615-2009BLFM-1500(260)_3	1	25	150	101.6	26	4	M24	28.6	62	52.4	7	5

续表

标准件编号	NPS (in)	DN	D	K	L	n(个)	螺栓Th	C	密封面			
									d	Y	f_2	f_3
HG20615-2009BLFM-1500(260)_4	$1^1/_4$	32	160	111.1	26	4	M24	28.6	75	65.1	7	5
HG20615-2009BLFM-1500(260)_5	$1^1/_2$	40	180	123.8	30	4	M27	31.8	84	74.6	7	5
HG20615-2009BLFM-1500(260)_6	2	50	215	165.1	26	8	M24	38.1	103	93.7	7	5
HG20615-2009BLFM-1500(260)_7	$2^1/_2$	65	245	190.5	30	8	M27	41.3	116	106.4	7	5
HG20615-2009BLFM-1500(260)_8	3	80	265	203.2	33	8	M30	47.7	138	128.6	7	5
HG20615-2009BLFM-1500(260)_9	4	100	310	241.3	36	8	M33	54	168	158.8	7	5
HG20615-2009BLFM-1500(260)_10	5	125	375	292.1	42	8	M39×3	73.1	197	187.3	7	5
HG20615-2009BLFM-1500(260)_11	6	150	395	317.5	39	12	M36×3	82.6	227	217.5	7	5
HG20615-2009BLFM-1500(260)_12	8	200	485	393.7	45	12	M42×3	92.1	281	271.5	7	5
HG20615-2009BLFM-1500(260)_13	10	250	585	482.6	51	12	M48×3	108	335	325.4	7	5
HG20615-2009BLFM-1500(260)_14	12	300	675	571.5	55	16	M52×3	123.9	392	382.6	7	5
HG20615-2009BLFM-1500(260)_15	14	350	750	635	60	16	M56×3	133.4	424	414.3	7	5
HG20615-2009BLFM-1500(260)_16	16	400	825	704.8	68	16	M64×3	146.1	481	471.5	7	5
HG20615-2009BLFM-1500(260)_17	18	450	915	774.7	74	16	M70×3	162	544	535.0	7	5
HG20615-2009BLFM-1500(260)_18	20	500	985	831.8	80	16	M76×3	177.8	595	585.8	7	5
HG20615-2009BLFM-1500(260)_19	24	600	1170	990.6	94	16	M90×3	203.2	703	693.7	7	5

表 5-173 Class2500（PN420）凹面（FM）法兰盖尺寸 单位：mm

标准件编号	NPS (in)	DN	D	K	L	n(个)	螺栓Th	C	密封面			
									d	Y	f_2	f_3
HG20615-2009BLFM-2500(420)_1	$^1/_2$	15	135	88.9	22	4	M20	30.2	46	36.5	7	5
HG20615-2009BLFM-2500(420)_2	$^3/_4$	20	140	95.2	22	4	M20	31.8	54	44.4	7	5
HG20615-2009BLFM-2500(420)_3	1	25	160	108	26	4	M24	35	62	52.4	7	5
HG20615-2009BLFM-2500(420)_4	$1^1/_4$	32	185	130.2	30	4	M27	38.1	75	65.1	7	5
HG20615-2009BLFM-2500(420)_5	$1^1/_2$	40	205	146	33	4	M30	44.5	84	74.6	7	5
HG20615-2009BLFM-2500(420)_6	2	50	235	171.4	30	8	M27	50.9	103	93.7	7	5
HG20615-2009BLFM-2500(420)_7	$2^1/_2$	65	265	196.8	33	8	M30	57.2	116	106.4	7	5
HG20615-2009BLFM-2500(420)_8	3	80	305	228.6	36	8	M33	66.7	138	128.6	7	5
HG20615-2009BLFM-2500(420)_9	4	100	355	273	42	8	M39×3	76.2	168	158.8	7	5
HG20615-2009BLFM-2500(420)_10	5	125	420	323.8	48	8	M45×3	92.1	197	187.3	7	5
HG20615-2009BLFM-2500(420)_11	6	150	485	368.3	55	8	M52×3	108	227	217.5	7	5
HG20615-2009BLFM-2500(420)_12	8	200	550	438.2	55	12	M52×3	127	281	271.5	7	5
HG20615-2009BLFM-2500(420)_13	10	250	675	539.8	68	12	M64×3	165.1	335	325.4	7	5
HG20615-2009BLFM-2500(420)_14	12	300	760	619.1	74	12	M70×3	184.2	392	382.6	7	5

3. 凸面（M）法兰盖

凸面(M)法兰盖根据公称压力可分为 Class300（PN50）、Class600（PN110）、Class900（PN150）、Class1500（PN260）和 Class2500（PN420）。法兰盖尺寸如表 5-174～表 5-178 所示。

表 5-174　Class300（PN50）凸面（M）法兰盖尺寸　　单位：mm

标准件编号	NPS(in)	DN	D	K	L	n(个)	螺栓Th	C	密封面X	密封面f_2
HG20615-2009BLM-300(50)_1	$^1/_2$	15	95	66.7	16	4	M14	12.7	34.9	7
HG20615-2009BLM-300(50)_2	$^3/_4$	20	115	82.6	18	4	M16	14.3	42.9	7
HG20615-2009BLM-300(50)_3	1	25	125	88.9	18	4	M16	15.9	50.8	7
HG20615-2009BLM-300(50)_4	$1^1/_4$	32	135	98.4	18	4	M16	17.5	63.5	7
HG20615-2009BLM-300(50)_5	$1^1/_2$	40	155	114.3	22	4	M20	19.1	73.0	7
HG20615-2009BLM-300(50)_6	2	50	165	127	18	8	M16	20.7	92.1	7
HG20615-2009BLM-300(50)_7	$2^1/_2$	65	190	149.2	22	8	M20	23.9	104.8	7
HG20615-2009BLM-300(50)_8	3	80	210	168.3	22	8	M20	27.0	127.0	7
HG20615-2009BLM-300(50)_9	4	100	255	200	22	8	M20	30.2	157.2	7
HG20615-2009BLM-300(50)_10	5	125	280	235.0	22	8	M20	33.4	185.7	7
HG20615-2009BLM-300(50)_11	6	150	320	269.9	22	12	M20	35.0	215.9	7
HG20615-2009BLM-300(50)_12	8	200	380	330.2	26	12	M24	39.7	269.9	7
HG20615-2009BLM-300(50)_13	10	250	445	387.4	30	16	M27	46.1	323.8	7
HG20615-2009BLM-300(50)_14	12	300	520	450.8	33	16	M30	49.3	381.0	7
HG20615-2009BLM-300(50)_15	14	350	585	514.4	33	20	M30	52.4	412.8	7
HG20615-2009BLM-300(50)_16	16	400	650	571.5	36	20	M33	55.6	469.9	7
HG20615-2009BLM-300(50)_17	18	450	710	628.6	36	24	M33	58.8	533.4	7
HG20615-2009BLM-300(50)_18	20	500	775	685.8	36	24	M33	62.0	584.2	7
HG20615-2009BLM-300(50)_19	24	600	915	812.8	42	24	M39×3	68.3	692.2	7

表 5-175　Class600（PN110）凸面（M）法兰盖尺寸　　单位：mm

标准件编号	NPS(in)	DN	D	K	L	n(个)	螺栓Th	C	密封面X	密封面f_2
HG20615-2009BLM-600(110)_1	$^1/_2$	15	95	66.7	16	4	M14	14.3	34.9	7
HG20615-2009BLM-600(110)_2	$^3/_4$	20	115	82.6	18	4	M16	15.9	42.9	7
HG20615-2009BLM-600(110)_3	1	25	125	88.9	18	4	M16	17.5	50.8	7
HG20615-2009BLM-600(110)_4	$1^1/_4$	32	135	98.4	18	4	M16	20.7	63.5	7
HG20615-2009BLM-600(110)_5	$1^1/_2$	40	155	114.3	22	4	M20	22.3	73.0	7
HG20615-2009BLM-600(110)_6	2	50	165	127	18	8	M16	25.4	92.1	7
HG20615-2009BLM-600(110)_7	$2^1/_2$	65	190	149.2	22	8	M20	28.6	104.8	7
HG20615-2009BLM-600(110)_8	3	80	210	168.3	22	8	M20	31.8	127.0	7
HG20615-2009BLM-600(110)_9	4	100	275	215.9	26	8	M24	38.1	157.2	7

续表

标准件编号	NPS (in)	DN	D	K	L	n (个)	螺栓Th	C	密封面X	密封面f_2
HG20615-2009BLM-600(110)_10	5	125	330	266.7	30	8	M27	44.5	185.7	7
HG20615-2009BLM-600(110)_11	6	150	355	292.1	30	12	M27	47.7	215.9	7
HG20615-2009BLM-600(110)_12	8	200	420	349.2	33	12	M30	55.6	269.9	7
HG20615-2009BLM-600(110)_13	10	250	510	431.8	36	16	M33	63.5	323.8	7
HG20615-2009BLM-600(110)_14	12	300	560	489	36	20	M33	66.7	381.0	7
HG20615-2009BLM-600(110)_15	14	350	605	527	39	20	M36×3	69.9	412.8	7
HG20615-2009BLM-600(110)_16	16	400	685	603.2	42	20	M39×3	76.2	469.9	7
HG20615-2009BLM-600(110)_17	18	450	745	654	45	20	M42×3	82.6	533.4	7
HG20615-2009BLM-600(110)_18	20	500	815	723.9	45	24	M42×3	88.9	584.2	7
HG20615-2009BLM-600(110)_19	24	600	940	838.2	51	24	M48×3	101.6	692.2	7

表 5-176　Class900（PN150）凸面（M）法兰盖尺寸　　单位：mm

标准件编号	NPS (in)	DN	D	K	L	n (个)	螺栓Th	C	密封面X	密封面f_2
HG20615-2009BLM-900(150)_1	$^1/_2$	15	120	82.6	22	4	M20	22.3	34.9	7
HG20615-2009BLM-900(150)_2	$^3/_4$	20	130	88.9	22	4	M20	25.4	42.9	7
HG20615-2009BLM-900(150)_3	1	25	150	101.6	26	4	M24	28.6	50.8	7
HG20615-2009BLM-900(150)_4	$1^1/_4$	32	160	111.1	26	4	M24	28.6	63.5	7
HG20615-2009BLM-900(150)_5	$1^1/_2$	40	180	123.8	30	4	M27	31.8	73.0	7
HG20615-2009BLM-900(150)_6	2	50	215	165.1	26	8	M24	38.1	92.1	7
HG20615-2009BLM-900(150)_7	$2^1/_2$	65	245	190.5	30	8	M27	41.3	104.8	7
HG20615-2009BLM-900(150)_8	3	80	240	190.5	26	8	M24	38.1	127.0	7
HG20615-2009BLM-900(150)_9	4	100	290	235	33	8	M30	44.5	157.2	7
HG20615-2009BLM-900(150)_10	5	125	350	279.5	36	8	M33	50.8	185.7	7
HG20615-2009BLM-900(150)_11	6	150	380	317.5	32.5	12	M30	55.6	215.9	7
HG20615-2009BLM-900(150)_12	8	200	470	393.7	39	12	M36×3	63.5	269.9	7
HG20615-2009BLM-900(150)_13	10	250	545	469.9	39	16	M36×3	69.9	323.8	7
HG20615-2009BLM-900(150)_14	12	300	610	533.4	39	20	M36×3	79.4	381.0	7
HG20615-2009BLM-900(150)_15	14	350	640	558.8	42	20	M39×3	85.8	412.8	7
HG20615-2009BLM-900(150)_16	16	400	705	616	45	20	M42×3	88.9	469.9	7
HG20615-2009BLM-900(150)_17	18	450	785	685.8	51	20	M48×3	101.6	533.4	7
HG20615-2009BLM-900(150)_18	20	500	855	749.3	55	20	M52×3	108	584.2	7
HG20615-2009BLM-900(150)_19	24	600	1040	901.7	68	20	M64×3	139.7	692.2	7

表 5-177　Class1500（PN260）凸面（M）法兰盖尺寸　　单位：mm

标准件编号	NPS (in)	DN	D	K	L	n (个)	螺栓Th	C	密封面X	密封面f_2
HG20615-2009BLM-1500(260)_1	$^1/_2$	15	120	82.6	22	4	M20	22.3	34.9	7

续表

标准件编号	NPS (in)	DN	*D*	*K*	*L*	*n* (个)	螺栓Th	*C*	密封面*X*	密封面f_2
HG20615-2009BLM-1500(260)_2	$^3/_4$	20	130	89	22	4	M20	25.4	42.9	7
HG20615-2009BLM-1500(260)_3	1	25	150	101.6	26	4	M24	28.6	50.8	7
HG20615-2009BLM-1500(260)_4	$1^1/_4$	32	160	111.1	26	4	M24	28.6	63.5	7
HG20615-2009BLM-1500(260)_5	$1^1/_2$	40	180	123.8	30	4	M27	31.8	73.0	7
HG20615-2009BLM-1500(260)_6	2	50	215	165.1	26	8	M24	38.1	92.1	7
HG20615-2009BLM-1500(260)_7	$2^1/_2$	65	245	190.5	30	8	M27	41.3	104.8	7
HG20615-2009BLM-1500(260)_8	3	80	265	203.2	33	8	M30	47.7	127.0	7
HG20615-2009BLM-1500(260)_9	4	100	310	241.3	36	8	M33	54	157.2	7
HG20615-2009BLM-1500(260)_10	5	125	375	292.1	42	8	M39×3	73.1	185.7	7
HG20615-2009BLM-1500(260)_11	6	150	395	317.5	39	12	M36×3	82.6	215.9	7
HG20615-2009BLM-1500(260)_12	8	200	485	393.7	45	12	M42×3	92.1	269.9	7
HG20615-2009BLM-1500(260)_13	10	250	585	482.6	51	12	M48×3	108	323.8	7
HG20615-2009BLM-1500(260)_14	12	300	675	571.5	55	16	M52×3	123.9	381.0	7
HG20615-2009BLM-1500(260)_15	14	350	750	635	60	16	M56×3	133.4	412.8	7
HG20615-2009BLM-1500(260)_16	16	400	825	704.8	68	16	M64×3	146.1	469.9	7
HG20615-2009BLM-1500(260)_17	18	450	915	774.7	74	16	M70×3	162	533.4	7
HG20615-2009BLM-1500(260)_18	20	500	985	831.8	80	16	M76×3	177.8	584.2	7
HG20615-2009BLM-1500(260)_19	24	600	1170	990.6	94	16	M90×3	203.2	692.2	7

表 5-178　Class2500（PN420）法兰盖尺寸　　单位：mm

标准件编号	NPS (in)	DN	*D*	*K*	*L*	*n* (个)	螺栓Th	*C*	密封面*X*	密封面f_2
HG20615-2009BLM-2500(420)_1	$^1/_2$	15	135	88.9	22	4	M20	30.2	34.9	7
HG20615-2009BLM-2500(420)_2	$^3/_4$	20	140	95.2	22	4	M20	31.8	42.9	7
HG20615-2009BLM-2500(420)_3	1	25	160	108	26	4	M24	35	50.8	7
HG20615-2009BLM-2500(420)_4	$1^1/_4$	32	185	130.2	30	4	M27	38.1	63.5	7
HG20615-2009BLM-2500(420)_5	$1^1/_2$	40	205	146	33	4	M30	44.5	73.0	7
HG20615-2009BLM-2500(420)_6	2	50	235	171.4	30	8	M27	50.9	92.1	7
HG20615-2009BLM-2500(420)_7	$2^1/_2$	65	265	196.8	33	8	M30	57.2	104.8	7
HG20615-2009BLM-2500(420)_8	3	80	305	228.6	36	8	M33	66.7	127.0	7
HG20615-2009BLM-2500(420)_9	4	100	355	273	42	8	M39×3	76.2	157.2	7
HG20615-2009BLM-2500(420)_10	5	125	420	323.8	48	8	M45×3	92.1	185.7	7
HG20615-2009BLM-2500(420)_11	6	150	485	368.3	55	8	M52×3	108	215.9	7
HG20615-2009BLM-2500(420)_12	8	200	550	438.2	55	12	M52×3	127	269.9	7
HG20615-2009BLM-2500(420)_13	10	250	675	539.8	68	12	M64×3	165.1	323.8	7
HG20615-2009BLM-2500(420)_14	12	300	760	619.1	74	12	M70×3	184.2	381.0	7

4. 榫面（T）法兰盖

榫面(T)法兰盖根据公称压力可分为Class300(PN50)、Class600(PN110)、Class900(PN150)、Class1500（PN260）和Class2500（PN420）。法兰盖尺寸如表5-179～表5-183所示。

表5-179 Class300（PN50）榫面（T）法兰盖尺寸 单位：mm

标准件编号	NPS(in)	DN	D	K	L	n(个)	螺栓Th	C	密封面W	密封面X	密封面f_2
HG20615-2009BLT-300(50)_1	$^1/_2$	15	95	66.7	16	4	M14	12.7	25.4	34.9	7
HG20615-2009BLT-300(50)_2	$^3/_4$	20	115	82.6	18	4	M16	14.3	33.3	42.9	7
HG20615-2009BLT-300(50)_3	1	25	125	88.9	18	4	M16	15.9	38.1	50.8	7
HG20615-2009BLT-300(50)_4	$1^1/_4$	32	135	98.4	18	4	M16	17.5	47.6	63.5	7
HG20615-2009BLT-300(50)_5	$1^1/_2$	40	155	114.3	22	4	M20	19.1	54.0	73.0	7
HG20615-2009BLT-300(50)_6	2	50	165	127	18	8	M16	20.7	73.0	92.1	7
HG20615-2009BLT-300(50)_7	$2^1/_2$	65	190	149.2	22	8	M20	23.9	85.7	104.8	7
HG20615-2009BLT-300(50)_8	3	80	210	168.3	22	8	M20	27.0	108.0	127.0	7
HG20615-2009BLT-300(50)_9	4	100	255	200	22	8	M20	30.2	131.8	157.2	7
HG20615-2009BLT-300(50)_10	5	125	280	235.0	22	8	M20	33.4	160.3	185.7	7
HG20615-2009BLT-300(50)_11	6	150	320	269.9	22	12	M20	35.0	190.5	215.9	7
HG20615-2009BLT-300(50)_12	8	200	380	330.2	26	12	M24	39.7	238.1	269.9	7
HG20615-2009BLT-300(50)_13	10	250	445	387.4	30	16	M27	46.1	285.8	323.8	7
HG20615-2009BLT-300(50)_14	12	300	520	450.8	33	16	M30	49.3	342.9	381.0	7
HG20615-2009BLT-300(50)_15	14	350	585	514.4	33	20	M30	52.4	374.6	412.8	7
HG20615-2009BLT-300(50)_16	16	400	650	571.5	36	20	M33	55.6	425.4	469.9	7
HG20615-2009BLT-300(50)_17	18	450	710	628.6	36	24	M33	58.8	489.0	533.4	7
HG20615-2009BLT-300(50)_18	20	500	775	685.8	36	24	M33	62.0	533.4	584.2	7
HG20615-2009BLT-300(50)_19	24	600	915	812.8	42	24	M39×3	68.3	641.4	692.2	7

表5-180 Class600（PN110）榫面（T）法兰盖尺寸 单位：mm

标准件编号	NPS(in)	DN	D	K	L	n(个)	螺栓Th	C	密封面W	密封面X	密封面f_2
HG20615-2009BLT-600(110)_1	$^1/_2$	15	95	66.7	16	4	M14	14.3	25.4	34.9	7
HG20615-2009BLT-600(110)_2	$^3/_4$	20	115	82.6	18	4	M16	15.9	33.3	42.9	7
HG20615-2009BLT-600(110)_3	1	25	125	88.9	18	4	M16	17.5	38.1	50.8	7
HG20615-2009BLT-600(110)_4	$1^1/_4$	32	135	98.4	18	4	M16	20.7	47.6	63.5	7
HG20615-2009BLT-600(110)_5	$1^1/_2$	40	155	114.3	22	4	M20	22.3	54.0	73.0	7
HG20615-2009BLT-600(110)_6	2	50	165	127	18	8	M16	25.4	73.0	92.1	7
HG20615-2009BLT-600(110)_7	$2^1/_2$	65	190	149.2	22	8	M20	28.6	85.7	104.8	7
HG20615-2009BLT-600(110)_8	3	80	210	168.3	22	8	M20	31.8	108.0	127.0	7
HG20615-2009BLT-600(110)_9	4	100	275	215.9	26	8	M24	38.1	131.8	157.2	7

续表

标准件编号	NPS (in)	DN	*D*	*K*	*L*	*n* (个)	螺栓Th	*C*	密封面*W*	密封面*X*	密封面f_2
HG20615-2009BLT-600(110)_10	5	125	330	266.7	30	8	M27	44.5	160.3	185.7	7
HG20615-2009BLT-600(110)_11	6	150	355	292.1	30	12	M27	47.7	190.5	215.9	7
HG20615-2009BLT-600(110)_12	8	200	420	349.2	33	12	M30	55.6	238.1	269.9	7
HG20615-2009BLT-600(110)_13	10	250	510	431.8	36	16	M33	63.5	285.8	323.8	7
HG20615-2009BLT-600(110)_14	12	300	560	489	36	20	M33	66.7	342.9	381.0	7
HG20615-2009BLT-600(110)_15	14	350	605	527	39	20	M36×3	69.9	374.6	412.8	7
HG20615-2009BLT-600(110)_16	16	400	685	603.2	42	20	M39×3	76.2	425.4	469.9	7
HG20615-2009BLT-600(110)_17	18	450	745	654	45	20	M42×3	82.6	489.0	533.4	7
HG20615-2009BLT-600(110)_18	20	500	815	723.9	45	24	M42×3	88.9	533.4	584.2	7
HG20615-2009BLT-600(110)_19	24	600	940	838.2	51	24	M48×3	101.6	641.4	692.2	7

表 5-181　Class900（PN150）榫面（T）法兰盖尺寸　单位：mm

标准件编号	NPS (in)	DN	*D*	*K*	*L*	*n* (个)	螺栓Th	*C*	密封面*W*	密封面*X*	密封面f_2
HG20615-2009BLT-900(150)_1	$^1/_2$	15	120	82.6	22	4	M20	22.3	25.4	34.9	7
HG20615-2009BLT-900(150)_2	$^3/_4$	20	130	88.9	22	4	M20	25.4	33.3	42.9	7
HG20615-2009BLT-900(150)_3	1	25	150	101.6	26	4	M24	28.6	38.1	50.8	7
HG20615-2009BLT-900(150)_4	$1^1/_4$	32	160	111.1	26	4	M24	28.6	47.6	63.5	7
HG20615-2009BLT-900(150)_5	$1^1/_2$	40	180	123.8	30	4	M27	31.8	54.0	73.0	7
HG20615-2009BLT-900(150)_6	2	50	215	165.1	26	8	M24	38.1	73.0	92.1	7
HG20615-2009BLT-900(150)_7	$2^1/_2$	65	245	190.5	30	8	M27	41.3	85.7	104.8	7
HG20615-2009BLT-900(150)_8	3	80	240	190.5	26	8	M24	38.1	108.0	127.0	7
HG20615-2009BLT-900(150)_9	4	100	290	235	33	8	M30	44.5	131.8	157.2	7
HG20615-2009BLT-900(150)_10	5	125	350	279.5	36	8	M33	50.8	160.3	185.7	7
HG20615-2009BLT-900(150)_11	6	150	380	317.5	32.5	12	M30	55.6	190.5	215.9	7
HG20615-2009BLT-900(150)_12	8	200	470	393.7	39	12	M36×3	63.5	238.1	269.9	7
HG20615-2009BLT-900(150)_13	10	250	545	469.9	39	16	M36×3	69.9	285.8	323.8	7
HG20615-2009BLT-900(150)_14	12	300	610	533.4	39	20	M36×3	79.4	342.9	381.0	7
HG20615-2009BLT-900(150)_15	14	350	640	558.8	42	20	M39×3	85.8	374.6	412.8	7
HG20615-2009BLT-900(150)_16	16	400	705	616	45	20	M42×3	88.9	425.4	469.9	7
HG20615-2009BLT-900(150)_17	18	450	785	685.8	51	20	M48×3	101.6	489.0	533.4	7
HG20615-2009BLT-900(150)_18	20	500	855	749.3	55	20	M52×3	108	533.4	584.2	7
HG20615-2009BLT-900(150)_19	24	600	1040	901.7	68	20	M64×3	139.7	641.4	692.2	7

表 5-182　Class1500（PN260）榫面（T）法兰盖尺寸　单位：mm

标准件编号	NPS (in)	DN	*D*	*K*	*L*	*n* (个)	螺栓Th	*C*	密封面*W*	密封面*X*	密封面f_2
HG20615-2009BLT-1500(260)_1	$^1/_2$	15	120	82.6	22	4	M20	22.3	25.4	34.9	7

续表

标准件编号	NPS(in)	DN	D	K	L	n(个)	螺栓Th	C	密封面W	密封面X	密封面f_2
HG20615-2009BLT-1500(260)_2	$^3/_4$	20	130	89	22	4	M20	25.4	33.3	42.9	7
HG20615-2009BLT-1500(260)_3	1	25	150	101.6	26	4	M24	28.6	38.1	50.8	7
HG20615-2009BLT-1500(260)_4	$1^1/_4$	32	160	111.1	26	4	M24	28.6	47.6	63.5	7
HG20615-2009BLT-1500(260)_5	$1^1/_2$	40	180	123.8	30	4	M27	31.8	54.0	73.0	7
HG20615-2009BLT-1500(260)_6	2	50	215	165.1	26	8	M24	38.1	73.0	92.1	7
HG20615-2009BLT-1500(260)_7	$2^1/_2$	65	245	190.5	30	8	M27	41.3	85.7	104.8	7
HG20615-2009BLT-1500(260)_8	3	80	265	203.2	33	8	M30	47.7	108.0	127.0	7
HG20615-2009BLT-1500(260)_9	4	100	310	241.3	36	8	M33	54	131.8	157.2	7
HG20615-2009BLT-1500(260)_10	5	125	375	292.1	42	8	M39×3	73.1	160.3	185.7	7
HG20615-2009BLT-1500(260)_11	6	150	395	317.5	39	12	M36×3	82.6	190.5	215.9	7
HG20615-2009BLT-1500(260)_12	8	200	485	393.7	45	12	M42×3	92.1	238.1	269.9	7
HG20615-2009BLT-1500(260)_13	10	250	585	482.6	51	12	M48×3	108	285.8	323.8	7
HG20615-2009BLT-1500(260)_14	12	300	675	571.5	55	16	M52×3	123.9	342.9	381.0	7
HG20615-2009BLT-1500(260)_15	14	350	750	635	60	16	M56×3	133.4	374.6	412.8	7
HG20615-2009BLT-1500(260)_16	16	400	825	704.8	68	16	M64×3	146.1	425.4	469.9	7
HG20615-2009BLT-1500(260)_17	18	450	915	774.7	74	16	M70×3	162	489.0	533.4	7
HG20615-2009BLT-1500(260)_18	20	500	985	831.8	80	16	M76×3	177.8	533.4	584.2	7
HG20615-2009BLT-1500(260)_19	24	600	1170	990.6	94	16	M90×3	203.2	641.4	692.2	7

表 5-183 Class2500（PN420）榫面（T）法兰盖尺寸　　单位：mm

标准件编号	NPS(in)	DN	D	K	L	n(个)	螺栓Th	C	密封面W	密封面X	密封面f_2
HG20615-2009BLT-2500(420)_1	$^1/_2$	15	135	88.9	22	4	M20	30.2	25.4	34.9	7
HG20615-2009BLT-2500(420)_2	$^3/_4$	20	140	95.2	22	4	M20	31.8	33.3	42.9	7
HG20615-2009BLT-2500(420)_3	1	25	160	108	26	4	M24	35	38.1	50.8	7
HG20615-2009BLT-2500(420)_4	$1^1/_4$	32	185	130.2	30	4	M27	38.1	47.6	63.5	7
HG20615-2009BLT-2500(420)_5	$1^1/_2$	40	205	146	33	4	M30	44.5	54.0	73.0	7
HG20615-2009BLT-2500(420)_6	2	50	235	171.4	30	8	M27	50.9	73.0	92.1	7
HG20615-2009BLT-2500(420)_7	$2^1/_2$	65	265	196.8	33	8	M30	57.2	85.7	104.8	7
HG20615-2009BLT-2500(420)_8	3	80	305	228.6	36	8	M33	66.7	108.0	127.0	7
HG20615-2009BLT-2500(420)_9	4	100	355	273	42	8	M39×3	76.2	131.8	157.2	7
HG20615-2009BLT-2500(420)_10	5	125	420	323.8	48	8	M45×3	92.1	160.3	185.7	7
HG20615-2009BLT-2500(420)_11	6	150	485	368.3	55	8	M52×3	108	190.5	215.9	7
HG20615-2009BLT-2500(420)_12	8	200	550	438.2	55	12	M52×3	127	238.1	269.9	7
HG20615-2009BLT-2500(420)_13	10	250	675	539.8	68	12	M64×3	165.1	285.8	323.8	7
HG20615-2009BLT-2500(420)_14	12	300	760	619.1	74	12	M70×3	184.2	342.9	381.0	7

5. 槽面（G）法兰盖

槽面(G)法兰盖根据公称压力可分为Class300(PN50)、Class600(PN110)、Class900(PN150)、Class1500（PN260）和Class2500（PN420）。法兰盖尺寸如表5-184～表5-188所示。

表5-184 Class300（PN50）槽面（G）法兰盖尺寸 单位：mm

标准件编号	NPS (in)	DN	D	K	L	n(个)	螺栓Th	C	密封面				
									d	Y	Z	f_2	f_3
HG20615-2009BLG-300(50)_1	1/2	15	95	66.7	16	4	M14	12.7	46	36.5	23.8	7	5
HG20615-2009BLG-300(50)_2	3/4	20	115	82.6	18	4	M16	14.3	54	44.4	31.8	7	5
HG20615-2009BLG-300(50)_3	1	25	125	88.9	18	4	M16	15.9	62	52.4	36.5	7	5
HG20615-2009BLG-300(50)_4	1 1/4	32	135	98.4	18	4	M16	17.5	75	65.1	46.0	7	5
HG20615-2009BLG-300(50)_5	1 1/2	40	155	114.3	22	4	M20	19.1	84	74.6	52.4	7	5
HG20615-2009BLG-300(50)_6	2	50	165	127	18	8	M16	20.7	103	93.7	71.4	7	5
HG20615-2009BLG-300(50)_7	2 1/2	65	190	149.2	22	8	M20	23.9	116	106.4	84.1	7	5
HG20615-2009BLG-300(50)_8	3	80	210	168.3	22	8	M20	27.0	138	128.6	106.4	7	5
HG20615-2009BLG-300(50)_9	4	100	255	200	22	8	M20	30.2	168	158.8	130.2	7	5
HG20615-2009BLG-300(50)_10	5	125	280	235.0	22	8	M20	33.4	197	187.3	158.8	7	5
HG20615-2009BLG-300(50)_11	6	150	320	269.9	22	12	M20	35.0	227	217.5	188.9	7	5
HG20615-2009BLG-300(50)_12	8	200	380	330.2	26	12	M24	39.7	281	271.5	236.5	7	5
HG20615-2009BLG-300(50)_13	10	250	445	387.4	30	16	M27	46.1	335	325.4	284.2	7	5
HG20615-2009BLG-300(50)_14	12	300	520	450.8	33	16	M30	49.3	392	382.6	341.3	7	5
HG20615-2009BLG-300(50)_15	14	350	585	514.4	33	20	M30	52.4	424	414.3	373.1	7	5
HG20615-2009BLG-300(50)_16	16	400	650	571.5	36	20	M33	55.6	481	471.5	423.9	7	5
HG20615-2009BLG-300(50)_17	18	450	710	628.6	36	24	M33	58.8	544	535.0	487.4	7	5
HG20615-2009BLG-300(50)_18	20	500	775	685.8	36	24	M33	62.0	595	585.8	531.8	7	5
HG20615-2009BLG-300(50)_19	24	600	915	812.8	42	24	M39×3	68.3	703	693.7	639.8	7	5

表5-185 Class600（PN110）槽面（G）法兰盖尺寸 单位：mm

标准件编号	NPS (in)	DN	D	K	L	n(个)	螺栓Th	C	密封面				
									d	Y	Z	f_2	f_3
HG20615-2009BLG-600(110)_1	1/2	15	95	66.7	16	4	M14	14.3	46	36.5	23.8	7	5
HG20615-2009BLG-600(110)_2	3/4	20	115	82.6	18	4	M16	15.9	54	44.4	31.8	7	5
HG20615-2009BLG-600(110)_3	1	25	125	88.9	18	4	M16	17.5	62	52.4	36.5	7	5
HG20615-2009BLG-600(110)_4	1 1/4	32	135	98.4	18	4	M16	20.7	75	65.1	46.0	7	5
HG20615-2009BLG-600(110)_5	1 1/2	40	155	114.3	22	4	M20	22.3	84	74.6	52.4	7	5
HG20615-2009BLG-600(110)_6	2	50	165	127	18	8	M16	25.4	103	93.7	71.4	7	5
HG20615-2009BLG-600(110)_7	2 1/2	65	190	149.2	22	8	M20	28.6	116	106.4	84.1	7	5

续表

标准件编号	NPS (in)	DN	*D*	*K*	*L*	*n* (个)	螺栓Th	*C*	密封面				
									d	*Y*	*Z*	f_2	f_3
HG20615-2009BLG-600(110)_8	3	80	210	168.3	22	8	M20	31.8	138	128.6	106.4	7	5
HG20615-2009BLG-600(110)_9	4	100	275	215.9	26	8	M24	38.1	168	158.8	130.2	7	5
HG20615-2009BLG-600(110)_10	5	125	330	266.7	30	8	M27	44.5	197	187.3	158.8	7	5
HG20615-2009BLG-600(110)_11	6	150	355	292.1	30	12	M27	47.7	227	217.5	188.9	7	5
HG20615-2009BLG-600(110)_12	8	200	420	349.2	33	12	M30	55.6	281	271.5	236.5	7	5
HG20615-2009BLG-600(110)_13	10	250	510	431.8	36	16	M33	63.5	335	325.4	284.2	7	5
HG20615-2009BLG-600(110)_14	12	300	560	489	36	20	M33	66.7	392	382.6	341.3	7	5
HG20615-2009BLG-600(110)_15	14	350	605	527	39	20	M36×3	69.9	424	414.3	373.1	7	5
HG20615-2009BLG-600(110)_16	16	400	685	603.2	42	20	M39×3	76.2	481	471.5	423.9	7	5
HG20615-2009BLG-600(110)_17	18	450	745	654	45	20	M42×3	82.6	544	535.0	487.4	7	5
HG20615-2009BLG-600(110)_18	20	500	815	723.9	45	24	M42×3	88.9	595	585.8	531.8	7	5
HG20615-2009BLG-600(110)_19	24	600	940	838.2	51	24	M48×3	101.6	703	693.7	639.8	7	5

表 5-186 Class900（PN150）槽面（G）法兰盖尺寸　　单位：mm

标准件编号	NPS (in)	DN	*D*	*K*	*L*	*n* (个)	螺栓Th	*C*	密封面				
									d	*Y*	*Z*	f_2	f_3
HG20615-2009BLG-900(150)_1	1/2	15	120	82.6	22	4	M20	22.3	46	36.5	23.8	7	5
HG20615-2009BLG-900(150)_2	3/4	20	130	88.9	22	4	M20	25.4	54	44.4	31.8	7	5
HG20615-2009BLG-900(150)_3	1	25	150	101.6	26	4	M24	28.6	62	52.4	36.5	7	5
HG20615-2009BLG-900(150)_4	1 1/4	32	160	111.1	26	4	M24	28.6	75	65.1	46.0	7	5
HG20615-2009BLG-900(150)_5	1 1/2	40	180	123.8	30	4	M27	31.8	84	74.6	52.4	7	5
HG20615-2009BLG-900(150)_6	2	50	215	165.1	26	8	M24	38.1	103	93.7	71.4	7	5
HG20615-2009BLG-900(150)_7	2 1/2	65	245	190.5	30	8	M27	41.3	116	106.4	84.1	7	5
HG20615-2009BLG-900(150)_8	3	80	240	190.5	26	8	M24	38.1	138	128.6	106.4	7	5
HG20615-2009BLG-900(150)_9	4	100	290	235	33	8	M30	44.5	168	158.8	130.2	7	5
HG20615-2009BLG-900(150)_10	5	125	350	279.5	36	8	M33	50.8	197	187.3	158.8	7	5
HG20615-2009BLG-900(150)_11	6	150	380	317.5	32.5	12	M30	55.6	227	217.5	188.9	7	5
HG20615-2009BLG-900(150)_12	8	200	470	393.7	39	12	M36×3	63.5	281	271.5	236.5	7	5
HG20615-2009BLG-900(150)_13	10	250	545	469.9	39	16	M36×3	69.9	335	325.4	284.2	7	5
HG20615-2009BLG-900(150)_14	12	300	610	533.4	39	20	M36×3	79.4	392	382.6	341.3	7	5
HG20615-2009BLG-900(150)_15	14	350	640	558.8	42	20	M39×3	85.8	424	414.3	373.1	7	5
HG20615-2009BLG-900(150)_16	16	400	705	616	45	20	M42×3	88.9	481	471.5	423.9	7	5
HG20615-2009BLG-900(150)_17	18	450	785	685.8	51	20	M48×3	101.6	544	535.0	487.4	7	5
HG20615-2009BLG-900(150)_18	20	500	855	749.3	55	20	M52×3	108	595	585.8	531.8	7	5

续表

标准件编号	NPS (in)	DN	D	K	L	n (个)	螺栓Th	C	密封面				
									d	Y	Z	f_2	f_3
HG20615-2009BLG-900(150)_19	24	600	1040	901.7	68	20	M64×3	139.7	703	693.7	639.8	7	5

表 5-187　Class1500（PN260）槽面（G）法兰盖尺寸　　单位：mm

标准件编号	NPS (in)	DN	D	K	L	n (个)	螺栓Th	C	密封面				
									d	Y	Z	f_2	f_3
HG20615-2009BLG-1500(260)_1	$^{1}/_{2}$	15	120	82.6	22	4	M20	22.3	46	36.5	23.8	7	5
HG20615-2009BLG-1500(260)_2	$^{3}/_{4}$	20	130	89	22	4	M20	25.4	54	44.4	31.8	7	5
HG20615-2009BLG-1500(260)_3	1	25	150	101.6	26	4	M24	28.6	62	52.4	36.5	7	5
HG20615-2009BLG-1500(260)_4	$1^{1}/_{4}$	32	160	111.1	26	4	M24	28.6	75	65.1	46.0	7	5
HG20615-2009BLG-1500(260)_5	$1^{1}/_{2}$	40	180	123.8	30	4	M27	31.8	84	74.6	52.4	7	5
HG20615-2009BLG-1500(260)_6	2	50	215	165.1	26	8	M24	38.1	103	93.7	71.4	7	5
HG20615-2009BLG-1500(260)_7	$2^{1}/_{2}$	65	245	190.5	30	8	M27	41.3	116	106.4	84.1	7	5
HG20615-2009BLG-1500(260)_8	3	80	265	203.2	33	8	M30	47.7	138	128.6	106.4	7	5
HG20615-2009BLG-1500(260)_9	4	100	310	241.3	36	8	M33	54	168	158.8	130.2	7	5
HG20615-2009BLG-1500(260)_10	5	125	375	292.1	42	8	M39×3	73.1	197	187.3	158.8	7	5
HG20615-2009BLG-1500(260)_11	6	150	395	317.5	39	12	M36×3	82.6	227	217.5	188.9	7	5
HG20615-2009BLG-1500(260)_12	8	200	485	393.7	45	12	M42×3	92.1	281	271.5	236.5	7	5
HG20615-2009BLG-1500(260)_13	10	250	585	482.6	51	12	M48×3	108	335	325.4	284.2	7	5
HG20615-2009BLG-1500(260)_14	12	300	675	571.5	55	16	M52×3	123.9	392	382.6	341.3	7	5
HG20615-2009BLG-1500(260)_15	14	350	750	635	60	16	M56×3	133.4	424	414.3	373.1	7	5
HG20615-2009BLG-1500(260)_16	16	400	825	704.8	68	16	M64×3	146.1	481	471.5	423.9	7	5
HG20615-2009BLG-1500(260)_17	18	450	915	774.7	74	16	M70×3	162	544	535.0	487.4	7	5
HG20615-2009BLG-1500(260)_18	20	500	985	831.8	80	16	M76×3	177.8	595	585.8	531.8	7	5
HG20615-2009BLG-1500(260)_19	24	600	1170	990.6	94	16	M90×3	203.2	703	693.7	639.8	7	5

表 5-188　Class2500（PN420）槽面（G）法兰盖尺寸　　单位：mm

标准件编号	NPS (in)	DN	D	K	L	n (个)	螺栓Th	C	密封面				
									d	Y	Z	f_2	f_3
HG20615-2009BLG-2500(420)_1	$^{1}/_{2}$	15	135	88.9	22	4	M20	30.2	46	36.5	23.8	7	5
HG20615-2009BLG-2500(420)_2	$^{3}/_{4}$	20	140	95.2	22	4	M20	31.8	54	44.4	31.8	7	5
HG20615-2009BLG-2500(420)_3	1	25	160	108	26	4	M24	35	62	52.4	36.5	7	5
HG20615-2009BLG-2500(420)_4	$1^{1}/_{4}$	32	185	130.2	30	4	M27	38.1	75	65.1	46.0	7	5
HG20615-2009BLG-2500(420)_5	$1^{1}/_{2}$	40	205	146	33	4	M30	44.5	84	74.6	52.4	7	5
HG20615-2009BLG-2500(420)_6	2	50	235	171.4	30	8	M27	50.9	103	93.7	71.4	7	5

续表

标准件编号	NPS (in)	DN	D	K	L	n（个）	螺栓Th	C	密封面				
									d	Y	Z	f_2	f_3
HG20615-2009BLG-2500(420)_7	$2^1/_2$	65	265	196.8	33	8	M30	57.2	116	106.4	84.1	7	5
HG20615-2009BLG-2500(420)_8	3	80	305	228.6	36	8	M33	66.7	138	128.6	106.4	7	5
HG20615-2009BLG-2500(420)_9	4	100	355	273	42	8	M39×3	76.2	168	158.8	130.2	7	5
HG20615-2009BLG-2500(420)_10	5	125	420	323.8	48	8	M45×3	92.1	197	187.3	158.8	7	5
HG20615-2009BLG-2500(420)_11	6	150	485	368.3	55	8	M52×3	108	227	217.5	188.9	7	5
HG20615-2009BLG-2500(420)_12	8	200	550	438.2	55	12	M52×3	127	281	271.5	236.5	7	5
HG20615-2009BLG-2500(420)_13	10	250	675	539.8	68	12	M64×3	165.1	335	325.4	284.2	7	5
HG20615-2009BLG-2500(420)_14	12	300	760	619.1	74	12	M70×3	184.2	392	382.6	341.3	7	5

6. 全平面（FF）法兰盖

全平面（FF）法兰盖根据公称压力可分为 Class150（PN20）。法兰盖尺寸如表 5-189 所示。

表 5-189　Class150（PN20）全平面（FF）法兰盖尺寸　　单位：mm

标准件编号	NPS (in)	DN	D	K	L	n（个）	螺栓Th	C
HG20615-2009BLFF-150(20)_1	$^1/_2$	15	90	60.3	16	4	M14	9.6
HG20615-2009BLFF-150(20)_2	$^3/_4$	20	100	69.9	16	4	M14	11.2
HG20615-2009BLFF-150(20)_3	1	25	110	78.4	16	4	M14	12.7
HG20615-2009BLFF-150(20)_4	$1^1/_4$	32	115	88.9	16	4	M14	14.3
HG20615-2009BLFF-150(20)_5	$1^1/_2$	40	125	98.4	16	4	M14	15.9
HG20615-2009BLFF-150(20)_6	2	50	150	120.7	18	4	M16	17.5
HG20615-2009BLFF-150(20)_7	$2^1/_2$	65	180	139.7	18	4	M16	20.7
HG20615-2009BLFF-150(20)_8	3	80	190	152.4	18	4	M16	22.3
HG20615-2009BLFF-150(20)_9	4	100	230	190.5	18	8	M16	22.3
HG20615-2009BLFF-150(20)_10	5	125	255	215.9	22	8	M20	22.3
HG20615-2009BLFF-150(20)_11	6	150	280	241.3	22	8	M20	23.9
HG20615-2009BLFF-150(20)_12	8	200	345	298.58	22	8	M20	27.0
HG20615-2009BLFF-150(20)_13	10	250	405	362	26	12	M24	28.6
HG20615-2009BLFF-150(20)_14	12	300	485	431.8	26	12	M24	30.2
HG20615-2009BLFF-150(20)_15	14	350	535	476.3	30	12	M27	33.4
HG20615-2009BLFF-150(20)_16	16	400	595	539.8	30	16	M27	35.0
HG20615-2009BLFF-150(20)_17	18	450	635	577.9	33	16	M30	38.1
HG20615-2009BLFF-150(20)_18	20	500	700	635	33	20	M30	41.3
HG20615-2009BLFF-150(20)_19	24	600	815	749.3	36	20	M33	46.1

7. 环连接面（RJ）法兰盖

环连接面（RJ）法兰盖根据公称压力可分为 Class150（PN20）、Class300（PN50）、Class600（PN110）、Class900（PN150）、Class1500（PN260）和 Class2500（PN420）。法兰尺寸如表 5-190～表 5-195 所示。

表 5-190 Class150（PN20）环连接面（RJ）法兰盖尺寸 单位：mm

标准件编号	NPS (in)	DN	D	K	L	n（个）	螺栓Th	C	密封面				
									d	P	E	F	R_{max}
HG20615-2009BLRJ-150(20)_1	1	25	110	78.4	16	4	M14	12.7	63.5	47.63	6.35	8.74	0.8
HG20615-2009BLRJ-150(20)_2	$1^1/_4$	32	115	88.9	16	4	M14	14.3	73	57.15	6.35	8.74	0.8
HG20615-2009BLRJ-150(20)_3	$1^1/_2$	40	125	98.4	16	4	M14	15.9	82.5	65.07	6.35	8.74	0.8
HG20615-2009BLRJ-150(20)_4	2	50	150	120.7	18	4	M16	17.5	102	82.55	6.35	8.74	0.8
HG20615-2009BLRJ-150(20)_5	$2^1/_2$	65	180	139.7	18	4	M16	20.7	121	101.6	6.35	8.74	0.8
HG20615-2009BLRJ-150(20)_6	3	80	190	152.4	18	4	M16	22.3	133	114.3	6.35	8.74	0.8
HG20615-2009BLRJ-150(20)_7	4	100	230	190.5	18	8	M16	22.3	171	149.23	6.35	8.74	0.8
HG20615-2009BLRJ-150(20)_8	5	125	255	215.9	22	8	M20	22.3	194	171.45	6.35	8.74	0.8
HG20615-2009BLRJ-150(20)_9	6	150	280	241.3	22	8	M20	23.9	219	193.68	6.35	8.74	0.8
HG20615-2009BLRJ-150(20)_10	8	200	345	298.58	22	8	M20	27.0	273	247.65	6.35	8.74	0.8
HG20615-2009BLRJ-150(20)_11	10	250	405	362	26	12	M24	28.6	330	304.8	6.35	8.74	0.8
HG20615-2009BLRJ-150(20)_12	12	300	485	431.8	26	12	M24	30.2	406	381.00	6.35	8.74	0.8
HG20615-2009BLRJ-150(20)_13	14	350	535	476.3	30	12	M27	33.4	425	396.88	6.35	8.74	0.8
HG20615-2009BLRJ-150(20)_14	16	400	595	539.8	30	16	M27	35.0	483	454.03	6.35	8.74	0.8
HG20615-2009BLRJ-150(20)_15	18	450	635	577.9	33	16	M30	38.1	546	517.53	6.35	8.74	0.8
HG20615-2009BLRJ-150(20)_16	20	500	700	635	33	20	M30	41.3	597	558.8	6.35	8.74	0.8
HG20615-2009BLRJ-150(20)_17	24	600	815	749.3	36	20	M33	46.1	711	673.1	6.35	8.74	0.8

表 5-191 Class300（PN50）环连接面（RJ）法兰盖尺寸 单位：mm

标准件编号	NPS (in)	DN	D	K	L	n（个）	螺栓Th	C	密封面				
									d	P	E	F	R_{max}
HG20615-2009BLRJ-300(50)_1	$^1/_2$	15	95	66.7	16	4	M14	12.7	51	34.14	5.56	7.14	0.8
HG20615-2009BLRJ-300(50)_2	$^3/_4$	20	115	82.6	18	4	M16	14.3	63.5	42.88	6.35	8.74	0.8
HG20615-2009BLRJ-300(50)_3	1	25	125	88.9	18	4	M16	15.9	70	50.8	6.35	8.74	0.8
HG20615-2009BLRJ-300(50)_4	$1^1/_4$	32	135	98.4	18	4	M16	17.5	79.5	60.33	6.35	8.74	0.8
HG20615-2009BLRJ-300(50)_5	$1^1/_2$	40	155	114.3	22	4	M20	19.1	90.5	68.27	6.35	8.74	0.8
HG20615-2009BLRJ-300(50)_6	2	50	165	127	18	8	M16	20.7	108	82.55	7.92	11.91	0.8
HG20615-2009BLRJ-300(50)_7	$2^1/_2$	65	190	149.2	22	8	M20	23.9	127	101.6	7.92	11.91	0.8
HG20615-2009BLRJ-300(50)_8	3	80	210	168.3	22	8	M20	27.0	146	123.83	7.92	11.91	0.8

续表

标准件编号	NPS (in)	DN	D	K	L	n (个)	螺栓Th	C	密封面				
									d	P	E	F	R_{max}
HG20615-2009BLRJ-300(50)_9	4	100	255	200	22	8	M20	30.2	175	149.23	7.92	11.91	0.8
HG20615-2009BLRJ-300(50)_10	5	125	280	235.0	22	8	M20	33.4	210	180.98	7.92	11.91	0.8
HG20615-2009BLRJ-300(50)_11	6	150	320	269.9	22	12	M20	35.0	241	211.12	7.92	11.91	0.8
HG20615-2009BLRJ-300(50)_12	8	200	380	330.2	26	12	M24	39.7	302	269.88	7.92	11.91	0.8
HG20615-2009BLRJ-300(50)_13	10	250	445	387.4	30	16	M27	46.1	356	323.85	7.92	11.91	0.8
HG20615-2009BLRJ-300(50)_14	12	300	520	450.8	33	16	M30	49.3	413	381.00	7.92	11.91	0.8
HG20615-2009BLRJ-300(50)_15	14	350	585	514.4	33	20	M30	52.4	457	419.1	7.92	11.91	0.8
HG20615-2009BLRJ-300(50)_16	16	400	650	571.5	36	20	M33	55.6	508	469.9	7.92	11.91	0.8
HG20615-2009BLRJ-300(50)_17	18	450	710	628.6	36	24	M33	58.8	575	533.4	7.92	11.91	0.8
HG20615-2009BLRJ-300(50)_18	20	500	775	685.8	36	24	M33	62.0	635	584.2	9.52	13.49	0.8
HG20615-2009BLRJ-300(50)_19	24	600	915	812.8	42	24	M39×3	68.3	749	692.15	11.13	16.66	0.8

表 5-192 Class600（PN110）环连接面（RJ）法兰盖尺寸　　单位：mm

标准件编号	NPS (in)	DN	D	K	L	n (个)	螺栓Th	C	密封面				
									d	P	E	F	R_{max}
HG20615-2009BLRJ-600(110)_1	$^1/_2$	15	95	66.7	16	4	M14	14.3	51	34.14	5.56	7.14	0.8
HG20615-2009BLRJ-600(110)_2	$^3/_4$	20	115	82.6	18	4	M16	15.9	63.5	42.88	6.35	8.74	0.8
HG20615-2009BLRJ-600(110)_3	1	25	125	88.9	18	4	M16	17.5	70	50.8	6.35	8.74	0.8
HG20615-2009BLRJ-600(110)_4	$1^1/_4$	32	135	98.4	18	4	M16	20.7	79.5	60.33	6.35	8.74	0.8
HG20615-2009BLRJ-600(110)_5	$1^1/_2$	40	155	114.3	22	4	M20	22.3	90.5	68.27	6.35	8.74	0.8
HG20615-2009BLRJ-600(110)_6	2	50	165	127	18	8	M16	25.4	108	82.55	7.92	11.91	0.8
HG20615-2009BLRJ-600(110)_7	$2^1/_2$	65	190	149.2	22	8	M20	28.6	127	101.6	7.92	11.91	0.8
HG20615-2009BLRJ-600(110)_8	3	80	210	168.3	22	8	M20	31.8	146	123.83	7.92	11.91	0.8
HG20615-2009BLRJ-600(110)_9	4	100	275	215.9	26	8	M24	38.1	175	149.23	7.92	11.91	0.8
HG20615-2009BLRJ-600(110)_10	5	125	330	266.7	30	8	M27	44.5	210	180.98	7.92	11.91	0.8
HG20615-2009BLRJ-600(110)_11	6	150	355	292.1	30	12	M27	47.7	241	211.12	7.92	11.91	0.8
HG20615-2009BLRJ-600(110)_12	8	200	420	349.2	33	12	M30	55.6	302	269.88	7.92	11.91	0.8
HG20615-2009BLRJ-600(110)_13	10	250	510	431.8	36	16	M33	63.5	356	323.85	7.92	11.91	0.8
HG20615-2009BLRJ-600(110)_14	12	300	560	489	36	20	M33	66.7	413	381.00	7.92	11.91	0.8
HG20615-2009BLRJ-600(110)_15	14	350	605	527	39	20	M36×3	69.9	457	419.1	7.92	11.91	0.8
HG20615-2009BLRJ-600(110)_16	16	400	685	603.2	42	20	M39×3	76.2	508	469.9	7.92	11.91	0.8
HG20615-2009BLRJ-600(110)_17	18	450	745	654	45	20	M42×3	82.6	575	533.4	7.92	11.91	0.8
HG20615-2009BLRJ-600(110)_18	20	500	815	723.9	45	24	M42×3	88.9	635	584.2	9.52	13.49	0.8
HG20615-2009BLRJ-600(110)_19	24	600	940	838.2	51	24	M48×3	101.6	749	692.15	11.13	16.66	0.8

表 5-193　Class900（PN150）环连接面（RJ）法兰盖尺寸　单位：mm

标准件编号	NPS (in)	DN	D	K	L	n（个）	螺栓Th	C	密封面				
									d	P	E	F	R_{max}
HG20615-2009BLRJ-900(150)_1	$^1/_2$	15	120	82.6	22	4	M20	22.3	60.5	39.67	6.35	8.74	0.8
HG20615-2009BLRJ-900(150)_2	$^3/_4$	20	130	88.9	22	4	M20	25.4	66.5	44.45	6.35	8.74	0.8
HG20615-2009BLRJ-900(150)_3	1	25	150	101.6	26	4	M24	28.6	71.5	50.8	6.35	8.74	0.8
HG20615-2009BLRJ-900(150)_4	$1^1/_4$	32	160	111.1	26	4	M24	28.6	81	60.33	6.35	8.74	0.8
HG20615-2009BLRJ-900(150)_5	$1^1/_2$	40	180	123.8	30	4	M27	31.8	92	68.27	6.35	8.74	0.8
HG20615-2009BLRJ-900(150)_6	2	50	215	165.1	26	8	M24	38.1	124	95.25	7.92	11.91	0.8
HG20615-2009BLRJ-900(150)_7	$2^1/_2$	65	245	190.5	30	8	M27	41.3	137	107.95	7.92	11.91	0.8
HG20615-2009BLRJ-900(150)_8	3	80	240	190.5	26	8	M24	38.1	156	123.83	7.92	11.91	0.8
HG20615-2009BLRJ-900(150)_9	4	100	290	235	33	8	M30	44.5	181	149.23	7.92	11.91	0.8
HG20615-2009BLRJ-900(150)_10	5	125	350	279.5	36	8	M33	50.8	216	180.98	7.92	11.91	0.8
HG20615-2009BLRJ-900(150)_11	6	150	380	317.5	32.5	12	M30	55.6	241	211.12	7.92	11.91	0.8
HG20615-2009BLRJ-900(150)_12	8	200	470	393.7	39	12	M36×3	63.5	308	269.88	7.92	11.91	0.8
HG20615-2009BLRJ-900(150)_13	10	250	545	469.9	39	16	M36×3	69.9	362	323.85	7.92	11.91	0.8
HG20615-2009BLRJ-900(150)_14	12	300	610	533.4	39	20	M36×3	79.4	419	381	7.92	11.91	0.8
HG20615-2009BLRJ-900(150)_15	14	350	640	558.8	42	20	M39×3	85.8	467	419.1	11.13	16.66	1.5
HG20615-2009BLRJ-900(150)_16	16	400	705	616	45	20	M42×3	88.9	524	469.9	11.13	16.66	1.5
HG20615-2009BLRJ-900(150)_17	18	450	785	685.8	51	20	M48×3	101.6	594	533.4	12.7	19.84	1.5
HG20615-2009BLRJ-900(150)_18	20	500	855	749.3	55	20	M52×3	108	648	584.2	12.7	19.84	1.5
HG20615-2009BLRJ-900(150)_19	24	600	1040	901.7	68	20	M64×3	139.7	772	692.15	15.88	26.97	2.4

表 5-194　Class1500（PN260）环连接面（RJ）法兰盖尺寸　单位：mm

标准件编号	NPS (in)	DN	D	K	L	n（个）	螺栓Th	C	密封面				
									d	P	E	F	R_{max}
HG20615-2009BLRJ-1500(260)_1	$^1/_2$	15	120	82.6	22	4	M20	22.3	60.5	39.67	6.35	8.74	0.8
HG20615-2009BLRJ-1500(260)_2	$^3/_4$	20	130	89	22	4	M20	25.4	66.5	44.45	6.35	8.74	0.8
HG20615-2009BLRJ-1500(260)_3	1	25	150	101.6	26	4	M24	28.6	71.5	50.8	6.35	8.74	0.8
HG20615-2009BLRJ-1500(260)_4	$1^1/_4$	32	160	111.1	26	4	M24	28.6	81	60.33	6.35	8.74	0.8
HG20615-2009BLRJ-1500(260)_5	$1^1/_2$	40	180	123.8	30	4	M27	31.8	92	68.27	6.35	8.74	0.8
HG20615-2009BLRJ-1500(260)_6	2	50	215	165.1	26	8	M24	38.1	124	95.25	7.92	11.91	0.8
HG20615-2009BLRJ-1500(260)_7	$2^1/_2$	65	245	190.5	30	8	M27	41.3	137	107.95	7.92	11.91	0.8
HG20615-2009BLRJ-1500(260)_8	3	80	265	203.2	33	8	M30	47.7	168	136.53	7.92	11.91	0.8
HG20615-2009BLRJ-1500(260)_9	4	100	310	241.3	36	8	M33	54	194	161.93	7.92	11.91	0.8
HG20615-2009BLRJ-1500(260)_10	5	125	375	292.1	42	8	M39×3	73.1	229	193.68	7.92	11.91	0.8
HG20615-2009BLRJ-1500(260)_11	6	150	395	317.5	39	12	M36×3	82.6	248	211.14	9.52	13.49	1.5

续表

标准件编号	NPS (in)	DN	*D*	*K*	*L*	*n* (个)	螺栓Th	*C*	密封面				
									d	*P*	*E*	*F*	R_{max}
HG20615-2009BLRJ-1500(260)_12	8	200	485	393.7	45	12	M42×3	92.1	318	269.88	11.13	16.66	1.5
HG20615-2009BLRJ-1500(260)_13	10	250	585	482.6	51	12	M48×3	108	371	323.85	11.13	16.66	1.5
HG20615-2009BLRJ-1500(260)_14	12	300	675	571.5	55	16	M52×3	123.9	438	381	14.27	23.01	1.5
HG20615-2009BLRJ-1500(260)_15	14	350	750	635	60	16	M56×3	133.4	489	419.1	15.88	26.97	2.4
HG20615-2009BLRJ-1500(260)_16	16	400	825	704.8	68	16	M64×3	146.1	546	469.9	17.48	30.18	2.4
HG20615-2009BLRJ-1500(260)_17	18	450	915	774.7	74	16	M70×3	162	613	533.4	17.48	30.18	2.4
HG20615-2009BLRJ-1500(260)_18	20	500	985	831.8	80	16	M76×3	177.8	673	584.2	17.48	33.32	2.4
HG20615-2009BLRJ-1500(260)_19	24	600	1170	990.6	94	16	M90×3	203.2	794	692.15	20.62	36.53	2.4

表 5-195　Class2500（PN420）环连接面（RJ）法兰盖尺寸　　单位：mm

标准件编号	NPS (in)	DN	*D*	*K*	*L*	*n* (个)	螺栓Th	*C*	密封面				
									d	*P*	*E*	*F*	R_{max}
HG20615-2009BLRJ-2500(420)_1	1/2	15	135	88.9	22	4	M20	30.2	65	42.88	6.35	8.74	0.8
HG20615-2009BLRJ-2500(420)_2	3/4	20	140	95.2	22	4	M20	31.8	73	50.8	6.35	8.74	0.8
HG20615-2009BLRJ-2500(420)_3	1	25	160	108	26	4	M24	35	82.5	60.33	6.35	8.74	0.8
HG20615-2009BLRJ-2500(420)_4	1 1/4	32	185	130.2	30	4	M27	38.1	102	72.23	7.92	11.91	0.8
HG20615-2009BLRJ-2500(420)_5	1 1/2	40	205	146	33	4	M30	44.5	114	82.55	7.92	11.91	0.8
HG20615-2009BLRJ-2500(420)_6	2	50	235	171.4	30	8	M27	50.9	133	101.6	7.92	11.91	0.8
HG20615-2009BLRJ-2500(420)_7	2 1/2	65	265	196.8	33	8	M30	57.2	149	111.13	9.52	13.49	1.5
HG20615-2009BLRJ-2500(420)_8	3	80	305	228.6	36	8	M33	66.7	168	127.00	9.52	13.49	1.5
HG20615-2009BLRJ-2500(420)_9	4	100	355	273	42	8	M39×3	76.2	203	157.18	11.13	16.66	1.5
HG20615-2009BLRJ-2500(420)_10	5	125	420	323.8	48	8	M45×3	92.1	241	190.5	12.7	19.84	1.5
HG20615-2009BLRJ-2500(420)_11	6	150	485	368.3	55	8	M52×3	108	279	228.6	12.7	19.84	1.5
HG20615-2009BLRJ-2500(420)_12	8	200	550	438.2	55	12	M52×3	127	340	279.4	14.27	23.01	1.5
HG20615-2009BLRJ-2500(420)_13	10	250	675	539.8	68	12	M64×3	165.1	425	342.9	17.48	30.18	2.4
HG20615-2009BLRJ-2500(420)_14	12	300	760	619.1	74	12	M70×3	184.2	495	406.4	17.48	33.32	2.4

第6章　大直径钢制管法兰（Class系列）（HG 20623—2009）

本标准规定了大直径钢制管法兰（Class 系列）的公称尺寸，公称压力、材料、压力-温度额定值、法兰类型和尺寸、密封面、公差及标记。

本标准适用于公称压力 Class150（PN20）～Class900（PN150）的大直径带颈对焊钢制管法兰和法兰盖。法兰的公称压力等级采用Class表示，包括下列4个等级：Class150、Class300、Class600、Class900。

本标准包括A和B两个尺寸系列的大直径钢制管法兰，其适用的钢管公称尺寸和钢管外径按表6-1的规定；大直径法兰类型和使用范围按表6-2的规定；各种密封面型式法兰适用的压力、通径范围按表6-3的规定；法兰密封面表面粗糙度按表6-4的规定；法兰密封面缺陷允许尺寸按表6-5的规定；A系列大直径法兰的密封面尺寸[突面（RF）]按表6-6的规定，B系列大直径法兰的密封面尺寸[突面（RF）]按表6-7的规定；环连接面（RJ）法兰的密封面尺寸按表6-8和表6-9的规定。

表6-1　公称尺寸和钢管外径

公称尺寸									
公称尺寸	DN(mm)	650	700	750	800	850	900	950	1000
公称尺寸	NPS(in)	26	28	30	32	34	36	38	40
钢管外径(mm)		660	711	762	813	864	914	965	1016

公称尺寸											
公称尺寸	DN(mm)	1050	1100	1150	1200	1250	1300	1350	1400	1450	1500
公称尺寸	NPS(in)	42	44	46	48	50	52	54	56	58	60
钢管外径(mm)		1067	1118	1168	1219	1270	1321	1372	1422	1473	1524

表6-2　大直径法兰类型和使用范围

法兰类型		带颈对焊法兰（WN），法兰盖（BL）							
公称尺寸		Class（PN）（bar）				Class（PN）（bar）			
		A系列				B系列			
DN(mm)	NPS(in)	150（20）	300（50）	600（110）	900（150）	150（20）	300（50）	600（110）	900（150）
650	26	×	×	×	×	×	×	×	×
700	28	×	×	×	×	×	×	×	×
750	30	×	×	×	×	×	×	×	×
800	32	×	×	×	×	×	×	×	×
850	34	×	×	×	×	×	×	×	×

续表

法兰类型		带颈对焊法兰（WN），法兰盖（BL）							
公称尺寸		Class（PN）（bar） A 系列				Class（PN）（bar） B 系列			
DN(mm)	NPS(in)	150 (20)	300 (50)	600 (110)	900 (150)	150 (20)	300 (50)	600 (110)	900 (150)
900	36	×	×	×	×	×	×	×	×
950	38	×	×	×	×	×	×	—	—
1000	40	×	×	×	×	×	×	—	—
1050	42	×	×	×	—	×	×	—	—
1100	44	×	×	×	—	×	×	—	—
1150	46	×	×	×	—	×	×	—	—
1200	48	×	×	×	—	×	×	—	—
1250	50	×	×	×	—	×	×	—	—
1300	52	×	×	×	—	×	×	—	—
1350	54	×	×	×	—	×	×	—	—
1400	56	×	×	×	—	×	×	—	—
1450	58	×	×	×	—	×	×	—	—
1500	60	×	×	×	—	×	×	—	—

表 6-3　各种密封面型式法兰的适用范围

密封面型式		公称压力 Class（PN）（bar）			
		150（20）	300（50）	600（110）	900（150）
突面（RF）	A 系列	DN650～DN1500			DN650～DN1000
	B 系列	DN650～DN1500		DN650～DN900	
环连接面（RJ）	A 系列	—	DN650～DN900		

表 6-4　法兰密封面表面粗糙度

密封面型式	密封面代号	*Ra*（μm）	
		最小	最大
突面	RF	3.2	6.3
环连接面	RJ	0.4	1.6

表 6-5　法兰密封面缺陷允许尺寸　　单位：mm

公称尺寸 DN	缺陷的最大径向投影尺寸（缺陷深度≤h）	缺陷的最大深度和径向投影尺寸（缺陷深度>h）
650～900	12.5	6.0
950～1200	14.0	7.0

续表

公称尺寸 DN	缺陷的最大径向投影尺寸（缺陷深度≤h）	缺陷的最大深度和径向投影尺寸（缺陷深度>h）
1250～1500	16.0	8.0

注：1. 缺陷的径向投影尺寸为缺陷离开法兰孔中心最大半径和最小半径之差。

2. h 为法兰密封面的锯齿形同心圆或螺旋齿槽深。

表 6-6　A 系列大直径法兰的密封面尺寸[突面（RF）]　　单位：mm

公称尺寸		突台外径 d				f_1	f_2
DN	NPS (in)	Class150 (PN20)	Class 300 (PN 50)	Class 600 (PN 110)	Class 900 (PN 150)	≤Class 300 (PN 50)	≥Class 600 (PN 110)
650	26	749	749	749	749	2	7
700	28	800	800	800	800	2	7
750	30	857	857	857	857	2	7
800	32	914	914	914	914	2	7
850	34	965	965	965	965	2	7
900	36	1022	1022	1022	1022	2	7
950	38	1073	1029	1054	1099	2	7
1000	40	1124	1086	1111	1162	2	7
1050	42	1194	1137	1168	—	2	7
1100	44	1245	1194	1226	—	2	7
1150	46	1295	1245	1276	—	2	7
1200	48	1359	1302	1334	—	2	7
1250	50	1410	1359	1384	—	2	7
1300	52	1461	1410	1435	—	2	7
1350	54	1511	1467	1492	—	2	7
1400	56	1575	1518	1543	—	2	7
1450	58	1626	1575	1600	—	2	7
1500	60	1676	1626	1657	—	2	7

表 6-7　B 系列大直径法兰的密封面尺寸[突面（RF）]　　单位：mm

公称尺寸		公称压力（bar）				突台高度	
DN	NPS (in)	Class150（PN20）	Class 300（PN50）	Class600（PN110）	Class900（PN150）	≤Class 300 (PN50)	≥Class600 (PN110)
		突台外径 d				f_1	f_2
650	26	711	737	727	762	2	7
700	28	762	787	784	819	2	7
750	30	813	845	841	876	2	7
800	32	864	902	895	927	2	7

续表

公称尺寸		公称压力（bar）				突台高度	
DN	NPS (in)	Class150（PN20）	Class 300（PN50）	Class600（PN110）	Class900（PN150）	≤Class 300（PN50）	≥Class600（PN110）
		突台外径 d				f_1	f_2
850	34	921	953	953	991	2	7
900	36	972	1010	1010	1029	2	7
950	38	1022	1060			2	7
1000	40	1080	1114			2	7
1050	42	1130	1168			2	7
1100	44	1181	1219			2	7
1150	46	1235	1270			2	7
1200	48	1289	1327			2	7
1250	50	1340	1378			2	7
1300	52	1391	1429			2	7
1350	54	1441	1480			2	7
1400	56	1492	1537			2	7
1450	58	1543	1594			2	7
1500	60	1600	1651			2	7

表 6-8　环连接面（RJ）法兰的密封面尺寸 1　　单位：mm

公称尺寸		Class300（PN50）Class（PN110）（bar）					
DN	NPS (in)	环号	d_{min}	P	E	F	R_{max}
650	26	R93	810	749.0	12.70	19.84	1.5
700	28	R94	861	800.10	12.70	19.84	1.5
750	30	R95	917	857.25	12.70	19.84	1.5
800	32	R96	984	914.40	14.27	23.01	1.5
850	34	R97	1035	965.20	14.27	23.01	1.5
900	36	R98	1092	1022.35	14.27	23.01	1.5

表 6-9　环连接面（RJ）法兰的密封面尺寸 2　　单位：mm

公称尺寸		Class900（PN150）（bar）					
DN	NPS (in)	环号	d_{min}	P	E	F	R_{max}
650	26	R100	832	749.30	17.48	30.18	2.3
700	28	R101	889	800.10	17.48	33.32	2.3
750	30	R102	946	857.25	17.48	33.32	2.3
800	32	R103	1003	914.40	17.48	33.32	2.3

续表

公称尺寸		Class900（PN150）（bar）						
DN	NPS (in)	环号	d_{min}	P	E	F	R_{max}
850	34	R104	1067	965.20	20.62	36.53	2.3
900	36	R105	1124	1022.35	20.62	36.53	2.3

6.1 突面（RF型）大直径法兰

6.1.1 突面(RF型)A系列大直径法兰

突面(RF 型)A 系列大直径法兰按照公称压力可分为 Class150(PN20)、Class300(PN50)、Class600（PN110）和 Class900（PN150），法兰二维图形及三维图形如表 6-10 所示，尺寸如表 6-11～表 6-14 所示。

表 6-10 突面（RF 型）A 系列大直径法兰

二维图形	三维图形

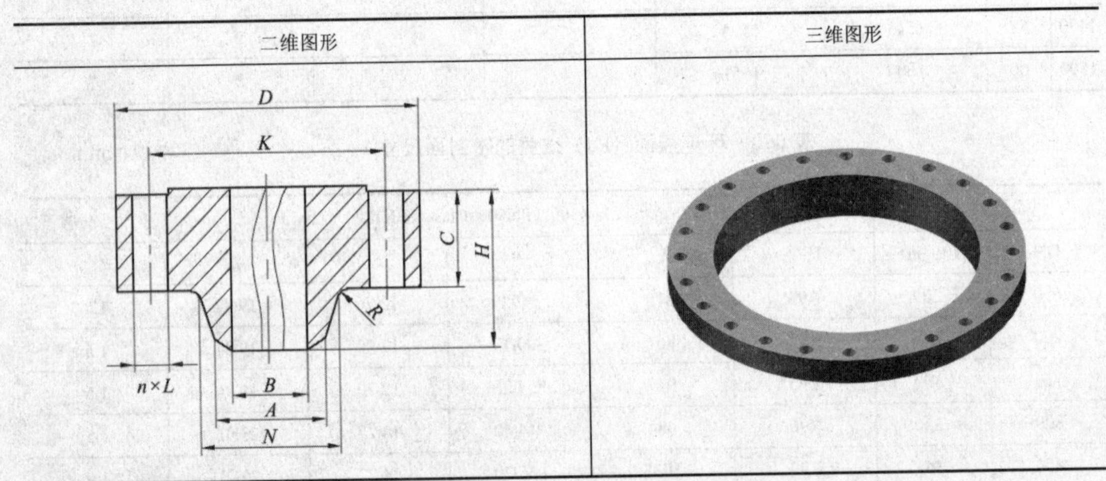

表 6-11 Class150（PN20）突面（RF 型）A 系列大直径法兰尺寸 单位：mm

标准件编号	DN	NPS (in)	A	D	K	L	螺栓 Th	n（个）	C	B	N	R	H
HG20623-2009WNRFA-150(20)_1	650	26	660.4	870	806.4	36	M33	24	66.7	与钢管内径一致	676	10	119
HG20623-2009WNRFA-150(20)_2	700	28	711.2	925	863.6	36	M33	28	69.9		727	11	124
HG20623-2009WNRFA-150(20)_3	750	30	762.0	985	914.4	36	M33	28	73.1		781	11	135
HG20623-2009WNRFA-150(20)_4	800	32	812.8	1060	977.9	42	M39	28	79.4		832	11	143
HG20623-2009WNRFA-150(20)_5	850	34	863.6	1110	1028.7	42	M39	32	81.0		883	13	148
HG20623-2009WNRFA-150(20)_6	900	36	914.4	1170	1085.8	42	M39	32	88.9		933	13	156
HG20623-2009WNRFA-150(20)_7	950	38	965.2	1240	1149.4	42	M39	32	85.8		991	13	156

续表

标准件编号	DN	NPS (in)	*A*	*D*	*K*	*L*	螺栓 Th	*n* (个)	*C*	*B*	*N*	*R*	*H*
HG20623-2009WNRFA-150(20)_8	1000	40	1016.4	1290	1200.2	42	M39	36	88.9	与钢管内径一致	1041	13	162
HG20623-2009WNRFA-150(20)_9	1050	42	1066.8	1345	1257.3	42	M39	36	95.3		1092	13	170
HG20623-2009WNRFA-150(20)_10	1100	44	1117.6	1405	1314.4	42	M39	40	100.1		1143	13	176
HG20623-2009WNRFA-150(20)_11	1150	46	1168.4	1455	1365.2	42	M39	42	101.6		1197	13	184
HG20623-2009WNRFA-150(20)_12	1200	48	1219.2	1510	1422.4	42	M39	44	106.4		1248	13	191
HG20623-2009WNRFA-150(20)_13	1250	50	1270.0	1570	1479.6	48	M45	44	109.6		1302	13	202
HG20623-2009WNRFA-150(20)_14	1300	52	1320.8	1625	1536.7	48	M45	44	114.3		1353	13	208
HG20623-2009WNRFA-150(20)_15	1350	54	1371.6	1685	1593.8	48	M45	44	119.1		1403	13	214
HG20623-2009WNRFA-150(20)_16	1400	56	1422.4	1745	1651.0	48	M45	48	122.3		1457	13	227
HG20623-2009WNRFA-150(20)_17	1450	58	1473.2	1805	1708.2	48	M45	48	127.0		1508	13	233
HG20623-2009WNRFA-150(20)_18	1500	60	1524.0	1855	1759.0	48	M45	52	130.2		1559	13	238

表 6-12 Class300（PN50）突面（RF 型）A 系列大直径法兰尺寸　　单位：mm

标准件编号	DN	NPS (in)	*A*	*D*	*K*	*L*	螺栓 Th	*n* (个)	*C*	*B*	*N*	*R*	*H*
HG20623-2009WNRFA-300(50)_1	650	26	660.4	970	876.3	45	M42	28	77.8	与钢管内径一致	721	10	183
HG20623-2009WNRFA-300(50)_2	700	28	711.2	1035	939.8	45	M42	28	84.2		775	11	195
HG20623-2009WNRFA-300(50)_3	750	30	762.0	1090	997.0	48	M45	28	90.5		827	11	208
HG20623-2009WNRFA-300(50)_4	800	32	812.8	1150	1054.1	51	M48	28	96.9		881	11	221
HG20623-2009WNRFA-300(50)_5	850	34	863.6	1205	1104.9	51	M48	28	100.1		937	13	230
HG20623-2009WNRFA-300(50)_6	900	36	914.4	1270	1168.4	55	M52	32	103.2		991	13	240
HG20623-2009WNRFA-300(50)_7	950	38	965.2	1170	1092.2	42	M39	32	106.4		994	13	179
HG20623-2009WNRFA-300(50)_8	1000	40	1016.0	1240	1155.7	45	M42	32	112.8		1048	13	192
HG20623-2009WNRFA-300(50)_9	1050	42	1066.8	1290	1206.5	45	M42	32	117.5		1099	13	198
HG20623-2009WNRFA-300(50)_10	1100	44	1117.6	1355	1263.6	48	M45	32	122.3		1149	13	205
HG20623-2009WNRFA-300(50)_11	1150	46	1168.4	1415	1320.8	51	M48	28	127.0		1203	13	214
HG20623-2009WNRFA-300(50)_12	1200	48	1219.2	1465	1371.6	51	M48	32	131.8		1254	13	222
HG20623-2009WNRFA-300(50)_13	1250	50	1270.0	1530	1428.8	55	M52	32	138.2		1305	13	230
HG20623-2009WNRFA-300(50)_14	1300	52	1320.8	1580	1479.6	55	M52	32	142.9		1356	13	237
HG20623-2009WNRFA-300(50)_15	1350	54	1371.6	1660	1549.4	60	M56	28	150.9		1410	13	251
HG20623-2009WNRFA-300(50)_16	1400	56	1422.4	1710	1600.2	60	M56	28	152.4		1464	13	259
HG20623-2009WNRFA-300(50)_17	1450	58	1473.2	1760	1651.0	60	M56	32	157.2		1514	13	265
HG20623-2009WNRFA-300(50)_18	1500	60	1524.0	1810	1701.8	60	M56	32	162.0		1565	13	271

表 6-13　Class600（PN110）突面（RF 型）A 系列大直径法兰尺寸　　单位：mm

标准件编号	DN	NPS(in)	A	D	K	L	螺栓 Th	n（个）	C	B	N	R	H
HG20623-2009WNRFA-600(110)_1	650	26	660.4	1015	914.4	51	M48	28	108.0	与钢管内径一致	748	13	222
HG20623-2009WNRFA-600(110)_2	700	28	711.2	1075	965.2	55	M52	28	111.2		803	13	235
HG20623-2009WNRFA-600(110)_3	750	30	762.0	1130	1022.4	55	M52	28	114.3		862	13	248
HG20623-2009WNRFA-600(110)_4	800	32	812.8	1195	1079.5	60	M56	28	117.5		918	13	260
HG20623-2009WNRFA-600(110)_5	850	34	863.6	1245	1130.3	60	M56	28	120.7		973	14	270
HG20623-2009WNRFA-600(110)_6	900	36	914.4	1315	1193.8	68	M64	28	123.9		1032	14	283
HG20623-2009WNRFA-600(110)_7	950	38	965.2	1270	1162.0	60	M56	28	152.4		1022	14	254
HG20623-2009WNRFA-600(110)_8	1000	40	1016.0	1320	1212.8	60	M56	32	158.8		1073	14	264
HG20623-2009WNRFA-600(110)_9	1050	42	1066.8	1405	1282.7	68	M64	28	168.3		1127	14	279
HG20623-2009WNRFA-600(110)_10	1100	44	1117.6	1455	1333.5	68	M64	32	173.1		1181	14	289
HG20623-2009WNRFA-600(110)_11	1150	46	1168.4	1510	1390.6	68	M64	32	179.4		1235	14	300
HG20623-2009WNRFA-600(110)_12	1200	48	1219.2	1595	1460.5	74	M70	32	189.0		1289	14	316
HG20623-2009WNRFA-600(110)_13	1250	50	1270.0	1670	1524.0	80	M76	28	196.9		1343	14	329
HG20623-2009WNRFA-600(110)_14	1300	52	1320.8	1720	1574.8	80	M76	32	203.2		1394	14	337
HG20623-2009WNRFA-600(110)_15	1350	54	1371.6	1780	1632.0	80	M76	32	209.6		1448	14	349
HG20623-2009WNRFA-600(110)_16	1400	56	1422	1855	1695.4	86	M82	32	217.5		1502	16	362
HG20623-2009WNRFA-600(110)_17	1450	58	1473.2	1905	1746.2	86	M82	32	222.3		1553	16	370
HG20623-2009WNRFA-600(110)_18	1500	60	1524.0	1995	1822.4	94	M90	28	233.4		1610	17	389

表 6-14　Class900（PN150）突面（RF 型）A 系列大直径法兰尺寸　　单位：mm

标准件编号	DN	NPS(in)	A	D	K	L	螺栓 Th	n（个）	C	B	N	R	H
HG20623-2009WNRFA-900(150)_1	650	26	660.4	1085	952.5	74	M70	20	139.7	与钢管内径一致	775	11	286
HG20623-2009WNRFA-900(150)_2	700	28	711.2	1170	1022.4	80	M76	20	142.9		832	13	298
HG20623-2009WNRFA-900(150)_3	750	30	762.0	1230	1085.9	80	M76	20	149.3		889	13	311
HG20623-2009WNRFA-900(150)_4	800	32	812.8	1315	1155.7	86	M82	20	158.8		946	13	330
HG20623-2009WNRFA-900(150)_5	850	34	863.6	1395	1225.6	94	M90	20	165.1		1006	14	349
HG20623-2009WNRFA-900(150)_6	900	36	914.4	1460	1289.1	94	M90	20	171.5		1064	14	362
HG20623-2009WNRFA-900(150)_7	950	38	965.2	1460	1289.1	94	M90	20	190.5		1073	19	352
HG20623-2009WNRFA-900(150)_8	1000	40	1016.0	1510	1339.9	94	M90	24	196.9		1127	21	364

6.1.2　突面（RF型）B系列大直径法兰

突面（RF 型）B 系列大直径法兰按照公称压力可分为 Class150（PN20）、Class300（PN50）、Class600（PN110）和 Class900（PN150），法兰二维图形及三维图形如表 6-15 所示，尺寸如

表 6-16～表 6-19 所示。

表 6-15　突面（RF 型）B 系列大直径法兰

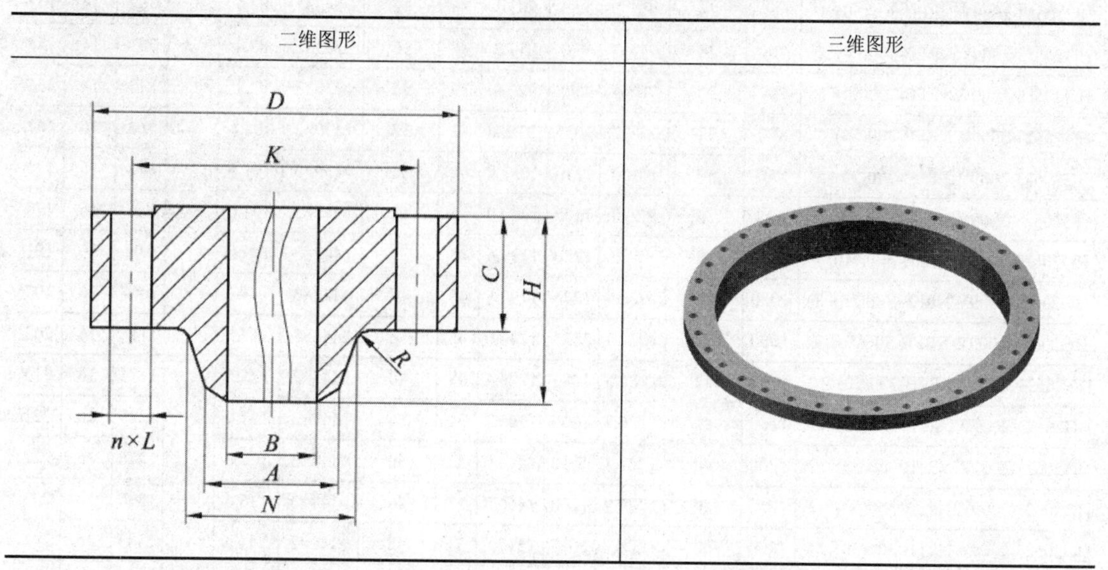

表 6-16　Class150（PN20）突面（RF 型）B 系列大直径法兰尺寸　　单位：mm

标准件编号	DN	NPS(in)	*A*	*D*	*K*	*L*	螺栓 Th	*n*（个）	*C*	*B*	*N*	*R*	*H*
HG20623-2009WNRFB-150(20)_1	650	26	661.9	785	744.5	22	36	M20	39.8	与钢管内径一致	684	10	87
HG20623-2009WNRFB-150(20)_2	700	28	712.7	835	795.3	22	40	M20	43.0		735	10	94
HG20623-2009WNRFB-150(20)_3	750	30	763.5	885	846.1	22	44	M20	43.0		787	10	98
HG20623-2009WNRFB-150(20)_4	800	32	814.3	940	900.1	22	48	M20	44.6		840	10	106
HG20623-2009WNRFB-150(20)_5	850	34	865.1	1005	975.3	26	40	M24	47.7		892	10	109
HG20623-2009WNRFB-150(20)_6	900	36	915.9	1055	1009.6	26	44	M24	50.9		945	10	116
HG20623-2009WNRFB-150(20)_7	950	38	968.2	1125	1070.0	30	40	M27	52.5		997	10	122
HG20623-2009WNRFB-150(20)_8	1000	40	1019.0	1175	1120.8	30	44	M27	54.1		1049	10	127
HG20623-2009WNRFB-150(20)_9	1050	42	1069.8	1225	1171.6	30	48	M27	57.3		1102	11	132
HG20623-2009WNRFB-150(20)_10	1100	44	1120.6	1275	1222.4	30	52	M27	58.9		1153	11	135
HG20623-2009WNRFB-150(20)_11	1150	46	1171.4	1340	1284.3	33	40	M30	30.4		1205	11	143
HG20623-2009WNRFB-150(20)_12	1200	48	1222.2	1390	1335.1	33	44	M30	63.6		1257	11	148
HG20623-2009WNRFB-150(20)_13	1250	50	1273.0	1445	1385.9	33	48	M30	66.8		1308	11	152
HG20623-2009WNRFB-150(20)_14	1300	52	1323.8	1495	1436.7	33	52	M30	68.4		1360	11	156
HG20623-2009WNRFB-150(20)_15	1350	54	1374.6	1550	1492.2	33	56	M30	70.0		1413	11	160
HG20623-2009WNRFB-150(20)_16	1400	56	1425.4	1600	1543.0	33	60	M30	71.6		1465	14	165
HG20623-2009WNRFB-150(20)_17	1450	58	1476.2	1675	1611.3	36	48	M33	73.1		1516	14	173
HG20623-2009WNRFB-150(20)_18	1500	60	1527.0	1725	1662.1	36	52	M33	74.7		1570	14	178

表 6-17　Class300（PN50）　突面（RF 型）B 系列大直径法兰尺寸　　单位：mm

标准件编号	DN	NPS(in)	*A*	*D*	*K*	*L*	螺栓 Th	*n*（个）	*C*	*B*	*N*	*R*	*H*
HG20623-2009WNRFB-300(50)_1	650	26	665.2	865	803.3	36	32	M33	87.4	与钢管内径一致	702	14	143
HG20623-2009WNRFB-300(50)_2	700	28	716.0	920	857.2	36	36	M33	87.4		759	14	148
HG20623-2009WNRFB-300(50)_3	750	30	768.4	990	920.8	39	36	M36×3	92.1		813	14	156
HG20623-2009WNRFB-300(50)_4	800	32	819.2	1055	977.9	42	32	M39×3	101.6		864	16	167
HG20623-2009WNRFB-300(50)_5	850	34	870.0	1110	1031.9	42	36	M39×3	101.6		918	16	171
HG20623-2009WNRFB-300(50)_6	900	36	920.8	1170	1089.0	45	32	M42×3	101.6		965	16	179
HG20623-2009WNRFB-300(50)_7	950	38	971.6	1220	1139.6	45	36	M42×3	109.6		1016	16	191
HG20623-2009WNRFB-300(50)_8	1000	40	1022.4	1275	1190.6	45	40	M42×3	114.3		1067	16	197
HG20623-2009WNRFB-300(50)_9	1050	42	1074.7	1335	1244.6	48	36	M45×3	117.5		1118	16	203
HG20623-2009WNRFB-300(50)_10	1100	44	1125.5	1385	1295.4	48	40	M45×3	125.5		1173	16	213
HG20623-2009WNRFB-300(50)_11	1150	46	1176.3	1460	1365.2	51	36	M48×3	127.0		1229	16	221
HG20623-2009WNRFB-300(50)_12	1200	48	1227.1	1510	1416.0	51	40	M48×3	127.0		1278	16	222
HG20623-2009WNRFB-300(50)_13	1250	50	1277.9	1560	1466.8	51	44	M48×3	136.6		1330	16	233
HG20623-2009WNRFB-300(50)_14	1300	52	1328.7	1615	1517.6	51	48	M48×3	141.3		1383	16	241
HG20623-2009WNRFB-300(50)_15	1350	54	1379.5	1675	1578.0	51	48	M48×3	145.0		1435	16	238
HG20623-2009WNRFB-300(50)_16	1400	56	1430.3	1765	1651.0	60	36	M56×3	152.4		1494	17	267
HG20623-2009WNRFB-300(50)_17	1450	58	1481.1	1825	1712.9	60	40	M56×3	152.4		1548	17	273
HG20623-2009WNRFB-300(50)_18	1500	60	1557.3	1880	1763.7	60	40	M56×3	149.3		1599	17	270

表 6-18　Class600（PN110）突面（RF 型）B 系列大直径法兰尺寸　　单位：mm

标准件编号	DN	NPS(in)	*A*	*D*	*K*	*L*	螺栓 Th	*n*（个）	*C*	*B*	*N*	*R*	*H*
HG20623-2009WNRFB-600(110)_1	650	26	660.4	890	806.4	45	28	M42×3	111.2	与钢管内径一致	698	13	181
HG20623-2009WNRFB-600(110)_2	700	28	711.2	950	863.6	48	28	M45×3	115.9		752	13	190
HG20623-2009WNRFB-600(110)_3	750	30	762.0	1020	927.1	51	28	M48×3	125.5		806	13	205
HG20623-2009WNRFB-600(110)_4	800	32	812.8	1085	984.2	55	28	M52×3	1302		860	13	216
HG20623-2009WNRFB-600(110)_5	850	34	863.6	1160	1054.1	60	24	M56×3	141.3		914	14	233
HG20623-2009WNRFB-600(110)_6	900	36	914.4	1215	1104.9	60	28	M56×3	146.1		968	14	243

表 6-19　Class900（PN150）突面（RF 型）B 系列大直径法兰尺寸　　单位：mm

标准件编号	DN	NPS(in)	*A*	*D*	*K*	*L*	螺栓 Th	*n*（个）	*C*	*B*	*N*	*R*	*H*
HG20623-2009WNRFB-900(150)_1	650	26	660.4	1020	901.7	68	20	M64×3	135	与钢管内径一致	743	11	259
HG20623-2009WNRFB-900(150)_2	700	28	711.2	1105	971.6	74	20	M70×3	147.7		797	13	276
HG20623-2009WNRFB-900(150)_3	750	30	762	1180	1035	80	20	M76×3	155.6		851	13	289
HG20623-2009WNRFB-900(150)_4	800	32	812.8	1240	1092.2	80	20	M76×3	160.4		908	13	303
HG20623-2009WNRFB-900(150)_5	850	34	863.6	1315	1155.7	86	20	M82×3	171.5		963	14	319
HG20623-2009WNRFB-900(150)_6	900	36	914.4	1345	1200.2	80	24	M76×3	173.1		1016	14	325

6.2 环连接面大直径法兰

环连接面大直径法兰按照公称压力可分为 Class300(PN50)、Class600(PN110)和 Class900(PN150)，法兰二维图形及三维图形如表 6-20 所示，尺寸如表 6-21～表 6-23 所示。

表 6-20 环连接面大直径法兰

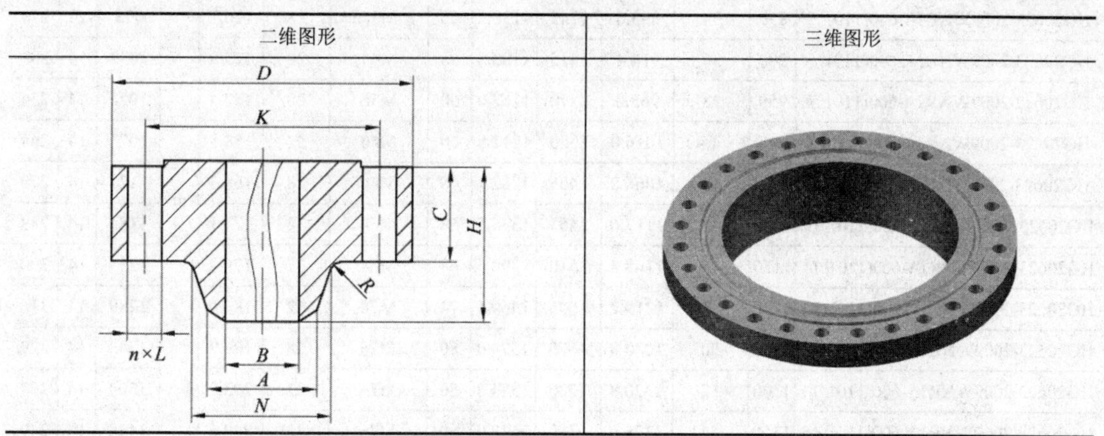

表 6-21 Class300（PN50） 环连接面大直径法兰尺寸 单位：mm

标准件编号	DN	NPS(in)	A	D	K	L	螺栓 Th	n（个）	C	B	N	R	H
HG20623-2009WNRJA-300(50)_1	650	26	660.4	970	876.3	45	M42	28	77.8	与钢管内径一致	721	10	183
HG20623-2009WNRJA-300(50)_2	700	28	711.2	1035	939.8	45	M42	28	84.2		775	11	195
HG20623-2009WNRJA-300(50)_3	750	30	762.0	1090	997.0	48	M45	28	90.5		827	11	208
HG20623-2009WNRJA-300(50)_4	800	32	812.8	1150	1054.1	51	M48	28	96.9		881	11	221
HG20623-2009WNRJA-300(50)_5	850	34	863.6	1205	1104.9	51	M48	28	100.1		937	13	230
HG20623-2009WNRJA-300(50)_6	900	36	914.4	1270	1168.4	55	M52	32	103.2		991	13	240
HG20623-2009WNRJA-300(50)_7	950	38	965.2	1170	1092.2	42	M39	32	106.4		994	13	179
HG20623-2009WNRJA-300(50)_8	1000	40	1016.0	1240	1155.7	45	M42	32	112.8		1048	13	192
HG20623-2009WNRJA-300(50)_9	1050	42	1066.8	1290	1206.5	45	M42	32	117.5		1099	13	198
HG20623-2009WNRJA-300(50)_10	1100	44	1117.6	1355	1263.6	48	M45	32	122.3		1149	13	205
HG20623-2009WNRJA-300(50)_11	1150	46	1168.4	1415	1320.8	51	M48	28	127.0		1203	13	214
HG20623-2009WNRJA-300(50)_12	1200	48	1219.2	1465	1371.6	51	M48	32	131.8		1254	13	222
HG20623-2009WNRJA-300(50)_13	1250	50	1270.0	1530	1428.8	55	M52	32	138.2		1305	13	230
HG20623-2009WNRJA-300(50)_14	1300	52	1320.8	1580	1479.6	55	M52	32	142.9		1356	13	237
HG20623-2009WNRJA-300(50)_15	1350	54	1371.6	1660	1549.4	60	M56	28	150.9		1410	13	251
HG20623-2009WNRJA-300(50)_16	1400	56	1422.4	1710	1600.2	60	M56	28	152.4		1464	13	259
HG20623-2009WNRJA-300(50)_17	1450	58	1473.2	1760	1651.0	60	M56	32	157.2		1514	13	265
HG20623-2009WNRJA-300(50)_18	1500	60	1524.0	1810	1701.8	60	M56	32	162.0		1565	13	271

表 6-22　Class600（PN110）　环连接面大直径法兰尺寸　　单位：mm

标准件编号	DN	NPS (in)	*A*	*D*	*K*	*L*	螺栓 Th	*n*（个）	*C*	*B*	*N*	*R*	*H*
HG20623-2009WNRJA-600(110)_1	650	26	660.4	1015	914.4	51	M48	28	108.0	与钢管内径一致	748	13	222
HG20623-2009WNRJA-600(110)_2	700	28	711.2	1075	965.2	55	M52	28	111.2		803	13	235
HG20623-2009WNRJA-600(110)_3	750	30	762.0	1130	1022.4	55	M52	28	114.3		862	13	248
HG20623-2009WNRJA-600(110)_4	800	32	812.8	1195	1079.5	60	M56	28	117.5		918	13	260
HG20623-2009WNRJA-600(110)_5	850	34	863.6	1245	1130.3	60	M56	28	120.7		973	14	270
HG20623-2009WNRJA-600(110)_6	900	36	914.4	1315	1193.8	68	M64	28	123.9		1032	14	283
HG20623-2009WNRJA-600(110)_7	950	38	965.2	1270	1162.0	60	M56	28	152.4		1022	14	254
HG20623-2009WNRJA-600(110)_8	1000	40	1016.0	1320	1212.8	60	M56	32	158.8		1073	14	264
HG20623-2009WNRJA-600(110)_9	1050	42	1066.8	1405	1282.7	68	M64	28	168.3		1127	14	279
HG20623-2009WNRJA-600(110)_10	1100	44	1117.6	1455	1333.5	68	M64	32	173.1		1181	14	289
HG20623-2009WNRJA-600(110)_11	1150	46	1168.4	1510	1390.6	68	M64	32	179.4		1235	14	300
HG20623-2009WNRJA-600(110)_12	1200	48	1219.2	1595	1460.5	74	M70	32	189.0		1289	14	316
HG20623-2009WNRJA-600(110)_13	1250	50	1270.0	1670	1524.0	80	M76	28	196.9		1343	14	329
HG20623-2009WNRJA-600(110)_14	1300	52	1320.8	1720	1574.8	80	M76	32	203.2		1394	14	337
HG20623-2009WNRJA-600(110)_15	1350	54	1371.6	1780	1632.0	80	M76	32	209.6		1448	14	349
HG20623-2009WNRJA-600(110)_16	1400	56	1422	1855	1695.4	86	M82	32	217.5		1502	16	362
HG20623-2009WNRJA-600(110)_17	1450	58	1473.2	1905	1746.2	86	M82	32	222.3		1553	16	370
HG20623-2009WNRJA-600(110)_18	1500	60	1524.0	1995	1822.4	94	M90	28	233.4		1610	17	389

表 6-23　Class900（PN150）环连接面大直径法兰尺寸　　单位：mm

标准件编号	DN	NPS (in)	*A*	*D*	*K*	*L*	螺栓 Th	*n*（个）	*C*	*B*	*N*	*R*	*H*
HG20623-2009WNRJA-900(150)_1	650	26	660.4	1085	952.5	74	M70	20	139.7	与钢管内径一致	775	11	286
HG20623-2009WNRJA-900(150)_2	700	28	711.2	1170	1022.4	80	M76	20	142.9		832	13	298
HG20623-2009WNRJA-900(150)_3	750	30	762.0	1230	1085.9	80	M76	20	149.3		889	13	311
HG20623-2009WNRJA-900(150)_4	800	32	812.8	1315	1155.7	86	M82	20	158.8		946	13	330
HG20623-2009WNRJA-900(150)_5	850	34	863.6	1395	1225.6	94	M90	20	165.1		1006	14	349
HG20623-2009WNRJA-900(150)_6	900	36	914.4	1460	1289.1	94	M90	20	171.5		1064	14	362
HG20623-2009WNRJA-900(150)_7	950	38	965.2	1460	1289.1	94	M90	20	190.5		1073	19	352
HG20623-2009WNRJA-900(150)_8	1000	40	1016.0	1510	1339.9	94	M90	24	196.9		1127	21	364

6.3　法兰盖

6.3.1　A系列法兰盖

A 系列法兰盖按照公称压力可分为 Class150（PN20）、Class300（PN50）、Class600（PN110）

和 Class900（PN150），法兰盖二维图形及三维图形如表 6-24 所示，尺寸如表 6-25～表 6-28 所示。

表 6-24　A 系列法兰盖

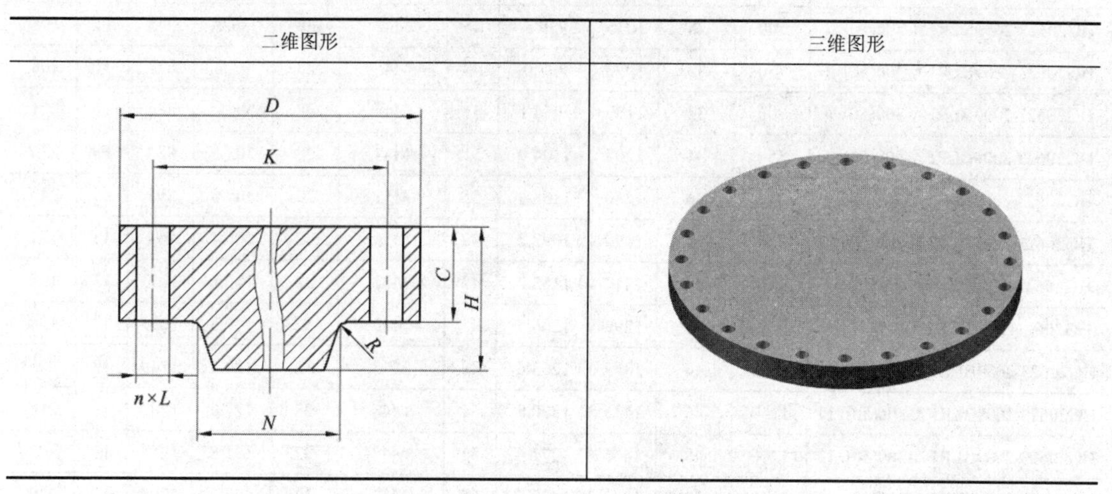

表 6-25　Class150（PN20）A 系列法兰盖尺寸　　单位：mm

标准件编号	DN	NPS(in)	*D*	*K*	*L*	螺栓 Th	*n*（个）	*C*	*N*	*R*	*H*
HG20623-2009BLRFA-150(20)_1	650	26	870	806.4	36	M33	24	66.7	676	10	119
HG20623-2009BLRFA-150(20)_2	700	28	925	863.6	36	M33	28	69.9	727	11	124
HG20623-2009BLRFA-150(20)_3	750	30	985	914.4	36	M33	28	73.1	781	11	135
HG20623-2009BLRFA-150(20)_4	800	32	1060	977.9	42	M39	28	79.4	832	11	143
HG20623-2009BLRFA-150(20)_5	850	34	1110	1028.7	42	M39	32	81.0	883	13	148
HG20623-2009BLRFA-150(20)_6	900	36	1170	1085.8	42	M39	32	88.9	933	13	156
HG20623-2009BLRFA-150(20)_7	950	38	1240	1149.4	42	M39	32	85.8	991	13	156
HG20623-2009BLRFA-150(20)_8	1000	40	1290	1200.2	42	M39	36	88.9	1041	13	162
HG20623-2009BLRFA-150(20)_9	1050	42	1345	1257.3	42	M39	36	95.3	1092	13	170
HG20623-2009BLRFA-150(20)_10	1100	44	1405	1314.4	42	M39	40	100.1	1143	13	176
HG20623-2009BLRFA-150(20)_11	1150	46	1455	1365.2	42	M39	42	101.6	1197	13	184
HG20623-2009BLRFA-150(20)_12	1200	48	1510	1422.4	42	M39	44	106.4	1248	13	191
HG20623-2009BLRFA-150(20)_13	1250	50	1570	1479.6	48	M45	44	109.6	1302	13	202
HG20623-2009BLRFA-150(20)_14	1300	52	1625	1536.7	48	M45	44	114.3	1353	13	208
HG20623-2009BLRFA-150(20)_15	1350	54	1685	1593.8	48	M45	44	119.1	1403	13	214
HG20623-2009BLRFA-150(20)_16	1400	56	1745	1651.0	48	M45	48	122.3	1457	13	227
HG20623-2009BLRFA-150(20)_17	1450	58	1805	1708.2	48	M45	48	127.0	1508	13	233
HG20623-2009BLRFA-150(20)_18	1500	60	1855	1759.0	48	M45	52	130.2	1559	13	238

表 6-26　Class300（PN50）A 系列法兰盖尺寸　　单位：mm

标准件编号	DN	NPS(in)	*D*	*K*	*L*	螺栓 Th	*n*（个）	*C*	*N*	*R*	*H*
HG20623-2009BLRFA-300(50)_1	650	26	970	876.3	45	M42	28	82.6	721	10	183
HG20623-2009BLRFA-300(50)_2	700	28	1035	939.8	45	M42	28	88.9	775	11	195
HG20623-2009BLRFA-300(50)_3	750	30	1090	997.0	48	M45	28	93.7	827	11	208
HG20623-2009BLRFA-300(50)_4	800	32	1150	1054.1	51	M48	28	98.5	881	11	221
HG20623-2009BLRFA-300(50)_5	850	34	1205	1104.9	51	M48	28	103.2	937	13	230
HG20623-2009BLRFA-300(50)_6	900	36	1270	1168.4	55	M52	32	109.6	991	13	240
HG20623-2009BLRFA-300(50)_7	950	38	1170	1092.2	42	M39	32	106.4	994	13	179
HG20623-2009BLRFA-300(50)_8	1000	40	1240	1155.7	45	M42	32	112.8	1048	13	192
HG20623-2009BLRFA-300(50)_9	1050	42	1290	1206.5	45	M42	32	117.5	1099	13	198
HG20623-2009BLRFA-300(50)_10	1100	44	1355	1263.6	48	M45	32	122.3	1149	13	205
HG20623-2009BLRFA-300(50)_11	1150	46	1415	1320.8	51	M48	28	127.0	1203	13	214
HG20623-2009BLRFA-300(50)_12	1200	48	1465	1371.6	51	M48	32	131.8	1254	13	222
HG20623-2009BLRFA-300(50)_13	1250	50	1530	1428.8	55	M52	32	138.2	1305	13	230
HG20623-2009BLRFA-300(50)_14	1300	52	1580	1479.6	55	M52	32	142.9	1356	13	237
HG20623-2009BLRFA-300(50)_15	1350	54	1660	1549.4	60	M56	28	150.9	1410	13	251
HG20623-2009BLRFA-300(50)_16	1400	56	1710	1600.2	60	M56	28	152.4	1464	13	259
HG20623-2009BLRFA-300(50)_17	1450	58	1760	1651.0	60	M56	32	157.2	1514	13	265
HG20623-2009BLRFA-300(50)_18	1500	60	1810	1701.8	60	M56	32	162.0	1565	13	271

表 6-27　Class600（PN110）A 系列法兰盖尺寸　　单位：mm

标准件编号	DN	NPS(in)	*D*	*K*	*L*	螺栓 Th	*n*（个）	*C*	*N*	*R*	*H*
HG20623-2009BLRFA-600(110)_1	650	26	1015	914.4	51	M48	28	125.5	748	13	222
HG20623-2009BLRFA-600(110)_2	700	28	1075	965.2	55	M52	28	131.8	803	13	235
HG20623-2009BLRFA-600(110)_3	750	30	1130	1022.4	55	M52	28	139.7	862	13	248
HG20623-2009BLRFA-600(110)_4	800	32	1195	1079.5	60	M56	28	147.7	918	13	260
HG20623-2009BLRFA-600(110)_5	850	34	1245	1130.3	60	M56	28	154.0	973	14	270
HG20623-2009BLRFA-600(110)_6	900	36	1315	1193.8	68	M64	28	162.0	1032	14	283
HG20623-2009BLRFA-600(110)_7	950	38	1270	1162.0	60	M56	28	155.0	1022	14	254
HG20623-2009BLRFA-600(110)_8	1000	40	1320	1212.8	60	M56	32	162.0	1073	14	264
HG20623-2009BLRFA-600(110)_9	1050	42	1405	1282.7	68	M64	28	171.5	1127	14	279
HG20623-2009BLRFA-600(110)_10	1100	44	1455	1333.5	68	M64	32	177.8	1181	14	289
HG20623-2009BLRFA-600(110)_11	1150	46	1510	1390.6	68	M64	32	185.8	1235	14	300
HG20623-2009BLRFA-600(110)_12	1200	48	1595	1460.5	74	M70	32	195.3	1289	14	316
HG20623-2009BLRFA-600(110)_13	1250	50	1670	1524.0	80	M76	28	203.2	1343	14	329

续表

标准件编号	DN	NPS (in)	*D*	*K*	*L*	螺栓 Th	*n* (个)	*C*	*N*	*R*	*H*
HG20623-2009BLRFA-600(110)_14	1300	52	1720	1574.8	80	M76	32	209.6	1394	14	337
HG20623-2009BLRFA-600(110)_15	1350	54	1780	1632.0	80	M76	32	217.5	1448	14	349
HG20623-2009BLRFA-600(110)_16	1400	56	1855	1695.4	86	M82	32	225.5	1502	16	362
HG20623-2009BLRFA-600(110)_17	1450	58	1905	1746.2	86	M82	32	231.8	1553	16	370
HG20623-2009BLRFA-600(110)_18	1500	60	1995	1822.4	94	M90	28	242.9	1610	17	389

表 6-28 Class900（PN150）A 系列法兰盖尺寸　　单位：mm

标准件编号	DN	NPS (in)	*D*	*K*	*L*	螺栓 Th	*n* (个)	*C*	*N*	*R*	*H*
HG20623-2009BLRFA-900(150)_1	650	26	1085	952.5	74	M70	20	160.4	775	11	286
HG20623-2009BLRFA-900(150)_2	700	28	1170	1022.4	80	M76	20	171.5	832	13	298
HG20623-2009BLRFA-900(150)_3	750	30	1230	1085.9	80	M76	20	182.6	889	13	311
HG20623-2009BLRFA-900(150)_4	800	32	1315	1155.7	86	M82	20	193.7	946	13	330
HG20623-2009BLRFA-900(150)_5	850	34	1395	1225.6	94	M90	20	204.8	1006	14	349
HG20623-2009BLRFA-900(150)_6	900	36	1460	1289.1	94	M90	20	214.4	1064	14	362
HG20623-2009BLRFA-900(150)_7	950	38	1460	1289.1	94	M90	20	215.9	1073	19	352
HG20623-2009BLRFA-900(150)_8	1000	40	1510	1339.9	94	M90	24	223.9	1127	21	364

6.3.2 B系列法兰盖

B 系列法兰盖按照公称压力可分为 Class150（PN20）、Class300（PN50）、Class600（PN110）和 Class900（PN150），法兰盖二维图形及三维图形如表 6-29 所示，尺寸如表 6-30～表 6-33 所示。

表 6-29 B 系列法兰盖

二维图形	三维图形

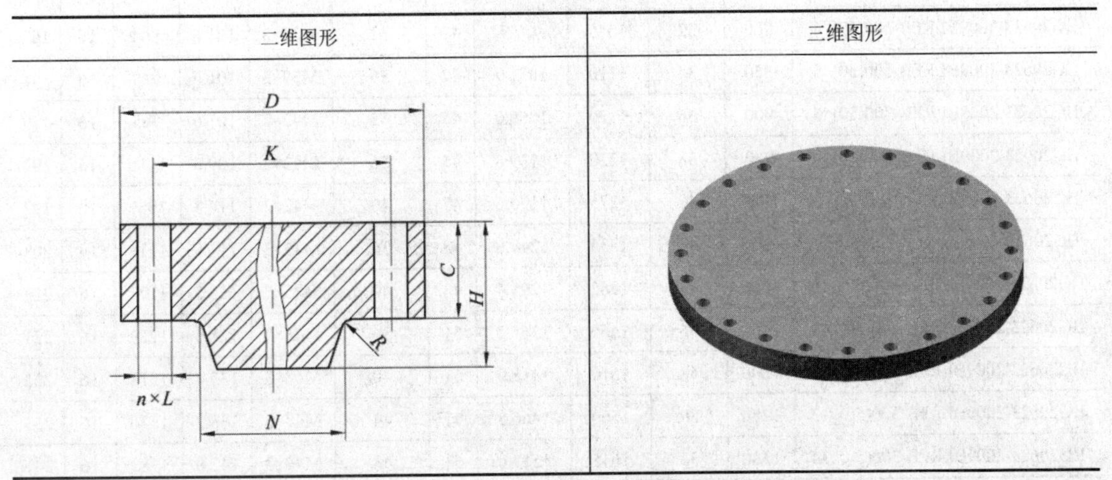

表 6-30 Class150（PN20）B 系列法兰盖尺寸　　单位：mm

标准件编号	DN	NPS(in)	D	K	L	螺栓 Th	n（个）	C	N	R	H
HG20623-2009BLRFB-150(20)_1	650	26	785	744.5	22	36	M20	43.0	684	10	87
HG20623-2009BLRFB-150(20)_2	700	28	835	795.3	22	40	M20	46.2	735	10	94
HG20623-2009BLRFB-150(20)_3	750	30	885	846.1	22	44	M20	49.3	787	10	98
HG20623-2009BLRFB-150(20)_4	800	32	940	900.1	22	48	M20	52.5	840	10	106
HG20623-2009BLRFB-150(20)_5	850	34	1005	975.3	26	40	M24	55.7	892	10	109
HG20623-2009BLRFB-150(20)_6	900	36	1055	1009.6	26	44	M24	57.3	945	10	116
HG20623-2009BLRFB-150(20)_7	950	38	1125	1070.0	30	40	M27	62.0	997	10	122
HG20623-2009BLRFB-150(20)_8	1000	40	1175	1120.8	30	44	M27	65.2	1049	10	127
HG20623-2009BLRFB-150(20)_9	1050	42	1225	1171.6	30	48	M27	66.8	1102	11	132
HG20623-2009BLRFB-150(20)_10	1100	44	1275	1222.4	30	52	M27	70.0	1153	11	135
HG20623-2009BLRFB-150(20)_11	1150	46	1340	1284.3	33	40	M30	73.1	1205	11	143
HG20623-2009BLRFB-150(20)_12	1200	48	1390	1335.1	33	44	M30	76.3	1257	11	148
HG20623-2009BLRFB-150(20)_13	1250	50	1445	1385.9	33	48	M30	79.5	1308	11	152
HG20623-2009BLRFB-150(20)_14	1300	52	1495	1436.7	33	52	M30	82.7	1360	11	156
HG20623-2009BLRFB-150(20)_15	1350	54	1550	1492.2	33	56	M30	85.8	1413	11	160
HG20623-2009BLRFB-150(20)_16	1400	56	1600	1543.0	33	60	M30	89.0	1465	14	165
HG20623-2009BLRFB-150(20)_17	1450	58	1675	1611.3	36	48	M33	91.9	1516	14	173
HG20623-2009BLRFB-150(20)_18	1500	60	1725	1662.1	36	52	M33	95.4	1570	14	178

表 6-31 Class300（PN50）B 系列法兰盖尺寸　　单位：mm

标准件编号	DN	NPS(in)	D	K	L	螺栓 Th	n（个）	C	N	R	H
HG20623-2009BLRFB-300(50)_1	650	26	865	803.3	36	32	M33	87.4	702	14	143
HG20623-2009BLRFB-300(50)_2	700	28	920	857.2	36	36	M33	87.4	759	14	148
HG20623-2009BLRFB-300(50)_3	750	30	990	920.8	39	36	M36×3	92.1	813	14	156
HG20623-2009BLRFB-300(50)_4	800	32	1055	977.9	42	32	M39×3	101.6	864	16	167
HG20623-2009BLRFB-300(50)_5	850	34	1110	1031.9	42	36	M39×3	101.6	918	16	171
HG20623-2009BLRFB-300(50)_6	900	36	1170	1089.0	45	32	M42×3	101.6	965	16	179
HG20623-2009BLRFB-300(50)_7	950	38	1220	1139.6	45	36	M42×3	109.6	1016	16	191
HG20623-2009BLRFB-300(50)_8	1000	40	1275	1190.6	45	40	M42×3	114.3	1067	16	197
HG20623-2009BLRFB-300(50)_9	1050	42	1335	1244.6	48	36	M45×3	117.5	1118	16	203
HG20623-2009BLRFB-300(50)_10	1100	44	1385	1295.4	48	40	M45×3	125.5	1173	16	213
HG20623-2009BLRFB-300(50)_11	1150	46	1460	1365.2	51	36	M48×3	128.6	1229	16	221
HG20623-2009BLRFB-300(50)_12	1200	48	1510	1416.0	51	40	M48×3	133.4	1278	16	222
HG20623-2009BLRFB-300(50)_13	1250	50	1560	1466.8	51	44	M48×3	138.2	1330	16	233
HG20623-2009BLRFB-300(50)_14	1300	52	1615	1517.6	51	48	M48×3	142.6	1383	16	241

续表

标准件编号	DN	NPS(in)	D	K	L	螺栓 Th	n（个）	C	N	R	H
HG20623-2009BLRFB-300(50)_15	1350	54	1675	1578.0	51	48	M48×3	147.7	1435	16	238
HG20623-2009BLRFB-300(50)_16	1400	56	1765	1651.0	60	36	M56×3	155.4	1494	17	267
HG20623-2009BLRFB-300(50)_17	1450	58	1825	1712.9	60	40	M56×3	160.4	1548	17	273
HG20623-2009BLRFB-300(50)_18	1500	60	1880	1763.7	60	40	M56×3	165.1	1599	17	270

表 6-32 Class600（PN110）B 系列法兰盖尺寸　　单位：mm

标准件编号	DN	NPS(in)	D	K	L	螺栓 Th	n（个）	C	N	R	H
HG20623-2009BLRFB-600(110)_1	650	26	890	806.4	45	28	M42×3	111.3	698	13	181
HG20623-2009BLRFB-600(110)_2	700	28	950	863.6	48	28	M45×3	115.9	752	13	190
HG20623-2009BLRFB-600(110)_3	750	30	1020	927.1	51	28	M48×3	127.0	806	13	205
HG20623-2009BLRFB-600(110)_4	800	32	1085	984.2	55	28	M52×3	134.9	860	13	216
HG20623-2009BLRFB-600(110)_5	850	34	1160	1054.1	60	24	M56×3	144.2	914	14	233
HG20623-2009BLRFB-600(110)_6	900	36	1215	1104.9	60	28	M56×3	150.9	968	14	243

表 6-33 Class900（PN150）B 系列法兰盖尺寸　　单位：mm

标准件编号	DN	NPS(in)	D	K	L	螺栓 Th	n（个）	C	N	R	H
HG20623-2009BLRFB-900(150)_1	650	26	1020	901.7	68	20	M64×3	154	743	11	259
HG20623-2009BLRFB-900(150)_2	700	28	1105	971.6	74	20	M70×3	166.7	797	13	276
HG20623-2009BLRFB-900(150)_3	750	30	1180	1035	80	20	M76×3	176.1	851	13	289
HG20623-2009BLRFB-900(150)_4	800	32	1240	1092.2	80	20	M76×3	186	908	13	303
HG20623-2009BLRFB-900(150)_5	850	34	1315	1155.7	86	20	M82×3	195	963	14	319
HG20623-2009BLRFB-900(150)_6	900	36	1345	1200.2	80	24	M76×3	201.7	1016	14	325

大直径法兰尺寸公差按表 6-34 的规定，环连接面的尺寸公差按表 6-35 的规定。

材料代号按表 6-36 的规定。

A 系列大直径管法兰和法兰盖近似质量按表 6-37 的规定，B 系列大直径管法兰和法兰盖近似质量按表 6-38 的规定。

DN＞600 管法兰对应表按表 6-39 的规定。

表 6-34 大直径法兰尺寸公差　　单位：mm

项目	尺寸公差
法兰外径 D	±4.0
法兰内径 B	+3.0 −2.0
法兰厚度 C	+5.0 0
密封面外径 d	±2

续表

项目		尺寸公差
法兰突台高度	$f_1=2$	±0.5
	$f_2=7$	±2
法兰高度 H		+3.0 −5.0
法兰焊端外径 A		+5.0 −2.0
螺栓孔中心圆直径 K		±1.5
相邻螺栓孔间距		±0.8
螺栓孔直径 L		±0.5
法兰内径对螺栓孔中心圆的偏心		＜1.0
法兰内径对密封面中心圆的偏心		＜1.0

表 6-35　环连接面的尺寸公差　　单位：mm

项目		尺寸公差
环槽深度 E		+0.4 0
环槽顶宽度 F		±0.2
环槽中心圆直径 P		±0.13
环槽角度 23°		±0.5°
环槽圆角 R_{max}	≤2	+0.8 0
	＞2	±0.8
密封面外径 d		±0.5

表 6-36　材料代号

钢号	代号	钢号	代号
Q235A，Q235B	Q	12Cr2Mo1，12Cr2Mo1R	C2M
20，Q245R	20	1Cr5Mo	C5M
25	25	9Cr-1Mo-V	C9MV
A105	A105	08Ni3D	3.5Ni
09Mn2VR	09MnD	0Cr18Ni9	304
09MnNiD	09NiD	00Cr19Ni10	304L
16Mn，Q345R	16Mn	0Cr18Ni10Ti	321
16MnD，16MnDR	16MnD	0Cr17Ni12Mo2	316
09MnNiD，09MnNiDR	09MnNiD	00Cr17Ni14Mo2	316L
14Cr1Mo，14Cr1MoR	14CM	0Cr18Ni11Nb	347
15CrMo，15CrMoR	15CM		

表 6-37　A 系列大直径管法兰和法兰盖近似质量　　单位：kg

公称尺寸		Class1500		Class300		Class600		Class900	
DN(mm)	NPS(in)	法兰	法兰盖	法兰	法兰盖	法兰	法兰盖	法兰	法兰盖
650	26	136.2	318.8	274.7	489.5	426.8	798.6	692.4	1165.0
700	28	156.7	378.2	338.3	597.1	481.3	935.7	821.8	1442.9
750	30	181.6	445.9	395.0	700.6	549.4	1100.1	962.5	1706.2
800	32	229.3	561.6	456.3	815.0	624.3	1296.7	1155.5	2061.7
850	34	245.2	628.4	519.9	938.9	699.2	1469.6	1348.4	2463.0
900	36	290.6	761.0	578.9	1106.0	774.1	1726.2	1541.4	2818.9
950	38	326.9	825.9	315.6	908.5	667.4	1545.5	1536.8	2838.9
1000	40	351.9	926.2	381.4	1080.6	740.1	1742.5	1643.5	3150.8
1050	42	404.1	1081.0	431.3	1220.4	921.7	2081.6	—	—
1100	44	449.5	1233.6	479.0	1397.9	980.7	2317.7	—	—
1150	46	481.3	1344.3	560.7	1588.6	1094.2	2614.2	—	—
1200	48	538.0	1520.0	626.6	1768.8	1296.2	3058.6	—	—
1250	50	576.6	1687.1	694.7	2016.7	1511.9	3493.6	—	—
1300	52	640.2	1886.9	753.7	2227.4	1616.3	3825.5	—	—
1350	54	719.6	2106.2	930.7	2580.6	1779.7	4237.2	—	—
1400	56	799.1	2330.0	978.4	2768.5	1943.2	4780.2	—	—
1450	58	869.5	2578.5	1030.6	3027.8	2106.6	5182.0	—	—
1500	60	928.5	2794.0	1121.4	3302.4	2270.0	5951.1	—	—

表 6-38　B 系列大直径管法兰和法兰盖近似质量　　单位：kg

公称尺寸		Class1500		Class300		Class600		Class900	
DN(mm)	NPS(in)	法兰	法兰盖	法兰	法兰盖	法兰	法兰盖	法兰	法兰盖
650	26	54.5	169.4	181.6	411.8	249.7	542.1	476.7	991.6
700	28	63.6	206.2	204.3	464.5	295.1	647.9	690.1	1254.0
750	30	68.1	246.6	249.7	567.1	367.8	818.2	826.3	1513.7
800	32	77.2	294.2	310.99	706.5	431.3	980.2	937.6	1754.8
850	34	95.4	355.5	340.5	780.5	547.1	1200.9	1112.3	2077.6
900	36	109.0	404.1	381.4	872.2	608.4	1368.0	1144.1	2253.3
950	38	131.7	494.5	415.5	1024.7	—	—	—	—
1000	40	140.8	566.2	449.5	1157.3	—	—	—	—
1050	42	156.7	632.5	515.3	1305.8	—	—	—	—
1100	44	168.0	716.9	560.7	1500.2	—	—	—	—
1150	46	197.5	828.1	667.4	1709.8	—	—	—	—
1200	48	218.0	928.5	715.1	1899.1	—	—	—	—

续表

公称尺寸		Class1500		Class300		Class600		Class900	
DN(mm)	NPS(in)	法兰	法兰盖	法兰	法兰盖	法兰	法兰盖	法兰	法兰盖
1250	50	236.1	1037.0	776.4	2101.6	—	—	—	—
1300	52	249.7	1168.6	835.4	2313.6	—	—	—	—
1350	54	281.5	1293.0	899.0	2577.9	—	—	—	—
1400	56	295.1	1427.4	1178.2	3015.5	—	—	—	—
1450	58	354.2	1616.3	1257.6	3335.6	—	—	—	—
1500	60	385.9	1776.6	1303.0	3623.0	—	—	—	—

表 6-39 DN＞600 管法兰对应表

标准编号	标准名称	压力等级	备注
ASME B16.47—2006	大直径钢制法兰	Class150，Class300，Class600，Class900	A 系列、B 系列
JPI 7S-43—2001	大直径钢制法兰	Class150，Class300，Class600，Class900	A 系列、B 系列
SH3406—1996	石油化工钢制管法兰	PN20，PN50	B 系列

第 7 章　钢制管法兰用垫片及紧固件

7.1　非金属平垫片（Class系列）（HG 20627—2009）

本标准规定了钢制管法兰（Class 系列）用非金属平垫片（具有嵌入物和无嵌入物）的型式、尺寸和技术要求。

本标准适用于 HG/T 20615、HG/T 20623 所规定的公称压力 Class150（PN20）～Class600（PN110）的钢制管法兰用非金属平垫片。

橡胶板类垫片材料按表 7-1 的规定，非金属平垫片的使用条件按表 7-2 的规定，不同密封面法兰用垫片的公称压力范围按表 7-3 的规定。

表 7-1　橡胶板类垫片材料

实验项目	试验方法	橡胶种类			
		氯丁橡胶（CR）	丁腈橡胶（NBR）	三元乙丙橡胶（EPDM）	氯橡胶（FKM）
硬度（邵尔 A）	GB/T 531	70±5			
拉伸强度（MPa）	GB/T 528	≥10			
扯断伸长率（%）		≥250			≥150

表 7-2　非金属平垫片的使用条件

类别	名称		标准	代号	适用范围		最大（$P\times T$）
					公称压力 Class（bar）	工作温度（℃）	（MPa×℃）
橡胶	天然橡胶		[a]	NR	150	-50～+80	60
	氯丁橡胶			CR	150	-20～+100	60
	丁腈橡胶			NBR	150	-20～+110	60
	丁苯橡胶			SBR	150	-20～+90	60
	三元乙丙橡胶			EPDM	150	-30～+140	90
	氟橡胶			FKM	150	-20～+200	90
石棉橡胶	石棉橡胶板		GB/T 3985	XB350	150	-40～+300	650
				XB450			
	耐油石棉橡胶板		GB/T 539	NY400			
非石棉纤维橡胶	非石棉纤维的橡胶压制板	无机纤维	[b]	NAS	≤300	-40～+290[d]	960
		有机纤维				-40～+290[d]	

续表

类别	名称	标准	代号	适用范围		最大（$P×T$）（MPa×℃）
				公称压力 Class（bar）	工作温度（℃）	
聚四氟乙烯	聚四氟乙烯板	QB/T 3625	PTFE	150	-50～+100	
	膨胀聚四氟乙烯板或带	a，b	ePTFE		-200～+200[d]	
	填充改性聚四氟乙烯板		RPTFE	≤300		
柔性石墨	增强柔性石墨板[c]	JB/T 6628 JB/T 7758.2	RSB	≤600	-240～+650 （用于氧化性介质时： -240～+450）	1200
高温云母	高温云母复合板			≤600	-196～+900	

注：1．增强柔性石墨板是由不锈钢冲齿或冲孔芯板与膨胀石墨粒子复合而成，不锈钢冲齿板或冲孔芯板起增强作用。

2．高温云母复合板是由 316 不锈钢双向冲齿板和云母层复合而成，不锈钢冲齿板起增强作用。

a 除本标准表 7-1 的规定以外，选用时还应符合 HG/T 20635 的相应规定。

b 非石棉纤维橡胶板、膨胀聚四氟乙烯板或带、填充改性聚四氟乙烯板选用时应注明公认的厂商牌号（详见 HG/T 20635 附录 A），按具体适用工况，确认具体产品的使用压力、使用温度范围及最大（$p×T$）值。

c 膨胀聚四氟乙烯带一般用于管法兰的维护和保养，尤其是紧急场合，也用于异型管法兰。

d 超过此温度范围或饱和蒸汽压大于 1.0MPa（表压）时，应确认具体产品的使用条件。

表 7-3　不同密封面法兰用垫片的公称压力范围

密封面型式（代号）	公称压力 Class（PN）	密封面型式（代号）	公称压力 Class（PN）
全平面（FF）	150（20）	凹面/凸面（FM/M）	300（50）～600（110）
突面（RF）	150（20）～600（110）	榫面/槽面（TG）	300（50）～600（110）

7.1.1　全平面法兰用FF型垫片

FF 型钢制管法兰非金属平垫片（Class 系列）二维图形及三维图形如表 7-4 所示，尺寸如表 7-5 所示。

表 7-4　FF 型钢制管法兰非金属平垫片（Class 系列）

二维图形	三维图形

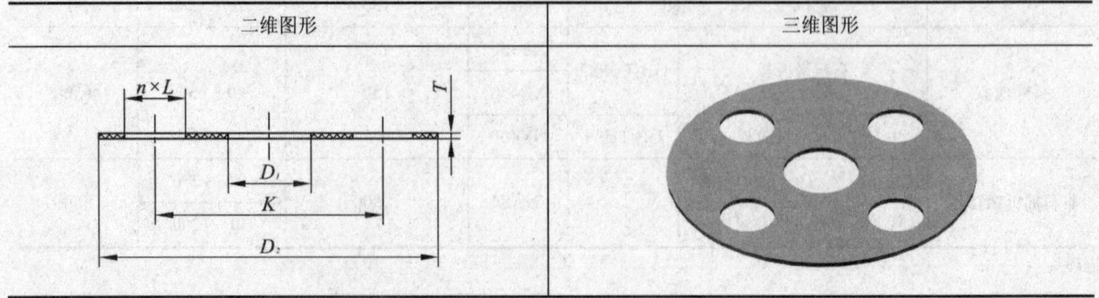

表 7-5 FF 型钢制管法兰非金属平垫片尺寸 单位：mm

标准件编号	DN	NPS (in)	D_1	D_2	n（个）	L	K	T
HG20627-2009FF-150(20)_1	15	$^1/_2$	22	89	4	16	60.3	1.5
HG20627-2009FF-150(20)_2	20	$^3/_4$	27	98	4	16	69.9	1.5
HG20627-2009FF-150(20)_3	25	1	34	108	4	16	79.4	1.5
HG20627-2009FF-150(20)_4	32	$1^1/_4$	43	117	4	16	88.9	1.5
HG20627-2009FF-150(20)_5	40	$1^1/_2$	49	127	4	16	98.4	1.5
HG20627-2009FF-150(20)_6	50	2	61	152	4	18	120.7	1.5
HG20627-2009FF-150(20)_7	65	$2^1/_2$	77	178	4	18	139.7	1.5
HG20627-2009FF-150(20)_8	80	3	89	191	4	18	152.4	1.5
HG20627-2009FF-150(20)_9	100	4	115	229	8	18	190.5	1.5
HG20627-2009FF-150(20)_10	125	5	141	254	8	22	215.9	1.5
HG20627-2009FF-150(20)_11	150	6	169	279	8	22	241.3	1.5
HG20627-2009FF-150(20)_12	200	8	220	343	8	22	298.5	1.5
HG20627-2009FF-150(20)_13	250	10	273	406	12	26	362.0	1.5
HG20627-2009FF-150(20)_14	300	12	324	483	12	26	431.8	1.5
HG20627-2009FF-150(20)_15	350	14	356	533	12	30	476.3	3
HG20627-2009FF-150(20)_16	400	16	407	597	16	30	539.8	3
HG20627-2009FF-150(20)_17	450	18	458	635	16	33	577.9	3
HG20627-2009FF-150(20)_18	500	20	508	699	20	33	635.0	3
HG20627-2009FF-150(20)_19	600	24	610	813	20	36	749.3	3

7.1.2 DN≤600 突面法兰用RF型垫片

DN≤600 突面法兰用 RF 型垫片按照公称压力可分为 Class150、Class300 和 Class600，垫片二维图形及三维图形如表 7-6 所示，尺寸如表 7-7～表 7-9 所示。

表 7-6 DN≤600 突面法兰用 RF 型垫片

二维图形	三维图形

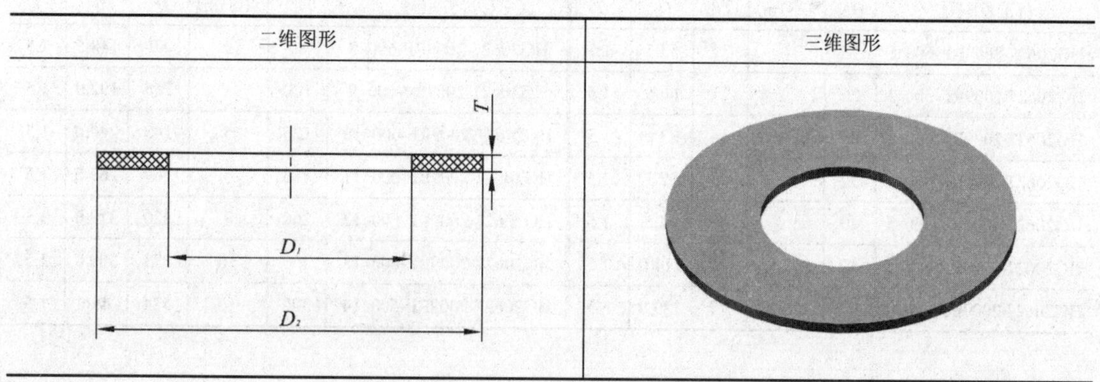

表 7-7 Class150 DN≤600 突面法兰用 RF 型垫片尺寸 单位：mm

标准件编号	DN	NPS (in)	D_1	D_2	T	标准件编号	DN	NPS (in)	D_1	D_2	T
HG20627-2009RF-150_1	15	$^1/_2$	22	46.5	1.5	HG20627-2009RF-150_11	150	6	169	221.5	1.5
HG20627-2009RF-150_2	20	$^3/_4$	27	56.0	1.5	HG20627-2009RF-150_12	200	8	220	278.5	1.5
HG20627-2009RF-150_3	25	1	34	65.5	1.5	HG20627-2009RF-150_13	250	10	273	338.0	1.5
HG20627-2009RF-150_4	32	$1^1/_4$	43	75.0	1.5	HG20627-2009RF-150_14	300	12	324	408.0	1.5
HG20627-2009RF-150_5	40	$1^1/_2$	49	84.5	1.5	HG20627-2009RF-150_15	350	14	356	449.5	1.5
HG20627-2009RF-150_6	50	2	61	104.5	1.5	HG20627-2009RF-150_16	400	16	407	513.0	3
HG20627-2009RF-150_7	65	$2^1/_2$	77	123.5	1.5	HG20627-2009RF-150_17	450	18	458	548.0	3
HG20627-2009RF-150_8	80	3	89	136.5	1.5	HG20627-2009RF-150_18	500	20	508	605.0	3
HG20627-2009RF-150_9	100	4	115	174.5	1.5	HG20627-2009RF-150_19	600	24	610	716.5	3
HG20627-2009RF-150_10	125	5	140	190.5	1.5						

表 7-8 Class300 DN≤600 突面法兰用 RF 型垫片尺寸 单位：mm

标准件编号	DN	NPS (in)	D_1	D_2	T	标准件编号	DN	NPS (in)	D_1	D_2	T
HG20627-2009RF-300_1	15	$^1/_2$	22	52.5	1.5	HG20627-2009RF-300_11	150	6	169	250.0	1.5
HG20627-2009RF-300_2	20	$^3/_4$	27	66.5	1.5	HG20627-2009RF-300_12	200	8	220	306.0	1.5
HG20627-2009RF-300_3	25	1	34	73.0	1.5	HG20627-2009RF-300_13	250	10	273	360.5	1.5
HG20627-2009RF-300_4	32	$1^1/_4$	43	82.5	1.5	HG20627-2009RF-300_14	300	12	324	421.0	1.5
HG20627-2009RF-300_5	40	$1^1/_2$	49	94.5	1.5	HG20627-2009RF-300_15	350	14	356	484.5	1.5
HG20627-2009RF-300_6	50	2	61	111.0	1.5	HG20627-2009RF-300_16	400	16	407	538.5	3
HG20627-2009RF-300_7	65	$2^1/_2$	77	129.0	1.5	HG20627-2009RF-300_17	450	18	458	595.5	3
HG20627-2009RF-300_8	80	3	89	148.5	1.5	HG20627-2009RF-300_18	500	20	508	653.0	3
HG20627-2009RF-300_9	100	4	115	180.0	1.5	HG20627-2009RF-300_19	600	24	610	774.0	3
HG20627-2009RF-300_10	125	5	140	215.0	1.5						

表 7-9 Class600 DN≤600 突面法兰用 RF 型垫片尺寸 单位：mm

标准件编号	DN	NPS (in)	D_1	D_2	T	标准件编号	DN	NPS (in)	D_1	D_2	T
HG20627-2009RF-600_1	15	$^1/_2$	22	52.5	1.5	HG20627-2009RF-600_8	80	3	89	148.5	1.5
HG20627-2009RF-600_2	20	$^3/_4$	27	66.5	1.5	HG20627-2009RF-600_9	100	4	115	192.0	1.5
HG20627-2009RF-600_3	25	1	34	73.0	1.5	HG20627-2009RF-600_10	125	5	140	240.0	1.5
HG20627-2009RF-600_4	32	$1^1/_4$	43	82.5	1.5	HG20627-2009RF-600_11	150	6	169	265.0	1.5
HG20627-2009RF-600_5	40	$1^1/_2$	49	94.5	1.5	HG20627-2009RF-600_12	200	8	220	319.0	1.5
HG20627-2009RF-600_6	50	2	61	111.0	1.5	HG20627-2009RF-600_13	250	10	273	399.0	1.5
HG20627-2009RF-600_7	65	21/2	77	129.0	1.5	HG20627-2009RF-600_14	300	12	324	456	1.5

续表

标准件编号	DN	NPS(in)	D_1	D_2	T	标准件编号	DN	NPS(in)	D_1	D_2	T
HG20627-2009RF-600_15	350	14	356	491	1.5	HG20627-2009RF-600_18	500	20	508	682.0	3
HG20627-2009RF-600_16	400	16	407	564.0	3	HG20627-2009RF-600_19	600	24	610	790.0	3
HG20627-2009RF-600_17	450	18	458	612	3						

7.1.3 凹/凸面法兰用FM/M型垫片

凹/凸面法兰用 FM/M 型垫片二维图形及三维图形如表 7-10 所示，尺寸如表 7-11 所示。

表 7-10 凹/凸面法兰用 FM/M 型垫片

二维图形	三维图形

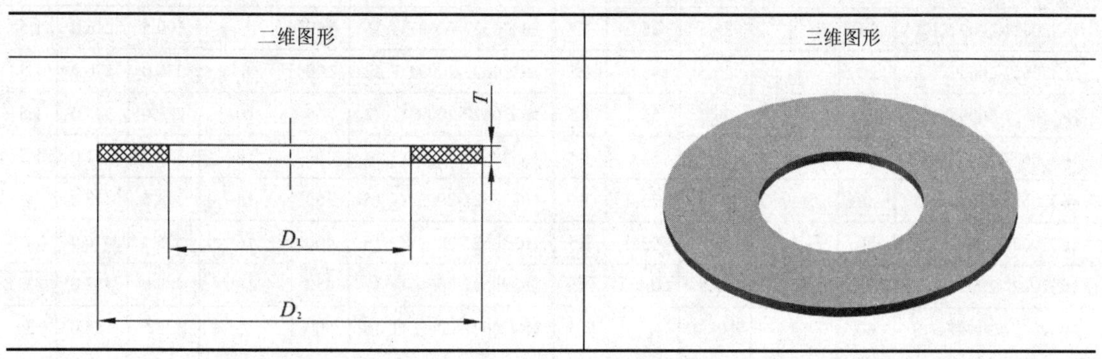

表 7-11 凹/凸面法兰用 FM/M 型垫片尺寸　　单位：mm

标准件编号	DN	NPS(in)	D_1	D_2	T	标准件编号	DN	NPS(in)	D_1	D_2	T
HG20627-2009MFM_1	15	$^1/_2$	22	35	1.5	HG20627-2009MFM_11	150	6	169	216	1.5
HG20627-2009MFM_2	20	$^3/_4$	27	43	1.5	HG20627-2009MFM_12	200	8	220	270	1.5
HG20627-2009MFM_3	25	1	34	51	1.5	HG20627-2009MFM_13	250	10	273	324	1.5
HG20627-2009MFM_4	32	$1^1/_4$	43	64	1.5	HG20627-2009MFM_14	300	12	324	381	1.5
HG20627-2009MFM_5	40	$1^1/_2$	49	73	1.5	HG20627-2009MFM_15	350	14	356	413	3
HG20627-2009MFM_6	50	2	61	92	1.5	HG20627-2009MFM_16	400	16	407	470	3
HG20627-2009MFM_7	65	$2^1/_2$	77	105	1.5	HG20627-2009MFM_17	450	18	458	533	3
HG20627-2009MFM_8	80	3	89	127	1.5	HG20627-2009MFM_18	500	20	508	584	3
HG20627-2009MFM_9	100	4	115	157	1.5	HG20627-2009MFM_19	600	24	610	692	3
HG20627-2009MFM_10	125	5	140	186	1.5						

7.1.4 榫/槽面法兰用T/G型垫片

榫/槽面法兰用 T/G 型垫片二维图形及三维图形如表 7-12 所示，尺寸如表 7-13 所示。

表 7-12　榫/槽面法兰用 T/G 型垫片

二维图形	三维图形

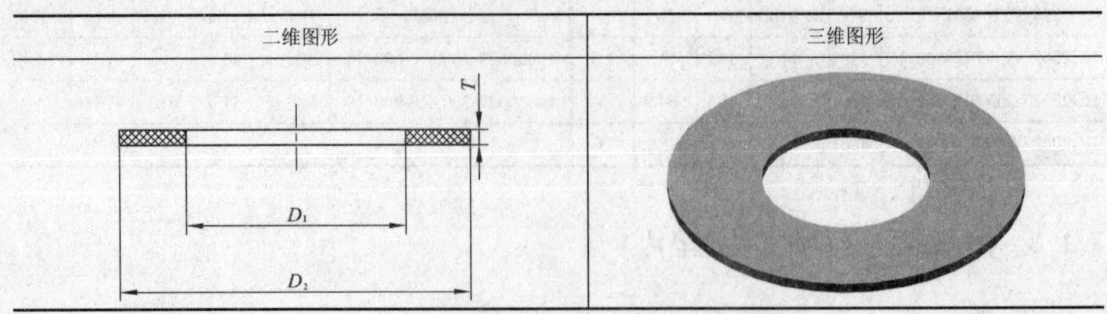

表 7-13　榫/槽面法兰用 T/G 型垫片尺寸　　　单位：mm

标准件编号	DN	NPS(in)	D_1	D_2	T	标准件编号	DN	NPS(in)	D_1	D_2	T
HG20627-2009TG_1	15	$^1/_2$	25.5	35.0	1.5	HG20627-2009TG_11	150	6	190.5	216.0	1.5
HG20627-2009TG_2	20	$^3/_4$	33.5	43.0	1.5	HG20627-2009TG_12	200	8	238.0	270.0	1.5
HG20627-2009TG_3	25	1	38.0	51.0	1.5	HG20627-2009TG_13	250	10	286.0	324.0	1.5
HG20627-2009TG_4	32	$1^1/_4$	47.5	64.0	1.5	HG20627-2009TG_14	300	12	343.0	381.0	1.5
HG20627-2009TG_5	40	$1^1/_2$	54.0	73.0	1.5	HG20627-2009TG_15	350	14	374.5	413.0	3
HG20627-2009TG_6	50	2	73.0	92.0	1.5	HG20627-2009TG_16	400	16	425.5	470.0	3
HG20627-2009TG_7	65	$2^1/_2$	85.5	105.0	1.5	HG20627-2009TG_17	450	18	489.0	533.0	3
HG20627-2009TG_8	80	3	108.0	127.0	1.5	HG20627-2009TG_18	500	20	533.5	584.0	3
HG20627-2009TG_9	100	4	132.0	157.0	1.5	HG20627-2009TG_19	600	24	641.5	692.0	3
HG20627-2009TG_10	125	5	160.5	186.0	1.5						

7.1.5　DN≤600 突面法兰用RF-E型垫片

DN≤600 突面法兰用 RF-E 型垫片按照公称压力可分为 Class150、Class300 和 Class600，垫片二维图形及三维图形如表 7-14 所示，尺寸如表 7-15～表 7-17 所示。

表 7-14　DN≤600 突面法兰用 RF-E 型垫片

二维图形	三维图形

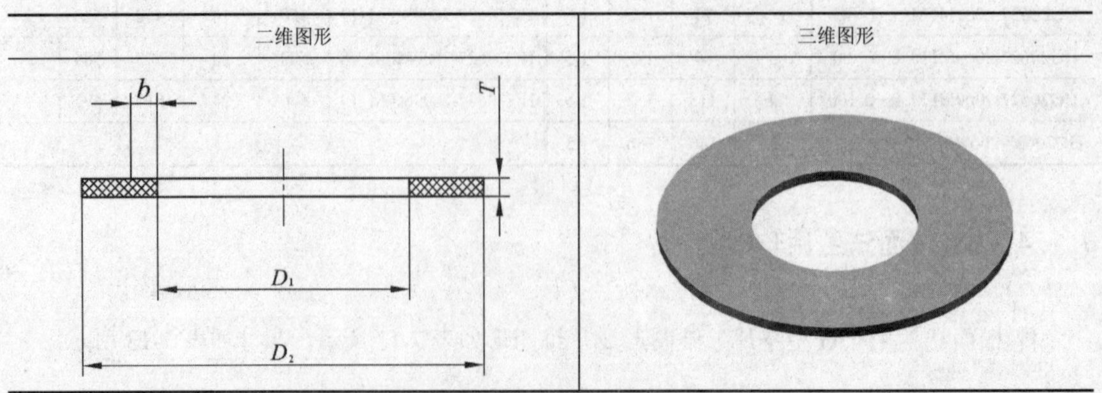

表 7-15 Class150 DN≤600 突面法兰用 RF-E 型垫片尺寸 单位：mm

标准件编号	DN	NPS(in)	D_1	D_2	T	b	标准件编号	DN	NPS(in)	D_1	D_2	T	b
HG20627-2009RFE-150_1	15	$^{1}/_{2}$	22	46.5	1.5	3	HG20627-2009RFE-150_11	150	6	169	221.5	1.5	3
HG20627-2009RFE-150_2	20	$^{3}/_{4}$	27	56.0	1.5	3	HG20627-2009RFE-150_12	200	8	220	278.5	1.5	3
HG20627-2009RFE-150_3	25	1	34	65.5	1.5	3	HG20627-2009RFE-150_13	250	10	273	338.0	1.5	3
HG20627-2009RFE-150_4	32	$1^{1}/_{4}$	43	75.0	1.5	3	HG20627-2009RFE-150_14	300	12	324	408.0	1.5	3
HG20627-2009RFE-150_5	40	$1^{1}/_{2}$	49	84.5	1.5	3	HG20627-2009RFE-150_15	350	14	356	449.5	1.5	3
HG20627-2009RFE-150_6	50	2	61	104.5	1.5	3	HG20627-2009RFE-150_16	400	16	407	513.0	3	3
HG20627-2009RFE-150_7	65	$2^{1}/_{2}$	77	123.5	1.5	3	HG20627-2009RFE-150_17	450	18	458	548.0	3	3
HG20627-2009RFE-150_8	80	3	89	136.5	1.5	3	HG20627-2009RFE-150_18	500	20	508	605.0	3	3
HG20627-2009RFE-150_9	100	4	115	174.5	1.5	3	HG20627-2009RFE-150_19	600	24	610	716.5	3	3
HG20627-2009RFE-150_10	125	5	140	190.5	1.5	3							

表 7-16 Class300 DN≤600 突面法兰用 RF-E 型垫片尺寸 单位：mm

标准件编号	DN	NPS(in)	D_1	D_2	T	b	标准件编号	DN	NPS(in)	D_1	D_2	T	b
HG20627-2009RFE-300_1	15	$^{1}/_{2}$	22	52.5	1.5	3	HG20627-2009RFE-300_11	150	6	169	250.0	1.5	3
HG20627-2009RFE-300_2	20	$^{3}/_{4}$	27	66.5	1.5	3	HG20627-2009RFE-300_12	200	8	220	306.0	1.5	3
HG20627-2009RFE-300_3	25	1	34	73.0	1.5	3	HG20627-2009RFE-300_13	250	10	273	360.5	1.5	3
HG20627-2009RFE-300_4	32	$1^{1}/_{4}$	43	82.5	1.5	3	HG20627-2009RFE-300_14	300	12	324	421.0	1.5	3
HG20627-2009RFE-300_5	40	$1^{1}/_{2}$	49	94.5	1.5	3	HG20627-2009RFE-300_15	350	14	356	484.5	1.5	3
HG20627-2009RFE-300_6	50	2	61	111.0	1.5	3	HG20627-2009RFE-300_16	400	16	407	538.5	3	3
HG20627-2009RFE-300_7	65	$2^{1}/_{2}$	77	129.0	1.5	3	HG20627-2009RFE-300_17	450	18	458	595.5	3	3
HG20627-2009RFE-300_8	80	3	89	148.5	1.5	3	HG20627-2009RFE-300_18	500	20	508	653.0	3	3
HG20627-2009RFE-300_9	100	4	115	180.0	1.5	3	HG20627-2009RFE-300_19	600	24	610	774.0	3	3
HG20627-2009RFE-300_10	125	5	140	215.0	1.5	3							

表 7-17 Class600 DN≤600 突面法兰用 RF-E 型垫片尺寸 单位：mm

标准件编号	DN	NPS(in)	D_1	D_2	T	b	标准件编号	DN	NPS(in)	D_1	D_2	T	b
HG20627-2009RFE-600_1	15	$^{1}/_{2}$	22	52.5	1.5	3	HG20627-2009RFE-600_11	150	6	169	265.0	1.5	3
HG20627-2009RFE-600_2	20	$^{3}/_{4}$	27	66.5	1.5	3	HG20627-2009RFE-600_12	200	8	220	319.0	1.5	3
HG20627-2009RFE-600_3	25	1	34	73.0	1.5	3	HG20627-2009RFE-600_13	250	10	273	399.0	1.5	3
HG20627-2009RFE-600_4	32	$1^{1}/_{4}$	43	82.5	1.5	3	HG20627-2009RFE-600_14	300	12	324	456	1.5	3
HG20627-2009RFE-600_5	40	$1^{1}/_{2}$	49	94.5	1.5	3	HG20627-2009RFE-600_15	350	14	356	491	1.5	3
HG20627-2009RFE-600_6	50	2	61	111.0	1.5	3	HG20627-2009RFE-600_16	400	16	407	564.0	3	3
HG20627-2009RFE-600_7	65	$2^{1}/_{2}$	77	129.0	1.5	3	HG20627-2009RFE-600_17	450	18	458	612	3	3
HG20627-2009RFE-600_8	80	3	89	148.5	1.5	3	HG20627-2009RFE-600_18	500	20	508	682.0	3	3
HG20627-2009RFE-600_9	100	4	115	192.0	1.5	3	HG20627-2009RFE-600_19	600	24	610	790.0	3	3
HG20627-2009RFE-600_10	125	5	140	240.0	1.5	3							

7.1.6 DN＞600 突面法兰（HG/T 20623 A系列）用RF型垫片

DN＞600 突面法兰（HG/T 20623 A 系列）用 RF 型垫片按照公称压力可分为 Class150、Class300 和 Class600，垫片二维图形及三维图形如表 7-18 所示，尺寸如表 7-19～表 7-21 所示。

表 7-18　DN＞600 突面法兰（HG/T 20623 A 系列）用 RF 型垫片

二维图形	三维图形

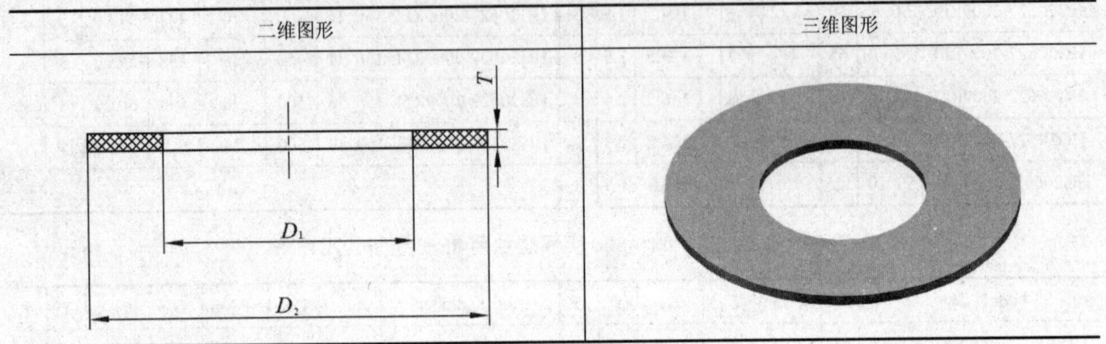

表 7-19　Class150 DN＞600 突面法兰（HG/T 20623 A 系列）用 RF 型垫片尺寸　　单位：mm

标准件编号	DN	NPS(in)	D_1	D_2	T	标准件编号	DN	NPS(in)	D_1	D_2	T
HG20627-2009RFDA-150_1	650	26	660	773.5	3	HG20627-2009RFDA-150_11	1150	46	1168	1326.0	3
HG20627-2009RFDA-150_2	700	28	711	830.5	3	HG20627-2009RFDA-150_12	1200	48	1219	1383.5	3
HG20627-2009RFDA-150_3	750	30	762	881.5	3	HG20627-2009RFDA-150_13	1250	50	1270	1434.5	3
HG20627-2009RFDA-150_4	800	32	813	939.0	3	HG20627-2009RFDA-150_14	1300	52	1321	1491.5	3
HG20627-2009RFDA-150_5	850	34	864	989.5	3	HG20627-2009RFDA-150_15	1350	54	1372	1549.0	3
HG20627-2009RFDA-150_6	900	36	914	1074.0	3	HG20627-2009RFDA-150_16	1400	56	1422	1606.0	3
HG20627-2009RFDA-150_7	950	38	965	1110.5	3	HG20627-2009RFDA-150_17	1450	58	1473	1663.0	3
HG20627-2009RFDA-150_8	1000	40	1016	1161.0	3	HG20627-2009RFDA-150_18	1500	60	1524	1714.0	3
HG20627-2009RFDA-150_9	1050	42	1067	1218.5	3	HG20627-2009RFDA-150_11	1150	46	1168	1326.0	3
HG20627-2009RFDA-150_10	1100	44	1118	1275.5	3						

表 7-20　Class300 DN＞600 突面法兰（HG/T 20623 A 系列）用 RF 型垫片尺寸　　单位：mm

标准件编号	DN	NPS(in)	D_1	D_2	T	标准件编号	DN	NPS(in)	D_1	D_2	T
HG20627-2009RFDA-300_1	650	26	660	834.5	3	HG20627-2009RFDA-300_7	950	38	965	1053.0	3
HG20627-2009RFDA-300_2	700	28	711	898.0	3	HG20627-2009RFDA-300_8	1000	40	1016	1113.5	3
HG20627-2009RFDA-300_3	750	30	762	952.0	3	HG20627-2009RFDA-300_9	1050	42	1067	1164.5	3
HG20627-2009RFDA-300_4	800	32	813	1006.0	3	HG20627-2009RFDA-300_10	1100	44	1118	1218.5	3
HG20627-2009RFDA-300_5	850	34	864	1057.0	3	HG20627-2009RFDA-300_11	1150	46	1168	1273.0	3
HG20627-2009RFDA-300_6	900	36	914	1116.5	3	HG20627-2009RFDA-300_12	1200	48	1219	1323.5	3

续表

标准件编号	DN	NPS(in)	D_1	D_2	T	标准件编号	DN	NPS(in)	D_1	D_2	T
HG20627-2009RFDA-300_13	1250	50	1270	1377.0	3	HG20627-2009RFDA-300_17	1450	58	1473	1595.0	3
HG20627-2009RFDA-300_14	1300	52	1321	1427.5	3	HG20627-2009RFDA-300_18	1500	60	1524	1646.0	3
HG20627-2009RFDA-300_15	1350	54	1372	1493.5	3	HG20627-2009RFDA-300_11	1150	46	1168	1273.0	3
HG20627-2009RFDA-300_16	1400	56	1422	1544.0	3						

表 7-21　Class600 DN＞600 突面法兰（HG/T 20623 A 系列）用 RF 型垫片尺寸　单位：mm

标准件编号	DN	NPS(in)	D_1	D_2	T	标准件编号	DN	NPS(in)	D_1	D_2	T
HG20627-2009RFDA-600_1	650	26	660	866.5	3	HG20627-2009RFDA-600_11	1150	46	1168	1326.5	3
HG20627-2009RFDA-600_2	700	28	711	913.0	3	HG20627-2009RFDA-600_12	1200	48	1219	1390.5	3
HG20627-2009RFDA-600_3	750	30	762	970.5	3	HG20627-2009RFDA-600_13	1250	50	1270	1448	3
HG20627-2009RFDA-600_4	800	32	813	1023.5	3	HG20627-2009RFDA-600_14	1300	52	1321	1499.0	3
HG20627-2009RFDA-600_5	850	34	864	1074.5	3	HG20627-2009RFDA-600_15	1350	54	1372	1556	3
HG20627-2009RFDA-600_6	900	36	914	1130.0	3	HG20627-2009RFDA-600_16	1400	56	1422	1613.5	3
HG20627-2009RFDA-600_7	950	38	965	1106.0	3	HG20627-2009RFDA-600_17	1450	58	1473	1664.0	3
HG20627-2009RFDA-600_8	1000	40	1016	1157.0	3	HG20627-2009RFDA-600_18	1500	60	1524	1732.5	3
HG20627-2009RFDA-600_9	1050	42	1067	1218.5	3	HG20627-2009RFDA-600_11	1150	46	1168	1326.5	3
HG20627-2009RFDA-600_10	1100	44	1118	1269.5	3						

7.1.7　DN＞600 突面法兰（HG/T 20623 B系列）用RF型垫片

DN＞600 突面法兰（HG/T 20623 B 系列）用 RF 型垫片按照公称压力可分为 Class150、Class300 和 Class600，垫片二维图形及三维图形如表 7-22 所示，尺寸如表 7-23～表 7-25 所示。

表 7-22　DN＞600 突面法兰（HG/T 20623 B 系列）用 RF 型垫片

二维图形	三维图形
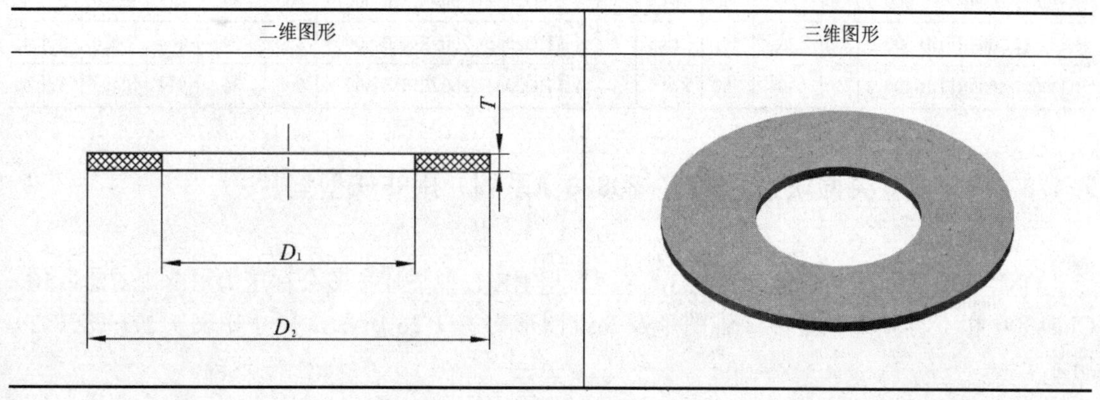	

表 7-23 Class150 DN＞600 突面法兰（HG/T 20623 B 系列）用 RF 型垫片尺寸　　单位：mm

标准件编号	DN	NPS(in)	D_1	D_2	T	b	标准件编号	DN	NPS(in)	D_1	D_2	T	b
HG20627-2009RFDB-150_1	650	26	660	724.5	3	4	HG20627-2009RFDB-150_10	1100	44	1118	1195.5	3	5
HG20627-2009RFDB-150_2	700	28	711	775.5	3	4	HG20627-2009RFDB-150_11	1150	46	1168	1254.0	3	5
HG20627-2009RFDB-150_3	750	30	762	826.0	3	4	HG20627-2009RFDB-150_12	1200	48	1219	1305.0	3	5
HG20627-2009RFDB-150_4	800	32	813	880.0	3	4	HG20627-2009RFDB-150_13	1250	50	1270	1356.0	3	5
HG20627-2009RFDB-150_5	850	34	864	933.5	3	4	HG20627-2009RFDB-150_14	1300	52	1321	1406.5	3	5
HG20627-2009RFDB-150_6	900	36	914	985.5	3	4	HG20627-2009RFDB-150_15	1350	54	1372	1462.0	3	5
HG20627-2009RFDB-150_7	950	38	965	1043.0	3	4	HG20627-2009RFDB-150_16	1400	56	1422	1513.0	3	5
HG20627-2009RFDB-150_8	1000	40	1016	1093.5	3	4	HG20627-2009RFDB-150_17	1450	58	1473	1578.5	3	5
HG20627-2009RFDB-150_9	1050	42	1067	1144.5	3	5	HG20627-2009RFDB-150_18	1500	60	1524	1629.0	3	5

表 7-24 Class300 DN＞600 突面法兰（HG/T 20623 B 系列）用 RF 型垫片尺寸　　单位：mm

标准件编号	DN	NPS(in)	D_1	D_2	T	b	标准件编号	DN	NPS(in)	D_1	D_2	T	b
HG20627-2009RFDB-300_1	650	26	660	770.5	3	4	HG20627-2009RFDB-300_10	1100	44	1118	1250.5	3	5
HG20627-2009RFDB-300_2	700	28	711	824.0	3	4	HG20627-2009RFDB-300_11	1150	46	1168	1317.0	3	5
HG20627-2009RFDB-300_3	750	30	762	885.0	3	4	HG20627-2009RFDB-300_12	1200	48	1219	1368.0	3	5
HG20627-2009RFDB-300_4	800	32	813	939.0	3	4	HG20627-2009RFDB-300_13	1250	50	1270	1419.0	3	5
HG20627-2009RFDB-300_5	850	34	864	993.0	3	4	HG20627-2009RFDB-300_14	1300	52	1321	1469.5	3	5
HG20627-2009RFDB-300_6	900	36	914	1047.0	3	4	HG20627-2009RFDB-300_15	1350	54	1372	1530.0	3	5
HG20627-2009RFDB-300_7	950	38	965	1098.0	3	4	HG20627-2009RFDB-300_16	1400	56	1422	1595.0	3	5
HG20627-2009RFDB-300_8	1000	40	1016	1148.5	3	4	HG20627-2009RFDB-300_17	1450	58	1473	1657.0	3	5
HG20627-2009RFDB-300_9	1050	42	1067	1199.5	3	5	HG20627-2009RFDB-300_18	1500	60	1524	1708.0	3	5

表 7-25 Class600 DN＞600 突面法兰（HG/T 20623 B 系列）用 RF 型垫片尺寸　　单位：mm

标准件编号	DN	NPS(in)	D_1	D_2	T	b	标准件编号	DN	NPS(in)	D_1	D_2	T	b
HG20627-2009RFDB-600_1	650	26	660	764.5	3	4	HG20627-2009RFDB-600_4	800	32	813	932.0	3	4
HG20627-2009RFDB-600_2	700	28	711	818.5	3	4	HG20627-2009RFDB-600_5	850	34	864	998.0	3	4
HG20627-2009RFDB-600_3	750	30	762	879.0	3	4	HG20627-2009RFDB-600_6	900	36	914	1049.0	3	4

7.1.8 DN＞600 突面法兰（HG/T 20623 A系列）用RF-E型垫片

DN＞600 突面法兰（HG/T 20623 A 系列）用 RF-E 型垫片按照公称压力可分为 Class150、Class300 和 Class600，垫片二维图形及三维图形如表 7-26 所示，尺寸如表 7-27～表 7-29 所示。

表 7-26　DN＞600 突面法兰（HG/T 20623 A 系列）用 RF-E 型垫片

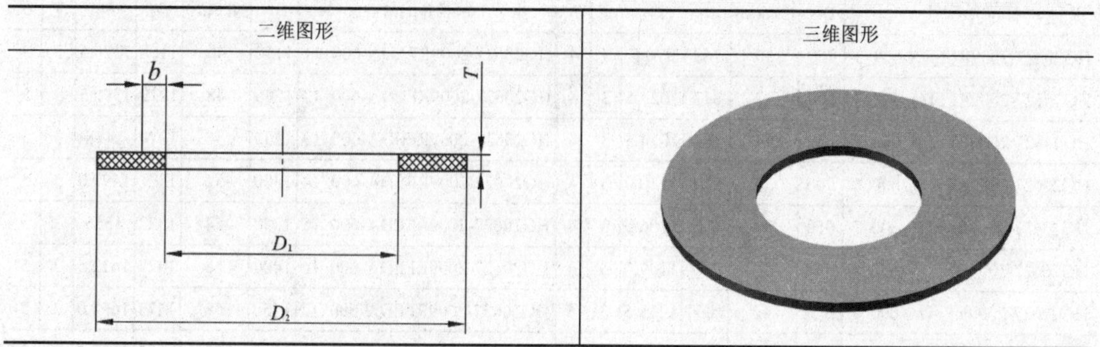

表 7-27　Class150 DN＞600 突面法兰（HG/T 20623 A 系列）用 RF-E 型垫片尺寸　　单位：mm

标准件编号	DN	NPS(in)	D_1	D_2	T	b	标准件编号	DN	NPS(in)	D_1	D_2	T	b
HG20627-2009RFEDA-150_1	650	26	660	773.5	3	4	HG20627-2009RFEDA-150_10	1100	44	1118	1275.5	3	5
HG20627-2009RFEDA-150_2	700	28	711	830.5	3	4	HG20627-2009RFEDA-150_11	1150	46	1168	1326.0	3	5
HG20627-2009RFEDA-150_3	750	30	762	881.5	3	4	HG20627-2009RFEDA-150_12	1200	48	1219	1383.5	3	5
HG20627-2009RFEDA-150_4	800	32	813	939.0	3	4	HG20627-2009RFEDA-150_13	1250	50	1270	1434.5	3	5
HG20627-2009RFEDA-150_5	850	34	864	989.5	3	4	HG20627-2009RFEDA-150_14	1300	52	1321	1491.5	3	5
HG20627-2009RFEDA-150_6	900	36	914	1074.0	3	4	HG20627-2009RFEDA-150_15	1350	54	1372	1549.0	3	5
HG20627-2009RFEDA-150_7	950	38	965	1110.5	3	4	HG20627-2009RFEDA-150_16	1400	56	1422	1606.0	3	5
HG20627-2009RFEDA-150_8	1000	40	1016	1161.0	3	4	HG20627-2009RFEDA-150_17	1450	58	1473	1663.0	3	5
HG20627-2009RFEDA-150_9	1050	42	1067	1218.5	3	5	HG20627-2009RFEDA-150_18	1500	60	1524	1714.0	3	5

表 7-28　Class300 DN＞600 突面法兰（HG/T 20623 A 系列）用 RF-E 型垫片尺寸　　单位：mm

标准件编号	DN	NPS(in)	D_1	D_2	T	b	标准件编号	DN	NPS(in)	D_1	D_2	T	b
HG20627-2009RFEDA-300_1	650	26	660	834.5	3	4	HG20627-2009RFEDA-300_10	1100	44	1118	1218.5	3	5
HG20627-2009RFEDA-300_2	700	28	711	898.0	3	4	HG20627-2009RFEDA-300_11	1150	46	1168	1273.0	3	5
HG20627-2009RFEDA-300_3	750	30	762	952.0	3	4	HG20627-2009RFEDA-300_12	1200	48	1219	1323.5	3	5
HG20627-2009RFEDA-300_4	800	32	813	1006.0	3	4	HG20627-2009RFEDA-300_13	1250	50	1270	1377.0	3	5
HG20627-2009RFEDA-300_5	850	34	864	1057.0	3	4	HG20627-2009RFEDA-300_14	1300	52	1321	1427.5	3	5
HG20627-2009RFEDA-300_6	900	36	914	1116.5	3	4	HG20627-2009RFEDA-300_15	1350	54	1372	1493.5	3	5
HG20627-2009RFEDA-300_7	950	38	965	1053.0	3	4	HG20627-2009RFEDA-300_16	1400	56	1422	1544.0	3	5
HG20627-2009RFEDA-300_8	1000	40	1016	1113.5	3	4	HG20627-2009RFEDA-300_17	1450	58	1473	1595.0	3	5
HG20627-2009RFEDA-300_9	1050	42	1067	1164.5	3	5	HG20627-2009RFEDA-300_18	1500	60	1524	1646.0	3	5

表 7-29　Class600 DN＞600 突面法兰（HG/T 20623 A 系列）用 RF-E 型垫片尺寸　　单位：mm

标准件编号	DN	NPS(in)	D_1	D_2	T	b	标准件编号	DN	NPS(in)	D_1	D_2	T	b
HG20627-2009RFEDA-600_1	650	26	660	866.5	3	4	HG20627-2009RFEDA-600_2	700	28	711	913.0	3	4

续表

标准件编号	DN	NPS(in)	D_1	D_2	T	b	标准件编号	DN	NPS(in)	D_1	D_2	T	b
HG20627-2009RFEDA-600_3	750	30	762	970.5	3	4	HG20627-2009RFEDA-600_11	1150	46	1168	1326.5	3	5
HG20627-2009RFEDA-600_4	800	32	813	1023.5	3	4	HG20627-2009RFEDA-600_12	1200	48	1219	1390.5	3	5
HG20627-2009RFEDA-600_5	850	34	864	1074.5	3	4	HG20627-2009RFEDA-600_13	1250	50	1270	1448	3	5
HG20627-2009RFEDA-600_6	900	36	914	1130.0	3	4	HG20627-2009RFEDA-600_14	1300	52	1321	1499.0	3	5
HG20627-2009RFEDA-600_7	950	38	965	1106.0	3	4	HG20627-2009RFEDA-600_15	1350	54	1372	1556	3	5
HG20627-2009RFEDA-600_8	1000	40	1016	1157.0	3	4	HG20627-2009RFEDA-600_16	1400	56	1422	1613.5	3	5
HG20627-2009RFEDA-600_9	1050	42	1067	1218.5	3	5	HG20627-2009RFEDA-600_17	1450	58	1473	1664.0	3	5
HG20627-2009RFEDA-600_10	1100	44	1118	1269.5	3	5	HG20627-2009RFEDA-600_18	1500	60	1524	1732.5	3	5

7.1.9 DN＞600 突面法兰（HG/T 20623 B系列）用RF-E型垫片

DN＞600 突面法兰(HG/T 20623 B 系列)用 RF-E 型垫片按照公称压力可分为 Class150、Class300 和 Class600，垫片二维图形及三维图形如表 7-30 所示，尺寸如表 7-31～表 7-33 所示。

表 7-30　DN＞600 突面法兰（HG/T 20623 B 系列）用 RF-E 型垫片

二维图形	三维图形

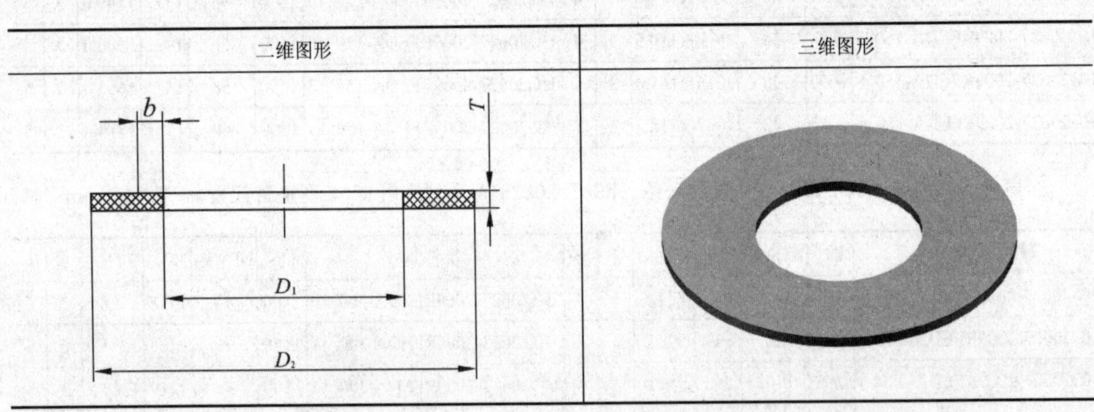

表 7-31　Class150 DN＞600 突面法兰（HG/T 20623 B 系列）用 RF-E 型垫片尺寸　　单位：mm

标准件编号	DN	NPS(in)	D_1	D_2	T	b	标准件编号	DN	NPS(in)	D_1	D_2	T	b
HG20627-2009RFEDB-150_1	650	26	660	724.5	3	4	HG20627-2009RFEDB-150_8	1000	40	1016	1093.5	3	4
HG20627-2009RFEDB-150_2	700	28	711	775.5	3	4	HG20627-2009RFEDB-150_9	1050	42	1067	1144.5	3	5
HG20627-2009RFEDB-150_3	750	30	762	826.0	3	4	HG20627-2009RFEDB-150_10	1100	44	1118	1195.5	3	5
HG20627-2009RFEDB-150_4	800	32	813	880.0	3	4	HG20627-2009RFEDB-150_11	1150	46	1168	1254.0	3	5
HG20627-2009RFEDB-150_5	850	34	864	933.5	3	4	HG20627-2009RFEDB-150_12	1200	48	1219	1305.0	3	5
HG20627-2009RFEDB-150_6	900	36	914	985.5	3	4	HG20627-2009RFEDB-150_13	1250	50	1270	1356.0	3	5
HG20627-2009RFEDB-150_7	950	38	965	1043.0	3	4	HG20627-2009RFEDB-150_14	1300	52	1321	1406.5	3	5

续表

标准件编号	DN	NPS(in)	D_1	D_2	T	b	标准件编号	DN	NPS(in)	D_1	D_2	T	b
HG20627-2009RFEDB-150_15	1350	54	1372	1462.0	3	5	HG20627-2009RFEDB-150_17	1450	58	1473	1578.5	3	5
HG20627-2009RFEDB-150_16	1400	56	1422	1513.0	3	5	HG20627-2009RFEDB-150_18	1500	60	1524	1629.0	3	5

表 7-32　Class300 DN＞600 突面法兰（HG/T 20623 B 系列）用 RF-E 型垫片尺寸　　单位：mm

标准件编号	DN	NPS(in)	D_1	D_2	T	b	标准件编号	DN	NPS(in)	D_1	D_2	T	b
HG20627-2009RFEDB-300_1	650	26	660	770.5	3	4	HG20627-2009RFEDB-300_10	1100	44	1118	1250.5	3	5
HG20627-2009RFEDB-300_2	700	28	711	824.0	3	4	HG20627-2009RFEDB-300_11	1150	46	1168	1317.0	3	5
HG20627-2009RFEDB-300_3	750	30	762	885.0	3	4	HG20627-2009RFEDB-300_12	1200	48	1219	1368.0	3	5
HG20627-2009RFEDB-300_4	800	32	813	939.0	3	4	HG20627-2009RFEDB-300_13	1250	50	1270	1419.0	3	5
HG20627-2009RFEDB-300_5	850	34	864	993.0	3	4	HG20627-2009RFEDB-300_14	1300	52	1321	1469.5	3	5
HG20627-2009RFEDB-300_6	900	36	914	1047.0	3	4	HG20627-2009RFEDB-300_15	1350	54	1372	1530.0	3	5
HG20627-2009RFEDB-300_7	950	38	965	1098.0	3	4	HG20627-2009RFEDB-300_16	1400	56	1422	1595.0	3	5
HG20627-2009RFEDB-300_8	1000	40	1016	1148.5	3	4	HG20627-2009RFEDB-300_17	1450	58	1473	1657.0	3	5
HG20627-2009RFEDB-300_9	1050	42	1067	1199.5	3	5	HG20627-2009RFEDB-300_18	1500	60	1524	1708.0	3	5

表 7-33　Class600 DN＞600 突面法兰（HG/T 20623 B 系列）用 RF-E 型垫片尺寸　　单位：mm

标准件编号	DN	NPS(in)	D_1	D_2	T	b	标准件编号	DN	NPS(in)	D_1	D_2	T	b
HG20627-2009RFEDB-600_1	650	26	660	764.5	3	4	HG20627-2009RFEDB-600_4	800	32	813	932.0	3	4
HG20627-2009RFEDB-600_2	700	28	711	818.5	3	4	HG20627-2009RFEDB-600_5	850	34	864	998.0	3	4
HG20627-2009RFEDB-600_3	750	30	762	879.0	3	4	HG20627-2009RFEDB-600_6	900	36	914	1049.0	3	4

FF 型和 RF 型垫片的尺寸公差按表 7-34 的规定，MFM 型和 TG 型垫片的尺寸偏差按表 7-35 的规定。

表 7-34　FF 型和 RF 型垫片的尺寸公差　　单位：mm

公称尺寸	≤DN300（NPS12）	≥DN350（NPS14）
内径 D_1	±1.5	±3.0
外径 D_2	0 −1.5	0 −3.0
FF 型螺栓孔中心圆直径 K	±1.5	
相邻螺栓孔中心距	±0.75	

表 7-35　FM/M 型和 T/G 型垫片的尺寸偏差　　单位：mm

内径 D_1	外径 D_2
+1.0 0	0 −1.0

7.2 聚四氟乙烯包覆垫片（Class系列）（HG 20628—2009）

本标准规定了钢制管法兰（Class 系列）用聚四氟乙烯包覆垫片的型式、尺寸、技术要求和标记。

本标准适用于 HG/T 20615 所规定的公称压力 Class150（PN20）和 Class300（PN50）、工作温度小于或等于 150℃的突面钢制管法兰用聚四氟乙烯包覆垫片。

7.2.1 A型-剖切型聚四氟乙烯包覆垫片（Class系列）

A 型-剖切型钢制管法兰聚四氟乙烯包覆垫片（Class 系列）按照公称压力可分为 Class150 和 Class300，垫片二维图形及三维图形如表 7-36 所示，尺寸如表 7-37 和表 7-38 所示。

表 7-36　A 型-剖切型钢制管法兰聚四氟乙烯包覆垫片（Class 系列）

二维图形	三维图形

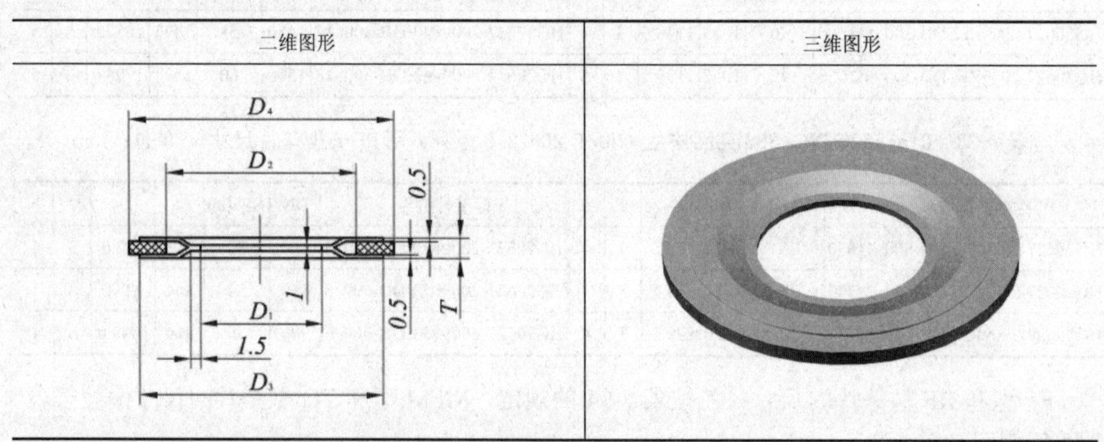

注：嵌入层内径 D_2 由制造厂根据垫片型式和嵌入层材料性能确定。

表 7-37　Class150 A 型-剖切型钢制管法兰聚四氟乙烯包覆垫片尺寸　　单位：mm

标准件编号	DN	NPS(in)	D_1	D_3	D_4	T	标准件编号	DN	NPS(in)	D_1	D_3	D_4	T
HG20628-2009A-150_1	15	$^1/_2$	22	40	46.5	3	HG20628-2009A-150_10	125	5	141	178	196.0	3
HG20628-2009A-150_2	20	$^3/_4$	27	50	56.0	3	HG20628-2009A-150_11	150	6	169	206	221.5	3
HG20628-2009A-150_3	25	1	34	60	65.5	3	HG20628-2009A-150_12	200	8	220	260	278.5	3
HG20628-2009A-150_4	32	$1^1/_4$	43	70	75.0	3	HG20628-2009A-150_13	250	10	273	314	338.0	3
HG20628-2009A-150_5	40	$1^1/_2$	49	80	84.5	3	HG20628-2009A-150_14	300	12	324	365	408.0	3
HG20628-2009A-150_6	50	2	61	92	104.5	3	HG20628-2009A-150_15	350	14	356	412	449.5	4
HG20628-2009A-150_7	65	$2^1/_2$	77	110	123.5	3	HG20628-2009A-150_16	400	16	407	469	513.0	4
HG20628-2009A-150_8	80	3	89	126	136.5	3	HG20628-2009A-150_17	450	18	458	528	548.0	4
HG20628-2009A-150_9	100	4	115	151	174.5	3	HG20628-2009A-150_18	500	20	508	578	605.0	4

表 7-38 Class300 A 型-剖切型钢制管法兰聚四氟乙烯包覆垫片尺寸　　单位：mm

标准件编号	DN	NPS(in)	D_1	D_3	D_4	T	标准件编号	DN	NPS(in)	D_1	D_3	D_4	T
HG20628-2009A-300_1	15	$^1/_2$	22	40	52.5	3	HG20628-2009A-300_10	125	5	141	178	215.0	3
HG20628-2009A-300_2	20	$^3/_4$	27	50	66.5	3	HG20628-2009A-300_11	150	6	169	206	250.0	3
HG20628-2009A-300_3	25	1	34	60	73.0	3	HG20628-2009A-300_12	200	8	220	260	306.0	3
HG20628-2009A-300_4	32	$1^1/_4$	43	70	82.5	3	HG20628-2009A-300_13	250	10	273	314	360.5	3
HG20628-2009A-300_5	40	$1^1/_2$	49	80	94.5	3	HG20628-2009A-300_14	300	12	324	365	421.0	3
HG20628-2009A-300_6	50	2	61	92	111.0	3	HG20628-2009A-300_15	350	14	356	412	484.5	4
HG20628-2009A-300_7	65	$2^1/_2$	77	110	129.0	3	HG20628-2009A-300_16	400	16	407	469	538.5	4
HG20628-2009A-300_8	80	3	89	126	148.5	3	HG20628-2009A-300_17	450	18	458	528	595.5	4
HG20628-2009A-300_9	100	4	115	151	180.0	3	HG20628-2009A-300_18	500	20	508	578	653.0	4

7.2.2 B型-机加工型聚四氟乙烯包覆垫片（Class系列）

B 型-机加工型钢制管法兰聚四氟乙烯包覆垫片（Class 系列）按照公称压力可分为 Class150 和 Class300，垫片二维图形及三维图形如表 7-43 所示，尺寸如表 7-44 和表 7-45 所示。

表 7-39 B 型-机加工型钢制管法兰聚四氟乙烯包覆垫片（Class 系列）

二维图形	三维图形

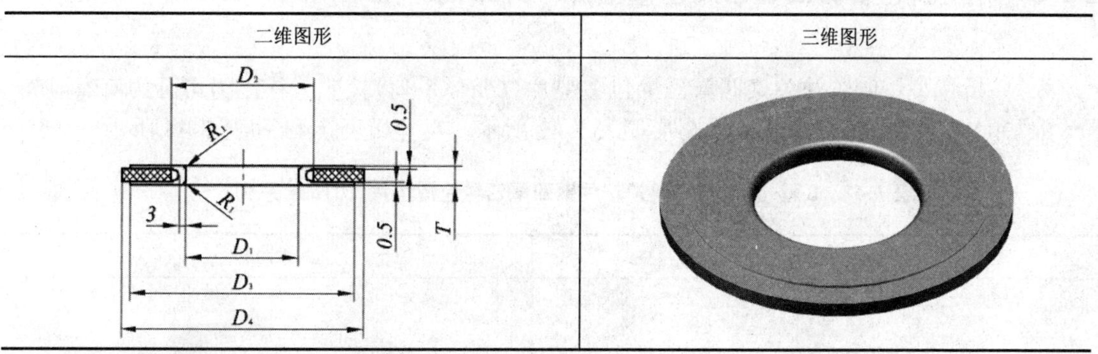

注：1. 嵌入层内径 D_2 由制造厂根据垫片型式和嵌入层材料性能确定。

2. B 型垫片内径处的倒圆角尺寸 R_1 大于或等于 1mm。

表 7-40 Class150 B 型-机加工型钢制管法兰聚四氟乙烯包覆垫片尺寸　　单位：mm

标准件编号	DN	NPS(in)	D_1	D_3	D_4	T	标准件编号	DN	NPS(in)	D_1	D_3	D_4	T
HG20628-2009B-150_1	15	$^1/_2$	22	40	46.5	3	HG20628-2009B-150_8	80	3	89	126	136.5	3
HG20628-2009B-150_2	20	$^3/_4$	27	50	56.0	3	HG20628-2009B-150_9	100	4	115	151	174.5	3
HG20628-2009B-150_3	25	1	34	60	65.5	3	HG20628-2009B-150_10	125	5	141	178	196.0	3
HG20628-2009B-150_4	32	$1^1/_4$	43	70	75.0	3	HG20628-2009B-150_11	150	6	169	206	221.5	3
HG20628-2009B-150_5	40	$1^1/_2$	49	80	84.5	3	HG20628-2009B-150_12	200	8	220	260	278.5	3
HG20628-2009B-150_6	50	2	61	92	104.5	3	HG20628-2009B-150_13	250	10	273	314	338.0	3
HG20628-2009B-150_7	65	$2^1/_2$	77	110	123.5	3	HG20628-2009B-150_14	300	12	324	365	408.0	3

续表

标准件编号	DN	NPS(in)	D_1	D_3	D_4	T	标准件编号	DN	NPS(in)	D_1	D_3	D_4	T
HG20628-2009B-150_15	350	14	356	412	449.5	4	HG20628-2009B-150_17	450	18	458	528	548.0	4
HG20628-2009B-150_16	400	16	407	469	513.0	4	HG20628-2009B-150_18	500	20	508	578	605.0	4

表 7-41 Class300 B 型-机加工型钢制管法兰聚四氟乙烯包覆垫片尺寸 单位：mm

标准件编号	DN	NPS(in)	D_1	D_3	D_4	T	标准件编号	DN	NPS(in)	D_1	D_3	D_4	T
HG20628-2009B-300_1	15	$^1/_2$	22	40	52.5	3	HG20628-2009B-300_11	150	6	169	206	250.0	3
HG20628-2009B-300_2	20	$^3/_4$	27	50	66.5	3	HG20628-2009B-300_12	200	8	220	260	306.0	3
HG20628-2009B-300_3	25	1	34	60	73.0	3	HG20628-2009B-300_13	250	10	273	314	360.5	3
HG20628-2009B-300_4	32	$1^1/_4$	43	70	82.5	3	HG20628-2009B-300_14	300	12	324	365	421.0	3
HG20628-2009B-300_5	40	$1^1/_2$	49	80	94.5	3	HG20628-2009B-300_15	350	14	356	412	484.5	4
HG20628-2009B-300_6	50	2	61	92	111.0	3	HG20628-2009B-300_16	400	16	407	469	538.5	4
HG20628-2009B-300_7	65	$2^1/_2$	77	110	129.0	3	HG20628-2009B-300_17	450	18	458	528	595.5	4
HG20628-2009B-300_8	80	3	89	126	148.5	3	HG20628-2009B-300_18	500	20	508	578	653.0	4
HG20628-2009B-300_9	100	4	115	151	180.0	3	HG20628-2009B-300_11	150	6	169	206	250.0	3
HG20628-2009B-300_10	125	5	141	178	215.0	3							

7.2.3 C型-折包型聚四氟乙烯包覆垫片（Class系列）

C 型-折包型钢制管法兰聚四氟乙烯包覆垫片（Class 系列）按照公称压力可分为 Class150 和 Class300，垫片二维图形及三维图形如表 7-42 所示，尺寸如表 7-43 和表 7-44 所示。

表 7-42 C 型-折包型钢制管法兰聚四氟乙烯包覆垫片（Class 系列）

二维图形	三维图形

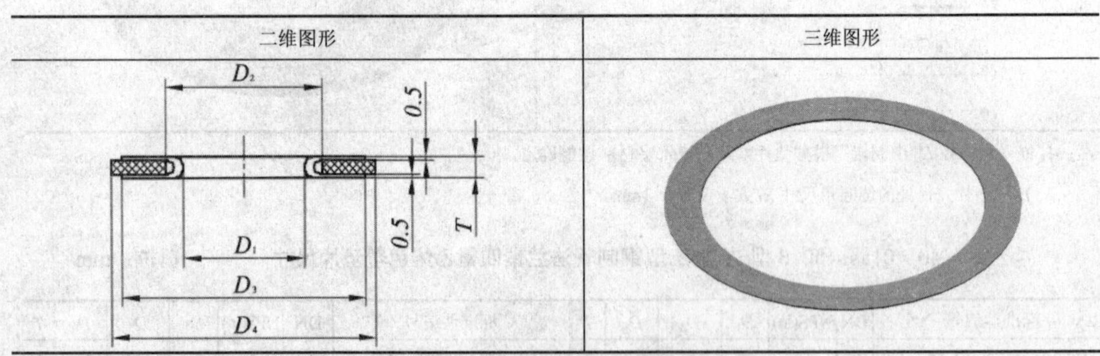

注：嵌入层内径 D_2 由制造厂根据垫片型式和嵌入层材料性能确定。

表 7-43 Class150 C 型-折包型钢制管法兰聚四氟乙烯包覆垫片尺寸 单位：mm

标准件编号	DN	NPS(in)	D_1	D_3	D_4	T
HG20628-2009C-150_1	350	14	356	412	449.5	4
HG20628-2009C-150_2	400	16	406	469	513.0	4

续表

标准件编号	DN	NPS(in)	D_1	D_3	D_4	T
HG20628-2009C-150_3	450	18	457	528	548.0	4
HG20628-2009C-150_4	500	20	508	578	605.0	4
HG20628-2009C-150_5	600	24	610	679	716.5	4

表 7-44 Class300 C 型-折包型钢制管法兰聚四氟乙烯包覆垫片尺寸 单位：mm

标准件编号	DN	NPS(in)	D_1	D_3	D_4	T
HG20628-2009C-300_1	350	14	356	412	484.5	4
HG20628-2009C-300_2	400	16	406	469	538.5	4
HG20628-2009C-300_3	450	18	457	528	595.5	4
HG20628-2009C-300_4	500	20	508	578	653.0	4
HG20628-2009C-300_5	600	24	610	679	774.0	4

垫片内径 D_1 和外径 D_4 的尺寸公差按表 7-45 的规定。

表 7-45 垫片内径 D_1 和垫片外径 D_4 的尺寸公差 单位：mm

公称尺寸	≤DN300	≥DN350
垫片内径 D_1	±1.5	±3.0
垫片外径 D_4	0 −1.5	0 −3.0

7.3 金属包覆垫片（Class系列）（HG 20630—2009）

本标准规定了钢制管法兰（Class 系列）用金属包覆垫片的型式、尺寸、技术要求和标记。

本标准适用于 HG/T 20615 所规定的公称压力 Class300（PN50）～Class900（PN150）的突面钢制管法兰用金属包覆垫片。

包覆金属材料的最高工作温度按表 7-46 的规定，填充材料的最高工作温度按表 7-47 的规定。

表 7-46 包覆金属材料的最高工作温度

包覆金属材料	标准	代号	最高工作温度（℃）
纯铝板 L3	GB/T 3880	L3	200
纯铜板 T3	GB/T 2040	T3	300
镀锌钢板	GB/T 2518	St(Zn)	400
08F	GB/T 710	St	
0Cr13	GB/T 3280	405	500

续表

包覆金属材料	标准	代号	最高工作温度（℃）
0Cr18Ni9	GB/T 3280	304	600
0Cr18Ni10Ti		321	
00Cr17Ni14Mo2		316L	
00Cr19Ni13Mo3		317L	

表 7-47　填充材料的最高工作温度

填充材料	代号	最高工作温度（℃）	填充材料		代号	最高工作温度（℃）
柔性石墨板	FG	650	非石棉纤维橡胶板	有机纤维	NAS	200
石棉橡胶板	AS	300		无机纤维		290

7.3.1　I型金属包覆垫片（Class系列）

I 型钢制管法兰金属包覆垫片（Class 系列）按照公称压力可分为 Class300、Class600 和 Class900，垫片二维图形及三维图形如表 7-48 所示，尺寸如表 7-49～表 7-51 所示。

表 7-48　I 型钢制管法兰金属包覆垫片（Class 系列）

二维图形	三维图形

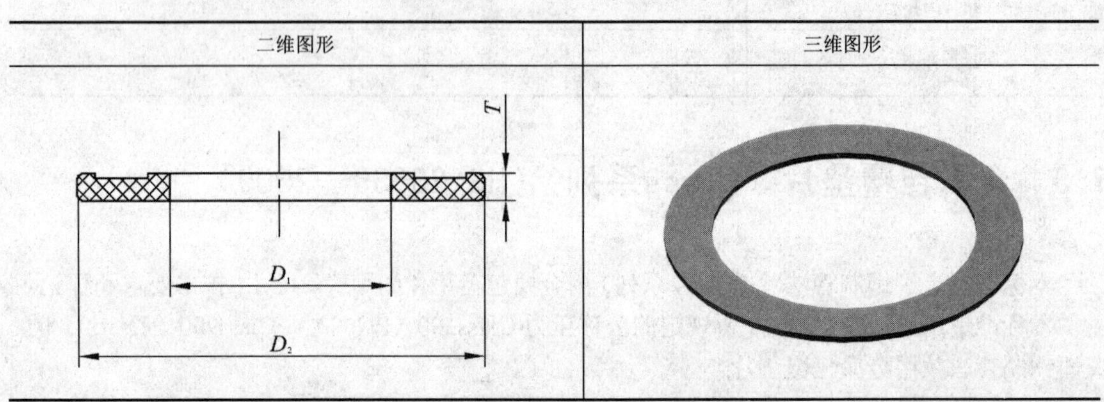

表 7-49　Class300　I 型钢制管法兰金属包覆垫片尺寸　　单位：mm

标准件编号	DN	NPS(in)	D_1	D_2	T	标准件编号	DN	NPS(in)	D_1	D_2	T
HG20630-2009I-300_1	15	$^1/_2$	22	50.5	3	HG20630-2009I-300_8	80	3	108	146.5	3
HG20630-2009I-300_2	20	$^3/_4$	29	64.5	3	HG20630-2009I-300_9	100	4	132	178	3
HG20630-2009I-300_3	25	1	38	71	3	HG20630-2009I-300_10	125	5	152	213	3
HG20630-2009I-300_4	32	$1^1/_4$	48	80.5	3	HG20630-2009I-300_11	150	6	190	248	3
HG20630-2009I-300_5	40	$1^1/_2$	54	92.5	3	HG20630-2009I-300_12	200	8	238	304	3
HG20630-2009I-300_6	50	2	73	109	3	HG20630-2009I-300_13	250	10	286	357.5	3
HG20630-2009I-300_7	65	$2^1/_2$	86	127	3	HG20630-2009I-300_14	300	12	343	418	3

续表

标准件编号	DN	NPS(in)	D_1	D_2	T	标准件编号	DN	NPS(in)	D_1	D_2	T
HG20630-2009I-300_15	350	14	375	481.5	3	HG20630-2009I-300_18	500	20	533	650	3
HG20630-2009I-300_16	400	16	425	535.5	3	HG20630-2009I-300_19	600	24	641	771	3
HG20630-2009I-300_17	450	18	489	592.5	3						

表 7-50 Class600 Ⅰ型钢制管法兰金属包覆垫片尺寸 单位：mm

标准件编号	DN	NPS(in)	D_1	D_2	T	标准件编号	DN	NPS(in)	D_1	D_2	T
HG20630-2009I-600_1	15	$^1/_2$	22	50.5	3	HG20630-2009I-600_11	150	6	190	262	3
HG20630-2009I-600_2	20	$^3/_4$	29	64.5	3	HG20630-2009I-600_12	200	8	238	316	3
HG20630-2009I-600_3	25	1	38	71	3	HG20630-2009I-600_13	250	10	286	396	3
HG20630-2009I-600_4	32	$1^1/_4$	48	80.5	3	HG20630-2009I-600_14	300	12	343	453	3
HG20630-2009I-600_5	40	$1^1/_2$	54	92.5	3	HG20630-2009I-600_15	350	14	375	488	3
HG20630-2009I-600_6	50	2	73	109	3	HG20630-2009I-600_16	400	16	425	561	3
HG20630-2009I-600_7	65	$2^1/_2$	86	127	3	HG20630-2009I-600_17	450	18	489	609	3
HG20630-2009I-600_8	80	3	108	146.5	3	HG20630-2009I-600_18	500	20	533	679	3
HG20630-2009I-600_9	100	4	132	190	3	HG20630-2009I-600_19	600	24	641	787	3
HG20630-2009I-600_10	125	5	152	236.5	3						

表 7-51 Class900 Ⅰ型钢制管法兰金属包覆垫片尺寸 单位：mm

标准件编号	DN	NPS(in)	D_1	D_2	T	标准件编号	DN	NPS(in)	D_1	D_2	T
HG20630-2009I-900_1	15	$^1/_2$	22	60.5	3	HG20630-2009I-900_11	150	6	190	284.5	3
HG20630-2009I-900_2	20	$^3/_4$	29	67	3	HG20630-2009I-900_12	200	8	238	354.5	3
HG20630-2009I-900_3	25	1	38	75.5	3	HG20630-2009I-900_13	250	10	286	431	3
HG20630-2009I-900_4	32	$1^1/_4$	48	85	3	HG20630-2009I-900_14	300	12	343	494.5	3
HG20630-2009I-900_5	40	$1^1/_2$	54	94	3	HG20630-2009I-900_15	350	14	375	517	3
HG20630-2009I-900_6	50	2	73	139	3	HG20630-2009I-900_16	400	16	425	571	3
HG20630-2009I-900_7	65	$2^1/_2$	86	160.5	3	HG20630-2009I-900_17	450	18	489	635	3
HG20630-2009I-900_8	80	3	108	164.5	3	HG20630-2009I-900_18	500	20	533	694.5	3
HG20630-2009I-900_9	100	4	132	202	3	HG20630-2009I-900_19	600	24	641	833.5	3
HG20630-2009I-900_10	125	5	152	243.5	3						

7.3.2 Ⅱ型金属包覆垫片（Class系列）

Ⅱ型钢制管法兰金属包覆垫片（Class 系列）按照公称压力可分为 Class300、Class600 和 Class900，垫片二维图形及三维图形如表 7-52 所示，尺寸如表 7-53～表 7-55 所示。

表 7-52　II 型钢制管法兰金属包覆垫片（Class 系列）

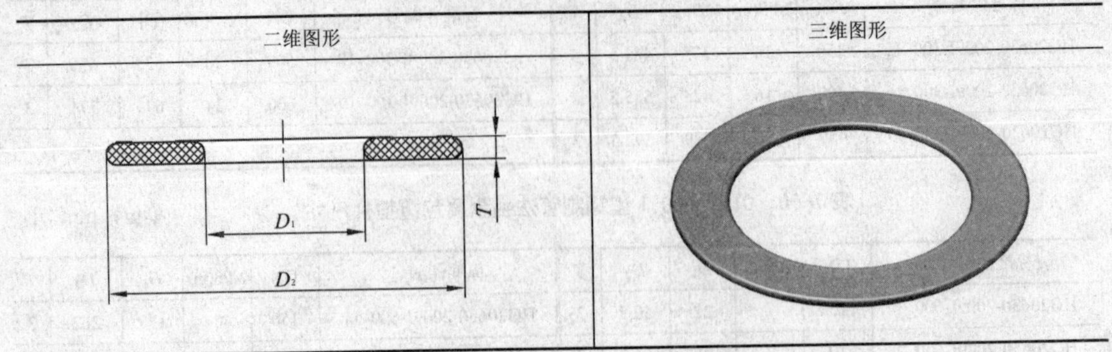

表 7-53　Class300 II 型钢制管法兰金属包覆垫片尺寸　　单位：mm

标准件编号	DN	NPS(in)	D_1	D_2	T	标准件编号	DN	NPS(in)	D_1	D_2	T
HG20630-2009II-300_1	15	$^1/_2$	22	50.5	3	HG20630-2009II-300_11	150	6	190	248	3
HG20630-2009II-300_2	20	$^3/_4$	29	64.5	3	HG20630-2009II-300_12	200	8	238	304	3
HG20630-2009II-300_3	25	1	38	71	3	HG20630-2009II-300_13	250	10	286	357.5	3
HG20630-2009II-300_4	32	$1^1/_4$	48	80.5	3	HG20630-2009II-300_14	300	12	343	418	3
HG20630-2009II-300_5	40	$1^1/_2$	54	92.5	3	HG20630-2009II-300_15	350	14	375	481.5	3
HG20630-2009II-300_6	50	2	73	109	3	HG20630-2009II-300_16	400	16	425	535.5	3
HG20630-2009II-300_7	65	$2^1/_2$	86	127	3	HG20630-2009II-300_17	450	18	489	592.5	3
HG20630-2009II-300_8	80	3	108	146.5	3	HG20630-2009II-300_18	500	20	533	650	3
HG20630-2009II-300_9	100	4	132	178	3	HG20630-2009II-300_19	600	24	641	771	3
HG20630-2009II-300_10	125	5	152	213	3						

表 7-54　Class600 II 型钢制管法兰金属包覆垫片尺寸　　单位：mm

标准件编号	DN	NPS(in)	D_1	D_2	T	标准件编号	DN	NPS(in)	D_1	D_2	T
HG20630-2009II-600_1	15	$^1/_2$	22	50.5	3	HG20630-2009II-600_11	150	6	190	262	3
HG20630-2009II-600_2	20	$^3/_4$	29	64.5	3	HG20630-2009II-600_12	200	8	238	316	3
HG20630-2009II-600_3	25	1	38	71	3	HG20630-2009II-600_13	250	10	286	396	3
HG20630-2009II-600_4	32	$1^1/_4$	48	80.5	3	HG20630-2009II-600_14	300	12	343	453	3
HG20630-2009II-600_5	40	$1^1/_2$	54	92.5	3	HG20630-2009II-600_15	350	14	375	488	3
HG20630-2009II-600_6	50	2	73	109	3	HG20630-2009II-600_16	400	16	425	561	3
HG20630-2009II-600_7	65	$2^1/_2$	86	127	3	HG20630-2009II-600_17	450	18	489	609	3
HG20630-2009II-600_8	80	3	108	146.5	3	HG20630-2009II-600_18	500	20	533	679	3
HG20630-2009II-600_9	100	4	132	190	3	HG20630-2009II-600_19	600	24	641	787	3
HG20630-2009II-600_10	125	5	152	236.5	3						

表 7-55 Class900 II 型钢制管法兰金属包覆垫片尺寸 单位：mm

标准件编号	DN	NPS(in)	D_1	D_2	T	标准件编号	DN	NPS(in)	D_1	D_2	T
HG20630-2009II-900_1	15	$^1/_2$	22	60.5	3	HG20630-2009II-900_11	150	6	190	284.5	3
HG20630-2009II-900_2	20	$^3/_4$	29	67	3	HG20630-2009II-900_12	200	8	238	354.5	3
HG20630-2009II-900_3	25	1	38	75.5	3	HG20630-2009II-900_13	250	10	286	431	3
HG20630-2009II-900_4	32	$1^1/_4$	48	85	3	HG20630-2009II-900_14	300	12	343	494.5	3
HG20630-2009II-900_5	40	$1^1/_2$	54	94	3	HG20630-2009II-900_15	350	14	375	517	3
HG20630-2009II-900_6	50	2	73	139	3	HG20630-2009II-900_16	400	16	425	571	3
HG20630-2009II-900_7	65	$2^1/_2$	86	160.5	3	HG20630-2009II-900_17	450	18	489	635	3
HG20630-2009II-900_8	80	3	108	164.5	3	HG20630-2009II-900_18	500	20	533	694.5	3
HG20630-2009II-900_9	100	4	132	202	3	HG20630-2009II-900_19	600	24	641	833.5	3
HG20630-2009II-900_10	125	5	152	243.5	3						

包覆层材料的硬度按表 7-56 的规定，垫片的尺寸公差按表 7-57 的规定。

表 7-56 包覆层材料的硬度

包覆层金属材料	代号	硬度（HB），最大	包覆层金属材料	代号	硬度（HB），最大
纯铝板 L3	L3	40	0Cr18Ni9	304	187
纯铜板 T3	T3	60	0Cr18Ni10Ti	321	
镀锌薄钢板	St（Zn）	90	00Cr17Ni14Mo2	316L	
08F	St	90	00Cr19Ni13Mo3	317L	
0Cr13	405	183			

表 7-57 垫片的尺寸公差 单位：mm

公称尺寸 DN	尺寸公差 D_1、D_2	尺寸公差 T
≤600	$^{+1.5}_{0}$	$^{+0.75}_{0}$

7.4 缠绕式垫片（Class系列）（HG 20631—2009）

本标准规定了钢制管法兰（Class 系列）用缠绕式垫片的型式、尺寸、技术要求、标记和标志。

本标准适用于 HG/T 20615、HG/T 20623 所规定的公称压力为 Class150（PN20）～Class2500（PN420）的钢制管法兰用缠绕式垫片。

垫片的使用温度范围按表 7-58 的规定，填充材料的主要性能按表 7-59 的规定。

表 7-58　垫片的使用温度范围

金属带材料		填充材料		最高工作温度（℃）
钢号	标准	名称	参考标准	
0Cr18Ni9(340)	GB/T 3280	湿石棉带	JC/T 69	-100～+300
00Cr19Ni10(304L)		柔性石墨带	JB/T 7758.2	-200～+650
0Cr17Ni12Mo2(316)		聚四氟乙烯带	QB/T 3628	-200～+200
00Cr17Ni14Mo2(316L)		非石棉纤维带	—	-100～+250
0Cr18Ni10Ti(321)		—	—	—
0Cr18Ni11Nb(347)				
0Cr25Ni20(310)				

注：1.含石棉材料的使用应遵循相关法律的规定，使用时必须采取预防措施，以确保不对人身健康构成危害。

2.柔性石墨带用于氧化性介质时，最高使用温度为 450℃。

3.不同种类的非石棉纤维带材料有不同的使用温度，按材料生产厂的规定。

表 7-59　填充材料的主要性能

项目	温石棉和非石棉纤维	柔性石墨	聚四氟乙烯
拉伸强度（横向）（MPa）	≥2.0	—	≥2.0
烧失量（%）	≤20	—	—
氯离子含量（$\times10^{-6}$）	—	≤50	—
熔点（℃）	—	—	327±10

7.4.1　榫/槽面和凹/凸面法兰用基本型（A型）垫片

榫/槽面和凹/凸面法兰用基本型（A 型）垫片二维图形及三维图形如表 7-60 所示，尺寸如表 7-61 所示。

表 7-60　榫/槽面和凹/凸面法兰用基本型（A 型）垫片

二维图形	三维图形

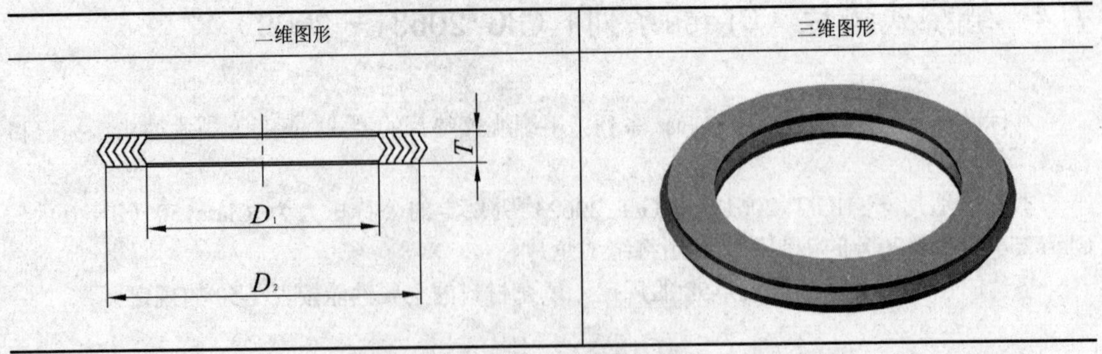

表 7-61　榫/槽面和凹/凸面法兰用基本型（A 型）垫片尺寸　　单位：mm

标准件编号	DN	NPS(in)	D_2	D_3	T	标准件编号	DN	NPS(in)	D_2	D_3	T
HG20631-2009A_1	15	$^1/_2$	25.4	34.9	3.2	HG20631-2009A_11	150	6	190.5	215.9	3.2
HG20631-2009A_2	20	$^3/_4$	33.3	42.9	3.2	HG20631-2009A_12	200	8	238.1	269.9	3.2
HG20631-2009A_3	25	1	38.1	50.8	3.2	HG20631-2009A_13	250	10	285.8	323.9	3.2
HG20631-2009A_4	32	$1^1/_4$	47.6	63.5	3.2	HG20631-2009A_14	300	12	342.9	381.0	3.2
HG20631-2009A_5	40	$1^1/_2$	54.0	73.0	3.2	HG20631-2009A_15	350	14	374.7	412.8	3.2
HG20631-2009A_6	50	2	73.0	92.1	3.2	HG20631-2009A_16	400	16	425.5	469.9	3.2
HG20631-2009A_7	65	$2^1/_2$	85.7	104.8	3.2	HG20631-2009A_17	450	18	489.0	533.4	3.2
HG20631-2009A_8	80	3	108.0	127.0	3.2	HG20631-2009A_18	500	20	533.4	584.2	3.2
HG20631-2009A_9	100	4	131.8	157.2	3.2	HG20631-2009A_19	600	24	641.4	692.2	3.2
HG20631-2009A_10	125	5	160.3	185.7	3.2						

7.4.2　榫/槽面和凹/凸面法兰用带内环（B型）垫片

榫/槽面和凹/凸面法兰用带内环（B 型）垫片分为 Class300～Class1500（PN50～PN260）和 Class2500（PN420），垫片二维图形及三维图形如表 7-62 所示，尺寸如表 7-63～表 7-64 所示。

表 7-62　榫/槽面和凹/凸面法兰用带内环（B 型）垫片

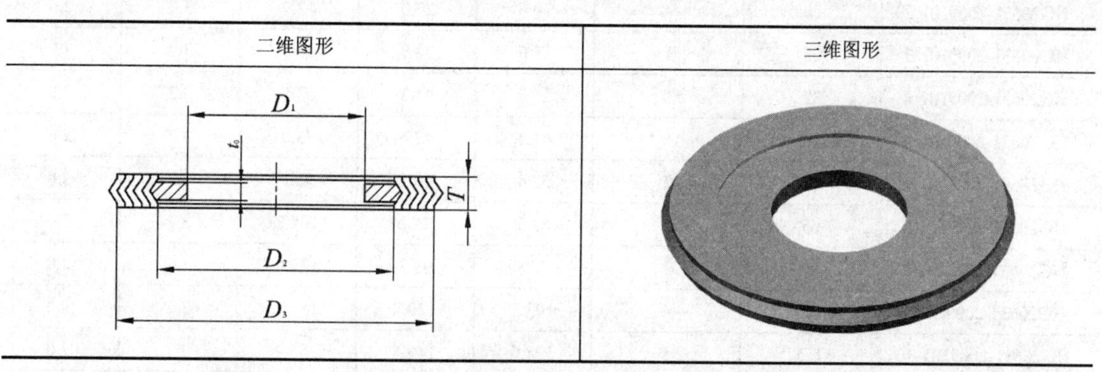

表 7-63　Ⅰ型榫/槽面和凹/凸面法兰用带内环（B 型）垫片尺寸　　单位：mm

标准件编号	DN	NPS(in)	D_1	D_2	D_3	T	t_0
HG20631-2009BI_1	15	$^1/_2$	14.3	25.4	34.9	3.2	2.0
HG20631-2009BI_2	20	$^3/_4$	20.6	33.3	42.9	3.2	2.0
HG20631-2009BI_3	25	1	27.0	38.1	50.8	3.2	2.0
HG20631-2009BI_4	32	$1^1/_4$	34.9	47.6	63.5	3.2	2.0
HG20631-2009BI_5	40	$1^1/_2$	41.3	54.0	73.0	3.2	2.0

续表

标准件编号	DN	NPS(in)	D_1	D_2	D_3	T	t_0
HG20631-2009BI_6	50	2	52.4	73.0	92.1	3.2	2.0
HG20631-2009BI_7	65	$2^1/_2$	63.5	85.7	104.8	3.2	2.0
HG20631-2009BI_8	80	3	77.8	108.0	127.0	3.2	2.0
HG20631-2009BI_9	100	4	103.2	131.8	157.2	3.2	2.0
HG20631-2009BI_10	125	5	128.6	160.3	185.7	3.2	2.0
HG20631-2009BI_11	150	6	154.0	190.5	215.9	3.2	2.0
HG20631-2009BI_12	200	8	203.2	238.1	269.9	3.2	2.0
HG20631-2009BI_13	250	10	254.0	285.8	323.9	3.2	2.0
HG20631-2009BI_14	300	12	303.2	342.9	381.0	3.2	2.0
HG20631-2009BI_15	350	14	342.9	374.7	412.8	3.2	2.0
HG20631-2009BI_16	400	16	393.7	425.5	469.9	3.2	2.0
HG20631-2009BI_17	450	18	444.5	489.0	533.4	3.2	2.0
HG20631-2009BI_18	500	20	495.3	533.4	584.2	3.2	2.0
HG20631-2009BI_19	600	24	596.9	641.4	692.2	3.2	2.0

表 7-64　II 型榫/槽面和凹/凸面法兰用带内环（B 型）垫片尺寸　　单位：mm

标准件编号	DN	NPS(in)	D_1	D_2	D_3	T	t_0
HG20631-2009BII_1	15	$^1/_2$	14.3	20.6	34.9	3.2	2.0
HG20631-2009BII_2	20	$^3/_4$	20.6	27.0	42.9	3.2	2.0
HG20631-2009BII_3	25	1	27.0	31.8	50.8	3.2	2.0
HG20631-2009BII_4	32	$1^1/_4$	34.9	41.3	63.5	3.2	2.0
HG20631-2009BII_5	40	$1^1/_2$	41.3	47.6	73.0	3.2	2.0
HG20631-2009BII_6	50	2	52.4	60.3	92.1	3.2	2.0
HG20631-2009BII_7	65	$2^1/_2$	63.5	76.2	104.8	3.2	2.0
HG20631-2009BII_8	80	3	77.8	95.3	127.0	3.2	2.0
HG20631-2009BII_9	100	4	103.2	120.7	157.2	3.2	2.0
HG20631-2009BII_10	125	5	128.6	146.1	185.7	3.2	2.0
HG20631-2009BII_11	150	6	154.0	171.5	215.9	3.2	2.0
HG20631-2009BII_12	200	8	203.2	222.3	269.9	3.2	2.0
HG20631-2009BII_13	250	10	254.0	273.1	323.9	3.2	2.0
HG20631-2009BII_14	300	12	303.2	330.2	381.0	3.2	2.0

7.4.3　DN≤600 突面法兰用带对中环（C型）垫片

DN≤600 突面法兰用带对中环（C 型）垫片按照工作压力分为 Class150（PN20）、Class300

（PN50）、Class600（PN110）、Class900（PN150）、Class1500（PN260）和 Class2500（PN420）。垫片二维图形及三维图形如表 7-65 所示，尺寸如表 7-66～表 7-71 所示。

表 7-65　DN≤600 突面法兰用带对中环（C 型）垫片

二维图形	三维图形

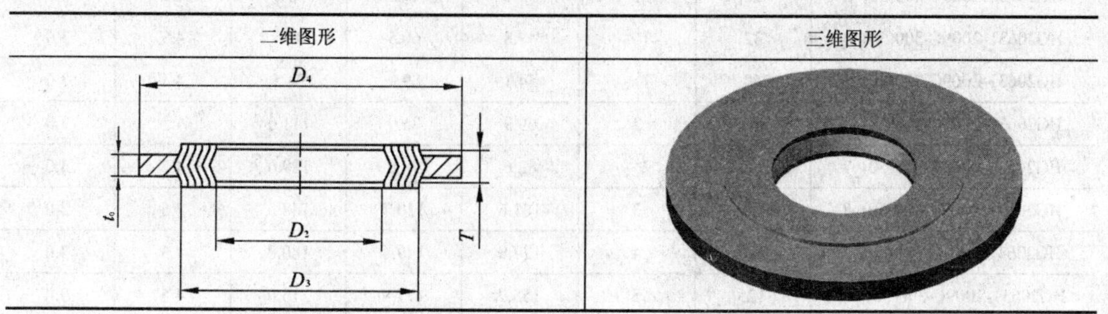

表 7-66　Class150（PN20）DN≤600 突面法兰用带对中环（C 型）垫片尺寸　单位：mm

标准件编号	DN	NPS (in)	D_2	D_3	D_4	T	t_0
HG20631-2009C-150(20)_1	15	$^1/_2$	19.1	31.8	46.5	4.5	3.0
HG20631-2009C-150(20)_2	20	$^3/_4$	25.4	39.6	56.0	4.5	3.0
HG20631-2009C-150(20)_3	25	1	31.8	47.8	65.5	4.5	3.0
HG20631-2009C-150(20)_4	32	$1^1/_4$	47.8	60.5	75.0	4.5	3.0
HG20631-2009C-150(20)_5	40	$1^1/_2$	54.1	69.9	84.5	4.5	3.0
HG20631-2009C-150(20)_6	50	2	69.9	85.9	104.5	4.5	3.0
HG20631-2009C-150(20)_7	65	$2^1/_2$	82.6	98.6	123.5	4.5	3.0
HG20631-2009C-150(20)_8	80	3	101.6	120.7	136.5	4.5	3.0
HG20631-2009C-150(20)_9	100	4	127.0	149.4	174.5	4.5	3.0
HG20631-2009C-150(20)_10	125	5	155.7	177.8	196.0	4.5	3.0
HG20631-2009C-150(20)_11	150	6	182.6	209.6	221.5	4.5	3.0
HG20631-2009C-150(20)_12	200	8	233.4	263.7	278.5	4.5	3.0
HG20631-2009C-150(20)_13	250	10	287.3	317.5	338.0	4.5	3.0
HG20631-2009C-150(20)_14	300	12	339.9	374.7	408.0	4.5	3.0
HG20631-2009C-150(20)_15	350	14	371.6	406.4	449.5	4.5	3.0
HG20631-2009C-150(20)_16	400	16	422.4	463.6	513.0	4.5	3.0
HG20631-2009C-150(20)_17	450	18	474.7	527.1	548.0	4.5	3.0
HG20631-2009C-150(20)_18	500	20	525.5	577.9	605.0	4.5	3.0
HG20631-2009C-150(20)_19	600	24	628.7	685.8	716.5	4.5	3.0

表 7-67　Class300（PN50）DN≤600 突面法兰用带对中环（C 型）垫片尺寸　单位：mm

标准件编号	DN	NPS (in)	D_2	D_3	D_4	T	t_0
HG20631-2009C-300(50)_1	15	$^1/_2$	19.1	31.8	52.5	4.5	3.0

续表

标准件编号	DN	NPS(in)	D_2	D_3	D_4	T	t_0
HG20631-2009C-300(50)_2	20	$^3/_4$	25.4	39.6	66.5	4.5	3.0
HG20631-2009C-300(50)_3	25	1	31.8	47.8	73.0	4.5	3.0
HG20631-2009C-300(50)_4	32	$1^1/_4$	47.8	60.5	82.5	4.5	3.0
HG20631-2009C-300(50)_5	40	$1^1/_2$	54.1	69.9	94.5	4.5	3.0
HG20631-2009C-300(50)_6	50	2	69.9	85.9	111.0	4.5	3.0
HG20631-2009C-300(50)_7	65	$2^1/_2$	82.6	98.6	129.0	4.5	3.0
HG20631-2009C-300(50)_8	80	3	101.6	120.7	148.5	4.5	3.0
HG20631-2009C-300(50)_9	100	4	127.0	149.4	180.0	4.5	3.0
HG20631-2009C-300(50)_10	125	5	155.7	177.8	215.0	4.5	3.0
HG20631-2009C-300(50)_11	150	6	182.6	209.6	250.0	4.5	3.0
HG20631-2009C-300(50)_12	200	8	233.4	263.7	306.0	4.5	3.0
HG20631-2009C-300(50)_13	250	10	287.3	317.5	360.5	4.5	3.0
HG20631-2009C-300(50)_14	300	12	339.9	374.7	421.0	4.5	3.0
HG20631-2009C-300(50)_15	350	14	371.6	406.4	484.5	4.5	3.0
HG20631-2009C-300(50)_16	400	16	422.4	463.6	538.5	4.5	3.0
HG20631-2009C-300(50)_17	450	18	474.7	527.1	595.5	4.5	3.0
HG20631-2009C-300(50)_18	500	20	525.5	577.9	653.0	4.5	3.0
HG20631-2009C-300(50)_19	600	24	628.7	685.8	774.0	4.5	3.0

表 7-68　Class600（PN110）DN≤600 突面法兰用带对中环（C 型）垫片尺寸　单位：mm

标准件编号	DN	NPS(in)	D_2	D_3	D_4	T	t_0
HG20631-2009C-600(110)_1	15	$^1/_2$	19.1	31.8	52.5	4.5	3.0
HG20631-2009C-600(110)_2	20	$^3/_4$	25.4	39.6	66.5	4.5	3.0
HG20631-2009C-600(110)_3	25	1	31.8	47.8	73.0	4.5	3.0
HG20631-2009C-600(110)_4	32	$1^1/_4$	47.8	60.5	82.5	4.5	3.0
HG20631-2009C-600(110)_5	40	$1^1/_2$	54.1	69.9	94.5	4.5	3.0
HG20631-2009C-600(110)_6	50	2	69.9	85.9	111.0	4.5	3.0
HG20631-2009C-600(110)_7	65	$2^1/_2$	82.6	98.6	129.0	4.5	3.0
HG20631-2009C-600(110)_8	80	3	101.6	120.7	148.5	4.5	3.0
HG20631-2009C-600(110)_9	100	4	120.7	149.4	192.0	4.5	3.0
HG20631-2009C-600(110)_10	125	5	147.6	177.8	239.5	4.5	3.0
HG20631-2009C-600(110)_11	150	6	174.8	209.6	265.0	4.5	3.0
HG20631-2009C-600(110)_12	200	8	225.6	263.7	319.0	4.5	3.0
HG20631-2009C-600(110)_13	250	10	274.6	317.5	399.0	4.5	3.0
HG20631-2009C-600(110)_14	300	12	327.2	374.7	456.0	4.5	3.0

续表

标准件编号	DN	NPS (in)	D_2	D_3	D_4	T	t_0
HG20631-2009C-600(110)_15	350	14	362.0	406.4	491.0	4.5	3.0
HG20631-2009C-600(110)_16	400	16	412.8	463.6	564.0	4.5	3.0
HG20631-2009C-600(110)_17	450	18	469.9	527.1	612.0	4.5	3.0
HG20631-2009C-600(110)_18	500	20	520.7	577.9	682.0	4.5	3.0
HG20631-2009C-600(110)_19	600	24	628.7	685.8	790.0	4.5	3.0

表 7-69 Class900（PN150）DN≤600 突面法兰用带对中环（C 型）垫片尺寸 单位：mm

标准件编号	DN	NPS (in)	D_2	D_3	D_4	T	t_0
HG20631-2009C-900(150)_1	15	$^1/_2$	19.1	31.8	62.5	4.5	3.0
HG20631-2009C-900(150)_2	20	$^3/_4$	25.4	39.6	69.0	4.5	3.0
HG20631-2009C-900(150)_3	25	1	31.8	47.8	77.5	4.5	3.0
HG20631-2009C-900(150)_4	32	$1^1/_4$	39.6	60.5	87.0	4.5	3.0
HG20631-2009C-900(150)_5	40	$1^1/_2$	47.8	69.9	97.0	4.5	3.0
HG20631-2009C-900(150)_6	50	2	58.7	85.9	141.0	4.5	3.0
HG20631-2009C-900(150)_7	65	$2^1/_2$	69.9	98.6	163.5	4.5	3.0
HG20631-2009C-900(150)_8	80	3	95.3	120.7	166.5	4.5	3.0
HG20631-2009C-900(150)_9	100	4	120.7	149.4	205.0	4.5	3.0
HG20631-2009C-900(150)_10	125	5	147.6	177.8	246.5	4.5	3.0
HG20631-2009C-900(150)_11	150	6	174.8	209.6	287.5	4.5	3.0
HG20631-2009C-900(150)_12	200	8	222.3	257.3	357.5	4.5	3.0
HG20631-2009C-900(150)_13	250	10	276.4	311.2	434.0	4.5	3.0
HG20631-2009C-900(150)_14	300	12	323.9	368.3	497.5	4.5	3.0
HG20631-2009C-900(150)_15	350	14	355.6	400.1	520.0	4.5	3.0
HG20631-2009C-900(150)_16	400	16	412.8	457.2	574.0	4.5	3.0
HG20631-2009C-900(150)_17	450	18	463.6	520.7	638.0	4.5	3.0
HG20631-2009C-900(150)_18	500	20	520.7	571.5	697.5	4.5	3.0
HG20631-2009C-900(150)_19	600	24	628.7	679.5	837.5	4.5	3.0

表 7-70 Class1500（PN260）DN≤600 突面法兰用带对中环（C 型）垫片尺寸 单位：mm

标准件编号	DN	NPS (in)	D_2	D_3	D_4	T	t_0
HG20631-2009C-1500(260)_1	15	$^1/_2$	19.1	31.8	62.5	4.5	3.0
HG20631-2009C-1500(260)_2	20	$^3/_4$	25.4	39.6	69.0	4.5	3.0
HG20631-2009C-1500(260)_3	25	1	31.8	47.8	77.5	4.5	3.0
HG20631-2009C-1500(260)_4	32	$1^1/_4$	39.6	60.5	87.0	4.5	3.0
HG20631-2009C-1500(260)_5	40	$1^1/_2$	47.8	69.9	97.0	4.5	3.0

续表

标准件编号	DN	NPS(in)	D_2	D_3	D_4	T	t_0
HG20631-2009C-1500(260)_6	50	2	58.7	85.9	141.0	4.5	3.0
HG20631-2009C-1500(260)_7	65	$2^1/_2$	69.9	98.6	163.5	4.5	3.0
HG20631-2009C-1500(260)_8	80	3	92.2	120.7	173.0	4.5	3.0
HG20631-2009C-1500(260)_9	100	4	117.6	149.4	208.5	4.5	3.0
HG20631-2009C-1500(260)_10	125	5	143.0	177.8	253.0	4.5	3.0
HG20631-2009C-1500(260)_11	150	6	171.5	209.6	281.5	4.5	3.0
HG20631-2009C-1500(260)_12	200	8	215.9	257.3	351.5	4.5	3.0
HG20631-2009C-1500(260)_13	250	10	266.7	311.2	434.5	4.5	3.0
HG20631-2009C-1500(260)_14	300	12	323.9	368.3	519.5	4.5	3.0
HG20631-2009C-1500(260)_15	350	14	362.0	400.1	579.0	4.5	3.0
HG20631-2009C-1500(260)_16	400	16	406.4	457.2	641.0	4.5	3.0
HG20631-2009C-1500(260)_17	450	18	463.6	520.7	704.5	4.5	3.0
HG20631-2009C-1500(260)_18	500	20	514.4	571.5	756.0	4.5	3.0
HG20631-2009C-1500(260)_19	600	24	616.0	679.5	900.5	4.5	3.0

表 7-71 Class2500（PN420）DN≤600 突面法兰用带对中环（C 型）垫片尺寸 单位：mm

标准件编号	DN	NPS(in)	D_2	D_3	D_4	T	t_0
HG20631-2009C-2500(420)_1	15	$^1/_2$	19.1	31.8	69.0	4.5	3.0
HG20631-2009C-2500(420)_2	20	$^3/_4$	25.4	39.6	75.0	4.5	3.0
HG20631-2009C-2500(420)_3	25	1	31.8	47.8	84.0	4.5	3.0
HG20631-2009C-2500(420)_4	32	$1^1/_4$	39.6	60.5	103.0	4.5	3.0
HG20631-2009C-2500(420)_5	40	$1^1/_2$	47.8	69.9	116.0	4.5	3.0
HG20631-2009C-2500(420)_6	50	2	58.7	85.9	144.5	4.5	3.0
HG20631-2009C-2500(420)_7	65	$2^1/_2$	69.9	98.6	167.0	4.5	3.0
HG20631-2009C-2500(420)_8	80	3	92.2	120.7	195.5	4.5	3.0
HG20631-2009C-2500(420)_9	100	4	117.6	149.4	234.0	4.5	3.0
HG20631-2009C-2500(420)_10	125	5	143.0	177.8	279.0	4.5	3.0
HG20631-2009C-2500(420)_11	150	6	171.5	209.6	316.5	4.5	3.0
HG20631-2009C-2500(420)_12	200	8	215.9	257.3	386.0	4.5	3.0
HG20631-2009C-2500(420)_13	250	10	270.0	311.2	476.0	4.5	3.0
HG20631-2009C-2500(420)_14	300	12	317.5	368.3	549.0	4.5	3.0

7.4.4 DN≤600 突面法兰用带内环和对中环（D型）垫片

DN≤600 突面法兰用带内环和对中环（D 型）垫片按照工作压力分为 Class150（PN20）、

Class300（PN50）、Class600（PN110）、Class900（PN150）、Class1500（PN260）和 Class2500（PN420）。垫片二维图形及三维图形如表 7-72 所示，尺寸如表 7-73～表 7-78 所示。

表 7-72　DN≤600 突面法兰用带内环和对中环（D 型）垫片

二维图形	三维图形

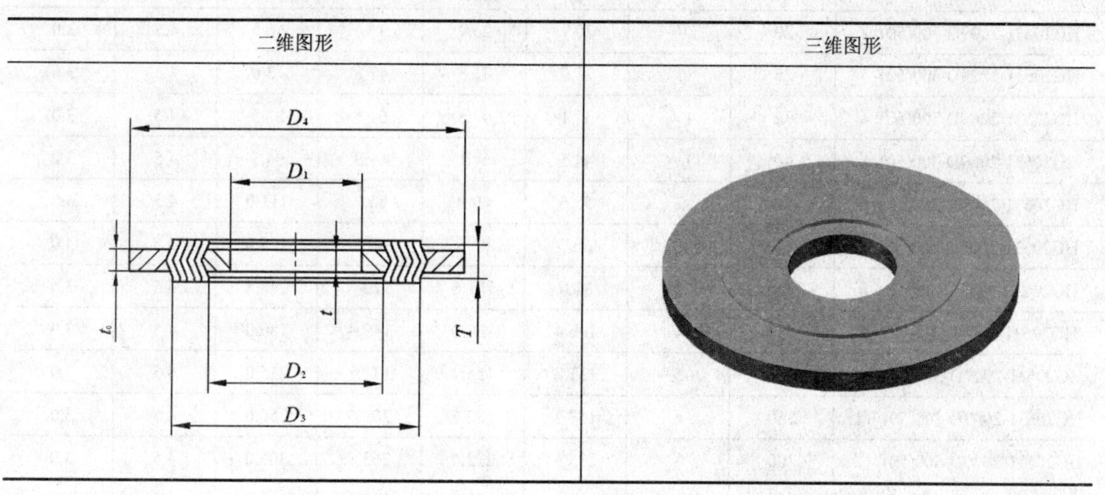

表 7-73　Class150（PN20）DN≤600 突面法兰用带内环和对中环（D 型）垫片尺寸　　单位：mm

标准件编号	DN	NPS (in)	D_1	D_2	D_3	D_4	T	t_0
HG20631-2009D-150(20)_1	15	$^1/_2$	14.3	19.1	31.8	46.5	4.5	3.0
HG20631-2009D-150(20)_2	20	$^3/_4$	20.7	25.4	39.6	56.0	4.5	3.0
HG20631-2009D-150(20)_3	25	1	27.0	31.8	47.8	65.5	4.5	3.0
HG20631-2009D-150(20)_4	32	$1^1/_4$	38.1	47.8	60.5	75.0	4.5	3.0
HG20631-2009D-150(20)_5	40	$1^1/_2$	44.5	54.1	69.9	84.5	4.5	3.0
HG20631-2009D-150(20)_6	50	2	55.6	69.9	85.9	104.5	4.5	3.0
HG20631-2009D-150(20)_7	65	$2^1/_2$	66.7	82.6	98.6	123.5	4.5	3.0
HG20631-2009D-150(20)_8	80	3	81.0	101.6	120.7	136.5	4.5	3.0
HG20631-2009D-150(20)_9	100	4	106.4	127.0	149.4	174.5	4.5	3.0
HG20631-2009D-150(20)_10	125	5	131.8	155.7	177.8	196.0	4.5	3.0
HG20631-2009D-150(20)_11	150	6	157.2	182.6	209.6	221.5	4.5	3.0
HG20631-2009D-150(20)_12	200	8	215.9	233.4	263.7	278.5	4.5	3.0
HG20631-2009D-150(20)_13	250	10	268.3	287.3	317.5	338.0	4.5	3.0
HG20631-2009D-150(20)_14	300	12	317.5	339.9	374.7	408.0	4.5	3.0
HG20631-2009D-150(20)_15	350	14	349.3	371.6	406.4	449.5	4.5	3.0
HG20631-2009D-150(20)_16	400	16	400.0	422.4	463.6	513.0	4.5	3.0
HG20631-2009D-150(20)_17	450	18	449.3	474.7	527.1	548.0	4.5	3.0
HG20631-2009D-150(20)_18	500	20	500.0	525.5	577.9	605.0	4.5	3.0
HG20631-2009D-150(20)_19	600	24	603.3	628.7	685.8	716.5	4.5	3.0

表 7-74 Class300（PN50）DN≤600 突面法兰用带内环和对中环（D 型）垫片尺寸　　单位：mm

标准件编号	DN	NPS (in)	D_1	D_2	D_3	D_4	T	t_0
HG20631-2009D-300(50)_1	15	$^1/_2$	14.3	19.1	31.8	52.5	4.5	3.0
HG20631-2009D-300(50)_2	20	$^3/_4$	20.7	25.4	39.6	66.5	4.5	3.0
HG20631-2009D-300(50)_3	25	1	27.0	31.8	47.8	73.0	4.5	3.0
HG20631-2009D-300(50)_4	32	$1^1/_4$	38.1	47.8	60.5	82.5	4.5	3.0
HG20631-2009D-300(50)_5	40	$1^1/_2$	44.5	54.1	69.9	94.5	4.5	3.0
HG20631-2009D-300(50)_6	50	2	55.6	69.9	85.9	111.0	4.5	3.0
HG20631-2009D-300(50)_7	65	$2^1/_2$	66.7	82.6	98.6	129.0	4.5	3.0
HG20631-2009D-300(50)_8	80	3	81.0	101.6	120.7	148.5	4.5	3.0
HG20631-2009D-300(50)_9	100	4	106.4	127.0	149.4	180.0	4.5	3.0
HG20631-2009D-300(50)_10	125	5	131.8	155.7	177.8	215.0	4.5	3.0
HG20631-2009D-300(50)_11	150	6	157.2	182.6	209.6	250.0	4.5	3.0
HG20631-2009D-300(50)_12	200	8	215.9	233.4	263.7	306.0	4.5	3.0
HG20631-2009D-300(50)_13	250	10	268.3	287.3	317.5	360.5	4.5	3.0
HG20631-2009D-300(50)_14	300	12	317.5	339.9	374.7	421.0	4.5	3.0
HG20631-2009D-300(50)_15	350	14	349.3	371.6	406.4	484.5	4.5	3.0
HG20631-2009D-300(50)_16	400	16	400.0	422.4	463.6	538.5	4.5	3.0
HG20631-2009D-300(50)_17	450	18	449.3	474.7	527.1	595.5	4.5	3.0
HG20631-2009D-300(50)_18	500	20	500.0	525.5	577.9	653.0	4.5	3.0
HG20631-2009D-300(50)_19	600	24	603.3	628.7	685.8	774.0	4.5	3.0

表 7-75 Class600（PN110）DN≤600 突面法兰用带内环和对中环（D 型）垫片尺寸　　单位：mm

标准件编号	DN	NPS (in)	D_1	D_2	D_3	D_4	T	t_0
HG20631-2009D-600(110)_1	15	$^1/_2$	14.3	19.1	31.8	52.5	4.5	3.0
HG20631-2009D-600(110)_2	20	$^3/_4$	20.7	25.4	39.6	66.5	4.5	3.0
HG20631-2009D-600(110)_3	25	1	27.0	31.8	47.8	73.0	4.5	3.0
HG20631-2009D-600(110)_4	32	$1^1/_4$	38.1	47.8	60.5	82.5	4.5	3.0
HG20631-2009D-600(110)_5	40	$1^1/_2$	44.5	54.1	69.9	94.5	4.5	3.0
HG20631-2009D-600(110)_6	50	2	55.6	69.9	85.9	111.0	4.5	3.0
HG20631-2009D-600(110)_7	65	$2^1/_2$	66.7	82.6	98.6	129.0	4.5	3.0
HG20631-2009D-600(110)_8	80	3	81.0	101.6	120.7	148.5	4.5	3.0
HG20631-2009D-600(110)_9	100	4	106.4	120.7	149.4	192.0	4.5	3.0
HG20631-2009D-600(110)_10	125	5	131.8	147.6	177.8	239.5	4.5	3.0
HG20631-2009D-600(110)_11	150	6	157.2	174.8	209.6	265.0	4.5	3.0
HG20631-2009D-600(110)_12	200	8	209.6	225.6	263.7	319.0	4.5	3.0
HG20631-2009D-600(110)_13	250	10	260.4	274.6	317.5	399.0	4.5	3.0

续表

标准件编号	DN	NPS(in)	D_1	D_2	D_3	D_4	T	t_0
HG20631-2009D-600(110)_14	300	12	317.5	327.2	374.7	456.0	4.5	3.0
HG20631-2009D-600(110)_15	350	14	349.3	362.0	406.4	491.0	4.5	3.0
HG20631-2009D-600(110)_16	400	16	400.0	412.8	463.6	564.0	4.5	3.0
HG20631-2009D-600(110)_17	450	18	449.3	469.9	527.1	612.0	4.5	3.0
HG20631-2009D-600(110)_18	500	20	500.0	520.7	577.9	682.0	4.5	3.0
HG20631-2009D-600(110)_19	600	24	603.3	628.7	685.8	790.0	4.5	3.0

表 7-76　Class900（PN150）DN≤600 突面法兰用带内环和对中环（D 型）垫片尺寸　单位：mm

标准件编号	DN	NPS(in)	D_1	D_2	D_3	D_4	T	t_0
HG20631-2009D-900(150)_1	15	$1^1/_2$	14.3	19.1	31.8	62.5	4.5	3.0
HG20631-2009D-900(150)_2	20	2	20.7	25.4	39.6	69.0	4.5	3.0
HG20631-2009D-900(150)_3	25	$2^1/_2$	27.0	31.8	47.8	77.5	4.5	3.0
HG20631-2009D-900(150)_4	32	$1^1/_2$	33.4	39.6	60.5	87.0	4.5	3.0
HG20631-2009D-900(150)_5	40	2	41.3	47.8	69.9	97.0	4.5	3.0
HG20631-2009D-900(150)_6	50	$2^1/_2$	52.4	58.7	85.9	141.0	4.5	3.0
HG20631-2009D-900(150)_7	65	$1^1/_2$	63.5	69.9	98.6	163.5	4.5	3.0
HG20631-2009D-900(150)_8	80	3	81.0	95.3	120.7	166.5	4.5	3.0
HG20631-2009D-900(150)_9	100	4	106.4	120.7	149.4	205.0	4.5	3.0
HG20631-2009D-900(150)_10	125	5	131.8	147.6	177.8	246.5	4.5	3.0
HG20631-2009D-900(150)_11	150	6	157.2	174.8	209.6	287.5	4.5	3.0
HG20631-2009D-900(150)_12	200	8	196.9	222.3	257.3	357.5	4.5	3.0
HG20631-2009D-900(150)_13	250	10	246.1	276.4	311.2	434.0	4.5	3.0
HG20631-2009D-900(150)_14	300	12	292.1	323.9	368.3	497.5	4.5	3.0
HG20631-2009D-900(150)_15	350	14	320.8	355.6	400.1	520.0	4.5	3.0
HG20631-2009D-900(150)_16	400	16	374.7	412.8	457.2	574.0	4.5	3.0
HG20631-2009D-900(150)_17	450	18	425.5	463.6	520.7	638.0	4.5	3.0
HG20631-2009D-900(150)_18	500	20	482.6	520.7	571.5	697.5	4.5	3.0
HG20631-2009D-900(150)_19	600	24	590.6	628.7	679.5	837.5	4.5	3.0

表 7-77　Class1500（PN260）DN≤600 突面法兰用带内环和对中环（D 型）垫片尺寸　单位：mm

标准件编号	DN	NPS(in)	D_1	D_2	D_3	D_4	T	t_0
HG20631-2009D-1500(260)_1	15	$1^1/_2$	14.3	19.1	31.8	62.5	4.5	3.0
HG20631-2009D-1500(260)_2	20	2	20.7	25.4	39.6	69.0	4.5	3.0
HG20631-2009D-1500(260)_3	25	$2^1/_2$	27.0	31.8	47.8	77.5	4.5	3.0
HG20631-2009D-1500(260)_4	32	$1^1/_2$	33.4	39.6	60.5	87.0	4.5	3.0

续表

标准件编号	DN	NPS (in)	D_1	D_2	D_3	D_4	T	t_0
HG20631-2009D-1500(260)_5	40	2	41.3	47.8	69.9	97.0	4.5	3.0
HG20631-2009D-1500(260)_6	50	$2^1/_2$	52.4	58.7	85.9	141.0	4.5	3.0
HG20631-2009D-1500(260)_7	65	$1^1/_2$	63.5	69.9	98.6	163.5	4.5	3.0
HG20631-2009D-1500(260)_8	80	3	81.0	92.2	120.7	173.0	4.5	3.0
HG20631-2009D-1500(260)_9	100	4	106.4	117.6	149.4	208.5	4.5	3.0
HG20631-2009D-1500(260)_10	125	5	131.8	143.0	177.8	253.0	4.5	3.0
HG20631-2009D-1500(260)_11	150	6	157.2	171.5	209.6	281.5	4.5	3.0
HG20631-2009D-1500(260)_12	200	8	196.9	215.9	257.3	351.5	4.5	3.0
HG20631-2009D-1500(260)_13	250	10	246.1	266.7	311.2	434.5	4.5	3.0
HG20631-2009D-1500(260)_14	300	12	292.1	323.9	368.3	519.5	4.5	3.0
HG20631-2009D-1500(260)_15	350	14	320.8	362.0	400.1	579.0	4.5	3.0
HG20631-2009D-1500(260)_16	400	16	368.3	406.4	457.2	641.0	4.5	3.0
HG20631-2009D-1500(260)_17	450	18	425.5	463.6	520.7	704.5	4.5	3.0
HG20631-2009D-1500(260)_18	500	20	476.3	514.4	571.5	756.0	4.5	3.0
HG20631-2009D-1500(260)_19	600	24	577.9	616.0	679.5	900.5	4.5	3.0

表 7-78 Class2500（PN420）DN≤600 突面法兰用带内环和对中环（D 型）垫片尺寸 单位：mm

标准件编号	DN	NPS (in)	D_1	D_2	D_3	D_4	T	t_0
HG20631-2009D-2500(420)_1	15	$1^1/_2$	14.3	19.1	31.8	69.0	4.5	3.0
HG20631-2009D-2500(420)_2	20	2	20.7	25.4	39.6	75.0	4.5	3.0
HG20631-2009D-2500(420)_3	25	$2^1/_2$	27.0	31.8	47.8	84.0	4.5	3.0
HG20631-2009D-2500(420)_4	32	$1^1/_2$	33.4	39.6	60.5	103.0	4.5	3.0
HG20631-2009D-2500(420)_5	40	2	41.3	47.8	69.9	116.0	4.5	3.0
HG20631-2009D-2500(420)_6	50	$2^1/_2$	52.4	58.7	85.9	144.5	4.5	3.0
HG20631-2009D-2500(420)_7	65	$1^1/_2$	63.5	69.9	98.6	167.0	4.5	3.0
HG20631-2009D-2500(420)_8	80	3	81.0	92.2	120.7	195.5	4.5	3.0
HG20631-2009D-2500(420)_9	100	4	106.4	117.6	149.4	234.0	4.5	3.0
HG20631-2009D-2500(420)_10	125	5	131.8	143.0	177.8	279.0	4.5	3.0
HG20631-2009D-2500(420)_11	150	6	157.2	171.5	209.6	316.5	4.5	3.0
HG20631-2009D-2500(420)_12	200	8	196.9	215.9	257.3	386.0	4.5	3.0
HG20631-2009D-2500(420)_13	250	10	246.1	270.0	311.2	476.0	4.5	3.0
HG20631-2009D-2500(420)_14	300	12	292.1	317.5	368.3	549.0	4.5	3.0

7.4.5 DN＞600 法兰（A系列）用带对中环（C型）垫片

DN＞600 法兰（A 系列）用带对中环（C 型）垫片按照工作压力分为 Class150（PN20）、Class300（PN50）、Class600（PN110）和 Class900（PN150）。垫片二维图形及三维图形如表 7-79 所示，尺寸如表 7-80～表 7-83 所示。

表 7-79 DN＞600 法兰（A 系列）用带对中环（C 型）垫片

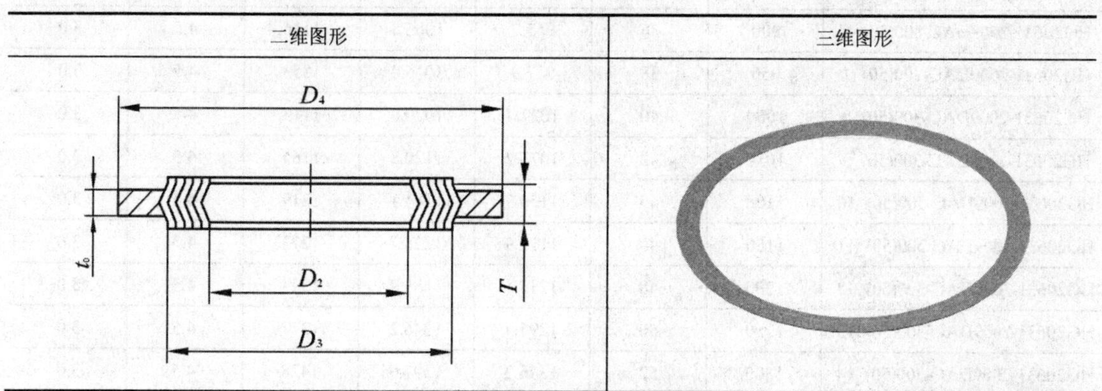

表 7-80 Class150（PN20）DN＞600 法兰（A 系列）用带对中环（C 型）垫片尺寸　　单位：mm

标准件编号	DN	NPS (in)	D_2	D_3	D_4	T	t_0
HG20631-2009DAC-150(20)_1	650	26	673.1	704.9	773	4.5	3.0
HG20631-2009DAC-150(20)_2	700	28	723.9	755.7	831	4.5	3.0
HG20631-2009DAC-150(20)_3	750	30	774.7	806.5	881	4.5	3.0
HG20631-2009DAC-150(20)_4	800	32	825.5	860.4	939	4.5	3.0
HG20631-2009DAC-150(20)_5	850	34	876.3	911.2	990	4.5	3.0
HG20631-2009DAC-150(20)_6	900	36	927.1	968.4	1047	4.5	3.0
HG20631-2009DAC-150(20)_7	950	38	977.9	1019.2	1110	4.5	3.0
HG20631-2009DAC-150(20)_8	1000	40	1028.7	1070.0	1161	4.5	3.0
HG20631-2009DAC-150(20)_9	1050	42	1079.5	1124.0	1218	4.5	3.0
HG20631-2009DAC-150(20)_10	1100	44	1130.3	1177.9	1275	4.5	3.0
HG20631-2009DAC-150(20)_11	1150	46	1181.1	1228.7	1326	4.5	3.0
HG20631-2009DAC-150(20)_12	1200	48	1231.9	1279.5	1383	4.5	3.0
HG20631-2009DAC-150(20)_13	1250	50	1282.7	1333.5	1435	4.5	3.0
HG20631-2009DAC-150(20)_14	1300	52	1333.5	1384.3	1492	4.5	3.0
HG20631-2009DAC-150(20)_15	1350	54	1384.3	1435.1	1549	4.5	3.0
HG20631-2009DAC-150(20)_16	1400	56	1435.1	1485.9	1606	4.5	3.0
HG20631-2009DAC-150(20)_17	1450	58	1485.9	1536.7	1663	4.5	3.0
HG20631-2009DAC-150(20)_18	1500	60	1536.7	1587.5	1714	4.5	3.0

表 7-81　Class300（PN50）DN＞600 法兰（A 系列）用带对中环（C 型）垫片尺寸　　单位：mm

标准件编号	DN	NPS (in)	D_2	D_3	D_4	T	t_0
HG20631-2009DAC-300(50)_1	650	26	685.8	736.6	834	4.5	3.0
HG20631-2009DAC-300(50)_2	700	28	736.6	787.4	898	4.5	3.0
HG20631-2009DAC-300(50)_3	750	30	793.8	844.6	952	4.5	3.0
HG20631-2009DAC-300(50)_4	800	32	850.9	901.7	1006	4.5	3.0
HG20631-2009DAC-300(50)_5	850	34	901.7	952.5	1057	4.5	3.0
HG20631-2009DAC-300(50)_6	900	36	955.7	1006.5	1116	4.5	3.0
HG20631-2009DAC-300(50)_7	950	38	977.9	1016.0	1053	4.5	3.0
HG20631-2009DAC-300(50)_8	1000	40	1022.4	1070.0	1113	4.5	3.0
HG20631-2009DAC-300(50)_9	1050	42	1073.2	1120.8	1165	4.5	3.0
HG20631-2009DAC-300(50)_10	1100	44	1130.3	1181.1	1219	4.5	3.0
HG20631-2009DAC-300(50)_11	1150	46	1177.9	1228.7	1273	4.5	3.0
HG20631-2009DAC-300(50)_12	1200	48	1235.1	1285.9	1324	4.5	3.0
HG20631-2009DAC-300(50)_13	1250	50	1295.4	1346.2	1377	4.5	3.0
HG20631-2009DAC-300(50)_14	1300	52	1346.2	1397.0	1428	4.5	3.0
HG20631-2009DAC-300(50)_15	1350	54	1403.4	1454.2	1493	4.5	3.0
HG20631-2009DAC-300(50)_16	1400	56	1454.2	1505.0	1544	4.5	3.0
HG20631-2009DAC-300(50)_17	1450	58	1511.3	1562.1	1595	4.5	3.0
HG20631-2009DAC-300(50)_18	1500	60	1562.1	1612.9	1646	4.5	3.0

表 7-82　Class600（PN110）DN＞600 法兰（A 系列）用带对中环（C 型）垫片尺寸　　单位：mm

标准件编号	DN	NPS (in)	D_2	D_3	D_4	T	t_0
HG20631-2009DAC-600(110)_1	650	26	685.8	736.6	866	4.5	3.0
HG20631-2009DAC-600(110)_2	700	28	736.6	787.4	913	4.5	3.0
HG20631-2009DAC-600(110)_3	750	30	793.8	844.6	970	4.5	3.0
HG20631-2009DAC-600(110)_4	800	32	850.9	901.7	1024	4.5	3.0
HG20631-2009DAC-600(110)_5	850	34	901.7	952.5	1074	4.5	3.0
HG20631-2009DAC-600(110)_6	900	36	955.7	1006.5	1130	4.5	3.0
HG20631-2009DAC-600(110)_7	950	38	990.6	1041.4	1106	4.5	3.0
HG20631-2009DAC-600(110)_8	1000	40	1047.8	1098.6	1157	4.5	3.0
HG20631-2009DAC-600(110)_9	1050	42	1104.9	1155.7	1219	4.5	3.0
HG20631-2009DAC-600(110)_10	1100	44	1162.1	1212.9	1270	4.5	3.0
HG20631-2009DAC-600(110)_11	1150	46	1212.9	1263.7	1327	4.5	3.0
HG20631-2009DAC-600(110)_12	1200	48	1270.0	1320.8	1391	4.5	3.0
HG20631-2009DAC-600(110)_13	1250	50	1320.8	1371.6	1448	4.5	3.0
HG20631-2009DAC-600(110)_14	1300	52	1371.6	1422.4	1499	4.5	3.0

续表

标准件编号	DN	NPS (in)	D_2	D_3	D_4	T	t_0
HG20631-2009DAC-600(110)_15	1350	54	1428.8	1479.6	1556	4.5	3.0
HG20631-2009DAC-600(110)_16	1400	56	1479.6	1530.4	1613	4.5	3.0
HG20631-2009DAC-600(110)_17	1450	58	1536.7	1587.5	1664	4.5	3.0
HG20631-2009DAC-600(110)_18	1500	60	1593.9	1644.7	1733	4.5	3.0

表 7-83　Class900（PN150）DN＞600 法兰（A 系列）用带对中环（C 型）垫片尺寸　单位：mm

标准件编号	DN	NPS (in)	D_2	D_3	D_4	T	t_0
HG20631-2009DAC-900(150)_1	650	26	685.8	736.6	883	4.5	3.0
HG20631-2009DAC-900(150)_2	700	28	736.6	787.4	946	4.5	3.0
HG20631-2009DAC-900(150)_3	750	30	793.8	844.6	1010	4.5	3.0
HG20631-2009DAC-900(150)_4	800	32	850.9	901.7	1074	4.5	3.0
HG20631-2009DAC-900(150)_5	850	34	901.7	952.5	1136	4.5	3.0
HG20631-2009DAC-900(150)_6	900	36	958.9	1009.7	1199	4.5	3.0
HG20631-2009DAC-900(150)_7	950	38	1035.1	1085.8	1199	4.5	3.0
HG20631-2009DAC-900(150)_8	1000	40	1098.6	1149.4	1250	4.5	3.0

7.4.6　DN＞600 法兰（A系列）用带内环和对中环（D型）垫片

DN＞600 法兰（A 系列）用带内环和对中环（D 型）垫片按照工作压力分为 Class150（PN20）、Class300（PN50）、Class600（PN110）和 Class900（PN150）。垫片二维图形及三维图形如表 7-84 所示，尺寸如表 7-85～表 7-88 所示。

表 7-84　DN＞600 法兰（A 系列）用带内环和对中环（D 型）

二维图形	三维图形

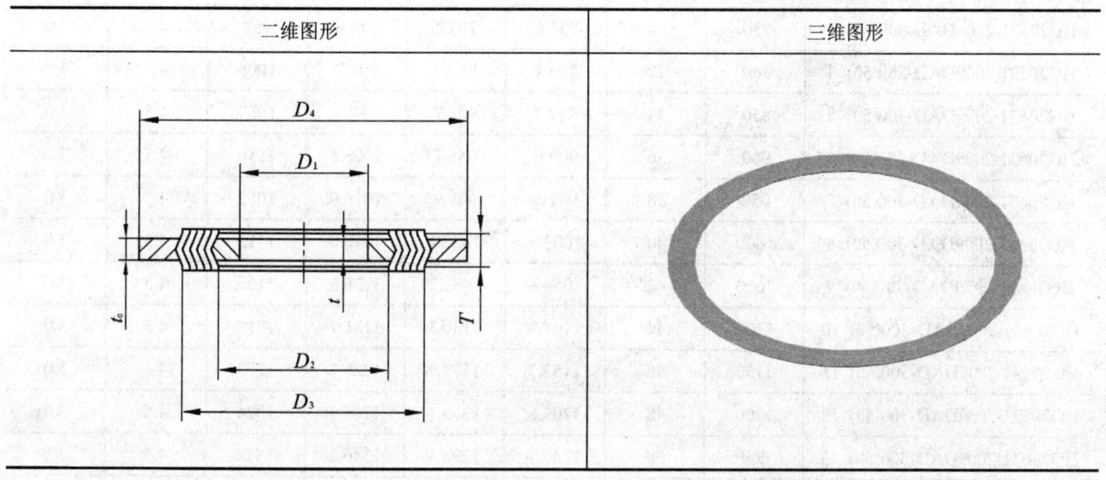

表 7-85　Class150（PN20）DN＞600 法兰（A 系列）用带内环和对中环（D 型）垫片尺寸　单位：mm

标准件编号	DN	NPS(in)	D_1	D_2	D_3	D_4	T	t_0
HG20631-2009DAD-150(20)_1	650	26	654.0	673.1	704.9	773	4.5	3.0
HG20631-2009DAD-150(20)_2	700	28	704.8	723.9	755.7	831	4.5	3.0
HG20631-2009DAD-150(20)_3	750	30	755.6	774.7	806.5	881	4.5	3.0
HG20631-2009DAD-150(20)_4	800	32	806.4	825.5	860.4	939	4.5	3.0
HG20631-2009DAD-150(20)_5	850	34	857.2	876.3	911.2	990	4.5	3.0
HG20631-2009DAD-150(20)_6	900	36	908.0	927.1	968.4	1047	4.5	3.0
HG20631-2009DAD-150(20)_7	950	38	958.8	977.9	1019.2	1110	4.5	3.0
HG20631-2009DAD-150(20)_8	1000	40	1009.6	1028.7	1070.0	1161	4.5	3.0
HG20631-2009DAD-150(20)_9	1050	42	1060.4	1079.5	1124.0	1218	4.5	3.0
HG20631-2009DAD-150(20)_10	1100	44	1111.2	1130.3	1177.9	1275	4.5	3.0
HG20631-2009DAD-150(20)_11	1150	46	1162.0	1181.1	1228.7	1326	4.5	3.0
HG20631-2009DAD-150(20)_12	1200	48	1212.8	1231.9	1279.5	1383	4.5	3.0
HG20631-2009DAD-150(20)_13	1250	50	1263.6	1282.7	1333.5	1435	4.5	3.0
HG20631-2009DAD-150(20)_14	1300	52	1314.4	1333.5	1384.3	1492	4.5	3.0
HG20631-2009DAD-150(20)_15	1350	54	1358.9	1384.3	1435.1	1549	4.5	3.0
HG20631-2009DAD-150(20)_16	1400	56	1409.7	1435.1	1485.9	1606	4.5	3.0
HG20631-2009DAD-150(20)_17	1450	58	1460.5	1485.9	1536.7	1663	4.5	3.0
HG20631-2009DAD-150(20)_18	1500	60	1511.3	1536.7	1587.5	1714	4.5	3.0

表 7-86　Class300（PN50）DN＞600 法兰（A 系列）用带内环和对中环（D 型）垫片尺寸　单位：mm

标准件编号	DN	NPS(in)	D_1	D_2	D_3	D_4	T	t_0
HG20631-2009DAD-300(50)_1	650	26	654.0	685.8	736.6	834	4.5	3.0
HG20631-2009DAD-300(50)_2	700	28	704.8	736.6	787.4	898	4.5	3.0
HG20631-2009DAD-300(50)_3	750	30	755.6	793.8	844.6	952	4.5	3.0
HG20631-2009DAD-300(50)_4	800	32	806.4	850.9	901.7	1006	4.5	3.0
HG20631-2009DAD-300(50)_5	850	34	857.2	901.7	952.5	1057	4.5	3.0
HG20631-2009DAD-300(50)_6	900	36	908.0	955.7	1006.5	1116	4.5	3.0
HG20631-2009DAD-300(50)_7	950	38	952.5	977.9	1016.0	1053	4.5	3.0
HG20631-2009DAD-300(50)_8	1000	40	1003.3	1022.4	1070.0	1113	4.5	3.0
HG20631-2009DAD-300(50)_9	1050	42	1054.1	1073.2	1120.8	1165	4.5	3.0
HG20631-2009DAD-300(50)_10	1100	44	1104.9	1130.3	1181.1	1219	4.5	3.0
HG20631-2009DAD-300(50)_11	1150	46	1152.7	1177.9	1228.7	1273	4.5	3.0
HG20631-2009DAD-300(50)_12	1200	48	1209.8	1235.1	1285.9	1324	4.5	3.0
HG20631-2009DAD-300(50)_13	1250	50	1247.4	1295.4	1346.2	1377	4.5	3.0
HG20631-2009DAD-300(50)_14	1300	52	1320.8	1346.2	1397.0	1428	4.5	3.0

续表

标准件编号	DN	NPS (in)	D_1	D_2	D_3	D_4	T	t_0
HG20631-2009DAD-300(50)_15	1350	54	1352.6	1403.4	1454.2	1493	4.5	3.0
HG20631-2009DAD-300(50)_16	1400	56	1403.4	1454.2	1505.0	1544	4.5	3.0
HG20631-2009DAD-300(50)_17	1450	58	1447.8	1511.3	1562.1	1595	4.5	3.0
HG20631-2009DAD-300(50)_18	1500	60	1524.0	1562.1	1612.9	1646	4.5	3.0

表 7-87 Class600（PN110）DN＞600 法兰（A 系列）用带内环和对中环（D 型）垫片尺寸 单位：mm

标准件编号	DN	NPS (in)	D_1	D_2	D_3	D_4	T	t_0
HG20631-2009DAD-600(110)_1	650	26	647.7	685.8	736.6	866	4.5	3.0
HG20631-2009DAD-600(110)_2	700	28	698.5	736.6	787.4	913	4.5	3.0
HG20631-2009DAD-600(110)_3	750	30	755.6	793.8	844.6	970	4.5	3.0
HG20631-2009DAD-600(110)_4	800	32	812.8	850.9	901.7	1024	4.5	3.0
HG20631-2009DAD-600(110)_5	850	34	863.6	901.7	952.5	1074	4.5	3.0
HG20631-2009DAD-600(110)_6	900	36	917.7	955.7	1006.5	1130	4.5	3.0
HG20631-2009DAD-600(110)_7	950	38	952.5	990.6	1041.4	1106	4.5	3.0
HG20631-2009DAD-600(110)_8	1000	40	1009.6	1047.8	1098.6	1157	4.5	3.0
HG20631-2009DAD-600(110)_9	1050	42	1066.8	1104.9	1155.7	1219	4.5	3.0
HG20631-2009DAD-600(110)_10	1100	44	1111.2	1162.1	1212.9	1270	4.5	3.0
HG20631-2009DAD-600(110)_11	1150	46	1162.0	1212.9	1263.7	1327	4.5	3.0
HG20631-2009DAD-600(110)_12	1200	48	1219.2	1270.0	1320.8	1391	4.5	3.0
HG20631-2009DAD-600(110)_13	1250	50	1270.0	1320.8	1371.6	1448	4.5	3.0
HG20631-2009DAD-600(110)_14	1300	52	1320.8	1371.6	1422.4	1499	4.5	3.0
HG20631-2009DAD-600(110)_15	1350	54	1378.0	1428.8	1479.6	1556	4.5	3.0
HG20631-2009DAD-600(110)_16	1400	56	1428.8	1479.6	1530.4	1613	4.5	3.0
HG20631-2009DAD-600(110)_17	1450	58	1473.2	1536.7	1587.5	1664	4.5	3.0
HG20631-2009DAD-600(110)_18	1500	60	1530.4	1593.9	1644.7	1733	4.5	3.0

表 7-88 Class900（PN150）DN＞600 法兰（A 系列）用带内环和对中环（D 型）垫片尺寸 单位：mm

标准件编号	DN	NPS (in)	D_1	D_2	D_3	D_4	T	t_0
HG20631-2009DAD-900(150)_1	650	26	666.8	685.8	736.6	883	4.5	3.0
HG20631-2009DAD-900(150)_2	700	28	711.2	736.6	787.4	946	4.5	3.0
HG20631-2009DAD-900(150)_3	750	30	774.7	793.8	844.6	1010	4.5	3.0
HG20631-2009DAD-900(150)_4	800	32	812.8	850.9	901.7	1074	4.5	3.0
HG20631-2009DAD-900(150)_5	850	34	863.6	901.7	952.5	1136	4.5	3.0
HG20631-2009DAD-900(150)_6	900	36	920.8	958.9	1009.7	1199	4.5	3.0
HG20631-2009DAD-900(150)_7	950	38	1009.6	1035.1	1085.8	1199	4.5	3.0

续表

标准件编号	DN	NPS(in)	D_1	D_2	D_3	D_4	T	t_0
HG20631-2009DAD-900(150)_8	1000	40	1060.4	1098.6	1149.4	1250	4.5	3.0

7.4.7 DN>600 法兰（B系列）用带对中环（C型）垫片

DN>600 法兰（B 系列）用带对中环（C 型）垫片按照工作压力分为 Class150（PN20）、Class300（PN50）、Class600（PN110）和 Class900（PN150）。垫片二维图形及三维图形如表 7-89 所示，尺寸如表 7-90～表 7-93 所示。

表 7-89 DN>600 法兰（B 系列）用带对中环（C 型）垫片

二维图形	三维图形

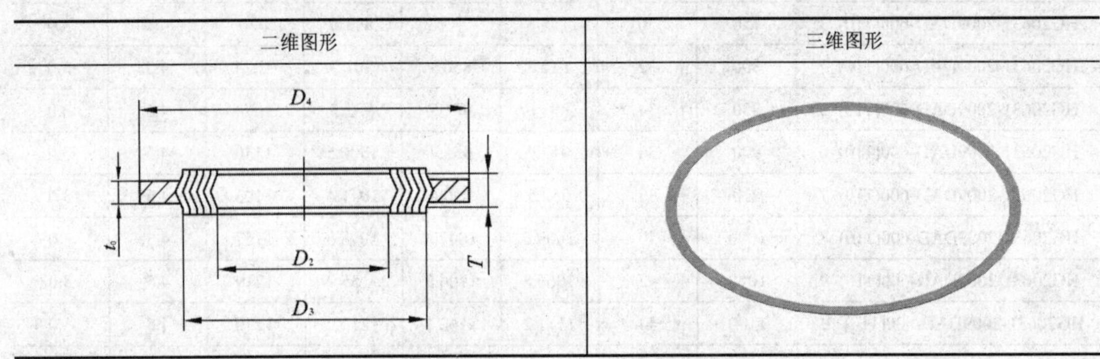

表 7-90 Class150（PN20）DN>600 法兰（B 系列）用带对中环（C 型）垫片尺寸 单位：mm

标准件编号	DN	NPS(in)	D_2	D_3	D_4	T	t_0
HG20631-2009DBC-150(20)_1	650	26	673.1	698.5	725	4.5	3.0
HG20631-2009DBC-150(20)_2	700	28	723.9	749.3	775	4.5	3.0
HG20631-2009DBC-150(20)_3	750	30	774.7	800.1	826	4.5	3.0
HG20631-2009DBC-150(20)_4	800	32	825.5	850.9	880	4.5	3.0
HG20631-2009DBC-150(20)_5	850	34	876.3	908.1	933	4.5	3.0
HG20631-2009DBC-150(20)_6	900	36	927.1	958.9	986	4.5	3.0
HG20631-2009DBC-150(20)_7	950	38	974.6	1009.7	1043	4.5	3.0
HG20631-2009DBC-150(20)_8	1000	40	1022.4	1063.6	1094	4.5	3.0
HG20631-2009DBC-150(20)_9	1050	42	1079.5	1114.4	1144	4.5	3.0
HG20631-2009DBC-150(20)_10	1100	44	1124.0	1165.2	1195	4.5	3.0
HG20631-2009DBC-150(20)_11	1150	46	1181.1	1224.0	1254	4.5	3.0
HG20631-2009DBC-150(20)_12	1200	48	1231.9	1270.0	1305	4.5	3.0
HG20631-2009DBC-150(20)_13	1250	50	1282.7	1325.6	1356	4.5	3.0
HG20631-2009DBC-150(20)_14	1300	52	1333.5	1376.4	1407	4.5	3.0
HG20631-2009DBC-150(20)_15	1350	54	1384.3	1422.4	1462	4.5	3.0

续表

标准件编号	DN	NPS (in)	D_2	D_3	D_4	T	t_0
HG20631-2009DBC-150(20)_16	1400	56	1444.6	1477.8	1513	4.5	3.0
HG20631-2009DBC-150(20)_17	1450	58	1500.2	1528.8	1578	4.5	3.0
HG20631-2009DBC-150(20)_18	1500	60	1557.3	1585.9	1629	4.5	3.0

表 7-91 Class300（PN50）DN＞600 法兰（B 系列）用带对中环（C 型）垫片尺寸 单位：mm

标准件编号	DN	NPS (in)	D_2	D_3	D_4	T	t_0
HG20631-2009DBC-300(50)_1	650	26	673.1	711.2	770	4.5	3.0
HG20631-2009DBC-300(50)_2	700	28	723.9	762.0	824	4.5	3.0
HG20631-2009DBC-300(50)_3	750	30	774.7	812.8	885	4.5	3.0
HG20631-2009DBC-300(50)_4	800	32	825.5	863.6	939	4.5	3.0
HG20631-2009DBC-300(50)_5	850	34	876.3	914.4	993	4.5	3.0
HG20631-2009DBC-300(50)_6	900	36	927.1	965.2	1047	4.5	3.0
HG20631-2009DBC-300(50)_7	950	38	1009.7	1047.8	1098	4.5	3.0
HG20631-2009DBC-300(50)_8	1000	40	1060.5	1098.6	1149	4.5	3.0
HG20631-2009DBC-300(50)_9	1050	42	1111.3	1149.4	1200	4.5	3.0
HG20631-2009DBC-300(50)_10	1100	44	1162.1	1200.2	1250	4.5	3.0
HG20631-2009DBC-300(50)_11	1150	46	1216.0	1254.1	1317	4.5	3.0
HG20631-2009DBC-300(50)_12	1200	48	1263.7	1311.3	1368	4.5	3.0
HG20631-2009DBC-300(50)_13	1250	50	1317.6	1355.7	1419	4.5	3.0
HG20631-2009DBC-300(50)_14	1300	52	1368.4	1406.5	1470	4.5	3.0
HG20631-2009DBC-300(50)_15	1350	54	1403.4	1454.2	1530	4.5	3.0
HG20631-2009DBC-300(50)_16	1400	56	1479.6	1524.0	1595	4.5	3.0
HG20631-2009DBC-300(50)_17	1450	58	1535.1	1573.2	1657	4.5	3.0
HG20631-2009DBC-300(50)_18	1500	60	1589.1	1630.4	1708	4.5	3.0

表 7-92 Class600（PN110）DN＞600 法兰（B 系列）用带对中环（C 型）垫片尺寸 单位：mm

标准件编号	DN	NPS (in)	D_2	D_3	D_4	T	t_0
HG20631-2009DBC-600(110)_1	650	26	663.6	714.4	765	4.5	3.0
HG20631-2009DBC-600(110)_2	700	28	704.9	755.7	819	4.5	3.0
HG20631-2009DBC-600(110)_3	750	30	777.9	828.7	879	4.5	3.0
HG20631-2009DBC-600(110)_4	800	32	831.9	882.7	932	4.5	3.0
HG20631-2009DBC-600(110)_5	850	34	889.0	939.8	998	4.5	3.0
HG20631-2009DBC-600(110)_6	900	36	939.8	990.6	1049	4.5	3.0

表 7-93 Class900（PN150）DN＞600 法兰（B 系列）用带对中环（C 型）垫片尺寸 单位：mm

标准件编号	DN	NPS (in)	D_2	D_3	D_4	T	t_0
HG20631-2009DBC-900(150)_1	650	26	692.2	749.3	838	4.5	3.0
HG20631-2009DBC-900(150)_2	700	28	743.0	800.1	902	4.5	3.0
HG20631-2009DBC-900(150)_3	750	30	806.5	857.3	959	4.5	3.0
HG20631-2009DBC-900(150)_4	800	32	863.6	914.4	1016	4.5	3.0
HG20631-2009DBC-900(150)_5	850	34	920.8	971.6	1074	4.5	3.0
HG20631-2009DBC-900(150)_6	900	36	946.2	997.0	1124	4.5	3.0

7.4.8 DN＞600 法兰（B系列）用带内环和对中环（D型）垫片

DN＞600 法兰（B 系列）用带内环和对中环（D 型）垫片按照工作压力分为 Class150（PN20）、Class300（PN50）、Class600（PN110）和 Class900（PN150）。垫片二维图形及三维图形如表 7-94 所示，尺寸如表 7-95～表 7-98 所示。

表 7-94 DN＞600 法兰（B 系列）用带内环和对中环（D 型）垫片

二维图形	三维图形

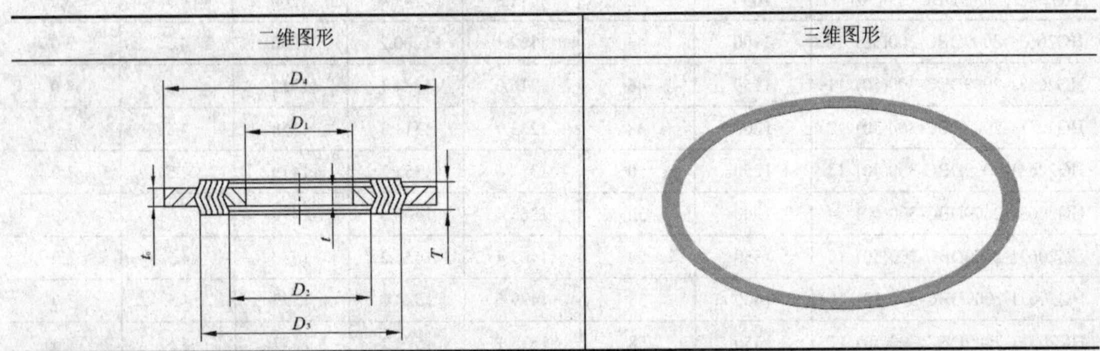

表 7-95 Class150（PN20）DN＞600 法兰（B 系列）用带内环和对中环（D 型）垫片尺寸 单位：mm

标准件编号	DN	NPS (in)	D_1	D_2	D_3	D_4	T	t_0
HG20631-2009DBD-150(20)_1	650	26	654.0	673.1	698.5	725	4.5	3.0
HG20631-2009DBD-150(20)_2	700	28	704.8	723.9	749.3	775	4.5	3.0
HG20631-2009DBD-150(20)_3	750	30	755.6	774.7	800.1	826	4.5	3.0
HG20631-2009DBD-150(20)_4	800	32	806.4	825.5	850.9	880	4.5	3.0
HG20631-2009DBD-150(20)_5	850	34	857.2	876.3	908.1	933	4.5	3.0
HG20631-2009DBD-150(20)_6	900	36	908.0	927.1	958.9	986	4.5	3.0
HG20631-2009DBD-150(20)_7	950	38	958.8	974.6	1009.7	1043	4.5	3.0
HG20631-2009DBD-150(20)_8	1000	40	1009.6	1022.4	1063.6	1094	4.5	3.0
HG20631-2009DBD-150(20)_9	1050	42	1060.4	1079.5	1114.4	1144	4.5	3.0

续表

标准件编号	DN	NPS(in)	D_1	D_2	D_3	D_4	T	t_0
HG20631-2009DBD-150(20)_10	1100	44	1111.2	1124.0	1165.2	1195	4.5	3.0
HG20631-2009DBD-150(20)_11	1150	46	1162.0	1181.1	1224.0	1254	4.5	3.0
HG20631-2009DBD-150(20)_12	1200	48	1212.8	1231.9	1270.0	1305	4.5	3.0
HG20631-2009DBD-150(20)_13	1250	50	1263.6	1282.7	1325.6	1356	4.5	3.0
HG20631-2009DBD-150(20)_14	1300	52	1314.4	1333.5	1376.4	1407	4.5	3.0
HG20631-2009DBD-150(20)_15	1350	54	1365.2	1384.3	1422.4	1462	4.5	3.0
HG20631-2009DBD-150(20)_16	1400	56	1422.4	1444.6	1477.8	1513	4.5	3.0
HG20631-2009DBD-150(20)_17	1450	58	1478.0	1500.2	1528.8	1578	4.5	3.0
HG20631-2009DBD-150(20)_18	1500	60	1535.2	1557.3	1585.9	1629	4.5	3.0

表 7-96　Class300（PN50）DN＞600 法兰（B 系列）用带内环和对中环（D 型）垫片尺寸　单位：mm

标准件编号	DN	NPS(in)	D_1	D_2	D_3	D_4	T	t_0
HG20631-2009DBD-300(50)_1	650	26	654.0	673.1	711.2	770	4.5	3.0
HG20631-2009DBD-300(50)_2	700	28	704.8	723.9	762.0	824	4.5	3.0
HG20631-2009DBD-300(50)_3	750	30	755.6	774.7	812.8	885	4.5	3.0
HG20631-2009DBD-300(50)_4	800	32	806.4	825.5	863.6	939	4.5	3.0
HG20631-2009DBD-300(50)_5	850	34	857.2	876.3	914.4	993	4.5	3.0
HG20631-2009DBD-300(50)_6	900	36	908.0	927.1	965.2	1047	4.5	3.0
HG20631-2009DBD-300(50)_7	950	38	971.6	1009.7	1047.8	1098	4.5	3.0
HG20631-2009DBD-300(50)_8	1000	40	1022.4	1060.5	1098.6	1149	4.5	3.0
HG20631-2009DBD-300(50)_9	1050	42	1085.8	1111.3	1149.4	1200	4.5	3.0
HG20631-2009DBD-300(50)_10	1100	44	1124.0	1162.1	1200.2	1250	4.5	3.0
HG20631-2009DBD-300(50)_11	1150	46	1178.1	1216.0	1254.1	1317	4.5	3.0
HG20631-2009DBD-300(50)_12	1200	48	1231.9	1263.7	1311.3	1368	4.5	3.0
HG20631-2009DBD-300(50)_13	1250	50	1267.0	1317.6	1355.7	1419	4.5	3.0
HG20631-2009DBD-300(50)_14	1300	52	1317.8	1368.4	1406.5	1470	4.5	3.0
HG20631-2009DBD-300(50)_15	1350	54	1365.2	1403.4	1454.2	1530	4.5	3.0
HG20631-2009DBD-300(50)_16	1400	56	1428.8	1479.6	1524.0	1595	4.5	3.0
HG20631-2009DBD-300(50)_17	1450	58	1484.4	1535.1	1573.2	1657	4.5	3.0
HG20631-2009DBD-300(50)_18	1500	60	1557.3	1589.1	1630.4	1708	4.5	3.0

表 7-97　Class600（PN110）DN＞600 法兰（B 系列）用带内环和对中环（D 型）垫片尺寸 单位：mm

标准件编号	DN	NPS(in)	D_1	D_2	D_3	D_4	T	t_0
HG20631-2009DBD-600(110)_1	650	26	644.7	663.6	714.4	765	4.5	3.0
HG20631-2009DBD-600(110)_2	700	28	692.2	704.9	755.7	819	4.5	3.0

续表

标准件编号	DN	NPS (in)	D_1	D_2	D_3	D_4	T	t_0
HG20631-2009DBD-600(110)_3	750	30	752.6	777.9	828.7	879	4.5	3.0
HG20631-2009DBD-600(110)_4	800	32	793.8	831.9	882.7	932	4.5	3.0
HG20631-2009DBD-600(110)_5	850	34	850.9	889.0	939.8	998	4.5	3.0
HG20631-2009DBD-600(110)_6	900	36	901.7	939.8	990.6	1049	4.5	3.0

表 7-98 Class900（PN150）DN＞600 法兰（B 系列）用带内环和对中环（D 型）垫片尺寸 单位：mm

标准件编号	DN	NPS (in)	D_1	D_2	D_3	D_4	T	t_0
HG20631-2009DBD-900(150)_1	650	26	673.1	692.2	749.3	838	4.5	3.0
HG20631-2009DBD-900(150)_2	700	28	723.9	743.0	800.1	902	4.5	3.0
HG20631-2009DBD-900(150)_3	750	30	787.4	806.5	857.3	959	4.5	3.0
HG20631-2009DBD-900(150)_4	800	32	838.2	863.6	914.4	1016	4.5	3.0
HG20631-2009DBD-900(150)_5	850	34	895.4	920.8	971.6	1074	4.5	3.0
HG20631-2009DBD-900(150)_6	900	36	927.1	946.2	997.0	1124	4.5	3.0

垫片的尺寸公差按表 7-99 的规定。

表 7-99 垫片的尺寸公差 单位：mm

项目	尺寸范围	尺寸公差
对中环外径 D_4	DN≤600	0 −0.76
	DN650～DN1500	0 −1.52
内环内径 D_1	DN≤80	+0.76 0
	DN100～DN600	+1.52 0
	DN650～DN1500	±3.0
缠绕部分内径 D_2	DN≤200	±0.41
	DN250～DN850	±0.76
	DN900～DN1500	±1.27
缠绕部分外径 D_3	DN≤200	±0.76
	DN250～DN600	+1.52 −0.76
	DN650～DN1500	±1.52
内环和对中环厚度 T_1	—	±0.13
缠绕部分厚度（不包括填料部分）T	—	±0.2

材料标记代号和标志缩写按表 7-100 的规定。

表 7-100　材料标记代号和标志缩写

材料	标记代号	标志缩写	材料	标记代号	标志缩写
金属材料			金属材料		
碳钢	1	CRS	Ni-Mo 合金　HastelloyB2	9	HAST B
0Cr18Ni9	2	304	Ni-Mo-Cr 合金　Hastelloy C-276	9	HAST C
00Cr19Ni10	3	304L	Ni-Cr-Fe 合金　Inconel 600	9	INC 600
0Cr17Ni12Mo2	4	316	Ni-Fe-Cr 合金　InColoy 800	9	IN 800
00Cr17Ni14Mo2	5	316L	锆	9	ZIRC
0Cr18Ni10Ti	6	321	填充材料		
0Cr18Ni11Nb	7	347	温石棉带	1	ASB
0Cr25Ni20	8	310	柔性石墨带	2	G.F.
钛	9	TI	聚四氟乙烯带	3	PTFE
Ni-Cu 合金　Monel400	9	MON	非石棉纤维带	4	NA

7.5　具有覆盖层的齿形组合垫（Class系列）（HG 20632—2009）

本标准规定了钢制管法兰（Class 系列）用具有覆盖层的齿形组合垫的型式、尺寸、技术要求、标记和标志。

本标准适用于 HG/T 20615、HG/T 20623 所规定的公称压力为 Class150（PN20）～Class2500（PN420）的钢制管法兰用具有覆盖层的齿形组合垫。

垫片的使用温度范围按表 7-101 的规定，覆盖层材料的主要性能按表 7-102 的规定。

表 7-101　垫片的使用温度范围

金属带材料		填充材料		最高工作温度（℃）
钢号	标准	名称	参考标准	
0Cr18Ni9(340)	GB/T 4237 GB/T 3280	柔性石墨	JB/T 7758.2	-200～+650
00Cr19Ni10(304L)		聚四氟乙烯	QB/T 3625	-200～+200
0Cr17Ni12Mo2(316)				
00Cr17Ni14Mo2(316L)				
0Cr18Ni10Ti(321)				
0Cr18Ni11Nb(347)				
0Cr25Ni20(310)				

注：柔性石墨带用于氧化性介质时，最高使用温度为 450℃。

表 7-102　覆盖层材料的主要性能

项目	柔性石墨	聚四氟乙烯
拉伸强度（横向）（MPa）	—	≥
氯离子含量（$\times10^{-6}$）	≤	—
熔点（℃）	—	327±10

7.5.1　榫/槽面法兰用基本型（A型）垫片

榫/槽面法兰用基本型（A 型）垫片二维图形及三维图形如表 7-103 所示，尺寸如表 7-104 所示。

表 7-103　榫/槽面法兰用基本型（A 型）垫片

二维图形	三维图形

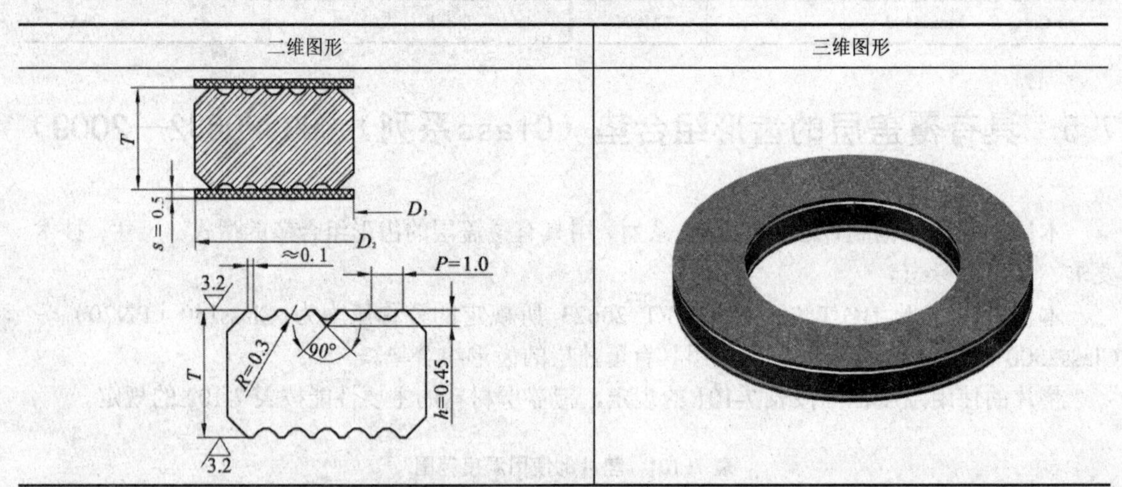

表 7-104　榫/槽面法兰用基本型（A 型）垫片尺寸　　单位：mm

标准件编号	DN	NPS(in)	D_3(内径)	D_2(外径)	T	标准件编号	DN	NPS(in)	D_3(内径)	D_2(外径)	T
HG20632-2009AMF_1	15	$^1/_2$	21	35	3.0	HG20632-2009AMF_11	150	6	162	216	3.0
HG20632-2009AMF_2	20	$^3/_4$	27	43	3.0	HG20632-2009AMF_12	200	8	213	270	3.0
HG20632-2009AMF_3	25	1	33	51	3.0	HG20632-2009AMF_13	250	10	267	324	3.0
HG20632-2009AMF_4	32	$1^1/_4$	42	64	3.0	HG20632-2009AMF_14	300	12	318	381	3.0
HG20632-2009AMF_5	40	$1^1/_2$	44	73	3.0	HG20632-2009AMF_15	350	14	349	413	3.0
HG20632-2009AMF_6	50	2	57	92	3.0	HG20632-2009AMF_16	400	16	400	470	3.0
HG20632-2009AMF_7	65	$2^1/_2$	68	105	3.0	HG20632-2009AMF_17	450	18	451	533	3.0
HG20632-2009AMF_8	80	3	84	127	3.0	HG20632-2009AMF_18	500	20	502	584	3.0
HG20632-2009AMF_9	100	4	110	157	3.0	HG20632-2009AMF_19	600	24	603	692	3.0
HG20632-2009AMF_10	125	5	137	186	3.0						

7.5.2 凹/凸面法兰用基本型（A型）垫片

凹/凸面法兰用基本型（A 型）垫片二维图形及三维图形如表 7-105 所示，尺寸如表 7-106 所示。

表 7-105 凹/凸面法兰用基本型（A 型）垫片

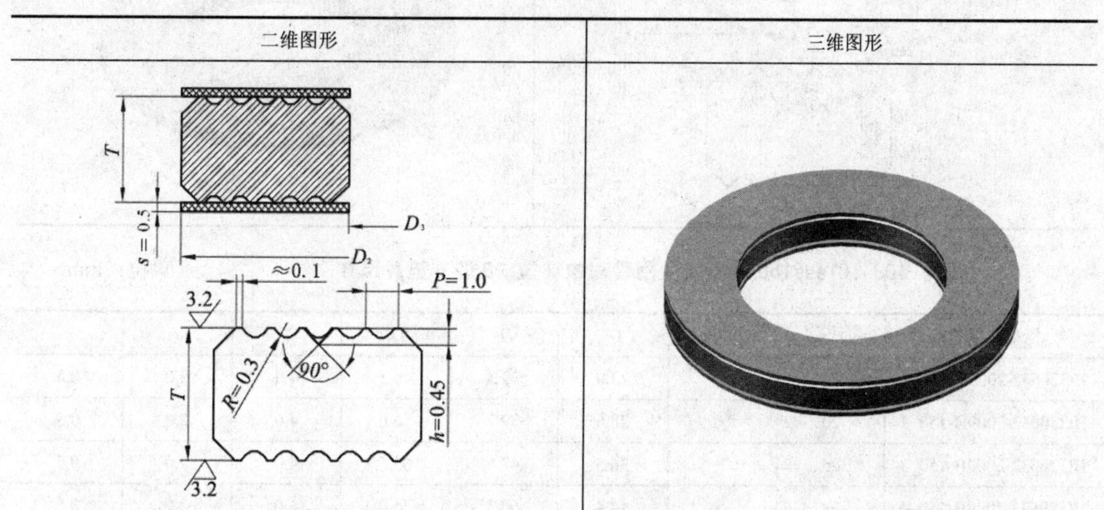

表 7-106 凹/凸面法兰用基本型（A 型）垫片尺寸 单位：mm

标准件编号	DN	NPS(in)	D_3	D_2	T	标准件编号	DN	NPS(in)	D_3	D_2	T
HG20632-2009ATG_1	15	$^{1}/_{2}$	25	35	3.0	HG20632-2009ATG_11	150	6	191	216	3.0
HG20632-2009ATG_2	20	$^{3}/_{4}$	33	43	3.0	HG20632-2009ATG_12	200	8	238	270	3.0
HG20632-2009ATG_3	25	1	38	51	3.0	HG20632-2009ATG_13	250	10	286	324	3.0
HG20632-2009ATG_4	32	$1^{1}/_{4}$	48	64	3.0	HG20632-2009ATG_14	300	12	343	381	3.0
HG20632-2009ATG_5	40	$1^{1}/_{2}$	54	73	3.0	HG20632-2009ATG_15	350	14	375	413	3.0
HG20632-2009ATG_6	50	2	73	92	3.0	HG20632-2009ATG_16	400	16	425	470	3.0
HG20632-2009ATG_7	65	$2^{1}/_{2}$	86	105	3.0	HG20632-2009ATG_17	450	18	489	533	3.0
HG20632-2009ATG_8	80	3	108	127	3.0	HG20632-2009ATG_18	500	20	533	584	3.0
HG20632-2009ATG_9	100	4	132	157	3.0	HG20632-2009ATG_19	600	24	641	692	3.0
HG20632-2009ATG_10	125	5	160	186	3.0						

7.5.3 突面法兰用带对中环型（B型）垫片

突面法兰用带对中环型（B 型）垫片按照公称压力可分为 Class150、Class300、Class600、Class900、Class1500 和 Class2500，垫片二维图形及三维图形如表 7-107 所示，尺寸如表 7-108～表 7-113 所示。

表 7-107　突面法兰用带对中环型（B 型）垫片

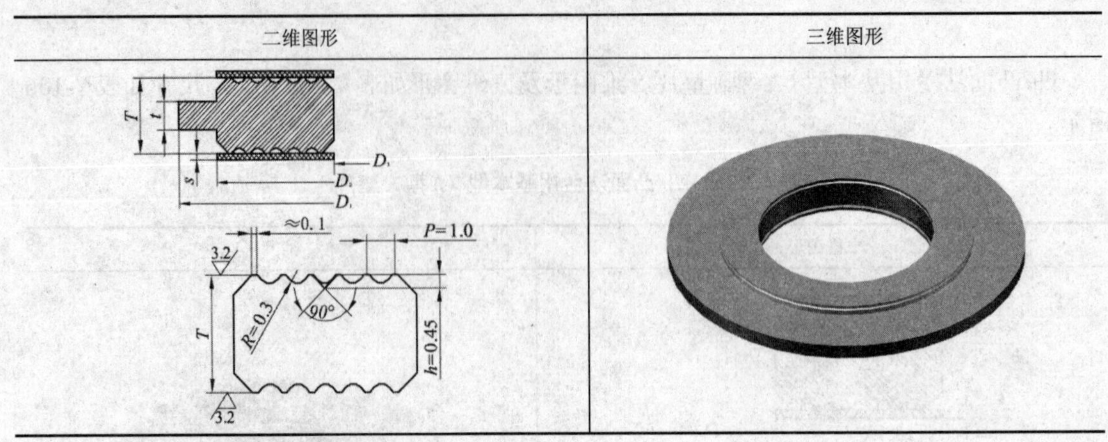

表 7-108　Class150 突面法兰用带对中环型（B 型）垫片尺寸　　单位：mm

标准件编号	DN	NPS(in)	D_3	D_2	D_1	T	t	s
HG20632-2009B-150_1	15	$^1/_2$	23.0	33.3	46.5	4.0	2.0	0.5
HG20632-2009B-150_2	20	$^3/_4$	28.6	39.7	56.0	4.0	2.0	0.5
HG20632-2009B-150_3	25	1	36.5	47.6	65.5	4.0	2.0	0.5
HG20632-2009B-150_4	32	$1^1/_4$	44.4	60.3	75.0	4.0	2.0	0.5
HG20632-2009B-150_5	40	$1^1/_2$	52.4	69.8	84.5	4.0	2.0	0.5
HG20632-2009B-150_6	50	2	69.8	88.9	104.5	4.0	2.0	0.5
HG20632-2009B-150_7	65	$2^1/_2$	82.5	101.6	123.5	4.0	2.0	0.5
HG20632-2009B-150_8	80	3	98.4	123.8	136.5	4.0	2.0	0.5
HG20632-2009B-150_9	100	4	123.8	154.0	174.5	4.0	2.0	0.5
HG20632-2009B-150_10	125	5	150.8	182.6	196.0	4.0	2.0	0.5
HG20632-2009B-150_11	150	6	177.8	212.7	221.5	4.0	2.0	0.5
HG20632-2009B-150_12	200	8	228.6	266.7	278.5	4.0	2.0	0.5
HG20632-2009B-150_13	250	10	282.6	320.7	338.0	4.0	2.0	0.5
HG20632-2009B-150_14	300	12	339.7	377.8	408.0	4.0	2.0	0.5
HG20632-2009B-150_15	350	14	371.5	409.6	449.5	4.0	2.0	0.5
HG20632-2009B-150_16	400	16	422.3	466.7	513.0	4.0	2.0	0.5
HG20632-2009B-150_17	450	18	479.4	530.2	548.0	4.0	2.0	0.5
HG20632-2009B-150_18	500	20	530.2	581.0	605.0	4.0	2.0	0.5
HG20632-2009B-150_19	600	24	631.8	682.6	716.5	4.0	2.0	0.5

表 7-109　Class300 突面法兰用带对中环型（B 型）垫片尺寸　　单位：mm

标准件编号	DN	NPS(in)	D_3	D_2	D_1	T	t	s
HG20632-2009B-300_1	15	$^1/_2$	23.0	33.3	52.5	4.0	2.0	0.5

续表

标准件编号	DN	NPS(in)	D_3	D_2	D_1	T	t	s
HG20632-2009B-300_2	20	$^3/_4$	28.6	39.7	66.5	4.0	2.0	0.5
HG20632-2009B-300_3	25	1	36.5	47.6	73.0	4.0	2.0	0.5
HG20632-2009B-300_4	32	$1^1/_4$	44.4	60.3	82.5	4.0	2.0	0.5
HG20632-2009B-300_5	40	$1^1/_2$	52.4	69.8	94.5	4.0	2.0	0.5
HG20632-2009B-300_6	50	2	69.8	88.9	111.0	4.0	2.0	0.5
HG20632-2009B-300_7	65	$2^1/_2$	82.5	101.6	129.0	4.0	2.0	0.5
HG20632-2009B-300_8	80	3	98.4	123.8	148.5	4.0	2.0	0.5
HG20632-2009B-300_9	100	4	123.8	154.0	180.0	4.0	2.0	0.5
HG20632-2009B-300_10	125	5	150.8	182.6	215.0	4.0	2.0	0.5
HG20632-2009B-300_11	150	6	177.8	212.7	250.0	4.0	2.0	0.5
HG20632-2009B-300_12	200	8	228.6	266.7	306.0	4.0	2.0	0.5
HG20632-2009B-300_13	250	10	282.6	320.7	360.5	4.0	2.0	0.5
HG20632-2009B-300_14	300	12	339.7	377.8	421.0	4.0	2.0	0.5
HG20632-2009B-300_15	350	14	371.5	409.6	484.5	4.0	2.0	0.5
HG20632-2009B-300_16	400	16	422.3	466.7	538.5	4.0	2.0	0.5
HG20632-2009B-300_17	450	18	479.4	530.2	595.5	4.0	2.0	0.5
HG20632-2009B-300_18	500	20	530.2	581.0	653.0	4.0	2.0	0.5
HG20632-2009B-300_19	600	24	631.8	682.6	774.0	4.0	2.0	0.5

表 7-110 Class600 突面法兰用带对中环型（B 型）垫片尺寸 单位：mm

标准件编号	DN	NPS(in)	D_3	D_2	D_1	T	t	s
HG20632-2009B-600_1	15	$^1/_2$	23.0	33.3	52.5	4.0	2.0	0.5
HG20632-2009B-600_2	20	$^3/_4$	28.6	39.7	66.5	4.0	2.0	0.5
HG20632-2009B-600_3	25	1	36.5	47.6	73.0	4.0	2.0	0.5
HG20632-2009B-600_4	32	$1^1/_4$	44.4	60.3	82.5	4.0	2.0	0.5
HG20632-2009B-600_5	40	$1^1/_2$	52.4	69.8	94.5	4.0	2.0	0.5
HG20632-2009B-600_6	50	2	69.8	88.9	111.0	4.0	2.0	0.5
HG20632-2009B-600_7	65	$2^1/_2$	82.5	101.6	129.0	4.0	2.0	0.5
HG20632-2009B-600_8	80	3	98.4	123.8	148.5	4.0	2.0	0.5
HG20632-2009B-600_9	100	4	123.8	154.0	192.0	4.0	2.0	0.5
HG20632-2009B-600_10	125	5	150.8	182.6	239.5	4.0	2.0	0.5
HG20632-2009B-600_11	150	6	177.8	212.7	265.0	4.0	2.0	0.5
HG20632-2009B-600_12	200	8	228.6	266.7	319.0	4.0	2.0	0.5
HG20632-2009B-600_13	250	10	282.6	320.7	399.0	4.0	2.0	0.5
HG20632-2009B-600_14	300	12	339.7	377.8	456.0	4.0	2.0	0.5

续表

标准件编号	DN	NPS (in)	D_3	D_2	D_1	T	t	s
HG20632-2009B-600_15	350	14	371.5	409.6	491.0	4.0	2.0	0.5
HG20632-2009B-600_16	400	16	422.3	466.7	564.0	4.0	2.0	0.5
HG20632-2009B-600_17	450	18	479.4	530.2	612.0	4.0	2.0	0.5
HG20632-2009B-600_18	500	20	530.2	581.0	682.0	4.0	2.0	0.5
HG20632-2009B-600_19	600	24	631.8	682.6	790.0	4.0	2.0	0.5

表 7-111 Class900 突面法兰用带对中环型（B 型）垫片尺寸 单位：mm

标准件编号	DN	NPS (in)	D_3	D_2	D_1	T	t	s
HG20632-2009B-900_1	15	$^1/_2$	23.0	33.3	62.5	4.0	2.0	0.5
HG20632-2009B-900_2	20	$^3/_4$	28.6	39.7	69.0	4.0	2.0	0.5
HG20632-2009B-900_3	25	1	36.5	47.6	77.5	4.0	2.0	0.5
HG20632-2009B-900_4	32	$1^1/_4$	44.4	60.3	87.0	4.0	2.0	0.5
HG20632-2009B-900_5	40	$1^1/_2$	52.4	69.8	97.0	4.0	2.0	0.5
HG20632-2009B-900_6	50	2	69.8	88.9	141.0	4.0	2.0	0.5
HG20632-2009B-900_7	65	$2^1/_2$	82.5	101.6	163.5	4.0	2.0	0.5
HG20632-2009B-900_8	80	3	98.4	123.8	166.5	4.0	2.0	0.5
HG20632-2009B-900_9	100	4	123.8	154.0	205.0	4.0	2.0	0.5
HG20632-2009B-900_10	125	5	150.8	182.6	246.5	4.0	2.0	0.5
HG20632-2009B-900_11	150	6	177.8	212.7	287.5	4.0	2.0	0.5
HG20632-2009B-900_12	200	8	228.6	266.7	357.5	4.0	2.0	0.5
HG20632-2009B-900_13	250	10	282.6	320.7	434.0	4.0	2.0	0.5
HG20632-2009B-900_14	300	12	339.7	377.8	497.5	4.0	2.0	0.5
HG20632-2009B-900_15	350	14	371.5	409.6	520.0	4.0	2.0	0.5
HG20632-2009B-900_16	400	16	422.3	466.7	574.0	4.0	2.0	0.5
HG20632-2009B-900_17	450	18	479.4	530.2	638.0	4.0	2.0	0.5
HG20632-2009B-900_18	500	20	530.2	581.0	697.5	4.0	2.0	0.5
HG20632-2009B-900_19	600	24	631.8	682.6	837.5	4.0	2.0	0.5

表 7-112 Class1500 突面法兰用带对中环型（B 型）垫片尺寸 单位：mm

标准件编号	DN	NPS (in)	D_3	D_2	D_1	T	t	s
HG20632-2009B-1500_1	15	$^1/_2$	23.0	33.3	62.5	4.0	2.0	0.5
HG20632-2009B-1500_2	20	$^3/_4$	28.6	39.7	69.0	4.0	2.0	0.5
HG20632-2009B-1500_3	25	1	36.5	47.6	77.5	4.0	2.0	0.5
HG20632-2009B-1500_4	32	$1^1/_4$	44.4	60.3	87.0	4.0	2.0	0.5
HG20632-2009B-1500_5	40	$1^1/_2$	52.4	69.8	97.0	4.0	2.0	0.5

续表

标准件编号	DN	NPS(in)	D_3	D_2	D_1	T	t	s
HG20632-2009B-1500_6	50	2	69.8	88.9	141.0	4.0	2.0	0.5
HG20632-2009B-1500_7	65	$2^1/_2$	82.5	101.6	163.5	4.0	2.0	0.5
HG20632-2009B-1500_8	80	3	98.4	123.8	173.0	4.0	2.0	0.5
HG20632-2009B-1500_9	100	4	123.8	154.0	208.5	4.0	2.0	0.5
HG20632-2009B-1500_10	125	5	150.8	182.6	253.0	4.0	2.0	0.5
HG20632-2009B-1500_11	150	6	177.8	212.7	281.5	4.0	2.0	0.5
HG20632-2009B-1500_12	200	8	228.6	266.7	351.5	4.0	2.0	0.5
HG20632-2009B-1500_13	250	10	282.6	320.7	434.5	4.0	2.0	0.5
HG20632-2009B-1500_14	300	12	339.7	377.8	519.5	4.0	2.0	0.5
HG20632-2009B-1500_15	350	14	371.5	409.6	579.0	4.0	2.0	0.5
HG20632-2009B-1500_16	400	16	422.3	466.7	641.0	4.0	2.0	0.5
HG20632-2009B-1500_17	450	18	479.4	530.2	704.5	4.0	2.0	0.5
HG20632-2009B-1500_18	500	20	530.2	581.0	756.0	4.0	2.0	0.5
HG20632-2009B-1500_19	600	24	631.8	682.6	900.5	4.0	2.0	0.5

表 7-113　Class2500 突面法兰用带对中环型（B 型）垫片尺寸　　单位：mm

标准件编号	DN	NPS(in)	D_3	D_2	D_1	T	t	s
HG20632-2009B-2500_1	15	$^1/_2$	23.0	33.3	69.0	4.0	2.0	0.5
HG20632-2009B-2500_2	20	$^3/_4$	28.6	39.7	75.0	4.0	2.0	0.5
HG20632-2009B-2500_3	25	1	36.5	47.6	84.0	4.0	2.0	0.5
HG20632-2009B-2500_4	32	$1^1/_4$	44.4	60.3	103.0	4.0	2.0	0.5
HG20632-2009B-2500_5	40	$1^1/_2$	52.4	69.8	116.0	4.0	2.0	0.5
HG20632-2009B-2500_6	50	2	69.8	88.9	144.5	4.0	2.0	0.5
HG20632-2009B-2500_7	65	$2^1/_2$	82.5	101.6	167.0	4.0	2.0	0.5
HG20632-2009B-2500_8	80	3	98.4	123.8	195.5	4.0	2.0	0.5
HG20632-2009B-2500_9	100	4	123.8	154.0	234.0	4.0	2.0	0.5
HG20632-2009B-2500_10	125	5	150.8	182.6	279.0	4.0	2.0	0.5
HG20632-2009B-2500_11	150	6	177.8	212.7	316.5	4.0	2.0	0.5
HG20632-2009B-2500_12	200	8	228.6	266.7	386.0	4.0	2.0	0.5
HG20632-2009B-2500_13	250	10	282.6	320.7	476.0	4.0	2.0	0.5
HG20632-2009B-2500_14	300	12	339.7	377.8	549.0	4.0	2.0	0.5

7.5.4 突面法兰用带对中环型（C型）垫片

突面法兰用带对中环型（C 型）垫片按照公称压力可分为 Class150、Class300、Class600、

Class900、Class1500 和 Class2500，垫片二维图形及三维图形如表 7-114 所示，尺寸如表 7-115～表 7-120 所示。

表 7-114 突面法兰用带对中环型（C 型）垫片

二维图形	三维图形

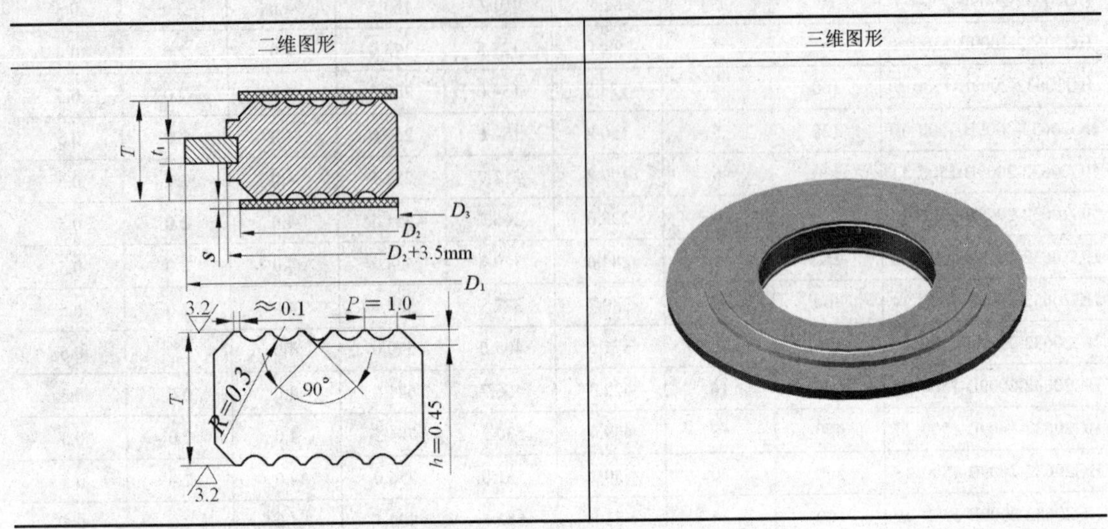

表 7-115 Class150 突面法兰用带对中环型（C 型）垫片尺寸 单位：mm

标准件编号	DN	NPS(in)	D_3	D_2	D_1	T	t_1	s
HG20632-2009C-150_1	15	$^1/_2$	23.0	33.3	46.5	4.0	1.5	0.5
HG20632-2009C-150_2	20	$^3/_4$	28.6	39.7	56.0	4.0	1.5	0.5
HG20632-2009C-150_3	25	1	36.5	47.6	65.5	4.0	1.5	0.5
HG20632-2009C-150_4	32	$1^1/_4$	44.4	60.3	75.0	4.0	1.5	0.5
HG20632-2009C-150_5	40	$1^1/_2$	52.4	69.8	84.5	4.0	1.5	0.5
HG20632-2009C-150_6	50	2	69.8	88.9	104.5	4.0	1.5	0.5
HG20632-2009C-150_7	65	$2^1/_2$	82.5	101.6	123.5	4.0	1.5	0.5
HG20632-2009C-150_8	80	3	98.4	123.8	136.5	4.0	1.5	0.5
HG20632-2009C-150_9	100	4	123.8	154.0	174.5	4.0	1.5	0.5
HG20632-2009C-150_10	125	5	150.8	182.6	196.0	4.0	1.5	0.5
HG20632-2009C-150_11	150	6	177.8	212.7	221.5	4.0	1.5	0.5
HG20632-2009C-150_12	200	8	228.6	266.7	278.5	4.0	1.5	0.5
HG20632-2009C-150_13	250	10	282.6	320.7	338.0	4.0	1.5	0.5
HG20632-2009C-150_14	300	12	339.7	377.8	408.0	4.0	1.5	0.5
HG20632-2009C-150_15	350	14	371.5	409.6	449.5	4.0	1.5	0.5
HG20632-2009C-150_16	400	16	422.3	466.7	513.0	4.0	1.5	0.5
HG20632-2009C-150_17	450	18	479.4	530.2	548.0	4.0	1.5	0.5
HG20632-2009C-150_18	500	20	530.2	581.0	605.0	4.0	1.5	0.5
HG20632-2009C-150_19	600	24	631.8	682.6	716.5	4.0	1.5	0.5

表 7-116 Class300 突面法兰用带对中环型（C 型）垫片尺寸　　单位：mm

标准件编号	DN	NPS (in)	D_3	D_2	D_1	T	t_1	s
HG20632-2009C-300_1	15	$^1/_2$	23.0	33.3	52.5	4.0	1.5	0.5
HG20632-2009C-300_2	20	$^3/_4$	28.6	39.7	66.5	4.0	1.5	0.5
HG20632-2009C-300_3	25	1	36.5	47.6	73.0	4.0	1.5	0.5
HG20632-2009C-300_4	32	$1^1/_4$	44.4	60.3	82.5	4.0	1.5	0.5
HG20632-2009C-300_5	40	$1^1/_2$	52.4	69.8	94.5	4.0	1.5	0.5
HG20632-2009C-300_6	50	2	69.8	88.9	111.0	4.0	1.5	0.5
HG20632-2009C-300_7	65	$2^1/_2$	82.5	101.6	129.0	4.0	1.5	0.5
HG20632-2009C-300_8	80	3	98.4	123.8	148.5	4.0	1.5	0.5
HG20632-2009C-300_9	100	4	123.8	154.0	180.0	4.0	1.5	0.5
HG20632-2009C-300_10	125	5	150.8	182.6	215.0	4.0	1.5	0.5
HG20632-2009C-300_11	150	6	177.8	212.7	250.0	4.0	1.5	0.5
HG20632-2009C-300_12	200	8	228.6	266.7	306.0	4.0	1.5	0.5
HG20632-2009C-300_13	250	10	282.6	320.7	360.5	4.0	1.5	0.5
HG20632-2009C-300_14	300	12	339.7	377.8	421.0	4.0	1.5	0.5
HG20632-2009C-300_15	350	14	371.5	409.6	484.5	4.0	1.5	0.5
HG20632-2009C-300_16	400	16	422.3	466.7	538.5	4.0	1.5	0.5
HG20632-2009C-300_17	450	18	479.4	530.2	595.5	4.0	1.5	0.5
HG20632-2009C-300_18	500	20	530.2	581.0	653.0	4.0	1.5	0.5
HG20632-2009C-300_19	600	24	631.8	682.6	774.0	4.0	1.5	0.5

表 7-117 Class600 突面法兰用带对中环型（C 型）垫片尺寸　　单位：mm

标准件编号	DN	NPS (in)	D_3	D_2	D_1	T	t_1	s
HG20632-2009C-600_1	15	$^1/_2$	23.0	33.3	52.5	4.0	1.5	0.5
HG20632-2009C-600_2	20	$^3/_4$	28.6	39.7	66.5	4.0	1.5	0.5
HG20632-2009C-600_3	25	1	36.5	47.6	73.0	4.0	1.5	0.5
HG20632-2009C-600_4	32	$1^1/_4$	44.4	60.3	82.5	4.0	1.5	0.5
HG20632-2009C-600_5	40	$1^1/_2$	52.4	69.8	94.5	4.0	1.5	0.5
HG20632-2009C-600_6	50	2	69.8	88.9	111.0	4.0	1.5	0.5
HG20632-2009C-600_7	65	$2^1/_2$	82.5	101.6	129.0	4.0	1.5	0.5
HG20632-2009C-600_8	80	3	98.4	123.8	148.5	4.0	1.5	0.5
HG20632-2009C-600_9	100	4	123.8	154.0	192.0	4.0	1.5	0.5
HG20632-2009C-600_10	125	5	150.8	182.6	239.5	4.0	1.5	0.5
HG20632-2009C-600_11	150	6	177.8	212.7	265.0	4.0	1.5	0.5
HG20632-2009C-600_12	200	8	228.6	266.7	319.0	4.0	1.5	0.5

续表

标准件编号	DN	NPS(in)	D_3	D_2	D_1	T	t_1	s
HG20632-2009C-600_13	250	10	282.6	320.7	399.0	4.0	1.5	0.5
HG20632-2009C-600_14	300	12	339.7	377.8	456.0	4.0	1.5	0.5
HG20632-2009C-600_15	350	14	371.5	409.6	491.0	4.0	1.5	0.5
HG20632-2009C-600_16	400	16	422.3	466.7	564.0	4.0	1.5	0.5
HG20632-2009C-600_17	450	18	479.4	530.2	612.0	4.0	1.5	0.5
HG20632-2009C-600_18	500	20	530.2	581.0	682.0	4.0	1.5	0.5
HG20632-2009C-600_19	600	24	631.8	682.6	790.0	4.0	1.5	0.5

表 7-118　Class900 突面法兰用带对中环型（C 型）垫片尺寸　　单位：mm

标准件编号	DN	NPS(in)	D_3	D_2	D_1	T	t_1	s
HG20632-2009C-900_1	15	$^1/_2$	23.0	33.3	62.5	4.0	1.5	0.5
HG20632-2009C-900_2	20	$^3/_4$	28.6	39.7	69.0	4.0	1.5	0.5
HG20632-2009C-900_3	25	1	36.5	47.6	77.5	4.0	1.5	0.5
HG20632-2009C-900_4	32	$1^1/_4$	44.4	60.3	87.0	4.0	1.5	0.5
HG20632-2009C-900_5	40	$1^1/_2$	52.4	69.8	97.0	4.0	1.5	0.5
HG20632-2009C-900_6	50	2	69.8	88.9	141.0	4.0	1.5	0.5
HG20632-2009C-900_7	65	$2^1/_2$	82.5	101.6	163.5	4.0	1.5	0.5
HG20632-2009C-900_8	80	3	98.4	123.8	166.5	4.0	1.5	0.5
HG20632-2009C-900_9	100	4	123.8	154.0	205.0	4.0	1.5	0.5
HG20632-2009C-900_10	125	5	150.8	182.6	246.5	4.0	1.5	0.5
HG20632-2009C-900_11	150	6	177.8	212.7	287.5	4.0	1.5	0.5
HG20632-2009C-900_12	200	8	228.6	266.7	357.5	4.0	1.5	0.5
HG20632-2009C-900_13	250	10	282.6	320.7	434.0	4.0	1.5	0.5
HG20632-2009C-900_14	300	12	339.7	377.8	497.5	4.0	1.5	0.5
HG20632-2009C-900_15	350	14	371.5	409.6	520.0	4.0	1.5	0.5
HG20632-2009C-900_16	400	16	422.3	466.7	574.0	4.0	1.5	0.5
HG20632-2009C-900_17	450	18	479.4	530.2	638.0	4.0	1.5	0.5
HG20632-2009C-900_18	500	20	530.2	581.0	697.5	4.0	1.5	0.5
HG20632-2009C-900_19	600	24	631.8	682.6	837.5	4.0	1.5	0.5

表 7-119　Class1500 突面法兰用带对中环型（C 型）垫片尺寸　　单位：mm

标准件编号	DN	NPS(in)	D_3	D_2	D_1	T	t_1	s
HG20632-2009C-1500_1	15	$^1/_2$	23.0	33.3	62.5	4.0	1.5	0.5
HG20632-2009C-1500_2	20	$^3/_4$	28.6	39.7	69.0	4.0	1.5	0.5
HG20632-2009C-1500_3	25	1	36.5	47.6	77.5	4.0	1.5	0.5

续表

标准件编号	DN	NPS (in)	D_3	D_2	D_1	T	t_1	s
HG20632-2009C-1500_4	32	$1^1/_4$	44.4	60.3	87.0	4.0	1.5	0.5
HG20632-2009C-1500_5	40	$1^1/_2$	52.4	69.8	97.0	4.0	1.5	0.5
HG20632-2009C-1500_6	50	2	69.8	88.9	141.0	4.0	1.5	0.5
HG20632-2009C-1500_7	65	$2^1/_2$	82.5	101.6	163.5	4.0	1.5	0.5
HG20632-2009C-1500_8	80	3	98.4	123.8	173.0	4.0	1.5	0.5
HG20632-2009C-1500_9	100	4	123.8	154.0	208.5	4.0	1.5	0.5
HG20632-2009C-1500_10	125	5	150.8	182.6	253.0	4.0	1.5	0.5
HG20632-2009C-1500_11	150	6	177.8	212.7	281.5	4.0	1.5	0.5
HG20632-2009C-1500_12	200	8	228.6	266.7	351.5	4.0	1.5	0.5
HG20632-2009C-1500_13	250	10	282.6	320.7	434.5	4.0	1.5	0.5
HG20632-2009C-1500_14	300	12	339.7	377.8	519.5	4.0	1.5	0.5
HG20632-2009C-1500_15	350	14	371.5	409.6	579.0	4.0	1.5	0.5
HG20632-2009C-1500_16	400	16	422.3	466.7	641.0	4.0	1.5	0.5
HG20632-2009C-1500_17	450	18	479.4	530.2	704.5	4.0	1.5	0.5
HG20632-2009C-1500_18	500	20	530.2	581.0	756.0	4.0	1.5	0.5
HG20632-2009C-1500_19	600	24	631.8	682.6	900.5	4.0	1.5	0.5

表 7-120 Class2500 突面法兰用带对中环型（C 型）垫片尺寸 单位：mm

标准件编号	DN	NPS (in)	D_3	D_2	D_1	T	t_1	s
HG20632-2009C-2500_1	15	$^1/_2$	23.0	33.3	69.0	4.0	1.5	0.5
HG20632-2009C-2500_2	20	$^3/_4$	28.6	39.7	75.0	4.0	1.5	0.5
HG20632-2009C-2500_3	25	1	36.5	47.6	84.0	4.0	1.5	0.5
HG20632-2009C-2500_4	32	$1^1/_4$	44.4	60.3	103.0	4.0	1.5	0.5
HG20632-2009C-2500_5	40	$1^1/_2$	52.4	69.8	116.0	4.0	1.5	0.5
HG20632-2009C-2500_6	50	2	69.8	88.9	144.5	4.0	1.5	0.5
HG20632-2009C-2500_7	65	$2^1/_2$	82.5	101.6	167.0	4.0	1.5	0.5
HG20632-2009C-2500_8	80	3	98.4	123.8	195.5	4.0	1.5	0.5
HG20632-2009C-2500_9	100	4	123.8	154.0	234.0	4.0	1.5	0.5
HG20632-2009C-2500_10	125	5	150.8	182.6	279.0	4.0	1.5	0.5
HG20632-2009C-2500_11	150	6	177.8	212.7	316.5	4.0	1.5	0.5
HG20632-2009C-2500_12	200	8	228.6	266.7	386.0	4.0	1.5	0.5
HG20632-2009C-2500_13	250	10	282.6	320.7	476.0	4.0	1.5	0.5
HG20632-2009C-2500_14	300	12	339.7	377.8	549.0	4.0	1.5	0.5

7.5.5 DN＞600 法兰（A系列）带整体对中环（C型）具有覆盖层齿形垫片

DN＞600 法兰（A 系列）带整体对中环（C 型）具有覆盖层齿形垫片按照公称压力可分为 Class150、Class300、Class600 和 Class900，垫片二维图形及三维图形如表 7-121 所示，尺寸如表 7-122～表 7-125 所示。

表 7-121 DN＞600 法兰（A 系列）带整体对中环（C 型）具有覆盖层齿形垫片

二维图形	三维图形
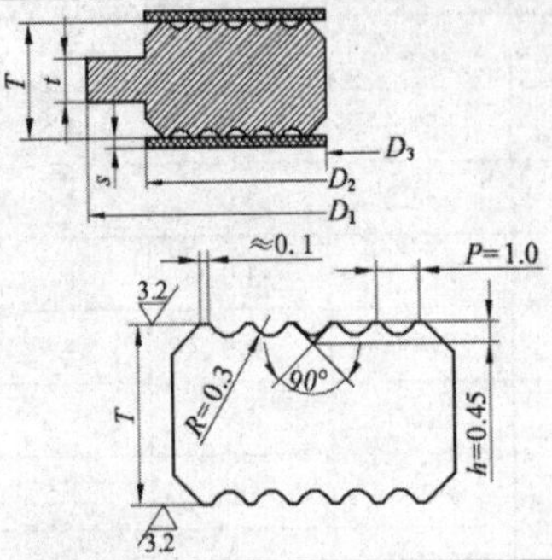	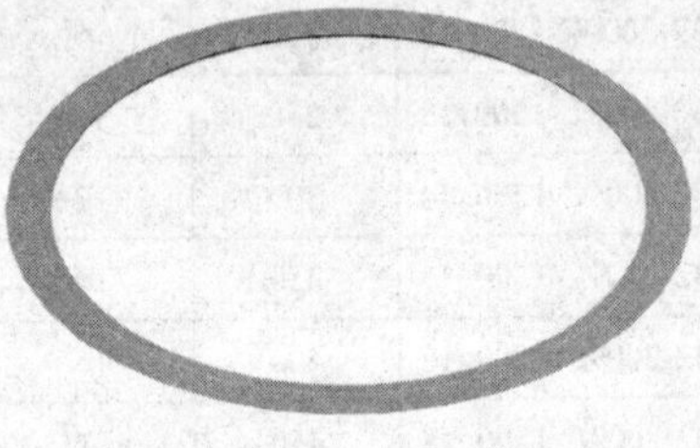

表 7-122 Class150 DN＞600 法兰（A 系列）带整体对中环（C 型）具有覆盖层齿形垫片尺寸 单位：mm

标准件编号	DN	NPS(in)	D_3	D_2	D_1	T	t
HG20632-2009DAC-150_1	650	26	673.1	704.9	773	4.0	2.0
HG20632-2009DAC-150_2	700	28	723.9	755.7	831	4.0	2.0
HG20632-2009DAC-150_3	750	30	774.7	806.5	881	4.0	2.0
HG20632-2009DAC-150_4	800	32	825.5	860.4	939	4.0	2.0
HG20632-2009DAC-150_5	850	34	876.3	911.2	990	4.0	2.0
HG20632-2009DAC-150_6	900	36	927.1	968.4	1047	4.0	2.0
HG20632-2009DAC-150_7	950	38	977.9	1019.2	1110	4.0	2.0
HG20632-2009DAC-150_8	1000	40	1028.7	1070.0	1161	4.0	2.0
HG20632-2009DAC-150_9	1050	42	1079.5	1124.0	1218	4.0	2.0
HG20632-2009DAC-150_10	1100	44	1130.3	1177.9	1275	4.0	2.0
HG20632-2009DAC-150_11	1150	46	1181.1	1228.7	1326	4.0	2.0
HG20632-2009DAC-150_12	1200	48	1231.9	1279.5	1383	4.0	2.0
HG20632-2009DAC-150_13	1250	50	1282.7	1333.5	1435	4.0	2.0
HG20632-2009DAC-150_14	1300	52	1333.5	1384.3	1492	4.0	2.0
HG20632-2009DAC-150_15	1350	54	1384.3	1435.1	1549	4.0	2.0
HG20632-2009DAC-150_16	1400	56	1435.1	1485.9	1606	4.0	2.0
HG20632-2009DAC-150_17	1450	58	1485.9	1536.7	1663	4.0	2.0
HG20632-2009DAC-150_18	1500	60	1536.7	1587.5	1714	4.0	2.0

表 7-123　Class300 DN＞600 法兰（A 系列）带整体对中环（C 型）具有覆盖层齿形垫片尺寸　单位：mm

标准件编号	DN	NPS(in)	D_3	D_2	D_1	T	t
HG20632-2009DAC-300_1	650	26	685.5	736.6	834	4.0	2.0
HG20632-2009DAC-300_2	700	28	736.6	787.4	898	4.0	2.0
HG20632-2009DAC-300_3	750	30	793.8	844.6	952	4.0	2.0
HG20632-2009DAC-300_4	800	32	850.9	901.7	1006	4.0	2.0
HG20632-2009DAC-300_5	850	34	901.7	952.5	1057	4.0	2.0
HG20632-2009DAC-300_6	900	36	955.7	1006.5	1116	4.0	2.0
HG20632-2009DAC-300_7	950	38	977.9	1016.0	1053	4.0	2.0
HG20632-2009DAC-300_8	1000	40	1022.4	1070.0	1113	4.0	2.0
HG20632-2009DAC-300_9	1050	42	1073.2	1120.8	1165	4.0	2.0
HG20632-2009DAC-300_10	1100	44	1130.3	1181.1	1219	4.0	2.0
HG20632-2009DAC-300_11	1150	46	1177.9	1228.7	1273	4.0	2.0
HG20632-2009DAC-300_12	1200	48	1235.1	1285.9	1324	4.0	2.0
HG20632-2009DAC-300_13	1250	50	1295.4	1346.2	1377	4.0	2.0
HG20632-2009DAC-300_14	1300	52	1346.2	1397.0	1428	4.0	2.0
HG20632-2009DAC-300_15	1350	54	1403.4	1454.2	1493	4.0	2.0
HG20632-2009DAC-300_16	1400	56	1454.2	1505.0	1544	4.0	2.0
HG20632-2009DAC-300_17	1450	58	1511.3	1562.1	1595	4.0	2.0
HG20632-2009DAC-300_18	1500	60	1562.1	1612.9	1646	4.0	2.0

表 7-124　Class600 DN＞600 法兰（A 系列）带整体对中环（C 型）具有覆盖层齿形垫片尺寸　单位：mm

标准件编号	DN	NPS(in)	D_3	D_2	D_1	T	t
HG20632-2009DAC-600_1	650	26	685.8	736.6	866	4.0	2.0
HG20632-2009DAC-600_2	700	28	736.6	787.4	913	4.0	2.0
HG20632-2009DAC-600_3	750	30	793.8	844.6	970	4.0	2.0
HG20632-2009DAC-600_4	800	32	850.9	901.7	1024	4.0	2.0
HG20632-2009DAC-600_5	850	34	901.7	952.5	1074	4.0	2.0
HG20632-2009DAC-600_6	900	36	955.7	1006.5	1130	4.0	2.0
HG20632-2009DAC-600_7	950	38	990.6	1041.4	1106	4.0	2.0
HG20632-2009DAC-600_8	1000	40	1047.8	1098.6	1157	4.0	2.0
HG20632-2009DAC-600_9	1050	42	1104.9	1155.7	1219	4.0	2.0
HG20632-2009DAC-600_10	1100	44	1162.1	1212.9	1270	4.0	2.0
HG20632-2009DAC-600_11	1150	46	1212.9	1263.7	1327	4.0	2.0
HG20632-2009DAC-600_12	1200	48	1270.0	1320.8	1391	4.0	2.0
HG20632-2009DAC-600_13	1250	50	1320.8	1371.6	1448	4.0	2.0
HG20632-2009DAC-600_14	1300	52	1371.6	1422.4	1499	4.0	2.0

续表

标准件编号	DN	NPS(in)	D_3	D_2	D_1	T	t
HG20632-2009DAC-600_15	1350	54	1428.8	1479.6	1556	4.0	2.0
HG20632-2009DAC-600_16	1400	56	1479.6	1530.4	1613	4.0	2.0
HG20632-2009DAC-600_17	1450	58	1536.7	1587.5	1664	4.0	2.0
HG20632-2009DAC-600_18	1500	60	1593.9	1644.7	1733	4.0	2.0

表 7-125 Class900 DN>600 法兰（A 系列）带整体对中环（C 型）具有覆盖层齿形垫片尺寸 单位：mm

标准件编号	DN	NPS(in)	D_3	D_2	D_1	T	t
HG20632-2009DAC-900_1	650	26	685.8	736.6	883	4.0	2.0
HG20632-2009DAC-900_2	700	28	736.6	787.4	946	4.0	2.0
HG20632-2009DAC-900_3	750	30	793.8	844.6	1010	4.0	2.0
HG20632-2009DAC-900_4	800	32	850.9	901.7	1074	4.0	2.0
HG20632-2009DAC-900_5	850	34	901.7	952.5	1136	4.0	2.0
HG20632-2009DAC-900_6	900	36	958.9	1009.7	1199	4.0	2.0
HG20632-2009DAC-900_7	950	38	1035.1	1085.9	1199	4.0	2.0
HG20632-2009DAC-900_8	1000	40	1098.6	1149.4	1250	4.0	2.0

7.5.6 DN>600 法兰（B系列）带整体对中环（C型）具有覆盖层齿形垫片

DN>600 法兰（B 系列）带整体对中环（C 型）具有覆盖层齿形垫片按照公称压力可分为 Class150、Class300、Class600 和 Class900，垫片二维图形及三维图形如表 7-126 所示，尺寸如表 7-127～表 7-130 所示。

表 7-126 DN>600 法兰（B 系列）带整体对中环（C 型）具有覆盖层齿形垫片

二维图形	三维图形
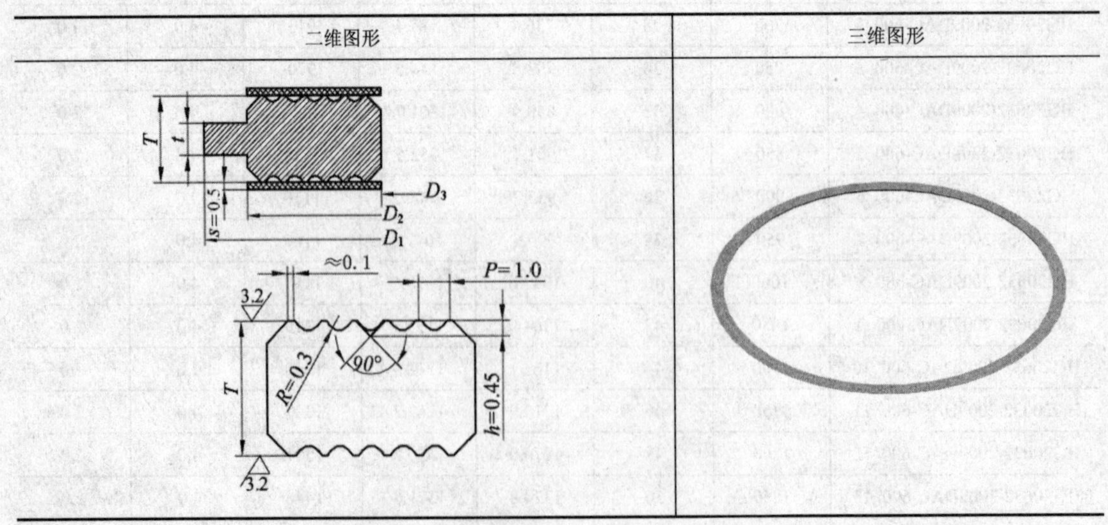	

表 7-127　Class150 DN＞600 法兰（B 系列）带整体对中环（C 型）具有覆盖层齿形垫片尺寸　单位：mm

标准件编号	DN	NPS (in)	D_3	D_2	D_1	T	t
HG20632-2009DBC-150_1	650	26	673.1	698.5	725	4.0	2.0
HG20632-2009DBC-150_2	700	28	723.9	749.3	775	4.0	2.0
HG20632-2009DBC-150_3	705	30	774.7	800.1	826	4.0	2.0
HG20632-2009DBC-150_4	800	32	825.5	850.9	880	4.0	2.0
HG20632-2009DBC-150_5	850	34	876.3	908.1	933	4.0	2.0
HG20632-2009DBC-150_6	900	36	927.1	958.9	986	4.0	2.0
HG20632-2009DBC-150_7	950	38	974.6	1009.7	1043	4.0	2.0
HG20632-2009DBC-150_8	1000	40	1022.4	1063.6	1094	4.0	2.0
HG20632-2009DBC-150_9	1050	42	1079.5	1114.4	1144	4.0	2.0
HG20632-2009DBC-150_10	1100	44	1124.0	1165.2	1195	4.0	2.0
HG20632-2009DBC-150_11	1150	46	1181.1	1224.0	1254	4.0	2.0
HG20632-2009DBC-150_12	1200	48	1231.9	1270.0	1305	4.0	2.0
HG20632-2009DBC-150_13	1250	50	1282.7	1325.6	1356	4.0	2.0
HG20632-2009DBC-150_14	1300	52	1333.5	1376.4	1407	4.0	2.0
HG20632-2009DBC-150_15	1350	54	1384.3	1422.4	1462	4.0	2.0
HG20632-2009DBC-150_16	1400	56	1444.6	1477.8	1513	4.0	2.0
HG20632-2009DBC-150_17	1450	58	1500.2	1528.8	1578	4.0	2.0
HG20632-2009DBC-150_18	1500	60	1557.3	1585.9	1629	4.0	2.0

表 7-128　Class300 DN＞600 法兰（B 系列）带整体对中环（C 型）具有覆盖层齿形垫片尺寸　单位：mm

标准件编号	DN	NPS (in)	D_3	D_2	D_1	T	t
HG20632-2009DBC-300_1	650	26	673.1	711.2	770	4.0	2.0
HG20632-2009DBC-300_2	700	28	723.9	762.0	824	4.0	2.0
HG20632-2009DBC-300_3	705	30	774.7	812.8	885	4.0	2.0
HG20632-2009DBC-300_4	800	32	825.5	863.6	939	4.0	2.0
HG20632-2009DBC-300_5	850	34	876.3	914.4	993	4.0	2.0
HG20632-2009DBC-300_6	900	36	927.1	965.2	1047	4.0	2.0
HG20632-2009DBC-300_7	950	38	1009.7	1047.8	1098	4.0	2.0
HG20632-2009DBC-300_8	1000	40	1060.5	1098.6	1149	4.0	2.0
HG20632-2009DBC-300_9	1050	42	1111.3	1149.4	1200	4.0	2.0
HG20632-2009DBC-300_10	1100	44	1162.1	1200.2	1250	4.0	2.0
HG20632-2009DBC-300_11	1150	46	1216.0	1254.1	1317	4.0	2.0
HG20632-2009DBC-300_12	1200	48	1263.7	1311.3	1368	4.0	2.0
HG20632-2009DBC-300_13	1250	50	1317.6	1355.7	1419	4.0	2.0
HG20632-2009DBC-300_14	1300	52	1368.4	1406.5	1470	4.0	2.0

续表

标准件编号	DN	NPS(in)	D_3	D_2	D_1	T	t
HG20632-2009DBC-300_15	1350	54	1403.4	1454.2	1530	4.0	2.0
HG20632-2009DBC-300_16	1400	56	1479.6	1524.0	1595	4.0	2.0
HG20632-2009DBC-300_17	1450	58	1535.1	1573.2	1657	4.0	2.0
HG20632-2009DBC-300_18	1500	60	1589.1	1630.4	1708	4.0	2.0

表 7-129　Class600 DN＞600 法兰（B 系列）带整体对中环（C 型）具有覆盖层齿形垫片尺寸　单位：mm

标准件编号	DN	NPS(in)	D_3	D_2	D_1	T	t
HG20632-2009DBC-600_1	650	26	663.6	714.4	765	4.0	2.0
HG20632-2009DBC-600_2	700	28	704.9	755.7	819	4.0	2.0
HG20632-2009DBC-600_3	705	30	777.9	828.7	879	4.0	2.0
HG20632-2009DBC-600_4	800	32	831.9	882.7	932	4.0	2.0
HG20632-2009DBC-600_5	850	34	889.0	939.8	998	4.0	2.0
HG20632-2009DBC-600_6	900	36	939.8	990.6	1049	4.0	2.0

表 7-130　Class900 DN＞600 法兰（B 系列）带整体对中环（C 型）具有覆盖层齿形垫片尺寸　单位：mm

标准件编号	DN	NPS(in)	D_3	D_2	D_1	T	t
HG20632-2009DBC-900_1	650	26	692.2	749.3	838	4.0	2.0
HG20632-2009DBC-900_2	700	28	743.0	800.1	902	4.0	2.0
HG20632-2009DBC-900_3	705	30	806.5	857.3	959	4.0	2.0
HG20632-2009DBC-900_4	800	32	863.6	914.4	1016	4.0	2.0
HG20632-2009DBC-900_5	850	34	920.8	971.6	1074	4.0	2.0
HG20632-2009DBC-900_6	900	36	946.2	997.0	1124	4.0	2.0

垫片的尺寸公差按表 7-131 的规定，材料标识和标志缩写代号按表 7-132 的规定。

表 7-131　垫片的尺寸公差　单位：mm

齿槽		齿形金属圆环					对中环	
节距	齿深	外径 D_3		内径 D_3		厚度	外径	厚度
P	h					T	D_2	t、t_1
±0.005	0 −0.05	0 −0.4	±1.6	+0.4 0	±0.8	0 −0.25	0 −0.75	0 −0.1

表 7-132　材料标识和标志缩写代号

材料	缩写代号	材料	缩写代号	材料	缩写代号
0Cr18Ni9	304	0Cr25Ni20	310	Ni-Fe-Cr 合金 Incoloy 800	IN 800

续表

材料	缩写代号	材料	缩写代号	材料	缩写代号
00Cr19Ni10	304L	钛	TI	锆	ZIRC
0Cr17Ni12Mo2	316	Ni-Cu 合金 Monel 400	MON	柔性石墨	FG
00Cr17Ni14Mo2	316L	Ni-Mo 合金 Hastelloy B2	HAST B	聚四氟乙烯	PTFE
0Cr18Ni10Ti	321	Ni-Mo-Cr 合金 Hastelloy C-276	HAST C	—	—
0Cr18Ni11Nb	347	Ni-Cr-Fe 合金 Inconel 600	INC 600		

7.6 金属环形垫（Class系列）（HG 20633—2009）

本标准规定了钢制管法兰（Class 系列）用金属环形垫的型式、尺寸、技术要求、标记和标志。

本标准适用于 HG/T 20615、HG/T 20623 所规定的公称压力为 Class150（PN20）～Class2500（PN420）的钢制管法兰用金属环形垫。

金属环形垫的材料、代号和最高使用温度按表 7-133 的规定。

法兰和 R（环号）对照表按表 7-134 的规定。

金属环形垫尺寸按表 7-135～表 7-137 的规定。

表 7-133 金属环形垫的材料、代号和最高使用温度

金属环型垫材料		最高硬度		代号	最高工作温度（℃）
钢号	标准	HBS	HRB		
纯铁[a]	GB/T 9971	90	56	D	540
10	GB/T 699	120	68	S	540
1Cr5Mo	JB 4726	130	72	F5	650
0Cr13	JB 4728 GB/T 1220	170	86	410S	650
0Cr18Ni9		160	83	304	700[b]
00Cr19Ni10		150	80	304L	450
0Cr17Ni12Mo2		160	83	316	700[b]
00Cr17Ni14Mo2		150	80	316L	450
0Cr18Ni10Ti		160	83	321	700[b]
0Cr18Ni11Nb		160	83	347	700[b]

注：a 纯铁的化学成分为 C≤0.05%，Si≤0.40%，Mn≤0.60%，P≤0.035%，S≤0.040%。

b 温度超过 540℃的使用场合，与生产厂协商。

表 7-134　法兰和 R（环号）对照表尺寸　　单位：mm

公称尺寸		公称压力 Class（bar）						公称尺寸		公称压力 Class（bar）					
DN	NPS(in)	150	300	600	900	1500	2500	DN	NPS（in）	150	300	600	900	1500	2500
15	$^1/_2$	—	R11	R11	R12	R12	R13	250	10	52	R53	R53	R53	R54	R55
20	$^3/_4$	—	R13	R13	R14	R14	R16	300	12	56	R57	R57	R57	R58	R60
25	$1^1/_4$	15	R16	R16	R16	R16	R18	350	14	59	R61	R61	R62	R63	—
32	1	17	R18	R18	R18	R18	R21	400	16	64	R65	R65	R66	R67	—
40	$1^1/_2$	19	R20	R20	R20	R20	R23	450	18	68	R69	R69	R70	R71	—
50	2	22	R23	R23	R24	R24	R26	500	20	72	R73	R73	R74	R75	—
65	$2^1/_2$	25	R26	R26	R27	R27	R28	600	24	76	R77	R77	R78	R79	—
80	3	29	R31	R31	R31	R35	R32	650	26	—	R93	R93	R100	—	—
100	4	36	R37	R37	R37	R39	R38	700	28	—	R94	R94	R101	—	—
125	5	40	R41	R41	R41	R44	R42	750	30	—	R95	R95	R102	—	—
150	6	43	R45	R45	R45	R46	R47	800	32	—	R96	R96	R103	—	—
200	8	48	R49	R49	R49	R50	R51	850	34	—	R97	R97	R104	—	—

表 7-135　金属环形垫尺寸表 1　　单位：mm

R（环号）	*P*（节径）	*A*（环宽）	*B*（椭圆垫环高）	*C*（八角垫的环平面宽度）	*r*（圆角半径）	R（环号）	*P*（节径）	*A*（环宽）	*B*（椭圆垫环高）	*C*（八角垫的环平面宽度）	*r*（圆角半径）
R11	34.14	6.35	11.11	4.32	1.6	R29	114.30	7.94	14.29	5.23	1.6
R12	39.67	7.94	14.29	5.23	1.6	R30	117.48	11.11	17.46	7.75	1.6
R13	42.88	7.94	14.29	5.23	1.6	R31	123.83	11.11	17.46	7.75	1.6
R14	44.45	7.94	14.29	5.23	1.6	R32	127.00	12.70	19.05	8.66	1.6
R15	47.63	7.94	14.29	5.23	1.6	R35	136.53	11.11	17.46	7.75	1.6
R16	50.80	7.94	14.29	5.23	1.6	R36	149.23	7.94	14.29	5.23	1.6
R17	57.15	7.94	14.29	5.23	1.6	R37	149.23	11.11	17.46	7.75	1.6
R18	60.33	7.94	14.29	5.23	1.6	R38	157.18	15.88	22.23	10.49	1.6
R19	65.07	7.94	14.29	6.23	1.6	R39	161.93	11.11	17.46	7.75	1.6
R20	68.27	7.94	14.29	5.23	1.6	R40	171.45	7.94	14.29	5.23	1.6
R21	72.23	11.11	17.46	7.75	1.6	R41	180.98	11.11	17.46	7.75	1.6
R22	82.55	7.94	14.29	5.23	1.6	R42	190.50	19.05	25.40	12.32	1.6
R23	82.55	11.11	17.46	7.75	1.6	R43	193.68	7.94	14.29	5.23	1.6
R24	95.25	11.11	17.46	7.75	1.6	R44	193.68	11.11	17.46	7.75	1.6
R25	101.60	7.94	14.29	5.23	1.6	R45	211.12	11.11	17.46	7.75	1.6
R26	101.60	11.11	17.46	7.75	1.6	R46	211.14	12.70	19.05	8.66	1.6
R27	107.95	11.11	17.46	7.75	1.6	R47	228.60	19.05	25.40	12.32	1.6
R28	111.13	12.70	19.05	8.66	1.6	R48	247.65	7.94	14.29	5.23	1.6

续表

R（环号）	P（节径）	A（环宽）	B（椭圆垫环高）	C（八角垫的环平面宽度）	r（圆角半径）	R（环号）	P（节径）	A（环宽）	B（椭圆垫环高）	C（八角垫的环平面宽度）	r（圆角半径）
R49	269.88	11.11	17.46	7.75	1.6	R65	469.90	11.11	17.46	7.75	1.6
R50	269.88	15.88	22.23	10.49	1.6	R66	469.90	15.88	22.23	10.49	1.6
R51	279.40	22.23	28.58	14.81	1.6	R67	469.90	28.58	36.51	19.81	2.4
R52	304.80	7.94	14.29	5.23	1.6	R68	517.53	7.94	14.29	5.23	1.6
R53	323.85	11.11	17.46	7.75	1.6	R69	533.40	11.11	17.46	7.75	1.6
R54	323.85	15.88	22.23	10.49	1.6	R70	533.40	19.05	25.40	12.32	1.6
R55	342.90	28.58	36.51	19.81	2.4	R71	533.40	28.58	36.51	19.81	2.4
R56	381.00	7.94	14.29	5.23	1.6	R72	558.80	7.94	14.29	5.23	1.6
R57	381.00	11.11	17.46	7.75	1.6	R73	584.20	12.70	19.05	8.66	1.6
R58	381.00	22.23	28.58	14.81	1.6	R74	584.20	19.05	25.40	12.32	1.6
R59	396.88	7.94	14.29	5.23	1.6	R75	584.20	31.75	36.69	22.33	2.4
R60	406.40	31.75	39.69	22.33	2.4	R76	673.10	7.94	14.29	5.23	1.6
R61	419.10	11.11	17.46	7.75	1.6	R77	692.15	15.88	22.23	10.49	1.6
R62	419.10	15.88	22.23	10.49	1.6	R78	692.15	25.40	33.34	17.30	2.4
R63	419.10	25.40	33.34	17.30	2.4	R79	692.15	34.93	44.45	24.82	2.4
R64	454.03	7.94	14.29	5.23	1.6						

表 7-136　金属环形垫尺寸表 2　　单位：mm

R（环号）	P（节径）	A（环宽）	H（八角垫环高）	C（八角垫的环平面宽度）	r（圆角半径）	R（环号）	P（节径）	A（环宽）	H（八角垫环高）	C（八角垫的环平面宽度）	r（圆角半径）
R11	34.14	6.35	9.53	4.32	1.6	R29	114.30	7.94	12.70	5.23	1.6
R12	39.67	7.94	12.70	5.23	1.6	R30	117.48	11.11	15.88	7.75	1.6
R13	42.88	7.94	12.70	5.23	1.6	R31	123.83	11.11	15.88	7.75	1.6
R14	44.45	7.94	12.70	5.23	1.6	R32	127.00	12.70	17.46	8.66	1.6
R15	47.63	7.94	12.70	5.23	1.6	R35	136.53	11.11	15.88	7.75	1.6
R16	50.80	7.94	12.70	5.23	1.6	R36	149.23	7.94	12.70	5.23	1.6
R17	57.15	7.94	12.70	5.23	1.6	R37	149.23	11.11	15.88	7.75	1.6
R18	60.33	7.94	12.70	5.23	1.6	R38	157.18	15.88	20.64	10.49	1.6
R19	65.07	7.94	12.70	6.23	1.6	R39	161.93	11.11	15.88	7.75	1.6
R20	68.27	7.94	12.70	5.23	1.6	R40	171.45	7.94	12.70	5.23	1.6
R21	72.23	11.11	15.88	7.75	1.6	R41	180.98	11.11	15.88	7.75	1.6
R22	82.55	7.94	12.70	5.23	1.6	R42	190.50	19.05	23.81	12.32	1.6
R23	82.55	11.11	15.88	7.75	1.6	R43	193.68	7.94	12.70	5.23	1.6
R24	95.25	11.11	15.88	7.75	1.6	R44	193.68	11.11	15.88	7.75	1.6

续表

R（环号）	*P*（节径）	*A*（环宽）	*H*（八角垫环高）	*C*（八角垫的环平面宽度）	*r*（圆角半径）	R（环号）	*P*（节径）	*A*（环宽）	*H*（八角垫环高）	*C*（八角垫的环平面宽度）	*r*（圆角半径）
R25	101.60	7.94	12.70	5.23	1.6	R61	419.10	11.11	15.88	7.75	1.6
R26	101.60	11.11	15.88	7.75	1.6	R62	419.10	15.88	20.64	10.49	1.6
R27	107.95	11.11	15.88	7.75	1.6	R63	419.10	25.40	31.75	17.30	2.4
R28	111.13	12.70	17.46	8.66	1.6	R64	454.03	7.94	12.70	5.23	1.6
R45	211.12	11.11	15.88	7.75	1.6	R65	469.90	11.11	15.88	7.75	1.6
R46	211.14	12.70	17.46	8.66	1.6	R66	469.90	15.88	20.64	10.49	1.6
R47	228.60	19.05	23.81	12.32	1.6	R67	469.90	28.58	34.93	19.81	2.4
R48	247.65	7.94	12.70	5.23	1.6	R68	517.53	7.94	12.70	5.23	1.6
R49	269.88	11.11	15.88	7.75	1.6	R69	533.40	11.11	15.88	7.75	1.6
R50	269.88	15.88	20.64	10.49	1.6	R70	533.40	19.05	23.81	12.32	1.6
R51	279.40	22.23	26.99	14.81	1.6	R71	533.40	28.58	34.93	19.81	2.4
R52	304.80	7.94	12.70	5.23	1.6	R72	558.80	7.94	12.70	5.23	1.6
R53	323.85	11.11	15.88	7.75	1.6	R73	584.20	12.70	17.46	8.66	1.6
R54	323.85	15.88	20.64	10.49	1.6	R74	584.20	19.05	23.81	12.32	1.6
R55	342.90	28.58	34.93	19.81	2.4	R75	584.20	31.75	38.10	22.33	2.4
R56	381.00	7.94	12.70	5.23	1.6	R76	673.10	7.94	12.70	5.23	1.6
R57	381.00	11.11	15.88	7.75	1.6	R77	692.15	15.88	20.64	10.49	1.6
R58	381.00	22.23	26.99	14.81	1.6	R78	692.15	25.40	31.75	17.30	2.4
R59	396.88	7.94	12.70	5.23	1.6	R79	692.15	34.93	41.28	24.82	2.4
R60	406.40	31.75	38.10	22.33	2.4						

表 7-137　金属环形垫尺寸表 3　　单位：mm

R（环号）	*P*（节径）	*A*（环宽）	*H*（八角垫环高）	*C*（环平面宽度）	*R*（圆角半径）	R（环号）	*P*（节径）	*A*（环宽）	*H*（八角垫环高）	*C*（环平面宽度）	*R*（圆角半径）
R93	749.30	19.50	23.90	12.32	1.6	R100	749.30	31.75	35.10	19.81	2.4
R94	800.10	19.50	23.90	12.32	1.6	R101	800.10	31.75	38.10	22.33	2.4
R95	857.25	19.50	23.90	12.32	1.6	R102	857.25	31.75	38.10	22.33	2.4
R96	914.40	22.22	26.90	14.81	1.6	R103	914.40	31.75	38.10	22.33	2.4
R97	965.20	22.22	26.90	14.81	1.6	R104	965.20	34.92	41.10	24.82	2.4
R98	1022.35	28.58	26.90	14.81	2.4	R105	1022.35	34.92	41.10	24.82	2.4

7.6.1　八角型（H型）金属环形垫（Class系列）

八角型（H 型）钢制管法兰用金属环形垫（Class 系列）按照公称压力可分为 Class150

（PN20）、Class300（PN50）、Class600（PN110）、Class900（PN150）、Class1500（PN260）和 Class2500（PN420），垫片二维图形及三维图形如表 7-138 所示，尺寸如表 7-139～表 7-144 所示。

表 7-138 八角型（H 型）钢制管法兰用金属环形垫（Class 系列）

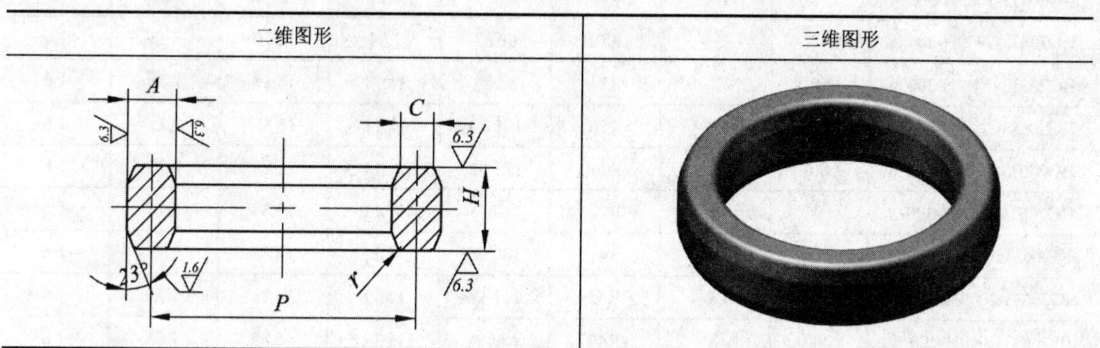

表 7-139 Class150（PN20）八角型（H 型）钢制管法兰用金属环形垫尺寸 单位：mm

标准件编号	DN	NPS(in)	R（环号）	*P*	*A*	*H*	*C*	*r*
HG20633-2009H-150_1	25	1	R15	47.63	7.94	12.70	5.23	1.6
HG20633-2009H-150_2	32	$1^{1}/_{4}$	R17	57.15	7.94	12.70	5.23	1.6
HG20633-2009H-150_3	40	$1^{1}/_{2}$	R19	65.07	7.94	12.70	6.23	1.6
HG20633-2009H-150_4	50	2	R22	82.55	7.94	12.70	5.23	1.6
HG20633-2009H-150_5	65	$2^{1}/_{2}$	R25	101.60	7.94	12.70	5.23	1.6
HG20633-2009H-150_6	80	3	R29	114.30	7.94	12.70	5.23	1.6
HG20633-2009H-150_7	100	4	R36	149.23	7.94	12.70	5.23	1.6
HG20633-2009H-150_8	125	5	R40	171.45	7.94	12.70	5.23	1.6
HG20633-2009H-150_9	150	6	R43	193.68	7.94	12.70	5.23	1.6
HG20633-2009H-150_10	200	8	R48	247.65	7.94	12.70	5.23	1.6
HG20633-2009H-150_11	250	10	R52	304.80	7.94	12.70	5.23	1.6
HG20633-2009H-150_12	300	12	R56	381.00	7.94	12.70	5.23	1.6
HG20633-2009H-150_13	350	14	R59	396.88	7.94	12.70	5.23	1.6
HG20633-2009H-150_14	400	16	R64	454.03	7.94	12.70	5.23	1.6
HG20633-2009H-150_15	450	18	R68	517.53	7.94	12.70	5.23	1.6
HG20633-2009H-150_16	500	20	R72	558.80	7.94	12.70	5.23	1.6
HG20633-2009H-150_17	600	24	R76	673.10	7.94	12.70	5.23	1.6

表 7-140 Class300（PN50）八角型（H 型）钢制管法兰用金属环形垫尺寸 单位：mm

标准件编号	DN	NPS(in)	R（环号）	*P*	*A*	*H*	*C*	*r*
HG20633-2009H-300_1	15	$^{1}/_{2}$	R11	34.14	6.35	9.53	4.32	1.6

续表

标准件编号	DN	NPS(in)	R（环号）	*P*	*A*	*H*	*C*	*r*
HG20633-2009H-300_2	20	$^3/_4$	R13	42.88	7.94	12.70	5.23	1.6
HG20633-2009H-300_3	25	1	R16	50.80	7.94	12.70	5.23	1.6
HG20633-2009H-300_4	32	$1^1/_4$	R18	60.33	7.94	12.70	5.23	1.6
HG20633-2009H-300_5	40	$1^1/_2$	R20	68.27	7.94	12.70	5.23	1.6
HG20633-2009H-300_6	50	2	R23	82.55	11.11	15.88	7.75	1.6
HG20633-2009H-300_7	65	$2^1/_2$	R26	101.60	11.11	15.88	7.75	1.6
HG20633-2009H-300_8	80	3	R31	123.83	11.11	15.88	7.75	1.6
HG20633-2009H-300_9	100	4	R37	149.23	11.11	15.88	7.75	1.6
HG20633-2009H-300_10	125	5	R41	180.98	11.11	15.88	7.75	1.6
HG20633-2009H-300_11	150	6	R45	211.12	11.11	15.88	7.75	1.6
HG20633-2009H-300_12	200	8	R49	269.88	11.11	15.88	7.75	1.6
HG20633-2009H-300_13	250	10	R53	323.85	11.11	15.88	7.75	1.6
HG20633-2009H-300_14	300	12	R57	381.00	11.11	15.88	7.75	1.6
HG20633-2009H-300_15	350	14	R61	419.10	11.11	15.88	7.75	1.6
HG20633-2009H-300_16	400	16	R65	469.90	11.11	15.88	7.75	1.6
HG20633-2009H-300_17	450	18	R69	533.40	11.11	15.88	7.75	1.6
HG20633-2009H-300_18	500	20	R73	584.20	12.70	17.46	8.66	1.6
HG20633-2009H-300_19	600	24	R77	692.15	15.88	20.64	10.49	1.6
HG20633-2009H-300_20	650	26	R93	749.30	19.50	23.90	12.32	1.6
HG20633-2009H-300_21	700	28	R94	800.10	19.50	23.90	12.32	1.6
HG20633-2009H-300_22	750	30	R95	857.25	19.50	23.90	12.32	1.6
HG20633-2009H-300_23	800	32	R96	914.40	22.22	26.90	14.81	1.6
HG20633-2009H-300_24	850	34	R97	965.20	22.22	26.90	14.81	1.6
HG20633-2009H-300_25	900	36	R98	1022.35	28.58	26.90	14.81	2.4

表 7-141 Class600（PN110）八角型（H 型）钢制管法兰用金属环形垫尺寸　　单位：mm

标准件编号	DN	NPS(in)	R（环号）	*P*	*A*	*H*	*C*	*r*
HG20633-2009H-600_1	15	$^1/_2$	R11	34.14	6.35	9.53	4.32	1.6
HG20633-2009H-600_2	20	$^3/_4$	R13	42.88	7.94	12.70	5.23	1.6
HG20633-2009H-600_3	25	1	R16	50.80	7.94	12.70	5.23	1.6
HG20633-2009H-600_4	32	$1^1/_4$	R18	60.33	7.94	12.70	5.23	1.6
HG20633-2009H-600_5	40	$1^1/_2$	R20	68.27	7.94	12.70	5.23	1.6
HG20633-2009H-600_6	50	2	R23	82.55	11.11	15.88	7.75	1.6
HG20633-2009H-600_7	65	$2^1/_2$	R26	101.60	11.11	15.88	7.75	1.6
HG20633-2009H-600_8	80	3	R31	123.83	11.11	15.88	7.75	1.6

续表

标准件编号	DN	NPS(in)	R（环号）	*P*	*A*	*H*	*C*	*r*
HG20633-2009H-600_9	100	4	R37	149.23	11.11	15.88	7.75	1.6
HG20633-2009H-600_10	125	5	R41	180.98	11.11	15.88	7.75	1.6
HG20633-2009H-600_11	150	6	R45	211.12	11.11	15.88	7.75	1.6
HG20633-2009H-600_12	200	8	R49	269.88	11.11	15.88	7.75	1.6
HG20633-2009H-600_13	250	10	R53	323.85	11.11	15.88	7.75	1.6
HG20633-2009H-600_14	300	12	R57	381.00	11.11	15.88	7.75	1.6
HG20633-2009H-600_15	350	14	R61	419.10	11.11	15.88	7.75	1.6
HG20633-2009H-600_16	400	16	R65	469.90	11.11	15.88	7.75	1.6
HG20633-2009H-600_17	450	18	R69	533.40	11.11	15.88	7.75	1.6
HG20633-2009H-600_18	500	20	R73	584.20	12.70	17.46	8.66	1.6
HG20633-2009H-600_19	600	24	R77	692.15	15.88	20.64	10.49	1.6
HG20633-2009H-600_20	650	26	R93	749.30	19.50	23.90	12.32	1.6
HG20633-2009H-600_21	700	28	R94	800.10	19.50	23.90	12.32	1.6
HG20633-2009H-600_22	750	30	R95	857.25	19.50	23.90	12.32	1.6
HG20633-2009H-600_23	800	32	R96	914.40	22.22	26.90	14.81	1.6
HG20633-2009H-600_24	850	34	R97	965.20	22.22	26.90	14.81	1.6
HG20633-2009H-600_25	900	36	R98	1022.35	28.58	26.90	14.81	2.4

表 7-142 Class900（PN150）八角型（H 型）钢制管法兰用金属环形垫（Class 系列）尺寸 单位：mm

标准件编号	DN	NPS(in)	R（环号）	*P*	*A*	*H*	*C*	*r*
HG20633-2009H-900_1	15	$^1/_2$	R12	39.67	7.94	12.70	5.23	1.6
HG20633-2009H-900_2	20	$^3/_4$	R14	44.45	7.94	12.70	5.23	1.6
HG20633-2009H-900_3	25	1	R16	50.80	7.94	12.70	5.23	1.6
HG20633-2009H-900_4	32	$1^1/_4$	R18	60.33	7.94	12.70	5.23	1.6
HG20633-2009H-900_5	40	$1^1/_2$	R20	68.27	7.94	12.70	5.23	1.6
HG20633-2009H-900_6	50	2	R24	95.25	11.11	15.88	7.75	1.6
HG20633-2009H-900_7	65	$2^1/_2$	R27	107.95	11.11	15.88	7.75	1.6
HG20633-2009H-900_8	80	3	R31	123.83	11.11	15.88	7.75	1.6
HG20633-2009H-900_9	100	4	R37	149.23	11.11	15.88	7.75	1.6
HG20633-2009H-900_10	125	5	R41	180.98	11.11	15.88	7.75	1.6
HG20633-2009H-900_11	150	6	R45	211.12	11.11	15.88	7.75	1.6
HG20633-2009H-900_12	200	8	R49	269.88	11.11	15.88	7.75	1.6
HG20633-2009H-900_13	250	10	R53	323.85	11.11	15.88	7.75	1.6
HG20633-2009H-900_14	300	12	R57	381.00	11.11	15.88	7.75	1.6
HG20633-2009H-900_15	350	14	R62	419.10	15.88	20.64	10.49	1.6
HG20633-2009H-900_16	400	16	R66	469.90	15.88	20.64	10.49	1.6

续表

标准件编号	DN	NPS(in)	R（环号）	*P*	*A*	*H*	*C*	*r*
HG20633-2009H-900_17	450	18	R70	533.40	19.05	23.81	12.32	1.6
HG20633-2009H-900_18	500	20	R74	584.20	19.05	23.81	12.32	1.6
HG20633-2009H-900_19	600	24	R78	692.15	25.40	31.75	17.30	2.4
HG20633-2009H-900_20	650	26	R100	749.30	31.75	35.10	19.81	2.4
HG20633-2009H-900_21	700	28	R101	800.10	31.75	38.10	22.33	2.4
HG20633-2009H-900_22	750	30	R102	857.25	31.75	38.10	22.33	2.4
HG20633-2009H-900_23	800	32	R103	914.40	31.75	38.10	22.33	2.4
HG20633-2009H-900_24	850	34	R104	965.20	34.92	41.10	24.82	2.4
HG20633-2009H-900_25	900	36	R105	1022.35	34.92	41.10	24.82	2.4

表 7-143 Class1500（PN260）八角型（H 型）钢制管法兰用金属环形垫尺寸 单位：mm

标准件编号	DN	NPS(in)	R（环号）	*P*	*A*	*H*	*C*	*r*
HG20633-2009H-1500_1	15	$^1/_2$	R12	39.67	7.94	12.70	5.23	1.6
HG20633-2009H-1500_2	20	$^3/_4$	R14	44.45	7.94	12.70	5.23	1.6
HG20633-2009H-1500_3	25	1	R16	50.80	7.94	12.70	5.23	1.6
HG20633-2009H-1500_4	32	$1^1/_4$	R18	60.33	7.94	12.70	5.23	1.6
HG20633-2009H-1500_5	40	$1^1/_2$	R20	68.27	7.94	12.70	5.23	1.6
HG20633-2009H-1500_6	50	2	R24	95.25	11.11	15.88	7.75	1.6
HG20633-2009H-1500_7	65	$2^1/_2$	R27	107.95	11.11	15.88	7.75	1.6
HG20633-2009H-1500_8	80	3	R35	136.53	11.11	15.88	7.75	1.6
HG20633-2009H-1500_9	100	4	R39	161.93	11.11	15.88	7.75	1.6
HG20633-2009H-1500_10	125	5	R44	193.68	11.11	15.88	7.75	1.6
HG20633-2009H-1500_11	150	6	R46	211.14	12.70	17.46	8.66	1.6
HG20633-2009H-1500_12	200	8	R50	269.88	15.88	20.64	10.49	1.6
HG20633-2009H-1500_13	250	10	R54	323.85	15.88	20.64	10.49	1.6
HG20633-2009H-1500_14	300	12	R58	381.00	22.23	26.99	14.81	1.6
HG20633-2009H-1500_15	350	14	R63	419.10	25.40	31.75	17.30	2.4
HG20633-2009H-1500_16	400	16	R67	469.90	28.58	34.93	19.81	2.4
HG20633-2009H-1500_17	450	18	R71	533.40	28.58	34.93	19.81	2.4
HG20633-2009H-1500_18	500	20	R75	584.20	31.75	38.10	22.33	2.4
HG20633-2009H-1500_19	600	24	R79	692.15	34.93	41.28	24.82	2.4

表 7-144 Class2500（PN420）八角型（H 型）钢制管法兰用金属环形垫尺寸 单位：mm

标准件编号	DN	NPS(in)	R（环号）	*P*	*A*	*H*	*C*	*r*
HG20633-2009H-2500_1	15	$^1/_2$	R13	42.88	7.94	12.70	5.23	1.6

续表

标准件编号	DN	NPS (in)	R（环号）	*P*	*A*	*H*	*C*	*r*
HG20633-2009H-2500_2	20	$^3/_4$	R16	50.80	7.94	12.70	5.23	1.6
HG20633-2009H-2500_3	25	1	R18	60.33	7.94	12.70	5.23	1.6
HG20633-2009H-2500_4	32	$1^1/_4$	R21	72.23	11.11	15.88	7.75	1.6
HG20633-2009H-2500_5	40	$1^1/_2$	R23	82.55	11.11	15.88	7.75	1.6
HG20633-2009H-2500_6	50	2	R26	101.60	11.11	15.88	7.75	1.6
HG20633-2009H-2500_7	65	$2^1/_2$	R28	111.13	12.70	17.46	8.66	1.6
HG20633-2009H-2500_8	80	3	R32	127.00	12.70	17.46	8.66	1.6
HG20633-2009H-2500_9	100	4	R38	157.18	15.88	20.64	10.49	1.6
HG20633-2009H-2500_10	125	5	R42	190.50	19.05	23.81	12.32	1.6
HG20633-2009H-2500_11	150	6	R47	228.60	19.05	23.81	12.32	1.6
HG20633-2009H-2500_12	200	8	R51	279.40	22.23	26.99	14.81	1.6
HG20633-2009H-2500_13	250	10	R55	342.90	28.58	34.93	19.81	2.4
HG20633-2009H-2500_14	300	12	R60	406.40	31.75	38.10	22.33	2.4

7.6.2 椭圆型（B型）金属环形垫（Class系列）

椭圆型(B 型)钢制管法兰用金属环形垫(Class 系列)按照公称压力可分为 Class150(PN20)、Class300（PN50）、Class600（PN110）、Class900（PN150）、Class1500（PN260）和 Class2500（PN420），垫片二维图形及三维图形如表 7-145 所示，尺寸如表 7-146～表 7-151 所示。

表 7-145 椭圆型（B 型）钢制管法兰用金属环形垫（Class 系列）

二维图形	三维图形

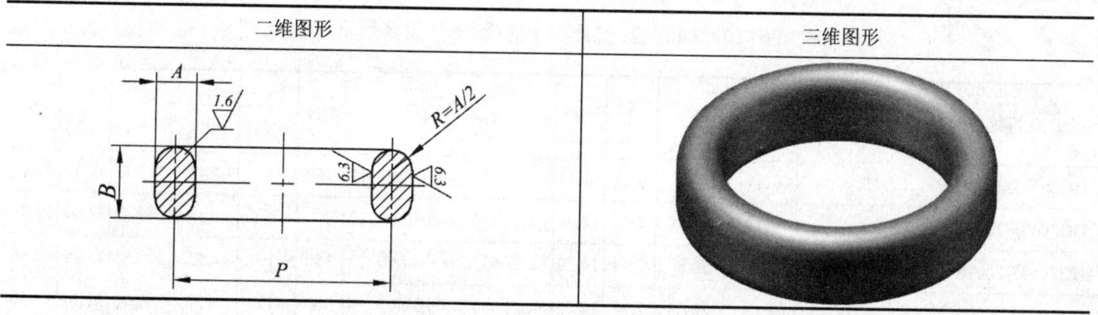

表 7-146 Class150（PN20）椭圆型（B 型）钢制管法兰用金属环形垫尺寸　　单位：mm

标准件编号	DN	NPS (in)	R (环号)	*P*	*A*	*B*	标准件编号	DN	NPS (in)	R (环号)	*P*	*A*	*B*
HG20633-2009B-150_1	25	1	R15	47.63	7.94	14.29	HG20633-2009B-150_10	200	8	R48	247.65	7.94	14.29
HG20633-2009B-150_2	32	$1^1/_4$	R17	57.15	7.94	14.29	HG20633-2009B-150_11	250	10	R52	304.80	7.94	14.29
HG20633-2009B-150_3	40	$1^1/_2$	R19	65.07	7.94	14.29	HG20633-2009B-150_12	300	12	R56	381.00	7.94	14.29

续表

标准件编号	DN	NPS (in)	R (环号)	*P*	*A*	*B*	标准件编号	DN	NPS (in)	R (环号)	*P*	*A*	*B*
HG20633-2009B-150_4	50	2	R22	82.55	7.94	14.29	HG20633-2009B-150_13	350	14	R59	396.88	7.94	14.29
HG20633-2009B-150_5	65	$2^1/_2$	R25	101.60	7.94	14.29	HG20633-2009B-150_14	400	16	R64	454.03	7.94	14.29
HG20633-2009B-150_6	80	3	R29	114.30	7.94	14.29	HG20633-2009B-150_15	450	18	R68	517.53	7.94	14.29
HG20633-2009B-150_7	100	4	R36	149.23	7.94	14.29	HG20633-2009B-150_16	500	20	R72	558.80	7.94	14.29
HG20633-2009B-150_8	125	5	R40	171.45	7.94	14.29	HG20633-2009B-150_17	600	24	R76	673.10	7.94	14.29
HG20633-2009B-150_9	150	6	R43	193.68	7.94	14.29							

表 7-147 Class300（PN50）椭圆型（B 型）钢制管法兰用金属环形垫尺寸 单位：mm

标准件编号	DN	NPS (in)	R (环号)	*P*	*A*	*B*	标准件编号	DN	NPS (in)	R (环号)	*P*	*A*	*B*
HG20633-2009B-300_1	15	$^1/_2$	R11	34.14	6.35	11.11	HG20633-2009B-300_11	150	6	R45	211.12	11.11	17.46
HG20633-2009B-300_2	20	$^3/_4$	R13	42.88	7.94	14.29	HG20633-2009B-300_12	200	8	R49	269.88	11.11	17.46
HG20633-2009B-300_3	25	1	R16	50.80	7.94	14.29	HG20633-2009B-300_13	250	10	R53	323.85	11.11	17.46
HG20633-2009B-300_4	32	$1^1/_4$	R18	60.33	7.94	14.29	HG20633-2009B-300_14	300	12	R57	381.00	11.11	17.46
HG20633-2009B-300_5	40	$1^1/_2$	R20	68.27	7.94	14.29	HG20633-2009B-300_15	350	14	R61	419.10	11.11	17.46
HG20633-2009B-300_6	50	2	R23	82.55	11.11	17.46	HG20633-2009B-300_16	400	16	R65	469.90	11.11	17.46
HG20633-2009B-300_7	65	$2^1/_2$	R26	101.60	11.11	17.46	HG20633-2009B-300_17	450	18	R69	533.40	11.11	17.46
HG20633-2009B-300_8	80	3	R31	123.83	11.11	17.46	HG20633-2009B-300_18	500	20	R73	584.20	12.70	19.05
HG20633-2009B-300_9	100	4	R37	149.23	11.11	17.46	HG20633-2009B-300_19	600	24	R77	692.15	15.88	22.23
HG20633-2009B-300_10	125	5	R41	180.98	11.11	17.46							

表 7-148 Class600（PN110）椭圆型（B 型）钢制管法兰用金属环形垫尺寸 单位：mm

标准件编号	DN	NPS (in)	R (环号)	*P*	*A*	*B*	标准件编号	DN	NPS (in)	R (环号)	*P*	*A*	*B*
HG20633-2009B-600_1	15	$^1/_2$	R11	34.14	6.35	11.11	HG20633-2009B-600_11	150	6	R45	211.12	11.11	17.46
HG20633-2009B-600_2	20	$^3/_4$	R13	42.88	7.94	14.29	HG20633-2009B-600_12	200	8	R49	269.88	11.11	17.46
HG20633-2009B-600_3	25	1	R16	50.80	7.94	14.29	HG20633-2009B-600_13	250	10	R53	323.85	11.11	17.46
HG20633-2009B-600_4	32	$1^1/_4$	R18	60.33	7.94	14.29	HG20633-2009B-600_14	300	12	R57	381.00	11.11	17.46
HG20633-2009B-600_5	40	$1^1/_2$	R20	68.27	7.94	14.29	HG20633-2009B-600_15	350	14	R61	419.10	11.11	17.46
HG20633-2009B-600_6	50	2	R23	82.55	11.11	17.46	HG20633-2009B-600_16	400	16	R65	469.90	11.11	17.46
HG20633-2009B-600_7	65	$2^1/_2$	R26	101.60	11.11	17.46	HG20633-2009B-600_17	450	18	R69	533.40	11.11	17.46
HG20633-2009B-600_8	80	3	R31	123.83	11.11	17.46	HG20633-2009B-600_18	500	20	R73	584.20	12.70	19.05
HG20633-2009B-600_9	100	4	R37	149.23	11.11	17.46	HG20633-2009B-600_19	600	24	R77	692.15	15.88	22.23
HG20633-2009B-600_10	125	5	R41	180.98	11.11	17.46							

表 7-149 Class900（PN150）椭圆型（B 型）钢制管法兰用金属环形垫尺寸 单位：mm

标准件编号	DN	NPS (in)	R (环号)	*P*	*A*	*B*	标准件编号	DN	NPS (in)	R (环号)	*P*	*A*	*B*
HG20633-2009B-600_1	15	$^1/_2$	R11	34.14	6.35	11.11	HG20633-2009B-600_11	150	6	R45	211.12	11.11	17.46
HG20633-2009B-600_2	20	$^3/_4$	R13	42.88	7.94	14.29	HG20633-2009B-600_12	200	8	R49	269.88	11.11	17.46
HG20633-2009B-600_3	25	1	R16	50.80	7.94	14.29	HG20633-2009B-600_13	250	10	R53	323.85	11.11	17.46
HG20633-2009B-600_4	32	$1^1/_4$	R18	60.33	7.94	14.29	HG20633-2009B-600_14	300	12	R57	381.00	11.11	17.46
HG20633-2009B-600_5	40	$1^1/_2$	R20	68.27	7.94	14.29	HG20633-2009B-600_15	350	14	R61	419.10	11.11	17.46
HG20633-2009B-600_6	50	2	R23	82.55	11.11	17.46	HG20633-2009B-600_16	400	16	R65	469.90	11.11	17.46
HG20633-2009B-600_7	65	$2^1/_2$	R26	101.60	11.11	17.46	HG20633-2009B-600_17	450	18	R69	533.40	11.11	17.46
HG20633-2009B-600_8	80	3	R31	123.83	11.11	17.46	HG20633-2009B-600_18	500	20	R73	584.20	12.70	19.05
HG20633-2009B-600_9	100	4	R37	149.23	11.11	17.46	HG20633-2009B-600_19	600	24	R77	692.15	15.88	22.23
HG20633-2009B-600_10	125	5	R41	180.98	11.11	17.46							

表 7-150 Class1500（PN260）椭圆型（B 型）钢制管法兰用金属环形垫尺寸 单位：mm

标准件编号	DN	NPS (in)	R (环号)	*P*	*A*	*B*	标准件编号	DN	NPS (in)	R (环号)	*P*	*A*	*B*
HG20633-2009B-1500_1	15	$^1/_2$	R12	39.67	7.94	14.29	HG20633-2009B-1500_11	150	6	R46	211.14	12.70	19.05
HG20633-2009B-1500_2	20	$^3/_4$	R14	44.45	7.94	14.29	HG20633-2009B-1500_12	200	8	R50	269.88	15.88	22.23
HG20633-2009B-1500_3	25	1	R16	50.80	7.94	14.29	HG20633-2009B-1500_13	250	10	R54	323.85	15.88	22.23
HG20633-2009B-1500_4	32	$1^1/_4$	R18	60.33	7.94	14.29	HG20633-2009B-1500_14	300	12	R58	381.00	22.23	28.58
HG20633-2009B-1500_5	40	$1^1/_2$	R20	68.27	7.94	14.29	HG20633-2009B-1500_15	350	14	R63	419.10	25.40	33.34
HG20633-2009B-1500_6	50	2	R24	95.25	11.11	17.46	HG20633-2009B-1500_16	400	16	R67	469.90	28.58	36.51
HG20633-2009B-1500_7	65	$2^1/_2$	R27	107.95	11.11	17.46	HG20633-2009B-1500_17	450	18	R71	533.40	28.58	36.51
HG20633-2009B-1500_8	80	3	R35	136.53	11.11	17.46	HG20633-2009B-1500_18	500	20	R75	584.20	31.75	36.69
HG20633-2009B-1500_9	100	4	R39	161.93	11.11	17.46	HG20633-2009B-1500_19	600	24	R79	692.15	34.93	44.45
HG20633-2009B-1500_10	125	5	R44	193.68	11.11	17.46							

表 7-151 Class2500（PN420）椭圆型（B 型）钢制管法兰用金属环形垫尺寸 单位：mm

标准件编号	DN	NPS (in)	R (环号)	*P*	*A*	*B*	标准件编号	DN	NPS (in)	R (环号)	*P*	*A*	*B*
HG20633-2009B-2500_1	15	$^1/_2$	R13	42.88	7.94	14.29	HG20633-2009B-2500_8	80	3	R32	127.00	12.70	19.05
HG20633-2009B-2500_2	20	$^3/_4$	R16	50.80	7.94	14.29	HG20633-2009B-2500_9	100	4	R38	157.18	15.88	22.23
HG20633-2009B-2500_3	25	1	R18	60.33	7.94	14.29	HG20633-2009B-2500_10	125	5	R42	190.50	19.05	25.40
HG20633-2009B-2500_4	32	$1^1/_4$	R21	72.23	11.11	17.46	HG20633-2009B-2500_11	150	6	R47	228.60	19.05	25.40
HG20633-2009B-2500_5	40	$1^1/_2$	R23	82.55	11.11	17.46	HG20633-2009B-2500_12	200	8	R51	279.40	22.23	28.58
HG20633-2009B-2500_6	50	2	R26	101.60	11.11	17.46	HG20633-2009B-2500_13	250	10	R55	342.90	28.58	36.51
HG20633-2009B-2500_7	65	$2^1/_2$	R28	111.13	12.70	19.05	HG20633-2009B-2500_14	300	12	R60	406.40	31.75	39.69

金属环形垫的尺寸公差按表 7-152 的规定。

表 7-152 金属环形垫的尺寸公差 单位：mm

项目	尺寸公差	项目	尺寸公差
P	±0.18	*C*	±0.20
A	±0.20	*r*	±0.5
B 或 *H*	±0.50	23°	±0.5°

7.7 紧固件（HG 20634—2009）

本标准规定了钢制管法兰（美洲体系）用紧固件的型式、规格、技术要求和使用规定。本标准适用于钢制管法兰用紧固件（六角头螺栓、等长双头螺柱、全螺纹螺柱和螺母）。

7.7.1 六角头螺栓的规格和性能等级

六角头螺栓的规格和性能等级如表 7-153 所示。

表 7-153 六角头螺栓的螺纹规格和性能等级

标准	规格	性能等级（商品级）
GB/T 5782 A 和 B 级	M14、M16、M20、M24、M27、M30、M33	5.6、8.8、A2-50、A4-50、A2-70、A4-70

7.7.2 全螺纹螺柱的规格和材料牌号

全螺纹螺柱的规格和材料牌号如表 7-154 所示。

表 7-154 全螺纹螺柱的规格和材料牌号

标准	规格	材料牌号（专用级）
HG 20634 （全螺纹螺柱）	M14、M16、M20、M24、M27、M30、M33、M36×3、 M39×3、M42×3、M45×3、M48×3、M52×3、M56×3、 M64×3、M70×3、M76×3、M82×3、M90×3	35CrMo、42CrMo、25Cr2MoV、0Cr18Ni9 0Cr17Ni12Mo2、A193，B8 Cl.2[a]A193，B8M Cl.2[a] A320 L7[b]A453，660[b]

注：a A193，B8 Cl.2 和 A193，B8M Cl.2 为应变硬化不锈钢螺栓材料，按 ASTM A193《高温用合金钢和不锈钢螺栓材料》的规定使用。

b A320 L7 按 ASTM A320《低温用合金钢和不锈钢螺栓材料》的规定使用，A453，660 按 ASTM A453《膨胀系数奥氏体不锈钢相当的高温用螺栓材料》的规定使用。

7.7.3 管法兰专用螺母尺寸表

管法兰专用螺母尺寸表如表 7-155 所示。

表 7-155 管法兰专用螺母尺寸表 单位：mm

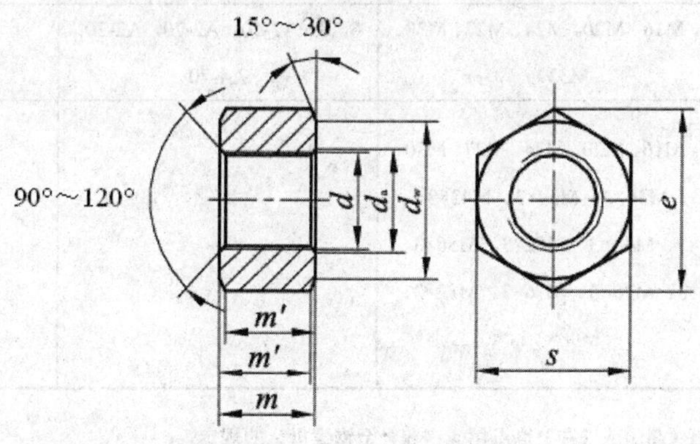

d		M14	M16	M20	M24	M27	d		M45×3	M48×3	M52×3	M56×3	M64×3
d_a	max	15.1	17.3	21.6	25.9	29.1	d_a	max	48.6	51.8	56.2	60.5	69.1
	min	14	16	20	24	27		min	45	48	52	56	64
d_W	min	21.1	24.1	30.5	37.5	42.5	d_W	min	65.1	70.1	75.1	79.3	89.3
e	min	25.94	29.3	36.96	44.8	50.4	e	min	76.27	81.87	87.47	92.74	103.94
m	max	14.3	16.4	20.4	24.4	27.4	m	max	45.5	48.5	52.5	56.5	64.5
	min	13.6	15.7	19.1	23.1	26.1		min	43.92	46.9	50.6	54.6	62.6
m'	min	10.9	12.5	13.9	18.5	20.9	m'	min	35.2	37.5	45.3	48.7	50.1
s	max	24	27	34	41	46	s	max	70	75	80	85	95
	min	23.16	26.16	33	40	45		min	68.1	73.1	78.1	82.8	92.8
d		M30	M33	M36×3	M39×3	M42×3	d		M70×3		M76×3	M82×3	M90×3
d_a	max	32.4	35.6	38.9	42.1	45.4	d_a	max	75.6		82.1	88.6	97.2
	min	30	33	36	39	42		min	70		76	82	90
d_W	min	46.5	50.8	55.8	60.1	60.1	d_W	min	96.9		104.5	112.1	123.5
e	min	54.88	60.26	65.86	70.67	70.67	e	min	111.79		120.74	129.45	142.8
m	max	30.4	33.5	36.5	39.5	42.5	m	max	70.5		76.5	82.5	90.5
	min	23.1	25.5	27.9	30.3	32.2		min	68.4		74.6	80.0	88.3
m'	min	23.1	25.5	27.9	30.3	32.2	m'	min	55.0		59.7	64.4	70.7
s	max	50	55	60	65	65	s	max	102		110	118	130
	min	49	53.8	58.8	63.1	63.1		min	100		107.8	115.6	127.5

7.7.4 螺母的规格和性能等级、材料牌号

螺母的规格和性能等级（商品级）和材料牌号（专用级）如表 7-156 所示。

表 7-156 螺母的规格和性能等级、材料牌号

标准号	规格	性能等级（商品级）	材料牌号（专用级）
GB 6170 A 级和 B 级	M14、M16、M20、M24、M27、M30、M33	6，8，A2-50，A2-70，A2-70，A4-70	—
HG/T 20634 （专用螺母）	M14、M16、M20、M24、M27、M30、M33、M36×3、M39×3、M42×3、M45×3、M48×3、M52×3、M56×3、M64×3、M70×3、M76×3、M82×3、M90×3	—	30CrMo 35CrMo 0Cr18Ni9 0Cr17Ni12Mo2 A194，8，8M[a] A194，7[a]

注：a 按 ASTM A194—2006a《高压或（和）高温用碳钢和合金钢螺母》的规定。

7.7.5 管法兰用紧固件材料的分类

钢制管法兰用紧固件材料按表 7-157 的规定分为高强度、中强度和低强度材料

表 7-157 管法兰用紧固件材料的分类

紧固件材料		
高强度	中强度	低强度
GB/T 3098.1，8.8	GB/T 3098.6，A2-70	GB/T 1220，0Cr17Ni12Mo2(316)
GB/T 3077，35CrMo	A4-70	0Cr18Ni9(304)
25Cr2MoV	ASTM A193，B8-2	GB/T 3098.1，5.6
DL/T 439，42CrMo	B8M-2	GB/T 3098.6，A4-50
ASTM A320，L7	ASTM A453，660	A2-50

7.7.6 专用级紧固件材料机械性能要求

商品级的紧固件，其用材及机械性能应符合 GB 3098.1、GB 3098.2、GB 3098.6 的相关要求。

专用级的紧固件，其用材的化学成分、热处理制度以及机械性能应符合表 7-158 的规定。

表 7-158　专用级紧固件材料力学性能要求

牌号	化学成分（标准号）	热处理制度	规格	机械性能（不小于）			HB
				σ_b	σ_s	σ_5	
				MPa		%	
30CrMo	GB/T 3077	调质（回火≥550℃）	—	—	—	—	234～285
35CrMo[a]	GB/T 3077	调质（回火≥550℃）	≤M22	835	735	13	269～321
			M22～M80	805	685	13	234～285
			＞M80	735	590	13	234～285
42CrMo	DL/T 439	调质（回火≥580℃）	≤M65	860	720	16	255～321
			＞M65	790	660	16	248～311
25Cr2MoV	GB/T 3077	调质（回火≥600℃）	≤48	835	735	15	269～321
			＞48	805	685	15	245～277
0Cr18Ni9	GB/T 1220	固溶	—	515	205	40	≤187
0Cr17Ni12Mo2	GB/T 1220	固溶	—	515	205	40	≤187
A193，B8-2	ASTM A193	固溶+应变硬化	≤M20	860	690	12	≤321
			＞M20～M24	795	550	15	
			＞M24～M30	725	450	20	
			＞M30～M36	690	345	28	
A193，B8M-2	ASTM A193	固溶+应变硬化	≤M20	760	665	15	≤321
			＞M20～M24	690	550	20	
			＞M24～M30	655	450	25	
			＞M30～M36	620	345	30	
A320，L7[b]	ASTM A320	调质（回火≥620℃）	≤M65	860	725	16	—
				690	550	18	≤235
A453，660	ASTM A453	固溶+应变硬化	—	895	585	15	≥99

注：a 用于-20℃以下低温的 35CrMoA 应进行设计温度下的低温 V 形缺口冲击试验，其 3 个试样的冲击功 AKV 平均值应不低于 27J，但应在订货合同中注明。

b 用于温度不低于-100℃时，低温中级实验的最小冲击功为 27J。

7.7.7　紧固件使用压力和温度范围

紧固件使用压力和温度范围如表 7-159 的规定。

表 7-159　紧固件使用压力和温度范围

型式	标准	规格	性能等级	公称压力 PN/MPa（Class）	使用温度/℃
六角头螺栓	GB/T 5782	M14～M33	5.6	≤Class150（PN20）	>-20～+300
			8.8		
			A2-50		-196～+400
			A4-50		
			A2-70		
			A4-70		
全螺纹螺柱	HG/T 20634	M14～M33 M36×3～M90×3	35CrMo	≤Class 2500（PN420）	-100～+525
			25Cr2MoV		>-20～+575
			42CrMo		-100～+525
			0Cr18Ni9		-196～+800
			0Cr17Ni12Mo2		-196～+800
			A193，B8Cl.2		-196～+525
			A193，B8MCl.2		
			A320，L7		-100～+340
			A453，660		-29～+525
I 型六角螺母	GB/T 6170	M14～M33	6，8	≤Class150（PN20）	>-20～+300
			A2-50，A4-50		-196～+400
			A2-70，A4-70		
管法兰专用螺母	HG/T 20634	M14～M33 M36×3～M90×3	30CrMo	≤Class 2500（PN420）	-100～+525
			35CrMo		-100～+525
			0Cr18Ni9		>-20～+800
			0Cr17Ni12Mo2		-196～+800
			A194，8，8M		-196～+525
			A194，7		-100～+575

7.7.8　六角头螺栓与螺母的配用

六角头螺栓、螺柱与螺母的配用按表 7-160 的规定。

表 7-160　六角头螺栓、螺柱与螺母的配用

六角螺栓、螺柱		螺母	
型式（标准编号）	性能等级或材料牌号	型式（标准编号）	性能等级或材料牌号
六角螺栓 GB/T 5782	5.6 8.8	I 型六角螺母 GB 6170、A 和 B 级	6 8

续表

六角螺栓、螺柱		螺母	
型式（标准编号）	性能等级或材料牌号	型式（标准编号）	性能等级或材料牌号
A级和B级	A2-50	I型六角螺母 GB 6170、A和B级	A2-50
	A4-50		A4-50
	A2-70		A2-70
	A4-70		A4-70
全螺纹螺柱 HG/T 20634	35CrMo 25Cr2MoV	管法兰专用螺母 HG/T 20634	30CrMo
	42CrMo		0Cr18Ni9
	0Cr18Ni9		
	0Cr17Ni12Mo2		0Cr17Ni12Mo2
	A193，8 Cl.2		A194，8 A194，8M
	A193，B8M Cl.2		
	A453，660		
	A320，L7		A197，7

7.7.9 相同压力等级法兰接头用六角头螺栓或螺柱长度代号

相同压力等级法兰接头用六角头螺栓或螺柱长度代号按表 7-161 的规定。

表 7-161 相同压力等级法兰接头用六角头螺栓或螺柱长度代号

密封面型式	突面	凹/凸面、榫/槽面	环连接面
六角螺栓长度代号	L_{SR}	—	—
螺柱长度代号	L_{ZR}	L_{ZM}	L_{ZJ}

7.7.10 Class150（PN20）、DN≤600 法兰配用六角头螺栓长度和质量

Class150（PN20）、DN≤600 法兰配用六角头螺栓长度和质量按表 7-162 的规定。

表 7-162 Class150（PN20）、DN≤600 法兰配用六角头螺栓长度和质量

公称尺寸		螺纹	数量	六角头螺栓		公称尺寸		螺纹	数量	六角头螺栓	
DN(mm)	NPS(in)		n（个）	L_{SR}（mm）	质量（kg）	DN(mm)	NPS(in)		n（个）	L_{SR}（mm）	质量（kg）
15	$^1/_2$	M 14	4	50	91	32	$1^1/_4$	M 14	4	55	97
20	$^3/_4$	M 14	4	50	91	40	$1^1/_2$	M 14	4	60	103
25	1	M 14	4	55	97	50	2	M 16	4	65	149

续表

公称尺寸		螺纹	数量	六角头螺栓		公称尺寸		螺纹	数量	六角头螺栓	
DN(mm)	NPS(in)		n（个）	L_{SR} （mm）	质量（kg）	DN(mm)	NPS(in)		n（个）	L_{SR} （mm）	质量（kg）
65	$2^1/_2$	M 16	4	70	157	300	12	M 24	12	100	500
80	3	M 16	4	75	165	350	14	M 27	12	110	733
100	4	M 16	8	75	165	400	16	M 27	16	115	756
125	5	M 20	8	80	282	450	18	M 30	16	125	995
150	6	M 20	8	85	294	500	20	M 30	20	130	1023
200	8	M 20	8	90	306	600	24	M 33	20	145	1388
250	10	M 24	12	100	500						

注：紧固件长度未计入垫圈厚度，紧固件质量为每 1000 件的近似质量。

7.7.11 Class150（PN20）、DN＞600 法兰（A系列）配用六角头螺栓长度和质量

Class150（PN20）、DN＞600 法兰（A 系列）配用六角头螺栓长度和质量按表 7-163 的规定。

表 7-163 Class150（PN20）、DN＞600 法兰（A 系列）配用六角头螺栓长度和质量

公称尺寸		螺纹	数量	六角头螺栓		公称尺寸		螺纹	数量	六角头螺栓	
DN(mm)	NPS(in)		n（个）	L_{SR} （mm）	质量（kg）	DN(mm)	NPS(in)		n（个）	L_{SR} （mm）	质量（kg）
650	26	M33	24	185	1660	1100	44	M39	40	260	3117
700	28	M33	28	195	1728	1150	46	M39	40	265	3164
750	30	M33	28	200	2553	1200	48	M39	44	275	4277
800	32	M39	28	220	2741	1250	50	M45	44	290	4463
850	34	M39	32	225	2788	1300	52	M45	44	300	4587
900	36	M39	32	240	2929	1350	54	M45	44	310	4711
950	38	M39	32	235	2882	1400	56	M45	48	315	4773
1000	40	M39	36	240	2929	1450	58	M45	48	325	4897
1050	42	M39	36	250	3023	1500	60	M45	52	330	4959

注：紧固件长度未计入垫圈厚度，紧固件质量为每 1000 件的近似质量。

7.7.12 Class150（PN20）、DN＞600 法兰（B系列）配用六角头螺栓长度和质量

Class150（PN20）、DN＞600 法兰（B 系列）配用六角头螺栓长度和质量按表 7-164 的规定。

表 7-164　Class150（PN20）、DN＞600 法兰（B 系列）配用六角头螺栓长度和质量

公称尺寸		螺纹	数量	六角头螺栓		公称尺寸		螺纹	数量	六角头螺栓	
DN(mm)	NPS(in)		*n*（个）	L_{SR}（mm）	质量（kg）	DN(mm)	NPS(in)		*n*（个）	L_{SR}（mm）	质量（kg）
650	26	M20	36	115	366	1100	44	M27	52	165	1219
700	28	M20	40	125	300	1150	46	M39	40	170	1247
750	30	M20	44	125	300	1200	48	M30	44	175	1275
800	32	M20	48	125	390	1250	50	M30	48	185	1331
850	34	M24	40	135	644	1300	52	M30	52	185	1331
900	36	M24	44	145	894	1350	54	M30	56	190	1359
950	38	M27	40	150	917	1400	56	M30	60	195	1728
1000	40	M27	44	155	940	1450	58	M33	48	200	1762
1050	42	M27	48	160	963	1500	60	M33	52	205	1796

注：紧固件长度未计入垫圈厚度，紧固件质量为每 1000 件的近似质量。

7.7.13　Class150（PN20）、DN≤600 法兰配用螺柱长度和质量

Class150（PN20）、DN≤600 法兰配用螺柱长度和质量按表 7-165 的规定。

表 7-165　Class150（PN20）、DN≤600 法兰配用螺柱长度和质量

公称尺寸		螺纹	数量	螺柱长度、质量			
DN(mm)	NPS(in)		*n*（个）	L_{ZR}（mm）	质量（kg）	L_{ZJ}（mm）	质量（kg）
15	$^1/_2$	M14	4	65	78	—	—
20	$^3/_4$	M14	4	70	84	—	—
25	1	M14	4	70	84	80	96
32	$1^1/_4$	M14	4	75	90	85	102
40	$1^1/_2$	M14	4	80	96	90	108
50	2	M16	4	85	136	100	160
65	$2^1/_2$	M16	8	95	152	105	168
80	3	M16	4	95	152	105	168
100	4	M16	8	95	152	105	168
125	5	M20	8	110	264	115	276
150	6	M20	8	110	264	120	288
200	8	M20	8	115	276	125	300
250	10	M24	12	130	468	140	504
300	12	M24	12	135	486	145	522
350	14	M27	12	150	690	155	713

续表

公称尺寸		螺纹	数量	螺柱长度、质量			
DN(mm)	NPS(in)		n（个）	L_{ZR}（mm）	质量（kg）	L_{ZJ}（mm）	质量（kg）
400	16	M27	16	150	690	160	736
450	18	M30	16	165	924	175	980
500	20	M30	20	170	952	180	1008
600	24	M33	20	190	1292	200	1360

注：紧固件长度未计入垫圈厚度，紧固件质量为每1000件的近似质量。

7.7.14 Class300（PN50）、DN≤600法兰配用螺柱长度和质量

Class300（PN50）、DN≤600法兰配用螺柱长度和质量按表7-166的规定。

表7-166 Class300（PN50）、DN≤600法兰配用螺柱长度和质量

公称尺寸		螺纹	数量	螺柱					
DN(mm)	NPS(in)		n（个）	L_{ZR}（mm）	质量（kg）	L_{ZM}（mm）	质量（kg）	L_{ZJ}（mm）	质量（kg）
15	$^1/_2$	M14	4	70	84	75	90	80	96
20	$^3/_4$	M16	4	80	128	85	136	90	144
25	1	M16	4	85	136	90	144	95	152
32	$1^1/_4$	M16	4	85	136	90	144	95	152
40	$1^1/_2$	M20	4	100	240	105	252	110	264
50	2	M16	8	95	152	100	160	110	176
65	$2^1/_2$	M20	8	110	264	115	276	125	300
80	3	M20	8	115	276	120	288	130	312
100	4	M20	8	125	300	130	312	140	336
125	5	M20	8	130	312	135	324	145	348
150	6	M20	12	135	324	140	336	150	360
200	8	M24	12	155	558	160	576	170	612
250	10	M27	16	175	805	180	828	185	851
300	12	M30	16	190	1064	195	1092	200	1120
350	14	M30	20	195	1092	200	1120	210	1176
400	16	M33	20	210	1428	215	1462	220	1496
450	18	M33	24	215	1462	220	1496	225	1530
500	20	M33	24	220	1496	225	1530	240	1632
600	24	M39	24	250	2350	255	2397	265	2491

注：紧固件长度未计入垫圈厚度，紧固件质量为每1000件的近似质量。

7.7.15 Class600（PN110）、DN≤600 法兰配用螺柱长度和质量

Class600（PN110）、DN≤600 法兰配用螺柱长度和质量按表 7-167 的规定。

表 7-167 Class600（PN110）、DN≤600 法兰配用螺柱长度和质量

公称尺寸		螺纹	数量	螺柱					
DN(mm)	NPS(in)		n（个）	L_{ZR}（mm）	质量（kg）	L_{ZM}（mm）	质量（kg）	L_{ZJ}（mm）	质量（kg）
15	$^1/_2$	M14	4	85	102	80	96	85	102
20	$^3/_4$	M16	4	95	152	90	144	95	152
25	1	M16	4	95	152	90	144	95	152
32	$1^1/_4$	M16	4	105	168	100	160	105	168
40	$1^1/_2$	M20	4	120	288	115	276	115	276
50	2	M16	8	115	184	110	176	115	184
65	$2^1/_2$	M20	8	130	312	125	300	135	324
80	3	M20	8	135	324	130	312	140	336
100	4	M24	8	160	576	155	558	165	594
125	5	M27	8	180	828	175	805	185	851
150	6	M27	12	185	851	180	828	190	874
200	8	M30	12	210	1176	205	1148	215	1204
250	10	M30	16	235	1598	230	1564	235	1598
300	12	M33	20	240	1632	235	1598	245	1666
350	14	M36	20	250	2000	245	1960	255	2040
400	16	M39	20	270	2538	265	2491	270	2538
450	18	M42	20	290	3132	285	3078	290	3132
500	20	M42	24	305	3294	300	3240	310	3348
600	24	M48	24	345	4899	340	4828	350	4970

注：紧固件长度未计入垫圈厚度，紧固件质量为每 1000 件的近似质量。

7.7.16 Class900（PN150）、DN≤600 法兰配用螺柱长度和质量

Class900（PN150）、DN≤600 法兰配用螺柱长度和质量按表 7-168 的规定。

表 7-168 Class900（PN150）、DN≤600 法兰配用螺柱长度和质量

公称尺寸		螺纹	数量	螺柱					
DN(mm)	NPS(in)		n（个）	L_{ZR}（mm）	质量（kg）	L_{ZM}（mm）	质量（kg）	L_{ZJ}（mm）	质量（kg）
15	$^1/_2$	M20	4	115	276	115	276	115	276
20	$^3/_4$	M20	4	125	300	120	288	125	300

续表

公称尺寸		螺纹	数量	螺柱					
DN(mm)	NPS(in)		n(个)	L_{ZR}（mm）	质量（kg）	L_{ZM}（mm）	质量（kg）	L_{ZJ}（mm）	质量（kg）
25	1	M24	4	140	504	135	486	140	504
32	$1^1/_4$	M24	4	140	504	135	486	140	504
40	$1^1/_2$	M27	4	155	713	150	690	155	713
50	2	M24	8	160	576	155	558	160	576
65	$2^1/_2$	M27	8	175	805	170	782	175	805
80	3	M24	8	160	576	155	558	165	594
100	4	M30	8	190	1064	185	1036	190	1064
125	5	M33	8	210	1428	205	1394	210	1428
150	6	M30	12	210	1176	205	1148	215	1204
200	8	M36	12	240	1920	235	1880	240	1920
250	10	M36	16	250	2000	245	1960	255	2040
300	12	M36	20	270	2160	265	2120	270	2160
350	14	M39	20	290	2726	285	2679	295	2773
400	16	M42	20	300	3240	295	3186	310	3348
450	18	M48	20	340	4828	335	4757	350	4970
500	20	M52	20	365	6059	360	5976	375	6625
600	24	M64	20	450	11340	445	11214	470	11844

注：紧固件长度未计入垫圈厚度，紧固件质量为每1000件的近似质量。

7.7.17 Class1500（PN260）、DN≤600法兰配用螺柱长度和质量

Class1500（PN260）、DN≤600法兰配用螺柱长度和质量按表7-169的规定。

表7-169 Class1500（PN26）、DN≤600法兰配用螺柱长度和质量

公称尺寸		螺纹	数量	螺柱					
DN(mm)	NPS(in)		n(个)	L_{ZR}（mm）	质量（kg）	L_{ZM}（mm）	质量（kg）	L_{ZJ}（mm）	质量（kg）
15	$^1/_2$	M20	4	120	288	115	276	120	288
20	$^3/_4$	M20	4	125	300	120	288	125	300
25	1	M24	4	140	504	135	486	140	504
32	$1^1/_4$	M24	4	140	504	135	486	140	504
40	$1^1/_2$	M27	4	155	713	150	690	155	713
50	2	M24	8	160	576	155	558	160	576
65	$2^1/_2$	M27	8	175	805	170	782	175	805
80	3	M30	8	195	1092	190	1064	195	1092

续表

公称尺寸		螺纹	数量	螺柱					
DN(mm)	NPS(in)		n(个)	L_{ZR}（mm）	质量（kg）	L_{ZM}（mm）	质量(kg)	L_{ZJ}（mm）	质量（kg）
100	4	M33	8	215	1462	210	1428	215	1462
125	5	M39	8	265	2491	260	2444	265	2491
150	6	M36	12	275	2200	270	2160	280	2240
200	8	M42	12	310	3348	305	3294	315	3402
250	10	M48	12	350	4970	345	4899	360	5112
300	12	M52	16	390	6474	385	6391	405	6723
350	14	M56	16	420	8148	415	8051	435	8439
400	16	M64	16	460	11592	455	11466	480	12096
450	18	M70	16	505	15302	500	15150	525	15908
500	20	M76	16	550	19580	545	19402	575	20470
600	24	M90	16	630	31500	625	31250	660	33000

注：紧固件长度未计入垫圈厚度，紧固件质量为每1000件的近似质量。

7.7.18 Class2500（PN420）、DN≤600法兰配用螺柱长度和质量

Class2500（PN420）、DN≤600法兰配用螺柱长度和质量按表7-170的规定。

表7-170 Class2500（PN420）、DN≤600法兰配用螺柱长度和质量

公称尺寸		螺纹	数量	螺柱					
DN(mm)	NPS(in)		n(个)	L_{ZR}（mm）	质量（kg）	L_{ZM}（mm）	质量(kg)	L_{ZJ}（mm）	质量（kg）
15	$^1/_2$	M20	4	135	324	130	312	135	324
20	$^3/_4$	M20	4	135	324	130	312	135	324
25	1	M24	4	155	558	150	540	155	558
32	$1^1/_4$	M27	4	170	782	165	759	170	782
40	$1^1/_2$	M30	4	190	1064	185	1036	190	1064
50	2	M27	8	195	897	190	874	195	897
65	$2^1/_2$	M30	8	215	1204	210	1176	220	1232
80	3	M33	8	240	1632	235	1598	245	1666
100	4	M39	8	270	2538	265	2491	280	2632
125	5	M45	8	315	3906	310	3844	325	4030
150	6	M52	8	360	5976	355	5893	370	6142
200	8	M52	12	400	6640	395	6557	415	6889
250	10	M64	12	500	12600	495	12474	520	13104
300	12	M70	12	550	16665	545	16514	570	17271

注：紧固件长度未计入垫圈厚度，紧固件质量为每1000件的近似质量。

7.7.19 Class150（PN20）、DN＞600 法兰（A系列）配用螺柱长度和质量

Class150（PN20）、DN＞600 法兰（A 系列）配用螺柱长度和质量按表 7-171 的规定。

表 7-171 Class150（PN20）、DN＞600 法兰（A 系列）配用螺柱长度和质量

公称尺寸		螺纹	数量	六角头螺栓		公称尺寸		螺纹	数量	六角头螺栓	
DN(mm)	NPS(in)		*n*（个）	L_{ZR}（mm）	质量（kg）	DN(mm)	NPS(in)		*n*（个）	L_{ZR}（mm）	质量（kg）
650	26	M33	24	230	1564	1100	44	M39	40	310	2914
700	28	M33	28	235	1598	1150	46	M39	40	315	2961
750	30	M33	28	245	1666	1200	48	M39	44	325	3055
800	32	M39	28	270	2538	1250	50	M45	40	345	4278
850	34	M39	32	275	2585	1300	52	M45	44	350	4340
900	36	M39	32	290	2726	1350	54	M45	44	360	4464
950	38	M39	32	285	2679	1400	56	M45	48	370	4588
1000	40	M39	36	290	2726	1450	58	M45	48	380	4712
1050	42	M39	36	300	2820	1500	60	M45	52	385	4774

注：紧固件长度未计入垫圈厚度，紧固件质量为每 1000 件的近似质量。

7.7.20 Class300（PN50）、DN＞600 法兰（A系列）配用螺柱长度和质量

Class300（PN50）、DN＞600 法兰（A 系列）配用螺柱长度和质量按表 7-172 的规定。

表 7-172 Class300（PN50）、DN＞600 法兰（A 系列）配用螺柱长度和质量

公称尺寸		螺纹	数量	六角头螺栓		公称尺寸		螺纹	数量	六角头螺栓	
DN(mm)	NPS(in)		*n*（个）	L_{ZR}（mm）	质量（kg）	DN(mm)	NPS(in)		*n*（个）	L_{ZR}（mm）	质量（kg）
650	26	M42	28	275	2970	1150	46	M48	28	385	5467
700	28	M42	28	285	3078	1200	48	M48	32	395	5609
750	30	M45	28	305	3782	1250	50	M52	32	415	6889
800	32	M48	28	325	4615	1300	52	M52	32	425	7055
850	34	M48	28	330	4686	1100	44	M45	32	370	4588
900	36	M52	32	345	5727	1350	54	M56	28	450	8730
950	38	M39	32	325	3055	1400	56	M56	28	450	8730
1000	40	M42	32	345	3726	1450	58	M56	32	460	8924
1050	42	M42	32	355	3834	1500	60	M56	32	470	9118

注：紧固件长度未计入垫圈厚度，紧固件质量为每 1000 件的近似质量。

7.7.21 Class600（PN110）、DN＞600 法兰（A系列）配用螺柱长度和质量

Class600（PN110）、DN＞600 法兰（A 系列）配用螺柱长度和质量按表 7-173 的规定。

表 7-173 Class600（PN110）、DN＞600 法兰（A 系列）配用螺柱长度和质量

公称尺寸		螺纹	数量	六角头螺栓		公称尺寸		螺纹	数量	六角头螺栓	
DN(mm)	NPS(in)		*n*（个）	L_{ZR}（mm）	质量（kg）	DN(mm)	NPS(in)		*n*（个）	L_{ZR}（mm）	质量（kg）
650	26	M48	28	355	5041	1100	44	M64	32	520	13104
700	28	M52	28	370	6142	1150	46	M64	32	530	13356
750	30	M52	28	375	6225	1200	48	M70	32	565	17120
800	32	M56	28	390	7566	1250	50	M76	28	590	21004
850	34	M56	28	395	7663	1300	52	M76	32	605	21538
900	36	M64	28	420	10584	1350	54	M76	32	615	21894
950	38	M56	28	460	8924	1400	56	M82	32	645	26943
1000	40	M56	32	475	9215	1450	58	M82	32	655	27360
1050	42	M64	28	510	12852	1500	60	M90	28	690	34500

注：紧固件长度未计入垫圈厚度，紧固件质量为每 1000 件的近似质量。

7.7.22 Class900（PN150）、DN＞600 法兰（A系列）配用螺柱长度和质量

Class900（PN150）、DN＞600 法兰（A 系列）配用螺柱长度和质量按表 7-174 的规定。

表 7-174 Class900（PN150）、DN＞600 法兰（A 系列）配用螺柱长度和质量

公称尺寸		螺纹	数量	六角头螺栓		公称尺寸		螺纹	数量	六角头螺栓	
DN(mm)	NPS(in)		*n*（个）	L_{ZR}（mm）	质量（kg）	DN(mm)	NPS(in)		*n*（个）	L_{ZR}（mm）	质量（kg）
650	26	M70	20	465	14090	850	34	M90	20	555	27750
700	28	M76	20	480	17088	900	36	M90	20	565	28250
750	30	M76	20	495	17622	950	38	M90	20	605	30250
800	32	M82	20	525	21930	1000	40	M90	24	620	31000

注：紧固件长度未计入垫圈厚度，紧固件质量为每 1000 件的近似质量。

7.7.23 Class150（PN20）、DN＞600 法兰（B系列）配用螺柱长度和质量

Class150（PN20）、DN＞600 法兰（B 系列）配用螺柱长度和质量按表 7-175 的规定。

表 7-175 Class150（PN20）、DN＞600 法兰（B 系列）配用螺柱长度和质量

公称尺寸		螺纹	数量	六角头螺栓		公称尺寸		螺纹	数量	六角头螺栓	
DN(mm)	NPS(in)		n（个）	L_{ZR}（mm）	质量（kg）	DN(mm)	NPS(in)		n（个）	L_{ZR}（mm）	质量（kg）
650	26	M20	36	145	348	1100	44	M27	52	200	920
700	28	M20	40	150	360	1150	46	M30	40	210	1176
750	30	M20	44	150	360	1200	48	M30	44	215	1204
800	32	M20	48	155	372	1250	50	M30	48	225	1260
850	34	M24	40	170	612	1300	52	M30	52	225	1260
900	36	M24	44	175	630	1350	54	M30	56	230	1288
950	38	M27	40	185	851	1400	56	M30	60	235	1316
1000	40	M27	44	190	874	1450	58	M33	48	245	1666
1050	42	M27	48	195	897	1500	60	M33	52	250	1700

注：紧固件长度未计入垫圈厚度，紧固件质量为每 1000 件的近似质量。

7.7.24 Class300（PN50）、DN＞600 法兰（B系列）配用螺柱长度和质量

Class300（PN50）、DN＞600 法兰（B 系列）配用螺柱长度和质量按表 7-176 的规定。

表 7-176 Class300（PN50）、DN＞600 法兰（B 系列）配用螺柱长度和质量

公称尺寸		螺纹	数量	六角头螺栓		公称尺寸		螺纹	数量	六角头螺栓	
DN(mm)	NPS(in)		n（个）	L_{ZR}（mm）	质量（kg）	DN(mm)	NPS(in)		n（个）	L_{ZR}（mm）	质量（kg）
650	26	M33	32	275	1870	1100	44	M45	40	375	4650
700	28	M33	36	275	1870	1150	46	M48	36	385	5467
750	30	M36	36	290	2320	1200	48	M48	40	385	5467
800	32	M39	32	315	2961	1250	50	M48	44	405	5751
850	34	M39	36	315	2961	1300	52	M48	48	415	5893
900	36	M42	32	320	3456	1350	54	M48	48	420	5964
950	38	M42	36	340	3672	1400	56	M56	36	450	8730
1000	40	M42	40	345	3726	1450	58	M56	40	450	8730
1050	42	M45	36	360	4464	1500	60	M56	40	445	8633

注：紧固件长度未计入垫圈厚度，紧固件质量为每 1000 件的近似质量。

7.7.25 Class600（PN110）、DN＞600 法兰（B系列）配用螺柱长度和质量

Class600（PN110）、DN＞600 法兰（B 系列）配用螺柱长度和质量按表 7-177 的规定。

表 7-177　Class600（PN110）、DN＞600 法兰（B 系列）配用螺柱长度和质量

公称尺寸		螺纹	数量	六角头螺栓		公称尺寸		螺纹	数量	六角头螺栓	
DN(mm)	NPS(in)		n（个）	L_{ZR}（mm）	质量（kg）	DN(mm)	NPS(in)		n（个）	L_{ZR}（mm）	质量（kg）
650	26	M42	28	350	3780	800	32	M52	28	410	6896
700	28	M45	28	365	4526	850	34	M56	24	440	8536
750	30	M48	28	390	5538	900	36	M56	28	450	8730

注：紧固件长度未计入垫圈厚度，紧固件质量为每 1000 件的近似质量。

7.7.26　Class900（PN150）、DN＞600 法兰（B系列）配用螺柱长度和质量

Class900（PN150）、DN＞600 法兰（B 系列）配用螺柱长度和质量按表 7-178 的规定。

表 7-178　Class900（PN150）、DN＞600 法兰（B 系列）配用螺柱长度和质量

公称尺寸		螺纹	数量	六角头螺栓		公称尺寸		螺纹	数量	六角头螺栓	
DN(mm)	NPS(in)		n（个）	L_{ZR}（mm）	质量（kg）	DN(mm)	NPS(in)		n（个）	L_{ZR}（mm）	质量（kg）
650	26	M64	20	440	11088	800	32	M76	20	520	18512
700	28	M70	20	480	14544	850	34	M82	20	550	22974
750	30	M76	20	510	18156	900	36	M76	24	545	19402

注：紧固件长度未计入垫圈厚度，紧固件质量为每 1000 件的近似质量。

7.8　螺母近似质量

螺母近似质量按表 7-179 的规定。

表 7-179　螺母近似质量　　　　单位：kg

规格	M14	M16	M20	M24	M27	M30	M33
I 型六角螺母	18.9	29.0	51.6	88.8	132	184	243
管法兰专用螺母	35	50	101	177	251	322	429

管法兰专用螺母	558	598	687	862	1064	1267
规格	M56×3	M64×3	M70×3	M76×3	M82×3	M90×3
管法兰专用螺母	1530	2122	2613	3529	4093	5379

注：紧固件质量为每 1000 件的近似质量。

7.9 性能等级标志代号

性能等级标志代号如表 7-180 所示。

表 7-180 性能等级标志代号

性能等级	5.6	8.8	A2-50	A2-70	A4-50	A4-70	6	8
代号	5.6	8.8	A2-50	A2-70	A4-50	A4-70	6	8

7.10 材料牌号标志代号

材料牌号标志代号如表 7-181 所示。

表 7-181 材料牌号标志代号

材料牌号	30CrMo	35CrMo	42CrMo	25Cr2MoV	0Cr18Ni9	0Cr17Ni12Mo2
代号	30CM	35CM	42CM	25CMV	304	316
材料牌号	A193，B8-2	A193，B8M-2	A320，L7	A453，660	A194，8	A194，8M
代号	B8	B8M	L7	660	8	8M

7.11 钢制管法兰、垫片、紧固件选配规定（HG 20635—1997）

7.11.1 Class系列各种类型法兰的密封面型式及其常用范围

法兰的型式和适用应符合表 7-182 的规定。

表 7-182 Class 系列各种类型法兰的密封面型式及其常用范围

法兰类型	密封面型式	公称尺寸	公称压力	适用场合
带颈平焊法兰（SO）	突面（RF）	DN15～DN600	Class150 Class300	公用工程及非易燃易爆介质 密封要求不高 工作温度-45～+200℃
螺纹法兰（Th）	突面（RF）	DN15～DN150	Class150	≤DN150，公用工程，仪表等习惯使用锥管螺纹连接的场合 使用压力较高时，推荐采用 NPY 螺纹
对焊环松套法兰（LF/SE）	突面（RF）	DN15～DN600	Class150 Class300	不锈钢、镍基合金、钛等配管的法兰连接

续表

法兰类型	密封面型式	公称尺寸	公称压力	适用场合
承插焊法兰（SW）	突面（RF）	DN15～DN50	Class150 Class900	≤DN50，非剧烈循环场合（温度，压力交变荷载）经常使用
带颈对焊法兰（WN） 整体法兰（IF）	突面（RF）	DN15～DN1500 （＞600A、B）	Class150～Class900	经常使用
	环连接面（RJ）	DN15～DN1500 （＞600A、B）	Class600～Class2500	高温和高压，≥Class600
各种法兰类型	全平面（FF）	DN15～DN600	Class150	与铸铁法兰、管件、阀门（Class125）配合使用的场合
各种法兰类型	凹面/凸面 榫面/槽面	DN15～DN600	≥Class300	仅用于阀盖与阀体连接等构件内部连接的场合，极少用于与外部配管、阀门的连接

异径法兰可由法兰盖开孔，作为螺纹、带颈平焊或带颈对焊异径法兰，法兰盖不做补强的最大允许开孔尺寸 DN_2 应符合表 7-183 的规定。开孔尺寸大于表 7-183 的异径法兰应对法兰盖实施补强，孔边的补强面积应不小于相应开孔尺寸 DN_2 的带颈平焊法兰的颈部面积。

表 7-183　开孔尺寸　　单位：mm

DN_1	25～40	50	65～80	100～125	150	200	250～350	400～600
DN_2	15	25	32	40	65	80	90	100

注：法兰盖的密封面型式及其适用范围与法兰相同。

7.11.2　垫片类型选配表

垫片的型式和适用范围按 HG/T 20627～HG/T 20633 的规定。

垫片的型式和材料应根据流体、适用工况（压力、温度）以及法兰接头的密封面要求选用。法兰密封面型式和表面粗糙度应与垫片的型式和材料相适应。

垫片的密封载荷应与法兰的额定值、密封面型式、使用温度以及接头的密封要求相适应。紧固件材料、强度以及上紧要求应与垫片的型式、材料以及法兰接头的密封要求相适应。

聚四氟乙烯包覆垫片不应使用于真空或其嵌入层材料易被介质腐蚀的场合。一般采用 PMF 型，PMS 型对减少管内液体滞留有利，PFT 型用于公称尺寸大于或等于 DN350 的场合。

石棉或柔性石墨垫片用于不锈钢和镍基合金法兰时，垫片材料中氯离子含量不得超过 50×10^{-6}。

柔性石墨材料用于氧化性介质时，最高使用温度应不超过 450℃。

石棉和非石棉垫片不应使用于极度或高度危害介质和高真空密封场合。

具有冷流倾向的聚四氟乙烯包覆垫片，其密封面型式宜采用全平面或最高使用温度不大于 100℃。

公称压力 Class150 的标准管法兰，采用缠绕式垫片、金属包覆垫片等半金属垫或金属环垫时，应选用带颈对焊法兰等刚性较大的法兰结构型式。

HG/T 20627 和 HG/T 20631 所列的非金属平垫片内径和缠绕垫内环内径可能大于相应法兰的内径，如使用上要求垫片（或内环）内径与法兰内径齐平时，用户应提出下列要求：

（1）采用整体法兰、对焊法兰或承插焊法兰。

（2）向垫片制造厂提供相应的法兰内径，作为垫片内径。

垫片型式的选择按表 7-184 的规定。

表 7-184　垫片类型选配表

垫片型式	公称压力 Class		公称尺寸 DN（mm）	最高使用温度（℃）	密封面型式	密封面表面粗糙度 R_a（μm）	法兰型式
非金属	橡胶垫片	150	15～1500	200[a]	突面 凹面/凸面 榫面/槽面 全平面	3.2～12.5	各种型式
	石棉橡胶板	150		300			各种型式
	非石棉纤维橡胶板	150～300		290[b]			各种型式
	聚四氟乙烯板	150		100			各种型式
	膨胀或填充改性聚四氟乙烯板或带	150～300		200			各种型式
	增强柔性石墨板	150～600		650 （450）[c]	突面 凹面/凸面 榫面/槽面	3.2～6.3	各种型式
	高温云母复合板	150～600		900	突面 凹面/凸面 榫面/槽面		各种型式
	聚四氟乙烯包覆垫	6～40	15～600	150	突面		各种型式
半金属	缠绕垫	150～2500	15～1500 （A、B）	[d]	突面 凹面/凸面 榫面/槽面	3.2～6.3	带颈平焊法兰 带颈对焊法兰 整体法兰 承插焊法兰 法兰盖
	齿形组合垫	150～2500 （A、B）	15～1500 （A、B）	[e]	突面 凹面/凸面 榫面/槽面	3.2～6.3	带颈平焊法兰 带颈对焊法兰 整体法兰 承插焊法兰 法兰盖
	金属包覆垫	300～900		[f]	突面	1.6～3.2 （碳钢、有色金属） 0.8～1.6 （不锈钢、镍基合金）	带颈对焊法兰 整体法兰 法兰盖

续表

垫片型式	公称压力 PN		DN	最高使用温度（℃）	密封面型式	密封面表面粗糙度 Ra（μm）	法兰型式
金属	金属环垫	150～2500	15～1500 （A、B）	700	环连接面	0.8～1.6 （碳钢、铬钢） 0.4～0.8（不锈钢）	带颈对焊法兰 整体法兰 法兰盖

注：a 各种天然橡胶及合成橡胶使用温度范围不同。

b 非石棉纤维橡胶板的主要原材料组成不同，使用温度范围不同。

c 增强柔性石墨板用于氧化性介质时，最高使用温度为 450℃。

d 缠绕垫根据金属带和填充材料的不同组合，使用温度范围不同。

e 齿形组合垫根据金属齿形环和覆盖层材料的不同组合，使用温度范围不同。

f 金属包覆垫根据包覆金属和填充材料的不同组合，使用温度范围不同。

7.11.3 螺栓和螺母选配

紧固件的型式及其使用压力和温度范围按 HG/T 20634 的规定。螺栓和螺母选配使用规定按表 4-185 的规定。

表 4-185 螺栓和螺母选配

螺栓/螺母				紧固件强度	公称压力等级	使用温度（℃）	使用限制
型式	标准	规格	材料或性能等级				
六角头螺栓 I 型六角螺母 （粗牙、细牙）	GB/T 5782 GB/T 6170	M14～M33	5.6/6	低	≤Class150 （PN20）	>-20～+300	非有毒、非可燃介质以及非剧烈循环场合；配合非金属平垫片
			8.8/8	高			
			A2-50 A4-50	低		-196～+400	
			A2-70 A4-70	中			
全螺纹螺柱 专用重型六角螺母 （粗牙、细牙）	HG/T 20634	M14～M33 M36×3～M90×3	35CrMo/30CrMo	高	≤Class2500 （PN420）	-100～+525	—
			25Cr2MoV/30CrMo	高		>-20～+575	
			42CrMo/30CrMo	高		-100～+525	
			0Cr18Ni9	低		-196～+800	
			0Cr17Ni12Mo2	低		-196～+800	
			A193，B9 Cl.2/A194-8	中		-196～+525	
			A193，B8M Cl.2/A194-8M	中		-196～+525	
			A320，L7/A194,7	高		-100～+340	
			A453，660/A194-8,8M	中		-29～+525	

7.11.4 标准法兰用紧固件和垫片的选配

法兰、紧固件和垫片的选配按表 7-186 的规定。

表 7-186 标准法兰用紧固件和垫片的选配

公称压力 Class	垫片类型	螺栓强度等级
150	非金属垫片 聚四氟乙烯包覆垫片	低强度、中强度、高强度[a]
	缠绕式垫片 聚四氟乙烯包覆垫	中强度、高强度[b]
	金属环垫（一般不采用）	高强度
300	非金属平垫片 聚四氟乙烯包覆垫片	中强度、高强度[b]
	缠绕式垫片 聚四氟乙烯包覆垫	中强度、高强度[b]
	金属包覆垫 金属环垫	高强度
600	增强柔性石墨板 高温蛭石复合增强版	中强度、高强度
	缠绕式垫片 具有覆盖层的齿形垫或金属平垫	中强度、高强度
	金属包覆垫 金属环垫	高强度
≥900	缠绕式垫片 具有覆盖层的齿形垫或金属平垫	高强度
	金属包覆垫（一般不采用） 金属环垫	高强度

注：a 应采用全平面垫片或控制上紧扭矩。

b 应控制上紧扭矩。

附录A 编制说明

A-1 化工、石化行业使用的管法兰标准

我国化工、石化行业的管法兰标准比较多，常见的如表 A-1 所示。

表 A-1 化工、石化行业使用的管法兰标准

配管系列	欧洲体系	美洲体系
英制管	GB 9112～9125	SH 3406、GB 9112～9125
公制管	HGJ 44～76、JB/T 74～90	—

A-2 适用的配管尺寸系列

我国化工部门目前使用着两套配管的钢管尺寸系列，一套是国际上通用的配管系列，也是国内石油化工引进装置中广泛的钢管尺寸系列。为了叙述方便起见，俗称为“英制管”。各国的“英制管”外径尺寸略有差异，但是大致相同。另一套钢管尺寸系列是数十年来国内化工部门，也是国内其他工业部门至今广泛使用的钢管外径尺寸系列，俗称“公制管”。两套钢管外径系列如表 A-2 所示。

表 A-2 适用的配管尺寸系列 单位：mm

公称尺寸 DN	10	15	20	25	32	40	50	65	80
英制管	17.2	21.3	26.9	33.7	42.4	48.3	60.3	（73）76.1	88.9
公制管	14	18	25	32	38	45	57	76	89

公称尺寸 DN	100	125	150	200	250	300	350	400	450	500
英制管	114.3	（141.3） 139.7	168.3	219.1	273	323.9	355.6	406.4	457	508
公制管	108	133	159	219	273	325	377	426	480	530
公称尺寸 DN	600	700	800	900	1000	1200	1400	1600	1800	2000
英制管	610	711	813	914	1016	1219	1422	1626	1829	2032
公制管	630	720	820	920	1020	1220	1420	1620	1820	2020

A-3 PN25.0MPa管法兰适用的钢管外径系列

当公称压力 PN 为 25.0MPa 时，由于钢管壁厚的增加，为了维持管内的通径，就必须对

钢管外径尺寸进行调整，具体尺寸见表 A-3 所示。

表 A-3　PN25.0MPa 管法兰适用的钢管外径系列　　单位：mm

公称尺寸 DN		10～65	80	100	125	150	200	250
钢管外径	A	同表 A-2	101.6	127	152.4	177.8	244.5	298.5
	B		102	127	159	180	—	—

A-4　连接尺寸

DIN、新 HG 管法兰与 JB 管法兰的连接尺寸对照（PN0.25、0.6、1.0、1.6、2.5、4.0、6.3、10.0MPa）按表 A-4 和表 A-5 的规定。

表 A-4　连接尺寸 1　　单位：mm

法兰公称压力	PN0.25MPa				PN0.6MPa				PN1.0MPa			
公称尺寸	法兰外径	螺栓圆直径	螺栓个数	螺纹尺寸	法兰外径	螺栓圆直径	螺栓个数	螺纹尺寸	法兰外径	螺栓圆直径	螺栓个数	螺纹尺寸
10	75	50	4	M10	75	50	4	M10	90	60	4	M12
15	80	55	4	M10	80	55	4	M10	95	65	4	M12
20	90	65	4	M10	90	65	4	M10	105	75	4	M12
25	100	75	4	M10	100	75	4	M10	115	85	4	M12
32	120	90	4	M12	120	90	4	M12	135/140	100	4	M16
40	130	100	4	M12	130	100	4	M12	145/150	110	4	M16
50	140	110	4	M12	140	110	4	M12	160/165	125	4	M16
65	160	130	4	M12	160	130	4	M12	180/185	145	4	M16
80	185/190	150	4	M16	185/190	150	4	M16	195/200	160	4/8	M16
100	205/210	170	4	M16	205/210	170	4	M16	215/220	180	8	M16
125	235/240	200	8	M16	235/240	200	8	M16	245/250	210	8	M16
150	260/265	225	8	M16	260/265	225	8	M16	280/285	240	8	M20
200	315/320	280	8	M16	315/320	280	8	M16	335/340	295	8	M20
250	370/375	335	12	M16	370/375	335	12	M16	390/395	350	12	M20
300	435/440	395	12	M20	435/440	395	12	M20	440/445	400	12	M20
350	485/490	445	12	M20	485/490	445	12	M20	500/505	460	16	M20
400	535/540	495	16	M20	535/540	495	16	M20	565	515	16	M22/24
450	590/595	550	16	M20	590/595	550	16	M20	615	565	20	M22/24
500	640/645	600	16/20	M20	640/645	600	16/20	M20	670	620	20	M22/24
600	755	705	20	M22/24	755	705	20	M22/24	780	725	20	M27

续表

法兰公称压力	PN0.25MPa				PN0.6MPa				PN1.0MPa			
公称尺寸	法兰外径	螺栓圆直径	螺栓个数	螺纹尺寸	法兰外径	螺栓圆直径	螺栓个数	螺纹尺寸	法兰外径	螺栓圆直径	螺栓个数	螺纹尺寸
700	860	810	24	M22/24	860	810	24	M22/24	895	840	24	M27
800	975	920	24	M27	975	920	24	M27	1010/1015	950	24	M30
900	1075	1020	24	M27	1075	1020	24	M27	1110/1115	1050	28	M30
1000	1175	1120	28	M27	1175	1120	28	M27	1220/1230	1160	28	M30/33
1200	1375	1320	32	M27	1400/1405	1340	32	M30	1450/1455	1380	32	M36
1400	1575	1520	36	M27	1620/1630	1560	36	M33	1675	1590	36	M39
1600	1785/1790	1730	40	M27	1830	1760	40	M33	1915	1820	40	M45
1800	1990	1930	44	M27	2045	1970	44	M36	2115	2020	44	M45
2000	2190	2130	48	M27	2265	2180	48	M39	2325	2230	48	M45

法兰公称压力	PN1.6MPa				PN2.5MPa				PN4.0MPa			
公称尺寸	法兰外径	螺栓圆直径	螺栓个数	螺纹尺寸	法兰外径	螺栓圆直径	螺栓个数	螺纹尺寸	法兰外径	螺栓圆直径	螺栓个数	螺纹尺寸
10	90	60	4	M12	90	60	4	M12	90	60	4	M12
15	95	65	4	M12	95	65	4	M12	95	65	4	M12
20	105	75	4	M12	105	75	4	M12	105	75	4	M12
25	115	85	4	M12	115	85	4	M12	115	85	4	M12
32	135/140	100	4	M16	135/140	100	4	M16	135/140	100	4	M16
40	145/150	110	4	M16	145/150	110	4	M16	145/150	110	4	M16
50	160/165	125	4	M16	160/165	125	4	M16	160/165	125	4	M16
65	180/185	145	4	M16	180/185	145	8	M16	180/185	145	8	M16
80	195/200	160	8	M16	195/200	160	8	M16	195/200	160	8	M16
100	215/220	180	8	M16	235	190	8	M20	230/235	190	8	M20
125	245/250	210	8	M16	270	220	8	M22/24	270	220	8	M22/24
150	280/285	240	8	M20	300	250	8	M22/24	300	250	8	M22/24
200	335/340	295	12	M20	360	310	12	M22/24	375	320	12	M27
250	405	355	12	M22/24	425	370	12	M27	445/450	385	12	M30
300	460	410	12	M22/24	485	430	16	M27	510/515	450	16	M30
350	520	470	16	M22/24	550/555	490	16	M30	570/580	510	16	M30/33
400	580	525	16	M27	610/620	550	16	M30/33	655/660	585	16	M36
450	640	585	20	M27	660/670	600	20	M30/33	680/685	610	20	M36
500	705/715	650	20	M30	730	660	20	M36/33	755	670	20	M42/39

续表

法兰公称压力	PN1.6MPa				PN2.5MPa				PN4.0MPa			
公称尺寸	法兰外径	螺栓圆直径	螺栓个数	螺纹尺寸	法兰外径	螺栓圆直径	螺栓个数	螺纹尺寸	法兰外径	螺栓圆直径	螺栓个数	螺纹尺寸
600	840	770	20	M36/33	840/845	770	20	M36	890	795	20	M48/45
700	910	840	24	M36/33	955/960	875	24	M42/39	—	—	—	—
800	1025	950	24	M36	1070/1085	990	24	M42/45	—	—	—	—
900	1020/1125	1050	28	M36	1180/1185	1090	28	M48/45	—	—	—	—
1000	1120/1255	1170	28	M42/39	1305/1320	1210	28	M52	—	—	—	—
1200	1485	1390	32	M48/45	1525/1530	1420	32	M52	—	—	—	—
1400	1685	1590	36	M48/45	—	—	—	—	—	—	—	—
1600	1930	1820	40	M52	—	—	—	—	—	—	—	—
1800	2130	2020	44	M52	—	—	—	—	—	—	—	—
2000	2345	2230	48	M56	—	—	—	—	—	—	—	—

表 A-5　连接尺寸 2

单位：mm

法兰公称压力	PN6.3MPa				PN10.0MPa			
公称尺寸	法兰外径	螺栓圆直径	螺栓个数	螺纹尺寸	法兰外径	螺栓圆直径	螺栓个数	螺纹尺寸
10	100	70	4	12	100	70	4	12
15	105	75	4	12	105	75	4	12
20	125/130	90	4	16	125/130	90	4	16
25	135/140	100	4	16	135/140	100	4	16
32	150/155	110	4	20	150/155	110	4	20
40	165/170	125	4	20	165/170	125	4	20
50	175/180	135	4	20	195	145	4	22/24
65	200/205	160	8	20	220	170	8	22/24
80	210/215	170	8	20	230	180	8	22/24
100	250	200	8	22/24	265	210	8	27
125	295	240	8	27	310/315	250	8	30
150	340/345	280	8	30	350/355	290	12	30
200	415	345	12	30/33	430	360	12	36/33
250	470	400	12	36/33	500/505	430	12	36
300	530	460	16	36/33	585	500	16	42/39
350	595/600	525	16	36	655	560	16	48/45
400	670	585	16	42/39	715	620	16	48/45

注：1．表中单个数值系表示 DIN、新 HG 管法兰的尺寸与 JB 管法兰相同。

2．表中以分数表示者，分子为 JBII 系列管法兰尺寸，分母为 DIN、新 HG 管法兰尺寸。

A-5 JB II系列法兰与本标准法兰的螺纹和螺孔尺寸差异

当使用较大规格螺栓的法兰时，其紧固件的螺纹尺寸不同，如表 A-6 所示。

表 A-6 JB II 系列法兰与本标准法兰的螺纹和螺孔尺寸差异

标准	螺纹（M）/螺孔（ϕ）尺寸					
JB II	M22/ ϕ25（全部）	M30/ ϕ34（部分）	M36/ ϕ41（部分）	M42/ ϕ48（全部）		M48/ ϕ54（全部）
新 HG、ISO、JBI、BS、ГОСТ 、DIN	M24/ ϕ26	M33/ ϕ36	M33/ ϕ36	M39/ ϕ42	M45/ ϕ48	M45/ ϕ48
两部分法兰配用时采用的措施	第一行法兰的螺孔扩孔 1mm	第一行法兰的螺孔扩孔 2mm	可加垫圈	可加垫圈	一致	可加垫圈

注：表中括号内的“全部”表示所有规格紧固件被第二行的紧固件所代替。“部分”表示有一部分该规格的紧固件有变化，但仍有一部分规格的紧固件未变化，是一致的。

A-6 板式平焊法兰的适用压力

国内外管法兰标准中，板式平焊法兰的适用压力范围如表 A-7 所示。

表 A-7 板式平焊法兰的适用压力

标准	公称压力 PN（MPa）	标准	公称压力 PN（MPa）
ANSI B16.5	无	HGJ 45	0.25～1.0
DIN 2573、2576	0.6～1.0	JB/T 81	0.25～2.5
ГОСТ 12820	0.25～2.5	JIS B2210	0.7～1.4（5K、10K）
GB 2506—1989 船用法兰	0.25～1.6	本标准 HG 20593	0.25～2.5
ISO、BS、GB 9112	0.25～4.0		

A-7 各种垫片的适用范围

根据各种垫片的结构、材料和实际密封性能以及与其相匹配的法兰结构型式、主要参数和密封面型式，确定了标准中 7 种垫片的公称压力、使用温度（上限）和公称尺寸范围，如表 A-8 所示。

表 A-8 各种垫片的适用条件

垫片型式		公称压力（MPa）	使用温度（℃）	公称尺寸（mm）	适用密封面型式
天然橡胶		0.25～1.6	-50～90	10～2000	全平面 突面 凹凸面 榫槽面
氯丁橡胶		0.25～1.6	-40～100		
丁腈橡胶		0.25～1.6	-30～110		
丁苯橡胶		0.25～1.6	-30～100		
乙丙橡胶		0.25～1.6	-40～130		
氟橡胶		0.25～1.6	-50～200		
石棉橡胶板		0.25～2.5	≤300		
耐油石棉橡胶板		0.25～2.5	≤300		
合成纤维的橡胶压制版	无机	0.25～4.0	-40～290		
	有机		-40～290		
改性或填充的聚四氟乙烯板		0.25～4.0	-196～+260		
聚四氟乙烯包覆垫		0.6～4.0	≤150（200）	10～600	突面
柔性石墨复合垫	低碳钢	1.0～6.3	450	10～2000	突面 凹凸面 榫槽面
	0Cr18Ni9		650		
金属包覆垫	纯铝板 L3	2.5～10.0	200	10～900	突面
	纯铜板 T3		300		
	低碳钢		400		
	不锈钢		500		
金属缠绕垫	特种石棉纸或非石棉纸	1.6～16.0	500	10～2000	突面 凹凸面 榫槽面
	柔性石墨		650		
	聚四氟乙烯		200		
齿形组合垫	10 或 08/柔性石墨	1.6～25.0	450	10～2000	突面 凹凸面
	0Cr13/柔性石墨		540		
	不锈钢/柔性石墨		650		
	304、316/聚四氟乙烯		200		
金属环垫	10 或 08	6.3～25.0	450	10～400	环连接面
	0Cr13		540		
	304 或 316		650		

A-8 垫片性能

合成纤维橡胶压制版垫片和聚四氟乙烯垫片的主要性能如表 A-9 所示。

表 A-9 垫片性能

主要物理性能	单位	产品牌号		
		IFG—5500	BGS—3000	G3510
密封性 ASTM 燃料油 A（异辛烷）≤ 垫片载荷：3.5N/mm² 内压：0.7bar 氮气≤ 垫片载荷：20.7N/mm² 内压：2bar	cc/hr	0.2 0.5	0.2 0.6	0.22 （垫片载荷：7N/ mm²）
蠕变松弛率≤22hrs.212F	%	15	20.5	18
回弹率≥ 全载荷：34.5MPa	%	50	50	40 （全载荷 17.25MPa）
压缩率范围 全载荷：34.5MPa	%	7～17	7～17	7～12 （全载荷 17.25MPa）
拉伸强度	N/mm²	10	17	14
100%伸长的模量	N/mm²	—	—	9
密度	g/cm³	1.76	1.6	2.8
气体渗透性 氮气≤ 内压:40bar 垫片载荷:32 N/mm²	Cc/min	0.05	0.05	
使用温度	C	-45～425 （连续 290）	-40～370 （连续 205）	-210～260
使用压力 max	Bar	85	70	83
PXT0.8、1.6mm 厚 3.2mm 厚	bar XC	12000 8600	12000 8600	12000 7290
适用介质		水、脂族、烃油、汽油、中等酸碱、饱和蒸汽	水、脂族、烃油、汽油、中等酸碱、饱和蒸汽	强碱、中等酸、氯气、水蒸气、烃氢、氟化铝
黏接剂		NBR	NBR	

注：上列数据摘自美国 Garlock 产品样本。

A-9 几种新材料垫片系数

为了便于设计者进行非标法兰计算，特列出本标准中所用部分新材料垫片的系数，如表A-10所示，供参考。

表 A-10 几种新材料垫片系数的[d]

垫片种类		m	y
合成纤维橡胶版[a]	3mm 厚	2	11.0
	1.5 mm 厚	2.75	25.5
改性聚四氟乙烯[d]	3 mm 厚	2.5	20.7
	1.5 mm 厚	3.0	20.7
纯聚四氟乙烯[b]	1 mm 厚	3	19.6
	2 mm 厚	2.5	14.7
	3 mm 厚	2	14.7
聚四氟乙烯包覆垫[c]		3.5	19.6
柔性石墨复合垫[a]		2.0	15.2
齿形组合垫	碳钢	2.5	52.4
	不锈钢	3.0	69.6
金属包覆垫	碳钢	3.75	52.4
	不锈钢	4.25	62.0

注：a 采用内包边的合成纤维橡胶版及柔性石墨复合垫的 y 值应增加 50%。

b 纯四氟平垫有冷流倾向。

c 改性聚四氟乙烯品种性能差异很大，表中所列数据相当于美国 Garlock 公司 3504、日本华尔卡公司 7020、7026 数据。

d 表中所列数据根据 DIN 标准及国外有关公司的推荐数据，并综合比较了 ASME 和 DIN 法兰垫片的密封参数得出的，仅用于采用 Waters 法的法兰计算，不能以此数据为基准来确定现场安装时的垫片压紧力及螺栓的拧紧力矩控制。

A-10 ISO（HG）与SH标准的差异

ISO（HG）标准在英制螺纹改为公制（M 制）螺纹时，与 SH 标准有所差异，具体见表A-11。由表可见，ISO-HG 的紧固件规格，仅 M70×3 与 SH 标准（M72×3）不同，这是由于 $2^3/_4$in（69.85mm）换算时，ISO 选用了 M70 第三系列螺纹规格，而 SH 选用了 M72 第一系列螺纹规格。但 M70 的螺栓孔为 $\phi 74$，不会影响 M72 螺栓的使用。

表 A-11　ISO（HG）与 SH 标准的差异

标准	螺纹（M）/螺孔（ϕ）尺寸	
ISO（HG）	M16/ ϕ18	M70×3/ ϕ74
SH 3406—92	M18/ ϕ20	M72×3/ ϕ76
SH 3406—96	M16/ ϕ18	M72×3/ ϕ76

注：法兰的密封面尺寸与 ISO、SH、GB、BS 等标准是一致的。

A-11　ANSI B16.5 法兰型式

ISO（HG）标准在法兰型式上全部采用 B16.5 型式，但在压力等级及公称直径范围上根据国内外工程公司使用情况作了删节，具体如表 A-12 所示。

表 A-12　ANSI B16.5 法兰型式

法兰型式	2.0MPa	5.0 MPa	11.0 MPa	15.0 MPa	26.0 MPa	42.0 MPa
平焊法兰 SO	√	√	√	√	√	√
带颈对焊法兰 WN	√	√	√	√	√	√
整体法兰 IF	√	√	√	√	√	√
法兰盖 BL	√	√	√	√	√	√
承插焊法兰 SW	√	√	√	√	√	√
螺纹法兰 Th	√	√	○	○	○	○
松套法兰 LF	√	√	√	○	○	○

注：1. B16.5 螺纹法兰的公称直径为 1/2″～24″ HG 20619 仅列入 DN15～150。

2. “√” 为 ANSI B16.5 与 HG 都列入；“○” 为 ANSI B16.5 列入而 HG 未列入。

附录B 软件的安装、卸载与使用

B-1 安装与卸载

《化工标准法兰三维图库（NX版）》与其他许多Windows应用程序一样，具有良好的用户界面，其安装方法与应用软件类似。《化工标准法兰三维图库（NX 版）》只能使用安装程序进行安装，可以根据用户的选择和设置将软件安装到硬盘上，然后从硬盘运行《化工标准法兰三维图库（NX版）》，不能直接将CD-ROM中的文件复制到硬盘上。

B-1-1 运行环境

安装《化工标准法兰三维图库（NX版）》之前，需要检查计算机满足的最低安装要求。运行《化工标准法兰三维图库（NX版）》的最低要求如下。

硬件要求：

- PIII500以上PC及兼容机。
- VGA彩色显示器（建议显示方式为16位真彩色以上，分辨率为800×600以上）。
- 2GB以上的硬盘剩余空间。
- 256MB以上的内存。

软件要求：

- 中文Windows 2000/XP/Vista以及Windows 7操作系统。
- IE 5.0 SP1及以上版本的浏览器。
- UG NX 2.0及以上版本软件。

注意：安装《化工标准法兰三维图库（NX 版）》时的路径必须为英文字符串，不能包含中文字符。

B-1-2 安装程序

为了保证安装程序的运行速度，在安装过程中系统希望关闭其他Windows应用程序。安装步骤如下。

（1）在CD-ROM驱动器中放入《化工标准法兰三维图库（NX版）》安装盘。

（2）如果系统没有自动进入安装程序，请双击安装盘中的安装程序“化工标准法兰三维图库（NX版）.exe”，弹出“安装向导”对话框，如图B-1所示。

（3）单击“下一步”按钮，弹出如图 B-2 所示的“许可协议”对话框。在软件许可协议中说明了用户的权利和义务，在阅读了协议内容并表示同意后勾选“我接受‘许可协议’中的条款”复选框。

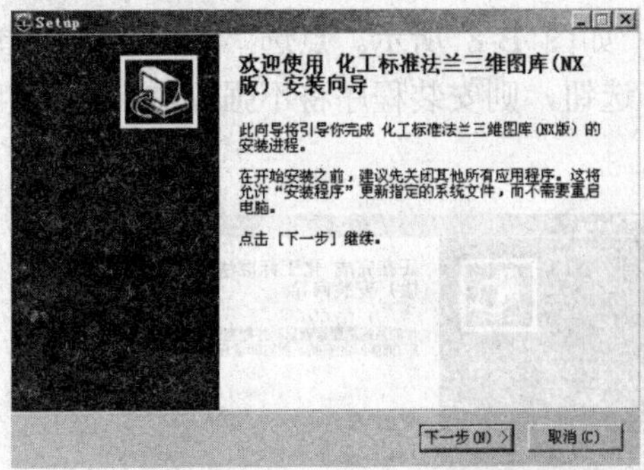

图 B-1 “安装向导”对话框

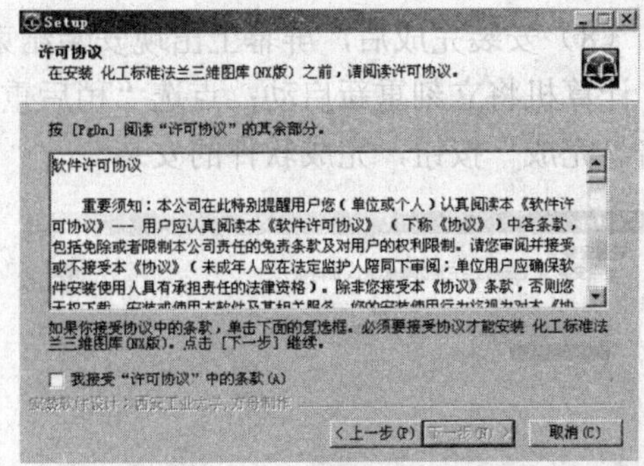

图 B-2 “许可协议”对话框

（4）单击“下一步”按钮，弹出如图 B-3 所示的“选择组件”对话框，选择要安装的“化工标准法兰三维图库（NX 版）”组件。

（5）单击“下一步”按钮，弹出如图 B-4 所示的“选择安装位置”对话框。系统推荐的安装目录是“C:\Program Files\xait-std-HGFlange-NX”。如果希望安装在其他的目录中，可单击“浏览”按钮，弹出如图 B-5 所示的“浏览文件夹”对话框，选择合适的文件夹后，单击“确定”按钮，返回“选择安装位置”对话框。

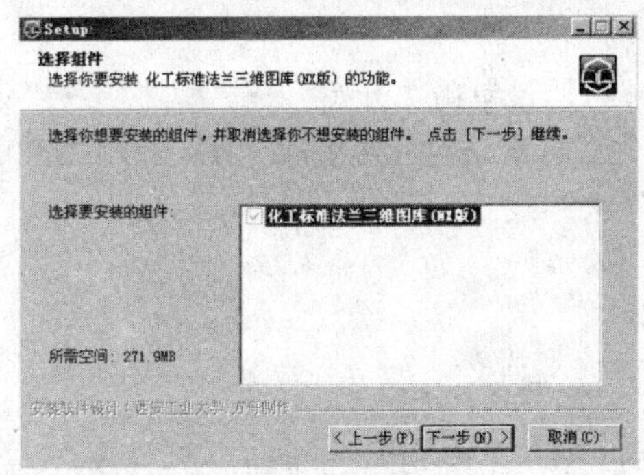

图 B-3 “选择组件”对话框

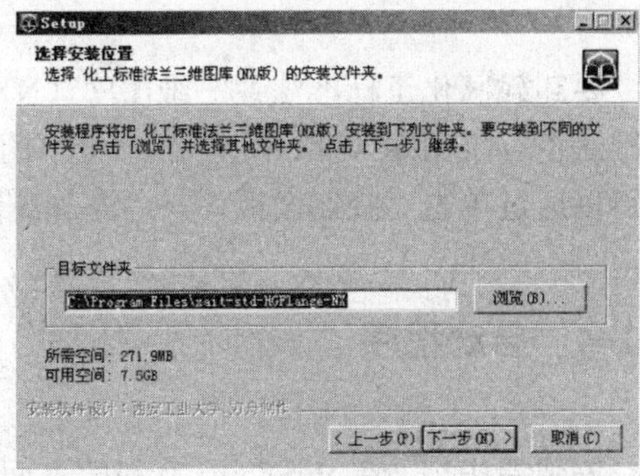

图 B-4 “选择安装位置”对话框

（6）单击“安装”按钮，弹出如图 B-6 所示的客户信息界面，输入随书附带的用户编码并仔细检查用户编码是否准确无误。

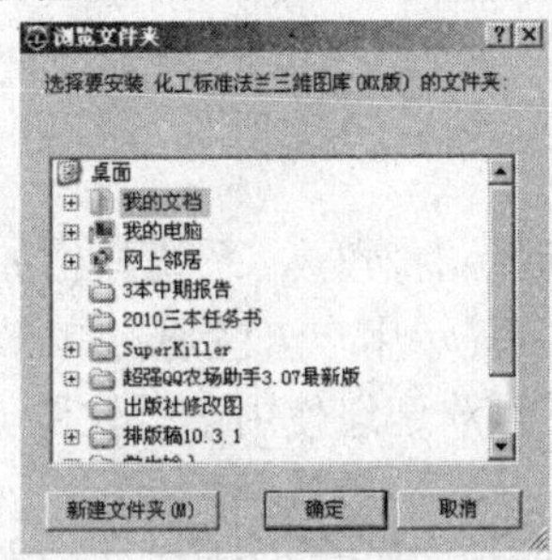

图 B-5 “浏览文件夹”对话框

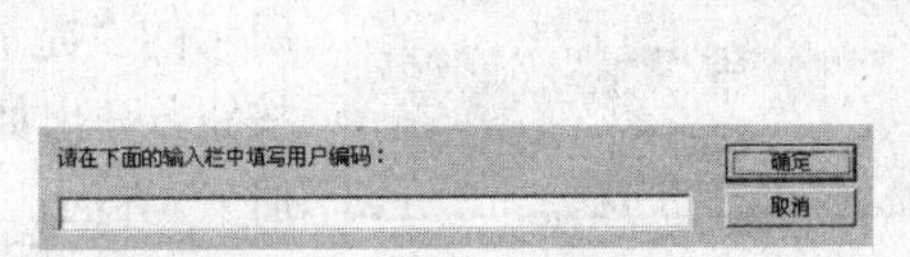

图 B-6 客户信息界面

（7）单击“确定”按钮，安装程序将把软件复制到硬盘上。安装程序使用进度条来显示安装进度，如图 B-7 所示。用户可以随时单击“取消”按钮退出安装程序。

（8）安装完成后，屏幕上出现安装结束界面，如图 B-8 所示。点选“立即重启”单选钮，计算机将立刻重新启动；点选“稍后重启”单选钮，则安装程序将不强制重启计算机。单击“完成”按钮，完成软件的安装。

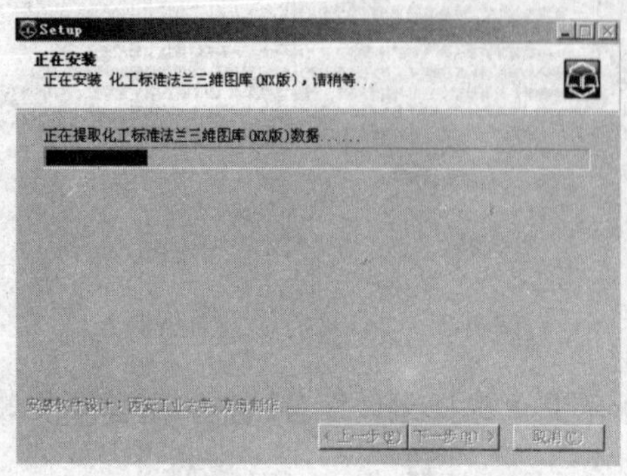

图 B-7　安装界面

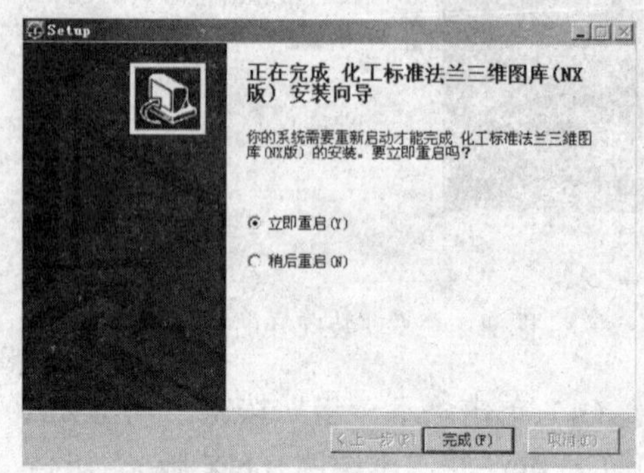

图 B-8　结束安装界面

B-1-3　卸载程序

要卸载《化工标准法兰三维图库（NX 版）》，可通过单击“开始”→“程序”→“化工标准法兰三维图库（NX 版）”程序组下的“卸载化工标准法兰三维图库（NX 版）”来卸载，也可以通过单击“控制面板”→“添加删除程序”来卸载。

B-1-4　启动程序

安装完毕后，在 Windows 系统的桌面上将出现《化工标准法兰三维图库（NX 版）》软件的快捷图标，双击该快捷图标即可启动应用程序。

B-1-5　软件注册

安装完成后，获取用户注册信息的方式有如下两种。

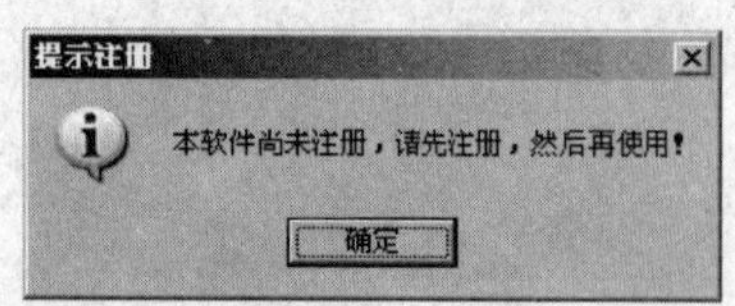

图 B-9　“提示注册”对话框

（1）在软件安装完成时运行程序，系统弹出如图 B-9 所示的“提示注册”对话框，提示用户未注册。单击“确定”按钮，弹出如图 B-10 所示的“欢迎您使用正版软件（用户注册）”界面。

（2）若在安装完成后，关闭了如图 B-10 所示“用户注册”界面，还可以通过单击桌面左下角的“开始”→“程序”→

“化工标准法兰三维图库（NX 版）”→“化工标准法兰三维图库（NX 版）用户注册”命令，也可以打开如图 B-10 所示的“用户注册”界面。

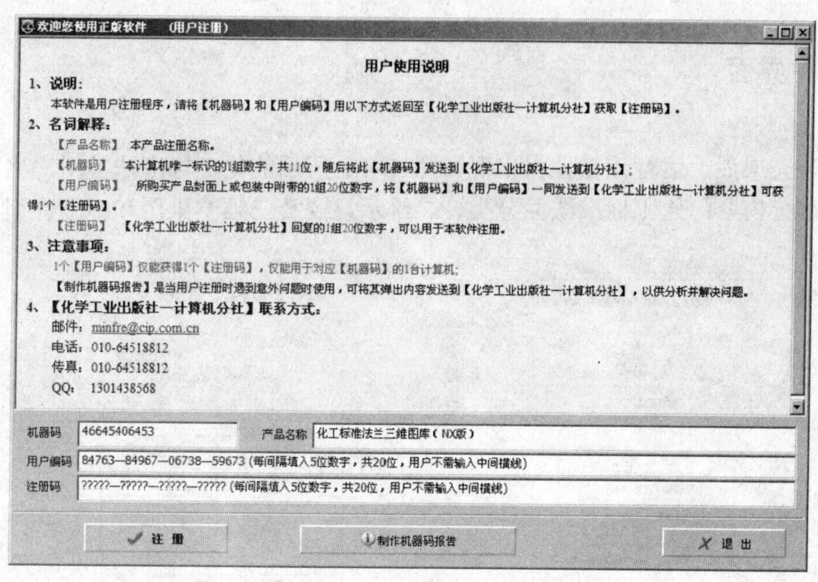

图 B-10 “用户注册”界面

用户按照图B-10 中显示的联系方式，通过E-mail（minfre@cip.com.cn）或传真（010-64518812）将获得的机器码、用户编码发送给化学工业出版社计算机分社索取注册码。在获取注册码信息后，直接输入注册码，单击“注册”按钮，完成软件的注册。若用户在获取机器码的过程中出现乱码情况，可以单击“制作机器码报告”按钮，弹出类似于图B-11 所示的“提示.txt”文件。将“提示.txt”文件中的机器码报告和用户编码发送至化学工业出版社计算机分社，以帮助您完成注册。

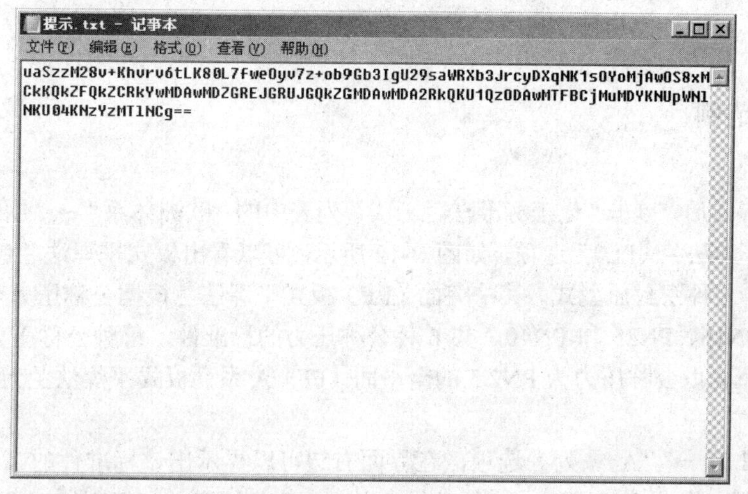

图 B-11 “提示.txt”文件

B-2　软件的使用方法

B-2-1　用户界面

软件安装完成后，运行该软件将出现如图 B-12 所示的化工标准法兰用户界面。该界面主要包括 3 部分内容：化工标准法兰分类、二维示意图及三维渲染图和标准件型号数据。

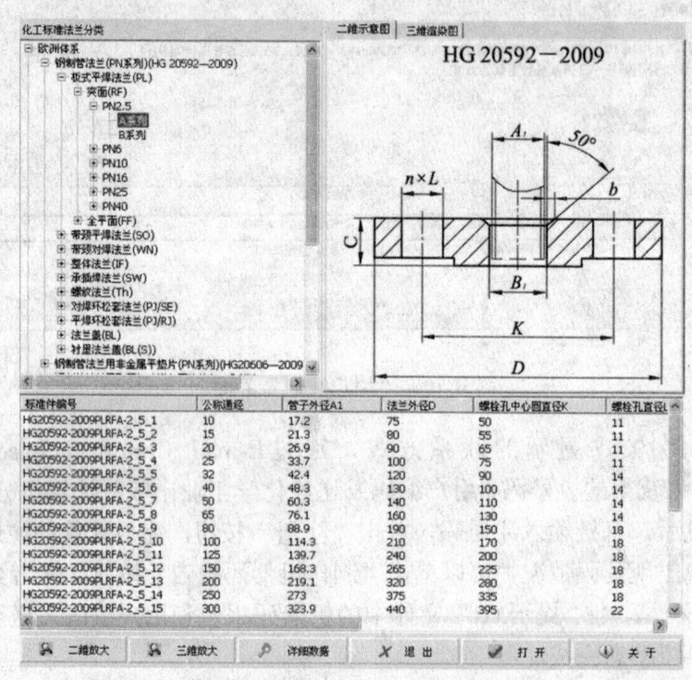

图 B-12　化工标准法兰三维图库（NX 版）用户界面

B-2-2　使用范例

进入用户界面后，单击“化工标准法兰分类”列表中的“欧洲体系”→“钢制管法兰（PN系列）→板式平焊法兰（PL）”选项，如图 B-12 所示，可以看出板式平焊法兰包括突面（RF）和全平面（FF）两种密封面型式。其中突面（RF）板式平焊法兰根据公称压力可分为 PN2.5、PN6、PN10、PN16、PN25 和 PN40，共 6 种公称压力的标准件，每种公称压力又分为 A 系列和 B 系列。下面以公称压力为 PN2.5 的全平面（FF）A 系列板式平焊法兰为例，介绍该软件的使用方法。

选择“PN2.5”→“A 系列”选项，在界面右边可以显示出该标准件的二维示意图和三维渲染图，分别如图 B-13 和图 B-14 所示。单击 二维放大 按钮，可得到该标准件二维示意图的放大图；单击 三维放大 按钮，可得到该标准件三维渲染图的放大图。

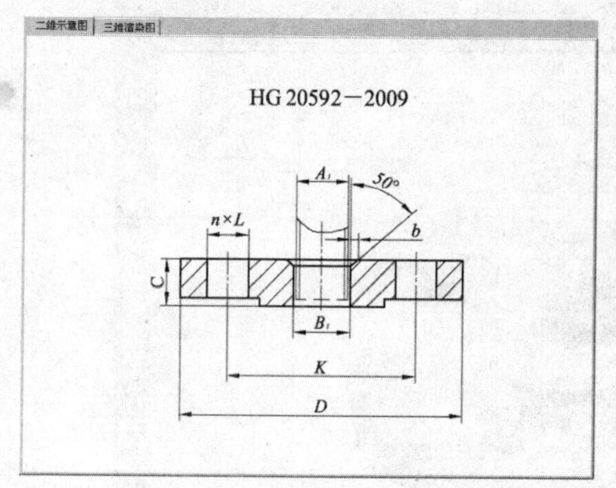

图 B-13　PN25 A 系列（英制管）法兰的二维示意图

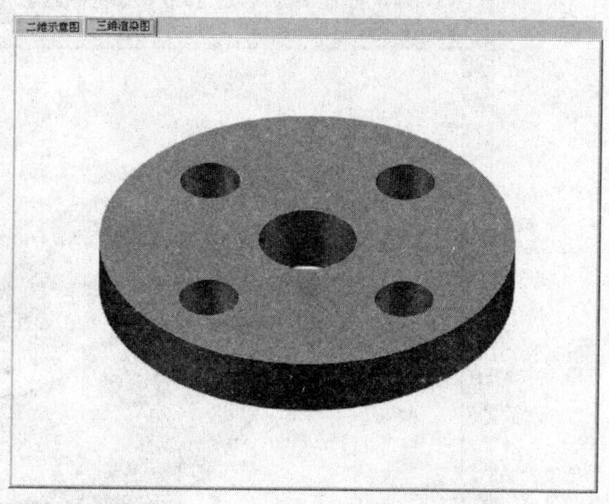

图 B-14　PN25 A 系列（英制管）法兰的三维渲染图

选择下方标准型号数据列表中的第一行数据，如图 B-15 所示，单击 详细数据 按钮，弹出“查看参数”对话框，显示该行的详细数据，如图 B-16 所示。如果没有选择数据，则会弹出如图 B-17 所示的“提示”对话框，提示选择一行数据。然后单击 打开 按钮，系统就会打开 UG 软件，显示公称压力为 PN2.5 的全平面（FF）A 系列板式平焊法兰零件图，如图 B-18 所示。

标准件编号	公称通经	管子外径A1	法兰外径D	螺栓孔中心圆直径K	螺栓孔直径L	螺栓孔数量n	螺纹Th	法兰厚度 C	法兰内径B1	密封面d	密封面f1
HG20592-2009PLRFA-2_5_1	10	17.2	75	50	11	4	M10	12	18	35	2
HG20592-2009PLRFA-2_5_2	15	21.3	80	55	11	4	M10	12	22.5	40	2
HG20592-2009PLRFA-2_5_3	20	26.9	90	65	11	4	M10	14	27.5	50	2
HG20592-2009PLRFA-2_5_4	25	33.7	100	75	11	4	M10	14	34.5	60	2
HG20592-2009PLRFA-2_5_5	32	42.4	120	90	14	4	M12	16	43.5	70	2
HG20592-2009PLRFA-2_5_6	40	48.3	130	100	14	4	M12	16	49.5	80	2
HG20592-2009PLRFA-2_5_7	50	60.3	140	110	14	4	M12	16	61.5	90	2
HG20592-2009PLRFA-2_5_8	65	76.1	160	130	14	4	M12	16	77.5	110	2
HG20592-2009PLRFA-2_5_9	80	88.9	190	150	18	4	M16	18	90.5	128	2
HG20592-2009PLRFA-2_5_10	100	114.3	210	170	18	4	M16	18	116	148	2
HG20592-2009PLRFA-2_5_11	125	139.7	240	200	18	8	M16	20	143.5	178	2
HG20592-2009PLRFA-2_5_12	150	168.3	265	225	18	8	M16	20	170.5	202	2
HG20592-2009PLRFA-2_5_13	200	219.1	320	280	18	8	M16	22	221.5	258	2

图 B-15　选择标准件型号数据

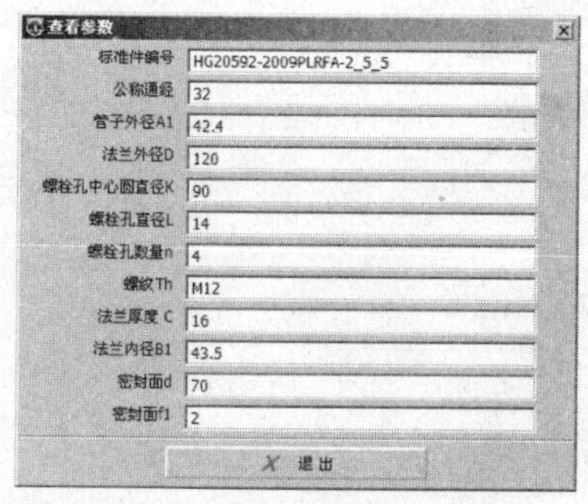

图 B-16　“查看参数”对话框

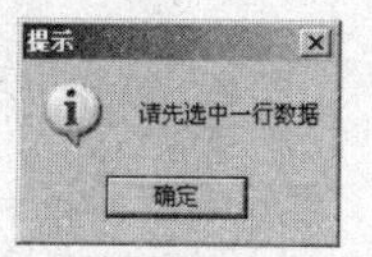

图 B-17　“提示”对话框

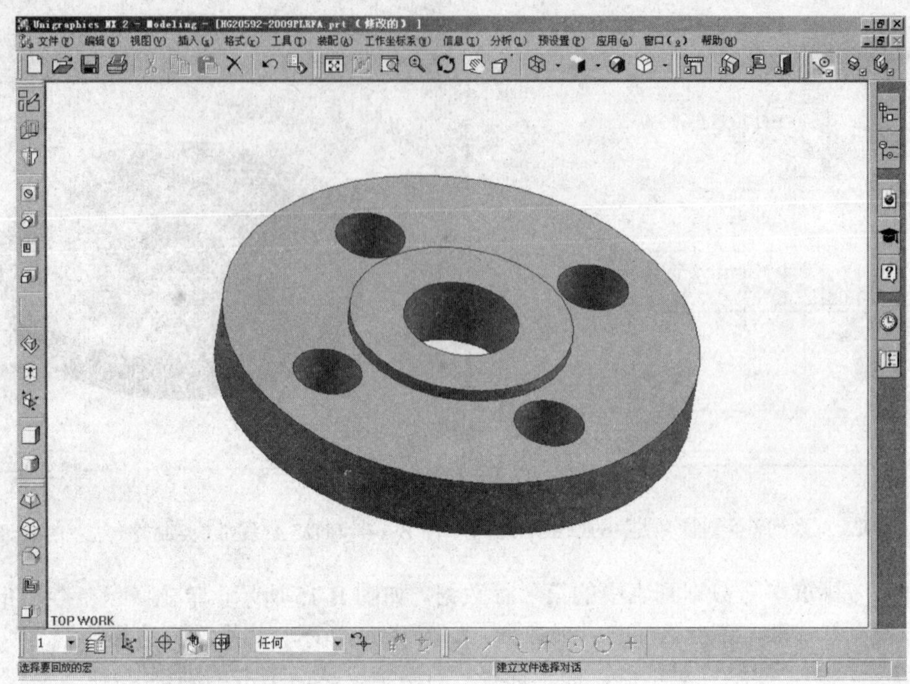

图 B-18　HG20592-2009PLRFA-2_5_5 法兰零件图

B-2-3　标准件模型的使用和保存

在使用软件时，用户可以在化工标准法兰中查询并打开三维模型，模型尺寸可按用户要求进行修改，但是修改后的模型如果下次还要使用，则必须使用菜单栏中的“文件”→“另存为”命令，将修改后的文件重新保存，否则无法保存修改后的文件。